政协委员手册

中国文史出版社

ISBN 7-5034-0884-7/D·0045
定价：9.00元

中国土木建筑百科辞典

工程施工

中国建筑工业出版社

图书在版编目(CIP)数据

中国土木建筑百科辞典:工程施工/李国豪,卢忠政主编. －北京:中国建筑工业出版社,1999
ISBN 7-112-02771-3

I. 中… II. ①李… ②卢… III. ①建筑工程-词典 ②建筑工程-工程施工-词典 IV. TU-61

中国版本图书馆 CIP 数据核字(1999)第 06784 号

中国土木建筑百科辞典
工程施工
*
中国建筑工业出版社出版、发行(北京西郊百万庄)
新 华 书 店 经 销
北京市景煌照排中心照排
北京市兴顺印刷厂印刷
*

开本:787×1092 毫米 1/16 印张:30¾ 字数:1078 千字
2000 年 11 月第一版 2000 年 11 月第一次印刷
印数:1—3000 册 定价:130.00 元
ISBN 7-112-02771-3
TU·2027 (9065)
版权所有 翻印必究
如有印装质量问题,可寄本社退换
(邮政编码 100037)

《中国土木建筑百科辞典》总编委会名单

主　　　任：李国豪
常务副主任：许溶烈
副　主　任：（以姓氏笔画为序）
　　　左东启　卢忠政　成文山　刘鹤年　齐　康　江景波　吴良镛　沈大元
　　　陈雨波　周　谊　赵鸿佐　袁润章　徐正忠　徐培福　程庆国
编　　　委：（以姓氏笔画为序）

王世泽	王 弗	王宝贞(常务)	王铁梦	尹培桐
邓学钧	邓恩诚	左东启	石来德	龙驭球(常务)
卢忠政	卢肇钧	白明华	成文山	朱自煊(常务)
朱伯龙(常务)	朱启东	朱象清	刘光栋	刘先觉
刘柏贤	刘茂榆	刘宝仲	刘鹤年	齐 康
江景波	安 昆	祁国颐	许溶烈	孙 钧
李利庆	李国豪	李荣先	李富文(常务)	李德华(常务)
吴元炜	吴仁培(常务)	吴良镛	吴健生	何万钟(常务)
何广乾	何秀杰(常务)	何钟怡(常务)	沈大元	沈祖炎(常务)
沈蒲生	张九师	张世煌	张梦麟	张维岳
张 琰	张新国	陈雨波	范文田(常务)	林文虎(常务)
林荫广	林醒山	罗小未	周宏业	周 谊
庞大中	赵鸿佐	郝 瀛(常务)	胡鹤均(常务)	侯学渊(常务)
姚玲森(常务)	袁润章	贾 岗	夏行时	夏靖华
顾发祥	顾迪民(常务)	顾夏声(常务)	徐正忠	徐家保
徐培福	凌崇光	高学善	高渠清	唐岱新
唐锦春(常务)	梅占馨	曹善华(常务)	龚崇准	彭一刚(常务)
蒋国澄	程庆国	谢行皓	魏秉华	

《中国土木建筑百科辞典》编辑部名单

主　　　任：张新国
副　主　任：刘茂榆
编　辑　人员：（以姓氏笔画为序）
　　　刘茂榆　杨　军　张梦麟　张　琰　张新国　庞大中　郦锁林　顾发祥
　　　董苏华　曾　得　魏秉华

施工卷编委会名单

主 编 单 位：重庆建筑大学
主　　　编：卢忠政
副 主 编：谢尊渊　卢　谦　赵志缙　杨宗放　林文虎
编　　　委：（以姓氏笔画为序）

毛鹤琴	何玉兰	李世德	杨文柱	胡肇枢
范文田	赵仲琪	方录训	姜营琦	杨炎燊
伍朝琛	胡正明	段立华	王吉望	刘宗仁
糜嘉平	罗竞宁	邝守仁		

撰　稿　人：（以姓氏笔画为序）

方先和	方承训	毛鹤琴	王士川	邓先都
邓朝荣	卢有杰	卢忠政	卢　谦	卢锡鸿
甘绍熺	邝守仁	伍朝琛	刘宗仁	朱　龙
朱宏亮	朱　嬿	许远明	那　路	何玉兰
张凤鸣	张仕廉	张铁铮	张　斌	李世德
李健宁	杨文柱	杨宗放	杨炎燊	汪龙腾
陈晓辉	孟昭华	庞文焕	林文虎	林厚祥
范文田	姜营琦	段立华	胡肇枢	赵　帆
赵志缙	郦锁林	顾辅柱	曹小琳	彭树银
舒　适	谢尊渊	解　滨	谭应国	颜　哲

序　言

　　经过土木建筑界一千多位专家、教授、学者十个春秋的不懈努力,《中国土木建筑百科辞典》十五个分卷终于陆续问世了。这是迄今为止中国建筑行业规模最大的专科辞典。

　　土木建筑是一个历史悠久的行业。由于自然条件、社会条件和科学技术条件的不同,这个行业的发展带有浓重的区域性特色。这就导致了用于传授知识和交流信息的词语亦有颇多差异,一词多义、一义多词、中外并存、南北杂陈的现象因袭流传,亟待厘定。现代科学技术的发展,促使土木建筑行业各个领域发生深刻的变化。随着学科之间相互渗透、相互影响日益加强,新兴学科和边缘学科相继形成,以及日趋活跃的国际交流和合作,使这个行业的科学技术术语迅速地丰富和充实起来,新名词、新术语大量涌现;旧名词、旧术语或赋予新的概念或逐渐消失,人们急切地需要熟悉和了解新旧术语的含义。希望对国外出现的一些新事物、新概念、新知识有个科学的阐释。此外,人们还要查阅古今中外的著名人物、著名建筑物、构筑物和工程项目,重要学术团体、机构和高等学府,以及重要法律法规、典籍、著作和报刊等简介。因此,编撰一部以纠讹正名,解诒释疑,系统汇集浓缩知识信息的专科辞书,不仅是读者的期望,也是这个行业科学技术发展的需要。

　　《中国土木建筑百科辞典》共收词约 6 万条,包括规划、建筑、结构、力学、材料、施工、交通、水利、隧道、桥梁、机械、设备、设施、管理、以及人物、建筑物、构筑物和工程项目等土木建筑行业的主要内容。收词力求系统、全面,尽可能反映本行业的知识体系,有一定的深度和广度;构词力求标准、严谨,符合现行国家标准规定,尽可能达到辞书科学性、知识性和稳定性的要求。正在发展而尚未定论或有可能变动的词目,暂未予收入;而历史上曾经出现,虽已被淘汰的词目,则根据可能参阅古旧图书的需要而酌情收入。各级词目之间尽可能使其纵横有序,层属清晰。释义力求准确精练,有理有据,绝大多数词目的首句释义均为能反映事物本质特征的定义。对待学术问题,按定论阐述;尚无定论或有争议者,则作宏观介绍,或并行反映现有的各家学说、观点。

　　中国从《尔雅》开始,就有编撰辞书的传统。自东汉许慎《说文解字》刊行以来,迄今各类辞书数以万计,可是土木建筑行业的辞书依然屈指可数,大型辞书则属空白。因此,承上启下,继往开来,编撰这部大型辞书,不惟当务之急,亦是本书总编委会和各个分卷编委会全体同仁对本行业应有之奉献。在编撰过程中,建设部科学技术委员会从各方面为我们创造了有利条件。各省、自治区、直辖市建设部门给予热情帮助。同济大学、清华大学、西南交通大学、哈尔滨建筑大学、重庆建筑大学、湖南大学、东南大学、武汉工业大学、河海大学、浙江大学、天津大学、西安建筑科技大学等高等学府承担了各个分卷的主要撰稿、审稿任务,从人力、财力、精神和物质上给予全力支持。遍及全国的撰稿、审稿人员同心同德,精益求精,切磋琢磨,数易其稿。中国建筑工业出版社的编辑人员也付出了大量心血。当把《中国土木建筑百科辞典》各个分卷呈送到读者面前时,我们谨向这些单位和个人表示崇高的敬意和深切的谢忱。

  在全书编撰、审查过程中,始终强调"质量第一",精心编写、反复推敲。但《中国土木建筑百科辞典》收词广泛,知识信息丰富,其内容除与前述各专业有关外,许多词目释义还涉及社会、环境、美学、宗教、习俗,乃至考古、校雠等;商榷定义,考订源流,难度之大,问题之多,为始料所不及。加之客观形势发展迅速,定稿、付印皆有计划,广大读者亦要求早日出版,时限已定,难有再行斟酌之余地,我们殷切地期待着读者将发现的问题和错误,一一函告《中国土木建筑百科辞典》编辑部(北京西郊百万庄中国建筑工业出版社,邮编100037),以便全书合卷时订正、补充。

《中国土木建筑百科辞典》总编委会

前　　言

《中国土木建筑百科辞典》是中国土木工程界的一部综合性、专业性、实用性都很强的科技辞书，全书共十五卷，《工程施工》卷为其主要分卷之一。

本卷于1988年7月组成以重庆建筑大学和同济大学、清华大学、东南大学、华南理工大学为主、副编单位，编委若干人的《工程施工》分卷编委会。全国高校、科研、生产单位的教授、副教授、研究员、高级工程师和工程技术人员共78人参加了本卷的词目编纂、词条撰写、释义审定和删繁去重工作。

在工作中，分卷编委及编写人员本着既符合中国工程施工实际，又体现当代建筑科技水平的要求，广泛收集资料、征求多方面意见、潜心编撰、反复修改，历时七个多春秋，终于完成了本卷的编撰工作，并可付梓，本卷全体编委及编写人员也可略释所负。

本卷共收编词目4000余条，约110万字。有关词目的收集编纂，释义内容的取舍安排都经过分卷编委的认真讨论，符合全书总编委会制定的编撰方针和编撰体例的规定与要求。本卷词条以建筑工程施工基本术语为主，铁路、公路、桥隧、测绘、水工、工程施工组织与管理等专业中，凡与工程施工关联较为密切的主要相关词条也大体胪列入内，以收兼容并蓄之效。同时，为使本卷具备一定的独立性，卷内还列入了材料、基本建设程序、工程概(预)算、工程机械等方面的主要词条，努力做到学科之间的互相渗透，便于从业人员的使用。本卷释义的编写，力求与国家现行标准、规范相符，采用了法定计量单位。

本卷内容浩繁，学科门类庞杂，而且实践性强，编者水平有限，势难尽如人意。卷中缺漏谬误之处，尚祈读者不吝指正。

工程施工卷编辑委员会

凡 例

组 卷

一、本辞典共分建筑、规划与园林、工程力学、建筑结构、工程施工、工程机械、工程材料、建筑设备工程、基础设施与环境保护、交通运输工程、桥梁工程、地下工程、水利工程、经济与管理、建筑人文十五卷。

二、各卷内容自成体系；各卷间存有少量交叉。建筑卷、建筑结构卷、工程施工卷等，内容侧重于一般房屋建筑工程方面，其他土木工程方面的名词、术语则由有关各卷收入。

词 条

三、词条由词目、释义组成。词目为土木建筑工程知识的标引名词、术语或词组。大多数词目附有对照的英文，有两种以上英译者，用"，"分开。

四、词目以中国科学院和有关学科部门审定的名词术语为正名，未经审定的，以习用的为正名。同一事物有学名、常用名、俗名和旧名者，一般采用学名、常用名为正名，将俗名、旧名采用"俗称"、"旧称"表达。个别多年形成习惯的专业用语难以统一者，予以保留并存，或以"又称"表达。凡外来的名词、术语，除以人名命名的单位、定律外，原则上意译，不音译。

五、释义包括定义、词源、沿革和必要的知识阐述，其深度和广度适合中专以上土木建筑行业人员和其他读者的需要。

六、一词多义的词目，用①、②、③分项释义。

七、释义中名词术语用楷体排版的，表示本卷收有专条，可供参考。

插 图

八、本辞典在某些词条的释义中配有必要的插图。插图一般位于该词条的释义中，不列图名，但对于不能置于释义中或图跨越数条词条而不能确定对应关系者，则在图下列有该词条的词目名。

排 列

九、每卷均由序言、本卷序、凡例、词目分类目录、正文、检字索引和附录组成。

十、全书正文按词目汉语拼音序次排列；第一字同音时，按阴平、阳平、上声、去声的声调顺序排列；同音同调时，按笔画的多少和起笔笔形横、竖、撇、点、折的序次排列；首字相同者，按次字排列，次字相同者按第三字排列，余类推。外文字母、数字起头的词目按英文、俄文、希腊文、阿拉伯数字、罗马数字的序次列于正文后部。

检　索

十一、本辞典除按词目汉语拼音序次直接从正文检索外，还可采用笔画、分类目录和英文三种检索方法，并附有汉语拼音索引表。

十二、汉字笔画索引按词目首字笔画数序次排列；笔画数相同者按起笔笔形横、竖、撇、点、折的序次排列，首字相同者按次字排列，次字相同者按第三字排列，余类推。

十三、分类目录按学科、专业的领属、层次关系编制，以便读者了解本学科的全貌。同一词目在必要时可同时列在两个以上的专业目录中，遇有又称、旧称、俗称、简称词目，列在原有词目之下，页码用圆括号括起。为了完整地表示词目的领属关系，分类目录中列出了一些没有释义的领属关系词或标题，该词用［　］括起。

十四、英文索引按英文首词字母序次排列，首字相同者，按次词排列，余类推。

目　录

序言 …………………………………………………………………… 7
前言 …………………………………………………………………… 9
凡例 …………………………………………………………………… 10
词目分类目录 ………………………………………………………… 1—49
辞典正文 ……………………………………………………………… 1—312
词目汉语拼音索引 …………………………………………………… 313—351
词目汉字笔画索引 …………………………………………………… 352—387
词目英文索引 ………………………………………………………… 388—430

词目分类目录

说 明

一、本目录按学科、专业的领属、层次关系编制,供分类检索条目之用。

二、有的词条有多种属性,可能在几个分支学科和分类中出现。

三、词目的又称、旧称、俗称、简称等,列在原有词目之下,页码用圆括号括起,如(1)、(9)。

四、凡加有 [ ] 的词为没有释义的领属关系词或标题。

建筑施工	126	降雨量	128
建筑施工准备	126	年雷暴日数	177
施工条件调查	215	年均雷暴日数	(177)
现场踏勘	260	冬夏季日平均温度	51
地形概貌	43	最大积雪深度	308
[地形图]		冻土深度	52
区域地形图	199	土冻结深度	(52)
厂址地形图	22	地震	43
等高线	41	地震震级	44
水准点	227	地震烈度	43
控制桩	146	[地质资料]	
施工测量	213	钻孔布置图	307
工程控制测量	83	地质剖面图	44
施工控制测量	214	滑坡	106
[标高]		流砂	157
相对标高	261	冲沟	27
绝对标高	140	泥石流	177
城市总体规划	27	含水量	98
城市基础设施	27	含水率	(98)
气象条件	192	天然含水量	240
风级	67	孔隙率	145
降雨等级	127	天然孔隙率	240
风速	68	塑性指数	230
主导风向	300	压缩试验	269
风玫瑰图	67	地下水	43
台风	235	水质分析	227
雨季起止时间	278	洪水	103

地方资源	42	轻便轨路	198
运输能力	285	工地消防	84
可供水量	143	防火最小间距	62
自有发电设备	305	安全间距	1
集中供热	118	防爆安全距离	61
图纸会审	244	测量放线	18
设计交底	(244)	**建筑施工组织**	126
可行性研究报告	143	施工组织设计	216
设计任务书	210	施工组织总设计	216
设计委托书	210	单位工程施工组织设计	37
勘察设计	142	分部工程作业设计	65
建筑设计	126	分项工程作业设计	(65)
结构设计	131	施工方案	214
专业设计	301	施工流向	214
工艺设计	85	施工总进度计划	216
设计阶段	209	单位工程施工进度计划	37
初步设计	28	劳动力需用计划	149
扩大初步设计	147	建筑材料需用计划	125
扩初设计	(147)	施工机具需用计划	214
技术设计	119	临时供水计划	156
施工图设计	215	临时供电计划	155
标准图	11	施工总平面图	216
平面图	184	运输道路布置	285
剖面图	186	施工周期	215
模板图	170	工期	84,(215)
配筋图	180	工程量计算	83
图例	244	开工报告	141
设计修改通知书	210	均衡施工	140
设计变更通知书	(210)	劳动力平衡	149
洽商	(210)	土方平衡	247
施工现场准备	215	土方调配	(247)
三通一平	205	施工机械平衡	214
竖向规划	221	材料平衡	16
临时道路	155	预制构件平衡	284
道路路基	40	施工程序	213
路面	161	施工顺序	215
级配砾石路面	117	技术间歇	119
渣石路面	287	依次施工	273
碎砖路面	230	平行施工	185
砂土路面	206	流水施工	157
石灰土路面	218	工期指标	84
排水沟	179	劳动生产率指标	149
边坡坡度	11	流水作业法	158
最大纵坡	308	横道图	102
曲线极限最小半径	199	横线图	(102)

横道计划	(102)		虚箭线	265
[流水参数]			内向箭线	176
工作面	85,(289)		内向箭杆	(176)
施工层	213		外向箭线	252
施工段	214		外向箭杆	(252)
流水节拍	157		任务	202
等节奏流水	41		工作	85
全等节拍流水	(41)		工序	(85)
固定节拍流水	(41)		作业	(85)
不等节奏流水	15		活动	(85)
异节奏流水	(15)		虚工作	265
成倍节拍流水	25		虚工序	(265)
无节奏流水	256		虚作业	(265)
技术间歇时间	119		虚活动	(265)
流水步距	157		先行工作	260
流水施工工期	157		先行工序	(260)
流水计划工期	(157)		先行作业	(260)
流水段法	157		先行活动	(260)
流水线法	158		后继工作	103
分别流水法	64		后继工序	(103)
网络计划方法	253		后继作业	(103)
网络法	(253)		后继活动	(103)
网络计划技术	253		平行工作	185
关键线路法	92		平行工序	(185)
要径法	(92)		平行作业	(185)
计划评审技术	119		平行活动	(185)
计划协调技术	(119)		紧前工作	133
图示评审技术	244		紧前工序	(133)
风险评审技术	68		紧前作业	(133)
网络计划	253		紧前活动	(133)
统筹图	(253)		紧后工作	133
肯定型网络	144		紧后工序	(133)
非肯定型网络	64		紧后作业	(133)
网络图	253		紧后活动	(133)
箭线图	(253)		关键工作	92
网络	(253)		节点	130
单代号网络图	36		结点	(130)
节点式网络图	(36)		事件	(130)
双代号网络图	222		起点节点	190
箭线式网络图	(222)		网络起点	(190)
时标网络图	219		起始节点	(190)
时标网络计划	(219)		终点节点	298
日历网络计划	(219)		网络终点	(298)
箭线	127		开始节点	142
箭杆	(127)		箭尾节点	(142)

结束节点	131	节点最迟时间	130
箭头节点	(131)	节点最迟完成时刻	(130)
完成节点	(131)	分析计算法	66
关键节点	92	图上计算法	244
关键事件	(92)	图算法	(244)
逻辑关系	162	表上计算法	12
工作衔接关系	(162)	表算法	(12)
工艺关系	85	矩阵计算法	137
工艺联系	(85)	里程表计算法	152
组织关系	307	线路	260
组织联系	(307)	关键线路	92
闭合回路	10	主要矛盾线	(92)
循环回路	(10)	破圈法	186
断路法	54	需压缩线路	265
工作持续时间	85	非关键线路	64
作业时间	(85)	非主要矛盾线	(64)
工作延续时间	(85)	线路时差	260
单时估计法	37	组合	306
三时估计法	204	工作合并	(306)
最短工作时间	309	并图	13
乐观时间	(309)	网络计划连接	(13)
最长工作时间	308	总网络计划	306
悲观时间	(308)	局部网络计划	136
最可能工作时间	309	一般网络计划	273
最可能时间	(309)	搭接网络计划	32
期望工作时间	188	流水网络计划	157
最早开始时间	309	流水块	157
最早可能开始时间	(309)	工期	84,(215)
最早完成时间	309	规定工期	95
最早可能完成时间	(309)	工期调整	84
最迟完成时间	308	工期优化	(84)
最迟必须完成时间	(308)	资源	304
最迟开始时间	308	调整	241
最迟必须开始时间	(308)	优化	276
时差	219	资源优化	304
机动时间	(219)	时段	219
总时差	306	工期成本优化	84
总机动时间	(306)	时间成本优化	(84)
自由时差	305	正常时间	295
自由机动时间	(305)	正常费用	295
相关时差	261	临界时间	155
独立时差	53	临界费用	155
专用时差	(53)	费用增率	64
节点最早时间	130	单位时间增加费用	(64)
节点最早开始时刻	(130)	最佳工期	309

最短工期	309	工作面	85,(289)
跟踪	82	正铲作业	295
追踪	(82)	反铲作业	60
统筹法	243	拉铲作业	147
土石方工程	248	抓铲作业	301
土方工程施工准备	247	侧向开挖	18
土石工程分类	248	正向开挖	295
土石现场鉴别法	248	沟端开挖	88
工程地质资料	82	沟侧开挖	88
水文地质资料	226	定位开挖	50
土体可松性	248	[施工降水]	
最初可松性系数	308	集水坑降水	117
最终可松性系数	309	明排水法	(117)
紧方	133	排水沟	179
实方	219	井点降水法	134
岩石坚固性系数	270	轻型井点	199
普氏系数	(270)	管井井点	93
土体压缩性	248	深井井点	211
土体压后沉降量	248	电渗井点	47
流砂	157	喷射井点	181
土体自然休止角	249	渗透系数	212
[场地平整]		土壁支撑	245
场地平整设计标高	22	横撑式支撑	102
场地平整土方工程量	22	板桩支撑	4
断面法	54	冻结法	51
横断面法	(54)	冻土护壁	(51)
方格网法	60	灌浆	94
四方体法	228	水泥灌浆	225
三角棱柱体法	204	化学灌浆	106
土方量平衡调配	247	填土工程	240
定位放线	50	填方	(240)
基坑开挖	116	回填土	(240)
挖方边坡	250	填方基底	240
土方工程综合机械化	247	填方土料	240
推土机作业	250	填方边坡	240
推土机	249	填土压实	240
铲运机作业	21	夯实法	100
铲运机	20	振动压实法	292
铲运机运行路线	21	压实系数	269
环形路线	106	碾压法	178
8字形路线	312	最佳含水量	309
之字形路线	295	填方最大密实度	240
挖掘机作业	251	**爆破工程**	8
挖掘机	251	土岩爆破机理	249
掌子面	289	爆轰气体产物膨胀推力破坏理论	7

应力波反射破坏理论	275	导火线	(39)
气体推力反射波共同作用理论	192	点火材料	44
爆破作用圈	8	电雷管起爆法	46
自由面	305	电力起爆	(46)
临空面	(305)	电雷管	46
霍金逊效应	115	瞬发电雷管	227
炸药爆轰	287	电发火装置	45
爆轰波	7	延发电雷管	270
爆轰气体产物	7	电雷管全电阻	46
爆破漏斗	8	最低准爆电流	309
最小抵抗线	309	最高安全电流	309
爆破作用指数	8	点燃冲能	45
最小抵抗线原理	309	点燃起始能	(45)
[爆破材料]		电雷管反应时间	46
工业炸药	84	熔化冲能	202
炸药敏感度	287	电爆网路	45
热能感度	201	导爆索起爆法	38
撞击感度	303	导爆索	38
炸药摩擦感度	287	继爆管	119
爆炸冲能感度	9	导爆管起爆法	38
炸药爆炸性能	287	静态爆破剂	136
爆速	9	高能燃烧剂	81
爆热	9	联合起爆法	154
爆温	9	复式网路起爆法	(154)
爆炸功	9	[爆破方法]	
爆力	7	浅孔爆破	195
猛度	167	炮眼法	(195)
炸药氧平衡	287	台阶高度	235
起爆药	190	炮孔深度	180
破坏药	186	炮孔间距	180
次发炸药	(186)	浅孔液压爆破	195
主炸药	(186)	竹木竿爆破法	300
梯恩梯炸药	238	覆土爆破法	70
铵梯炸药	2	深孔爆破法	211
岩石炸药	(2)	间隔装药	122
铵油炸药	2	分段装药	(122)
浆状炸药	127	孔内微差爆破	145
硝化甘油炸药	262	填塞长度	240
水胶炸药	223	控制爆破	145
乳化炸药	203	微差爆破	253
液体炸药	272	毫秒爆破	(253)
起爆方法	190	挤压爆破	118
火雷管起爆法	115	留碴爆破	(118)
火雷管	115	定向爆破	50
导火索	39	定向中心	51

光面爆破	95	潜水	195
密集空孔爆破	168	层间水	19
周边爆破	299	湿陷性黄土	216
预裂爆破	279	膨胀土	183
缓冲爆破	107	主动土压力	300
不偶合系数	15	被动土压力	9
不偶合药包	15	静止土压力	136
峒室爆破	52	朗肯土压力理论	149
大爆破	33,(52)	验槽	270
导峒	38	[浅基础]	
药室	271	刚性基础	72
药壶爆破法	271	板式基础	4
蛇穴爆破	(271)	杯形基础	9
葫芦炮	(271)	片筏基础	183
坛子炮	(271)	满堂基础	(183)
爆堆	7	柔性基础	203
拆除爆破	19	独立基础	53
松动爆破	228	单独基础	(53)
扬弃爆破	271	条形基础	241
抛掷爆破	180	壳体基础	197
[凿孔施工]		箱形基础	261
单位耗药量	37	补偿性基础	14
相似法则	261	浮基础	68,(14)
漏斗试验法	160	[深基础]	
体积公式	239	桩基	302
爆破有害效应	8	摩擦桩	170
爆破地震效应	7	端承桩	53
爆破地震危险半径	7	灌注桩	95
爆破地表质点振动周期	7	人工挖孔灌注桩	202
爆破空气冲击波	8	沉管灌注桩	23
空气冲击波安全距离	144	贝诺特法	9
爆破飞石	7	爆扩灌注桩	7
殉爆	267	钻孔灌注桩	307
殉爆距离	267	树根桩	220
地基与基础工程	42	微型桩	254,(220)
场地勘探	22	网状树根桩	253
钻探法	308	护筒	104
洛阳铲	163	清孔	199
触探法	29	缩颈	233
静力触探	136	瓶颈	(233)
动力触探	51	蜂腰	(233)
标准贯入试验	11	吊脚桩	48
掘探法	140	钢管桩	73
探坑	236	大直径扩底灌注桩	35
上层滞水	208	[打入桩]	

桩锤	302
落锤	163
柴油桩锤	20
振动桩锤	293,（291）
沉拔桩锤	（293）
气动桩锤	192
液压桩锤	272
锤体	31
桩架	302
静力压桩	136
锚杆式静压桩	165
自承式静压桩	304
顶承式静压桩	49
静力压桩机	136
钻孔机	308
振动沉桩	291
水冲沉桩	223
钻孔锤击沉桩	307
锤击沉桩	31
最小贯入度	309
最后贯入度	（309）
锤击应力	31
超静水压力	22
防震沟	63
浅层钻孔沉桩	195
钻打法	（195）
打桩顺序	33
沉井基础	24
地下连续墙	43
气压沉箱	192
[地基处理]	
强夯法	196
动力固结法	（196）
夯锤	100
最大干重度	308
重锤夯实	299
夯击能	100
挤密法	118
砂桩挤密	206
砂桩	206
石灰桩挤密	218
石灰桩	218
土桩	249
灰土桩	108
复合地基	69

振动水冲法	292
振冲法	191,（292）
振冲器	291
注浆法	300
灌浆法	94,（300）
电化学灌浆	46
硅化灌浆	96
硅化加固法	96
碱液加固法	123
旋喷法	266
排水固结法	180
堆载预压法	55
袋装砂井	35
塑料排水带	229
真空预压法	291
预压排水固结	280
粉体喷射搅拌法	67
喷射搅拌法	（67）
振动压实	292
压实系数	269
加筋土	120
土工织物	248
土工聚合物	247,（248）
土工膜	247
土工格栅	247
土工垫	247
土钉	247
加筋土挡墙	120
换土垫层法	107
砂垫层	205
灰土垫层	108
素土垫层	229
深层搅拌法	211
深层搅拌机	211
托换技术	250
坑式托换	144
桩式托换	302
灌浆托换	95
热加固托换	201
补救性托换	14
预防性托换	279
侧向托换	18,（279）
维持性托换	255
灰砂桩托换	108
灰土井墩托换	108

加强刚度托换	120	回转扣	(267)
房屋纠偏	63	对接扣件	55
堆载加压纠偏	55	一字扣	(55)
掏土纠偏	237	简扣	(55)
降水掏土纠偏	127	碗扣式钢管脚手架	253
支护结构	296	碗扣	252
钢板桩	72	立杆连接销	152
等值梁法	41	螺栓式钢管脚手架	162
相当梁法	(41)	承插式钢管脚手架	26
单锚式板桩	36	插头	19
多锚式板桩	57	门型式钢管支架	167
地下连续墙	43	外脚手架	252
接头管	130，(234)	落地式外脚手架	163
锁口管	234，(130)	里脚手架	152
导墙	40	支柱式里脚手架	296
护壁泥浆	104，(255)	梯式里脚手架	238
导板抓斗	38	门架式里脚手架	167
接头箱	130	平台架	185
多头钻成槽机	57	伸缩式平台架	210
单元槽段	38	组合式操作平台	307
水力旋流器	224	双排脚手架	222
导管法	38	单排脚手架	36
土锚	248	多立杆式脚手架	57
土层锚杆	245，(248)	框架组合式脚手架	147
土锚杆	(248)	满堂式脚手架	164
深部破裂面	211	固定式脚手架	91
土锚定位器	248	移动式脚手架	273
二次灌浆法	58	塔式脚手架	234
钢筋混凝土板桩	76	桥式脚手架	197
双排桩挡土支护	222	双翼式脚手架	223
插筋补强护坡	19	单立杆挂置桥架	(223)
坑底隆起	144	吊脚手架	48
管涌	93	吊架	48
逆筑法	177	吊篮	49
逆作法	(177)	挑架	241
中间支承柱	298	挂脚手架	91
脚手架工程	129	挑脚手架	241
脚手架	129	挑檐脚手架	241
竹脚手架	299	斜道	262
木脚手架	173	盘道	(262)
钢管脚手架	73	坡道	(262)
扣件式钢管脚手架	146	马道	164，(104)，(262)
直角扣件	296	脚手板	129
十字扣	(296)	架板	(129)
旋转扣件	267	跳板	241，(129)，(164)

木脚手板	173		固定底座	90
竹脚手板	299		马凳	164
钢木脚手板	79		安全网	2
钢筋脚手板	77		防护立网	61
薄钢脚手板	6		防护栏杆	61
脚手板防滑条	129		挡脚板	38
探头板	236		竹笆	300
[脚手架杆件]			一步架	273
立杆	152		避雷装置	10
立柱	(152)		**砌体工程**	193
竖杆	(152)		砖	302
站杆	(152)		粘土砖	178
冲天	(152)		普通粘土砖	188
立杆间距	152		普通砖	(188)
大横杆	33		粘土空心砖	178
纵向水平杆	(33)		拱壳空心砖	86
牵杠	(33)		挂钩砖	(86)
顺水杆	(33)		粉煤灰砖	67
大横杆步距	33		灰砂砖	108
脚手架步距	(33)		七分头	188
大横杆间距	(33)		3/4砖	(188)
小横杆	262		半砖	5
横向水平杆	(262)		1/2砖	(5)
横楞	(262)		二寸头	58
楞木	(262)		1/4砖	(58)
横担	(262)		二寸条	58
排木	(262)		半二寸条	4
六尺杆	(262)		砂浆	206
小横杆间距	262		磨细生石灰	170
间横杆	122		石灰膏	218
斜杆	263		淋灰	156
扫地杆	205		粘土膏	178
连墙杆	153		电石膏	47
斜拉杆	263		有机塑化剂	278
[脚手架支撑]			皂化松香	286
剪刀撑	123		微沫剂	253,(286)
十字撑	(123)		水泥砂浆	225
十字盖	(123)		石灰砂浆	218
八字撑	3		混合砂浆	109
抛撑	180		微沫砂浆	253
支撑	(180)		砂浆流动性	206
压栏子	(180)		砂浆稠度	206
顶撑	49		砂浆分层度	206
直角撑	296		砂浆保水性	206
可调底座	142		[砌筑用机具]	

砖笼	302	横缝	(225)
铺灰器	187	卧缝	(225)
瓦刀	251	垂直灰缝	30
泥刀	(251)	直缝	(30)
砌刀	(251)	立缝	(30)
砖刀	(251)	竖缝	(30)
大铲	33	组砌型式	307
刨锛	6	砌筑方式	(307)
摊灰尺	236	顺砌层	227
摊尺	(236)	顺砖	227
透尺	(236)	丁砌层	49
蜕尺	(236)	丁砖	49
托灰板	250	竖砌层	221
灰板	(250)	侧砖	18
操板	(250)	立砌层	152
溜子	157	立砖	153
灰匙	(157)	平斜砌层	185
抿子	169	竖斜砌层	221
半圆灰匙	5	一顺一丁	273
托线板	250	满丁满条	(273)
靠尺	142,(250)	三顺一丁	204
坡度尺	186	三七缝	(204)
水平尺	225	五顺一丁	258
角尺	129	梅花丁	167
楔形塞尺	262	砂包砌法	(167)
百格网	3	二平一侧	59
皮数杆	183	全顺	200
样棒	(183)	全丁	199
线杆子	(183)	包心砌法	6
标志板	11	空斗墙	144
龙门板	159,(11)	眠砖	168
井架	135	斗砖	53
龙门架	159	拉结丁砖	147
大放脚	33	无眠空斗墙	257
清水墙	199	有眠空斗墙	278
混水墙	114	一斗一眠	273
料石清水墙	155	二斗一眠	59
过梁	97	多斗一眠	57
拱	86	[砌筑施工工艺]	
砖筒拱	302	湿砖	217
碹	267,(86)	抄平	22
反砖碹	60	弹线	236
一碹一伏	273	挂线	91
灰缝	107	三一砌筑法	205
水平灰缝	225	大铲砌筑法	(205)

满刀灰砌筑法	164	石面	218
披刀灰砌筑法	(164)	石缝	217
铺灰挤砌法	187	石层	217
挤浆法	(187)	顺石	227
摊尺铺灰砌筑法	236	丁石	49
座浆砌筑法	(236)	顶石	(49)
可砌高度	143	护角石	104
最佳砌筑高度	309	角石	(104)
允许自由高度	285	拉结石	148
错缝	32	丁头石	(148)
通缝	243	腹石	69
勾缝	88	丁顺分层组砌	49
原浆勾缝	284	丁顺混合组砌	49
加浆勾缝	120	交错混合组砌	128
平缝	184	顺层组砌	227
凹缝	2	石料浆砌法	218
凸缝	244	石料干砌法	218
斜缝	263	砌块	193
风雨缝	(263)	砌块排列图	193
瞎缝	259	**木结构工程**	173
丢缝	51	木结构	173
游丁走缝	277	原木	284
游丁错缝	(277)	方木	60
横平竖直	102	板材	3
槎	19	胶合板	128
斜槎	262	用材允许缺陷	276
踏步槎	(262)	木材含水率	172
退槎	(262)	木材疵病	171
直槎	296	出材率	28
阳槎	271	[木材处理]	
马牙槎	(271)	木材干燥	172
阴槎	275	木材防腐	171
母槎	(275)	木材防虫	171
肉里槎	(275)	木材防火	172
老虎槎	149	木材综合加工厂	172
拉结筋	148	木工机械	172
拉结条	(148)	木材基本结合	172
联结筋	(148)	木结构放样	173
跑浆	180	足尺大样	306
水冲浆灌缝	223	木结构样板	173
砌石工程	193	木结构下料	173
毛石	165	木屋架拼装	174
毛石砌体	165	木屋架吊装	174
料石	154	木门窗安装	174
料石砌体	155	门窗小五金	167

钢木大门	79	号料公差	101
钢窗安装	73	钢结构样板	75
[隔墙]		钢结构样杆	75
木骨架轻质隔墙	172	钢结构下料	74
灰板条隔墙	107	钢材下料公差	72
板材隔墙	4	气割	192
玻璃隔墙	13	砂轮锯	206
玻璃隔断	13	冲剪	28
木装修	175	机切	116
木楼梯	174	平直	186
踏脚板	234	[钢材矫正]	
踏板	(234)	型钢矫正机	264
踏步平板	(234)	火焰矫正	115
栏杆	148	冷矫正	150
挂镜线	91	热矫正	201
画镜线	(91)	混合矫正	109
踢脚板	238	钢材边缘加工	72
门窗贴脸	167	电弧气刨	46
贴脸板	(167)	坡口切割	186
木墙裙	174	滚圆	97
筒子板	244	煨弯	254
垛头板	(244)	钻孔	307
窗帘箱	30	铰孔	114
窗帘盒	(30)	法孔	(114)
木窗台板	172	扩孔裕量	147
木结构工程验收	173	冲孔	28
钢结构工程	74	钢结构连接	74
钢结构	73	焊接	99
厂房钢结构	22	电弧焊	46
高层建筑钢结构	80	电渣焊	47
大跨度建筑钢结构	33	气焊	192
平板网架钢结构	184	接触焊	130
悬索结构	266	高频焊	81
梁式大跨度结构	154	自动焊	304
轻型钢结构	198	焊接变形	99
薄壁型钢结构	6	焊后杆件矫正	99
塔桅钢结构	234	[焊接材料]	
预应力钢结构	280	焊条	100
钢板结构	72	焊丝	100
铝合金结构	161	焊剂	99
钢结构材料	73	熔剂	(99)
[钢结构制作]		焊缝	98
钢结构放样	74	坡口	186
加工裕量	119	焊接接头	99
焊接收缩裕量	100	焊接缺陷	100

13

焊缝内部缺陷	99	一次性模板	273,(276)
焊缝外部缺陷	99	饰面模板	220
焊接裂纹	100	铸铝模板	301
焊接气孔	100	铝合金模板	162,(301)
夹渣	121	木模板	174
未熔透	255	胶合板模板	128
未焊透	(255)	多卡模板	57
溢流	274	吊挂支模	48
咬肉	271	大模板	34
咬边	(271)	平模	184
烧穿	208	角模	129
焊缝未填满	99	筒模	243
焊缝凸起	99	大模板自稳角	34
焊瘤	100	混凝土侧压力	110
钢材可焊性	72	内浇外挂大模板	176
焊接应力	100	外板内模	251,(176)
焊接变形	99	内浇外砖大模板	176
铆钉连接	167	内浇外砌	176,(176)
铆钉	166	外砖内模	252,(176)
热铆	201	全现浇大模板	200
冷铆	151	预贴面砖模板	280
铆接允许偏差	167	胎模	235
铆钉缺陷	167	间隔支模	121
普通螺栓连接	188	重叠支模	27
钻孔	307	工具式模板	84
高强螺栓连接	81	模壳	170
预应力螺栓连接	(81)	分节脱模	66
摩擦面	170	成组立模	26
高强螺栓紧固设备	81	翻转脱模	60
[接头性能]		飞模	64
接头抗拉强度	130	桌模	304,(64)
接头极限应变	130	台模	235,(64)
接头残余变形	130	拉模	148
钢结构退火	74	翻模	60
[钢结构装配]		钢丝网水泥模板	79
钢结构工厂拼装	74	提模	238
装配	(74)	组合钢模板	307
组立	(74)	爬模	179
高空拼装法	81	整体折叠式模板	294
高空散装法	81	滑模	105
整体拼装法	294	滑模装置	106
模板工程	169	双滑	222
模板	169	固定模板	90
现浇模板	260	收分模板	220
永久性模板	276	活动模板	114

抽拔模板	28,(114)		量度差值	154
围圈	254		弯曲调整值	252,(154)
拱带	(254)		末端弯钩增长值	171
围檩	(254)		钢筋代换	75
承力架	26		钢筋等强代换	76
提升架	239,(26)		钢筋等面积代换	75
门型架	167,(26)		钢筋除锈	75
操作平台	17		钢筋切断	78
吊脚手架	48		钢筋切断机	78
调径装置	241		钢筋剪切机	77,(78)
降模	127		钢筋弯曲成型	78
千斤顶油路	194		钢筋冷弯	78
液压控制台	272		钢筋弯曲机	78
千斤顶支承杆	194		钢筋弯箍机	78
爬杆	179,(194)		钢筋镦头	76
千斤顶杆	(179)		钢筋镦头机械	76
钢筋轴	(179)		钢筋冷拉	77
穿心式千斤顶	29		控制冷拉率法	145
贯入阻力法	93		单控冷拉	36,(145)
混凝土护壁衬模	110		控制应力法	145
模板连接件	170		双控冷拉	222,(145)
模板支架	170		冷拉时效	151
扣件式钢管支架	146		钢筋冷拉机	78
门型式钢管支架	167		钢筋冷拔	77
桁架支模	102		钢筋冷拔总压缩率	77
滑框倒模	105		钢筋冷拔机	77
立柱支撑	152		拔丝机	3,(77)
拆模时间	20		钢筋调直器	76
出模强度	28		钢筋焊接	76
钢筋工程	76		钢筋电焊焊接设备	76
钢筋	75		闪光对焊	207
普通碳素钢钢筋	188		对焊	(207)
普通低合金钢钢筋	187		连续闪光对焊	153
冷轧扭钢筋	151		预热闪光对焊	279
冷轧带肋钢筋	151		闪光对焊参数	207
钢筋力学性能	78		调伸长度	241
钢筋强度	78		闪光留量	207
钢筋标准强度	75		闪光速度	207
钢筋设计强度	78		顶锻留量	50
钢筋屈服点	78		顶锻速度	50
钢筋抗拉强度	77		顶锻压力	50
钢筋伸长率	78		变压器级次	11
钢筋保护层	75		钢材可焊性	72
[钢筋下料]			碳当量法	236
钢筋下料长度	79		摩擦焊	170

电渣压力焊		47
渣池电压		287
电渣焊接电流		47
气压焊		193
气压焊焊接参数		193
电弧焊		46
接触点焊		129
点焊	44，(47)，(129)	
电阻点焊		47
点焊焊接电流		44
点焊通电时间		44
点焊电极压力		44
点焊机		44
埋弧压力焊		164
钢筋负温焊接		76
双钢筋		222
钢筋机械连接		77
钢筋锥螺纹接头		79
钢筋挤压接头		77
钢筋绑扎接头		75
钢筋绑扎		75
钢筋搭接长度		75
钢筋锚固长度		78
混凝土结构工程		111
钢筋混凝土工程		77
混凝土工程		110
混凝土	109，(188)	
胶凝材料		128
胶结料	128，(128)	
有机胶凝材料		277
无机胶凝材料		256
气硬性胶凝材料		193
非水硬性胶凝材料		(193)
水硬性胶凝材料		227
外加剂		251
矿物掺合料		146
矿物外掺料		(146)
矿物混合材	147，(146)	
混凝土拌合物		110
新拌混凝土		(110)
混凝土混合物		(110)
分散体系		66
分散系		(66)
触变性		29
混凝土拌合物液化		110

混凝土拌合物流变性能		110
宾汉姆模型		12
屈服值		199
屈服应力		(199)
极限剪切应力		(199)
剪应变速率		123
塑性粘度		230
宾汉姆体		12
表观粘度		12
视粘度	220，(12)	
凝结		178
初凝		28
终凝		299
凝结时间		178
初凝时间		28
终凝时间		299
贯入阻力法		93
硬化		276
工作性		85
流动性		157
可塑性		143
稳定性		255
易密性		274
粘聚性		177
易抹性		274
离析		151
泌水		168
稠度		28
坍落度		236
坍落度筒		236
维勃稠度		255
干硬度		71
工作度		(71)
和易性	101，(85)	
重混凝土		299
普通混凝土		188
混凝	109，(188)	
现浇混凝土		260
预制混凝土		284
台座法		235
机组流水法		116
流水传送法		157
立模工艺		152
立模法		(152)
成组立模工艺		26

平模工艺	184	搅拌制度	129
平模法	(184)	一次投料法	273
反打工艺	60	二次投料法	58
正打工艺	295	预拌砂浆法	279
干硬性混凝土	71	预拌净浆法	279
塑性混凝土	230	复式搅拌系统	69
低流动性混凝土	41	水泥裹砂法	225
流动性混凝土	157	SEC法	(225)
流态混凝土	158	造壳法	286,(225)
超塑性混凝土	(155)	SEC混凝土	311
流化剂	157	造壳混凝土	286,(311)
大体积混凝土	34	净浆裹石法	135
匀质混凝土	285	净浆裹砂石法	135
混凝土拌制	110	预拌混凝土	278
混凝土制备	(110)	商品混凝土	208,(278)
原材料贮存	284	单阶式工艺流程	36
筒仓	243	双阶式工艺流程	222
料位指示器	155	混凝土搅拌机	111
筒仓锥体倾角	243	混凝土搅拌站	111
物料自然休止角	258	混凝土搅拌楼	111
物料自然安息角	(258)	混凝土运输	113
物料起拱	258	垂直运输	31
水泥筒仓	225	水平运输	226
筒仓填充系数	243	上水平运输	208
原材料计量	284	下水平运输	259
配料	181,(284)	混凝土搅拌运输车	111
粗称	31	混凝土搅拌车	(111)
精称	134	马道	164,(104),(262)
细称	(134)	跳板	241,(129),(164)
混凝土配合比	112	桥板	(164)
混凝土配制强度	112	料罐	154
混凝土搅拌	111	吊斗	48,(154)
搅拌	129	串筒	30
搅拌机理	129	溜槽	156
重力扩散机理	299	自由倾落高度	305
自落式扩散机理	(299)	泵送混凝土	10
剪切扩散机理	123	混凝土泵	110
强制式扩散机理	(123)	布料杆	15
对流扩散机理	55	混凝土可泵性	112
自落式搅拌	304	塞流	203
强制式搅拌	196	栓流	(203)
振动搅拌	291	返泵	60
振动活化	291	管道水平距离换算系数	92
热拌混凝土	201	混凝土浇筑	111
搅拌时间	129	混凝土成型	110

混凝土密实	112	挤压混凝土强度提高系数	118
混凝土捣实	110,(112)	喷射密实成型	181
振动密实成型	292	喷射混凝土	181
振动捣实	291	干式喷射法	71
振动制度	293	湿式喷射法	216
振动频率	292	喷枪	181
振幅	293	喷头	182,(181)
振动速度	292	水环	223
极限振动速度	117	回弹率	108
振动加速度	291	回弹物	108
振动烈度	292	粉尘度	67
振动延续时间	292	粉尘量	67,(67)
振动有效作用半径	293	喷射角	181
振动有效作用深度	293	喷射速度	181
二次振捣	58	混凝土浇筑强度	111
重复振捣	27,(58)	施工缝	214
混凝土振动器	114	冷缝	150
离心脱水密实成型	152	压浆混凝土	268
离心制度	152	预填集料混凝土	280,(268)
离心速度	151	砂浆流动度	206
离心时间	151	浆液扩散半径	127
离心混凝土内分层	151	浆液升涨高度	127
离心混凝土外分层	151	自流灌注	304
分层投料	65	加压灌注	120
真空脱水密实	291	水下混凝土	226
真空混凝土	290	混凝土拌合物流动性保持指标	110
真空吸水装置	291	导管法	38
真空腔	290	导管作用半径	39
真空吸盘	291	导管管内返水	39
真空吸垫	291	导管管内返浆	38
上吸法真空脱水	208	泵压法	10
下吸法真空脱水	259	柔性管法	202
侧吸法真空脱水	18	倾注法	199
内吸法真空脱水	176	开底容器法	141
真空处理制度	290	袋装叠置法	35
真空度	290	水下混凝土强度系数	226
脱水率	250	混凝土养护	113
体积减缩率	239	标准养护	12
真空脱水有效系数	291	自然养护	304
真空传播深度	290	湿养护	216
压制密实成型	269	保湿养护	6
压制法	269	塑料薄膜养护	229
压轧法	269	养护纸养护	271
挤压法	118	喷膜养护	181
振动模压法	292	成膜养护剂	26

薄膜养生液	6,(26)	水平窑	(225)
太阳能养护	236	折线式隧道养护窑	290
加速养护	120	折线式隧道窑	(290)
热养护	201	折线窑	(290)
湿热养护	216	立式养护窑	152
蒸汽养护	293	立窑	152,(152)
常压蒸汽养护	22	热介质定向循环	201
无压蒸汽养护	257	高压釜	81
纯蒸汽养护	31,(257)	蒸压釜	(81)
微压蒸汽养护	254	干热养护	71
高压蒸汽养护	82	干-湿热养护	71
压蒸养护	269,(82)	红外线养护	103
绝对压力	140	电热养护	47
相对压力	261	微波养护	253
表压力	12,(261)	超高频电磁场养护	(253)
计示压力	119,(261)	油热养护	277
蒸汽空气混合物	293	蓄热养护	265
湿空气	216,(293)	混凝土外观缺陷	113
饱和蒸汽	6	麻面	164
饱和蒸汽压	6	露筋	161
饱和蒸汽温度	6	蜂窝	68
湿饱和蒸汽	216	孔洞	145
湿蒸汽	216,(216)	裂缝	155
干饱和蒸汽	70	混凝土质量控制	114
干蒸汽	71,(70)	混凝土质量初步控制	114
过热蒸汽	97	混凝土质量生产控制	114
过热度	97	混凝土质量合格控制	114
湿饱和蒸汽干度	216	混凝土质量验收	(114)
蒸汽相对体积	293	混凝土合格质量	110
蒸发面蒸发负荷	293	混凝土极限质量	111
裸露面模数	163	安全等级	1
蒸汽养护制度	294	可靠指标	143
预养	280	可靠性	143
静停	(280)	可靠概率	143
临界初始结构强度	155	验收批量	271
最佳预养期	309	验收函数	271
成熟度	26	验收界限	271
度时积	(26)	混凝土质量管理图	114
蒸汽养护室	294	混凝土强度等级	112
蒸汽养护窑	294,(294)	混凝土立方体抗压强度标准值	112
养护坑	271	混凝土标号	110
养护池	271,(271)	轻混凝土	198
养护室	271	轻集料混凝土	198
水平式隧道养护窑	225	轻集料	198
水平式隧道窑	(225)	轻粗集料	198

轻砂	198	荷重软化温度	102
全轻混凝土	200	线收缩	260
砂轻混凝土	206	线膨胀	260
密度等级	168	热膨胀	201
筒压强度	244	热震稳定性	202
总水灰比	306	激冷激热性	(202)
净水灰比	135	困料	147
有效水灰比	(135)	烘烤制度	103
多孔混凝土	57	水玻璃耐酸混凝土	223
加气混凝土	120	水玻璃模数	223
发气剂	59	酸化处理	230
加气剂	120,(59)	硫磺混凝土	158
盐析	270	硫浸渍混凝土	158
料浆稠化过程	154	渗硫混凝土	(158)
泡沫混凝土	180	膨胀混凝土	182
泡沫剂	180	补偿收缩混凝土	14
起泡剂	(180)	自应力混凝土	304
大孔混凝土	33	自由收缩	305
聚合物混凝土	137	限制收缩	260
聚合物水泥混凝土	138	自由膨胀	305
聚合物水泥比	138	限制膨胀	260
聚灰比	(138)	自由膨胀能	305
树脂混凝土	220	有效膨胀能	278
聚合物胶结混凝土	137,(220)	自由膨胀率	305
聚合物浸渍混凝土	137	限制膨胀率	260
基材	116	纤维增强混凝土	260
基材干燥	116	纤维混凝土	260,(260)
基材真空抽气	116	纤维增强水泥	260
浸填率	133	纤维长径比	260
浸渍	133	临界纤维长度	155
完全浸渍	252	临界长径比	155
局部浸渍	136	临界纤维体积	155
自然浸渍	304	取向系数	199
加压浸渍	121	强制取向	196
真空浸渍	290	防辐射混凝土	61
真空加压浸渍	290	半防护厚度	4
聚合	137	防水混凝土	62
聚填率	138	混凝土抗渗标号	111
耐火混凝土	175	混凝土抗渗等级	112
耐热混凝土	175	沥青混凝土	153
烘干强度	103	预应力混凝土工程	281
高温抗压强度	81	预应力混凝土	280
烧后抗压强度	208	全预应力混凝土	200
残余抗压强度	17	部分预应力混凝土	15
耐火度	175	预应力度	280

有粘结预应力混凝土	278	K系列锚具	311
无粘结预应力混凝土	257	VSL系列锚具	311
钢弦混凝土	80	冷轧螺纹锚具	151
预应力轻集料混凝土	284	轧丝锚	(151)
自应力混凝土	304	精轧螺纹钢筋用锚具	134
化学预应力混凝土	(304)	狄威达格锚具	(134)
自应力水泥	305	挤压式锚具	118
预应力钢材	280	粘结式锚具	288
冷拔钢丝	150	压花锚具	268
冷拔低碳钢丝	150	工具锚	84
冷拔低合金钢丝	150	夹具	121
冷轧带肋钢筋	151	锥销夹具	303
碳素钢丝	237	圆套筒三片式夹具	284
高强钢丝	(237)	方套筒二片式夹具	60
冷拉钢丝	150	单根钢筋镦头夹具	36
矫直回火钢丝	129	多根钢丝镦头夹具	57
消除应力钢丝	(129)	波形夹具	13
刻痕钢丝	143	楔形夹具	262
低松弛钢丝	41	偏心夹具	183
稳定化钢丝	(41)	连接器	153
镀锌钢丝	53	单根钢绞线连接器	36
钢绞线	73	精轧螺纹钢筋连接器	134
低松弛钢绞线	41	狄威达格连接器	(134)
模拔钢绞线	169	钢丝束连接器	79
冷拉钢筋	150	钢绞线束连接器	73
热处理钢筋	201	双拼式连接器	222
精轧螺纹钢筋	134	Ⅰ类锚具	312
预应力钢材应力应变曲线	280	Ⅱ类锚具	312
应力松弛	276	预应力筋-锚具组装件	283
应力腐蚀	275	锚具效率系数	166
锚具	166	预应力筋效率系数	283
螺丝端杆锚具	163	锚具组装件静载试验	166
帮条锚具	5	锚具组装件疲劳试验	166
钢质锥形锚具	80	锚具组装件周期荷载试验	166
弗氏锚具	68,(80)	布氏硬度	15
锥形螺杆锚具	303	洛氏硬度	163
镦头锚具	55	张拉设备	289
冷铸镦头锚具	151	电动张拉机	45
热铸镦头锚具	202	电动卷筒张拉机	45
可锻铸铁锥形锚具	143	电动螺杆张拉机	45
槽销锚具	18	弹簧测力计	236
JM型锚具	311	液压拉伸机	272
单根钢绞线锚具	36	拉杆式千斤顶	147
XM型锚具	312	穿心式千斤顶	29
QM型锚具	311	锥锚式千斤顶	303

台座式千斤顶	235	混凝土收缩损失	113
大孔径穿心式千斤顶	33	混凝土徐变损失	113
开口式双缸千斤顶	142	叠层摩阻损失	49
前卡式千斤顶	195	锚口摩擦损失	166
扁千斤顶	11	分批张拉损失	66
电动油泵	45	张拉伸长值	289
高压油管	81	初拉力	28
自封式快速接头	304	张拉程序	288
千斤顶标定	194	超张拉程序	23
水银箱测力计	227	超张拉	23
水银标准箱	(227)	补偿张拉	14
压力传感器	268	滑丝	106
测力环	18	断丝	54
压力表	268	先张法	260
预应力筋	283	长线台座先张法	22
有粘结预应力筋	278	台座	235
无粘结预应力筋	258	墩式台座	56
预应力钢材下料长度	280	台墩	235
钢丝等长下料	79	传力墩	30,(235)
编束	11	台面	235
钢丝镦头	79	预应力滑动台面	280
镦头器	55	槽式台座	18
液压镦头器	272	压杆式台座	(18)
压波机	268	三横梁张拉装置	204
刻痕机	144	四横梁张拉装置	228
压花机	268	换埋式台座	107
压花千斤顶	(268)	插板式台座	19
压头机	269	承插式台座	26
压头千斤顶	(269)	短线模外先张法	54
无粘结筋涂料层	257	张拉梳丝板	289
无粘结筋外包层	257	成组张拉	26
涂包成型工艺	244	折线张拉	290
挤压涂层工艺	118	钢丝应力测定仪	79
张拉力	289	挠度式钢丝应力测定仪	175
张拉控制应力	288	振频式钢丝应力测定仪	293
初始预应力	29,(288)	预应力筋放张	283
锚下预应力	166	切割放张法	198
有效预应力	278	楔块放张法	262
预应力损失	284	砂箱放张法	206
孔道摩擦损失	145	应力传递长度	275
锚固损失	165	后张法	104
内缩	176	预应力筋孔道	283
弹性压缩损失	236	钢管抽芯法	73
热养护损失	202	胶管抽芯法	128
钢材应力松弛损失	72	预埋套管法	279

金属波纹管	132	假柱头	(30)
卷管机	139	整体预应力	294
铸铁喇叭管	301	压折器	269
钢筋井字架	77	预应力混凝土筒仓	282
穿束	29	预应力混凝土安全壳	281
穿束机	29	预应力混凝土电视塔	281
穿束网套	29	预应力混凝土跑道	282
机械张拉法	116	预应力锚杆	283
一端张拉	273	空间曲线束	144
两端张拉	154	环向预应力	106
对称张拉	55	绕丝预应力	201
分批张拉	66	绕丝机	201
分级张拉	66	径向张拉法	135
分段张拉	65	竖向预应力	221
叠层张拉	49	竖向灌浆	221
分阶段后张法	66	预应力混凝土桩	282
电热张拉法	47	预应力混凝土电杆	281
电热设备	47	预应力混凝土轨枕	282
导电夹具	38	预应力混凝土压力管	282
钢筋电热伸长值	76	自应力混凝土管	305
孔道灌浆	145	**结构安装工程**	130
灌浆孔	94	结构架设工程	(130)
排气孔	179	结构安装工程施工准备	131
泌水管	168	结构安装工程施工组织设计	131
泌水率	168	[物体堆放]	
流动度	157	构件立放	89
流锥时间	158	构件平放	89
膨胀率	182	构件叠放	88
灌浆设备	95	堆码间距	54
灌浆泵	94	堆码高度	54
喷浆嘴	181	[物体运输]	
二次灌浆	58	构件立运	89
端头局部灌浆	53	构件平运	89
后张自锚工艺	104	[物体布置]	
锚固区	165	柱子布置	301
预应力混凝土叠合构件	281	屋架布置	256
预应力混凝土薄板叠合板	281	屋架扶直	256
预制预应力混凝土薄板	284	构件就位	89
预应力混凝土空心板叠合板	282	构件加固	89
预应力混凝土叠合梁	281	吊具	48
预应力混凝土芯棒	282	吊装准线	49
整体预应力装配式板柱结构	294	[起吊设备]	
摩擦节点	170	起重机	191
拼装楼板	184	起重机参数	191
传力垫块	30	起重量	191

工作幅度	85
回转半径	109,(85)
幅度	(85)
起升高度	190
起重高度	(190)
起重力矩	191
分件吊装法	66
大流水吊装法	34,(66)
综合吊装法	305
节间吊装法	130,(305)
分层大流水吊装法	65
分层分段流水吊装法	65
开行路线	142
停机点	242
停点	(242)
单机起吊法	36
旋转法	267
滑行法	106
悬吊法	265
双机抬吊法	222
递送法	44
构件分节吊装法	89
构件绑扎	88
构件对位	89
构件落位	89,(89)
构件临时固定	89
构件校正	89
通线法	243
平移轴线法	185
钢钎校正法	79
撑杆校正法	25
千斤顶校正法	194
缆风校正法	148
屋架校正器	256
构件最后固定	90
升板法	212
液压升板机	272
电动升板机	45
电动提升机	(45)
电动螺旋千斤顶	(45)
提升环	239
承重销	27
提升吊杆	239
提升程序	239
提升差	239

搁置差	82
就位差	136
升板同步控制	212
后浇柱帽节点	103
剪力块节点	123
承重销节点	27
群柱稳定	200
等代悬臂柱	41
折算荷载	290
升板柱计算长度	212
升滑法	212
集层升板法	117
升层法	212
盆式提升	182
高空拼装法	81
组合安装法	306
钢带提升法	73
平移法	185
整体安装法	294
多机抬吊法	57
桅杆抬吊法	254
升板机提升法	212
顶升法	50
独脚桅杆	53
独脚桅子	(53)
人字桅杆	202
两木搭	(202)
动臂桅杆	51
悬臂桅杆	(51)
台灵架	235
屋面吊	(235)
锚碇	165
地锚	(165)
缆风绳	148
路基箱	161
防水工程	62
屋面防水	256
柔性防水屋面	202
卷材防水屋面	139
石油沥青油毡防水屋面	219
再生橡胶卷材防水屋面	286
改性沥青柔性油毡屋面	70
氯化聚乙烯-橡胶共混卷材屋面	162
三元乙丙-丁基橡胶卷材防水屋面	205
LYX-603卷材屋面	311

倒置式卷材防水屋面	40
倒置式屋面	（40）
倒铺式屋面	（40）
排气屋面	179
涂膜防水屋面	245
刚性防水屋面	71
细石混凝土刚性防水屋面	259
分格缝	65
分仓缝	（65）
补偿收缩混凝土刚性防水屋面	14
微膨胀混凝土防水屋面	254，（14）
预应力混凝土刚性防水屋面	282
砖块体刚性防水屋面	302
双防水刚性屋面	222
双防水屋面	（222）
架空隔热刚性屋面	121
蓄水隔热刚性防水屋面	265
蓄水屋面	（265）
种植隔热刚性防水屋面	299
种植屋面	（299）
自防水屋面	304
构件自防水屋面	（304）
瓦屋面	251
平瓦屋面	185
冷摊平瓦屋面	151
木望板平瓦屋面	174
钢筋混凝土挂瓦板平瓦屋面	76
波形瓦屋面	13
小青瓦屋面	262
石板瓦屋面	217
琉璃瓦屋面	158
石灰炉渣屋面	218
青灰屋面	198
金属瓦屋面	132
彩色压型钢板屋面	17
彩板屋面	（17）
地下防水	43
防水混凝土	62
普通防水混凝土	187
外加剂防水混凝土	251
减水剂防水混凝土	122
氯化铁防水混凝土	162
三乙醇胺防水混凝土	205
加气剂防水混凝土	120
粉煤灰防水混凝土	67

膨胀水泥防水混凝土	182
混凝土抗渗标号	111
混凝土抗渗等级	112
水泥砂浆防水层	225
防水砂浆防水层	62
膨胀水泥砂浆防水层	183
聚合物砂浆防水层	137
多层抹面水泥砂浆防水层	56
有机硅砂浆防水层	277
卷材防水层	139
盲沟排水	165
埋管盲沟	164
无管盲沟	256
内排法排水	176
渗排水层排水	211
止水带	296
防水卷材	62
卷材	（62）
油毡	277，（62）
石油沥青油毡	218
焦油沥青耐低温油毡	128
改性沥青柔性油毡	70
再生橡胶卷材	286
硫化型橡胶油毡	158
BX-701 橡胶防水卷材	310
BX-702 橡胶防水卷材	310
氯化聚乙烯卷材	162
氯化聚乙烯-橡胶共混卷材	162
彩砂面聚酯胎弹性体油毡	17
彩色三元乙丙复合防水卷材	17
自粘防水卷材	305，（17）
三元乙丙-丁基橡胶卷材	205
铝箔塑胶油毡	161
［粘结剂、防水涂料］	
沥青胶	153
玛琋脂	164，（153）
冷底子油	150
乳化沥青	203
石灰乳化沥青	218
膨润土沥青乳液涂料	182
皂液乳化沥青	286
水乳型再生胶沥青涂料	226
JG-1 防水冷胶料	310
JG-2 防水冷胶料	310
SBS 弹性沥青防水胶	311

聚氨酯涂料	137	灰饼	(11)
EPDM 防水薄膜	310	标筋	11
PVC 焦油防水涂料	311	冲筋	(11)
水性石棉沥青涂料	227	出柱	(11)
CXS-102 防水涂料	(237),310	立柱头	(11)
狮龙防水胶	213	护角	104
〔嵌缝、堵漏材料〕		贴脸	242
沥青橡胶防水嵌缝膏	153	踢脚板	238
聚氯乙烯胶泥	138	墙裙	196
桐油渣废橡胶沥青防水油膏	243	护壁	(196)
塑料油膏	230	台度	(196)
水乳型丙烯酸系建筑密封膏	226	勒脚	150
氯磺化聚乙烯密封膏	162	分格条	66
CSPE-A 型密封膏	(162),310	淋灰	156
有机硅密封膏	277	石灰熟化	218
聚氨酯弹性密封膏	137	陈伏	(218)
聚硫密封膏	138	纸筋石灰	297
丙凝	13	麻刀石灰	164
丙烯酰胺浆液	13	聚合物水泥砂浆	138
氰凝堵漏剂	199	石膏灰	217
硅酸钠五矾防水胶泥	96	大白腻子	33
特效防水堵漏涂料	238	装饰抹灰	303
801 地下堵漏剂	312	水刷石	226
氯化铁防水剂	162	洗石米	(226)
无机铝盐防水剂	256	汰石子	(226)
M1500 水泥密封剂	311	斩假石	288
防水浆	62	剁斧石	(288)
避水浆	11	干粘石	71
水泥快燥精	225	拉毛灰	148
装饰工程	303	条筋拉毛	241
抹灰工程	171	拉条灰	148
粉刷工程	(171)	洒毛灰	203
一般抹灰	272	甩毛灰	(203)
普通抹灰	188	撒云片	(203)
中级抹灰	298	扒拉灰	3
高级抹灰	81	扒拉石	3
抹灰层	171	聚合物水泥砂浆	138
抹灰底层	171	聚合物水泥砂浆抹灰	138
抹灰中层	171	聚合物水泥砂浆滚涂饰面	138
抹灰面层	171	聚合物水泥砂浆喷涂饰面	138
手工抹灰	220	聚合物水泥砂浆弹涂饰面	138
机械抹灰	116	仿假石	64
规方	95	假面砖	121
找平	289	灰线	108
标志	11	〔抹灰缺陷〕	

起砂	190	[涂刷工艺]	
空鼓	144	涂料刷涂	245
龟裂	141	涂料滚涂	245
开花	141	涂料喷涂	245
析盐	258	打蜡抛光	32
析白	258	调色样板	241
[材料]		[涂料缺陷]	
石碴	217	涂料凝结	245
色石子	(217)	涂料肝化	245
石米	(217)	涂料爆聚	245
彩砂	17	[涂料特性]	
彩色瓷粒	(17)	涂料流平性	245
膨胀珍珠岩	183	涂料桥接性	245
珠光砂	(183)	涂料涂刷性	245
膨胀蛭石	183	[涂层缺陷]	
聚乙烯醇缩甲醛	139	起皮	190
107 胶	(138),(139),312	透底	244
聚醋酸乙烯乳液	137	刷纹	221
羧甲基纤维素	233	流坠	158
刷浆工程	221	回粘	109
[材料]		慢干	164
聚合物彩色水泥浆	137	起泡	190
可赛银浆	143	皱纹	299
聚乙烯醇水玻璃内墙涂料	138	橘皮	136
106 内墙涂料	(138),312	发笑	59
聚乙烯醇缩甲醛内墙涂料	139	咬底	271
SJ-803 内墙涂料	(139),311	咬色	271
JH80-1 无机建筑涂料	311	渗色	(271)
JH80-2 无机建筑涂料	311	泛白	60
粉化	67	起雾	191
油漆工程	277,(245)	碱蚀	123
[漆料]		裱糊工程	12
调合漆	241	塑料壁纸	229
清漆	199	复合多色深压花纸质壁纸	69
磁漆	31	玻璃纤维墙布	14
防锈漆	62	饰面工程	219
腻子	177	石材饰面	217
涂料工程	245	陶瓷饰面	237
油漆工程	(245)	玻璃饰面	13
涂料	245	金属饰面	132
油漆	(245)	塑料饰面	229
有机溶剂型涂料	277	混凝土外墙板饰面	113
乳液涂料	203	罩面板工程	289
乳胶漆	203	隔断工程	82
乳液厚质涂料	(203)	石膏板隔墙	217

木骨架轻质隔墙	172	预制水磨石面层	284
灰板条隔墙	107	大理石板块面层	34
板材隔墙	4	碎拼大理石面层	230
玻璃隔墙	13	陶瓷锦砖面层	237
吊顶工程	48	马赛克面层	(237)
吊杆	48	木板面层	171
吊顶龙骨	48	企口板	189
罩面层	289	搁栅	82
活动式装配吊顶	115	拼花木板面层	183
隐蔽式装配吊顶	275	硬质纤维板面层	276
金属装饰板吊顶	132	涂料面层	245
开敞式吊顶	141	过氯乙烯涂料面层	97
铝合金龙骨吊顶	162	苯乙烯涂料面层	10
轻钢龙骨吊顶	198	环氧树脂面层	107
花饰工程	105	聚氨酯面层	137
玻璃工程	13	不饱和聚酯面层	14
玻璃幕墙	13	塑料板面层	229
玻璃栏河	13	不发生火花地面	15
玻璃栏板	(13)	防爆地面	(15)
玻璃扶手	13, (13)	地毯	42
门窗工程	167	[冬雨季施工]	
铝合金门窗	162	冬期施工	51
钢门窗	79	气象要素	192
镀锌钢板门窗	53	气温	192
塑料门窗	229	降雪量	127
塑钢门窗	229	相对湿度	261
钙塑门窗	70	寒潮	98
地面工程	42	土冻结深度	(52)
基土	117	土壤防冻	248
垫层	48	翻松耙平防冻法	60
灰土垫层	108	覆雪防冻法	70
三合土垫层	204	隔热材料防冻法	82
四合土垫层	228	冰壳防冻法	12
炉渣垫层	160	暖棚防冻法	178
保温层	6	冻土挖掘	52
防水层	62	冻土爆破法	51
防潮层	61	冻土机械法	52
找平层	289	冻土融化	52
结合层	131	烘烤法	103
面层	168	循环针法	267
钢屑水泥面层	80	蒸汽化冻法	(267)
水磨石面层	224	电热化冻法	46
菱苦土面层	156	掺盐砂浆法	20
缸砖面层	80	冻结法	51
大阶砖面层	33	混凝土临界强度	112

暖棚法	178		护脚	104
蓄热法	265		护岸	104
材料加热温度	16		护坡	104
混凝土养护平均温度	113		涵洞	98
结构表面系数	131		漏洞	159
水泥水化热	225		滑坡	106
总热阻	306		截泥道	132
透风系数	244		陡槽	53
综合蓄热法	305		防雨器材	63
蒸汽加热法	293		防雨棚	63
内部通汽法	176		雨季施工增加费	278
汽套法	193		施工安全	213
棚罩法	182		工伤事故	84
蒸汽热模法	293		伤亡事故	208
电热法	46		伤害程度	208
电极加热法	46		事故类别	219
电热器加热法	47		安全帽	1
电磁感应加热法	45		安全带	1
远红外线养护法	285		安全网	2
低温硬化混凝土	41		建筑工程安全网	125
雨季施工	278		平网	185
施工排水	214		立网	152
排水沟	179		安全色	1
集水池	117		对比色	55
明沟排水	169		安全标志	1
暗沟排水	2		禁止标志	133
水位	226		警告标志	135
枯水期	146		指令标志	297
枯水位	146		提示标志	239
丰水期	67		安全用电	2
洪水位	103		安全电压	1
警戒水位	135		保护接地	6
径流	135		保护接零	6
降雨径流	127		安全跳闸	1
产流	20		防水灯具	62
汇流	109		绝缘手套	140
灌槽	94		避雷针	10
防汛	62		防火	62
防洪	61		火灾	115
截水沟	132		消防	262
堤	41		爆破安全	7
坝	3		爆破作用圈	8
堰	271		爆破漏斗	8
导流	39		控制爆破	145
堵口	53		爆破安全距离	7

早爆	286
覆盖防护	69
围挡防护	254
爆破震动防护	8
高处作业	80
焊接防护	99
焊接护目镜	99
焊接防护面罩	99
触电防护	29
体力劳动强度	239
劳动强度指数	149
能量代谢率	176
平均劳动时间率	184
起重吊运指挥信号	191
起重机安全防护装置	191
超载限制器	23
力矩限制器	152
上升极限位置限制器	208
下降极限位置限制器	259
运行极限位置限制器	285
联锁保护装置	154
极限力矩限制器	117
风级风速报警器	67
倒退报警装置	40
钢丝绳	79
安全防护	1
防护面罩	61
防护眼镜	62
防护手套	61
护栏	104
防护棚	61
设备安装工程	208
设备安装工程施工准备	208
设备安装工程施工组织设计	209
[设备安装]	
地脚螺栓	42
基准点	117
中心标板	298
垫铁	48
垫板	48,(48)
无垫铁安装法	256
二次运输	58
磁力搬运	31
真空搬运	290
滑台	106

气垫	191
静压型气垫	136
动压型气垫	51
气垫运输车	191
木排	174
钢排	79
滚杠	97
[保养]	
例行保养	153
定期保养	50
通用设备安装工艺	243
三点安装法	204
水压试验	227
胀管	289
胀接	289,(289)
烘炉	103
煮炉	300
蒸汽试验	293
管道安装	92
弯管	252
弯头	252,(252)
管道支架	92
补偿器	14
管道试压	92
管道防腐	92
地锚	(165)
地龙	42
锚碇	165
设备吊装	209
无锚点法设备吊装	256
推举法设备吊装	249
设备找正	209
设备找平	209
找中心法	289
气压试验	193
气密性试验	192
设备试运转	209
设备安装竣工验收	209
隧道工程	231
隧道	230
交通隧道	128
铁路隧道	242
道路隧道	40
公路隧道	(40)
运河隧道	285

航运隧道	(285)
自行车隧道	304
人行隧道	202
地道	42
地下铁道	43
地铁	(43)
地下铁	(43)
地铁隧道	43
车站隧道	23
区间隧道	199
喇叭口隧道	148
水工隧洞	223
引水隧洞	275
尾水隧洞	255
泄水隧洞	263
泄洪隧洞	263
导流隧洞	39
压力隧洞	268
有压隧洞	278,(268)
无压隧洞	257
市政隧道	219
山岭隧道	207
越岭隧道	285
傍山隧道	5
山嘴隧道	207
河曲线隧道	101,(207)
水底隧道	223
水下隧道	226,(223)
越江隧道	(223)
沉管隧道	23
桥式隧道	197
水下桥梁	(197)
隧式桥梁	(197)
深埋隧道	211
浅埋隧道	195
明洞	169
棚洞	182
引道	275
斜引道	(275)
隧道施工方法	231
暗挖法	2
矿山法	146
奥国法	2
上下导坑先墙后拱法	(146)
全断面分部开挖法	(146)

比国法	10
支承顶拱法	296,(10)
先拱后墙法	259,(10)
英国法	276
拱冠梁法	86,(276)
德国法	40
核心支持法	101,(40)
侧壁导坑法	18,(40)
多层导坑开挖法	56
意国法	274
先挖底拱法	260,(274)
衬板法	25
针梁法	290
麦赛尔法	164
贝诺尔法	9
孔兹支撑法	145
管棚法	93
插板法	19
漏斗棚架法	159
蘑菇形开挖法	171
中央导坑法	298
钻爆法	307
全断面开挖法	200
半断面开挖法	4
台阶法	235
分层开挖法	(235)
正台阶法	295
反台阶法	60
掏槽	237
斜眼掏槽	263
单向掏槽	37
顶部掏槽	49
底部掏槽	42
侧面掏槽	18
多向掏槽	58
楔形掏槽	262
V形掏槽	(303)
锥形掏槽	303
扇形掏槽	207
直眼掏槽	296
平行孔掏槽	(296)
龟裂掏槽	141
直线掏槽	(141)
螺旋形掏槽	163
混合式掏槽	109

钻爆参数	307	盾尾间隙	56
炮眼	180	盾尾密封装置	56
辅助炮眼	69	盾构千斤顶	56
二槽眼	(69)	掘进千斤顶	140
崩落眼	(69)	开挖面千斤顶	142
周边炮眼	299	举重臂	137
帮眼	(299)	盾构灵敏度	56
空炮眼	144	手掘式盾构	220
空眼	(144)	挤压式盾构	118
掏槽炮眼	237	网格式盾构	253
炮眼利用率	180	半机械式盾构	5
早爆	286	敞胸盾构	22
炮棍	180	机械式盾构	116
炮泥	180	闭胸盾构	10
瞎炮	259	局部气压盾构	136
岩爆	270	泥水加压盾构	177
钻孔台车	308	土压平衡式盾构	249
湿式凿岩	216	闭胸盾构开口比	10
岩石可凿性	270	半盾构	4
出碴	28	压气盾构法	268
装碴	303	气压盾构跑气	192
人工装碴	202	气压盾构漏气	192
半机械化装碴	4	闸墙	287
装碴机	303	闸室	287
翻碴	59	粘土覆盖层	178
钢板出碴	72	盾构拼装室	56
运碴	285	盾构拆卸室	56
矿车	146	盾构纠偏	56
槽式列车	18	掘进机法	140
梭式矿车	233	顶管法	50
爬道	179	顶入法	(50)
弃碴	193	顶柱	50
新奥法	264	后背	103
隧道施工监测	232	中继间法	298
水平开挖法	225	明挖法	169
竖向开挖法	221	基坑法	116
单向开挖法	37	明挖回填法	(116)
分段开挖	65	堑壕法	195
围岩压力施工效应	254	气压沉箱法	192
盾构法	56	沉箱气闸	25
盾构	56	沉箱刃脚	25
前檐	195	沉箱工作室	25
切口环	198	沉箱病	24
支承环	296	冻结法	51
盾尾	56	冻土护壁	(51)

槽壁法	18	超前导坑	(297)
地下连续墙法	43, (18)	扩大	147
护壁泥浆	104, (255)	上部扩大	208
导墙	40	刷帮	(208)
墙段	196	拉槽	147
米兰法	168	挖马口	251
沉管法	23	落底	163
沉埋法	(23)	漏碴口	159
强制管酸沉埋法	(23)	漏斗口	159
沉管隧道管段	24	隧道施工坍方	232
隧道管段节段	231	冒顶	167
封端墙	68	超挖	23
管段柔性接头	92	超挖百分率	23
管段刚性接头	92	欠挖	195
钢边橡胶止水带	72	补挖	14
沉管摩阻力	23	支护	296
临时干坞	155	临时支撑	156
管段沉入	92	临时支护	(156)
水下连接	226	木支撑	175
水下混凝土连接	226	钢拱支撑	73
拉合千斤顶	147	插板支撑	19
管段基础处理	92	中层支撑	298
先铺法	259	伸缩式支撑	211
后填法	104	扇形支撑	207
喷砂法	181	卡口梁	194
压砂法	268	棚子梁	182
管底压浆法	92	太平梁	(182)
灌囊法	95	墙架	196
灌浆法	94, (300)	挖底支撑	250
水力压接	224	导坑支撑	39
活动桩顶法	115	开挖面支护	142
沉埋法	24, (23)	锚杆支护	165
沉井法	24	锚杆	165
沉井承垫	24	喷射混凝土支护	181
封底	68	锚喷参数	166
水下封底	226	预留沉落量	279
化学加固法	106	化学加固法	106
明洞施工方法	169	井点降水法	134
洞口开挖	52	集管	117
掘进	140	整体式衬砌	294
开挖面	142	现浇衬砌	(294)
贯通	94	模筑衬砌	170, (294)
进尺	133	砖石衬砌	302
导坑	39	挤压衬砌	118
指向导坑	297	混碴	109

装配式衬砌		303	喷雾消尘	182
衬砌管片		25	三管两线	204
衬砌砌块		25	辅助坑道	69
双层衬砌		221	平行导坑	185
联合式衬砌		(221)	横洞	102
初次衬砌		28	竖井	220
二次衬砌		58	斜井	263
离壁式衬砌		151	隧道施工准备	232
复合式衬砌		69	隧道施工调查	231
拱圈托梁		88	隧道施工组织设计	233
拱架		86	隧道施工进度计划	232
拱圈封顶		87	隧道施工场地布置	231
活封口		115	隧道作业循环图	233
刹尖		(115)	隧道工班	231
死封口		228	交接班时间	128
墙顶封口		196	成洞折合系数	26
刹肩		(196)	单口平均月成洞	36
刹背		(196)	隧道施工测量	231
衬砌模板台车		25	隧道施工控制网	232
衬砌背后回填		25	竖井联系测量	220
隧道压浆		233	洞外控制测量	52
初次压注		28	洞内控制测量	52
二次压注		58	隧道贯通误差	231
衬砌夹层防水层		25	导坑延伸测量	39
隧道外贴式防水层		233	洞口投点	52
隧道内贴式防水层		231	**公路桥梁工程**	85
止水		296	[道路工程]	
衬砌止水板		25	公路分级	85
止水胶垫		296	一级公路	273
止水带		296	二级公路	59
嵌缝		195	三级公路	204
隧道工作缝		231	四级公路	228
隧道施工缝		(231)	高速公路	81
隧道伸缩缝		231	路线	161
隧道沉降缝		231	路基宽度	160
衬砌径向缝		25	路面宽度	161
隧道施工辅助作业		232	平曲线	185
隧道施工通风		232	竖曲线	221
风管式通风		67	平曲线半径	185
隧道防水		231	竖曲线长度	221
隧道施工排水		232	缓和曲线	107
隧道施工给水		232	弯道超高	252
隧道施工照明		232	弯道加宽	252
坑道施工降温		144	平曲线加宽	(252)
隧道施工防尘		232	回头曲线	108

道路纵坡	40	空气帘沉井	144
视距	220	吸泥下沉沉井	258
桥上线型	197	沉井下沉	24
桥头引道	197	沉井下沉除土	24
道路路基	40	泥浆润滑套下沉沉井	177
路基宽度	160	沉井承垫	24
路基边坡	160	沉井封底	24
护坡道	104	沉井基底处理	24
路堤	160	沉井填箱	24
路堑	161	管柱基础	93
路面	161	管柱钻岩	93
高级路面	81	管柱下沉	93
中级路面	298	管柱内清孔	93
次高级路面	31	水中挖土法	227
低级路面	41	水力吸泥机	224
计算行车速度	119	水力吸石筒	224
设计行车速度	(119)	空气吸泥机	145
路拱	160	砌体桥涵施工	194
沿线设施	270	圬工桥涵施工	(194)
渡口码头	53	拱石	88
路线交叉	161	拱石楔块	(88)
公路交通标志	85	浆砌块石	127
道路安全设施	40	浆砌拱圈	127
[桥梁施工]		砌筑程序	194
桥涵	196	拱圈合龙	87
桥梁净空	197	拱块砌缝	87
桥涵跨径	196	空缝	144
车辆荷载标准	23	拱顶石	86
[桥涵基础施工]		拱心石	(86)
桥涵施工测量	197	拱桥悬砌法	87
围堰	254	[桥涵施工模架]	
土袋围堰	245	拱架	86
钢板桩围堰	72	膺架	(86)
套箱围堰	238	木拱架	172
土围堰	249	木支架	(172)
钢筋混凝土板桩围堰	76	土牛拱胎	248
[沉井]		卸架设备	263
干地沉井	71	卸架程序	263
筑岛沉井	301	挂篮	91
浮式沉井	68	活动模板吊架	(91)
沉井浮运	24	移动悬吊模架施工	273
浮运沉井就位	68	活动模架施工	114
浮运沉井定位	(68)	[钢筋混凝土拱桥施工]	
浮运沉井落床	68	拱桥悬臂施工法	87
导向船	40	拱桥悬臂浇筑法	87

拱圈混凝土浇筑	88	斜拉桥	263
拱桥悬臂拼装法	87	斜张桥	263
悬砌板拱	266	索塔	234
塔架斜拉架设法	234	桥塔	(234)
拱桥塔架斜拉索架设法	(234)	[桥梁架设安装]	
骨架斜拉施工法	90,(87)	架桥设备	121
拱桥转体施工	87	龙门架	159
半刚性骨架假载施工法	4	龙门吊机	159
少支架安装法	208	门式起重机	(159)
刚性骨架法	71	联合架桥机	153
埋入式钢拱架	(71)	蝴蝶架架桥机	(153)
拱上建筑	88	缆索架桥机	148
桁架拱桥	102	悬索起重机	(148)
[钢筋混凝土梁桥施工]		缆索吊	(148)
混凝土梁桥安装	112	架桥机	121
预应力混凝土桥悬臂浇筑	282	浮式起重机	68
预应力混凝土桥悬臂拼装	282	起重船	(68)
桁式吊悬拼施工	102	浮吊	(68)
墩梁临时固结	55	[梁式桥安装]	
[钢桥施工]		浮运架桥法	69
[钢桥制作]		浮运落架法	69
喷铁丸除锈	181	浮运吊装法	68,(69)
酸洗除锈	230	吊机吊装法	48
喷砂处理	181	移动支架式安装	273
喷焰处理	182	跨墩龙门架安装法	146
纵向拖拉法	306	导梁法	39
[悬索桥施工]		移动脚手架施工法	273,(39)
悬索桥	266	导梁	39
吊桥	49,(266)	鼻梁	10,(39),(306)
主索	300	摆动法	3
悬索	266,(300)	钓鱼法	49
索塔	234	顺序拼装法	227
桥塔	(234)	渐次拼装法	126,(227)
索鞍	233	逐段就位施工法	300,(227)
索鞍预偏量	233	缆索吊装法	148
吊桥锚碇	49	双导梁安装法	222
重力式锚碇	299	穿巷式架桥机安装法	29,(22)
山洞式锚碇	207	扒杆吊装法	3
锚碇承托板	165	简支连续法	123
加劲梁	120	悬臂连续法	265
缆索丈量	149	预应力连续梁桥顶推安装	283
钢索锚头	80	顶推程序	50
锚具套筒	166	单点顶推法	36
钢索测力器	80	集中式顶推法	(36)
斜缆式吊桥	263	多点顶推法	57

分散式顶推法	(57)		铁路施工调查	242
顶推装置	50		施工里程	214
水平垂直千斤顶顶推法	225		路基施工方数	161
水平张拉千斤顶顶推法	226		体积图	239
横向导向装置	103		土积图	(239)
永久支座顶推法	276		经济运距	134
RS 施工法	(276),311		综合机械化施工	305
临时墩	155		工程任务单	83
滑动支座	105		铁路施工复测	242
聚四氟乙烯垫片	138		铺轨	187
四氟乙烯板	(138)		机械化铺轨	116
四氟板	(138)		轨排	96
木桥	174		轨节	(96)
涵洞	98		轨排拼装基地	96
管涵	92		轨排经济供应半径	96
拱涵	86		轨排计算里程	96
[铁路施工]			铺设误差	187
[施工准备]			轨排换装站	96
技术设计	119		换装站供应距离	107
竣工测量	141		专用轨排平车	301
施工桩	215		钉道站	50
施工标高	213		铺轨列车	187
施工调度	213		铺轨机	187
工程运输	83		道岔分段拼装	40
工地运输	84		预留车站岔位	279
施工便线	213		轨排拖拉	96
临时通信	156		拖拉托轨	250
开竣工期限	142		铺碴	186
站后配套工程	288		铺轨前铺碴	187
隐蔽工程	275		铺轨后铺碴	187
废弃工程	64		卸碴列车	263
主导工作	300		向碴场铺碴	261
施工图	215		自碴场铺碴	304
设计概算	209		路基面整修	160
总概算	306		枕木槽	291
工程费	82		道床整修	40
工程直接费	84		起道	190
工程间接费	82		拨道	13
工程材料费	82		道床捣固	40
材料运杂费	16		轨枕盒	96
施工机械使用费	214		枕木盒	(96)
技术组织措施计划	119		铺碴机	187
验工计价	270		配碴整形机	(187)
竣工验收	141		路基工程	160
铁路施工方案	242		路堤填筑	160

铲运机填筑路堤		21
铲运机运行路线		21
环形路线		106
8字形路线		312
之字形路线		295
铲运机分段填筑		21
分段长度		65
路堤缺口		160
铲运机作业循环时间		21
填筑顺序		240
延伸填筑法		270
两侧取土		154
推土机填筑路堤		249
斜层铺填法		262
堆填法		54
鱼鳞状填土法		(55)
斜向推填法		263
路堑开挖		161
铲运机开挖路堑		21
纵向出土开挖法		306
横向出土开挖法		102
两侧弃土		154
推土机开挖路堑		249
横向推土开挖		103
纵向推土开挖		306
傍坡推土法		5
锁口出土		234
正铲挖土机开挖路堑		295
挖土通道		251
通道断面样板		242
先锋沟		259
工作面正常高度		85
掌子面正常高度		(85)
卸土回转角		264
爆破开挖路堑		8
松动爆破		228
扬弃爆破		271
抛掷爆破		180
大量爆破		34
大爆破		33,(52)
半机械化土方施工		4
梭槽漏斗		233
棚架漏斗		182
轨道翻斗车		96
轨道翻板车		96
打夯		32
木夯		172
石硪		218
双象鼻垂直打夯机		222
半填半挖		5
半堤半堑		(5)
路堤边坡		160
边坡坡度		11
坡脚		186
坡顶		186
边坡样板		11
边坡桩		11
路堤取土坑		160
借土坑		(160)
护道		104
天然护道		(104)
马道		164,(104),(262)
弃土堆		193
弃土		193
弃方		193
采土场		16
借土		132
利用方		153
实方		219
紧方		133
填挖高度		240
台班费用		235
水利工程施工		224
施工导流		213
全段围堰法导流		199
一次断流法导流		(199)
分期导流		66
隧洞导流		233
明渠导流		169
涵管导流		98
渡槽导流		53
底孔导流		42
梳齿导流		220
无围堰法施工		257
围堰		254
上游围堰		208
下游围堰		259
纵向围堰		306
过水围堰		97
木笼围堰		174

笼网围堰	159
草土围堰	18
钢板桩围堰	72
混凝土围堰	113
施工拦洪标准	214
施工拦洪水位	214
临时拦洪断面	156
导流设计流量	39
围堰挡水时段	254
封孔蓄水	68
截流	131
平堵	184
立堵	152
混合堵	109
截流戗堤	131
单戗堤截流	37
多戗堤截流	57
宽戗堤截流	146
抛投材料	180
密集断面	168
扩展断面	147
龙口	159
截流设计流量	131
分流	66
龙口单宽功率	159
龙口落差	159
截流护底	131
接面冲刷	130
龙口下游基床冲刷	159
截流水力学	132
堵口	53
合龙	101
闭气	10
[施工运输]	
铁路运输	242
铁路通过能力	242
铁路运输能力	242
列车运行图	155
运行阻力	286
[汽车运输]	
自卸汽车	304
翻斗汽车	(304)
牵引汽车	194
拖车头	(194)
挂车	91
拖车	(91)
[水上运输]	
拖轮	250
驳船	14
螺旋运输机	163
带式运输机	35
皮带机	(35)
索道运输	233
卷扬道	139
绞车道	(139)
气垫运输	191
土方工程水力机械化	247
水力开挖	224
水枪	226
水力运输	224
水力冲填	224
土方压实机械	247
平碾	185
压路机	(185)
汽胎碾	193
羊足碾	271
振动碾	292
爆炸夯	9
夯土机	100
蛙式打夯机	251
填筑质量控制	241
压实标准	268
压实参数	269
压实功能	269
压实试验	269
堆石人工撬砌	54
堆石高层端进抛筑法	54
堆石薄层碾压法	54
栈桥法浇注	288
混凝土坝柱状浇筑法	109
混凝土坝纵缝分块浇筑法	(109)
混凝土通仓浇筑法	113
混凝土坝斜缝浇筑法	109
混凝土坝砌砖分块法	109
错缝分块法	(109)
大仓面薄层浇筑法	33
混凝土切缝机	112
碾压混凝土筑坝	178
喷雾养护	182
混凝土温度控制	113

混凝土温度裂缝	113
集料预冷	117
水管冷却	223
挖槽机	250
抓斗式挖槽机	301
回转式挖槽机	109
连续墙导向沟	153
单元槽段	38
泥浆正循环挖槽	177
泥浆反循环挖槽	176
分层平挖法挖槽	65
分层直挖法挖槽	65
钻抓法	308
清水固壁	199
泥浆固壁	177
稳定液	255
固壁泥浆	(255)
护壁泥浆	104，(255)
稳定液调整剂	255
稳定液分散剂	255
稳定液抗粘剂	255
稳定液加重剂	255
自凝灰浆	304
锁口管	234，(130)
接头管	(234)
灌浆	94
灌浆材料	94
灌浆浆液浓度	94
灌浆设备	95
帷幕灌浆	254
固结灌浆	91
接缝灌浆	130
补强灌浆	14
水泥灌浆	225
化学灌浆	106
砂砾地基灌浆	206
打管灌浆法	32
套管灌浆法	238
循环钻灌法	267
预埋花管法	279
纯压灌浆法	31
循环灌浆法	267
全孔一次灌浆法	200
全孔分段灌浆法	200
灌浆次序	94
灌浆压力	95
压水试验	269
灌浆试验	95
软基加固	203
铺垫法	187
强制挤出置换法	196
挤淤法	118
开挖置换法	142
爆炸置换法	9
爆破挤淤法	(9)
袋装砂井排水法	35
塑料板排水法	229
固结法	91
拌和固结法	5
吹填法	30
表层地基加固法	
浅层地基加固法	(30)
深层地基加固法	211
基坑排水	117
人工降低地下水位	202
井点排水	135
井点降水	134，(135)
管井排水	93
管井井点降水	93
明式排水	169
深井泵	211
射流泵	210
海洋土木工程	98
导管架型平台	39
导管架	39
平台桩	185
上部甲板	208
钢筋混凝土重力式平台	77
干坞	71
施工水域	215
浅水拖航	195
深水拖航	211
灌水下沉	95
海底管线	98
漂浮敷设法	183
牵引敷设法	194
铺管船敷设法	187
[古建工程]	
古建筑	90
官式建筑	86

文物古建筑	255	螳螂头榫墩接	237
仿古建筑	63	齐头墩接	188
古建筑移建	90	混凝土柱墩接	114
古建筑复建	90	矮柱墩接	1
古建筑重建	90	砖柱墩接	302
[度量单位]		[梁枋]	
材	16	老角梁	150
契	193	老戗	150
足材	306	仔角梁	304
斗口	52	嫩戗	176
口份	146, (52)	搭角梁	32
丈杆	289	抹角梁	171, (32)
大木构架	34	拍口枋	179
抬梁式构架	236	木虾须	175
穿斗式构架	29	[椽]	
面阔	168	翼角椽	174
通面阔	243	飞檐椽	64
进深	133	翘飞椽	197
通进深	243	立脚飞椽	152
步架	15	摔网椽	221
界	132	罗锅椽	162
举高	136	翘飞母	198
举高总高	136	乱搭头	162
举架	137	椽花线	30
提栈	239	[其他构件]	
翼角起翘	274	夹堂板	121
翼角生出	274	封檐板	68
卷杀	139	博风板	14
[柱]		山花板	107
减柱造	122	闸挡板	287
金柱	132	连机	153
垂莲柱	30	勒望	150
垂柱	(30)	望板	253
荷花柱	(30)	望砖	253
吊柱	(30)	细望砖	259
抱柱	6	糙望砖	18
柱生起	300	里口木	152
柱侧脚	300	帮脊木	5
收分	220	挂落	91
包镶	5	斗栱	53
挖补	250	角科	129
墩接	55	柱头科	300
木料墩接	174	平身科	185
巴掌榫墩接	3	大斗	31
抄手榫墩接	22	小斗	263

昂	2	美人靠	167
翘	197	裙板	200
栱	86	阴纹线雕	275
耍头	221	透雕	244
栱眼	88	贴雕	241
出跳	28	嵌雕	195
拽架	301	镂活	228
鸡窝囊	116	[维修]	
[连接]		落架大修	163
巴掌榫	3	打牮拨正	32
抄手榫	22	大木归安	34
螳螂头榫	237	发平	59
半银锭榫	5	归安	96
燕尾榫	271,(5)	拆安	19
管脚榫	93	[瓦石作]	
馒头榫	164	[放样]	
鼻子榫	10	平水	185
阶梯榫	129	中	298
龙凤榫	159	升	212
檩椀	156	正升	295
椽椀	30	倒升	40
箍头榫	90	[灰浆]	
[装修]		泼灰	186
外檐装修	252	泼浆灰	186
台基	235	煮浆灰	300
台座	235	老浆灰	149
须弥座	265	素灰	229
磉石	205	麻刀灰	164
锁口石	234	大麻刀灰	34
挑筋石	241	小麻刀灰	262
驳岸	14	纯白灰	31
内檐装修	176	月白灰	285
天花	240	葡萄灰	187
棋盘顶	189,(240)	黄灰	107
软天花	203	夹垄灰	121
硬天花	276	花灰	105
[门、窗、罩]		护板灰	104
和合窗	101	节子灰	130,(229)
长窗	21	熊头灰	265,(229)
短窗	54	爆炒灰	6
纱隔	205	熬炒灰	(6)
槅扇		裹垄灰	97
横风窗	102	江米灰	127
飞罩	64	纸筋灰	297
落地罩	163	草纸灰	(297)

油灰	277	硬花活	(302)
麻刀油灰	164	[墙体砌法]	
焦渣灰	128	干摆	70
掺灰泥	20	干摆细磨	(70)
插灰泥	(20)	大干摆	33
滑秸泥	105	小干摆	262
白灰浆	3	沙干摆	205
月白浆	285	丝缝	228
青浆	198	撕缝	228,(228)
桃花浆	237	缝子	(228)
烟子浆	270	淌白	237
红土浆	103	糙砌	17
红浆	(103)	糙灰条子	(17)
包金土浆	5	带刀缝砌	35
土黄浆	(5)	灰砌糙砖	108
砖面水	302	碎砖砌	230
[砖类]		勾缝	88
城砖	27	平缝	184
澄浆城砖	41	凸缝	244
停泥城砖	242	凹缝	2
大城样	33	耕缝	82
二城样	58	划缝	106
沙城	205	弥缝	168
停泥滚子砖	242	串缝	30
沙滚子砖	205	做缝	310
开条砖	142	描缝	168
斧刃砖	69	舱缝	
方砖	61	[砖排列]	
金砖	133	十字缝	217
望砖	253	一顺一丁	273
[工具]		三顺一丁	204
瓦刀	251	五顺一丁	258
抹子	171	[屋面]	
灰板	(250)	布瓦	15,(262)
斧子	69	筒瓦	243
刨	6	板瓦	4
[砖加工]		合瓦	101
五扒皮砖	258	阴阳瓦	275,(101)
膀子面砖	5	蝴蝶瓦	104,(101)
淌白砖	237	檐口瓦	270
细淌白	259	琉璃瓦	158
糙淌白	18	削割瓦	261
三缝砖	204	琉璃瓦屋面	158
六扒皮砖	159	琉璃剪边	158
砖雕	302	琉璃聚锦	158

43

布瓦屋面	15	截	131
黑活屋面	102	凿	286
墨瓦屋面	171	打荒	32
筒瓦屋面	243	打大底	32
仰瓦灰梗屋面	271	打糙	32
合瓦屋面	101	见细	123
阴阳瓦屋面	(101)	扁光	11
干槎瓦屋面	70	打道	32
灰背顶	107	打糙道	32
棋盘心屋面	189	打细道	32
石板瓦屋面	217	刺点	31
盝顶	161	砸花锤	286
脊	119	剁斧	58
正脊	295	占斧	(58)
垂脊	30	磨光	170
戗脊	195	石雕	217
金刚戗脊	(196)	平活	184
岔脊	(196)	凿活	286
博脊	14	透活	244
围脊	254	圆身	284
缠腰脊	(254)	[地面]	
宝顶	6	细墁地面	259
绝脊	(6)	淌白地	237
压肩	268	糙墁地面	17
撞肩	303	海墁地面	98
灰背	107	仿方砖地面	63
苫背	207	仿古地面	63
宽瓦	251	[瓦石作修缮]	
捉节	303	剔凿挖补	238
夹垄	121	拆安归位	19
裹垄	97	零星添配	156
捏嘴	178	打点刷浆	32
堵抹燕窝	53	拆砌	20
[石作]		局部拆砌	136
[石材]		择砌	286
汉白玉石	98	照色做旧	289
艾叶青石	1	灌浆加固	94
花岗石	105	支顶加固	296
豆瓣石	53	铁活加固	242
毛料石	165	[搭材作]	
粗料石	31	[材料]	
半细料石	5	杉槁	207
细料石	259	扎缚绳	287
[石材加工]		标棍	11
劈	183	立杆	152

双笔管	221	披麻捉灰	183
荞麦棱	196	崩秧	10
握杆	255	挂甲	91
悬接	266	龟裂	141
立杆间距	152	[油饰工程]	
顺杆	227	油漆工程	277,(245)
扫地杆	205	调合漆	241
顺杆间距	227	清漆	199
横木	102	起皮	190
横木间距	102	透底	244
进深戗	133	刷纹	221
五字戗	(133)	流坠	158
迎门戗	(133)	咬色	271
提金	238	刷纹	221
倒支	(238)	流坠	158
坐车	310	透底	244
抹角	171	刷浆工程	221
脚手架	129	[贴金工程]	
外檐双排脚手架	252	贴金	241
落檐脚手架	163	扫金	205
齐檐脚手架	188	空鼓	144
大木满堂安装脚手架	34	崩秧	10
排山脚手架	179	绽口	288
大吻安装脚手架	35	流坠	158
单排柱子腿戗脚手架	36	皱纹	299
券胎满堂脚手架	266	裱糊工程	12
券洞脚手架	266	空鼓	144
坐车脚手架	310	崩秧	10
油画活脚手架	277	[彩画工程]	
长廊油画活脚手架	21	磨生	170
裱糊顶棚满堂脚手架	12	过水	97
打桩脚手架	32	分中	67
菱角脚手架	156	拍谱子	179
船形脚手架	30	沥粉	153
地仗工程	43	包胶	5
[基层处理]		压老	268
地仗	43	留晕	157
细腻子	259	晕色	286
斩砍见木	288	彩画	16
砍净挠白	142	和玺彩画	101
撕缝	228,(228)	金龙和玺	132
楦缝	267	龙凤和玺	159
下竹钉	259	龙草和玺	159
汁浆	296	楞草和玺	150
单披灰	37	莲草和玺	153

旋子彩画	267	乙方	274
苏式彩画	228	第三方	44
金琢墨苏画	133	工程咨询单位	84
金线苏画	132	工程咨询	84
黄线苏画	107	[建筑经济]	
海墁苏画	98	经济法	133
[维修]		经济合同法	134
过色还新	97	技术合同法	119
断白	54	涉外经济合同法	210
单色断白	37	仲裁法	299
分色断白	66	民法	168
作旧	309	民事诉讼法	169
[工程监理]		行政法	264
监理	122	行政诉讼法	264
建设监理	124	法人	59
建设监理制	124	代理	35
政府建设督管监理	295	无权代理	257
政府部门	295	代理权终止	35
政府建设主管部门	295	时效制度	219
工程质量监督站	84	经济合同	133
施工安全监督机构	213	购售合同	90
工程建设监理管理机构	82	建设工程施工合同	123
工程招标投标监督办公室	83	建设工程勘察设计合同	123
政府专业建设管理部门	295	建设工程承包合同	123
国土规划	97	加工承揽合同	119
土地管理	246	货物运输合同	115
城市规划	27	供用电合同	86
[社会建设监理]		仓储保管合同	17
监理单位	122	财产租赁合同	16
监理单位资质	122	借款合同	132
甲级监理单位	121	财产保险合同	16
乙级监理单位	274	固定总价合同	91
丙级监理单位	12	计量估价合同	119
监理工程师	122	单价合同	36
监理工程师素质	122	成本加酬金合同	26
监理工程师资格考试	122	经济合同履行	134
监理工程师注册	122	要约	272
测量师行	19	承诺	27
测量师	18	接受提议	(27)
建设监理委托合同	124	经济合同担保	133
建设监理服务费用	124	定金	50
业主	272	保证	6
发包方	59,(272)	抵押	42
甲方	121,(272)	留置权	157
承包方	26	无效经济合同	257

经济合同公证	134	建筑工程预算定额	125
经济合同鉴证	134	单位估价表	37
经济合同仲裁	134	工程预算单价	(37)
经济合同管理	134	单位估价汇总表	37
经济诉讼	134	单价表	36，(37)
项目	261	工程预算	83
建设项目	125	设计概算	209
施工项目	215	施工图预算	215
分项工程	67	设计预算	(215)
分部工程	65	施工预算	215
单位工程	37	单位工程概预算书	37
工法	84	综合概预算书	305
项目法施工	261	总概预算书	306
建设工程项目总承包	123	其他工程费用概算书	189
建设全过程承包	(123)	竣工决算	141
投资包干责任制	244	限额领料	260
概算包干	70	质量	297
预算包干	279	等级	41
工程招标	83	质量环	297
公开招标	85	质量方针	297
选择性招标	267	质量管理	297
有限招标	(267)	质量保证	297
邀请招标	(267)	质量控制	297
协商议标	262	质量体系	297
邀请协商	(262)	质量计划	297
比价	10	质量审核	297
标底	11	质量监督	297
投标报价	244	质量体系评审	297
评标	186	设计评审	210
定标	50	检验	122
开标	141	可靠性	143
揭标	(141)	规范	95
定额	50	不合格	15
施工定额	214	缺陷	200
劳动定额	149	信息	264
人工定额	(149)	数据	221
材料消耗定额	16	经济信息	134
机械台班使用定额	116	管理信息系统	93
时间定额	219	建设监理管理信息系统	124
产量定额	20	建设监理信息	124
建筑工程概算指标	125	建设监理信息管理	124
概算指标	(125)	投资控制信息	244
建筑工程概算定额	125	质量控制信息	297
综合概算定额	(125)	进度控制信息	133
概算定额	(125)	工程项目内部信息	83

工程项目外部信息	83
战略性信息	288
策略性信息	19
业务性信息	272
决策支持系统	140
专家系统	301
办公自动化	4
智能大厦	297
信息流	264
代码	35
顺序码	227
组码	307
区间码	(307)
十进制码	217
系统	258
系统论	258
系统观	(258)
系统方法	258
系统分析	258
运筹学	285
线性规划	260
目标函数	175
非线性规划	64
动态规划	51
对策论	55
博弈论	(55)
竞赛论	(55)
序列论	265
排序问题	(265)
存储论	31
库存论	146, (31)
存货论	31
信息论	264
表上作业法	12
决策	139
决策论	139
决策系统	140
决策程序	139
决策树法	139
确定型决策	200
非确定型决策	64
风险型决策	68
多目标决策	57
竞争性决策	136
预测	279

综合预测	305
因果分析预测法	274
回归分析预测法	(274)
时间序列分析法	219
定性预测	51
定量预测	50
长期预测	22
中期预测	298
近期预测	133
短期预测	54
建筑业	126
市场	219
建筑市场	126
中国社会主义建筑市场	298
建筑工程价格	125
建筑产品价格	125
企业	189
建筑企业	125
施工企业决策层	215
施工企业管理层	215
经济责任制	134
目标管理	175
企业筹资	189
企业筹资机会	189
企业筹资规模	189
企业筹资策略	189
建筑企业筹资	125
银行贷款	275
银行贷款筹资	275
贷款前可行性研究	35
股票	90
普通股	188
优先股	276
累积优先股	150
非累积优先股	64
参与优先股	17
非参与优先股	64
可调换优先股	142
不可调换优先股	15
有表决权优先股	277
无表决权优先股	256
有保证优先股	277
无保证优先股	256
股东认购优先发行	90
公司债券	86

单纯债券	36	竣工验收	141
可转换债券	143	交付使用	128
短期债券	54	房地产	63
中期公司债券	298	不动产	(63)
长期公司债券	21	房地产业	63
抵押债券	42	房地产公司	63
证券质押信托债券	295	房地产市场	63
设备信托债券	209	房地产估价	63
公司保证债券	86	房地产市场主体	63
公司信用债券	86	房地产市场客体	63
公司收益债券	86	房地产市场运行规则	63
附息票债券	69	房地产市场信号	63
债券可行性研究	288	土地管理制度	246
发行普通股筹资	59	土地所有制	246
发行优先股筹资	59	土地使用制	246
无投票权普通股	257	土地产权	245
有投票权普通股	278	土地所有权	246
创始人股	30	地权	(246)
有面额股	278	土地使用权	246
无面额股	257	土地租赁权	247
比例股	(257)	土地抵押权	246
企业内部资金	190	土地市场	246
企业留利	189	土地金融	246
新产品试制基金	264	土地税收	246
生产发展基金	213	级差地租	117
后备基金	103	绝对地租	140
集体福利基金	118	垄断地租	159
职工奖励基金	296	矿山地租	146
企业资产变卖筹资	190	建筑地段地租	125
企业应收账款	190	生产要素价格论	213
外资	252	经济盈余论	134
合资经营	101	土地价格	246
合作经营	101	地价	(246)
合作开发	101	土地纯收益	245
建设程序	123	资本还原利率	304
可行性研究	143	土地交易价格	246
项目建议书	261	土地市场价格	(246)
设计大纲	209	土地评估价格	246
设计文件	210	土地租赁价格	247
年度固定资产投资计划	177	土地抵押价格	246
工程施工	83	土地所有权价格	246
项目作业层	261	土地使用权价格	246
生产准备	213		

A

ai

矮柱墩接 block splicing with stone

当柱根糟朽高度为 20cm 以下时,由于用木料墩接易劈裂,而用石料按预定高度垫在柱础石上,并做出管脚榫卯口进行的墩接。露明柱为了不影响外观,应将石料砍凿为直径小于柱径 10cm 左右的矮柱,顶部凿管脚榫的卯口,底部凿卯口与原柱础管脚榫卯口用铁榫卡牢,垫好后周围用原木板包镶钉牢与原柱接缝处加铁箍一道。

墙内柱用石块墩接　露明柱用石块墩接

(郦锁林)

艾叶青石

纹理细密,质地坚硬,色青白,有光泽的大理石。化学成分为碳酸钙。为古建筑中高级石料,常用于宫殿内铺"御路"。

(郦锁林)

an

安全标志 safety signs

由安全色、几何图形和图形符号构成,用以表达特定的安全信息的标志。有禁止标志、警告标志、指令标志和提示标志等。必须设置在醒目、与安全有关的位置,并使人们看到后有足够的时间注意它所表示的内容,不得设置在可移动的物体上。

(刘宗仁)

安全带 safety belts

高处作业工人预防坠落伤亡的防护用品。由带子、绳子和金属配件组成,包括安全绳、吊绳、自锁钩、缓冲器、攀登挂钩、围杆带、围杆绳、速差式自控器等。安全带和绳必须采用锦纶、维纶和蚕丝材料,金属配件用普通碳素钢或铝合金钢材料。其分类、技术要求及检验要求,应符合国家标准的规定。

(刘宗仁)

安全等级 safety classes

为了使结构具有合理的安全性,根据建筑结构破坏所产生后果的严重性而划分的设计等级。

(谢尊渊)

安全电压 safety voltage

为防止触电事故而采用的由特定电源供电的电压系列。这个电压系列的上限值在任何情况下,两导体间或任一导体与地之间均不得超过交流(50～500Hz)有效值 50V。除采用独立电源外,供电电源的输入电路与输出电路必须实行电路上的隔离。工作在安全电压下的电路,必须与其他电气系统和任何无关的可导电部分实行电气上的隔离。中国的安全电压系列的安全电压额定值分 42、36、24、12、6V 等五个等级。电气设备采用了超过 24V 的安全电压时,必须采取防直接接触带电体的保护措施。

(陈晓辉)

安全防护 safety protection

作业人员工作中,工作环境对人体皮肤、器官和人身安全有危害时,所采取的防护措施。常用的安全防护用品有防护面罩、防护眼镜、防护手套等;安全防护设施有护栏、防护棚等。

(陈晓辉)

安全间距 safety clearance

根据行车和施工安全的需要而规定的道路、管道及施工机械距邻近建筑物、构筑物、管线、高压线等的最小间距。对于各种情况下的安全间距,有关规范、规程都有详尽的规定。

(朱宏亮)

安全帽 safety helmet

头部安全防护用品。由帽壳、帽舌、帽沿、帽衬、帽箍、顶衬、后箍、下颏带、吸汗带、通气孔等组成。使用的原料有藤、柳、竹和塑料。必须满足冲击吸收、耐穿透、耐低温、耐燃烧、电绝缘及侧向刚性的性能要求。安全帽的规格要求、技术要求、标记要求及检验规则,应符合国家标准的规定。

(刘宗仁)

安全色 safety colours

表达安全信息含义的颜色。用以表示禁止、警告、指令、提示等。规定为红、蓝、黄、绿四种颜色。红色用于禁止标志和停止信号;蓝色用于指令标志;黄色用于警告标志和警戒标志;绿色用于提示标志和通行标志。安全色不得用有色光源照明,不能使人耀眼。

(刘宗仁)

安全跳闸 automatic safety switch off

当电气设备的外壳意外呈现电压、泄漏电流经过时,切断电源,消除外壳对地电压的防护装置。其接地极应单独设置,防止其他保护接地或保护接零设备发生故障,接地网上呈现对地电压而使安全跳

闸发生误动作。 （陈晓辉）

安全网 safety net drotecting net

用以防止人、物高空坠落或避免、减轻坠落及物击伤害的网具。常用维纶、绵纶和尼龙等化学纤维材料，由网体、边绳、系绳、试验绳等组成。网体是由纤维绳或线纵横交叉编结而成，具有菱形或方形网目的网状体。边绳是围绕在网体边缘，决定安全网的公称尺寸的绳。边绳必须与网体穿固连接。系绳是将安全网固定在支撑架上的绳，是安全网的连接绳。试验绳是供判断安全网材料老化变质情况试验用的绳。其设计、制造和使用要求，应符合国家标准的规定。 （刘宗仁）

安全用电 safe use of electricity

为防止触电事故的发生，在电器的使用和安装过程中，必须掌握电的规律和特性，避免发生人身事故和设备事故。措施主要是：经常对电器设备进行安全检查，特别是节假日前、雨季前要求进行全面检查。检查项目包括有无漏电情况，绝缘老化程度，有无裸露带电部分，设备安装与使用过程有无违背规范规定等。电气设计与安装工作必须遵照国家规范进行，健全合理的规章制度，贯彻岗位责任制。电器设计与安装内容繁多，建筑施工中应使用单机单闸，不允许一闸多用；一般不允许带电操作，断电检修时要在闸上挂牌；必须带电作业时要由专业电工按操作要求进行作业；对有关工作人员应普及安全用电知识和系统学习规范。 （陈晓辉）

铵梯炸药 ammonia-antimony dynamite

又称岩石炸药。以硝酸铵为主要成分，以TNT为敏化剂，木粉为疏松剂的混合炸药。此类炸药对冲击、摩擦和火花不敏感，价格低廉。在中国各种爆破作业中得到最广泛应用。其主要缺点是吸湿性强，易结块。吸湿后爆炸会产生大量毒气，当含水量大于0.5%时不能用于地下爆破，含水量大于3%时可能发生拒爆，含水量大于1%时不能用于露天爆破，故不能用于涌水量大的工作面上。按各组分比例可分为露天铵梯炸药、岩石铵梯炸药和煤矿铵梯炸药等。 （林文虎）

铵油炸药 oily ammonia dynamite

以硝酸铵为主要成分，掺入适量柴油制成的混合炸药。成分为硝酸铵（约占92%），木粉（约占4%），柴油（约占4%）。原料来源广，加工简便，成本低，使用安全。适于露天爆破和峒室爆破，但易吸湿和结块，不能用于有水的爆破工程面。 （胡肇枢）

暗沟排水 groundwater drainage

无自由水面且不与大气直接接触的人工地下排水沟。修筑在地下水位较高的坡面上边缘或施工现场受限制的地段，沟内埋置砾石、柴排等，以形成间隙渗水及排水，上部覆盖树叶、茅草等，防止泥土堵塞、淤积排水通道。暗沟可以降低土体内含水量和地下水位，增加土体的稳定性。 （那 路）

暗挖法 undercutting method

不挖开隧道上面的地层而在地下水平向前开挖和修筑衬砌的隧道施工方法。主要有矿山法、掘进机法、新奥法及盾构法和顶管法等。前二种方法多应用于修建在岩层中的各类山岭隧道，后二种方法则大多在松软地层中修建的各类城市隧道及水底隧道。 （范文田）

ang

昂 lever

斗栱的前后中轴线上，向前后伸出，前端有尖向下的构件。 （张 斌）

ao

凹缝 concave joint

灰浆压入砌体缝内形成凹槽使灰缝表面比墙面凹进约4～5mm的勾缝形式。 （方承训）

奥国法 Austrain method

又称上下导坑先墙后拱法、全断面分部开挖法。在需要足够强大支撑的松软地层或裂缝岩层中修筑中等断面隧道的分部全断面挖掘，再先墙后拱衬砌的矿山法。先分部挖出整个隧道断面且随挖随撑好后，再按先墙后拱的顺序修筑衬砌。因须用大量木料支撑并进行多次替换，故施工困难而且不安全，现已很少采用。1837年首先在奥地利应用而得名。 （范文田）

B

ba

八字撑 cross bracing

在单、双排脚手架搭设时,门窗洞口处与悬空立杆连接的两根呈八字设置的支撑式斜杆。它将悬空立杆的荷载分布到两侧立杆上。

(谭应国)

巴掌榫 lap joint

见巴掌榫墩接。

巴掌榫墩接

把所要接在一起的两截木柱,都各刻去柱子直径的1/2,剩下的一半作为榫子接抱在一起的木料墩接。搭接的长度至少应留40~50cm。两截柱子都要锯刻规矩、干净,使合抱的两面严实吻合,直径较小的用长钉子钉牢,粗大的柱子可用螺栓连接,或外用铁箍两道加固。直径大的柱子上下可各作一个暗榫防止墩接柱滑动移位。

(郦锁林)

扒杆吊装法 erection by derrick mast

用设置在桥跨两墩上的扒杆起吊预制梁就位的安装方法。此法适于起吊高度不大和水平移动范围小的中小跨桥梁。 (邓朝荣)

扒拉灰 scraped stucco finish

用钢丝刷子在面层水泥石灰砂浆未结硬前将其刷毛所形成的饰面层。底、中、面层砂浆的配合比均为水泥:石灰:砂=1:0.5:3。抹完中层灰后,按设计分块尺寸粘分格条,刷水泥浆一道,抹罩面灰,待砂浆初凝后,用木抹子搓平,铁抹子压光,然后用钢丝刷子竖向将表面刷毛,刷纹要深浅一致,分布均匀。刷后取出分格条,修整灰缝。 (姜营琦)

扒拉石 scratching stucco finish

用小钉耙将面层的水泥石粒砂浆扒毛所形成的饰面层。底、中层用1:0.5:3的水泥石灰砂浆。在中层抹灰面上按设计分块尺寸粘分格条,刷水泥浆一道,再抹1:2水泥石粒浆面层,厚度与分格条一致,约10~12 mm,石粒粒径3~5 mm,用铁抹子反复压实压平。钉耙可用100mm×15mm×5mm的木板钉入20 mm长的圆钉(钉距约7~8mm)做成。要掌握好扒的时间,过早易露底,过晚则扒不动。

(姜营琦)

拔丝机 steel wire drawing machine

见钢筋冷拔机(77页)。

坝 dam

拦截、消导水流,保护岸床、边坡的构筑物。挡水坝设置在坡面之上或洼地施工现场的周围,以阻挡、拦截坡面雨水径流及洼地积水,通常为土坝、石坝,坝高由水位高低及水流大小而定。

(那 路)

bai

白灰浆 lime grout

①生石灰块加水搅成浆状,经细筛过淋后即可使用的灰浆。主要用于宽瓦沾浆、石活灌浆、砖砌体灌浆、内墙刷浆等。当用于刷浆时,应过箩,并应掺胶类物质;用于石活时可不过筛。

②泼灰加水搅成稠浆状的灰浆。主要用于砌筑灌浆、墁地坐浆、宽干楼瓦坐浆、内墙刷浆等。当用于刷浆时,应过箩,并应掺入胶类物质。

(郦锁林)

百格网 bed joint mortar fullnesse measuring grid

长、宽与普通粘土砖大面相等,纵横各均分10格的金属网或透明板。用以测量砌体灰缝砂浆的饱满度。测量时,将上层砖块掀起,用其贴近所测砂浆层,根据砖底面与砂浆的粘结痕迹面积所占的网格数,即可确定灰缝砂浆的饱满程度。 (方承训)

摆动法 swing method

用木排架或钢排架作为摆动支点,由牵引绞车和制动绞车控制摆动速度,当预制梁就位后,用千斤顶落梁的施工方法。适用于小跨径的桥梁。

(邓朝荣)

ban

板材 board

锯解原木宽度大于或等于3倍厚度的木材。按厚度(δ)计:$\delta \leq 18$ mm 称薄板,$\delta = 19 \sim 35$ mm 称中板,$\delta = 36 \sim 65$ mm 称厚板,$\delta \geq 66$ mm 称特厚板,长度与方木同。
（王士川）

板材隔墙 boarded portition

在方木骨架两边钉板的木骨架轻质隔墙。立筋及横撑间距应与板材的规格相配合，墙面应钉得垂直平整，在一半高度内的垂直偏差不许超过 3mm。板材间的接头宜做成坡楞，或留 3～7mm 的缝隙并应用压条或不易锈蚀的圈钉牢。板墙四周应加盖口条。
（王士川）

板式基础 slab foundation

按板计算的柱下钢筋混凝土独立基础和墙下钢筋混凝土条形基础。当柱荷载的偏心距不大时，柱下独立基础常用方形；偏心距大时，则用矩形。
（林厚祥）

板瓦 segmental tile

横断面为小于半圆的弧形布瓦。前部较宽，后部较窄，厚度约 1.6～2.4cm。是覆盖在屋面灰泥背上面的主要防水构件。
（鄢锁林）

板桩支撑 sheet piling support

利用板桩作为支护结构的土壁支撑。既挡土又防水。当开挖的基坑较深，地下水位较高且有出现流砂的危险时，如未采用降低地下水位的方法，则可用板桩打入土中，使地下水在土中渗流的路线延长，降低水力坡度，从而防止流砂产生。在靠近原有建筑物开挖基坑时，为了防止原建筑物基础的下沉，也应打设板桩支护。板桩有木板桩、钢筋混凝土板桩、钢板桩和钢木混合板桩式支护结构等数种。
（鄢锁林）

办公自动化 office automation

在办公室人员职能中，广泛、综合地应用计算机技术、通讯技术和自动化技术。包含知识工作支持系统和文件处理支持系统，前者支持专家和管理人员的工作，后者支持文书处理工作。可高效处理多种形态的数据，加快办公速度、提高办公质量，减轻劳动强度，提高计划协调能力，加快信息处理速度，有利于及时决策和提高决策水平。包括文字、图像、语音处理（输入、加工、输出、存贮）；电子邮件；数字通讯网络（公共数据网及局部区域网）；广播及会议电话；文档检索；分析系统及作业状况，并提出诊断意见；编制规划、计划并监督控制调节，组织与调度人力资源等。
（顾辅柱）

半断面开挖法 half cross-section excavation method

在坚硬岩层中先一次开挖出隧道的上半断面而后进行落底的钻爆法，出碴多采用轮胎式运输工具。因不能平行作业，常在工期不受限制的短隧道中应用。在中硬岩层中也可先挖底设导坑再对上半部断面进行开挖。按先拱后墙顺序进行衬砌。此法在日本应用较广。
（范文田）

半盾构 semi-shield

外轮廓不封闭的拱形盾构。常在隧道穿过上下两层软硬不同的地层中应用。底部设有一个或二个起着水平系杆作用的横向隔板及起着吊杆作用的竖向隔板，其上装设有开挖面千斤顶和工作平台千斤顶。在纵向也分成切口环、支承环和盾尾三部分。因无下半部分，故盾尾较一般盾构稍厚。还需配备支承辊轴，以便滚移并减小掘进时的推力。
（范文田）

半二寸条 half closer, half queen closer

由二寸条横向砍成的两等分砖。其尺寸为 120mm×57.5mm×53mm。
（方承训）

半防护厚度 half shielding thickness

使辐射强度减少一半所需的厚度。
（谢尊渊）

半刚性骨架假载施工法 construction of semi-rigid framework by imaginary load

刚性骨架施工，是用无支架方法架设拱形的刚性骨架，然后围绕骨架浇筑混凝土，即把刚性骨架作为混凝土的钢筋骨架。但此法用钢量大，不经济。半刚性骨架，设有一系列锚固在河床上的锚索，控制锚索拉力，保证浇筑混凝土时半刚性骨架的稳定性，减少用钢量 2/3 以上。中国辽宁蚂蚁沙桥，单孔跨径 70m 箱肋拱，用此法建成，采用角钢焊制桁式拱形骨架。

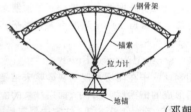

（邓朝荣）

半机械化土方施工 semi-mechanization of earth work

一部分施工过程采用机械，一部分用人工或者利用简单、小型机具进行土方施工的方法。是机械化施工方法的重要补充。小型机具一般具有结构简单、制造方便、造价低廉、因地制宜和使用方便等优点。在缺少大型施工机械或工作面受到限制、工作量少且分散以及进行土方工程的修整时，是一种不可缺少的施工技术与方法。对提高劳动生产率，减轻劳动强度具有重要作用。
（庞文焕）

半机械化装碴 semi-mechanized mucking

修建隧道时，人力与机械相结合的装碴方式。

所用的主要机械为皮带运输机及耙碴机两种,生产率较人工装碴提高1~1.5倍。　　　　(范文田)

半机械式盾构　semi-mechanized shield

装备有开挖机械和装碴机械的敞胸盾构。通常装有反铲挖土机或螺旋切削机以代替人工开挖。在坚硬地层中可装上软岩切削头进行开挖。

(范文田)

半填半挖　hillside cut and fill

又称半堤半堑。部分为路堑部分为路堤的傍山路基横断面。在山岳地带河谷地段修建铁路路基时,常呈现这种一侧是填方构成的路堤,另一侧是挖方构成的路堑的路基断面形式。　(庞文焕)

半细料石

石料经"双细"、"出潭双细"、"市双细"等加工后,再以錾斧密布斩平,使表面平整,棱角齐直。(张 斌)

半银锭榫　dovetail joint

又称燕尾榫。一种榫头外大内小,卯口外小内大的榫卯。

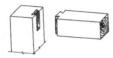

(郦锁林)

半圆灰匙

金属半圆筒状勾缝工具。用于勾半圆凸缝。

(方承训)

半砖　half bat

又称1/2砖。将尺寸为240mm×115mm×53mm的整砖横向砍去一半,尺寸为120mm×115mm×53mm的砖。　　　　　(方承训)

拌和固结法　stabilization method by mixing

利用水泥或生石灰作固化剂,通过特制的搅拌机械,将软土和固化剂强制拌和,使软土硬结成具有整体性、水稳性和足够强度的方法。加固土与天然地基一起形成复合地基,共同承担建筑物荷重。该法优点是地基不产生侧向挤出,对周围建筑物影响小;施工时无振动和噪声;加固深度大;可根据上部结构的需要,加固成与上部结构相适应的各种形状,如柱状、壁状和块状等。　　　　(李健宁)

bang

帮脊木

又称扶脊木。脊檩上承托脑椽的通长六角断面的构件与脊檩平行,以助其负重。　　(张 斌)

帮条锚具　anchorage with side-welding bar

利用帮条锚固冷拉粗钢筋的支承式锚具。由帮条钢筋、衬板与预应力筋焊接而成,仅用于固定端。帮条采用与冷拉钢筋同级别的钢筋,呈120°布置。帮条的焊接,可在钢筋冷拉前或冷拉后进行。适用于直径为14~32 mm的冷拉Ⅱ~Ⅲ级钢筋。

(杨宗放)

膀子面砖

六个面中砍磨加工五个面,其中一个面上先铲磨出与面成直角或略小于90°肋的墙面砖。在做完这个肋后,再铲磨面或头。主要用于丝缝作法的砌体。

(郦锁林)

傍坡推土法　earthmoving along hillside by bulldozers

推土机沿山坡横向或顺向推土,使土壤自然滑落下坡以作填方之用的施工方法。横向推土称傍坡横推法,适宜于在山坡地段开挖半路堑、修筑半路堤以及修筑机械通道和推除堑内边坡大量余土时采用。顺向推土称傍坡顺推法,它是推土机沿垂直线路方向顺山坡自上向下堆土至路基填方部位的一种方法。利用下坡推土移挖作填,效率较高。

(庞文焕)

傍山隧道　hillside tunnel

在沿河傍山线路地段,因河道窄、水流急、冲刷力强、两岸支沟发育、地势陡峻而需修建的山岭隧道。线路靠河时往往会出现短的隧道群,线路靠山时则隧道较长。前者洞顶覆盖层薄,容易导致山体变形而引起偏压变形病害危及隧道安全,且桥隧相连,施工时工点多而干扰大,对运营及养护也均不利,但工期较快。后者可避开落石掉块和险恶地形以及地质不良地段。何者为优,需经技术及经济比较而定。

(范文田)

bao

包胶

在贴金的彩画中,对贴金部位事前涂黄色(黄色颜料或黄色油漆)的工艺。黄色多涂在沥粉线条之上,并将其包严包到。　　　　　(郦锁林)

包金土浆

又称土黄浆。将土黄兑水搅成浆状后再兑入江米汁和白矾水的灰浆。常用地板黄兑生石灰水(或大白溶液),再加胶类物质。主要用于抹饰黄灰时的赶轧刷灰。

(郦锁林)

包镶

①将柱子的糟朽部分沿柱周先截一锯口,用凿铲剔挖规矩或周圈半补或周圈统补,然后楔入补洞就位拼粘成随柱身形的维修方法。当柱子糟朽部分较大,在沿柱身周围一半以上深度不超过柱子直径的1/4时,可采用此法。补块的高度较短的用钉子钉牢;补块高度较长的需加铁箍1~2道。铁箍的搭接处,可用适当长度的钉子钉牢。铁箍要嵌入柱内,

箍外皮与柱身外皮取齐,以便油饰。②先将梁头四周的槽朽部分砍去,然后刨光,用木板依梁头原有断面尺寸包镶,用胶粘补的维修方法。可用钉钉牢(钉帽要嵌入板内),然后盘截梁头刨光,镶补梁头面板。
（郦锁林）

包心砌法
大截面柱,先砌四周外围砖,后砌中间填心砖,外围砖与填心砖之间不搭接,形成周圈通缝的组砌方法。
（方承训）

薄壁型钢结构 thin-walled shaped steel structures
用厚度为1.5～5mm的钢板或带钢经冷弯或冷拔弯曲成开口或闭口型钢而制造的屋架、檩条、框架和拨杆等结构的统称。在房屋结构中只用于建造无严重腐蚀作用的结构。它有节约钢材,制造、运输和安装方便的特点。防腐蚀是薄壁型钢加工中的重要环节。薄壁型钢的除锈有酸洗、喷砂和钢丝刷防锈等方法,除锈后应立即涂刷防腐涂料以防再次生锈。
（王士川）

薄钢脚手板 sheet steel gang-plank
用2mm厚的钢板压制而成的脚手板。板的一端压有连接卡口,以便在铺设时扣住另一块板的端肋,首尾相接,使脚手板不致在横杆上滑脱。板面冲有凸包以防滑。

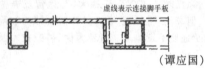
虚线表示连接脚手板
（谭应国）

薄膜养生液 membrane curing liquid
见成膜养护剂(26页)。

饱和蒸汽 saturated steam
密闭容器内与液体保持动态平衡的蒸汽。它的压强称为饱和蒸汽压,温度称为饱和蒸汽温度。
（谢尊渊）

饱和蒸汽温度 saturated steam trempreture
见饱和蒸汽。

饱和蒸汽压 saturated steam pressure
见饱和蒸汽。

宝顶
俗称绝脊。在攒尖建筑瓦面的最高汇合点所做的脊。一般由底座和宝珠组成。
（郦锁林）

保护接地 protective earthing
为了避免由电器设备绝缘失常,使金属外壳带电而引起触电事故,将正常情况下不带电的金属外壳与大地作良好的金属连接。在电源中性点不接地的配电系统中采用。
（陈晓辉）

保护接零 protective zero grounding
为了避免由电器设备绝缘失常而引起触电事故,将正常情况下不带电的金属外壳与零线做金属连接。采用在电源中性点接地的配电系统中,多用于1000V以下的低压系统中。接零后,当一相发生事故而引起设备外壳带电时,该相与零线之间将会有极大的短路电流,它将迅速地烧断该相的熔丝,使带电的电器设备外壳脱离电源。必须注意,在同一配电系统中,不允许一部分电器设备采用保护接地,另一部分电器设备采用保护接零。
（陈晓辉）

保湿养护 curing with retention of moisture
利用不透水材料将混凝土表面密封起来,以防止混凝土中的水分蒸发,使混凝土保持或接近饱水状态,保证水泥水化湿度条件的自然养护。根据所用密封材料的不同,其可分为:塑料薄膜养护、养护纸养护和喷膜养护。
（谢尊渊）

保温层 Insulating course
降低楼面、地面、屋面或墙面导热性能的构造层。一般采用密度小于1000kg/m³、导热系数低于0.29W/(m·K)的松散材料,如膨胀蛭石、膨胀珍珠岩、炉渣、泡沫塑料、加气混凝土、泡沫混凝土、矿棉、软木等。施工时,应适当压紧,注意保持干燥,否则影响保温效果。
（姜营琦）

保证 guarantce
经济合同当事人一方为了合同的全面履行,与第三人达成的保证另一方履行合同的协议。
（毛鹤琴）

刨 plane
①刨削木料的手工工具。依其用途及构造不同,有平刨、槽刨、线刨、边刨、轴刨等。平刨用来刨削平面,使其平直光滑,按其刨削要求不同,有长刨、中刨、短刨、光刨等。槽刨用于开槽。线刨专为棱角处开各种企线用。边刨又称裁口刨,用于木料边缘开出裁口。轴刨适于刨削各种较小木料的弯曲部分。
②用于砖表面刨平的加工工具。与木刨子相仿。它是本世纪30～40年代由北京的工匠受木工刨子的启示发明的。由于它比斧子铲面更顺手,所以很受工匠们的欢迎。
（郦锁林）

刨锛 brickadze, brick ax
砌筑用金属斧状工具。用于砍砖、锤击等。
（方承训）

抱柱 jamb on door or window
又称抱框。柱旁用以安置窗户之木框或在梁枋与柱汇榫处,因脱榫、腐朽的梁头所加的临时支撑柱。
（张斌）

爆炒灰
又称熬炒灰。泼灰过筛(网眼宽度在0.5cm以上),使用前一天调制,灰较硬,内不掺麻刀的灰浆。

用于苫纯白灰背和宫殿墁地。作为苫背用料时主要用于殿式屋顶的找坡和增加垫层厚度。

(郦锁林)

爆堆 blast heap

在峒室爆破和定向爆破中爆炸抛体从爆破漏斗中被抛出堆积而成的或深浅孔松动爆破爆体被推离台阶的堆积体。爆堆的形成服从抛体质心基本上沿弹道轨迹运行、单个抛体堆积呈近似三角形分布、堆积体与抛体体积相等的原理。爆堆轮廓尺寸可用体积平衡法和弹道理论法计算。 (林文虎)

爆轰波 blasting wave

外能作用于炸药而引起的,由反应气体高温、高压、瞬间膨胀产生的冲击波。但波速比音速大得多,在波阵面上的温度、压力、密度都表现为突跃式上升,破坏力极大,瞬间可上升到最大值。无周期性,有脉冲性。随着传播距离增加,爆轰波迅速衰减,直至消失,但消失的快慢与通过介质性质有关。当爆轰波碰到两种不同介质的界面时,会产生反射现象,反射后压缩波转变为拉伸波。 (林文虎)

爆轰气体产物 gaseous product of explosion

炸药爆炸时化学反应终了的瞬间生成的气体产物。这些气体产物在爆炸瞬间处于强烈的高压下,由于在爆热的作用下,气体迅速膨胀,从而迅速实现炸药的势能转变为机械功或运动气体动能,并以"较长"时间以压力的形式作用于岩石。是爆炸三要素之一。 (林文虎)

爆轰气体产物膨胀推力破坏理论

认为岩石的破坏主要是由于装药室空间爆轰气体产物的膨胀推力作用的结果。是岩石爆破破坏原因的假说之一。 (林文虎)

爆扩灌注桩 blown tip pile

在桩位处成孔后在孔底放入炸药,引爆后形成扩大头的灌注桩。桩身也可先钻小直径孔进行爆扩后再爆扩大头。宜用于粘性土,扩大头直径一般为桩身直径的 2.5~3.5 倍。炸药用量与扩大头尺寸和土质有关,由试验确定。炸药包用防水材料紧密包扎(或用防水炸药),中心并联放置两个雷管,用吊绳放于孔底正中,灌入一定量的压爆混凝土后进行引爆。引爆顺序先浅后深,避免引起桩身变形或断裂。扩大头形成后,放入钢筋骨架并灌注桩身混凝土。 (赵志缙)

爆力 blasting force

炸药在介质中爆炸实际作功的能力。即指炸药爆炸在介质内部产生的对介质整体的压缩破坏和抛移的能力。爆力是由于冲击波在介质中的传播和爆炸气体的膨胀综合引起的,它的大小与炸药爆炸时所生成气体体积及爆热、爆温有关,越大则破坏力越强,破坏的范围也越大。可用铅铸扩大法测得的炸药爆炸后铅铸体积的增大数表示。比较不同炸药的爆力,亦可采用爆破漏斗法。 (林文虎)

爆破安全 blasting safety

在工程爆破中,防止冲击波、地震波和飞散碎石,对周围环境中人员、设备及各种设施的安全造成危害的措施。为了对人员生命和国家财产进行有效地保护,爆破施工必须遵守国家的有关安全规程。

(陈晓辉)

爆破安全距离 safety blasting range

为了保证建筑物、施工人员和机械设备不受或少受爆破造成的飞石和震动影响,要求离开爆破作业点的最小距离。采用不同的爆破类型和方法,不受爆破飞石袭击的最小安全距离各不相同。

(陈晓辉)

爆破地表质点振动周期 vabration period of surface pasticles due to blasting

爆破引起的地表质点振动的周期。它与介质性质、爆源距离有关。用 $T = \tau \lg R$ 计算。τ 为与介质有关的常数;R 为距爆源的距离(m)。

(林文虎)

爆破地震危险半径 sadius (range) of seismic danger due to blasting

爆破地震可能对一般的地面建筑物造成不良影响的范围。用 $R_d = K_d \sqrt{\dfrac{Q}{n}}$ (m) 表示。Q 为同时起爆最大一响的药包量(kg);n 为同时起爆药包爆破作用指数的平均值;K_d 为与保护建筑物地区岩石性质有关的系数。 (林文虎)

爆破地震效应 detrimental effect of blasting

爆破产生的地震波及其对周围岩(土)体和附近的建筑物与构筑物引起的动力反应。地震波虽表现为质点的弹性震动,但由于岩土介质的非均匀性和非连续性,故在弹性区的总体内岩土体中也有可能出现局部的塑性变形。这种振动可能影响地面、地下建筑物和构筑物的稳定性,强烈震动对人、畜等也有危害。衡量爆破振动强度指标多以振速表示,即

$$V = K\left(\dfrac{Q^{\frac{1}{3}}}{R}\right)^a = KP^a \text{ cm/s}$$

Q 为装药量(kg),R 为观测点至爆心的距离(m);a 为爆破地震衰减指数;k 是与岩石、爆破方式和爆破参数有关的系数。

(林文虎)

爆破飞石 flying stone

爆破时远离爆堆而向远处飞散的少数个别岩块。由于这些岩石散落范围广而且落点有随机性,对人、物有可能造成危害。为此,用飞石危险半径 $R = 20n^2 W$ 来划定爆破安全界限,n 为爆破作用指

数，W 为最小抵抗线。n 和 W 均为爆破现场可能采用的最大值。

（林文虎）

爆破工程 blasting engineering (operation)

炸药及其性能、起爆器材和起爆方法、爆破技术、爆破仪表及爆破安全技术的总称。早在公元七世纪中国就有了炸药并应用于实践。在建筑、矿山、农田水利、交通、航运和港口码头等工程，爆破技术已得到极为广泛的应用。爆破工程包括炸药及爆破方法的选用、用药量计算、起爆方法及起爆网路的设计、爆破施工、爆破作用的测试以及爆破安全措施等各个方面。由于炸药品种的增多和新爆破器材的出现，爆破技术，特别是控制爆破技术的不断发展给爆破工程的发展创造了良好的条件。但由于影响爆破的不定因素很多，爆破理论、岩石爆破机理、爆破作用的理论与测试等方面尚有许多课题需要不断进行研究。

（林文虎）

爆破开挖路堑 cut excavation by blasting

用洞室爆破开挖路堑的方法。根据地面自然横坡的陡缓及路堑开挖深度，可分别选用松动爆破、扬弃爆破或抛掷爆破等不同方法。也可在同一路堑中，不同深度采用不同的爆破方法。施工时，视具体情况可分设一层、二层或多层药室进行爆破。适宜在岩石坚硬、地质条件稳定的地段采用。不宜在岩石风化破碎、塌方滑坡等不良地质地段采用。

（庞文焕）

爆破空气冲击波 air blast wave

炸药在介质中爆炸时一部分能量通过不同形式传给爆区周围的空气使其压力、密度、温度急剧上升形成的超声速波。它具有陡峭的波阵面，波阵面后由于稀疏波的侵入，而引起压力下降。随着气体的继续膨胀，由惯性效应造成过膨胀而形成负气压。由随冲击波波阵面向前运动的空气质点所形成的气浪对障碍物具有明显的抛掷和弯折作用。冲击波和气浪对人体均有较大危害，当其超压为 $20\sim30$ kPa 时，使人的听觉器官挫伤、内脏中等挫伤、骨折；当超压为 $50\sim100$ kPa 时，使人内脏严重挫伤甚至死亡；当超压大于 100 kPa 时，使人大部分死亡。

（林文虎）

爆破漏斗 blast funnel, blasting crater

在有自由面的情况下，炸药在岩石中爆炸后所形成的倒圆锥形凹坑。其形状反映爆破作用的大小和爆破类型。从药包中心到临空面的最短距离 W

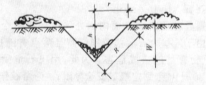

称为最小抵抗线；漏斗上口的圆周半径 r 称为爆破漏斗半径；从坠落到坑内的土石表面到临空面的最大距离 h 为最大可见深度；从药包中心到爆破漏斗上口边沿的距离 R 称为爆破作用半径。

（林文虎 陈晓辉）

爆破有害效应 detrimental effect of blasting

岩体中炸药爆炸无用功所产生的爆破效应。这些效应包括爆破地震效应、爆破冲击波效应、爆破飞石等。

（林文虎）

爆破震动防护 blasting shock protection

消除或减弱爆破震动灾害的措施。可采用分段爆破，减少一次起爆的总药量控制震动速度，使其不超过许可的安全范围。也可采用挖防震沟来减弱地震波的传播。对于塌落震动可采用预爆措施先行切割，控制塌落碎块撞地时的质量；亦可采用在地面预铺松散的缓冲砂或炉渣。

（陈晓辉）

爆破作用圈 ating range of blasting, effective range of blasting

用以反映固体介质内爆炸作用影响程度和范围的同心圆。爆破时介质的破坏程度因其与药包中心的距离不同而异，近大远小。根据介质破坏程度由药包中心向外分为压缩圈、抛掷圈、破坏圈、振动圈。压缩圈又称破碎圈，在此圈内的介质会压缩成孔穴；如果是坚硬的岩石则被粉碎。抛掷圈内的介质分裂成各种尺寸和形状的碎块，而且在有临空面的条件下碎块会被抛出。破坏圈内介质的结构虽也受到破坏，但未产生抛掷运动。工程上将此圈内破碎成独立碎块的部分称为振动圈，而把只是形成裂缝，互相间仍然连成整体的部分称为裂缝圈或破裂圈。振动圈内的介质结构不产生破坏，只是发生振动。

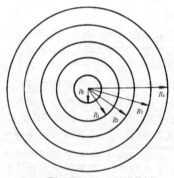

R_0——药包半径； R_1——压缩圈半径；
R_2——抛掷圈半径； R_3——破坏圈半径；
R_4——振动圈半径

（陈晓辉）

爆破作用指数 index of blasting action

反应爆破作用力强弱的参数 n。用爆破漏斗半径 r 与最小抵抗线 W 之比表示。用以区分漏斗形式，划分爆破类型。当 $n>1$ 时爆破漏斗的张开角大于 90°，称为加强抛掷爆破；当 $n=1$ 时，爆破漏斗张开角等于 90°，称为标准抛掷爆破；当 $0.75<n<1$ 时，爆破漏斗张开角小于 90°，称为减弱抛掷爆破；当 $0<n<0.75$ 时，无岩块抛出，称为松动爆破。

(林文虎)

爆热 blasting heat

炸药爆炸反应时生成的热量。即指在一定条件下单位重量炸药爆炸时所放出的热量，以 kJ/kg 表示。为爆炸气体生成物膨胀作功的能源，对猛度、爆速、殉爆距离等有直接影响，对于稳定传播爆轰波也极重要。

(林文虎)

爆速 blasting speed

炸药在爆炸时爆轰波的传播速度。工程中常用炸药的爆速在 2500~7450m/s 之间。

(林文虎)

爆温 blasting temperature

炸药爆炸反应气体生成物所能达到的最高温度。

(林文虎)

爆炸冲能感度 degree of blasting sensitivity to impulsive energy

在爆炸冲能作用下的炸药敏感度。一般用起爆该炸药所需的最小起爆药量来衡量。各种炸药对于不同起爆药有不同的最小起爆药量。也可用殉爆距离来衡量。了解炸药的此项性能有助于正确选用起爆药量和起爆方法，以保证药包的正确起爆。

(林文虎)

爆炸功 work due to blasting

爆炸气体对爆破介质所做的功。包括有用功和无用功。对工程爆破而言，岩石的压缩、变形、应力波在岩体中的传播，岩石破碎、碎石的抛移均属有用功；爆破地震及空气冲击波的传播则属无用功。爆破时有用功占的比例极小，约为百分之几到百分之十几。因此如何提高炸药能量利用率，降低炸药消耗是值得研究的重要课题。爆炸功用炸药的猛度和爆力两个性能指标来衡量。

(林文虎)

爆炸夯 blanting tamper

燃料燃烧爆炸使夯体自行跳跃夯击土壤的夯土机械。由供油系统、排气机构、夯身、底板及操纵机构组成。燃料在气缸内燃烧爆炸时，夯体跳起并排气，夯体下落时夯实土壤。底板有水平和倾斜两种。后者起跳时倾斜向前，使之不断向前移位。操作方便，适用于工作面狭小或与基岩、混凝土建筑物邻接处的土壤压实。但构造复杂，易发生故障，维修困难。

(汪龙腾)

爆炸置换法 displacement methol by blasting

又称爆破挤淤法。将良质土(砂、石)堆置于软土地基上，然后借助预埋于软土中的炸药的爆炸作用排开软土，使良性土(砂、石)下沉达到置换的方法。

(李健宁)

bei

杯形基础 socket foundation

留有一定深度的杯形孔洞以备插放预制柱子的钢筋混凝土柱基础。多用于装配式钢筋混凝土结构的柱基。形式有一般杯口基础、双杯口基础、高杯口基础等。杯口应比柱子截面稍大。预制钢筋混凝土柱子插入杯口并经校正后，在柱子与杯口之间的四周空隙内，用细石混凝土浇捣密实形成固定的接头。

(林厚祥)

贝诺尔法 Bernold method

在拱架支撑后面用经过冷轧加工成特殊形状的薄钢板(贝诺尔板)作为支护或模壳，于灌筑混凝土后将钢板留在外层的隧道施工方法。适用于涌水极少、山体较易坍塌的隧道工程。

(范文田)

贝诺特法 Benote method

利用摇管装置边摇动边压进钢管入土，同时利用冲抓斗挖土成孔，边浇混凝土边拔管的灌注桩施工方法。首先于 50 年代研制于法国贝诺特公司，以此取名，是一种全套管钻机。后传至世界各地，中国于 70 年代引进，广州花园酒店等工程已采用此法。摇管装置由夹紧器、摇动装置、压进和拔出千斤顶等组成。冲抓斗由钻身和抓瓣组成，抓瓣的张开、下落和关闭、提上由卷扬机操纵，不同型号的机械配不同的冲抓斗，一次抓土量为 $0.18\sim0.50m^3$。施工时，由摇动臂和夹紧千斤顶夹住钢套管，用摇动千斤顶使钢套管在圆周方向摇动，使套管与土层间的摩擦力减小，借助自重和压进千斤顶使套管下沉，然后将冲抓斗放下抓土。钻孔至设计标高后，清除土渣，放下钢筋笼，用导管法浇筑混凝土，同时拔出套管。挖掘速度快、挖深大；不坍孔；可靠近已有建(构)筑物施工。但需大型机械，占用较大施工场地；对地下水位下的厚细砂层，由于摇管产生排水固结使开挖困难。但总的来讲这种全套管钻机适应性较强，特别适用于有地下水软弱土层较深的地基，钻深可达 35m，钻孔直径由 1.0~2.0m，适用于高层建筑的深桩基工程。

(赵志缙)

被动土压力 passive earth pressure

当挡土墙后土体达到被动极限平衡状态时，作用在挡土墙上的土压力最大值。挡土墙推向后面的填土向后移动 $0.1\%\sim5.0\%H$(H 为墙高)，土压力增大，土中产生滑裂面，在此滑裂面上产生抗剪力，增大了作用在挡土墙上的土压力。用于计算挡土结构等。

(赵志缙)

ben

苯乙烯涂料面层 styrene tar painted finish

用苯乙烯涂料涂布于基层表面所形成的地面饰面层。施工时,先用苛性钠或碳酸钠溶液擦洗找平层,并用清水冲洗干净,干燥后,满披苯乙烯焦油清漆和熟石灰粉调成的腻子,用砂纸打磨平整,清扫干净后,刷苯乙烯地面涂料2~3遍,每遍间隔时间为1d。

(姜营琦)

beng

崩秧

粘麻糊布时,在柱与枋结合处因压得不实而产生的空鼓现象。

(郦锁林)

泵送混凝土 pumped concrete

利用混凝土泵输送的混凝土拌合物。在混凝土泵的压送下,混凝土拌合物通过输送管和布料杆即可直接输送到浇筑点。采用这种施工方法,既能保证质量,又能减轻劳动强度,特别是在场地狭窄不易进入的地段施工,以及在高层建筑和深基础施工中应用,其优越性尤为突出。

(谢尊渊)

泵压法 method of underwater placement of concrete by concrete pump

混凝土拌合物依靠不透水的金属管与环境水隔开,利用混凝土泵产生的压力,推动混凝土拌合物通过金属管输送到水下浇筑点浇筑水下混凝土的方法。

(谢尊渊)

bi

鼻梁

见导梁(39页)。

鼻子榫 bridle joint

在建筑物受纵向水平推动时,防止檩子左右错动或脱碗滚落的榫卯。位于梁头部分,与檩碗同时配合使用。

(郦锁林)

比国法 Belgian method

又称先拱后墙法或支承顶拱法。在中等硬度岩层中修筑中等断面隧道的先拱后墙挖掘和衬砌的矿山法。先挖好坑道拱部并修筑拱圈衬砌后,在其保证下再开挖下部断面,即用挖马口等方法分段砌筑边墙。隧道较短时,采用上导坑而称为上导坑先拱后墙法。隧道较长时,采用上下导坑开挖,称为上下导坑先拱后墙法。1828年在比利时首先应用故得名。

(范文田)

比价 comparision of bids

由建设单位备函,连同图纸和证明书送交选定的几家承包企业,请他们在约定的时间内提出报价单,建设单位经过分析比较,选择报价合理的承包企业,就工期、造价、质量等条件进行磋商,达成协议后签订承包合同。系工程发包的一种方式。

(毛鹤琴)

闭合回路 logical loop

又称循环线路。网络图中从某一节点出发,顺箭头方向前进,最后能回到原出发节点所形成的线路。

(杨炎燊)

闭气 plugging

截流后,对截流戗堤进行防渗处理,以防止或减少渗水进入基坑的工作。必须紧接着截流后进行,以避免截流戗堤长时间在渗水作用下可能引起的破坏,也只有在闭气和必需的对戗堤加高培厚工作完成后,才能使围堰发挥工程效用。一般是在戗堤迎水面分层抛投碎石、砂砾石、粘土料等形成滤层与防渗层实现的。

(胡肇枢)

闭胸盾构 closed shield

在前端设置密闭隔板挡住开挖面防止土体坍塌和水土涌入的盾构。适用于十分松软的粘土、淤泥和流砂地层。常用的有局部气压盾构、泥水加压盾构及土压平衡式盾构等。

(范文田)

闭胸盾构开口比 openness ratio of closed shield

用闭胸盾构施工时,坑道开挖的断面积与盾构断面积之间的比值。

(范文田)

避雷针 lightning rod

将雷电电源迅速流散到大地中去,使被保护的建筑物避免雷击的装置。它由接受雷电部分的接闪器,连接接闪器和接地装置导线的引下线,引导雷电电流安全入地导体的接地装置等三部分组成。在一定高度的避雷针下面,有一个安全区域,如果建筑物全部在这个保护范围内,就可以避免遭受雷击。单根避雷针保护范围就像一圆锥形的帐篷,避雷针距地面越高,其保护范围就越大。因此,应根据建筑物的大小和高度,决定安装的数量和高度。

(陈晓辉)

避雷装置 lightning device, lightning arrestor

高耸钢脚手架、钢井架等金属构架上避免雷击破坏的安全装置。由接闪器(避雷针)、接地线、接地极等连接组成。接闪器由镀锌钢管或镀锌钢筋制作,安装在脚手架顶四角的立杆上,并将所有最上层的横杆全部连通,形成避雷网络,通过钢立杆下端的接地线连接埋人地下的接地极与大地连成通路,便可将雷电从最高处接闪器引入大地,避免雷击破坏。安装的基本要求是:各组成部分应紧密接触形成可靠的通路；接地装置应根据接地电阻限值、土的湿度和导电特性进行设计；接地方式、材料选用、连接方式、制作和安装应符合规定；接地位置应选择在人们不易走到的地方，以避免和减少跨步电压的危害和防止接地线遭受机械损伤；接地电阻应小于 10Ω。

（谭应国）

避水浆 hydrophobic (waterproofing) paste

由几种金属皂配制成的乳白色浆状液体。掺入水泥后能生成不溶性物体，堵塞于毛细孔道内形成憎水性薄膜，以提高水泥砂浆或混凝土的不透水性。

（毛鹤琴）

bian

边坡坡度 side slope grade

边坡高度与边坡宽度之比。其值越大，表示边坡越陡；其值越小，则边坡越缓。它的大小直接影响路基和沟渠、基坑的稳定及土石方工程的数量。填方路基的边坡坡度应根据填料的物理力学性质、气候条件、边坡高度及基底的工程地质和水文地质条件合理选定；挖方路基及基坑的边坡坡度则应根据当地的地貌、气候、水文等自然条件和土壤结构等工程地质条件以及边坡高度和施工方法等工程条件确定。

（朱宏亮）

边坡样板 side slope board

检核路基边坡坡度的特制木尺。呈直角三角形，一个直角边上嵌有水准管，斜边坡度等于边坡设计坡度。将斜边垂直于线路方向紧贴于路基边坡上，根据气泡居中与否来判断边坡坡度是否满足要求。

（庞文焕）

边坡桩 slope stake, slope peg

在路基施工过程中，设在路堤坡脚和路堑坡顶上，用来标记填筑和开挖界线的桩。可以根据路基横断面图上距离中线桩的水平距离测设，也可以用简易测量仪器直接测设。

（庞文焕）

编束 weaving of prestressing steel strand

钢丝或钢绞线下料之后，按一定的排列顺序编扎成钢丝束或钢绞线束的过程。采用钢丝束镦头锚具时，根据钢丝分圈布置的特点，首先将内圈和外圈钢丝分别用铁丝顺序编扎，然后将内圈钢丝放在外圈钢丝内扎牢。

（杨宗放）

扁光

用锤子和扁子将石料表面打平剔光的加工方法。经加工后的石料，表面平整光顺，没有斧迹凿痕。

（郦锁林）

扁千斤顶 flat jack

由两块带有凸缘的圆形薄钢板焊成的压力囊。可利用液压通过有限的行程施加非常大的力，广泛用于土木工程，解决台墩之间预应力、推力控制、支承反力调整、结构预载等。使用后永久保留于结构时要用水泥浆或环氧树脂填塞。

（杨宗放）

变压器级次 stager of trans former

见闪光对焊参数（207 页）。

biao

标底 base bid pricl

招标单位对招标工程的预期价格。编制工程施工招标的标底有四种方法，即以施工图预算为基础的标底；以工程概算为基础的标底；以扩大综合定额为基础的标底；以平方米造价包干为基础的标底。它是进行招标和评标的主要依据之一，需经招标办公室审定，在开标前必须严格保密。

（毛鹤琴）

标棍

加固脚手架节点用的短棒。一般为硬杂木，直径为 $3\sim5\mathrm{cm}$，长 $30\sim40\mathrm{cm}$。

（郦锁林）

标筋 marking screed

又称冲筋、出柱、立柱头。在墙基体上下两标志之间用砂浆做成一条宽约 10 cm、高度与标志齐平的垂直灰埂。用以控制抹灰层厚度与平整垂直。

（姜营琦）

标志 mark

又称灰饼。在墙基体表面上每隔一定距离用砂浆涂抹做成平面尺寸约为 $5\mathrm{cm}\times5\mathrm{cm}$，厚度与抹灰层相同的砂浆块。其目的是控制抹灰层厚度，保证墙面各部分抹灰层平整垂直。其做法是在墙顶距两边约 0.2 m 处，打钉挂垂球，下端对准规方时弹出的抹灰面准线，用砂浆在墙基体表面上下各做一个标志块。然后在上边及下边两个标志块之间再拉通线，每隔 $1.2\sim1.5\mathrm{m}$ 的距离，再做出若干标志块。

（姜营琦）

标志板 batter board

旧称龙门板。施工期间在建筑物四角及中间主要轴线延伸线的外围用木板及木桩钉成的门状板。板上标有基础、墙身轴线位置及标高，作为施工时定位放线的标准。

（方承训）

标准贯入试验 standard penetration test

利用标准的落锤能量（锤重 63.5kg、落距 76m）将一定尺寸的钻探头打入土层，根据每贯入一定深度（30cm）的锤击数（$N_{63.5}$）来判定土的性质及容许承载力的勘探和测试方法。是重型动力触探试验中的一种。

（林厚祥）

标准图 standardized working drawings

不经修改即可用于其他工程的标准化构件、构造等的施工图。对常见多用的建筑物、构筑物、建筑配件、结构构件以及采暖、通风、制冷、给水排水、煤气、电气、动力等专业工种的配件及构造作法等,按统一的模数,根据各种不同标准规格,设计并绘制出成套施工图,供设计人员在具体工程的施工图中引用。标准图需经国家或地方有关部门批准,方可在全国或地区范围内使用。　　　　　　　（卢有杰）

标准养护　standard curing

在温度为 20±3℃,相对湿度为 90% 以上的条件下进行的混凝土养护。　　　　　　（谢尊渊）

表层地基加固法　shallow ground stabilization

又称浅层地基加固法。地面以下 5m 深度范围内,软土地基的各种加固方法。包括铺垫法、表层密实法,重锤夯实法、灰土桩法等。主要用于临时性软土地基处理。　　　　　　　　　　（李健宁）

表观粘度　apparent viscosity

又称视粘度。剪应力与剪应变速率的比值。对宾汉姆体来说,其随剪应变速率的增加而减小。
　　　　　　　　　　　　　　　　（谢尊渊）

表上计算法　computation using a work-table

又称表算法。利用表格进行网络时间参数计算的方法。　　　　　　　　　　　　（杨炎榮）

表上作业法　tabular method

用列表方式求解线性规划中运输模型的计算方法。计算步骤是:①在给定的产销表和单位运价表上拟定初始调运方案(可用西北角法、最小元素法或沃戈法)。②计算检验数(可用闭回路法或位势法),若所有检验数都为非负时,即得到最优解;若还存在着一个或若干个检验数为负值,说明调运方案还可以进行改进。③用闭回路法调整方案,得到改进方案后,再计算检验数,判别是否得到最优解,若不是,继续调整调运方案,直到得到最优方案。用表上作业法求解运输模型,计算量比单纯形法小。因此,可将某些实际问题,如任务分派、仓库布点、土方调配、生产规划等问题化成运输模型,用表上作业法求解。
　　　　　　　　　　　　　　　　（曹小琳）

表压力　indicated pressure

见相对压力(261页)。

裱糊顶棚满堂脚手架

用于裱糊顶棚而搭设的脚手架。因不承受多大重量,所以构造比较简单。一般立杆纵横方向之间的距离为 1.80～2.00m;纵横方向各步顺杆之间的距离为 1.50～2.00m。最上一步承托脚手板的顺杆与顶棚之间的距离为 1.40～1.60m,以不影响工作人员在架子上站着操作为宜。脚手板宜花铺,两端须与架子绑扎牢固,保证工作人员的安全。　　　（郦锁林）

裱糊工程　wall paper work, wall covering work

将壁纸或墙布用胶粘剂粘贴在内墙和顶棚表面,以达到装饰目的的施工工作。其施工过程包括:基层处理、墙面划线、预拼试贴、裁纸、刷胶、粘贴、修整等。要求做到表面色泽一致,各幅拼接不露缝,拼缝处的图案花纹应相吻合,不得有气泡、空鼓、翘边、皱折、斑污、胶痕等。　　　　　　（姜营琦）

bin

宾汉姆模型　Bingham model

由塑性元件与粘性元件并联后,再与弹性元件串联而成的流变模型。其流变方程为:

$$\tau < S \text{ 时}, \dot{\gamma} = \frac{\tau}{E}$$

$$\tau \geqslant S \text{ 时}, \dot{\gamma} = \frac{\tau}{E} + \frac{\tau - S}{\eta_{pl}}$$

τ 为剪应力;S 为屈服值;γ 为剪应变;$\dot{\gamma}$ 为剪应变速率;E 为弹性模量;η_{pl} 为塑性粘度。若剪应力为常数,则 $\dot{\gamma} = \frac{\tau - S}{\eta_{pl}}$。故该模型所描述的物体的流变特性是:当外力未达到屈服值之前,表现出弹性固体的性质,没有流动性。只有在外力超过屈服值之后,才具有液体的性质,产生流动。　　　　　　　　　　　　　（谢尊渊）

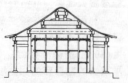

宾汉姆体　Bingham body

流变性能用宾汉姆模型来描述的物体。是弹性粘塑性体。　　　　　　　　　　（谢尊渊）

bing

冰壳防冻法　freezing prevention with ice coating

利用冰壳与土壤间空气层防止土壤冻结的方法。在预定冬季施工的场地周围筑高 0.4m 左右的土堤,将水灌入堤中,当水面结成厚 100～150mm 冰层后,将水放出,形成冰壳。冰壳支承在预先设在场地底部的木桩或石块上面,冰壳与土壤间的空气层厚为 200mm 左右。适用于渗透性小的粘土土壤中。
　　　　　　　　　　　　　　　　（张铁铮）

丙级监理单位　third-grade project administration and management organization

监理单位负责人或技术负责人要求与甲级、乙级监理单位相同;取得监理工程师资格证书的工程技术和管理人员不少于10人,且专业配套,其中高级工程师或者高级建筑师不少于2人,高级经济师不少于1人;注册资金不少于10万元;一般应当监理过5个三等一般工业与民用建设项目或者2个三等工业、交通建设项目。其定级审批与乙级监理单位相同。它只能监理本地区、本部门三等的工程。

(张仕廉)

丙凝 acrylamide grouting materials

又称丙烯酰胺浆液。以丙烯酰胺为主剂,加入交联剂、引发剂、促进剂和水配制而成的双组分浆液。施工时甲乙组分别用两种等量容器,同时等压、等量喷射混合,成丙凝浆液,注入堵漏部位。胶凝时间可在数秒到几小时内任意调节,快凝浆液可在瞬时间内固化,生成不溶于水的高分子网状结构的凝胶体,很快堵住量大速高的漏水和涌水。

(毛鹤琴)

丙烯酰胺浆液 acrylamide

见丙凝。

并图 connection of fragnets

又称网络计划连接。将若干个相互有关联的网络计划按逻辑关系(工作衔接)连接成一个较大的网络计划的工作。

(杨炎榮)

bo

拨道 track lining

拨正轨道方向的道床整修作业。当直线地段轨道方向超限,曲线地段圆顺度不符合标准,均应加以拨正。在有碴线路,用拨道机将钢轨连同轨枕一起拨动至正确位置。在无碴线路,仅在钢轨底部扣件处调整。通常小量作业应在起道之后进行。

(段立华)

波形夹具 corrugated grip

利用波形夹板将钢丝端头压成波浪形的夹具。当钢丝采用多排多行布置时,每排钢丝之间有一块波形夹板,所有钢丝夹持在多层波形夹板内。可用于直径为3 mm的高强钢丝配筋的预应力混凝土轨枕。

(杨宗放)

波形瓦屋面 pantiled roof

在檩条上直接铺盖以石棉水泥、塑料、玻璃钢等材料制造的波形瓦的屋面。檩条间距视瓦长而定,每张瓦至少应有三个支承点(即支承在三根檩条上)。瓦用钉或螺栓相互搭接固定在檩条上,钉孔应钻在瓦的波峰上,孔径应比钉或螺栓大2~3 mm,以适应温差而引起的变形。此种屋面具有质轻、构造简单等优点,但保温、隔热的性能较差。

(毛鹤琴)

玻璃扶手 glass handrail

见玻璃栏河。

玻璃隔断 glass partition

见玻璃隔墙。

玻璃隔墙 glass partition

以木方为骨架,下部(高度约1m)为半砖墙、灰板条墙和板材墙,上部镶玻璃的非承重墙。主要用于建筑物内部房间的分隔,下部半砖墙、灰板条墙、木板墙构造同同类隔墙,半砖墙宜每隔1m预留木砖。施工时按图在墙上弹出垂线并在地面及天棚上弹出隔墙的位置线,再按设计要求的做法完成下部并与两端的砖墙锚固;做上部玻璃隔墙或玻璃隔断时,先检查砖墙上木砖是否按规定埋设,后按线先立靠墙立筋并用钉子与墙上木砖钉牢,再钉下上槛及中间楞木,上部立筋、上下槛及中间楞木安设后,与墙及顶棚相接处均以水泥砂浆按要求填抹,后在框内安玻璃并用木压条固定。

(王士川)

玻璃工程 glazing work

将各种玻璃制品安装在建筑物墙壁、顶棚、门窗上作采光、装饰、围护结构的施工工作。玻璃是建筑工程的重要材料之一。它既可以透过光和热,又能阻挡风、雨、雪;既不会老化,又不会失去光泽。玻璃制品除用于门窗外,多用于墙体和屋面。

(姜营琦)

玻璃栏河 glass balustrade

又称玻璃栏板、玻璃扶手。将大块的透明安全玻璃固定在地面的基座上,上面加设不锈钢、铜质或木质扶手。从立面效果来看,给人一种通透、简洁的效果。与其他材料做成的相比,装饰效果别具一格。在公共建筑中的主楼梯、大厅跑马廊、天井平台等部位应用较多。如剧院厢房、百货大楼楼梯间、酒吧等场所。

(郦锁林)

玻璃幕墙 glass certain wall

用玻璃板块做成的起装饰及围护作用的外墙。所用玻璃一般经过特殊的表面处理,如着色、镀膜等,具有热反射、保温、隔声、防霜露、单向透视等功能。可做成单层或双层,有金属边框,边框上附钩挂装置,施工时可用螺钉等固定在建筑物外部附加的金属骨架上。板块与板块之间的缝隙用特制的镶嵌条或油膏封填,防风雨侵入。

(姜营琦)

玻璃饰面 glass facing, glazed facing

将玻璃质或玻璃制品装饰于建筑物外立面的饰面工程。包括玻璃锦砖贴面和玻璃镜面安装施工。玻璃锦砖,又称玻璃马赛克,是一种新的饰面材料,具有色调柔和、朴实、典雅、美观大方、不变色、不积尘、能雨天自涤、经久常新、堆积密度小、与水泥粘结性好、便于施工等特点,广泛用于高级宾馆、舞厅、礼堂、商店的门面。应用水泥浆镶贴前应将基层认真处理,将玻璃锦砖粘贴在湿润的基层上,以免饰面层空鼓脱落。玻璃镜面用于建筑内部的墙面或柱面上,使墙面显得规整、清丽,同时各种颜色的镜面起到扩大空间、反射景物、创造环境气氛的作用。镜面安装前先进行基层处理,然后立筋,铺钉衬板,最后镜面安装。要求镜面平整、洁净、接缝顺直、严密,不得有翘起、松动、裂隙、掉角。　　　(郦锁林)

玻璃纤维墙布 glass fiber cloth for wall covering

以玻璃纤维布为基材,表面涂布树脂,经印花加工处理而制成的室内装饰材料。色彩鲜艳,花样很多。不褪色、不老化、防火、防潮,可以擦洗。
　　　　　　　　　　　　　(姜营琦)

驳岸 bulkhead

沿河叠石成墙,以阻挡泥土者为岸。
　　　　　　　　　　　　　(张　斌)

驳船 barger, lighter

一般为非自航船的载货单层甲板或无甲板船。可单只使用或编列成队后由拖船拖行或顶推船推行。有木驳船、铁驳船、钢丝网水泥驳船等。当装有动力推进设备时,称机动驳船。建造简单,维修方便,造价低,但航行性能与操作性差。干舷较低,货舱浅而宽,方形系数较大,便于货物堆放和装卸。当在水上进行抛泥、抛石时,还有开舷驳船、开底驳船及倾卸驳船等。　　　　　(胡肇枢)

博缝板 gable eave board

悬山、歇山屋顶,为了保护挑出山墙外的桁头而沿屋面两边斜向钉在桁头之上的木板。(张　斌)

博脊 horizontal ridge for gable and hid roof

歇山顶两侧屋面上部贴于山花板外或进入博风板内侧的水平屋脊和重檐建筑的下层檐上部贴于上檐额枋下的脊。　　　　　　　(郦锁林)

bu

补偿器 compensator

在管道段每隔一定的距离设置热膨胀的补偿装置。是保证管道在热状态下的稳定和安全工作,减少并释放管道受热膨胀时所产生的应力。分为方形、波形、L型、Z型、∏型和填式补偿器等。
　　　　　　　　　　　　　(杨文柱)

补偿收缩混凝土 shrinkage-compensating concrete

在约束条件下利用混凝土的膨胀变形来补偿混凝土的全部或大部分收缩变形,以减少或防止收缩产生裂缝的混凝土。　　　　　(谢尊渊)

补偿收缩混凝土刚性防水屋面 shrinkage compensating concrete rigid waterproof roof

又称微膨胀混凝土防水屋面。在防水层的混凝土中加入微膨胀剂(如矾土水泥微膨胀剂、明矾石微膨胀剂等)或用微膨胀水泥直接拌制防水层混凝土而成的刚性防水屋面。硬化后的混凝土产生微膨胀,以补偿混凝土的收缩;在有配筋的情况下,由于钢筋限制了混凝土的膨胀,使混凝土产生自应力,又起到致密混凝土的作用,从而可提高混凝土的抗裂性和抗渗性。　　　　　　　(毛鹤琴)

补偿性基础 compensated foundation

又称浮基础。在结构设计中使建筑物的重量约等于建筑位置挖去土重(包括水重)的基础。当建筑物的重量等于挖去的土重时,称"全补偿性基础",此时土中的应力无变化;如挖去的土重只相当于建筑物的部分重量时,称"部分补偿性基础"。可减少建筑物的沉降,充分利用地下空间。由于开挖较深,施工较困难,需考虑基坑的支护结构、降低地下水、防止坑底隆起和管涌等问题。高层建筑中常采用。
　　　　　　　　　　　　　(赵志缙)

补偿张拉 compensating tensioning

早期的预应力损失基本完成之后进行的再次张拉。采用这种补偿张拉工艺可克服弹性压缩损失,减少钢材应力松弛损失、混凝土收缩与徐变损失等,以达到预期的预应力效果。　　　(杨宗放)

补救性托换 remedial underpinning

既有建筑物的基础下地基土不满足地基承载力和变形要求,而将原基础加深至较好持力层上,或扩大原有基础底面积等的托换。多用于旧房加层的基础托换。量大面广,在托换工程中占很大比重。
　　　　　　　　　　　　　(赵志缙)

补强灌浆 strengthening grounting

对建筑物由于施工质量不良或使用后需加固部位进行的灌浆工作。灌浆方法、灌浆压力、灌浆材料、布孔等视施灌部位的具体情况和要求而定。
　　　　　　　　　　　　　(汪龙腾)

补挖 taking off underbreak

将隧道断面的欠挖部分再次进行挖除的工作。它使开挖工作量增加并使后续的施工工序延缓,从而要影响工程进度。　　　　　(范文田)

不饱和聚酯面层 hon-saturated polystyle finish

以不饱和聚酯为基料,加入交联固化剂、促进剂、封闭剂等制成浆料,涂布于水泥砂浆找平层上,固化而成的地面饰面层。浆料的粘度小,如加入大理石碴,抹后12h可打磨成仿水磨石面层。不饱和聚酯固化后收缩率大,在使用中可能出现裂缝。故施工时,宜用分格条将大面积的地面划分成小块,或分两次涂布,第一次底层涂料未固化时即涂第二次面层涂料。涂布工艺可参见**环氧树脂面层**(107页)。 (姜营琦)

不等节奏流水
又称异节奏流水。参与流水施工的各工种工人(专业队组)本身在各施工段的流水节拍相等,而各工种工人之间的流水节拍则全部或部分不相等的流水作业方式。 (杨炎榮)

不动产 real estate
见房地产(63页)。

不发生火花地面 spark free floor finish
又称防爆地面。当所用地面材料与金属或石块等坚硬物体发生摩擦、冲击或冲擦时,不发生红灼火花(或火星)使易燃物引起发火或爆炸的危险的地面。如菱苦土、水磨石、混凝土、水泥砂浆等地面。
(姜营琦)

不合格 nonconformity
不满足规定的要求,包括对规定要求的偏离或缺少一种或多种质量特性。 (毛鹤琴)

不可调换优先股 inconvertible preferred stock
其持有者不能要求公司将它转变为普通股的优先股。可调换优先股的对称。 (颜哲)

不偶合系数 uncoupling coefficient
炮孔直径 d 与装入炮孔的药包直径 d_1 的比值。此值反映药包在炮孔中与孔壁接触的状况。当此值为1时,药包的爆轰波可直接传递给岩石,且效率最大;当此值增大时则存在着爆炸能量的无益消耗,爆压也将随着大大降低。光面爆破正是利用这个规律来实现的。 (林文虎)

不偶合药包 uncoupling cartridge
在炮孔径向间隔装药的药包。即不偶合系数小于1时装药。

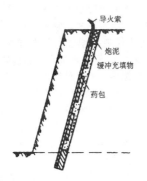

(林文虎)

布料杆 distributing boom
泵送混凝土装置中,兼有完成输送和摊铺布料工作双重功能的工作装置。它由底座、回转架、臂杆和输送管等部件组成。臂杆分成数节,各节臂杆间可作上仰、下俯、回转等相对运动,因而可将混凝土拌合物直接输送到布料杆工作幅度范围内的任何浇筑点。可概分为移动式和独立式两大类。独立式混凝土布料杆又可区分为移置式手动布料杆、管柱式布料杆、塔架式布料杆以及附装在塔式起重机塔身结构上的布料杆。 (谢尊渊)

布氏硬度 ball hardness
瑞典人布林南尔提出的表示金属材料硬度的标准。以一定荷重把一定直径的钢球压入金属表面并保持一定时间然后卸荷,测量金属表面上凹坑的直径,据此计算压痕球面积,求出单位面积所受的力,作为金属的硬度值,以符号 HB 表示。
(杨宗放)

布瓦 clay tile
颜色呈深灰色瓦面上有制坯过程中留下布纹的粘土瓦。由于在制坯过程中,瓦面上留有布纹痕迹,故名。包括筒瓦和板瓦等其规格从特号至10号共5种,即特号、1号、2号、3号和10号。尺寸历代都有变化,总的趋势是越变越小。 (郦锁林)

布瓦屋面 clay tile roofing
在屋面基层上铺盖各种布瓦,利用布瓦相互搭接防水的屋面。当区别于琉璃瓦屋面时,常被称为黑活屋面或墨瓦屋面。可分为筒瓦屋面、合瓦屋面、干搓瓦屋面等。 (郦锁林)

步架 panel of a roof truss
木构架中相邻两檩中心线的水平距离。梁的长短随进深而定,而步架尺寸又是根据梁的长短而定。

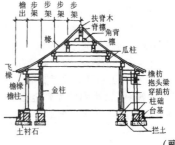

(郦锁林)

部分预应力混凝土 partially prestressed concrete
混凝土结构或构件按一般要求不出现裂缝或允许出现裂缝设计时,在全部使用荷载下受拉边缘允许出现一定的拉应力或裂缝的预应力混凝土。其预应力度 $\lambda<1$,即介于全预应力混凝土和钢筋混凝土

之间。根据使用荷载下构件正截面预应力混凝土的应力状态,又可分为A类和B类。A类构件的允许拉应力有一定限值,一般不开裂。B类构件的拉应力虽超过限值,但裂缝宽度不大于规定值。通常采取预应力筋和非预应力筋混合配筋。这种混凝土兼有全预应力混凝土和钢筋混凝土的优良性能,既能有效地控制使用条件下的应力、裂缝和变形,又具有较高的延性和良好的抗震性能,预应力费用也较低,因此很有发展前途。

(杨宗放)

C

cai

材 cai

以斗栱中的单栱或素枋的材广(高)尺寸定为衡量整个建筑构件的标准单位。它是宋代及其以前古建筑木构架中应用的古典模数制的基本单位。栱高称为材广,栱宽称为材厚,

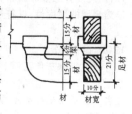

上下栱之间的间隔距离称为栔,一材加一栔称为足材。

(郦锁林)

材料加热温度 temperature of heated material

组成混凝土的原材料水、砂、石加热后的温度。材料加热是为了满足施工操作和热工养护的要求,水泥不允许加热,优先加热水、砂、石。各种材料的加热温度应经热工计算,并不得超过施工规范规定的最高温度限值。

(张铁铮)

材料平衡 balanced scheduling of materials

根据建设项目施工不同阶段所需各种材料并考虑库存和供应渠道,搞好材料进场、存放与使用的平衡调度工作。当某些材料品种、规格、数量满足不了施工现场需要或因施工进度、部署出现较大变化时,要及时加强材料的平衡调度,包括调换品种、调剂规格,甚至调整个别施工项目的进度安排,以避免其短缺或出现需求高峰,以达到减少资金占用、压低库存、减少存放仓库设施、降低材料成本和避免水泥等材料日久变质等目的。

(孟昭华)

材料消耗定额 norm for material consumption

在一定生产方式、节约与合理使用材料条件下,完成单位合格产品或单位工程量必须消耗的材料数量标准。其构成包括两个方面:一是净用量,是材料有效消耗,它构成产品实体;二是损耗量,也称工艺损耗,是材料有效消耗过程中不可避免的损耗。

(毛鹤琴)

材料运杂费 material transportation and miscellaneous costs

材料、成品、半成品、构配件及机电设备由材料供应部门的交料地点运至施工地点所需的运输费用与杂项费用的统称。包括:运输费、装卸费、其他有关运输的费用(如铁路运输的取送车费、过轨费、汽车运输的渡船费等)、材料管理费、工地搬运费。

(段立华 邓先都)

财产保险合同 property lasurance contract

投保方为使自己的财产或利益得到安全保险,向保险方支付保险费,保险方在发生保险事故时负赔偿责任的协议。

(毛鹤琴)

财产租赁合同 contract of property lease

出租方将财产交给承租方使用,由承租方交付租金,并在租赁关系终止时将原财产归还给出租方的协议。

(毛鹤琴)

采土场 borrow area

供填方用的土质良好、土源丰富的取土场地。取土坑土方和路堑挖方数量不足或不宜用于填方使用时,需在填方附近开辟这种土源地。

(庞文焕)

彩画 colour painting

中国古代木结构建筑为了防止风雨侵蚀,保护木骨,兼有装饰美观,在木构件上所绘的图案。多沥以粉条,在粉条上或两粉条之间贴以金箔,再用各种颜色绘出花纹,美丽异常。它有着悠久的历史,成为中国古代建筑外观上增加华丽效果的重要组成部分。宋《营造法式》所列彩画有五彩遍装、碾玉装、青绿棱间装、解绿装、丹粉刷饰和杂间装六种。到清代,图案大致有云气、龙凤、锦文、卷草、花卉和万字、珠宝等。清式梁枋彩画一般可分为和玺彩画、旋子彩画和苏式彩画三大类,构图上按梁枋的全长分为三段:当中一段称为"枋心",左右两段外端的称为"箍头",内端的称为"藻头"。此外,在垫板、平板枋、斗栱和椽子、角梁等构件上也都绘以彩画。

(郦锁林)

彩色三元乙丙复合防水卷材

又称自粘防水卷材。是以彩色三元乙丙橡胶为面层，以改性胎面再生橡胶为底层，经压延、复合、硫化而成的新型防水卷材。其耐低温性能好，适温范围广（-40℃～80℃），抗拉强度高。施工时勿需粘结剂，只需在基层刷一层冷底子油，干燥 6 h 后，将卷材背面的隔离纸剥开，即可直接粘贴于基层表面上。适用于地下和屋面防水工程。 （毛鹤琴）

彩色压型钢板屋面 colored shaped steel sheet roof

简称彩板屋面。以 0.4～1.0 mm 的薄钢板，在表面镀锌、涂饰色彩面层后，经辊压成波形、梯形断面的板作防水层的自防水屋面。以彩板作防水层的屋面具有轻质高强、施工安装方便、色彩绚丽、质感强等特点，对减轻建筑物自重、增强建筑造型的艺术效果均具有重要意义。 （毛鹤琴）

彩砂 colour sand

又称彩色瓷粒。以石英、长石和瓷土为主要原料加颜料高温烧制而成的材料。粒径粗细不等，一般为 1～3 mm，颜色多样，色泽鲜艳，不褪色，用于装饰抹灰及涂料工程。 （姜营琦）

彩砂面聚酯胎弹性体油毡

以聚酯纤维无纺布为胎体，浸渍和涂盖 SBS 改性石油沥青，顶面撒布彩色砂粒，底面复合塑料薄膜或撒布细粒料制成的弹塑性防水卷材。每卷长 10 m，幅宽 1000 mm，厚度 4 mm。具有优异的弹塑性、抗水性、耐热性和耐低温性能，是建筑防水最为理想材料之一。 （毛鹤琴）

can

参与优先股 participating preferred stock

在一定条件下除按原固定股利率取得优先股股利外还可参与公司剩余利润分红的优先股。其发行章程不仅规定了固定的优先股股利率，而且规定，在优先股股利之后分配的普通股股利如果达到某一水平而公司尚有剩余利润可支付，则这种股票的持有人可按规定方式与普通股股东一同参与剩余利润的分红。 （颜哲）

残余抗压强度 residual compressive strength

耐火混凝土加热到指定温度后，保温一定时间，然后冷却至常温，再在相对湿度不低于 90% 的环境中养护 10d 后的抗压强度。 （谢尊渊）

cang

仓储保管合同 storage contract

存货方和保管方为加速货物流通、妥善保管货物、提高经济效益而明确双方权利、义务关系的协议。 （毛鹤琴）

cao

操作平台 operation platform

在滑模施工过程中，提供绑扎钢筋、安拆模板和浇灌混凝土等工作的操作场地。平台上亦可安装起重设备及堆放施工用的材料。滑模施工中，按其承重结构的构造形式不同，可分为主次梁式、桁架式、辐射梁式、内外挑架式等；按其平台梁是否连续，可分为分块式与整体式；按其作用不同，可分为主平台、上辅助平台、吊脚手架；而主平台又有内、外平台之分。内平台通常由梁或桁架支承在承力架的内立柱或内围圈上，而外平台通常由三角挑架支承在承力架的外立柱或外围圈上。以上各种平台的主要承重结构，均应满足强度、刚度、稳定性的要求，一般需按其跨度大小和实际荷载情况，通过计算确定。

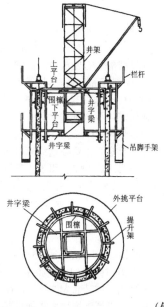

（何玉兰）

糙墁地面

用未经砍磨加工的砖铺装地面的做法。地面砖的接缝较宽，砖与砖相邻处的高低差和地面的平整度都不如细墁那样讲究，相比之下显得粗糙一些。在大式建筑中多用城砖或方砖，小式建筑中多用方砖。普通民宅可用四丁砖、开条砖等。多用于一般建筑的室外，在做法简单的建筑及地方建筑中，也用于室内地面。 （郦锁林）

糙砌

俗称糙灰条子。用未经砍磨加工的砖砌筑整砖墙的砌法。按砌砖的手法可分为带刀缝砌(带刀灰)和灰砌糙砖两种做法。带刀缝砌法是用月白灰挂在砖的四边上,即打灰条,灰缝较小(5～8mm),多以开条砖等小砖为主;灰砌糙砖做法是满铺灰浆,灰缝较大(8～10mm),灰浆颜色不限,但多以白灰膏为主,所用砖料不限。　　　　　　　　(郿锁林)

糙淌白
见淌白砖(237页)。

糙望砖
望砖未经过加工者。　　　　　　(张　斌)

槽壁法　slurry-trench method
又称地下连续墙法。在分段挖出的沟槽中灌筑钢筋混凝土边墙的明挖法。用钻机、抓斗、群钻等开凿机械挖槽并以泥浆护壁,通过泥浆循环或机械方法出土。在沟槽挖好后吊入钢筋笼架,并在泥浆护壁间灌筑混凝土,分段建造并作接缝处理,成为连续的钢筋混凝土边墙。这一方法的优点是地面沉降小、干扰少、无震动、噪声小,并可减少土方量。
　　　　　　　　　　　　　　(范文田)

槽式列车　bunker train
用于隧道和矿山工程中在轨道上行驶的长槽形运碴列车。其前端配有接碴车,后端有卸碴车,中间为若干节相互连接的装有刮板链条的槽车。与梭式矿车一样,可减少调车和出碴时间,但因其本身结构较复杂、笨重而能耗大,且只能在直线上装卸石碴,目前已逐渐被梭式矿车所替代。　　(范文田)

槽式台座　trough bed
又称压杆式台座。由两条钢筋混凝土压杆与混凝土底板组成呈槽形的台座。用于生产张拉力较大的预应力构件,如吊车梁等。台座可做成永久性的,也可做成临时性的。压杆可分段预制,便于拆迁。台座宽度比生产的构件略大,常在1m左右。
　　　　　　　　　　　　　　(卢锡鸿)

槽销锚具　notched conical anchorage
利用带槽的锚销锚固钢绞线束的楔紧式锚具。由锚环与锚销组成。锚环按材料不同,可分为混凝土锚环和钢锚环。混凝土锚环用高强钢丝圈和高强度砂浆制成。钢锚环采用45号钢,调质热处理硬度HRC30～35。锚销的锥面设有嵌содержание钢绞线用的凹槽,采用钢铸造或45号钢制作。适用于4～12ϕ15钢绞线束。　　　　　　　　　(杨宗放)

草土围堰　straw and earth cofferdam
利用麦草、稻草、芦柴、柳枝等和土为主要材料,一层草一层土筑成的围堰。是中国传统的围堰型式,广泛用于黄河河堤堵口和一些灌溉工程上。可就地取材,成本低廉,建造、拆除均较方便,并能在水中施工,但柴草等易腐烂,故仅适用于短期的围堰工程。　　　　　　　　　　　　　(胡肇枢)

ce

侧壁导坑法　side drift method
见德国法(40页)。

侧面掏槽　sidewise cut
掏槽眼布置在坑道一侧且向坑道周边倾斜的单向掏槽。适用于一侧节理发达,且层理与开挖方向成一角度的较松软的岩层中。　　(范文田)

侧吸法真空脱水
在构件的侧面设置真空吸水装置进行真空脱水处理的方法。此真空吸水装置兼作结构构件的侧模。　　　　　　　　　　　　(舒　适)

侧向开挖　side cutting (excavation), lateral cutting
正铲挖土机沿前进方向挖土,运输车辆在侧面装土的开挖方式。此法装车角度小(一般为45°～90°),生产效率高,采用较广。　　(郿锁林)

侧向托换　lateral underpinning
见预防性托换(279页)。

侧砖　stretcher
砖砌体中,砖块条面朝下顶面外露的砖。
　　　　　　　　　　　　　　(方承训)

测力环　force meassured force ring
校准试验机与机器用的精密测力计。由钢环、杠杆与位移计等组成。用钢环作弹簧,钢环在力的作用下的变形经过杠杆放大,最后推动一个位移计,根据位移计按预先标定的力-变形曲线求得力值。中国生产的弹簧测力环有100～2000 kN等。
　　　　　　　　　　　　　　(杨宗放)

测量放线　setting out
利用测量仪器把拟建造的建筑物、构筑物及管线等,根据施工图纸用各种标志标示到地面或实物上的工序。它是施工依据之一,亦是保证工程质量和进度的重要前提。在开工前施工准备工作中,测量放线工作主要包括:平面控制网的测定与桩位的保护,标高控制网的测定与桩位保护,建筑物定位放线,±0以下的施工放线准备工作。工程施工过程中的测量放线工作主要包括:基础施工测量,皮数杆的测设,多层建筑物的轴线投测及标高传递,高层建筑的标高及垂直度的控制,吊装工程中的柱基杯口底面抄平及吊装构件的位置和垂直度校正测量等。
　　　　　　　　　　　　　　(朱宏亮)

测量师　QS, quantity surreyor
在英联邦国家建筑工程建设中,帮助业主方、编审标底、协助招标、合同管理的经济工作者。要取得测量师资格必须是取得 QS 学士学位后,从事三年 QS 工程实践,通过英国皇家特许测量师学会考试的人员,才能获取正式的 QS 证书。

（张仕廉）

测量师行　quantity surreying construction

在英联邦国家中,从事工程建设估算、计量和经济管理、合同管理咨询的公司。公司的开办人必须是经过英国皇家特许测量师学会授予称号的测量师,否则不予开办。

（张仕廉）

策略性信息　information of manoeuvre

在工程建设项目中,用于执行项目实施、编制各类计划、中短期决策、处理建设中可能发生的可预见性问题所需要的一部分信息。主要用于工程建设项目的实施期中的管理工作。影响工程项目管理水平及项目本身。如编制项目年度计划;年度财务计划;工期进度计划;人员、设备配备计划;材料采购、调配计划;合同执行情况检查及修订情况;各种计划的调整控制;突发事件相应的对策;质量内控标准这类问题所需的信息。策略性信息较多来源于工程项目内部,相关性大,确定性强,主要用于建设实施期。

（顾辅柱）

ceng

层间水　confined water

埋藏在两个隔水层之间的地下水。有明显的补给区、承压区和泄水区。由于具有隔水顶板,因而承压区与大气圈无直接联系。补给区与泄水区往往相隔很远。水的补给常位于含水层露出地表处。它有时未充满透水层,形成与潜水相同的潜水面,称为无压层间水或下降层间水。如充满两个隔水层之间的含水层,则含水层中便产生静水压力,打井至该层时,水便在井中上升,甚至自动喷出,这种称为上升（承压的）层间水或自流水。

（林厚祥）

cha

插板法　forepoling method

在松软而不稳定的地层中用插板先支撑后开挖修建隧道的矿山法。为防止地层坍塌或移动,沿封闭形门框式导坑支撑横梁的上方先向地层内打入用削尖的木板制成的挡土板,在其保护下进行开挖,各部扩大时也是如此。

（范文田）

插板式台座　inserting-plate bed

仅有定位板,不用横梁,也没有伸出地面的牛腿的墩式台座。定位板下部插入地梁内或用预埋螺栓固定于地梁上,定位板上边缘与台面平或略低于台面,在构件成型时便于抽出芯管。这种台座的张拉力较小,投资较省,专用于生产板类构件。

（卢锡鸿）

插板支撑　forepoling

在松软而不稳定的地层中开挖隧道时,为防止土层的移动或坍塌,沿坑道支撑横梁先将挡土板打入土层内的临时支撑。在其保护下进行挖土,即先撑后挖。插板是由削尖的木板制成。

（范文田）

插筋补强护坡　bank protection with reinforcing dowels

以钢筋插入土体为主要手段,使土体得到补强而产生护坡效果的技术。伸入土体的插筋锚杆,包括 $\phi16$ 左右的钢筋和注浆体、坡面锚定板、金属网片和水泥抹灰保护层、坡顶泛水保护层及坡脚排水沟。适用在地下水位以上或经降水后的一般粘性土、可成孔的杂填土、非松散性的粉土和粉细砂等。基坑深度在 10m 以内,适宜边坡角 76°～85°,必要时对直立边坡也可行。既适用于建筑工程深基坑支护又适用于市政工程边坡支护。其特点是:所需作业面小,机具轻便灵活、操作简单、辅助作业少;采用综合设计法和安全施工作业,可保证护坡安全可靠。其破坏形式是渐近性开裂变形,可保证一定整体性而无突发性崩塌;施工现场无需大型机械设备,可与挖土作业组织流水交叉作业。

（郦锁林）

插头　spigot

承插式钢管脚手架节点处杆件接头的承插组合件。由插件和承插座组成。按接头构造型式的不同,分为:短管式、碗扣式、卡板式、卡槽式和楔块式等。既是杆件的连接件,又是传力件。

（谭应国）

槎　racking back and tooth

砌体不能同时砌筑而出现的临时断处,先砌部分留下的待接接口。实心墙常见的留槎形式有斜槎和直槎两种。

（方承训）

chai

拆安

修缮工程中将构件拆下经修理后再行安装的施工过程。

（张 斌）

拆安归位　disassembling and reassembling of masonry work

当某砖件或石活脱离了原有位置时,将里面的灰渣清理干净,用水泅湿,然后重新坐灰安放复位的修缮方法。必要时应做灌浆处理。

（郦锁林）

拆除爆破　demo lition blasting

拆模时间 time of stripping

混凝土浇灌后,为使模板及时周转能最早拆除的时间。现浇结构的非承重模板(侧模),只要能保证其表面及棱角不因模板拆除而受损坏,一般塑性混凝土约24h后,方可拆除;承重模板,视其结构的类型、跨度、荷载大小不同,分别为混凝土达到设计强度的75%~100%所需时间;对于多高层楼盖、梁、板底模及支柱,应对混凝土的强度发展及施工荷载的大小分层进行核算,确保以下各层楼盖结构的安全承载能力。预制构件的芯模或预留孔洞的内模,当混凝土处于终凝前后应转动芯模与内模,并使混凝土强度能保证构件和孔洞表面不发生坍陷和裂缝时,方可拆除。对于翻转脱模、拉模等施工方法,同采用干硬性早强混凝土,浇捣完毕,即可脱模。

(何玉兰)

拆砌 disassembling and reassembling of brickwork

拆除原有墙体重新砌筑的修缮方法。经检查鉴定为危险墙体,或外观损坏十分严重时,可采用此法。如拆砌山墙、后檐、槛墙等。

(郦锁林)

柴油桩锤 diesel pile hammer

通过锤体下落的冲击力和压燃柴油而产生的爆发力进行沉桩的桩锤。这种桩锤实质上是一种单缸二冲程自由活塞内燃机,既是柴油原动机,又是打桩工作机。按构造特点,分为导杆式和筒式两种,目前应用最多的是后者,其代号为D。具有结构简单,打桩施工方便,桩承载能力高,不受电源限制等优点。

(郦锁林)

chan

掺灰泥 cob without straw

又称插灰泥。泼灰与黄土拌匀后加水,或生石灰加水,取浆与黄土拌和,闷8h后即可使用的灰浆。土质以亚粘性土较好。用于宽瓦、墁地、砌碎砖墙等。

(郦锁林)

掺盐砂浆法 masonry work with brined mortar

在砌筑砂浆中掺入一定量的盐类进行砌体砌筑的冬期施工方法。采用的盐类主要是氯化钠,气温过低时可用复盐(氯化钠加氯化钙)。氯盐的掺量按不同负温界限控制,应符合有关规定。由于氯盐吸湿性大,保温性能下降,并有析盐现象,适用范围受到一定限制,下列工程不得采用此法:对装饰有特殊要求的工程;有高压电线路的建筑物;热工要求高的工程;房屋使用时,湿度大于60%的建筑物;经常受40℃以上高温影响的建筑物;经常处于地下水变化范围及水下未设防水层的结构;配有钢筋、铁埋件未作防腐处理的砌体。

(张铁铮)

产量定额 production norm

在合理地劳动组织和正常生产条件下,在单位工日中所应完成合格产品的数量。其计算方法如下:

$$每工产量 = \frac{1}{单位产品时间定额(工日)}$$

或

$$台班产量 = \frac{小组成员工日数的总和}{单位产品时间定额(工日)}$$

(毛鹤琴)

产流 runoff volume

在流域面积上,降雨产生的地面水流出现下渗水量的现象。降雨量扣除损失量即为产流量,产流量是指降雨形成径流的那部分水量(mm)。降雨损失包括植物截流、下渗、填洼和蒸发,其中以下渗为主。产流可概化为蓄涡产流和超渗产流两种形式。蓄涡产流发生在南方湿润地区或北方多雨季节,由于流域蓄水量较大,地下水位较高,一次降雨后,流域蓄水很容易达到饱和,不仅产生地面径流,而且下渗量中并不完全属于损失,其中一部分成为地下径流,所以产流包括地面径流和地下径流。超渗产流发生在南方少雨季节或北方干旱地区,由于流域蓄水较少,地下水埋藏较深,一次降雨后流域蓄水达不到饱和,下渗水量全部属于损失,不形成地下径流,只有当降水强度大于下渗强度时才产生起渗雨,形成地面径流。

(那 路)

铲运机 scraper

利用装在前、后轮轴之间的铲运斗,在行驶中顺序进行铲削、装载、运输和铺卸土壤作业的铲土运输机械。是一种多功能土方机械,能独立完成铲、装、运、卸工序,并兼有一定的压实和平地性能,技术经济效益好,最宜于大面积土方工程。其代号为C,常用的拖式铲运机采用履带拖拉机为牵引车或轮式拖拉机为牵引车,前者适用于路面条件不好运距在500m以内的工程,而运距在2000~3000m的土方搬运则以后一种方式为宜。自行式铲运机的牵引车与铲运斗组成一体,特点是机运灵活,行驶速度快,功效高,经济运距为500～1 500m。它有两种不同的装土方式:一种是在行进中靠牵引力把刀片切削下来的土屑,从斗门与刀片之间的缝隙中挤入铲斗,装斗的阻力大;另一种是链板式,刀片切下来的土屑由链板升运机构装入铲斗,装土阻力小,运距在1 000m以内,效果较好。卸土方式有自由式、强制式和半强制式三种。铲斗容量在3m³以下的小型铲运机采用自由式卸土;铲斗容量在4～15m³的中型铲运机和斗容量在15m³以上的大型铲运机采用强制式卸土;半强制式则是将铲斗后壁与斗底构成一体绕前边铰点向前旋转将土倒出。中国于50年代开始仿制,60年代中期制成第一代自行式,70年代研制成7～9m³液压自行式,近年来通过引进技术的消化和吸收,无论产品品种、数量及质量均有较大提高。

(郦锁林)

铲运机分段填筑 scraper filling by sections

根据铲运机运行路线,将路堤分成若干段分别进行填筑的施工方法。各个分段内的土方均需分层铺填、重叠搭接和反复碾压。填到适当高度后,再逐一堵填相邻分段间的运行道缺口,以最终完成路堤的纵向连贯。 (庞文焕)

铲运机开挖路堑 cut excavation by scrapers

铲运机在路基工程施工中沿纵向运行进行铲装,依次分层进行开挖路堑的工作。挖土面需保持两侧低、中间高的断面,以正确控制边坡坡度,保证工作面的平整,且使留土最少。对铲运机未能挖到的部分可用人工或修坡机加以修整。其出土方式可分为纵向和横向两种。 (庞文焕)

铲运机填筑路堤 embankment filling by scraper

将路堤纵向分成若干段落,用铲运机铲土、运土、卸土进行铺筑路堤的工作。一般填筑路堤底部时,工作段较短,随着路堤高度的增加,封闭中间缺口,工作段的长度亦相应增大。当横向运土路堤高度超过1m时,应设置铲运机的进出口通道。由取土坑取土填筑路堤时,可选择采用环形、8字形或之字形运行路线。一个工作段内填筑时应由路堤边缘向中心线方向分层填筑,以保证边坡的压实和做出要求的设计断面。 (庞文焕)

铲运机运行路线 operation route of scraper

铲运机在一次铲土、运土、卸土作业循环中所行走的特定路线。有环形路线和"8"字形路线以及大环形路线等。运行路线型式需视场地情况、土质、工程量大小等因素决定。 (林文虎)

铲运机作业 scraper operation

用铲运机进行土方工程施工的方式。铲运机可完成坡度不大于20°的大面积土方的挖、运、填、筑,开挖大面积基坑、管沟和河渠,填筑堤坝等作业,适宜于开挖1～3级土,适用运距为600～1 500m。运距为200～500m时效率最高。不适用于砾土层、冻土层及沼泽地带作业。其施工方法有下坡铲土法、跨铲法、交错作业法及助铲法等。铲运机有铲土、运土、卸土等运行过程,故应依据工程大小、运距长短、土的性质和地形条件等因素选择其运行路线。

(林文虎)

铲运机作业循环时间 period of operating cycle by scraper

铲运机每完成一个完整的作业循环所需要的时间,包括铲土、运土、卸土和回程这四个过程所需的时间。是影响铲运机生产率的重要因素之一。正确地选择运行路线,缩短运距,保持运行路线的良好状态是缩短工作循环时间的重要措施。 (庞文焕)

chang

长窗 partition door

又称槅扇。窗之通长落地,装于上槛与下槛之间者。 (张 斌)

长廊油画活脚手架 scaffold for colour painting along long corridor

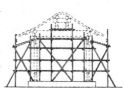

用于长廊和各种亭榭的油饰彩画工程的脚手架。因它不承受多大重量,所以搭起来比较简单。外檐承托脚手板的横木应随着飞檐椽的倾斜度搭设,因而承托横木的两道顺杆一高一低,以适合工作人员站在脚手架上,方便操作。内檐横向每排立杆之间各绑扎一副开口戗;前后檐横向里外排立杆之间各绑扎一副五字戗,以使整座脚手架稳固。脚手板为花铺。贴金和做油皮时,若风大为防止丢失金箔与灰尘污染油皮,须在脚手架上缝席封护。 (郦锁林)

长期公司债券 long term corporate bond

偿还期为5年或5年以上的公司债券。由于期限长、风险大而可能分别采取不同的还本付息方式。如果发行时市场利率低,多采用固定利率计息方式以减轻公司付息负担;如果发行时市场利率高,则可能采用浮动利率以免长期付高利息,有的还规定某个浮动下限来保证持券人的最低利息收入。还本方式,有的规定期满时一次偿还;有的在期满前还本,做法有分期偿还(定期抽签,中签者获还本)、任意偿还(发行公司随时可决定还本,但须在本金之上适当对持券人予以补偿)和购回注销(发行公司从证券流通市场上按市价买回其债券并注销)。
（颜　哲）

长期预测　long-term forecasting

对系统或企业内部、外部环境变化的远期发展趋势所作的科学估量。可作为系统或企业制定长远规划和战略决策的依据。预测时间一般是10～15年或更长些。
（曹小琳）

长线台座先张法　tensioning technique with long-line bed

在露天或室内的混凝土台座上用先张法生产预应力混凝土构件时的施工方法。台座是用来临时固定预应力筋，并在其上完成构件生产全过程的设施。台座按使用要求有永久性固定台座和临时性活动台座。按承力架构造有墩式台座、槽式台座、换埋式台座、插板式台座和承插式台座等。预应力筋宜采取单根张拉，锚固在台座两端的横梁上。
（卢锡鸿）

常压蒸汽养护　normal pressure steam curing, curing with normal pressure steam

在大气压力下，用最高温度不超过100℃，相对湿度在90%以上的饱和蒸汽进行的湿热养护。
（谢尊渊）

厂房钢结构　steel structures for factory buildings

由柱、桁架、梁等钢构件组合而成的承重空间骨架。多用于钢铁联合企业和重型机械制造厂房(吊车荷重在100t以上)。其组成部分有：横向框架包括柱和屋架，支承结构自重、风、雪荷载和吊车的竖向和横向荷载，是厂房的主要承重体系；屋盖结构，是承受屋盖荷载的结构体系，包括横向框架的横梁和托架、中间屋架、天窗架和檩条；支撑体系，包括屋盖部分的支撑和柱间支撑，它和柱、吊车梁等组成厂房的纵向构架，承担水平纵向荷载，又把主要承重体系由个别的平面结构联成空间的整体，从而保证结构的刚度和稳定；吊车梁和制动梁(制动桁架)，直接支承车间所使用的各类吊车，并把吊车荷载传到横向框架和纵向构架上；墙架构件，支承墙面上的风荷载和填充墙的荷载。
（王士川）

厂址地形图　topographic map of industrial construction site

着重表示一工厂范围内地表地貌和位于地表上的所有固定性物体的地图。是经过实地测量或根据资料绘制而成的。
（甘绍熺）

场地勘探　site exploration

对建筑场地和地基进行的综合性地质调查。目的是了解建筑地区的各种工程地质水文条件，为工程设计提供正确的原始资料，以便合理地选定建筑位置，对不良地质条件提出有效措施，提供各层土的物理力学性能及水的渗透系数，便于正确选择地基基础的设计和施工方案。常用的方法有掘探法、钻探法、地球物理勘探和触探法等。
（林厚祥）

场地平整设计标高　design level for site leveling

设计的建设场地土方填挖后的高程。一般以填挖分界线处的标高表示。无特殊要求的场地，宜尽量采用土方填挖平衡的原则确定其设计标高，此外尚应考虑场地运输、泄水坡度、边坡大小以及场地使用要求等。场地设计标高一般由设计部门确定。
（林文虎）

场地平整土方工程量　quantity of earth work in site leveling

场地平整的填挖土石方数量的总和。是进行土方平衡调配，选用土方施工方法和机械的基础。可用方格网法、断面法等方法计算。土方工程量计算十分繁杂，应尽量利用现有计算图表或利用计算机进行。
（林文虎）

敞胸盾构　open shield

切口环内未装设横向胸板的盾构。可供人工开挖或半机械化开挖土层之用，在松软而含水的土层中可采用压缩空气进行开挖。
（范文田）

chao

抄平　levelling

对施工对象的标高及平直度进行检查、调整和测设，以满足规定要求的工作。如杯形基础钢筋混凝土柱吊装前，先测量杯底标高，并根据预制柱实际长度，用砂浆调整杯底标高。
（方承训）

抄手榫

见抄手榫墩接。

抄手榫墩接

在两截柱子的断面上画十字线分四瓣，各自剔去十字瓣的两瓣，用剩下的两瓣作榫相插的木料墩接。搭接的长度为40～50cm，外用两道铁箍加固。

（郦锁林）

超静水压力　excess hydrostatic pressure

由于外荷和打桩等作用使土中孔隙水压力超过水重引起的静水压力。这是因为当外荷作用在饱和而又可压缩的土体上时，本应由土骨架和孔隙水共同承受，但因孔隙水是相对不可压缩，所以最初外荷是全部由孔隙水承担而引起的。在打桩过程中，土受振动和挤压，土中孔隙水急剧升高，桩群越大、越密，压力越高，消散越慢，波及面越广，结果将导致桩、土位移，亦可能将已打入的桩拉断，或对周围建筑物等设施带来危害。因此，要设法减少打桩对土体的挤压，创造排水条件，采用新的打桩工艺等措施来降低孔隙水压力。目前，常用袋装砂井或塑料板排水，以及用间隔式打桩工艺和从桩区中部向周边打的流水组织方法等，使孔隙水压力得以消散。

（张凤鸣）

超前导坑 pioneer drift, pioneer heading

见指向导坑（297页）。

超挖 overbreak, overexcavation

开挖隧道后的实际断面尺寸大于设计开挖断面的现象。使衬砌背后的空间加大，导致回填和压浆及衬砌混凝土数量的增加。因此在开挖过程中要采取合理布置炮眼，减少装药量或采用光面爆破等措施予以控制。

（范文田）

超挖百分率 percentage of overbreak

隧道超挖部分的面积与其设计的开挖面积之间的百分比。

（范文田）

超载限制器 overload control device

当起重量超过额定起重量时，能自动切断起升动力源，并发出禁止性报警信号的起重机安全保护装置。其综合误差不大于8%，当载荷达到额定起重量的90%时，应能发出提示性报警信号。

（刘宗仁）

超张拉 over tensioning

预应力筋张拉时为减少预应力损失而采取张拉工艺。对减少摩擦损失、锚固损失与应力松弛损失等所需的超张拉，不是叠加的，而是取其中一个最大值作为超张拉值，因为在这三种情况下，超张拉就是由一个超拉伸和随后的回松所组成。采用超张拉后的最大张拉力不得超过最高限值，参见张拉控制应力（288页）。

（杨宗放）

超张拉程序 over tensioning procedure

预应力筋张拉过程中为减少应力松弛损失而采取的加载步骤。程序为 $0 \rightarrow 1.05\sigma_{con} \xrightarrow{\text{持荷 2min}} \sigma_{con}$（$\sigma_{con}$ 为张拉控制应力），可减少应力松弛损失10%~20%。在有些情况下，上述程序可变通为 $0 \rightarrow 1.03\sigma_{con}$，其应力松弛损失虽增加，但张拉力加大，建立的应力基本等值。

（杨宗放）

che

车辆荷载标准 standard for vehicle load

作为道路、桥涵以及与之有关的构筑物设计依据的标准的汽车和车队荷载值。车辆荷载为基本可变荷载，分为计算荷载和验算荷载两种。计算荷载指汽车荷载，按汽车队分为汽车-10级、汽车-15级、汽车-20级和汽车-超20级四种，汽车队按规定间距进行纵向和横向布置。验算荷载指履带车和平板挂车，分为履带-50、挂车-80、挂车-100、挂车-120。

（邓朝荣）

车站隧道 station tunnel

办理地下铁道列车到发并供大量乘客集散的地铁隧道。浅埋时大多采用明挖法施工，且断面则多为矩形框架。深埋时则采用暗挖法施工，且断面为单拱、双拱及三拱形。其长度根据所停靠的车辆数目而定。

（范文田）

chen

沉管法 sunken tube method

又称沉埋法、预制管段沉埋法。将预制的钢或钢筋混凝土密封管段沉入水低堑壕再行连接的水底隧道明挖法。先在船台上或干船坞中用钢或钢筋混凝土制作管段，两端用临时隔板密封，再滑移下水，浮运至沉放位置，向管内灌水或砂，使其下沉至预先挖好并经过处理的水底堑壕内。用防水接头将相邻的两节管段接好。拆除临时隔板，使各个管段联成一个整体的隧道。用此法施工简便，造价低，工期短，在目前已成为修建水底隧道的主要施工方法。尤其在现代城市道路及地下铁道的水底隧道中应用更广。

（范文田）

沉管灌注桩 cased pile

沉入钢管成孔的混凝土和钢筋混凝土灌注桩。施工时，将装有混凝土预制桩尖或带有活瓣桩尖和锥形封口桩尖的钢管用锤击、振动、振动冲击等方法沉入土中，至设计标高后，边灌注混凝土边拔钢管。当桩身配筋时，则应在规定标高放置钢筋笼。成孔深度控制原则与锤击预制桩相同。施工中，如遇饱和淤泥等软弱土层，必须有防止缩颈、断桩等保证质量的技术措施，如采用跳打、控制时间等以减少对相邻桩的影响。为了提高桩的承载力和适应工程的特殊要求，还可采用复打法和反插法使尚未凝固的混凝土向四周挤压以扩大桩径。近年来还出现了内夯式、端夯扩、冲扩、扩大挤压、平底大头等多种类型。

（张凤鸣）

沉管摩阻力 friction to sinking tube

用沉管法修建水底隧道时，由于底部沟槽受力不均而沉降所引起的管壁外侧的向下摩阻力。在管段上方及两侧回填覆盖土后，管段底下所受荷载较小，沉降亦小，两侧则因回填土较重而沉降较大的缘故。

（范文田）

沉管隧道 immersed tunnel

用沉管法修建的水底隧道。

（范文田）

沉管隧道管段 element of immersed tube tunnel

沉管隧道的组成单元。用沉管法修建的水底隧道，通常将其河底段分成若干个管段，依次沉放至设计位置。每节管段长度约为60~200m。其断面有圆形、八角形、花篮形、矩形等多种型式。交通隧道通常多用矩形断面，取其空间利用率高、车道部位高、土方量少、隧道长度短等优点。在建造多车道时尤较经济合理。　　　　　　　　（范文田）

沉井承垫 supporting pad of open cassion

混凝土沉井制作时在刃脚下每隔适当间距所垫的木块，可使沉井支承均匀。当沉井开始或在下沉过程中，根据下沉状况，可间隔抽去木块以保持其均匀下沉。　　　　　　　　（范文田）

沉井法 open cassion method

在沉井井壁围护下从井内挖土修筑基础工程、隧道及地下工程的明挖法。沉井是一个上无盖、下无底的钢筋混凝土筒状结构，下端有刃脚，在井壁的挡土和防水的围护作用下，从井内取土，借井筒自重下沉至设计标高，修筑底板并在顶部加盖而成。用于陆地时，可就地建造下沉；用于修建水底隧道时，可先在水中筑岛，再在岛面造井下沉。　　　　　　　　（范文田）

沉井封底 bedding of foundation of open eaisson

沉井下至基底后用混凝土灌筑其基础垫层的工作。本项工作应在基底检验合格后及时进行。在水中浇注混凝土时，常采用导管法。　（邓朝荣）

沉井浮运 floating transport of open caisson

自沉井制造处或码头，用导向船拖运至墩位的工作。沉井浮运宜在白昼无风或小风时，以拖轮拖运或绞车牵引；如需保护沉井不致被漂浮物碰撞，增加沉井稳定，并便于设置锚缆设备，可在沉井两侧设置导向船。沉井浮运时，露出水面的高度均不小于1m。浮运所经水域应探明确无水下障碍，水深足够，水流平稳。　　　　　　　（邓朝荣）

沉井基础 open caissons foundation, sunk caisson foundation

在地面上边浇筑接高井筒边从井筒（孔）中挖土，使其失去支承下沉至设计标高再封底的结构。由刃脚、井筒、内隔墙、封底、顶盖等组成，横断面和竖直剖面皆有不同形状。施工时，先在井位处挖槽后铺砂垫层、设垫木，在垫木上浇制刃脚和第一节沉井，待混凝土达到一定强度后拆除垫木挖土下沉，下沉方法有排水下沉和不排水下沉，待第一节沉井下沉至一定高度后接高井筒，再挖土下沉，如此循环直至设计标高，然后封底和施工内部结构。如在水面下下沉则需先填筑砂岛或搭设支架。它是一种施工深基础或地下结构的方法，施工时井筒作为支护结构，完工后为永久性结构。　（赵志缙）

沉井基底处理 foundation base treatment for open caisson

沉井下沉至设计标高后，清除浮泥、岩面残留物（风化岩碎块、卵石、砂）的工作。基底尽量整平，底面高差应保证水下封底混凝土的设计厚度。若基底是砂质或粘性土时，应铺以碎石或砾石至刃脚尖以上200mm；基底是风化岩时，沉井应嵌入新鲜岩石，防止清基引起翻砂。　　　　　（邓朝荣）

沉井填箱 filling of open caisson

在沉井内根据工程要求用不同的材料将井筒填实的工作。若沉井基础全截面承受荷载，则用混凝土将竖井填实；如荷载仅传于沉井井壁，则用贫混凝土、砂砾填充。　　　　　　　（邓朝荣）

沉井下沉 sinking of open caisson

在沉井中挖土，克服井壁对土的摩阻力和刃脚下土的正面阻力，使沉井下沉至持力层的过程。克服下沉阻力的方法：①加压；②接高沉井加大重量；③射水加压；④排水减少浮力，增加自重；⑤炮振；⑥预先采用泥浆润滑套；⑦采用空气帘；⑧井壁外饱水渗水等。下沉过程中，每沉1m观测检查一次，并分析阻力与沉井重量关系，均匀除土，减少偏斜，沉井节段中心均在竖直线上。露出水面的高度不小于1m。如遇较大孤石，可由石工凿开或爆破取出；过于大块的卵石可用更大直径的吸泥机吸出；遇铁件，可由潜水员水下切割排除。　（邓朝荣）

沉井下沉除土 removal of soil for open caisson sinking

挖除沉井腔内的土，克服刃脚下土的正面阻力使沉井下沉的工作。分为在沉井腔内排水和不排水两种下沉除土方法。土层稳定，渗水量不大，采用排水开挖下沉，此法直观控制施工，发现障碍物容易排除；有大量涌水或大量翻砂，土质结构不稳定，不可能排水或排水需要较多的设备和时间，则采用不排水除土下沉。水中除土方法有：抓土、吸泥、射水、放炮等。除土应均匀，土面高差不宜大于0.5m，弃土点不应使沉井产生偏压。在水中下沉时，应注意河床因冲淤引起的土面高差，必要时应在沉井外弃土调整。　　　　　　　（邓朝荣）

沉埋法 immersed tube method

见沉管法（23页）。

沉箱病 caisson disease

用压气盾构法或气压沉箱法修建隧道时，工作人员进出闸室因压差而患染的病害。进入闸室时，如加压太快，会引起耳膛病；从闸室外出时，如减压过速,则在高气压条件下血液中吸收的氮气来不及全部排出,形成气泡积聚、扩张堵塞,间或浑身疼痛,冷汗不止,严重时可以致命。必须立即重新加压,然后缓慢减压,工地上常备有专为医疗此病用的闸室。为了预防这种病的发生,必须有一套严格的安全和劳动保护制度,包括对工作人员的体格检查,工作时间的规定(气压越高,每班工作时间越少)以及工作人员进出闸室必须在人用变气闸室内按规定时间逐渐变压的制度等。 （范文田）

沉箱工作室 working chamber of cassion
气压沉箱中最下面与基底相接触的一个工作间。土层的开挖在此间进行,待开挖下沉完毕后再用混凝土封底。为了减少沉箱的高度,有时也可将隧道本身的内部空间作为沉箱工作室。 （范文田）

沉箱气闸 air lock of cassion
气压沉箱法修建隧道时供人、料出入沉箱工作室的闸室。闸室有两扇密闭门,一扇与外界大气相通,另一扇与工作室相通。工作人员进入闸室后,先将第一扇门关紧,然后通过阀门将高压空气缓缓放入,逐步增压,直至与工作室压力相等时打开第二扇门进入工作室。出外时操作与此相反。
（范文田）

沉箱刃脚 cutting curb of cassion
沉箱插入土中的脚端部分。在下沉过程中起着重要作用,通常须用钢靴加固。应能承受沉箱下沉时的应变和摩擦,在沉箱下沉时不要挖动刃脚下的土壤,以免沉箱倾斜;沉到软土层时不会引起下沉过快并要防止高压空气从刃脚处外逸。 （范文田）

衬板法 liner-plate method
在松软地层中用钢衬板临时支撑拱顶修建隧道的矿山法。先在坑道顶部挖好的空间内架立一块钢衬板并用千斤顶将其顶紧在地层上,再向两侧扩大并用螺栓连接两侧的衬板,再继续扩大直至起拱线处,待拱圈浇注后可将钢衬板回收并继续开挖隧道的下半部分。 （范文田）

衬砌背后回填 back fill behind lining
用片石混凝土或浆砌片石等对隧道外轮廓线以外部分进行的填塞工作。用以保证衬砌与围岩的共同作用。若空隙在允许超挖的范围内,则可用与衬砌同级的混凝土进行回填。当围岩稳定且干燥无水时也可用干砌片石回填。在不良地质地段,除必须及时回填外,必要时还应进行压浆加固。
（范文田）

衬砌管片 lining segment
用盾构法修建隧道时所采用的盒形装配式衬砌。盒底为一凸面朝向围岩,凹面朝向隧道内部的圆弧形壳板。盒壁四周为钻有螺栓孔的突缘。每一衬砌环分别由一块封顶管片,两块邻接管片和若干块标准管片所组成。管片可由铸铁、钢或钢筋混凝土预制而成。 （范文田）

衬砌夹层防水层 sandwich waterproofing of lining
在隧道衬砌间所施作的内贴式防水层。在初次衬砌(模筑或喷射混凝土)后进行敷设,再修筑二次衬砌。可用防水薄板、刚性和柔性的各种喷涂或涂抹防水材料等作防水层。 （范文田）

衬砌径向缝 radial joint of lining
装配式衬砌每个衬砌环中相邻构件之间的接缝。各环之间的接逢在纵向对齐而连成一直线通缝时,可使衬砌的拼装简易,但因纵向拼装误差的积累而易使衬砌环环面不平整。如各衬砌环间相应构件搭接一定长度,使接缝在纵向相互错开时,可使衬砌环面较为平整,但衬砌拼装略有困难,且接缝搭接处可能被千斤顶压裂。 （范文田）

衬砌模板台车 formwork jumbo for tunnel lining
灌筑隧道衬砌时,连续进行混凝土衬砌作业的设备。由台车架、动力装置及几套金属模板等组成。与混凝土拌合及输送设备等配套使用。
（范文田）

衬砌砌块 lining block
用盾构法或矿山法修建隧道时所采用的实体弧形楔块式装配式衬砌。可预制成各种形状。通常依靠衬砌环间接合面上特设的凹凸部分相互卡紧的作用而拼成衬砌。每一衬砌环内的砌块可以为一种形式,也可分成封顶块、邻接块和标准块等几种形式。
（范文田）

衬砌止水板 water stop plate for lining
在隧道涌水处或要求具有水密性的衬砌混凝土接缝中,用于止水(防渗漏)的铜、钢、橡胶或聚氯乙烯等材料所制成的板材。通常设在衬砌背面或衬砌中间。 （范文田）

cheng

撑杆校正法 method of rectification by rakers
利用工具式撑杆对柱进行垂直度校正的方法。工具式撑杆系两端装有正反螺丝螺杆的钢管。校正时将两根撑杆安置在柱倾斜方向的相邻两边,根据经纬仪观测结果进行校正。一般用以校正 100 kN 以下较细长的柱。 （李世德）

成倍节拍流水
参与流水施工的各工种工人(专业队组)本身在

各施工段的流水节拍相等,而各工种工人之间的流水节拍互成整倍数关系的流水作业方式。

(杨炎榮)

成本加酬金合同 cost reimbursement-and-fee contract

按工程实际发生的成本,加上商定的总管理费和利润,来确定工程总造价所签订的工程承包合同。

(毛鹤琴)

成洞折合系数 reduction coefficient of tunnelling rate

成洞工作量与各工序所完成工作量的比值。即根据隧道劳动定额,将导坑、扩大、砌拱、砌墙、铺底、压浆等工序所需的工作天数除以各工序劳动工作天数的总和后所得的系数。将其乘以各工序的实际完成米数,即可得该工序的成洞米数。 (范文田)

成膜养护剂 membrane-forming curing agent

旧称薄膜养生液。喷洒在混凝土表面能迅速形成不透水的密封膜层以养护混凝土的成膜液体。其品种可分溶剂型和乳液型两大类。 (谢尊渊)

成熟度 maturity

又称度时积。混凝土在养护龄期内,各不同养护温度与相应温度下养护时间乘积的累计值。是反映混凝土硬化程度的一个指标。一般用下式计算:

$$M = \Sigma a_t(T + 10)$$

a_t 为养护时间(h);T 为养护温度(℃)。由于混凝土强度是成熟度的函数,故一定配合比的混凝土,在不同的温度与时间下养护,只要成熟度相等,其强度大致相同。 (谢尊渊)

成组立模 gang formwork

预制混凝土大型墙板等类构件时,成组垂直制作的工业化生产工艺。一组可制作 7~8 块墙板,侧模、边模为单面使用,而中间模板为双面使用,模板

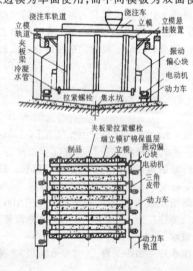

的离、合由卷扬机牵引,混凝土每次浇筑高度为 30~40cm,在侧模上设有附着式偏心振源,分层振捣,浇捣完毕后,顶部用顶模封闭,进行蒸汽养护,构件养护采用一次给汽快速升温的方法,养护恒温一般不小于 80℃,养护时间随墙板厚度及强度要求而定,一般约为 7~8h,墙板的脱模强度一般为设计强度的 70% 左右。这种生产工艺,占地面积小,养护周期短,制品产量高,墙板双面平整度高,便于起吊,但一次性投资大,通用性较差,只适合工厂生产。

(何玉兰)

成组立模工艺 cassette-type group formwork technology

见立模工艺(152页)。

成组张拉 stretching in batches

多根预应力筋同时进行张拉的方法。如在长线台座上利用三横梁张拉装置或四横梁张拉装置成组张拉钢筋及在模外成组张拉钢丝等都属于这类。这种方法对同组钢筋或钢丝的长度偏差有严格的要求,钢筋张拉前还必须调整初应力,以保证同组钢筋或钢丝张拉应力的均匀性及张拉操作的安全。

(卢锡鸿)

承包方 contractors

协议条款约定,具有承包主体资格并被发包方接受的当事人。在国际工程承包合同中一般称之为承包商,在中国习惯称之为建安施工企业。

(张仕廉)

承插式钢管脚手架 steel tube scaffolding with socket-spigot joints

在立杆上焊以承插短管,在横杆上焊以插栓,用承插方式组装而成的钢管脚手架。一般按双排搭设。立杆用套筒接长,横杆两端焊以直径 16mm 弯曲成 90°角的钢筋作插栓,其水平部分先锻打扁平后再与钢管焊接,垂直部分则做成上大下小的楔形或锥体形状,以利于插接紧密。 (谭应国)

承插式台座 socket bed

用活动的钢立柱作牛腿的墩式台座。钢牛腿插入地梁预留的孔洞中,可生产比较高大的预应力混凝土构件;去掉钢牛腿,即成为插板式台座。因此这种台座适应性较强,对于生产品种较多而场地面积有限的预制构件厂尤其合适。 (卢锡鸿)

承力架 bearing rack

又称提升架、门型架。承受整个滑模系统的全部荷载,并将荷载通过千斤顶传递给支承杆的主要传力构架。是滑模装置的重要部件之一。承力架将围圈、模板、操作平台联系在一起,滑升时,千斤顶带动承力架以及与之联系的模板、操作平台一起上升。为防止模板系统的变形,承力架要有足够的强度、刚

度,节点连接必须保证刚接。其构造形式与混凝土结构的形状、部位、提升能力的大小有关,常用的有单横梁式与双横梁式,双立柱式与三立柱式;按其平面形式又可分为"一"字形、"Y"形和"X"形。

(何玉兰)

承诺 aueptame

又称接受提议。受要约人向要约人在要约的有效期内做出的对要约条款完全表示同意的意思。

(毛鹤琴)

承重销 load-bearing pin, bearing pin

用以支承升板结构楼板的受力构件。在提升阶段它可作为临时搁置楼板的工具式构件,使用阶段则用以作为板柱节点的主要受力构件。它一般用Ⅰ字钢或用钢板焊接成Ⅰ字形、Ⅱ字形,其截面形式和尺寸根据楼板跨度和荷载通过设计予以确定。

(李世德)

承重销节点 joint of load-bearing pin

对升板结构提升就位的板与柱采用承重销加以固定的点。承重销应能承受全部设计荷载并进行抗弯、抗剪验算。对搁置承重销的孔底和搁置在承重销上的板底应分别进行局部承压验算,必要时要配置钢筋网片。这种节点施工方便,使用效果好,适用于无柱帽的民用升板建筑。

(李世德)

城市规划 city planning

根据国民经济发展计划,在全面研究区域经济发展的基础上,结合城市的自然和建设条件,确定城市的性质和发展规模,城市各部分的组成,选择各组成部分的用地,并经过全面的组织和安排,统筹解决各项建设之间的矛盾,互相配合,各得其所,使整个城市建设有计划按比例地协调发展。城市规划一经通过,就具有法律效力,是一定时期内城市各项建设工程设计和管理的依据。

(张仕廉)

城市基础设施 urban infrastructure

保证城市正常运转的基本服务性市政要素。包括能源、交通、给排水、邮电、环卫和防灾六大系统。

(甘绍熺)

城市总体规划 global urban planning

按照国民经济计划和区域规划的要求,确定城市在一定限期内的性质、规模及发展方向而编制的文件。其内容包括:确定城市的性质和规模;选定有关建设标准和定额指标;确定城市区域的土地利用和各项建设的总体布局;环境质量和艺术面貌的要求;编制各项工程规划和专业规划;进行必要的综合经济技术论证;拟定实施规划的步骤和措施,并与国民经济和社会发展计划相谐调;编制城市近期建设规划并确定城市近期建设的目标、内容和具体部署。

(甘绍熺)

城砖 city-wall brick

专供垒砌城墙的大规格烧结粘土砖。青灰色。按制砖工艺和规格分为澄浆城砖、停泥城砖、大城样(大城砖)、二城样(二城砖)和沙城(随式城砖)。澄浆城砖:糙砖规格为470mm×240mm×120mm,清代官窑规格为480mm×240mm×112mm;主要用于宫殿墙身干摆、丝缝,宫殿墁地,檐料,杂料。停泥城砖:糙砖规格为470mm×240mm×120mm,清代官窑规格为480mm×240mm×128mm;主要用于大式墙身干摆、丝缝,大式墁地,檐料,杂料。大城样(大城砖):糙砖规格为480mm×240mm×130mm,清代官窑规格为464mm×233.6mm×112mm;主要用于小式下碱干摆,大式地面,基础,大式糙砖墙,檐料,杂料,涮白墙。二城样(二城砖):糙砖规格为440mm×220mm×110mm,清代官窑规格为416mm×208mm×86.4mm;主要用途与大城样(大城砖)相同。沙城(随式城砖):糙砖规格同其他城砖,清代官窑规格同其他规格;主要用途作其他城砖背里。

(邮锁林)

chong

重叠支模 overlapping form setting

将预制构件平卧、重叠、分层浇捣的支模方法。其模板系统由胎模、侧模、夹板、钢(木)楞、卡(夹)具、斜撑等组成。常用于断面形状简单的构件。构件重叠面以下层构件为底模,在浇上层构件前,应在下层构件上表面刷一层隔离剂,当构件在叠合面有预留孔洞或凹槽时,宜用砂、土等堵塞并制成上层构件的胎模,再涂刷隔离剂,以利脱模。构件重叠高度不宜超过1.2m。这种支模方法可节约施工场地及模板,装配式单层工业厂房的柱子及屋架多用此法在现场就地重叠预制。

(何玉兰)

重复振捣 repeated vibration

见二次振捣(58页)。

冲沟 scoured ditches

在厚土层中,主要在黄土区,由于雨水多年冲刷而形成的沟谷。它规模较大,可达数公里或数十公里长,数米、数十米乃至百米深。由于黄土层极厚,其孔隙度很大(一般为44%~53%),并具有竖直节理,其孔隙内壁因碳酸钙胶结而甚坚硬,且吸水后易

于产生沉陷。　　　　　　　　　（朱 嬿）

冲剪　punching

在剪切机上安装剪刀、冲模速剪断钢材的过程。钢板常在剪切机上切断,但厚钢板剪切会增加平直的困难,故厚钢板一般采用氧气切割;槽钢、工字钢切断,角钢切肢,圆管压扁,小型材料落料,冲口,冲长圆孔等可用各种冲压设备。　　（王士川）

冲孔　hole punching

利用剪切原理,通过专用模具在冲孔机上进行的制孔工艺。只能冲厚度较薄的钢板(最大冲剪厚度由设备能力决定),孔径的大小也有一定限制(一般不能小于钢板的厚度),冲孔后孔壁四周产生严重的冷作硬化,质量较差,但生产效率高,故当孔的质量要求不高时,可采用此法。　　（王士川）

chou

抽拔模板

见活动模板(114 页)。

稠度　consistency

在外力作用下,混凝土拌合物抵抗产生流动和变形的能力。其大小可用不同的指标来反映。例如用坍落度值、维勃稠度值、干硬度值等。

（谢尊渊）

chu

出材率　lumber recovery rate, useful timber rate

成材材积与耗用的原木材积的百分比。表示原木利用的程度。当按各种规格的主产品材积计算时称主产出材率;按生产的全部成材(包括小规格材)材积计算时称综合出材率。　　（王士川）

出碴　mucking out

将坑道挖下的土石装入运输工具并运至弃碴场卸下的全部作业。通常包括装碴、运碴和弃碴三道作业,是一项繁重而又费时的工作,也是控制隧道掘进速度的重要因素。　　（范文田）

出模强度　demoulding strength

在滑模施工中保证在模板下端混凝土出模时不流淌、不拉裂时的混凝土强度。一般混凝土强度宜控制在 $0.2\sim0.4\text{N/mm}^2$ 或贯入阻力值为 $0.30\sim1.05\text{kN/cm}^2$ 时较宜。控制方法:用混凝土的终凝时间作为控制混凝土的出模强度;通过贯入阻力试验,绘制出混凝土贯入阻力与时间的关系曲线,从而找出混凝土贯入阻力达到 $0.30\sim1.05\text{kN/cm}^2$ 时所需的时间作为控制滑升速度的依据。　　（何玉兰）

出跳　extension of bracket

斗栱自柱中心线向前、后逐层挑出的做法。每挑出一层称为出一跳;挑出的水平距离为出跳的长,或称为跳,清代称为拽架。

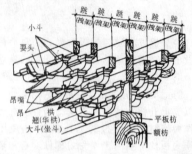

（郦锁林）

初步设计　schematic design

根据已批准的可行性研究报告和可靠的设计基础资料,编制拟建工程的方案图、说明书和概算书的设计阶段。是设计工作的第一阶段。已批准的初步设计文件和概算书是确定建设项目投资额、编制固定资产投资计划、签订工程施工合同、控制工程拨款、进行施工准备、组织主要设备订货和进行技术设计(或施工图设计)等工作的依据。主要内容包括:建设项目整体和局部的关系;平面布置;外部和内部空间的合理组合;水平与竖向人流和物流的安排;与周围环境的谐调;选取合理的结构形式与方案;对某些重大技术问题的方案考虑;拟建项目的平面图、立面图、剖面图和总平面的绘制;编写设计说明书和编制拟建项目概算书等。　　（卢有杰）

初次衬砌　primary lining

开挖隧道后,为了保持坑道的稳定而先修筑的一层衬砌。在钻爆法及矿山法施工中可采用喷射混凝土或钢拱支撑。在盾构法施工中,可用金属、混凝土及钢筋混凝土等预制的构件拼装而成。

（范文田）

初次压注　primary grouting

用盾构法修建隧道时,经装配式衬砌上的预注孔自下而上地向衬砌环背后的空隙内压注卵石或粗砂的作业。有时也可用水泥砂浆进行压注。压注时要对称地进行,并尽量避免单点超压注浆,以减少对衬砌的不均匀施工荷载。　　（范文田）

初拉力　initial tensioning force

预应力筋张拉时量测伸长值初始读数所选定的拉力。一般取 $0.1\sim0.2P$(P 为张拉力),以绷紧预应力筋为度。　　（杨宗放）

初凝　initial set

见凝结(178 页)。

初凝时间　initial setting time

水泥净浆或混凝土拌合物固化开始的时间。水泥净浆的初凝时间是按从水泥加水拌和时起至标准稠度净浆开始失去可塑性时所经历的时间来确定，可用水泥净浆凝结时间测定仪测定。混凝土拌合物的初凝时间与水泥净浆不同，通常是用贯入阻力法进行测定的，它表明混凝土拌合物适于进行浇灌、抹平等施工工作的时间极限。

（谢尊渊）

初始预应力 initial prestress

见张拉控制应力（288页）。

触变性 thixotropy

某些体系在搅动或其他机械作用下，能从凝胶状的体系变成流动性较大的溶胶，然后将体系静置一段时间，可恢复至原来的凝胶状态的现象。或者说某种物质在剪应力作用下，其表观粘度减小，剪应力撤除后，其表观粘度又逐渐恢复到原来水平的现象。水泥浆、砂浆、混凝土拌合物等均有这种性质。触变结构的主要特点是从有结构到无结构，或者从结构的拆散作用到结构的恢复作用是一个等温可逆转换过程。而且体系结构的这种反复转换与时间有关，即结构的破坏和形成是时间的函数，同时结构的机械强度变化也与时间有关。

（谢尊渊）

触电防护 electric shock prevention

对电动工具在使用中引起的触电伤亡事故进行的防护。根据不同场所，分别使用Ⅰ类工具、Ⅱ类工具、Ⅲ类工具。在一般场所使用Ⅰ类工具，必须采用其他安全保护措施。否则，使用者必须戴绝缘手套，穿绝缘鞋或站在绝缘垫上。在潮湿的场所或金属构架上等导电性能良好的作业场所使用Ⅰ类工具，必须装设额定漏电动作电流不大于30mA、动作时间不大于0.1s的漏电保护电器。在一般场所为保证使用安全，应选用Ⅱ类工具；在潮湿的场所或金属构架上等导电性能良好的作业场所，必须使用Ⅱ类工具；在狭窄场所工具必须装设额定漏电动作电流不大于15mA、动作时间不大于0.1s的漏电保护电器。在潮湿的场所或金属构架上等导电性能良好的作业场所，必须使用Ⅲ类工具；在狭窄场所应使用Ⅲ类工具。

（刘宗仁）

触探法 sounding method

通过探杆将探头压入或打入土层时量测其对触探头的贯入阻力或贯入一定深度的锤击数，以判断土层及其力学性质的勘探方法和原位测试技术。作为勘探方法，可划分土层，了解地层的均匀性；作为测试技术，可估计粘性土和砂土地基的容许承载力、变形模量和压缩模量等。按其贯入方式分为静力触探和动力触探。

（林厚祥）

chuan

穿斗式构架 column and tie construction

每桁（檩）下，直接由柱支承，不用梁，柱间只有川（枋）将柱拉结起来的大木构架。（张　斌）

穿束 pulling-through of tendon

后张法预应力混凝土构件或结构制作时，将预应力筋穿入预留孔道内使之就位的工作。按穿束时间不同可分为：先穿法和后穿法。前者在浇筑混凝土前，将预应力筋与套管同时穿入；后者在浇筑混凝土后，再穿预应力筋。后穿法具有套管安装方便，穿束在混凝土养护期内进行不占工期，预应力筋即时张拉不生锈等优点，广泛采用。先穿法只用于穿束难度大的孔道。穿束方法可采用人工、穿束机和卷扬机等。为使预应力筋顺利穿过孔道，其端部应装有穿束网套或特制牵引头。（杨宗放）

穿束机 strand pushing through machine

传送单根钢绞线进入预留孔道用的设备。中国生产的CS15型穿束机由电动机经减速箱减速后由两对滚轮夹持钢绞线传送，进退由电动机的正反转控制。穿束时钢绞线头上要套一个子弹头形的壳帽。VSL型穿束机由油泵驱动一对链板夹持钢绞线传送，速度可任意调节。穿束可进可退，使用方便。（杨宗放）

穿束网套 net sleeve of pull-through tendon

牵引钢丝束或钢绞线束穿过孔道用细钢丝绳编织的网套。网套上端通过挤压方式装有吊环。使用时将钢丝束或钢绞线束穿到网套底部，前端用铁丝扎死，顶紧一下不脱落就可。（杨宗放）

穿巷式架桥机安装法

见双导梁安装法（222页）。

穿心式千斤顶 through-bore jack

① 具有一个穿心孔，利用双液缸张拉预应力筋和顶压锚具的双作用千斤顶。系列产品有：YC20D型、YC60型与YC120型。张拉力分别为200 kN、

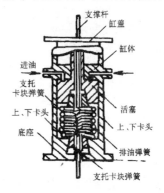

600 kN 与 1200 kN；张拉行程分别为 150mm、200 mm 和 300 mm；额定油压为 40 MPa、40 MPa 与 50 MPa。其中，YC60 型千斤顶用途最广，由张拉油缸、顶压油缸、顶压活塞、回程弹簧、端盖堵头、撑套等组成；预应力筋固定在千斤顶尾部的工具锚内进行张拉并用顶压活塞锚固。YC20D 型、YC120 型千斤顶的构造特点是顶压装置单独设置在千斤顶前头。这类千斤顶的适应性强，既适用于张拉带有夹片式锚具的钢筋束或钢绞线束；配上撑脚、拉杆等附件后，也可作为拉杆式千斤顶使用。

② 按照滑模施工的特点，在中心处可穿过支承杆的液压爬升设备。常用的有滚珠式（GYD-35 型）、楔块式（QYD-35 型）及调压式（TYD-35 型）等。起重能力为 3.5 t，活塞行程 30～40 mm。其工作原理：由两个单作用上、下卡头交替地把荷载传给支承杆，进高压油时，上卡头与支承杆锁紧，活塞不能下行，迫使油缸体带动荷载向上提升，即上升一个行程，排油时，被压缩的弹簧把活塞弹起，带动上卡头向上运动，下卡头锁紧即复位。这样，进油提升、排油复位，提升和复位过程构成一次爬升循环，如此往复，千斤顶沿着支承杆不断爬升。　　　　　　（杨宗放　何玉兰）

传力垫块　block of transferring farce
又称假柱头。预应力板柱结构楼板拼接时板间的传力构件。由预制钢筋混凝土立方体做成，其横断面尺寸与柱相同，高度与楼板厚度相同。在垫块的两个方向均留设有供穿入预应力筋用的预留孔。当预应力筋张拉时，通过垫块传递双向预应力，使楼板与垫块挤紧连成整体。　　　　（方先和）

传力墩
见台墩（235 页）。

船形脚手架
随着建筑物的翼角起翘而升高的外檐双排脚手架。要满足工作人员对出檐、斗栱、角梁、柱高、各种枋子和装修等的勘查和测量的要求。

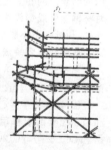

（郦锁林）

椽花线
檩上面标志椽子位置的墨线。
（张　斌）

椽椀　holes for fitting rafters
檐椽、脑椽等椽子的后尾搭置于梁、枋、扶脊木等构件侧面时，在大木构件对应位置剔凿出的承接椽尾的卯口或用以堵挡圆形椽之间空挡的构件。
（郦锁林）

串缝
用小抹子或小鸭嘴挑灰分两次将砖缝堵平（或

稍注）、串轧光顺的灰缝做法。只用于灰缝较宽的墙面，如灰砌城砖（糙砖）清水墙。　　（郦锁林）

串筒
引导混凝土拌合物垂直向下倾落的管筒。管筒直径上大下小，成截头圆锥体状，高约 300～600mm，彼此可用挂钩连接接长，组成所需要长度的垂直向下输送混凝土拌合物的管道。其目的是防止混凝土拌合物向下倾落时离析。　　　（谢尊渊）

chuang

窗帘箱　curtain box
又称窗帘盒。悬挂窗帘时为掩蔽窗帘杆和窗帘上部用木板镶制的箱体。其大小可根据窗帘道数与窗帘厚薄而定。　　　　　　（王士川）

创始人股　promotors' stocks, founders' shares
公司发起人在创办公司时出资入股的凭证。股票的一种。当公司专门向发起人发行不同于公司其他股票的创始人股时，通常规定持有创始人股的发起人的某些特殊权益或义务。有的规定只有创始人股才拥有公司投票表决权；有的规定收益分配中对创始人股的某种优待；有的规定创始人股在公司设立后若干年内不付或少付股利；有的规定发起人在公司设立后若干年内不得转让其创始人股。创始人股一旦被转让，即成为公司的一般股票，不再具有特殊权益或义务。　　　　　　（颜　哲）

chui

吹填法　dredger fill method
通过管道将泥浆泵送到填筑区并让其沉淀的填土方法。在工程上常结合水力挖土或水下疏浚，把泥浆吹送到填筑地点，既解决了疏浚弃土问题，又扩大了陆域面积。　　　　　　（李健宁）

垂脊　diagonal ridge for hip roof
庑殿顶自正脊两端至四周的屋脊和歇山、悬山、硬山顶自正脊两端沿前后坡垂直向下的脊。
（郦锁林）

垂莲柱
又称垂柱，吊柱，荷花柱。吊挂于某一构件上，其上端固定，下端悬空的柱子。因下端头部多雕刻莲瓣等装饰，故称。常施于垂花门、室内，南方花篮厅之步柱不落地所悬吊之短柱，亦称垂花柱。
（张　斌）

垂直灰缝　vertical mortar joint
又称直缝、立缝、竖缝。前、后、左、右相邻块料间的灰浆结合缝。　　　　　　（方承训）

垂直运输 vertical transport

物料从下往上或从上往下的输送过程。

（谢尊渊）

锤击沉桩 penetration of pile with hammer blow

用落锤、柴油桩锤、蒸汽锤及液压桩锤等，利用锤的冲击能量克服土对桩的阻力，使桩沉到预定深度达到持力层的方法。此法为预制桩施工的基本方法。打桩顺序有：逐排打；自边沿向中央打；自中央向边沿打；分段打。为避免打桩过程中产生桩位移、土隆起等现象，必须选择好打桩顺序。一般以由中央向沿边打桩和分段打较合宜，如桩距较大则较易施工。在打桩过程中，如突然出现桩锤回弹、贯入度突增、锤击时桩弯曲、倾斜、颤动、桩顶破坏加剧等情况则表明桩身可能破坏；最后阶段，沉降量太小时，要避免硬打，如难沉下，要检查桩垫、桩帽是否适宜，需要时可更换或补充软垫。

（郦锁林）

锤击应力 stresses due to hammer driving

打桩时桩顶受到冲击力使桩身产生的应力。它随锤重和落距的加大而增大。每锤击一次，桩身就受到压应力和拉应力的交替作用。压应力沿桩身呈漏斗状分布，桩底土层越硬，桩尖压应力越大；拉应力呈橄榄形分布，桩底土越软，拉应力越大；桩周土强度越高，桩身拉应力越小。最大拉应力多发生在打桩初期，如超过混凝土抗拉强度则桩断裂，故应设法降低锤击应力；对于长桩宜加预应力。此外要考虑冲击疲劳的影响，总锤击数不宜超过 2000 次。

（张凤鸣）

锤体 ram, hammer body

桩锤的冲击部分。

（郦锁林）

chun

纯白灰 neat lime paste

泼灰或生灰加水搅匀调成浆状的灰浆。需要时可掺麻刀。用于金砖墁地，砌糙砖墙，室内抹灰。

（郦锁林）

纯压灌浆法 non-circulating grouting

浆液在压力作用下进入孔段，进而扩散到地层孔隙中去，不再返回的灌浆方法。当用固体颗粒材料作浆液时，由于孔内浆液不是经常处在具有一定流速的运动状态，易引起固体颗粒沉淀，堵塞裂缝进口而影响灌浆质量。故只在岩石漏水量大或孔径小难以安设循环式灌浆栓时采用。

（汪龙腾）

纯蒸汽养护 puresteam curing, curing with pure steam

见无压蒸汽养护（254 页）。

ci

磁力搬运 transportation with magnetic lifting device

用电磁盘进行建筑安装金属构件、板材、各种型钢的搬运。适用于磁性物料的搬运。

（杨文柱）

磁漆 enamel paint, enamel lacquer

在清漆中加入着色颜料调制而成的涂料。漆膜坚硬，有光泽，耐洗，耐磨，耐候性也好。常用的品种有醇酸磁漆、酚醛磁漆等。适用于木料及金属制品表面涂饰。

（姜营琦）

次高级路面 subhigh grade pavement

见路面（161 页）。

刺点

錾子直立，将石面找平的石料加工方法。是錾的一种手法。适用于花岗石等坚硬石料，汉白玉等软石料及需磨光的石料均不可采用此法，以免留下錾影。

（郦锁林）

cu

粗称 rough weighing

对材料进行称量开始时，使约占规定称量值 90% 的材料大量快速地进入称量斗的称量阶段。其目的是加速称量过程，缩短称量时间。

（谢尊渊）

粗料石

又称市双细。石材表面高低基本齐匀、尺寸大致相同的石料。出山石坯，棱角高低不均，就山场剥凿高处，南方称为双细，北方称荒料。运至石材厂（石作处）后，再加一次錾凿，即成粗料石。

（张　斌）

cun

存储论 inventory theory

又称库存论、存货论。研究最优存储策略的理论和方法。各行各业为了正常经营和工作，都必须储备一定数量的物资也就是库存。库存过多，占用大量资金，使资金不能迅速周转，物资不能顺利流通。库存过少，就会出现物资短缺影响正常生产和销售。因此，研究合理的库存控制策略，才能保证生产经营活动的正常进行。

（曹小琳）

存货论

见存储论。

cuo

错缝 break joint

砌体中,上、下相邻砌层间的竖缝互相错开不在同一垂直线上的砌筑方式。错缝长度要求不小于1/4砖长。　　　　　　　　　　（方承训）

da

搭角梁 overlapping corner beam
　　又称抹角梁。在建筑物转角处,搭在成正交的两檩(桁)上的斜梁。　　　　　　　（张　斌）
搭接网络计划
　　能表明紧邻的前后工作之间的开始到开始、开始到完成、完成到开始、结束到结束等各种搭接关系的网络计划。　　　　　　　（杨炎榮）
打糙
　　见凿(286)页。
打糙道
　　见打道(32页)。
打大底
　　见凿(286)页。
打道
　　用锤子和錾子在基本凿平的石面上打出平顺、深浅均匀的沟道来的加工方法。可分为打糙道和打细道两种做法。前者又称为创道,一般是为了找平,打很宽的道称为打瓦垄;后者又称为刷道,一般是为了美观或进一步找平。对于软石料(如汉白玉),应轻打,錾子应向上反飘,以免崩裂石面或留下錾影。　　　　　　　　　　　　　　　（郦锁林）
打点刷浆
　　先将墙面刷净洇湿,然后将砖的缺棱掉角部补平,最后用砖面水将整个墙面刷一遍的修缮方法。灰不得高出墙面。这种方法一般施用于细作墙面,如干摆、丝缝等。　　　　　　　（郦锁林）
打管灌浆法 grouting by inserting grout tube
　　将灌浆管(由钢管、钻有孔眼的花管和管靴组成)用锤打到砂砾地基的设计深度,冲洗进入管中砂子,然后自下而上分段分管进行的灌浆工作。此法设备简单,操作方便,适于覆盖层较浅、不含大砾石的砂砾石地层中设置要求不高的帷幕。（汪龙腾）
打夯 tamping, ramming
　　利用重物降落时的冲击力以压实土壤的工作。有人工夯实和半机械化机具夯实之分。人工夯实用木夯和石碾,半机械化夯实有双象鼻垂直打夯机等。适用于小面积土方工程施工中的土壤夯实工作。
　　　　　　　　　　　　　　　　（庞文焕）
打荒
　　见凿(286页)。
打牮拨正
　　当木构架中主要构件倾斜、扭转、拔榫或下沉时,应用杠杆原理,不拆落木构架而使构件复位的维修方法。打牮,就是将构件抬起,解除构件承受的荷重;拨正,就是将倾斜、滚动、拔榫的构件重新归位拨正。此项工作,通常称之为大木归安。它是一套完整的工作程序,但由于建筑物的毁损程度不同,因此在实际工程中不一定都要连贯进行。比如抽梁换柱工作,就只需要打牮;如换梁,可用打牮的办法先将和此梁搭接的各桁用牮杆支起,将影响拆卸梁的墙或装修等构件拆掉,抽掉顶梁的各柱,把旧梁落下,按原位将新梁换上。　　　　　（郦锁林）
打蜡抛光 waxing and polishing
　　用涂蜡和摩擦使建筑物饰面层更加光亮丰润的加工工艺。如油漆、水磨石、木地板等饰面层最后均可采用。施工时,首先将块状的蜡破碎,浸在煤油中捣成糊状,并过滤除去砂粒、杂质等,然后用绒布蘸蜡涂在已硬化的饰面上,用力摩擦至发亮。大面积的抛光工作宜用专用机器进行。　　（姜营琦）
打细道
　　见打道(32页)。
打桩脚手架
　　用于房屋、桥梁及其他建筑物的基础打桩而搭设的脚手架。其形状与高度,系根据木桩的分布情

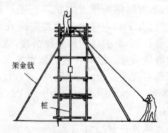

况和桩的长度而定。打柱根基础的梅花桩或马牙桩时,脚手架平面为正方形;打墙基基础或桥墩基础满堂打桩时,平面为长方形。脚手架的高度依照木桩的长度另加 1m,以便桩锤有一定的活动空间。

(郦锁林)

打桩顺序

见锤击沉桩(31 页)

大白腻子 gypsum putty

用大白粉、滑石粉等加胶拌成的填缝材料。其重量配比为大白粉∶滑石粉∶聚醋酸乙烯乳液∶羧甲基纤维素(浓度 5%)= 60∶40∶2～4∶75。主要用于室内混凝土及抹灰层的面层,总厚度约 1mm。用钢片或胶皮刮板分两遍刮抹,第一遍刮抹干燥后,用 0 号砂纸磨平、扫净,再刮第二遍腻子。要求表面平整,纹理质感均匀一致。 (姜营琦)

大爆破 large blasting

见硐室爆破(52 页)。

大仓面薄层浇筑法 placing of large deck concrete by thin layers

全坝体大面积薄层浇筑的方法。是本世纪 60 年代新发展的一种混凝土坝施工方法,每层厚约 80cm,浇完一层后间隔 10～24h 再浇上层;在每层浇筑后 1.5～3h 用切缝机在浇筑层内切出缝来,内填缝材作为横缝。优点是模板量大为减少,仓面大而平整,在坝面可使用自卸汽车、推土机参与铺料平仓,提高了施工机械的通用性和机械化水平,加快施工进度。缺点是水平施工缝处理量较大,坝体上游要专设坝面防渗体并设置横缝止水。 (胡肇枢)

大铲 trowel

砌筑用金属铲状工具。有桃形、三角形和长方形三种,用以从灰桶内铲砂浆,将砂浆铺于砌筑面,刮除灰缝内多余的砂浆等。 (方承训)

大城样

见城砖(27 页)。

大斗 cap block

斗栱中最下面的斗形构件,为一攒斗栱荷载集中之处。 (郦锁林)

大放脚 stepped footing

成台阶状的砖基础砌体部分。用以将荷载扩散分布传于地基。分等高式大放脚和间隔式大放脚两种型式。前者每砌二皮砖,每边各收进 60mm;后者每二皮一收与一皮一收相间隔,每边各收进 60mm。两种型式均可满足基础刚性角的要求,但后者用砖量少。 (方承训)

大干摆

见干摆(70 页)。

大横杆 runner, ledger

又称纵向水平杆,俗称牵杠、顺水杆。沿脚手架连续布置的纵向水平杆件。它承托小横杆并将荷载传给立杆。 (谭应国)

大横杆步距 runner interval

又称脚手架步距、大横杆间距。沿立杆架设的上、下两道水平大横杆间的垂直距离。 (谭应国)

大阶砖面层

将大阶砖铺砌在找平层上而做成的地面饰面层。大阶砖由粘土烧成,规格有 250mm×250mm×25mm、370mm×370mm×25mm、370mm×370mm×35mm 三种,具有一定的吸湿功能。有三种铺砌方法:①浆砌灰缝法,先把阶砖铺在砂垫层上拍实找平,揭起,在阶砖侧面抹水泥砂浆,再铺砌于原处,用水泥膏抹平灰缝;②离缝灌浆法,将阶砖铺砌在水泥砂浆找平结合层上,整平,彼此间留有 8～10mm 宽的缝隙,待结合层砂浆凝固后,用 1∶3 水泥砂浆填缝,缝顶预留 2～3mm 厚不填水泥砂浆,用水泥膏填平;③对缝灌浆法,做法同离缝灌浆法,只是缝宽只有 1mm,用水泥浆灌缝。要求表面平整、对缝整齐、不空鼓。 (姜营琦)

大孔混凝土 hollow concrete

用粗集料、水泥和水配制而成的轻混凝土。按有无掺加砂,可分为无砂大孔混凝土和少砂大孔混凝土。前者混凝土中完全无砂,后者则加入少量的砂(数量不足于填充粗集料的空隙),以提高混凝土的强度。按所用集料的品种,又可分为普通大孔混凝土和轻集料大孔混凝土。前者用碎石、卵石或重矿渣等配制而成,表观密度在 1 500～1 900kg/m³ 之间,抗压强度为 3.5～10MPa。后者用陶粒、浮石、碎砖等轻集料配制而成,表观密度在 800～1 500kg/m³ 之间,抗压强度为 1.5～7.5MPa。 (谢尊渊)

大孔径穿心式千斤顶 through-bore jack with large bore diameter

又称群锚千斤顶。具有一个大口径穿心孔,利用单液缸张拉大型钢绞线束的单作用千斤顶。根据使用功能不同可分为:YCD 型、YCQ 型等系列产品,张拉力分别从 1 000～5 000 kN。YCD 型千斤顶的前端安装顶压器,尾部设置工具锚。顶压器有两种:液压顶压器和弹性顶压器。液压顶压器采用多孔式、多油缸并联,每个穿心式顶压活塞对准锚具的一组夹片,顶压力为 25kN。弹性顶压器采用橡胶制筒形弹性元件,每一弹性元件对准一组夹片;张拉时弹性元件压紧在夹片上,张拉后无顶锚工序,利用钢绞线回缩将夹片带进锚固,但锚固损失较大。YCQ 型千斤顶的特点是不顶锚,用限位板代替顶压器,但对夹片质量要求更高,配有专门的工具锚,操作方便。

(杨宗放)

大跨度建筑钢结构 steel structures for long-span buildings

跨度大于40m,以各种钢材构成的承重结构体系。因其用途、使用条件和建筑要求的不同,承重钢结构有梁式、框架式、拱式、网架空间结构、悬索结构和预应力钢结构。梁式体系适合于跨度不十分大的情况(如40m左右);框架式体系是大跨度工业厂房采用最多的结构型式,比梁式体系经济,可做到较大的跨度;拱式体系用在跨度不小于80m时受力比较合理;网架式空间结构适用于圆屋顶及矩形平面图形,其空间刚度好,可用于较大的跨度,采用最广泛的是平板网架钢结构;悬索结构中由于主要承重构件采用了高强度钢丝束或钢绞线,可以达到很大的跨度(100～200m以上)且结构的自重又轻;预应力钢结构已广泛用于公路及城市桥梁、大跨度屋盖结构及楼盖和平台结构中,扩大了梁式或拱式体系的适用范围,同时又可以节约钢材和降低造价。

(王士川)

大理石板块面层 marble tile floor

将大理石板块铺砌在水泥砂浆找平结合层上而做成的地面装饰层。要求做到表面平整、对缝整齐、不空鼓。

(姜营琦)

大量爆破 heavy blasting

见峒室爆破(52页)。

大流水吊装法 wise flow method of erection

见分件吊装法(66页)。

大麻刀灰

见麻刀灰(164页)。

大模板 large panel formwork

一种与房间的层高、开间、进深相当的工具式大型模板。由面板、骨架(或由小钢模组拼)、支撑系列和操作平台及附件组成。随着大模板施工工艺的推广,不同形式的大模板竞相出现。按其面板材料的不同,可分为木胶合板、钢板、铸铝、塑料、玻纤塑料、玻璃纤维水泥面板等;按构造外形的不同可分为平模、角模和筒模。属于工业化装配式模板体系,需用起重机械安装与拆卸,施工速度较快,现浇结构整体性好,墙面平整,不用抹灰。结合墙体改革,目前发展较快,是应用较广的一种模板体系。(何玉兰)

大模板自稳角 self-stabilizing angle of large panel formwork

大模板堆放时,在自重与风力作用下,恰能保持稳定的倾斜角。常以模板面与铅垂线之间的夹角α表示,其自稳条件是:风载引起的倾覆力矩小于或等于自重作用下的抗倾覆力矩。按此条件,推出自稳方程。当计算的自稳角α不大于支架可调的最大倾角时,说明满足稳定要求;反之,还应采取其他稳定措施。

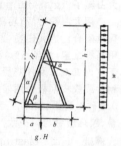

$$\sin\alpha = \frac{-g \pm \sqrt{g^2 + 4w^2}}{2w}$$

$$\alpha = \arcsin\frac{-g \pm \sqrt{g^2 + 4w^2}}{2w}$$

(何玉兰)

大木构架

以柱梁川枋构成之屋架,有抬梁式、穿斗式、井干式,古建筑中承重结构的总称。(张 斌)

大木归安

见打牮拨正(32页)。

大木满堂安装脚手架

用于大木落架后的安装而搭设的脚手架。如安装梁、枋、檩等大木构件。这种脚手架搭设比较复杂,在开始搭设前,要熟悉设计图纸,清楚地了解将修缮的各种大木构件、斗栱的尺寸、位置,以及拆卸、安装的施工程序,留出搬运各种构件所需要的空间,然后确定立杆、顺杆与戗杆的位置。各种戗杆的倾斜角度均以60°为宜。待脚手架搭设完毕,于主要出入口处,偷一步顺杆,作为进出的通道。

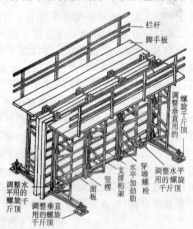

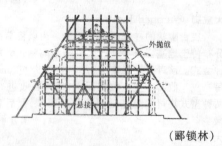

(郦锁林)

大体积混凝土 mass concrete

凡是混凝土结构的几何体积大至要求必须采取

技术措施,妥善处理温差的变化,正确合理地减小或消除变形变化引起的应力,并把裂缝开展控制到最小程度的现浇混凝土。　　　　　　　（谢尊渊）

大吻安装脚手架

用于安装各样大吻而搭设的脚手架。贴着大吻后尾的两棵立杆,由排山脚手架的立杆搭接上来;大吻两侧面的立杆由持杆脚手架搭接上来,在大吻头尾两面的立杆上各绑扎一副五字戗,戗的根部与持杆绑牢;大吻前后两面贴着立杆各绑扎一副十字戗,以使整座脚手架稳固。　　（郦锁林）

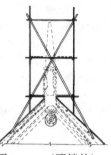

大直径扩底灌注桩　under-reamed bored pile of large diameter

以机械或人工成孔并扩大底部,并现浇钢筋混凝土,其直径大于 0.8m 的桩。由于高层建筑上部荷载大,一般小桩已不能满足需要,因而这种桩发展较快,最大桩径已超过 2m,扩底达 4m 左右,承载力可达4 000kN以上。可以做成一柱一桩,对高层建筑及荷载大的上部结构是一种很有利的基础型式。它可以做在基岩持力层上,也可以做在砂卵石层上。它可以干作业,也可以湿作业。这种基础在国外发展较早,中国 70 年代试用,80 年代高层建筑中采用较多,经济效果显著。施工方法有人挖人扩法、机钻人扩法和机钻机扩法三种。　　　　　（郦锁林）

dai

代理　agency

代理人以被代理人的名义,并在代理权限内实施民事法律行为。所产生的权利、义务直接归属被代理人。具有四个基本特征:代理活动必须具有法律意义的行为;代理人以被代理人的名义实施民事法律行为;代理人在代理权限内实施代理行为;被代理人对代理行为承担民事责任。　（毛鹤琴）

代理权终止　termination of agency

代理人以被代理人的名义所行使的代理权被取消其代理资格。代理权终止的事由有:代理期间届满或代理事务完成;被代理人取消委托或者代理人辞去委托;代理人死亡;代理人丧失民事行为能力;作为代理人或被代理人的法人终止。　（毛鹤琴）

代码　code

信息社会给予每一个人、物、事件、组织、业务的一个系统的、特定的替代符号。反映人或物(事件)的名称、属性、状况。一般由数字、字母,其他符号组成。必须精炼、不含混,在系统中具有唯一性。采用代码可大大有利信息标准化、规范化。可提高电脑对数据、信息处理效率,有利于检索、使用、存贮、传输,是信息社会的必然产物。例如人的身份证代码,商品、企业、事业单位的条形码,电脑中文件名、变量名、表格图形名、信用卡编码均属代码范畴。　　　　　　　　　　　　（顾辅柱）

带刀缝砌

见糙砌(17 页)。

带式运输机　belt conveyer

俗称皮带机。利用首尾相接的输送带的传动,连续运输散粒或成件小物品的运输机械。输送带常用橡胶带,支承在许多托辊上,由卷筒驱动输送带,将物料向前输送。有移动式和固定式两类。前者装有车轮,长度较短,移动方便,卸料高度可改变,适用于运输线路经常改变的场合;后者运距可较长,可数台串连,总长可达数公里,结构简单,支架轻便,生产率高,适用于两地之间大量运输散粒状材料(砂石,土料等)场合。　　　　　　　　（胡肇枢）

贷款前可行性研究　feasibility study for loan

企业在向银行申请贷款前,对是否应当贷款、能否获得贷款和具体贷款方案的分析研究。包括多方面研究工作,主要有:国家金融政策和银行贷款能力研究;投资机会、资金需要和盈利能力研究;贷款与其他筹资方案的比较研究和组合研究;贷款偿还能力研究(包括净现值分析、内部收益率分析、负债率分析、流动比率分析、速动比率分析、偿债率分析、利息保障倍数分析等);申请贷款的不同方案比较择优(包括不同贷款金额、不同还款期限、不同还款方式,不同担保方式等)。要分析还本付息率,风险如经营风险、通货膨胀风险、利率变化风险等对方案的影响)等。通常应与企业重大生产经营决策的可行性研究配合。　　　　　　　　　　（颜　哲）

袋装叠置法　method of sacked concrete

把混凝土拌合物装入袋内,吊放入水下叠置,形成水下混凝土块体的浇筑水下混凝土的方法。
　　　　　　　　　　　　　　　　（谢尊渊）

袋装砂井　sand wick, pack drain

深埋地下加速排出土体中孔隙水用的细长砂袋。在堆载预压法和打设预制钢筋混凝土实心桩时常用之,能加快地基固结和减少打桩带来的危害。由透水性和耐水性好、韧性强的聚丙烯布、麻布或再生布等布袋灌以中粗砂振实后制成,直径约 70mm,长度较井孔长度大 500mm,间距约 1.5～2.0m,放入井孔内上端露出地面埋入砂垫层中。用专用的施工设备打设。　　　　　　　　　（赵志缙）

袋装砂井排水法　drainage by sacked sand wells

将砂装入小直径长筒状的透水袋,垂直插入软土层中,加速软土地基排水固结的方法。根据土体排水时间与排水通道距离的平方成正比的原理,插入的袋装砂井形成的垂直排水通道,大大缩小了排水距离,加快了土体的固结。中国常用的袋装砂井直径 7cm,内装粗砂为宜。 （李健宁）

dan

单纯债券 straight bond

持有人仅拥有债权而不能将债权转换为股权、也不拥有股份认购优先权或公司投票权的债券。系其传统的、典型的形式。发行人仅承诺按预定期限和利率向持券的债权人还本付息,而不在此种债券与股权之间建立任何联系。 （颜 哲）

单代号网络图 event diagram

又称节点式网络图。用节点或该节点编号表示工作,箭线表示工作相互逻辑关系(工作衔接)的网络图。 （杨炎荣）

单点顶推法 jacking at one point

又称集中式顶推法。预应力混凝土连续梁桥顶推安装时只在桥台附近一处设置顶推装置进行顶推的方法。跨中桥墩或临时桥墩只设滑动支座。此法较多点顶法的顶推力大,顶推速度较快。
（邓朝荣）

单根钢绞线连接器 mono-strand coupler

接长单根钢绞线并传递预应力的装置。采用夹片锚具时,可用两个锚具组合使用。原有锚具的锚环要加长并带内螺纹,锚环之间用螺纹接头连接。在每个锚环内装有一个压紧弹簧将夹片顶紧,以免钢绞线松动。 （杨宗放）

单根钢绞线锚具 monostrand anchorage

利用套筒与夹片锚固单根钢绞线的楔紧式锚具。夹片有三片式与二片式两种,可采用 QM 型、XM 型与 VSL 型锚具的夹片。主要用于无粘结预应力结构或构件,也可用作先张法钢绞线夹具。当采用斜开缝的夹片时,也可锚固 $7\phi^s 5$ 钢丝束。
（杨宗放）

单根钢筋镦头夹具 button-head grip of mono-bar

利用镦粗头卡在支承头上固定单根冷拉钢筋的夹具。冷拉钢筋的镦粗头可采用热镦成型。支承头采用 45 号钢,热处理硬度 HRC30～35,两侧带凸缘,以便套在张拉连接头上。冷拉钢筋张拉后采用垫片固定。 （杨宗放）

单机起吊法 lifting method by one crane

只用一台起重机起吊构件的方法。当起重机的起重参数能够满足构件起吊要求时便可采用此法。可分为旋转法、滑行法和悬吊法。对操作要求不高而且简便、安全,是常用的起吊方法。 （李世德）

单价表

见单位估价汇总表(37 页)。

单价合同 unit price contract

按分部分项工程的工程量的单价,或按最终产品每一平米的建筑面积、每一平米的道路面积每一米长的管线等的单价所签订的工程承包合同。
（毛鹤琴）

单阶式工艺流程 single-stage flowsheet technological process

在混凝土拌合物制备过程中,固体原材料经一次提升送入贮料斗内后,依靠重力作用,依次按生产流程自上而下地从一个生产过程进入下一个生产过程,最后制备成混凝土拌合物的垂直生产工艺系统。
（谢尊渊）

单控冷拉 one control of cold strething

见控制冷拉率法(145 页)。

单口平均月成洞 average tunnel driving rate from one portal

隧道正洞从开始施工之日起至正洞主体工程完工、达到铺轨程度时为止,每个施工口平均每月所完成的掘进长度。为综合进度指标,在很大程度上反映出隧道施工的工程技术面貌,并与隧道的长度有关。 （范文田）

单锚式板桩 single anchored sheet pile

底部插入土层,顶部由拉锚固定的钢板桩和预制钢筋混凝土板桩。适用于中等深度的基坑。施工时将板桩按规定深度打入土层,在稍低于地面处设腰梁(围檩)支撑板桩墙,每隔一定距离用钢拉杆(锚杆)与腰梁拉结,钢拉杆尾部固定于板桩墙后的锚桩或锚碇上。按板桩入土深度分为两种:入土较浅者,板桩的上、下两端视为简支;入土较深者,上端为简支,下端可视为固定支承。两种入土深度的计算方法不同。计算时着重验算其抗弯强度、入土深度和拉锚的强度和长度,并限制其变形。打设时,为保证板桩墙的平直度多设围檩,如要求板桩墙闭合,要严格施工或增加异形桩。钢板桩拔除要按合理的顺序,并设法减少带土,要及时填充拔桩形成的空隙。预制钢筋混凝土板桩不再拔除。 （赵志缙）

单排脚手架 single row scaffolding

靠墙面仅设一排立杆、小横杆的一端与大横杆(或立杆)相连,另一端搁在墙上组成的脚手架。由于稳定性较差,且需在墙上留置架眼,故其搭设高度和使用范围受到一定限制。 （谭应国）

单排柱子腿戗脚手架

用于查补瓦顶、局部添配瓦、兽件等瓦屋面修缮工程的脚手架。不需承受较大的荷载，以满足工作人员上下安全为主，是一种较为简便的脚手架。戗杆为主要构件，其倾斜角度必须在60°以上。持杆顺着瓦垄铺设，其上端顶住正脊脊根或博脊脊根而下端绑固在立杆上。爬杆与持杆十字相交，绑在持杆的下皮。

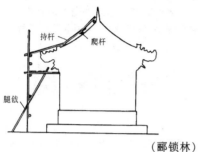

（郦锁林）

单披灰

在木基层处理后，只披灰不使麻，用于彩画衬地的施工工艺。由最简单的一道灰至两三道灰。各遍灰之间及地仗灰与基层之间必须粘结牢固，无脱层、空鼓、翘皮和裂缝等缺陷。生油必须钻透，不得挂甲。（郦锁林）

单戗堤截流 one-embankment closure method

江河截流时，集中在一条戗堤上进占的截流方法。水流作用全部集中在此戗堤上，因而落差、流速均较大，截流难度较大，要求用体积较大的抛投材料，但地点集中，易于组织施工。一般当截流水力条件不是很不利时，常采用此方式。（胡肇枢）

单色断白

见断白（54页）。

单时估计法 single-time estimate

在确定工作持续时间时，根据以往的工作经验和统计资料只确定一个时间估计值的方法。肯定型网络一般都用此法估计工作持续时间。（杨炎荣）

单位工程 unit work

由建筑工程、设备安装工程的若干分部工程所组成的具有一定功能和使用价值的单个建筑物或构筑物。（毛鹤琴）

单位工程概预算书 biu of unie work estimate

用以分别确定生产车间、独立公用事业或独立建筑物中的一般土建工程、卫生工程、工业管道工程、电气照明工程、机械设备安装工程、电气设备安装工程等概（预）算造价的文件。（毛鹤琴）

单位工程施工进度计划 single project construction schedule

为按预定工期组织单位工程施工而编制的计划。通常以横道图或网络图表示。主要是控制单位工程的施工进度，确定单位工程的各个施工过程的施工顺序、施工持续时间以及相互衔接和穿插的配合关系，据以编制季、月计划。（邝守仁）

单位工程施工组织设计 construction planning and schduling of a single project

为规划单位工程施工全过程和指导编制季、月、旬施工计划的技术经济文件。它由直接组织施工的施工基层单位负责编制，并报上级主管领导审批。其主要内容包括：工程概况，施工程序和施工方案，施工进度计划，施工准备工作计划，各种物资及资源需用量计划，施工平面布置图，各项技术经济指标及技术、安全措施等。对于经常施工的标准设计工程和简单的单位工程，其内容可以简化，只包括主要施工方案、施工进度和施工平面图。编制的依据主要有：施工图，施工组织总设计，企业的年度施工计划，工程预算，工程地质勘探报告及地形图测量控制网，国家有关规范、规程、规定，各省、市、地区的操作规程和预算定额，资源供应情况和施工现场条件等。（朱宏亮）

单位估价表 biu of unit estimation

又称工程预算单价。以货币形式表示预算定额中每一分项工程的单位预算价值的计算表。以供编制工程预算、竣工结算和进行技术经济比较的依据。（毛鹤琴）

单位估价汇总表 summary of unit-price estimation

又称单价表。单位估价表中各分项工程已汇总的价格的分别汇总表，同时，还将单位估价表的合计价格分解成人工、材料和施工机械三部分列出。编制预算时，所需各项单价，直接可从单位估价汇总表中查得，可使编制工作简化。（毛鹤琴）

单位耗药量 unit powder explosive consumption

爆破单位体积的某种岩土所需消耗的炸药数量。它与被炸岩土性质、炸药品种、爆破方法有关，是爆破工程的主要指标，装药量的大小直接影响到爆破效果和成本的高低。对于单位耗药量可依据有关定额、资料或参照条件相同的地区实际使用的统计数据选用。在特殊情况下也可在需要进行爆破的岩石中作标准抛掷爆破漏斗试验来确定。（林文虎）

单向开挖法 excavation method from one end

只从一端洞口开挖的隧道施工方法。常用于较短的隧道或交通线上的单坡隧道。为便于施工时排水，一般应从标高较低的洞口向高处开挖。（范文田）

单向掏槽 cut with holes inclined in one direction

掏槽眼与坑道中心线呈一个方向夹角的斜眼掏槽。适用于有明显层理面或有裂缝的中等强度的岩层,在较坚硬的均质岩层中很少使用。根据其位置不同,分为顶部掏槽、底部掏槽、侧面掏槽及对角掏槽等。　　　　　　　　　　　　(范文田)

单元槽段　unit trench section

地下连续墙沿墙体长度方向划分成若干适宜长度的施工单元。划分时必须考虑下列因素:地质及地下水对槽壁稳定性的影响;挖槽机的挖槽长度;钢筋笼的重量及尺寸;混凝土拌和料的供料和浇捣能力;稳定液蓄浆池的容量;对邻近结构物的影响;施工作业占地面积;连续作业的时间限制;墙的尺寸、形状和构造等。在考虑以上因素后,应尽量减少槽段的数目。目前每段长度为 5～8m,混凝土浇筑量以一个班能完成的工作量为宜。　　(李健宁)

dang

挡脚板　toe board

脚手架的作业层上,沿防护栏杆柱脚的内侧连续设置的防护挡板。须紧固于立杆和栏杆柱上,用以防止工具和材料从作业面边缘坠落伤人和保障架上人员的行走安全。　　　　　　　(谭应国)

dao

导板抓斗　guide-plate grab

用导板导向由抓斗直接出土的地下连续墙挖槽机械的专用挖土部件。由起重机的钢索操纵开斗、抓土、闭斗和提升。索式中心提拉式用于开挖软土,由上面的导板、下面的斗体及操纵斗体的上下滑轮组、钢索、斗脑、提杆等组成。导板导向可提高挖槽的垂直精度,导板宜长些。索式斗体推压式能开挖较硬土层,由导板、斗体、弃土压板、滑轮组、导架和提杆等组成,挖土时能推压抓斗切土,有弃土压板能更有效地弃土。为提高工效和便于施工,可将索式导板抓斗与导向钻机组合成钻抓成槽机。施工时先由钻机钻两个导孔,然后用抓斗抓除两导孔间的土体。　　　　　　　　　　　　(赵 帆)

导爆管起爆法　initiation with blasting fuse

用导爆管作为起爆器材的非电力起爆方法。导爆管为外径 3mm,内壁涂有一层薄薄的副起爆药的塑料软管。激发后的冲击波以约 2000m/s 的速度通过软管再激发普通雷管,进而起爆主药包。导爆管起爆系统由于使用方便而安全,不怕杂散电流和静电,再加以消耗有色金属材料很少,是一种很有前途的起爆器材。　　　　　　　　(林文虎)

导爆索　blasting fuse

以副起爆药为索芯,以棉、麻、纤维等为被覆材料,能传递爆轰波的索状起爆器材。它经雷管起爆后可以引爆其他炸药。分为普通导爆索与安全导爆索两类。其药芯采用黑索金或泰安炸药,在索芯中间有三根芯线,在药芯外有三层棉纱缠绕并有两层防潮层,其最外层涂以红色,作为与导火索的区别。安全导爆索则在药芯或外壳上加有消焰剂,使其导爆时火焰小,温度低,不会引起瓦斯爆炸。

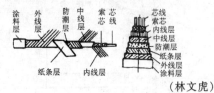

(林文虎)

导爆索起爆法　initiation with blasting fuse

利用雷管的爆炸引燃导爆索网路,进而引发主药包的起爆方法。是非电力起爆法的一种。导爆索网络的连接方法分为分段并联和并簇联两种。为使导爆索网路中各药包不至齐发起爆,可加继爆管配合导爆索使用,以达到毫秒延期起爆的效果。

(林文虎)

导电夹具　electricity conducting grip

变压器的次级导线与预应力筋连接用的导电工具。要求导电性能好、接头电阻小、与钢筋接触紧密、构造简单、便于装拆,常用紫铜板制成。使用时,用螺栓拧紧在导线与预应力筋上。　　(方先和)

导峒　pilot hole, pilot tunnel

在峒室爆破中,联通地表与药室的井巷。常用的是平峒,亦可采用竖向的竖井。导峒的断面尺寸应依药室的装药量、导峒长度和施工条件而定。

(林文虎)

导管法　tremie method

用特制金属管在水或泥浆中浇筑混凝土的方法。用于地下连续墙、灌注桩和水下结构浇筑。金属导管由长度不同的管段通过法兰盘和螺栓连接而成,可以组装成整节式、套筒式和活节式多种型式。直径 200～450mm,根据粗集料最大粒径和通过能力选择。开始时,用吊绳吊住管内钢(木)顶门或球形吊塞,随着混凝土的浇筑顶门或吊塞下落,至管内首批混凝土拌合物达到一定数量,使之在开浇时能在隔水条件下到达坑底并使管底埋入混凝土中一定深度时,放松吊绳,混凝土冲出,随后边浇筑混凝土、边提升和拆短导管。其作用半径取决于混凝土拌合物扩散的坡率和流动性保持能力。插入混凝土拌合物内的深度不小于 0.5m,否则会影响混凝土浇筑质量。　　　　　　　　　　　　(赵 帆)

导管管内返浆　slurry return into tremie pipe

**导管法在泥浆环境中浇筑水下混凝土时，导管下端管口被淤积物封堵，混凝土开浇时管内泥浆不能排出而向上返出的现象。（谢尊渊）

导管管内返水　water return into tremie pipe
采用导管法浇筑水下混凝土时，由于导管在已浇混凝土中的埋置深度不足，环境水在水压作用下进入导管内的现象。（谢尊渊）

导管架　jacket
导管架型平台上用作打桩的导管并与平台桩一起共同承受上部甲板作用以及环境产生的垂直荷载与水平荷载的空间刚架。在加工厂内由钢管制作和组装而成。可利用驳船或浮筒拖运至井位，然后用驳船尾部的回转轴使其边后移旋转、边滑移下水。亦可用起重船吊下水。由于运输和下水时受力不同，应进行模型试验，并对某些构件进行加强，或设计一个特制构架。（伍朝琛）

导管架型平台　jacket platform
建造在海洋中由钢管导管架、钢桩和上部甲板组成的平台。可用作钻井、采油、储油、生产、生活等的平台结构。（伍朝琛）

导管作用半径　action radius of tremie pipe
采用导管法浇筑水下混凝土时，导管轴线至其所控制的浇筑范围最远点的水平距离。（谢尊渊）

导火索　blasting fuse, fuse, blaster
又称导火线。用具有一定密度的粉状或粒状黑火药为索芯，以棉线、塑料、纸条、沥青等材料裱覆而成的索状起爆材料。用来传递火焰激发火雷管或引爆黑火药。按其结构不同，可分为全棉线导火索、三层纸工业导火索和塑料导火索。（林文虎）

导坑　heading, drift
又称导洞。用矿山法开挖隧道时，先于其他部分开挖的小断面坑道。用以进行扩大、测定隧道开挖方向，复核地质资料，铺设运输轨道运料出碴和通风排水设备等。分为超前导坑、平行导坑等。其形状通常为梯形或矩形，有时为弧形。其尺寸随地质条件、运输要求、支撑类型、设备情况和保证施工人员安全等因素而定，不宜过大。（范文田）

导坑延伸测量　heading extension surveying
在隧道导坑掘进中指出开挖方向给出开挖断面的测量工作。即导坑延伸临时中线的测设工作。在短距离内，临时中线可用串线法钉出，直线上根据两个已定出的临时点，用吊线方法目测串线，曲线上则应用弦线偏距法串线。当串线较长时，则用经纬仪来测定一临时中线点。也可用激光导向仪，给出激光准线，特别是在用掘进机施工时。（范文田）

导坑支撑　heading support
开挖导坑时为防止土石坍落而架设的临时支撑。在坚硬地层中采用简单横梁式；在一般中等硬度和较松软的地层中，采用一根横梁二根立柱的门框式支撑；在松软地层中侧压力较大时，采用门框式支撑下加设底梁的封闭式支撑；在松软而不稳定的地层中则需用插板支撑。（范文田）

导梁　launching girder
又称鼻梁。梁式体系的桥梁在安装或在桥位就地浇筑混凝土时，起移动引导或承重作用的钢桁架。为轻型钢结构，用贝雷梁、万能构件或其他构件组装而成。在钢桁梁桥纵向拖拉安装或预应力混凝土桥顶推安装时，为改善挠度或减少安装负弯矩，将其装在梁体的前端，长度为跨度的60%。当作为移动龙门架或支承模架时，则按使用时支承点状况，其长度必须大于最大跨度的两倍或大于最大跨度。根据安装方法，可用双导梁安装法。（邓朝荣）

导梁法　erection with launching girder
又称移动脚手架施工法。藉钢桁架式导梁的支承拼装或浇筑桥节，并逐段张拉、逐孔完成、逐孔推进导梁的大跨度预应力混凝土桥施工方法。大跨度预应力混凝土桥的安装方法之一。藉钢桁架导梁的支承进行桥节块体施工，并逐段张拉，完成一孔后，将导梁推进。逐孔完成的施工顺序：使导梁的前支点支承在待安装跨前面的桥墩上，后支点安装在已拼装和张拉后的桥面上，以导梁为支承拼装预制节段或悬吊模板浇筑，逐孔地进行。（邓朝荣）

导流　diversion
在河道、沟槽中修建工程时，为创造干地施工条件，用围堰围护施工区域，引导水流通过泄水道排出。（那　路　刘宗仁）

导流设计流量　design discharge for diversion
导流工程设计所依据的流量。施工导流过程中，对不同时期、不同的任务均有不同要求的设计流量。有为决定各期导流建筑物尺寸的导流设计流量；施工栏洪水位所依据的设计流量；封孔蓄水计划所依据的封孔蓄水设计流量与封孔后校核大坝安全的校核流量；决定龙口尺寸、截流等所需的设计流量。当工程施工期有通航或下游用水要求时，或采用过水围堰方案时，还应选定各自专门的设计流量。选定时常用的方法是频率法，也有的采用统计法、调查分析法等。（胡肇枢）

导流隧洞　diversion tunnel
水电站施工期间为排泄河道流量而修筑的隧洞。在洪水期可为有压，常水期为无压，但应研究洞内流态过渡而对结构物的影响，在确定隧洞线路及尺寸时应避免其长期在过渡阶段工作。爆破开挖时应注意避免对附近建筑物基础造成不良影响。在导流时应注意避免冲刷基坑围堰及其他建筑物。在设计时,应考虑将其全部或部分用作尾水隧洞、泄洪隧洞等永久性构筑物的可能性。　　　（范文田）

导墙　guide wall

用地下连续墙法施工时,预先在地下连续墙位置的两侧自地表面向下修建的混凝土矮墙。用以为防止地表土层坍塌及保证成槽精度,其深度一般在 1.0～1.5m 左右。　　　　　　　　　（范文田）

导向船　orientation boat, guide boat

夹持沉井进行浮运定位的两艘工作船舶。浮运沉井时,用便于定位的工作船。夹持沉井时,两只船置于沉井两侧,两船之间用钢梁连系。　（邓朝荣）

倒升　　　　　　　　　　　　　　　dao

见升(212 页)。

倒退报警装置　back running alarm

保证流动式起重机倒退运行时,发出清晰的报警音响信号和明灭间的灯光信号的起重机安全保护装置。　　　　　　　　　　　（刘宗仁）

倒置式卷材防水屋面　inversely applied waterproof roof

简称倒置式屋面,又称倒铺式屋面。将保温层设在卷材防水层上面的卷材防水屋面。正好与传统的卷材屋面颠倒。为了使室内空气保持良好的温湿度,从热工理论上要求,屋面维护结构的内表面应选用密实的导热系数大、蒸汽渗透小的材料;外表面则应采用多孔的导热系数小、蒸汽渗透大的材料。倒置式屋面正合乎这一要求。同时,倒置式屋面从根本上消除了防水层因受大气、温度影响造成沥青老化、卷材开裂、渗漏等弊病。　　　（毛鹤琴）

道岔分段拼装　assemblage of turnout(switch) by sections

整副道岔分段组装的作业。在轨排拼装基地组装的成品道岔分成转辙、导曲线和辙叉三部分,以便于起吊和运输。在车站预留岔位安装时,可边拆除岔位的正线轨排边安装分段道岔。　（段立华）

道床捣固　tamping of track bed

振捣轨枕下的道碴,使道床紧密坚实的道床整修作业。可用捣固机或捣镐进行振实或捣实。根据轨枕受力特点主要应捣实钢轨下面一定范围的道碴。对于木枕中部下面道碴填实即可,不需捣固;钢筋混凝土轨枕中部下面则应保持一定空隙,以免轨枕中部承受过大负弯距而开裂或折断。（段立华）

道床整修　ballast trimming

对铁路线路进行起道、拨道、填补道碴、捣固和整理道床的作业。线路铺轨以后,经过分层铺碴、起道和工程列车运行压实,即可进行最后的修整,直到符合竣工验收标准为止。　　　　　（段立华）

道路安全设施　safety devices of road

保证行车与行人安全的沿线设施。在有自行车及行人横跨高速公路或一级公路及其他等级道路的繁忙路段,建造跨线桥或地下横道;在重要路段或高路堤、桥头引道、极限小半径、陡坡等处设置护栏、交通标线及防护网;在沿线设置反光标志,配置路灯照明,保证夜间交通畅通;为诱导驾驶人员的视线,设置标明道路边缘及线形的标志;在视距不良的交叉处,配置标志、反光镜或分道行驶。高速公路和一级公路常采用的现代设备有:中央控制台;反光标志;高灯塔;自动控制的交通情报感知器;安装电视监视器、检测器、模拟显示板、荧光屏、无线电通讯机等。行车速度限制和限速设施,除按上述措施控制车速外,还可用雷达监视。此外,在高速公路入口处,还常设置快速自动车辆状况检验设备,以及对驾驶员的适应性检查(如酒精含量等)。　　（邓朝荣）

道路路基　subgrade of rod

路面结构层的基础。按照路线和一定技术要求修筑的带状构造物以承受道路路面结构层传来的行车荷载。其质量主要决定于土基强度及稳定性。填筑较高或沿河的路基填土,应有挡墙或护坡设施,以保证路基稳定。按断面型式一般分为:填方路基(路堤)、挖方路基(路堑),半填半挖路基和台口式路基等,中国西北黄土高原地区,夯实黄土构筑的高路堤,当地称为土桥。影响路基质量的因素很多,自然因素有地质、地理、气候、水文及水文地质等;人为因素有设计、施工和养护等。　　（邓朝荣　朱宏亮）

道路隧道　road tunnel

又称公路隧道。修筑在山区公路或城市道路上,供火车以外各种车辆通行的交通隧道。按其所处位置,分为山岭道路隧道、水底道路隧道和城市道路隧道。在山区公路上,修筑隧道可缩短线路长度,减小坡度和曲率,避开地质不良地段,从而提高线路技术标准。在城市道路上修筑水底隧道穿越江河时,其长度一般较桥梁短,且不妨碍航运所需的净空。在城市高速道路上,修筑隧道可使线路顺直、纵坡减小和路面增宽,并避免平面交叉。（范文田）

道路纵坡　longitudinal gradient of road

道路在顺行车方向构成的坡度。以百分率表示,上坡为正,下坡为负,平坡为零。纵坡设计坡度应保证路基稳定,减少土石方工程量和便于排水。纵坡对行车安全和汽车运行条件影响很大,因此有关技术标准中,规定有最大和最小的坡度值及各路段的最大坡度的长度限值,并且也决定了纵坡转折处的位置和纵坡在转角处的衔接。　　（邓朝荣）

de

德国法 German method
又称侧壁导坑法、核心支持法。在松软地层中先从两侧导坑挖筑边墙和顶拱,修建中等及大断面隧道的矿山法。沿隧道周边两侧开挖下导坑后砌筑边墙,自下而上依次进行挖筑。其未挖的核心部分用以支承顶拱和边墙模板,最后在衬砌的保护下挖除核心部分并修筑仰拱。开挖时临时支撑可以大为减少。1803年在法国修建运河隧道中首先应用,而后多次在德国应用,故得名。实际上应称为法国法。
(范文田)

deng

等代悬臂柱 equivalent cantilever column
以悬臂柱等效替代多层铰接排架进行结构稳定性验算的方法。提升阶段,升板结构的计算简图为多层铰接排架,其稳定性计算一般是按稳定齐次方程组求解,解法甚繁。如利用变形协调原理将多层铰接排架简化为等代悬臂柱,两者计算结果十分相近。工程实践证明这种方法简单、可靠,具有实用价值。
(李世德)

等高线 contour
物体表面上同样高度的点的正投影所连成的线。用若干高度不同的等高线可以表示物体表面的起伏或曲面的形状。工程测量中常用等高线表示地面的起伏。
(甘绍熺)

等级 grade
对功能用途相同的产品或服务,按照适应于不同需要的特征或特性而进行分类或分级的标识。反映了要求方法的预定差异,或在无预定情况下被公认的差异。它着重强调功能用途和成本的关系。
(毛鹤琴)

等节奏流水
又称全等节拍流水、固定节拍流水。参与流水施工的各工种工人(专业队组)本身和彼此之间的流水节拍均相等的流水作业方式。
(杨炎燊)

等值梁法 equivalent beam method
又称相当梁法。按相当的简支梁或连续梁计算单锚式或多锚式板桩的简化计算方法。按此法计算时,先求出坑底以下侧压力合力等于零的点的位置,取此点以上的板桩为脱离体,并于此点增设一个支座,计算简图即为一简支或连续梁,土、水和附近地面荷载产生的侧向压力为作用其上的荷载,解之即可求出板桩的最大弯矩和各支撑的反力,可验算板桩的抗弯强度和支撑或拉锚的强度。再取此点以下的板桩为脱离体可计算板桩的入土深度。此法简便,人工计算时多用之,但用于计算支承粘土的板桩有一定的误差。
(赵志缙)

澄浆城砖
见城砖(27页)。

di

低级路面 low grade pavement
见路面(161页)。

低流动性混凝土 low flowability concrete
坍落度值在10~30mm范围之内的混凝土拌合物。
(谢尊渊)

低松弛钢绞线 low relaxation strand
冷拉钢丝绞合后在张力状态下经消除应力回火而成的钢绞线。这种钢绞线不仅具有低松弛性能,而且屈强比和伸直性均优于普通松弛钢绞线,价格较贵。用于房屋、桥梁、特种结构等重要工程。
(朱 龙)

低松弛钢丝 low relaxation wire
又称稳定化钢丝。由冷拉钢丝在张力状态下经消除应力回火而成的碳素钢丝。钢丝在热张力状态下产生微小应变,从而使其在恒应力下抵抗位错能力提高。该钢丝不仅具有低松弛性能,而且屈强比和伸直性均优于矫直回火钢丝,但价格较贵。主要用于桥梁、特种结构等重要工程。
(朱 龙)

低温硬化混凝土 hardened concrete at low temperature
在混凝土中加入适量的外加剂以降低混凝土中水的冰点,加速混凝土硬化,减少混凝土拌合水,从而保证混凝土在负温环境养护条件下达到临界强度或受荷强度的混凝土。常用的外加剂为防冻剂、早强剂、减水剂、阻锈剂、引气剂等。根据加入不同的外加剂分为:氯盐冷混凝土、低温早强混凝土、负温混凝土。氯盐冷混凝土是利用氯化钠和氯化钙溶液配制的混凝土,由于除水之外其他材料不加热,又称冷混凝土。氯化钠和氯化钙具有明显的防冻与早强效果,但它们对钢筋有锈蚀作用,因此在钢筋混凝土中必须严格限制氯盐的掺量。低温早强混凝土是利用硫酸钠为主的复合外加剂配制的混凝土。对组成材料进行加热,混凝土浇筑成型后进行保温覆盖养护,使混凝土在低温环境养护条件下达到临界强度。负温混凝土是利用亚硝酸盐、硝酸盐、碳酸盐为主的复合外加剂配制的混凝土。对组成材料进行加热,混凝土浇筑成型后进行保温养护,使混凝土在负温

环境养护条件下达到临界强度。　　（张铁铮）

堤　embankment

防御水流漫溢而修筑的挡水构筑物。堤防设置应根据水流条件、水位高度、防洪要求确定堤顶高程及断面尺寸。堤防一般应在最高水位情况下不被淹没。建筑施工挡水堤通常采用土料堆筑,临水面必要时用石料护砌。　　（那　路）

抵押　mortgage

经济合同当事人一方或第三人向另一方提供一定的财产作为抵押物,用以担保合同的履行。当事人一方不履行合同时,另一方依照法律规定,以抵押物折价或者变卖抵押物优先得到偿还。其中,提供抵押财产的一方称为抵押人,对抵押财产享有抵押权的一方称为抵押权人。　　（毛鹤琴）

抵押债券　mortgage bond

以发行公司的财产（通常是不动产）为抵押而发行的公司债券。发行公司不能履行付息或还本义务时,持券人有权要求变卖抵押财产来抵付。通常先由发行公司与债券受托人（一般为信托公司或银行）订立抵押信托协议,由受托人代表未来的全体持券人接受抵押而保有抵押财产留置权。如果发行公司到期无力偿还债券本息,债券受托人就有权出售该抵押财产而以出售收入向持券人支付债券本息。
　　（颜　哲）

底部掏槽　bottom cut

掏槽眼布置在坑道下部并向下倾斜的单向掏槽。适用于水平岩层或与路基水平成俯倾斜的脆性或韧性的岩层中。　　（范文田）

底孔导流　bottom sink diversion, diversion by bottom sink

利用预留在前期所建坝体中的底孔下泄河水的导流方法。是混凝土坝最常用的一种后期导流方法。底孔一般布置在混凝土坝段或厂房段内,对于宽缝重力坝也有将底孔布置在两坝段间的宽缝内,对于支墩坝则可布置在两个支墩之间。底孔的个数、尺寸及高程决定于导流的需要,同时也应考虑到有利于截流和封孔工作。底孔可与坝身永久性孔道,如放空、冲砂孔等结合使用,也有专为导流设置的。后者在导流完成后应予以堵塞。优点是不必另建专门导流泄水建筑物,可降低造价和缩短工期,坝体施工不受过水影响,工作面大;缺点是底孔封堵质量要求高,否则易造成坝身薄弱环节。　（胡肇枢）

地道　underpass

城市主要干道与铁路或其他道路交汇处的立体交叉设施。在现代城市中,许多干道都经地道穿越大公园或市中心区,或用地道将地面铁路通至市内火车站,或用地道建成地下街道。　（范文田）

地方资源　local resources

某一地区当地拥有或可利用的资财、可供应的货物或原料。在工程施工中,主要指当地拥有或可以利用的货物或地方性建筑材料。广言之,有时也包括劳动力资源。　　（解　滨）

地基与基础工程　ground and foundation engineering

传递与承担建筑物全部荷载的地下隐蔽工程的总称。分地基与基础两大部分。地基是指承受建筑物全部荷载而产生应力与应变所不能忽略的那部分土层或岩石。一般分持力层与下卧层。设计的基本条件是:(1)要求作用于地基的荷载不超过地基的承载能力,保证地基在防止整体破坏方面有足够的安全储备;(2)控制基础沉降使之不超过地基的容许变形值,保证建筑物不因地基变形而损坏或影响其正常使用。对于软弱地基通常可采用密实、灌浆、托换等工艺予以加固。基础是向地基传递荷载的建筑物下部结构。按基础埋置深度分浅基础与深基础。按构造形式有独立基础、条形基础、片筏基础、壳体基础、箱形基础、桩基础、沉井基础等。基础设计时应选择能适应上部结构,符合使用要求,满足地基基础的设计要求以及技术上合理的基础结构方案。
　　（郦锁林）

地脚螺栓　foundation bolt

将机械设备固定在基础上的金属件。它的长短与直径有关。按其长短分为长型和短型两种。短型是用来固定工作时动力和负荷较轻、冲击力不大的轻型设备,长度为 100～1000mm;长型是用来固定工作时有强烈振动和冲击的重型设备。（杨文柱）

地龙　ground anchor

见锚碇(165 页)。

地面工程　flooring work

房屋建筑中位于底层基土表面或楼面各层表面饰面层的施工工作总称。地面或楼面一般由垫层、保温层、防水(潮)层、找平层、结合层和面层构成。一般以面层名称作为地面与楼面的名称,如土地面、碎石地面、卵石地面、灌石油沥青碎石地面、混凝土地面、水泥砂浆地面、水泥石屑地面、钢屑水泥地面、水磨石地面、菱苦土地面、普通粘土砖地面、缸砖地面、大阶砖地面、预制混凝土板块地面、水泥花砖地面、粗石地面、预制水磨石地面、花岗石地面、大理石地面、碎拼大理石地面、陶瓷锦砖地面、木板地面、拼花木板地面、拼花竹片地面、木砖地面、硬质纤维板地面、沥青混凝土地面、涂料地面、塑料板地面、橡胶地面、不发生火花地面、不导电地面、地毯等。为满足人们生产和生活的需要,地面或楼面需具有各种不同的性能,如耐磨、耐火、耐腐蚀、防水、保温、隔

声、美观、易于清洁等。　　　　（姜营琦）

地毯　rug, carpet

用动物毛、植物或化学纤维等纤维材料所编织的毯状物。用于装饰地面。在房间内可满铺，也可局部铺设。铺设方法有固定式和不固定式。固定式是将地毯周边用胶粘剂贴于基层上，或沿房间地面四周设倒刺板条，将地毯钩挂在倒刺钉上；不固定式是将地毯直接摊铺在基层上，不与地面粘贴。
（姜营琦）

地铁隧道　subway tunnel

地下铁道线路及其各种设备位于地下部分区段的交通隧道。按其用途分为车站隧道、区间隧道、渡线室、喇叭口、地下中间站厅、地下变电所、通风井等。　　　　（范文田）

地下防水　underground waterproof

对地下建筑物、构筑物、结构物进行保护，以防止地面水、地下水的侵蚀、渗透或贮液池内液体的渗漏而采取的技术措施。防水方案分以下三类：①利用结构本身的防水性进行防水，如防水混凝土结构，就是依靠混凝土的密实性来达到防水要求，兼有承重、围护和抗渗的功能，是地下防水工程的一种主要形式；②排水方案，即利用盲沟、渗排水层、渗排水管等措施把地下水排走或降低，以达到防水的目的；③加设防水层，即在建筑物、构筑物的表面涂抹防水涂料、防水砂浆，铺贴卷材、钢板等防水层，使地下水和贮液体与构筑物隔离。为了增强防水效果，必要时可采取"排"、"防"结合或采用多道防水、综合治理的方案。　　　　（毛鹤琴）

地下连续墙　diaphragm wall

土方开挖前于地基土中用特殊挖槽机械在泥浆护壁下分段建造的用作承重、防渗及支护结构的钢筋混凝土墙。是在困难条件下施工深基础和地下结构的主要措施之一，与逆筑法结合应用更为有效，适用于各种土质。施工时无振动、无噪声，在建(构)筑物密集地区和地下复杂情况下亦能施工。目前多用墙板式，有现浇与预制之分，以现浇为主。施工接头有锁口管、钢板和注砂钢管接头等。把墙段联结成整体的刚性接头有"一"字形和"十"字形穿孔钢板接头。与内部横向结构的连接多用钢预埋件或预理钢筋。施工时，先在墙位置挖沟和筑导墙，在泥浆护壁下用导杆(导板)抓斗、多头钻等机械挖掘深槽，清孔后吊入接头管和钢筋笼，以导管法浇筑混凝土。在挖土、清孔和浇筑混凝土过程中，由膨润土、掺合物和水制备的泥浆需不断补充、循环和处理，保持规定的性能指标，达到护壁的目的。　　　（赵　帆）

地下连续墙法　underground diaphragm wall method, diaphragm wall method

见槽壁法(18页)。

地下水　underground water

以各种形式存在于地壳岩石或土空隙(孔隙、裂隙、溶洞)中的水。按存在形式，可分为气态水、吸着水、薄膜水、毛细管水、重力水和固态水等。按埋藏条件，又可分为上层滞水、潜水和承压水三个类型。在一定时期内地下水表面所能达到的最大(小)高程，称为地下水最高(低)水位。地下水一方面可作为居民生活用水、工业用水以及农业灌溉用水的水源，另一方面在某些情况下，它又能淹没矿坑或引起土盐碱化等，具有危害作用。过量抽取地下水，会造成大范围地面沉降。　　　　（解　滨）

地下铁道　underground railway, subway

简称地铁、地下铁。大部分线路位于地下，少部分延伸至地面或高架桥上而与其他交通完全分开的城市有轨快速客运系统。具有快速、安全、经济、准时等优点。　　　　（范文田）

地形概貌　topographic features

工程现场及其附近地表起伏和周围环境的一般状况。例如，有无山峦、丘陵、河川、水渠和道路等。主要作为制订工程规划、设计和施工具体方案的参考依据。　　　　（甘绍熺）

地仗

油饰彩画前，在木构件表面所抹的用砖灰、桐油、血料等调制的垫层。有保护木骨、衬地找平及加固的作用。　　　　（郦锁林）

地仗工程

古建木构件在油饰彩画前，进行基层处理、单披灰或披麻捉灰的总称。木基层处理，在古建油漆中实为重要。对于年久失修、灰皮脱落的，应全部砍去重新作地仗；对于灰皮基本完好、个别处损坏的，应找补地仗。可分为四道工序：斩砍见木、撕缝、下竹钉或楦缝及汁浆。一般上架不经受风吹日晒部分只做单披灰；下架外挂、坎框、塌板、梁枋、板墙等多作使麻的披麻捉灰。无论是单披灰还是披麻捉灰，最后都要磨中灰、满细灰、磨生。　　（郦锁林）

地震　earthquake

地球内部某处岩层突然断裂、错动或滑移，或局部岩层突然塌陷，或由于火山喷发等原因而产生了振动，并以地震波的形式向地表传播，引起地面的震动。分为构造地震、火山地震及塌陷地震。地壳的日积月累的缓慢运动，使地球内部应变能积累到一定程度，导致地壳应力平衡状态突然破坏，应变能转化为波动能，向地表传播而引起的地震，称构造地震。90%以上的地震属于构造地震。地壳深处的炽热岩浆，沿地壳中某些脆弱地带或缝隙喷出地表，形成火山爆发。伴随火山爆发，岩浆猛烈冲击地面，在火山周围造成的局部地震,称火山地震。当矿山采空或地下溶洞支撑不住地表压力时,岩层塌陷所造成的地震称陷落地震。 （朱 嬿）

地震烈度 earthquake intensity

根据地震时人的感觉,地震造成的地表变化和建筑物的损毁程度等划分地震对地表及建筑物影响强烈程度的宏观尺度。不仅取决于地震本身释放能量的大小,而且与震源深度、震中距、传播地震波介质的性质、地形地貌等条件有关。一次地震中不同受震区的地震烈度是不相同的。 （朱 嬿）

地震震级 earthquake magnitude

衡量地震时震源释放出总能量大小的量度。距震中100km处,标准地震仪(周期为0.8s,阻尼系数为0.8,放大倍数为2800倍的地震仪)上记录到的最大振幅值(以 μm 计)的常用对数值。是按里克特于1935年建议的方法确定的,即里氏震级。如某次地震,距震中100km处用标准地震仪测得最大振幅为100mm,即 $10^5 \mu m$,则里氏震级为五级。目前地震仪记录到的最高震级为里氏8.6级。 （朱 嬿）

地质剖面图 geological profile

沿地质平面图某剖面线绘制并反映该剖面上地层地质构造的剖面图。剖面线的方向应当尽量垂直岩层走向、褶皱轴向或断层方向,以便更全面地反映地层地质构造形态。如土木工程所需的地质剖面图,常沿建筑物轴线方向绘制。图中应用规定图例和代号绘明岩层的地质剖面图的界线、倾角、断层位置等。比例尺一般应与平面图的比例尺一致,如平面图比例尺过小或地形平缓,也可将剖面图的垂直比例尺适当放大,但此时剖面图中采用的岩层倾角需进行换算。 （朱 嬿）

递送法 conveyer method

当起吊柱子采用双机抬吊时,主机起吊后副机将柱脚吊离地面,配合主机将柱脚递送至基础杯口上方,待柱直立后插入杯口的方法。实质上是两点绑扎滑行法,主机吊上吊点,按滑行法起吊柱子;副机吊下吊点起托木或滚筒的作用。主机的起重能力应满足吊起柱子全部重量的需要,副机的负荷则为其绑扎点的反力。此法常用于重型工字形柱和双肢柱的起吊,它可避免柱子在起吊过程中的震动影响。 （李世德）

第三方 the third party

在工程项目实施过程中,监理单位虽然是受业主委托,对工程项目建设活动实施监理。但在建设工程合同关系上监理工程师是甲乙双方——即业主和承包商的第三方。 （张仕廉）

dian

点焊 spot welding

见接触点焊(129页)和电阻点焊(47页)。

点焊电极压力 electrode pressure for spot welding

点焊时从预压至锻压过程中的最高焊接压力。其压力大小与钢筋直径大小有关,粗钢筋需要的电极压力大。电极压力的大小可通过点焊机上的调压机构来控制。 （林文虎）

点焊焊接电流 current for spot welding

点焊时电极通过钢筋的电流强度。其大小与焊接的钢筋直径和点焊机的功率有关。电流大小与钢筋直径成正比。电流大小的控制可通过调节点焊机变压器级次来实现。若采用强电流参数为120～360A/mm² 时,则通电时间为0.1～0.5s,但需大功率点焊机,经济效果好。若采用弱电流参数为80～120A/mm² 时,则通电时间为0.5s至数秒。除因钢筋直径较大而焊机功率不足时采用弱电流参数外,一般宜采用强电流参数。 （林文虎）

点焊机 spot welding machine, point welding machine

实施点焊的专用机械。用电源、时间调节器、电极和压紧机构组成。时间调节器用于控制焊接时间;压紧机构可用弹簧、气动加压等机构组成。其点焊过程是:将点焊电源接通,踩下脚踏板,带动压紧机构使上电极压紧被焊钢筋,通电,电流经变压器次级线圈至电极,产生点焊作用,放松脚踏板,松开电极,断电,完成点焊过程。常用的有单头点焊机和多头点焊机。

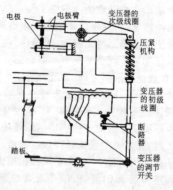

（林文虎）

点焊通电时间 time of current action in spot welding

在点焊加工过程中,对被点焊钢筋进行通电加热的时间。在一定电流强度下,通电时间的长短影

响到钢筋加热的程度及点焊牢固程度。一般随钢筋直径大小及电流强度而定。 （林文虎）

点火材料 priming agent

点燃导火索药芯所使用的材料。有导火索段、点火线、点火棒、点火筒等。

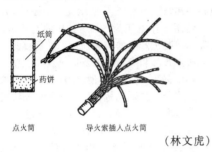

（林文虎）

点燃冲能 initiating impulsive energy

又称点燃起始能。恒定直流点燃电流的平方和点燃时间的乘积。即 $k_p = I^2 t_p$，为电雷管的主要动力特性参数，主要用于计算串联电爆线路的准爆电流。它表示电雷管敏感程度，其值越小说明它对电能的敏感度越高。 （林文虎）

电爆网路 network for electrical initiation

使电源电流通过相互连接的各部分导线传至电雷管而引发药包爆炸的接线网路。由主线、区域线、连接线、端线和电雷管脚线组成的电力起爆线路。网路形式应依爆破场地的具体情况、工程规模、工程的重要程度并结合起爆电源、爆破材料等因素设计计算确定。常用的网路连接方式有单发电雷管的串联电路，成对并联电雷管的串联网路和三发并联电雷管的串联网路以及由这三种基本形式派生出的其他形式。其基本要求是安全、准爆。

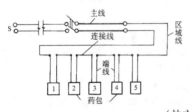

（林文虎）

电磁感应加热法 heating method by electromagnetic induction

以交流电通过在结构钢模板表面所缠的连续感应线圈，使钢模板和钢筋因产生涡流而发热养护混凝土的冬期施工方法。安全简便，养护周期短，并可同时预热模板和钢筋。常用于气温较低情况下的墙、板、柱及柱梁接头处混凝土的养护。（张铁铮）

电动卷筒张拉机 power-driven winch for tensioning

传动机构与小型慢速卷扬机相似的电动张拉机。由电动机通过减速器带动一个卷筒，将钢丝绳卷起进行张拉。钢丝绳绕过钢丝夹具后部的滑轮，与弹簧测力计连接。测力计上装有微动开关，当张拉力达到预定值时，可以自动停车。额定张拉力 10 kN、15 kN 及 30 kN 的张拉机，可分别适用于长线台座上张拉冷拔低碳钢丝、冷拔低合金钢丝和碳素钢丝。 （卢锡鸿）

电动螺杆张拉机 power-driven screw rod tensioning machine

利用螺母旋转驱动螺杆进行张拉的电动张拉机。由电动机通过减速箱驱动螺母旋转，使螺杆前进或后退。螺杆前端连接弹簧测力计和钢丝夹具。测力计上装有微动开关，当张拉力达到预定值时，可以自动停车。张拉行程为 1 000 mm。额定张拉力 10 kN、15 kN 及 100 kN 的张拉机可分别适用于长线台座上张拉冷拔低碳钢丝、冷拔低合金钢丝及冷拉Ⅱ、Ⅲ级钢筋。 （卢锡鸿）

电动升板机 power-driven slab-lifter

又称电动螺旋千斤顶、电动提升机。以电动螺旋千斤顶为动力，用于提升楼板的机械。提升前将升板机挂在承重销上，开动电动机，螺母正转使楼板上升。当楼板升过停歇孔后，穿入承重销，使之搁置其上；将提升架下的四个支腿放下，顶住楼板，取下挂升板机的承重销，再开动电动机使螺母反转。由于提升机架阻止螺杆下降，迫使升板机只能上升。待升过上面一个停歇孔后，又穿入承重销，以悬挂升板机。如此反复，楼板和升板机便可不断交替上升。这种升板机的起重能力可达 300~600 kN。由于它可以自升，无需悬挂于柱顶，有利于群柱稳定，并减少了高空作业。此机传动可靠，提升差小，加工方便，因此在升板法施工中广泛采用。 （李世德）

电动油泵 motor-driven oil pump

采用电动机带动与阀式配流的一种轴向柱塞泵。基本参数：公称流量按小、中、大系列配套原则，单级泵有 0.8 和 2×2 L/min 两种，双级泵有 5(2) 和 10(4) L/min 两种（括号内为高压级流量）。公称压力：单级泵为 50 MPa，双级泵低、高压级分别为 32 MPa 和 80 MPa。电动油泵的技术性能、试验方法与检验规则均应符合现行标准《预应力筋液压拉伸机—电动油泵》的要求。主要产品有：ZB4-500 型，为通用的拉伸机油泵；ZB0.8-500 型，为携带方便的小油泵；ZB10/320-4/800 型，为大流量、超高压的变量油泵。 （杨宗放）

电动张拉机 power-driven tensioning machine

先张法预应力混凝土构件生产中，张拉钢丝（钢筋）用的电动设备。由钢丝（钢筋）夹具、张拉机构和测力计组成。按传动方式可分为：电动卷筒张拉机

和电动螺杆张拉机。　　　　　　（卢锡鸿）

电发火装置　electrical sparking unit

电雷管中通电后产生燃烧或火花而激发雷管的装置。通常有三种结构型式：由连接在两脚线上的金属桥丝和引火头组成的金属桥丝炽热式装置，电流通过桥丝放出热量使引燃药燃烧放出火焰，激发雷管；由两个电极和导电的引燃药组成的导电引燃药炽热式装置，当通入足够的电压时，电阻瞬间迅速下降，接着电阻缓降引火头燃烧激发雷管；由两个电极和不导电的引火头组成的火花式装置，引火头压装在电极中间，电极间距约为 0.5～1.0mm，电阻值在 1MΩ 以上，当对其输入足够高的电压时，便产生电火花引火头发火激发雷管。　　（林文虎）

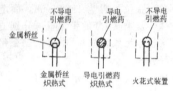

电弧焊　arc-welding

以焊接电弧产生的热量使焊条（焊丝）和焊件（被连接的钢材，又称母材）熔化后凝固成接头的熔化焊接方法。按其设备和工艺特点分为手工电弧焊、自动（或半自动）埋弧电弧焊和二氧化碳气体保护焊。施焊时手工电弧焊由焊条药皮形成的熔渣和气体覆盖熔池，防止空气中氧、氮等气体与熔化的金属接触；埋弧焊则由于电弧的作用使熔剂熔化而浮在熔化的金属表面，除保护熔化金属不与空气接触外，还供给必要的合金元素；气体保护焊则是从焊枪口中喷出惰性气体或二氧化碳保护熔化金属不与空气接触。由于手工焊设备简单、操作灵活，可进行各种位置的焊接而成为建筑工地最广泛的焊接方法。对一些可焊性不良的金属（铸铁或耐腐合金）采用整体预热焊接（即对焊件整体预热后施焊），可减少焊接应力和防止裂纹出现，同时有助于避免白口和改善堆焊金属与基本金属的组织和性能。（王士川）

电弧气刨　electric arc planing

利用电弧将工件边缘部位熔化，用压缩空气吹掉熔渣而达到预期要求的边缘加工方法。施工时用直流焊机反接（工件接正极），气刨枪夹外镀紫铜皮的石墨制专用碳棒进行。效率高，可以切削氧割难以切削的金属。　　　　　　（王士川）

电化学灌浆　electrochemical grouting

土壤在电渗作用下形成渗浆通路使化学浆液能较均匀地灌入土孔隙中，从而加固地基的方法。用于渗透系数 $K<10^{-4}$ cm/s、孔隙很小只靠静压力浆液难以注入土的孔隙，而需电渗作用才能使浆液注入土中。施工时，用带孔的钢管作电极，一般是把化学浆液从阳极注入通以直流电，水浆液有从阳极流向阴极的电渗现象，使浆液填充土隙，两种化学浆液可轮番注入，并每隔 1～2h 交换一下阴阳电极，使化学浆液更均匀地注入土隙并起化学反应的结果得以填充土隙，减少透水性，起加固地基的作用。　（赵志缙）

电极加热法　heating method with electrodes

利用工作电压为 50～110V 的交流电，通过不良导体混凝土产生的热量加热养护混凝土的冬期施工方法。升温和降温速度及加热最高温度应符合规定。其设备简单，操作方便，热量损失小。按采用的电极型式分为棒形电极法、弦形电极法和表面电极法。棒形电极法用 φ6～12 的短钢筋做电极，在混凝土浇筑后，垂直于构件表面插入混凝土中，正负极相间地通电，电极的长度由构件的厚度确定。常用于柱、梁、基础及厚度大于 150mm 的结构。弦形电极法用长度为 2.5～3m 的 φ6～10 的钢筋做电极，混凝土浇筑前用绝缘垫块将电极平行于构件的表面固定在箍筋上，电极一端弯成直角露出模板，与混凝土构件中的钢筋形成正负极相间。常用于含筋量少的柱、梁、厚度大于 200mm 的单侧配筋板及基础结构。表面电极法用 φ6 钢筋或 1～2mm 厚 30～60mm 宽扁钢做电极，固定在模板内侧，通电加热养护混凝土。常用于墙、梁及基础结构。（张铁铮）

电雷管　electrical detonator

以电力发火激发的引爆器材。由电发火装置和普通雷管两部分组成。按其起爆时间不同分成瞬发电雷管和延发电雷管，其主要参数有：电阻、最高安全电流、最低准爆电流、点燃冲能、熔化冲能、传导时间和作用时间等。　　　　　　（林文虎）

电雷管反应时间　section time of electrical detonator

电雷管从开始通电到发生爆炸的时间。即点燃时间（通电到引火头引燃）和传导时间（引火头燃烧到爆炸）之和。　　　　　　　　　（林文虎）

电雷管起爆法

又称电力起爆。利用电能激发电雷管而引发主药包的起爆方法。由电雷管、电线网路和起爆电源组成。它的特点是可以按照爆破的基本原理和施工要求实现多样控制爆破；可以一次起爆大量药包；可因地制宜，灵活应用以取得较好的爆破效果。可在各种爆破工程中使用。　　　　（林文虎）

电雷管全电阻　total resistance of electrical detonator

电雷管的桥丝电阻和脚线电阻之总合。电雷管出厂时电阻值允许有偏差，但成组爆破时，一般要求雷管电阻值相差不大于 0.25Ω。　　（林文虎）

电热法　electric heating method

利用电能转化为热能加热养护混凝土的冬期施工方法。常用的有电极加热法、电热器加热法、电磁感应加热法、远红外线加热法等。　　（张铁铮）

电热化冻法　electric thawing of frozen soil

将以一定间距打入冻土中的电极通电融化冻土的方法。电极一般为 $\phi 20\sim 25$ 的钢筋。按电极埋设深度不同,分深电极法和浅电极法。深电极法是将电极穿透冻土层、插入到冻土层下部的暖土层中,利用暖土中水导电,融化冻土。冻土融化后水增多,电流通过区域扩大逐步向上融化。浅电极法电极埋设深度小于冻土层厚度,由于电极埋设在冻土层中,冻土中的冰电阻比水大,电流不易通过,因而在冰土表面应铺设 50～100mm 厚的锯末或其他保温材料,并浇浓度为 0.2%～0.5% 的盐水导电,加速冻土的融化。仅适用于面积不大或任务紧急其他方法不宜采用的土方工程。　　（张铁铮）

电热器加热法　heating method by electric heaters

以电热元件发生的热量加热养护混凝土的冬期施工方法。根据结构特点及施工条件,可选用不同类型的电热器:加热现浇模板可制成板状电热器;加热装配式框架结构混凝土接头可制成针状电热器;加热大模板现浇墙板可制成电热毯等。（张铁铮）

电热设备　electrical heating equipment

电热张拉时,为使钢筋通电受热伸长所用的设备。包括变压器(或电焊机)、导线和导电夹具等设备。变压器功率应大于 45 kVA,初级电压为 220～380V,次级电压为 30～65 V,通过钢筋的电流密度为 120～400 A/mm^2,从变压器接至预应力筋的次级导线宜用绝缘软铜线。　　（方先和）

电热养护　electrical curing

利用电能转换为热能来加热混凝土的热养护。可分直接电热法、间接电热法和混合电热法。具有投资小、能量消耗少和生产效率高等优点。
　　（谢尊渊）

电热张拉法　electrical tensioning method

制作预应力混凝土构件或结构时,利用钢筋的热胀冷缩原理通电加热以张拉预应力筋,使混凝土产生预压应力的方法。其做法是:用低电压强电流通过钢筋,使钢筋受热伸长,待伸长值达到预定要求时,切断电流并立即锚固,钢筋冷却回缩,使混凝土受压。此法设备简单,操作方便,劳动强度低,工效高,无摩擦损失。但耗电量大,用伸长值来控制张拉力不易准确。只用于冷拉钢筋作预应力筋的一般构件,对抗裂度要求严的结构不宜采用。　（方先和）

电渗井点　electro-osmosis well points

在电渗和真空双重作用下强制粘土中的水在井点管周围集中而快速排出的井点降水法。用井点管作阴极,以另外打入土中的钢管作阳极,通以直流电后,由于电压比降而产生带负电荷的土粒向阳极移动,带正电荷的孔隙水向阴极方向集中的现象。适用于在饱和粘土、淤泥质粘土等渗透性差的土层中降水。　　（林文虎）

电石膏　calcium carbide plaster

电石加水制作乙炔时所产生的乳浆物。其主要成分为 $Ca(OH)_2$,可代替石灰膏作砂浆的胶结料,但强度较低。　　（方承训）

电渣焊　electroslag welding

以电流通过熔渣时所产生的电阻热为热源的熔化焊接方法。有手工及自动焊两种。将焊条喂入两块钢板边缘之间,使之接触,通电后在熔剂的掩护下形成电弧,当形成熔池时,电弧自动熄灭。由于熔剂产生一种高导性的熔渣故电流仍连续通过而使渣池的温度达到钢的熔点以上,使基材边部和焊条熔化,冷却后构成了一行堆积的金属而使两块金属焊接在一起。　　（王士川）

电渣焊接电流　current for electric slag welding

在电渣压力焊接时通过两端钢筋的电流大小。它随被焊钢筋直径大小而异。其焊接电流的大小直接影响渣池的温度、粘度、电渣过程的稳定性和钢筋的熔化速度,将直接影响其焊接质量。是电渣压力焊的主要参数,其值一般在 250～800A 之间。钢筋直径越大,要求电流越大。　　（林文虎）

电渣压力焊　electric slag pressure welding

利用电流通过两钢筋端部间隙产生的电弧热和通过电渣池产生的电阻热熔化焊接处金属后施加压力使其焊合的方法。此种工艺在现浇钢筋混凝土结构竖向钢筋的接头得到了广泛的应用。此法比电弧焊容易掌握、工效高、成本低、工作条件好。是替代竖向钢筋现场绑扎接头的方法之一。它的主要技术参数有渣池电压,电流和通电时间。其工艺过程是先将上下钢筋接触,通电后即将上钢筋提高 2～4mm 以引弧,后再缓提数毫米,使电弧稳定燃烧。随着被焊钢筋的熔化将上钢筋逐渐插入渣池中,此时电弧熄灭成为电渣过程。焊接电流通过渣池而产生大量的电阻热,使钢筋头继续熔化至一定程度后,断电顶压形成接头。目前中国有手工和自动电渣压力焊两种方法。　　（林文虎）

电阻点焊　resistance spot welding

简称点焊。将交叉钢筋放入点焊机两电极之间,通电使钢筋加热到一定温度后,加压使焊点处钢筋相互压入一定深度而使钢筋相互连接的焊接方法。主要设备为点焊机,有单头式与多头式点焊机之分。主要参数有焊接电流、通电时间、电极压力等。点焊主要用于交叉钢筋的焊接接头,代替绑扎用于钢筋骨架和钢筋网,可以达到提高工效、便于运输及改善构件受力性能的目的,因而在钢筋骨架和钢筋网加工中被广泛采用。 （林文虎）

垫板 gasket plate, packing plat

见垫铁。

垫层 bedding course

传布地面荷载至基土或传布楼面荷载至结构上的构造层。常用的有灰土垫层、砂垫层、砂石垫层、碎石垫层、卵石垫层、碎砖垫层、三合土垫层、四合土垫层、炉渣垫层、水泥炉渣垫层、水泥石灰炉渣垫层、混凝土垫层等。 （姜营琦）

垫铁 gasket plate, shim

又称垫板。调整设备的标高水平,将设备重量和工作负荷传递给基础的金属件。它能使设备与基础保持一定的间隙以便二次灌浆。按形状分为平板式平垫铁和楔形斜垫铁。薄的用钢板,厚的用铸铁制成。 （杨文柱）

diao

吊顶工程 ceiling work

室内屋顶或楼板底,为了遮蔽、保温、隔热、改善音响及装饰而增设的一个悬吊层的施工工作。按其不同安装方式,大致分为无骨架吊顶和有骨架吊顶两类。后者按骨架材料的不同,分为木龙骨吊顶、轻钢龙骨吊顶和铝合金龙骨吊顶;按饰面板安装方式,分为明装吊顶、暗装吊顶、单层吊顶和多层吊顶;按承载能力的不同,分为上人吊顶和不上人吊顶。 （姜营琦）

吊顶龙骨 ceiling joist

与吊杆连接,并为面层罩面板提供安装节点,在吊顶中承上启下的构件。普通的不上人吊顶一般用木龙骨、型钢或轻钢龙骨及铝合金龙骨;上人吊顶的龙骨,因承载要求高,要用型钢或大断面木龙骨,然后在龙骨上做人行通道（或称马道）。在吊顶上安装管道以及大型设备的龙骨要加强。 （郦锁林）

吊斗 skip

见料罐(154页)。

吊杆 hanger

连接龙骨与楼板（或屋面板）的承重杆件。其形式和选用与楼板的形式、龙骨的形式及材料有关,也与吊顶质量有关。 （郦锁林）

吊挂支模 hanging form

用劲性骨架代替梁内原有配筋或部分配筋,作为施工中吊挂模板的骨架,以代替模板顶撑的支模方法。常用做法:用型钢代替梁内上下配筋作为劲性钢筋骨架,在骨架上向下伸出吊杆,以固定底模,侧模固定在底模上;用型钢代替梁的下部配筋,上部用工具式型钢高于梁顶标高,组成劲性骨架,承受模板、支架、梁板混凝土自重。用于整体现浇梁板楼盖,此时支架立杆穿过板面处,用套管预留孔洞,以便拆模。与一般支撑相比,不用顶撑,减少了支撑系统的工作量,施工场地开阔,操作方便。 （何玉兰）

吊机吊装法 erection by hoisting machine

采用轮胎式或履带式起重机架设装配式桥梁的方法。在桥墩、桥台上架梁,可以在平行桥梁设置的便桥、道路上用吊机吊装。也可以自一岸桥台逐孔向对岸吊装上部预制梁,当桥道面未施工,可设置垫木或其他材料,将荷载扩散并均匀传至大梁。用于陆地建桥,并且桥不高的情况下架设预制梁,一般起吊能力为150~1000kN。 （邓朝荣）

吊架 hanging platform

悬吊的工作平台。按构造形式可分为:桁架式工作平台,悬吊点设于屋面或柱上,主要用于厂房或框架结构围护墙的砌筑;框式钢管吊架,一种可同时上下操作的双层架,其悬吊点设置在屋面上,主要用于外装修;平板吊架,由角钢焊成的平面框架铺设脚手板构成,用于一般民用建筑外装修工程。 （谭应国）

吊脚手架 swinging scaffolding, suspended scaffolding

①通过特设的支承点,利用吊索悬吊架或吊篮的可升降脚手架。其主要组成部分为吊架（包括桁架式工作台）和吊篮、支承设施（包括支承挑架和挑梁）、吊索及升降装置等。在高层建筑装修施工中广泛使用,并可用于维修。

②又称下辅助操作平台。在滑模或提模施工中,用于检查混凝土质量和表面装饰以及模板的检修和拆除等工作用的操作场所。视混凝土表面装修工作量的大小及提升速度的快慢,内外吊脚手架可设置一层、二层或多层。它由三角架、吊杆、横梁、脚手板和防护栏杆等组成,吊杆可采用圆钢或型钢制作,吊杆悬吊于挑三角架、提升架及主操作平台上。两根吊杆下端用型钢连接,横梁用于铺放铺扳,吊杆之间用圆钢或型钢联成整体,且作防护栏杆之用。 （谭应国 何玉兰）

吊脚桩 suspended log pile

桩底部的混凝土悬空或混进了泥砂形成松软层的桩施工质量事故。为沉管灌注桩施工常见质量问题之一。产生原因是桩尖活瓣在拔管时未张开,至一定高度时混凝土才落下,不密实有空隙;或者使用的预制混凝土桩尖质量差、强度不足,沉管中边沿被击碎,桩尖挤入管内,拔管时冲击、振动不够,未被压出,而拔管至一定高度掉落又被卡住。 （张凤鸣）

吊具 sling, lifting devices

由吊钩、吊索、卸甲和横吊梁等组成的吊装工具。要求构造简单、安全可靠、容易挂钩和脱钩。吊钩不仅是起重机的组成部分,而且可与钢丝绳一起组成各种吊索。吊索又称千斤索,一般都用钢丝绳组成,主要用于绑扎构件以便起吊。卸甲又称卡环,用以固定吊索。横吊梁又称铁扁担,用以吊装柱子和屋架等构件。其作用是降低起吊高度,减少吊索对构件的横向压力。 (李世德)

吊篮 cradle, swinging cradle

可升降的提篮式悬吊工作台。有小型吊篮和组合吊篮两种。小型吊篮为侧面开口或顶侧两面都开口的箱形构架,常用于局部外装修工程;组合吊篮由吊篮片和扣件钢管组合而成,吊篮片用钢管焊接,有"凵"型、"日"型、"凵"型及"目"型四种,前两种可构成双层吊篮,后两种可构成三层吊篮,以满足装修时上下层间交叉作业的需要。 (谭应国)

吊桥 suspension bridge, hanging bridage

见悬索桥(266页)。

吊桥锚碇 anchoring of suspension bridge

用以锚固悬索,抵抗悬索拉力的结构。按照边跨的情况,它可以与桥台组合设置或独立设置。悬索直接锚固在加劲梁的末端(称为自锚式吊桥),还必须在两端设置能承受正负反力的支座。在岸上的锚碇,为了抗滑,锚碇底部一般做成阶梯形。为了抗倾覆,在混凝土体内可以压砂或块石,增加自重,按照地质条件做成各种形式。锚碇内设置钢架或承托板,用钢杆或钢眼杆伸出与悬索的锚头或U形钢环连接,连接处有调整钢杆长度的装置,以便调整悬索拉力。当两岸有坚硬岩层时,可在其上凿井,将锚碇直接锚于岩石上。 (邓朝荣)

吊装准线 reference line for lifling, alignment marking for erection

为便于装配式构件吊装过程中的对位、校正而在构件表面弹出的墨线。其依据是房屋的纵横定位轴线。为便于对位、校正,一般都采用构件的几何中心线。为确保装配式结构房屋的质量,必须保证其准确性和相关构件准线依据的一致性。 (李世德)

钓鱼法 fishing method

利用设在一岸的扒杆牵引预制梁,扒杆上安设复滑车进行拖拉,其后端用制动绞车控制就位后用千斤顶落梁的施工方法。适用于小跨径桥梁的架设。安装前应验算跨中的反向弯矩。 (邓朝荣)

die

叠层摩阻损失 loss due to friction of orerlap lager

平卧重叠构件张拉时由于层间摩阻使下层构件的弹性压缩达不到预期值,而在以后逐步达到各层压缩值的过程中引起的预应力损失。可采取逐层加大张拉力的办法克服。根据预应力筋类别和隔离层做法的不同,可得出平卧重叠构件需逐层增加的张拉力百分率,但其最大张拉力不得超过最高限值,参见张拉控制应力(288页)。 (杨宗放)

叠层张拉 overlay layer tensioning

对平卧重叠制作的预应力混凝土构件,分层进行预应力筋张拉的方法。预应力筋张拉是先上后下逐层进行。由于叠层之间摩擦力与粘结力引起的各层预应力损失不同。为补足下层构件的应力损失,需自上而下逐层加大张拉力,但底层超张拉值不得超过规范规定的限值。 (方先和)

ding

丁砌层 header course

砖砌体中,由丁砖组砌成的砖层。 (方承训)

丁石 header stone

又称顶石。石砌体中,长边垂直于墙面水平放置的石料。 (方承训)

丁顺分层组砌 alternate header and stretcher stone coursed bond

丁砌层和顺砌层相互交替的石砌体组砌型式。 (方承训)

丁顺混合组砌 alternate header and stretcher stone bond

同一石层中,有顺石,也有丁石的石砌体组砌型式。如一块顺石和一块丁石相间,两块顺石或三块顺石与一块丁石交替砌筑。 (方承训)

丁砖 header

砖砌体中,砖块大面朝下顶面外露的砖。
 (方承训)

顶部掏槽 top cut

掏槽眼布置在坑道上部并向上倾斜的单向掏槽。适用于有明显的层理、节理、裂隙向开挖面方向倾斜的岩层中。 (范文田)

顶撑 scaffold pole

竹脚手架用竹篾绑扎时,在立杆旁加设的杆件。用它顶住小横杆并分担一部分荷载,免使大横杆因受荷过大而下滑。上下顶撑应保持在同一垂直线

上,用扎篾三道与立杆绑牢,底层顶撑须将地面夯实,垫以砖、石块,以免下沉。　　　(谭应国)

顶承式静压桩

利用建筑物上部结构自重作支承反力,用千斤顶将预制桩分节压入土中的沉桩工艺。施工时在需托换部位挖一坑,其大小既便利操作又能确保建筑物基础安全,托换坑间断布置。第一节钢管桩做成锥形桩头,放入坑中用一台千斤顶分节压入土中,并将桩身焊接连接。当压力达到设计单桩承载力的1.5~2.0倍时,停止加荷,用混凝土灌入桩孔,撤出千斤顶,将桩与基础梁浇筑成整体,以承受荷载。用于建筑物的托换处理,减少沉降或不均匀沉降。　　　(赵志缙)

顶锻留量　allowance for butt forging

见闪光对焊参数(207页)。

顶锻速度　butt forging speed

见闪光对焊参数(207页)。

顶锻压力　butt forging pressure

见闪光对焊参数(207页)。

顶管法　pipe jacking method

又称顶入法。将预制节段顶入土中穿越障碍的暗挖法。隧道、地下道或地下管道穿越铁路、道路、江河或建筑物等各种障碍物时采用此法。将预制的节段放入工作坑内,通过传力顶铁(后背)和导向轨道,用千斤顶将管涵节段顶入土层中,随着顶进,不断挖土,顶好一段再接一段,直至达到设计所要求的位置。可采用机械顶进,水冲法顶进或人工挖土法顶进等。此法亦可用来建造小桥、箱涵和地道等结构。　　　(范文田)

顶升法　jacking method

利用千斤顶反复顶升屋盖结构的整体安装法。根据顶升时千斤顶的位置不同可分为上顶升法和下顶升法。前者指千斤顶倒挂在柱帽上,随屋盖顶升而上升;后者指千斤顶在顶升过程中始终正放于柱基上。前者在顶升过程中稳定性好,但高空作业多;后者则反之。此法适用于薄壳和空间网架结构屋盖的安装。　　　(李世德)

顶推程序　procedure of incremental lauching

预应力混凝土连续梁桥上部结构顶推施工的实施顺序。根据桥梁结构型式、设备及现场条件决定。　　　(邓朝荣)

顶推装置　jacking equipment

预应力混凝土桥梁顶推安装的专用设备。包括:水平张拉千斤顶、水平-垂直千斤顶、滑动支座、导向装置等。具有张拉拉杆、张拉拉索、压杆等三者之一的水平张拉千斤顶,是梁体前移的动力。水平-垂直千斤顶,由使梁体前移的水平千斤顶,使梁起落便于滑块工作的垂直千斤顶组成。滑动支座:光洁度大的不锈钢板下,插入聚四氟乙烯垫片,再涂以中性润滑剂,以减小摩阻力。导向装置:与滑动支座相同,设在侧面的滑板;纠正大偏移的横向导向千斤顶;纠正小偏移的滚动装置。　　　(邓朝荣)

顶柱　jacking strut

用顶管法修建隧道时用以顶进隧道节段的传力设备。顶进节段后,逐渐远离后背,千斤顶的顶力就要借顶柱来传给后背。它可采用钢或钢筋混凝土构件制成。　　　(范文田)

钉道站　track fixing station

人工铺轨的前方基地,设于铺轨工地附近的车站。所用铺轨轨料在此装车编组,按日进度挂往铺轨工地。该站也是铺轨的指挥部和生活基地。　　　(段立华)

定标　bid award

对投标者的标书经过各项条件的分析比较、平衡优选,以确定最佳中标单位的过程。定标后应由招标单位向中标单位发中标函,并签订合同,提供履约保证。对未中标者,则应退回投标保函和招标文件。　　　(毛鹤琴)

定额　cost standard

在正常生产条件下完成单位合格产品所需消耗的劳力、材料、机具设备及其资金数量的标准。不仅是规定一个数据,而且还规定了它的工作内容、质量和安全要求。　　　(毛鹤琴)

定金　option money

经济合同当事人一方于合同成立后在未履行以前,为保证合同的履行,在按合同规定应给付的款项内,向对方先支付一定数额的货币。　　　(毛鹤琴)

定量预测　quantitative forecasting

根据事物存在着的数量关系,对事物进行定量分析,作出事物发展趋势的预测和判断。一般地讲,定量分析比定性分析精确。常用的方法有:平移法、指数平滑法、回归分析法等。　　　(曹小琳)

定期保养　regular maintenance

机械设备运转到所规定的保养定额工时时,要停机进行的保养作业。一般划分为一~四级保养。　　　(杨文柱)

定位放线　setting out

将设计图上的建筑物或构筑物的位置,依靠测量控制网测放在实际场地上的工作。定位也就是将建筑物或构筑物的主要标志点的坐标测放在场地上;放线则是将建筑物的控制轴线或建筑物各承重结构基础尺寸线测放在拟建场地上,一般采用龙门桩、龙门板来固定。　　　(林文虎)

定位开挖　excavation from a fixed position

抓铲挖土机停在固定位置上的挖土方式。适用于竖井、沉井等的开挖。　　　(郦锁林)

定向爆破 oriented blasting

在峒室或深孔爆破中,使大量岩土按预定的方向抛移到所需地点并堆积成所需形状的爆破方法。常用于开挖堑沟、露天矿剥离、修筑路堤、处理滑坡、平整场地和移山造田等工程中。它具有节省劳力,能在短时间内完成巨大的土方工程,且不易受季节影响等优点。由于爆破规模大,应特别注意爆破震动对边坡及周围建筑物的影响。 (林文虎)

定向中心 centre of oriented blasting

在定向爆破时地形自然凹面的曲率中心。在布置药室时应使主药包的最小抵抗线垂直于凹面并指向定向中心,爆破后爆落的岩石向着定向中心抛掷,且堆积体的重心也在定向中心附近。 (林文虎)

定性预测 qualitative forecasting

根据事物(预测对象)的性质、特点、过去和现实等状况,用逻辑推理的方法,对事物进行非数量化的分析,推测和判断事物的发展趋势。常用的方法有:专家会议法、德尔菲法、主观概率法和相关分析法等。 (曹小琳)

diu

丢缝 joint not pointed

被遗漏未勾的灰缝。 (方承训)

dong

冬期施工 winter construction

日平均气温稳定地降低到5℃或5℃以下,最低气温稳定地降低到0℃或0℃以下时期进行的施工。在这种条件下由于气温较低,工程的施工不能采用常温下的施工方法,而应根据周围环境的温度,采用相应的技术措施,以确保工程质量。中国东北、华北和西北地区,冬期施工每年时间大约为3～6个月,属于冬期施工地区。 (张铁铮)

冬夏季日平均温度 mean daily temperature in winter and summer

气象部门一般以1、7月分别代表冬、夏季,1月平均气温作为冬季日平均温度,7月平均气温作为夏季日平均温度。 (朱 嬿)

动臂桅杆 jib derrick

又称悬臂桅杆。在独脚桅杆上安装一起重臂,再配以动力和传动装置的起重设备。与独脚桅杆相比,其工作幅度明显加大。根据起重臂安装的位置不同,又可分为两种型式:起重臂安装在独脚桅杆的中部或上部,它的起重量较小,仅用作中、小型构件的吊装;起重臂安装在独脚桅杆的下端,并配上回转装置,使起重臂既能起伏又能连同桅杆回转,成为桅杆式起重机,又称纤缆式起重机。大型桅杆式起重机起重量可达150～600 kN,起重高度可达40～70 m,常用于重型工业厂房的吊装。最大缺点是缆风绳较多,移动困难。 (李世德)

动力触探 dynamic sounding

用一定重量的落锤以一定的落距将触探头打入土中,根据每贯入一定深度的锤击数判定土的性质的勘探测试方法。按锤重分为轻型(锤重10kg)、中型(锤重28kg)和重型(锤重63.5kg)三种。根据贯入指标可确定地基容许承载力、变形模量,也可划分土层和了解土层的均匀性。 (林厚祥)

动态规划 dynamic programming

随时间演变过程的最优化。也是解决多阶段决策过程最优的一种方法。求解步骤为:①将整个问题按时间顺序、空间层次或多阶段特征划分为若干阶段,从而成为由阶段的顺序而贯通的若干子问题,形成一项多阶段的过程;②建立动态规划的数学模型,根据贝尔曼原理用回程法求解,即由最后一个阶段的子问题开始作决策,逐个反向后退回程到第一阶段为止;③于每一阶段求得自以往各阶段至本阶段的最优解,并将此项最优解嵌入次阶段;④利用递推关系求出每一阶段的最优决策,各阶段所确定的决策构成整个问题的最佳决策序列,亦称最优策略。 (曹小琳)

动压型气垫 dynamic air cushion

应用动压空气作润滑介质的气垫。具有浮升高度大,能超越障碍,很少受地面条件的限制,能在野外的荒地、湿地、江河、湖泊等地使用。广泛用于气垫船和气垫车。 (杨文柱)

冻结法 freezing process, freezing method

①又称冻土护壁。在不稳定含水地层中修建隧道及地下工程时,借助人工制冷手段加固地层和隔断地下水的特殊施工方法。将地下工程四周的饱和土冻结而形成一个连续、封闭的冻土层以防止施工过程中土壁坍塌、地下水渗入。常用此法修建矿山竖井。

②砌体结构施工时,在砌筑砂浆中不掺加任何盐类,允许砌筑砂浆遭受冻结的砌体工程冬期施工方法。由于砂浆融化时强度为零号或接近零号,转入正温后砂浆强度逐渐增高,即砂浆要经过冻结、融化和硬化等三个阶段,砂浆强度及砂浆与砌体间的粘结力都有不同程度的降低,从而增加了砌体在融化阶段的变形,严重地影响砌体的稳定性,使施工需要增加诸如融化阶段进行加固等附加措施因而很少

冻土爆破法 blasting method of frozen soil

采用炸药破碎冻土的方法。采用爆破法挖掘冻土应制定严密的技术与管理措施,常用的炸药有:黑色炸药、硝铵炸药、TNT等。施工中常用硝铵炸药,装入炮孔内的炸药量Q按公式计算:

$$Q = N_B W^3$$

N_B为计算系数;W为最小抵抗线(m)。严禁使用甘油类炸药。此法广泛应用于工业与民用建筑和道路桥梁工程中。 (张铁铮)

冻土机械法 mechanicae excavation of frozen soil

采用机械挖掘或破碎冻土的方法。冻土层厚度小于或等于0.4m时,可采用不同类型的挖土机直接挖掘;冻土层厚度为0.4~1.2m时,采用重锤击碎冻土进行挖掘。适用于大面积冻土开挖作业,不适用于狭窄的沟槽开挖作业。 (张铁铮)

冻土融化 frozen soil thawing

依赖外加热源融化冻土的方法。常用的有:烘烤法、循环针法、电热化冻法。仅用于面积较小的土方工程。 (张铁铮)

冻土深度 depth of frozen soil

又称土冻结深度。冻土层的厚度。土温低于0℃致使土中水分部分或大部分冻结成冰的土称冻土。冻土分季节性冻土和多年(永久)冻土。季节性冻土指冬季冻结夏季融化的冻融交替的土。中国东北、华北和西北地区的季节性冻土最大冻土深度均超过50cm,最深可达3m。多年(永久)冻土指全年保持冻结而不融化且持续冻结时间在3年或3年以上的土。多年冻土的表层往往为季节性冻土所覆盖。中国多年冻土主要分布在纬度较高的内蒙古和黑龙江大、小兴安岭一带以及地势较高的青藏高原和新疆甘肃的高山地区。 (朱嫣)

冻土挖掘 frozen soil excavation

采用爆破、机械等施工方法对冻土进行的开挖。因为0℃以下气温条件下,土中水结冰,将松散的固体颗粒冻结成坚硬的整体。冻土挖掘工作必须连续进行,已挖掘完的地段在未冻结前应覆盖保温材料,防止地基土遭受冻结。 (张铁铮)

峒室爆破 chamber blasting

又称大爆破。将大批炸药集中放置于药室内,一次起爆的爆破方法。炸药装填系统由导峒和药室组成。一次爆破的总用药量为数十吨、数百吨乃至数千吨,所爆破的石方数量为几万方甚至几十万方。常用于矿山剥离,开垦修路,崩落矿岩,平整场地等工程。其特点是速度快,施工机械简单,一次爆破量大,受地质、地形和气候条件的影响小,但施工条件差,破碎块度不均匀,单位炸药消耗量大,爆破地震和破坏作用大,对邻近建筑物有较大影响。近年来发展了峒室空腔爆破、分散药包爆破和条形药包爆破使峒室爆破的效果得到改善。

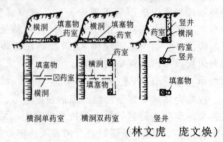

(林文虎 庞文焕)

洞口开挖 excaration of portal

洞口是修筑隧道的起点和咽喉,应对其及仰坡进行合理的开挖并及时稳固地支护,以保证隧道的顺利施工。应尽可能在进洞前挖好洞口的土石方及做好仰坡的清理,从而避免干扰洞内施工,及时采取防排水措施以免仰坡崩塌。 (范文田)

洞口投点 work points at portal

隧道施工测量中为便于引测进洞而在洞口附近设置的平面控制点。每个洞口应有不少于三个能彼此联系的平面控制点(包括洞口投点和附近的三角点或导线点)。洞口投点应选在不受施工干扰、不会被施工所破坏之处,并应尽量纳入洞外平面控制的主网内。当受地形限制不能实现时,可用插点或单三角形式与主网连结。

(范文田)

洞内控制测量 surveying control inside tunnel

建立在洞内部分的隧道施工控制网的工作。其任务是为准确测设隧道中线的平面位置和高程,保证隧道的正确贯通。洞内平面控制须随着隧道的开挖逐渐向前延伸,因此宜采用单导线、导线环、主副导线环、旁点闭合环等形式。洞内高程控制可采用各级水准测量。 (范文田)

洞外控制测量 surveying control outside tunnel portal

建立在地面部分的隧道施工控制网的工作。其主要任务是精确测定各洞口控制点的位置和进洞起始边的坐标方位角,使洞内测量建立在精确可靠的基础上。洞外的平面控制可根据精度需要采用各种等级的三角测量或导线测量。高程控制则采用各级水准测量。 (范文田)

dou

斗口 mortise of cap block

又称口份。以栱或翘的宽度为基础的模数单位。

它是在宋代"材、分"制度基础上演变而来的。公元1734年，中国出现了《清工部工程做法》一书，书中规定了以"斗口"作为标准单位，有关建筑权衡比例的问题基本定型了，因此它便成为今天在修缮古代木构建筑中常用的一种模数。

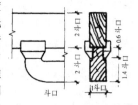

（郦锁林）

斗栱 bracket set, dougong

由方块形的斗、弓形的栱翘、斜伸的昂和矩形断面的枋层层铺叠而成，置于大式建筑物（宫式）柱与屋顶之间，传布屋顶重量于柱上之过渡部分。

（张 斌）

斗砖 brick on edge

空斗墙中，条面朝下、大面外露的砖。在两平行斗砖之间，形成空气间隔层。 （方承训）

陡槽 chute, steep chute

连接上下游排水沟渠，坡度很大的倾斜沟槽。该处坡度一般大于临界底坡，水流速度可达 20 m/s 以上。坡底可用砂石或混凝土顺坡修建，下游沟渠与陡槽衔接处设消力池以减缓水流能量，避免下游被冲刷。 （那 路）

豆瓣石

有绚丽花纹的大理石。在古建工程中常将此石制成方砖形，以铺地面。在皇家园林中，更使用此种石料。如中国北京顺义县所产黄白相间花纹的"晚霞"，辽宁省所产的"东北红"等。 （郦锁林）

du

独脚桅杆 monoderrick

俗称独脚桅子。上端用缆风绳固定的独立柱式简易起重设备。由桅杆、起重滑轮组、卷扬机、缆风绳和锚碇组成。底部设置拖橇以便移动。桅杆可用圆木、钢管或金属格构柱做成。特点是起重量和起重高度大，工作幅度小。一般用以吊装重型的、要求起升高度大的构件或设备。 （李世德）

独立基础 individual footing, isolated foundation

又称单独基础。可用以单独承受上部垂直荷载的基础。多为荷载较小的柱子基础。当地基土软弱，荷载有差异时易产生不均匀沉降。（赵志缙）

独立时差 independent float

又称专用时差。紧前工作、紧后工作均无法利用，而只有本工作可以利用的时差。 （杨炎燊）

堵口 closure

在江、湖、海岸筑堤、决口复堤或在修建围堰过程中，当河道、沟渠被缩窄到一定程度后，将最后一段缺口封堵，中断堤内外明流的截流工作。其方法步骤和所用材料与截流相似。

（胡肇枢 那 路）

堵抹燕窝

檐口不用连檐瓦口时，檐头底瓦下的三角部分（俗称燕窝）用灰堵抹的做法。 （郦锁林）

渡槽导流 flume diversion

用渡槽作为导流泄水建筑物的导流方法。渡槽常用木制，也有用钢筋混凝土或钢材的。结构简单、施工方便，但过水能力小，一般适用于窄河床、小流量的河流上修建小型水利工程。 （胡肇枢）

渡口码头 ferry and wharf, ferry and dock

采用船渡方式运送车辆横渡江河以衔接两岸交通而在河岸上设置的专供上下车辆、停靠渡船的沿线设施。渡口应选择河床稳定、水文水力状态适宜、无淤积或少淤积的地点。码头引道纵坡：直线码头一般 9%～10%，锯齿式码头一般为 4%～6%。引道宽度：三级公路应不小于 9m，四级公路应不小于 7m。如水位涨落较大或河床坡度太陡，应设停靠用趸船，趸船与引道之间用引桥连接。渡船航行通常采用拖轮牵引或在船上装置动力设备；交通量较少的次要公路也可采用扬帆渡船、钟摆水力渡船、索缆水力渡船以及人力划曳过渡。 （邓朝荣）

镀锌钢板门窗 galvanized steel doors and windows

以 0.7～1.1 mm 厚的彩色镀锌钢板和 4mm 厚平板玻璃或中空玻璃为主要原料，经机械加工而制成的门窗。门窗四角用插接件插接，玻璃与门窗交接处及门窗框与扇之间的缝隙，全部用橡胶条和玛琋脂密封。具有质量轻、强度高、采光面积大、防尘、隔声、保温、密封性能好、造型美观、款式新颖、耐腐蚀、寿命长等特点。适用于商店、超级市场、试验室、教学楼、办公楼、高级宾馆与旅社、各种剧场影院及民用住宅。 （郦锁林）

镀锌钢丝 galvanized wire

用热镀或电镀方法在表面镀锌的碳素钢丝。其性能与矫直回火钢丝相同。热镀的锌层厚度为 250 g/m²。大大提高了钢丝的抗腐蚀能力。适用于斜拉桥的钢索及污水池等环境条件恶劣的工程结构。

（朱 龙）

duan

端承桩 end-bearing piles

上部结构荷载主要由桩端阻力承受的桩。它穿过软弱土层，打入深层坚实土壤或基岩的持力层中。打桩时主要控制最后贯入度，入土标高作参考。测量最后贯入度应在桩顶无破坏、锤击无偏心、锤的落距符合规定、桩帽和桩垫正常等情况下进行。

（赵志缙）

端头局部灌浆 local grouting from the end

无粘结筋端头通过灌浆转变为局部有粘结的方法。具体做法是：在无粘结筋端部一段长度内剥去塑料包皮并清除涂料层，然后套上预埋管，待无粘结筋张拉锚固后随即灌浆，以恢复锚固区预应力筋与混凝土的粘结力。

（杨宗放）

短窗

窗下有矮墙，可以里外启闭之窗。（张 斌）

短期预测 short-term forecasting

预测眼前市场波动或经济发展趋势。预测时间以月计，或更短些。国外销售预测就有一周一次的。

（曹小琳）

短期债券 short term bond

偿还期为1年或1年以下的债券。在西方国家，短期债券主要是国库券，期限有3个月、6个月、9个月和1年等，通常不规定利率，而是在发行时以拍卖或招投标方式形成的折扣价卖出，到期按面值赎回，折扣价低于面值的差额即为实际上的利息。

（颜 哲）

短线模外先张法 short-line pretensioning technique beyond the mold

在钢模上用先张法生产预应力混凝土构件的施工方法。钢丝先经调直、定长下料、两端镦头后铺放在钢模上，其端头嵌入梳丝板的槽口中，然后用油泵和支承在钢模端头的液压拉伸机进行成组张拉。钢筋则采取单根张拉，在张拉端采用镦头并插入垫板锚固，或用螺丝端杆锚固。

（卢锡鸿）

断白 single-colour painting

修缮古建筑时，仅在木构件表面涂刷色油，不施彩画，不画纹样的油饰方法。可分为单色断白和分色断白。前者是在构件安装后，通刷生桐油一遍，然后刮细腻子一道，干后刷土红色油1~2道，柱子、门窗为2~3道，表面用青粉擦拭退光；后者是全部新旧构件刷生桐油上细腻子，最后上色油时，连檐、瓦口、柱子、门窗用暗色红土油涂刷，干后用青粉擦拭退光，檩子、椽子、斗栱、额枋等用灰绿或灰蓝色油涂刷1~2道退光。

（郦锁林）

断路法

在双代号网络图中，用虚工作把网络图中无逻辑关系的工作隔断开来的方法。（杨炎荣）

断面法 method by sections

又称横断面法。利用地形图或现场测绘将计算场地划分成若干横断面，利用横断面面积与各断面间距求算土方量的方法。其基本公式为：$V = \dfrac{A_1 + A_2}{2} S$。横断面积可用积距法和求积法求出。适用于地形起伏变化较大或挖填深度较深而又不规则的场地。

（林文虎）

断丝 break of wire

见滑丝(106页)。

dui

堆码高度 height of stack

叠放构件的堆垛高度。此高度应有一定的限制，视构件强度、地面承载力、垫木强度及堆垛的稳定性予以确定。以避免出现堆垛倒塌或构件断裂等事故。

（李世德）

堆码间距 spacing of stack

不同构件或同类构件堆垛之间必须保持的距离。构件必须分类、按规格分垛堆码，其间距大小应视用途而定：如用作装卸作业，应满足装卸机械的操作要求；如仅供工人操作用，其间距一般保持1m左右即可。

（李世德）

堆石薄层碾压法 rock fill placing and compacting in thin layers

分薄层铺料和逐层碾压修建堆石坝的施工方法。目前广泛采用重型振动碾(8.5~15t)，作为堆石的压实机械，在碾压过程中辅以水枪高速水束冲射，以提高碾压效果。振动碾的应用，显著地提高了堆石体的密实度，大大降低堆石坝的沉降量(由1%下降到0.1%)，从而减少了防渗体的开裂危险。为建造高土石坝(100m以上)提供了技术保证，且对石料要求低，是修建堆石坝最有前途的施工方法。

（汪龙腾）

堆石高层端进抛筑法 rockfill dumped in high sluiced lifts

从坝头推进的高层抛石修建堆石坝的施工方法。施工过程是：自卸汽车将石料倾卸在逐步推进的边坡上，细料停留在边坡上部，大块滚落到边坡下部。滚落过程的冲击和削除石料的棱角，可使下部堆石增加密实，再用水枪冲射使大石块位置稳定，并把小石块冲射到堆石孔隙中去。此法所建堆石密实度不高，适于修建60~70m以下的堆石坝。

（汪龙腾）

堆石人工撬砌 manual prising and laying of rockfill

堆石坝薄层推进或经栈桥抛筑的半机械化施工方法。其过程是：由车辆运送石料，用薄层推进或经栈桥抛筑到坝面,然后用人工使用撬棍或水枪喷射高速水流将石料整理密实。薄层推进的层厚为2~5m;栈桥抛填,桥高5~20m,可利用石料下落的能量,增大其密实度,但桥面过高会击碎块石,影响堆石质量。　　　　　　　　　　　　（汪龙腾）

堆填法 stack filling method

又称鱼鳞状填土法。推土机将成堆土向路基推运至一定厚度再行纵向碾压的填筑路堤方法。由于不作横向散土和横向压实,生产效率较高,但仅适宜于砂类土。　　　　　　　　　　　（庞文焕）

堆载加压纠偏 tilting correction by ballast loading

在建筑物沉降小的一侧施加临时荷载,增加该侧边的沉降,以减少不均匀沉降差进行房屋纠偏的措施。宜用于软土地基上产生不均匀沉降建筑物的纠偏,对高耸构造物纠偏更有效。要根据沉降情况控制加载速率,加载应分期、均匀和对称,要控制加载间隔时间。　　　　　　　　　　（赵志缙）

堆载预压法 ballast preloading method

在地基土中人工设置排水通道,利用形成通道的材料使加速预压后的土中孔隙水排出的排水固结法。多用于对沉降要求不高的建（构）筑物的地基加固。中国在工业与民用建筑物的软土地基处理中广泛应用。根据人工排水通道的不同,分为砂井、袋装砂井或塑料排水带堆载预压法。砂井用套管或水冲法成孔,灌注含泥量不大于3%的中、粗砂制成。井径一般为30~40cm,井距不小于1.5m,长度取决于土层分布、附加应力大小、压缩层厚度和滑动面深度。砂井顶部厚0.5~1.0m的排水砂垫层或连通砂井的纵横排水砂沟。它有两种施工方式:一种是在建造建（构）筑物前堆载（土、砂、石等）预压,待沉降基本完成后移出荷载再行建造;另一种是利用建（构）筑物自身重量,或再加一些超载重量预压。
　　　　　　　　　　　　　　　　（赵 帆）

对比色 contrast colours

使安全色更加醒目的反衬色。按规定为黑、白两种颜色。黑色用于安全标志的文字、图形符号和警告标志的几何图形;白色作为安全标志红、蓝、绿色的背景色,也可用于安全标志的文字和图形符号。
　　　　　　　　　　　　　　　　（刘宗仁）

对策论 game theory

又称博弈论、竞赛论。描述和研究带有对抗性质的对策模型,并在已知竞争或对抗的各方全部可采取的策略,而不知他方如何决策的情况下,给竞争或对抗各方提供最优决策的专门学科。局中人、策略、支付函数是对策的三要素。对策问题可以根据参加对策的人数分为两人对策和多人对策;根据支付情况分为零和与非零和对策;根据支付函数形式分为离散和连续对策等。分析对策现象可以用支付矩阵(标准型)或对策树(展开型)等方法。
　　　　　　　　　　　　　　　　（曹小琳）

对称张拉 symmetrical tensioning

对配有多根预应力筋的构件或结构,对称于构件截面重心张拉预应力筋的方法。如后张预应力混凝土构件配有二排,共4根预应力筋,张拉时为避免构件产生过大的偏心压力,预应力筋可分为两批左右对称或对角张拉。　　　　　　　（方先和）

对接扣件 butt coupler

又称一字扣、简扣。用于两根钢管对接扣紧的连接件。　　　　　　　　　　　　　（谭应国）

对流扩散机理 mechanism of spreading by convection

借助于运动着的叶片强迫料流产生径向和竖向的对流作用,利用各颗粒运动速度和运动轨迹的不同,达到使物料混合均匀目的的搅拌机理。
　　　　　　　　　　　　　　　　（谢尊渊）

dun

镦头锚具 button-head anchorage

利用钢丝两端的镦粗头事先装在锚具的孔眼端头,再用螺母锚固钢丝束的支承式锚具。常用有:A型与B型。A型由锚杯与螺母组成,用于张拉端;锚杯的底部钻有孔眼,内螺纹供张拉用,外螺纹供锚固用。B型为带孔的锚板,用于固定端。锚杯与锚板采用45号钢,调质热处理硬度HB251~283。加工简单、成本低,可根据张拉力与使用条件设计成多种形式与规格,锚固任意根钢丝,但对钢丝等长下料要求较严,施工难度较大。适用于4~45ϕ^s5、3~22ϕ^s7或更大的钢丝束。　　　　（杨宗放）

镦头器 end-upsetting apparatus

钢丝端头镦粗用的设备。可分为手动镦头器、电动镦头机(移动式、固定式)和液压镦头器等。前二者适用于直径为3~5mm的冷拔低碳钢丝,其中固定式电动镦头机,仅适用于预制厂内机组流水法生产工艺。后者的镦头力大,适用于直径为5~7mm的碳素钢丝。　　　　　　　（杨宗放）

墩接 block splicing of column

当柱子槽朽严重自根部向上高度不超过柱高1/4时,将糟朽部分剔除,连接柱根的方法。依据槽朽的程度、墩接材料及柱子所在位置的不同大体分为木料墩接、砖柱墩接、混凝土柱墩接和矮柱墩接四种。　　　　　　　　　　　　　　　　（郦锁林）

墩梁临时固结 temporary fixing of pier girder

预应力混凝土连续梁桥,采用悬臂施工时,将梁体与桥墩临时固结,以免在施工中发生倾覆的措施。固结措施有:①加临时锚固,利用梁与墩的双排锚杆承受悬臂施工中产生的不平衡弯矩,为便于拆除,在梁墩之间的混凝土块中,设 20mm 的硫磺砂浆夹层(加热熔化);双支座墩,设有千斤顶微调;单支座墩,在墩两侧挑出小刚臂,设置锚杆。②利用安装的梁,在墩侧适当位置,各设置一排拉杆。③在墩旁设置临时支架。④将桥墩设计成双柱墩或 V 型墩。

(邓朝荣)

墩式台座　abutment-type bed

采用钢筋混凝土台墩作承力架的台座。由台墩、台面横梁和定位板组成。台墩通常由混凝土地梁和突出地面的混凝土牛腿组成。横梁和定位板支承在牛腿上,牛腿的间距为 1.5～2.5m。这种台座的承载能力大,可生产各种形式的预应力混凝土构件,也适用于叠层生产。

(卢锡鸿)

盾构　shield

具有掩护开挖与衬砌和活动支撑作用的隧道开挖专用机械设备。主要由盾壳、推进设备和衬砌拼装机械等部分所组成。盾壳大多为圆筒形的装配式或焊接式金属结构,前部为切口环,中部为安装有推进设备(千斤顶)的支承环,尾部则为掩护衬砌拼装的盾尾。按开挖坑道的断面形状,可作成矩形、马蹄形、半圆形及圆形;按其构造和开挖地层的方法分为手掘式、半机械式、机械式及挤压式盾构;按其前部构造分为敞胸式、闭胸式和承台式盾构;按加压情况又有气压、局部气压、水压和泥浆加压盾构。

(范文田)

盾构拆卸室　chamber for shield disassembly

用盾构法修建隧道时,盾构到达终点后为其拆卸而修建的洞室或竖井。井壁挖有盾构进口,井的大小要便于盾构的起吊和拆卸。隧道建成,竖井可留作通风之用。

(范文田)

盾构法　shield driving method

在松软地层中以盾构为施工机具修建隧道和大型地下管道的暗挖法。施工时,在盾构前端切口环的掩护下开挖土体,同时在后端盾尾的掩护下装配管片、砌块或挤压混凝土衬砌,即在开挖面的土体挖出后,用盾构千斤顶顶住已做好的衬砌使盾构向前推进,如此循环交替,逐步延伸而建成隧道。常用于圆形断面隧道,如水底隧道,地铁隧道及城市大型地下管道等。1825 年首先在英国使用。

(范文田)

盾构纠偏　shield steering adjustment

纠正盾构轴线在水平与竖向偏离设计轴线或本身发生旋转而采取的措施。产生偏离的原因是由于正面阻力,盾构与地层间的摩阻力和千斤顶推力不均以及切口环处超挖、欠挖等所致。可采用分组开动千斤顶,补挖一侧地层,增加楔形管片或在盾构上加平衡重等措施进行纠正。

(范文田)

盾构灵敏度　sensibility of shield

用以衡量盾构操纵灵活程度的盾构长度与其直径之比值。此值愈小则表示盾构愈易于操纵,一般不宜超过 0.75,大直径盾构最好不超过 0.5。

(范文田)

盾构拼装室　chamber ofr shield assembling

用盾构法修建隧道时,为盾构拼装、就位并起步推进而修筑的洞室或竖井。通常在隧道中线一侧沉设一竖井,经联络通道修建拼装室进行盾构的装配。如盾构较小,可直接从地面吊下,洞室内设有盾构基座和推进盾构的后座。也可在隧道中线上沉设竖井,井壁上设置盾构出洞口。隧道建成后可留作通风井之用。

(范文田)

盾构千斤顶　shield jack

推顶盾构前进并支撑开挖面用的设备。按其用途分为掘进千斤顶、开挖面千斤顶和工作平台千斤顶三种类型。通常盾构千斤顶仅指掘进千斤顶。

(范文田)

盾尾　tail

用来掩护隧道衬砌环的装配工作并与支承环相连接的盾构后面部分。内径较衬砌外径稍大。长度决定于被掩护的衬砌环度以及支承环与正在拼装的衬砌环间所留出的长度。通常为衬砌环宽度的 2.25 倍。

(范文田)

盾尾间隙　tail clearance

盾尾内径与衬砌外径之间必须留出的施工空隙。便于衬砌的装配并保证盾构能在平曲线和竖曲线地段上转动,也为盾构纠偏保留必要的余量。间隙不宜过大,通常取衬砌外径的 0.8%～1.0%。

(范文田)

盾尾密封装置　sealing device at tail of shield

为防止水、气、泥、浆等从盾尾间隙漏出,而在盾尾后部采取的柔性密封结构。应选用密封性能好、使用期限长、耐磨损及耐拉裂的密封材料。通常用橡胶带、中空充气的橡胶筒带、夹有橡胶层的弹簧钢板等。

(范文田)

duo

多层导坑开挖法　multiple-drift method

同时用多个导坑开挖大跨度地下洞室时的德国法。除在两侧开挖底导坑外,还在起拱线两侧或拱顶处再开挖导坑以加快施工速度。世界上最大的罗

弗(Rove)运河隧道即用此法修建。由于导坑增多而造价昂贵。　　　　　　　　　　　　　　　(范文田)

多层抹面水泥砂浆防水层　multi-wall finishing cement mortar damp-proofing course

利用不同配合比的水泥砂浆和水泥浆分层分次施工,相互交替抹压密实,构成多层的整体水泥砂浆防水层。由于防水层是交替施工,分层压实抹光,密实性好;多层间又紧密粘结,当外界温度变化,每一层的收缩变形又相互受到牵制,不易发生裂缝,更不致形成贯穿性的裂缝;各层配合比、厚度、施工时间亦不相同,毛细孔的形成也不一致,故具有较高的抗渗能力,能达到良好的防水效果。　　　(毛鹤琴)

多点顶推法　jacking at several points

又称分散式顶推法。在桥台处、各桥墩或包括临时墩的顶部,均设置顶推装置的顶推方法。此法各顶推装置的顶推力较单点顶法小,桥墩所受水平推力也较小,但要求各顶推装置尽量同步运行。
　　　　　　　　　　　　　　　(邓朝荣)

多斗一眠　many sodiers-one brick on flat

每砌几个斗砖层后,砌一个眠砖层的空斗墙组砌型式。用于荷载小、高度小的墙体。
　　　　　　　　　　　　　　　(方承训)

多根钢丝镦头夹具　button-head grip for multiple wires

利用镦粗头成组卡在支承板上固定各种多根钢丝用的夹具。钢丝可采用冷镦成型。支承板上的槽口或孔眼数,等于成组张拉的钢丝数。在张拉端支承板上应附有供张拉与锚固用的装置。对少支钢绞线,也可将每根钢丝分别镦头,穿在小锚板上,简易可行。　　　　　　　　　　　　(杨宗放)

多机抬吊法　method of lifting by multiple cranes

利用多台起重机抬吊的整体安装法。柱子在屋盖结构拼装前就已就位,因此在地面上只能错位拼装。根据屋盖结构的平面形状,可采用平移或转角的错位方式。当屋盖结构吊过柱顶后,在空中移位使其就位固定。此法吊装方便,高空作业少,但由于起重机性能的限制,一般仅应用于重量不大和高度较低的屋盖结构的安装。　　　　(李世德)

多卡模板

由胶合面板、轻质木工字梁、钢支撑及多种钢连接件等组成的成套标准化模板体系。系奥地利多卡模板公司的模板系列专利。模板面板通常由多层薄板材用耐热耐湿的粘结剂粘成三夹板或多层胶合板制成。该模板体系以有限的规格,可适应变化无穷的构件支模,如楼盖、墙、柱、隧道、构筑物等的模板均可灵活组合。其特点是:产品定型化、系列化,通用性强;钢木结合,充分发挥各种材料的功能,用材省;装拆方便,模板周转次数多;精度高,生产的构件尺寸准确;模板、操作平台和脚手架合为一体,操作方便。　　　　　　　　　　　　(何玉兰)

多孔混凝土　cellular concrete

内部均匀分布大量微小封闭气孔的轻混凝土。其孔隙率极大,一般可达85%,干表观密度在300~1200kg/m³之间,导热系数低,可兼作保温和承重材料之用。按气孔产生的不同方法可分为加气混凝土和泡沫混凝土两大类。　　　　　　(谢尊渊)

多立杆式脚手架　multi-post scaffolding post-type scaffolding

用多根立杆作支柱,由立杆、大横杆、小横杆、斜撑、剪刀撑和抛撑等杆件搭设的脚手架。用于墙体砌筑和墙面装修,立杆有双排、单排两种搭设形式。用于顶棚装修,则多采用多排立杆搭设。杆件主要采用钢管、木杆、竹竿,是一种广泛使用的脚手架。根据主要杆件的联结方式又可分为:扣件式钢管脚手架、碗扣式钢管脚手架和螺栓式钢筋脚手架。
　　　　　　　　　　　　　　　(谭应国)

多锚式板桩　multianchored sheet pile

底部插入土层,坑底以上部分由多层支撑(土锚)固定的钢板桩。用于深度较大的基坑,支撑(土锚)的数量和布置由计算确定。施工时,当开挖土方至支撑(土锚)标高处即加设支撑(土锚),以限制板桩的变形。可采用多种计算方法按照支撑(土锚)加设和拆除的顺序,分阶段计算板桩和支撑(土锚)的内力,按最不利情况确定其结构尺寸。基坑较深时要验算基坑的稳定,防止由于板桩入土深度不够产生坑底隆起和管涌。打设板桩时,为保证板桩墙的平直度多设围檩。拔除板桩时,要按照规定的顺序并设法减少带土,拔桩形成的空隙要及时填塞,防止土体位移带来不良影响。　　　　　(赵志缙)

多目标决策　multiple criteria decision making

当决策者面临若干方案需要决策,但同时要考虑多个目标时所进行的决策。当问题的目标和约束都可以用函数表达时亦可称为多目标规划。多目标决策既要考虑到多个目标的要求,又要考虑到方案的可行,在权衡利弊后,从诸多可行方案中选出一个各方面较满意的折衷方案。　　　(曹小琳)

多戗堤截流　poly-embankment closure method

在几条戗堤(例如上、下游围堰处)同时进占的截流方法。对落差大、流量大等截流水力条件不好的工程,为了在截流时分散水流作用,减少每条戗堤的截流难度常采用二、三戗堤截流。要求各条戗堤进占密切配合,因而施工组织复杂,且所需的截流材料、机械、人力较多,费用较高。　　(胡肇枢)

多头钻成槽机 multi-bit trench boring machine

动力下放、多钻头钻土、泥浆反循环排土的地下连续墙专用挖槽机械。适用于在软粘土、砂性土和小粒径砂砾层中成槽。对槽壁扰动少,壁面垂直精度高,吊放钢筋笼顺利,混凝土超浇量少,施工噪声小。在密集的建(构)筑物群内,或邻近建(构)筑物皆能安全而有效地进行挖槽。它利用两台潜水电动机驱动下部5个钻头等速对称地旋转切割土体,同时带动两侧8个侧刀上下运动切除钻孔间的8块三角土体,能一次挖成平面呈长圆形的一段沟槽。切削下来的土屑由护壁泥浆作为输送介质,由砂石吸力泵或压缩空气从中心钻头空心轴中吸上排出,另用管道向槽内补充泥浆。它装有钻压测量装置和电子测斜自动纠偏装置,能提高成槽精度。

(赵志缙)

多向掏槽 cut with holes in multiple direction

掏槽眼从两个或两个以上方向朝端部汇集形成多面锥体槽口的斜眼掏槽。常用的有楔形掏槽和锥形掏槽,适用于较坚硬的均质岩层中。

(范文田)

剁斧

又称占斧。石料在经过砸花锤后,再用斧子(硬石料可用哈子)剁打石面的加工方法。此法比较讲究,是官式建筑石活中最常使用的做法。剁斧的遍数应为2~3遍,两遍斧交活为糙活,三遍斧为细活。剁出的斧印应密匀直顺,深浅应基本一致,不应留有錾点、錾影及上遍斧印。刮边宽度应一致。

(郦锁林)

E

er

二城样

见城砖(27页)。

二次衬砌 secondary lining

在隧道初次衬砌支护下再修筑的内层隧道衬砌。通常为隧道的主要承载结构,有时也只作为支承铺设在衬砌内表面的防水层之用。在盾构法施工中,可对初次衬砌起补强作用,并用以防水、防腐蚀、装修、修正蛇形和防震等。在需要提高隧道的纵向刚度时,还可与管片共同组成隧道的主要承载结构。

(范文田)

二次灌浆 regrouting

为提高后张法孔道灌浆的饱满密实度,在第一次灌浆的孔道内经停歇一段时间后再次进行的灌浆工作。当水泥浆的泌水率大于规范要求时,可在第一次灌浆后根据气温情况停歇40~50 min,在原灌浆孔处再一次灌入水泥浆,以便把孔道内水泥浆的泌水和微沫排除出去,使灌浆饱满密实。

(方先和)

二次灌浆法 twice grouting method

分两次灌注成型土锚锚固段的方法。能提高土锚的承载能力。灌浆用两根灌浆管,第一根先灌注水泥砂浆,灌后拔出。待其初凝后再用第二根灌浆管以较高的压力灌注水泥浆,水泥浆向外渗透增大锚固段的直径,使之与土层紧密接触,增大其间的摩阻力,能有效提高土锚承载能力,在土锚施工中多采用。

(赵志缙)

二次投料法 two-step charging operation

将组成混凝土的原材料组合成两组,先将含有水泥的一组材料投入搅拌机搅拌均匀后,再投入另一组材料的投料方式。包括预拌砂浆法、预拌净浆法等。此法可使水泥颗粒充分分散,水化作用加速,集料颗粒也易被浆体均匀包裹,因而能提高混凝土的强度,改善混凝土的性能。

(谢尊渊)

二次压注 secondany grouuting

为了填充初次压注后所出现的孔隙,用压浆泵从压注孔再次向装配式衬砌背面压注水泥砂浆的作业。可使衬砌周围形成一个整体的混凝土层而与围岩共同作用并可防水。

(范文田)

二次运输 repeated swbsequent traneportation

将设备由建筑安装工地的仓库、拼装现场或堆放场地输送到安装现场的基础上或基础附近进行吊装就位的运输。其特点是:运输距离短,设备的重量和几何尺寸一般不受限制。运输方法通常用滚运和滑运。

(杨文柱)

二次振捣 secondary vibration

又称重复振捣。混凝土拌合物经一次振捣密实后,在其初凝时间的$\frac{1}{2}$~$\frac{2}{3}$的时区内,再进行一次振捣的捣实方法。目的是减少混凝土的收缩及徐变,改善混凝土的内部结构,提高混凝土的强度及耐久性。

(舒适)

二寸条 queen-closer

将尺寸为240mm×115mm×53mm的整砖顺砖长度方向对劈所砍成的两等分砖。其尺寸为240mm×57.5mm×53mm。　　　　　　（方承训）

二寸头　1/2 bat

又称1/4砖。将尺寸为240mm×115mm×53mm的整砖或尺寸为120mm×115mm×53m的半砖横向砍成尺寸为60mm×115mm×53mm的砖。
　　　　　　　　　　　　　　　（方承训）

二斗一眠　two soldiers-one brick on flat

每砌两个斗砖层后,砌一个眠砖层的空斗墙组砌型式。用于荷载小、高度不大的墙体。
　　　　　　　　　　　　　　　（方承训）

二级公路　highway class Ⅱ

年平均昼夜交通量折合成中型载重汽车2000～7000辆的连接政治、经济中心或通往大工矿区的干线公路,或运输任务繁忙的城郊公路。在平原微丘地形情况下,二级公路的计算行车速度为80km/h,行车道宽度8m,路基宽12m,极限最小平曲线半径250m,停车视距110m,最大纵坡5%,桥涵设计车辆荷载汽车20级,挂车100;在山岭重丘情况下,上述数据相应为40km/h,7.5m,9m,60m,40m,7%,桥涵设计车辆荷载与平原微丘情况相同。两者桥面车道数为2。　　　　　　　　（邓朝荣）

二平一侧

两皮平砌的顺砖旁砌一块条面朝下,大面外露的砖。用于砌筑18cm厚墙。　　　　（方承训）

F

fa

发包方　client

协议条款约定的具有发包主体资格和支付工程价款能力的当事人。在国际工程承包合同中一般称之为业主,在中国则习惯称之为建设单位。
　　　　　　　　　　　　　　　（张仕廉）

发平

柱、梁腐朽而影响局部楼面下沉,经顶撑达到原标高。　　　　　　　　　　　　（张　斌）

发气剂　gas forming agent, air entraining agent

又称加气剂。能与加气混凝土料浆组分发生化学反应,产生大量气体,并使其体积膨胀形成多孔结构的物质。常用的有铝粉、双氧水等。（谢尊渊）

发笑

涂料施工干燥后,部分涂膜收缩成锯齿、圆珠、针孔等形状,像水洒在蜡纸上一样,斑斑点点露出底层的现象。产生的原因是底层有油污、湿气,使用溶剂不当,涂料粘度太小,涂层太薄,喷涂时涂料混进了油或水等。　　　　　　　　　（姜营琦）

发行普通股筹资　common stock financing

股份有限公司通过发行普通股票募集永久性股份资本。企业筹资方式之一。公司设立时,除发起人认缴股本外,经有权机构批准,可以此方式向社会公开募集股本。公司增资时,经股东大会决议,经有权机构批准,可用此方式发行新股。其优点是增加资本而不增加债务,不致因无力支付债券本息而破产;股利不固定,公司收益分配有较大灵活性。缺点是可能影响原股东的控制权,为避免此情况通常规定原股东的优先认股权;发行后近期内每股收益率将下降,因新增资本尚未充分发挥效益却要参加收益分配;上市普通股的股价易波动,其明显下跌将影响公司声誉。　　　　　　　　（颜　哲）

发行优先股筹资　preferred stock financing

股份有限公司通过发行优先股筹集永久性股份资本。企业筹资方式之一。公司设立时募集股本和设立后增加资本,经有权机构批准,可采取此方式筹资。优点是不影响原普通股股东对公司的控制权;对原普通股股利影响不大,从而不致使其股价明显下跌;虽有按固定股利率支付优先股股利责任,但一旦无力支付不致被迫宣告破产;不必还本而获得成本固定的永久性资本,可能增加公司总收益。缺点是有固定的股利支付责任,减少了公司经营的灵活性;普通股在公司资本总额中比重下降,一定程度上也会影响公司声誉。　　　　　　（颜　哲）

法人　lagal person

具有民事权利能力和民事行为能力,依法独立享有民事权利和承担民事义务的组织。也就是说,法人的本质是法律对一定的社会组织赋予法律上的人格,使得社会组织具有相应的民事权利能力和民事行为能力,参与民事活动,成为民事法律关系的主体。法人必须具备四个条件:必须是按照法定程序成立的社会组织;有必要的财产或经费;有自己的名称、组织机构和场所;能独立承担民事责任。
　　　　　　　　　　　　　　　（毛鹤琴）

fan

翻碴 scattering of rock muck

将坑道爆破后的石碴翻离开挖面所采取的措施。主要是为了及早架设临时支撑,并使钻眼和装碴平行作业而不致发生相互干扰。通常采用底板眼爆破翻碴或底部药包翻碴等方法。 (范文田)

翻模 alternate form

现浇钢筋混凝土墙体或筒体结构的一节或数节模板,待拆模后,将最下一节模板翻至上一段,再进行组装、扎筋、浇灌的逐段施工方法。模板的节数,视混凝土早期强度的增长,根据拆模时间而定。其操作平台,有传统的落地式脚手架操作平台,但因费工、费料、费时,现在已很少采用;还有悬挂式操作平台,是将施工脚手架和模板用对销螺栓悬挂在已成型的混凝土筒壁上,一般设置 2~3 层,施工过程中,拆除最下层脚手架和模板后,随即吊装至顶层的脚手架平台上,进行上一节的脚手架和模板的安装。这种施工方法,虽然劳动强度较大,施工速度受到混凝土强度增长的限制,但它具有节约施工用材、施工质量好、设备简单、操作方便等优点。中国在高耸结构,如在烟囱、冷却塔、电视塔等工程中已得到较广泛的应用。 (何玉兰)

翻松耙平防冻法 soil freezing prevention by raking and scarifying

入冬前将预定冬季挖土的地面表土翻松并耙平的土壤防冻方法。土层翻松后,土的孔隙率增加,导热系数降低,可以减小土壤冻结深度。翻松耙平的深度可根据土质及气温条件确定。当土方工程面积较大时,应采用机械翻松耙平;当土方工程面积较小时,可采用人工翻松耙平。 (张铁铮)

翻转脱模 roll-over demoulding

预制混凝土小型构件的工具式快速脱模施工方法。将钢筋混凝土预制构件的模板,安装在半圆形的翻转架上,采用低流动性混凝土浇注,经振捣后,翻转架旋转 180°,使构件翻出并平卧在预先平整的砂地上,可立即拆除侧模进行养护。翻转架及模板的设计应考虑装拆方便、坚固、轻巧。高度以 50~70cm 为宜。

(何玉兰)

反铲作业 backactor operation, working with backactor(s)

使用反铲的挖掘机作业。反铲挖土机适用于开挖停机面以下的一~三类土及充填物为砂土的碎(卵)石土。受地下水影响较小。边坡开挖整齐。可用于基坑(槽)管沟和路堑开挖。可将土挖甩在槽(沟)边堆放,也可与汽车配合挖运施工。

(郦锁林)

反打工艺 technology of precast member production in reverse position

外墙板采用平模工艺生产时,使外墙板的外表面朝下进行成型,由于在底模上预先铺设带装饰花纹的衬模,使墙板外表面形成一定的凹凸花纹的生产工艺。如果制作外墙板时,其外表面为朝上进行成型,则称为正打工艺。 (谢尊渊)

反台阶法 reverse bench cut method

将坑道断面分为几层由下向上进行开挖的台阶法。适用于稳定性较好的岩层。进行上层钻眼时需架设工作平台或漏斗棚架,后者可供装碴之用。整个断面挖好后再修筑边墙和拱圈衬砌。与正台阶法相比,漏斗棚架需耗费较多的木料。 (范文田)

反砖碹 inverted brick arch

砖砌倒拱。即拱脚在上,拱顶在下的砖拱。常用于建筑物底层大跨窗台墙下,或在一列柱下作连续倒拱基础。 (方承训)

返泵 return pump

混凝土泵的整个工作机构处于反向工作的状态。其目的是把输送管道中的混凝土拌合物吸回到集料斗中以排除管道堵塞故障。 (谢尊渊)

泛白 surface whitening, alkaline surface

涂料施工干燥后,涂膜出现浑浊,呈奶油色,有白斑的现象。产生的原因是施工时的相对湿度太大,水分在未形成的涂膜中积聚;稀释剂用量过多,大量挥发时,降低表面温度,引起水分凝聚;涂料中的纤维素或树脂沉淀;抹灰层及混凝土未干透就进行施工等。 (姜营琦)

fang

方格网法 squase grid method

将地形图划分成若干具有一定尺寸的方格并按设计标高和自然标高定出各开挖点挖填高度和零点位置,分别求出各方格的填挖土方量的计算方法。根据每个方格零点位置的不同,须分别用四方体法或三角棱柱体法进行计算。适用于地形平缓或台阶宽度较大的场地。计算结果精度较高。

(林文虎)

方木 rectangular timber, squared timber

断面为矩形或锯解原木宽度小于 3 倍厚度的木材。方木厚度一般为 6~24 cm,按断面面积 S(宽×厚 cm^2)计:$S \leqslant 54$ 称小方,$S = 55~100$ 称中方,$S = 101~225$ 称大方,$S \geqslant 226$ 称特大方。其长度:针叶

材一般为1~8m,阔叶材为1~6m。　（王士川）

方套筒二片式夹具　two-wedge grip with rectangular sleeve

利用二夹片夹持直径为8.2mm的单根热处理钢筋的夹具。由方套筒、夹片、方弹簧及插片座等组成。方套筒采用45号钢,热处理硬度HRC37~40。夹片采用20铬钢,表面渗碳,深度0.8~1.2mm,热处理硬度HRC58~61。　（杨宗放）

方砖　square paving brick, square paving clay tile

用经过风化、困存后的粗黄粘土制坯烧成的见方粗泥砖。根据制砖工艺和规格,可分为尺二方砖、尺四方砖、尺七方砖、二尺方砖、二尺二方砖、二尺四方砖和金砖等。尺二方砖:糙砖规格为400mm×400mm×60mm或360mm×360mm×60mm,清代官窑为384mm×384mm×64mm(常行尺二为352mm×352mm×48mm),此砖强度较好,但密实度差,砍磨加工后可用于小式墁地、博缝、檐料、杂料等。尺四方砖:糙砖规格为470mm×470mm×60mm或420mm×420mm×55mm,清代官窑为448mm×448mm×64mm(常行尺四为416mm×416mm×57.6mm),此砖强度较好,可用于大小式墁地、博缝、檐料、杂料。尺七方砖:足尺七方砖,糙砖规格为570mm×570mm×60mm;形尺七方砖,糙砖规格为550mm×550mm×60mm或500mm×500mm×60mm,清代官窑为544mm×544mm×80mm(常行尺七为512mm×512mm×80mm);二尺方砖:规格为640mm×640mm×96mm;二尺二方砖:规格为704mm×704mm×112mm;二尺四方砖:规格为768mm×768mm×144mm。以上此类砖强度较好,可用于大式墁地、博缝、檐料、杂料。金砖:规格同尺七~二尺四方砖,其制作工艺极为复杂,从取土制坯到焙烧出窑的整个过程约需一年时间,具有质地极细、强度好等优点,敲之有铿然金属声,以光泽似墨玉、不滑不涩而闻名,主要用于宫殿室内墁地及宫殿建筑杂料。　（郦锁林）

防爆安全距离　blasting safety clearance

为防止意外爆炸事故发生及爆炸时不至造成财产、人身损失所需的最小安全间距。为保证爆破作业的安全,爆破点距建筑设施和人员应有足够的距离。此外,炸药库与雷管库之间必须有足够的间距,炸药库必须设置在邻近建筑设施防爆安全距离之外。对不同情况下的防爆安全距离可阅有关规定。　（朱宏亮）

防潮层　dampproof course, dampproof coat

防止水渗透的隔离层。一般采用防水砂浆、混凝土带或油毡等。　（姜营琦）

防辐射混凝土　radiation shielding concrete

采用硅酸盐水泥或水化后含结合水很多的水泥(如膨胀水泥、高铝水泥等)与特重的集料或含结合水很多的重集料配制而成的混凝土。能屏蔽X、γ射线和中子辐射作用。X射线和γ射线是一种高能量的高频电磁波,材料对它们的吸收能力是与材料的密度成正比,因此重混凝土对射线具有良好的屏蔽作用。中子辐射是由中子所构成的中子流,对中子流的吸收以轻元素的核,特别是含有较多氢核的水最为有效。但中子与水作用会产生强烈的γ射线,故防御中子流的材料不仅要含有大量的轻元素以吸收中子,还要有较高的密度以吸收γ射线。常用的重集料有:重晶石(表观密度为4000~4500kg/m³);赤铁矿、磁铁矿(表观密度为4500kg/m³或更大);褐铁矿;钢铁块段等。　（谢尊渊）

防洪　flood prevention, flood contral

防止和消除洪水泛滥的工作。应蓄泄兼筹,利用水库、湖泊、洼地拦蓄或滞蓄洪水;搞好水土保持,使降雨就地销纳;筑堤修坝和整治河道以增加宣泄能力,也可利用洼地、湖泊分洪和导洪。

　（那　路）

防护栏杆　protective sailing

脚手架的作业层和架顶层设置的安全护栏。由栏杆柱和水平栏杆组成,栏杆高度须高于脚手板面1.0~1.2m。　（谭应国）

防护立网　vertical protective net

在脚手架外表面垂直满挂的安全网。作安全围护。　（谭应国）

防护面罩　face protection helmet

保护面部的防护罩。根据结构形式和防护内容分为安全防护面罩和遮光防护面罩。安全防护面罩又分两类:由有机玻璃等透明塑料制成的透明面罩,主要用于防备物屑、药液、粉粒等飞溅物的冲击。这种面罩同时可带用矫正视力的眼镜。由金属网或薄铝板、化学钢纸粘贴铝箔等制成的金属网式或眼窗式面罩,主要用于防辐射热、微波等,这种面罩具有较强的耐冲击性能,不易破裂。遮光防护面罩根据结构形式不同,分为手持式和头戴式两种,由化学钢纸板、玻璃钢、聚酯铸塑制成,主要是遮断紫外线、红外线以及焊接的火花、热量。　（陈晓辉）

防护棚　protective shed

为了防止物体坠落击伤行人而设置的安全通道。一般设置于施工现场的出入口或施工现场10m以内通道的上方。根据需要在卷扬机或搅拌机上方也应搭设防护棚。常用脚手杆搭设,上铺木板或其他坚固材料,防止下坠的物体将顶板击穿,确保棚下人员安全。　（陈晓辉）

防护手套　protective gloves

保护手部在作业中减少伤害的个人防护用品。有五指、三指、两指等三种形式。制作的材料有棉纱、帆布、合成纤维、牛革、羊革、猪革等。棉纱针织防护手套使用最为广泛，它有较好的触摸感，伸屈自如，把握性能好，但耐磨性能差；合成纤维缩织防护手套，耐磨性能好，但把握性能差，且易于滑动；帆布或革制防护手套，耐切割性能较强，适用于碎铁、钢板搬运。　　　　　　　　　　　（陈晓辉）

防护眼镜　goggles

在环境条件较为恶劣的作业场所用以保护眼睛的工具。对眼镜的结构形式及护目镜片都有特殊要求，按其防护内容分为安全护目镜、遮光护目镜、激光护目镜、微波护目镜等。　　　　　（陈晓辉）

防火　fire prevention

防止火灾发生和限制其影响的措施。它包括行政措施、组织措施和技术措施。制定颁发消防法规；建立健全消防组织和防火制度；开展消防宣传教育；进行消防安全检查；对可燃和易燃物质实行科学管理；采用耐火材料和耐火建筑；配备适用的消防器材；安装火灾报警器等。　　　　　（陈晓辉）

防火最小间距　fire clearance

为防止火灾蔓延及保证及时灭火的需要，在各建筑设施及材料之间必须留设的最小距离。中国公安部公布的关于建筑工地防火基本措施中，对建筑物、临建设施、非易燃库站、易燃库站、固定明火处、木料堆、废料易燃杂物等各种建筑设施、材料之间的最小防火间距都做了明确规定。如因现场条件所限达不到规定的要求，则在征得当地消防部门的意见后，方可采取必要的防火措施，适当减小防火间距。在防火间距中不得堆放易燃物品。　　　（朱宏亮）

防水层　damp proofing course

防止水渗漏的隔离层。分为：①刚性防水层，如防水混凝土、防水砂浆等；②柔性防水层，如沥青卷材、橡胶卷材、玛琋脂、金属板等。　　　（姜营琦）

防水灯具　waterproof lighting devices

对水具有保护其本身功能的照明器材。根据对水的保护程度分为防滴型、防雨型、防溅型、防喷射型、耐水型、防浸型等。由于处于高温环境中，其导电部分的绝缘性能有恶化的危险，致使安全性能降低。因此，应将光源用透光罩密封起来，在灯体与玻璃之间装设密封衬垫，使光源与外界环境有效地隔离。　　　　　　　　　　　　　（陈晓辉）

防水工程　waterproofing work

防止雨水和地下水向建筑物或构筑物渗漏的工程总称。分屋面防水和地下防水两部分。包括防水工程设计、材料、施工操作与维修管理等各个方面。其中防水施工是保证防水工程质量的主要环节，直接关系到建筑物的使用寿命和人们的生产活动和日常生活。　　　　　　　　　　　　（郦锁林）

防水混凝土　waterproof concrete

调整混凝土配合比、掺外加剂或使用新品种水泥等方法提高自身的密实性、憎水性和抗渗性，使其满足抗渗压力大于 0.6 MPa 的不透水混凝土。其抗渗能力以抗渗等级表示。一般分普通防水混凝土、外加剂防水混凝土和膨胀水泥防水混凝土三大类，是一种既可防水，又可兼作承重、围护结构的多功能材料。适用于浇筑各种防水结构，还可用于屋面工程及其他防水工程。　　　　（毛鹤琴）

防水浆　waterproof mortar

由氯化钙、氯化铝等金属盐和水，按一定比例混合配制成的有色液状物。用于屋面、地下室、水池等刚性防水层或渗漏修补。　　　　　（毛鹤琴）

防水卷材　waterproof roll-roofing material

简称卷材，又称油毡。以厚纸、植物纤维、人造纤维为胎体浸涂沥青，或以高分子树脂、橡胶及对沥青改性后加工成卷的防水材料。其品种规格甚多，共分三大系列：沥青系防水卷材，有石油沥青油毡、沥青玻璃布油毡、焦油沥青耐低温油毡；高聚物改性沥青系防水卷材，有 SBS 改性沥青油毡、铝箔塑胶油毡、化纤胎改性沥青油毡；高分子系防水卷材，有三元乙丙橡胶卷材、聚氯乙烯卷材、聚氯乙烯-橡胶共混卷材等。其中高分子卷材的强度高，弹性、韧性好，耐老化、耐低温、耐腐蚀，具有单层防水、冷作施工的优点，是一类很有发展前途的新型防水卷材。
　　　　　　　　　　　　　　　　（毛鹤琴）

防水砂浆防水层　waterproof mortar conting

在普通水泥砂浆中掺入一定量的防水剂进行分层涂抹施工的水泥砂浆防水层。由于防水剂与水泥水化作用，形成不溶性物质或憎水薄膜，可填充、堵塞或封闭水泥砂浆中的毛细管通路，因而能获得较高的密实性，提高其抗渗能力。常用的防水剂有防水浆、避水浆、防水粉、氯化铁防水剂、硅酸钠防水剂等。其掺量应根据防水剂的性能而定，如避水浆和防水粉，因会降低砂浆的强度，故掺量不宜过多，一般为水泥重量的 1%～2%；氯化铁防水剂常为水泥重量的 3%。防水层施工应分层涂抹，每层厚度一般为 5～10 mm，总厚度为 20～35 mm，待前一层砂浆凝固后即抹后一层，最后一层砂浆表面应进行压光。　　　　　　　　　　　　　　　（毛鹤琴）

防锈漆　antirusting pamt

在油漆中掺入有防锈作用的填充料（如红丹等）制成的涂料。涂在金属表面可保护金属不受大气及海水的侵蚀。一般用作底层涂料，再用其他油漆罩

防汛 flood control

汛期防止洪水成灾的各项修守预防工作。包括防汛准备、汛期报汛、巡查防护、抢修加固等项工作。
(那 路)

防雨棚 rain canopy

雨季施工时,施工作业地段上部空间搭设的防御降雨侵袭的结构。它将施工作业面遮盖,保证雨天施工操作正常进行。雨棚上部覆盖防雨材料,四周设置挡水坝、排水沟阻止雨水流入作业区。按使用方式分为固定式雨棚、活动式雨棚和升降式雨棚。按外形分为屋架式雨棚、拱式雨棚、人字式雨棚、带式雨棚和脚手架式雨棚。
(那 路)

防雨器材 rain protection devices

防雨用品、设施、雨具的总称。包括防雨篷布、苇席、油毡、塑料布、防雨棚、抽水设备、雨衣、雨靴、防滑材料等。
(那 路)

防震沟 aseismic trench

为防止打桩震动危害而在临近建筑物等设施附近开挖的隔震浅沟。沟宽一般不小于60cm,沟深视原有建筑物基础等埋深而定,通常不小于2m。开挖时,沟壁应放坡或用板桩支护,以免塌方堵塞使振动传播介质连续而起不到隔振作用。沟内如有积水应设法排除,可在沟底铺设厚度50cm左右的滤水粗砂层,并于适当位置开挖集水坑,地下水流入井内用水泵抽出沟外。
(张凤鸣)

房地产 real estate

又称不动产。房产和地产的合称。房产是房屋的社会经济形态,即通过开发建造等社会经济活动而产生以致形成使用价值和价值,并有明确法律权属关系的房屋产品;地产指原属土地自然资源,经过投入资金和劳动进行开发后,在社会经济活动中发生效用,有明确权属关系的土地。
(许远明)

房地产公司 real estate corporation

以房地产经济的全部或部分内容为其主营业务并依法设立、取得公司资格的经济组织。房地产业的基本经济单元。
(许远明)

房地产估价 real estate appraisal

房地产价格评估的简称。房地产专业估价人员,根据估价目的,遵循一定的原则和程序,运用科学的估价方法并结合其估价经验,在对房地产价格形成因素分析的基础上,对房地产客观、合理的价格做出估计、判断的过程。是科学的程序、方法与估价人员经验有机结合的过程。
(许远明)

房地产市场 real estate market

房地产商品交换关系的总和。其本质是一种经济关系,从更深的层次看,是一定经济制度在房地产供求关系中的体现。按交易客体的性质,可分为:房地产开发市场、房地产维修市场、房地产咨询信息市场、房地产金融市场等。
(许远明)

房地产市场客体 real estate market object

房地产市场主体作用的对象,即房地产市场交易的对象。房地产市场客体不是房地产本身,而是房地产的某项或某些权利。
(许远明)

房地产市场信号 signal from real estate market

房地产供求状态的基本标志,一般表现为房地产或其经济活动的价格、租金、费用标准等。
(许远明)

房地产市场运行规则 motion rule of real estate market

房地产市场交换的各种内在约定和外部规定,是房地产市场主体的行为规范,通过法律、条例、规定、惯例等形式表现。制定和实施房地产市场的运行规则是为了把房地产市场的各种要素有机地结合起来以实现市场的功能。
(许远明)

房地产市场主体 main character of real estate market

房地产市场的买方、卖方与市场中介人。房地产市场的买方主体是指房地产本身或其所属的某种权利的市场购买者;房地产市场的卖方主体有:建筑公司、房地产公司、旧有房地产或其某种权属的所有人;房地产市场中介人是指房地产市场中专为买卖双方进行沟通的市场参与人。
(许远明)

房地产业 realty business

国民经济中从事房地产开发、经营、管理和服务的产业。包括房地产开发、房地产经营、房地产市场、房地产行政管理、房地产售后维修服务等专业性内容和房地产金融、人才培养、科研设计、房地产法制等基础性工作,分为房地产开发与经营业、房地产管理业、房地产经纪与代理业三大类,属第三产业第二部门,即第三产业服务部门。
(许远明)

房屋纠偏 building tilting correction

对偏离垂直位置发生倾斜而影响正常使用的建筑物,进行纠偏的托换措施。造成建筑物倾斜的原因是软土地层不均匀、设计不合理或施工工艺不当。常用的纠偏方法有追降纠偏、顶升纠偏和综合纠偏三类。纠偏切忌矫枉过正和急于求成,要逐步进行。
(赵志缙)

仿方砖地面

将石料做成与方砖形状、规格相仿的石砖,以石代砖的地面做法。一般用于重要宫殿的室内或檐廊,偶见于露天祭坛等重要的宫殿建筑。用于室内多采用青白石或花石板,露天多采用青白石,表面多

为磨光做法。　　　　　　(郦锁林)

仿古地面　pseudo-classic floor

素混凝土的仿古方砖地坪。粉面加轻煤成青灰色，有预制和现浇划线两种。　　　(张　斌)

仿古建筑　pseudo-classic architecture

仿照古建筑式样而运用现代结构材料技术建造的建筑物。　　　　　　(张　斌)

仿假石　artificial stone

在基底上涂抹面层砂浆，并分成大小相等或不等的矩形块，在面层砂浆凝固前用竹丝帚将各分块扫出横、竖毛纹，形成类似天然石面质感的装饰面层。施工时，底层及中层用 1:1:6 水泥石灰砂浆涂抹，然后按设计分块粘分格条，面层用 1:2 水泥白石屑砂浆涂抹，厚约 10 mm，与分格条齐平。收水后，扫出条纹，适时取出分格条，用水泥膏勾缝。干燥后，刷浅色乳胶漆罩面。　　　(姜营琦)

fei

飞模　flying form

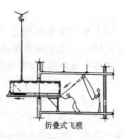
折叠式飞模

又称桌模、台模。将现浇钢筋混凝土楼盖的底模做成整体移动式的模板。它由模板台面、下部桁架结构、可升降的活动支腿及移动滚轮等组成。一般每个房间的楼盖配置一个或多个飞模。当外墙为开敞式的无窗台的大洞口时，待楼盖混凝土强度达到设计拆模强度要求时，只需将飞模整体降下一段高度，利用人力将飞模向外推出一段，再用塔吊运至上一层楼板，即可继续使用；当外墙门窗口尺寸较小或有窗台时，可采用折叠式飞模，折叠式飞模的模板台面由中心的固定台面和三个侧翼的活动台面组成。活动台面通过铰链与固定台面连接。可采用钢模或铝材制作，用铝材制作自重轻，施工比较方便，但造价较高，亦可采用组合钢模与钢管脚手架拼装成简易桌模。　　　(何玉兰)

飞檐椽　flying rafter

檐椽之上再重以出挑的椽。檐端伸出稍翘起，以增加屋檐伸出之长度。　　　(张　斌)

飞罩

与挂落相似，花纹较为精致，两端下垂似拱门，悬装于屋内部者。　　　　　　(张　斌)

非参与优先股　nonparticipating preferred stock

在按固定的股利率取得优先股股利后，无论该年度公司剩余利润多高都不能再参与分红的优先股。参与优先股的对称。　　　(颜　哲)

非关键线路　float path

又称非主要矛盾线。网络计划中除关键线路以外的线路，即有机动时间的线路。　(杨炎榮)

非肯定型网络

将完成各项工作所需的持续时间看作是与概率分布有关的随机变量因而采用期望估计值的网络计划。期望估计值可根据工作的最短、最长和最可能的三个时间估计值来确定。　(杨炎榮)

非累积优先股　noncumulative preferred stock

不承诺补发积欠股利的优先股。累积优先股的对称。只能在各年度税后盈利限度内分到当年股利，如果公司某一年度的税后盈利不足以按固定的股利率发放优先股股利，则以后年度不再补发。
　　　　　　(颜　哲)

非确定型决策　decision making under uncertainty

当决策问题中存在许多不确定因素，决策者所处的客观环境中在实施决策的未来存在着两种以上的自然状态，而自然状态发生的概率有的不能确知时，所进行的决策。由于非确定型决策的约束条件复杂，变量多且不能计量化，因而不能建立数学模型求最优解，只能选择较满意的近似解。
　　　　　　(曹小琳)

非线性规划　nonlinear programming

问题中的目标函数或约束条件有一个或多个是自变量的非线性函数。设有 n 个自变量 $x_1,\cdots,x_n$ 构成解向量 $\mathbf{X}=(x_1,\cdots,x_n)$ 要求在一定约束条件下使某个目标 $f(x)$ 达到最优，约束条件可分为不等式约束 $g_i(x)\leqslant 0, i=1,2,\cdots,m$；等式约束 $h_j(x)=0$，$j=1,2,\cdots,k$。是一类数学规划问题，也是最优化方法的一种。最优可以是求目标函数的极大化或极小化，由于求目标的极大化加上一个负号就成为求极小化，因此，不加特别声明，一般把求极小化问题作为标准形式，用数学符号表示 $\min f(x)$，其中 $R = \{x \mid g_i(x) \leqslant 0, i=1,\cdots,m; h_j(x)=0, j=1,\cdots,k, x \in R^n\}$，$R^n$ 表示 n 维空间。R 亦称约束集合。非线性规划根据有无约束条件而分成有约束最优化和无约束最优化。　　　(曹小琳)

废弃工程　discarded works

施工中由于变更设计而报废的工程或当正式工程完成后已失去作用的临时性工程的总称。对于后者应力求减少其工程量和适当降低标准，以降低工程成本。　　　　　　(段立华)

费用增率　cost slope

又称单位时间增加费用。工作每缩短单位工作延续时间所需增加的费用。　(杨炎榮)

fen

分别流水法

参与流水施工的各工种(专业队组)按既定的施工顺序,分别采用相邻两个专业队组的流水步距进入现场施工的组织方法。此法适用于无节奏流水的流水作业组织。　　　　　　　　(杨炎榮)

分部工程　divisional work

建筑工程中按建筑物主要部位划分的工程,如地基与基础工程、主体工程、地面与楼面工程、装饰工程、屋面工程等;建筑设备安装工程中按工程的种类划分的工程,如建筑采暖卫生与煤气工程、建筑电气安装工程、通风与空调工程、电梯安装工程等。每个分部工程均由有关分项工程组成。　(毛鹤琴)

分部工程作业设计　construction design of divisional work

又称分项工程作业设计。为指导难度较大或技术复杂的分部(分项)工程现场施工和指导编制月、旬作业计划的技术经济文件。通常需编制分部(分项)工程作业设计的项目为:工程量大、在单位工程中占重要地位的分部(分项)工程,施工技术复杂或采用新工艺、新技术及对工程质量起关键作用的分部(分项)工程,施工单位不熟悉的特殊结构工程或由专业施工单位施工的特殊专业工程。以单位工程负责人为主进行编制,由施工队负责审批。其主要内容包括:分部(分项)工程特点,施工方法,技术措施和操作要求,工序搭接顺序及协作配合要求,工期要求,特殊材料和机具需要量计划等。(朱宏亮)

分仓缝　expansion joint

见分格缝。

分层大流水吊装法　story-wise flow method of erection

以建筑物楼层作为施工层,按层(如果柱是两层一节则以两个楼层为一施工层)组织构件吊装、校正、焊接、接头灌浆等工序进行流水作业的方法。这是分件吊装法应用于装配式多层房屋按流水方式分类的一种吊装方法。起重机开行一次吊装一种构件,经数次开行,完成该层所有构件的吊装任务后,再进行上一层构件的吊装。周而复始,直至完成整幢房屋的结构吊装任务。　　　　(李世德)

分层分段流水吊装法　story and section-wise flow mothod of erection

以建筑物楼层作为施工层,再将每个施工层分成若干施工段组织相关工序进行流水作业的方法。这是分件吊装法应用于装配多层房屋按流水方式分类的一种吊装方法。起重机在每一施工段范围内往返开行,每次开行吊装一种构件,将该段所有构件吊装完后,再进行下一施工段的构件吊装。完成该层所有施工段的全部构件吊装任务后,再吊装上一层构件,直至将整幢房屋吊装完成。施工段的划分,主要取决于建筑物的平面形式和尺寸、起重机的性能及开行路线、完成各工序所需的时间等。一般情况下,大型墙板房屋1~2个居住单元、框架结构4~8个节间划分为一个施工段。　　(李世德)

分层平挖法挖槽　trench excavation by horizontal layers

在预定开挖的单元槽段两端各钻一圆形导孔,将两导孔间的土体水平地分为若干薄层,再用回转式挖槽机沿水平方向往返进行破碎钻挖的方法。该法要求挖槽机有较灵活的规则运动装置。

(李健宁)

分层投料　feeding in material by layers

离心混凝土在离心脱水密实成型过程中分二次投料的方法。当制品的壁厚超过60mm时,常采用此法。其优点是可以减轻内分层现象,提高混凝土制品的密实度和强度,增加外分层层数,以提高抗渗性。　　　　　　　　　　　　　(舒 适)

分层直挖法挖槽　trench excavation by direct layerwise cutting

把单元槽段分为若干厚层,用钻机竖直往返进行破碎挖掘的方法。一般以一节钻杆的长度为一层或几层。该法施工速度快,但槽壁不平整,且易偏向一侧。　　　　　　　　　　　　(李健宁)

分段长度　length of section

路堤沿纵向进行分段填筑时,每一个工作段的长度。主要决定于路堤填方高度,工作段越短,铲运机每一循环的运距也越短,但段间的缺口土方将增多,且对填方压实不利。　　　　(庞文焕)

分段开挖　excavation with access adit, excavation by sections

利用横洞、平行导坑、竖井或斜井等辅助坑道在隧道全长范围内分成若干个区段同时进行施工的长隧道施工方法。可使工期大为缩短并有利于施工安全。　　　　　　　　　　　　(范文田)

分段张拉　tensioning by section

在多跨连续梁板分段施工时,统长的预应力筋需要逐段进行张拉的方法。对多跨无粘结预应力板,当无粘结筋的长度超过50 m时,应采取分段张拉。其做法是:先铺设统长的无粘结筋,然后浇筑第一段混凝土,待混凝土达到强度后,利用开口式双缸千斤顶卡在无粘结筋上对已浇筑段进行张拉锚固,接着进行第二段施工。对大跨度多跨连续梁,有粘结筋也可分段张拉,利用锚头连接器接长,以形成统

长的有粘结筋。　　　　　　（杨宗放）

分格缝　separating joint

又称分仓缝。分块浇筑细石混凝土刚性防水层时，块与块之间约为 20~30 mm 的间隙。钢筋在缝处应断开，缝内嵌油膏或在缝上铺贴油毡、盖脊瓦。可将刚性屋面分大为小，以小拼大；刚柔结合，以柔补刚；使其能达到适应温度、结构变形，预防开裂渗漏的目的。由此可见，分格缝就是设置在刚性防水层中的变形缝。分仓面积不宜大于 20m²，应位于屋面板支承处、预制板与现浇板相交处、预制板相互垂直铺设连接处、屋脊拼缝处等部位。
　　　　　　　　　　　　　（毛鹤琴）

分格条　stripe for dividing into sections

用于将墙面或楼地面划分成块的木条。分块的目的是为了美观，防止出现收缩裂缝。墙面抹灰面的分格条尺寸，应符合抹灰层厚度及灰缝宽度的要求。为便于取出，常做成梯形截面。使用前应泡水，擦干后按分块尺寸用水泥膏固定在底层抹灰面上。面层抹面完工后，应适时取出。　　　（姜营琦）

分级张拉　stepped tensioning

预应力筋分级或分次加载到张拉力的张拉方法。可用于下列情况：①预应力筋张拉引起构件偏心受力时，该根预应力筋可先张拉至 50%，待相对应的预应力筋张拉后，再张拉至 100%；②预应力筋两端同步张拉；③张拉设备行程不足；④为使整体结构张拉时对称受力，可分两次建立预应力，即所有预应力筋先张拉至 50% 之后，第二次再拉至 100%。
　　　　　　　　　　　　　（杨宗放）

分件吊装法　erection method by individual members

又称大流水吊装法。起重机在进行结构吊装过程中，每开行一次只吊装一种或几种构件的方法。以单层工业厂房吊装为例，通常起重机开行 3 次即将厂房所有的构件吊装完毕。其吊装顺序是：起重机第一次开行，吊装柱子；待柱校正最后固定后，第二次开行，吊装吊车梁、连系梁、柱间支撑等纵向构件；第三次开行，按节间吊装屋架、屋架支撑、屋面板等屋盖构件。具有便于构件校正，便于构件分批进场，避免场地拥挤，吊装速度快，能充分发挥起重机的效率等优点，所以它是结构吊装常用方法。既适用于单层工业厂房，也适用于多层房屋的吊装。
　　　　　　　　　　　　　（李世德）

分阶段后张法　post-tensioning in stages

在混凝土达到设计要求强度后的构件或结构上，分阶段逐步施加预应力，以平衡各阶段荷载的方法。所加荷载不仅是外载（如房屋重量），也包括由内部体积变化的影响（如弹性压缩、收缩和徐变）。梁跨中处下部与上部纤维应力应控制在容许范围内。具有应力、挠度与反拱容易控制、材料省等优点，适用于跨越地道支承高层建筑荷载的大梁或各种传力梁。　　　　　　　　　　（杨宗放）

分节脱模　sectional demoulding

现场预制钢筋混凝土较大型构件，沿构件长向底模设置若干砖礅作临时支点，方木作固定支点，当混凝土强度达到 50% 设计强度等级时，将底模进行分段拆除，而构件仍在固定支点上继续养护，从而加速模板周转的施工方法。

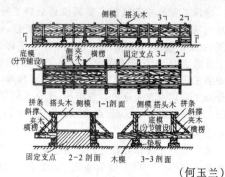

　　　　　　　　　　　　　（何玉兰）

分流　diversion

截流过程中，引走部分水流，使之不从龙口下泄，以减少龙口流量，降低截流难度的措施。常用的措施有：加大截流戗堤的渗流量和设置专门的泄水分流建筑物等。　　　　　　　　（胡肇枢）

分批张拉　batch tensioning

对配有多根预应力筋的构件或结构，分批进行预应力筋张拉的方法。由于后批预应力筋张拉所产生的混凝土弹性压缩对先批张拉的预应力筋造成预应力损失，所以先批张拉的预应力筋张拉力应加上该弹性压缩损失值，或按弹性压缩损失平均值统一增加每根预应力筋的张拉力。
　　　　　　　　　　　　　（方先和）

分批张拉损失　loss due to tensioning in batch

见弹性压缩损失（236 页）。

分期导流　stage diversion, diversion by stages

用围堰将河道上拟建的水工建筑物的基坑分段分期围护，河水由束窄河床或由已建水工建筑物上预留的底孔、缺口等宣泄的导流方式。一般分成二段二期，或多段多期。优点是前期导流可利用原河床过水，后期可利用预留在坝体的通道下泄河水，省去专用导流建筑物，可降低造价，有利工程尽早开工，降低施工强度；缺点是需修建纵向围堰，永久工程分段连接处要有专门措施以保证工程质量。适用于河床宽阔、流量大的大中型水利工程。　　　　　　　（胡肇枢）

分散体系　disperse system

又称分散系。一种或几种物质的微粒散布在另一种物质里所形成的整个体系。其中分散成微粒的物质叫分散质，微粒分布在其中的物质叫分散介质

或分散剂。　　　　　　　　　　（谢尊渊）

分色断白
见断白(54页)。

分析计算法　analysis and calculation method
利用公式进行网络时间参数计算的方法。
　　　　　　　　　　　　　　（杨炎燊）

分项工程　subdivisional work
在建筑工程中按主要工种工程划分的工程和在建筑设备安装工程中按用途、种类及设备级别划分的工程。如建筑工程的分项工程有土方工程、打桩工程、砌筑工程、钢筋工程、模板工程等；建筑设备安装工程的分项工程有室内给水管道安装工程、配管及管内穿线工程、通风管及部件安装工程、电梯导轨组装工程等。　　　　　　　　（毛鹤琴）

分中
在经过磨生、过水后的地仗表面，用尺找出横中和竖中，并用粉笔画出的工艺。　　（郦锁林）

粉尘度　percentage of dust content
又称粉尘量。喷射作业面附近每立方米空气中的粉尘含量。以毫克计。粉尘主要来源于水泥，但砂、石表面也含有少量粉尘。施工时应尽量减少粉尘污染，以保证操作者的健康。　　（舒　适）

粉尘量　quantity of dust content
见粉尘度。

粉化　chalking
浆料涂刷后，所结成的浆膜不坚固，成粉末状脱落的现象。　　　　　　　　　　（姜营琦）

粉煤灰防水混凝土　fly-ash waterproof concrete
以粉煤灰为掺合料配制的具有防水、抗渗性能的外加剂防水混凝土。掺入粉煤灰后，水泥水化析出的 $Ca(OH)_2$ 与粉煤灰中的硅、铝氧化物反应所生成的晶体，可堵塞混凝土的毛细管孔道，破坏相互连通的毛细孔网状体系；可以改善砂子的级配，填充混凝土内部的微小孔隙；可以节约水泥、增加和易性、减小水灰比、降低水化热。因而可提高混凝土的密实性和抗渗性，减少混凝土的收缩与开裂，不致发生渗漏水现象。　　　　（毛鹤琴）

粉煤灰砖　fly ash brick
用热电厂排出的粉煤灰为主要原料制成的砖。规格与普通粘土砖相同，分烧结粉煤灰砖和蒸压粉煤灰砖两种。前者系以粉煤灰掺加适量粘土烧结而成，呈红色；后者系以粉煤灰加生石灰、石膏和水搅拌成坯料，压制成型后再经常压或高压蒸汽养护而成，呈深灰色。　　　　　　　　（方承训）

粉体喷射搅拌法　powder jet mixing method
又称喷射搅拌法。将生石灰、水泥等粉体加固料通过粉体喷射搅拌机用压缩空气喷入土中，借助钻头搅拌使其混合以加固软土地基的方法。加固含水量大的软土效果尤佳，能增加软土地基承载能力，减少沉降量，增大边坡稳定性；在深基坑开挖中亦可用作支护结构或挡水帷幕。施工时，喷射搅拌机和钻头先钻进至设计标高，然后由送灰器将加固料定量地喷入土体，边喷入、钻头边搅拌边提升，直至上部加固设计标高。施工安全可靠，无污染无振动，对周围无不良影响，但需加强检验。　　　　　（赵志缙）

feng

丰水期　flood season, flood period
江河水流及地下水位主要依靠降雨或融雪补给水源的时期。一般指雨季或春季水量丰富、水位升高的时期。　　　　　　　　　　（那　路）

风管式通风　duct ventilation
使用通风机和风管进行机械通风的隧道施工通风。其方式有压入式、抽出式和混合式等三种。压入式通风是用设置在洞口或其他入口（如钻孔）外的通风机将新鲜空气经过通风管压送至开挖面，并将有害气体冲淡，经由坑道排出；吸出式通风是将开挖面处的污浊空气靠通风机经由风管吸出洞外，新鲜空气则由洞口沿坑道流入，其风流方向与压入式相反；混合式通风是洞内压入和洞外吸出两台通风机，压入式风管较短并靠近开挖面，使污浊空气易于排离开挖面，并在爆破地点外面设置风幕，用设在洞外的吸出式通风机将污浊气体排出。　　（范文田）

风级　wind scale
根据地面物和渔船在风力作用下的征象以及风速划分的风力等级。现行风级分为 13 级：0 级，相当风速 0～0.2m/s；1 级，相当风速 0.3～1.5m/s；2 级，相当风速 1.6～3.3m/s；3 级，相当风速 3.4～5.4m/s；4 级，相当风速 5.5～7.9m/s；5 级，相当风速 8.0～10.7m/s；6 级，相当风速 10.8～13.8m/s；7 级，相当风速 13.9～17.1m/s；8 级，相当风速 17.2～20.7m/s；9 级，相当风速 20.8～24.4m/s；10 级，相当风速 24.5～28.4m/s；11 级，相当风速 28.5～32.6m/s；12 级，相当风速 32.6m/s 以上。　　　　　　　　　　（甘绍熺）

风级风速报警器　strong wind alarm
保证在露天工作的起重机械，当风力大于 6 级时能发出报警信号并有瞬时风级风速显示能力的起重机安全保护装置。在沿海工作的起重机械，可定为风力大于 7 级时能发出报警信号。　　　　（刘宗仁）

风玫瑰图　wind roses
根据某一地区多年平均统计的各个方向吹风次数占总次数的百分比数值，并按一定方位和比例绘制的图。一般多用 8 个或 16 个罗盘方位表示。图上所表示的方向指从外界吹向地区中心的方向。附图中北风频率约占 25%。　　　　　　　（甘绍熙）

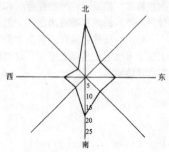

风速　wind speed
　　单位时间内风的行程。常以 m/s 表示。风速的变化常显示气流运动的特征，有时也反映天气变化的先兆。由于风速不断变化，一般采用规定时距内的平均风速作为取值标准。规定时距愈短，所得的最大平均风速值也愈大。当前世界各国采用的规定时距不相一致，例如，中国取时距为 10min，前苏联取 2min，日本取瞬时等。　　　　（甘绍熙）

风险评审技术　VERT
　　对工作与工作之间的逻辑关系和工作持续时间都不肯定的计划，可同时就费用、时间、效能三方面作综合分析，并对可能发生的风险作概率估计的网络计划技术。　　　　　　　　　（卢忠政）

风险型决策　decision making under risk
　　在决策时未来可能存在两种以上自然状态，且可以通过各种手段预测出未来各种自然状态发生的概率，并以概率与数理统计原理为手段进行的决策。由于依据概率做出的决策总要冒一定的风险，故称此类决策为风险型决策。　　　（曹小琳）

封底　subsealing
　　用沉箱法或沉井法修建隧道或桥墩时，在沉箱或沉井下沉完毕后，用混凝土将其底部工作室封填，以增加底部支承面的作业。　　　（范文田）

封端墙　temporary bulkhead
　　用沉管法修建水底隧道时，在管段浇筑完毕并拆除模板后，在其两端修筑的临时隔墙。使管段能在水中浮起。隔墙可用木料、钢材或钢筋混凝土制成，其中钢筋混凝土隔墙变形小且易于确保不漏水，故用得较多。　　　　　　　　（范文田）

封孔蓄水　closing and ponding
　　水利工程施工后期，封闭导流泄水建筑物，使河水开始蓄积于水库之中的工作。是施工进度中的一个重要控制点，封孔时间既要保证工程效益的如期发挥，又要保证建筑物的安全和未建成部分的正常施工。封孔以后水库水位不断上升，必须相应做好上游移民拆迁工作；如果下游有用水要求，则应考虑预留放水孔道，对底孔或隧洞，一般采用下闸门封孔，并将其用混凝土堵塞。　　　（胡肇枢）

封檐板
　　檐口瓦下钉于檐椽（或飞椽）端之木板。
　　　　　　　　　　　　　　　　　　　（张　斌）

蜂窝　honeycomb
　　混凝土结构构件表面混凝土由于砂浆少、石子多，石子之间出现空隙，形成蜂窝状孔洞的外观缺陷。　　　　　　　　　　　　　　（谢尊渊）

fu

弗氏锚具　Freyssinet anchorage
　　见钢质锥形锚具（80 页）。

浮基础　buoyant foundation
　　见补偿性基础（14 页）。

浮式沉井　floating transport of open caisson
　　将特制沉井在陆地预制场制作后放入水中浮运至施工现场，定位下沉的沉井施工方法。设计时，应对浮运、就位和落井过程中的整体稳定性进行验算，沉井下水前尚应进行水密性试验。
　　　　　　　　　　　　　　　　　　　（邓朝荣）

浮式起重机　barge crane, floating crane
　　又称起重船、浮吊。装在平底船或专用船上的臂式起重机的水上起重安装设备。常用来作水上起重装卸、打桩、水上挖掘、桥梁安装等作业。按船体能否自航，分为自航式浮吊和非自航式浮吊；按起重部分相对于船体能否转动，分为固定式浮吊和旋转式浮吊。通常，浮式起重船的起重能力为 30～2000kN，最大已达 5000kN。　　　（邓朝荣）

浮运沉井就位　open caisson floating to its sinking position
　　又称浮运沉井定位。浮运沉井至桥墩位的上游处，对所有缆绳、锚链、锚碇、船锚及导向设备进行调整，使沉井准确平稳定位的工作。　（邓朝荣）

浮运沉井落床　sinking and positioning of transported open caisson
　　浮运沉井就位后，降落至墩位河床面的过程。准确定位后的沉井，向井孔内或在沉井壁腔格内迅速对称、均衡地灌水，使沉井落至河床；在水中拆除底板时，应注意防止沉井偏斜；薄壁空腔沉井落床后，可对称、均衡地排水，灌筑混凝土或加压下沉。沉井沉落河床后，应采取防止河床冲刷措施，保证沉井正位。　　　　　　　（邓朝荣）

浮运吊装法
　　见浮运架桥法（69 页）。

浮运架桥法 method of erecting bridge by floating

又称浮运架梁法、浮运吊装法。利用装有支架的驳船或浮式起重机将桥梁整孔构件或部分主要构件浮运就位吊装的方法。在用驳船支架时要利用潮水涨落或注水压船，使构件下落就位。在岸边将拼装好的钢梁或预制完成的钢筋混凝土上部结构，可整体地用纵移、横移、半浮运半横移或浮运拖拉等方法上船。

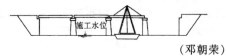

（邓朝荣）

浮运落架法

见浮运架桥法。

斧刃砖 ordinary brick

用经过风化、困存、过筛的细黄土制坯烧成的专供砍磨的细泥砖。糙砖规格为 240mm×120mm×40mm，清代官窑规格为 320mm×160mm×70.4mm、240mm×118.4mm×41.6mm、304mm×150.4mm×57.6mm。此砖密实度和强度较好，故用于贴砌斧刃陡板墙面、墁地、杂料等。

（郦锁林）

斧子 axe

①头呈楔形，装有木柄，砍竹、木等用的金属工具。

②用于砖表面铲平和砍去侧面多余部分的加工工具，由斧棍和刃子组成。斧棍中间开有"关口"，可揳刃子。刃子用铁夹钢锻造而成，呈长方形，两头为刃锋。两旁用铁卡子卡住后放入斧棍的关口内。两边再加垫料（旧时多用鞋底）塞紧即可使用。

（郦锁林）

辅助坑道 auxiliary gallery, access adit

山岭隧道用暗挖法施工时，为改善洞内排水、通风、运输等条件，并增加工作面以提高隧道成洞速度而另外开挖的坑道。主要有横洞、斜井、竖井和平行导坑等四种型式。应根据隧道长度、施工期限、地形、地质、水文、弃碴场地等具体条件，并结合通风和排水需要，通过技术经济比较后选定。

（范文田）

辅助炮眼 eawer

又称二槽眼、崩落眼。布置于掏槽炮眼和周边炮眼之间的一些炮眼。它们紧接掏槽炮眼之后起爆以扩大掏槽的槽口，为周边炮眼创造新的临空面，最大限度地崩落岩石。其方向基本上与开挖面垂直，布置比较均匀。

（范文田）

附息票债券 coupon bond

持有人可凭券面所附息票兑取利息的公司债券。按还本期限前规定付息期数印有息票（通常每半年一张），息票到期时，持券人可剪下息票领取固定利息。通常以发行公司财产为担保，由银行证明，盖有公章。不记载持有人姓名，可自由转让。

（颜哲）

复合地基 composite foundation

由地基土与碎石、砂、石灰、水泥等加固材料制成的桩共同承受上部荷载的地基。基础是刚性的，在地面处加固桩与桩间土的沉降相同。基底下的应力，按加固桩与土的刚度分配，加固桩变形模量大，承受的荷载大，桩间土承受的荷载小，能提高地基的承载力，可通过试验确定。其极限承载力 P 可参考下式计算：

$$P = [F_v(n-1)+1]P_c \quad (kPa)$$

F_v 为置换率；n 为桩、土应力比；P_c 为桩间土的极限承载力（kPa）。如加固桩未穿透压缩层，沉降由复合地基的沉降和下部未加固土层的沉降两部分组成。

（赵志缙）

复合多色深压花纸质壁纸 composite multicoloured wall paper with deep

将两层纸（底面和表面）通过施胶层压复合到一起后，再经印刷、压花、涂布等工艺制成的室内装饰材料。其层次清晰，质感丰富，具有立体浮雕的视觉效果，耐擦洗。裱糊时，需在纸背和墙面刷胶，但不得在纸背刷水，然后用软毛刷或海绵等赶压气泡，不得使用硬刮板赶压。

（姜营琦）

复合式衬砌 composite lining

分内外两层先后修筑的衬砌。开挖坑道后先用锚杆及喷射混凝土修筑初次衬砌，待围岩变形基本稳定后再用混凝土修筑内层二次衬砌。根据需要，可在两层衬砌之间设置防水层，也可用防水混凝土灌筑内层衬砌而不铺设防水层。

（范文田）

复式搅拌系统 dual mixing system

采用复式搅拌机制备混凝土拌合物的混凝土搅拌工艺。属于预拌砂浆法中的一种搅拌方法。复式搅拌机为上下两层的双层搅拌机，上层搅拌机制备成的水泥砂浆排入下层搅拌机内后，再与粗集料拌合成混凝土拌合物。

（谢尊渊）

腹石 web stone

较厚的石砌体中，位于护角石和镶面石之间的石料。

（方承训）

覆盖防护 protection coverage

用防护材料覆盖爆破体或保护物，防止飞石破坏的措施。常用的防护材料有：草袋、荆笆、胶管帘、铁丝网、帆布等。它分为三个等级：Ⅰ级防护是由三层草袋、一层胶管帘、一层麻袋布覆盖，适用于粉碎性破碎；Ⅱ级防护是由二层草袋、一层胶管帘、一层麻袋布覆盖，适用于加强疏松破碎；Ⅲ级防护是由一层草袋、一层胶管帘、一层麻袋布覆盖，适用龟裂疏松破碎。当要求采用特别严密覆盖防护措施时，还可以外覆一层铁丝网或用一层铁丝网取代麻袋布。当采用金属网做覆盖材料时，要注意不得使裸露的电雷管脚线与金属网相接触。覆盖除可围挡飞石外，尚有遮毒效果。

（陈晓辉）

覆土爆破法 blasting with soil overlay

不凿孔眼而将上覆泥土的药包置于岩石表面进行大块岩石二次破碎的爆破方法。此法爆破效果不易控制，安全不易保证，效率低，除非有特殊情况外，一般不宜采用。

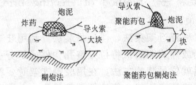

（林文虎）

覆雪防冻法 soil freezing prevention with snow cover

利用覆盖在地表面的积雪作为保温材料防止土壤冻结的方法。当土方工程面积较大时，可在地面设篱笆或雪堤挡雪；当土方工程面积较小时，可在地面设积雪沟。适用于降雪量较大的地区。

（张铁铮）

G

gai

改性沥青柔性油毡 modified bitumen flexible felt

以聚酯纤维无纺布为胎体，以 SBS 橡胶－沥青为面层，以塑料薄膜为隔离层，表面带有砂粒的防水卷材。由于 SBS 热塑橡胶兼有橡胶和塑料的特性，常温下具有橡胶的弹性，高温下又能像塑料那样熔融流动，成为可塑的材料，所以用 SBS 橡胶改性后的沥青油毡的弹性和耐高、低温性能均较好，可以冷粘贴施工，也可用热熔法施工。

（毛鹤琴）

改性沥青柔性油毡屋面 modified asphalt felt roof

先用二甲苯或甲苯对基层进行处理，再用氯丁粘合剂将卷材粘贴于基层上的卷材防水屋面。防水层的构造有单层防水和双层防水两种做法。当采用双层防水时，为加强卷材间粘结，可在氯丁粘合剂中加入适量的 401 胶。若热熔法施工，可节省粘合剂用量，只需用喷灯加热基层和油毡，待油毡表面熔化后，随即滚铺、封边、接缝。为使屋顶美观，可在防水层上喷涂一遍带颜色的苯丙乳液。

（毛鹤琴）

钙塑门窗

以聚氯乙烯树脂为主要原料，加入定量的改性材料、增强材料、稳定剂、防老化剂、抗静电剂等加工而成。该门窗具有耐酸、耐碱、可锯、可钉、不吸水、不腐蚀、不需油漆等特点，而且耐热性、隔声性好，重量轻，价格较塑料门窗低，适用于厂矿企业、机关院校、车厢客轮、旅馆饭店、地下工程及公共场所等。

（郦锁林）

概算包干 approximate estimation lump-suin contract

由建设单位、承包单位协商，并征得建设银行的认可，将拟建项目的建设费用由承包单位按设计概算"一次包死"作为工程项目的费用。

（毛鹤琴）

gan

干摆

俗称干摆细磨。摆砌时砖下不铺灰，后口垫平，然后灌浆的磨砖对缝砌法。是古建墙体中的高级做法，常用在墙体的下碱或重要建筑的整个墙身（即干摆到顶）。根据所用砖料又分大干摆、小干摆和沙干摆三种。大干摆使用城砖，小干摆用停泥滚子砖，沙干摆用沙滚子砖。

（郦锁林）

干饱和蒸汽 dry saturated steam

简称干蒸汽。湿饱和蒸汽中的水分完全汽化后成为不含水而又与水保持动态平衡的蒸汽。其内没有悬浮着的微细水粒。它是极不稳定的饱和蒸汽，加入热量便变成过热蒸汽，放出热量便有部分蒸汽凝结成水，成为湿饱和蒸汽。

（谢尊渊）

干槎瓦屋面

只用板瓦作底瓦，不用盖瓦，瓦垄间也不用灰梗遮挡，由板瓦仰置密排编在一起的布瓦屋面，正脊和垂脊一般不作复杂的脊件。这种屋面体轻、省料，不易生草，防水性能好。是一种很有风格的民间做法。

(郦锁林)

干地沉井 land open caisson

先开挖基坑至地下水面以上，然后整平夯实坑面土，进行沉井施工的方法。适用于位于岸滩的桥墩处。 (邓朝荣)

干热养护 drg and heated curing

混凝土在热养护过程中，不与热介质直接接触，或者只与低湿介质直接接触，升温时以水分的蒸发现象为主的热养护。可分为全干热养护和干-湿热养护两种方法。 (谢尊渊)

干-湿热养护 dry-wet-heated curing

混凝土先用低湿介质加热升温，在升温过程中允许混凝土部分水分蒸发，待混凝土初始结构强度增至能承受饱和蒸汽养护造成的热膨胀应力时，再改用湿热养护进行湿热升温、恒温的干热养护。该法主要目的是削弱造成混凝土结构损伤的外部条件，并具有能使混凝土结构较致密，养护后的混凝土无严重失水现象，后期强度可继续增长的特点。 (谢尊渊)

干式喷射法 dry-mix spraying process

将水泥、集料等在搅拌机中拌成均匀的干拌合料后，装入喷射机内用压缩空气经输送软管压至喷枪，再加入压力水使之与干拌合料混合并高速喷射到受喷面上的方法。此法施工方便，不易堵管，输送距离较长。但水灰比由操作人员凭经验控制，准确性差，且喷射时粉尘量较大，有损操作人员健康，材料回弹量也较大。 (舒 适)

干坞 graving dock, dry dock

钢筋混凝土重力式平台基础部分的建造场地。位于水陆交通方便、离施工水域近的岸边，施工时用钢板桩围起来，排水并进行地基处理。其面积和底标高取决于重力式平台的规模。它与毗邻的海岸共同组成陆上建造基地。 (伍朝琛)

干硬度 stiffness

又称工作度。按规定方法成型的标准截头圆锥形混凝土拌合物在工业粘度计内经振动至摊平状态时所需的时间（以 s 计）。用其作为评定混凝土拌合物稠度大小的一种指标。其值愈大，表明混凝土拌合物的流动性愈差，变形愈难。其只适用于评定集料最大粒径不大于40mm的低流动性和干硬性混凝土拌合物的稠度。 (谢尊渊)

干硬性混凝土 stiff concrete, no-slump concrete

坍落度值小于10mm的混凝土拌合物。其稠度可用维勃稠度值反映。 (谢尊渊)

干粘石 chipped marble finish

用手工或机械将彩色石粒甩、喷嵌结在水泥砂浆粘结层上，拍平压实，使石粒半露的饰面层。类似水刷石的装饰效果，但减少了湿作业。施工时，在6～7成干的水泥砂浆抹灰面上，刷水泥浆一道，随即抹聚合物水泥砂浆粘结层厚约4～6 mm，砂浆配合比为水泥:石灰膏:砂:107胶 = 100:50:200:5～15，稠度不大于 8 cm。当粘结层干湿情况适宜时，即可甩粘石粒，再用木抹子轻轻拍平压实，使石粒嵌入粘结层砂浆的深度不小于石粒粒径的1/2。 (姜营琦)

干蒸汽 dry steam

见干饱和蒸汽（70页）。

gang

刚性防水屋面 rigid waterproof roof

以现浇混凝土刚性板块与柔性材料嵌缝相结合而进行防水的屋面。它主要依靠混凝土的密实性和一定构造措施来达到防水目的。其主要措施为：屋面具有一定的坡度，便于雨水及时排除；增设钢筋网、隔离层、分格缝，以使板面在温湿度变化条件下不被开裂；采用油膏嵌缝，使刚柔结合，以适应屋面基层变形且保证了分格缝的防水性。此种屋面伸缩弹性较小，对地基的沉降、房屋受振动、基层的变形、温度应力的变化均极为敏感，适应能力差，只适用于屋面结构刚度较大及地基较好的建筑；不适用于高温车间、设有振动设备的厂房、大跨度建筑和需设保温层的屋面。 (毛鹤琴)

刚性骨架法 construction by rigid frame

又称埋入式钢拱架。大跨径拱桥所采用的无支架施工方法。首先用无支架方法架设好拱形的刚性骨架（常采用角钢或型钢），然后围绕骨架浇筑混凝土，即把刚性骨架作为混凝土的钢筋骨架，不再拆卸回收。1929 年德国 Echelsbach 桥，跨径130m，用此法建造，但因用钢量大，不经济，已很少采用。近年来，中国在此基础上，以钢管混凝土拱桁结构作为劲性骨架，重庆万县长江大桥主跨420m，采用此法，劲性骨架外包C60混凝土，形成单箱

三室的主拱圈。　　　　　　（邓朝荣）

刚性基础　rigid foundation

用混凝土、毛石混凝土、砖、石、灰土、三合土等材料建造的几乎不会发生挠曲变形的基础。其特点是抗压强度较高，抗拉、抗弯、抗剪性能较低。当地基反力确定后，只要控制基础挑出边的长度与基础高度之比$\frac{1}{H}$小于某一容许比值$\left[\frac{1}{H}\right]$，就可保证基础不会因抗弯和抗剪强度不足而破坏，与$\left[\frac{1}{H}\right]$相应的角度$[\alpha]$叫做基础的刚性角。刚性基础的α角应小于或等于刚性角。　（林厚祥）

钢板出碴　mucking by plate

见装碴（303页）。

钢板结构　steel-plate structures

采用钢板制成的紧密而坚固的壳体结构物。用于储存、运输或加工制造液体、气体或颗粒物体。其构造特点是结构基本上用钢板制成，型钢所占比重不大，所有接头不但应有足够的强度，并应紧密，以免气体或液体泄漏。大多数钢板结构是旋转壳体，采用焊接连接的方式。故要求所用的钢材质软、富有韧性且有良好的可焊性。承受高压者宜用低合金钢制作，在高压高温下工作时应采用锅炉钢。　　　　　　　　　　　　（王士川）

钢板桩　steel sheet pile

带锁口的热轧型钢支护结构。它互相扣接形成钢板桩墙，基础或地下结构完工后可拔出重复使用。常用者有U形、Z形和直腹板式，另有非标准形式的轻量薄片式者。为便于施工布置，还生产一些特殊形式的转角桩、十字桩和接头桩。U形桩中拉森（Larsson）式应用最多，其抗弯强度和防水性能较好。两块Z形桩搭扣在一起就类似一个U形桩。直腹板式者抗弯强度小，用于圆形、半圆形或有横隔墙的格形结构。根据有无拉锚（支撑）和其数量，分为悬臂式、单锚式和多锚式。根据常见破坏形式，计算时重点验算抗弯强度、入土深度及拉锚（支撑）的强度和稳定性。计算方法有等值（相当）梁法、弹性曲线法、基床系数法、有限元法等。打设时多用振动或冲击锤，为保证板桩墙的施工精度多设围檩。拔除时要采取措施减少带土，拔出后形成的空隙要及时填充，以免附近土体产生移动带来有害影响。　　　　　（赵志缙）

钢板桩围堰　steel sheet pile cofferdam

用钢板桩连接成各种结构形式，加填土石料而筑成的围堰。按其构造型式有：单排、双排和格式三种。单排钢板桩围堰由单排钢板桩和挡水面的填土组成，挡水高度一般为6～7m。双排钢板桩围堰由拉杆连接二排平行的钢板桩，再将其中填土石料夯实，挡水高度10～12m。格式钢板桩围堰系由钢板桩组成的多个圆柱格体、扇形格体、花瓣形格体，其内再填土料而成，挡水高度可达15～30m。优点是坚固，断面小，抗冲和抗渗性能好；易于机械化施工，钢板桩可拔出重复使用；但钢材用量大，施工技术要求高。　　　　　　（胡肇枢）

钢边橡胶止水带　rubber waterstop with steel flanges

水底隧道中管段接头间使用的两侧镶有0.6～0.7mm厚钢片的橡胶止水带。其优点是：节约橡胶；钢片与混凝土粘结较好；止水带的刚度较大而便于安装。　　　　　　　　　（范文田）

钢材边缘加工　edge trimming of steel shapes

对构件进行刨边或铲边的工序。在钢结构加工中，对吊车梁翼缘板、支座支承面等施工图中有要求的加工面；焊接坡口及尺寸要求严格的加劲板、隔板、腹板和有孔的节点板等一般需要边缘加工。加工方法有电弧气刨和坡口切割等。　（王士川）

钢材可焊性　weldability of steel

钢材焊接的合适性和安全性的合称。表示钢材焊接的性能。合适性是指钢材通过某种焊接方式在液态或半液态下，原子之间和分子之间相互结合和扩散的物理可能性；安全性是指焊接结构在焊接过程中以及以后在各种荷载作用下，在可能遇到的低温情况下，具有抗裂和保持机械强度和耐久性的能力。低碳钢的焊接性能好，焊接时一般不需采用特殊工艺；普通低合金钢随其强度等级的提高，碳当量的增加可焊性逐渐变差；钢材在低温下可焊性较差，在建筑工地或工厂对少量非结构焊件，如中碳钢、高碳钢、钢轨、搅拌机叶片等的焊接必须采取特殊工艺。　　　　　　　　（王士川）

钢材下料公差　tolerance of cutting of steel

零件的切割线与号料线的允许偏差。对手工切割为±2.0mm；自动、半自动切割为±1.5mm；精密切割为±1.0mm。对切割断面的倾斜度应不大于钢材厚度的10%，且不得大于2.0mm。（王士川）

钢材应力松弛损失　loss due to stress relaxation in steel

预应力筋张拉锚固之后，由于钢材应力随时间增长而降低引起的预应力损失。与时间、钢种、初始预应力和温度等因素有关。开始阶段发展较快，以后逐渐减慢。试验以1 000h为标准。钢丝和钢绞线的应力松弛损失比冷拉钢筋和热处理钢筋大。初始应力大，松弛损失也大。超张拉程序比一次张拉程序可减少应力松弛损失。此外，随着温度升高，松弛损失值会急剧增加，例如40℃时1 000h松弛约为20℃时的1.5倍。为了减少此项损失，可采用

超张拉方法。　　　　　　　　　（杨宗放）

钢窗安装　installation of steel windows

按建筑施工图所规定的位置将钢窗就位固定的工作。即先在墙或梁中预留洞口,埋入窗樘的铁脚后用细石混凝土或水泥砂浆堵实,3d后用水泥砂浆嵌缝。钢窗的组合应按向左或向右顺序逐樘进行,并用螺栓把钢窗与组合构件紧密拼合,再按设计要求安设玻璃。　　　　　　　（王士川）

钢带提升法　method of lifting by strip steel

利用钢带提升设备,将在地面就位组合的屋盖架设单元垂直提升到设计位置进行固定的方法。采用的提升设备主要有液压千斤顶、钢带、钢销和上、下横梁。首先将屋盖架设单元用钢销连在钢带上,提升时千斤顶进油顶升上横梁和用钢销固定其上的钢带。行程结束后将钢带用钢销固定在下横梁上,千斤顶回油。然后再将钢带固定到上横梁上,拔去下横梁上的钢销,千斤顶再次进油。如此反复,连着屋盖架设单元的钢带便不断被提升,直至将其就位于设计标高。此法的关键是采取相应措施控制提升差。具有设备简单、提升能力大、高空作业少等优点,但设备的通用性差。宜用于提升重而高的屋盖结构,特别是大跨度桁架结构。　（李世德）

钢拱支撑　steel rib support

开挖隧道时沿其周边架立的由几片型钢制成的拱形临时支撑。一般在全断面开挖法、侧壁导坑法或多层导坑开挖法中使用。修筑衬砌时常将其作为骨架而留在衬砌中,这种支撑架设方便、坑道开挖量较小并节约水泥,亦可利用旧钢轨改制,其接头用钢板螺栓连接。　　　　　　　　（范文田）

钢管抽芯法　duct forming by removing steel coretub

制作后张法预应力混凝土构件时,在预应力筋的位置处预先埋设钢管,待混凝土初凝后又将钢管旋转松动再抽出的留孔方法。为防止在浇筑混凝土时钢管产生位移,每隔1m用钢筋井字架固定牢靠。钢管接头处可用长为30~40cm的铁皮套管连接,套管应与钢管紧密贴合。在混凝土浇筑后,每隔一定时间慢慢转动钢管,使之不与混凝土粘结,待混凝土初凝后,终凝前抽出钢管,即形成孔道。只适用于留设直线孔道。　　　　　（方先和）

钢管脚手架　steel tube scaffolding

由焊接钢管或无缝钢管制成主要构件,并用与之配套的连接件和其他配件搭设而成的脚手架。具有装拆方便、搭设灵活、坚固耐久、能长期周转使用等优点。同其他材料搭设的同类型架子比较,承载能力高,且能搭设较大高度。　　　（谭应国）

钢管桩　steel tube pile

用钢管制成的桩。它不加桩靴,直接开口打入,入土后有大量土体涌入钢管内,当涌入桩内的土达到一定高度后,因挤密将桩口封住,产生封闭效应,故受力与闭口桩相似;由于开口,在打入过程中土的挤出量小,对相邻桩体和附近建筑物影响较小因而在城市密集地区施工较为有利。它适用于软土地区,如上海市使用较多,桩长60m左右,钢管每节长15m,每节打入后利用电焊连接下一节钢管。60m左右长桩,用4~5节钢管,但用钢量大。中国上海宝山钢铁厂及较多高层建筑基础,由于地质关系使用它取得较好效果。　（鄢锁林）

钢绞线　steel strand

由多根冷拉钢丝成螺旋状绞合在一起,并经消除应力回火而成的钢绞线总称。预应力混凝土用钢绞线按构造不同可分为:1×2、1×3、1×7和1×19等。按应力松弛性能分为:普通松弛钢绞线和低松弛钢绞线。其中以6根外层钢丝围绕一根中心钢丝捻制成的1×7钢绞线用得最多,直径为9~15.2 mm,其强度标准值为1 470~1 860 MPa。1×2、1×3钢绞线仅用于先张法构件。普通松弛钢绞线的性能与矫直回火钢丝相同。此外,还有模拔钢绞线、刻痕钢绞线和镀锌钢绞线等。钢绞线整根破断力大、柔韧性好、施工方便,是重荷载、大跨度预应力混凝土结构或构件的理想材料。（朱　龙）

钢绞线束连接器　wire strand coupler

在后张法结构中,连接钢绞线束并传递预应力的装置。VSL钢绞线束体系的连接器有:K型连接器与V型连接器两种。K型连接器是一种锚头连接器,由外环带有多槽口的多孔锚板、夹片和挤压式锚头组成,槽口数等于钢绞线数。设置在已浇筑段的端部,锚固第一阶段束,然后将第二阶段束逐根插入槽口,并用挤压式锚具固定;第二阶段束张拉时连接器无位移。V型连接器是一种接长连接器,与K型连接器不同点是锚板上的锥孔改为孔眼。两段钢绞线束的端部均用挤压式锚具固定;设置在孔道的直线区段,张拉时连接器应有足够的活动空间。
　　　　　　　　　　　　　　　（杨宗放）

钢结构　steel structures

见钢结构工程（74页）。

钢结构材料　steel structures materials

制作钢结构的构件及其连接钢材的总称。要求有较高的抗拉强度和屈服点,较高的塑性、韧性、耐疲劳性能及良好的工艺性能（包括冷加工、热加工和可焊性能）,此外根据构件的具体工作条件,有时还要求钢材具有适应低温、高温和腐蚀性环境的能力。目前所用的钢材可归纳为普通碳素钢、普通低合金钢和热处理低合金钢三大类。必须根据结构和构件的重要性、荷载的性质、连接的方法和工作条件经济合理地选用，其连接材料应符合规范的要求。钢结构验收制度是保证钢结构工程质量的重要环节，验收的主要内容有：钢材的数量和品种；符合设计文件要求的质量保证书；钢材的规格尺寸和钢材的表面质量检查。对连接材料（焊条、焊丝、焊剂、高强度螺栓、精制螺栓、普通螺栓及铆钉等）和涂料（底漆及面漆等）均应附有质量证明书并附合设计文件的要求和国家标准的规定。材料必须根据不同牌号、规格、形状、尺寸分别堆放，不得由于堆放而引起明显的弯曲变形。一堆内上、下相邻的钢材必须前后错开，以便在其端部标牌编号。标牌应注明钢材的规格、牌号、数量和材质验收证明书号，并在其端部根据钢材牌号，涂以不同颜色的油漆加以区别，钢材的标牌应定期检查。

（王士川）

钢结构放样　lofting of steel structures

依照施工详图的要求，把构件的形状和尺寸按1:1的比例画在放样台上的工作。整个钢结构的制作，所有的工件都必须先进行放样，包括核对图纸的安装尺寸和孔距。按足尺放出节点，核对各部分的尺寸、形状、起拱，并应把每个零件的加工要求、数量、零件号码等写在实样上。放样过程可以及时发现施工图的差错并及时改正，放样工作的准确性直接影响产品的质量。

（王士川）

钢结构工厂拼装　shop assemblage of steel structures

又称装配、组立。把制备完成的半成品和零件按图纸规定的运输单元，连接成构件或其部件的过程。拼装必须按工艺要求的次序进行，拼装好的构件应立即用油漆在明显部位编号，写明图号、构件号及件数，以便查找。

（王士川）

钢结构工程　steel structural engineering

钢结构构件的设计、加工制作、安装工艺及方法的总称。所谓钢结构是由各种牌号和形式的钢材制成的结构。主要用作建筑物和构筑物的承重结构。按钢结构的使用及其结构特点可分为：①大跨度建筑钢结构；②厂房钢结构；③塔桅钢结构和高层建筑钢结构；④钢板结构；⑤中等跨度和大跨度的桥梁钢结构；⑥水工建筑中的闸门和升船机等结构；⑦起重运输机械及大型建筑机械的骨架（如双悬臂起重机、缆索式起重机、塔式起重机、龙门式起重机和装卸桥等）；⑧轻型钢结构及薄壁型钢钢结构（主要用于屋盖体系）；⑨可拆卸的钢结构，如建筑工地生产和生活用房的骨架、临时性展览馆及钢筋混凝土结构施工用的模板及支架等。现代化的钢结构主要是焊接的，只在铁路桥梁和重级连续工作制的吊车梁或因金属的脆性破坏会造成非常危险的事故或因构件的重型组合截面的焊接工艺非常困难时，才采用铆合等手段。加快钢结构安装速度的途径有：改进安装机具并扩大使用范围，采用定型结构，安装接头采用自动焊接和螺栓（包括高强螺栓）连接，加大吊装部件及简化安装接头的构造形式。提高钢结构抗锈蚀能力的办法是涂敷合适的保护层，另外还可用抗锈蚀的低合金钢。钢结构抗高温作用的措施是包衬耐火材料，对有恒定热辐射源的地区还可设置反射层。

（王士川）

钢结构连接　connection of steel structures

把钢材（钢板、型钢）构成基本构件和进一步把构件或零件构成钢结构的各种方法。分为焊接连接、铆钉连接、普通螺栓连接和高强螺栓连接。在钢结构中也有采用胶合连接的。连接设计的合理与否直接影响钢结构的安全和使用寿命，连接的方式直接影响钢结构的施工工艺和造价。焊接是目前钢结构最主要的连接方式，它有不削弱焊件截面、连接刚性好、构造简单、施工方便，并可采用自动化操作的优点；其缺点是会产生残余应力和变形，连接的塑性和韧性较差。铆钉连接因费工费料已较少采用，但连接的塑性、韧性较好，传力均匀可靠，且质量检查方便，故常在承受动力荷载的重要结构中采用。普通螺栓连接有粗制螺栓连接和精制螺栓连接二种，粗制螺栓主要用在结构安装连接及可装拆的结构，精制螺栓连接在制作上要求的精度较高，因价格昂贵，安装困难，故少用。高强螺栓连接有两种类型：一种称为摩擦型的高强螺栓连接，另一种称为承压型高强螺栓连接。

（王士川）

钢结构退火　annealing of steel structures

钢结构在焊接后将焊件加热到一定温度（约为600～900℃）然后缓缓冷却的金属处理工艺。可以消除焊接构件由于焊缝收缩产生的内应力。它可以分为完全退火、不完全退火、等温退火和球化退火等。主要用以对承受重复应力较大的结构构件，要求构件必须先矫正平整，加热必须均匀。

（王士川）

钢结构下料　cutting for steel structures

按照号料所得的切割线和孔眼位置，采用割、切、冲、锯等方法加工钢结构零部件的工作。所有零部件均需按照配料单用料，如发现材料有较大弯曲而影响下料时，必须先矫正，然后下料。用焊接接长或接宽的钢板，均须在焊接和矫平后进行划线，并应以铣光端或刨光边为基准。钢板边缘切割线和钉孔中心线都须弹直。下料时必须预放气割或剪切后尚须铣端或刨边的加工余量，并应按构件配套下料，以便于装配和缩短生产时间。

（王士川）

钢结构样板 template of steel structures

按大样图复制成与零件尺寸相同的用以划线的模型板。常用薄铁皮、油毛毡或胶合板制作。按用途可以分为划线样板、弯曲样板和检查样板三种。制作样板一般采用覆盖过样法，最后在样板上用磁漆写好零件的编号、规格、数量（包括正、反）、孔眼直径和工作线等。用扁钢制作的长条形样板称样杆。　　　　　　　　　　　　　（王士川）

钢结构样杆 lofting bar of steel structures

见钢结构样板。

钢筋 reinforcement

由碳素钢或普通低合金钢经热轧或加工而成的横向直径尺寸不大于 40mm 的线型钢材。将它按一定的方式配置于混凝土中组成钢筋混凝土构件，它与混凝土共同工作承受外荷载。它是主要的建筑材料之一。钢筋品种很多，按生产工艺可分为热轧钢筋、冷拉钢筋、冷拔钢丝、热处理钢筋、碳素钢丝、刻痕钢丝、钢绞线、冷轧扭钢筋和冷轧带肋钢筋等；按钢种可分为普通碳素钢钢筋和普通低合金钢钢筋。按机械强度（屈服点/抗拉强度）可分为Ⅰ级～Ⅳ级钢筋；按外形可分为光面圆钢筋和变形钢筋（月牙纹、人字纹、螺旋纹等）；按直径大小可分为粗钢筋、细钢筋、中粗钢筋和钢丝等；按供货方式可分为盘条和直条两种。　（林文虎）

钢筋绑扎 tieing of reinforcement

将按设计尺寸和形状制作的单根钢筋和钢箍在钢筋交叉点用铁丝扎牢，扎成符合设计要求的钢筋骨架的工作。一般使用 20~22 号镀锌铁丝作为绑扎材料。绑扎的形式有：兜扣、十字花口、缠扣、反十字花口、套扣和兜扣加缠。

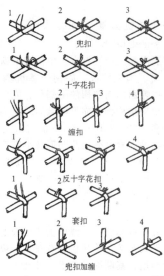

（林文虎）

钢筋绑扎接头 tied reinforcement splice joint

用铅丝绑扎两根相互沿纵向搭接的钢筋，使钢筋接长的接头。钢筋的搭接长度按其受力性质及所处的情况条件的不同而取不同的数值，可按现行规范取值。　　　　　　　　　　　　　　　（林文虎）

钢筋保护层 concrete cover for reinforcement

钢筋混凝土结构或构件中受力主钢筋外沿至混凝土外表面的最短距离。即在构件中混凝土包住受力主钢筋以免钢筋被大气、介质腐蚀的最小厚度。
　　　　　　　　　　　　　　　　　　（林文虎）

钢筋标准强度 characteristic value for strongth of reinforcing bar

各级钢筋合格品的最低强度标准值（f_{yk}）。有明显物理流限的热轧钢筋和冷拉钢筋采用屈服点强度为标准强度；无明显物理流限的碳素钢丝、刻痕钢丝、钢绞线、热处理钢筋及冷拔低碳钢丝取其抗拉极限强度为标准强度。钢筋的标准强度取值按有关规范标准选用。　　　　　　　　（林文虎）

钢筋除锈 rust removal of reinforcing bar

清除钢筋表面的氧化铁皮的工作。钢筋因存放时间过长或保管不善表面将会被氧化而生锈，一般生锈初期形成的水锈可不予处理，但若钢筋表面已形成较厚一层氧化铁皮时，则应清除干净，以利其与混凝土的粘结。除锈的方法很多，较简单的方法是用人工钢丝刷、砂盘除锈，但此法费工费时。使用电动除锈机和酸洗除锈是较好的方法。
　　　　　　　　　　　　　　　　　　（林文虎）

钢筋搭接长度 lap length of reinforcement

在现场进行钢筋绑扎、安装的施工中，钢筋的接长采用绑扎搭接接头时，两根钢筋接长时的相互重叠搭接的长度。其值随钢筋的受力性质——受拉或受压的不同，与钢筋类型、直径的不同，以及与混凝土强度等级的不同，现行规范都作有明确规定。钢筋的搭接长度关系到受力钢筋在混凝土中力的传递，影响到钢筋绑扎、安装的质量。
　　　　　　　　　　　　　　　　　　（林文虎）

钢筋代换 substitution of reinforcement

在工程施工中用一种钢筋去代替设计图中的另一种钢筋的工作。这是由于施工过程中缺少某个品种、规格的钢筋。代换必须符合设计和施工规范的规定（有钢筋等强度代换和等面积代换）。在钢筋合力作用点位置不变（即 h_0 不变）的情况下，不同种类的钢筋互换应按抗拉设计值相等的原则进行。同种类和级别的钢筋代换，可按等面积原则进行。在代换中除满足强度要求外，尚应满足有关构造规定及其他有关规定。　　　　　（林文虎）

钢筋等面积代换 substitution of steel bar with

equal cross-sectional area

按前后配筋截面积相等的原则进行的钢筋代换。在钢筋合力作用点位置不变（即 h_0 不变）的条件下，代换后尚应满足有关构造规定等要求。此法实用于构件按最小配筋率配筋以及同品种、同等级的钢筋代换。　　　　　　　　（林文虎）

钢筋等强代换 equal strength substitution of reinforcing bar

前后配筋的设计抗拉能力相等的钢筋代换。在钢筋合力作用点位置不变（即 h_0 不变）的条件下，可用公式计算：$n_2 \geq \dfrac{n_1 d_1^2 f_{y1}}{d_2^2 f_{y2}}$。宜用于不同品种和等级的钢筋代换。$n_2$、$d_2$、$f_{y2}$ 表示代换钢筋的根数、直径和设计抗拉强度。n_1、d_1、f_{y1} 表示被代换钢筋的根数、直径和它的设计抗拉强度。代换后尚应满足有关构造规定等要求。（林文虎）

钢筋电焊焊接设备 welding equipment for steel bars

利用电流通过焊件时产生的电阻热作为热源，并施加一定压力而使金属焊合的电阻焊机。主要有点焊机和对焊机两大类。其应用对充分利用钢材、提高作业效率和质量均十分有效。（郦锁林）

钢筋电热伸长值 value of electrical elongation of tendon

电热法张拉时，相当于张拉控制应力值时的钢筋伸长值。当按电张设计构件时，其伸长值 ΔL 的计算公式为

$$\Delta L = \dfrac{\sigma_{con} + 30}{E_s} L$$

σ_{con} 为张拉控制应力（按先张法选用）；L 为电热前预应力筋长度；E_s 为电热钢筋的弹性模量；30 为考虑由于钢筋不直和热塑变形而产生的预应力损失。　　　　　　　　　　（方先和）

钢筋调直器 steel bar straightener

将成盘的细钢筋和经过冷拔的低碳钢丝调直及切断的机械。按传动方式，分为机械传动式和数控式两类。经过调直的钢筋表面光洁，断面均匀。
（郦锁林）

钢筋镦头 steel bar with butt head ends

钢筋通过机械或液压冷镦或电阻热镦的方法使钢筋端部形成的灯笼形圆头。主要用作预应力钢筋的锚固头。低碳冷拔丝一般用 SD_5 型手动冷镦器和 YD_5、GD_5 电动冷镦机。因高强钢丝、冷轧热处理钢丝采用冷冲镦粗难以成型，采用热镦又会导致其强度大幅度下降，因此宜采用液压镦粗，粗钢筋宜用热镦。（林文虎）

钢筋镦头机械 steel barbutt head end forging machine

把钢筋（或钢丝）的端头直径镦粗成腰鼓形或磨菇形柱体的机械。可分为：手动冷镦器、电动冷镦机、液压冷镦机和电热钢筋镦头机四种。一般由镦模、夹紧器、顶镦凸轮、活塞和钳口等组成。
（郦锁林）

钢筋负温焊接 welding of reinforcing bar under negative temperature

在负温条件下对钢筋施焊的焊接方法。
（林文虎）

钢筋工程 steelwork

钢筋混凝土结构构件中钢筋制品的制作安装全部工艺过程。包括原材料检验、运输、下料、成型、绑扎、焊接、钢筋冷加工和钢筋骨架的安装等过程。　　　　　　　　　　（林文虎）

钢筋焊接 welding of steel bar

用焊接手段进行钢筋的连接和接头的工作。目前常用的有闪光对焊、点焊、电弧焊、电渣压力焊和气压焊等。钢筋的连接和接头采用焊接方法可节约材料，降低工程成本。（林文虎）

钢筋混凝土板桩 reinforced concrete sheet piling

以预制钢筋混凝土条板构件组成的支护结构。靠凸凹企口连接成板桩墙，完工后不再拔出。分起始桩和一般桩，第一根打设的起始桩，断面有双面凹槽，桩尖双面斜，垂直打入；一般桩断面一面有凸槽、一面有凹槽，便于企口联接，桩尖单面斜，便于互相联接紧密。墙后用锚筋（拉杆）与锚桩锚固。施工时沿平面位置设导梁（围檩），作为其入土时控制导向，用桩锤施打。其断面和配筋经计算确定。　　　　　　　　　　（赵志缙）

钢筋混凝土板桩围堰 cofferdam of reinforced concrete sheet piles

将钢筋混凝土板桩打入土中构成的围堰。适用于各种土质、水文情况，除用于基坑挡土防水以外，可不拔除而作为结构的一部分，或作为水中墩台基础的防护结构物，亦可拔除周转使用。板桩截面常为矩形（500～600mm×100～300mm）；有空心和实心两种，榫口分为凸凹形及半圆形两种，打完后，在凹榫口内灌注水泥砂浆，以提高防渗作用；如拔除桩，则可灌注粘土防渗。（邓朝荣）

钢筋混凝土挂瓦板平瓦屋面 flat tile roof on reinforced concrete

在预应力或非预应力混凝土挂瓦板上，铺以平瓦形成的平瓦屋面。挂瓦板具有檩条、望板、挂瓦条三者的作用，其断面是Π形、T形、F形；板肋用以挂瓦，中距为330mm，板肋跟部留有浅水孔，

以便排出瓦缝渗漏的雨水；板缝采用1:3水泥砂浆填嵌。此种屋面自重较大，对抗震不利，板在运输中损耗亦大，目前采用不多。　　（毛鹤琴）

钢筋混凝土工程　reinforced concrete work

以钢筋混凝土为主要材料制造的工程结构的设计、制造、安装和维修的工作总称。参见混凝土结构工程（111页）。　　（林文虎）

钢筋混凝土重力式平台　reinfoced concrete gravity platform

用钢筋混凝土浇筑的用于海洋石油开采和储存的平台。由储油罐、腿柱和上部甲板组成。靠自重牢固地支承在海底土壤上。其建造程序为：在干坞中建造基础部分；浅水拖航至施工水域；在施工水域锚泊并将罐体及腿柱建造完毕；将工厂制造的上部甲板运至施工水域；将平台灌水下沉；用卷扬机将上部甲板安装在腿柱顶部；将平台上浮；深水拖航至井位；定位后灌水下沉。　　（伍朝琛）

钢筋机械连接　Rebar mechanical splicing

通过连接件的机械咬合作用或钢筋端面的承压作用，将一根钢筋中的力传递至另一根钢筋的连接方法。　　（郦锁林）

钢筋挤压接头　butt welded joint of reinforcing bar

用挤压机和压模将套管沿钢筋轴线方向或径向挤压，使插入特制金属套管与两根待对接的钢筋紧固成一体的机械式钢筋接头。具有操作简单、节省能源，安全，节约钢材，速度快，质量可靠等优点。适用于现浇钢筋混凝土结构的同直径和相差一个型号直径的变形粗钢筋的连接。　　（林文虎）

钢筋剪切机

见钢筋切断机（78页）。

钢筋脚手板　steel bar gang-plank

以多根纵向并列小直径钢筋与数根横向钢筋点焊成的钢筋网片作面板，与支承架焊接制成的脚手板。支承架可由两榀钢筋小桁架构成，也可由角钢框构成。角钢框式脚手板均须横向搁置在脚手架的大横杆上，板长根据里、外立杆间距而定。

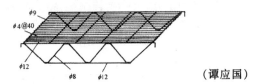

　　（谭应国）

钢筋井字架　checkered support-bar

设置预应力筋孔道时，固定钢管、胶管或预埋管位置用的支架。为保证孔道成型位置的正确和防止钢管、胶管或预埋管在浇筑混凝土时产生位移，钢筋井字架的间距：对钢管不宜大于1m；对波纹管不宜大于0.8m；对胶管不宜大于0.6m；曲线孔道还应加密。井字架应与钢筋骨架焊牢或扎牢。
　　（方先和）

钢筋抗拉强度　tensile strength of reinforcing bar

见钢筋力学性能（78页）。

钢筋冷拔　cold drowing of steel bar

用强力将钢筋多次通过特别的钨金拔丝模具使其直径变小，长度伸长，强度提高的冷加工方法。亦是利用钢的变形硬化原理，

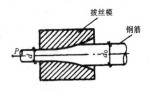

经冷加工达到提高强度的目的。冷拔时钢筋受到拉伸和压缩兼有的三向应力。$\phi6\sim\phi8$的钢筋经冷拔后成为冷拔低碳钢丝，呈硬钢性质，塑性降低，无明显的屈服点，其强度提高可达40%~90%。是节约钢材的有效措施。　　（林文虎）

钢筋冷拔机　steel bar cold-drawing machine

又称拔丝机。在常温下使光圆钢筋通过钨合金的拔丝模进行强力冷拔的机械。概分为卧式和立式两种，每种又有单筒和双筒之分。有时把几台拔丝机联合在一起形成三联、四联拔丝机。钢丝冷拔速度通常为0.2~0.3m/s，拔丝筒直径一般为0.5m左右。　　（郦锁林）

钢筋冷拔总压缩率　rate of total area contraction of steel bar cold drawing

在冷拔钢丝的加工过程中，由盘条拔至成品钢丝的横截面总缩减率（β）。可按下式计算

$$\beta = \frac{d_0^2-d^2}{d_0^2} \times 100\%$$

d_0为原料钢筋直径（mm）；d为成品钢丝直径（mm）。冷拔总压缩率越大，钢丝强度提高越多，但塑性降低也越多，因此必须控制总压缩率。一般$\phi5$钢丝由$\phi8$盘条拔制。$\phi3\sim\phi4$钢丝可由$\phi6.5$盘条拔制。　　（林文虎）

钢筋冷拉　cold stretching

利用钢筋的变形硬化性质将钢筋在常温下进行强力拉伸以提高其屈服强度的过程。对钢筋进行拉伸，使其拉应力超过屈服点b达到k点后卸荷，此时应力-应

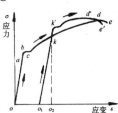

变曲线则沿$o_1k'd'e'$变化，并在高于k点附近出现屈服点，这个屈服点明显地高于原屈服点。这个新屈

服点在冷拉后一定时间内随时间延长而提高。冷拉后的钢筋具有强度提高，塑性降低等特点。钢筋冷拉强度的增长与冷拉应力和冷拉伸长率有关，在一定限度内，冷拉率大，其强度增长也大。但钢筋冷拉后应保持一定的塑性，要有明显的流幅，屈服点和抗拉强度应保持规范规定的比值。因此必须对冷拉过程进行严格控制。一般采用控制冷拉率法（单控）和控制应力法（双控）确保冷拉钢筋质量。

（林文虎）

钢筋冷拉机 steel bar cold-drawing machine

在常温下，对钢筋进行强力拉伸（拉应力超过钢材的屈服点）的机械。一般由张拉设备、夹具、标尺、测力器、传力设备、滑轮组等组成。有卷扬机式、液压式和丝杆式三种，以前两种应用较广。

（郦锁林）

钢筋冷弯 cold bending of reinforcing bar

见钢筋力学性能。

钢筋力学性能 mechanical properties of reinforcment steel

钢筋在外力作用下应力应变的特性。用拉伸时的应力-应变曲线表示。有屈服点、抗拉极限强度、伸长率、冷弯性能等指标。屈服点，又称屈服强度，系指钢材受拉时由弹性工作状态变为塑性工作状态的分界点的应力值，此值取为钢筋的标准强度；钢筋抗拉极限强度值表示钢筋承受单轴拉伸时在完全破坏前经过巨量变形可能承受的最大应力值；伸长率系表示钢筋受拉至断裂时的长度增长值与原长之比的百分率，是衡量钢筋塑性的指标；钢筋冷弯性能系反映钢筋承受弯曲变形的能力，表示其韧性和塑性，对于钢丝则用反复弯曲次数表示。

（林文虎）

钢筋锚固长度 anchorage length of reinforcing bar

受拉钢筋在混凝土构件中不被拔出而必需埋入的长度。在这段长度内靠钢筋与混凝土间的粘结强度得以保证受拉钢筋不被拔出。不被拔出的最小埋入长度称为受拉钢筋最小锚固长度（la），它与锚筋类型、直径、混凝土强度等级等因素有关，现行规范对此都有详细的规定。

（林文虎）

钢筋强度 strength of reinforcing bar

钢筋在拉伸时，屈服点所对应的应力值和拉应力的极限值。是钢筋力学性能的主要指标。按强度将钢筋分为Ⅰ～Ⅳ级。Ⅰ级钢筋为235/370级，即Ⅰ级钢筋的屈服点为235MPa，抗拉强度为370MPa；Ⅱ级钢筋为335/510级，即Ⅱ级钢筋的屈服点为335MPa，抗拉强度为510MPa；Ⅲ级钢筋为370/570级，即Ⅲ级钢筋的屈服点为370MPa，抗拉强度为570MPa；Ⅳ级钢筋为540/835级，即Ⅳ级钢筋的屈服点为540MPa，抗拉强度为835MPa。

（林文虎）

钢筋切断 cutting of steel bar

用机械或人工按配料单下料长度下料的工作。为钢筋加工的主要工序。下料切断工作对于正确使用材料，降低工程成本，保证工程质量起着重要作用。切断应尽量使用切断机，目前中国生产的切断机主要型号有 GJ5-40、GJ5y-32 等，切断钢筋直径为 6～40mm。细钢筋也可与调直联合进行。在特殊情况下亦可采用人工切断。

（林文虎）

钢筋切断机 steel bar cutting machine

又称钢筋剪切机。把钢筋原材和已调直的钢筋，按要求长度切断的专用设备。按传动方式可分为机械传动和液压传动两大类，按结构型式则可分为手持式、立式和卧式。

（郦锁林）

钢筋屈服点 yield point of steel

见钢筋力学性能。

钢筋设计强度 design strength of reinforcing bar

钢筋混凝土结构设计所采用的钢筋强度值。在现行的《混凝土结构设计规范》GBJ10—89中，根据强度统计资料和工程经验确定了钢筋材料的分项系数 r_s，并以 f_{yk}/r_s 称为受拉钢筋的设计强度值（f_y），以保证结构设计的可靠度。r_s 与钢筋类型等情况不同按规范选用不同的值。

（林文虎）

钢筋伸长率 elongation rate of reinforcing bar

又称钢筋延伸率。见钢筋力学性能。

钢筋弯箍机 steel stirrup bender

用于弯制箍筋的机械。其特点是工作盘在调好的角度内作往复回转运动。

（郦锁林）

钢筋弯曲成型 bending and forming of reinforcing bar

钢筋经弯曲成为设计规定的形状和尺寸的加工工序。这是钢筋加工的关键工序。钢筋弯曲可以有不同角度。规范中对其圆弧弯曲直径（D）按弯曲角度不同分别规定为弯180°时，$D \geq 2.5d$，弯90°或135°时，$D \geq (4～5)d$，弯起钢筋中间部位弯折处 $D > 5d$（d 为钢筋直径）。钢筋弯曲宜用弯曲机。

（林文虎）

钢筋弯曲机 steel bar bender, bending machine

将经过调直、切断后的钢筋加工成构件所需要的各种几何形状（如端部弯钩，梁弓铁起弯等）的机械。有手动式、电动式和液压式三类。中国生产的弯曲机有 GJ7-40、GJ7-40（WJ40-1）型以及四头弯筋机、钢筋弯箍机等箍筋弯曲专用机械。

(郦锁林)

钢筋下料长度 cutting length of steel bar

每根钢筋在加工前的实际直线配料长度。由于设计、施工中都以钢筋的外包尺寸量度，当钢筋弯曲时其外包尺寸大于轴线尺寸，其间存在一个差值称为量度差值。另外直线段长度未包括钢筋末端弯钩部分的增长值，故钢筋的实际下料长度应等于直线段长度的代数和加末端弯钩增长值的代数和再减去中间弯曲处量度差值的代数和。只有正确地计算每根钢筋的下料长度后再配料，加工成型后才能保证钢筋的准确尺寸和需要的长度。

(林文虎)

钢筋锥螺纹接头 bolted reinforcement splice joint

将待接钢筋连接头加工成锥螺纹通过锥螺纹连接套用力矩扳手强力将钢筋与连接套拧紧的接头方式。它是利用米制锥螺纹能承受轴向力和水平力以及密封性好的原理的一种机械连接方法。其特点是车丝可预制连接速度快，工艺简单、安全可靠、连接接头自锁性好，能在现场连接Ⅱ-Ⅲ $\phi16 \sim \phi40$ 同径、异径、竖向、横向钢筋。但不得用于预应力钢筋和受反复动荷载和受高应力疲劳荷载的构件接头中。

(林文虎)

钢门窗 steel doors and windows

采用钢门窗料加工制成的门窗。通常分为实腹和空腹两类。前者由于金属表面外露，易于油漆，故耐腐蚀性能较好；后者的材料为空芯材料，其芯部空间的表面不便于油漆，因而门窗的耐腐蚀性能不如实腹的好，但刚度大、质量轻、材料节省，对其进行磷化处理后，可大大改善表面的抗腐蚀能力。由于其气密性、水密性较差，并且钢材的导热系数大，热损耗也较多，因而只能用于一般工业建筑、住宅等，而很少用于较高级的建筑物上，特别是有空调设计要求的房间。

(郦锁林)

钢木大门 steel and wood gate

型钢焊接骨架内镶入木板的门扇与钢筋混凝土门槛合成的大门。多用于厂房、库房的大门，制作运输时应采取措施防止变形损坏。门槛上的预埋件应按图纸尺寸准确埋入混凝土中且待门槛混凝土达到设计强度以后方可安装门扇。

(王士川)

钢木脚手板 steel wood gang-plank

用两根角钢或槽钢与扁钢焊接作框，以短木板作面板制作而成的脚手板。制作时，角钢框与木条用螺栓固定，面板钉在木条上；或在槽钢框内塞进短木板，并在框的两端加"□"形铁板封头，封头与槽钢用木螺丝固定。

(谭应国)

钢排 steelraft

由钢板与型钢制成的用于运输中型、重型设备与构件的简易运载工具。由拖板、排脚等焊制而成。

(杨文柱)

钢钎校正法 method of adjustment by steel rod

利用钢钎（撬棍）配合调整楔块对柱进行垂直度的校正。校正时，一面用钢钎（撬棍）撬动柱脚，一面调整楔块的松紧度，从而达到校正的目的。一般用于高度和重量都不大的轻型柱。

(李世德)

钢丝等长下料 equal-length cutting of wire

在同束钢丝中，每根钢丝下料长度的相对差值控制在一定允许误差范围内的下料方法。采用镦头锚具时，同束钢丝下料长度的相对差值应不大于 $L/5000$（L 为钢丝下料长度）。对矫直回火钢丝，可采用钢管限位下料法；对冷拉钢丝，应采用应力下料法。

(杨宗放)

钢丝镦头 button-head of wire

钢丝端部的冷冲镦粗。头型有蘑菇型和平台型两种。前者受锚板的硬度影响大，如锚板较软，镦头陷入锚孔而断于镦头处；后者由于有平台，受力性能较好。镦头直径为钢丝直径的 $1.4 \sim 1.5$ 倍，头部不偏歪，颈部母材不损伤。镦头强度不低于母材强度标准值的98%。

(杨宗放)

钢丝绳 wire rope

用直径为 $0.4 \sim 4.0$ mm，强度为 $1.4 \sim 2.0$ kPa 的高强钢丝制成的钢绞线捻成的绳索。建筑工程常用 6×19 和 6×37 的钢丝绳，绳芯有棉芯、麻芯、石棉芯和金属芯等。端部固定连接方法有：绳卡连接、编结连接、楔块和楔套连接、锥形套浇铸法连接、铝合金套压缩连接等，必须保证其连接强度满足规定。使用和存放中应防止损伤、腐蚀，或其他物理、化学因素造成的性能降低，保持良好的润滑状态。

(刘宗仁)

钢丝束连接器 multi-wire coupler

在后张法结构中，接长钢丝束并传递预应力的装置。采用镦头锚具时，可用两个锚具组合使用。根据镦头锚具的形式不同，锚具之间可用带内螺纹的套筒或用螺纹接头连接。

(杨宗放)

钢丝网水泥模板 wire mesh reinforced cement mortor formwork

用型钢作边框，板面用细钢丝密编钢丝网，水泥麻刀砂浆抹面制成的定型模板。板厚为 $8 \sim 10$ mm，可用于现浇或预制构件的模板，以代替钢、木模板。这种模板可节省钢材、木材，成本较低，但耐久性差、较重且周转次数较少，未能普遍推广应用。

(何玉兰)

钢丝应力测定仪 wire stress measuring instrument

测定钢丝张拉应力值的仪器。按仪器的工作原理可分为：挠度式钢丝应力测定仪和振频式钢丝应力测定仪两类。随着冷拔钢丝在先张法预应力混凝土构件中的广泛应用，已研制生产出几种测读直观、操作简便、精度高的仪器。 （卢锡鸿）

钢索测力器 cable stress detector

测定缆索拉力的仪器。常用的有振动式应力仪和电子自动称量仪。目前广泛应用于斜拉桥的钢索拉力测定工作，以便调整内力。根据仪器的性能，还可用来测定预应力张拉钢筋和其他钢丝束的张拉力。如无以上仪器，可采用简便钢索测力器，先在试验室将一段与桥上相同的钢索进行大小不同的拉力试验，同时以千斤顶施以一定的侧压力，绘制挠度-应力关系曲线，以供现场使用。

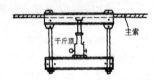

（邓朝荣）

钢索锚头 anchorage device for cable

悬索桥主索两端与锚碇杆件连接，以及钢索互相间连接的构件。钢索切断后，散开钢丝形成与锚头套筒相似的锥形。先放入汽油内，清洗油脂、泥污；再放入酸溶液中，溶解防锈层；又放入肥皂水中，中和酸性；而后放入开水中，洗掉肥皂水；最后晾干，放入汽油中清洗。同时将套筒用喷灯预热到200~400℃，套筒大口向上，放入索头，将已溶化的液态合金，先灌入套筒少许，使索头根部固结，随即一次灌满。合金按设计比例试验，常用锌93%，铅6%，铜1%，钢索总破断力应符合设计要求，即使破断，其位置亦应在钢索部分，而不致从锚头中拔出。 （邓朝荣）

钢弦混凝土 prestressed wire concrete

采用高强钢丝配筋并用先张法生产的预应力混凝土。其名称是50年代前苏联采用的，主要用于：板、桩、轨枕、电杆等。随着预应力混凝土普及推广，这些产品都有了很大发展，该名词已不再专用。 （杨宗放）

钢屑水泥面层 Cement-steel chip floor finish

水泥和钢屑加水拌成灰浆，铺在基层或其他构件表面，形成具有抗磨抗滑作用的饰面层。钢屑粒径应为1~5mm，使用前应烧去油污、酸洗除锈，再用清水冲洗干净。施工时，应先铺一层厚约20mm的水泥砂浆结合层，随即铺钢屑灰浆，拍实抹平。 （姜营琦）

钢质锥形锚具 steel conical anchorage

又称弗氏锚具。利用锥形锚塞锚固钢丝束的楔紧式锚具。由锚环与锚塞组成，采用45号钢制作。锚环的锥度为5°，调质热处理硬度HB251~283。锚塞的表面刻有细齿，热处理硬度HRC55~58。为防止钢丝卡伤或卡断，锚环出口处必须倒角，锚塞小头应有5mm无齿段。适用于6~24ϕ^s5 钢丝束。 （杨宗放）

缸砖面层 clinker floor finish

将缸砖铺砌在水泥砂浆粘结层上而形成的块材饰面层。缸砖有多种形状和尺寸，铺砌前应浸水2~3h，阴干后使用。 （姜营琦）

gao

高层建筑钢结构 steel structures for tall(high-rise) buildings

用钢材制成的高层建筑的框架承重结构。由于具有轻质高强和高度可靠性的特点，钢结构在高层建筑施工中安装方便，可缩短工期，降低基础工程的造价，增加房屋有效使用面积而节约投资。大体上可以分为刚架、支撑框架和筒体三大结构体系，或采用几种体系的混合体。刚架体系的框架梁与柱为刚性连接，借以增加整个结构的刚度，特别是抵抗水平荷载的刚度。支撑框架结构体系则是刚架体系加设水平刚度相当大的支撑结构，可分为两大类：一是利用钢筋混凝土剪力墙，或利用电梯井及楼梯间所形成的筒体；二是在框架的部分区间加上斜杆形成支撑桁架。筒体结构体系一般用于建筑高度较大或高宽比较大时，有单筒体（单个核心筒或外框筒）、筒体-框架结构、筒中筒（双重筒体）结构、多重筒体结构和筒束结构等几种形式。

（王士川）

高处作业 work above ground level

在坠落高度基准面2m及2m以上有可能坠落的高处进行的作业。按作业高度分为一级、二级、三级和特级高处作业。一级高处作业是高度为2~5m；二级高处作业是高度为5~15m；三级高处作业是高度为15~30m；特级高处作业是高度为30m以上。按作业特点又可分为一般高处作业和特殊高处作业。特殊高处作业包括：强风高处作业——阵风风力六级以上情况下进行的高处作业；异温高处作业——高温或低温环境下进行的高处作业；雪天高处作业——降雪时进行的高处作业；雨天高处作业——降雨时进行的高处作业；夜间高处作业——室外完全采用人工照明时进行的高处作业；带电高处作业——接近或接触带电体条件下进行的高处作业；悬空高处作业——无立足点或无牢靠立足点条件下进行的高处作业；抢救高处作业——对突然发生的各种灾害事故进行抢救的高处作业。坠落高度基准面是指通过最低坠落着落点的水平面。最低坠落着落点是指在作业位置可能坠落到的最低点。高处作业高度是指作业区各作业位置在相应坠落高度基准面之间的垂直距离中的最大值。

(刘宗仁)

高级路面 high grade pavement

见路面（161页）。

高级抹灰 superior-class plaster

由一层底层、若干层中层和一层面层构成装饰层的一般抹灰。施工要求阴阳角找方、设置标筋、分层赶平、修整、表面压光。 (姜营琦)

高空拼装法 overhead assemblage method by sections

又称高空散装法。以小拼单元或散件在高空就位连接固定的方法。其特点是先在地面上将支承架搭到一定的标高，然后用起重机把构件分件（或分块）吊至空中利用支承架进行拼装。此法无需大型起重设备，但支承架用量大、高空作业多，故适用于螺栓球节点、半螺栓球节点和采用高强螺栓连接等非焊接节点的各类网架。在设置支承架时，支承点的位置应设在下弦节点处，应使支架支柱对支承面的压力小于容许承载力，并应保证支承架有足够的强度和稳定性。当网架拼装完毕后，网架下弦节点的各个支承点必须考虑合理的拆除顺序，以防止个别支承点在拆除过程中集中受力，使网架受力性质改变。对于大型网架要根据网架自重挠度曲线分区按比例降落，对于小型网架可简化为一次同时拆除，当焊接连接的网架采用满堂脚手架高空散装法安装时，应特别注意安全及防火。 (王士川)

高空散装法 overhead assemblage method by individual members

见高空拼装法。

高能燃烧剂 high-ehergy burning agent

以金属氧化物（三氧化锰、氧化铜）和金属还原剂（铅粉为主要成分）并掺入适量的硝酸铵炸药组成的以静态为主同时又具有某种动态爆炸特点的高能复合爆破材料。加入硝酸铵成分者称为高能燃烧剂，不加入硝酸铵成分者称为高能复合材料燃烧剂。 (林文虎)

高频焊 high frequency welding

由高频设备通过感应器而加热工件的接触焊接。用于焊接钢管的纵向焊缝，有制管速度快、焊接质量好的特点，所用的设备是高频焊管机，属全自动化设备。 (王士川)

高强螺栓紧固设备 tightenning device of hight-strength bolts

拧紧螺帽使高强螺栓中的应力达到规定预应力值的专门扳手。拧紧螺栓的方法有扭矩控制法和螺母旋转法（转角法）两种。扭矩控制法是使用可以直接显示扭矩的特制扳手（带响扳手或示灯扳手），事先按规定扭矩进行标定后将螺帽逐个拧至规定的扭矩值；转角法根据扳层间紧密接触后螺母旋转角度与螺栓预应力值的关系，用长扳手或风动扳手将已初拧的螺母旋转一个角度使螺栓达到规定的预应力值。 (王士川)

高强螺栓连接 high-strength bolted connection

又称预应力螺栓连接。靠拧紧螺栓后构件接触面上的摩阻力传力或摩阻力与螺栓杆身的承压和抗剪来共同传力的钢结构连接。前者称摩擦型高强螺栓连接，后者为承压型高强螺栓连接。高强螺栓的杆身、螺帽和垫圈都要用抗拉强度很高的钢材制成。为使连接达到预期的效果，施工中必须对构件的接触面进行处理，并正确地施加和控制螺杆的预加拉力值。 (王士川)

高速公路 freeway, motorway, expressway

年平均昼夜汽车折合成小客车的交通量25000辆以上，具有特别重要的政治、经济意义，专供汽车分道高速行驶，全部控制出入，全部设置立体交叉的现代化汽车专用公路。其通行能力大，为一般公路的3～4倍；行车速度高；交通事故少；但造价及技术要求均较高。在平原微丘情况下，高速公路的计算行车速度为120km/h，行车道宽2×7.5m，路基宽度26m，极限最小平曲线半径650m，停车视距210m，最大纵坡3%，桥涵设计车辆荷载汽车超20级，挂车120；在山岭情况下，上述数据相应为80km/h，2×7.5m，23m，250m，110m，5%，桥涵设计车辆荷载与平原微丘情况相同。两者桥面车道数均为4。 (邓朝荣)

高温抗压强度 compressive strength at high-tempratual

耐火混凝土在指定工作温度下的抗压强度。它直接反映耐火混凝土在指定温度下承受荷载能力的大小。 (谢尊渊)

高压釜 autoclave

又称蒸压釜。能建立高温高压环境，对混凝土制品进行高压蒸汽养护的压力容器。

(谢尊渊)

高压油管 high-pressure oil pipe

连接液压千斤顶与电动油泵的管路。采用钢丝网编织胶管。胶管接头的螺纹应与千斤顶和油泵的油嘴匹配。近来发展一种自封式快速接头，能承受

50 MPa 的油压，使用极为方便。　（杨宗放）

高压蒸汽养护　high-pressure steam curing

又称压蒸养护。以高于 0.1MPa 压力的 100℃以上的高温纯饱和蒸汽进行的混凝土湿热养护。它是硅酸盐混凝土制品的主要水热合成方法。
　　　　　　　　　　　（谢尊渊）

ge

搁栅　joist

支承地板、楼板或顶棚的小梁。常用木材或金属材料制成。
　　　　　　　　　　　（姜营琦）

搁置差　difference in placing

升板法施工中因停歇孔底标高不一，楼板临时搁置时产生的差异。其值应满足升板建筑结构设计与施工有关规定的要求。为了减少此差值可在孔底垫以垫铁，以调整其标高。　（李世德）

隔断工程　partition (erection) work, partitioning work

将建筑物较大的室内房间，分隔成若干较小的房间的施工工作。隔断包括活隔断和死隔断。前者有家具隔断、立板隔断、软隔断、推拉式隔断等；后者有龙骨隔墙、砌筑隔墙、条板隔墙等。根据隔断所用材料，可分为：石膏板隔墙、玻璃隔墙、板材隔墙、灰板条隔墙、木骨架轻质隔墙等。
　　　　　　　　　　　（姜营琦）

隔热材料防冻法　soil freezing prevention with insulation material coverage

在拟开挖的面积较小的地面上，覆盖保温材料，以防止土壤冻结的方法。保温材料覆盖的宽度为地面宽度加上两倍土的冻结深度，厚度 h_{FG} 按公式计算

$$h_{FG} = \frac{H}{K_1}$$

H 为无保温层的冻结深度（mm）；K_1 为被保温土层冻结速度与保温材料冻结速度的比值。常用的保温材料有：炉渣、锯末、草帘、草袋、珍珠岩等。
　　　　　　　　　　　（张铁铮）

gen

跟踪　follow-up

又称追踪。在网络计划执行过程中，定期检查、记录实际工作进度，并与计划进度进行对比，适时调整原计划，以及采取措施保证计划按期完成的工作。　　　　　　　（杨炎燊）

geng

耕缝

用平尺板对齐灰缝贴在墙上，然后用溜子顺着平尺板在灰缝上耕压出缝子的做法。适用于丝缝及淌白缝子等灰缝很细的墙面。灰缝如有空虚不齐之处，事先应经打点补齐。　（郦锁林）

gong

工程材料费　material expenses for works

为完成拆建工程所耗用的主要材料、成品和半成品的费用以及周转材料摊销费用的总和。在工程直接费中占主要部分。　（段立华）

工程地质资料　engineering geological data

经工程地质勘察所提出的有关报告和图纸。一般包括场地位置、地形地貌、地质构造、不良地质现象、地层成层条件、岩石和土的物理力学性质、场地的稳定性和适应性评价、岩石和土的均匀性和允许承载力、地下水等。它是进行工程施工，特别是土方工程和地下工程设计和施工的主要依据之一。　　　　　　　　　　　（林文虎）

工程费　construction costs

新建或改建建筑物（构筑物）的费用和必要的设备安装费用的总称。包括建筑工程费和安装工程费。前者指路基、桥涵、隧道及明洞、轨道、通信、信号、电力、电力牵引供电、房屋、给排水、机务、车辆、客货运、工务、其他建筑等和属于建筑工程范围内的管线敷设、设备基础、工作台等，以及拆迁工程所需的费用；后者指各种安装的机电设备的装配、装置工程，与设备相连的工作台、梯子等的装设工程，附属于被安装设备的管线敷设，以及被安装设备的绝缘、刷油、保温和调试、试验所需的费用。　（段立华　邓先都）

工程间接费　construction indirect costs

建筑企业为组织施工和进行经营管理，间接地为建筑安装生产服务所发生的各项管理费用。包括工作人员工资、生产工人辅助工资、工资附加费、办公费、差旅交通费、固定资产使用费、工具用具使用费、劳动保护费、检验试验费、职工教育经费、利息支出、其他费用和其他间接费。此项费用不直接计入某一分项工程或某一构件上，而按规定的取费标准计算。是工程费的组成部分。
　　　　　　　　　　　（段立华）

工程建设监理管理机构　project administration and management authority

负责本行政区域或本部门内工程建设监理管理工作的专门机构。主要职责是：①贯彻执行国家建设监理法规，根据需要制定管理办法或实施细则，并组织实施；②组织或参与审批本地区或本部门大中型建设项目的设计文件、开工条件和开工报告；③组织或参与检查、督促本地区或本部门工程建设重大事故的处理；④组织或参与本地区或本部门大中型建设项目的竣工验收；⑤组织本地区或本部门监理工程师的资格考试，颁发证书；审批全省（自治区、直辖市）或本部门的监理单位；⑥指导和管理本地区或本部门的建设监理工作。

(张仕廉)

工程控制测量 control surveying for projects

为建设工程选址、定位、施工放线和竣工后变形观测而进行的平面控制和高程控制测量工作的总称。它是各项工程建设中所有测量工作的基础。在工程规划设计阶段，要建立地形测图控制网，以控制整个需测地区。在工程施工阶段，要建立施工控制网，以满足施工放线的需要。在工程使用运行阶段，根据需要设置变形观测控制网，以便进行变形观测，保证工程安全使用，有时还据之分析变形规律，进行有关的科学研究。

(卢 谦)

工程量计算 quantity measurement

计算施工对象的实物工程量。在编制施工总进度计划时，工程量可按初步设计或扩大初步设计图纸，并根据万元工程量扩大指标或概算指标计算，或按已建成的类似建筑物、构筑物实耗工程量推算。在编制单位工程施工进度计划时，工程量根据施工图及工程量计算规则或预算文件的数据进行计算。

(邝守仁)

工程任务单 schedule of work to be completed

安排工人班组执行施工任务的指令性文件。包括工作内容、单位数量、施工定额、完成期限、工程质量和安全要求。还列有空白栏，供填写实际完成任务的数据，用作核算和统计的依据。

(段立华)

工程施工 project construction

工程项目投资意图及设计意图的实现阶段。是建筑安装企业根据计划任务书、设计图纸、文件和承包合同，组织人力、物力和财力完成施工生产任务的全过程。

(曹小琳)

工程项目内部信息 information inside project

工程项目建设全过程中不断产生的信息。是工程项目内部量化管理的依据，也是沟通各部门的信息纽带和高层决策的依据。具有使用面广、变动快、系统性强的特点。如工程概况；监理大纲；施工方案；合同、设计文件和图纸及相应的修改；工程日记、工程报表、会议记录；项目的资金、进度、质量目标体系及产生偏差分析、纠偏调整记录；工程组织机构、人员记录；材料、设备、动力状况记录等。

(顾辅柱)

工程项目外部信息 information outside project

来源于工程项目外部环境，服务于工程项目，特别是工程高层管理决策的信息。主要用于高层决策，具有来源广且不确定，离散，既有正式的也有非正式的，情报为主。包括：国家方针政策；法律；国内外科技、市场、经济动态；参标设计、施工单位实力、信誉；规范规程；定额等。

(顾辅柱)

工程预算 engieering estimate

用以确定工程造价事先编制的费用预算文件。包括设计概算、施工图预算、施工预算、单位工程概预算书、综合概预算书、总概预算书等。

(毛鹤琴)

工程运输 construction transportation

工程施工期间所需材料、机具、设备、人员和生活物资等运输工作的总称。对于运量较大运距较远的大型工程，在编制施工组织设计时，应全面安排和精确规划，选择最有利的运输方式和运输工具，以保证工程不间断顺利地进行。

(段立华)

工程招标 project tender

发包人（建设单位或业主）就拟建工程提出设计图纸、技术经济条件和目标要求，公开或邀请承包商（施工单位）参与投标，对自愿参与投标者进行审查、评比和优选，并与中标者签订工程承包合同的过程。

(毛鹤琴)

工程招标投标监督办公室 project bidding administration offices

各级政府建设主管部门内负责建设市场和招标投标监督管理的机构。其主要职责是：①贯彻执行国家有关工程建设市场和招标投标的法律、法规和方针、政策，制订招标投标的规定和办法。②按照建设市场管理法规，审核建设单位是否具备发包工程和工程招标的资质；审核工程设计单位是否具备承担相应的工程设计资质，施工单位是否具备投标和承包相应工程的资质。③按照工程招标投标、承发包和工程合同法规规定的程序和方法，监督业主、设计、施工单位依法进行工程招标投标与选标定标、进行承发包、商签工程合同。④按照工程标底编制办法和有关标价的规定，监督各类工程建设的中标价格、承发包价格，并监督工程合同的履行和工程款的结算。⑤总结、交流建设市场管理和招标投标工作的经验，调解建设工程招标投标纠纷，

对违反者依法进行处理。　　　（张仕廉）

工程直接费　construction direct costs
　　直接用于工程上的有关费用。一般由人工费、工程材料费和施工机械使用费等组成。是工程费的重要组成部分。
　　　　　　　　　　　　　　（段立华）

工程质量监督站　project quality administration station
　　由政府授权，对辖区内所有工程，按照工程建设施工规范和质量验评标准，检查与监督工程建设施工质量、进行工程质量等级认定的专门机构。它行使的是政府职能，是强制性监督，对政府负责。
　　　　　　　　　　　　　　（张仕廉）

工程咨询　engineering consultation
　　工程咨询单位接受业主的委托，向业主所提的工程建设意见、实施方案、技术经济数据等工作。可以为建设前期咨询（包括项目建议书、勘测、科研、试验和可行性研究、资金筹措、项目任务书等）、建设中的咨询（包括项目设计、招标投标咨询、设备订购、施工监督、中间验收等）和建成后咨询（包括工程竣工验收、投产运转指导等）。属建议性质，对任何人无约束力。工程咨询是建设监理服务的一项重要内容。　　（张仕廉）

工程咨询单位　engineering consultatin firm
　　以工程咨询为业，面向社会服务的具有独立法律地位的咨询机构。工程咨询具有知识密集性和综合性的特点，因此工程咨询单位需要各类专门人才，这些人才有的要求具有较高的专业理论水平和综合分析研究的能力；有的要求具有丰富的生产及管理实践；有的要求以上两个方面能力都要能兼备。是"高智能"组织，属于服务性质，不失其公正性。　　　　　　　　　　　（张仕廉）

工地消防　site fire protection and firefighting
　　施工单位在施工现场所依法建立的防火制度及应采取的防火措施。《中华人民共和国消防法》和有关法规，对施工单位在施工现场防火责任制的建立，消防宣传牌的设置，消火栓、消防管道等消防设施器材的设置标准及要求，易燃建筑的搭设及防火距离，仓库、易燃料场和明火使用处的防火要求，电器设备的安装，现场的吸烟限制等都做了详尽明确的规定。　　　　（朱宏亮）

工地运输　site transportation
　　施工场地内部的运输。按运输方式可分为水平运输和垂直运输。内容有：施工场地内各种材料、设备、施工工具、劳动力等的运输。场地内的运输，尤其是面向工作面的运输，直接影响建筑安装工作的生产效率，应合理选用运输方式和有效的运输工具。　　　　　　　　（段立华）

工法　construction law
　　以工程项目为对象，运用系统工程的方法，把先进技术与科学管理相结合，形成具有实用价值的综合配套的新技术。它具有新颖、适用和提高施工效率、保证工程质量、降低工程造价等特点，其内容包括工艺原理、工艺程序、机具设备、质量标准、劳动组织、材料消耗、经济分析等。
　　　　　　　　　　　　　　（毛鹤琴）

工具锚　tool anchorage
　　后张法施工时，装在液压千斤顶（或其他张拉设备）的尾部，能将千斤顶的拉力传递给预应力筋的装置。其尺寸较大，并应有较高的精度，夹片外周要磨光，以便重复使用。　　（杨宗放）

工具式模板　tool-type form work
　　现浇或预制钢筋混凝土构件采用的通用性较强，均可多次重复周转使用的模板体系。包括模板、连接配件及支撑等配套装置。常用的有各种定型组合模板、移动式模板、翻转模板、拉模、分节脱模等；连接配件有可调卡具、扣件、夹具、插销、对拉螺栓等；支撑有可调组合桁架支承、多功能支架、可调钢管支撑等。工具式模板体系，由于它的多功能性，材料得到充分利用，造价低，施工方便，应用极广。　　　　　　（何玉兰）

工期　project time
　　见施工周期（215页）。

工期成本优化　time-cost optimization
　　又称时间成本优化。在网络计划中为寻求总成本最低时的最佳工期或工期规定条件下的最低成本，对计划进行调整完善工作的总称。优化的方法有表格解法和线性规划解法等。　（杨炎榮）

工期调整　shortening project
　　又称工期优化。在初始计划方案的基础上对过长工期予以压缩，或在一定条件下使工期最短，保证计划工期达到最优指标的工作总称。
　　　　　　　　　　　　　　（杨炎榮）

工期指标　targeted project duration
　　参照国家或地方制定的建筑安装工程工期定额，同时考虑建设单位提出的工期要求，结合工程和施工企业的具体情况，对拟建工程提出的竣工工期的具体期限。表现形式可以是日历工期、作业工期，也可为有效施工工期。　　（孟昭华）

工伤事故　injury accident
　　企业工人、职员在生产区域中所发生的与生产有关的伤亡和急性中毒事故。要按有关规程规定进行调查、登记、统计和报告。　　（刘宗仁）

工业炸药　explosive for industrial use
　　在工业上使用的能够进行化学爆炸反应的物

质。该种物质应同时具备爆炸瞬间能释放巨大能量，反应速度极快和反应时能生成大量气体的爆炸三要素。其化学反应的放热量为 3 762～7 524kJ/kg，爆温为 1 000～4 500℃，反应速度达 2 000～9 000m/s，生成气体量大约是 600～1 000L/kg。表示炸药的爆炸特性的是敏感度、爆速、爆温、爆热、气体生气量、猛度和殉爆距离等指标。炸药按其用途和组成可有起爆药和破坏药。工程用炸药通常应满足爆炸性能良好，具有足够的威力；制造、运输和使用时安全可靠，加工简易，接近于零氧平衡，爆后有毒气体少；理化性能稳定，在规定的期限贮存期内不易变质失效，原料来源广泛成本低等要求。

(林文虎)

工艺关系

又称工艺联系。由生产工艺所决定的各工作完成程序的逻辑关系。

(杨炎燊)

工艺设计 technological design

为保证建设项目实现生产、生活或其他特定功能，让人员、机械设备、原料、产品、废弃物在时间和空间方面实现合理流动、布置、运输和存放等工艺流程的设计。简单的可由建筑师在建筑设计中完成。较复杂的必须有熟悉该项工艺流程的专业人员参加。一般按二阶段或三阶段进行。

(卢有杰)

工作 activity

又称工序、作业、活动。需要消耗人力、物资和时间的活动。在网络图中，它是计划任务按计划粗细程序划分而成的一个消耗时间，或既消耗时间也消耗资源的子项目或子任务。

(杨炎燊)

工作持续时间 activity duration

又称作业时间、工作延续时间。工作从开始到结束所需要的延续时间。

(杨炎燊)

工作幅度 working area of crane

旧称回转半径，简称幅度。起重机的旋转中心至吊钩中心的水平距离。对于自行杆式起重机和塔式起重机，工作幅度和起重量是相互制约的，也就是说，工作幅度越小，起重量就越大，反之，起重量就越小。因此，有最大和最小工作幅度之分。工作幅度和起重量之间的关系可绘制出起重性能曲线。

(李世德)

工作面 work face

提供工人或机械进行施工作业的空间。其计量单位采用 m 或 m²，根据各工种工作的特点而定。

(杨炎燊)

工作面正常高度 normal height of working face

又称掌子面正常高度。使用正铲挖土机挖土时，保证挖斗能够一次装满的最小挖方平均高度。随挖土机的挖斗容量及土的种类而不同。开挖砂土、松散的砾石时，工作面高度不受任何限制。

(庞文焕)

工作性 workability

又称和易性。混凝土拌合物在不损害其整体性和均匀性条件下，完成运输、浇灌、捣实、抹平等施工作业难易程度的性能。它是混凝土拌合物多种基本技术性质（包括流动性、可塑性、稳定性、易密性等）的综合表现。

(谢尊渊)

公开招标 open bidding

由招标单位通过报纸或专业刊物发布招标通告，公开招请承包商参加投标竞争。凡符合规定的承包商都可自愿参加投标。有较大的选择范围，有助于开展竞争，打破垄断，促使承包企业努力提高工程质量、缩短工期、降低成本，但其招标工作量较大。

(毛鹤琴)

公路分级 classification of highway

根据交通量及其使用任务、性质等，将公路划分为高速公路、一级公路、二级公路、三级公路、四级公路等五个等级。公路等级的选用，是根据公路网的规划，从全局出发，适当考虑远景发展的交通量，结合公路的技术指标等各种因素综合确定的。

(邓朝荣)

公路交通标志 road traffic signs

为保障运输安全，公路管理部门应用图形和文字符号传递特定信息的标志。用于交通管理，它一般设在路侧或路的上方。常用标志有：警告标志、禁令标志、指示标志、指路标志、辅助标志等；此外可变信息标志，是通过自动或手动变换图形、文字、符号，传递交通信息。必要时也可以对个别路段采取限速、限载、限宽、限高、限车辆种类以及分道行驶、便道绕行、雨中雨后停驶、临时停渡等项交通管理措施，并设置明显标志、路栏或发布公告。

(邓朝荣)

公路桥梁工程 highway bridge construction work

公路桥梁的新建、改建和修复加固工作的总称。按其工作内容，可分为施工准备、施工测量、基础施工、桥墩桥台（下部结构）施工、桥跨结构（上部结构）施工等。按照桥梁结构类型和工程施工特点，有直接基础、沉入桩基础、就地灌注桩基础、管柱基础、沉井基础；模板、拱架和支架、钢筋、混凝土及钢筋混凝土、预应力混凝土、水下混凝土、砖、石及混凝土预制块砌体、混凝土和砖石砌体施工；钢桥、吊桥和斜拉桥、木桥、装配式混凝土桥、钢筋混凝土和预应力混凝土桥的安装、涵管顶进等。公路桥梁工程施工，必须按照《公路桥涵施工技术规范》等有关规定执行。

（邓朝荣）

公司保证债券 guaranteed bond

由发行公司以外的第三者为本息偿还提供担保的公司债券。提供担保者可以是发行公司的母公司，也可以是受发行公司委托的银行等金融机构。担保人在每张债券的背面均以背书形式保证：当发行公司无力偿还债券的利息或本金时，担保人即负责向持券人偿付。

（颜 哲）

公司收益债券 income bond

发行公司承担到期日无条件偿付本金的责任，但支付利息的金额和时间不固定，只有当公司税后盈利达到一定水平时才支付利息的公司债券。可能以公司的动产或不动产作担保，也可能没有担保。常被无力偿付债务利息的公司（如西方的一些经营困难的铁路公司）用于公司改组，通过发行此种债券来收回旧债券，使公司在无盈余的情况下，不致被迫宣告破产。

（颜 哲）

公司信用债券 debenture bond

仅凭发行公司自身的资信而发行的债券，没有任何财产或信托手段作为还本付息担保。公司债券的一种。由于没有财产担保，购买者风险较大，因而特别注重公司的资信和盈利状况。为保护购买者利益，往往在债券发行协议书中对公司资金运用加以明文限制，如：限制公司购买其他企业有价证券的数额；要求保持一定的流动比例；要求保证一定的储备基金；限制公司股利的支付数额；规定如公司无力支付利息即须提前还本；规定如公司再发行债券，则当公司清理时信用债券持有人对公司剩余财产比公司其他债券持有人在分配上有优先权等。

（颜 哲）

公司债券 corporate bond, debenture

公司为筹集生产经营资金而依照法定程序发行的、约定在一定期限还本付息的有价证券。债券持有人是公司的债权人，无权参与公司的经营管理决策，但收取债券利息先于股东分红，公司清理时也可先于股东获得偿还。在到期之前，通常可依法买卖、转让或质押。公司债券应载明公司名称、债券票面金额、利率、偿还期限等事项，由董事长签名，公司盖章。公司发行债券筹资不会影响股东对公司控制，债券持有人承担风险比股东小，公司债券利率通常高于政府债券和银行存款利率，能吸引投资者，故公司常采取此种筹资方式，但若公司盈利不足以按时对债券还本付息，公司就有破产危险。

（颜 哲）

供用电合同 prwer supply contract

供电方按规定标准将电力输送给用电方，用电方按规定用电并给付电费的协议。

（毛鹤琴）

拱 arch

又称碹。外形为曲线或折线形结构。它主要承受各种作用产生的轴向压力，有时也承受弯矩、剪力或扭矩。常用的拱曲线有抛物线、椭圆曲线、悬链线、圆曲线等。一般用砖石砌体、钢筋混凝土、木材、金属材料等建造。按拱的构造可分为无铰拱、双铰拱、三铰拱、落地拱等。拱结构在桥梁结构及房屋结构中得到了广泛的应用。（方承训）

拱顶石 keystone

又称拱心石。石砌拱桥拱圈中轴上最高的一块拱石。拱圈最后安砌拱顶石，称为封拱或合拢。跨度10m以内的拱圈，安砌拱顶石时，拱脚砌缝中的砂浆须尚未凝结，并采用刹尖法填塞砌缝。大、中跨径的拱桥，采用分段砌筑或分环与分段相结合的砌筑方法。拱顶石的砌筑，必须在所有空缝填塞并达到设计强度后才能进行。封拱时的大气温度，如设计无明确规定，宜在气温较低的凌晨进行。

（邓朝荣）

拱冠梁法 crown bar method

见英国法（276页）。

拱涵 arched culvert

由拱圈、涵台（墩）和基础等构成的涵洞。泄水能力较大，可用石砌或混凝土浇筑，就地取材。但建筑高度大，施工较复杂，对地基承载力要求较高。适用于高填土、地质条件好、有石料来源的地方。

（邓朝荣）

拱架 arch centering

① 隧道内修筑拱圈衬砌时用以支承模板的结构。可用木料或金属制成数片在洞内进行拼装。金属拱架大多用工字钢或旧钢轨弯曲而成。因其占地少、易搬运、无沉陷而拱架下不需另加支撑，并能多次倒用，故应用较广。

② 又称鹰架。拱桥拱圈施工时的临时支承结构。按材料不同，有木拱架、钢桁拱架、竹拱架、竹木拱架和土牛拱胎。钢桁拱架由型钢或钢管制成的钢结构构件拼接而成，如采用W形的基本节段拼装成单层或双层的二铰、三铰和无铰拱桁架。采用钢桁拱架，施工期间可以通航，它由桁架单元、下弦配件、铰、连接件、落架设备等组成。拱架除进行强度和稳定性验算外，为保证结构竣工后尺寸准确，需预留施工拱度，用以抵消拱架及卸架后建筑物可能发生的垂直变形。空拱架应考虑风荷载影响，并应有足够的抗倾覆能力。

（范文田　邓朝荣）

拱壳空心砖 brick for arcked soof

又称挂钩砖。两侧边分别带有挂钩和沟槽能靠互相挂钩悬砌成拱壳的空心砖。是砌筑拱形屋盖的异形空心砖，有 220mm×90mm×95mm、220mm×90mm×120mm 等规格，孔洞率为 36%～40%。砌筑时，利用砖的沟槽互相钩挂，对拱壳进行悬砌，不需模板、支撑。 （方承训）

拱块砌缝 voussoir joint

拱块之间的灰缝。拱圈辐射缝应垂直于拱中心线，相邻两行拱石的砌缝应互相错开，错开距离不小于 100mm。浆砌粗料石和混凝土预制块拱圈的砌缝宽度为 10～20mm；块石拱圈的砌缝宽度不大于 30mm。拱圈的辐射缝不甚陡时，应先在侧面已砌拱面上铺浆，再放拱石挤砌；辐射缝较陡时，可临时嵌入木条再分层填塞，捣实砂浆。拱桥的砌筑，应严格按照规定的砌筑程序进行。
（邓朝荣）

拱桥悬臂浇筑法 cantilever-wise concreting method of arch bridge

将已浇拱圈、立柱、行道梁等构件组成一桁架，并将其固定于台后利用吊篮自两岸悬臂逐节浇筑拱圈形成拱桥的方法。日本外津桥一孔跨径 170m，变截面双室箱两铰拱，采用此法施工。拱脚段的拱圈藉钢支架就地浇筑，之后用带有升降机的特殊工程车，从左右两岸施工拱肋，全桥共 140 节段，节长 3.5m，重量 60t。

（邓朝荣）

拱桥悬臂拼装法 erection by protrusion of arch bridge

将由两段桁架拱片组成的框构节段在桥孔上拼装的拱桥悬臂施工法。即将整孔桥跨的拱肋、立柱、上弦杆以及斜杆等分段预制组成若干桁架拱片。再用横系梁和临时风构将两桁架拱片组装成框构。每节框构整体运至桥孔，由两端向跨中逐段悬伸拼装合拢。必要时，可设置必要的临时斜杆。悬伸出去的拱体通过上弦拉杆和锚固装置，固定于墩台上，维持稳定。中国于 1972 年首次采用此法安装双曲拱桥，1979 年浙江省清风桥利用悬臂拼装成双孔 92m 单室箱形拱桥。施工全过程，结构体系要经历悬臂桁架-桁架拱-无铰拱等三个受力阶段，因而必须相应进行不同荷载作用下桥梁结构和墩台的强度及稳定性验算。 （邓朝荣）

拱桥悬臂施工法 erection by cantilever method of arch bridge

钢筋混凝土拱桥，不在拱下设拱架而利用两岸临时设施，向河中悬臂逐节施工，最后拱顶合龙的方法。分为：拱桥悬臂浇筑法、拱桥悬臂拼装法、塔架斜拉索法、刚性骨架与塔架斜拉索组合法（简称骨架斜拉施工法）等。它提高了钢筋混凝土拱桥与其他桥型的竞争能力。 （邓朝荣）

拱桥悬砌法 arch by laid cantilever

砌块的构造是使它在横向悬砌中的重心落在前一条拱肋上，而且它与前一拱肋的砌块边缘互相卡住，保证不至翻落，直至板拱砌筑完。砌块均用架空索道吊运或船供应。此法只须首侧拱肋的拱架，既省支架，又不用斜拉扣索。系中国广东省所创造。 （邓朝荣）

拱桥转体施工 construction by swing of arch bridge

将拱桥分为两个半跨，分别利用两岸地形作简单支架或土牛拱胎，现浇或预拼钢筋混凝土拱圈，然后转体合拢的施工方法。用扣索的一端锚固在拱圈的端部，另一端经拱上临时支架至桥台

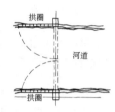

尾部的平衡墙锚固，保证脱模或转体时的稳定。用液压千斤顶或手摇卷扬机等收紧扣索，使拱圈脱模（或脱架）；借助台身间预设的铺有聚四氟乙烯板或其他润滑材料和钢件的环形滑道（即转盘装置），将拱圈慢速转体 90°，左右合龙，并浇筑拱顶段（约 0.3m）的接头混凝土。桥跨较大时，为了减小转体时的平衡墙重，将双箱对称同步转体，即四个半跨边箱使用两岸的成对的转轴转体。此法于 1977 年在中国四川省遂宁市首次建成 1 孔 70m 的钢筋混凝土箱肋拱桥（两个半跨转体架设）以来，共建十多座拱桥，其中四川涪陵乌江大桥 1 孔 200m，采用四个半跨的钢筋混凝土箱形拱，同步转体架设。 （邓朝荣）

拱圈封顶 top closing of tunnel arch

灌筑整体式衬砌拱圈混凝土时的最后作业。完成后可使整个衬砌起到推力结构的作用，为此应及时进行捣固密实，封顶速度应与拱圈两侧的灌筑速度保持一致并尽量缩短差距。封顶时有活封口与死封口之分。 （范文田）

拱圈合龙 closing up of the arch ring

拱桥施工中，主拱圈采用分段浇筑、分段安装或砌筑，最后封闭形成主拱圈的施工步骤。合龙时宜在大气温度较低时进行，常为凌晨，并且所有空

缝填塞须达到设计强度后才能进行。小跨径拱圈采用刹尖法封顶合龙；跨径大、拱圈厚度较大时，按分层（分环）灌筑，分段灌筑好一环合龙成拱，待达到设计强度要求后，再灌筑上面的一环。第一环拱圈形成拱便具有承重作用，可大大减少拱架的设计荷载（约占拱圈总重的 60%～75%），也使合龙方便。若预施压力调整应力之后，再封顶合龙，加压的方法和时间应按设计要求进行。砌筑拱圈的合龙参见拱顶石（86 页）。　　　　　　（邓朝荣）

拱圈混凝土浇筑　concreting of arch

拱圈跨径 10m 以下，可按拱的全宽和全厚，由两侧拱脚同时对称地向拱顶灌筑，但应争取尽快的速度，使在拱顶合龙时，拱脚处的混凝土尚未凝结。拱圈跨径 10～15m，在拱脚预留空缝，由拱脚向拱顶按全宽、全厚进行灌筑。为防止在拱顶处的拱架上翘，可在拱顶预先压重，待拱圈达到 70% 设计强度后，将预留空缝灌筑。大中跨拱桥，采用分段灌筑或分环与分段相结合的灌筑方法。在拱顶、拱脚、拱架的节点处预留空缝，待拱圈灌筑后，再灌空缝混凝土，待所有空缝混凝土达到设计强度后，再行封拱（合龙）。当跨径大，拱圈厚，可分层（即分环）灌筑，按分段灌筑好一环合龙成拱，待达到设计强度要求后，再灌筑上面的一环。第一环拱圈与拱架便共同承受第二环拱圈重量，可大幅度减少拱架材料。　　　　　　　（邓朝荣）

拱圈托梁　wall beam at tunnel arch springing

在先拱后墙法中用定型料石或混凝土块砌筑隧道拱圈衬砌时所修建的纵向钢筋混凝土梁。用以防止开挖边墙时由于爆破震动可能产生的拱脚灰缝松动、拱块脱落以及拱脚下沉等。当拱圈混凝土衬砌跨过地质不良地段时，拱脚处也采用托梁跨过。
　　　　　　　　　　　　　　　　（范文田）

拱上建筑　building on arch

上承式拱桥，桥面与主拱圈（肋）之间传递荷载的构件或填充物。分为实腹式和空腹式两类。前者构造简单，施工方便，但填料较多，恒载较重，适于小跨径拱桥；后者恒载小，使桥梁显得轻巧美观，适于大中跨拱桥。无支架或卸架施工，应在主拱圈混凝土和砂浆强度达到设计强度的 70% 后方可进行拱上建筑施工，使拱所产生的对立柱或横墙的推力大致平衡。拱上建筑施工应左右半跨、桥上下游方向大致同步进行。　　　（邓朝荣）

拱石　voussoir

拱石楔块的简称。组成拱身的楔形料石、块石、片石、混凝土预制块等的统称。根据拱的曲线形状及其本身在拱圈内的位置，经石工细凿加工或预先浇制而成，跨度大、拱圈厚，按多层拱石砌筑。拱石层面与拱轴垂直，料石拱石的尺寸：拱圈内侧厚度不小于 200mm，垂直拱圈方向 300～600mm，拱宽方向 300～800mm。　（邓朝荣）

拱　bracketarm

见翘（197 页）。

拱眼

拱上部两边的刻槽。　　　　　（鄜锁林）

gou

勾缝　pointing joint

用砂浆修饰砌体灰缝的工作。目的是增加砌体面的美观，防止大气、雨水对灰缝的侵蚀，保护砌体。按使用的砂浆分有原浆勾缝与加浆勾缝两种。其型式有：平缝、凹缝、凸缝、斜缝等。
　　　　　　　　　　　　　　　　（方承训）

沟侧开挖　side excavation of trench

反铲（拉铲、抓铲）挖土机沿沟槽（坑）的一侧横向移动挖土，可装车也可甩土并可将土甩至较远地方的开挖方式。此法稳定性差，挖土宽度、深度均受限制，也不能很好地控制停机面一侧的边坡。　　　　　　　　　　　（林文虎）

沟端开挖　front excavation of trench

反铲（拉铲）挖土机在沟端退着挖土，可装车也可甩土的开挖方式。装车或甩土回转角度小，视线好，机身停放平稳，是基坑（槽）、管沟开挖采用最多的一种开挖方式。　　　　（林文虎）

构件绑扎　fastening of members

为便于起吊，利用索具对构件进行的绑扎。绑扎方法根据构件的种类及其重量和长度或跨度而定。主要应注意绑扎点的位置和数量的选定。柱子一般采用单点绑扎，只有当长度较大或双机抬吊运用旋转法、递送法才使用两点绑扎。单点绑扎根据起重机的性能又可分为直吊绑扎法和斜吊绑扎法。采用单点绑扎时，绑扎点的位置应高于柱的重心，使之在起吊过程中自然直立。此法吊具简单、起吊安全方便，是吊装柱的常用绑扎方法。屋架的绑扎点一般均选在上弦节点处，且左右对称，以使屋架在起吊过程中受力均匀。吊索与水平线的夹角应大于 45°，以免屋架上弦承受过大的横向压力。必要时可采用横吊梁（铁扁担），以减少绑扎高度和横向压力。屋架起吊绑扎点的位置和数目视其型式和跨度而异，一般可采用两点、三点、四点绑扎。双机抬吊大跨度屋架有时则可采用六点绑扎，位置可在上弦或下弦，但必须对称。　　（李世德）

构件叠放　structural members piled up each other

采用重叠形式进行构件的堆放。这类堆放方式主要是为了节省堆放场地的面积，常用于板式构件。叠放时，应注意吊钩向上，标志向外，各层垫木的位置应在一条垂直线上。　　　（李世德）

构件对位　positioning and alignment of members

又称构件落位。起重机将构件吊装至设计位置以保证其平面位置满足设计要求的方法。只需使构件的吊装准线与基础或已安装好的构件的相应吊装准线重合即可。其方法是利用起重机配合撬棍等工具进行。对位后经临时固定，起重机方可脱钩。
　　　　　　　　　　　　　　（李世德）

构件分节吊装法　erection method by sectio

将构件分为若干节后，按节进行吊装的方法。常用于多层或高层装配式框架柱以及大跨度屋架。吊装时应特别注意轴线偏差和垂直度的控制，焊接或灌注接头混凝土时应保证接头质量。
　　　　　　　　　　　　　　（李世德）

构件加固　strengthening of structural members

构件在扶直或吊装过程中，由于强度或刚度不足而相应采取的措施。在此过程中，其支承、受力状态与使用阶段是不尽相同的，甚至出现应力反号。因此，必须按其实际支承和荷载分布情况进行最不利受力状态分析和验算，以保证构件在扶直或吊装过程中的安全。验算时，视具体情况分别验算强度、刚度和稳定性。如验算结果不能满足要求，必须进行加固。加固部分视验算结果而定。另外，在吊装过程中，有时可能出现某些始料不及的情况，如吊索的抖动、吊钩的骤然下落、急刹等，由此而产生的振动影响是计算反映不出来的。对于出平面刚度较差的构件（如屋架），便可能因此产生裂缝或变形，为防止这类事故的发生，也必须进行加固。　　　　　　　　　　　（李世德）

构件就位　positioning of member

将构件运送或吊装至起吊前预定的位置。与吊装工艺、构件重量和长度（跨度）、起重机性能以及场地面积有着密切关系。就位位置应满足吊装构件一次到位的要求，即起重机位于某一停点便可将构件一次吊装至设计位置。根据构件轴线与房屋纵向轴线的相对关系可分为：纵向就位、横向就位和斜向就位三种方式。　　　　（李世德）

构件立放　structural members stored in vertical posion

构件堆放时处于竖立状态。一般适用于高度较大、厚度较小的构件，诸如屋架、薄腹梁等。这类构件出平面的刚度都较差，采用立放不仅保证刚度，而且使堆放时构件的受力状态与设计相吻合。立放时，应采用支承架，以防止其倾倒。对于某些梁式中小型构件，一般也采用立放方式。
　　　　　　　　　　　　　　（李世德）

构件立运　structural members transported in vertical posion

将构件立放于运载工具上进行的运输。一般用于大型构件。这类构件中，如屋架、薄腹梁的出平面刚度都较小，采用立运既能保证刚度，又能保证构件在运输过程中受力状态与设计相吻合，从而避免产生变形或裂缝。立运过程中应防止构件的倾倒。　　　　　　　　　　　（李世德）

构件临时固定　temporary fixing of members

为了起重机及早脱钩，使构件固定而采取的临时措施。临时固定方法视物件种类不同而异。对柱而言：待柱脚插入基础杯口后，沿柱的四周插入八只楔块，柱子对位后，将楔块略为打紧即可脱钩，柱子靠自重沉至杯底。同时复查吊装准线，符合要求便将楔块打紧。对屋架而言：当第一榀屋架吊至柱顶对位后（此时它是单片结构，稳定性极差），一般都用4根缆风索从两边将屋架拉牢，如果有抗风柱便将屋架与之连接，以作临时固定。以后各榀屋架即可用两根屋架校正器连接在前榀屋架上作为临时固定。其他构件一般经对位后，直接搁置在已安装好的构件上即可。　　　（李世德）

构件落位

见构件对位。

构件平放　structural members stacked horizontally

构件堆放时处于平卧状态。多用于中、小型构件。平放构件应注意其刚度和受力状态是否与设计吻合，否则，视构件长度可适当地增设支承垫木。
　　　　　　　　　　　　　　（李世德）

构件平运　structural members transported in level posion

构件在运输过程中处于平卧状态。一般用于中、小型物件。常用于板式构件的运输。平运时，构件可重叠堆码。堆码时，应注意上下支承点（垫木）应保持在同一垂直线上，以免在运输过程中产生构件变形或裂缝。　　　　　　（李世德）

构件校正　rectification of members

保证构件就位位置符合设计要求的必要手段。内容包括：平面位置、标高和垂直度。平面位置的校正，一般构件在对位时已完成，但对吊车梁，除了轴线校正外尚有吊车跨度校正。因此，校正工作应在屋盖构件吊装后进行，以免因吊装屋盖影响已校正好的吊车梁。一般采用通线法和平移轴线法。

标高的校正一般根据构件长度采用基底抄平的方法。为便于抄平，有关结构安装的施工及验收规范规定预制构件影响标高部位的误差只允许有负值。垂直度校正通常都利用经纬仪或垂球进行，其方法视构件种类不同而异。校正柱子时，在柱的两个垂直方向分别用经纬仪同时进行垂直度观测。如果偏差值不大，可采用调整楔块的松紧程度进行校正；如果偏差值较大，则可采用钢钎校正法、撑杆校正法、千斤顶校正法和缆风校正法。屋架垂直度的校正是利用经纬仪或垂球配合屋架校正器进行。

(李世德)

构件最后固定 final fixing of members

将校正好的构件按设计要求加以固定。固定方法因构件设计要求而异。一般端部要求铰接的构件都以焊接方式固定。施焊时应尽量避免焊接应力的影响。如要求固接，视构件种类可采用浇注混凝土（如钢筋混凝土柱）或焊接、高强螺栓连接（如按刚架设计的钢结构屋架与柱的连接）。无论哪种连接都应保证施工质量。

(李世德)

购售合同 contract for purchase and sale

供方将产品销售给需方，需方接收产品并按规定支付价款的协议。

(毛鹤琴)

gu

箍头榫 cross lap joint of lintels on corner column

用于古建筑枋与柱在尽端或转角部相结合时采用的特殊结构榫卯。其构造是枋子由柱中位置向外加出一柱径长，将枋与柱相交部位做出榫和套椀，柱皮外部分做成箍头，将柱头箍住。

(郦锁林)

古建筑 ancient architecture

古代遗存的或近、现代按古代传统规则做法建造的建筑物。

(张 斌)

古建筑复建 reconstruction of ancient architecture

对有历史纪念价值的古建筑，已经毁坏。根据需要再按原建筑造型法式在原地再建起来，也称重建。

(张 斌)

古建筑移建

对列入保护的古建筑因有更重要的建设需要，不能原地保留，按与原建造相反的顺序拆卸下来，移地再按原样建起来。

(张 斌)

古建筑重建

见古建筑复建。

股东认购优先发行 rights issue

股份有限公司原有股东拥有优先购买权的增资性新股票发行。原股东在新股票发行后的一定时期内有权按所持股份的一定比例优先购买新股，其价格通常较优惠。他也有权将这种优先购买权出售或赠送给别人，或放弃这种权利。公司采用这种方式发行新股增加资本，手续较简便，费用也较低。原有股东通过这种方式可保持其对公司股份的控制比例，防止公司控制权落到原有股东以外的人或不具有控制能力的其他原股东手里，并可缓和新股的跌价以防止原持有股票在市场上贬值。

(颜 哲)

股票 stock, share

股份有限公司签发的证明股东所持股份的凭证。是股东已投资入股并按其股份承担股东责任、享有股东权益的证书。作为一种有价证券，可依法买卖、转让或质押。股票应载明下列主要事项：公司名称；公司登记成立的日期；股票种类、票面金额及代表的股份数；股票的编号。股票由董事长签名、公司盖章，经股东大会决议后向政府有权机构申请获准后发行。按是否记名，分为记名股票和不记名股票，前者转让手续比后者繁复；按股利分配方式，分为优先股和普通股两种股票，前者有事先确定的股利率，后者股利随公司盈利状况而变动。

(颜 哲)

骨架斜拉施工法 erection by framework and cable-stayed

拱桥刚性骨架与塔架斜拉索组合法的简称。桥跨中段用刚性骨架，其余部分用塔架上的斜拉索的拱桥悬臂施工法。在拱脚处用塔架斜拉索法施工，而在跨中段用无支架架设好拱形的刚性骨架，围绕骨架浇筑混凝土，即把刚性骨架作为混凝土的钢筋骨架，不再拆卸回收，又称埋入式钢拱架，1978年、1981年日本采用此法施工，前后建成帝释桥（$L = 145m$）和宁佐川桥（$L = 204m$）。

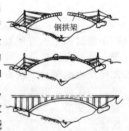

(邓朝荣)

固定底座 unable adjustment base

金属脚手架底部设置的承受立杆荷载的支承件。无调高功能，使用时要求地面平整。

(谭应国)

固定模板 fixed formwork

现浇钢筋混凝土变截面结构（如烟囱）时，在模板系统中有部分始终保持位置不变的模板。布置在承力架处,并与固定围圈、调径装置及承力架连接在一起,它是保证模板相对位置及整体性的关键,其构造与一般钢模板相同。　　　(何玉兰)

固定式脚手架　fixed scaffolding

在工程施工部位逐层向上搭设,在使用过程中整个构架不作场地或空间转移,直至施工完毕再行拆除的脚手架。　　　　　　　　(谭应国)

固定总价合同　lump sum contract

按承发包双方商定的总价签订的工程承包合同。　　　　　　　　　　　　　　(毛鹤琴)

固结法　consolidation method

广义指改善软土地基剪切性能、压缩性能及透水性的各种方法。如堆载预压法、塑料板排水法、袋装砂井排水法、化学固结等。狭义指在软土中加入固化剂或对软土进行冷却或加热处理,使其固结的方法。如石灰桩法、注入法、喷射混合法、拌和固结法、电固结法、冻结法、烧结法等。
　　　　　　　　　　　　　　　　(李健宁)

固结灌浆　consolidation grouting

以提高基岩的整体性、强度和弹性模量为目的而对基岩进行的灌浆工作。其范围及孔距、孔深取决于基岩破碎带、裂隙、节理及软弱层的分布和基岩承载的要求。最终孔距一般为3～6m,排距略小于孔距。孔隙分为三种:浅孔(5m以下)多用于表层岩石全面加固,用全孔一次灌浆法灌浆;中深孔(5～15m)用于地质差的地段进行重点灌浆,用全孔一次灌浆或分段灌浆法灌浆;深孔(15m以上)用于基岩深处有破碎带或软弱层,或高坝基础应力大的地段,用分段灌浆法施工。固结灌浆最好在基岩表面浇有一层混凝土后进行,可加大灌浆压力,防止表面漏浆,以利提高灌浆质量和混凝土与基岩的结合。常用的浆液为纯水泥浆。
　　　　　　　　　　　　　　　　(汪龙腾)

gua

挂车　trailer

又称拖车。不能自行,须用汽车、牵引汽车或拖拉机拖带的车辆。按结构分有全挂车和半挂车;按载重量分有轻型挂车与重型挂车。在选用挂车时要考虑与牵引汽车配套。　　　　(胡肇枢)

挂甲

在古建地仗施工中,由于钻生油擦不干净,表面留有浮油,干后结膜的现象。　　(鄜锁林)

挂脚手架　suspended scaffolding

挂钩埋设在结构构件内或直接在构件和墙体上设置挂环,悬空吊置于挂钩(环)上,并随建筑物升高而移动的脚手架。用于砌筑和高层建筑的外装修工程。
　　　　　　　　　　　　　　　　(谭应国)

挂镜线　picture rail

又称画镜线。围绕室内墙壁装设与窗顶或门顶平齐用以挂镜框或图片的水平木条。木板厚2～2.5cm,宽10～20cm,上留凹槽,用以固定吊钩。
　　　　　　　　　　　　　　　　(王士川)

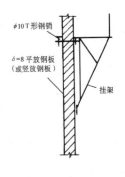

挂脚手架

挂篮　suspending cradle

又称活动模板吊架。预应力混凝土悬臂分段浇筑的装置。由承重桁架、平衡重、锚固、底模板、升降吊杆、工作台、卸模装置、能沿轨道行走的活动脚手架等组成。挂篮悬挂在已经张拉锚固的箱梁节段上,进行下一节段的支模、钢筋绑扎、预应力管道的敷设、浇筑混凝土、灌浆等作业。完成一个循环后,新节段和上节段已联成整体,成为悬臂的一部分,挂篮即可向前移动一个节段的施工。如此循环,直至悬臂梁浇筑完成。

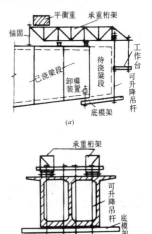

　　　　　　　　　　　　　　　　(邓朝荣)

挂落

柱间枋下之木制网格图案的漏空之装饰品。
　　　　　　　　　　　　　　　　(张　斌)

挂线　stretching bricklayer's line

砌筑砖石砌体时,自砌体的两端或两皮数杆间拉设砌筑准线的工作。根据准线砌筑,可保证灰缝的厚度和砌体面的垂直与平整度符合规定。一般24墙及37墙单面挂线砌筑;厚度大于37mm的墙,双面挂线砌筑。
　　　　　　　　　　　　　　　　(方承训)

guan

官式古建筑
　　符合或近似于历代朝廷颁行的建筑规范所规定的建筑式样。　　　　　　　　（张　斌）

关键工作　critical actirity
　　没有机动时间的工作，即总时差最小的工作。当计划工期等于计算工期时，总时差为零的工作。
　　　　　　　　　　　　　　　（杨炎燊）

关键节点　critical event
　　又称关键事件。网络图中关键线路上的节点。
　　　　　　　　　　　　　　　（杨炎燊）

关键线路　critical path
　　又称主要矛盾线。网络计划中自始至终全由关键工作组成的线路，位于该线路上的各工作总持续时间最长的线路。　　　　　　（杨炎燊）

关键线路法　critical path method
　　又称要径法。计划中工作和工作之间的逻辑关系肯定，且对每项工作只估定一个肯定的持续时间的网络计划技术。可分析并找出在一定约束条件（工期、成本、资源）下的最佳计划安排和控制工期的关键工作。　　　　　　（杨炎燊）

管道安装　installation of pipe
　　根据设计和生产工艺的要求进行管道施工的方法。包括管道的调直、切割、套丝、坡口、连接、弯曲；配件的展开及制作；阀门安装；支架及补偿器的安装；管道的防腐与保温；管道的吹扫、试压与安全技术等。本着"先地下、后地上"，"先高空、后地面"，"先大管、后小管"，"先里后外"的安装原则。　　　　　　　　（杨文柱）

管道防腐　corrosion pratection of pipeline
　　保护和延长金属管材使用寿命而采用的防腐措施。在金属表面涂防腐涂料、镀锌、镀铬、酸洗、钝化和在金属管内加衬橡胶、塑料和铅等。（杨文柱）

管道试压　pressure test of in pipeline
　　用水或压缩空气为介质，按管道用途和材质的不同进行的压力试验。是检查其强度和严密性，同时检查管道支架在管道系统运行后能否承受所有作用力。　　　　　　　　　　　　（杨文柱）

管道水平距离换算系数　pipeline conversion coefficient for horizontal pumping distance
　　泵送混凝土拌合物时，输送管道中的锥形管、弯管、橡胶软管和垂直直通管折算成相当的水平管道长度时所乘的系数。其值与混凝土配合比、管径和弯折角度等有关。　　　　　（谢尊渊）

管道支架　pipeline suppovt
　　用金属结构与非金属结构制成的管道支承件。按力学特点分为刚接、柔接和半铰接支架；按外形分为T形、Π形，单层和多层，单支架和空间刚架或塔架。　　　　　　　　　　（杨文柱）

管底压浆法　mortar grouting underneath tubes
　　用沉管法修建水底隧道时，从管段内底板预埋阀门向管段底压注混合砂浆处理基础的后填法。其工艺与压砂法相似，但所压注的是由水泥、斑脱土、黄砂和缓凝剂配成的混合砂浆。　（范文田）

管段沉入　tube-immersing, tube-sinking
　　用沉管法修建水底隧道时，管段浮运到隧位后，加载使之下沉至规定位置的全部作业过程。是整个沉管隧道施工中的一个主要环节。它受气候、河流自然条件的直接影响，还受航道条件的限制。全部沉放作业过程一般仅2～4h。沉放时，水流速度不宜大于0.15m/s。　　　　　（范文田）

管段刚性接头　rigid joint between tube segments
　　用沉管法修建的水底隧道中能抵抗轴向力、剪力和弯矩的管段接头构造形式。管段在水下连接后，沿隧道外壁用一圈钢筋混凝土填筑而构成一永久性接头。接头应能抵抗轴力、剪力、弯矩，一般不应低于管段本身所具有的强度。　（范文田）

管段基础处理　bedding for immersed tubes
　　用沉管法修建水底隧道时，垫平水底沟槽表面的各种措施。沟槽表面不平整会导致地基土受力不均而局部破坏，从而引起不均匀沉降，管段结构受到较高的局部应力而开裂。处理的方法有先铺法与后填法两种。　　　　　　　　（范文田）

管段柔性接头　flexible joint between tube segments
　　用沉管法修建的水底隧道中可以消除或减小变温或沉降应力的管段接头构造形式。主要是利用水力压接时所用的胶垫来吸收变温收缩并圆缓地基不均匀沉降管段间所产生的角度，借以消除或减小管段所受的变温或沉降应力。　　　（范文田）

管涵　pipe culvert
　　洞身构造型式为圆管的涵洞。洞身部分包括圆管、基座、防水层等。涵长15～30m时，内径不小于1.0m；长度大于30m时，内径不小于1.25m；不致淤塞的灌溉涵，内径不小于0.5m。圆管常采用混凝土或钢筋混凝土以离心法预制。孔径1m以上采用双层钢筋，保护层厚度不小于20mm；亦可采用铸铁管、陶管、瓦管等。压力式和半压力式必须设置基础，接缝严密；无压力圆管应设置砂垫层、砌石或混凝土基础。圆管管节接缝，用沥青麻絮或其他具有弹性的不透水材料填

塞，必要时再包一层胶泥。每隔4～6m设一道沉降缝。　　　　　　　　　　　　（邓朝荣）

管脚榫　tenon on bottom of column for fitting stone base

柱脚部位插入柱础的方榫。　　（郦锁林）

管井井点　tubular well point

每个管中单独设置水泵抽水的井点降水法。管井距离为20～50m，井深8～15m，井内水位一般可降低6～10m。适用于渗透系数大（K = 20～200m/d），地下水量丰富的土层、砂层或轻型井点不能解决问题的地方。具有排水量大，降水深，排放效果好，设备较简单等优点。　　（林文虎）

管井井点降水　dewatering by tubular well points

见管井排水。

管井排水　drainage by tube wells

又称管井井点降水。在基坑四周布置若干管状滤水井，在水井中放入水泵吸水管或抽水设备，地下水借重力作用流入水井后被水泵抽走，使地下水位降低到坑底以下，以创造基坑内干燥施工条件的工作。井管通常用钢管，常用射水法下沉成井，管井中抽水可应用多种抽水设备，主要是普通离心泵和深井水泵。前者吸水高度不超过5～8m，要求降深较大时，分层布置，分层排水；后者用深井泵放入井内，不受水泵吸水高度限制，但这种管井下沉工作较困难。泵的安装也较复杂，一般仅用于要求降深大于20m时。　　　　　　　（胡肇枢）

管理信息系统　management information system

一个由人和电脑系统组成的，对管理需用数据及信息进行统一收集、传递、处理、存贮、分发、维护、安保的系统。提供各级管理人员决策所需的信息及必要的决策、管理手段。　（顾辅柱）

管棚法　tunneling with pilot pipes

在洞内预定的位置、按预定方向和深度用钻孔方式埋设水平钢管，并在其下直接架设支撑的隧道施工方法。可防止地面建筑物下沉，适用于覆盖层较薄或断层破碎地段，比较安全可靠。
　　　　　　　　　　　　　　　（范文田）

管涌　piping

基坑开挖后，在地下水水头差作用下产生的动水压力大于地基土的浮重度而使土粒随水涌进基坑内的现象。多发生于较深的砂土基坑。原地下水位、土壤重度、支护结构入土深度等皆有影响。如采用降水设备在基坑开挖前降低地下水位或支护结构有足够的入土深度，皆能够避免。
　　　　　　　　　　　　　　　（赵　帆）

管柱基础　cylindrical shaft foundation

将直径大于1.5m的钢筋混凝土或预应力混凝土圆管筒逐节振动下沉，清除其中土石，并在达到设计持力层后灌注混凝土所形成的桥梁基础。在深水、无覆盖层、厚覆盖层、岩石起伏或遇有溶洞的情况下，支承于较密实的土上或新鲜岩石上。类型分为：管柱群高桩承台、管柱群低桩承台、单根管柱支承墩柱、单管柱支承桥墩等。　（邓朝荣）

管柱内清孔　cleaning of cylindrical shaft hole

不钻孔管柱下沉就位或钻孔管柱钻孔完毕后，排除管柱、钻孔内泥浆及钻碴浮泥的工作。可采用空气吸泥机、水力吸泥机等机械作业，必要时，辅以高压射水、射风等措施，将附着于管柱壁的泥浆清洗干净，并将钻孔底部的钻碴及泥砂等沉淀物取出；不钻孔的管柱，应清除孔底浮泥或岩石风化层。为防止翻砂，管内水头必须保持高出管柱外水面1.5～2.0m。　　　　　　（邓朝荣）

管柱下沉　sinking of cylindrical shaft

将管柱沉放到预定设计持力层的施工过程。根据覆盖层土质和设计下沉深度，采用振动沉桩机振动，管柱内除土（吸泥）、管柱内射水（或辅以射风）等方法交替进行，必要时也可采用管柱外射水、射风的辅助措施。振动沉桩机的额定振动力除应大于振动体系重量的1.3～1.5倍外，还要足以克服土的动摩擦力。每次连续振动时间不超过5min，不得用爆破方法处理柱内障碍物。到位后钻孔管柱允许倾斜度为1%，不需钻孔管柱为2%。
　　　　　　　　　　　　　　　（邓朝荣）

管柱钻岩　rock drilling with cylindrical shaft

管柱下沉至岩石用钻机钻孔至新鲜岩石的工作。钻岩后清孔并在孔内管心浇筑混凝土。若岩面不平，管柱底只能局部支承在岩面上时，应采用粘泥片石或水下混凝土封底，方可开钻。当采用冲击式钻机，为防止十字槽形的岩孔底，应经常检查有效孔深；若孔底已出现十字槽，可回填片石后重新钻岩。　　　　　　　　　　　　（邓朝荣）

贯入阻力法　penetration resistance method

以贯入阻力值测定混凝土强度的方法。用贯入阻力仪测定混凝土中砂浆的贯入阻力。当混凝土拌合完毕，用5mm孔径筛子筛取砂浆，拌合均匀后装入规定尺寸的容器中，振捣后置于所要求

的条件下进行养护，从混凝土拌合完毕2h后，按动带有插针的手柄徐徐加压，在约10s的时间内垂直插入砂浆中25mm时，读取贯入压力（F），其

贯入阻力 P 的计算式为

$$P = \frac{F(贯入压力)}{S(测针截面积)} \quad (kN/cm^2)$$

每只砂浆筒每次测 3 个点，约间隔 1h 测一次，直至贯入阻力大于 $2.8 kN/cm^2$ 为止。以贯入阻力为纵坐标，测试时间为横坐标，绘制贯入阻力与时间的关系曲线。当贯入阻力值达 $0.35 kN/cm^2$ 时所需时间为混凝土拌合物的初凝时间，达 $2.8 kN/cm^2$ 时所需时间为终凝时间。在滑模施工中，测定混凝土达到出模强度所需时间，以此来确定适宜的滑升速度。
(何玉兰　谢尊渊)

贯通　tunnel through, holing through

隧道施工中，从两个相反方向开挖而相遇汇合的现象。导坑相会打通时称为导坑贯通。贯通处称为贯通面。
(范文田)

灌槽　ground flooding

排水、截水不良，雨水径流灌入基坑、基槽或地下结构和室内的现象。它影响正常的施工操作，降低地基承载能力，增大地基的沉降量。必须采取防止措施，在基坑、基槽周围设置挡水坝，拦截地面雨水径流。灌槽后应晾槽，对地基进行处理，清底下挖。
(那　路)

灌浆　grouting

将一定材料配制成的浆液，通过特设灌浆设备，向地基、大体积混凝土和土石建筑物内部灌注某种浆液使其扩散胶凝或固化，借以防渗堵漏补强。浆液可以充填孔隙、裂缝，经硬化胶结形成结石，改善灌浆部位地层的物理力学特性。按作用分有：固结灌浆、帷幕灌浆、接缝灌浆、回填灌浆、纵缝灌浆、补强灌浆等；按材料分有：水泥灌浆、粘土灌浆、粘土-水泥灌浆、沥青灌浆、化学灌浆等。灌浆工作包括钻孔、洗孔、压水试验、灌浆、检查、封孔等几道工序。灌浆工程属隐蔽工程，在施工过程中应重视原始记录和技术资料整编与留档工作。
(汪龙腾)

灌浆泵　grouting pump

后张法孔道灌浆用的一种单作用往复泵。可采用隔膜泵与活塞泵。其输出压力不小于 1.5 MPa。具有密封装置，以防止油、空气或其他杂质进入水泥浆。压力表应设置在泵出口和孔道进口之间输浆管的某个位置上，其量程不大于 3 MPa。
(杨宗放)

灌浆材料　gronting material

制备灌浆浆液用的材料。有固体颗粒材料和化学材料两种。前者有水泥、粘土、砂等，要求有一定的细度，以便进入岩层裂隙、砂砾孔隙；所制成的浆液要保持均匀分散的悬浮状态，具有良好的稳定性和流动性，灌注以后能胶结成坚硬的结石，具有一定的强度、粘结力和抵抗地下水侵蚀能力起到良好的充填和固结作用。后者品种很多，主要为有机化合物，有丙凝、甲凝、环氧树脂、丙强、氰凝等多种，要求粘度低，流动性好，能顺利灌入微小裂隙；能根据需要控制聚分时间；凝胶体具有一定的密实性，防渗性，耐久性，有时还要求有一定的强度。
(汪龙腾)

灌浆次序　sequence of grouting

按灌浆质量要求如何逐步加密钻孔灌浆的施工次序。可以使浆液逐渐挤压密实，减少邻孔串浆现象，并保持灌浆区的连续性，能逐步升高灌浆压力，有利于浆液的扩散和提高结石的密实度，还可根据下一次序的灌浆情况反映上一次序的灌浆质量，为增减灌浆孔提供依据。直线排列的帷幕灌浆孔一般按 2~4 次序逐步在中间插孔加密，常以 3 次序为多，第一次序孔距为 8~12m，最终孔距为 2~3m。固结灌浆孔，应先围住灌浆区，再在中间插孔，一般按 2~3 次序施工。
(汪龙腾)

灌浆法

见注浆法（300 页）。

灌浆加固　grouting

当砌体开裂、局部构件脱落时，采用灌浆进行加固的方法。传统做法：所用材料多为桃花浆或生石灰浆，必要时可添加其他材料。现代做法：常用白灰砂浆、混合砂浆、水泥砂浆或素水泥灌浆。如需加强灰浆的粘结力，可在浆中加入水溶性的高分子材料。缝隙内部容量不大而强度要求较高者（如券体开裂），可直接使用高强度的化工材料，如环氧树脂等。为保证灌注饱满，可用高压注入。
(郦锁林)

灌浆浆液浓度　cement-water ratio of groutmix

水与固体材料的重量比。应根据灌浆作业进行情况，从稀到浓变换。中国岩基灌浆，水泥浆浓度从水压比 10:1 开始，以后可在 5:1、3:1、2:1、1.5:1、1:1、0.8:1、0.6:1、0.5:1、等 9 个比级中逐级变换，直至吸浆量达到结束标准的那一级为止。浓度变换标准依据作业时的灌浆压力与吸浆量的变化情况而定。
(汪龙腾)

灌浆孔　grout opening

为后张法孔道灌浆而留设的孔洞。孔距不宜大于 18 m，孔径 20~30 mm。其作法：对抽芯法的孔道，可用预埋木塞直接留孔；对预埋套管法的孔道，可先在预埋管上开孔洞，然后在洞口处覆盖海绵垫板与塑料弧形压板，并用铁丝与预埋管扎紧，再用塑料管与弧形压板连接并引至构件顶面供灌浆用。
(方先和)

灌浆设备 grouting equipment

后张法孔道灌浆用的设备总称。包括灰浆拌和机、灌浆泵、贮浆桶、过筛网、橡胶管和喷浆嘴等。灰浆拌和机和灌浆泵宜组装为成套设备。有两个拌和桶，交替使用，保持灌浆工作的连续性。橡胶管宜采用带 5~7 层帆布夹层的胶管。喷浆嘴应装有阀门，以策安全并节约灰浆。 （杨宗放）

灌浆试验 grouting test

为灌浆设计、施工提供依据而在工程部位选择有代表性的地段，按正常的灌浆要求所进行的试验。试验目的是：论证灌浆处理技术可靠性、经济合理性，推荐合理的施工顺序、施工工艺、灌浆材料和最优浆液配合比，提供有关设计施工技术数据（孔深、孔距、排距、灌浆压力），以及对选择灌浆设备的意见等。 （汪龙腾）

灌浆托换 grouting underpinning

利用液压、气压或电化学原理，通过注浆管把化学加固浆液注入承载力和变形不满足要求的建筑物基础下的土层中，将松散的土粒和裂隙胶结成一个强度大、防水性能高和化学稳定性能良好的"结石体"的托换。加固浆液有水泥浆、水泥粘土浆、环氧树脂、甲基丙烯酸酯、聚氨酯、丙烯酰胺等类别。灌浆托换时，对浆液选择、钻孔或注浆管布置、注浆过程等进行设计，保证施工质量。

（赵志缙）

灌浆压力 grouting pressure

灌浆段处的浆液压力。是灌浆施工的一项主要参数。浆液是在压力作用下进入地基裂隙和孔隙的。压力高，浆液扩散范围大，能进入细小裂隙和孔洞，易于析出充填缝隙的浆液中水分，提高结石强度；压力过大，会使岩石裂缝张开，以致产生新的裂缝或使岩石抬动，恶化原来地质条件，也有可能将浆液压到灌浆区以外而造成浪费。通常以不抬动覆盖岩层为原则，确定不同深度的地层的允许灌浆压力值。此值可根据计算初定，再由灌浆试验修正确定。 （汪龙腾）

灌囊法 sack-filling

用沉管法修筑水底隧道时，向预置于管段底部的囊中灌注混合砂浆处理基础的后填法。预先系扣在管段底部的囊袋随管段一起沉没就位，然后向袋中灌注混合砂浆，将沉管底面与砂石垫层面间的剩余空隙灌满填实。囊袋用料应具有一定的牢度并有较好的透气性，以便灌浆时能顺利地排出其中的水和空气。所用掺有粘土和斑脱土的混合砂浆的强度只须略高于管段基底地基的原有强度即可，但须有较高的流动性。 （范文田）

灌水下沉 sinking by water filling

钢筋混凝土重力式平台到达井位后，利用灌水增加重量使其下沉至设计位置。其施工过程为：海底预修整和加固、结构物拖至现场、定位、灌水下沉、定位桩入泥、钢裙板入泥、混凝土裙板入泥、基础底触泥、灌浆、基础底防冲加固。施工有一定的危险性，事先需进行模型试验。 （伍朝琛）

灌注桩 cast-in-place pile, cast-in-situ pile

在桩位处就地成孔，现场灌注混凝土或钢筋混凝土而制成的桩。根据成孔方法的不同，分为钻孔、冲孔、挖孔、沉管和爆扩灌注桩。是近年来发展迅速的成桩方法，与预制打入桩相比，有节省钢材、降低造价、深度与直径可较大、持力层顶面起伏不平时桩长易控制等优点。成孔时要保证桩位准确和不坍孔。如用泥浆护壁要清孔。在无水或少水的桩孔中灌注混凝土，要分层浇筑和捣实；在泥浆或水中灌注混凝土要用水工混凝土，用导管法浇筑。 （赵志缙）

guang

光面爆破 smooth surface blasting

采用一定的爆破工艺和爆破参数爆破后使围岩不受明显的破坏而保持一定形状的控制爆破。在爆破工程的最终开挖面上布置加密的深孔，在这些孔内或减弱装药或部分不装药，同时起爆。爆破后沿这些孔的连接线爆碎成平整的光面。依据具体爆破参数和工艺的不同，可分为四种情况，即密集空孔爆破、缓冲爆破、周边爆破及预裂爆破。

（林文虎）

gui

归安

修缮工程中将拔榫或移位的构件复归原位。

（张 斌）

规定工期 rated construction period

由主管部门或兴建单位规定完成一项任务的总延续时间。 （杨炎荣）

规范 specification

阐述产品或服务必须遵循的要求的文件。规范应提及或包括图样、模样及其他有关文件，并应指出能用来检查合格性的方法与准则。

（毛鹤琴）

规方 rectangle

保证各墙面抹灰层面的交角为直角的工作。其做法是根据一面墙基底表面的垂直与平整情况，估计其抹灰层的厚度，然后在地面上弹出抹灰层面的准线，据此准线用方尺（即直角尺）找出直角，相继弹出其他几个墙面的抹灰面准线，这样即可保证各墙面抹灰面的交角皆为直角。 （姜营琦）

硅化灌浆 silicification grouting

又称硅化加固法。将硅酸钠（水玻璃）为主剂的混合溶液注入土中进行化学加固地基的方法。能增大土的抗压强度，亦可在土中形成不透水隔层防止地下水渗入。按溶液注入的方式分为无压硅化、压力硅化和电动硅化三种。压力硅化又分压力单液硅化和压力双液硅化。单液硅化是用水玻璃加磷酸调合成单液硅化溶液，用于加固粉砂；双液硅化是将水玻璃与氯化钙溶液轮流压入土中，用于加固土壤渗透系数 $K=0.1\sim 80m/d$ 的砂土。施工时，先将注浆管打入土中，用压力水冲管并经试水后进行灌浆。灌浆压力与加固处的上覆压力、溶液粘度、灌注速度、灌浆量等有关。灌完后及时拔管，防止溶液将管子凝固。灌注厚度不大于0.50m，如厚度大则需多层灌注。 （赵志缙）

硅化加固法

见硅化灌浆。

硅酸钠五矾防水胶泥

以五矾（蓝矾、红矾、明矾、紫矾、绿矾）和水玻璃配制的防水剂加入水泥拌合而成的防水材料。适用于堵塞漏水缝、洞和大面积渗透水的堵漏。 （毛鹤琴）

轨道翻板车 dumper on track way

土石方施工中利用端部可翻转的轨道翻板连同其上的土斗车共同前翻卸车的手推轨道斗车。它是利用车辆行驶中的冲力，当行至翻板处遇到轨道上的挡木后，车辆被卡住，则车斗连同翻板在惯性作用下翻转将土倾卸。 （庞文焕）

轨道翻斗车 dumper on track way

车斗可在车架上侧向倾翻卸车的小型轨道车辆。水平运输中装卸土石。车斗有"V"型和"U"型两种，其容量在 $0.6\sim 1.2m^3$ 之间，装土石后沿轨道行驶至卸土处，可侧向倾卸土。 （庞文焕）

轨排 track panel

又称轨节。由两根定长钢轨按标准轨距与规定数量的轨枕及扣件组成的整体。铺设后成为正式轨道中的一段，为机械铺轨吊装的一个单元。 （段立华）

轨排换装站 station for track panel reloading

机械铺轨时转运轨排的车站。轨排自轨排拼装基地用普通平车运至换装站，换装在有滚轮的平车上，再运到铺轨工地铺设。铺轨工地前移超出换装站供应距离时，换装站即应随之转移。 （段立华）

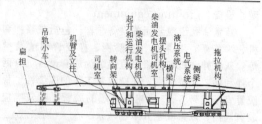

轨排计算里程 calculated kilometrage of track panel

机械铺轨时按轨排长度计算的预计铺设的线路里程。计算里程与实际铺设里程由于各种原因而不相符，可与桥隧建筑物的里程相核对，发生误差应通知轨排拼装基地予以调整。 （段立华）

轨排经济供应半径 economical supply radius (range) of track panels

机械铺轨时以直线距离 x（km）表示的轨排拼装基地的合理供应范围。

$$x=\sqrt{\frac{M}{a}}\quad(km)$$

M 为建场费用（元）；a 为每公里轨料与轨排在单位运距内的运费差额（元/km/km）。此外还应考虑线路的具体情况，如年度铺轨任务的大小、工期的缓急以及车辆供应的状况等。 （段立华）

轨排拼装基地 track panel assemblage base

设于铺轨起点生产轨排成品的专门工场。由轨料场、轨排拼装车间和轨排储备场组成。轨排在基地组装，运至工地铺设，必须有严格的组装计划。即应根据轨排所处线路里程，线路情况（曲线、坡度、车站、桥隧建筑等）按里程顺序进行编号，并分别规定其所用轨枕根数，使用标准轨或缩短轨长度、钢轨接头相错量、轨距大小和扣板号码等，以保证轨排组装和工地铺设的正确一致。 （段立华）

轨排拖拉 traction of track panels

铺轨机铺轨时由滚轮平车往铺轨机移送轨排的作业。靠近铺轨机平车上的轨排可用铺轨机上电动绞车依次拖移到铺轨机上。列车后端平车上的轨排，可利用锚定在轨道上的拖拉装置拖住，同时机车牵引列车倒退，迫使轨排在平车上滑行，逐次拖拉至前端平车。 （段立华）

轨枕盒 sleeper box

又称枕木盒。轨道相邻两根轨枕之间的空间。木枕轨道轨枕之间必须填满道碴，并在顶面夯拍紧密平整；钢筋混凝土轨枕之间，则应在轨枕中部空出一段不填道碴，保持该处轨枕底部有空隙。 （段立华）

gun

滚杠 row

利用滚动摩擦的原理，用厚壁无缝钢管制成的运载工具。广泛用于各种设备与建筑构件的滚运。具有简便、省力的优点。　　　　　　　（杨文柱）

滚圆 rounding, rounding by rolling

将钢板在辊轧圆机（滚圆机床）上加工成所需曲率的圆弧状或圆筒的工艺过程。滚圆机床分对称三轴滚圆机、不对称三轴滚圆机和四轴滚圆机三种。当圆筒半径较大时可在常温下进行，如半径较小和钢板较厚时，可将钢板加热后进行。

（王士川）

guo

国土规划 land planning

对国家主权管辖范围的全部或部分地区进行开发利用和治理保护的总体部署。是国土开发整治的中心环节。目的是合理地、经济地利用开发各种资源，从事各项建设事业，发展生产力，丰富和提高人民生活，整治环境，为人们的生产与生活创造良好的生态环境，使人类与之相依存的自然环境获得协调的发展。国土规划具有战略性、综合性和地域性的明显特点。　　　　　　　　（张仕廉）

裹垄

维修布瓦（青筒板瓦）屋面时，为使垄直当匀，在筒瓦垄上裹抹灰浆的做法。（郦锁林）

裹垄灰

泼浆灰掺麻刀或煮浆灰掺青灰及麻刀用水调匀而成的灰浆。前者打底用；后者抹面用。

（郦锁林）

过梁 lintel

设置在门窗洞口上的梁。用以承受门窗洞口上部的荷载，并将这些荷载传递到两边窗间墙上，以免压坏门窗。常以材料和结构型式命名，如钢筋混凝土过梁、钢筋砖过梁、条石过梁、平拱式过梁、弧拱式过梁等。钢筋砖过梁又称平砌式过梁，在底部或下部水平灰缝处配置 6～8mm 直径钢筋，用 M5.0 以上的砂浆、MU7.5 以上的砖，支模平砌而成。砂浆硬化后，砖与钢筋成为整体，按梁原理共同工作。平拱式过梁系按拱原理工作的平直过梁，弧拱式过梁系按拱原理工作的弧形过梁，二者均可用砖、石或砌块支模砌筑，拱块（砖、石或砌块）应为单数，正中一块应挤紧。　（方承训）

过氯乙烯涂料面层

用过氯乙烯涂料涂布于水泥砂浆找平层上做成的地面饰面层。找平层必须充分干燥、清洁、平整。施工时，先用苛性钠或碳酸钠溶液擦洗找平层，并用水冲洗干净，干燥后涂过氯乙烯底漆一遍，24h 后，用过氯乙烯面漆加石英粉和水拌成胶浆嵌补孔洞或低凹处，接着再用过氯乙烯面漆加石膏粉制成腻子满披 2～3 遍，用砂纸打磨平整，清扫干净后，涂过氯乙烯涂料 2～3 遍，养护一周，再打蜡擦光。　　　　　　　　（姜营琦）

过热度 degree of superheating

过热蒸汽的温度与同压下饱和蒸汽温度的差值。　　　　　　　　　　　　　（谢尊渊）

过热蒸汽 superheated steam

在饱和蒸汽压不变情况下，对干饱和蒸汽继续加热而成为温度高于同压饱和蒸汽温度的蒸汽。它是未饱和蒸汽，故当其放出热量时，在其温度降至饱和蒸汽温度之前，蒸汽只有温度的降低，不会凝结成水。　　　　　　　　　　（谢尊渊）

过色还新

在原彩画上重新刷色、贴金。（郦锁林）

过水

用水擦拭地仗表面，将磨生后的浮土擦净，使其表面洁净的工艺。　　　　　（郦锁林）

过水围堰 overflow cofferdam

允许在围堰作用期内溢流过水的围堰。有混凝土围堰、设置混凝土溢流面板的土石围堰和木笼围堰，有加固措施的堆石围堰等。用于洪枯流量相差大的山区河流，在基坑内的建筑物允许过水的前提下，围堰仅要求挡住某一选定的洪水流量，来水超过此流量时，允许围堰漫顶过水，淹没基坑，经未完建的坝体下泄，待洪水过后，再恢复基坑继续施工。可减小导流建筑物的工程量，但是基坑淹没会造成工期损失，增加过流前后的设备搬迁和基坑清理工作。由于围堰要过水，其结构要求也要提高。

（胡肇枢）

H

hai

海底管线 submarine pipeline

位于海洋底部的输送石油和天然气管道的总称。用单层或双层钢管制成，常用双层钢管。由水平管和立管组成。它把海上平台与陆上储油罐联系起来。用漂浮敷设法、牵引敷设法或铺管船敷设法将其敷设在海底。 （伍朝琛）

海墁地面

将除了甬路和散水以外的全部室外地面用同一种材料铺墁成一平整表面的做法。室外墁地的先后顺序应为：砸散水，冲甬路，最后才做海墁。应注意以下三点：①应考虑全院的排水问题；②海墁砖的通缝应与甬路互相垂直；③排砖应从甬路开始，如有"破活"，应安排到院内最不显眼的地方。 （郦锁林）

海墁苏画

见苏式彩画（228页）。

海洋土木工程 marine civil engineering, offshore civil engineering

基础直接支承在海底地基上的房屋和构筑物建造工作的统称。包括海上机场、海上码头、海上旅馆，建造得最多的是开采海上石油与天然气用的导管架型平台、钢筋混凝土重力式平台、海底管线等。 （伍朝琛）

han

含水量 moisture content

又称含水率。材料内部所含水分的质量与材料干质量的比值。用百分数表示。天然状态下材料的含水量称为天然含水量。 （朱燸）

涵洞 culvert

横穿路基的排水结构物。当路基跨越水沟，通过洼地或者将汇集在路基上方的水流宣泄到下方而设置的过水结构物。单跨跨径小于5m，多跨跨径总长小于8m。由基础、洞身和洞口组成。按洞身构造型式，可分为管涵、盖板涵、拱涵和箱涵四类；按材料分为砖涵、石涵、混凝土涵、钢筋混凝土涵和其他材料（陶管、瓦管、缸瓦管、木、石灰三合土箧管、石灰三合土拱、铸铁管、皱纹管）构成涵；按水力性能，分为无压力式涵、半压力式涵、压力式涵和倒虹式涵；按涵顶填土，分为明涵和暗涵；按洞身受力状态，分为柔性涵和刚性涵。 （邓朝荣）

涵管导流 culvert diversion, diversion by culvert

利用涵管作为导流泄水建筑物的导流方法。多用于中小型土石坝工程。涵管一般用钢筋混凝土制成，顺河流向建在河滩或河床上，以后即埋入坝体。此法结构简单，施工方便、迅速。由于涵管穿过坝体，需注意与坝体的结合，以及涵管的沉陷而可能出现的破坏。 （胡肇枢）

寒潮 cold wave

自寒带向较低纬度地区侵袭的强冷空气活动。其前锋经过地区，短期内气温骤然下降，常伴有大风、雨雪和霜冻。秋末冬初及冬末春初，要特别注意掌握天气动向，了解天气形势和天气预报，以防寒潮引起的突然降温对施工质量的影响，特别要防止混凝土遭受冻害。 （张铁铮）

汉白玉石 white marble

颜色洁白的细粒大理石。根据不同的质感，往往又被细分为水白、旱白、雪花白、青白四种。具有洁白晶莹的质感，质地较软，石纹细，因此适用于雕刻，多用于宫殿建筑中带雕刻的石活。与艾叶青石相比，虽然更加漂亮，但其强度及耐风化、耐腐蚀的能力均不如。 （郦锁林）

焊缝 weld, welded seam

焊后在焊件接头处所形成的连接焊件的金属体。熔化焊时是在高温下母材局部熔化与焊条或焊丝熔化冷却而成的。电弧焊时则是由电弧高温使焊件和焊条熔化成液态的"焊接熔池"，再冷却结晶而成。压力焊时，乃是焊件加热到表面熔化或呈塑性状态后施加压力使金属连接而成的或不加热只靠强大压力使焊件金属产生很大程度的塑性变形后接触面的金属流动扩散再结晶而形成的。其型式按金属体的形状及其对焊件的相对位置区分，主要有坡口焊缝、贴角焊缝、塞焊和电铆钉。贴角焊缝是最常用的焊缝，是在不同平面、两个相互平行或垂直的构件沿交角焊接的焊缝；坡口焊缝焊件边缘需要加工成各种坡口，拼装尺寸要求准确，多用于在工厂施焊的焊缝。按焊缝的连贯性来分有连续焊缝和间断焊缝两种型式。按工作性质来分有只作传递内力的强度焊缝和既传递内力还须保证液体或气体不渗漏的液、气储存容器的密强焊缝。在施工图中必须用符号标明焊缝的型式、尺寸和辅助要求。

（王士川）

焊缝内部缺陷 interior defects in welded seam

存在于焊缝内部，用肉眼难于检验的焊接缺陷。主要有气孔、夹渣、未焊透和裂缝等。可以用钻孔检查方法和超声波、X射线、γ射线拍片检查。有关规范、标准中关于焊缝质量均根据缺陷大小分级，并分别对裂纹、未熔合、未焊透、气孔（包括点状夹渣）、条状夹渣等缺陷程度及是否允许存在均做了具体规定。

（王士川）

焊缝凸起 heaping of welded seam

焊接熔池温度过高而条速较慢而引起的熔池"鼓肚"或条速较慢而致使焊缝堆得太高的焊缝外部缺陷。前者常出现在仰焊和立焊的焊缝中。

（王士川）

焊缝外部缺陷 external defects on welded seam

从焊缝外观可以检验的焊接缺陷。主要有焊缝咬边（咬肉）、表面波纹、飞溅、弧坑、焊瘤、表面气孔、夹渣和裂纹等。一般均属操作技术不良而产生。可用测量焊缝的样板或量规量测焊缝尺寸是否符合设计要求和凭肉眼检验焊缝的外观质量。

（王士川）

焊缝未填满 underfilled weld

施焊过程运条速度太快或焊条收尾不当而致使熔化金属未填满弧坑的焊缝外部缺陷。

（王士川）

焊后杆件矫正 correction of welded members

消除或减轻焊接后发生的超出技术要求容许的焊接变形的工作。主要方法有机械矫正法和火焰矫正法，前者是在常温或加热状态下通过外力强制结构或构件产生与焊接变形方向相反的变形而达到矫正目的，后者是对构件进行局部不均匀加热使其冷却后产生新的变形而把焊接变形矫正。

（王士川）

焊剂 welding flux

又称熔剂。与焊丝相配合使用的化学药物。施焊时它燃烧熔化覆盖熔池，保护熔池使外部有害成分不侵入熔化金属中。

（王士川）

焊接 welding

使焊件的连接部位产生塑性变形或熔化而结合的连接工艺过程。按金属在其连接处的状态可分为塑性压力（变形）焊接和熔化焊接两种基本类型。压力焊接是使通常处于固态的金属的被连接部分产生共同的塑性变形（顶锻）而达到结合，应用最广泛的压力焊接是接触焊；熔化焊接是把基本金属或者基本金属和填充金属（焊丝或焊条）变成液态（熔化）而使零件连接，被熔化的金属不用外力，自然地汇合到一起而形成"溶池"，冷却后形成的焊缝将零件连接成一个整体，常用的有电弧焊、电渣焊和气焊。

（王士川）

焊接变形 welding deformation

焊接后在沿焊缝及其附近产生的弯曲、波浪、扭转等现象的总称。焊接是对焊件进行不均匀加热和冷却的过程，焊接后焊缝及其附近受热区的金属均要出现焊缝纵向和垂直于焊缝长度方向的收缩而导致焊接构件产生纵向、横向变形及角变形和弯曲、扭转或波浪变形。当变形量超过了允许的数值，必须加以矫正，以保证构件的正常使用及承载能力。

（王士川）

焊接防护 protection

焊接工人进行焊接作业时，为了避免眼伤和面部、颈部及头部等处灼伤而采取的防护措施。通常是配戴焊接护目镜和焊接防护面罩等。

（刘宗仁）

焊接防护面罩 welder's helmet

工人进行焊接作业时为了保护面部而配戴的防护面罩。包括手持面罩、头戴式面罩、安全帽面罩、安全帽前挂眼睛面罩。目的是防护操作者的面部、颈部及头部，避免灼伤。面罩的观察窗、滤光片、保护片的尺寸要吻合，有很好的固定位置，不能从缝隙中漏入辐射光。铆钉及其他部件要牢固，不得有松动和脱落现象，金属部件不能与人体面部接触。前挂眼镜上、下掀动要方便。必须采用不导电的材料制作，具有耐燃性和耐腐蚀性。

（刘宗仁）

焊接护目镜 welding goggles

工人进行焊接作业时为了保护眼睛而配戴的工具。包括普通眼镜、前挂镜、防侧光镜。目的是减弱强烈的可见光，使焊接工人能够观查光源的变化，防御伤害人眼的辐射线，避免眼伤。护目镜主要由滤光片和保护片组成。滤光片是减弱入射光强的镜片，要求外观平滑，着色均匀，距离镜片边缘5mm到中心部位应没有明显刻痕条纹、气泡、异物或者有损光学性能的其他缺陷，必须满足耐热性能、强度性能和光学性能的要求。保护片是保护滤光片的无色玻璃或塑料片，为保护操作者的视力，焊接作业累计每8h，应至少更换一次新的保护片。

（刘宗仁）

焊接接头 weld, welded joint

用焊接方法连接的接头。包括焊缝、熔合区、热影响区。有对接、搭接、丁接和角接四种基本形式。根据焊件的厚度及接头形式，焊接接头各有不同的构造要求。钢结构加工制造时，有时因材料长度不够需要接长。接头位置和接长方法除设计图中有规定者外，也有要加工方自行确定。接头强度分为等强度接头和按构件的计算内力确定的接头。

（王士川）

焊接裂纹 weld crack

焊缝有开裂现象的焊缝内部或外部缺陷。是焊接接头中最危险的缺陷，也是各种材料焊接中常遇到的问题。钢材焊接后可能遇到的裂纹有焊接金属的热裂纹，低碳钢焊接过程中由于焊缝处在刚度过大的部位而造成"热应力裂纹"和定位焊缝上的"弧坑热裂纹"。

（王士川）

焊接气孔 pores in welds

焊接熔池中的气体来不及逸出而停留在焊缝中形成的孔穴。其形状、大小及数量与母材钢种、焊条性质、焊接位置及施焊技术有关。形成气孔的气体来源于熔解在母材和焊条钢芯中的气体或药皮在熔化时产生的气体；母材上的油、锈、垢受热后分解产生的和来自大气的气体。

（王士川）

焊接缺陷 weld defects

焊接过程中产生的不符合标准要求的缺陷。主要有内部缺陷和外部缺陷。用以判断焊缝的"优"、"劣"，以及是否会影响结构或构件的正常使用。焊缝检验包括焊前检验（边缘加工、焊接材料、技术文件和焊接设备的检验）和焊后检验（普通方法，指外观检查和钻孔检查等；精确方法，指在普通方法的基础上用X射线、γ射线、超声波等方法进行的补充检查）。探测焊接的缺陷，以便采取相应的处理方法。

（王士川）

焊接收缩裕量 allowance of welding contraction

对焊接构件放样时考虑焊接收缩而预加的尺寸。焊接收缩量受焊面大小、气温、施焊工艺和结构断面因素的影响，变化较大。

（王士川）

焊接应力 stress of welding

由于焊缝的横向和纵向收缩受到阻碍而在连接内部产生的内结应力。焊接时，焊缝附近的液态和塑体金属受热膨胀，受到周围金属的阻碍，挤压而变形，随后焊区因温度下降而收缩。局部收缩也同样受到周围金属的阻碍，发生很大的内结应力。同时，在焊接过程中由于钢材内部组织起了变化，还可能形成一种"晶粒应力"。由于焊接应力的存在，对在低温条件下工作和直接承受动力荷载的钢结构甚为不利，其值过大会造成焊缝及其附近钢材发生裂纹而导致脆性破坏。

（郦锁林）

焊瘤 welded slag

见溢流（274页）。

焊丝 welding wire

用于电渣焊、埋弧自动焊、半自动焊、气焊等熔化焊的焊接材料。是直径为2～6mm的金属丝，焊丝的化学成分直接影响焊缝金属的性能，应根据焊接材料的性能选择相应的焊丝。

（王士川）

焊条 welding electrode(s), welding rod

是用粘结剂把药皮材料粘接并粘在焊芯上制成的熔化焊的焊接材料。对不同的焊接材料焊条的焊芯及药皮材料各异，用于手工电弧焊的可分为结构钢焊条，珠光体耐热钢电焊条，低温钢电焊条，奥氏体不锈钢电焊条，铬不锈钢电焊条，堆焊电焊条，铸铁电焊条，铜及铜合金电焊条，镍及镍合金电焊条，铝及铝合金电焊条和特殊用途电焊条等类，各类焊条按主要性能不同可分若干型号。

（王士川）

hang

夯锤 hammer, ram, pounder

具有一定形状和重量夯实地基土用的重锤。常用者为预制钢筋混凝土截头圆锥体，底部为钢板，为降低重心底部可填废钢铁，常用者重约15～25t，顶部设吊环。锤重与底面积的关系应使静压力为25～40kPa。夯锤由钢丝绳悬吊，利用摩擦卷扬机使其自由下落夯击土壤；亦可挂在吊钩上使其自动脱钩下落夯击。

（赵志缙）

夯击能

用强夯法对地基加固时夯锤对地基土施加的冲击能量。为夯锤重与落距的乘积。能影响强夯的有效加固深度。总夯击能（锤重×落距×总夯击数）除以加固面积称为单位夯击能，根据地基土类别、结构类型、荷载大小和加固深度等并通过试验确定。

（赵志缙）

夯实法 compaction of fill

利用夯锤自重自由下落的冲击力来夯实填土的方法。一般常用冲击式和振动式的蛙式打夯机、内燃打夯机、电动立夯机以及重锤夯实等。主要用于小面积填土。

（林文虎）

夯土机 tamper

由起重机（或由挖土机改装）和夯板组成的夯土机械。夯板由铸铁制成，多为圆形和方形，直径或边长为0.8～1.5m，重约1～4t。为提高夯实效果，夯板底面可做成球形或附以羊足。夯板的起落高度为1～3m，能夯实1m厚的土层。适用于粘性

土、无粘性土、块石填料的夯实,生产效率较高,但机械使用费较高。　　　　　　　（汪龙腾）

hao

号料公差　tolerance of laying out

放样后用样板在钢材上划线和定孔眼位置时,对长、宽、对角线、各种眼心距、冲点以及眼心距位移所规定的公差。放样后利用样板在钢板上划线,得到所需要的切割线和孔眼位置。号料时利用钢尺和划针在钢材上划出切割线,用洋冲打小眼以固定孔心位置,然后再用规划规划圆,对长宽、两端眼心距、对角线差、相邻眼心距、两排眼心距、冲点与眼心距位移所规定的误差值即是。
　　　　　　　　　　　　　　　　（王士川）

he

合龙　closure

使龙口消失,明流中断,实现断流目标的截流工作。截流工作的最后阶段。（胡肇枢）

合瓦　convex and concave tile

又称阴阳瓦、蝴蝶瓦。以板瓦作底瓦和盖瓦的一种铺瓦方式。　　　　　　　　（郦锁林）

合瓦屋面　convex and concave tile roofing

又称阴阳瓦屋面。盖、底瓦全部使用板瓦,按一反一正即"一阴一阳"排列的瓦面作法。主要用于小式建筑。

（郦锁林）

合资经营　joint venture

由两个或更多不同国家的投资者共同出资入股创办企业,并共同经营、共担风险、共负盈亏、按股份分享税后所得的国际经济合作方式。国际直接投资的一种形式。合资经营的企业可设在出资者中某一方的国内,也可设在第三国。合资经营的企业是拥有独立资本的经济实体,属东道国的法人,受东道国法律的管辖和保护。外国投资者经中国政府批准,可按照平等互利原则在我国境内与我方以有限责任公司形式合办合资经营企业。各方可用货币出资,也可用建筑物、厂房、机器设备或其他物料、工业产权、专有技术、场地使用权等作价出资。中外合资经营企业是中国社会主义经济必要的有益的补充。　　　　　　　　（颜　哲）

合作经营　contractual joint venture

两个或更多不同国家的合作者通过协商,签订合同,规定各方的权利和义务,据以开展生产经营的合作活动。国际直接投资的一种形式。特点是:合作各方直接提供作为投资的各种生产要素,而不必折算为股份比例,也无须按股份进行收益分配;各方可共同组建一个新的法人实体,也可不建立这种实体,而以各自独立法人身份实现合作;各方的责任和权利都经协商后在合同中确定;各方对合作事项的风险、债务都只承担有限责任;国外合作方在合作期间收回投资并获得利润,合作期满后剩余资产通常归东道国合作方所有。中外合作经营比合资经营更为灵活易行,是中国社会主义经济必要的有益的补充。　　　　　　　　　　（颜　哲）

合作开发　concession

拥有待开发自然资源的东道国与国外拥有资金、技术的投资者共同开发该资源并分享利益的国际经济合作方式。国际直接投资的一种形式。通常由东道国划出特定地域,招标寻求勘探者,与中标的外商签订合同,由该外商独自承担风险和费用从事勘探。如发现具有商业价值的矿藏,该外商即可与东道国企业合资进行开发生产,从开发所得中收回包括勘探费用在内的投资并获得利润。但如所勘探区域未发现有商业价值的矿藏,则该外商单独承担勘探投资损失。中国与外商合作开发海洋石油资源已对中国社会主义经济发展发挥了良好作用。
　　　　　　　　　　　　　　　　（颜　哲）

和合窗　removable window

窗之装于捺槛(下槛)与上槛或中槛之间,成长方形,上部有铰链,下部可支起的窗。（张　斌）

和玺彩画　colour painting with dragon-phoenix destigh

以龙凤为主题的彩画。也有在枋心绘楞草、莲草一类花饰的。是清式彩画中最高等级。用§形曲线绘出皮条圭线,藻头圭线、岔口线。枋心藻头绘龙者,称为金龙和玺;绘龙凤者,称为龙凤和玺;绘龙和楞草者,称为龙草和玺;绘楞草者,称为楞草和玺;绘莲草者,称为莲草和玺。一般用于宫殿、坛庙等主要建筑上。　　　　（郦锁林）

和易性　workability

见工作性(85页)。

河曲线隧道　detour tunnel

见山嘴隧道(207页)。

核心支持法　core leaving method

见德国法（40页）。

荷重软化温度 temperature

耐火混凝土在 $19.6N/cm^2$ 静荷载作用下，按规定的升温速度加热至达到产生一定量变形时的温度。它反映耐火混凝土对高温及荷载共同作用时的抵抗能力。一般是在耐火混凝土开始变形和4%变形时进行测定。 （谢尊渊）

hei

黑活屋面

见布瓦屋面（15页）。

heng

桁架拱桥 trussed arch bridge

桥梁上部结构为桁架形肋拱的钢筋混凝土拱桥及钢拱桥。由于用料省、自重轻、预制装配程度高及结构受力明确等特点，此桥型逐渐推广。若采用预应力工艺，此特点更可进一步发挥，使混凝土在荷载作用下只产生很小的拉应力，甚至没有拉应力。而且由于拱片节点刚接，预应力所引起的次力矩又恰能抵消由于荷载作用产生的部分次力矩，可进一步改善桁架的内力分布。 （邓朝荣）

桁架支模 timber truss support(bracing)

现浇钢筋混凝土水平构件时，用桁架作为底模下支撑系统的支模方法。可分为有支柱与无支柱两种类型。无支柱的桁架支承常在墙上、梁侧模上设置支托支承桁架，或利用已施工的钢梁，在钢梁上用吊挂螺栓悬挂桁架；有支柱的桁架支承是利用支架立柱支撑在桁架的两端。桁架支模的下部施工场地宽敞，运输方便，施工文明。

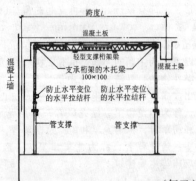

（何玉兰）

桁式吊悬拼施工 erection by protrusion with trussed

预应力混凝土桥梁采用桁架方式吊装节段的悬臂拼装施工方法。按桁梁的长度分两类：第一类桁梁长度大于最大跨度，桁梁支承在已拼装完成的梁段上和待建墩顶上，由吊车在桁梁上移送节段进行悬臂拼装。第二类桁式吊的桁梁长度大于两倍桥梁跨径，桥梁的支点均支承在桥墩上，而不增加梁段的施工荷重，节段重量可在 $980.7 \sim 1\,274.9kN$。中国上海曹阳路桥，跨越苏州河，正桥 25m+46m+25m，三孔一联的预应力混凝土连续梁桥，采用固定式桁式吊悬拼施工，钢桁梁长108m。

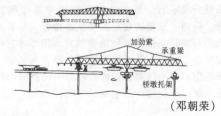

（邓朝荣）

横撑式支撑

在开挖较窄的沟槽时，为了保持土壁的稳定而采用的横向多层土壁支撑。根据挡土板的不同，分为水平挡土板式和垂直挡土板式两类，前者挡土板的布置又分断续式和连续式两种。湿度小的粘性土挖土深度小于3m时，可用断续式水平挡土板支撑；对松散、湿度大的土壤可用连续式水平挡土板支撑，挖土深度可达5m。对松散和湿度很高的土可用垂直挡土板式支撑。 （郦锁林）

横道图 bar chart

又称横线图、横道计划。利用纵向列列出工作项目名称，横向行绘制时间坐标，以其线条长度及相互位置来表示各项工作施工进度的图表。

（杨炎燊）

横洞 transverse gallery

用矿山法修建山岭隧道时，与隧道线路方向成一定角度开挖的横向小断面辅助坑道。大多用于傍山沿河的隧道、其中线与隧道中线的平面夹角一般不小于40°。 （范文田）

横风窗

窗之装于上槛与中槛之间，成扁长方形，窗可以向上、下开。 （张 斌）

横木

见小横杆（262页）。

横木间距

见小横杆间距（262页）。

横平竖直 with horizontal bed joints and vertial perpends

对砌体砌筑质量要求水平灰缝平直，竖向灰缝垂直的略语。 （方承训）

横向出土开挖法 excavation by side casting

铲运机开挖长、深路堑以及地面有显著横坡的路堑时，为缩短运土距离，须向路堑一侧或两侧弃土的开挖方法。铲运机开挖路堑的方式之一。为便于横向出土,须开挖横向出土通道或锁口。

(庞文焕)

横向导向装置 transveral guiding devices

预应力混凝土连续梁桥顶推安装时,防止梁横向偏移的装置。包括:滑板,与滑动支座滑板相同,采用聚四氟乙烯板与不锈钢板(光滑度大)之间摩擦阻力小的原理,可与滑动支座组成整体或单独设置在滑动支座外面;千斤顶,适用于梁体偏移较大时,装置在桥墩上滑动支座旁;滚动装置,发生少量偏移时,如无千斤顶导向装置,在顶推过程中,用木楔或滑轮纠偏。

(邓朝荣)

横向推土开挖 transversal excavation by bulldozer

推土机沿路堑横向开挖,向路侧弃土的修建路堑方法。当地面横坡不大时,可向两侧弃土,以减小弃土运距;当地面横坡较陡时,应向下坡一侧弃土,以免阻碍排水。当挖到一定深度后,则需另开通道,以便横向出土。

(庞文焕)

hong

烘干强度 oven-dry strength

耐火混凝土按规定养护至一定龄期,经干燥至恒重的抗压强度。

(谢尊渊)

烘烤法 heating method

采用各种燃料明火燃烧融化冻土的方法。在开挖冻土的作业面上堆放各种燃料,点火燃烧。施工时应分段分层进行,直至挖掘到未冻土为止。常用的燃料有:木柴、锯末、刨花等。适用于融化地槽和管沟的冻土。

(张铁铮)

烘烤制度 acid resistant concrete with with water glass

耐火混凝土使用前进行加热升温烘烤时,对各温度段的升温速度和保温时间所作的规定。

(谢尊渊)

烘炉 oven

用燃料、热风、蒸汽使锅炉墙内的水分缓慢地蒸发逸出的方法。可避免由于水汽膨胀压力的作用,使炉墙产生裂纹、变形。

(杨文柱)

红土浆 red ochre grout

又称红浆。头红土兑水搅成浆状后再兑入江米汁和白矾水的灰浆。常用氧化铁兑水再加胶类物质。主要用于抹饰红灰时的赶轧刷浆。

(郇锁林)

红外线养护 curing by infra-red radiation

利用红外线热辐射来加热混凝土,以提高混凝土内部温度,加速混凝土硬化的热养护。由于它不需通过中间媒介传热,而是直接辐射加热,因此热损失小,养护周期短。

(谢尊渊)

洪水 flood

暴雨或急骤的融冰化雪和水库垮坝等引起江河水量迅猛增加及水位急剧上涨的现象。山区河流的这种现象称为山洪。如暴雨引起山坡或岸壁的崩坍,大量泥石连同水流下泄,形成泥石流。水库溃坝,存蓄的大量水体突然泄放,使下游河段的水位流量急剧增加的现象,称为溃坝洪水。在洪水时期水位达到某一高程线,须开始警戒并准备防汛时的水位线,称为水位警戒线。

(解 滨)

洪水位 flood level

河道水位受流域上降雨或融雪影响而超过正常界限的水位。

(那 路)

hou

后备基金 reserve fund

中国国有企业第一步"利改税"改革中规定从税后留利中建立的、用以应付自然灾害和不测事件、保证生产的恢复发展的专用基金。经企业主管部门批准可用于弥补企业亏损。自 1984 年 10 月 1 日起,该项基金归并到生产发展基金项内。

(颜 哲)

后背 back support

用顶管法修建隧道时,工作坑后部挡土的临时结构。当工作坑内滑板上的隧道节段被推而顶进时,后背的主要作用是承受由传力设备传来的水平顶力。后背的常用形式有板桩式及重力式两种。前者主要靠桩后土的水平抗力来承受顶力;后者则供其自重与土的摩阻力及部分土的抗力来承受顶力。当顶力较大时,可用重力与板桩串联式后背。

(范文田)

后继工作 following activities

又称后继工序、后继作业、后继活动。自本工作之后至网络图的终点节点各条线路上的所有工作。

(杨炎燊)

后浇柱帽节点 post-placed joint of column cap (capital)

对升板结构提升就位的板与柱采用柱帽形式加以固定的点。对 6 m 左右的柱网,当活荷载为 10~15 N/mm^2 时,后浇柱帽一般可按构造处理。柱帽中的承重销和齿槽应按升板建筑结构设计有关规定进行验算。这种节点对提高板柱连接的整体性有利,并能减少板的计算跨度,降低节点耗钢量,是最常用的节点构造。

(李世德)

后填法 post-filling

用沉管法修建水底隧道时在管段沉设完毕后，在管底进行垫平作业的管段基础处理方法。常用的有灌砂法、喷砂法、灌浆法、压砂法、管底压浆法等。适用于底宽较大的沉管隧道。　（范文田）

后张法 post-tensioning method

在混凝土达到设计要求强度后的构件或结构上张拉预应力筋的方法。其施工过程是：混凝土构件制作时，在预应力筋的部位预先留出孔道；然后浇筑混凝土并进行养护，将预应力筋穿入预留孔道内，待混凝土强度达到设计规定的数值后，张拉预应力筋并用锚具将其锚固在构件端部，使混凝土产生预压应力，最后进行孔道灌浆。直接在构件或结构上进行预应力筋张拉，不需要台座设备，适用于施工现场生产大型预应力混凝土构件或结构。
　（方先和）

hou

后张自锚工艺 post-tensioning self-anchorage technique

后张法构件预应力筋张拉后，利用孔道端部扩大孔的自锚头混凝土来锚固预应力筋的一种工艺。制作构件时，需把预留孔道端部扩大为锥形孔，然后借助承力架和夹具张拉预应力筋，并在锥形孔内浇筑混凝土，待混凝土达到规定强度后，就成为一个自锚头。最后割断外露的预应力筋，取下承力架和夹具，以重复使用。　（方先和）

hu

蝴蝶瓦

见合瓦（101页）。

护岸 revetment bank

防护崩岸的工事。常用抗冲材料直接在坡面及坡脚做覆盖层，以抵御水流冲击。枯水位以下常用抛石、沉排等；枯水位与洪水位之间则用砌石、植树、铺草皮等；洪水位以上可植树、铺草皮，也可用丁坝、顺坝或导流，把主流引离岸边，防止冲刷崩岸。　（那　路）

护板灰

泼灰加麻刀和水调匀而成的灰浆。用于苫背垫层中的第一层。　（郝锁林）

护壁泥浆 wall-protecting(bentonite) slurry

地下连续墙（冲钻孔灌注桩）施工过程中起护壁、冷却、携砂作用，具有触变性质的泥浆。由含有一定矿物成分的膨润土、掺合物和水组成。掺合物按用途分为加重剂、增粘剂、分散剂和堵漏剂四类，分别起调整泥浆密度、粘度、防止凝胶化倾向和防止渗漏的作用。性能指标为密度、粘度、泥皮厚度、失水量、pH值、稳定性和胶体率等。多用灰浆搅拌机、螺旋桨式搅拌机、压缩空气吹拌和离心泵重复循环等方式进行拌制。施工过程中与地下水、地基土和新拌混凝土接触，因混入土渣和电解质离子等受污染而质量恶化，处理方法有机械处理（用振动筛和水力旋流器）、重力沉淀和化学处理，一般先经振动筛筛除大颗粒土渣、经旋流器除去较小颗粒土渣后再进行沉淀，经处理后可重复使用。施工中不断进行循环，亦需补充一些新拌制的泥浆。除地下连续墙外，灌注桩等施工也用。　（赵　帆）

护道 banket

又称天然护道、马道。路堤坡脚或路堑坡顶边缘至排水沟或用地边界间的天然地面。用以稳定路基，保护其免受水流浸润边坡。其宽度一般不小于2m，道面要有外倾排水坡度。　（庞文焕）

护角 staff angle

在墙基体阳角处用水泥砂浆涂抹做成的小圆角。每边宽约5 cm，高度不小于2m，厚度与标筋同。可以保护抹灰层的阳角不易被碰坏。
　（姜营琦）

护角石 spure stone

又称角石。砌筑在石砌体角隅处的石料。要求其三面方正，棱角整齐。　（方承训）

护脚 landslide prevention skirting

防护坡脚崩塌，沿山脚一定距离处修筑的工事。它可保护山脚下正常施工，拦截崩垮的砂、石，形成自然稳定的坡度。可采用挡土墙、木桩柴排、土层锚杆、钢筋混凝土锚固桩等方法。
　（那　路）

护栏 guard rail

为了防止施工人员坠落，保证工人在施工场所进行作业时的安全，在脚手架、结构上留设洞口的临空面处设置的围护结构。斜道上的护栏兼做扶手，护栏高度为1~1.5m，采用木杆、竹竿、钢管等杆件搭设，必须坚固可靠。　（陈晓辉）

护坡 slope protection

防护沟渠、堤坝等边坡面层免受风浪、雨水和水流破坏的工事。常用草皮、片石、块石铺砌而成。　（那　路）

护坡道 berm

为保护高填土路基边坡稳定，在边坡中构筑或保留的带状地面。按规定，当路基边缘与取土坑底的高差大于2m时，应根据填土高度、土质好坏和水文情况等设置1~2m宽的护坡道。通常在取土坑与填土坡脚之间，保留一定宽度的未经扰动的带形护坡道。　（邓朝荣）

护筒 (pile) casing

在杂填土或松软土层中用潜水钻或冲击钻成孔时，为便于定位、保护孔口、维持护壁泥浆水头在孔口以上而设置的钢圆筒。圆筒内径比钻头直径大10cm（潜水钻）或20~40cm（冲击钻），筒上部有1~2个溢浆口。埋入深度大于1m。　（张凤鸣）

hua

花岗石 qranite

具有装饰功能，可以磨平、抛光的各种岩浆岩类岩石的产品名称。包括各种花岗岩（如黑云母花岗岩、普通角闪花岗岩、普通辉石花岗岩、白岗岩、花岗闪长岩等）、拉长岩、辉长岩、正长岩、闪长岩、辉绿岩、玄武岩。其颜色较浅，常呈灰白、肉红等色，金晶质半自形花岗或斑状结构，块状构造。由于其颜色美丽，质地均匀，坚固性好，吸水度、孔隙度均很小，且易于开采，因此是良好的建筑材料。广泛用于奠定地基，建筑桥梁，修建纪念碑、塔等。　（郦锁林）

花灰

泼浆灰加少量水或少量青浆但不调匀的灰浆。用于布瓦屋顶挑脊时的衬瓦条、砌胎子砖、堆抹当沟等。　（郦锁林）

花饰工程 moulding decoration work

用水泥砂浆、石膏、塑料或金属按设计图制成彩色的立体模型，将其安装在建筑物内外作装饰物的施工作业。花饰品种很多，按材料可分为无机材料花饰和有机材料花饰，前者有石膏花饰、水泥石碴花饰、水泥制品花格、玻璃花格，后者有木质花格和竹花格；按使用部位可分为室内花饰、室外花饰；按使用功能可分为屏风类、隔断类、局部装饰类、栏杆类及采光、遮阳花饰。　（姜营琦）

滑动支座 sliding bearing (support)

预应力混凝土连续梁采用单点顶推安装时，设置于正式墩和临时墩上减少顶推滑动摩阻力的装置。支座垫石上面设置光洁度较大的不锈钢板或镀铬钢板，滑板用聚四氟乙烯制成。

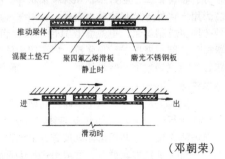

（邓朝荣）

滑秸泥 cob with wheat straw

泼灰与黄土拌匀后加水，或生石灰加水，取浆与黄土拌和，再掺入经石灰水烧软的滑秸（即麦秸，又称麦余）与泥拌匀的灰浆。用于苫泥背、抹饰墙面等。当用于抹墙时，可将滑秸改为稻草；用于壁画时，灰所占比例不宜超过40%，亦可用素泥。　（郦锁林）

滑框倒模 slipframe with remounted formwork

随着千斤顶的爬升带动承力架（框）沿着模板滑升，当承力架滑出一块模板后，立即向上翻模的施工方法。这种方法是在滑模的基础上改进的。因为滑模施工为连续作业，在气温变化较大时，配合比不易控制而产生拉裂现象，故改为滑框（承力架）。而模板由2~3节组成，每节长约900mm，当承力架滑出一节模板时，拆开一节模板向上翻模，这样可以保证混凝土清水墙面的质量。但用钢量较大，支承杆的高度随模板高度而增加，必须采取稳定措施。　（何玉兰）

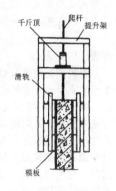

滑模 slipform

模板系统沿着新浇混凝土构件的表面，用千斤顶按合宜的速度向上滑升，同时连续浇灌混凝土的施工方法。将液压滑模装置，即模板提升架、操作平台、支承杆及液压千斤顶等安装就位，液压千斤顶在支承杆上爬升，带动提升架、模板、操作平台随之一起上升，从而不断在模板内绑扎钢筋、浇灌混凝土的连续施工方法。施工中，必须注意选择合宜的配合比，对结构物的垂直度、水平度与扭转进行严格的控制，保证支承杆的稳定等。具有机械化程度高，施工文明；能连续作业，施工速度快；滑模装置系统只组装一次，节约施工用材和劳动力，降低工程造价等特点。现已广泛地应用于高层建筑

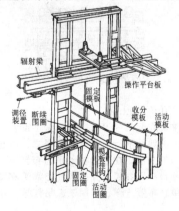

及高耸构筑物。　　　　　　　　（何玉兰）

滑模装置　slipform equipment

在滑模施工过程中，必要的所有部件。由模板系统、操作平台系统和滑升系统三部分组成。模板系统包括模板、围圈、提升架，它的主要作用是使混凝土成型；操作平台系统包括主平台、辅平台、内外吊脚手，它是施工操作场所；滑升系统包括千斤顶、支承杆、液压控制台和油路管线，它是模板滑升的动力系统。以上各系统一次组装成整体，且各个部件互相协调一致地进行滑模施工。

（何玉兰）

滑坡　landslide

岩质或土质边坡向前向下整体移动的现象。由于地表水及地下水的作用或受地震、爆破、人工采空、堆载等因素的影响，在重力作用下，失去其原有稳定状态。其防治宜采用综合措施。当水为造成滑坡的主要因素之一时，可用盲沟、排水隧洞或用化学固化法截排渗入滑坡带的地下水和疏干滑坡体前部。对因切坡采空而失去支撑的滑坡区，可在其前部做防滑堤、墙或护桩等。　　　　（朱　嬿）

滑丝　slip wire

张拉与锚固时滑脱的预应力钢丝。在张拉与锚固时预应力钢丝断裂则称为断丝。在构件同一截面中滑脱或断裂的钢丝数量：对后张法，不得大于钢丝总数的3%，且一束钢丝只允许一根；对先张法，不得大于钢丝总数的5%，且不允许相邻两根钢丝滑脱或断裂。　　　　　　（杨宗放）

滑台　smqqth terrace

用型钢制成的简易搬运设备。一般由槽钢和钢轨焊制而成。下部是开口向下的槽钢，扣在三条钢轨上。滑台上部铺设钢轨，以支承设备。

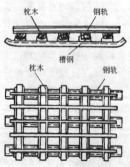

（杨文柱）

滑行法　slip method

起重机在起吊柱子时，只升钩不旋转，柱脚随吊钩上升沿地面滑行而使柱逐渐竖立，吊起后插入基础杯口的方法。在进行柱子平面布置时，要求绑扎点与杯口中心共弧，并使绑扎点靠近杯口。此法操作简单、布置方便，常用于起吊较重、较长的柱子。但柱子在滑行过程中震动较大。为减少滑行阻力，可在柱脚下面设置托木或滚筒。当双机抬吊柱子时也是一点绑扎。起吊过程和平面布置要求基本上同单机起吊。关键是操作要求较严，两机速度协调一致务须保证。　　　　　　（李世德）

化学灌浆　chemical grouting

用化学材料按配方制成的浆液进行的灌浆工作。可对水泥灌浆难以处理的工程部位进行化学灌浆处理，以增强其防渗和承载能力。它主要使用水玻璃类、木质素类、丙烯酰胺类、丙烯酸盐类和聚氨脂类有机化合物为灌浆材料。从配制成浆液起至聚合时止，为粘度低的液体，可灌入极微细（0.1mm以下）的缝隙，经过一定时间起化学反应后聚合为胶体或固体，起到防渗或固结作用。灌浆方法均采用纯压式，按浆液制备方式分单液法和双液法两种。前者是灌浆前，浆液按配方一次配成经灌浆泵压送到灌浆部位，后者则先配成两种浆液，按比例分别泵送至灌浆孔口混合再进到灌注部位，两液混合后经一定时间聚合成凝胶体，比前者方便，节约材料，但技术要求高。应注意防止污染环境和人身中毒。　　　　　　　（汪龙腾）

化学加固法　chemical grouting method

将某些化学溶液注入不稳固的含水地层中，生成胶凝物质或使硬土颗粒表面活化，以增强土壤颗粒间的连结，提高土体的力学强度的隧道施工方法。常用的方法有硅化加固法、碱液加固法、电化学加固法和高分子化学加固法等。　　（范文田）

划缝

见原浆勾缝（284页）。

huan

环向预应力　circumferential prestressing

在圆筒形结构中，沿圆周方向施加的预应力。按预应力筋的连接程度可分为：连续型、环圈型和分段型等。按预应力筋的张拉工艺可分为：绕丝预应力、径向张拉、电热张拉和机械张拉等。绕丝预应力用于体外连续张拉单根钢丝。径向张拉用于体外分圈张拉钢丝束。电热张拉只用于张拉粗钢筋。机械张拉即用液压千斤顶张拉，广泛用于体内分段张拉大吨位钢丝束和钢绞线束。　　（杨宗放）

环形路线　loop-form route

铲运机完成铲土、运土、卸土和回空等一个工作循环所行经的呈环形的作业路线。具有运距短、操作灵活方便，可利用地面纵坡进行下坡铲土等优点。当路基填挖方较低时，常采用这种运行路线。

（庞文焕）

环氧树脂面层 epoxy resin finish

以环氧树脂为胶凝剂，加入固化剂、增塑剂、稀释剂、填料、颜料等，调匀涂布于水泥砂浆找平层表面，固化而成的地面饰面层。施工时，找平层必须充分干燥、平整、清洁。环氧树脂一次配制不宜超过5kg，否则散热困难，易发生急速固化（爆聚）成为废料。铺料时，可将地面分成1m见方的方格，每格倒1kg涂料，用抹子摊开，涂料会自动流平。固化后养护7d，罩一层不加溶剂的环氧树脂清漆，打蜡擦光。环氧树脂面层可做成单色的，也可做成仿大理石、水磨石等多种彩色地面。

（姜营琦）

缓冲爆破 buffer blasting

将减弱药包按不偶合装药装入沿开挖轮廓线上的加密炮孔中以形成缓冲层的光面爆破。当主炮孔药包起爆后，再起爆缓冲炮孔。炮孔直径可为50～160mm，孔距1～2.3m。凿岩工程量小，但在缓冲爆破前要清碴，影响进度。炮孔需要填实，多用于露天爆破中。炮孔布置的特点是从前排到后排炮孔的排距、孔深和装药量逐步减小，末排中的孔距较密爆破震动较低，但费用较高。

（林文虎）

缓和曲线 transition curve

为了车辆在直线和平曲线间或半径相差悬殊的圆曲线间行驶时的舒适和安全而设置的符合车辆转向行驶轨迹和离心力渐变的曲线。有三种主要线型：辐射螺旋线、双纽线和三次抛物线；在次要道路上，也可采用直线缓和段代替缓和曲线。各级公路的缓和曲线长度，应大于或等于规定的长度。

（邓朝荣）

换埋式台座 bed of remouhtable type

台墩可以装拆的临时性活动台座。台墩由埋入地下的钢立柱及紧靠立柱的一排混凝土横梁组装而成，并在横梁后面用土回填夯实，以便和立柱、横梁共同承受张拉力。当台座不再需要时，立柱、横梁可以拆下转移。

（卢锡鸿）

换土垫层法 replacement method

对基础底面下处理范围内的软弱土层，分层换填并夯（压、振）实砂、碎石、灰土等强度较大且性能稳定材料的浅层地基处理方法。能使天然地基满足强度和变形要求；对湿陷性黄土、膨胀土、季节性冻土，能消除或部分消除地基土的湿陷性、胀缩性和冻胀性；能排除软弱土层受压排出的水，使孔隙水压力消散，加速软弱土层固结；对暗浜和暗沟，换土处理能满足建筑物要求。换土方式有开挖换土和强制换土。前者将软弱土层挖去后换土；后者不开挖软弱土层，换填材料在夯、压等作用下将软弱土层侧向挤出进行强制换土。换土处理多用重锤夯实、机械碾压或平板振动进行施工。

（赵志缙）

换装站供应距离 supply distance between reloading and track laying

轨排换装站至铺轨工地的最大距离。轨排在换装站从普通平车换装于带滚轮的平车上，以备与另一列配合铺轨机工作的轨排列车相交换。为了充分发挥铺轨机和专用轨排平车的作用，由换装站至铺轨最远工地的距离应有所限制，即要求专用轨排平车在换装站装车和往返工地运行时间之和，小于或等于铺设一列车轨排所需的时间。

（段立华）

huang

黄灰

泼灰加水后加包金土色（土黄色）再加麻刀而成的灰浆。如无土黄色，可改用地板黄，用量减半。用于抹灰工程。

（郦锁林）

黄线苏画

见苏式彩画（228页）。

hui

灰板条隔墙 wood lath partition, stud partition

在方木骨架两边钉灰板条后抹灰的木骨架轻质隔墙。木骨架设有立筋及横撑，立筋间隔一般为40～50cm，如有门口时，其两侧各立一根通天主筋，门窗樘上部宜加钉人字撑，立筋之间每隔1.2～1.5m应加钉横撑一道。施工时应先在地面、平顶弹线，上下安设楞木并伸入砖墙内不小于12cm，在楞木上按设计要求画出立筋位置后按该位置钉隔墙立筋，横撑不宜与隔墙立筋垂直，应稍倾斜以便楔紧和钉钉，板条缝隙7～10mm，接头留5～3mm，且应分段错开，每段长度不宜超过50cm。

（王士川）

灰背

铺于望板上的屋面垫层。用以保温、防水，并做出屋面的圆滑曲面。多分层抹压，以灰（白灰、青灰）为主。

（郦锁林）

灰背顶

屋顶表面不用瓦覆盖，而以灰背直接防雨的屋面。这种做法可用于平台屋顶，也可用于起脊屋顶。

（郦锁林）

灰缝 mortar joint

砌体中，块体与块体

间的灰浆结合缝。分为水平灰缝和竖直灰缝。它影响砌体的强度、保温、隔热、抗渗、抗冻等性能。砖砌体中，灰缝厚度一般为10mm，但不应小于8mm，也不应大于12mm。　　　　　（方承训）

灰砌糙砖
见糙砌（17页）。

灰砂砖　lime sand brick, silicate brick
以砂（细砂岩）和石灰为主要原料，经坯料制备、压制成型再经蒸压养护或碳化处理而成的砌体材料。分蒸压灰砂砖和碳化灰砂砖两类。前者半成品须经过高压养护，使石灰与砂子反应生成硅酸钙结晶，在生产工艺上必须用高压釜化0.8MPa压力和175℃温度下蒸压始可。后者半成品则在生石灰水化硬固作用下，首先生成氢氧化钙结晶，再用CO_2碳化生成碳酸钙晶体，无须蒸压养护。砖材规格一般为240mm×115mm×53mm。强度等级为MU7.5～MU20。可用于基砖及其他建筑部位。长期受热高于200℃、受激冷、激热或有酸性介质侵蚀的部位应避免使用。　　　（方承训）

灰砂桩托换
在湿陷性黄土地区，用洛阳铲成孔后填入石灰砂，或用较大直钢管打入成孔后分层填入生石灰进行的基础加固托换。用洛阳铲成孔后以200～500mm为一层，分层填入掺有15%～30%细砂的石灰砂，分层夯实后，顶部1.0～1.2m高度用2:8灰土或素土回填夯实封顶；或用较大直钢管打入成孔，分层填入生石灰，再于原孔位用小直径钢管复打，二次挤密周围土体，小钢管拔出后，孔中填入细砂与小石子混合料，分层夯实形成灰砂桩，用于基础加固托换。灰砂桩能挤密土层及吸水；限制地基土壤湿陷时的侧向挤出变形；还能在基础荷载作用下扩散应力，减少未加固土的附加应力。托换后沉降稳定，效果较好。　　　　　（赵志缙）

灰土垫层　lime-soil cushion, lime-soil bedding course
由石灰和粘土（或粉土、粉质粘土）按一定比例混合后，铺设于基土上，经夯实固结形成的垫层。为中国传统的地基处理方法。用于置换建筑物基础底面下软弱土层，尤其是用于湿陷性黄土地基加固。灰土中石灰与土的体积比宜2:8或3:7，与石灰等级有关，以CaO+MgO总量达到8%为佳。二灰中石灰与粉煤灰的体积比宜2:8或3:7，加水拌合后分层夯实。它应有一定厚度，以减小湿陷量和扩散后的附加应力，使地基的湿陷变形减小。非自重湿陷性黄土，其厚度可稍小于1m；自重湿陷性黄土，以控制剩余湿陷量不大于20cm为宜。它的宽度以每边超出基础底面不小于其厚度40%和0.5m为宜。施工时，生石灰要消解3～4d后过筛使用，粒径小于等于5mm。灰土要拌均匀，含水量约16%，按虚铺厚度200～300mm分层铺设，用木夯、蛙式打夯机或压路机等夯（压）实，要达到压实系数$D_y=0.93～0.96$或最小干土重度达到$15kN/m^3$左右。　　　（赵志缙　姜营琦）

灰土井墩托换
于事故基础两侧人工挖孔，孔内按每层150～200mm分层回填和夯实2:8或3:7的灰土形成井墩，墩上作盖板，再于盖板上作钢筋混凝土地梁穿过原基础底部支承上部荷载进行的基础托换。是非自重湿陷性黄土地区基础托换方法之一。井墩为圆柱形；直径取决于承载力，约0.8～1.2m；井身长度依新取持力层而定，要穿过全部湿陷性土层坐落在非湿陷性土层上，且避免地基继续浸水。设计时先按井墩四周的摩阻力和端承力计算单个井墩的容许承载力，再验算井身的灰土强度。
　　　　　　　　　　　　　（赵志缙）

灰土桩　lime and soil pile
挤密成孔后分层夯填按一定比例（2:8或3:7）混合后的石灰和土构成的桩体。用于地基加固。其他皆同土桩。　　　　　　　　　（赵志缙）

灰线　moulding
在建筑物的顶棚四周、灯光座、门窗口的周边、柱顶、梁底、舞台口等处抹出的装饰线条。有圆有方，有大有小，有繁有简。根据设计图样，先制作模具，按不同部位不同层次用不同抹灰材料，分多次拉扯、修整而成。　　　　（姜营琦）

回弹率　percentage of rebound
回弹物数量与全部喷射出去的混凝土拌合物数量之比。以百分数表示。大小与速凝剂掺量、混凝土配合比、喷射速度、喷射角、喷射面状况、喷覆厚度、喷射距离、喷射机种类、喷射方法及操作熟练程度有关。　　　　　　　（舒适）

回弹物　rebound material
进行喷射作业时因反弹而坠落到地面的混凝土拌合物物料。回弹物中以砂、石为主，并有少量水泥浆附裹于砂石表面。水泥、砂、石之比约为1:3:6。　　　　　　　　　　（舒适）

回头曲线　switch-back cutve, reverse loop curev
山区公路在山坡盘旋上升时，为了伸长距离、减小纵坡度而采用的回转形曲线。一般用于二级公路、三级公路、四级山区公路或游览区上山道路。其线型有马蹄形曲线、发针形曲线、连续回头的之字形曲线等。　　　　　　　（邓朝荣）

回粘　recovery of stickiness

涂料涂刷后，涂膜虽已形成，但长时间表面仍有粘手的现象。产生的原因主要是涂料的树脂含量过少、稀释剂挥发过慢等。　（姜营琦）

回转半径　radius of rotation
见工作幅度（85页）。

回转式挖槽机　rotary trench excavator
利用钻头的旋转切削破碎土体，通过泥浆循环排碴的成槽（孔）机械。其生产效率较高，挖槽（孔）壁面平整，但机械构造复杂，需较熟练的操作工人。该机按钻头数目可分为独头钻和多头钻。独头钻多用于钻导孔，而多头钻多用于挖槽。
　（李健宁）

汇流　catchment runoff
在流域面积上，降雨产生的地面水流汇集而向低处流动的现象。包括坡面汇流和沟槽汇流两个阶段。降雨充满地面坑洼后，开始沿坡面流动称为坡面汇流或坡面漫流。它是由无数股彼此时合时分的细水流所组成，流动缓慢，绕高寻低，没有固定和明显槽形，漫流路径蜿蜒曲折，往往不出100m，汇流历时较短。全部漫流的雨水沿坡面汇流，逐渐向低处汇集，最后流入沟槽中，沿沟槽纵向流动称为沟槽汇流。由于沟槽坡度大，坡面水流不断汇入，所以沟槽汇流流速大，历时较长。
　（那　路）

hun

混碴　combined stone ballast
灌筑隧道混凝土衬砌时，洞内炸下的一定粒径的石块、石屑和石粉可用作混凝土粗集料和细集料的部分石碴。应事先进行筛分，并按一定比例配合后再予使用，同时应进行试验检定。　（范文田）

混合堵　mixed closure method
平堵、立堵相结合的截流方式。合理安排平堵与立堵的顺序和工作量，发挥两者的优点，避免或减轻其缺点。按其组合的不同有先平堵后立堵，先立堵后平堵，先立堵后平堵再立堵等。（胡肇枢）

混合矫正　mixed correcting
机械矫正和火焰矫正相结合的矫正方法。
　（王士川）

混合砂浆　composite mortar
水泥砂浆或石灰砂浆掺适量混合材料所制得的砂浆的统称。常以所用胶凝材料命名，如水泥石灰砂浆、水泥粘土砂浆、石灰粘土砂浆等。掺入混合材料的目的是节约水泥或石灰，并改善砂浆拌合物的和易性。　（方承训）

混合式掏槽　cut with argled and parallel holes
为了加强直眼的抛碴力以提高炮眼利用率而采用的以直眼掏槽为主并吸取斜眼掏槽特点的掏槽。通常将斜眼作楔状布置在直眼两边，其起爆顺序安排在所有直眼之后以等中心岩石爆破后起到抛碴扩槽的作用。　（范文田）

混凝土　concrete
由胶凝材料、颗粒状集料、水以及必要时加入的外加剂和矿物掺合料按规定比例配合，拌制成混凝土拌合物，经一定时间硬化而形成的复合材料。它可根据不同的特点进行分类。按胶凝材料的种类，可分为：水泥混凝土、石膏混凝土、石灰-硅质胶结材混凝土（即硅酸盐混凝土）、沥青混凝土、聚合物混凝土、硫磺混凝土等。按表观密度的大小，可分为：重混凝土、普通混凝土、轻混凝土。按用途和特殊性能可分为：结构用混凝土、装饰混凝土、防辐射混凝土、耐酸混凝土、耐火混凝土、耐低温混凝土、耐油混凝土、防水混凝土、大体积混凝土、大坝混凝土、道路混凝土、纤维增强混凝土、膨胀混凝土等。按施工方法分有：现浇混凝土、预制混凝土、喷射混凝土、压浆混凝土、SEC混凝土、预拌混凝土、泵送混凝土、热拌混凝土、真空混凝土等。按混凝土拌合物流动性分类有：干硬性混凝土、塑性混凝土、低流动性混凝土、流动性混凝土、流态混凝土等。　（谢尊渊）

混凝土坝砌砖分块法　dam concreting by separated blocks
又称错缝分块法。坝段各层浇筑块的纵向竖缝互不贯通，相互错开，形如房屋建筑中砌砖的混凝土坝浇筑方法。缝的间距一般为20～30m，浇筑块高1.5～4m。由于层间互相搭接避免了接缝灌浆，温控要求较低，但块的浇筑顺序有限制，影响施工速度。竖缝的上下两端，在坝体冷却过程中有应力集中现象，易开裂延伸，难于保证坝的整体性，故适用于对整体性要求不高的低坝。　（胡肇枢）

混凝土坝斜缝浇筑法　slant joint(layer) placing of concrete dam
混凝土坝用横缝分成坝段，每个坝段用与下游坝坡近乎平行的一条或几条斜缝贯通整个坝段，再将这些倾斜的柱块用水平施工缝分成浇筑块进行浇筑的方法。斜缝大致沿着主应力方向设置，缝面上的剪应力很小，斜缝原则上可以不进行接缝灌浆，可节省造价和提前竣工蓄水。水平施工缝的设置与混凝土坝柱状浇筑法相同。　（胡肇枢）

混凝土坝柱状浇筑法　shaftweise placing of concrete dam
又称混凝土坝纵缝分块浇筑法。混凝土坝用横缝分成坝段，每个坝段再用竖直的纵向临时贯通缝

(缝面与坝轴线平行），分成几个直立的柱状块进行浇筑的方法。施工中再把柱状块用水平施工缝分成浇筑块，逐块浇筑。纵缝间距一般为20～40m。水平分块的厚度在接近基岩部位多为1.5～3.0m，以上部位多为3～5m，少数情况有6m以上的。纵缝为临时施工缝，要用接缝灌浆予以处理。

（胡肇枢）

混凝土拌合物　fresh concrete, concrete mix

又称新拌混凝土、混凝土混合物。混凝土各组成材料按一定比例配合，混合搅拌均匀后尚未凝结，处于流动或塑性状态的混合物。可看成是由水、分散粒子和微气孔组成的一种多相分散体系，具有触变性。一般用宾汉姆模型来描述其流变性能。它必须具有与施工条件相适应的工作性，以便各项施工作业能易于进行，保证获得良好的施工质量。

（谢尊渊）

混凝土拌合物流变性能　rheological properties of concrete mix

混凝土拌合物在外力作用下的流动和变形的性能。混凝土拌合物是一个复杂的多相分散体系。从加水拌和开始，由于水泥颗粒的水化反应，浆体逐渐凝结而硬化，体系因而也随着出现弹、塑、粘性性质的演变，即从开始时以粘塑性为主逐渐向粘弹性发展。故混凝土拌合物的流变性能具有随时间变化的独特性。

（谢尊渊）

混凝土拌合物流动性保持指标　index of fluidity retaining of fresh concrete mix

浇筑水下混凝土时，混凝土拌合物保持其流动性不低于规定标准（一般以15cm坍落度为标准）的时间。当用导管法浇筑时，一般要求不小于1h。

（谢尊渊）

混凝土拌合物液化　fluidification of concrete mix

混凝土拌合物在振动等机械外力作用下，物料颗粒间的内摩擦力和粘结力显著减小，使原来粘滞性较大的混凝土拌合物获得很大的流动性，具有某种程度的液体性质的现象。它是混凝土拌合物触变性能的表现

（谢尊渊）

混凝土拌制　mixing of concrete, prepasation of concrete

又称混凝土备制。将组成混凝土的各种原材料按一定的配合比经过一定的工序制备成所要求性能的混凝土拌合物的整个过程。它包括原材料贮存、原材料计量和混凝土搅拌等工序。

（谢尊渊）

混凝土泵　concrete pump

通过管道将混凝土输送到浇注施工部位的专用设备。按其能否移动及移动方式可分为固定式、拖式（牵引式）和车载式。按其构造原理又分为液压式和机械式。按驱动方式，则可分为挤压式和活塞式。挤压式混凝土泵的压力小，泵送距离短，推广应用的主要是液压活塞式混凝土泵。

（谢尊渊）

混凝土标号　grade of concrete

按照标准方法制作养护的边长为200mm的混凝土立方体试块，在28d龄期，用标准试验方法测得的抗压极限强度。混凝土标号为100、150、200、250、300、400、500、600，其相应的强度等级为C8、C13、C18、C23、C28、C38、C48、C58。

（谢尊渊）

混凝土侧压力　lateral presure of concrete on formwork

新浇筑的塑性混凝土对模板产生的侧向压力。大小随模板的高度 H (m)、浇灌混凝土的速度 v (m/h)、混凝土的重力密度 γ_c (kN/m³)、坍落度影响修正系数 β_2、外加剂影响修正系数 β_1、新浇混凝土的初凝时间 t_0 (h)、振动器的类型而变化。根据中国《混凝土结构工程施工及验收规范》GB50204-92规定，当采用内部振动器时，新浇的混凝土作用于模板的最大侧压力 F (kN/m²)，可按下列二式计算，并取二式中的较小值。关于侧压力的计算公式，虽然各个国家都不尽相同，但由于影响混凝土侧压力的因素基本一致，所以各种不同的公式计算结果值亦较为接近。

$$F = 0.22\gamma_c t_0 \beta_1 \beta_2 v^{\frac{1}{2}}$$
$$F = \gamma_c H$$

（何玉兰）

混凝土成型　formation of concrete

混凝土拌合物在外力作用下在模型内流动，填满模型整个空间，从而获得要求外形的过程。其与混凝土拌合物的密实过程是同时进行的。

（谢尊渊）

混凝土捣实　rodding of concrete, tamping of concrete

见混凝土密实（112页）。

混凝土工程　concrete work

将混凝土原材料通过各种工艺措施制成具有一定形状尺寸、性能、质量符合要求的混凝土结构构件或制品的施工工作总称。一般包括下列施工过程：混凝土拌制、混凝土运输、混凝土浇筑、混凝土养护等。

（谢尊渊）

混凝土合格质量　acceptable quality of concrete

与某一安全等级的混凝土结构构件规定的设计可靠指标相应的混凝土质量水平。

（谢尊渊）

混凝土护壁衬模　form lining for protecting

concrete walls

开挖深基础不允许放坡时所需逐段现浇混凝土护壁结构来支承土的侧压力，同时作为永久性外模的施工方法。模板随结构物的形式而变，有矩形、多边形、圆形等。常用的人工挖孔桩混凝土护壁的衬模多为圆形。为了便于拆除浇混凝土护壁衬模的模板及逐层浇灌，作成锥台形模板，一般由约1.0m高的数块钢模板组成一个锥台，且下段模板应高出上段混凝土护壁，下段护壁厚大于上段护壁厚，留出浇灌口，以便浇灌下一段护壁的混凝土。从上而下依次施工，逐段形成混凝土护壁衬模，直至所需的护壁高度。　　　(何玉兰)

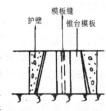

混凝土极限质量　limiting quality of concrete

与某一安全等级的混凝土结构构件规定的设计可靠指标下限值相应的混凝土质量水平。
　　　　　　　　　　　　　　(谢尊渊)

混凝土浇筑　placing of concrete

混凝土拌合物浇灌入模后，使制成的混凝土构件外形正确、表面平整光滑、混凝土整体性与密实性符合要求的施工工作。其包括布料、摊平、捣实和抹面修整等工序。　　　　(谢尊渊)

混凝土浇筑强度　intensity of placing concrete

每小时混凝土拌合物的浇筑量。其值与混凝土拌合物的分层浇筑厚度、浇筑面积以及混凝土拌合物的初凝时间等因素有关。　(谢尊渊)

混凝土搅拌　mixing of concrete

使混凝土中各组成材料相互分散、均匀分布，从而获得内部各部位性能都相同的匀质混合物的过程。其作用主要是使各组成材料均匀混合，有时也能对混凝土加以强化和塑化。　　(谢尊渊)

混凝土搅拌机　concrete mixer

将混凝土各组成材料在拌筒内相互分散、均匀分布，从而获得内部各部位性能都相同的匀质拌合料的机械。按搅拌原理可分为自落式（搅拌物料由固定在旋转拌筒内的叶片带至高处，靠自重下落进行搅拌）和强制式（搅拌物料由旋转的搅拌叶片强制搅动进行搅拌）两大类。按拌筒形状和出料方式，自落式搅拌机又可分为鼓筒式、锥形反转出料式和锥形倾翻出料式。强制式搅拌机又分为立轴强制式和卧轴强制式两种。目前大量生产和应用的是锥形反转出料式混凝土搅拌机，其特点是拌筒容积利用系数高，卸料迅速，物料在拌筒内搅拌较均匀，可搅拌较大粒径的集料，能耗低，磨损较小。
　　　　　　　　　　　　　　(谢尊渊)

混凝土搅拌楼　concrete batching plant

由供料、贮料、配料、搅拌、出料、控制等设备系统及结构部件组成的采用单阶式工艺流程生产混凝土拌合物的较大型固定式的成套设施。
　　　　　　　　　　　　　　(谢尊渊)

混凝土搅拌运输车　concrete truck mixer

简称混凝土搅拌车。在混凝土运输过程中，装载混凝土的拌筒能缓慢转动（一般为1～4r/min）的专用车辆。可有效地防止混凝土离析和与筒壁粘结，因而能保证混凝土浇筑入模的质量。按驱动方式可分为：①以载重卡车发动机为原动机，由引擎前端取力驱动；②由载重卡车发动机飞轮轴取力驱动；③由载重卡车发动机后端取力，通过分箱驱动；④以专用柴油机为原动机，通过联轴节、变量柱塞油泵，柱塞油马达和行星齿轮传动而驱使搅拌筒转动。主要有三种不同用法：①湿料运输，即运输拌合好的混凝土拌合物；②半干料运输，即输送尚未配足水的混凝土拌合物，在运输过程中，一面补加所需要的剩余拌合用水，一面进行搅拌转动，使总转数达到70～100转，然后在工地浇注入模；③干料运输，即把经过称量的砂、石子和水泥等预拌合的干料，装入搅拌筒内，在输送过程中加水搅拌，在到达工地之前完成加水搅拌全过程，在到达工地之后立即卸出并浇注入模。　(郦锁林)

混凝土搅拌站　concrete batching plant

由供料、贮料、配料、搅拌、出料、控制等设备系统及结构部件组成的采用双阶式工艺流程生产混凝土拌合物的较小型的成套装置。按其服务对象和使用期限的不同，可分为固定式混凝土搅拌站和临时性移动式混凝土搅拌站。　　(谢尊渊)

混凝土结构工程　concrete structure engineering

以混凝土为主要材料制成的工程结构的设计、制造、安装及维修的工作总称。包括钢筋混凝土工程、预应力混凝土工程和素混凝土工程。混凝土及钢筋混凝土结构在工程结构中占有相当大的比重，用途遍及土木工程建设的各种类型的建筑物、道路、桥梁、堤坝、港口、码头、隧道和船闸等。混凝土结构工程的施工包括模板、脚手架及支撑工程，钢筋工程，混凝土工程，预应力混凝土工程等。是土木工程施工中的主导工程。　(林文虎)

混凝土抗渗标号　grade of concrete against infiltration

以28d龄期的混凝土标准试件，按标准抗渗试验方法试验，以不渗水时所能承受的最大水压力数值表示的混凝土抗渗能力。在防水混凝土中抗渗标号是依据设计最大计算水头（H）与混凝土壁厚

(h)之比,即水力梯度(H/h)选定。当$H/h<10$时,为S_6;$H/h=10\sim25$时,为$S_8\sim S_{12}$;$H/h=25\sim35$时,为$S_{16}\sim S_{20}$。其中S_6、S_8……S_{20}为防水混凝土的抗渗标号,即抗渗能力为$0.6\sim2.0$MPa。现行规范已将混凝土抗渗标号改为混凝土抗渗等级,符号由S改为P。

(谢尊渊 毛鹤琴)

混凝土抗渗等级 grade of concrete against infiltration

混凝土试块在渗透仪上作抗渗试验时,试块未发现渗水现象的最大水压值。例如,P8表示该试块能在0.8MPa的水压力下不出现渗水现象。

(郦锁林)

混凝土可泵性 pumpability of concrete

表明混凝土拌合物在输送管内压送难易程度的性能。可泵性好的混凝土拌合物,其在输送管内能顺利流动,与管壁的摩擦力小,在压送过程中不产生离析现象,混凝土性能不会发生变化,因而可避免产生管道阻塞现象。

(谢尊渊)

混凝土立方体抗压强度标准值 characteristic value of compressive strength of concrete cube

按照标准方法制作、养护的边长为150mm的混凝土立方体试件,在28d龄期,用标准方法测得的具有95%保证率的抗压强度。

(谢尊渊)

混凝土梁桥安装 erection of reinforced concrete beam bridge

钢筋混凝土及预应力混凝土梁桥的施工。可分为整体施工法和节段施工法两种。前者,是将桥梁上部结构在桥位上整体现浇制作或整体预制安装就位,分为:支架支模就地浇筑施工、用龙门架与导梁的联合安装法、扒杆与导梁的联合安装法、双导梁安装法、扒杆吊装法、浮运架设法、跨墩龙门架安装法、履带吊车或轮胎吊车安装、整孔架设施工等;后者是将桥梁上部结构分成若干节段,在桥位上分段现浇或分段预制装配连接而成,又分为:悬臂施工法、逐孔施工法、移动模架施工、顶推法施工等。悬臂施工法,分为:用挂篮悬臂浇筑施工、桁式吊悬臂浇筑施工、桁式吊悬拼施工等。逐孔施工法分为:简支-连续施工、悬臂-连续施工、临时支承组拼预制节段逐孔施工、在支架上逐孔现浇施工等。移动模架施工分为:移动悬吊模架施工、活动模架施工等。顶推施工法,分为:单点顶推、多点顶推、设临时滑动支座顶推、临时兼永久支座顶推(RS施工法)、单向顶推、双向顶推(相对顶推)等。

(邓朝荣)

混凝土临界强度 critical strength of concrete

冬期施工中混凝土受冻前的最低强度允许值。负温下混凝土中水结冰,体积增大约9%,产生的冰胀应力,破坏了已凝结的混凝土结构,使其后期强度降低,其值的大小与其遭受冻结前混凝土本身已具有的强度大小有关,遭受冻结前混凝土强度越高,遭受冻结后混凝土后期强度降低越小。因此,施工规范规定了使混凝土遭受冻结后的后期强度降低值不超过5%的混凝土遭受冻结前的初始强度值。同时还具体规定了用不同种类水泥配制的混凝土受冻前的强度值。

(张铁铮)

混凝土密实 compaction of concrete

又称混凝土捣实。采取工艺措施,将混凝土拌合物内部的空气排出,消除内部空隙,使混凝土内固体颗粒紧密堆集,以提高混凝土密实性的过程。其与混凝土拌合物的成型过程是同时进行的。密实成型的工艺有:振动密实成型、离心脱水密实成型、真空脱水密实成型、压制密实成型、喷射密实成型等。

(谢尊渊)

混凝土配合比 proportions of concrete mix

混凝土中各组成材料用量之间的比例关系。常采用重量比。一般以材料之间的份量比值方式表示,而以水泥的份量为1。以普通混凝土为例,设其配合比为$1:x:y$,即表示1份水泥,x份细集料,y份粗集料。水与水泥的比例(即水灰比)往往单独列出,以$\dfrac{W}{C}$表示。若掺有外加剂,则外加剂用量以水泥质量的百分率表示。恰当的混凝土配合比,可以保证所制得的混凝土不但能满足工程上对其强度、耐久性和工作性等性能方面的要求,而且又经济合理。

(谢尊渊)

混凝土配制强度 strength of trial concrete mix

混凝土在生产中实际强度的总体平均值。在混凝土生产中,由于原材料质量和生产因素的波动,使混凝土的实际强度具有波动性,因而存在着低于设计规定的强度标准值的可能性。为保证实际所生产的混凝土的强度对设计所规定的强度标准值具有一定的强度保证率,混凝土的配制强度应比设计所规定的强度标准值提高某一规定的数值。此数值的大小决定于混凝土强度的标准差和强度保证率。

(谢尊渊)

混凝土强度等级 grades of concrete stength

混凝土按强度质量划分的等级。按混凝土立方体抗压强度标准值确定。用符号C和立方体抗压强度标准值表示。

(谢尊渊)

混凝土切缝机 concrete slot cutting machine

混凝土大面积薄层浇筑后,切割浇筑层造缝的机械。一般采用振动压入切缝方式。在碾压混凝土坝,大仓面薄层浇筑法筑坝中用于造缝。在混凝土铺平后,将金属缝材贴在刀板上,随着振动垂直压入刀板至要求深度，拔出刀板，把缝材留在混凝土内。性能如下：刀宽约 1 800～2 000mm，切入深度 0.5～1.0m，起振力 32～64kN，振动频率约 1500Hz。　　　　　　　　　　　（胡肇枢）

混凝土收缩损失　loss due to shrinkage of concrete

预应力筋锚固之后，由于混凝土收缩变形引起的预应力损失。与容积表面比、相对湿度和潮湿养护终了到施加预应力的时间等因素有关。对先张法构件，全部收缩几乎在传力以后发生。对后张法构件，部分收缩已在张拉之前完成，如潮湿养护完成后5d进行张拉，则取总收缩的 80%，28d 取 60%。
（杨宗放）

混凝土通仓浇筑法　continuous placing of large volume concrete

整个坝段上下游间不设垂向缝，坝段只有水平施工缝进行浇筑的方法。接近基础部位块厚为 0.75～1.0m，以上部位为 1.5～2.0m，浇筑块较薄有利于散热。工作面开阔，有利于机械化施工，免除了接缝灌浆，提高了坝体整体性，对工期、造价均有利。但相对于柱状浇筑法，混凝土温度变形受基础的约束较大，温控防裂措施要求较高。
（胡肇枢）

混凝土外观缺陷　exterior defect of concrete

混凝土结构构件中，肉眼可观察到的不符合设计与施工验收规范质量要求的弊病。常见的有：麻面、露筋、蜂窝、孔洞、裂缝等。（谢尊渊）

混凝土外墙板饰面

采用全装配大板和内浇（大模现浇）外挂（预制壁板）的饰面工程。有混凝土墙体现制饰面施工、混凝土墙体预制施工和装饰混凝土饰面施工。所谓现制饰面，是指在施工完成的混凝土墙体表面进行装饰施工，而非现浇混凝土或装配式混凝土墙体。　　　　　　　　　　　　（郦锁林）

混凝土围堰　concrete cofferdam

用混凝土为主要材料筑成的围堰，按结构型式有重力式、支墩式和拱形等。有直接在水下施工修建的，但更多的情况是在临时低水围堰保护下建造，以保证其工程质量。具有底宽小，挡水水头高，抗冲能力强，又可堰身过水等优点。
（胡肇枢）

混凝土温度控制　concrete temperature control

防止大体积混凝土建筑物或构筑物产生危害其安全的温度裂缝以及其他目的而采取的控制温度的措施。其任务是：减小混凝土块体的温升；减小混凝土块体温度变化的不均匀性；当大坝采用分段浇筑没有临时缝面时，使坝段的温度按计划时间降到灌浆温度。其控制措施有降低水泥用量与采用低热水泥；降低混凝土浇筑温度与混凝土采取预冷（冷水拌和），加冰拌和，集料预冷等；加速散热（薄层浇筑，延长间歇时间等）；在浇筑块内预埋水管通冷水降温；表面保温防寒等。　（胡肇枢）

混凝土温度裂缝　temperature (thermal) crack of concrete

大体积混凝土由于自身温度变化引起的裂缝。水泥在混凝土中凝固过程是放热化学反应过程，混凝土随水泥水化热释放而升温。对散热条件差的大体积混凝土，热量积蓄其内，引起明显的升温，达 20～30℃。由于与周围介质温差的存在，热量向外界散发使混凝土块逐渐降温冷却，引起混凝土的收缩变形。这种温度变形一旦受到约束而不能自由收缩时，就会引起混凝土的温度应力（拉应力），如超过混凝土抗拉强度时，就会产生温度裂缝。根据约束的特点，温度应力可分为由基础（包括老混凝土）约束而产生的温度应力和混凝土块体本身约束而产生的温度应力。前者是产生深层裂缝的成因，后者是产生表面裂缝的成因。　　（胡肇枢）

混凝土徐变损失　loss due to creep of concrete

预应力筋锚固之后，由于混凝土在预压应力长期作用下发生徐变变形引起的预应力损失。它取决于预应力的大小，配筋率和施加预应力时混凝土的强度等；也与混凝土原材料、环境条件有关。增大水灰比和水泥用量会增加徐变。湿度大则徐变小。当混凝土预压应力与加载时混凝土强度之比小于 0.5 时，徐变损失随预压应力增加而线性增大；当其比值等于或大于 0.5 时，徐变损失呈非线性变化而迅速增加。　　　　　　　　　　　（杨宗放）

混凝土养护　curing of concrete

在一定时间内使新浇筑混凝土保持适当的温度和湿度，以保证混凝土正常硬化或促使其加速硬化的工作。根据所建立的温度和湿度条件的不同，可分为标准养护、自然养护和加速养护。
（谢尊渊）

混凝土养护平均温度　average curing temperature of concrete

假设混凝土处于某一恒温状态下达到临界强度的时间，正好等于其处于变温状态下达到同一强度所需时间的换算恒温值。该温度为一当量值并非混凝土在冷却过程中真正的平均温度。它与混凝土开始养护温度和构件表面系数有关。　（张铁铮）

混凝土运输　transport of concrete

混凝土拌合物从制备地点输送至浇筑地点的过程。可分垂直运输与水平运输。混凝土拌合物必须在初凝前尽快地运送至浇筑地点，在运输过程中应

尽量防止分层离析、砂浆流失，保证运至浇筑地点时流动性符合规定的要求。　　　　　　（谢尊渊）

混凝土振动器　concrete vibrator

对浇注的混凝土进行振动捣实的机具。按传递振动方式可概分为外部式、内部式（插入式）和平台式。按振源的振动子型式则可分为行星式、偏心式和往复式等。按振源的动力可分为电动式、电燃式、风动式和液压式。按振动频率又可分为低频、中频和高频等型式。在建筑工程中大量应用的内部式振动器主要是电动软轴偏心插入式、电动软轴行星插入式高频振动器和内燃动力行星高频振动器。中国于60年代开始研制，通过多年来的潜心研究理论突破和生产经验积累，已在国际上崭露头角，除满足国内需要外，还出口到非洲、东南亚等地。
　　　　　　　　　　　　　　　　　　（郦锁林）

混凝土质量初步控制　initial control of concrete quality

在混凝土试生产阶段，为确定合理的原材料组成和工艺参数，根据以混凝土性能能达到设计要求的合格质量水平为目标而进行的试验性控制。诸如混凝土配制强度的确定；对水泥、砂、石等原材料的质量鉴定；混凝土配合比的选择等，它们都是为保证混凝土质量能达到合格质量水平这一目标而进行的。
　　　　　　　　　　　　　　　　　　（谢尊渊）

混凝土质量管理图　diagram for concrete quality control

以数理统计理论为基础，以管理界限线反映生产过程中混凝土质量特性值（例如强度平均值、极差等）波动情况的图。其作用是通过图中显示的质量变动趋势，可找出导致质量异常的原因，从而采取相应的措施予以消除，使生产随时处于受控状态，以保证混凝土质量稳定，预防不合格品的出现。
　　　　　　　　　　　　　　　　　　（谢尊渊）

混凝土质量合格控制　acceptable control of concrete quality

又称混凝土质量验收。在交付使用前，根据规定的质量验收标准，对混凝土质量进行的合格性验收。它是采用抽样检验方法进行。在根据数理统计理论基础上所制定的质量验收标准中，明确规定了验收批量、抽样方法和数量、验收函数和验收界限。
　　　　　　　　　　　　　　　　　　（谢尊渊）

混凝土质量控制　quality control of concrete

在混凝土生产过程中，对混凝土性能采用数理统计方法进行严格的检测、分析和控制，以保证其质量能经常保持设计所规定的合格质量水平的工作。按不同的生产阶段，可分为混凝土质量初步控制、混凝土质量生产控制和混凝土质量合格控制。（谢尊渊）

混凝土质量生产控制　production control of concrete quality

在正式生产阶段，为保持混凝土质量的稳定性，根据规定的控制标准，按时、按批量对混凝土性能进行检验，及时纠正偏差的经常性控制。采用以数理统计为基础的混凝土质量管理图是对混凝土质量科学地进行控制的有效手段。　（谢尊渊）

混凝土柱墩接　block splicing with concrete column

对墙内不露明的柱子，采用预制混凝土柱进行的墩接。依据需要墩接的高度，预制断面方形的混凝土柱，每边比原柱宽出20cm左右。在紧靠柱表皮处预埋铁条或铁角两根，铁条露出长度应在40～50cm之间。用螺栓两根与原构件夹牢，埋入深度至少应与露明部分相等。为此原构件需齐头截去糟朽部分，施工时应注意先按预定墩接高度筑打混凝土柱，干燥后再截去原构件，以防混凝土收缩后影响柱子的原有高度。
　　　　　　　　　　　　　　　　　　（郦锁林）

混水墙　plastered brickwall

墙面抹灰，砖及灰缝被覆盖的墙。（方承训）

huo

锪孔　hole seaming

又称法孔。将已钻好的孔刮成喇叭口状的制孔工艺。为埋头铆钉和埋头螺钉孔及消除孔口毛刺所必需的工艺。喇叭口的角度和深度应根据构件的厚度来确定。可用专用锪孔钻头也可用普通钻头磨成需要的角度。角度确定后，外口的大小可由深度控制。需要锪孔的孔眼应在划线下料时注明。　　（王士川）

活动模板　moving (collapsible) formwork

又称抽拔模板。变截面结构物，通过收分模板与其相对运动，直至两者重叠时，将活动模板抽去，从而调整其结构物的直径与周长的专用模板。其构造与一般小块钢模相同。　　　　（何玉兰）

活动模架施工　construction by movable form and scaffolding

在活动模架上浇筑桥梁混凝土的施工方法。活动模架的构造型式，采用两根分别设置在箱形梁的两侧，长度大于桥梁跨径的承重梁支承模板和承受施工荷载，浇筑混凝土时承重梁支承在桥墩托架上。导梁用于移动承重梁和活动模架，因此，必须大于两倍桥跨长度。当一孔桥梁施工完成进行脱模卸架后，由前方台车（在导梁上移动）和后方台车（在已完成的梁上移动），沿纵向将承重梁的活动模架运送到下一孔，承重梁就位后，导梁再向前移动支承在前方桥墩上。

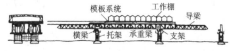

（邓朝荣）

活动式装配吊顶 movable assembled ceiling

把饰面板明摆浮搁在龙骨上的吊顶形式。它往往是同铝合金龙骨配套使用，或者是与其他类型的金属材料模压成一定形状的龙骨配套使用。将新型的装饰板放在龙骨上，龙骨可以是外露，也可以是半露。这种龙骨的最大优点在于：既是吊顶的承重杆件，又是吊顶饰面板的压条，将以往传统的密封吊顶或离缝吊顶分格缝顺直而比较难于处理的工序，用龙骨遮掩起来。这样既有纵横分格的装饰效果，又有施工安装简便的长处。所以，在一些标准较高的公共建筑中，如写字楼、宾馆建筑中，应用较为普遍。 （郦锁林）

活动桩顶法 adjustable pile head

用沉管法修建水底隧道时以水泥砂浆灌充尼龙袋顶升活动桩顶的管段基础处理方法。沉管隧道采用桩基时，由于各桩顶不可能绝对齐平，而在各基桩上设一小段活动桩顶，桩顶与桩身之间设尼龙袋，管段沉毕后，以水泥砂浆灌入尼龙袋中，将活动桩顶升起而密贴管底，待砂浆结硬后，可使全部基桩均匀受力。 （范文田）

活封口 top seal of tunnel lining

又称刹尖。从隧道衬砌两侧拱脚分层向拱顶灌筑混凝土时，沿纵向填拱顶的拱圈封顶方式。应随拱圈的灌筑工作及时进行。当采用定型料石或混凝土砌块砌筑拱圈时，拱圈由两边对称向上砌筑至拱顶，留出三块拱石位置，由砌好的上一衬砌环向待砌的下一环方向进行封口。 （范文田）

火雷管 spark detonotor

用导火索快速燃烧激发的引爆器材。由管壳、正起爆药、副起爆药和加强帽组成。正起爆药直接接受导火索火焰首先爆轰；副起爆药由正起爆药引爆并加强其威力而使药包爆炸。一般工业用火雷管按起爆药量分为10个等级。号数越大，起爆能力越强。

（林文虎）

火雷管起爆法 initiation with spark detonators

用燃烧导火索使火雷管起爆的爆轰引发药包的起爆方法。应用范围很广，主要用于浅眼和裸露药包爆破中。它的优点是操作简单易行，成本较低。其缺点是需在爆破工作面点火，安全性差，导火索的燃烧使工作面上的有毒气体增大。 （林文虎）

火焰矫正 flame-correction

在变形构件的适当部位以火焰加热，利用冷却后产生的冷缩应力矫正变形的工艺。利用钢材受热后以 $1.2 \times 10^{-5} /℃$ 的线性膨胀系数向各方向伸长，当冷却到原来的温度时，除收缩到原来未加热时的长度外，且按 $1.48 \times 10^{-6} /℃$ 的收缩率进一步收缩而使其收缩后较原来长度短的这一特性，在适当部位对已变形的构件进行火焰加热，冷却后即产生很大的冷缩应力，达到矫正变形的目的。普通碳素结构钢和低合金结构钢允许加热矫正，其加热温度严禁超过正火温度（900℃），加热矫正后的低合金钢必须缓缓冷却。 （王士川）

火灾 fire

在空间上失去控制的燃烧所造成的灾害。按照物质燃烧特性，火灾分为A、B、C、D四类。A类火灾是指固体物质火灾，如木材、棉、麻、毛、纸张等。B类火灾是指液体火灾和可熔化的固体物质火灾，如汽油、煤油、柴油、原油、甲醇、乙醇、沥青、石蜡等。C类火灾是指气体火灾，如煤气、天然气、甲烷、乙烷、丙烷、氢气等。D类火灾是指金属火灾，如钾、钠、镁、钛、锆、锂、铝镁合金等。按其造成的危害大小分为一般火灾，重大火灾和特大火灾。 （陈晓辉）

货物运输合同 trnsportation contract

承运方将货物安全运送到指定地点，交给收货方，而由托运方给付规定的运费的协议。它包括铁路、公路、水路、航空及货物联运的合同。

（毛鹤琴）

霍金逊效应 Hopkinson's effect

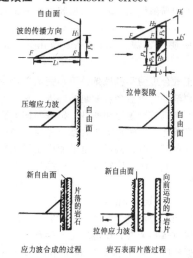

应力波合成的过程　　岩石表面片落过程

在有自由面的情况下爆破时入射的压缩应力波达到自由面时能从自由面反射回来并变成性质相反的拉伸应力波的现象。这种效应将引起岩体自由面的岩石片落。　　　　　　　　　（林文虎）

J

ji

机切　machine cutting

采用剪切机切断钢材。厚度为 0.5~6 mm 的钢板常用滚剪机（圆盘剪切机）剪切，剪刀是由上下两个呈锥形的圆盘构成，钢板放在两圆盘之间，可以剪切任意曲线形。　　　　　　　（王士川）

机械化铺轨　mechanization of rail track laying

从轨排的组装、装运到铺设等过程全部采用机械施工的铺轨作业。轨排在拼装基地预先组装好，用平车运至铺轨前方，然后由铺轨机逐个吊发向前铺设在线路上，联成轨道。　　　　　（段立华）

机械抹灰　mechanized plaster

由灰浆泵、管道等将抹灰砂浆输送至抹灰地点，通过喷枪，用压缩空气将砂浆喷涂在建筑物表面上以完成抹灰工作的施工方法。由于砂浆是在一定压力作用下喷涂在建筑物表面上，故粘结较好，且工效高，多用于底层及中层抹灰。但机械抹灰的灰面不平整，需经人工修整。　　　　　（姜营琦）

机械式盾构　mechanized shield

在切口环的刃口处，安装有与直径相适应的刀盘，对地层进行全断面切削的盾构。当土层能够自立或采取辅助措施后能够自立时，可用敞胸盾构，否则可采用局部气压、泥水加压和土压平衡式闭胸盾构。　　　　　　　　　　　　　　　（范文田）

机械台班使用定额　norm for equipment uint cost

在正常合理使用机械条件下，完成单位合格产品所必须消耗的机械台班数量的标准。它分为机械时间定额和机械产量定额两种：机械时间定额是在正常生产条件下，完成单位合格产品所需要的机械台班（或台时）数；机械产量定额则是指机械工作一个台班（或台时）所完成单位产品的数量。两者互为倒数。　　　　　　　　　（毛鹤琴）

机械张拉法　mechanical tensioning method

制作预应力混凝土构件或结构时，采用机械张拉设备张拉预应力筋，使混凝土产生预压应力的方法。根据预应力筋的张拉力和所用的锚具种类不同，选用张拉设备种类与型号。　　　（方先和）

机组流水法　machine-stand flow method

组织混凝土制品生产时，完成各工序的工人不动，制品随同模型则沿工艺流水线移动的制品制作工艺方案。其工艺特点是：将制品的整个生产工序按生产工艺要求分成若干个工位，每个工位固定配备一定的工人及机具设备。生产时，制品随同模型借助于起重运输设备沿着工艺流水线从一个工位移至下一个工位，固定在各工位工作的工人则分别完成各工位所应完成的规定工序。模型及制品在各工位的停留时间按完成各工序的需要而定，长短不同。　　　　　　　　　　　　　（谢尊渊）

鸡窝囊

因翼角起翘部分连檐局部低于正身连檐而出现的连檐曲线下凹现象。　　　　　　（郦锁林）

基材　log

聚合物浸渍混凝土中被浸渍的材料。一般为普通的混凝土预制构件。　　　　　　（谢尊渊）

基材干燥　log drying

排除基材内部孔隙中自由水的工作。目的是为了获得较大的单体浸渍量，确保聚合物与基材的粘结，抑制聚合时的蒸汽压。一般采用热风干燥，干燥温度控制在 105~150℃ 之间。　　（谢尊渊）

基材真空抽气　vacuum moisture removal fron log

在密闭容器内用负压将基材孔隙中的空气抽出的工作。目的是为了加快浸渍液的浸渍速度，提高浸渍率。　　　　　　　　　　　（谢尊渊）

基坑法　cut and cover method

又称明挖回填法。先在土层中挖出一个能够修筑整个隧道的基坑，再在其中修筑衬砌结构，然后进行回填的明挖法。基坑两侧可以是不加支撑的边坡，也可以是要加设支撑的垂直侧坡。此法适用于地面宽阔及地质情况较好的地段修建浅埋的隧道。　　　　　　　　　　　　　　　（范文田）

基坑开挖　excavation of foundation pit

为建筑物、构筑物基础工程所进行的土方开挖工作。单个基础或地下室一般为基坑，带形基础或管道则为基槽。为使开挖顺利进行，应根据基坑开挖深度、地下水位的高低和工程量大小等因素处理好土方边坡和土壁支撑、排水和降水、土方挖掘方法和机械的选用等问题。基坑开挖宜采用正反铲单斗挖土机,基槽土方宜用反铲、拉铲挖土机和铲运机开挖。　　　　　　　　　　　（林文虎）

基坑排水　foundation pit drainage

在进行基坑开挖和建筑物施工时为保持基坑干燥条件而进行的排水工作。分两个阶段进行,第一阶段是围堰合拢后的基坑初期排水,主要是抽走基坑内的积水和抽水过程中自基坑底及四周渗入基坑的渗水。第二阶段是基坑开挖和建筑物施工过程中维持基坑干燥的抽水,主要是土壤渗水,其方法有明式排水和人工降低地下水位两种。前者用于较好土质的基坑;后者用于易发生渗透变形的砂与粉砂土的基坑;有时还可视工程具体条件两者结合采用。　　　　　　　　　　（胡肇枢）

基土　subsoil

地面垫层以下的土层(包括地基加强层)。要求均匀密实。　　　　　　　　（姜营琦）

基准点　datum point

计算地面高程的起始点。即相对标高为零的点。在建筑安装工程中,根据厂房的基准标高,在设备的基础表面靠近边缘处埋设金属件,测出它的标高,作为安装设备时测量标高的依据。一般用长50mm的铆钉,在钉杆端焊上一块50mm见方的铁板。埋设时铆钉圆头朝上,露出基础顶面10mm。
　　　　　　　　　　　　　　（杨文柱）

级差地租　rent from land grade

对较好质量的土地的经营权的垄断,使较好土地的个别生产价格低于社会生产价格而形成的并以地租形式由产业资本家交给土地所有者的级差超额利润。其实质是劳动者创造的剩余价值。级差地租有级差地租Ⅰ和级差地租Ⅱ两种形式,级差地租Ⅰ等于最劣等土地上产品的生产价格与优等和中等土地上个别生产价格的差额;级差地租Ⅱ等于在同一地段上连续追加投资形成的社会生产价格和个别生产价格之间的差额。　　　　　　　（许远明）

级配砾石路面　graded gravel pavement

用砾石、碎石或工业废渣等材料按最佳级配原理筑成的柔性路面。用碎石时亦称为级配碎石路面。它以粗粒料作集料,细粒料作填充料,粘土作结合料。这些材料在混合压实后,能形成密实的结构层,从而具有一定的水稳性和力学强度。但这种路面强度略低,在行车作用下磨耗较大,且易出现坑槽、车辙、搓板等破坏现象,需勤加养护,及时维修。它通常只用作中等交通条件下的中级路面面层,在某些条件下也可用作次高级路面的基层。建设工地现场的临时道路,在通行车辆较多时,也常采用这种路面。　　　　　　　（朱宏亮）

极限力矩限制器　ultimale couple indicating and control device

保证当旋转阻力矩大于设计规定的力矩时,能发生滑动而起保护作用的起重机安全保护装置。
　　　　　　　　　　　　　　（刘宗仁）

极限振动速度　limit velocity of vibration

为使一定配合比的混凝土拌合物在一定时间内受振动得以密实所必须的最小振动速度值。当振动速度低于该值时,混凝土强度和密实度将急剧降低。　　　　　　　　　　　　（谢尊渊）

集层升板法　multi floor method of lift-slab

利用工具式钢管柱悬挂升板机,将升板结构各层楼板和屋面板集合在一起进行提升的方法。当集层板提升到第一层楼板标高以上一点时,将集层板临时固定在工具式钢管柱上,接着在板下安装承重墙板或砌筑砖墙,然后放下第一层楼板使之就位。随即再一次提升其余集层板,如此周而复始,直至屋面板就位。这种方法简化了提升程序,加快了施工速度。由于采用了工具式钢管柱,将以柱承重的结构变为墙承重,解决了墙承重结构的升板问题,为升板法施工开辟了新的途径。　　（李世德）

集管　header pipe

用井点降水法修建隧道的井点系统中,以设置在地下的井点抽出地下水,而后经过主管在其上端汇集的总管。　　　　　　　　（范文田）

集料预冷　aggregate precooling

混凝土拌前,对集料预先进行冷却,以降低混凝土温度的措施。粗集料预冷方法有:①水冷法,向拌和厂运料的皮带机廊道内沿途喷冷水降温的喷水法;把粗集料送入特设的有循环冷却水的钢塔浸泡的浸水法;②气冷法,在拌和厂的料仓下部通入冷风,冷风沿集料空隙上吹使其降温;③真空汽化冷却法,将集料装入冷却塔内,并加以密封,抽气使塔内呈真空状,集料中水分由于真空汽化吸热使其降温。细集料一般采用隔热遮阳措施;也可在皮带机输送细集料过程中沿途吹冷风预冷。
　　　　　　　　　　　　　　（胡肇枢）

集水池　catchment basin

汇集、容纳、临时贮存雨水和低洼处积水的坑池。当排水沟中雨水或低洼处积水排除困难时,在远离建筑施工现场的凹处,开挖集水池,池中设水泵将水抽出排走或使水逐渐渗走。　　（那　路）

集水坑降水　dewatering by drainage sumps

又称明排水法。基坑开挖过程中,在基坑底设置集水坑,并沿基坑底的周围或中央开挖排水沟,使水流入集水坑内，然后用水泵抽出基坑外。四周的排水沟和集水坑应设置在基础范围以外，并设在地下水的上游。根据地下水量大小、基坑平面形状及水泵能力，集水坑隔 20～40m 设置一个。

(郦锁林)

集体福利基金 collective welfare fund

中国企业用于企业职工集体福利的专用基金。来源有两方面：一是按工资总额的一定比例从成本中提取，二是从企业留利中提取。专门用于职工集体福利设施、职工医疗卫生和生活困难职工补助等支出。1984 年 10 月 1 日以前称职工福利基金。在中国股份制企业中，类似的基金称公益金。

(颜 哲)

集中供热 centraliged heating

以热水或蒸汽为热媒，集中向一个具有多种热用户（供暖、通风、生产工艺、热水供应等用户）的较大区域供应热能的方式。 (解 滨)

挤密法 compaction pile method

以大直径砂、碎石、石灰等挤密桩加固地基的方法。属深层密实法。施工时先将桩管打（振）入土中成孔，再将砂、碎石、石灰等灌入经振实挤入土中形成大直径的挤密桩。桩管入土横向挤压土壤，使土的骨架作用增强、压缩性减小、抗剪强度提高。挤密桩断面较大，有较大的承载能力和变形模量，在粘性土中还提供排水通道加速固结。根据灌入桩孔的材料不同，可分为砂桩挤密和石灰桩挤密等。

(赵志缙)

挤压爆破 compaction blasting

又称留碴爆破。在不留足够补偿空间，即不清除前次爆碴的条件下起爆的多排炮孔爆破方法。先爆爆碴尚未清除，后爆岩石在向前移动中受阻而使岩石在具有应力的状态下互相碰撞，又由于后排炮孔药包相继起爆的岩石紧接而来，从而使其具有加强应力状态下的岩石向前挤压。它是微差爆破的发

展，故又称为微差挤压爆破。其特点是可增大一次爆破量，减少放炮次数；无需清碴即可继续进行钻孔与爆破作业；延长爆破作用时间，提高了爆破作用的利用率。 (林文虎)

挤压衬砌 monolithic-pressed lining

用盾构法修建隧道时，在盾尾采用的整体灌注的混凝土衬砌。用混凝土泵通过软管进行整体灌注，借助千斤顶的推力在盾尾内挤压而成。承压杆及活动模板与盾构相连而一同推进。这种衬砌密实无缝、强度高、不透水且成本低，是目前正在试用推广的一种新型衬砌。 (范文田)

挤压法 extrusion process

利用螺旋绞刀运送和挤压混凝土拌合物，使之成型和密实的方法。按是否与振动配合分静力挤压及振动挤压两种。振动挤压多用于生产空心板，有专门的挤压成型机。一阶段预应力管的制作还可利用充气胶囊进行挤压成型。 (舒 适)

挤压混凝土强度提高系数 the factor of strength increase of extruded concrete

经挤压与未经挤压的混凝土强度的比值。是反映挤压混凝土强度提高的衡量尺度。

(舒 适)

挤压式盾构 blind shield

前端用胸板封闭，挡住土体，可防工作面坍塌和水土涌入的盾构。推进时，胸板挤压土层，土体可从胸板上的局部开口处挤入盾构内的称为半挤压式盾构或局部挤压式盾构，适用于直径较大的隧道。在特殊条件下，可将胸板全部封闭而不开口放土，构成全挤压式盾构。 (范文田)

挤压式锚具 extruded anchorage

利用液压压头机将套筒挤紧在钢绞线端头上的支承式锚具。可用作固定端锚具或连接器。套筒采用 45 号钢，套筒内衬有硬钢丝螺旋圈，挤压后硬钢丝脆断，嵌入套筒与钢绞线内，增加咬合力。

(杨宗放)

挤压涂层工艺 painted finish for extrusion technigue

利用挤压涂层设备生产无粘结预应力筋的加工工艺。该设备主要由放线盘、涂油装置、塑料挤出机、冷却槽、牵引机、收线盘等组成。其中，塑料挤出机是关键设备，涂油的预应力钢材经过机头出口处随即被挤出成型的塑料管包裹。管的内径应比预应力筋直径大 0.25 mm。此法生产效率高、质量好，适用于商品生产的单根钢绞线和 7φ5 钢丝束。

(杨宗放)

挤淤法 displacement of silt by squeezing

对于淤泥质软土地基，用良质土、砂或石块，

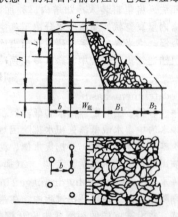

在其重力或爆破作用下排开并置换淤泥的方法。
（李健宁）

脊 ridge
沿着屋面转折处或屋面与墙面、梁架相交处，用瓦、砖、灰等材料做成的砌筑物。兼有防水和装饰两种作用。
（郦锁林）

计划评审技术 PERT, program evaluation and review technique
又称计划协调技术。计划中工作和工作之间的逻辑关系肯定，但工作的持续时间不肯定，应进行时间参数估算，并对按期完成任务的可能性作出评价的网络计划技术。此法多用于新的、独特的工程或不确定因素较多的研究与开发任务进行计划安排。它能对工程任务的完成日期做出概率描述。
（杨炎榮）

计量估价合同 estimated quantity contract
以工程量清单和单价表为依据来计算包价所签订的工程承包合同。
（毛鹤琴）

计示压力 indicator pressure
见相对压力（261页）。

计算行车速度 calculated running speed
又称设计行车速度。各级公路在正常情况下，能保证安全运行的最高行车速度。是公路分级和设计的基本因素之一，表明公路等级和使用水平。各级公路均按等级规定，如平原微丘地形：高速公路为120km/h；一级至四级公路分别为100km/h，80km/h，60km/h，40km/h。各级公路规定的时速不是所有车辆都能达到的。高速公路和一级公路系指小客车的速度，二、三、四级公路均为中型载重汽车的速度。计算车速是道路几何设计的基本依据。公路通过不同地形地区需要改变计算行车时速时，应设过渡段。计算行车速度变更的位置，应选择在驾驶人员能够明显判断情况发生变化的地点，如村镇、车站、交叉道口或地形、地物变更处，并应设立相应的标志。按不同计算行车速度设计的路段不宜过短，高速公路、一级公路不小于20km；特殊情况下可为10km；其他等级公路及城市出入口，一级公路一般不小于10km；特殊情况下可为5km。
（邓朝荣）

技术合同法 technical contract law
公民、法人和其他经济组织就技术开发、技术转让、技术咨询和技术服务等所订立、履行技术合同的法律规范。
（毛鹤琴）

技术间歇 technical intermission
由于施工工艺或安全的要求，相邻两个施工工序之间应具备的停顿时间。如浇筑混凝土和拆模两个工序之间，要留有混凝土强度增长的时间；墙面油漆要等抹灰面层干燥后才能施工等。
（孟昭华）

技术间歇时间
根据施工工艺及技术安全的要求，相邻两个工种的前者完成至后者开始之间必须留出的时间间歇。
（杨炎榮）

技术设计 detail design
根据批准的初步设计对工程项目进行具体设计，编写技术设计说明书和修正概算。是设计工作按三阶段进行时的中间阶段。在此阶段各专业设计人员相互提供技术资料、本专业要求和其他有关问题，并共同研究和协调编制各工种的图纸和说明书，为各专业工种绘制施工图打下基础。经批准的技术设计文件是编制施工图设计、建设项目拨款和主要材料设备订货的依据。技术设计阶段编制的设计文件内容和深度可根据工程的特点和需要确定，一般要比初步设计或扩初设计详细。
（卢有杰）

技术组织措施计划 plan of technical and organizational measures
为保证完成和超额完成生产任务各项指标，在生产过程中进行的各种组织工作和预定实施的各项措施。包括提高劳动生产率、节约材料、推广新技术和提高技术安全等。
（段立华）

继爆管
在导爆索起爆网路中起延期起爆作用的起爆器材。由不带点火装置的毫秒雷管、消爆管和导爆索组成。其工作原理是：爆源方向的导爆索爆炸气体产物通过消爆管和大内管的气室后，压力和温度都有所下降。这股热气流能可靠地点燃缓燃剂，而又不致击穿缓燃剂发生早爆。经过若干毫秒的时间间隔以后，缓燃剂引起雷管中正、副起爆药爆炸，激发尾端连接的导爆索，经过继爆管后得到了延期传递的作用。

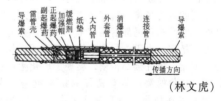

（林文虎）

jia

加工承揽合同 processing contract
承揽方按照定作方提出的要求完成加工任务，定作方接受承揽方完成加工的成果并支付约定报酬的协议。
（毛鹤琴）

加工裕量 (working) allowance
放样时按切割、刨边和铣平等工艺要求先加工出的工件尺寸。自动气割切断时为 3mm；手动气割切断时为 4mm；气割后需铣端或刨边者为 4～5mm；剪断后尚需铣端或刨边的为 3～4mm。

（王士川）

加浆勾缝 pointing joint with pointing mortar

不用原砌筑砂浆，另行拌制专用的勾缝砂浆进行勾缝的做法。一般采用细砂，拌制成 1:1.5 水泥砂浆。

（方承训）

加筋土 reinforced earth

由直立墙面板、填土和填土中带状拉筋组成的复合结构。它使挡墙轻型化，造价低于重力式挡墙；构件预制，实现工厂化生产；构件轻，施工简便；抗震性能好。面板常用混凝土或钢筋混凝土板，平面呈十字形、矩形、槽形、六角形等，侧面留小孔，插入销钉连接，系连锁式。面板间有空隙，排水性能好，内侧设滤层防止填土流失。拉筋用抗拉强度高、延伸率小、耐腐蚀的柔性材料，如镀锌钢带、聚丙烯带、钢筋、竹筋、多孔钢片等。拉筋断面由计算确定，并加厚 2mm 作为预留腐蚀量，钢材外露部分须作防腐蚀处理。拉筋长度计算确定，墙高大于 3m 时可变换拉筋长度。面板与拉筋可以焊接，也可用螺栓或其他方式连接。回填土用粒状土，塑性指数小于 6，内摩擦角大于 34°，级配和粒径有一定要求。施工时，面板拼装要保证墙面垂直，在面板外侧用斜撑撑住，稳定后方可拆除。压实填土和安装拉筋同时进行，填土应从远离面板的拉筋端部开始逐步向面板方向填筑。拉筋平放在压实的填土上，如不密贴用砂垫平。

（赵志缙）

加筋土挡墙 reinforced fill wall

由填土、填土中的带状筋体（或称拉筋）和直立的墙面板组成的整体复合结构。其内部存在着墙面土压力、拉筋拉力和填土与拉筋间的摩擦力等相互作用的内力平衡，保证了复合结构的内部稳定。外部能承受拉筋尾部后面填土产生的侧压力，保证了外部稳定。由于土与拉筋的共同作用，使挡墙结构轻型化；构件全部预制，实现工厂化生产；施工简便；造价低廉；具有良好的抗震性能。中国于 1979 年首次使用，后又召开多次有关的学术和经验交流会，并制订设计规范和施工技术规范。

（赵志缙）

加劲梁 stiffening girder (beam)

悬索桥为防止在活载作用下，桥面出现 S 形变形，沿桥面系设置的梁或桁。分为连续式和简支式两种。其刚度远大于悬索，由吊杆传递到悬索的荷载，分布均匀，使悬索不致发生显著变形。中小跨径的悬索桥常采用钢板梁，大跨径则采用钢桁架，为适应风动作用，可采用流线型薄壁钢箱梁，以节省钢材。加劲梁高常为跨径的 1/40～1/120，主要根据刚度条件和用料最少来确定，并以主跨四分点处的变形为刚度的主要控制条件。跨径大的悬索桥自重比例大，加劲梁高常较小比值，尤其是流线型钢箱梁的高度更小，都在 1/300 以下，如英国的塞文河桥为 1/324，恒比尔河桥为 1/313，土尔其的普斯普鲁斯海峡桥为 1/358。

（邓朝荣）

加气混凝土 aerated concrete

在钙质材料（如水泥、石灰等）与含硅质材料（如砂、粉煤灰、页岩、粒化高炉矿渣等）所组成的料浆中加入发气剂，使料浆膨胀而形成的多孔混凝土。其生产工序主要有：原材料磨细、配料、搅拌、浇注、坯体静停初凝、坯体切割、压蒸养护、成品处理等。

（谢尊渊）

加气剂 air entraining agent, air-entraining admixture

见发气剂（59 页）。

加气剂防水混凝土 waterproof concrete with gas forming admixture

在混凝土拌合物中掺入微量的加气剂配制而成的外加剂防水混凝土。加气剂是一种具有憎水作用的表面活性物质，它可以减小拌合用水的表面张力，搅拌后主在混凝土中产生大量微小、均匀的气泡。这些微小气泡可减少砂子颗粒之间的接触点和摩阻力，从而改善混凝土的和易性；可增加混凝土的沉降阻力，减少沉降孔隙和沉降引起混凝土不匀质、骨料粘结不良等缺陷；可提高水泥的保水能力，减少泌水现象；可阻隔混凝土中自由水蒸发的通路，使其蒸发路线变得曲折、细小、分散，因而改变了毛细管的数量和特征。此外，加气剂还使混凝土中毛细管壁憎水化，阻碍吸水和渗水作用。

（毛鹤琴）

加强刚度托换 underpinning by increasing its rigidity

人为地改变结构条件，使地基土应力重分布，调整变形，控制沉降和制止倾斜的措施。如将片筏基础底板上的土卸载并将片筏基础改建为箱形基础或将几个独立基础组合成具有足够刚度的整体基础等。

（赵志缙）

加速养护 accelerated curing

提高养护温度以加速混凝土硬化，缩短养护时间的混凝土养护。通常是采用热养护来提高混凝土的养护温度。

（谢尊渊）

加压灌注 pressure grouting

压浆混凝土施工时，借助于外加压力（一般利用灰浆泵加压）的作用，使砂浆注入粗集料间空隙

中去的砂浆灌注方法。　　　　（谢尊渊）

加压浸渍　impregnation under pressure

单体在压力作用下浸渍基材的方法。浸渍压力一般在 200～1 000kPa 之间。此法可提高浸渍速度和浸渍深度。　　　　　　　　（谢尊渊）

夹具　grip

先张法预应力混凝土构件施工时，为保持预应力筋拉力并将其固定在张拉台座（或设备）上用的临时性锚固装置。能多次重复使用。常用的有：锥销夹具、圆套筒三片式夹具、方套筒二片式夹具、镦头夹具等。有些锚具如螺丝端杆锚具、单根钢绞线锚具等，也可作为夹具使用。此外，预应力筋张拉用的夹具有：偏心夹具、楔形夹具等。
（杨宗放）

夹垄

用筒瓦作盖瓦时，在筒瓦两侧下面与底瓦的缝隙用夹垄灰（掺色）勾抹。　　　　（郦锁林）

夹垄灰

泼浆灰、煮浆灰加适量水或青浆，调匀后掺入麻刀搅匀而成的灰浆。用于筒瓦夹垄、合瓦夹腮。黄琉璃瓦面应将泼浆灰改为泼灰，青浆改为红土浆。　　　　　　　　　　　　　（郦锁林）

夹堂板

桁与枋间之板。夹堂板为南方称谓，北方统称垫板。按位置分有脊垫板、老檐垫板，上、中、下金垫板，额垫板等。槅扇与槛窗中的绦环板南方亦称夹堂板。　　　　　　　　　　（张　斌）

夹渣　slaginclusion

因操作不良使熔池中熔渣残留于焊缝金属中的焊缝缺陷。夹渣也可能来自母材上的脏物。
（王士川）

甲方　client or owner

为了避免在整个建设工程合同中重复使用建设单位或委托方全名的烦琐而采用的缩写。
（张仕廉）

甲级监理单位　first-grade project administration and management organization

监理单位由取得监理工程师资格证书的在职高级工程师、高级建筑师或高级经济师作单位负责人，或者由取得监理工程师资格证书的在职高级工程师、高级建筑师作技术负责人；取得监理工程师资格证书的工程技术与管理人员不少于 50 人，且专业配套，其中高级工程师和高级建筑师不少于 10 人，高级经济师不少于 3 人；注册资金不少于 100 万元；一般应监理过 5 个一等一般工业与民用建设项目或者 2 个一等工业、交通建设项目。其资质定级由国务院建设行政主管部门负责审批。它可以跨地区、跨部门监理一、二、三等工程。
（张仕廉）

架空隔热刚性屋面　suspended heat insulating rigid roof

在刚性防水屋面上设置小墩，上铺小块薄板，形成架空层的刚性防水屋面。具有通风、隔热、降温的特点，从而可减小防水层的温度变形，提高防水效果。　　　　　　　　　　　（毛鹤琴）

架桥机　bridge erection eguipment

用于整孔或分片地架设钢板梁、钢筋混凝土或预应力混凝土梁的专用架桥设备。中国常用的有格架式和板梁式架桥机，除安装主梁外，还可用来铺轨。此外，还有穿巷式架桥机，参见双导梁安装法（222页）。　　　　　　　　　　（邓朝荣）

架桥设备　bridge erection eguipment

架设桥梁所用的机械、工具的总称。拱桥和梁桥的架桥设备区别较大。拱桥所用的有缆索吊装设备、钢拱架、卸架设备和钢塔架。梁桥所用主要设备有龙门吊（门式吊机）、轮胎式吊车、履带式吊车、缆索起重机、高架轨道式吊车（用移动式或挂篮）、浮吊、旋臂起重机、钢桁架（用常备构件组拼导梁或承重梁）、钢活动支架、重型平车、顶推装置、滑动支座。拱桥、梁桥共用设备有倒链滑车、滑车、钢丝绳及其卡具、钩环、千斤顶及油泵、钢轨、卷扬机、万能杆件等。　　（邓朝荣）

假面砖　imitation facing tile

用彩色水泥砂浆抹在基底表面，在其凝固前用铁梳子划出条纹，再用划线器将墙面分块，形成类似面砖的装饰面层。施工时，用 1:3 水泥砂浆抹底层和中层，再抹 1:1 水泥砂浆厚 3 mm，接着抹由白水泥、石灰膏、颜料、白砂组成的彩色砂浆面层，厚 3～4 mm。收水后，用铁梳子由上而下划垂直条纹，深度不超过 1mm，然后按饰面砖规格，再用划线器刮去面层砂浆，形成灰缝。
（姜营琦）

jian

间隔支模　intermittent form setting

在成批生产同型号的预制构件时，在水平方向间隔一个构件位置支模的方法。在地面上用土、砖、混凝土作底模，间隔一个构件位置安侧模，浇注第一批构件的混凝土。待拆模后，又以构件作侧模，间隔浇灌第二批构件的混凝土。亦可重叠间隔支模。这种支模方法，能节约施工场地及模板，施工方便，成本低，构件成批生产效率高，应用较广。

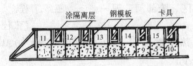
（何玉兰）

间隔装药 gap charging

又称分段装药。在深孔爆破中，将炮孔中炸药分成数段，中间用空间或炮泥隔开的装药方式。此法是为降低大块率，使炸药爆炸能量在炮孔中均匀分布的一种措施。一般在遇有炮孔穿过强度悬殊的软、硬岩石或大破碎带，宽裂缝，小溶洞时；孔深而装药量小时；边界控制爆破和计算堵塞长度超过6m时。间隔装药分为空气和填塞料间隔两种。其装药量孔底为 0.5~0.7 总药量，其余为分散装药药量。
（林文虎）

间横杆 intermediate bearer

脚手架的跨中小横杆。搭设于水平承力大横杆上，以满足支垫脚手板的需要。（谭应国）

监理 administration and management

一个执行机构或执行者，依据一定的准则，对某一行为的有关主体进行督察、监控和评价，并采取组织、协调、疏导等措施，协助有关主体更准确、更完整、更合理地达到预期目标。
（张仕廉）

监理单位 project administration and management organization

经政府建设管理部门审查批准，在工商部门登记注册，从事工程建设监理业务的工程建设监理公司、监理事务所以及兼营工程建设监理的工程咨询单位、工程设计单位和科研单位。与一般的经济实体有很大的区别，这主要表现在：是一个以监理工程师为主体构成的专业化、智力密集型的组织，是以自己的科学知识和经验为工程建设事务服务，站在公正的立场上维护业主和承包商的合法权益，而只向业主收取一定数量的酬金。对于社会上独立的工程设计单位、科研单位和工程咨询单位兼承建设监理业务，这在国际上已成为惯例，因为他们的性质与监理单位性质相近。但是设计单位一般不得监理自己设计的工程项目。（张仕廉）

监理单位资质 qualification of project administration and management organization

监理单位开展监理业务应当具备的人员素质、专业配套能力、资金数量、管理水平和监理业绩等。监理单位资质分为甲级、乙级、丙级。
（张仕廉）

监理工程师 professional construction manager

在监理工作责任岗位上的并经考试合格和政府注册的人。是岗位职务，不是职称序列。如果监理工程师转入其他工作岗位，则不应再称为监理工程师。监理工程师比一般工程师具有更好的素质，在国际上被视为高智能人才。（张仕廉）

监理工程师素质 qualification of professional construction manager

监理工程师要适应监理工作责任岗位的基本要求，即要具备大专毕业以上学历，至少学习与掌握一种技术专业知识，必须学习与掌握一定的经济、组织、管理和法律等方面的理论知识，具有丰富的工程建设实践经验，有健康的体魄和充沛的精力，良好的品德。（张仕廉）

监理工程师注册 registration of professional construction manager

由监理工程师注册机关，对一些已取得《监理工程师资格证书》、能胜任工程建设现场监理工作的人员，择优予以注册。报国家建设部备案，经建设部查验后，统一向全国发布公告，监理工程师注册机关向其颁发《监理工程师岗位证书》。
（张士廉）

监理工程师资格考试 qualification exam of professional construction manager

为保证监理工程师必须具备足够的技术专业理论知识和一定的经济、管理、法律、监理业务知识，由国家建设部会同有关专业部和人事部共同组成全国监理工程师资格考试委员会，实施对监理工程师资格的认证考试。（张士廉）

检验 inspection

对产品或服务的一种或多种特性进行测量、检查、试验、度量，并将这些特性与规定的要求进行比较，以确定其符合性的活动。（毛鹤琴）

减水剂防水混凝土 waterproof concrete with water reducer

在混凝土拌合物中掺入不同类型的减水剂，以达到能满足防水功能的外加剂防水混凝土。常用的减水剂有木质素磺酸钠、糖蜜、NO（亚甲基二萘磺酸钠）和 MF（次甲基甲基萘磺酸钠）等。其掺量：NO、MF 为水泥用量的 0.5%~1%；糖蜜、木质素磺酸钠为水泥用量的 0.2%~0.3%。减水剂对水泥具有强烈的分散作用，使水泥颗粒扩散、分布均匀，有效地破坏了颗粒间的凝絮结构，释放出凝絮体中的水，从而可改善混凝土的和易性，减少用水量，改变孔结构的分布状态，使孔径、总孔隙率和毛细孔体积显著减少，密实性、抗渗性显著地提高。（毛鹤琴）

减柱造 structure with columns reduced

辽、金时期出现的柱网平面中减掉部分金柱的

做法。檐柱以内，但不在建筑物纵向中线上的柱子称为金柱。　　　　　　　　　　（郦锁林）

剪刀撑　cross-bracing

又称十字撑。俗称十字盖。设在脚手架外侧交叉呈十字的双支斜撑。与地面成 45°~60° 的夹角并沿架高连续设置。其作用为保证脚手架的几何不变性，防止杆件间的位移变形，加强架子抵抗水平荷载作用的能力。　　　　　（谭应国）

剪力块节点　joint of sheav block

对升板结构提升就位的板与柱采用剪力块加以固定的点。节点中承剪埋件和剪力块应能承受全部设计荷载，并分别进行抗剪和承压强度验算，以及连接焊缝的强度验算。这种节点具有整体性好、传力可靠、便于调整板的标高等优点，但铁件加工和安装精度要求高，耗钢量大。一般仅用于荷载较大、设计要求无柱帽的升板结构。　　（李世德）

剪切扩散机理　mechanism of spreading by shear

又称强制式扩散机理。利用运动着的叶片强迫物料颗粒朝环向、径向、竖向等各个方向产生运动，使物料混合均匀的搅拌机理。由于各物料颗粒运动的轨迹和速度不同，运动中相互产生剪切位移，使颗粒产生相互穿插、翻拌和扩散作用，从而使物料均匀混合。　　　　　　　（谢尊渊）

剪应变速率　rate of shear strain

剪应变在单位时间内的变化速度。　　　　　　　　　　（谢尊渊）

简支连续法　continuous erection by may of simpl-supported beam

按简支梁进行预制安装，再陆续连成一联的预应力混凝土连续梁桥施工方法。预制时，根据简支梁的受力状态进行第一次预应力索筋的张拉。安装完成后经调整位置，浇筑墩顶处接头混凝土，由简支状态的临时支座更换为连续梁的永久式支座，再进行第二次预应力索筋的张拉，完成体系转换过程，便形成设计的几孔为一联的预应力混凝土连续梁桥。中国广珠公路细滘桥，采用此法施工。该桥为五孔（42.5m + 3×54m + 42.5m）一联的预应力混凝土连续梁桥。　　　　　　　（邓朝荣）

碱蚀　alkali corrosion

砂浆中可溶性碱或可溶性盐的混合物对涂料层面的侵蚀现象。如果在含碱量高的抹灰面涂刷涂料，则碱和涂料就会形成不耐水的皂类而粉化脱落，涂膜也会变色。　　　　　（姜营琦）

碱液加固法

将加水稀释的氢氧化钠溶液加温后经注浆管无压自流渗入土中，对土进行加固的方法。地基土化学加固方法之一，适用于湿陷性黄土地基的事故处理。碱溶液与黄土中大量存在的钙、镁等可溶性碱土金属阳离子产生置换反应，生成碱土金属氧化钙化合物，沉淀在土粒表面；碱溶液还与土中呈游离状态的二氧化硅、三氧化二铝及铝硅酸盐等细微颗粒反应生成钠硅酸盐和钠铝酸盐；碱溶液还使土粒表层逐渐膨胀和软化，使相邻土粒紧密接触、相互溶合胶结成强度较高的整体，提高了土的强度。设计时先确定需加固范围和深度，再确定灌注孔间距、溶液浓度和每孔注入量。每孔的加固半径约 400~500mm，每加固 $1m^3$ 土约需用固体烧碱 40~50kg。稀释后的氢氧化钠溶液浓度约为 80~120g/L。施工时沿基础四周或两侧布置灌注孔，用直径 60~80mm 的洛阳铲打孔至预定深度，插入带孔眼的直径 20mm 钢管，周围填砂砾石，上部夯填土封孔。钢管经胶皮管与氢氧化钠溶液桶相连，将加热至 95℃ 以上的溶液，沿灌注钢管无压自流注入土中，灌注速度约 1~3L/min。　　（赵志缙）

见细

见凿（286 页）。

建设程序　construction procedure

建设全过程各个环节的先后顺序。其主要步骤是：编报项目建议书、进行可行性研究和项目评估、编报可行性研究报告、编制设计文件、编制年度建设计划、进行施工准备和生产准备、组织施工和竣工验收交付使用。　　　　　（曹小琳）

建设工程承包合同　construction project contract

勘察、设计、建筑、安装四种合同的总称。它是发包方（建设单位或业主）与承包方（勘察、设计、建筑施工、安装单位）之间为完成特定的工程项目，明确相互权利、义务关系的协议。　　　　　　　　　　　　（毛鹤琴）

建设工程勘察设计合同　contract for construction projct survey and design

委托方与承包方为完成一定的勘察、设计任务，明确双方权利和义务关系的协议。委托方一般是项目业主（建设单位）或建设工程总包单位，承包方是持有国家认可的勘察、设计证书的勘察设计单位，双方均应具有法人资格。　　（毛鹤琴）

建设工程施工合同　project construetion work contract

发包方（建设单位或总包单位）和承包方（施工单位）为完成商定的建筑安装工程施工任务，明确相互权利、义务关系的协议。　　（毛鹤琴）

建设工程项目总承包　prime contract of construction project

又称建设全过程承包。俗称一揽子承包、交钥匙承包。项目总承包单位受建设单位（业主）的委托，对一个建设项目从开始筹备到项目完成，进行全过程的组织与管理。　　　　　（毛鹤琴）

建设监理　construction administration and mangement, project administration and mauagement

监理的执行者，对建设项目建设的全过程或阶段，依据建设行政法规和技术标准，综合运用法律、经济、行政和技术手段，对工程项目建设参与者的行为和责权利，进行必要的协调与约束。保障工程建设井然有序而顺畅地进行，达到工程建设的好快省和取得最大投资效益的目的。由一个制度、两个层次组成。一个制度即是建设监理制；两个层次即是政府建设监督管理和专业建设监理。两者相辅相成，构成监理工作完整的执行主体。建设监理体现工程建设活动监督管理的专业化和社会化。它是以监理工程师丰富的专业技能和实践经验，通过科学的管理技术、方法、手段，保证工程合同目标的实现。它的特点是横向的、微观的、委托性的。中国的建设监理与世界其他国家和地区的工程咨询、工程顾问相类似。

（张仕廉）

建设监理服务费用　construction administration and managementfee

建设单位支付给监理单位，用以补偿监理单位在完成任务时支出的费用。这些费用包括合理的劳务和费用支出，以及合理的利润、需要交纳的税金等。监理服务费用的多少及计提办法，由建设单位与监理单位依据所委托监理业务的范围、内容、工作深度和工程的性质、规模、难易程度以及工作条件等情况协商确定，写入监理委托合同。常用的计算方法有：按时计算法、工资加一定比例的其他费用计算法、建设成本百分比计算法、监理成本加固定费用计算法、固定价格计算法等。

（张仕廉）

建设监理管理信息系统　project management information system

由电脑系统、数字通讯网络、数据库、知识库、模型库及决策支持系统、专家系统、投资控制、质量控制、进度控制、合同管理等监理业务处理子系统构成的人机信息系统。完成工程数据的收集、传递、分析处理、存贮，为监理工作各阶段、各层次、各环节、各部门提供信息服务和决策支持服务，完成监理工作的规划、决策、调控、事务处理。是监理信息管理的主要工具。

（顾辅柱）

建设监理委托合同　contract for construction administration and management

建设单位委托监理单位承担监理业务，用书面的形式来明确建设监理的对象和范围、双方权力与义务、监理服务费、争议的解决等内容的法律文书。监理委托合同一经签订，委托关系也就形成。

（张仕廉）

建设监理信息　information for project management

在工程项目建设监理过程中需要的信息及工程监理过程中产生的信息。是监理各阶段及各环节所需的信息。包括：工程项目外部环境提供的及需要的信息；工程项目实施监理过程中产生的及需要的信息。工程项目外部环境信息指与工程项目有关的政策方针、高新科技、金融、物资、设备、能源等多方面信息及工程项目必需提供给业主、政府及有关方面的信息；工程项目实施监理产生的信息则包括生产、技术、资源、资金、进度、质量等方面信息。

（顾辅柱）

建设监理信息管理　management for project information

以电脑系统为核心的监理信息系统作为基础，沟通工程内外参与各方（沟通工程内部各上下左右层次；沟通工程可行性研究、项目评估、招标决标、设计、设备订货、施工、维护等各个时期；沟通工程投资、合同、进度、质量各个环节之间的信息联系并提供所需的及时、系统、完整的科技、经济、资源的动态信息），使监理工作以信息为基础实现工程的最优控制、合理决策，并妥善处理好工程建设参与各方之间的关系。它还要提供监理各层次各部门所必需的决策支持系统、专家系统、业务处理子系统软件及其维护，以提高监理工作现代化能力。

（顾辅柱）

建设监理制　the system of construction administration and management

国家把建设监理作为建设领域的一项制度，并通过法规加以规定，是建设参与者在一定时期内共同遵守的权益关系和行动准则。中国自1989年开始实行建设监理制，包括政府建设监理和专业建设监理两个层次。其目的是要建立包括经济、法律和行政手段在内的协调与约束机制，由专业化监理班子管理工程建设，避免和解决在投资多元化、业主责任制和招标承包制等形势下比较容易出现的随意性和利益纠纷，保证工程建设有序和卓有成效地进行。为保证工程质量、缩短建设工期、提高投资效益提供了有利保证；为不断积累同类工程的建设经验，提高建设水平创造了条件；也为培养专业化的

工程建设管理人才创造了条件。　　（张仕廉）

建设项目　building project

以投资方式，经过决策和实施（设计、施工等）的一系列程序，在一定的约束条件下形成固定资产为明确目标的一次性事业。

（毛鹤琴）

建筑材料需用计划　plan of building materials supply

表明施工期限内各种建筑材料月或季需用量安排的图表。在施工组织总设计中，根据工程量汇总表所列各工程项目的实物工程量，查预算定额可得各工程项目各种建筑材料需用量。然后再根据施工总进度计划，编制按月或季的建筑材料需用计划。单位工程建筑材料需用计划可根据单位工程施工进度计划编制。

（邝守仁）

建筑产品价格　price of construction products

建筑产品价值的货币表现。有狭义、广义两种。其狭义指通过建筑业特有的建筑、安装、装饰活动形成的建筑产品价值的货币表现；其广义则指建成的建筑物、构筑物的出售或出租价格，其中不仅包括狭义价格，而且包括其所在地块的价格或使用成本。狭义价格在建筑产品的生产者与业主之间支付，广义价格在原业主与新业主或最终用户之间支付。在改革中，中国建筑产品正逐步由计划价格向国家定额和取费标准指导下的市场价格方向转变。在新的价格制度下，狭义建筑产品价格通过规范的招、投标竞争形成，广义建筑产品价格则有合同价、拍卖价、国家指导价（如房租）等多种形式。

（颜　哲）

建筑地段地租　urban land rent

工商经营者和房产经营者为获得建筑工厂、商店、游乐和住宅等的场所而支付的地租。位置优劣是建筑地段地租中级差地租的决定性因素。

（许远明）

建筑工程安全网　construction safety net

在建筑工程中用以防止人、物坠落或避免、减轻坠落及物击伤害的设施。由安全网、支撑架和连接件组成。支撑架是建筑工程安全网的支架，它使网体形成一定角度的凹面，常用钢管、杉木和其他的坚韧硬木、毛竹等。组合式支撑架采用钢管组合，用扣件连接。连接件是完成安全网与支撑架、脚手架、建筑物连接的工具，也是网间连接的工具，常用的连接件有钢丝绳、棕绳、系绳、塑料扣、竹篾等。

（刘宗仁）

建筑工程概算定额　norm for project cost estimate

又称综合概算定额。简称概算定额。完成一定计量单位的建筑工程扩大结构构件、分部或扩大分项工程所需要的人工、材料及施工机械台班的需要量，以供编制设计概算用。它是按工程形象部位，以主体结构分部为主，合并其相关的部分，进行综合扩大而成。如概算定额砖基础一项则是以砖基础（墙基或柱基）砌体计量，综合了挖土、填土、运土、防潮层、沉降缝、伸缩缝等项目而成砖基础的概算定额。

（毛鹤琴）

建筑工程概算指标　Indicator for building engieering approximate estimation

简称概算指标。以平方米、百平方米建筑面积或者按建筑物类型以座为计算单位，规定所需人工、材料和造价的指标。

（毛鹤琴）

建筑工程价格　construction cost

承包建筑工程的建筑施工企业根据承包合同完成工程而应从业主收取的全部金额。属建筑、安装、装饰作业形成的狭义建筑产品价格。通过招、投标竞争确定。各建筑施工企业根据招标工程的工程量，国家颁布的各项消耗定额、指导性取费标准、价格指数，以及市场竞争情况和自身目标、条件，分别计算和提出报价。经业主选择中标的报价，即载入业主与中标者签订的承包合同，成为该建筑工程的预定价格。工程竣工结算金额，可在合同允许范围内，根据合同规定原则，比预定价格有所调整。建筑工程价格的构成包括：制造成本；期间费用；优质工程增加费；利润；税金。

（颜　哲）

建筑工程预算定额　norm for building engieering estimate

确定一定计量单位的分项工程或结构构件的人工、材料、机械台班及其费用合理消耗数量的标准。以供编制地区单位估价表、编制工程预算，确定工程造价和进行工程拨款、竣工决算、考核工程成本、实行经济核算的依据。

（毛鹤琴）

建筑企业　construction enterprise

以生产和销售建筑产品为基本业务的独立核算的经济组织，构成建筑业的基本经济单位和建筑市场的经营主体。包括建筑、安装、装饰工程的工程总承包企业、施工企业和建筑劳务企业。中国建筑企业不但要象其他企业一样依法成立、依法注册登记，而且要经有权机关依法进行资质审查，评定资质等级，核定工程承包范围，才能进入建筑市场，在相应范围内承包工程。建筑企业通常经投标竞争中标后，与发包人签订承包合同，据以生产和销售特定的建筑产品。

（颜　哲）

建筑企业筹资　financing by construction enterprise

建筑企业为生产销售建筑产品和进行其他生产经营活动而筹措资金。建筑产品生产周期长，投入生产要素多，价值高，占用资金数额大、时间久，除应当提高经济效益、努力进行内部积累外，还须注重外部筹资。银行贷款（多为抵押贷款）是外部筹资的主要来源之一。建筑企业特有的筹资方式有预收备料款、预收工程款、预收临时设施费、建筑机械设备融资租赁及反租赁等。建筑企业也可通过与其他企业乃至外商合营、合资以及兼营房地产开发而预收售房款等途径筹资。经国家证券管理部门批准，建筑企业还可向公众发行股票、债券筹资。

（颜　哲）

建筑设计　architectural design

建筑物或构筑物在建筑、结构、设备等方面的综合性设计工作。有时仅指建筑方面的设计工作。中国的建筑设计方针为"适用、经济、在可能条件下注意美观"。设计时应按设计委托书要求，进行调查研究，综合考虑功能、投资、材料、环境、地质、水文、结构、构造、设备、动力、施工等因素，完成单体或群体建筑的设计图纸和文件。

（卢有杰）

建筑施工　construction

人们利用各种建筑材料、机械设备按照特定的设计蓝图在一定的空间、时间内进行的为建造各式各样的建筑产品而进行的生产活动。它包括从施工准备、破土动工到工程竣工验收的全部生产过程。这个过程中将要进行施工准备、施工组织设计与管理、土方工程、爆破工程、基础工程、钢筋工程、模板工程、脚手架工程、混凝土工程、预应力混凝土工程、砌体工程、钢结构工程、木结构工程、结构安装工程等工作。建筑施工是一个技术复杂的生产过程，需要建筑施工工作者发挥聪明才智，创造性地应用材料、力学、结构、工艺等理论解决施工中不断出现的技术难题，确保工程质量和施工安全。这一施工过程是在有限的时间和一定的空间上进行着多工种工人操作。成百上千种材料的供应、各种机械设备的运行，因此必要时要有科学的、先进的组织管理措施和采用先进的施工工艺方能圆满完成这个生产过程，这一过程又是一个具有较大经济性的过程。在施工中将要消耗大量的人力、物力和财力。因此要求在施工过程中处处考虑其经济效益，采取措施降低成本。施工过程中人们关注的焦点始终是工程质量、安全（包括环境保护）、进度和成本。

（林文虎）

建筑施工准备　construction preparation

工程正式开工前建设单位和施工单位双方为保证工程顺利施工所应做好的前期工作。包括：施工条件调查、图纸会审、施工现场准备等。建设单位应办妥：土地征用、坟墓树木迁移、民房拆迁、障碍物拆除、青苗赔偿、申请建设许可执照等；向建设银行提交拨款所需批准文件或办理贷款手续。施工单位应编制施工组织设计，并做好劳动力部署、材料和机具供应的准备工作等。

（甘绍熺）

建筑施工组织　construction organization

将投入施工过程中的人力、资金、材料、机械等在时间和空间上做出科学的计划安排，并在实施过程中加以控制，从而取得最优施工效果的组织工作。做好这个工作可以保证各施工过程的协同一致，使施工准确而有节奏地均衡进行，从而取得质量优、工期短、用工少、消耗低、施工安全的效果。其主要内容为：施工准备阶段中组织对设计图纸文件会审；编制施工组织设计、施工图预算及施工预算，组织安排施工现场准备、物资准备、集结施工队伍等。施工阶段中按施工组织设计组织施工，并对施工的现场部署、进度、质量、节约、安全和协作配合等进行全面控制和管理。竣工验收阶段中应根据验收标准并配合有关部门做好验收工作和竣工验收技术资料的整理与归档等。

（朱宏亮）

建筑市场　construction market

建筑产品供求双方交易关系的总和。市场交易的客体是各种建筑产品，交易主体中供给方即卖方包括施工企业、安装企业、装修装饰企业、维修企业等，需求方即买方主要是各工程项目的业主。业主通过招标从卖方的竞争中选择适当的供给者，双方订立承包合同而达成交易条件，承包人按合同生产特定的建筑产品交付业主，业主按合同付清建筑产品价格，这就是建筑市场交易的一般过程。其特点是：一品一价，建筑产品个体差异大，不像同质产品那样有一致价格；先订合同再生产和交付产品；卖方内部竞争使买方在市场上处于主动地位；市场受宏观经济波动较大影响。

（颜　哲）

建筑业　construction industry

国民经济中专门从事建筑产品生产的物质生产部门。包括土木工程建筑业、线路、管道和设备安装业，以及装修装饰业。它通过建造、安装和装饰各种建筑物、构筑物，为国民经济各部门提供不可替代的重要物质技术基础，为国家、为社会创造大量物质财富，容纳众多劳动力就业，并带动其他一系列产业发展，是国民经济的支柱产业之一。其特点是：流动性大，须转产于不同工地以适应不能移动的劳动对象；生产周期长；露天作业多；劳动密集程度通常较高；不是大批量生产而是个别设计，单独施工，专门管理监督和咨询。

（颜　哲）

渐次拼装法

见顺序拼装法（227页）。

箭线 arrow

又称箭杆。网络图中两节点之间带箭头的连接线。有虚箭线、内向箭线、外向箭线三种。

(杨炎燊)

jiang

江米灰

泼灰用青浆调匀,掺入麻刀,再掺入江米汁和白矾水的灰浆。用于琉璃花饰砌筑、重要宫殿琉璃瓦夹垄。琉璃瓦活应将青浆改为红土浆。

(郦锁林)

浆砌拱圈 mortar bound arch

在拱架上按砌筑程序将拱石分段砌筑,拱石间按拱圈错缝规定排列拱石。浆砌粗料石和混凝土预制块的砌缝宽度1~2cm,块石拱圈的砌缝宽不超过3cm。辐射缝垂直于拱轴线,相邻拱石的砌缝应相互错开,错开距离不小于10cm。不甚陡的辐射缝,先在侧面已砌拱石上铺浆,再放拱石挤砌。辐射缝较陡时,嵌入木条再分层填塞,捣实砂浆。空缝的设置和填塞参见空缝(144页)和拱圈合龙(87页)。

(邓朝荣)

浆砌块石 mortar stone block masonry

块石平砌,外圈定位行列和镶面块石应丁顺相同或两顺一丁排列,砌缝宽度不大于3cm,上、下层竖缝错开距离应不小于8cm。砌体里层,平缝宽度应不大于3cm,竖缝宽度不大于6cm,上下层竖缝应错开。用小石子砌筑拱圈,靠拱模一面,应选用较大而平整的块石,块石交错排列,互相咬接,避免砌缝过大,混凝土用量不超过砌体的40%。设置空缝时,空缝处选用较大和平整的块石。

(邓朝荣)

浆液扩散半径 radius of grout spread

压浆混凝土施工中,砂浆灌注管轴线至灌注有砂浆石堆的最远点的水平距离。

(谢尊渊)

浆液升涨高度 height of grout rising

压浆混凝土施工中,浆液灌注管出口至灌注有砂浆石堆的最高点的垂直距离。

(谢尊渊)

浆状炸药 slurry explosive

以氧化剂、水溶剂、敏化剂和胶凝剂为主要成分的抗水性硝铵类炸药。含水炸药的一种类型,因外观呈浆糊状而得名。由敏化剂——柴油或TNT;氧化剂——硝酸铵或硝酸钠;胶凝剂——白芨、玉竹、田菁等;助胶剂(交联剂)——硼砂、聚丙烯酰胺、明矾等;添加剂——尿素等组成。活性剂或亚硝酸盐以及水按一定比例配制。因具有抗水性强、密度高、原材料来源广、成本低、安全等优点而被广泛使用。由于组成不同又分为普通型和抗冻型。

(林文虎)

降模 falling form

滑模施工时,当墙体连续滑升一段或到顶后,楼板采用自上而下层层下降底模的支模方法。将事先在底层组装好的操作平台作楼板底模,用提升设备徐徐下降至楼板位置,再利用墙体的预留孔洞,安装支托支承楼板底模,进行楼板扎筋、浇灌混凝土,当混凝土达到拆模强度时,将模板降至下一层楼板位置。这样,施工完一层楼板,底模下降一层,直至完成全部(或某一段)楼板的施工。对于楼层较少的工程,只需配置一套底模或利用滑模本身操作平台作为底模使用。对于楼层较多的超高层建筑,一般约10层左右配一套底模。这种支模方法机械化程度较高,节约模板,垂直运输量少。但在相当高度内,建筑物无楼板连接,结构刚度较差,不便于内装修及水、暖、电等工序进行立体交叉作业,施工周期较长。

(何玉兰)

降水掏土纠偏 tilting correction by undercutting and dewatering

在建筑物倾斜的相反方向按一定角度打斜孔,先掏土后降水,在上部自重荷载作用下产生应力重分布,使基础范围下的土体产生不同沉降来达到纠偏目的的措施。沉降速率取决于掏土量和抽水强度,要分阶段进行,停止抽水后沉降渐趋稳定。适用于软土地区有桩基的倾斜房屋纠偏。

(赵志缙)

降雪量 snowfall

在一定时间内降落到地面上未融化、未蒸发而积存在平地上的雪层厚度。以毫米表示。分日降雪量,年降雪量等。

(张铁铮)

降雨等级 rainfall scale

根据降雨量数值范围和雨对环境的现象和影响对降雨划分的等级。现行降雨等级划分如下:小雨,日降雨量1~10mm;中雨,日降雨量10~25mm;大雨,日降雨量25~50mm;暴雨,日降雨量50~100mm;大暴雨,日降雨量100~200mm;特大暴雨,日降雨量〉200mm。

(甘绍熺)

降雨径流 rainfall runoff

由降雨形成的径流。按水体运动性质,大致可分为两大过程,即产流过程和汇流过程。就其过程所发生的地点,可分为流域面上进行的过程和在沟槽里进行的过程。以上每一过程只是表示径流形成过程中的主要特征,它们既有区别又相互交错,前一过程是后一过程的必要条件和准备,后一过程是前一过程的继续和发展。

(那 路)

降雨量 rainfall

在无渗漏、无径流和无蒸发的情况下，雨水在水平面上的积水深度。以 mm 表示。一年中历次降雨量的总和称年降雨量。前一天的 20 时到当天 20 时内的总降雨量称日降雨量，也称昼夜最大降雨量。根据降雨量的大小划分 6 个降雨等级。

（朱 嬿）

jiao

交错混合组砌 random rubble bond

不规则石料，不分石层，交错混合砌筑的石砌体组砌型式。要求每一石料与其左、右、上、下相邻的石料有四点以上的支靠，不能松动，要错缝搭砌。

（方承训）

交付使用 transferring completed project

工程建设项目按设计文件和工程建设合同规定的内容全部建成、具备了投产和使用条件、通过了竣工验收，并办理各项竣工验收手续和固定资产移交手续后，工程即全部正式移交生产单位或用户使用。

（曹小琳）

交接班时间 time of shift

在隧道施工现场及工作地点、班组或工种间相互交接所消耗的时间。应安排在作业循环图内。交接的主要内容为完成任务情况，工作面质量和原始记录，工作面安全情况和预防措施，设备运转情况，工具、仪表及材料消耗情况，为下一班准备情况及本班存在的问题和下一班应注意的事项等。

（范文田）

交通隧道 traffic tunnel

修筑在地层内，有出入口，供各种交通线路（如铁路、道路、水路、邮路等）通行的地下通道。具有穿越高程及平面障碍，缩短线路，不占用地面空间，并兼作防空之用等优点。按其用途分为铁路隧道、道路隧道、运河隧道、地铁隧道、人行隧道、自行车隧道、邮件隧道等。按其所处位置的不同，分为山岭隧道、水底隧道、城市隧道等。按其所穿过地层性质的不同，分为岩质隧道、软土隧道及岩土混合隧道等。施工方法则有明挖、暗挖及特殊施工法等。其横断面形状有圆形、矩形和马蹄形等。

（范文田）

胶管抽芯法 cored duct by removable rubber tube

制作后张法预应力混凝土构件时，在预应力筋的位置处预先埋设胶管，待混凝土结硬后又将胶管抽出的留孔方法。采用 5~7 层帆布胶管。为防止在浇筑混凝土时胶管产生位移，直线段每隔 60 cm 用钢筋井字架固定牢靠，曲线段应适当加密。胶管两端应有密封装置。在浇筑混凝土前，胶管内充入压力为 0.6~0.8 MPa 的压缩空气或压力水，管径增大（约 3 mm）。待浇筑的混凝土初凝后，放出压缩空气或压力水，管径缩小而与混凝土脱开，随即抽出胶管形成孔道。适用于留设直线和曲线孔道。

（方先和）

胶合板 plywood, veneer board

将纤维方向互相垂直的三层或多层单板胶合而成的薄板。常为奇数层。按所用粘结剂的耐水性和耐候性分为耐水胶合板、中等耐水胶合板和普通胶合板。在使用上不仅节约木材，且比一般木材能防止翘曲、开裂等，幅面大施工方便，广泛用作建筑、家具、包装、模板、车厢、船舶的装修材料或结构材料。

（王士川）

胶合板模板 plywood form

用木胶合板，经过防水处理或加边框制作的模板。钢框胶合板模板是在组合模板的基础上综合了同类产品的优点设计的一种新型模板系列产品，由异型钢边框与纵横肋焊接的钢框骨架和酚醛覆膜胶合板做面板，用螺栓连接而成。以 BM55 系列为例：模板宽度由 100~900mm，以 50mm 模数进级；长度由 450~2400mm，以 150 及 300mm 模数进级，共有 33 种规格。这种模板重量较轻（比组合钢模轻 30%），幅面大（达 2.16m²），刚度较好，可周转 100 次以上，有雷同木模板的优点，但受潮后易变形，可与定型组合钢模配合使用，现已成功地用于工程。

（何玉兰）

胶结料

见胶凝材料。

胶凝材料 binding material

又称胶结料。在物理、化学作用下，能从浆体变成坚固的石状体，并能胶结其他物料，具有一定机械强度的物质。分有机胶凝材料和无机胶凝材料两大类。

（谢尊渊）

焦油沥青耐低温油毡 low temperature resistant tar felt

以煤焦油为基料，以聚氯乙烯为主要改性材料而制成的防水卷材。长 20 m，宽 0.9 m，厚 1.2 mm，两面撒布隔离材料。具有优良的耐热和耐低温性能，最低开卷温度为-15℃。铺贴防水层所用粘结剂为 CCTP 抗腐耐水型的冷涂料，除能在干燥的基层上涂刷外，还可在潮湿的基层上涂刷。随着基层的逐步干燥，冷涂料的粘结渗透性能变得更好。

（毛鹤琴）

焦渣灰 cinder-lime mortar

由焦渣与泼灰掺和后加水调匀，或用生石灰加水，取浆，与焦渣调匀而成的灰浆。配制后应放置2~3d才使用，以免生灰起拱。用于抹墙，抹焦渣地面，苫焦渣背。在用于抹墙或地面的面层时，焦渣应较细。　　　　　　　　　　（郦锁林）

角尺　mason's square

又称方尺。有两根长度分别为300mm与400mm的正方形截面（边长约30~40mm）方木，成90°连接成"L"形的木尺。用以检查砌体或结构阴阳角的方正度。　　　　　　　（方承训）

角科　bracket set on corner

位于转角处角柱上的斗栱。　　（郦锁林）

角模　angle form

纵横墙转角处的模板。按其尺寸大小不同，可分为大角模与小角模。当一个房间的墙面模板，由四块角模在墙面中部组拼成的，叫大角模，大角模组拼的特点是刚度好，互换性强，接缝少，可使纵横墙同时浇筑，但装拆较困难。当纵横墙均采用平模，转角处用角钢联成整体，该转角处的叫小角模，这样，也可同时浇灌纵横墙的混凝土。小角模组拼的特点是适合于大尺寸房间的支模，与大角模比较，刚度较差，易变形，接缝较多。
　　　　　　　　　　　　　　（何玉兰）

矫直回火钢丝　stress-relieved wire

又称消除应力钢丝。由冷拉钢丝经高速旋转的矫直辊筒矫直，并经消除应力回火而成的碳素钢丝。钢丝经矫直回火后，可提高钢丝的比例极限与屈服强度，并改善塑性；同时具有良好的伸直性，使用方便。常用直径为4~5mm，最大达7mm，抗拉强度1 470~1 760 MPa，屈服强度不小于抗拉强度的85%，伸长率不小于4%。属于普通松弛级，应用较广。　　　　　　　（朱　龙）

脚手板　gang-board(plank), ledger board

又称架板、跳板。脚手架各作业层面上铺设的板。按材料分有：木脚手板、竹脚手板、钢木脚手板、钢筋脚手板、薄钢脚手板等。（谭应国）

脚手板防滑条　gang-board safty nosing

在脚手架操作层及架上运输通道的板面上，按一定的间距加设的板条。用以防滑、保障架上人员的行走安全。可用竹、木条或钢筋钉或绑扎在已铺设的脚手板上。　　　　　　　（谭应国）

脚手架　scaffold, scaffoldings

供工人进行操作和放置工具、材料等的临时性支架。要求：有适当的宽度（或面积），能满足工人操作、材料堆置和运输的需要；具有稳定的结构和足够的承载能力；搭设简单、搬移方便，能多次周转使用；考虑多层作业、交叉流水作业和多工种作业的要求；减少多次搭设。按用途分为砌筑脚手架、装修脚手架和支撑（负荷）脚手架三类。按使用材料分有竹脚手架、木脚手架、钢管脚手架、角钢脚手架和铝合金脚手架；按构造型式分有多立杆式脚手架、框架组合式脚手架、碗扣式脚手架、桥式脚手架、吊脚手架、挂脚手架、挑脚手架、门式钢管脚手架。按位置关系分有外脚手架和里脚手架。　　　　　　　　　　　　　　（谭应国）

脚手架工程　scaffold work, scaffolding

建筑施工过程中进行脚手架的选型，主要杆件、组合件、连接件的设计、架设、拆除、维护与管理等各项工作的总称。多属高空作业，必须十分重视安全技术，遵守安全技术操作规程。
　　　　　　　　　　　　　　（谭应国）

搅拌　mixing

两种或多种不同的物料互相掺插分散而达到均匀混合的过程。按照搅拌的方式不同，可分为自落式搅拌、强制式搅拌、振动搅拌等。
　　　　　　　　　　　　　　（谢尊渊）

搅拌机理　mechanism of mixing

促使混凝土中各组分在搅拌过程中能产生运动，并使各自的运动轨迹能多次彼此相互交错，使各组分能相互穿插以达到均匀混合目的所依据的原理。　　　　　　　　　　（谢尊渊）

搅拌时间　mixing time

从原材料全部投入搅拌机搅拌筒中搅拌时起至混凝土拌合物开始卸出时止所经历的时间。为获得工作性、均匀性和强度等都满足规定要求的混凝土拌合物所需的最短搅拌时间称为最小搅拌时间，其值随搅拌机的类型与容量、集料的品种与粒径以及混凝土拌合物的工作性等因素而定。
　　　　　　　　　　　　　　（谢尊渊）

搅拌制度　mixing regimen

搅拌混凝土拌合物时，对必须遵守的有关工艺参数所作规定的总称。参数内容包括：一次投料数量、投料顺序、搅拌时间等。　（谢尊渊）

jie

阶梯榫　stepped lap joint

专门用于趴梁、抹角梁同檩（枋）扣搭相交部位的榫卯。呈阶梯形。　　　　（郦锁林）

接触点焊　contact spot welding

简称点焊。将钢筋置于两电极间预压夹紧，通电后加热至熔化状态形成熔核，其周围金属加热到塑性状态，在外力下形成紧密的金属环包围熔核，断电后，熔核在外力作用下冷凝形成焊点的钢筋焊接。实现这个过程的设备是各式点焊机。主要参数

接触焊 resistance welding, contact welding

有焊接电流、焊接时间和电极压力。其工艺过程是预压-加热熔化-冷却结晶等。为电阻焊的一种型式，用于制作钢筋网架。（林文虎）

接触焊 resistance welding, contact welding

利用电流通过金属时产生的电阻热来加热焊件的压力焊接方法。可分为点焊、缝焊、对焊。点焊、缝焊是把被焊金属加热到局部熔化状态同时加压，对焊时被焊金属加热到塑性状态或表面熔化状态同时加压。机械化、自动化程度较高，适用于焊接薄板、板料、棒料。（王士川）

接缝灌浆 joint grouting

为保证接缝两侧的混凝土体紧密连接成为整体所进行的灌浆工作。混凝土重力坝的纵向灌浆，拱坝的横缝灌浆均属此。对大体积混凝土，必须将其冷却到稳定温度后才能进行。它必须分区进行，每区高约 10~15m，面积约 200m²，周围用止浆片封闭。灌浆系统包括进浆管、回浆管、升浆支管、灌浆盒、排气管、排气槽、事故进浆管和事故回浆管等。灌浆压力约为 0.2~1MPa，视灌浆面积而定，过小影响灌浆质量，过大会造成缝隙扩大，两侧混凝土体产生拉应力而开裂。浆液应选用 525 号及 525 号以上的优质水泥拌制。灌浆前应进行灌水，检查灌浆系统并起到接缝清洗的作用。
（汪龙腾）

接面冲刷 interface erosion

截流戗堤底部和可冲床面接触处，由于紊流渗流作用而引起被掏刷的现象。在工程实践中是造成工程失事的一种重要原因。防止措施是：做好护底，特别是垫层，以及其他降低渗流流速的措施。
（胡肇枢）

接头残余变形 Residual deformation of splicing

接头试件按一定加载制度加载后，在规定标距内所测得的变形。加载制度有以下三种：(1) 单向拉伸试验，加载制度：$0 \rightarrow 0.9f_{yk} \rightarrow 0.02f_{yk} \rightarrow$ 破坏；(2) 高应力反复拉压试验，加载制度：$0 \rightarrow (0.9f_{yk} \rightarrow -0.50f_{yk}) \rightarrow$ 破坏(反复 20 次)；(3) 大变形反复拉压试验，加载制度：A 级：$0 \rightarrow (2\varepsilon_{yk} \rightarrow -0.50f_{yk}) \rightarrow (5\varepsilon_{yk} \rightarrow -0.50f_{yk}) \rightarrow$ 破坏(反复 4 次)，B 级：$0 \rightarrow (2\varepsilon_{yk} \rightarrow -0.50f_{yk}) \rightarrow$ 破坏(反复 4 次)。（郦锁林）

接头管 connecting pipe

又称锁口管。地下连续墙按单元槽段分段施工时形成半圆形施工接头的设备。为一圆形钢管，直径比墙厚约小 50mm，管壁厚 20mm 左右，每节长 5~10m，可按照需求接长。地下连续墙施工，当一个单元槽段挖土完毕，于槽段端部用起重机或千斤顶提升架吊入，再吊放钢筋笼和浇筑混凝土，待混凝土初凝后边旋转、边吊出，使单元槽段端部呈半圆形，有利于槽段之间的连接和防水。
（赵　帆）

接头极限应变 Ultimate strain of splicing

接头试件在规定标距内测得的最大拉应力下的应变值。（郦锁林）

接头抗拉强度 Tensile strength of splicing

接头试件在拉伸试验过程中所达到的最大拉应力值。（郦锁林）

接头箱 connecting box

地下连续墙按单元槽段分段施工时形成整体接头时用的设备。一个单元槽段挖土后吊入此箱，其朝向浇筑混凝土的一面开始是开口的，钢筋笼端部的水平钢筋可由此口插入，浇筑混凝土前用焊在钢筋笼上的薄钢板封盖其开口；使浇筑的混凝土不能进入，混凝土初凝后吊出，水平钢筋伸出混凝土面，后一个单元槽段的钢筋笼吊入，水平钢筋搭接连接，浇筑混凝土即形成整体接头。另有一种与 U 形接头管组合使用的滑板式接头箱。利用 U 形接头管开口处插入带方孔和焊有封头钢板的接头钢板，浇筑混凝土后先吊出滑板式接头箱，再吊出 U 形接头管，接头钢板伸出混凝土面，待后一单元槽段浇筑混凝土后即形成整体接头。（赵志缙）

揭标 bid opening

见开标（141 页）。

节点 node

又称结点、事件。网络图中箭线间的接合点。它是网络图的基本组成部分。在双代号网络图中是紧前工作与紧后工作间时间上的分界点，表示其紧前工作的完成和其紧后工作的开始，一般用圆圈表示。在单代号网络图中表示一项工作，宜用圆圈或矩形框表示。单代号节点所表示的工作名称、持续时间和工作代号应标注在节点图形内。
（杨炎燊）

节点最迟时间 late event time

又称节点最迟完成时刻。在双代号网络图中是以该节点为完成节点的工作的最迟完成时间。
（杨炎燊）

节点最早时间 early event time

又称节点最早开始时刻。在双代号网络图中，是以该节点为开始节点的工作的最早开始时间。
（杨炎燊）

节间吊装法

见综合吊装法（305 页）。

节子灰

见素灰（229 页）。

结构安装工程 structure erection work

结构安装工程   旧称结构架设工程。利用机械设备将装配式结构的各类构件安装至设计位置的整个施工过程。包括结构安装工程施工准备，结构安装工程施工组织设计，构件运输，构件现场布置，结构安装方法和构件安装工艺等。在一般工业与民用建筑、大型公共建筑工程，铁路、桥梁、水利工程以及一些特殊专项工程（大型管道敷设工程、工业设备安装工程等），钢筋混凝土结构工程，钢结构工程，部分装配、部分现浇结构工程中的装配式结构均有此施工过程。 (李世德)

结构安装工程施工准备   construction preparation for structure erection work

为顺利进行结构安装工程而需做好的安装现场前期工作。内容包括：编制结构安装工程施工组织设计，起重、运输机械进场，构件就位布置，运输道路、电源线路及供水管道的铺设，主要器材（如电焊机、枕木、吊具、吊索等）的准备等。 (卢忠政)

结构安装工程施工组织设计   construction organization plan for structure erection work

科学地组织结构安装工程在既定的时间、空间条件下，均衡而有节奏地进行施工的实施性技术经济文件。内容包括：主要结构构件运输、起吊及安装方案的选定，起重运输机械的选定，构件安装顺序及起吊、运输过程中必须采用的加固措施；安排起重、安装及相应工种工人（队、组）依次投入结构安装现场，并按流水作业法组织施工的施工进度计划；绘有起重机开行路线及构件就位位置的施工平面图；各项资源（专业工人、起重运输及辅助机械设备、材料等）供应进度计划等。 (卢忠政)

结构表面系数   specific surface coefficient of structure

结构表面积与结构体积的比值（M）。按公式计算

$$M = \frac{F}{V}$$

F 为结构表面积（m^2）；V 为结构体积（m^3）。 (张铁铮)

结构设计   structural design

建设项目在结构、布置、强度和刚度方面的设计工作。其任务是保证建筑物或构筑物在使用期间能承受自重、使用荷载、风、雨、雪、地震等引起的机械力作用，并能经受高温、严寒、冰冻、地下水、虫蚀等物理、化学、生物等的作用和腐蚀。在满足上述要求的同时，尽可能地节约材料，并留有足够的安全余地。 (卢有杰)

结合层   binding course

使上下两构造层之间联结牢固而设的中间粘结层。常用材料有水泥浆、107胶或107胶与水泥浆的混合液等。如面层为沥青砂浆或沥青混凝土时，则应采用冷底子油作结合剂。 (姜营琦)

结束节点   finish node

又称箭头节点、完成节点。箭线头部处的节点。在双代号网络图中表示一项工作的完成。 (杨炎榮)

截   cut

将长形石料截去一段的加工方法。有两种方法：传统方法是将剁斧对准石料上弹出的墨线放好，然后用大锤猛砸斧顶，沿着墨线逐渐推进，反复进行，直至将石料截断。据认为，由于剁斧的"刃"是平的，石料上又没有挖出沟道，所以对石料不会造成内伤。但这种方法对少数石料难以奏效。近代方法是先用錾子沿着石料上的墨线打出沟道，然后用剁子和大锤沿着沟道依次用力敲击，直至将石料截断。这种方法效率高，但据认为对一些石料造成内伤。 (郦锁林)

截流   stream closure

施工中，拦断河床迫使水流从专设导流泄水建筑物（如隧洞、底孔）下泄的工作。该项工作是在流水中进行，随着龙口的缩小，水力条件在其中、后期可能相当恶劣，落差、流速可达相当大，因而难度较大。如果失败不仅增加工程量，而且延误围堰的作用时间，甚至推迟整个工程的工期。常用的截流方法是抛投料和下闸门。中国传统的方法有捆埽截流、枃槎截流。此外，结合特殊施工方法还有爆破截流、水力冲填截流等。按抛投料在龙口抛投的程序有立堵、平堵、混合堵等方式。 (胡肇枢)

截流护底   bed protection during closure

截流工程中，保护河床，防止被水流冲刷的措施。护底的范围主要包括龙口及其下游侧，在围海堵口或潮汐河道截流，有双向水流时，则龙口上、下游两侧均应有护底。其宽度应大于龙口宽度，上、下游方向长度视土质和水流条件而定。护底材料有块石、竹笼、铅丝笼、柴排、混凝土块等。在护底河床上先抛较小的石料构成垫层后再抛大宗的护底材料。 (胡肇枢)

截流戗堤   embankment closure

在河床的一侧或两侧向河床填筑土石，把河床缩窄形成留有一定宽度龙口的堤坝。它为尔后的截流减少工作量，并为截流时向龙口段投料提供行车运料的道路。习惯上将截流前进占的和截流进占的均称截流戗堤。经闭气、加高培厚修成围堰。 (胡肇枢)

截流设计流量   design discharge for closure

截流工程设计所依据的流量。常用频率法确定。由于截流时间较短，且可根据当时水情适当调整截流日期，故标准可低些，一般采用10%的旬或月平均流量，或最大日平均流量，也有采用统计法或水文预报法的，或采用几种方法综合确定的。

（胡肇枢）

截流水力学 stream closure hydraulics

研究截流过程中水流与抛投料运动基本规律，并提出解决实际问题途径的学科。主要研究课题有：平堵、立堵过程中水流规律，水流与抛投料二相运动及相互作用的基本规律；大孔隙抛投料体紊流渗流；水流中抛投料的稳定及堆体的形成与破坏；龙口下游冲刷和接面冲刷；截流水工模型试验技术等。本学科理论还不完备，研究的主要途径是：理论研究或物理模型试验研究以揭示某些基本规律，或两者结合。

（胡肇枢）

截泥道 mud catching gravel joint

在粘土焦渣路、碎石路、砂石路等与高级路面交接处，为减少道路泥泞，截取车辆轮胎泥土所建的碎石路段。这种路段一般长度为10～15m。

（那 路）

截水沟 cut-off ditch

在坡地或坡下施工时，在坡面边缘，坡面径流的上游开挖的拦截、排泄坡面雨水和山洪的横沟。作用是为防止施工现场及建筑、雨水倒灌。设置在山坡植被差、坡面陡峭、水流急、径流量大的坡面上缘。为防止雨水浸蚀、渗透造成坡面坍塌和滑坡，沟边与切坡应保持3～5m的安全距离，沟底及沟壁应防渗漏。深度不小于0.3m，底宽不小于0.4m，纵向坡度一般不宜大于1%。按截水能力分为截水主沟和截水支沟。截水主沟与滑坡滑动方向一致，截面较大，沟底铺设防渗层。截水支沟与滑坡滑动方向成30°～50°，沟底不需防渗，水流经截水支沟汇入截水主沟后排出。

（那 路）

界

步架之南方称谓。即大木构架中相邻桁条之间中心线的水平距离。为计算房屋进深的单位。

（张 斌）

借款合同 loan contract

贷款方（专业银行、信用合作社）将货币贷给借款方，借款方按规定使用借款，并按规定期限向贷款方还本付息的协议。

（毛鹤琴）

借土 borrow of ground mass

修筑路堤或其他填方工程时，从取土坑或采土场取土的工作。按土方调配要求，移挖作填尚不满足填方数量要求时，才采用此方式。

（庞文焕）

jin

金龙和玺

见和玺彩画（101页）。

金线苏画

见苏式彩画（228页）。

金属波纹管 metal corrugate pipe

由薄钢带经卷管机压波后卷成的套管。外形有单波纹和双波纹两种，表面可镀锌或不镀锌。管径（指内径）为40～110 mm，每3 mm或5 mm为一挡，波纹高度对单波纹为2.5 mm，对双波纹为3.5 mm。管壁厚度为0.3 mm。具有自重轻、刚度好、弯折方便、连接简单、摩擦系数小、与混凝土粘结牢固等优点，是后张预应力筋孔道成型用的理想材料，尤其适用于留设曲线（或折线）孔道还有一种扁形波纹管，短轴为19mm和25mm，用于薄型构件。

（方先和）

金属饰面 metal facing

采用金属外墙板悬挂在承重骨架和外墙面上的饰面工程。具有典雅庄重、质感丰富以及坚固、质轻、耐久、易拆卸等特点。施工方法多为预制装配，节点构造复杂，施工精度要求高。金属外墙板按材料可分为单一材料板（钢板、铝板、铝合金板、铜板、不锈钢板）和复合材料板（烤漆板、镀锌钢板、覆塑钢板、金属夹心板）；按板面形状可分为光面平板、纹面平板、压型板、波纹板、立体盒板等。

（郯锁林）

金属瓦屋面 metal tile roof

用镀锌铁皮瓦或铝合金瓦作防水层的瓦屋面。其优点是自重轻、防水性能好、使用年限长，适用于大跨度建筑。

（毛鹤琴）

金属装饰板吊顶 decorative metal sheet ceiling

以加工好的金属条板成品卡在铝合金龙骨上，龙骨与板条配套使用而形成独特的吊顶形式。这种金属板安装完毕后即可达到装饰的目的，不需在表面再做其他装饰。而龙骨作为承重杆件，同时又是固定板的卡具，工厂已经一次成型，同板配套使用。对于龙骨兼卡具的安装类型来说，什么样的条板，就需要有相应的龙骨断面。这种龙骨兼卡具的独特创造，是其他类型吊顶所未有的，容易满足多功能的要求，如吸声、防火、装饰、色彩等。金属装饰板用于吊顶饰面，以金属材料特有的质感，很有特色。表面平、挺，线条刚劲而明快，这些都是其他材料所无法比拟的。在一些公共建筑的厅、堂吊顶中应用较多。

（郯锁林）

金柱 principal column

见减柱造（122 页）。

金砖 clink paving tile, square clinking clay tile

见方砖（61 页）。

金琢墨苏画

各段落中的图样以金琢墨做法为主，其他处与之相应配套苏式彩画。是一种精致、细腻的做法。如阴阳倒裹金琢墨箍头等。金琢墨苏画多为九层或七层。
（郦锁林）

紧方 dense soil

压实后的土壤体积。表达土壤状态密实度和计算土壤体积的方法。填方时，可按路堤的体积计算。
（庞文焕）

紧后工作 immediate successor

又称紧后工序、紧后作业、紧后活动。紧接在本工作之后的工作。只有本工作完成以后，紧后工作才能开始。
（杨炎桑）

紧前工作 immediate predecessor

又称紧前工序、紧前作业、紧前活动。紧接在本工作之前的工作。只有在紧前工作完成以后，本工作才能开始。
（杨炎桑）

进尺 advance progress

单位时间内导坑或隧道的掘进长度。
（范文田）

进度控制信息 information of evolution control

在工程项目建设实施阶段与工程进度控制相关的信息。如施工、设计工料定额标准；项目总进度计划及各阶段、各时期、各子工程相应的进度计划；进度控制的程序、规章制度；影响进度的技术、组织、协调、气候、政治、经济、人力、物资、设备、基地条件等的信息；进度的实际值及调控信息；进度风险分析的信息；进度优化方案的信息等。
（顾辅柱）

进深 depth of a bay

建筑物横向相邻两柱（梁、承重墙）中心线间的距离。有时亦指房间与院子的深度。（郦锁林）

进深戗

又称五字戗、迎门戗。用来增加马道、外檐双排立杆之间的稳定性和加大承载力的斜杆。

（郦锁林）

近期预测 near-term forecasting

预测系统或企业近期的发展方向，为近期计划安排提供依据。预测时间一般是 1～5 年或更短些。
（曹小琳）

浸填率 rate of impregnation

基材浸渍前后重量之差（浸填量）与基材浸渍前重量之比值的百分率。它是衡量基材被浸渍液浸填程度的指标。
（谢尊渊）

浸渍 impregnation

将浸渍液渗填入基材孔隙内的工作。按其浸渍深度可分为完全浸渍和局部浸渍。浸渍方法可分为自然浸渍、真空浸渍、加压浸渍及真空加压浸渍等。
（谢尊渊）

禁止标志 prohibitiown signs

表示不准或制止人们的某种行动的安全标志。其几何图形为带斜杠的圆环，几何图形的参数：外径 $d_1 = 0.025L$；内径 $d_2 = 0.8d_1$；斜杠宽 $c = 0.08d_1$；斜杠与水平线夹角 $\alpha = 45°$；L 为观察距离。几何图形的颜色：斜杠和圆环着红色；图形符号着黑色；背景着白色。

（刘宗仁）

jing

经济法 economic law

调整经济管理关系及在市场运行中发生的经济关系的法律规范的总称。经济法规体系包括：经济管理法（如计划法、税法、环境保护法、土地法、能源法、投资法、审计法、会计法、价格法、海洋法等）；经济组织法（如全民所有制工业企业法、城镇集体所有制企业法、私营企业法、中外合资经营企业法、公司法等）；市场运行法（如经济合同法、技术合同法、专利法、商标法、广告法、房地产法、证券法、反不正当竞争法、保护消费者权益法等）；涉外经济法（如涉外经济合同法、对外贸易法、涉外税法、中外合资经营企业法、外资企业法等）。
（毛鹤琴）

经济合同 economic contract

平等民事主体的法人、其他经济组织、个体工商户等相互之间，为实现一定的经济目的，明确相互权利义务关系而订立的合同。经济合同按业务性质和权利义务内容划分有：购售合同、建设工程承包合同、加工承揽合同、货物运输合同、供用电合同、仓储保管合同、财产租赁合同、借款合同、财产保险合同等。
（毛鹤琴）

经济合同担保 economic contract wavranty

经济合同当事人双方依据法律规定或双方约定，为了全面履行合同而设定的权利人享有的权利和义务人承担的义务得以实现的法律手段。
（毛鹤琴）

经济合同法 economic contract law

调整合同当事人之间为实现一定经济目的，而产生的商品货币关系的法律规范的总称。
（毛鹤琴）

经济合同公证 economic contract notariation

国家公证机关根据当事人双方的申请，对经济合同的真实性与合法性依法审查并予以确认的法律制度。
（毛鹤琴）

经济合同管理 management of economic contract

政府有关部门依据法律、行政法规规定的职责，对经济合同当事人在订立和履行合同过程中实行指导、监督、检查和处理利用经济合同进行违法活动的行政管理行为。
（毛鹤琴）

经济合同鉴证 economic contract witness

经济合同管理机关根据当事人双方的申请对其所签订的经济合同进行审查，以证明其真实性和合法性，并督促当事人双方认真履行合同的法律制度。
（毛鹤琴）

经济合同履行 performance of economic contract

当事人双方按照经济合同规定的标准、数量、质量、价款、期限、地点和方式等，全面地完成各自承担的义务，实现各自享有的权利。（毛鹤琴）

经济合同仲裁 arbitration of economic contract

经济合同仲裁机构依据经济合同仲裁法规，对当事人双方因经济权利和义务发生争议，做出具有法律约束力的裁决行为，以解决经济纠纷的方式。
（毛鹤琴）

经济诉讼 economic lawsuit

当事人双方依法请求人民法院行使审判权，审理双方之间发生的经济争议，作出有国家强制力保证实现其合法权益的审判活动。（毛鹤琴）

经济信息 economic information

描述经济活动的动态属性及相关对象的特征的信息。它从不同侧面、不同的角度、不同的程度描述经济活动，既有质亦有量和度的描述。不但重视经济活动中随时发生的实时信息，也重视对历史信息及预示今后经济趋势的信息的收集及处理。经济信息在社会再生产角度从生产、分配、交换、消费角度反映。
（顾辅柱）

经济盈余论 economic profit theory

把地租看成一种经济盈余，即地租是产品价格同工资、利息等生产费用之间的余额。西方地租理论之一。如果产品价格较高，作为地租的余额就较多，反之亦然。
（许远明）

经济运距 economic haul distance

土方调配中从路堑运土到路堤的界限运距。小于此运距，移挖作填经济合理，如超出则宁可弃土，而另在路堤附近取土作填方。其大小随施工方法、施工机具及路基标高不同而异，应通过经济比较求算。
（段立华）

经济责任制 economic resposibility system

以提高经济效益为目标，把经济责任与经济权力、经济效益结合起来，正确处理国家、企业、个人三者经济关系的经济管理制度。 （曹小琳）

精称 fine weighing

又称细称。材料在称量过程中经过粗称阶段后，再徐徐地少量投入称量斗，直至达到规定的称量值为止的称量阶段。其目的是保证计量的准确性。
（谢尊渊）

精轧螺纹钢筋 finely-rolled threaded bar

钢筋外形为无纵肋而横肋为不相连梯形螺扣的大直径、高强度的热轧钢筋。常用直径有 32 mm 和 25 mm。按力学性能分为：735/885 MPa 与 930/1080 MPa 级。在任意截面处都能拧上带有内螺纹的连接器进行接长，或拧上特制的螺母进行锚固。无需冷拉与焊接，施工方便。主要用于大型预应力混凝土结构或构件。
（杨宗放）

精轧螺纹钢筋连接器 dywidag threaded bar-coupler

又称狄威达格连接器。利用带内螺纹的套筒接长精轧螺纹钢筋并传递预应力的装置。套筒采用 45 号钢，调质热处理硬度 HB220～253。套筒的内螺纹应按钢筋尺寸公差和连接器尺寸公差之和设计，采用拉削丝锥加工。对直径 25 mm 和 32 mm 的钢筋，套筒的外直径相应为 45 mm 和 55 mm，长度相应为 160 mm 和 180 mm。 （杨宗放）

精轧螺纹钢筋用锚具 dywidag threaded bar anchorage

又称狄威达格锚具。利用特制的螺母锚固精轧螺纹钢筋的支承式锚具。螺母分为平面螺母和锥形螺母两种。锥形螺母可通过锥体与锥孔的配合，保证应力筋的正确对中；开缝的作用是增强螺母对应力筋的夹持作用。垫板也相应地分为平面垫板与锥面垫板。适用于直径为 25mm 和 32 mm 的精轧螺纹钢筋。
（杨宗放）

井点降水 dewatering by well-point

见井点排水（135 页）。

井点降水法 dewatering by well points

在明挖基坑内，利用井点系统降低地下水位的方法。井点系统是将设有滤管的管子打入地下，并通过抽水泵抽水的装置。可视土的渗透系数、降水深度、设备条件及技术经济条件分别采用轻型井点、喷射井点、电渗井点、管井井点及深水泵井点等。此法不仅可以降低地下水位，加强土体的稳定性，防止流砂现象，还可以改善施工条件，保证工程质量。　　　　　　　　（林文虎　范文田）

井点排水　drainage by well points

又称井点降水。在基坑四周设置一些滤水管（井），在基坑开挖前和开挖过程中，用抽吸设备不断从中抽水，使地下水位降低到坑底以下，以创造基坑内干燥施工条件的工作。按其设备的降深能力有浅井点与深井点之分。前者是在基坑四周布设总管，在总管旁近基坑侧开挖排水沟，再埋设若干滤水管，在滤水管口外围用粘土等封闭井口，用弯联管把滤水管与总管连接，并将总管与抽吸设备连接，这样井管与抽吸设备的吸管合二为一，因此抽吸设备必须具有抽气和抽水的综合能力。降深能力为 $4\sim5m$，要求降深较大时，可分层布置，一般不超过三层；适用于 K（土壤渗透系数）不小于 $0.1m/昼夜$，最好为 $K=5\sim20m/昼夜$ 的土层中。后者是在每根滤水管内都装有扬水器，不受吸水限制（井内水位可降低 $6\sim10m$），有较大的降深能力。适用于渗透系数较大（$K=20\sim200m/昼夜$）、地下水量大的土层中。　　　　　　（胡肇枢）

井架　stationary hoisting towel

由井筒形塔架、吊盘及卷扬机组成的固定式垂直运输机械。吊盘藉卷扬机在井筒内作垂直升降，以运送材料、半成品及构件等。塔架用金属或木料搭设，搭设高 $20\sim30m$，起重量 $3\sim15kN$。一般用于 6 层及 6 层以下的建筑。　　　　　（方承训）

警告标志　warning signs

表示使人们注意可能发生危险的安全标志。几何图形为正三角形，几何图形的参数：外边 $a_1=0.034L$；内边 $a=0.7a_1$；L 为观察距离。几何图形的颜色：三角形边框和图形符号着黑色；背景着黄色。　　　　　　　　　　　　　（刘宗仁）

警戒水位　alarming water level

江河、湖泊、水库在汛期达到须开始警戒并防汛时的水位。其数值根据堤防能力确定。
　　　　　　　　　　　　　　　　（那　路）

径流　runoff

由于降雨或融雪而从流域内地面和地下汇集到河沟，并沿沟槽下泄的水流统称。分为地面径流和地下径流，引起江河、湖泊水情及地下水位变化，是水文循环和水量平衡的基本要素。表示径流大小的方式有流量、径流总量、径流深、径流模数。地面径流是指降水后除直接蒸发、植物截流、渗入地下、填充坑洼外，其余径流域地面汇入沟槽，并沿沟槽下泄的水流。地面径流由于降水形态不同，分为由降雨面产生的雨洪径流和由融雪面产生的融雪径流。地下径流是指降水到达地面，渗入土壤和岩层而成为地下水，沿着地层空隙向压力小的方向流动的径流。地下径流是河流的一种水源。径流总量是某时段内通过的总水量。如日、月、年径流总量，以 m^3 计。径流深是某一时段内通过河流上指定断面的径流总量除以该断面以上的流域面积所得的值。相当于该时段内平均分布于该面积上的水深（mm）。径流模数是某一流域内，单位面积上的单位时间的径流量（$m^3/(s\cdot km^2)$）。　（那　路）

径向张拉法　radius-tensioning method

利用简单的张拉器将圆形结构的环筋由径向拉离外壁，使环筋预加拉力的方法。环筋可采用冷拉钢筋或钢丝束。采用钢丝束时，宜用镦铸锚与联结套筒将其组装成环筋。张拉器可采用螺杆式或液压式。每环张拉点数应根据外壁直径、张拉器能力和外壁局部应力确定。每点径向张力可按环筋面积、张拉控制应力和每环张拉点数确定。环筋拉离外壁的间隙，用可调撑垫住。为使各点间隙基本一致，宜用多个张拉器均匀地同时进行张拉。
　　　　　　　　　　　　　　　　（杨宗放）

净浆裹砂石法　aggregates enveloped with paste

在制备混凝土拌合物过程中，使粗、细集料表面都能包裹一层低水灰比水泥浆壳的搅拌混凝土的方法。其过程是先用部分拌制用水与粗、细集料拌和，使集料表面保持适宜的含水率，然后投入水泥拌合，使粗、细集料表面都包裹一层低水灰比的水泥浆壳，再将剩余的拌制用水加入拌合均匀，便制备成混凝土拌合物。　　　　　（谢尊渊）

净浆裹石法　coarse aggregate enveloped with cement paste

在制备混凝土拌合物过程中，使粗集料表面能包裹一层低水灰比水泥浆壳的搅拌混凝土的方法。其过程是先将水泥与部分拌制用水拌制成低水灰比的水泥净浆，然后将粗集料加入搅拌，使水泥净浆粘附在粗集料表面，形成一层结实的水泥浆壳，再依次加入砂和剩下的拌制用水拌和均匀，便制备成混凝土拌合物。该法可改善粗集料与水泥石间界面层的结构，可大大地减缓混凝土拌合物中游离水的迁移速度，因而可提高混凝土的强度，混凝土拌合物不易泌水和离析，显著改善了混凝土的性能。
　　　　　　　　　　　　　　　　（谢尊渊）

净水灰比　net water/cement radio

又称有效水灰比。不包括轻集料 1h 吸水量在内的净用水量（又称有效用水量）与水泥用量之比。　　　　　　　　　　　　　　（谢尊渊）

竞争性决策 competitive decision

在对手之间相互竞争时，如何选择自己的竞争策略，分析自己和对手的策略，以争取较好的结果而进行决策。可以运用对策理论来解决此类决策问题。

（曹小琳）

静力触探 static sounding

将电阻应变式探头以静力贯入土层中，由电阻应变仪量测土的贯入阻力来判定土的力学性质的勘探方法。它能快速、连续地探测土层及其性质的变化，能确定桩的持力层以及预估单桩承载力，为桩基设计提供依据，但不适用于难于贯入的坚硬地层。

（林厚祥）

静力压桩 static pile loading

利用静压力（压桩机自重和配重）将预制桩压入土中的沉桩工艺。设备包括压桩架、桩架顶梁、桩顶压梁、压梁两端的滑轮组（定滑轮固定在桩架底座上，动滑轮系于压梁体内），以及相应牵引钢丝绳和卷扬机等。压桩时，开动卷扬机，收紧滑轮组钢丝绳，通过压梁将底座反力施加于桩顶，逐渐将桩压入土中。反力大小一般为压入力的 1.5 倍。现在一般压桩机的压桩能力为 80t 左右。目前还有液压静力压桩机，只适用于软弱土层和承载力不大的桩。其优点是无振动、无噪声等公害。

（张凤鸣）

静力压桩机 pile jacker

以桩机本身重量将桩压入地层的桩工机械。具有施工无噪声、无振动、无污染、不受桩长限制等特点，尤其适合于在市区内靠近医院病房、机关、学校及精密工厂附近的软土地带的桩基施工。具有体积小、重心较低、行动灵活、操作方便等优点，采用支腿式整体底盘结构，便于转移现场时的拆卸及安装。

（郦锁林）

静态爆破剂 static blasting agent

在以生石灰和硅酸盐为主的物料中掺入一些有机化合物组成的粉状遇水膨胀材料。主要组成成分有：铅、镁、钙、铁、氧、硅、磷、钛等。使用时加入适量水调成浆体注入炮孔中，产生巨大压力（可达 30～50MPa），将周围介质胀裂、破碎。其爆破特点是运输、保管和使用安全；爆破无震动、响声和烟尘，操作简单。适用于混凝土、钢筋混凝土和砖石构筑物的破碎以及各种岩石的破碎或切割，但不适用于各种孔隙度很大的物体。

（林文虎）

静压型气垫 static pressure type air cushion

应用静压空气作润滑介质的气垫。采用一种挠性薄膜取代静压轴承刚性  面，用于重型设备的搬运。

（杨文柱）

静止土压力 earth pressure at rest

作用在固定不动的挡土墙上的土压力。用于计算挡土结构等。

（赵志缙）

jiu

就位差 difference in positioning

升板法施工中因就位孔底标高不一，楼板就位时产生的差异。在使用阶段它将长期对板受力产生不利影响，应严格控制。其值应满足升板建筑结构设计与施工有关规定的要求。为了减少其差值可在孔底垫以垫铁，以调整标高。

（李世德）

ju

局部拆砌 disassembling and reassembling of certain part of brickwork

在墙体的上部，因酥碱、空鼓或鼓涨的范围大，经局部拆除（上面不再有砌体存在）后，按原样重新砌好的修缮方法。如有砖槎，应留坡槎。

（郦锁林）

局部浸渍 local impregnation

单体渗透入基材内的深度在 10mm 以下的浸渍方式。浸填率一般为 2% 左右。目的是改善基材的表面性能。

（谢尊渊）

局部气压盾构 shield with partial air pressure

在切口环和支承环之间安装隔板形成一密封舱，通入压缩空气以稳定开挖面土体的闭胸盾构。其优点是操作人员可在常压下工作，但其连续出土、盾尾密封、衬砌接缝漏气等难题尚待解决。

（范文田）

局部网络计划 sub-network

以整个任务的某一部分为对象编制的网络计划。如建筑施工中按分部、分项工程和施工专业分别编制的网络计划；标准层网络计划等。

（杨炎榮）

橘皮 orange peel

涂料施工干燥后，涂膜表面出现许多圆形突起点，类似橘子皮的现象。产生原因是喷涂时涂料的粘度过大、压力太高、喷嘴太小、喷枪与墙面的距离不合适等。

（姜营琦）

举高 height of a panel

木构架中相邻两檩中心线或上皮的垂直距离。

（郦锁林）

举高总高 total height of a roof truss

木构架中最上和最下两根檩中心线或上皮的垂

直距离。一般指各步举高的总和。　（郦锁林）

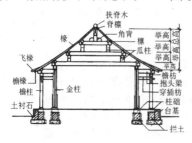

举高

举架　method of determining of the pitch and cuevature of a roof

清式建筑求屋面坡度曲线的方法。通过各步架和举高的变化，使屋面坡度越往上越陡峻，越往下越平缓，形成了曲线优美，出檐深远的特征，体现了中国古代建筑的造型特点。　（郦锁林）

举重臂　erector

盾构法修建隧道时用来拼装砌块或管片成环的机械设备。其一端有构件夹钳装置，另一端为平衡重。装在盾构中心筒体上或装在随盾构前进的拼装车架上。应具备可在盾构内作环向、径向伸缩和纵向前后移动的功能，以使衬砌构件就位。其动力有液压、电动和手动三种。　（范文田）

矩阵计算法　matrix approach

用行列矩阵表按节点进行网络时间参数计算的方法。　（杨炎燊）

聚氨酯弹性密封膏　polyurethane flexible sealant

以含异氰酸基（—NCO）预聚体为基料和含有活性氢化合物的固化剂组成的常温固化型弹性密封材料。具有粘结力强、弹性大、耐低温、耐酸碱、抗疲劳等优点，广泛用于建筑各部件、构件接缝密封防水和裂缝的修补。　（毛鹤琴）

聚氨酯面层　polyurethane finish

将聚氨酯预聚体、交联固化剂、颜料等调成的胶浆涂布于水泥砂浆找平层上，固化所形成的地面饰面层。施工时，找平层必须充分干燥、平整、清洁，且要选择晴朗无风干燥的天气进行涂布，用胶皮刮板刮平，用抹子抹光。聚氨酯有毒性，施工人员要戴手套、口罩、眼镜等防护用品，施工场所要保持良好的通风。　（姜营琦）

聚氨酯涂料　polyurethane resin paint

含有端异氰酸酯基（—NCO）的聚氨酯预聚体和含有多羟基的固化剂、增韧剂、防霉剂、填充剂和稀释剂等按一定比例混合均匀，形成常温反应固化型粘稠状物质。涂布于基层固化后形成柔软、耐水、抗裂和富有弹性的整体防水涂层。　（毛鹤琴）

聚醋酸乙烯乳液　polyvinyl acetate emulsion

以44%的醋酸乙烯和4%左右的聚乙烯醇，以及增韧剂、消泡剂、乳化剂、引发剂等聚合而成的白色水乳性胶状液。可用作粘合剂或配制腻子等。　（姜营琦）

聚合　polymerization

将渗入基材孔隙中的单体转化为固态聚合物的过程。其方法一般有加热法、辐射法和化学法三种。加热法是利用热水、蒸汽、热空气、红外线等热源进行加热（温度一般在50～120℃之间），以促使引发剂分解，产生游离基而诱导单体聚合的方法。辐射法是利用辐射能（常用X射线和Co^{60}放射的γ射线）引发单体分子活化产生游离基或离子而进行聚合的方法。化学法是利用促进剂降低引发剂的正常分解温度，促使单体在常温下进行聚合的方法。　（谢尊渊）

聚合物彩色水泥浆　polymer-coloured cement plaster

由白水泥、颜料、107胶或醋酸乙烯-顺丁烯二酸二丁酯共聚乳液、六偏磷酸钠，用硫酸铝中和后的甲基硅醇钠按一定比例和方法调制而成的浆液。刷涂在抹灰层或混凝土表面作建筑物的饰面。调成的浆液需在4h内用完。　（姜营琦）

聚合物混凝土　polymer concrete

掺有有机聚合物的混凝土。原混凝土中的无机胶凝材料可以完全或部分由有机聚合物所取代。它综合利用有机聚合物和无机胶凝材料的优良特性来改善仅用无机胶凝材料作为胶结材料的混凝土的性能。按其中胶结材料的不同组成和生产工艺分类，可分为聚合物水泥混凝土、树脂混凝土和聚合物浸渍混凝土三种。　（谢尊渊）

聚合物胶结混凝土　polymer londed concrete

见树脂混凝土（220页）。

聚合物浸渍混凝土　PIC, polymer impregnated concrete

以干燥的水泥混凝土为基材，放在有机单体中浸渍，使单体渗入水泥混凝土的孔隙内，再经聚合处理制成的聚合物混凝土。具有强度高，抗渗性、抗冻性、抗冲击性好，耐化学侵蚀性能强等特点。其生产工艺流程一般为：基材制作─→基材干燥─→基材真空抽气─→浸渍─→聚合─→成品。　（谢尊渊）

聚合物砂浆防水层　polymer-mortar waterproof coating

以水泥、砂和一定量的橡胶胶乳或树脂乳液以及稳定剂、消泡剂等助剂配制的砂浆,分层涂抹在基层的表面上而形成的水泥砂浆防水层。由于水泥砂浆中加入胶乳后,其聚合物的微粒子即分散在水泥连续相内,随着水化反应而形成一种凝聚的胶体。凝聚的胶体经干燥,成为具有粘结性和连续的丝状聚合物薄膜,与水泥水化物和砂子牢固地粘结成为一个坚固的整体,填充、封闭和堵塞了水泥砂浆中的孔隙、毛细孔和微裂缝,从而提高了水泥砂浆的强度和抗裂、抗渗、防水的性能,能获得较好的防水效果。(毛鹤琴)

聚合物水泥比 polymer cement radio

简称聚灰比。聚合物固形物与水泥的质量比。(谢尊渊)

聚合物水泥混凝土 PCC, polymer cement concrete

以聚合物和水泥共同作为胶结料配以集料拌制而成的聚合物混凝土。具有抗压强度高、抗渗性能好、耐磨性和耐化学腐蚀稳定性强等特点。生产工艺与普通混凝土类似,拌制时应先将聚合物及助剂(包括稳定剂和消泡剂)与水混合均匀后才送入到已混合好的水泥、集料混合料中,再搅拌均匀。养护时宜采用湿干结合的养护制度,即养护初期采用水(或湿)养护以保证和促进水泥的充分水化,然后进行干燥养护,使聚合物尽快成膜固化。

(谢尊渊)

聚合物水泥砂浆 polymer-cement mortar

在水泥砂浆中掺入有机聚合物所拌成的砂浆。目前在建筑施工中最常用的聚合物是聚乙烯缩甲醛(又称107胶),是一种可溶于水的透明胶。掺入水泥砂浆可提高砂浆的粘结力2~4倍,增加柔韧性与弹性,提高粘稠度与保水性,便于操作并可减少抹灰层开裂、粉酥、脱落。(姜营琦)

聚合物水泥砂浆滚涂饰面

将聚合物水泥砂浆先涂抹在墙体表面,然后用胶辊或泡沫塑料辊子上下滚动压出花纹图案所形成的饰面层。辊子应按设计花纹预先制作,一般长150~250 mm,直径50mm。滚涂工艺分辊筒不蘸水的干滚和辊筒蘸水的湿滚,前者滚出的花纹较粗,后者滚出的花纹较细,且不易翻砂。

(姜营琦)

聚合物水泥砂浆抹灰 plastering with polymer-cement mortar

常指用107胶水溶液拌制的水泥砂浆抹灰。多用于加气混凝土墙面。抹灰前墙面应润水,并刷一遍107胶的水溶液,随即含7%107胶水溶液拌制的水泥石灰砂浆抹底层和中层,厚度约10 mm,再用含7%107胶水溶液拌制的1:3水泥砂浆抹面,厚度约3 mm。(姜营琦)

聚合物水泥砂浆喷涂饰面 polymer-cement mortar sprayed finish

将聚合物水泥砂浆用喷枪或喷斗喷涂于墙体表面所形成的饰面层。可喷成灰浆饱满、波纹起伏的波形饰面,也可喷成满布细碎颗粒的粒状饰面,或喷成不同颜色的花点颗粒饰面。抹灰层的底层和中层用1:3水泥砂浆,总厚度约13 mm,喷涂面层厚度3~4mm,喷前宜在中层表面先刷一道107胶或106胶。(姜营琦)

聚合物水泥砂浆弹涂饰面

用弹涂器将不同颜色的聚合物水泥砂浆,依次弹在已刷有聚合物水泥色浆的基底表面,形成许多粒径为3~5 mm,颜色不同,互相交错的粒状色点的装饰面。施工时,先用1:3水泥砂浆抹底层和中层,干燥后刷聚合物水泥色浆两遍衬底,砂纸打磨三遍。然后,将不同颜色的浆料装在不同的弹涂器内,依次轮流弹布到建筑物的墙面上,待色点干涸后,再刷或喷一道甲基硅树脂或聚乙烯醇缩丁醛溶液罩面,以提高饰面层的耐污染性能。(姜营琦)

聚硫密封膏 polysulphide sealants

以液态聚硫橡胶为主剂,与金属过氧化物等硫化剂反应,在常温下形成的弹性体密封材料。适用于墙板、楼板、金属幕墙、钢铝门窗、贮水池等接缝密封。(毛鹤琴)

聚氯乙烯胶泥 PVC mortar

以聚氯乙烯为基料,加入适量的改性材料及其他添加剂配制而成的弹塑性热施工嵌缝材料。

(毛鹤琴)

聚四氟乙烯垫片 washer of poly-tetra-fluor ethylene

又称四氟乙烯板、四氟板。桥梁橡胶支座的滑动接触面材料。由四氟乙烯聚合而成的一种主要的氟塑料(PTFE)。耐热、耐化学腐蚀,介电性好;滑动摩擦系数低,启动时为$0.07~0.08$,滑动后为0.05(与经过加工的不锈钢滑动面),随时间的加长还有所改善。是用来作为适应各向移动的桥梁滑动支座和活动支座的理想材料。

(邓朝荣)

聚填率 rate of polymerization

基材内的聚合物重量与基材浸渍前重量之比值的百分率。它是衡量聚合物在基材内填充程度的指标。(谢尊渊)

聚乙烯醇水玻璃内墙涂料

又称106内墙涂料。以聚乙烯醇树脂水溶液和水玻璃为粘结剂,加入一定数量的颜料和辅助剂制成的涂料。这种涂料无毒、无味、不燃,有各种颜

色，但耐水性较差，呈碱性，要用耐碱容器盛料。能在未完全干燥、含水率在20%以下的墙面上涂刷。 （姜营琦）

聚乙烯醇缩甲醛 polyvinyl formal

又称107胶。用聚乙烯醇和甲醛为主要原料，加少量盐酸、氢氧化钠和大量的水在一定条件下，经缩合反应而成的可溶于水的透明胶。有良好的粘结性能。其含固量为10%～12%，相对密度为1.05，pH值为6～7，粘度3.5～4.0 s。常用于装饰工程中拌制成聚合物水泥砂浆，可提高粘结强度、减少抹灰层开裂、脱落。也可和其他材料拌成腻子、粘合剂等。 （姜营琦）

聚乙烯醇缩甲醛内墙涂料 polyvinyl formal paint for internal walls

又称SJ-803内墙涂料。以聚乙烯醇缩甲醛为粘结剂，加入颜料和辅助剂制成的涂料。这种涂料无毒、无味、干燥快，有各种颜色，由于调制时加入了耐湿擦剂，故干燥后表面可湿擦。 （姜营琦）

juan

卷材防水层 roll waterproof material coating

在地下结构基层上用沥青胶粘铺卷材所形成的防水层。铺贴的方法有外贴法和内贴法两种。外贴法是在垫层上铺好底面防水层后，先进行底板和墙体结构施工，再把卷材防水层延伸铺贴在墙体结构的外侧表面上，最后在防水层外侧砌筑保护墙；内贴法是在垫层边缘上先砌筑保护墙，卷材防水层一次铺贴在垫层和保护墙上，最后进行底板和墙体结构的施工。 （毛鹤琴）

卷材防水屋面 felt waterproof roof

以粘结剂粘贴卷材作防水层的柔性防水屋面。按所用卷材品种的名称不同，分别称某种卷材防水屋面，如石油沥青油毡防水屋面、氯化聚乙烯卷材防水屋面、再生橡胶卷材防水屋面等。其构造一般由结构层、隔汽层、保温层、找平层、防水层和保护层组成。结构层起承重的作用；隔汽层能阻止室内水蒸气进入保温层，以免影响保温效果；保温层作用是隔热保温；找平层用以平整保温层或结构层，以作卷材防水层的基层；防水层主要防止雨雪水向屋面渗透；保护层是保护防水层免受外界因素的影响而受到损坏。其中隔汽层和保温层可设可不设，主要应根据气温条件和使用要求而定。当防水层选用不同品种的卷材时，其结合层冷底子油和粘结剂亦不相同，在施工中必须配套使用。 （毛鹤琴）

卷管机 duct-made machine

制作金属波纹管的设备。由转盘架、成型机、接受台与切断机等组成。制管用材料采用38 mm×0.3 mm薄钢带。钢带从转盘架上牵引至成型机后，先压波，再卷管，然后将已卷好的波纹管沿接受台（与成型机垂直放置）前进，达到预定长度后用切断机切断。换上不同的模具，可制作直径为40～110 mm的波纹管。 （杨宗放）

卷杀 tapering, entasis tapering

木构件端部加工成曲面或斜面，使其端部略小的艺术处理手法。 （郦锁林）

卷扬道 winch tractive road

又称绞车道。利用绞车牵引车厢沿轨道运送货物的装置。由轨道、缆索、绞车、车厢、托滚和安全装置等组成。按布置方式，有单线交替式、复线交替式、头尾索式和连续索式。交替式常用于地面坡度较陡，空车可借自重放回的情况；头尾索式常用于地面坡度较小的情况；连续索式适用于各种地形。 （胡肇枢）

jue

决策 decision making

为了实现某个特定的目标，在占有一定数量信息的基础上，根据客观的可行性和经验，借助一定的工具、技巧和方法，对相关的诸因素进行准确的计算和判断选优后，对行动所作的最优决定。 （曹小琳）

决策程序 decision program

为达到决策目标而对决策过程做出的一整套有关规定。美国管理学者西蒙认为，合理的、科学的决策过程必须包括如下步骤：①找出存在的问题，确定决策目标；②拟定各种可行的备选方案；③分析、比较各备选方案，从中选出最佳方案。西蒙把上述三个步骤分别称为参谋活动阶段、设计活动阶段和选择活动阶段。这三个基本阶段是任何决策不可缺少的。 （曹小琳）

决策论 decision theory

研究决策问题的基础理论和用数量方法寻找或选择最优决策方案的科学。主要研究确定情况、不确定情况和风险情况下的决策。 （曹小琳）

决策树法 decision tree method

用树形图来表示决策过程中各备选方案和各方案可能发生的状态及其结果之间的关系以及进行决策的方法。它是一种辅助决策工具，将一个复杂的，多层次的决策问题绘制成决策树，是为了便于分析和抉择。决策树由决策点、方案枝、状态点、概率枝顺序延伸而成，最末端是损益值。决策时，从右至左，先算出各状态点的损益期望值，然后比较各点损益期望值的大小，选出最佳方案，依此步骤顺序进行决策，直至到达最左边（起始）一个决策点为止。

（曹小琳）

决策系统 decision system

决策活动的整个过程可以看成是一个系统。其主要步骤为：①根据实际问题，确定决策目标；②收集资料，拟出初步方案；③对初步方案进行预测分析与预可行性分析，提出备选方案；④对各备选方案进行方案论证（包括建立模型，进行运算求解及详细的可行性分析等）；⑤分析、对比各备选方案的论证结果，综合评价，选出最优的方案；⑥对选定方案进行试验，以鉴定其正确性；⑦编制计划，贯彻执行；⑧对执行情况进行监测，追踪控制，以修正偏差。以上几个步骤组成决策系统，各个步骤的工作一环扣一环，递阶式接力推进，形成整个决策过程。

（曹小琳）

决策支持系统 decision support systems

以电脑系统、数据库、模型库、知识库为基础，具有良好人机对话方式，通过对方案的计划、分析、审查解答、调整误差等方法，帮助高层管理人员解决半结构化及非结构化的决策问题、处理突发事件的系统。

（顾辅柱）

绝对标高 absolute elevation

又称绝对高程、海拔高度。某一地点高出平均海平面的垂直高度。中国各地的绝对高度是以青岛黄海平均海平面为起算点（即水准原点）的。

（彭树银）

绝对地租 absolute land rent

土地所有者凭借对土地所有权的垄断而取得的一部分剩余价值。是土地所有权在经济上的实现。由于农业中资本的有机构成比较低，因而形成一个高于平均利润的剩余价值余额，土地所有权的垄断，阻碍资本流入农业部门，从而阻碍农业资本利润率与一般利润率平均化，高于平均利润的剩余价值余额便以绝对地租形式被土地所有者占有。

（许远明）

绝对压力 absolute pressure

以完全真空作为压力起算零点的气体压力。

（谢尊渊）

绝缘手套 Insulating gloves

能使戴用者的双手和带电物体相绝缘，以防触电的人身防护用品。由橡胶和乳胶制做而成。有12kV试验电压和5kV试验电压绝缘手套。这两类手套的差别在于手指面和手掌面的橡胶厚度不同。必须在规定范围内使用：12kV绝缘手套实际只允许用在1kV以下带电设备，若在1kV以上高压区作业时，只能用做辅助安全用具，不得直接接触高压带电设备；5kV绝缘手套适用于低压用电设备，0.25kV时作为基本安全用品，1kV以下时可作辅助安全用品，1kV以上则不得使用。

（陈晓辉）

掘进 driving

用暗挖法修建隧道时，向前开挖、支护、出碴、衬砌、通风、排水等工作的总称。

（范文田）

掘进机法 tunnel boring machine method

以掘进机为主机的隧道暗挖法。掘进机是一种用刀具切割岩层开挖隧道的多功能施工机械，能同时联合完成工作面的开挖和装碴作业，且能全断面连续掘进。由于掘进机自重达数十吨，消耗功率大，造价高，机动性也差，搬移不便，在岩石较软的长隧道中使用较多。但因具有掘进速度快，配有激光测量及液压系统控制操纵，施工质量高等优点，故可抵消成本昂贵的缺点。

（范文田）

掘进千斤顶 main jack, driving jack

沿盾构支承环内周均匀分布，顶推盾构前进和调整方向的盾构千斤顶。由套筒、活塞杆、顶块、压盖、底盘等部分组成。套筒约有2/3的长度装在支承环内，其余部分经支承环后壁圆孔伸入盾尾。千斤顶的总台数一般至少为管片或砌块数目的两倍或按偶数倍增加，以保证盾构推进时衬砌环均匀受压。其总能力应足以克服推进时所遇到的各种阻力。

（范文田）

掘探法 excavation prospecting method

在建筑场地或地基内挖探井或挖槽观察原状土样的勘探方法。能直接观察地质构造和土层分布，取得较正确的工程地质资料。适用于场地地质条件比较复杂、地下水位低或山区碎石、卵石较难钻进的土层，但掘探可达的深度较浅。

（林厚祥）

jun

均衡施工 resource balanced construction operations

龟裂 cracking

饰面层干燥后，表面出现形状不一的不规则裂纹现象。产生原因主要有养护不良、砂浆收缩、水泥安定性差等。　　　　　（姜营琦）

龟裂掏槽 seam cut

又称直线掏槽。掏槽眼排成一条直线的直眼掏槽。其中一部分为空眼，适用于整体坚硬的岩层中。　　　　　　　　　　　（范文田）

竣工测量 surveying of as-built works

工程完工后对工程建筑物的主要技术条件（位置、大小、高度等）进行的最后测量。用以检查工程施工质量，确定已施工工程的技术标准，为以后各项设备的养护维修创造技术条件。铁路竣工测量有线路竣工测量、隧道洞内竣工测量、一般桥涵竣工测量、复杂特大桥梁及主要大桥竣工测量等。此后要绘制竣工图，作为永久性竣工资料。
（段立华）

竣工决算 project completion budget

反映工程建设实际造价的文件。它是在工程竣工后，根据施工过程中实际发生的变更情况，修订原有施工图预算而重新确定工程造价，据此作为结算工程费用的依据。
（毛鹤琴）

竣工验收 completion inspection, testing and acceptance on completion

建设项目按批准的设计文件所规定的施工内容建完后和交工前进行的综合性检查验收。竣工验收是在施工单位进行自检自验并解决了已发现问题的基础上，由按国家规定组织的验收组来进行的。其主要依据有：①批准的计划任务书（或可行性研究报告）；②施工图和设备技术说明书；③现场施工验收规范；④竣工验收标准；⑤引进项目的合同和国外提供的设计文件。确认符合竣工验收标准，方可交付生产和使用。它是全面考核建设成果，检验设计和工程质量的重要环节是基本建设过程的结束和建设成果转入生产使用的标志。
（段立华　曹小琳）

K

kai

开标 bid opening

又称揭标。把所有投标者递交的投标文件启封揭晓。开标时间应在招标文件规定的投标截止日期之后，开标时应有公证机关的代表参加，并当众宣布评标、定标办法和启封投标文件，公布投标者名称，所投标的合同编号、报价，当场确定投标无效的标书。
（毛鹤琴）

开敞式吊顶 open ceiling

通过特定形状的单元体与单元体巧妙地组合，造成单体构件的韵律感，从而收到既遮又透独特效果的吊顶形式。它既是吊顶，可吊顶的饰面又是敞开的。吊顶的单体构件，也有的同室内的灯光照明的布置结合起来，有的甚至全部用灯具组成吊顶。将照明的灯具加以艺术造型，使其变成装饰品，除了满足照度的要求外，本身也是吊顶的装饰。
（郦锁林）

开底容器法 method by bucket with dumping bottom

将混凝土拌合物装在底部能开启的密闭容器内，通过水层，直达水下浇筑点后再开底卸料浇筑水下混凝土的方法。　　　　　（谢尊渊）

开工报告 construction permit application

申请开工的文件。其中应说明开工前的准备工作情况，具有法律效力的文件已经具备，包括国家或有关领导部门批准的建设项目投资计划、施工执照等。它可由担负施工任务的工区提出，一般工程由公司审批，重点工程或特殊工程由主管部门审批。采用招标承包制的工程，一般由承包单位提交建设单位审批。　　　　　　（邝守仁）

开花 bulb, heap due to not slaked lime

抹灰面层局部分散性突起，并逐渐胀大，最后爆裂脱落成小坑的现象。产生原因，主要是砂浆中的石灰膏中还有未熟化透的石灰颗粒。

（姜营琦）

开竣工期限　time for commencement and time for completion

从工程开工到完工所需的实际时间。控制工期的重点工程的施工时间，应首先确定。其他各项工程应在总工期许可范围内，根据工程的施工顺序，分期分批地进行开竣工，为后续工程提供必要的条件。

（段立华）

开口式双缸千斤顶　open double cylinder jack

利用一对倒置的单活塞杆缸体将预应力筋由开口处置入槽内用夹片卡紧进行张拉的小型千斤顶。由活塞架、活塞体、油缸架、缸体、缸盖等组成。张拉力为 180 kN，张拉行程为 150 mm，额定压力为 50 MPa。适用于板端与板间单根无粘结钢绞线张拉与无粘结筋锚固端组装。

（杨宗放）

开始节点　start node

又称箭尾节点。箭线尾部处的节点。在双代号网络图中表示一项工作的开始。

（杨炎榮）

开条砖　brick with groove

用晾晒后的粗黄土制坯烧成的细长条粗泥砖。有大开条和小开条两种。前者糙砖规格为 260mm×130mm×50mm 或 288mm×144mm×64mm，清代官窑为 288mm×160mm×83mm；后者为 245mm×125mm×40mm 或 256mm×128mm×51.2mm。主要用于淌白墙、檐料，杂料等。

（郦锁林）

开挖面　face of tunnel

见掌子面（289 页）。

开挖面千斤顶　face jack, heading jack

用来支撑开挖面的盾构千斤顶。通常装设在支承环内竖向隔板上，在每一个盾构工作室内安设偶数个这种千斤顶，其活塞杆行程应略大于一个衬砌环的宽度。

（范文田）

开挖面支护　face support

在稳定性较差的软土中开挖隧道时，为支护开挖面而架设的支撑。用盾构法施工时，是将一些水平放置的木板通过其后的竖木由开挖面千斤顶压紧开挖面而起到支护作用。

（范文田）

开挖置换法　displacement method by excavation

将软土层全部或部分挖除后换填良质土（砂、石）的方法。当软土层较薄时，采用全部换填，具有施工快和效果好的优点。当软土层较厚时，根据情况仅对上部土层进行挖除置换，即部分置换，可以减少工程量。采用部分置换法时应考虑地基会有主要是下部原软土层产生的沉降和变形。

（李健宁）

开行路线　crane moving route

在结构吊装过程中，将起重机吊装同类构件的停机点按编号顺序连结起来的路线。一般以履带式起重机为代表的自行杆式起重机而言，它应根据构件吊装方法和平面布置的要求，以及起重机性能予以确定。视构件布置的位置一般可分为：跨内开行、跨外开行和跨内外开行。

（李世德）

kan

勘察设计　survey and design services

工程勘察和工程设计的总称。工程勘察指地形、地质及水文等要素的测绘、勘探、测试及综合评定。为城市建设、工业与民用建筑、铁路、道路、近海港口、输电及管线工程、水利与水工建筑、采矿与地下等工程的规划、设计、施工、运营及综合治理提供可行性评价与建设所需的基础资料。它是基本建设程序中的重要环节。搞好工程勘察，特别是前期勘察，可据以对建设场地做出详细评价，保证工程顺利进行，使工程取得最佳的经济、社会与环境效益。工程勘察包括：工程地质勘察、工程测量、水文地质勘察、工程水文和工程地球物理勘探。当建设场地的地质地理情况复杂时，勘察单位也为建设项目的地基与基础等做出相应的设计或提出书面建议。工程设计则指建设项目的具体设计工作，有建筑设计、结构设计、专业设计、工艺设计等。

（卢有杰）

砍净挠白

见斩砍见木（288 页）。

kao

靠尺　running rule

见托线板（250 页）。

ke

可调底座　adjustable base

具有调高功能的主柱下的支承座。一般可调高 200～500mm。主要用于支模架以适应不同支模高度的需要。用于外脚手架时，能适应不平的地面。如框架组合式脚手架的架设，可用它将门架顶部调节到同一水平面上。

（谭应国）

可调换优先股　convertible preferred stock

持有人根据公司章程规定可按一定条件调换成同一公司普通股的优先股。通常规定调换期限，在此期限内随时可调换，逾期则停止调换。优先股对普通股的调换比率也预先规定，有的在调换期限内保持不变，有的则规定逐渐降低的调换比率，以促使其持有者及早调换。持有者通常在普通股价格趋涨时要求调换，以获取更多利益。　　（颜　哲）

可锻铸铁锥形锚具　maueable cast-iron conical anchorage

利用带槽的锥形锚塞锚固钢丝束与钢绞线束的楔紧式锚具。由锚环与锚塞组成，采用 KT37-12 或 KT35-10 可锻铸铁铸造成型。加工时锚塞槽口应平整清洁，铸铁表面不允许有夹砂、气孔、蜂窝、毛刺。适用于直径为 12 mm 的 4～6 根钢筋束与钢绞线束。　　（杨宗放）

可供水量　water supply capacity

自来水厂或机井在单位时间（天、月、年）内可能提供水的数量（t）。它标志着一个自来水厂或一眼机井的供水能力。　　（解　滨）

可靠概率　probability of survival

结构或构件能完成预定功能的概率。
　　　　　　　　　　　　　　　　（谢尊渊）

可靠性　reliability

结构或产品在规定的时间内，在规定的条件下，完成预定功能的能力。它包括安全性、适用性和耐久性。当以概率来度量时，称可靠度。
　　　　　　　　　　　　　　　　（谢尊渊）

可靠指标　reliability index

标准正态分布反函数在可靠概率处的函数值。是度量结构可靠性的一种数量指标。它与失效概率之间有如下关系：
$$\beta = \phi^{-1}(1 - P_f)$$
式中 β 为结构可靠指标；P_f 为结构失效概率；ϕ^{-1}（*）为标准正态分布函数的反函数。
　　　　　　　　　　　　　　　　（谢尊渊）

可砌高度　height of bricklaying

在不搭脚手架或不升高脚手架条件下，工人砌砖可达到的砌筑高度。　　（方承训）

可赛银浆　casein slurry

用可赛银粉加水调成的浆液。刷涂在抹灰层上作饰面层。可赛银粉是由碳酸钙（40%）、滑石粉（54.99%）、颜料（0.009%）研磨后，再加入干酪素胶粉混合而成。　　（姜营琦）

可塑性　plasticity, plastifiability

混凝土拌合物在一定外力作用下保持原有粘聚状态不丧失连续性而产生塑性变形的性能。
　　　　　　　　　　　　　　　　（谢尊渊）

可行性研究　feasibility study

对新建工程项目的技术先进性和经济合理性进行综合分析论证。它可分为三个阶段：①机会分析：包括粗略的市场调查和预测，寻找在某地区或某部门内的投资机会，估算投资费用。②初步可行性研究：从经济上对市场做进一步的考察分析，技术上进行中间实验等，以判明建设项目是否具有生命力。③技术经济可行性研究：包括调查市场近期和远期要求，资源、能源、技术协作的落实情况，研究最佳的工艺流程及相应的设备，选择厂址和厂区布置，设计企业组织机构、劳动定员和人员培训计划，计算建设投资经费和研究资金来源与偿还办法，并进行社会及经济效果评价。项目的可行性研究就是通过对上述各项因素进行分析，提出项目是否可行，是否值得投资的意见形成可行性研究报告。如果是可行的，还要做出多种方案比较，选择推荐最佳建设方案，为项目决策提供充分的科学依据。　　（曹小琳）

可行性研究报告　feasibility study report

可行性研究的书面成果。可行性研究是对拟议中的投资项目技术经济各方面进行调查、比较、分析和论证的活动，要确定拟议中的投资项目是否有利于社会经济发展和环境保护，为投资决策和资金筹措提供依据。可行性研究一般要回答拟议中的项目对于社会经济发展是否必不可少；在技术和工艺上是否可行；能否获利以及获利的可靠性大小四个方面的问题。可行性研究一般划分为机会研究、初步可行性研究、可行性研究和项目评价四个阶段。可行性研究报告的内容各国大同小异，中国国家计委对投资项目可行性研究报告的内容和编制深度有具体规定。可行性研究通常由咨询或设计单位承担，也可由施工承包单位承担。最后要由投资决策单位、资金提供单位或其他同拟议中的项目有关的单位对可行性研究报告进行评估。可行性研究的主要目的是防止和减少决策失误造成的浪费，提高投资效果。　　（卢有杰）

可转换债券　convertible bond

可按公司规定向发行公司请求调换成该公司股票的公司债券。通常规定了调换期限，期内随时可调换，逾期不再调换。有的公司预先规定转换率，即每张债券可调换多少股票；有的则预先规定转换值，即每张债券可调换多少市值的股票。其持有人既可获得稳定的债券利息收入并到期收回本金，又可在有利时将它换成股票以获取更多利益，且当股价上升时这种债券也可能随之涨价，将其出售也较有利。因此，可转换债券比其他种类债券更能为公司筹到资金。　　（颜　哲）

刻痕钢丝　indented wire

用冷轧或冷拔的方法使钢丝表面产生周期变化的凹痕或凸纹的碳素钢丝。直径为 5～7mm，其性能与矫直回火钢丝相同。表面凹痕或凸纹可增加钢

丝与混凝土的握裹力。适用于先张法预应力混凝土构件。　　　　　　　　　　　　　　（朱　龙）

刻痕机　indenting machine

对钢丝沿全长刻痕用的设备。由机架、电动机、传动装置和轧辊组成。轧辊是刻痕钢丝成型的主要部件，采用合金工具钢制作，经高频淬火热处理，硬度 HRC60~65。可用于抗拉强度大于 1000 MPa 的钢丝。　　　　　　　　（杨宗放）

ken

肯定型网络

对完成各项工作所需的持续时间采用一个确定的估计值的网络计划。　　　　　　　（杨炎榮）

keng

坑道施工降温　refrigeration of tunnel during construction

向坑道开挖面采用喷洒冷水等特殊方法以降低洞内气温的措施。用于坑道内出现热水源，使洞内温度升高，劳动生产率急剧降低等情况。喷洒冷水还可降低洞内空气中的含尘率并对因爆破所产生的有害气体起到稀释作用。　　　　　　（范文田）

坑底隆起　bottom heave

深基坑开挖减载后由支护结构背后土、水重量及附近地面荷载引起支护结构底部土层滑动涌进基坑内或坑底回弹的现象。多发生于较深的软粘土基坑。当支护结构入土深度不够且背后荷载超过基坑底面下地基承载力时，平衡状态破坏，土层滑动涌进坑内，坑顶下陷。用地基稳定验算法验算时，要求抗滑动力矩不小于 1.2 倍的滑动力矩。用地基强度验算法验算时，要求支护结构入土部分和其前的土体要能抵抗土层滑动。土质、基坑深度、支护结构入土深度和地面荷载皆产生影响，要采取综合措施加以防止。　　　　　　　　　　（赵　帆）

坑式托换　pit underpinning

采用分段分批挖坑和浇筑混凝土墩子的办法将由于基底面积不足而使地基承载力和变形不满足要求的建筑物基础，落深在较好的新持力层上的托换。适用于土层易开挖、开挖深度内无地下水或便于降低地下水位者。托换深度一般不大，建筑物最好为条形基础。托换费用低、施工简便、施工期间不影响建筑物使用，但工期较长。　　（赵志缙）

kong

空斗墙　box bond brick wall, row-lock wall, rat-trap bond wall

实心砖斗砌（条面朝下，大面外露）成墙心有空气间隔层的墙体。常为一砖厚墙。与同厚度实体墙相比，可节约砖 20%~30%、砂浆 50%，自重减轻，保温及隔热性能有提高，但抗震能力及稳定性低。一般限用于 3 层以内建筑物的外墙或隔墙。　　　　　　　　　　　　　　　　（方承训）

空缝　interstie

砌筑拱圈，在拱脚、拱顶两侧、拱架节点及其他易发生裂缝部位设置不填筑砂浆或小石子混凝土的缝。小跨径拱圈不分段砌筑时，只在拱脚处设置空缝或不设空缝。不设空缝时，宜在拱脚砌缝砂浆凝结前砌完。拱圈为粗料石，空缝内腔宽度加大至 3~4cm；跨径大于 15m，拱脚附近的空缝用铸铁块垫隔，其余空缝用 M20 水泥砂浆块垫隔；所有空缝同时填塞，或自拱脚逐次向拱顶对称填塞，并分层捣实。填塞空缝使用 M20 以上半干水泥砂浆。空缝在全环砌完后填塞，而后卸落拱架。　　　　　　　　　　　　　　　　（邓朝荣）

空鼓　blowing

饰面层各层之间粘结不良，中间有脱开的现象。敲击时有空鼓声。产生原因，主要是前一层抹灰表面清理不干净，有油污或灰尘等，润水不够，或砂浆保水性及粘结性不好等。　　（姜营琦）

空间曲线束　spatially curved tendon

在水平方向和竖直方向同时弯折，即沿空间布置的曲线预应力筋。在预应力混凝土压力容器、曲线形桥梁等工程中，经常遇到。由于摩擦引起的预应力损失，可按通用平面曲线的相应公式计算。其夹角 θ 取张拉端至验算点的空间包角，而束长 x 相应地取空间曲线弧长。　　　　　　（杨宗放）

空炮眼　unloaded hole, uncharged hole

简称空眼。开挖坑道时采用直眼掏槽方式中用以增加临空面而不装炸药的孔眼。　　（范文田）

空气冲击波安全距离　safety range against air blast wave

在一定炸药量和爆炸方式的条件下，爆破所产生的空气冲击波对障碍物不发生超过允许破坏程度的距离。用 $R=k\sqrt{Q}$（m）计算，k 为与允许破坏程度、爆破方式和爆破作用指数 n 有关的系数；Q 为同时起爆最大一响的装药量（kg）。　　　　　　　　　　　　　　　　（林文虎）

空气帘沉井　open caisson sinking by air curtain

通过沉井壁内喷气孔，向井壁外喷射压缩空气，以减少井壁摩阻力的沉井下沉方法。适用于岸滩和水中下沉较深的沉井和水深流急处又不能使用泥浆滑套的情况下。喷气管为预埋于沉井壁内直径为25mm的硬塑料管，送气压力为外面水压的2～2.5倍，并与储气罐连接，以稳定风压。喷气口设置为气龛，有桃形、半圆形、长方形三种；在竖向气管下端，可设贮砂筒，贮存由气龛渗进的砂子，以防喷气孔堵塞。风源来自空气压缩机站。采用此法，可节省圬工30%～50%，下沉速度可提高20%～60%。　　　　　　　　（邓朝荣）

空气吸泥机　airlift suction dredger

以强空气流原理吸泥出基坑的施工设备。适用于水深5m以上的砂类土或夹有少量卵石的基坑，浅水基坑不宜采用，在粘土层应配合射水，以破坏粘土结构。吸泥时应同时向基坑内注水，使基坑内水位高于河水约1m，以防止流砂或涌泥。空气吸泥机由空气吸泥器、吸泥管、排泥管、风管、导管及风管卡门等组成，风源来自空气压缩机站。空气吸泥器型号按管径分为$\phi100、\phi150、\phi300、\phi420$等，后两种可吸取1.5kN的大石；吸泥器按孔数分为多孔和单孔两种。根据功率要求，可采用接力式吸泥机，几台吸泥机的风管宜同时开风，并且从底下的吸泥器逐个向上开风，防止泥砂倒灌入空气箱内。　　　　　　　　　　　（邓朝荣）

孔道灌浆　duct grouting

用后张法预应力筋张拉后，采用灰（灌）浆泵将水泥浆压入孔道内的工作。其作用是对预应力筋提供永久性的保护并增强预应力筋与构件混凝土的粘结。灌浆宜用标号不低于425号普通硅酸盐水泥配制的水泥浆，水灰比为0.4～0.45，可灌性要好，泌水率要小，强度不低于20 MPa。为了增加灌浆的密实性，在水泥浆中可掺入对预应力筋无腐蚀作用的外加剂。灌浆应缓慢连续均匀地进行，在灌满孔道并封闭排气孔后，宜再继续加至0.5～0.6 MPa，稍后再封闭灌浆孔。　　　　（方先和）

孔道摩擦损失　loss due to duct friction

预应力筋与孔道壁之间的摩擦引起的预应力损失。包括长度效应和曲率效应引起的损失。长度效应是由于孔道局部偏摆使预应力筋刮碰孔道引起的。曲率效应是由于预应力筋与弯曲孔道壁之间的摩擦引起的。对直线段与曲线段或不同曲率组成的预应力筋，应分段计算孔道摩擦损失。损失的大小主要取决于预应力值、孔道成型材料和方式、预应力筋的钢种和外形；在一定程度上也与施工的精心程度有关。必要时可采取超张拉、涂润滑剂等措施。　　　　　　　　　　　　　　（杨宗放）

孔洞　pores

混凝土结构构件局部没有混凝土，形成空腔的外观缺陷。　　　　　　　　　　（谢尊渊）

孔内微差爆破　micro-defference blasting

在深孔爆破间隔装药炮孔中采用多个主药包的微差爆破。可用导爆索-继爆管网路或毫秒电雷管网路来实现。它具有微差爆破和间隔装药的双重优点。可以改善破碎质量，减少超深和后冲作用。
　　　　　　　　　　　　　　　　（林文虎）

孔隙率　void ratio

材料中孔隙体积占材料总体积的百分比。它是衡量材料密实程度的指标之一。天然状态下材料的孔隙率称天然孔隙率。　　　　　　（朱　嬿）

孔兹支撑法　Kunz method

用备品式拱形金属支撑开挖隧道的隧道施工方法。1926年因德国工程师孔兹（Kunz）首先用于隧道施工而得名。主要的支撑结构分为开挖用拱架、衬砌拱架及活动柱等，此外还有横向顶梁、纵向支撑梁等。开挖用拱架起支撑作用，扩大时在其上打入插板，衬砌拱架为主要承重部分，在其上铺以模板后向两层拱架内灌筑混凝土衬砌。活动柱为传力部分并可沿拱架移动。此法使开挖的地层扰动小，不必使用笨重的拱架，节约木料。
　　　　　　　　　　　　　　　　（范文田）

控制爆破　controlled blasting

爆破破坏及影响范围、破碎块度、抛掷方向、空气冲击波、爆堆形状等条件得以有效控制的爆破技术。根据工程要求和采用爆破技术的不同，要求和可能控制的条件有所不同，一般主要要求控制一至两个条件。达到控制要求的方法主要依靠炸药等爆破器材品种的选择、装药填塞结构、装药量、起爆顺序及爆破网路的设计和计算。目前已有的控制爆破技术有光面爆破、挤压爆破、定向抛掷爆破、拆除爆破。微差起爆或微差爆破技术的成熟使控制爆破得到更快的发展。　（林文虎　陈晓辉）

控制冷拉率法　method of control of cold strething rate

又称单控冷拉。在钢筋冷拉加工中用钢筋冷拉率的大小来控制钢筋冷拉应力的冷拉加工方法。因为在弹性范围内钢筋的伸长与其拉力成正比，即$\sigma_s = \Delta L/L \cdot E_s$。弹性模量$E_s$是应力、应变的比例常数，故可用钢筋冷拉率来反映其冷拉应力。但由于材质的不均匀性，用冷拉率控制冷拉应力时，每批钢筋的冷拉率必须通过试验来确定，测定冷拉率时的冷拉应力应按规范规定执行。宜用于钢筋来料混杂，材质不匀而又无双控条件的情况。
　　　　　　　　　　　　　　　　（林文虎）

控制应力法　method of stress control

又称双控冷拉。在钢筋冷拉加工中既用冷拉应力值控制同时又检查最大冷拉率的冷拉加工方法。

各级钢筋的冷拉控制应力及最大冷拉率应按有关规范取值。此法优点是容易发现不合格的钢筋，用作预应力构件的冷拉钢筋必须采用此法进行钢筋加工，以确保冷拉钢筋的各项力学指标达到规范的要求。　　　　　　　　　　　　　（林文虎）

控制桩　control peg

工程施工中，在工程主要轴线延长线的两端测设的轴线位置桩。施工各阶段中要多次使用控制桩作为恢复轴线位置的基准。　　　　（甘绍熺）

kou

口份

见斗口（52页）。

扣件式钢管脚手架　coupler connected steel tube scaffolding

用扣件作为连接件组成的多立杆式钢管脚手架。扣件是构成架子的连接件和传力件。搭设时，钢管杆件的交叉、对接采用直角扣件、旋转扣件、对接扣件三种基本扣件形成接头连接。其特点是：装拆方便，搭设灵活，能适应建筑平面立面的变化搭成不同用途和类型的架子。　　　　（谭应国）

扣件式钢管支架　coupler type steel tube falsework

利用扣件式钢管脚手架作为现浇钢筋混凝土水平构件模板的支架。由立柱、水平拉杆、剪刀撑、扣件、底座和调节杆等组成。支架的搭设常用以下两种方式：立柱钢管用对接扣件连接、顶端用调节杆调节支架的高度，该连接方式的支架受力合理，立杆承载能力大，支架高度调节灵活；立柱钢管用回转扣件搭接（或对接扣件连接），荷载直接支承在横杆上，该连接方式支架为偏心受压构件，受力性能差，支架高度调节也较困难，但钢管的长度不受楼层高度的影响。　　　　　（何玉兰）

ku

枯水期　dry season

流域内地表水流枯竭而主要依靠地下水补给水源的时期。根据历年观测资料确定枯水期地下水下降面比较稳定的低水位的一个上限值，在此上限值以下的水位称为枯水位。

　　　　　　　　　　　　　　（那　路）

枯水位　dry level

见枯水期。

库存论

见存储论（31页）。

kua

跨墩龙门架安装法　erection by gantry overpiers

沿桥梁两侧纵向铺设轨道，使用两台跨过桥墩的龙门架起吊，横移安装就位的安装方法。此法适用于宽浅河滩或陆地上的桥梁，施工速度快，安装功效高。　　　　　　　　　　（邓朝荣）

kuan

宽戗堤截流　wide-crested embankment closure method

为改善截流水力条件，人为地将截流戗堤加宽的截流方法。由于戗堤宽大，使水流作用分散，有利于水流能量的消耗，从而削减龙口流速，降低截流难度。可采用体积较小的抛投材料，且减少抛投料的流失；由于工作面宽大，亦可提高抛投强度，有利于截流顺利进行。　　　　　（胡肇枢）

kuang

矿车　mining car

运送矿石、石碴等物料的窄轨车辆。用人力推送而体积较小者，通常称为斗车。按卸料方式的不同分为固定车斗式、底部式、侧卸式和V形斗车等型式。　　　　　　　　　　　（范文田）

矿山地租　rent of land containing mineral derosits

为获得采掘地下财富的权利而支付的地租。包括级差地租和绝对地租，有时也含有垄断地租的成分。　　　　　　　　　　　　（许远明）

矿山法　mining method

将隧道断面分成几个部分依次开挖隧道的暗挖法。因首先应用在矿山井巷开挖中而得名。开挖时，将挖出的坑道用临时支撑支护，当断面挖到一定大小或全部断面都挖好后，可按先拱后墙或先墙后拱修筑衬砌。开挖、支撑及衬砌顺序因围岩性质而异。主要有奥国法、英国法、比国法、德国法、漏斗棚架法、中央导坑法、台阶法等。

　　　　　　　　　　　　　　（范文田）

矿物掺合料　mineral additive

又称矿物外掺料、矿物混合材。为改善混凝土性能掺入混凝土中，掺量超过水泥质量5%以上的外掺材料。如粉煤灰、磨细粒化高炉矿渣等。

　　　　　　　　　　　　　　（谢尊渊）

矿物混合材
见矿物掺合料（146 页）

框架组合式脚手架 sectional frame scaffolding
由钢管制成的门式框架和剪刀撑、水平梁架或钢脚手板构成基本单元后相互连接组合而成的多功能脚手架。施工层高变化时，可用接高门架调节作业层高度。除用于搭设里脚手架、外脚手架外，还用于搭设满堂式脚手架、井字架及其他用途的作业架。
（谭应国）

kun

困料 regime of toasting
磷酸盐耐火混凝土在搅拌过程中，中途静置一段时间的工艺过程。目的是使胶结料与耐火集料、粉料中的金属（主要是铁）的化学反应能充分完成，以防止成型后继续发生反应，放出氢气，影响耐火混凝土的密实性。
（谢尊渊）

kuo

扩大 enlargement
隧道导坑以外各部分开挖的统称。根据扩大部分在横断面上所处位置的不同，通常分为上部扩大，拉槽，落底，挖马口等。与开挖导坑相比，扩大部分的临空面较多而易于开挖，但支撑工作比较困难。
（范文田）

扩大初步设计 design development
简称扩初设计。两阶段设计中，把初步设计和技术设计合并在一起进行的设计阶段。比三阶段设计中的初步设计要详细一些，比技术设计要简单一些。
（卢有杰）

扩孔裕量 hole reaming allowance
扩孔前原有孔眼与设计孔眼直径的差值。对质量要求高的铆接构件，为使数层板束的孔眼一致，孔壁光滑和消除冲孔周围的硬化部分，先把零件孔眼冲成或钻成直径比设计要求小 3mm 的孔眼，然后装配成构件，经检验合格后再把孔眼扩大到设计要求。
（王士川）

扩展断面 extended section
抛石截流，当石块尺寸不足以维持在龙口流速作用下稳定时所形成的戗堤断面。它相对于密集断面扩大的断面。当不能保持密集断面的梯形，戗堤下游被冲缓，下游坡面伸长，水流能量将部分地消耗在扩展的坡面上，从而使较小的石块能稳定。
（胡肇枢）

L

la

拉槽 center cut
隧道上导坑和下导坑之间的岩土开挖（在没有下导坑时，上部扩大至起拱线部分的开挖）。
（范文田）

拉铲作业 dragline operation, working with dragline(s)
使用拉铲的挖掘机作业。拉铲挖土机挖掘力较差，生产效率较正、反铲低，但臂杆长，回转半径、挖土深度、卸土高度均较大，且铲装土方时，臂杆可不动，因此，减少了机械磨损。可开挖停机面以上的一～三类土、湿土、淤泥等。适用于土质差、水位高、挖深大的基坑（槽）、管沟及河道开挖。也可利用其回转半径及卸土高度大的特点直接挖填路堑、河堤及水下捞砂。
（林文虎）

拉杆式千斤顶 pull-rod jack
利用单活塞杆张拉预应力筋的单作用千斤顶。由油缸、活塞、拉杆、端盖、撑脚、连接头、密封圈等组成。主要产品有 YL60 型千斤顶。拉力为 600 kN，张拉行程为 150 mm，额定油压为 40 MPa。适用于张拉粗钢筋和带有镦头锚具或锥形螺杆锚具的钢丝束。
（杨宗放）

拉合千斤顶 pull-in jacks
用沉管法修建水底隧道时，装在管段竖壁中带有拉钩的管段水下连接专用千斤顶。它可将新沉设的管段拉向已沉设好的管段并与之靠紧，使止水胶垫的尖肋发生初始变形而达到初步止水。
（范文田）

拉结丁砖 brick on edge
空斗墙中，条面朝下、顶面外露的砖。其对两平行斗砖起拉结作用。同一砖层中，斗砖与拉结丁砖常相间砌筑，称为单丁砌法。或每两块拉结丁砖

拉结筋　tie bar

旧称拉条、联结筋。为保证结构的整体性，加强结构两部分间的相互连接作用而设置的钢筋。如钢筋混凝土柱与填充砖墙、砖墙直槎处都设置有这种钢筋。　　　　　　　　　　（方承训）

拉结石　bonded stone, tie stone

又称丁头石。石砌体中，长度横贯砌体厚度的石料。其作用为连接内外石块，保证砌体的整体性。在毛石墙中，一般每 $0.7m^2$ 墙面至少应设置一块，且同皮内的中距不应小于 2m。
（方承训）

拉毛灰　stucco

将水泥混合砂浆或纸筋石灰浆涂抹在 5～7 成干的中层抹灰面上，随即用鬃刷或其他拉毛工具，垂直点入砂浆中，迅速提起，将砂浆拉出成云朵状毛头的装饰面层。随砂浆稠度、拉毛工具不同，可做成长短不同、粗细不同的拉毛面。
（姜营琦）

拉模　drawing form work

长线法生产的混凝土预制构件，采用干硬性混凝土进行边浇灌边振动，成形后立即用卷扬机牵引分别先后向前拉动内芯管，而达到抽芯脱模的移动式模板。一般为钢模，主要由模板部分（内模框及芯模）与行走部分（外模框）组成。内模框要求有锥度（约 0.6‰），芯管能自由转动，表面光滑匀质。组装后，芯管抽动自如，构件两端的堵头板要求尺寸准确。这种工艺可减轻工人的劳动强度，适用于断面相同的构件，并可按需要方便地改变构件长度，仅用一套模板，可连续施工，节约模板，生产效率高。　　　　　　　　　　（何玉兰）

拉条灰　strip stucco

将未干的抹灰面层用特制模具上下拉动或滚压，形成半圆、波形、梯形条纹的装饰面层。砂浆可用水泥纸筋混合浆，模具根据设计形状预先制作。拉成的条筋应垂直、密实、光滑、深浅一致、不断不裂、不显接槎。
（姜营琦）

喇叭口隧道　crossover tunnel

将一条双轨线路分岔成两条单线而需修建的逐渐加宽的地下过渡地段。如浅埋地铁中双线隧道邻近岛式车站的一段隧道。此外，在山区修建双线铁路时，为了绕过困难地形，避开地质不良地段或减少工程量，也有将一条双线铁路分建为二条单线或将二条单线并建为一条双线。此时，其变化区段上的隧道呈喇叭形。位于车站道岔区的隧道也呈喇叭形。　　　　　　　　　　（范文田）

lan

栏杆　railings

为便利使用和保证行走安全而设的构件。它由立杆（直档）及扶手组成，立杆下端固定在踏步或梯梁和平台上，扶手装在立杆上，栏杆的空档不宜太大，而当楼梯宽度超过 1.4m 时宜有双面扶手，靠墙一面的扶手称为靠墙扶手。　　（王士川）

缆风绳　guy rope

用以稳定桅杆或构件临时固定的绳索。一般都采用钢丝绳，当受力不大时也可采用麻绳。其布置应根据用途而定，直径应通过计算确定。
（李世德）

缆风校正法　method of rectification by guy lines

利用缆风索对柱进行垂直度校正的方法。当辅以缆风索进行临时固定时可以利用此法进行校正。此法方便易行，只需收紧或放松缆风索即可达到校正的目的。一般用于细长柱。　　　（李世德）

缆索吊装法　erection by cableway

通过缆索系统将预制构件吊装成桥梁的方法。无支架施工的主要方法之一，常用于拱桥施工。缆索吊装分为主索、工作索、塔架及锚固装置等四大部分。主索起承重作用和作为运行跑车的轨道；工作索包括起重索、牵引索和扣索等。主索跑车上的起重装置包括：卷扬机、起重索、滑轮组、吊钩和牵引装置，其作用是吊起构件、升降、运行和安装。吊装时，牵引索的卷扬机带动跑车至起吊构件的位置；起重索的卷扬机起吊构件至需要高度；牵引索的卷扬机，牵动跑车运行到位；起重索的卷扬机使构件下降，就位安装。　　　（邓朝荣）

缆索架桥机　cableway erecting equipment of bridge

又称悬索起重机、缆索吊。利用横跨架设在河流上空的缆索来架设桥梁、安装预制构件和浇灌混凝土的成套设备。可分为主索、工作索、塔架及锚固装置四个基本组成部分。工作索包括起重索，牵引索和扣索等。利用主索和承受吊重并作为跑车的运行轨道。主索跑车上的起重装置（包括牵引索和卷扬机）将构件吊起、升降、运输和安装。吊装的一般过程如下：先开动牵引索的卷扬机，将跑车牵引到起吊构件位置上空，挂上构件后，由起重索的卷扬机起吊上升到需要高度，然后开动牵引索的卷扬机，牵动跑车运行。吊装到安装位置时，停止牵引，开动起重索的卷扬机下降构件，就位安装。缆索起重机跨度可达 400m 以上，起重量 100～700kN。　　　（邓朝荣）

缆索丈量 measurement of cable

吊桥主索制备中的量测、下料工作。按缆索需要长度，搭设水平丈量托架，将每根钢索进行预拉，所施预拉力达到设计恒载拉力，并持续10～20min，以消除钢索的非弹性延伸，然后丈量下料。丈量应避免在烈日下进行，并使用温度计附着在钢索面上，测出钢索温度，按照设计温度予以调整。小跨径吊桥，可截取一段没有受过拉力的钢索，在试验室进行钢索的张拉试验，以求得钢索拉力与延伸的关系曲线。张拉试验力应达到设计恒载下产生应力的1.5倍，参照钢索弹性模量及丈量时与吊桥设计温度的温差、各种延伸系数来决定实量长度。丈量全长，应考虑两端插入套筒散头后增加的长度。切割位置、吊杆（索夹）位置、跨中垂点、索鞍中心位置等均应按规定做可靠标志，索头应编号挂牌。　　　　　　　　　　　　　（邓朝荣）

lang

朗肯土压力理论 Rankine's earth pressure theory

根据半无限空间内的应力状态和土的极限平衡理论而得出的土压力计算方法。朗肯提出当表面水平的半无限土体处于极限平衡状态时，如果在此土体中把垂线 AB 左侧的土体拿掉，换成一个具有垂直光滑墙背的挡土墙，则作用在挡土墙上的土压力等于原来作用于垂线 AB 上的水平法向应力。土压力计算理论之一。主动土压力按下式计算：

$$p_a = \gamma Z K_a - 2c\sqrt{K_a}$$

γ 为土的重度；Z 为计算点离土表面的距离；K_a 为主动土压力系数，$K_a = \mathrm{tg}^2\left(45° - \dfrac{\varphi}{2}\right)$，$\varphi$ 为土的内摩擦角；c 为土的内聚力。被动土压力按下式计算

$$p_p = \gamma Z K_p + 2c\sqrt{K_p}$$

K_p 为被动土压力系数，$K_p = \mathrm{tg}^2\left(45° + \dfrac{\varphi}{2}\right)$，$\varphi$ 为土的内摩擦角。朗肯土压力理论的适用条件为：①挡土墙墙背垂直；②墙后填土表面水平；③挡土墙墙背光滑，没有摩擦，因而无剪力，即墙背为主应力。　　　　　　　　　　　　　（赵志缙）

lao

劳动定额 labour norm

又称人工定额。表示工人劳动生产率的一个平均先进合理指标。其表示形式有时间定额和产量定额两种，两者互为倒数。　　　　（毛鹤琴）

劳动力平衡 labour leveling

对施工过程中所需劳动力进行调配，尽量减小间歇时间，使得劳动力需求曲线不出现高峰或低谷的施工组织管理工作。　　　　　　（彭树银）

劳动力需用计划 labour demand plan

表明施工期内主要工种月或季劳动力需用量安排的图表。在施工组织总设计中，根据工程量汇总表所列各工程项目的各种实物工程量计算出所需工日数，再根据施工总进度计划中各工程项目的开工和竣工日期，按经验将各工种的工日数平均分摊在某段时间里。将各个工程项目同工种的人数叠加可得某工种按月或季劳动力曲线图，从而列出劳动力综合一览表。单位工程各工种劳动力需用计划可根据单位工程施工进度计划编制。　　（邝守仁）

劳动强度指数 index of labour intensity

划分体力劳动强度等级的指标。由各工种的平均劳动时间率乘以系数3，再加上平均能量代谢率乘以系数7求得。指数大反映劳动强度大，指数小反映劳动强度小。　　　　　　　　（刘宗仁）

劳动生产率指标 labour productivity index

反映建筑企业职工在一定时期（如报告期）内的劳动生产率的指标。它可以用单位时间内每一职工平均生产的实物量或产值表示，也可用生产单位产品所消耗的劳动时间表示，其计算方法也因之各异，一般有以下三种：

①实物法，其计算公式为

$$实物劳动生产率指标 = \frac{报告期建筑产品产量}{报告期职工平均人数}$$

式中建筑产品产量常用报告期内竣工面积。

②产值法，其计算公式为

$$\frac{产值劳动}{生产率指标} = \frac{报告期建筑业（或企业）的产值}{报告期职工平均人数}$$

③劳动时间法，又称定额法，计算公式为

$$\frac{劳动时间劳动}{生产率指标} = \frac{某项定额工日（工时）}{实际消耗工日（工时）} \times 100\%$$

此法反映某项劳动定额完成的水平，仅适用于有定额可对比的工作项目。　　　　　　　（孟昭华）

老虎槎 toothed connection of brick wall

槎口留在已砌墙体之外，先砌数皮砖形成踏步式斜槎，后再向外逐皮伸出数皮砖，从而形成老虎口状（锯齿状）的直槎形式。　　（方承训）

老浆灰

将青灰加水搅匀再加生灰块，搅成稀粥状过筛发涨而成。用于砌墙、宽瓦。浆内含青灰量大，干

后油光乌亮，粘结性强，质地坚实。

（郦锁林）

老角梁 lower hip rafter

房屋转角处设沿分角线直接置于正心桁与金桁之上的梁上。上承仔角梁。该构件南方称老戗。

（张　斌）

老戗

见老角梁。

le

勒脚 plinth

室外地面以上的一小段高度外墙。为防止雨水对墙脚的侵蚀，该小段高度外墙体或其外表面，常用耐水性较好的材料制作，例如石砌或水泥砂浆抹面，也起一定的装饰作用。

（姜营琦）

勒望

为防止望砖沿屋面下滑，每隔一段距离在椽子上钉一木板条，木板条厚度与望砖厚度相同。

（张　斌）

lei

累积优先股 cumulative preferred stock

承诺优先补发积欠股利的优先股。如果公司某一年度的税后盈利不足以按固定股利率对这种股票的持有人发放股利，欠发股利就加到下一年度应发股利中，用下一年度的税后盈利补足后，余下的盈利才能按顺序发放该年度优先股股利和普通股股利。

（颜　哲）

leng

楞草和玺

见和玺彩画（101页）。

冷拔低合金钢丝 cold-drawn low-alloy steel wire

又称中强钢丝。由热轧低合金钢盘条经多次模拔而成的钢丝。直径为 5~7 mm，抗拉强度为 800~1 000 MPa，伸长率不小于 4%。由于强度较高，塑性较好，在中小型先张法预应力混凝土构件中逐步代替冷拔低碳钢丝，但在跨度小的构件中其强度难以充分发挥。

（卢锡鸿）

冷拔低碳钢丝 cold-drawn mild steel wire

由热轧低碳钢盘条经多次模拔而成的钢丝。直径为 3~5 mm，抗拉强度为 600~700 MPa，伸长率为 2%~3%。由于价格低廉、加工简单、施工方便，广泛用于中小型先张法预应力混凝土构件，但构件延性较差。

（卢锡鸿）

冷拔钢丝 cold-drawn steel wire

由各类热轧钢盘条经冷拔加工而成的钢丝总称。建筑上常用的有冷拔低碳钢丝和冷拔低合金钢丝。盘条经过冷拔成为钢丝后，其强度有较大的提高，而塑性则明显降低。强度的提高程度与冷拔过程中的面积总压缩率密切相关。面积总压缩率愈大，钢丝强度愈高，塑性则愈差。适用于中小型先张法预应力混凝土构件。

（卢锡鸿）

冷底子油 cold-applied prime coating

将石油沥青或焦油沥青溶于溶剂中所制成的溶液。石油沥青溶化的溶剂，可用轻柴油、煤油、蒽油、汽油或苯等；焦油沥青溶化的溶剂，则只能使用蒽油或苯。其中溶剂为汽油或苯的称快挥发性冷底子油，溶剂为煤油或轻柴油的称慢挥发性冷底子油。冷底子油渗透性强，喷涂在基层上面可渗透到基层的毛细孔中去，以增加基层和防水层的粘结力。

（毛鹤琴）

冷缝 cold joint

在未作任何技术处理的已凝结硬化的混凝土浇筑层面上继续浇筑混凝土拌合物时，在新旧混凝土之间所形成的结合面。该结合面是在施工过程中偶然形成的，而不是事先考虑好按技术规范的要求采取了一定的技术措施处理而有计划地进行留设的。

（谢尊渊）

冷矫正 cold correcting

在常温下用机械矫正钢材的工艺。可采用撑直机、开式油压机、杠杆压力机等机械进行。矫正后的钢材表面不应有明显的凹面和损伤，表面划痕深度不大于 0.5mm，矫正后的允许偏差应符合规范规定。当普通碳素钢工作地点温度低于-16℃，低合金钢工作地点温度低于 12℃时不得冷矫正。

（王士川）

冷拉钢筋 cold-stretched steel bar

由各类热轧钢筋经冷拉加工而成的钢筋总称。可提高屈服点，但塑性降低，常用作预应力筋以节约钢材。为了保持钢筋冷拉后有一定的塑性，屈服点与抗拉强度之比应控制在 0.85 以内，即应具有一定的强度储备和软钢特性。按热轧钢筋品种可分为：冷拉Ⅰ级钢筋、冷拉Ⅱ级钢筋、冷拉Ⅲ级钢筋和冷拉Ⅳ级钢筋。按冷拉方法不同分为：控制应力法和控制冷拉率法。冷拉钢筋的力学性能应符合现行混凝土结构工程施工及验收规范的规定。

（杨宗放）

冷拉钢丝 non-stress-relieved wire

优质高碳钢盘条经索氏体化处理再冷拔而成的

碳素钢丝。直径为 3～5 mm，抗拉强度 1 470～1 670 MPa，屈服强度不小于抗拉强度的 75%，伸长率不小于 3%。盘径基本等于拉丝机卷筒的直径，开盘后呈螺旋状，无良好的伸直性。主要用于铁路轨枕、压力水管、电杆等。　　（朱　龙）

冷拉时效　ageing of cold stretching

钢筋在冷拉过程中，内部晶体面滑移，晶格变化，冷拉后有内应力存在，促使钢筋内部晶体组织自行调整的时间过程。时效过程即内应力消除的过程，进行的快慢与温度有关。在常温下进行称为自然时效，在加温下称为人工时效。Ⅰ～Ⅱ级钢筋自然时效需 15～20d 才能完成，若在 100℃ 蒸汽中可 2h 完成时效过程。Ⅲ～Ⅳ级钢筋必须进行人工时效，一般采用通电加热至 150～250℃ 经 20min 即可完成时效过程。　　（林文虎）

冷铆　cold riveting

在常温下的铆合工艺。即在常温下将铆钉插入钉孔后用铆钉枪或压铆机铆合。铆合后没有铆钉收缩现象，故钉孔填得十分密实，但它对钢板叠的系紧力比热铆低。在施铆过程中金属发生硬化，铆钉的低温冲击韧性显著下降，因此对铆钉钢的要求必须较高。　　（王士川）

冷摊平瓦屋面　cold laid flat tile roof

在椽条上直接钉挂瓦条挂瓦的平瓦屋面。仅适用于一般不保温的房屋或简易的房屋。
　　（毛鹤琴）

冷轧带肋钢筋　cold-rolled ribbed steel wire and bar

由热轧盘条经冷轧或冷拔减径后在其表面冷轧成三面或二面横肋的钢筋。用低碳钢盘条轧制成的冷轧带肋钢筋直径 4～12 mm，抗拉强度 550～800 MPa。其中，强度 600 MPa 以上的钢筋适用于中小型预应力混凝土构件。与冷拔钢丝相比，由于表面带肋，与混凝土的粘结性能大为提高。
　　（卢锡鸿）

冷轧螺纹锚具　cold-rolled threaded anchorage

又称轧丝锚。利用冷滚压方法在圆钢筋端头滚压出螺纹，拧上螺母来锚固高强度粗钢筋的支承式锚具。这种方法加工的螺纹，其外径大于原有钢材的直径，内径略小于原有钢材的直径，其强度能达到等强要求。适用于粗直径的冷拉Ⅳ级光面钢筋。
　　（杨宗放）

冷轧扭钢筋　cold rolled tuisted reinforcing bar

由普通低碳热轧圆盘钢筋在常温下用机械轧扁、扭转而成的矩形截面，外表呈连续螺旋曲面的麻花状钢筋。由于对母材进行了强力冷加工，提高了强度，提高了与混凝土之间的握裹力，节约钢材消耗。中国从 1980 年开始应用，逐年扩大应用范围，理论研究日趋深入，钢筋冷轧扭机已有部颁标准。　　（林文虎）

冷铸镦头锚具　cold-cast button-head anchorage

利用环氧树脂与钢球事先将放置在锚环锥形孔内带镦头的钢丝冷铸成整体，再用螺母锚固大吨位钢丝束的支承式锚具。张拉端锚环的尾部加长，有内螺纹。为便于锚固与调整索长，锚环外径沿全长有螺纹。钢丝束拉力通过环氧树脂钢球的弹性支承传给锚环。因此，能承受高应力的变化幅度，具有较高的抗疲劳性能，适用于大跨度斜拉桥的斜拉索。　　（杨宗放）

li

离壁式衬砌　separate lining

与开挖周壁相隔离而且在其空隙内不进行回填的隧道衬砌。主要用来防水和隔潮以及个别的落石荷载而非承受围岩压力，需敷设外贴式防水层。这种衬砌适用于围岩完整性好、节理裂隙少、石质坚硬的稳定地层中，在粮库等防潮要求较高的地下洞库中应用较广。　　（范文田）

离析　segregation

混凝土拌合物中各组分分离，造成分布不均匀和失去连续性的现象。它是由于构成混凝土拌合物的各种固体粒子的大小和密度不同所引起。通常有两种表现形式，一种是粗集料从拌合物中分离，另一种是稀水泥浆从拌合物中淌出。另外，泌水也是离析的一种现象。　　（谢尊渊）

离心混凝土内分层　interior stratification of centrifugal technology

离心混凝土粗集料之间因水泥、砂子沉降形成水膜层的现象。　　（舒　适）

离心混凝土外分层　exterior stratification of centrifugal technology

离心混凝土在离心沉降密实后，明显地分成混凝土层、砂浆层和水泥浆层的现象。
　　（舒　适）

离心时间　time of centrifugation

混凝土拌合物在离心成型密实过程中，模型在离心机上旋转的持续时间。在不同离心速度阶段其值不同，并与制品管径和混凝土拌合物的性能有关。　　（舒　适）

离心速度　velocity of centrifugation

混凝土拌合物在离心成型密实过程中，模型在离心机上的旋转速度。其值随各离心阶段而变化，

在布料阶段采用慢速,从慢速向快速过渡时用中速,密实阶段用快速。　　　　　　　（舒　适）

离心脱水密实成型　technology of moulding by centrifugal water removal

利用模型在离心机上高速旋转,使混凝土拌合物受到离心作用被甩向模壁,从而排出部分多余水分和空气,使混凝土拌合物密实并获得较高强度的方法。此法适用于制作不同直径与长度的管状制品,如管材、电杆、管桩、管柱等。

　　　　　　　　　　　　　　（舒　适）

离心制度　regime of centrifugal moulding

混凝土拌合物离心脱水时所采用的离心速度和离心时间两个主要参数之总称。　（舒　适）

里程表计算法

利用火车或汽车里程表形式的表格,用手工计算节点时间的方法。　　　　　（杨炎粲）

里脚手架　interior scaffolding

搭设于建筑物内各层楼板上,供砌筑及内装修作业的脚手架。周转使用时随施工进度需进行楼层间转移,故装拆较频繁,要求其结构形式轻便灵活、装拆方便、转移迅速,一般均制作成工具式脚手架。常见的有凳式里脚手架、支柱式里脚手架、梯式里脚手架、组合式操作平台等。

　　　　　　　　　　　　　（谭应国）

里口木

钉在檐椽顶端上部、断面为直角梯形,其上刻出安装飞檐椽的缺口的锯齿形木构件。（张　斌）

力矩限制器　lifting moment control device

当载荷力矩达到额定起重力矩时,能自动切断起升或变幅的动力源,并发出禁止性报警信号的起重机安全保护装置。其综合误差不大于10%。

　　　　　　　　　　　　　　（刘宗仁）

立堵　end-tipping closure method

用运输工具在龙口的两端抛投块料向中间推进,或一端抛投块料向另一端推进,使戗堤进占,龙口缩小,最后拦断河床的截流方法。其龙口落差和单宽流量均大于平堵,水流条件较差,需用大尺寸的块石或块体;工作面小,限制抛投强度。但无需架设抛投栈桥,准备工作少,成本低,工期短。近年来大容量运输工具的发展,使其抛投强度大大提高,采用此法也更加普遍。　　（胡肇枢）

立杆　post,standard,ricker

又称立柱、竖杆。俗称站杆、冲天。承受轴向压力并具有多层侧向约束(大、小横杆和连墙杆)的连续杆。它将脚手架的荷载传至地面(基础)。

　　　　　　　　　　　　　（谭应国）

立杆间距　lag spacing

沿脚手架纵向设置的立杆间的水平距离。它应根据脚手架的荷载确定。　　（谭应国）

立杆连接销　coupling pin for rickers

碗扣式钢管脚手架杆件系统中立杆连接件。用自定位销定卡口将立杆接长销定。（谭应国）

立脚飞椽

戗角处之飞椽作摔网状,其上端逐渐翘立起,与嫩戗(仔角梁)之端相平。　　（张　斌）

立模工艺　thchnology of precast member production using upright standing form

又称立模法。制作板型构件时,构件是在板面竖立状态下成型密实的,与板面接触的模板面相应也成竖立状态置放的板型构件生产工艺。若将若干个竖置模板组成组合模型,相邻竖置模板间的空间即为板型构件的成型腔,则这种生产工艺称为成组立模工艺或成组立模法。　　（谢尊渊）

立砌层　soldier course

砖砌体中,由立砖组砌成的砖层。

　　　　　　　　　　　　　　（方承训）

立式养护窑　vertical steam curing kiln

简称立窑。顶部封闭,只在底部开两个洞口供混凝土制品出入,内部温度从下到上逐步升高,能形成一个符合制品养护所要求的升温、恒温、降温环境的连续式蒸汽养护室。混凝土制品进入窑内后,沿垂直方向被逐渐顶升至最高位置,再经横移,从另侧逐渐下降,最后从出口送出,恰好经历了升温、恒温、降温的三个阶段。该养护窑具有占地面积小、温度分区稳定、蒸汽热能可充分利用、蒸汽消耗量少等优点,但投资较大、设备较复杂、制品品种单一、调整品种生产的灵活性较差。

　　　　　　　　　　　　　（谢尊渊）

立网　vertical net

垂直安装在脚手架外侧的安全网。主要是用来阻止人或物体坠落。多层建筑施工,应在脚手架作业层上设置高出作业面1m以上的立网,高层建筑施工,应在外脚手架外侧满挂立网封闭;对于围护结构不能立即施工的工程,应在主体结构外侧安装立网防护;由于施工原因不能搭设平网的施工部位,也应安装立网防护。　（刘宗仁）

立窑　vertical steam curing kiln

见立式养护窑。

立柱支撑　post braces

现浇钢筋混凝土水平构件模板的垂直支撑。按其材料与构造的不同可分为木支撑(琵琶撑)、钢管撑、四管支撑、双翼支撑等。木支撑一般为固定式,其高度微调采用支撑下部的木楔进行。钢管撑多为可调式,钢管上的插销间距为粗调距离,螺管为微调装置。四管支撑主要由管柱、螺栓、千斤顶和托盘等组成，其支撑高度模数为250mm。当支柱组合高度在10m之内时，可承重18～25t。双翼支撑系日本常用的垂直支撑，它由带螺旋管的托板、双翼板、调节翼板上下的手柄等组成。带螺旋管的托板直接支承梁的底模。双翼板支承楼板底模的搁栅，同时加强支撑的整体性，翼的下部装有可上下移动的手柄，便于装拆板的底模，需提前拆除板的底模时，不影响支柱的支承作用。支撑的间距应按其荷载的大小进行计算，一般间距可取1m左右。
（何玉兰）

立砖 soldier

砖砌体中，砖块顶面朝下条面外露的砖。
（方承训）

利用方 usable measure

土方工程中，移挖作填部分的土石体积。可按挖方体积（实方）计算，也可按填方体积（紧方）计算。
（庞文焕）

沥粉 embossed painting

在贴金彩画中，用胶粉膏做出半圆型凸起状线条的工艺。为彩画重要的传统工艺之一。线条称为沥粉线条。
（郦锁林）

沥青混凝土 bituminous concrete, bitumen concrete

以沥青为胶结料，与粗集料、细集料和矿粉适量配合，经拌制后经压实而成的一种多组分材料。按所用沥青的种类不同，可分为石油沥青混凝土和煤沥青混凝土。按集料的最大粒径分类，可分为：粗粒的（35mm）、中粒的（25mm）、细粒的（15mm）和砂粒的（5mm）沥青混凝土。按施工温度（决定于所采用沥青的粘滞性等级）的不同，可分为热拌热铺、热拌冷铺和冷拌冷铺沥青混凝土。
（谢尊渊）

沥青胶 litumen mastic

又称玛琋脂。用沥青和填充料（滑石粉、大白粉、烟灰、石棉绒等）按一定比例混合熬制而成的胶结材料。当用以粘贴石油沥青油毡时，用石油沥青配制；粘贴焦油沥青油毡时，则用焦油沥青配制。配合比应由试验决定，一般粉状填充料的掺量为10%～25%；纤维填充料为5%～10%。填充料的主要作用，是增强沥青抗老化的性能，并能改善耐热度、柔韧性和粘结力；避免产生流淌、脆裂现象；同时还可节约沥青材料，降低工程成本。
（毛鹤琴）

沥青橡胶防水嵌缝膏 bitumen-rubber waterproofing caulking mastic

以石油沥青为基料，以废橡胶粉为主要改性材料，加入重松节油、松焦油、机械油和填充料（石棉绒、滑石粉等）配制而成的防水材料。具有优良的防水防潮性能，用于屋面板、墙板等嵌缝密封，可在常温下冷作施工。
（毛鹤琴）

例行保养 routine maintenance

对机械设备在每天（班）工作前、工作中和工作后进行的保养作业。内容有：清洁、检查、紧固、调整、润滑和防腐等。
（杨文柱）

lian

连机

位于桁下的辅助木枋。与桁同长，相当于通长替木。
（张　斌）

连接器 coupler

接长钢筋、钢丝束或钢绞线并传递预应力的装置。按预应力筋不同可分为：单根钢绞线连接器、精轧螺纹钢筋连接器、钢丝束连接器、钢绞线束连接器等。按使用部位不同又可分为：锚头连接器和接长连接器。锚头连接器设置在构件端部，用于锚固前段束，并连接后段束。接长连接器设置在构件内部，用于接长预应力筋。其性能必须符合Ⅰ类锚具的要求。此外，还有一种双拼式连接器，供先张法预应力粗钢筋临时接长用。
（杨宗放）

连墙杆 tie rod anchered in wall

脚手架与墙牢固锚拉的杆件。其作用不仅可以防止脚手架内倒外倾，还可加强立杆的纵向刚度。搭架时，应随搭架立即按规定要求设置于具有较好抗水平力作用的结构部位。
（谭应国）

连续墙导向沟 leading trench of diaphragm wall

地下连续墙开挖前，在两侧所构筑的临时导向墙间形成的沟。它是确定槽位和成槽导向的设施，兼起蓄浆作用。导向沟的宽度一般要比连续墙厚度大10cm。
（李健宁）

连续闪光对焊 continuous flash welding

闪光对焊时，徐徐移动钢筋使接头轻微接触形成连续闪光，当钢筋烧化并接近熔点时，以一定压力迅速进行顶锻，使两根钢筋对直熔焊为一体。此法质量易于保证。适用于对焊直径$d \leqslant 22$mm以下的Ⅰ～Ⅲ级钢筋及直径$d \leqslant 16$mm的Ⅳ级钢筋。
（林文虎）

莲草和玺

见和玺彩画（101页）。

联合架桥机 combined bridge erection eguipment

又称蝴蝶架架桥机。由两套门式吊机（龙门

架)、托架(蝴蝶架)、导梁组成的架桥设备。门式吊机用工字梁构成,上下翼缘及接头处,用钢板加固。为了不影响架梁净空位置,主柱可做成拐脚式。门式吊机的横梁标高,由二根预制梁叠起的高度加平车及起吊设备高而定。蝴蝶架用来托运门式吊机转移,由角钢组成,整个蝴蝶架放在平车上,沿运梁轨道行走。导梁用贝雷架装配,上面铺钢轨,以供蝴蝶架及预制梁行走。适用于中小跨径的多跨桥梁,优点是不受水深的影响。

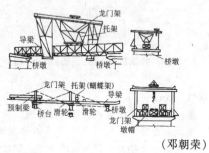

(邓朝荣)

联合起爆法

又称复式网路起爆法。为提高起爆的可靠性,采用双重的起爆网路,分别提供两套起爆能量,或加强起爆药包的起爆能力的起爆方法。常用的方式有:两套相互独立的电爆网路、两套相互独立的导爆索网路、一套电爆网路加一套导爆索网路的联合起爆网路。加强药包起爆可采用少量高感度炸药去引爆大量低感度炸药,用黑梯熔铸体起爆浆状炸药或用起爆体起爆峒室内的大量药包。多用在大爆破或重要工程爆破中。由于需花费大量人力物力去敷设两套网路,故在一般爆破工程中很少采用。

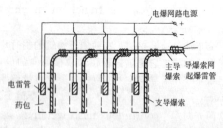

(郦锁林)

联锁保护装置 protective device interlocking

设置在起重机械动臂的支持停止器与动臂变幅机构之间,使停止器在撤去支承作用前,变幅机构不能开动的起重机安全保护装置。设置在进入司机室的通道口,当通道口的门打开时,起重机械的运行机构不能开动。

(刘宗仁)

liang

梁式大跨度结构 long-span girder structures

主要采用桁架或桁架体系组成的屋盖承重结构。根据跨度大小不同,分简单式和复杂式两种。跨度在40m以上,简单式的屋盖由屋架和檩条组成;当屋架跨度超过50~60m时,宜采用复杂式布置,由屋架、主檩条(主桁架)和檩条(或直接铺大型屋面板)组成。在大跨度梁式屋盖中,实腹梁是不经济的,最常用的是梯形屋架;当跨度较大时,配置高强度预应力构件以提高屋盖的承载力。近年来还采用两根上弦杆和一根下弦杆组成的空间桁架结构,提高了稳定性,取得了良好的经济效果。

(王士川)

两侧弃土 casting of ground to both sides

铲运机开挖路堑时,将挖出的土向路堑两侧弃置的工作。开挖长、深路堑时,将有大量弃土,当无法利用时,尽量向两侧弃置,以减小铲运机横向运行距离。面层土分弃两侧,底层土向地势较低的一侧弃置。

(庞文焕)

两侧取土 borrowing fill from both sides

采用铲运机施工时,由路基两侧取土坑取土填筑路堤的方法。由于每一作业循环进行两次卸土,使纵向行程减至最短,比单侧取土更为经济。

(庞文焕)

两端张拉 tensioning from both ends

张拉设备放置在预应力筋两端的张拉方法。对后张法预应力混凝土构件或结构,当锚固损失的影响长度〈$L/2$(L 为预应力筋长度)时,张拉端锚固后预应力筋的拉力大于固定端的拉力。这种情况一般是在弯起角度较大的曲线筋(折线筋)或孔道摩擦损失较大的直线筋中发生,应采取两端张拉,以建立较大的预应力值。当张拉设备不足时,也可先在一端张拉完成后,再移到另一端张拉,补足张拉力后再锚固。

(杨宗放)

量度差值

又称弯曲调整值,见钢筋下料长度(79页)。

liao

料罐 bucket

又称吊斗。当用起重机作为混凝土拌合物垂直或水平运输的设备时,用以盛装混凝土拌合物的容器。斗形有圆形、圆弧形和方形。

(谢尊渊)

料浆稠化过程

加气混凝土料浆从浇注到失去流动性且具有支承自身质量强度的过程。

(谢尊渊)

料石 squared stone, dressed stone

人工或机械开采、加工而成的较规则的六面体石块。其宽度与厚度不宜小于20mm,长度不宜大于厚度的 4 倍。依其加工面的平整程度分为毛料石、粗料石、半细料石和细料石。表面加工要求如下：对外露面及相接周边的表面凹入深度分别为：稍加修整；不大于 20mm；不大于 10mm；不大于 2mm。对叠砌面和接砌面的表面凹入深度分别为：不大于 25mm；不大于 20mm；不大于 15mm；不大于 10mm。　　　　　　　　　　　　（方承训）

料石砌体　dressed stone masonry
　　料石按一定组砌型式用砂浆粘结而成的组合体。　　　　　　　　　　　　　　　　（方承训）

料石清水墙　fair faced squared stonewall
　　用料石砌筑，不抹灰，料石和灰缝外露的墙。
　　　　　　　　　　　　　　　　（方承训）

料位指示器　indicator of material level
　　表明材料贮仓中料面高度的专用指示装置。它具有能使料仓自动装仓和控仓的作用。当料空时能及时报警，料满时能自动停止装料。
　　　　　　　　　　　　　　　　（谢尊渊）

lie

列车运行图　train running graph
　　以纵坐标表示运距，横坐标表示时间来反映同一线路上列车行驶情况的图表。用来研究铁路的线路布置和通行能力，如单轨线路在运行线的相交处就要设站，以供对开列车交会或同向列车超越。在运行时间用于列车的调度和运行指挥的依据。
　　　　　　　　　　　　　　　　（胡肇枢）

裂缝　crack
　　固体材料组织结构中的一种不连续现象。混凝土中的裂缝可分为两类：一类为肉眼看不见的微观裂缝（简称微裂）；另一类为肉眼可见的、宽度等于或大于 0.05mm 的宏观裂缝（即通常所说的裂缝）。由于混凝土是一种非匀质的多相脆性材料，微观裂缝的存在是不可避免的，这是混凝土本身固有物理性质的一种表现，它的分布是不规则的，沿截面是非贯穿的，在一般工业与民用建筑中，它的存在对结构使用无多大危害。影响结构性能和使用的是宏观裂缝，故应采取有效技术措施，尽量避免有害宏观裂缝的出现，以确保工程质量。
　　　　　　　　　　　　　　　　（谢尊渊）

lin

临界长径比　critical length-diameter ratio of fibers
　　纤维混凝土中，当混凝土拉应力达到纤维强度时所取的长径比。　　　　　　　（谢尊渊）

临界初始结构强度　critical initial strength of structure
　　在一定的蒸汽养护制度下，能使混凝土残余变形最小，并能获得最大密实度及最高强度的最低初始结构强度。　　　　　　　　　　（谢尊渊）

临界费用　crash cost
　　按临界时间完成一项工作所需的费用。
　　　　　　　　　　　　　　　　（杨炎槃）

临界时间　crash time
　　一项工作采取了一切可能的技术组织措施（相应需增加费用）之后所可能达到的工作持续时间的最短极限值。　　　　　　　　　　（杨炎槃）

临界纤维长度　critical length of fibers
　　保证纤维在纤维复合材料破坏时是发生断裂而不是被拔出所必需的纤维最小长度。
　　　　　　　　　　　　　　　　（谢尊渊）

临界纤维体积　critical fiber volume
　　为使纤维混凝土在基体开裂后的承载能力不致下降所必须掺入的最小纤维体积。　（谢尊渊）

临时道路　temporary roads
　　为完成某一特定运输任务而临时修筑的道路。一般为简易公路。建设工地现场常采用的路面型式有：级配砾石路面、碎（砾）石路面、碎砖路面、炉渣或矿渣路面、砂石路面、风化石屑路面等。其中级配砾石和碎（砾）石路面通行能力较强，雨天亦可通车。碎砖及炉（矿）渣路面通行能力虽不强，但雨天仍可维持通车。砂土、石灰土及风化石屑路面则通行能力不强，雨天不能通车。
　　　　　　　　　　　　　　　　（朱宏亮）

临时墩　temporary pier
　　为减少顶推所形成悬臂梁的挠度和改善内力，在桥墩中临时设置的桥墩。常采用钢结构或装配式钢筋混凝土薄箱、井筒，使之易于装拆；在承受荷载时不发生沉陷，顶推时不得因纵向摩阻力而发生偏斜，必要时在墩顶设临时支撑。顶推完成后，梁落在正式支座上，随即予以拆除。　　（邓朝荣）

临时干坞　temporary dry dock
　　用沉管法修建水底隧道时，制作沉管管段用的作业场所。干坞周边为天然土坡或钢板桩挡墙，其深度应保证管段能在低水位时露出顶面，中水位时能够自由浮升，而在高水位时能有足够的水深以便安设浮箱。　　　　　　　　　　（范文田）

临时供电计划　plan of temporary power supply
　　为临时供电设施设计确定用电量的文件。建筑工地总用电量 P（kW）为
$$P = 1.10(K_1 \Sigma P_c + K_2 \Sigma P_a + K_3 \Sigma P_b)$$

临时供水计划 plan of temporary water supply

为临时供水设施设计确定用水量所编制的文件。包括总用水量的确定，水源选择和临时供水系统的布置和永久性给水管网的利用等。若建筑工地面积小于10公顷，发生火灾时考虑施工停止进行，则总用水量 Q 为

$$Q = q_4 \quad (当 q_1 + q_2 + q_3 \leqslant q_4)$$
或 $Q = q_1 + q_2 + q_3 \quad (当 q_1 + q_2 + q_3 > q_4)$

q_1 为一般施工用水量；q_2 为施工机械用水量；q_3 为生活用水量；q_4 为消防用水量。若建筑工地面积大于10公顷，发生火灾时只考虑一半工程停止施工。 （邝守仁）

ΣP_c 为全部施工用电设备额定容量的总和；ΣP_a 为室内照明设备额定容量的总和；ΣP_b 为室外照明设备额定容量的总和；K_1、K_2、K_3 分别为全部施工用电设备、室内照明设备、室外照明设备同期使用系数。$K_1 \leqslant 1$，在工地上设备的数量越多，取值越小；K_2 一般取0.8；K_3 取1.0。 （邝守仁）

临时拦洪断面 temporary dam section for flood

为使未建完的部分坝体，在汛前先赶建至施工拦洪水位以上所形成的坝体临时挡水断面。可减少汛前筑坝工程量，确保大坝超出施工拦洪水位，实现安全拦洪，以后再加大到原设计断面。必须做好临时断面与加大部分的连接，避免出现薄弱环节，并应考虑临时断面本身的安全。 （胡肇枢）

临时通信 temporary communication

铁路施工中为了施工需要而架设的临时性通信网路工程。属施工准备期间工作。为节约投资，应尽量利用当地现有通信工具。当必须沿线路设置临时通信时，如条件许可，可将永久通信线路提前施工，但挂线数量按需用加添。 （段立华）

临时支撑 temporary support

又称临时支护。用矿山法修建隧道时，为防止施工期间围岩的掉块、坍落，以保证后续作业安全正常地进行所采取的暂时性支护。根据地质条件及所采用的施工方法，有挖后少撑，先挖后撑，随挖随撑或先撑后挖等多种方式。木材、金属、混凝土及钢筋混凝土等均可用作支承材料，要求易于加工、安装和拆卸，且构造简单，安全而可靠。 （范文田）

淋灰 lime slaking

块状生石灰加水消化、过滤，制成石灰浆过程的工作总称。有人工与机械两种方法。 （方承训）

檩椀 motch for fitting purlins

承接并避免圆形截面檩（桁）滚动的古建筑构件中的刻槽。用于梁头、脊爪柱头、角云头等部位。 （邝锁林）

ling

菱角脚手架 conical scaffold

外观像三棱锥的脚手架。用于树立和油饰幡杆、旗杆。其高度要比幡杆、旗杆高出1m为宜。竖立幡杆过程中每隔两步，临时绑扎两根顺杆夹固幡杆，待幡杆吊立垂直基础用夹杆石座稳固后，再将夹固幡杆的顺杆拆除。幡杆做油饰时，在各步顺杆上花铺脚手板，空当为10~15cm。

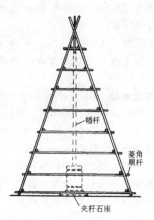

（邝锁林）

菱苦土面层 magnisite floor finish

将菱苦土与木屑按一定比例混合拌匀后，用氯化镁溶液调成可塑性胶泥，铺在基层上，经压实、凝结硬化后，再加以表面处理而形成的饰面层。它具有耐热、保温、隔热、隔声、绝缘及有一定弹性等性能。有单层与双层两种，单层面层厚度一般为12~15mm，双层面层分下层（厚度一般为12~15mm）和上层（厚度一般为8~10mm）。菱苦土与木屑的体积用量比例约为1：1.5~3.0。为提高地面强度和耐磨性，可掺加适量的滑石粉、石英砂等。如要做成彩色地面，可掺加一定量的碱性矿物颜料。氯化镁有腐蚀性，故宜用特制或内部镀锌的砂浆搅拌机拌和。铺设后需夯实压平，凝结干燥后，其表面可磨光、油漆或打蜡抛光。 （姜营琦）

零星添配

局部砖件或石活破损或缺损时可重新用新料制做后补换的修缮方法。如台明某块阶条石损坏严重或博缝头已失落等，都可用此法进行修缮。 （邝锁林）

liu

溜槽 chute

将物料从高处送往低处的倾斜凹形槽。一般用钢板制成。为防止混凝土拌合物料离析，在溜槽出口端部应加一挡板。 （谢尊渊）

溜子 pointing tool

又称灰匙。金属扁条状勾缝工具。用于勾平缝。
(方承训)

留晕

在退晕图案中,先满涂浅色,再用深色涂盖其中一部分,并留出一定宽度的图样做法。
(郦锁林)

留置权 lien

经济合同当事人一方(权利人)依据法律规定或合同约定的,对合法占有对方(义务人)的财物,有权行使留置藉以保护自身合法利益的权利。
(毛鹤琴)

流动度 degree of fluidity

后张法孔道灌浆用的水泥浆在自重作用下流动的性能。表示水泥浆可灌性的指标。可用流动度测定器测定。测定器是一种截锥形器具,锥体内可装体积为 115 cm³ 的水泥浆。测定时,通过量测水泥浆从提起测定器起至自然流淌 30 s 止,水泥浆在两个垂直方向流淌的直径,取其平均值作为水泥浆的流动度。流动度小,则水泥浆的可灌性差。水泥浆试样在搅拌后的流动度通常应为 120~170 mm。
(方先和)

流动性 flowability

混凝土拌合物在外力作用下克服其内部粒子间的相互作用力而产生变形的性能。其大小用稠度表示。为保证混凝土拌合物在浇筑过程中能易于流动,均匀密实地填满模板内各个部位,必须根据混凝土构件的特点和施工方法,恰当地选择适宜的稠度。
(谢尊渊)

流动性混凝土 flowable concrete

坍落度值在 40~150mm 范围之内的混凝土拌合物。
(谢尊渊)

流化剂 fluidizer

为了提高混凝土拌合物的流动性,在制备流态混凝土时加入混凝土拌合物中的高效能减水剂。其具有减水性高(减水率高达 30%)、引气性低、缓凝性弱的特点。在不影响混凝土性能的条件下,能显著地提高混凝土拌合物的流动性。
(谢尊渊)

流砂 quick sand

在基坑挖土时直接从坑内抽水,高低水位差引起的动水压力使坑底下的砂质土体由固体转变为液体,随地下水一起涌进坑内的现象。绝大多数发生在饱和砂土中。成为流动状态的土完全丧失承载力,施工条件恶化;土边挖边冒,难以达到设计深度;流砂严重时会引起基坑边坡塌方。如果附近有建筑物,就会因地基被淘空而使其下沉、倾斜,甚至倒塌。故必须采取措施消除或减小地下水位差,设置板桩、地下连续墙等。
(朱嬿 林文虎)

流水步距

流水施工时,为满足施工顺序、工程技术要求和工人小组有节奏地连续施工,相邻两个专业队依次进入同一施工段施工的最小时间间隔。
(杨炎榮)

流水传送法 conveyer method

组织混凝土制品生产时,完成各工序的工人不动,制品随同模型按一定时间节拍有节奏地沿工艺流水线移动的制品制作工艺方案。其工艺特点是:模型在一条呈封闭环形的传送带上移动,沿传送带按制品的工艺生产流程分成若干个工位,各工位配备固定的工人及机具设备。生产时,模型沿着传送带按一定的时间节拍有节奏地从一个工位移至下一个工位,各工位的工人则在同一时间内完成各自的有关工序。
(谢尊渊)

流水段法

参与流水施工的各个专业队组按照既定的施工顺序和统一的流水步距进入现场施工后,分别依次在其分工的相邻两施工段陆续展开工作的组织方法。此法适用于等节奏流水和成倍节拍流水的流水作业组织。
(杨炎榮)

流水节拍

工种工人(专业队组)为完成相应施工过程在一个施工段内的工作持续时间。
(杨炎榮)

流水块

在流水网络计划中,具有相对独立的、可以各自开展流水作业的由若干工作组成的局部网络计划。
(杨炎榮)

流水施工 flow repetitive construction operations

根据施工对象的需要,把专业工人组成若干个专业的或混合的小组,按规定的顺序在若干个工作性质相同、劳动量大致相等的工作段上,不间断地进行施工的方法。完善的流水施工应满足:各小组应始终从事同样的工作,使操作工人专业化,收到提高工作效率、提高机具设备利用率的效果和有节奏的连续生产,前一工序在某一段上完成,下一工序紧接着就在那一段上开始,保持工作面不空闲,工序之间不脱节。
(孟昭华)

流水施工工期

又称流水计划工期。第一个专业队组进入现场施工直至最后一个专业队组完工退出现场的整段工作时间。
(杨炎榮)

流水网络计划

应用流水施工理论与网络计划技术相结合的网

络计划。　　　　　　　　（杨炎榮）

流水线法　assembly line method
当建造延伸很长的线性结构物（道路、管沟等）时，将各工种工人（专业队组）在一段线路（即施工段）上的流水节拍理解为向前延伸施工的进展速度，用流水段法组织施工的方法。
（杨炎榮）

流水作业法　assembly line method
在建筑施工中，把施工对象在平面上划分为若干工作段，在高度上划分为若干工作层，将参与施工的各工种工人（专业组或混合组）按照合理的施工顺序，依次由一个工作段进入次一工作段，由一个工作层进入次一工作层，均衡地、有节奏地进行施工的作业方法。根据各专业工人小组或混合小组在工作段上工作延续时间的异同，流水作业法可分为等节奏流水、不等节奏流水、成倍节拍流水、无节奏流水等。
（杨炎榮）

流态混凝土　flowing concrete
又称超塑性混凝土。在已拌制好的坍落度为80～150mm 的混凝土拌合物中加入流化剂，再经搅拌，使其坍落度立即增大至 180～220mm，成为具有高度流动性和良好粘聚性的混凝土拌合物。
（谢尊渊）

流锥时间　time of flow cone
一定体积的水泥浆从一个标准尺寸的流锥中流出的时间。是孔道灌浆用水泥浆可灌性的一个指标。流锥是一种锥形漏斗状器具，其体积为 1725 mL。测定时，通过量测水泥浆从锥形漏斗流出起至流完为止所需的时间作为水泥浆的流锥时间。流锥时间长，则水泥浆可灌性差。水泥浆试样在搅拌后的流锥时间通常应为 11～18 s。　（方先和）

流坠　runs, sagging, curtaining
涂料涂刷后，受重力作用向下流淌，表面形成长串泪痕，成泪滴状或幕挂状的高低不平现象。产生的原因主要是浆液太稀、喷层太厚等。
（姜营琦）

琉璃剪边
用琉璃瓦做檐头和屋脊，用削割瓦或布瓦做屋面或以一种颜色的琉璃做檐头和屋脊，以另一种颜色的琉璃瓦做屋面的做法。如黄心绿剪边或绿心黄剪边。
（郦锁林）

琉璃聚锦
以两色琉璃或多色琉璃瓦拼成图案的屋面做法。常见图案如方胜（菱形）、叠落方胜（双菱形）、囍字等。用于园林建筑或地方建筑。
（郦锁林）

琉璃瓦　glazed facing tile
表面施釉的筒瓦、板瓦。其规格大小从二样至九样共有 8 种。多为黄色或绿色，也有蓝黑及其他颜色。在古代，只用于宫殿建筑。如清代就有严格的规定，亲王、世子、郡王只能用绿色或绿剪边，只有皇宫和庙宇才能用黄色或黄剪边，离宫别馆和皇家园林建筑可以用黑、蓝、紫、翡翠等颜色及由各色组成的琉璃聚锦屋面。
（郦锁林）

琉璃瓦屋面　glazed tile roof
用表面施釉的瓦件铺盖而成的瓦屋面做法。铺法一般是将底瓦仰铺，两底瓦之间覆以盖瓦。此种屋面富有民族风格和装饰艺术，古代只用于宫殿等建筑，防水性能好。
（毛鹤琴）

硫化型橡胶油毡　vulcanized rubber felt
用涤纶短纤维，经过梳棉、浸浆、压合而制成的以无纺布为胎体（或无胎体），以氯丁橡胶、天然橡胶、改性再生橡胶为面胶的防水卷材。防水层为单层冷粘贴施工，用氯丁橡胶粘结剂，表面涂层用银粉着色。
（毛鹤琴）

硫磺混凝土　sulphur concrete
以改性硫磺为胶结料，经熔融后与粗、细集料拌和或浇注于粗集料中，待冷却后便形成为整体的热塑性复合材料。它具有快硬高强、抗疲劳与抗冻性能好、耐化学腐蚀性能高的特点。其成型方法有浇注成型法和机械搅拌成型法两种。浇注成型法是将预热的粗集料（应保证浇注硫磺胶泥时不低于 60℃）浮铺在模板内，不需夯实，然后用 135～145℃ 温度的硫磺胶泥，通过浇灌孔注入粗集料内。应分层铺设，分层浇注，每层厚度以不超过 40cm 为宜。机械搅拌成型法是将改性硫磺在 130～150℃ 温度下熔化，再将粗细集料加热到 150℃，将二者在加热保温的搅拌机中进行搅拌 1～2min，直至均匀为止。然后用有保温装置的运输车运至现场浇灌，再用滚碾或平板式振动器振实。
（谢尊渊）

硫浸渍混凝土　sulphur impregnated
又称渗硫混凝土。以水泥混凝土为基材，放入熔融的硫磺中浸渍，使硫磺渗入水泥混凝土的孔隙内，冷却后形成硫磺与混凝土结合成为一体的改性混凝土。具有密实度与强度高，抗渗抗冻、耐磨等性能好，耐腐蚀性能强的特点。浸渍方法有常压浸渍法与真空浸渍法两种。常压浸渍法是将混凝土基材烘干后在常压下浸渍在熔融的硫磺中。真空浸渍法是将混凝土基材在 120℃ 温度下烘干至恒重，再将其浸入处于真空状态下熔融的硫磺中，硫磺温度在 125℃ 以上，浸渍 2h 后解除真空，在常压下再浸泡 30min，然后取出在室温下冷却。
（谢尊渊）

六扒皮砖

六个面全都砍磨加工的砖。用于一个长身面两个丁头面同时露明的部位（如马莲对作法的墀头），或其他需要进行六面加工的矩形砖料。

（郦锁林）

long

龙草和玺

见和玺彩画（101页）。

龙凤和玺

见和玺彩画（101页）。

龙凤榫 tongue and groove joint

由阳榫⊐和阴榫⊏组成，用于板缝拼接的榫卯。作用类似于企口榫。（郦锁林）

龙口 gap, closure gap

导流挡水建筑物的初期挡水高度部分修建至最后留作截流段的截流前缺口，以及截流过程中尚在过流的缺口部分。其位置要选在冲刷少，水流平顺，便于截流施工处。初期龙口的宽度要适当，过大会加大截流工程量，过小会引起龙口的冲刷。

（胡肇枢）

龙口单宽功率 power per unit width across the gap

截流中，龙口处单位宽度水流所具有的功率。其变化规律是：随着截流的进行，由小逐渐加大，至最大值后又逐渐减小。是衡量截流难度的指标之一。（胡肇枢）

龙口落差 fall across the gap

截流期间，龙口上下游的水位差。落差大于2m称为高落差截流，低于2m称为低落差截流。落差愈大，龙口处流速也愈大，截流难度也愈大。是衡量截流难度的指标之一。（胡肇枢）

龙口下游基床冲刷 bed-erosion downstream the gap

截流过程中水流对龙口下游河床的冲刷。主要成因是：龙口高速楔形水流直接冲刷下游河床，以及龙口下游形成的立轴漩涡引起的冲刷。防止此类现象是顺利截流的重要条件。采取的措施主要是做好护底和裹头，此外，放缓龙口两端戗堤头坡度或改善截流抛投顺序等。大中型工程应通过水工模型试验来研究防护措施。（胡肇枢）

龙门板 batter board

见标志板（11页）。

龙门架 gantry

由门形架、吊盘及卷扬机组成的一种固定式垂直运输机械。吊盘藉卷扬机在门架内作垂直升降，以运送物料。门架分金属和木制两种。金属门架高可达30m，起重量达12kN；木门架高可达20m，起重量达8kN。一般可用于5～6层内的建筑。

（方承训）

龙门吊机 gantry crane

又称门式起重机。两片刚性支腿支承水平主梁的桥架起重机。起重小车在主梁的轨道上行走，而整机则沿着地面轨道行走。有单梁、双梁、单悬臂及双悬臂门式起重机之分；支腿式也有C型、L型、O型等。主要用于构件预制场或港口货场，也可用来架桥，将支腿设置在桥墩两端或桥两侧陆地上或便桥的轨道上。（邓朝荣）

笼网围堰 crib cellular cofferdam

在竹笼、铁丝笼内填以石料作为支撑体的围堰。按笼网所用的材料不同，有竹笼围堰、铁丝笼围堰等。笼网常编成圆柱形，在其内填以石料后，与挡水面呈垂直向累叠而成，再在迎水面修筑防渗体。（胡肇枢）

垄断地租 monopolistic land rent

由高于价值的垄断价格带来的超额利润转化而来的地租。地租的一种特殊形式。垄断价格是指只由购买欲和支付能力决定，而与一般价格或价值所决定的价格无关的一种价格。一般存在于具有特殊的自然条件和功能的土地，在这种土地上能够生产特别名贵而又非常稀少的产品并以垄断价格出售，带来的超额利润转化为垄断地租。（许远明）

lou

漏碴口 dump shaft

又称漏斗口。在开挖隧道的上下导坑之间设置的供落碴用的孔道。将上导坑及上部扩大部分挖出的土石漏至下导坑的斗车内运走。孔口上用铁板或方木作盖，抽掉盖板即可漏碴。（范文田）

漏洞 leakage

堤坝背水坡或堤脚处的漏水孔洞。是由于堤身存在蚁巢、树根及腐烂有机物等造成的隐患，也有可能由于筑坝质量不好渗水而形成。漏洞发展会引起滑坡、造成溃堤等险象。（那 路）

漏斗口 crater hole

见漏碴口。

漏斗棚架法 stopping platform with breakup tunnel method

又称下导坑先墙后拱法。在较坚硬而稳定的岩层中，以架设于下导坑上的漏斗形棚架作为装碴和向上扩大开挖工作台的矿山法。开挖下导坑或向两侧扩大后架设漏斗棚架，分几部向上扩大，石碴经棚架上的漏斗口落下运出一部分，其余堆在棚架上作为工作台以便开挖更高部分的岩层。此法适用于较坚硬而不易坍塌的岩层，并曾广泛应用于中国的许多隧道工程中。　　　　　　　　（范文田）

漏斗试验法　funnel test method

通过爆破试验实测爆破漏斗体积计算单位耗药量的方法。具体做法是钻直径为 100～150mm 的炮孔，最小抵抗线 W 为 1～3m，预先假定一个炸药单耗 K'，爆破后测出实际爆破漏斗半径 $r_实$，则有 $n_实 = r_实/W$。按相似法则，得单位耗药量 $K = K'/0.4 + 0.6n_实^3$。同样条件下实测三次，三次测定的 n 值误差不得大于 1%，其平均值即为该种岩石单位体积耗药量。　　　　　　（林文虎）

lu

炉渣垫层　cinder bedding course

将纯炉渣或掺有胶结材料（如水泥、石灰）的炉渣拌合料铺设于基土上，经压实拍平而形成的垫层。它是纯炉渣垫层、石灰炉渣垫层、水泥炉渣垫层、水泥石灰炉渣垫层的统称。　　　（姜营琦）

路堤　embankment

见道路路基（40 页）。

路堤边坡　side slope of embankment

路堤两侧的斜坡。其坡度的陡缓，需根据填筑材料的物理力学性质、气候条件、边坡高度以及基底的工程地质和水文地质条件等因素确定。当路堤较高时，还可以分段变坡。边坡坡度是影响路堤稳定性的重要因素之一。　　　（庞文焕）

路堤取土坑　borrow pit for embankment

又称借土坑。填方施工就近取土所形成的小坑。需视土质情况、土方量大小以及施工方法而选定其位置。填筑路堤时，常在其一侧或两侧取土，这时将互相连接的取土坑形成一定纵坡可起排水作用。　　　　　　　　　　　　（庞文焕）

路堤缺口　gap in embankment

采用分段填筑法修筑路堤时，相邻分段间留出的铲运机运行道缺口。各个分段的填筑工作完成后，再逐个堵填这些运行道缺口，以最终完成路堤的纵向连贯。　　　　　　　　（庞文焕）

路堤填筑　embankment filling

路基面高于天然地面时，用土石修建路堤的工作。为了确保路堤具有足够的强度和稳定性，施工时必须选择适宜的土壤，采用合理的填筑方法，保证良好的压实质量和进行必要的整平。视填筑地段的地形条件、工程数量、填筑材料类别、施工期限以及施工机械状况等，可分别采用分层填筑法、自一端填筑法或栈桥填筑法。　　（庞文焕）

路拱　crown of road, camber

为了保持路面横向排水流畅，使行车道横断面成为拱状。路面顶部与两边的高差称路拱高度，两侧的倾斜度称路拱坡度或路拱横坡。路拱坡度随路面类型而定：沥青混凝土、水泥混凝土路面为 1%～2%；其他黑色路面，整齐石块路面为 1.5%～2.5%；半整齐石块、不整齐石块路面为 2%～3%；碎、砾石等粒料路面为 2.5%～3.5%；低级路面为 3%～4%。其基本形式有抛物线型、屋顶型、折线型等。　　　　　　　　　（邓朝荣）

路基边坡　subgrade side slope

为保证路基稳定，路肩边缘以下做成具有斜率的填土斜面。即排水沟底以上的开挖斜面。边坡坡度大小与土岩种类、高度及压实度有关。当路堤基底情况良好，可按规定或经验采用，一般 1:1.75～1:1.5，总高 8～20m。坡度可分为全部相同及上，下两段坡度不同两种。路堤受水浸淹的边坡采用 1:2，并有加固和防护措施。若坡长提高，应进行路堤与桥的技术经济比较后选取。开挖路堑称为路堑边坡。分为土质和岩石两种，根据当地自然条件、土石种类及其结构、坡高、施工方法和实践经验确定。通常，土质和风化岩石边坡最大高度 20m，坡度 1:0.5～1:1.5，砂类土、黄土、易风化碎落的岩石的土质路堑大于 2m 高时，还须设 0.5m 宽的碎落台。　　　　　（邓朝荣）

路基工程　roadbed construction, subgrade construction

路基本体、有关附属设备及其修建工作的总称。路基本体用来铺设轨道、承受列车和上部建筑重量并将其传至地面，必须具有足够的强度和稳定性。有石质路基和土质路基两种。附属设备包括排水设备、防护和加固设备等。修建的主要工程是土石方工程。按路基断面形式分为路堤填筑、路堑开挖和半填半挖。基本工作内容是挖装、运卸和夯填。施工方法有机械化施工、半机械化施工和人工施工。　　　　　　　　　　（庞文焕）

路基宽度　width of subgrade

行车道宽度、路肩宽度和其他附属道路设施的宽度之和。附属道路设施包括中间带、路缘带、变速车道、爬坡车道、紧急停车带、慢行车道或路上设施等。各组成部分的宽度与公路等级及地形条件有关，公路等级愈高，其值愈大；平原微丘地区，其值较大；山岭、重丘地区其值较小。（邓朝荣）

路基面整修　trimming of railway subgrade

铺碴前对已受损害的路基面所作的整平修理工作。工程列车通常要在未经铺碴的轨道上运行，致使轨枕压入土质路基面，形成枕木槽。铺碴前应将枕木槽用同类土填补并加以夯实，使路基顶面具有规定的横向排水坡度。切忌用道碴填塞枕木槽，以免积水导致路基病害。　　　　　　　（段立华）

路基施工方数　quantity of earthwork for subgrade construction

路基土方调配时实际挖掘的土方数量。在填挖相间地段，常移挖作填，即同一方土壤，既是挖方又用作填方，故所计挖方方数少于按线路纵断面所算得的挖方和填方的总方数（或称设计方数）。
　　　　　　　　　　　　　　（段立华）

路基箱　roadbed box

防止起重机倾翻，用以铺路的临时设备。履带式或轮式起重机在软弱地基上行驶或吊装时应铺设此箱，以防止其倾翻而酿成事故。　（李世德）

路面　pavement

用筑路材料铺筑在道路路基顶面供车辆在其表面上行驶的结构层。它由面层、基层和垫层组成，起着承受车辆重量、抵抗车辆磨耗和保持道路表面平整的作用。根据使用要求、技术品质、材料组成和结构强度的不同，分为高级、次高级、中级和低级路面四类。各级公路须采用规定的相应路面级别：高速公路、一级公路采用高级路面；二级公路，采用高级或次高级路面；三级公路，采用次高级或中级路面；四级公路，采用中级或低级路面。各路面等级规定采用相应的面层类型：高级路面，采用沥青混凝土、水泥混凝土、厂拌沥青碎石、整齐石块或条石；次高级路面采用沥青贯入式碎石或砾石、路拌沥青碎石或砾石、沥青表面处治、半整齐石块；中级路面，采用碎石或砾石（泥结或级配）、不整齐石块、其他粒料；低级路面，采用粒料加固土、其他当地材料加固或改善土。按力学特性，道路路面又可分为柔性、刚性和半刚性三类。
　　　　　　　　　　（朱宏亮　邓朝荣）

路面宽度　width of pavement

道路行车道铺筑有路面结构层的宽度。当道路设有路缘带、变速车道、爬坡车道、紧急停车带和慢行道等时，尚应包括这些部分的宽度。
　　　　　　　　　　　　　　（邓朝荣）

路堑　excavation

见道路路基（40页）。

路堑开挖　excavation of cut

路基面低于天然地面时，开挖地面修建路堑的工作。施工时，应按横断面自上而下依设计边坡逐层进行开挖，以防土壤坍塌。一般应先挖天沟或随时在工作面上挖掘临时性的排水沟，以利排水。开挖出的土壤，应按土方调配的要求确定其为弃土或

移挖作填之用。出土方法有横向和纵向两种，视开挖深度选择。　　　　　　　　　（庞文焕）

路线　route

用若干直线、曲线衔接，用以表示道路中心线的空间线形。路线设计是根据道路的使用任务、性质，在合理利用地形、正确运用标准的条件下，设计出满足线形标准，保证行车安全、舒适，使驾驶员有良好视野，环境景观都能协调的理想线路。
　　　　　　　　　　　　　　（邓朝荣）

路线交叉　intersection of routes

道路路线间因通行方向等原因而产生的互相交叉。按交叉位置分为：平面交叉和立体交叉；按营运功能分为：公路与公路交叉、公路与铁路交叉、公路与农村道路交叉、城市道路之间的交叉、公路与管线的交叉等。平面交叉简称平交，通常有 T 形、Y 形、十字形、错位形、环形交叉等；或分为三岔、四岔和多岔交叉口；也有分为一般路口、加宽进口路口和渠化交岔路口等。立体交叉简称立交，有分离式和互通式两种。互通式立交由跨线桥、匝道、入口和出口、匝道连接线（外环和内环）、变速车道等部分组成。　　　（邓朝荣）

露筋　exposed reinforcing bar

钢筋混凝土结构构件内的钢筋没有被混凝土裹住而暴露在外的外观缺陷。　　　　（谢尊渊）

盝顶

四周为坡顶，顶部为平顶的屋面形式。
　　　　　　　　　　　　　　（张　斌）

lü

铝箔塑胶油毡　aluminum foil plastics felt

以聚酯纤维无纺布为胎体，高分子聚合物改性沥青类材料为浸渍涂盖层，塑料薄膜为底面防粘隔离层，银白色软质铝箔为表面反光保护层加工制成的防水卷材。具有抗老化、延伸性好、低温柔性好、重量轻、可单层防水、冷作业施工等特点，最适用于屋面防水工程。　　　　　　（毛鹤琴）

铝合金结构　aluminium alloy structures

采用轧制铝合金或铸造铝合金制成的结构物。在建筑结构中把铝合金作为结构材料的最突出优点是可以降低建筑物的重量，并能适用于具有腐蚀介质作用的情况。由于铝合金的弹性模量约为钢材的 1/3，故结构设计时保证结构的刚度和有足够的稳定性是重要的问题。铝合金的连接可用焊接、铆接和螺栓连接，铆接应采用冷铆。铝合金作为良好的建筑材料将随其产量的提高、价格的降低而被广泛地应用。　　　　　　　　　　　　　（王士川）

铝合金龙骨吊顶 ceiling with aluminium alloy joist

以铝合金吊顶龙骨为支承骨架，配以装饰罩面板组装而成的新型吊顶。铝合金吊顶龙骨系以铝带、铝合金型材经冷弯（在常温下弯曲成型）或冲压而成的顶棚吊顶骨架，具有自身质量轻、刚度大、防火、耐腐蚀、华丽明净、抗震性能好、加工方便、安装简单等优点，适用于室内装饰要求较高的走廊、厅堂、卫生间等的装饰。 （郦锁林）

铝合金门窗 aluminum alloy doors and windows

将表面经处理铝合金型材，经过下料、打孔、铣槽、攻丝、制备等加工工艺而制成的框料构件，再与连接件、密封件、开闭五金件一起组合装配而成的门窗。具有质量轻、密封性能好、表面光洁、造型美观、色泽牢固、强度高、刚性好、坚固耐用、开闭灵活、现场安装工作量较小、施工速度快等特点。按其结构与开闭方式，可分为推拉窗（门）、平开窗（门）、固定窗、回转窗（门）、悬挂窗、百页窗、纱窗等。适用于宾馆、酒楼、商场、体育馆、影剧院、科研楼等现代化高级建筑工程。 （郦锁林）

铝合金模板

见铸铝模板（301页）。

氯化聚乙烯卷材 PVC roll material

由氯部分取代聚乙烯分子中的氢而制成的无规氯化聚合物制作的新型防水卷材。卷材长 20 m，幅宽 900 或 1 000 mm，厚为 0.8～1.5 mm，有多种颜色可供选择。具有良好的物理机械性能、耐候性、耐臭氧性和抗老化性较好。用 404 胶粘结剂进行冷作施工，工艺简单、操作方便。在屋面防水及室内防水工程中，兼有防水与装饰作用。 （毛鹤琴）

氯化聚乙烯-橡胶共混卷材 PVC-rubber polymerized roll material

由氯取代聚乙烯分子中的氢而制成的无规氯化聚合物与橡胶制作的防水卷材。这种共混卷材不但具有氯化聚乙烯特有的高强度和优异的耐候性，同时还具有橡胶的高弹性、高延伸率及良好的耐低温性能。 （毛鹤琴）

氯化聚乙烯-橡胶共混卷材屋面 chlorinate polyethylene-rubber felt roof

以 BX-12 粘结剂（水乳型氯丁胶粘结剂）作基层处理剂，粘贴单层氯化聚乙烯-橡胶共混卷材作防水层的卷材防水屋面。防水层上为涂料保护层或刚性保护层。BX-12 粘结剂，能克服一般卷材因基层潮湿不能施工的缺点，只要基层无明水，温度在 5℃ 以上即可施工。 （毛鹤琴）

氯化铁防水混凝土 waterproof concrete with iron chlaride

在混凝土拌合物中，加入少量氯化铁防水剂而拌制的具有高抗渗性、高密实度的外加剂防水混凝土。氯化铁防水剂的主要成分氯化铁、氯化亚铁、硫酸铝与水泥水化过程中析出的氢氧化钙反应，生成氢氧化铁、氢氧化亚铁、氢氧化铝等不溶于水的胶体。这些胶体充满混凝土内的孔隙，增加了密实性，降低了泌水率，从而又减少了混凝土内的孔隙。此外，氯化铁防水剂与水泥水化作用，还可合成氯硅酸钙、氯铝酸钙和硫铝酸钙的晶体，会产生微小的体积膨胀，亦有利于提高混凝土的密实性和抗渗性。 （毛鹤琴）

氯化铁防水剂 iron chloride waterproofing agent

由氧化铁皮、铁粉和工业盐酸按适当比例在常温下进行化学反应后，生成的一种深棕色强酸性防水材料。用它配制的水泥素浆和砂浆可用于地下室、水池等防水堵漏工程。 （毛鹤琴）

氯磺化聚乙烯密封膏 chlorosulfonated polyethylene sealing mastic

又称 CSPE-A 型密封膏。以耐候性优异的氯磺化聚乙烯橡胶为主体材料，加入适量助剂、填充料加工制成的膏状体密封材料。适用于混凝土、金属、木材、玻璃、石料、砖瓦及水泥块之间的密封防水。 （毛鹤琴）

luan

乱搭头 cross arrangement of rafter

上下两面椽子交错安装的一种做法。 （张 斌）

luo

罗锅椽 arched rafter

一种拱形的椽子，用于卷棚建筑的顶部。 （张 斌）

逻辑关系 logical interdependency

又称工作衔接关系。各工作之间在完成程序上客观存在的有内在联系的先后顺序关系。它包括工艺关系和组织关系。 （杨炎荣）

螺栓式钢管脚手架 bolt-connected steel tube scaffolding

以螺栓为主要连接件的多立杆式钢管脚手架。搭设时，立杆、大横杆和斜杆可互相通用，并用套管和螺栓接长。除垂直交叉杆件用螺栓搭接连接外,其他剪刀撑、操作层增设的大、小横杆的连接、栏杆的设置等,仍需用扣件或用铅丝绑扎。由于管上螺孔降低了架子的承载能力,搭设高度不宜超过 20m。

(谭应国)

螺丝端杆锚具 threaded end anchorage

利用螺杆锚固冷拉粗钢筋的支承式锚具。由螺丝端杆、螺母与垫板组成。螺丝端杆采用 45 号钢,先粗加工至接近设计尺寸,再调质热处理(HB251~283),然后精加工至设计尺寸。螺母与垫板采用 Q235 钢,不调质。螺丝端杆与冷拉钢筋的对焊,应在钢筋冷拉以前进行。适用于直径为 14~36 mm 的冷拉 Ⅱ~Ⅲ 级钢筋,也可作为先张法夹具使用。

(杨宗放)

螺旋形掏槽 spiral cut

采用一个大直径空眼,其他各掏槽眼皆排列在以空眼为原点的直角坐标轴上呈螺旋状分布的直眼掏槽。能形成较大的掏槽面积,适用于均质坚硬的整体岩层中。

(范文田)

螺旋运输机 screw conveyer

用装在管槽内的螺旋叶片连续转动,推送散状或粉状物料的连续运输机械。物料从一端装入,螺旋叶片转动时,物料沿管槽向前连续输送。它构造简单、紧凑,能使物料密封运输,但能量消耗大,适宜短距离运输粉粒状物料,如水泥等。

(胡肇枢)

裸露面模数 module of exposed surface

蒸汽养护制品的裸露面面积与制品体积之比。

(谢尊渊)

洛氏硬度 Rockwell hardness

美国冶金学家洛克威尔提出的表示金属材料硬度的标准。以一定荷载把一定大小的压头压入金属表面,测量金属表面上凹坑的深度来确定硬度值。根据荷重大小与压头不同,又可分为三种。采用 1.5 kN 荷载和 120° 金刚石圆锥头测定的硬度值,以符号 HRC 表示。

(杨宗放)

洛阳铲 luoyang spoon

在洛阳市勘探古墓时首先广泛使用的轻便勘探工具。由铲头、铁杆、探杆等组成。铲头刃部呈月牙形,长约 20cm,宽约 6cm。铲头上端焊一节铁杆,铁杆上部做成圆管状,插装探杆,铁杆连铲头长约 1.0m。探杆一般用木杆、竹竿或塑料管杆,杆长约 2.0m。探深孔时可换木杆,也可在杆端系绳。土的含水量较大或土中砂的成分较多时,用一般的洛阳铲土容易滑落,应根据不同的地质情况,采用不同形式的铲头,以解决探查时取土掘进问题。一般只适用于 3~7m 浅层软土的探测,常用于验槽时鉴别地基土质是否符合设计要求。

(林厚祥)

落锤 drop hammer

锤体由卷扬机提升到一定高度,然后释放,靠自重下落的冲击力进行沉桩的桩锤。结构简单,使用方便,冲击力大,仅需配上电动卷扬机和桩架即可组成打桩机。适于在普通粘土和含砾石较多的土层中进行打桩工作,并可根据土质情况调整其落距。但锤打速度慢,效率不高。

(郦锁林)

落底 under cut

在松软地层中,相应于隧道底部仰拱处断面的开挖。为防止边墙以下的地层被挤入隧道内,常分段间隔地进行开挖,同时砌筑仰拱。

(范文田)

落地式外脚手架

自地面搭设的外脚手架。有各种多立杆式钢管脚手架、门式钢管脚手架、桥式脚手架,它们的结构均支承于地面。

(郦锁林)

落地罩 down-to-ground openwork screen

与飞罩同,惟两端下垂至地,起分隔作用的装饰,内缘作方、圆、八角等式样。

(张 斌)

落架大修

当木构架中主要承重构件残损,有待彻底整修或更换时,先将木构架局部或全部拆落,修配后再按原状安装的维修方法。要认真把原有的建筑形式和结构做法搞清楚,把每个构件、每个部位的损坏程度及各部尺寸进行详细记录,完好的原构件,要妥加保存,留作样板,以便据以加工,修配新构件。

(郦锁林)

落檐脚手架

用于钉铺各层檐的圆椽、飞椽、望板、连檐等搭设的外檐双排脚手架。里排立杆应距离柱顶石鼓镜 70cm,外排立杆距首层檐头 1~1.50m。第二层檐由于檐头向里收缩也随着向里移,但与檐头的距离不能小于 30cm。为利于施工,立杆根部与首层檐望板上皮的距离不能小于 1m。每层檐脚手板的高度应高于相应的大额枋。为此,承托脚手板的横杆应搭设在大额枋的上皮。

(郦锁林)

M

ma

麻刀灰 lime plaster with hemp cut
　　由泼浆灰或泼灰加麻刀再加水搅匀而成的灰膏。按掺的麻刀长短多少,可分为大麻刀灰和小麻刀灰。前者用于外檐防雨或内外檐墙身抹饰打底子,这种灰能抹得厚,不出裂缝;后者用短麻刀,量少,用于抹饰面层,只能薄抹不能厚。　　（郦锁林）

麻刀石灰 hemp cuts and lime plaster
　　在石灰膏中掺入麻刀拌成的抹灰灰浆。麻刀选用坚韧干燥不含杂质的麻纤维,剪成长度 2~3 mm,并敲打松散。100 kg 的石灰膏约掺入 1 kg 的麻刀,搅拌均匀。一般用于面层抹灰,可防止产生收缩裂缝。　　（姜营琦）

麻刀油灰 putty with hemp cut
　　在油灰内掺入麻刀,用木棒砸匀而成的灰浆。用于叠石勾缝,石活防水勾缝等。　（郦锁林）

麻面 pockmarks
　　混凝土结构构件表面呈现许多缺浆的小凹坑而无钢筋外露的外观缺陷。　　（谢尊渊）

马道 cat walk
　　又称跳板、桥板。在楼板模板上用铺板架空铺设的供运输混凝土拌合物手推车行驶的临时车道。其目的是便于手推车行驶,防止在运输混凝土拌合物过程中使安装好的钢筋移位变形。　（谢尊渊）

马凳 bench
　　放置于操作层上,用人力可随时搬移的长条形架凳。用以临时调高操作层,方便工人站在凳上进行较高部位的施工作业。　　（谭应国）

玛琋脂 mastic
　　见沥青胶(153 页)。

mai

埋管盲沟 blind pipe
　　在盲沟滤水层的中央埋设带孔的排水管。滤水层选用 10~30 mm 洗净的碎石或卵石,四周用玻璃丝布分隔层与土壤隔开,地下水通过分隔层和滤水层流入排水管排走。排水管可用内径为 100 mm 的硬塑料管,壁厚 6 mm,沿管周 6 等分布置 6 行 $\phi 12$ 孔眼,孔距为 150 mm,隔行交错;其纵向排水坡度不小于 3‰,严防倒流。当基底标高相差较大时,上下层盲沟以跌落井联系。　　（毛鹤琴）

埋弧压力焊 submerged pressure arc welding
　　利用焊剂层下的电弧燃烧将焊件相邻部位熔化,然后加压顶锻使之焊合的焊接方法。此法工艺简便,效率高,成本低。适用于钢筋与钢板之间的丁字接头。其工艺过程是引弧加热→焊件熔化→加压焊合。埋弧压力焊机有手工和自动两种。　　（林文虎）

麦赛尔法 Messer method
　　用千斤顶将按隧道形状拼装好的特殊型钢板桩(麦赛尔钢板桩)插进地层后进行开挖的隧道施工方法。适用于在粘土、细砂、砂砾、软岩或断层破碎地段中修筑隧道。较插板法的超挖少,混凝土衬砌的厚度准确并适于修筑各种断面的隧道。　（范文田）

man

馒头榫 tenon on top of column for fitting beam
　　柱头上用于固定梁或梁头的榫。　（郦锁林）

满刀灰砌筑法 pick and dip
　　又称披刀灰砌筑法。左手拿砖,右手用泥刀将砂浆满抹在砖的砌合面上,头缝处也满披砂浆,然后,将砖砌到墙上,并轻轻揉压至与准线齐平的砌砖操作方法。由于能保证灰缝饱满密实,故砌筑质量好,但操作复杂,工效较低。　　（方承训）

满堂式脚手架 full framing scaffolding
　　在楼地面整个面积上,将门架或立杆按纵排和横排均列搭设构成空间支架,其上满铺脚手板,形成整片作业面的脚手架。立杆底部应夯实或垫板,四角设抱角斜撑,四边及中间每隔四排立杆沿纵长方向设剪刀撑,以保持架子整体稳定,上料井口四角须设安全护栏。　　（谭应国）

慢干 slow drying
　　涂料涂刷后,超过了规定的干燥时间仍未干燥的现象。产生的原因主要是涂料的树脂含量过少,不同类型涂料进行了混合使用,使用了非干性油或挥发性差的稀释剂,施工时温度过低、湿度过大、基

层表面受过污染等。　　　（姜营琦）

mang

盲沟排水　drainage through blinds

在建筑物的周围合理地设置盲沟,截住地下水流,使地下水通过盲沟排走,以达到降低地下水位和防水的目的。这将减小地表渗透水和地下水对基础、地下构筑物的侵蚀,对基础的坚固、稳定及地下构筑物的正常使用均起到有利的作用。应尽可能利用自流排水条件,适用于地基为弱透水土层、地下水量不大、排水面积较小、常年地下水位在地下建筑底板以下或在丰水期地下水位高于地下建筑底板的防水工程。按盲沟的构造不同,有埋管盲沟和无管盲沟两种。　　　（毛鹤琴）

mao

毛料石　roughing stone

又称出潭双细。石料运至石作现场后,加以剥离去潭之工作,棱角成形。　　　（张　斌）

毛石　rubble

由人工或爆破开采出来未经加工的石块。形状不规则的石块称乱毛石,形状虽不规则,但大致有两个平行面的石块称平毛石。砌筑用毛石应呈块状,其中部厚度不宜小于 150mm。　　　（方承训）

毛石砌体　rubble stone masonry

毛石按一定组砌型式用砂浆粘结而成的组合体。　　　（方承训）

锚碇　anchor, anchov block

又称地锚。指承受缆风绳或卷扬机产生的水平力的装置。它可用混凝土、钢筋混凝土或木材做成。就其型式而言,可分为桩式锚碇和水平锚碇两种。前者构造简单、施工方便,但承载力较小;后者则反之。其截面和埋置深度根据计算而定。（李世德）

锚碇承托板　anchor plate, anchor wall

将吊桥主索锚碇杆的拉力传递至锚碇实体或岩石上的钢筋混凝土梁板。是吊桥锚碇的主要构件之一。按设计要求,在承托板上预留若干锚碇杆孔或设置预埋件,便于调整主索内力。必要时,也便于进行主索替换。承托板前方或后方是锚碇室,便于人员操作维护。　　　（邓朝荣）

锚杆　bolt

用金属或其他高抗拉材料制作的杆式构件。可用某些机械装置及粘结介质,将其安设在地下工程的围岩或其他岩土工程中,能承受荷载,形成阻止围岩变形的岩拱结构或其他结构物的锚杆支护。按其锚固形式分为端头锚固式(内锚头式)、全粘结式、摩擦式、预应力式及混合式等多种。（范文田）

锚杆式静压桩

利用锚杆承受反力,用千斤顶将预制桩分节压入土中的沉桩工艺。施工时挖出基础,基础上钻孔用环氧砂浆固定钢锚杆,锚杆上部设反力架和千斤顶,再于基础上压桩部位钻透为压桩孔,用千斤顶将预制桩逐节压入压桩孔的土中,待达到设计规定桩长或单桩设计承载力的 2 倍时,桩顶用高强度微膨胀混凝土封孔。用于建筑物的托换处理,减少沉降或不均匀沉降。　　　（赵志缙）

锚杆支护　rock bolting, roof bolting

在开挖的坑道中,将锚杆安设于钻孔中以增加围岩的整体性和强度的支护形式。也常与喷射混凝土共同使用而作为隧道的永久支护,称为锚喷支护。
　　　（范文田）

锚固区　anchorage zone

在后张预应力混凝土结构端部,锚下的局部高应力扩散到正常允许压应力所需的区段。该区段的截面尺寸和承载力取决于:锚具与垫板尺寸,锚具间距与锚具至边缘距离,混凝土强度等级,钢筋网片或螺旋筋规格等。在锚固区内,由于端头局部高应力在垂直于预应力筋方向会产生较大的拉应力。如锚具位于厚的混凝土截面处,所引起的拉应力不会使混凝土开裂并逐渐消散。如锚具位于薄的混凝土截面处,需要配置附加钢筋,以防止混凝土沿孔道劈裂。
　　　（杨宗放）

锚固损失　loss due to anchorage take-up

张拉端锚固时由于预应力筋的内缩引起的预应力损失。对直线预应力筋,可根据预应力筋内缩值按虎克定律计算。对曲线预应力筋,由于孔道的反摩擦影响,锚固损失在张拉端处最大,沿构件长度方向逐步减到零。计算时假定:孔道摩擦损失的指数曲线简化为直线,正反摩擦损失斜率相等。根据预应力筋在锚固损失影响区段的总变形与预应力筋内缩值相协调的原理,可先求出反摩擦影响长度 L_f,再计算锚固损失 σ_{l1}。

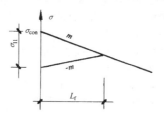

（杨宗放）

锚具　anchorage

后张法预应力混凝土结构或构件中,为保持预应力筋的拉力并将其传递到混凝土上所用的临时性或永久性锚固装置。按锚固性能要求,可分为Ⅰ类锚具和Ⅱ类锚具。按锚固原理不同可分为:支承式锚具和楔紧式锚具两类。支承式锚具按支承方式不同又分为:螺杆锚具(螺丝端杆锚具、锥形螺杆锚具、冷轧螺纹锚具等)和镦头锚具;锚固时预应力筋的内缩值小。楔紧式锚具按楔紧方式不同又分为:锥销锚具(钢质锥形锚具、槽销锚具等)和夹片锚具(JM型锚具、XM型锚具、QM型锚具等);锚固时预应力筋的内缩值大。必须具有可靠的锚固能力,锚固时预应力筋的内缩值不应超过预期值。此外,尚应满足分级张拉、补张拉、放张等工艺要求,全部零件应有良好的互换性能。　　　　　(杨宗放)

锚具套筒　anchor socket

吊桥主索与锚碇杆连接的部件。采用ZG45号铸钢制成,筒长除满足受力要求外,应不小于钢索直径的6倍;筒壁最小厚度等于钢索直径的一半,但不小于20mm;筒内壁的斜度不小于1/12。铸出后的内壁除颈口处须精加工外,其余只须去掉突出尖锐的部分即可。　　　　　　　(邓朝荣)

锚具效率系数　anchorage efficiency factor

预应力筋-锚具组装件静载试验时的实测极限拉力(kN)与预应力钢材计算极限总拉力(kN)乘以预应力筋的效率系数之比值。以 η_a 表示。它是衡量锚具静载锚固性能的基本指标。应按下式计算

$$\eta_a = \frac{F_{apu}}{\eta_p \times F_{apu}^c}$$

F_{apu} 为预应力筋-锚具组装件的实测极限拉力(kN);F_{apu}^c 为各根预应力钢材计算极限拉力之和(kN);η_p 为预应力筋的效率系数。

对Ⅰ类锚具 $\eta_a \geq 0.95$;对Ⅱ类锚具 $\eta_a \geq 0.90$。
　　　　　　　　　　　　　(杨宗放)

锚具组装件静载试验　static loading test of anchorage assembly

将预应力筋-锚具组装件加载至破坏,以确定锚具静载锚固性能的试验。试验工作应在无粘结状态下将组装件置于专门的试验台上进行。预应力筋的自由长度不得小于3 m。试验时先用张拉设备分四级张拉至预应力钢材强度标准值的80%并锚固后(对支承式锚具也可直接用试验设备加载),持荷1h,再用试验设备逐步加载至破坏。试验结果应得出实际破断力与总应变,并据此计算锚具的效率系数 η_a。　　　　　　(杨宗放)

锚具组装件疲劳试验　fatigued test of anchorage assembly

将预应力筋-锚具组装件脉冲加载,以确定锚具疲劳性能的试验。试验工作应在无粘结状态下将组装件置于疲劳试验机上进行。预应力筋的自由长度不得小于3 m。当为钢丝、钢绞线、热处理钢时,试验应力上限为预应力钢材强度标准值的65%,应力幅度为80 N/mm²。当为冷拉Ⅱ～Ⅳ级钢筋时,试验应力上限为预应力钢材强度标准值的80%,应力幅度为80 N/mm²。试验结果,锚具组装件能承受200万次而预应力筋的破坏面积不大于试验前总面积的5%,才算合格。　(杨宗放)

锚具组装件周期荷载试验　slow cycle load test of anchorage assembly

对预应力筋-锚具组装件周期加载,以确定锚具抗震性能的试验。当为钢丝、钢绞线、热处理钢筋时,试验应力上限为预应力钢材强度标准值的80%,下限为强度标准值的40%。当为冷拉Ⅱ～Ⅳ级钢筋时,试验应力上限为预应力钢材强度标准值,下限为强度标准值的40%。试验结果,锚具装组件能承受50次而不发生破断,才算合格。
　　　　　　　　　　　　　(杨宗放)

锚口摩擦损失　loss due to friction on anchor-mouth

预应力筋在锚环孔口处因弯折而引起的附加摩擦损失。以钢质锥形锚具为张拉力的5%;对QM型锚具为张拉力的3%。为了减少该损失值,应在锚环孔口的边缘处做成倒角。　(杨宗放)

锚喷参数　parameters for bolting and shotcreting

用锚喷支护作为隧道衬砌时,为达到预期效果而需事先设计的一些数据的总称。主要有:锚杆长度、锚杆直径、环向间距、纵向排距及喷层厚度等。　　　　　　　　　　　(范文田)

锚下预应力　prestress under anchorage

后张预应力筋刚锚固后的瞬间在锚具附近处建立的预应力。对碳素钢丝、刻痕钢丝与钢绞线,其值不应大于 $0.70 f_{ptk}$(f_{ptk} 为预应力筋的强度标准值)。　　　　　　　　　　　　(杨宗放)

铆钉　rivets

一端带有预制钉头的圆杆,另一端插入连接件钻孔中后再击压成封闭钉头的金属紧固件。用专用钢材 ML_2 和 ML_3 号平炉普通碳素钢制成,有半圆头、高头、埋头等各种型式。一般采用半圆头铆钉。如钢板总厚度超过铆钉直径的5倍,又不大于7倍时,可用高头锥杆铆钉。当构件表面要求平整时则用埋头铆钉,但埋头铆钉不可用于钉杆受拉的连接。　　　　　　　　　　(王士川)

铆钉连接 riveted connection

以铆钉作为主要连接材料的钢结构连接。是将铆钉插入被连接构件的钉孔中,后利用铆钉枪或压铆机将另一端击压成封闭钉头而铆合。可以在高温(热铆)或常温(冷铆)下进行,连接的质量和工作的性能取决于铆钉孔的制法及铆合工艺。连接的设计包括确定连接的型式、选择铆钉的直径、计算所需铆钉数、确定铆钉的排列和连接处构件净截面强度的验算。连接的型式可有平接、搭接和顶接。

(王士川)

铆钉缺陷 defects of rivets

铆钉制作及施铆后外观检查或量测的质量误差。如铆钉头的周围与被铆板叠全部或部分不密贴、钉头裂纹、钉头刻伤、钉头偏心、钉头周围不完整、钉头过小、钉头周围有正边、铆模刻伤钢材、铆钉头表面不平、铆钉歪斜、埋头不密贴、埋头凸出或凹进、埋头钉周围有部分或全部缺边等,均必须控制在允许范围之内。

(王士川)

铆接允许偏差 tolerance allowable deviation of riveted connection

铆钉连接中制孔及孔距的允许偏差。该二值均必须符合有关规范的规定。

(王士川)

冒顶 roof fall

开挖隧道时,顶部岩块塌落的现象。

(范文田)

mei

梅花丁 flemish bond

又称砂包砌法。同一砖层中,顺砖与丁砖交替砌筑上、下皮砖的垂直灰缝相互错开1/4砖长,顶砖必须在顺砖中间的砖墙组砌型式。其错缝搭砌好,砌体强度高。

(方承训)

美人靠

可以坐的半栏,在外缘附加曲形靠背。

(张 斌)

men

门窗工程 door and window work

将各种门窗安装在工业或民用建筑上的施工作业。按门窗材料,可分为铝合金门窗、钢门窗、塑料门窗和木门窗四大类。近年来,随着建筑业的飞速发展,高层建筑不断增加,中国的门、窗产量和质量有了很大的提高,门、窗种类也随之增多。在现代建筑中使用的铝合金门、窗,具有质量优、刚性好、美观大方、清洁明亮、经久耐用等优点。经过阳极氧化着色型材制作的门、窗,更显得光彩夺目。

(郦锁林)

门窗贴脸 door and window architrave

又称贴脸板。在室内一侧木樘与砖墙缝隙处贴合的木条或木板。既有严缝作用,又有装饰美观之效果。

(王士川)

门窗小五金 door and window hardware (ironmorgery)

用以加强门窗扇的连接、安装固定及开启和锁定的金属配件的统称。常用的有:铁三角与铁T角、普通铰链(包括抽芯铰链)、弹簧铰链(包括单弹簧铰链及双弹簧铰链)、翻ဩ铰链(多用于民用木门窗的翻转亮子及一般木制工业中悬窗)、风钩、普通插销和弹簧插销、各类拉手、门锁、执手和门搭扣、窗纱(普通窗纱、低碳钢丝纱上涂漆、镀锌窗纱、在低碳钢丝上镀锌、涂塑窗纱、在低碳钢丝上镀聚氯乙烯、塑料窗丝纱和玻璃纤维窗纱)等。

(王士川)

门架式里脚手架 portal-type interior scaffolding

由支架和门架组成的脚手架。它又分为两种不同结合形式,即套管式与承插式。套管式:支架由立管和支脚组成,门架由角钢制造的横杆和插管组成;承插式:支架由立管和支脚焊接而成,门架可由钢管和钢筋焊接而成。这种脚手架既可用于砌墙,又可用来粉刷。

(郦锁林)

门型架 portal frame

见承力架(26页)。

门型式钢管支架 portal type steeltube support

利用门式脚手架作为现浇钢筋混凝土构件模板的支架。由门式架、接头插销、水平拉结附着装置、剪刀撑、千斤顶调节装置等组成。门型架立柱上端设置千斤顶进行上、下调节,千斤顶顶板与模板的托梁用螺栓连接牢固,且托梁的长度至少要跨越3根以上立柱,门架支座与衬垫木枋连接。当搭设高度较高时,在一定高度内双向设置水平拉杆和剪刀撑,保证结构整体性。这种支架连接简单、装拆方便、重量轻、受力性能好,应用广泛。

(何玉兰)

meng

猛度 intensity

炸药爆炸时,压缩、破碎或击穿周围介质的能力。高压的爆轰产物对邻近介质冲击、压缩的强烈程度取决于爆轰波阵面参数。猛度作用与炸药密度 ρ、爆速 V 成正比例,即爆速越高、密度越大猛度作用越强，对临界岩石破坏越大。猛度作用范围小，一般认为不超过药包直径的 2～2.5 倍。猛度测定常用铅柱压缩法，以铅柱压缩量（mm）大小来衡量。
（林文虎）

mi

弥缝
以小抹子或鸭嘴把与砖色相近的灰分两次把砖缝堵平，然后打水荏子，最后用与砖色相似的稀月白浆涂刷墙面的做法。其效果以看不出砖缝为好。用于墙体的局部，如灰砌墀头中的梢子里侧部分，某些灰砌砖檐。
（郦锁林）

米兰法 Milanese method
本世纪 50 年代在意大利米兰市修建地下铁道时所采用的地下连续墙法。
（范文田）

泌水 bleeding
混凝土拌合物在浇筑后至凝结前，部分水分析出至表面的现象。是离析的一种表现形式。它是由于水在拌合物中是最轻的组分，其他固体粒子在重力作用下逐步下沉，水分相对上升所引起。
（谢尊渊）

泌水管 bleeding hose
后张法曲线孔道留设时，在孔道各高点处接出并引至构件顶面，供排除水泥浆泌水用的竖管。在孔道灌浆时，竖管内应同时充满水泥浆。由于水泥浆比水重，逐渐向下沉实，泌水上升至竖管内排除，以保证曲线孔道灌浆饱满密实。
（方先和）

泌水率 bleeding rate
搅拌后的水泥浆装入规定的标准容器内，经静置一定时间（一般为 3h）后，其泌水体积与原水泥浆体积之比。孔道灌浆用的水泥浆，搅拌后 3h 泌水率宜控制在 2%，最大不得超过 3%，分离的水需在 24h 内被吸收。
（方先和）

密度等级 grades of density
轻集料混凝土按干表观密度的变化范围划分的轻重质量等级。
（谢尊渊）

密集断面 concentrated section
江河抛石截流，当石块尺寸足以抵御龙口流速，不被冲动而能维持稳定条件下，堆石形成的戗堤断面。该断面为顶部略呈圆弧形的梯形，用此断面截流所需工程量小，但要求石块尺寸较大。
（胡肇枢）

密集空孔爆破
在开挖轮廓线上布置密集空孔当其他炮眼起爆后沿密集空孔的连心线上破裂成光面的光面爆破。具体做法是靠近轮廓线上的密集空孔布置—加密的减弱装药的炮孔。装药炮孔起爆后，在密集空孔周围造成应力集中，沿空孔爆裂成光面，把爆炸作用及地震效应控制在空孔的一侧。此法孔眼数太多，凿岩工作量大费用高，目前已少用，可作为光面爆破的辅助措施。
（林文虎）

mian

眠砖 brick on flat
空斗墙中大面朝下、顶面外露的砖。其对两平行斗砖起拉结作用。常砌成连续的眠砖层，隔断上、下斗砖，外观与实心墙的丁砌层相似。
（方承训）

面层 finish floor
地面或楼面等的表层。直接承受各种动静荷载或外界的各种物理和化学作用，故按不同的使用要求，应具有一定的强度和耐磨、耐腐蚀、防冲击、防水、防滑、美观、易清洁等功能。其种类繁多，按所用材料分有土面层、碎石面层、卵石面层、灌石油沥青碎石面层、混凝土面层、水泥砂浆面层、水泥石屑面层、钢屑水泥面层、水磨石面层、菱苦土面层、普通粘土砖面层、缸砖面层、大阶砖面层、预制混凝土板块面层、水泥花砖面层、粗石面层、预制水磨石面层、花岗石面层、大理石板块面层、碎拼大理石面层、陶瓷锦砖面层、木板面层、拼花木板面层、拼花竹片面层、木砖面层、硬质纤维板面层、沥青砂浆面层、沥青混凝土面层、涂料面层、塑料板面层、橡胶面层、不发生火花面层、不导电面层、地毯等。
（姜营琦）

面阔 length of a bay
建筑物纵向相邻两檐柱中心线间的距离。
（郦锁林）

miao

描缝
先将缝子打点好，然后用毛笔沾烟子浆沿平尺板将灰缝描黑的灰缝做法。为防止在描的过程中，墨色会逐渐变浅，每两笔可以相互反方向描，如第一笔从左往右描，第二笔从右往左描（两笔要适当重叠）。这样可保证描出的墨色深浅一致，看不出接茬。同时应注意修改原有灰缝的不足之处，保证墨线的宽窄一致，横平竖直。
（郦锁林）

min

民法 civil law

调整平等主体的法人之间、公民之间以及法人与公民之间的财产关系和人身关系的法律规范的总称。（毛鹤琴）

民事诉讼法 civil lawsuit law

由国家制定的调整人民法院、当事人和其他诉讼参与民事诉讼行为的法律规范的总称。
（毛鹤琴）

抿子 pointing trowel

金属扁铁状勾缝工具。用于勾斜缝。
（方承训）

明洞 open cut tunnel

为了防止隧道洞口或路堑地段受坍方、滑坡、雪崩及泥石流等危害而用明挖回填法修筑的隧道。施工时，先开挖路堑，在堑内建造仰拱、边墙及拱圈，然后在洞顶进行回填。顶部为拱形时，称为拱形明洞。隧道洞外路堑因坍方而影响行车时，将隧道接长而修筑的明洞，称为接长明洞。
（范文田）

明洞施工方法 construction method of open cut tunnels

明洞大多位于地质条件不良的地段，其边墙和衬砌的修筑方法须随地质条件而变化。在临时边坡开挖后能暂时稳定的地层，通常皆用先墙后拱法；在松散而易于坍塌地段，则采用先拱后墙法。此外视地形及地质条件的不同可将墙拱的施工交错进行。
（范文田）

明沟排水 gutter drainage

有自由水面并与大气直接接触的人工或天然的排水沟。特点是排水能力大、修筑方便，但占地较多，影响施工操作。（那　路）

明渠导流 open channel diversion

在河岸或河滩上修建与原河流头尾相连的明渠作为导流泄水建筑物的导流方法。常用于两岸较平坦的河流中建造水工建筑物以及平原地区建闸，近年来也用于河床狭窄、流量大的山区河流。尤其是由于地质原因或其他原因开挖隧洞有困难时，或隧洞难以满足渲泄施工洪水、施工期有放木等要求时，它常成为可供选择的导流方法。
（胡肇枢）

明式排水 open drainage

用截水沟截取地下水流，引到集水坑里，再由水泵抽除的排水工作。在基坑开挖过程中，要结合挖土分层逐层放置截水沟和集水坑。当基坑向两侧出土时，截水沟布置在基坑中心；向一侧出土时，布置在基坑的另一侧。分层挖土时，截水沟应比每层深1～1.5m；集水坑应布置在建筑物轮廓线以外较低处。截水沟、集水坑视土质条件，必要时其壁要用木板或板桩支撑，有时还要在支撑后填筑反滤层以防止流砂。（胡肇枢）

明挖法 open cut method

从地表面竖直向下挖开地层修筑隧道后再进行回填的隧道施工方法。主要方法有基坑法、堑壕法、槽壁法等。适用于修筑山岭隧道中的明洞、城市中的各类浅埋隧道、穿越有明显枯水期河流的水底隧道或其河岸段、引道段等。修建水底隧道时的沉管法、沉箱法等也属于明挖法范畴。与暗挖法相比，施工条件有利，速度快，质量好而且安全。但要干扰地面交通，拆迁地面建筑物，并需加固、悬吊、支托跨越基坑的地下管线。（范文田）

mo

模拔钢绞线 dieformed strand

捻制成型后再经模拔处理的钢绞线。这种钢绞线内的钢丝在模拔时被压扁，各根钢丝成为面接触，使钢绞线的密度提高约18%。该钢绞线外径相对较小；在相同直径的孔道内，可使预应力筋的数量增加；而且它与锚具的接触面较大，易于锚固。（朱　龙）

模板 formwork

在浇灌混凝土构件时，为保证构件各部分形状尺寸和相互位置的正确而用的模型。设计原则是：具有足够的强度、刚度和稳定性；尺寸准确，构造简单，接缝严密，装拆方便，通用性强。按其材料的不同，可分为竹、木、钢、土、砖、钢木、其他金属、钢丝网水泥、钢筋混凝土、玻纤塑料、塑料、竹胶合板、木胶合板等模板；按施工工艺的不同，可分为装拆式、固定式、移动式等类，如：现浇、预制、滑动、提升、折叠、爬升、充气、飞模、滑框倒模、隧道模、大模板等工艺的模板；按混凝土构件类型的不同，可分为基础、梁、柱、墙、楼盖、屋架、拱壳、楼梯、设备基础、构筑物等模板。（何玉兰）

模板工程 formworks

模板系统的制作、安装、拆卸的整个施工过程。模板系统包括模板及其支架，其工程费用约等于混凝土工程甚至钢筋混凝土工程总费用，可见它在建筑工程施工中占有重要的地位。模板系统的选用要因地制宜，就地取材，设计要尽可能地模数化、标准化、系列化，构造简单，装拆方便，能多次周转，经济耐用。中国近年来随着高层建筑、高耸构筑物、大量住宅建筑的兴起，模板的类型日新月异，模板已由装拆式小块木模发展到各种材料的定型模、组合模、大模、筒模、台模、隧道模、滑模、提模、爬模等工业化模板体系；支架已由固定式竹、木顶撑、满堂支架，发展到可调支撑、多功能支架、可调桁架支模、整体组装移动式支模等；连接紧固件已由捆绑节点，钉结合发展到各种通用扣件、配件、卡具、销键、工具式可调拉杆等。使整个模板体系朝着预制装配化、定型化、工具化方向发展，国内外已形成了专业化的模板工程公司，专门负责模板体系的研究、生产、装拆、租赁等业务。

（何玉兰）

模板连接件 formwork jointer

用作模板纵横向拼接、内外钢楞紧固及模板钢楞紧固并与其他配件一起将钢模体系拼装成整体的零件。常用的有 U 形卡，用于拼接纵横模板，宜用 Q235 圆钢制作；L形插销，用以加强钢模板纵向刚度；钩头螺栓，用作钢模板与内外钢楞之间连接固定；紧固螺栓，用作紧固内外钢楞，增强模板的整体刚度；扣件，常用的有碟形和 3 形扣件，能与钩头螺栓、紧固螺栓配合使用，用作模板与钢楞紧固。均可用 Q235 圆钢及钢板制作。使模板体系工具化、标准化必不可少的零件。

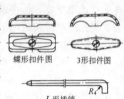
螺形扣件图　　3形扣件图
L形插销

（何玉兰）

模板图 formwork drawings

表示钢筋混凝土构件的外形、尺寸、标高、构件上预埋件数量、尺寸和位置以及构件预留孔洞大小及位置的图纸。是制作、安装和固定模板及预埋件的依据。

（卢有杰）

模板支架 falsework

现浇混凝土构件时，承受模板传来的自重、施工荷载、新浇混凝土重量等而设置的承重支架。常用的有：琵琶撑、伸缩式钢管立柱支撑、扣件式钢管支架、门型式钢管支架、托架、牛腿支架、吊挂吊支架等。其支架系统的尺寸、立柱间距、支撑设置，均应按荷载的大小经过验算，满足其强度、刚度、稳定的要求。

（何玉兰）

模壳 formwork shell

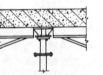

现浇钢筋混凝土密肋楼板（盖）时采用的模板。常用的材料有木、塑料、玻纤塑料等。常将 4 块 1/4 模壳用螺栓组装成一个整体。密肋楼盖模壳的施工方法有两种：一种是将模壳支承在矩形钢笼骨的角钢上，模壳的支撑系统由可调钢支撑、支承角钢、钢梁、柱顶板等组成；另一种是用双层支模法，即按梁底标高满铺一层底模，在模板上弹出井字梁的位置，并绑扎梁的钢筋，然后在井字梁间放入开口模壳，再绑扎板的钢筋，整浇楼盖混凝土。

（何玉兰）

模筑衬砌 moulded lining

见整体式衬砌（294 页）。

摩擦焊 friction welding

利用两个被焊钢筋端部互相接触高速旋转摩擦发热，待接头处钢筋加热到塑性状态后加压形成接头的方法。此种焊接的优点是操作简单，焊接参数易于调节，质量稳定且电力消耗少。此种工艺目前应用尚不广泛。

（林文虎）

摩擦节点 friction joint

预制柱和楼板之间的平接接头依靠双向预应力所产生的摩擦抗剪力来承受楼层垂直荷载的节点形式。这种节点无柱帽，无牛腿，构造简单，改变了传统的搁置传力的习惯做法。节点核心区混凝土受到双向预应力的约束作用，具有良好的刚性、强度和变形能力，抗震性能较好。无论承受垂直荷载或水平荷载，都有比较高的安全度。

（方先和）

摩擦面 friction surface

高强螺栓连接构件的接触面。为提高接触面的摩擦系数，施工时处理接触面的方法有喷砂、酸洗，用钢丝刷清理或用手提式电动砂轮打磨（打磨方向要与受力方向垂直）等。设计时应根据情况尽量采用摩擦系数较大的处理方法，并在施工图中注明，施工时要严格按设计要求进行。

（王士川）

摩擦桩 friction piles

上部结构荷载由桩侧摩阻力和桩端阻力共同承受的桩。用于上部软弱土层很厚、桩只打入一定深度、未能穿过软弱土层。打桩时以控制其入土标高为主，贯入度作参考。

（赵志缙）

磨光 polishing

用磨头（一般为砂轮、油石或硬石）沾水打磨石面的加工方法。要分几次磨，开始时用粗糙的磨头（如砂轮），最后用细磨头（如油石、细石）。根据石料表面磨光程度的不同，可分为水光和旱光。一般只用于某些极讲究的做法，如须弥座、陈设座等。

（鄘锁林）

磨生

彩画之前对地仗表面用细金刚石或停泥砖进行打磨，以丝头蘸生桐油随磨随钻的工艺。要求平者要平，直者要直，圆者要圆，油必须钻透。其作用是使表层细腻、光洁，有利于彩画沥粉、刷底色等工艺的施工。

（鄘锁林）

磨细生石灰 ground lime

将块状生石灰磨到一定细度而制得的生石灰粉。可用于直接配制砂浆或制作建筑制品。用磨细

生石灰粉调制的砂浆,强度高,结硬块,收缩小,且石灰不需预先化成石灰膏。　　　　　(方承训)

蘑菇形开挖法　mushroom-form tunneling method

综合先拱后墙法和漏斗棚架法的特点而形成的矿山法。开挖下导坑后架立漏斗棚架,向上开挖至隧道顶部并向两侧扩大。当拱部地质条件较差时可先筑拱圈以保证施工安全。拱部岩质较好时则按漏斗棚架法施工。具有容易改变施工方法的优点,适用于基本稳定的岩层中。因开挖断面的顺序呈蘑菇形而得名。　　　　　(范文田)

抹灰层　plaster course

涂抹在建筑物表面的砂浆层。抹灰时,砂浆每遍涂抹厚度不宜太厚,否则粘结不牢,易开裂、起鼓、脱落等。一般每遍涂抹厚度,水泥砂浆为5～7mm,石灰砂浆和水泥混合砂浆为7～9mm。水泥砂浆和水泥混合砂浆的涂抹应待前一层砂浆凝结后,方可涂抹后一层砂浆。石灰砂浆的涂抹应待前一层砂浆7～8成干即颜色发白后,才可涂抹后一层砂浆。　　　　　(姜营琦)

抹灰底层　primary coat, prime coat

直接抹在基层上,主要起粘结作用和初步找平作用的第一个抹灰层。底层砂浆材料与基体材料有关,砖石基体可直接涂抹石灰砂浆、石灰粘土砂浆或水泥混合砂浆等。混凝土基体则不能直接涂抹石灰砂浆。　　　　　(姜营琦)

抹灰工程　plastering work

又称粉刷工程。用砂浆涂抹在建筑物的墙体和顶棚表面上形成装饰层的施工工作。按使用材料、施工方法和装饰效果的不同,分为一般抹灰和装饰抹灰两大类。　　　　　(姜营琦)

抹灰面层　plaster finish

主要起装饰作用的最后一道表面层。一般抹灰的面层要求平整、光滑、无抹纹、无接槎。装饰抹灰的面层要求能体现出设计要求的装饰效果。
　　　　　(姜营琦)

抹灰中层　floating coat

抹在底层表面起找平作用的抹灰层。中层层数随抹灰面平整光滑的质量要求高低而定。中层所用砂浆与底层基本相同。　　　　　(姜营琦)

抹角　overlapping corner ter

为了增强外檐脚手架框架的稳固性,在每隔四步或五步的四角各绑扎的一根水平斜杆。

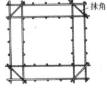

(郦锁林)

抹角梁　overlapping corner beam

见搭角梁(32页)。

抹子　trowel

用于墙面抹灰、屋顶苫背、筒瓦裹垄(但不用于夹垄)的工具。古代的比现代抹灰用的小,前端更加窄尖。由于比现代的多一个连接点,所以又称"双爪抹子"。　　　　　(郦锁林)

末端弯钩增长值　additional length for end hook bending

在钢筋加工中,设计及施工图中末端弯钩部分的外包尺寸减去量度差值的剩余值。在实际施工中可参照规范取用。　　　　　(林文虎)

墨瓦屋面

见布瓦屋面(15页)。

mu

木板面层　wood plank floor finish

将加工成一定规格的木板条铺钉在木搁栅上,经刨平、磨光、油漆、上蜡,做成平整、光滑,具有一定弹性的木质饰面层。有单层及双层两种。用作面板的木材应不易腐朽,纹理美观,不易变形开裂和耐磨。锯成一定尺寸的木板,顶面应刨光,侧面做成企口。铺钉时,应髓心向上,拼缝严密,接头错开。双层面层的下层板,不刨光,与搁栅成30°～45°斜向铺钉。为防潮及防产生响声,应在两层木板间加一层油毡。所用搁栅、垫木均应做防腐处理,板底要通风。　　　　　(姜营琦)

木材疵病　defects in timber

木材在生长、采伐、保存过程中所产生的内部和外部缺陷的统称。有木节、斜纹、裂纹、腐朽和虫害等,使木材的物理力学性质受到影响。木节分活节、死节、松软节、腐朽节。活节影响较少,斜纹指木纤维与树轴成一定夹角,斜纹木材严重降低其顺纹抗拉强度,抗弯次之,对顺纹抗压影响较小。裂纹、腐朽、虫害会造成木材结构的不连续性或破环其组织,因此严重影响木材的力学性能,有时甚至使木材完全失去使用价值。　　　　　(王士川)

木材防虫　wood preservation against worms

利用化学药剂处理木材,以防止虫类对木材的蛀蚀的工作。方法与木材防腐同。在白蚁容易繁殖的潮湿环境,木结构中的木构件不分树种均应以防腐剂处理。　　　　　(王士川)

木材防腐　wood preservation

防止因真菌在木材中寄生和繁殖而导致腐朽的措施。其主要方法：①将木材进行干燥,使其含水率在20%以下,在储存和使用时注意通风、排湿,对木结构表面予以油漆；②把化学防腐剂注入木材内，使木材成为对真菌有毒的物质，常有表面涂刷法、表面喷涂法、浸渍法、冷热槽浸透法、压力浸透法等。防腐剂有水溶性、油溶性、油类及膏类，如氟化钠、硼酚合剂、氟砷铬合剂、强化防腐剂、克鲁苏油等。　　　　　　　　　（王士川）

木材防火　wood fireproofing

避免和防止木材及木结构发生火灾的构造措施或化学措施。所使用的方法、防火剂的成分及浸渍等级的要求，应根据建筑物受火灾的危险程度来决定。用作木结构防火的化学药剂有两类：一是液体防火浸渍涂料，另一是膏状防火剂及防火涂料，可根据结构的具体情况选用。　　　　（王士川）

木材干燥　wood seasoning, wood drying

降低木材含水率的方法。有自然干燥法和人工干燥法两种。自然干燥法亦称气干法，是采用立架积木法、平行积木法、井字积木法，利用太阳辐射热和空气的对流使木材由天然含水率降低到所需的含水率限值，是最常用的方法。但所需的时间较长（一般为1~2年）。人工干燥法是将木材堆叠在干燥室（或窑）内，利用热空气、炉气或过热蒸汽通过木材表面进行热交换，使木材水分逐渐扩散达到所需要的含水率。常用的方法是蒸汽干燥法和烟熏干燥法。干燥过程切忌为加速干燥而激烈地改变干燥介质的温湿度，否则，将超过内部水分扩散速度，导致木材干裂和变形。　　（王士川）

木材含水率　moisture content of wood

木材中水分重量占木材全干重量的百分率。全干重量系指将小块木材放于温度为$103±2°C$的烘箱中，烘8h后每隔2h称一次，至两次称重之差不大于0.002g时的木块重量。木材含水率对其物理力学性质有影响，工程用材按平均含水率（W）的大小可分为：湿材$W>25\%$；半干材$18\%<W\leqslant 25\%$；气干材$11\%\leqslant W\leqslant 18\%$；窑干材$W<11\%$。　　　　　　　　　　　（王士川）

木材基本结合　basic bonding of wood

木结构在制造中基本构件间的结合（或连接）。有板的直角与合角接合；框的直角与合角接合和木材的连接。包括：圆钉连接、螺栓连接、斜键连接、互相连接、互相搭接、搭扣楔接及胶合木结构的胶结合。根据结合部位及精确、坚固和重要性选用结合形式。圆钉连接和螺栓连接的木结构，钉径（螺栓直径）和数量应根据连接的承载能力计算确定，钉距（螺距）及其排列应满足规范所规定的要求。　　　　　　　　　　　　　（王士川）

木材综合加工厂　multi-purpose timber (wood) products factory

以木材为原材料的生产联合企业。按出厂产品的种类可分为：锯材加工厂，主要生产锯材、木门窗制品、各种木构配件；家具厂，生产各种家具及配件；木板厂，生产胶合板；板箱厂及纸浆造纸厂。现代木材加工企业先进性的标志是木材的综合利用程度。如用原木锯成锯材后余下（20%左右）的各种边料、板条、下脚料制成木材纤维板、纸浆胶合木等各种有用的产品。　　（王士川）

木窗台板　wood window board

窗下槛内侧所设的台板。板的两端伸出窗头线少许，挑出墙面30~40mm，板厚30mm，板下可设窗口垂直板（封口板）或钉各种线脚。
　　　　　　　　　　　　　　　　　（王士川）

木工机械　wood-working machine

用于木材加工的专门设备。常用的有锯机、刨床、车床、铣床及开榫机、钻孔榫槽机、人造板压力机、人造板专门化设备、木工刃具修磨设备等。锯类机械主要用于纵横向锯切板、方材；刨类机械主要用于加工一定厚度的板、方料，刨削后使加工面光洁；钻孔铣槽机械可钻铣孔槽，用于门窗打眼；开榫机械可以分别进行切削、锯割、铣榫槽及加工各种燕尾榫、槽或方形榫及槽；铣床机械适用于裁口、起线、开榫、铣削各种曲线零件；净光、磨光机械可刨光、磨光各种木制品零件的表面、门窗的台面板，还可进行抛光；多功能木工机械多用于现场木工机械作业，可改破或截断木料、裁口、刮毛料、对缝、钻眼；六用刨光机可代替平刨、压刨、地板刨、地板磨光、裁口、起线六种木工机械，用于刨地板、刨大型模板、刮料、安装门窗扇、做压条、地板磨光、裁口起线、倒棱打槽、开榫裁料。施工时根据不同木结构工程采用不同的机械。　　　　　　　　　　　　　（王士川）

木拱架　timber arch centering, timber supports

又称木支架。采用木质材料制成的拱圈施工支架。分为满布（堂）式木拱架和三铰拱式木拱架两种。满布式木拱架又分为立柱式和撑架式两种。木拱架，由拱架上部（拱盔）、卸架设备、拱架下部（支架）等组成。亦可以用临时砖砌、料石墩代替立柱。采用三铰木拱架，施工期间可维持通航。木拱架构造力求简单，受力明确，节点接头简便可靠，避免承受拉力。　　　　　（邓朝荣）

木骨架轻质隔墙　light wood frame partition

以方木为骨架构成的非承重墙体。主要用作建筑物内部空间的间隔，一般有灰板条隔墙和板材隔墙两种。　　　　　　　　　　　　　（王士川）

木夯　wooden rammer

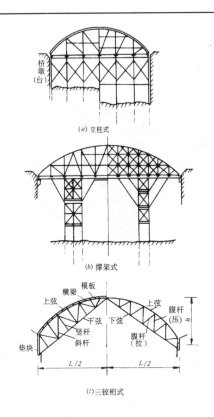

木拱架

以木质作夯拍的人工夯实土的工具。一般由两人操作。　　　　　　　　　　　　　(庞文焕)

木脚手板 wood gang-plank

用杉木或松木加工制作而成的脚手板。板厚应不小于 5cm，板宽 20～25cm，板长 3～6m。为了预防脚手板在使用过程中端头破裂损坏，可在距板的两端 8cm 处，用 10 号铅丝紧箍两道或用薄铁皮包箍并予钉牢。　　　　　　　　(谭应国)

木脚手架 timber scaffold

由木杆用铅丝、麻绳、棕绳或竹篾绑扎而成的脚手架。木杆常用剥皮杉杆，也可用其他坚韧质轻的木料。其基本构造形式有单排和双排两种。
　　　　　　　　　　　　　　　　　(谭应国)

木结构 timber structure

见木结构工程。

木结构放样 laying out of timber structures

木结构制作之前，根据设计图纸以较大的比例把结构划在水泥地面或铺钉木板的放样台上的工作。借以了解结构情况、几何尺寸、各节点要求、起拱高度、杆件断面、吊杆和螺栓直径等，以便于工人操作。　　　　　　　　　　(王士川)

木结构工程 timber structural engineering

木材加工、木结构、木门窗及木装饰的制作、安装、施工、防火、防腐工艺及质量标准等的总称。木结构是指木材或主要由木材承受荷载的构件或结构物。木材是良好的天然材料，具有密度小而强度高、耐冲击、耐振动、制作容易、便于施工及安装，且不受季节限制，可常年施工，冬季施工不增加工程费用等优点；同时具有各向异性，在生长中具有疵病，易燃烧，易腐朽和结构变形较大等缺点。中国古代木结构建筑保存至今的很多，如建于公元 857 年的山西省五台山的佛光寺大殿，建于公元 1056 年的山西省应县的佛宫寺木塔（高 66m），保持最完整的是北京的故宫和天坛。可见如能正确地进行设计和施工并合理地使用和维修，木结构是具有很好耐久性的。　　　　　　(王士川)

木结构工程验收 acceptance of timber structures

为木结构、门窗及其他细木工程制作、安装的质量检查。一般应作外形及尺寸的检查，必要时还应作现场试验或试验室试验，验收应在抹灰（或油漆）前进行。验收时应具备施工图，并在图中注明施工中所有更改内容、允许更改设计的文件、中间验收记录等文件。对在施工过程中被其他结构遮盖的木结构或木构件及需作防腐、防虫、防火或防化学侵蚀处理的木构件应作中间验收并做出验收记录。本结构工程的制作、安装的允许偏差均应在规范所规定的范围之内。　　　　(王士川)

木结构下料 cutting of timber structures

根据施工图纸或样板样式在选定的木料上画线锯割的工作。木屋架采用样板画线时，对方木杆应先弹出杆件的轴线，对原木杆应先砍平找正后弹十字线及中线，将已套好样板上的轴线与杆件上的轴线对准，后按样板画出长度、齿及齿槽等。如按计算法确定杆件下料长度后，不须放大样，可用图解法直接在杆件上画线。裁料需精打细算，配套下料，不得大材小用、长材短用，同时要合理地确定加工余量。　　　　　　　　　(王士川)

木结构样板 template of timber structures

根据足尺大样制出的各种作为木结构下料加工依据的木板。在其上注明选料、制作要求等，要用木纹平直、不易变形和干燥的木材制作。先按照各杆件的高度（或宽度）分别将样板开好，两边刨光，然后放在大样上，将杆件的榫齿、螺栓孔等位置及形状画在样板上，按形状正确锯割后再修光，样板配好后需放在大样上式拼，最后在样板上弹出轴线，并注明名称、编号并由专人保管。样板需经常检查是否变形，以便及时修整或重制，样板的误差不应大于 ±1mm。　　　　　　　(王士川)

木料墩接 wood block splicing

先将木柱的糟朽部分剔除，依据剩余完好情况选择榫卯式样进行墩接的方法。以尽量多的保留原有构件为原则。榫卯式样各地做法不尽相同，常见的有以下几种：巴掌榫墩接、抄手榫墩接、螳螂头榫墩接和齐头墩接等。施工时应做到对缝严实，用胶粘牢后再加铁活。露明柱所加铁活应嵌入柱内与柱外皮齐平。这是使用最多的一种方法，露明柱更宜使用此种方法。

（郦锁林）

木笼围堰 crib cofferdam

用方木或两面削边的圆木纵横搭迭成一框格，其中填土石而筑成的围堰。围堰防渗可采用在框格内填土，或在挡水面设置夹油毛毡的木板等方法。当建在砂砾冲积层或岩基上时，为防止基础接面渗漏，可在前趾堆筑粘土、麻袋混凝土或直接浇注混凝土。对于砂砾石基础可用打板桩或水泥、粘土灌浆等方法。优点是挡水水头高，可达20m；底宽小，为堰高的0.8～1.0倍，能承受4～6m/s水流冲刷，宜用于纵向围堰。

（胡肇枢）

木楼梯 wood stairway

全部（或大部）用木材制造，作为房屋中各层之间上下交通之用的楼梯。适用于木结构房屋及高度不超过三层的砖石结构房屋。它由梯段（包括楼梯梁、踏步和扶手）和中间休息台组成，要求拼缝整齐、安装好后行走无声，栏杆扶手结实牢固。

（王士川）

木门窗安装 installation of wooden doors and windows

按建筑施工图所规定的位置、标高、型号、规格把木门窗成品就位、固定的工作。一般情况下应先安装门窗樘（框）、后安装门窗扇。当条件具备时宜将木窗扇与框装配成套，装好全部小五金后成套安装。门窗樘安装就是门窗框就位。有立口和嵌口子两种。安装前应先校正规方，钉好拉条。安装时应以钉子固定在砌于墙体内的木砖上，后塞口宜在预留门窗洞口的同时，留出门窗框走头的缺口，在门窗框调整就位后封砌缺口。门窗扇安装就是将门窗扇就位于相应的门窗框内。安装前根据框的高低、宽窄尺寸在相应的扇边上画线后刨至光滑平整，使其符合设计要求，将扇放入框中试装合格后用铰链（合页）把门窗扇与门窗框连接。

（王士川）

木模板 timber formwork

由木材加工成的拼板、拼条、夹条、支撑等，用圆钉、螺栓、扒钉连接组成的模板。模板厚度与拼条间距取决于浇灌混凝土时荷载的大小。一般拼板厚度为25～50mm，拼条间距为400～500mm。其周转次数少、成本高。由于中国木材资源缺乏，应尽可能的不用木模，但由于木材加工制作简单，特别适用于各种异型构件，应用仍较普遍。

（何玉兰）

木排 raft

由木材制成的用来滚运建筑构件或设备的简易运载工具。由排脚和托木构成。

（杨文柱）

木墙裙 wooden dado

木踢脚板向高度方向延伸的木装修。高度一般为900～1 800mm，按需要确定。分为木板墙裙和纤维板墙裙两种。踢脚板可用木板或水泥砂浆制作，需先将墙筋钉在预先砌入砌体的木砖上，后在墙筋上钉木板或纤维板，压条接头需做暗榫，线条要求一致，割角应严密。

（王士川）

木桥 timber bridge

上、下部结构均为木质材料，或下部是石砌、混凝土墩台的桥梁。按结构形式分为木梁桥、木组合梁桥、木桁架桥、木拱桥、木栈桥（木排架桥）以及木撑架桥。按材料加工分为天然木料建造的、胶合木梁（拱）的以及木混凝土混合梁桥。由于木材易腐，资源有限，除少数临时性桥梁外，一般不采用。

（邓朝荣）

木望板平瓦屋面 wooden flat tile roof

在檩条或椽条上钉木望板（厚15～25 mm），板上平行屋脊方向铺一层油毡，上钉顺水条，再钉挂瓦条挂瓦的平瓦屋面。这种屋面可避免雨水渗漏入室内，保温隔热效果亦较好，适用于标准要求高的房屋。

（毛鹤琴）

木屋架吊装 hoisting of wooden roof truss

把木屋架安设到设计位置的工艺过程。屋架拼装完毕后即可吊装，先就位，并在墙上或柱上测出标高，找平并弹出中心线位置，安设混凝土垫块或涂刷了防腐剂的垫木，安装好固定螺栓。为保证屋架在吊装时不发生过大的变形或损坏，应专设加固措施（一般对上弦作水平加固），所有为加固而设的横撑均必须在屋架两边同时设置（成为木夹板）并用麻绳或铁丝绑牢，可用方木或圆木支撑。第一榀屋架就位后立即用拉杆或支撑将其固定，待第二榀屋架就位后立即钉上脊檩，并装上剪刀撑以保证其空间的稳定性，再继续吊装其余屋架。在一般情况下，屋架端头应加锚固螺栓以加强屋架与墙身的联系，屋架吊装校正完毕后将锚固螺栓的螺母拧紧。吊装一般采用自行式起重机或扒杆，对跨度较小及安装高度较低的木屋架多采用翻身就位的方法。

（王士川）

木屋架拼装 assemblage of wooden roof truss

木屋架各个构件加工制作完成后在工厂或施工

现场进行装配的工作。必须在平整的场地上进行，先放垫木，下弦杆在垫木上放稳后按起拱高度将中间垫起，两端固定，再在接头处用夹板和螺栓夹紧，随即安装中柱，两边用临时支撑固定，再安装上弦杆，然后从屋架中心依次向两端安装斜腹杆，最后将各拉杆穿过弦杆，两头加垫板，拧上螺母。如无中柱而是用钢拉杆的，则先安装上弦杆，后装斜杆，最后把拉杆逐个装上。待各杆件安装完毕并检查合格后，再拧紧螺帽、钉扒钉等铁件，并在上弦杆上标出檩条的安放位置，钉上三角木。

(王士川)

木虾须

在西南地区的戗角处，自仔角梁（嫩戗）端点，向两侧沿戗角屋面向两侧弯曲如须的两根板条。

(张 斌)

木支撑 timbering

开挖隧道时，采用坚固、富有弱性且顺直无节疤的木料所作的临时支撑。其优点是价廉而易于加工，重量轻而便于运送和架立，但占用空间较大，重复使用率低。坑道木支撑通常都用圆木，也可用厚板做成组合支撑。

(范文田)

木装修 wood fitting up, wood decoration and finish

具有不同建筑功能并兼有室内装饰作用的各种木制品。如木制的门窗、门窗框、门窗贴脸板、窗台板、窗帘吊挂、挂镜线、踢脚板、墙围、隔扇、屏风、木地板、天花板、走廊及楼梯的栏杆与扶手等。根据这些木制品的建筑功能及所处的位置，可有各种油漆或彩画的装饰表面，甚至可以雕刻各种花纹。

(王士川)

目标管理 management by objective

在一定时期内围绕确定目标实行自我控制以达总目标所开展的一系列管理活动。既是一种管理制度，也是一种管理思想。其主要观点是：企业的目的和任务必须转化为目标；企业的各级管理都必须以目标为中心，以自我控制为手段，来统一和协调不同的部门和人员的不同贡献，促成企业总目标的完成。

(曹小琳)

目标函数 objective function

用自变量的函数关系式来表示，研究的问题的明确目标。以达到决策者预期实现的目标要求。

(曹小琳)

N

nai

耐火度 degree of fire resistance

耐火混凝土在加热升温过程中开始软化和变形时的温度。它反映耐火混凝土抵抗高温作用不软化不熔融的能力。测定方法是将耐火混凝土标准三角锥（高30mm，下底边长8mm，顶上边长2mm）试件放到炉中加热升温，当三角锥顶部弯下来接触到底板时的温度。

(谢尊渊)

耐火混凝土 fire-resistant concrete

能长期承受高温作用不损坏，并在高温下仍能保持所需要的物理力学性能的混凝土。它是由胶结料、耐火粗细集料、耐火粉料以及外加剂等按一定比例配制而成。也有把承受900℃以上高温作用的混凝土专称为耐火混凝土，而把能承受250℃以上、900℃以下温度作用的混凝土称为耐热混凝土。按所用胶结料的种类不同，可分为：硅酸盐水泥耐火混凝土；铝酸盐水泥耐火混凝土；水玻璃耐火混凝土；磷酸或磷酸盐水泥耐火混凝土；镁质水泥耐火混凝土；白云石耐火混凝土等。其施工工艺与普通混凝土基本相同，但搅拌时应先将干料拌和均匀后才加入胶结料进行湿搅拌。对于磷酸或磷酸盐水泥混凝土在湿搅拌过程中，中途应增加一困料过程。混凝土经养护达到设计强度后，应按规定的烘烤制度烘烤后才可投入使用。对于矾土水泥混凝土的施工温度（包括养护）不得超过35℃。水玻璃耐火混凝土应在不低于15℃的干燥空气条件下进行硬化，加热养护时只许采取干热方法，且温度不得超过60℃。磷酸耐火混凝土需在150℃以上的温度烘干，总的干燥时间不少于24h，硬化时不许浇水。

(谢尊渊)

耐热混凝土 heat-resistant concrete

见耐火混凝土。

nao

挠度式钢丝应力测定仪 deflection type wire stress measuring instrument

利用柔索原理制成的测定钢丝张拉应力的仪

器。主要由压力弹簧和百分表组成，对一定标距内的钢丝施加一横向力，在特定的横向挠度下，利用钢丝横向抵抗力与钢丝张拉应力间的相关性，测读出钢丝的张拉应力。中国生产的型号有 PT 型和 ZCN-1 型。　　　　　　　　　　　（卢锡鸿）

nei

内部通汽法　method of interhal heating with vapor

将蒸汽通入混凝土构件内部预留的孔道内加热以养护混凝土的冬期施工方法。预留孔道可采用钢管抽芯法或胶管抽芯法进行。常用于梁、柱结构。为了减少构件与周围环境的温差，可用保温材料覆盖模板，蒸汽养护结束后，预留的孔道用水泥砂浆堵塞。　　　　　　　　　　　　（张铁铮）

内浇外挂大模板　inside casting and outside precast slab massive formwork

又称外板内模。外墙采用单一材料或复合材料预制板，内墙部分或全部用大模板支模，在现场整体浇灌混凝土结构的大模板支模方法。这样，将工厂预制化与现场机械化紧密结合，可同时集两者之所长，即将有综合功能（围护、保温、隔热、隔声、防水、饰面、承重等）要求，而构造较复杂的外板在工厂预制，易保证加工质量。施工时，先安装预制外板，通过连接筋，使内外整浇在一起，整体性好，施工中若能组织分段流水，连续施工，可达到 3d 一层，施工速度快，是目前用得较多的一种大模板支模方法。　　　　　　　（何玉兰）

内浇外砌　biulding system with external brick walls and internal monilithic walls

见内浇外砖大模板。

内浇外砖大模板　inside casting and outside brick massive formwork

又称内浇外砌、外砖内模。外墙砌砖，内墙用大模板支模，在现场整体浇灌混凝土结构的大模板施工方法。当砖墙同时起围护与承重时，常限于多层建筑；当砖墙只起围护作用时，外墙各层均应为框架承重方可适用于高层建筑。这种承重体系是采用大模板浇灌的混凝土墙结构的结合型式，外墙砌砖立面处理灵活、操作简单、造价低。现浇承重混凝土内墙采用工业化的大模板体系，速度快，装拆方便，利于周转，可集两种体系之所长，避其之所短，应用也较广泛。　　　　　　　　（何玉兰）

内排法排水　interior drainage

将外部地下水通过外墙上预埋管流入室内排水沟中，再汇集于集水坑，然后用水泵抽走。为防止水的入口处被淤泥堵塞，应在地下室墙的后面预埋管入口处设置钢筋栅网，并用石子做渗水层，用粗砂做滤水层。　　　　　　　　　（毛鹤琴）

内缩　draw-in

锚固过程中，由于锚具各零件之间和锚具与预应力筋之间的相对移动和局部塑性变形所产生的预应力筋内缩值。张拉端预应力筋的内缩值：对支承式带螺帽锚具为 1mm，每块后加垫板增 1mm；对楔紧式锚具为 5 mm，包括顶锚与放张两个阶段产生的内缩值。　　　　　　　　　　（杨宗放）

内吸法真空脱水　inter vacuum dewatering

将包有滤布的真空芯管埋入混凝土拌合物中，从内部对混凝土拌合物进行真空脱水处理的方法。芯管略有锥度，故易于拔出。　　　　（舒　适）

内向箭线　activity leading into a event

又称内向箭杆。就节点而言，所有指向某一节点的箭线。　　　　　　　　　　　（杨炎榮）

内檐装修　interior joinery

位于室内分隔空间的木装修。一般槛框、槅扇、帘架、花罩以及护墙板，随墙壁橱等。
　　　　　　　　　　　　　　　（郦锁林）

nen

嫩戗

南方古建筑为使翼角翘起，在老戗（大角梁）外端斜立的一根小角梁。夹角约为 129°，夹角处置菱角木等拉结构件加固，上做角脊。　（张　斌）

neng

能量代谢率　metabolic ratio of energy

将某工种在一个劳动日内各种活动与休息加以归类，测定各类活动与休息的能量消耗值，并分别乘以从事各类活动与休息的总时间，合计求得全工作日总能量消耗，再除以工作日总时间所得的值。以 $kJ/(min·m^2)$ 表示。　　　　　（刘宗仁）

ni

泥浆反循环挖槽　trench excavation by reverse circulation of slurry

泥浆连续由槽顶部流入槽内，然后携带土渣通过管道（钻杆）泵出地面，经泥水分离排土后，再送到槽内的泥浆循环挖槽方式。因作用于槽壁上的泥浆压力较低，故护壁效果较正循环差。其排渣量决定于排渣管道（钻杆）直径的大小，与槽断面无

关。　　　　　　　　　　　　（李健宁）

泥浆固壁　wall stabilization with slurry

在土质地基上造孔（成槽）的过程中，利用泥浆液防止孔（槽）壁坍塌的方法。其固壁机理是：泥浆液的静压力作用于孔（槽）壁，抵抗土压力和地下水压力；泥浆附在孔（槽）壁上形成泥皮，防止孔（槽）壁坍塌和水渗入土体；泥浆渗入槽壁一定深度并粘附在土颗粒上，减少了土壤的透水性，有利于孔（槽）壁的稳定。　　　　　（李健宁）

泥浆润滑套下沉沉井　sinking open caisson by play slurry jacket

用泥浆为润滑剂，减少沉井下沉摩阻力的沉井施工方法。即将粘土泥浆从预埋管道压注入沉井外壁与周围土壤之间，形成泥浆润滑套，减少井壁与土的摩阻力以利下沉。一般采用的泥浆重量配合比为：粘土 35%～45%，水 55%～65%，化学处理剂碳酸钠 0.4%～0.6%。　　　　　（邓朝荣）

泥浆正循环挖槽　trench excavation by normal circulation of slurry

泥浆连续地通过管道（钻杆）压送到槽底，然后携带土渣上升至槽顶排出，经泥水分离排土后，再用泥泵经管道（钻杆）送到槽底的泥浆循环挖槽方式。因为泥浆是被压入槽内，故对槽壁有压力，护壁效果较好。但由于泥浆上升速度与挖槽断面积成反比，因此不适用于大断面挖槽施工。
　　　　　　　　　　　　（李健宁）

泥石流　mud-rock flow

携带大量粘土浆、砂砾和石块的突发性山洪。在陡峻的山区，由于暴雨或大量积雪骤融，突然形成急剧的径流，夹杂着大量泥砂和石块，迅速地沿着山坡沟谷向下流动，其固体物质含量大于 10%～15%，有时高达 70%～80%。具有体积密度大、流速快、历时短暂、来势凶猛、破坏力大等特点，所经之处，道路、桥梁被破坏，房屋、农田被掩埋，河流、水库被淤塞。故工程选址时宜避开。筑路工程中，对中等泥石流也宜采取绕避方案。当道路必须经过泥石流时，也宜在泥石流缓平流道区内选址建桥跨越；如能在泥石流冲积扇可能发展范围以下适当距离处选线则更佳。　　　（朱　嬿）

泥水加压盾构　slurry pressed shield

在切口环与支承环之间安装隔板形成一密封舱，利用通入泥水的压力以稳定开挖面土体的机械式盾构。盾构推进时，转动前端刀盘切削土层，利用泥水将切下的土经管道送至地面。这种盾构既能抵抗地下水压，又无跑气漏气问题，适应性较大，施工安全而效率较高，但较昂贵。　　（范文田）

逆筑法　reverse building method

又称逆作法。在基础封底之前用地下连续墙和中间支承柱承受结构自重和施工荷载由上而下逐层施工多层地下结构的方法。能省去地下结构施工用支护结构的支撑或土锚，减少基坑变形，使基础底板设计合理并缩短有多层地下室的高（多）层建筑物的总工期。施工时，先在建（构）筑物内部经计算确定的部位浇筑或打下中间支承柱，再沿建（构）筑物轴线施工地下连续墙，作为地下结构的边墙，然后开挖土方至地下第一层底面标高，以地下连续墙和中间支承柱做支承施工楼面结构，成为施工中用作支护结构的地下连续墙的强大水平支撑，再施工竖向结构构件柱子或墙板。如此逐层由上而下施工各层结构，皆起支撑作用。与此同时，在地面处楼面施工后还可从地面开始逐层向上施工，使得地下、地上同时施工，但在地下结构基础封底前地上允许施工的高度要计算确定。以地下空间顶面的楼板是封闭还是敞开，逆筑法施工可分为"封闭式逆筑法"和"开敞式逆筑法"。前者可地面上、下同时施工；后者因地下空间顶面楼板结构未曾施工、上部结构难以进行，仅由地面而下逐层施工。逆筑法施工控制沉降和提高挖运土效率很重要。地下挖土注意通风、照明和防止流砂。地下结构自上而下浇筑，要采取技术措施。
　　　　　　　　　　　　（赵志缙）

腻子　putty

由粘结剂（如桐油、清漆、血、骨胶、树脂等）和填充料（如石粉、滑石粉、石膏粉等），有时还加入颜料调制而成的膏状材料。在油漆、涂料或刷浆工程施工前用于嵌补基层缺陷，可满披，也可局部涂抹。　　　　　　　　（姜营琦）

nian

年度固定资产投资计划　annual fixed asset investment schedule

为建造和购置各种固定资产，包括固定资产的更新改造和扩大再生产，以及与之相联带的一些生产活动和经济活动，安排各个年度的投资计划。
　　　　　　　　　　　　（曹小琳）

年雷暴日数　annual occurences of thunderstorm

又称年均雷暴日数。多年发生雷暴日数的平均值。一天中只响一声雷，或是整天响雷，在气象上都记作一个雷暴日。　　　　　（朱　嬿）

粘聚性　cohesiveness

混凝土拌合物各组分相互吸引着在一起形成整体阻止离析倾向的能力。　　　　　（谢尊渊）

粘土覆盖层 clay blanket, clay overlay

用压气盾构法修建水底隧道时，在江河底部预先铺设的有一定厚度的粘土层。用以防止开挖面跑气而使河水淹没隧道的一种措施，同时还可提高隧道的标高而缩短其长度。
（范文田）

粘土膏 clay paste, clay puddle

不含腐植物的粘土加水拌制成的膏状物。
（方承训）

粘土空心砖 clay hollow brick

大面或顶面有许多贯穿孔洞的粘土砖。大面有孔洞的称竖孔空心砖，孔洞率在15%以上，多用于砌筑承重墙体，故又称承重空心砖，有KM_1（190mm×190mm×90mm）、KP_1（240mm×115mm×90mm）及KP_2（240mm×180mm×115mm）等规格；顶面有孔洞的称水平孔空心砖，孔洞率一般在30%以上，多用于砌筑非承重墙。
（方承训）

粘土砖 clay brick

以粘土为主要原料，经制坯、干燥、焙烧而成的人造砖。按其外形和用途可分为普通粘土砖、粘土空心砖、拱壳空心砖等。
（方承训）

舱缝

先用生桐油将缝口刷湿，然后用掺好舱麻的油灰（应稍硬）舱入缝口内的做法。灰要塞实塞严，最好用生桐油反复涂刷缝口，直至饱和为止。用于重要宫殿建筑的防水工程，一般用于石活。
（郦锁林）

碾压法 roller compaction

利用沿填土表面滚动的鼓筒或轮子的重力压实填土的方法。常用的碾压机具有平碾压路机、压路碾等。平碾压路机按重量有轻型（3~5t），中型（6~9t）和重型之分，按碾压装置有单轮、双轮和三轮等几种，按作用于土层力的状态不同又有静力作用压路机和振动压路机之分。压路碾包括平碾、带槽碾、轮胎压路碾和羊足碾等。大面积回填压实羊足碾使用最为广泛。
（林文虎）

碾压混凝土筑坝 dam concreted by roller compaction method

用碾压机械使混凝土密实的混凝土坝修筑技术。像修筑碾压土石坝一样，分层铺填，用振动碾碾压密实，是一项筑坝新技术。其特点是：用干硬性贫混凝土，其水泥用量为50~120kg/m²，大量掺用粉煤灰，集料最大粘径为80~150mm；混凝土和易性用稠度计试验测定；坝面混凝土料多用自卸汽车运输，推土机或平仓机平仓；每一升程铺厚30~100cm，用振动碾静碾二遍，然后再用振动碾振碾数遍；每层浇后用切缝机切设横缝，插入缝材（有的不设横缝）。由于水泥含量少，浇筑层薄，简化了温度控制措施，使施工速度大大加快，费用降低；但碾压混凝土（尤其是水平施工缝面）防渗性能较差，故上游坝面常需设置专门防渗体。
（胡肇枢）

nie

捏嘴

干搓瓦屋面檐头，瓦与瓦的接缝处要堆抹出三角形或半圆形灰梗的做法。
（郦锁林）

ning

凝结 setting

水泥净浆或混凝土拌合物拌制后，逐渐变稠失去流动性和可塑性，由半流体状态转变为固体状态，但尚不具有强度的过程。此过程可分为初凝和终凝两个阶段。初凝标志着浆体固化的开始，超过此阶段，各项施工作业便难以进行。终凝标志着浆体已完全固化变硬。由于浆体的固化是一个渐变过程，并不是突然发生的，所以，初凝和终凝并没有明显的分界点，它们的确定方法都带有一定的人为性。
（谢尊渊）

凝结时间 setting time

水泥净浆或混凝土拌合物的凝结过程所经历的时间。其分为初凝时间和终凝时间。
（谢尊渊）

nuan

暖棚法 concrete curing in heated shed

将混凝土构件或结构置于封闭的棚或结构中，内部设置热源，使混凝土在正温环境进行养护的方法。常用的热源有散热器、热风机、火炉等。养护混凝土的棚内温度不得低于5℃，并应保持一定的温度，防止混凝土失水。当采用火炉加热空气时要注意排烟，以防混凝土早期碳化，同时要注意防火，确保施工安全。
（张铁铮）

暖棚防冻法 freezing prevention with heated shed

利用保温材料或塑料搭棚防止土壤冻结的方法。在基坑或基槽上面铺设木楞、板皮，上面覆盖保温材料；或在基坑或基槽底面铺设保温材料，上面搭设密封的塑料棚。适用于已开挖的面积较小的土方工程。
（张铁铮）

P

pa

爬道 extensible rail track

开挖坑道时,供工作面装碴用的临时轨道。用钢轨或槽钢与钢板条等连接而成。使用时活扣在轨道内侧,用装碴机将其前端顶进碴堆,达到一定深度后,装碴机可在上面行走并进行装碴,与其他临时短轨相比,爬道的轨距固定且不易脱轨。

(范文田)

爬杆 bar for climbing

见千斤顶支承杆(194页)。

爬模 climbing formwork

现浇钢筋混凝土结构,只组装一段模板及大小爬架、操作平台等装置,利用爬升设备使模板系统沿墙体逐段爬升,逐段浇灌混凝土的施工方法。爬升原理是利用带有模板的大爬架与小爬架之间的相对运动,当大爬架在刚浇灌好的墙上固定时,以大爬架为导杆提升小爬架,小爬架到位后,在墙上再固定小爬架,又以小爬架为导杆提升大爬架与模板,以此重复作业,达到逐段爬升模板,逐段浇灌墙体混凝土。由于爬模施工克服了大模板施工需要层层装拆模板的缺点,因此,施工简便、速度快,且利用永久性墙体结构作为模板体系的支承,并自带脚手架,可用于装修工程,降低了施工费用等优点。从80年代以来,中国已广泛地应用于现浇高层建筑及高耸构筑物的施工。

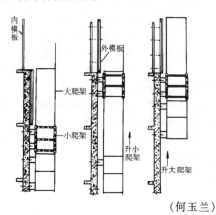

(何玉兰)

pai

拍口枋

楼层承重大梁挑出之端部(开间方向)封头枋。

(张 斌)

拍谱子

彩画前,将画在纸上的1:1彩画实体大样,图案用针刺成密排的小孔,附于构件表面,用粉色拍打针孔,使图样显于构件表面的工艺。

(郦锁林)

排气孔 vent

后张法孔道灌浆时,为了排出孔道内的气体,在构件端头及中间若干部位设置的孔隙。在螺丝端杆锚具的垫板上刻的槽口、在锥形锚具的锚塞正中留的小孔等都作为孔道灌浆时排气用。此外,当通过锚具的端孔灌浆时,还需利用设置在构件中间的灌浆孔进行排气。

(方先和)

排气屋面 ventilalion roof

设有排气孔、排气槽、排气管或排气罩等不同构造形式的卷材防水屋面。以便使基层(包括保温层和找平层)中多余的水分蒸发后能顺利地排除,避免产生鼓包现象。

(毛鹤琴)

排山脚手架

用于硬山、悬山和歇山排山安装博风、勾滴、调重脊和正吻搭设的脚手架。有一平两斜和一平四斜两种。前者把山面立杆高至屋面以上,随着前后

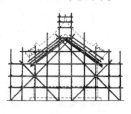

坡博风板的坡度在里外排立杆上分别绑扎两道倾斜的顺杆;后者由于山面坡度太陡,为利于工作人员在架上操作,把较陡的倾斜顺杆分为两段,分别用较缓的倾斜顺杆来代替,以减小工作面的斜度。

(郦锁林)

排水沟 drainage ditch, open ditch drainage

在施工现场周围或中部、道路两侧、基坑挖土面下四周,按自然地形设置的环状或线状排水沟道。由主干沟和边沟组成,利用重力流动排除地面水、雨水和地下水,其沟底和沟侧一般不用防渗材料衬铺。排水主干沟设置在施工区域周围或道路两侧,其横断面由最大流量确定,多为梯形或矩形,

一般断面不小于 0.5m×0.5m，纵向坡度不小于 2‰，在平坦地区如有困难可减至 1‰。排水边沟设置在基底挖土面以下的基础范围之外，沟宽 0.2~0.3m，沟深最少低于挖土面 0.2~0.3m，纵向坡度 1‰~5‰，泄水方向流向集水池。

（那　路）

排水固结法　consolidation by dewatering

对饱和粘土地基加荷预压，使孔隙中的水被慢慢排出，孔隙体积慢慢地减小，地基土发生固结而提高其强度的方法。该法能否满足要求取决于地基土的固结特性、土层厚度、预压荷载值和预压时间等。预压荷载一般等于设计荷载，为缩短时间亦可大于设计荷载，称超载预压，但不得使地基土破坏。预压时间取决于土层厚度，为缩短预压时间，常设置砂井、袋装砂井、塑料排水板、砂垫层等人工排水通道，加速排出土中孔隙水。它有堆载预压法、真空预压法、降水预压法和电渗排水法。

（赵　帆）

pao

抛撑　raking shore

又称支撑。俗称压栏子。设在脚手架周围横向撑住架子，与地面约成 60°夹角的斜杆。竹、木脚手架搭设至三步以上时，应每隔 7 根立杆设置抛撑，以防架子外倾。架高大于 7m 不便设抛撑时，则应设置连墙点使架子与建筑物牢固连接。

（谭应国）

抛投材料　dumped material

截流工程中，抛投入水用以堵截水流的材料。要求是重量大、粗糙，而且开采、制作、运输方便、费用低廉。在截流流量不大、落差不大时，多采用块石；当水流条件很差时，单个块石由于尺寸有限不足以维持稳定时，常采用大型的，如块石串、填石铅丝笼、大岩块、人工混凝土块体等。

（胡肇枢）

抛掷爆破　throwing blasting

将爆破后的岩石块向侧方抛掷的爆破方法。适宜在地面横坡大于 30°的傍山地段深挖路堑和半填半挖路堑的施工。衡量抛掷爆破效果的重要指标是抛掷率，以抛出的岩土数量占爆破岩土总数量的百分比表示，即抛掷漏斗体积与爆破漏斗体积之比的百分比。

（庞文焕）

炮棍　tamping rod

用以装填炸药和炮泥的工具。常常用木料或塑料制成。若眼壁岩石较破碎时，可在其上安装铜套或铜制尖端，但绝对禁止用铁器。（范文田）

炮孔间距　spacing between blast holes, blast hole spacing

爆破区平面上各炮孔中心间的纵横距离。是计算炸药量的主要依据，其值大小直接影响爆破的效果和经济性。

（林文虎）

炮孔深度　depth of blast hole

炮孔法爆破时所钻凿装药炮眼的深度。是爆破的主要参数之一。决定炮孔深度时应依据岩石坚硬程度、台阶高度、抵抗线长度和爆破方法等决定。浅孔法的炮孔深一般为 0.8~1.5 倍台阶高度，深孔法一般取 1.1~1.15 倍台阶高度。

（林文虎）

炮泥　stemming in drill hole

在炮眼中装药后的剩余部分内装填的堵塞材料。用以保证爆破作用力向预定方向发展。堵塞材料一般用 1∶3 的润湿粘土和粗砂混合而成。当第一个炮泥塞入时，应特别仔细用木棍轻轻塞紧。在炮口处可轻轻冲击，使其紧密以保证炮孔内在破碎岩石开始移动时维持一定的压力。（范文田）

炮眼　shothole, blast hole

用机械或手工在爆破体上钻凿用以安放炸药进行爆破的孔眼。按钻孔深度的不同，分为浅眼及深眼；按其作用的不同，分为掏槽炮眼、辅助炮眼及周边炮眼三种。　　　　　　　　（范文田）

炮眼利用率　utilization factor of shothole

炮眼实际爆破深度与钻凿深度之比。是衡量爆破工作效果的质量指标之一。通常要达到 0.8~0.9。

（范文田）

跑浆　extruded joint mortar

砌体砌筑后，灰缝砂浆外溢的现象。常因砖或砂浆的含水量过大而产生，会影响砌体的稳定性、强度和沉降量。

（方承训）

泡沫混凝土　foamed concrete

用机械方法将泡沫剂水溶液制备成泡沫，再将泡沫加入含钙材料、含硅材料、水及附加剂组成的料浆中混匀、硬化所形成的多孔混凝土。

（谢尊渊）

泡沫剂　foaming agent

又称起泡剂。能降低液体表面张力，大量产生均匀而又稳定的泡沫，用于生产泡沫混凝土的物质。常用的有松香胶泡沫剂、动物毛泡沫剂、树脂皂素脂泡沫剂。

（谢尊渊）

pei

配筋图　reinforcement drawings

表明钢筋混凝土构件各类钢筋数量、规格及其分布的图纸。包括立面图、截面图和钢筋详图。立面图及截面图相互对照，可看出整个构件的钢筋排列情况。钢筋详图则表示单根钢筋的形状及尺寸。
（卢有杰）

配料　batching

见原材料计量（284页）。

pen

喷浆嘴　grouting mouth

后张法孔道灌浆用的喷浆工具。由喷头、阀门和管接头组成。喷头应能插入预应力构件的灌浆孔内。管接头的倒丝扣应能连接输浆管。灌浆后应关闭阀门，以保证孔道内灰浆有足够的压力。
（方先和）

喷膜养护　sprayed membrane curing

将成膜养护剂喷洒在新浇筑的混凝土表面，阻止混凝土中水分蒸发的保湿养护。　（谢尊渊）

喷枪　spray gun

又称喷头。将干混合料与水混合或将湿混合料与速凝剂混合并将其喷射到受喷面上去的喷射工具。
（舒　适）

喷砂处理　treatment by sand-bath

以携带砂粒的射流喷击钢件表面清除锈污的方法。砂子应采用硬度高而带锐角的石英砂，砂的粒径为1～5mm，干燥、清洁、无杂物。喷射风压约0.5～0.7MPa，喷嘴采用5～8mm的高压瓷嘴。喷嘴至板面距离20cm，交角80°左右。喷砂处理应在拼装前12h内进行，喷射一遍后，可涂富锌漆防锈或在螺栓拧紧后用防水材料腻缝封闭。
（邓朝荣）

喷砂法　sand-jetting method

用沉管法修建水底隧道时用喷管喷砂填满管段底部空隙的后填法。从水面上用砂泵将砂、水混合料通过伸入沉管底面下的喷管向管段底部空隙喷注填满。操作时，使用一套专用台架，其顶部露出水面，并可沿铺设在管段顶面的轨道上纵向移动。在台架外侧悬吊有三根一组的L形钢管，中间一根为喷管，其余两根为吸管。作业时，喷管作扇形旋转并前进。与此同时，用两根吸管抽汲余水。从汲出的余水含砂量中，可测定喷砂的密实度。
（范文田）

喷射混凝土　sprayed concrete

利用喷射密实成型方法所制成的混凝土。由于在喷射混凝土拌合物过程中，水泥与集料的反复连续撞击能使混凝土拌合物挤压密实，同时所用水灰比较小（常在0.4～0.5），因而混凝土抗压、抗拉、抗剪强度较高，粘结力强，有良好的耐久性。故在薄壁结构工程、地下工程、建筑结构加固与修复工程、岩土工程、耐火工程及防护工程等领域得到广泛应用。
（舒　适）

喷射混凝土支护　shotcrete support

用喷射机向开挖好的坑道周壁喷射混凝土使围岩稳定的临时支护。可使混凝土的运输、灌筑和捣实等作业结合为一道工序，不用或少用模板，并可向不同方向施作薄层混凝土。因此在隧道和地下工程以及岩土工程等方面广为应用。还可与锚杆共同使用成为隧道的永久衬砌。
（范文田）

喷射角　spraying angle

喷枪轴线与受喷面间的夹角。为减少回弹量，喷枪应尽量垂直于受喷面。但为避免回弹料直接打在操作手身上和在钢筋上部堆积而下部产生蜂窝等缺陷，喷枪可稍作倾斜，但不宜小于70°。
（舒　适）

喷射井点　ejector well points

在带有喷射器的特制井管内注入高压水所形成的瞬时真空吸力作用下，将地下水吸入管井而排出的井点降水法。即用高压泵把压力为0.7～0.8MPa的水经过总管分别压入井点管中，使水经过内外管间的环形空隙进入喷射器，由于喷嘴处截面突然缩小，使喷射出的流速突然增大，高压水流高速进入混合室，使其压力降低形成瞬时真空，将地下水经滤管吸入混合室，经与混合室中高压水流混合，压入循环水箱中排出。
（林文虎）

喷射密实成型　gunite concrete moulding process by gunite spraying

借助喷射机械，利用压缩空气或其他动力，将混凝土拌合物通过管道输送，并以高速喷射到受喷面上，使混凝土拌合物密实成型的方法。根据混凝土拌合物搅拌和运输方式的不同，可分为干式喷射法和湿式喷射法两种。
（舒　适）

喷射速度　velocity at nozzle

喷射混凝土时，混凝土拌合物单位时间的喷射距离。它是由喷射时的工作风压决定的。速度过高会增加回弹量及粉尘量，过低则能量不足，拌合物颗粒不能挤压密实，影响混凝土质量。
（舒　适）

喷铁丸除锈　rust removal by spouting iron pellets

以射流携带的铸铁丸撞击钢件表面除去锈蚀的方法。铸铁粒径为0.5～2mm，压缩空气来源于空气压缩站，其工作压力不小于0.5MPa。喷丸所用的设备及工具，如贮丸罐管路、喷嘴头等，应有一定的强度、刚度、硬度，并防止铁屑、飞刺堵塞管

喷头 sprinkler head

见喷枪（181 页）

喷雾消尘 water spray for damping dust

用喷雾器捕降爆破和出碴作业所产生的粉尘的防尘措施。喷雾器有风水混合喷雾器和水力作用喷雾器两大类。前者主要是利用高压风将流入喷雾器内的水吹散而形成雾粒；后者无需高压风，只要有一定压力的水，通过喷雾器便可喷雾。爆破时爆破冲击波冲击喷雾器上的开关设施而打开水阀喷雾，在整个通风消烟时间内进行。装碴时可将喷雾器装在装碴机的铲斗上，并在铲斗装碴和卸碴时进行。

（范文田）

喷雾养护 (fog) spraying curing

在露天浇筑混凝土的仓面上方用水喷成雾状以形成混凝土结硬环境的养护方法。对浇完的含水量少的干硬性混凝土，表面由于某种原因而无法洒水养护时，为防止水分损失，常采用这种养护方法。采用设备有专用的喷雾器或用架在仓面上方有喷水小孔的水管。

（胡肇枢）

喷焰处理 flame spraying treatment

利用喷射火焰清除锈污的方法。火焰应为还原焰，加热温度不超过 200℃，以避免杆件过度翘曲，喷嘴与板面移动交角约为 60°，火焰燃烧器喷嘴距钢板距离不超过 8～10mm。喷嘴移动速度视板厚和污垢程度而异，一般为 1.5～3.5m/min。喷焰后应以钢丝刷按作用力方向垂直刷除烬物。此法须在拼装前 12h 内进行，如不及时拼装应采取防潮措施。

（邓朝荣）

盆式提升 lifting of basin type slab

升板结构的板在提升过程中，采用人为方法将各中柱的提升点降低，使板形成四角、四边稍高、中部区稍低的盆状。并从提升开始至就位固定始终保持这种形状。它是为了减小支座负弯矩，从而降低板的结构用钢量。盆形曲线按设计要求确定，在提升过程中必须严格控制提升差和搁置差，绝不允许出现反盆现象。

（李世德）

peng

棚洞 shed for falling rock

顶部为钢筋混凝土盖板的明洞。适用于边坡岩石破碎而外墙基陡峻、使拱形明洞无法下基的地段。

（范文田）

棚架漏斗 covered hopper

用以进行重力装车的底部设有活门的土石堆积棚架。在路堑边坡坡底处架设支撑棚架，上置活动底板及挡板形成漏斗，存贮开挖出的土石。打开漏斗底部活动板，土石即可自动装入棚架下面的车中。适用于深路堑开挖及其边坡改缓和边坡修整工作。

（庞文焕）

棚罩法 heated shed

使用帆布或塑料薄膜罩将混凝土就地覆盖或扣罩，通入蒸汽养护混凝土的冬期施工方法。常用于梁板、基础结构等。其设施简便灵活，费用较低，但耗汽量大，温度不易均匀。

（张铁铮）

棚子梁 sill at sprining

又称太平梁。用先拱后墙法修建隧道时架设在拱脚之间的水平木横梁。两端用木楔楔紧以防止拱圈内移，梁上铺木板人行道和轻便轨道以利运输。

（范文田）

膨润土沥青乳液涂料 bentonite bitumen emulsion coating

以石油沥青为基料、膨润土作分散剂，在机械作用下制成的水乳性厚质防水涂料。冷作业涂布在基层上，形成厚质涂层，具有良好的防水性能。防水层的作法分无加强层和有加强层两类，无加强层防水层是直接将乳液分层涂刮在基层上；有加强层防水层，是在涂层间铺设玻璃纤维网格布或聚酯纤维无纺布，可采用"一网二涂"、"二网三涂"和"三网四涂"的做法。

（毛鹤琴）

膨胀混凝土 expansive concrete

采用膨胀水泥或掺加膨胀剂配制的、在硬化过程中能产生适度的膨胀以达到使用目的的混凝土。根据使用目的的不同可分为补偿收缩混凝土和自应力混凝土两类。

（谢尊渊）

膨胀率 expansion rate

搅拌后的水泥浆装入规定的标准容器内，经静置一定时间（一般为 24h）后，水泥浆增加的体积与原水泥浆体积之比。掺适当数量的铝粉或其他膨胀剂，可使水泥浆获得 5%～10% 的自由膨胀。在孔道灌浆用的水泥浆中掺入一定量的膨胀剂，对提高孔道灌浆的饱满密实度有好处。

（方先和）

膨胀水泥防水混凝土 waterproof concrete with expansive cement

以膨胀水泥为胶结料配制而成的防水混凝土。膨胀水泥在水化过程中，形成大量体积增大的钙矾石，产生一定的膨胀能，改善了混凝土孔隙结构，使总孔隙率和毛细孔径减小，密实度增大，从而提高了混凝土的抗渗性；同时，它还改变了混凝土的应力状态，使混凝土处于受压状态，从而提高了混凝土的抗裂能力。膨胀水泥防水混凝土应在 5℃ 以上条件下施工，必须特别注意养护，养护温度和使用温度均不应超过 80℃。

（毛鹤琴）

膨胀水泥砂浆防水层 expansive cement mortar waterproof coating

水泥砂浆采用膨胀水泥拌制，在基层上分层涂抹形成的水泥砂浆防水层。利用水泥膨胀和无收缩的特性，来提高砂浆的密实性和抗渗性。此种砂浆由于凝固快，故在常温下配制后必须在 1h 内用完。
(毛鹤琴)

膨胀土 expansive soil, swelling soil

土中粘粒主要由强亲水矿物组成，具有显著吸水膨胀、失水收缩变形特性的粘性土。其胀缩变形是可逆的，即再吸水再膨胀，再失水又再收缩，会随着季节气候的变化，反复失水吸水，地基不断产生反复升降变形，导致大批建筑物开裂破坏。中国膨胀土分布范围很广，广西、云南、湖北、河南、四川、安徽、河北、山东、陕西、江苏、贵州、广东等地都有不同范围的分布。它一般强度较高，压缩性低，易被误认为是良好地基，以致造成不少事故，应引起重视。膨胀土的工程特性指标为自由膨胀率、膨胀率、收缩系数和膨胀力。 (赵志缙)

膨胀珍珠岩 expanded pearlite

又称珠光砂。用珍珠岩矿石经过破碎、筛分、预热、在高温（约 1260℃）下急速焙烧，体积骤然膨胀而形成的白色或灰白色的多孔粒状材料。质轻，与水泥拌成砂浆，可用于墙面抹灰，有保温、隔热、吸声等作用。 (姜营琦)

膨胀蛭石 expanded vermiculite

将蛭石矿石经过晾干、破碎、筛选、煅烧、膨胀而成的多孔粒状材料。体积密度、导热系数小、耐火、防腐，可与水泥或石灰膏拌成砂浆，用于室内墙面、顶棚抹灰。有保温、隔热、吸声等作用。
(姜营琦)

pi

披麻捉灰

在木基层处理后，用麻布及灰泥打地的施工工艺。有一布四灰、一布五灰、一麻五灰、两麻六灰、一麻一布六灰和两麻一布七灰等。在木骨外表形成一厚厚的坚壳，使木骨表面平整，让油灰中的油脂渗入木料中使其不易干裂、腐蚀及遭受虫害，还可加强油漆的附着力。各遍灰之间及地仗灰与基层之间必须粘结牢固，无脱层、空鼓、崩秧、翘皮和裂缝等缺陷。生油必须钻透，不得挂甲。
(郦锁林)

劈 cleavage

用大锤和楔子将石料劈开的加工方法。可分为死楔法和踹楔法两种。前者在每个楔窝处安放楔子，再用大锤轮番击打，第一次击打时要较轻，以后逐渐加重，直至劈开；适用于容易断裂和崩裂的石料。后者只用一个楔子，从第一个楔窝开始用力敲打，要将楔子打蹦出来，然后再放到第二个楔窝里，如此循环，直至将石料劈开；由于力量大，速度快，适用于坚硬的石料（如花岗石）。
(郦锁林)

皮数杆 story pole

又称样棒、线杆子。在方木（截面一般为 50mm×70mm）上划有砖的皮数、灰缝厚度及门窗、圈梁、过梁、楼板等构件标高的标志，用以控制墙体竖向尺寸的木杆。砌筑时，皮数杆立于墙角或按一定间距设置，然后据以挂线砌筑，保证墙体的竖向尺寸准确。 (方承训)

pian

片筏基础 mat foundation, raft foundation

又称满堂基础。由钢筋混凝土底板、梁（或无梁）和柱整体浇筑成的基础。在外形和构造上如倒置的钢筋混凝土楼盖。分为梁板式和平板式两类。前者用于荷载较大时，后者用于荷载不大、柱网均匀且间距较小时。由于其整体刚度较大，能有效地将各个柱子的沉降调整得较均匀，多用于上部荷载较大且地基较软弱的情况。 (林厚祥)

偏心夹具 eccentric grip

利用偏心块夹持冷拔钢丝的张拉工具。由一对带齿的偏心块或由偏心块及其下的齿条组成。采用 45 号钢制作，热处理硬度 HRC 35~40。
(杨宗放)

piao

漂浮敷设法 pipeline buoyant method

将陆地上加工装配成的海底管线长管段下水漂浮拖运至敷设处就位下沉于海底管沟内的方法。根据下沉的方法，分为支撑控制下沉、管内充水下沉和浮筒控制下沉。 (伍朝琛)

pin

拼花木板面层 parquet floor

将加工成一定规格的木板条，按拼花图案铺钉在毛地板上，或用沥青胶结料或胶粘剂贴在基层上的木板面层。经刨平、磨光、油漆、上蜡后具有一定花纹图案，平整光滑，富有弹性。常用的拼花形式有方格、蓆纹、人字等。所用木材应质地优

良，纹理美观。　　　　　　　　（姜营琦）

拼装楼板　splicing floor-slab

在大柱距的预应力板柱结构中，一个柱网单元由数块预制楼板拼成的整间楼板。拼板的大小根据运输和吊装设备的能力确定。拼装方法：在垂直于拼缝的拼板小肋预留孔内穿入钢筋进行拼接；在拼缝内增设传力垫块和伸出的 U 形环互相连接。后者拼接时，在板缝中设置预应力筋，并使其穿过柱及传力垫块上的预留孔，张拉时通过垫块传递和承受双向预应力，使多块拼板连成整体。

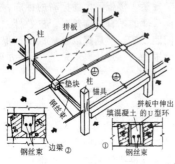

（方先和）

ping

平板网架钢结构　steel plate-type grid structures

杆件按一定规律布置，通过节点连接而成的外形呈平板状的空间杆件结构。具有能承受来自各个方向的荷载，整体性好，空间刚度大，体系稳定，抗震性能好，可利用小规格的杆件连成大跨度的结构，自重较轻，节约钢材等特点。制作时，一般把网格做成几种标准规格的预制单元，在工厂成批生产，运到现场组装成形。按照体系中网格形式不同，平板网架有交叉桁架体系和空间桁架体系两大类。前者是由一些平行弦的平面桁架组成，杆件较多，刚度较大，适用于各种跨度的建筑物；后者是由锥体形成的空间桁架所组成，杆件较少，因而刚度也较小。按照支承情况的不同，又有单跨和多跨之分，最常用的是单跨平板网架，其支承点有四点、多点和周边支承等三种形式。选择网架型式时应考虑建筑物的平面形状和尺寸、支承情况、荷载大小、层面构造、建筑要求、制造和安装的方法，以及材料供应情况等。　　　　　（王士川）

平堵　submerged. embankment closure method

沿戗堤轴线的龙口段全面投放抛投料，戗堤全面上升，直至抛投料出水的截流方式。一般采用在龙口设置浮桥或栈桥，用运输工具在桥上抛投的方法。要注意均匀抛投，使戗堤均匀上升，避免造成过流面高差过大，形成水流集中，恶化龙口水力条件。优点是截流中龙口单宽流量较小，水流条件较好，对龙口下游基床冲刷较轻，工作面大，可提高截流抛投强度。缺点是需修建浮桥或栈桥，难度大，造价高。　　　　　　　　（胡肇枢）

平缝　flush joint

灰缝表面与墙面齐平的勾缝形式。

（方承训）

平活

见石雕（217 页）。

平均劳动时间率　average working hour rate

一个工作日内净劳动时间与工作日总时间的比。以百分率表示。通过抽样测定，取其平均值。净劳动时间即除休息和工作中间持续 1min 以上的暂停时间外的全部活动时间。　　　　（刘宗仁）

平面图　plan

建筑平面图的简称。假想用一水平面将拟建工程窗台以上部分切掉后切面以下部分的水平投影图。它表示出拟建工程的平面形状、大小和位置；墙体和柱的位置；门窗的类型和位置；家具、设备和配件的位置和尺寸以及材料选用等情况。反映了建筑功能和建筑空间组合的主要内容，是设计图纸中最基本的图纸。　　　　　　　（卢有杰）

平模　flat form

模板尺寸相当于房间墙面大小，形状为平面的大模板。由面板、纵横钢楞、操作平台、支架等组成。平模各部件可焊接成整体式，或做成分件组合式。整体式平模尺寸与房屋的开间、进深、层高相当。组合式平模以常用的进深、开间、层高作为基本板面尺寸，再辅以按一定模数（30cm）宽的拼接模板，可用于不同开间、进深的墙面，以利减少模板型号。需用起重机械装拆，墙面平整，通用性受房屋类型限制。对于相同尺寸、类型的房屋栋数较少的工程，使用整体式平模，不够经济。

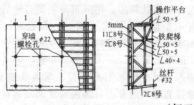

（何玉兰）

平模工艺　flat formwork technology

又称平模法。制作板型构件时，构件是在板面平放状态下成型密实的，与板面接触的模板面相应也成平置状态的板型构件生产工艺。

（谢尊渊）

平碾 smooth-wheel roeler

又称压路机。靠光滑表面的圆筒形碾滚施加压力的土壤压实机械。工作部分由滚筒、导架和刮土刀组成。有拖带式与自行式两种。滚筒多用钢制成,中空,可以加填料以调节碾滚的重量。用来压实粘土和壤土,被压土壤表面平整,适于广场、路面的压实。由于压实厚度小层面结合不良,在水利工程中很少作为主要压实机械。 (汪龙腾)

平曲线 plane curve, horizontal curve

道路平面线形中的曲线部分。它可使道路路线适应地形条件,绕避障碍物,保证车辆平顺、安全地变换方向,由一条直线转到另一条直线。平曲线常由圆曲线和缓和曲线构成。 (邓朝荣)

平曲线半径 radius of plane curve

为了确保车辆平顺、舒适和安全地改变方向,在转向段用圆弧曲线连接的半径。不同地形和公路等级的极限最小半径、一般最小半径、不设超高最小半径等均有规定。通常采用大于或等于一般最小半径,以提高道路的使用质量。当受地形或其他条件限制时,方可采用最小半径。位于平地或下坡的长直线的尽头,不得采用小半径平曲线。 (邓朝荣)

平身科 bracket sets between columns

位于两柱之间木枋上的斗栱。 (郦锁林)

平水 floor level

古建筑施工之前,先确定的一个高度标准。根据这个高度标准可决定所有建筑物的标高。它不但决定整个古建筑群的高度,也决定着台基的实际高度,因此与台基有十分密切的关系。 (郦锁林)

平台架 landing stage of scaffold, scaffold platform

一种既可作为民用建筑砌墙里脚手,又可作为存放材料和卸料的工作台。有伸缩式平台架和组合式操作平台两种。使用时预先将平台架拼装好,铺上脚手板,用塔吊整体吊装到使用部位。 (谭应国)

平台桩 platform pile

导管架型平台上与导管架一起共同承受上部甲板作用以及环境产生的垂直荷载与水平荷载的桩。用打桩船或设在导管架上的临时打桩架将其沿导管打入海底土中,可以接桩。桩打设后,在导管与桩之间的空隙中灌浆。 (伍朝琛)

平瓦屋面 flat tile roof

铺平瓦时利用榫、槽相互扣搭密合来防止雨水渗漏的瓦屋面。平瓦一般用粘土模压成型后烧制而成,瓦宽 230 mm,长 380～420 mm,四周有榫(俗称爪)和沟槽,屋脊部位用脊瓦铺盖。为了防止雨水从瓦缝倒灌,要求屋面坡度不小于 1/4。根据屋面基层构造不同,又有冷摊平瓦屋面、木望板平瓦屋面和钢筋混凝土挂瓦板平瓦屋面之分。 (毛鹤琴)

平网 horizontal net

水平安装在建筑物或构筑物防护部位的安全网。主要是用来接住坠落的人和物体,以减轻伤害程度。根据其搭设位置又分首层网,随层网,层间网。首层网系指距地面 4m 搭设的第一道建筑工程安全网,在整个被防护区域的施工期间不得拆除。随层网系指随着施工作业层向上翻升搭设的建筑工程安全网。层间网系指首层网与施工作业层之间搭设的固定的建筑工程安全网,在整个被防护区域施工期间不得拆除。 (刘宗仁)

平斜砌层 diagonal stretching courrse

顶面外露的斜向平砌砖层。 (方承训)

平行导坑 parallel heading

用矿山法修建山岭长隧道时平行于主隧道的小断面辅助坑道。每隔一定距离开挖横通道与主隧道相连。为便于出碴、通风、排水、增加工作面和预测正洞的地质情况,其开挖长度要比主隧道下导坑的开挖至少超前两个横向通道的间距。必要时,日后可将平行导坑扩建为第二线隧道。如目前世界上最长的辛普伦铁路单线隧道即如此修建。 (范文田)

平行工作 concurrent activities

又称平行工序、平行作业、平行活动。可以与本工作同时进行的工作。 (杨炎荣)

平行施工 concurrent construction operations

在工作面允许条件下,对同一施工过程(或若干幢房屋)组织若干个相同专业的工作队(组),同时投入施工的施工组织方法。其特点为:工期短;每日投入资源量大;工作队(组)不能连续施工;现场组织管理较复杂等。 (孟昭华)

平移法 parallel translalion method

将地面组合的屋盖架设单元用起重机从建筑物一端起吊至设计标高,然后用牵引设备平移至设计位置进行固定的方法。根据结构组合程度,又可分为单元平移和组合平移。单元平移是指逐个单元起吊,逐个平移至设计位置;组合平移则是架设单元起吊到设计标高后,随即进行单元间的拼接组合,然后再平移至设计位置。前者所需牵引力不大,但拼接点分散,所需脚手架数量较大;后者则反之。此法适用于大跨度桁架、网架和薄壳屋盖结构的安装。 (李世德)

平移轴线法 method of parallel moving of axes

以一条与吊车梁轴线平行的线为准线，平移至吊车梁的轴线，校正吊车梁平面位置的方法。用经纬仪由地面投放一条与吊车梁轴线距离相等的校正准线于该列柱的侧面上，并校对两列吊车梁轴线间的距离是否符合跨度尺寸，然后根据该准线逐根对吊车梁进行校正。
（李世德）

平直 flattening and straightening
消除钢材在碾压、切断、运输、装卸和堆放过程中产生的超过允许偏差的弯曲、扭曲等表面不平缺陷的工作过程。以免影响划线下料的准确程度。可用机械或手工的方法进行。当采用机械方法时，钢板常用校正辊床矫正（辊式平板机），角钢、型钢一般在型钢矫正机或撑直机进行；当钢料的长度不长而不能在机械上进行矫正时，或在不具备撑直机的情况下，则可利用手工方法进行（将钢材放在圆筒形钻砧或平砧上用大锤敲打其凸出的部分）。矫正过程一般用目测，待目测认为合格时再拉粉线测量。
（王士川）

评标 bids evaluation
对投标者的财务状况、技术能力、经验、信誉和标书中的工程报价、工期、施工组织设计、主要材料消耗、工程质量保证和安全措施等进行分析比较、综合评议，以择优确定中标单位的过程。
（毛鹤琴）

po

坡顶 crest of slope
路基边坡上部与路基面或地面的交线。对于路堤，坡顶位置取决于路基面的宽度；对于路堑，则取决于路基面宽度、挖方深度以及边坡坡度的大小。
（庞文焕）

坡度尺 slope scale
检查砌体坡度用的重力指针分度盘测尺。使用时，将其置于所测砌体表面，根据指针读数，即可确定所测坡度值。
（方承训）

坡脚 toe of slope
路基边坡坡底与地面或路基面的交线。路堤的坡脚位置取决于路基面宽度、路堤填方高度以及边坡坡度的大小，但主要取决于路基面宽度。
（庞文焕）

坡口 groove
为使焊缝易于焊透，在焊缝部位加工成的施焊空间。其形状有Ⅰ形（垂直坡口）、单边V形、V形、U形、K形等，其中单边V形、V形和U形又可分为单向施焊和双向施焊两种。应根据焊件厚度、保证焊缝质量、便于施工及减少焊面积等因素选用。
（王士川）

坡口切割 groove cutting
对焊接连接的金属边缘进行的加工。根据焊件厚度（手工焊 $\delta>6mm$）从保证焊缝质量、便于施焊及减少焊缝截面积等因素考虑，选用不同坡口形式，然后采用二个或三个割嘴的氧炔切割器一次割出带钝口的坡口。
（王士川）

泼灰
将生灰块用水反复均匀地泼洒成为粉状后过筛。主要用于制作各种灰浆。存放时间：用于灰土，不宜超过 3~4d；用于室外抹灰，不宜超过 3~6 个月。
（郦锁林）

泼浆灰
泼灰过细筛后用青浆泼洒，并闷至 15d 以后而成。主要用于制作各种灰浆。若存放时间超过半年，则不宜用于室外抹灰。
（郦锁林）

破坏药 destructive explosive
又称次发炸药、主炸药。用以破坏爆破介质的炸药。它具有相当大的稳定性，只有在起爆炸药的爆炸冲能的激发下才能发生爆炸。这类炸药的爆力强，爆炸威力大，破碎岩石效果好。根据其组成可分为单体炸药和混合炸药。
（林文虎）

破圈法
在网络图中，从起点节点开始由箭线（即边）所构成的圈中，破除线路持续时间最短的圈，直至找出关键线路的方法。
（杨炎荣）

pou

剖面图 section
建筑剖面图的简称。假想用一个垂直于外墙轴线的剖切平面把建筑物沿垂直方向切开，切面后的部分正立面投影图。沿房屋横向切开的为横剖面图；沿房屋纵向切开的为纵剖面图。主要表示房屋内部的结构形式，分层情况，屋顶坡度，房间和门窗各部分的高度，楼板材料、厚度以及各构件、各部位的关系等。
（卢有杰）

pu

铺碴 ballasting
在铁路路基上铺设道碴构成道床的作业。按铺轨顺序的先后分有：铺轨前铺碴和铺轨后铺碴。按轨道运卸道碴的方式分有：向碴场铺碴和自碴场铺碴。通常采用铺轨后铺碴，以利用已铺轨道运送大量道碴。为了避免形成枕木槽和提高工程列车运行速度，应尽早铺设底碴。铺碴工作包括：路基面整

修、运卸道碴、起道、枕木挤垫、捣固、填枕木盒道碴、轨道整正和道床整理等。　（段立华）

铺碴机　ballast spreader
又称配碴整形机。铁路新建和大修线路时拢配道碴和道床整形的专用轨行机械。与卸碴车、起道机、拨道机和捣固机配合使用。道碴卸于线路后，能将分散道碴收拢、分配，经捣固后能整形成道床。　（段立华）

铺垫法　mat method, blanketing method
在软土地基上铺设垫层扩散建筑物基础压力，使地基应力减少到其所能承受的范围内的方法。适用于浅层地基处理。铺垫材料可分为柔性材料、刚性材料和半刚性材料。柔性材料是常见的垫层材料，包括砂土、碎石、石碴、煤灰、矿渣、粘性土等；刚性材料主要是金属垫层、木材垫层等；半刚性材料有土工布、筋笆等。　（李健宁）

铺管船敷设法　pipelinc laying method from ship
用敷设海底管线的船舶敷设管线的方法。施工时运输驳船不断向铺管船供应钢管，在铺管船上制作管线，然后铺管船沿管线敷设方向开行进行敷设。是最常用的海底管线敷设方法。目前使用的铺管船有传统式铺管船、半潜式铺管船、潜水式铺管船、卷筒式铺管船、重直式铺管船和铺管组合驳船。　（伍朝琛）

铺轨　track laying
在路基上铺设枕木、钢轨和扣件，联成轨道的作业。按铺设方法不同有人工铺轨和机械化铺轨。人工铺轨进度慢，劳动强度大，现已很少采用；机械化铺轨效率高，但常受架桥进度限制。已铺设的轨道应随即整修，以便通行铺碴铺轨工程列车。此项工作需时较多，在单向铺轨时常控制总工期，以尽量提前进行为宜。　（段立华）

铺轨后铺碴　ballasting after track laying
铁路铺轨后利用工程列车进行运铺道碴的方式。先行铺轨使铺轨铺碴工程列车得以通行，在经济上和施工上均很重要，但铺轨后必须尽早铺上第一层道碴，避免形成枕木槽，给铁路运营带来病害。后续道碴必须分层铺设并进行起道和捣固。　（段立华）

铺轨机　track laying machine
在路基上铺设或拆除轨排的专用起重机械。按构造分有龙门架式、低臂式和高架式等类型。轨排用专用平车由拼装基地运至铺轨前方，然后由铺轨机逐个起吊进行铺设。　（段立华）

铺轨列车　track laying train
专供铺轨队员工居住、生活等用的列车。主要由棚车组成，有供居住、办公、炊事、医疗、工具修理、文娱及水槽用的车辆。随铺轨工地流动，停于附近的车站。　（段立华）

铺轨前铺碴　ballasting before track laying
铁路铺轨前用其他运输工具预先铺设底碴的作业方式。先行铺碴，可采用汽车运碴。由于道床用碴数量巨大很不经济，仅在特殊情况下或在铺轨前预铺底层道碴时采用。　（段立华）

铺灰挤砌法　shove joint brickwork
又称挤浆法。在砌筑面上铺设一定长度的砂浆后，用手拿砖在离前砖约 5～6cm 处放在砂浆层上，沿水平方向向前挤，将挤起的砂浆作为竖缝砂浆的砌砖操作方法。操作中，只用单手拿砖进行挤灰砌筑的称单手挤浆法；双手同时拿砖进行挤灰砌筑的称双手挤浆法。　（方承训）

铺灰器　mortar spreader
由角铁状导尺和漏斗组成的铺砂浆用工具。使用时，导尺贴靠墙棱，漏斗满装砂浆，移动铺灰器，砂浆即均匀铺于砌筑面。　（方承训）

铺设误差　error in track laying
轨排铺设中铺设里程与计算里程的差值。产生的原因有轨缝误差、轨长误差、线路设计里程与竣工里程的误差、坡度误差以及曲线误差。按产生原因的不同分别进行调整。　（段立华）

葡萄灰
泼灰加水后加霞土（二红土）再加麻刀而成的灰浆。用于需刷红土浆的抹灰工程或夹垄加灰。　（郦锁林）

普氏系数
见岩石坚固性系数（270页）。

普通低合金钢钢筋　common low alloy steel bar
在普通碳素钢组成成分中加入少量合金元素而轧制成的钢筋。它具有较高的强度和较好的韧性、塑性等综合性能，有较好的耐腐蚀性和耐磨损性，易于加工和焊接性好等优点。在钢筋混凝土结构和预应力钢筋混凝土中得到最广泛的应用，主要品种有 $20MnSi$、$25MnSi$、$40Si_2MnV$、$45Si_2MnTi$ 等。
　（林文虎）

普通防水混凝土　ordinary waterproof concrete
针对普通混凝土由于内部结构所形成的孔隙和毛细管而引起渗漏水的原因，以调整配合比的方法，来达到提高自身密实度和抗渗要求的防水混凝土。普通混凝土是根据强度要求配制的，而普通防水混凝土，则是根据抗渗要求配制的，其中石子的骨架作用减弱，水泥砂浆除满足填充、润滑、粘结作用外，还要求在集料周围形成一层质量良好的和足够数量砂浆包裹层，将石子充分隔离，改变毛细孔分布状态，增强混凝土的粘滞性，以提高混凝土的密实性和抗渗性。为此，水灰比小（0.6 以内）、水泥用量多（不小于 320kg/m³）、砂率大（不小于 35%）、灰砂比高（不小于 1:1.25）、集料粒径小（宜用中砂、细砂，石子最大粒径不大于 40 mm），并应保证施工质量，以防止和减少施工孔隙。

（毛鹤琴）

普通股 common stock, common share

股份有限公司发行的不保证股利分配水平的股票。在公司发行普通股和优先股两种股票情况下，普通股须在公司支付优先股股利之后根据所余公司盈利多少分配股利；公司清算时普通股在按优先股股份分配公司剩余资产之后才能分配到所剩下的资产。因此，普通股股东利益与公司经营状况有更密切联系，承担更大风险。普通股价格波动幅度也大于其他有价证券价格。但普通股股东通常按所持股份拥有在股东大会上选举董事会成员、监事会成员的表决权和审议批准董事会报告、监事会报告、公司分配方案、公司经营方针、投资方案等重大决策的表决权。

（颜 哲）

普通混凝土 normal concrete

简称混凝土。干表观密度为 1 950～2 500kg/m³ 的混凝土。其所用的集料为天然的砂和石。这是土建工程中应用最广泛的一种混凝土。

（谢尊渊）

普通螺栓连接 common bolted connection

将螺杆插入构件的钉孔后拧紧螺帽的钢结构连接。普通螺栓一般用 Q235－A·F 钢材制成，分粗制和精制两种，粗制螺栓表面不经特别加工，只要求 II 类孔（一次冲成孔或不用钻模钻成），孔径比螺栓公称直径大 1～2mm，故在受剪力作用时连接变形较大，但其传递拉力的性能较好，又易于拆装，因此多用于拉、剪联合作用的安装连接中；精制螺栓的杆径只比孔径小 0.3mm，需要机械加工，尺寸准确，且必须采用 I 类孔（用钻模钻孔或在装配好的构件上钻成或扩钻成孔），但因造价昂贵且安装困难故在钢结构中较少使用。 （王士川）

普通抹灰 common plaster

由一层底层和一层面层组成装饰层的一般抹灰。施工要求分层赶平、修整、表面压光。

（姜营琦）

普通碳素钢钢筋 reinforcement of common carbon steel

由含碳量不超过 0.7% 的碳素钢轧制成的光面圆钢筋、变形钢筋和钢丝。钢材中含碳量的多少决定钢材的力学性能。含碳量增加，其强度、硬度和脆性增大，可焊性变差。含碳量低于 0.25% 者称为低碳钢钢筋；含碳量为 0.25%～0.7% 者为中碳钢钢筋；含碳量为 0.7%～1.4% 者则为高碳钢钢筋。 （林文虎）

普通粘土砖 common clay brick

又称普通砖。外形尺寸为 240mm×115mm×53mm 的平行六面体粘土砖。有红色、灰色两种颜色。前者称红砖，后者称青砖。 （方承训）

Q

qi

七分头 three guarter bat

又称 3/4 砖。将尺寸为 240mm×115mm×53mm 的整砖横向砍去 1/4，尺寸为 180mm×115mm×53mm 的砖。 （方承训）

期望工作时间 activity time expected

当工作持续时间视作为与概率分布有关的随机变量时，根据工作的最长、最短和最可能三个工作时间的估计值而求得的工作时间平均值。

（杨炎荣）

齐头墩接

将柱子已经糟朽的部分截锯平直，用废旧柱檩按柱径依墩接高度选截一段，把柱墩填入柱位，四面钉木枋子包好的木料墩接。截面要平直干净，柱顶面及周围清扫干净。在接口两头用铁箍 2 道箍牢，特别短的墩接也可以用一道宽 10cm、厚 0.5cm 的扁铁直接箍牢接口。在与墙接触的地方涂防腐剂，铁件涂防锈漆以防潮湿。

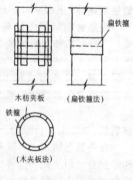

（郦锁林）

齐檐脚手架

用于屋顶安瓦口、苫背、号垄、宽瓦等搭设的外檐双排脚手架。是由落檐脚手架发展起来的，即把落檐脚手架的脚手板，由大额枋上皮提高到檐口的高度，使其工作面比落檐脚手架的工作面提高约一步架。另外进深钗的倾斜角度也为 60°～70°，位于屋面上的立杆与瓦顶上皮的距离也不能小于 1m。

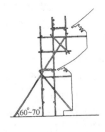

（郦锁林）

其他工程费用概算书 biu of estimation for the other project cost

用以确定与整个建设工程有关的其他工程和费用的文件，如建设场地准备费、建设单位管理费和生产人员培训费等。它们都是单独编成概算，以独立的项目列入总概（预）算或综合概（预）算书内。

（毛鹤琴）

棋盘顶

见天花（240页）。

棋盘心屋面

在阴阳瓦屋面的中间及下半部挖出一块，改做灰背顶或石板瓦屋面的做法。其特点是采用了小面积苫背的方法，所以灰背不易开裂。由于灰背较轻，可减轻木檩的荷重。尤其作为修缮手段，更具有较大的优越性。

（郦锁林）

企口板 grooved and tongued plank

一边做成凹槽，另一边做成凸榫的木板。拼合后可使接缝更紧密。

（姜营琦）

企业 enterprise

现代市场经济中从事生产、流通、服务等经济活动的独立核算的经济组织。拥有一定的资本金，在银行开设独立账户，按所在国法律规定登记注册，经批准具有法人资格，作为市场经营主体开展经济活动，拥有相应经济权力并承担相应经济义务。企业按其组织形式可分为个体企业、合伙企业和公司三类。现代企业制度以规范的公司制为代表。其优点是：产权关系明确；法人制度健全；出资者承担有限责任；投资主体多元化；企业决策、执行、监督三权分立并相互制衡；单一的利润动机；规范的财务会计制度；优胜劣汰的破产制度；双向选择的人事用工制度；激励与约束结合的分配

制度等。现代企业制度的基本要求是：产权清晰、权责明确、政企分开、管理科学。

（颜 哲）

企业筹资 financing

企业为满足生产经营活动的需要而从各方面来源取得资金。包括内部筹资和外部筹资。前者以企业内部积累为主要来源，还可通过资产变卖或反租赁、利用折旧基金等扩大筹资；后者指从其他企业、银行、社会公众等企业外来源筹资。内部筹资不影响企业经营自主权，也不形成企业债务负担，但来源有限。外部筹资利弊与此相反。外部筹资可分为直接筹资与间接筹资，前者不经过经纪人或证券机构的中介，后者则通过这些中介筹资。外部筹资还可分为举债筹资与产权筹资，前者途径有银行贷款、债券发行、商业信用等，后者途径有合营、合资、募集新股份（包括增资发行股票）等。

（颜 哲）

企业筹资策略 financing tactics

企业为满足未来一定时期的资金需要而选择、搭配和实现筹资方案的原则、方法和技巧。基本原则是在满足企业资金需要的前提下使筹资风险和筹资成本最小化。方法主要是对各种筹资方式的选择、搭配和调整，其中包括时机、期限、来源、中介、金额、结构等方面的考虑。不同规模、不同历史和资信、不同资金用途的企业会有不同的筹资策略。但就多数情况而言，广辟筹资来源、灵活运用一切可利用的筹资方式的分散筹资策略往往是较成功的。

（颜 哲）

企业筹资规模 financing scale

企业在一定时期内新增生产经营用资金的数量。取决于市场资金供求状况和企业资金需要、企业资信情况以及企业筹资策略。绝对规模指筹资总金额；相对规模指新增资金对原有资金的比例，也可用增长率表示。企业筹资的适度规模，要从确保偿债能力、自有资本获利能力、长期稳定经营能力和成长能力以及不丧失企业自主权等方面综合衡量。

（颜 哲）

企业筹资机会 opportunities for financing

有利于企业获取生产经营所需资金的客观环境条件和时机，但与企业主观努力有密切关系。银根松动、利率较低的环境通常是举债筹资的机会，经济回升、趋于繁荣的环境有利于股权筹资。所在部门前景看好也便于企业筹资。企业获得权威部门良好资信评估，是该企业扩大筹资的良机。企业经营业绩明显上升时，也适于股权筹资。

（颜 哲）

企业留利 retained profits

企业的未分配净利润。企业内部资金的主要来

源。对股份制企业而言，指企业生产经营所得交纳企业所得税、偿付到期债务和分配股利后的余额。对实行承包经营或租赁经营的企业而言，则指其税后利润还贷（或兑付债券）、上交承包费或租赁费后未分配给承包者或租赁者而提留为企业各项基金的部分。股份制企业留利形成公积金和公益金，前者用于弥补亏损、扩大生产经营或转为增加公司资本，后者用于企业职工的集体福利。实行承包或租赁经营的企业则按一定比例从留利中形成生产（或业务）发展基金、职工奖励基金和集体福利基金。

(颜 哲)

企业内部资金 internal finance

企业通过内部筹资形成的资金。主要来自企业税后利润中未分配而作为积累的部分，这使企业生产经营用资金数额增大。通过把企业资产存量转化为资金流量，也可增加企业现期可利用的资金，如在固定资产更新期限之前动用已提留的折旧基金、变卖企业闲置资产、出售企业使用中的固定资产再把它租赁回来继续使用等。增加企业内部资金，可以扩大企业生产经营，减少债务风险，提高经营稳定性。企业内部资金增加企业所有者权益，而节省发行新股筹资的费用，股东不必为所有者权益的这种增加缴纳个人所得税，还可防止所有者对企业的原有控制格局被破坏。中国企业增加内部积累，还可减轻银行的负担。

(颜 哲)

企业应收账款 accounts receivable

企业已向其他企业、单位或个人提供产品或劳务，却未收到买方的现金或结算票据，由此形成企业债权，有权在一定时期内向债务人收取的款项。是企业流动资产的一种形式。包括应收销货款、应收工程款等。

(颜 哲)

企业资产变卖筹资 financing by selling off assets

企业出售自有资产或在资产所有者授权下出售受委托经营使用的资产，以换取生产经营所需的现金资金。企业筹资的一种补充方式。虽然通常不能增加企业资产的总价值量，但通过盘活资产存量，增加了本期可使用的现金资金流量，有利于生产经营发展。国有企业变卖国有资产，须经国有资产管理部门批准并在其管理监督下由其承认资格的资产评估机构做出价值评估，才能拍卖或转让。企业变卖的资产，通常是闲置的、多余的固定资产、流动资产等。如果企业仍需使用该资产，则可在出售后从买方处租回，以支付租金方式继续使用。

(颜 哲)

起爆方法 method of initiation

引爆主药包的方法。根据引爆所使用的器材不同而分为火雷管起爆法、电雷管起爆法、导爆索起爆法、导爆管起爆法及联合起爆法。

(林文虎)

起爆药 detonating agent, primer

以爆炸冲能引爆主炸药的高敏度炸药。一般用来制作雷管、导爆线和起爆药包等。常用的有雷汞 $Hg(ONC)_2$，叠氮化铅 $Pb(N_3)_2$，特屈儿 $(NO_2)_3C_6H_2NCH_3NO_2$（2,4,6-三硝苯基·甲基·硝基胺），黑索金 $C_3H_6N_3(NO_2)_3$（环三次甲基三硝胺）以及泰安 $C(CH_2ONO_2)_4$（季戊四醇四硝酸酯）等。

(林文虎)

起道 track lifting

抬起钢轨及轨枕，调整轨顶面至要求高度的道床整修作业。在有碴轨道，当两轨水平误差超限，前后高低不合标准时均应进行调整，轨道抬起部分的碴床应予捣固。在无碴轨道，仅作小量调整，轨道抬起后在轨底下垫入垫板。起道作业可利用起道机进行。

(段立华)

起点节点 initial event

又称网络起点、起始节点。网络图开始的第一个节点。

(杨炎燊)

起泡 bulding

涂料施工干燥后，涂膜表面鼓起出现气泡的现象。指压有一定的弹性感，受压后会向四周鼓胀扩大或将涂膜胀裂。产生的原因是基层没有处理好，未干透就刷涂料，或在强烈日光下施工，表面已干燥成膜，而内部未干，溶剂受热迅速膨胀形成气泡。

(姜营琦)

起泡剂 blistering agent

见泡沫剂（180页）。

起皮 peeling off

涂料涂刷干燥后，所结成的涂膜开裂、成层状卷起的现象。产生原因有基层质量不好、太光滑、太湿、不清洁，或涂料质量不好、涂层过厚等。

(姜营琦)

起砂 sanding

水泥砂浆类地面或墙面饰面完工后，表面不坚实，触摸时会出现松散成粉或砂粒剥落的现象。产生原因有：水泥标号过低或水泥用量过少；水灰比过大；使用了过期或受潮水泥；砂粒过细或含泥量过大；底层过干或太湿；压光时间过早或过迟；养护不当；砂浆受冻等。

(姜营琦)

起升高度 lifting height

旧称起重高度。起重机在安全载荷下，起重吊钩所能达到的最大高度。对于自行杆式起重机，起升高度随起重臂加长而升高。因此，不同臂长的起升高度将影响起重量。亦即在同样工作幅度条件下，起升高度越大，起重量就越小。对于塔式起重机起升高度由塔身决定，故起重量与起升高度无关。　　　　　　　　　　　　　　　　　（李世德）

起雾　blooming

涂料施工干燥后，涂膜呈白色雾状无光泽的现象。产生的原因主要是涂料中加进了不干性稀释剂或稀释剂用量过大，施工时气温过低或湿度过大等。　　　　　　　　　　　　　　　　　（姜营琦）

起重吊运指挥信号　signals to lifting and hoisting machine operators

施工现场起重吊运指挥人员和起重机司机所使用的基本信号。包括手势信号、旗语信号、音响信号。通用手势信号是各种类型的起重机在起重、吊运中普遍适用的指挥手势。专用手势信号是具有特殊的起升、变幅、回转机构的起重机单独使用的指挥手势。旗语信号是各种类型的起重机在起重、吊运中普遍适用的指挥旗语。音响信号是各种类型的起重机在起重、吊运中普遍适用的指挥音响。
　　　　　　　　　　　　　　　　　（刘宗仁）

起重机　crane

起吊房屋构件、设备和工业设施零部件的机械。由承力结构和工作机构组成。承力结构可分为木结构和金属结构，绝大部分起重机都采用后者。工作机构可分为提升、变幅、回转和运行四部分，大部分起重机四者皆备，而有的只具备其中1~3种。根据其结构和机构的不同又可分为三大类：桅杆式起重机，其类型有独脚桅杆、人字桅杆、悬臂式桅杆和牵缆式桅杆起重杆等；自行杆式起重机，有履带式起重机、汽车式起重机和轮胎式起重机等；塔式起重机，有轨道式塔机、爬升式塔机和附着式塔机等。根据其起重性能、规格和大小，同类型起重机又可分为不同级别的型号。
　　　　　　　　　　　　　　　　　（李世德）

起重机安全防护装置　safety devices in hoisting and lifting equipment

保持起重机械正常的工作性能的装置。使用过程中及时检查、维护，发现性能异常，应立即修理或更换。防护装置有：超载限制器，力矩限制器，上升极限位置限制器，下降极限位置限制器，运行极限位置限制器，联锁保护装置，极限力矩限制器，风级风速报警器，倒退报警装置等。
　　　　　　　　　　　　　　　　　（刘宗仁）

起重机参数　crane parameters

衡量起重机性能以及表示其外形尺寸、重量的技术指标。有关起重性能的指标称为基本参数，有起重量、工作幅度、起升高度、起重力矩、工作速度、轨距或轮距等。其他参数尚有外形尺寸、电动机功率、整机重量等。为使起重机生产标准化、系列化，根据设计、生产水平和使用要求，国家有关部门应统一制定各类起重机的参数系列标准，以便进行定型生产。　　　　　　　　（李世德）

起重力矩　lifting moment

起重机的起重量与相应的工作幅度的乘积。是衡量起重机性能的综合参数，常用以作为塔式起重机的基本参数和产品型号的标记。（李世德）

起重量　lifting capacity

起重机在保证安全工作的条件下能够起吊的最大重量。对于自行杆式起重机，由于其稳定力矩是固定值，构成倾覆力矩的主要有关因素——起重量（即倾覆力）和工作幅度（与倾覆力的力臂密切相关）必然是相互制约的；对于塔式起重机，由于金属结构的强度、稳定性、位移以及平衡力矩等因素，起重量和工作幅度也是相互制约的。也就是说，在不同工作幅度条件下，起吊的重量是不相同的。因此，上述两类起重机的基本参数就有最大和最小起重量之分。不同工作幅度条件下的起重量可用绘出的起重性能曲线反映。　　（李世德）

气垫　air cushion

以压缩空气作为润滑介质来消除或减少承载件与支承面之间摩擦的装置。分为静压型气垫和动压型气垫。　　　　　　　　　　　　　　（杨文柱）

气垫运输　air cushion transport

利用高压空气的支承力使运载工具（包括载重量）升离地面微小高度（2~3mm）再行水平移动的运输方式。当压缩空气进入气囊时，气囊膨胀，同时部分空气经泄流孔进入气室，当气囊膨胀到使有效支承和气囊中压力的乘积大于载荷时，气室中的压缩空气经气囊和支承面间形成的缝隙喷泄至大气中，气垫单元便浮离支承面，其间有一层空气膜，而空气摩擦系数很小，故只需较小的力即可推动气垫单元。为使运行平稳，通常需将三个以上的气垫单元组成气垫车。要求有良好平滑的运输道路，用于短距离搬移重物。

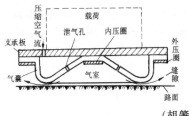

　　　　　　　　　　　　　　　　　（胡肇枢）

气垫运输车　air cushion transporter

装有气垫装置利用外牵引进行装载设备或建筑构件的运输车。由气垫元件、车体、管路系统、操纵、导向和驱动装置等组成。用于运输中等重量或

重级的设备与构件。具有技术性能好、承载能力大、牵引力小、操纵简单的优点。　　　（杨文柱）

气动桩锤　pneumatic pile hammer

用气体压力推动锤体上升，通过锤体下落的冲击力沉桩的桩锤。可分为单作用式、双作用式、差动式、人工操纵式、半自动操纵式、自动操纵式、气缸冲击式和活塞冲击式气动桩锤。具有桩锤落距短，打桩速度快，冲击力大，效率较高等优点。
　　　（郦锁林）

气割　gas cutting

利用气体火焰使钢材经过预热达到能在氧气流中熔化的温度，氧化和吹掉熔渣而割断钢结构的下料过程。适用于厚钢板的切断，但对熔点高于火焰温度或难以氧化的材料（如不锈钢、生铁管）不能采用。　　　（王士川）

气焊　gas welding, oxyacetylene welding

利用乙炔在氧气中燃烧形成的火焰来熔化焊条和母材逐渐形成焊缝的熔化焊接方法。主要用于薄钢板及小型结构的连接。气焊所用的气体分两类，即助燃气体（氧气）和可燃气体（乙炔、液化石油气等），通过焊炬使可燃气体与氧气混合产生适合焊接要求的燃烧稳定的高温火焰把金属加热和熔化而达到焊接的目的。　　　（王士川）

气密性试验　airtightness experiment

以气体为介质对设备作密封性的试验。检查气体的泄漏量或泄漏率是否符合要求。　（杨文柱）

气体推力反射波共同作用理论

认为岩的破坏是由密切相关且相互影响的反射应力波和气体膨胀推力同时作用的结果。系岩石爆破破坏原因的理论之一。较长时间的气体膨胀推力作用可以在岩体中继冲击波传播之后造成更长的应力状态，从而有利于促使裂缝的形成和发展。在自由面处应力波的反射可加强压缩应力波最初造成的径向裂缝的发展，共同破坏岩石。　（林文虎）

气温　atmospheric temperature

大气的温度。中国以摄氏温标（℃）表示气温，量测时应将温度计放在通风、隐蔽并离地面1.5m高度处。分最高气温、最低气温和平均气温。最高气温和最低气温系指一定时间内大气温度的最高值和最低值，采用最高温度表和最低温度表进行测定。将每日的最高气温和最低气温按旬、月、年计算出平均最高气温和平均最低气温。一年中日最高气温的最高值和最低值定为年极端最高气温和年极端最低气温。日最高气温与日最低气温的差值称为日较差。平均气温系指一定时间内大气温度的平均值，日平均气温是一日内2、8、14和20时各定时气温观测值的平均值，按旬、月、年逐日平均气温计算出平均气温。　（张铁铮）

气象条件　meteorological conditions

大气中的冷、热、干、湿、风、云、雨、雪、霜、雾、雷电、光象等各种物理状态和物理现象。表明大气物理状态和物理现象的各项气象要素主要有：气温、气压、风、湿度、云、降水以及各种天气现象。　　　（甘绍熹）

气象要素　meteorological factors

影响大气状况的风、云、雨、雪、温度、湿度、气压等因素。上述要素在瞬时或在一段时间内的综合显示的大气状况即为天气，它对人类的生产和生活都有直接的影响。在建筑工程施工中应根据天气情况采取相应的技术措施，以减少由于天气因素给施工质量带来的不利影响。　（张铁铮）

气压沉箱　pmeumatic caissons

工人于高压空气环境中，在干燥条件下边挖土边下沉至设计标高再封底的深基础施工设备。用于土层中有大漂石、地下水位下有较厚粉细砂层等不良地质条件下施工重型设备基础或在江河岸边施工大型引水结构物等。由沉箱室、上部砌体、通道、金属井管、气闸、输气管和虹吸管等组成。施工时，先制作沉箱室，通过输气管将压缩空气输入沉箱室，由压缩空气阻止地下水流入，工人经气闸进入沉箱室在干燥条件下挖土，并通过金属井管和气闸将弃土外运，沉箱失去支承后在自重和上部砌体重量作用下逐步下沉至设计标高，然后封底。工人在高压空气中工作对健康不利，要严格遵守保安规定并限制工作时间。施工费用高。　（赵志缙）

气压沉箱法　pneumatic cassion method

借助压缩空气沉入水底或含水土层中的箱、管为工作室修建隧道、基础工程及地下工程的施工方法。沉箱为一有顶无底的箱形钢筋混凝土结构，先在地面或水面上分段造成，然后借助压缩空气下沉，以其内部作为工作室，下沉至设计位置后进行封底。由于普通健康人员最多只能承受0.35MPa气压，使沉箱在水下的下沉深度受到限制，而且在高压空气中操作既不安全、效率又低，近来已很少采用。　　　（范文田）

气压盾构漏气　leakage of air in air pressed shield

用压气盾构法修筑隧道时，一部分压缩空气向开挖面、盾尾间隙、开启各种闸室的闸门以及向压缩空气段的隧道四周地层泄漏的现象。漏气量的大小随地层土质情况而异。砂砾土漏气量最大，砂性土次之，粘性土最小。　（范文田）

气压盾构跑气　blow in air pressed shield

用压气盾构法修筑水底隧道时，盾构上土压不足以平衡盾构内顶部气压和水压之间的压差时所产生的压气溢出现象。可导致隧道被水淹没而停工，甚至造成人员伤亡。　　　　　　（范文田）

气压焊　gase pressure welding

采用氧-乙炔火焰对两钢筋端部接缝处加热，使其达到塑性状态后，施加适当轴向压力，使钢筋顶锻熔结在一起的焊接方法。焊接设备包括氧-乙炔供气设备、加热器、加力器、油泵、油管及压力表以及卡具等。适用于现浇钢筋混凝土中直径20～40mm的Ⅰ级、Ⅱ级和部分Ⅲ级钢筋的任意方向和任意位置的闭合式气压焊施工。　（林文虎）

气压焊焊接参数　paramenters for gas pressure welding

影响气压焊焊接质量的主要技术控制数据。包括加热温度、火焰功率和性质以及挤压力等。加热温度应控制在焊件金属熔点下1 150～1 300℃，因为加热温度过低将使接头钢筋晶体难于获得充分的共生，加热温度过高则金属可能发生过烧、晶体破碎等现象；挤压力为施加于焊件上的压力，一般取30N/mm²以上；火焰功率宜采用大功率火焰，其氧气工作压力在0.5～0.7N/mm²，乙炔工作压力为0.05～0.1N/mm²。火焰性质对焊接质量影响很大，为防止氧气进入焊缝，使焊缝始终处于还原气氛中，故在加热时火焰的还原带能接触到焊件表面并且火焰的形状要充实，因此焊缝闭合前用强碳化焰（还原焰），闭合后用中性焰。　（林文虎）

气压试验　pneumatic pressure test

用压缩空气打入承压设备内，进行承压设备的强度与严密性试验。具有一定的危险性，必须有可靠的安全措施。　　　　　　（杨文柱）

气硬性胶凝材料　air hardening binding material

又称非水硬性胶凝材料。只能在空气中硬化，也只能在空气中保持和继续增长其强度的胶凝材料。如石灰、石膏、水玻璃等。　　（谢尊渊）

弃碴　muck piling

隧道开挖出的岩土从洞内运出并弃置于弃碴场的出碴作业。　　　　　　　（范文田）

弃方　spoil

土方工程中，开挖出来没有被利用或无法利用而被弃置的土石体积。　　（庞文焕）

弃土　spoil, waste

修筑路堑或其他挖方工程时，开挖出的不需利用或无法利用而予弃置的土石。　（庞文焕）

弃土堆　banquette

挖方弃土时所积成的土堆。其高度一般不超过3.0m。当设置在路堑两侧时，其上坡方向应连续堆放，使之起到拦水坝的作用；其下坡方向要分段堆放，每隔一定距离留出缺口，以利排水。一般成规则形状，保持一定高度，顶面需有适当坡度。　　　　　　　　　　　　（庞文焕）

汽胎碾　pneumatic tine roller

由汽车轮胎并联成碾滚的土层压实机械。工作部分由碾胎、导架、压重箱组成。由拖拉机拖带工作或特制成自行式。压重箱内装以铁块或混凝土块调节碾重。柔性碾滚可适应土层的变形，接触面大，作用时间长，因而压实效果好。其接触压力取决于轮胎气压，工作时可根据土性质、碾压要求，调节碾重与轮胎气压，以改变其接触面积和接触压力，使之在土料的极限强度内以免土壤结构遭到破坏。适应性强，压实土层厚，效率高，在水利工程中广泛使用。　　　　　　（汪龙腾）

汽套法　method of steam casing

将蒸汽通入结构模板与外套模板之间加热养护混凝土的冬期施工方法。模板间的距离不大于150mm。常用于梁板框架结构。汽套采用分段送汽，温度易于控制，可达30～40℃，加热效果好，但其设备复杂，施工费用较高。　（张铁铮）

契　qi

见材（16页）。

砌块　block

尺寸比普通粘土砖大的砌筑用人造块材。按材料分有普通混凝土砌块、加气混凝土砌块、蒸压粉煤灰砌块、煤矸石砌块等。按用途分有墙体砌块、拱圈砌块、烟囱砌块等。墙体砌块长度不超过高度的3倍，宽与墙身厚度相同。按质量划分，一般每块质量在20kg以内的称小型砌块，适用于人工搬运、砌筑；质量在350kg以内的称中型砌块，适应于中、小机械起吊、安装；质量在350kg以上的称大型砌块。　　　　　　　　（方承训）

砌块排列图　block bond pattern

根据建筑物的尺寸和具体要求，将砌体所用的砌块规格、排列和组砌型式以图示方法表明的砌块砌体施工图。一般按每片纵、横墙分别绘制。图上标出砌块规格、位置、灰缝厚度、局部嵌砖、轴线、门窗位置、过梁、楼板标高等。砌块排列应符合错缝搭砌要求，尽量减少规格和数量，少嵌砖。　　　　　　　　　　　　（方承训）

砌石工程　stone work, stone masonry

石砌体的砌筑。包括毛石砌体、料石砌体的砌筑。　　　　　　　　　　　（方承训）

砌体工程　masonry

将块材用灰浆通过人工砌筑组成结构的工程总称。常用块材有砖、石、砌块、土坯等；灰浆有水泥砂浆、石灰砂浆、混合砂浆及粘土浆等。以砖、石、土等块材的砌体结构在中国已有2000多年的历史，是建造建筑物与构筑物的最古老的方式。万里长城、赵县安济桥（隋）、嵩岳寺塔（北魏）等遗构都是中国砌体工程的光辉实例。砌体结构应用范围广泛，既可作承重结构，也可作围护结构。一般民用建筑的基础、内外墙、柱、过梁、楼盖、屋盖、地沟等均有应用。 （郦锁林）

砌体桥涵施工 construction of masonry bridge and culvert

又称圬工桥涵施工。用砖、石及混凝土预制块等砌体材料建造桥梁的工作。粘结材料有水泥砂浆、水泥石灰砂浆以及小石子混凝土（粒径小于2cm的卵石或碎石作为粗集料）等。墩台、翼墙的砌筑可参照一般砌体砌筑；拱圈的砌筑有特别的要求，如拱石及拱顶石的规定、拱圈错缝、砌筑程序、空缝的设置和填缝、分环砌筑、拱圈合拢和拱上建筑砌筑、拱架的架设及卸架等。 （邓朝荣）

砌筑程序 laying procedure of masonry work

砌筑拱圈考虑拱架受荷变形引起的拱圈变形，以及连拱的影响，而将拱圈分段分环砌筑的先后顺序。跨径16m以下的拱圈，用满布式拱架砌筑时，由两端拱脚顺序向拱顶对称均匀砌筑；当用拱式拱架时，在两半径上沿拱中心线各分二段以上，对称地先砌拱脚和拱顶，后砌1/4点；如不分段，则须在砌筑拱脚的同时预压拱顶及1/4部位。跨径16～20m，不论何种拱架，每半径均分成三段砌筑，先砌拱脚和拱顶，后砌1/4部位。跨径大于20m，采用分段砌筑或分环与分段相结合的砌筑法，必要时对拱架预加一定压力。分环砌筑，下环合拢后，间歇1～3d再砌筑上面的环段。连拱拱圈砌筑，按桥墩承受水平推力，各孔分别同步或采取其他措施分孔砌筑。 （邓朝荣）

qia

卡口梁 stretcher beam

开挖隧道仰拱时，为了避免对运输的干扰而在边墙间加立的横梁。可在其上铺设轻便轨道以利运输。可防止土质较差、墙脚侧压力较大时的边墙内移。 （范文田）

qian

千斤顶标定 jack calibration

确定千斤顶拉力与压力表读数的关系。千斤顶与压力表应配套标定。标定设备可采用测力计和试验机，测力精度不得低于±2%。常用的测力计有：测力环、压力传感器和水银箱测力计等。压力表的精度不宜低于1.5级。标定时，千斤顶活塞的运行方向，应与实际张拉工作状态一致。张拉设备的校验期限，不宜超过半年。 （杨宗放）

千斤顶校正法 method of adjustment by jack

利用千斤顶对柱进行垂直度校正的方法。一般都采用普通螺旋千斤顶。根据柱子的重量和千斤顶的起重量不同，千斤顶的放置可以采用水平、斜向和垂直三种方式。当采用水平和斜向放置时必须利用工具式支座以承受千斤顶的作用力。常用于100 kN以上的重型柱。 （李世德）

千斤顶油路 oil pipes to jacks

千斤顶提升需要供油的管路。在滑模施工中它的布置应使各个千斤顶尽量同步上升，压力传递均匀，便于控制。油路布置分为：分组串联、分组并联及串、并联混合。分组串联能节省油管，回油时间短，便于控制，但升差较大，难以调整，同时，在更换千斤顶时，需断开油路，故操作不便，很少采用。分组并联，便于调整升差，更换千斤顶不必断开油路，但回油时间较长，液压元件用量较多。串、并联混合油路综合了上述两种情况的优点，扬长避短，故使用较普遍。 （何玉兰）

千斤顶支承杆 bearing rod of jacks

又称爬杆、千斤顶杆、钢筋轴等。承受作用于千斤顶上全部荷载的杆件。它既是液压千斤顶向上爬升的轨道，又是滑模装置的承重支柱。施工时，可以利用钢筋混凝土结构中配筋作为永久性支承杆，亦可采用能重复使用的工具式支承杆，其接头形式有双母丝扣连接、公母丝扣连接。采用工具式支承杆时，应在承力架横梁下部设置一段大于支承杆直径的导管，导管长度约等于提升架横梁至模板下口，套管随着提升架的上升，在混凝土内形成管孔。为了便于拆除，支承杆底部应涂以黄油，插入钢靴座或混凝土靴座中。它是施工中的主要承重构件，应按压杆进行稳定验算及必要的施工安全措施。 （何玉兰）

牵引敷设法 pipeline pull-in method

将陆地上加工制作的海底管线在下水滑道上牵引下水的方法。下水滑道在管线敷设位置的延长线方向。根据管线所处位置的状况，牵引方法分为：海底牵引（对岸牵引、反向牵引、船舶牵引）、海面或水中牵引（由船舶牵引）。 （伍朝琛）

牵引汽车 tractor truck

又称拖车头。用于拖带半挂车或挂车的汽车。具有较短的轴距，以保证在拖带时的机动性。按结

构型式分有全挂牵引汽车和半挂牵引汽车。用于大型设备和预制构件的水平运输。　　　（胡肇枢）

前卡式千斤顶　front-clamping jack

利用工具锚半永久地安装在千斤顶的内部张拉预应力筋的小型千斤顶。张拉力为 220 kN，张拉行程为 200 mm，顶压力为 44 kN，额定油压为 60 MPa。预应力筋外露长度短，千斤顶轻巧，适用于张拉单根钢绞线或 7ϕ^s5 钢丝束。　　（杨宗放）

前檐　shield hood

隧道开挖面需予正面支护时，盾构切口环顶部及两侧伸长的部分。用以增加对施工人员的掩护长度。也有将其做成能由千斤顶推动向前的伸缩式前檐，罩在切口环外面以备使用。不用时切口环在整个高度上的长度相同。　　　　　　（范文田）

潜水　phreatic water, subsoil water

埋藏在地表以下第一稳定隔水层以上的具有自由水面的重力水。自由水面称潜水面，此面用高程表示叫潜水位。自地表到潜水面间的距离是潜水的埋藏深度。潜水的特征是有隔水底板（不透水层），无隔水顶板；能在水平方向流动，无水压力；分布区往往与补给区一致；能流到距补给区较远的地方排泄；水位及水质变化较大，易被污染。

（林厚祥）

浅层钻孔沉桩　technology for sinking piles with bores

又称钻打法。于桩位处先钻浅孔后，再插入预制桩锤击沉桩至设计标高的施工方法。减少沉桩对周围有害影响的措施，减小沉桩长度，能减少挤土、震动和降低孔隙水压力，中国用于软土地基沉桩，效果较好。施工时，先用螺旋钻钻孔不超过 10m，再插入桩进行锤击，如送桩至地表以下，残留的钻孔以粗粒土回填。　　　（赵志缙）

浅孔爆破　shallow hole blasting

又称炮眼法。在孔眼深小于 5m，直径为 28～50mm 的炮孔中放置炸药施爆的方法。此法具有不需复杂的钻孔设备，施工操作简便，炸药耗量少，

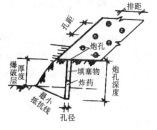

飞石距离近，岩石破碎较均匀，便于控制开挖面的形状和规格，且可在各种复杂地形下施工等特点。但爆破量小、效率低、钻孔工作量大。

（林文虎）

浅孔液压爆破　shallow hole hydraulic blasting

将炸药置于充满液体介质〈水〉的炮孔中引爆，以其爆炸时所产生的压力冲击波实现对岩石破碎的爆破方法。当炸药在液体介质中爆炸时，爆轰波在药包与液体介质的分界面处转变为冲击波，水中冲击波的压力约为空气中的 200 倍，而波速却比在空气中小 65%～66%。由于在致密的水中压力的损失较小，因此冲击波在很长距离内仍具有很高的能量。同时由于波的反射达到炮孔壁时波的压力至少提高两倍以上，致使整个岩石不沿炮孔径向产生裂隙破坏。多用于二次爆破。　　　（林文虎）

浅埋隧道　shallow tunnel

底部距地面深度一般小于 15m 的隧道。通常都用明挖法施工。位于城市的市政隧道，水底隧道及大部分地下铁道，多属此类型。　（范文田）

浅水拖航　shallow water towing operation

从干坞在吃水较浅情况下将钢筋混凝土重力式平台基础部分向施工水域拖运的过程。其过程包括清理场地；灌水起浮；拆除围墙；量测航道；拖航和系泊；用拖轮拖行。拖航时气象条件要好，基础混凝土要达到 70% 设计强度等级。　（伍朝琛）

欠挖　underbreak, underexcavation

开挖隧道后的实际断面尺寸小于设计开挖断面的现象。它使隧道断面减小，一般应补挖至所需尺寸。只有在石质坚硬和不影响衬砌质量时，才允许个别部分的岩石侵入衬砌，但一般不应超过衬砌设计厚度的 1/3。　　　　　　　　（范文田）

堑壕法　trench method

先从地面两侧向下挖出与边墙相适应的堑壕，并在其中灌筑边墙，而后在边墙的保护下，挖除其间的土层，待修筑隧底（仰拱或底板）及顶盖后再进行回填的隧道明挖法。也可将边墙间的土层开挖至顶板底面的标高后，修筑顶板并进行回填，再在顶板保护下用暗挖法挖除边墙间的土层并修筑底板。这种施工方法较为麻烦，边墙与底板间的连接质量也稍差，故仅在邻近有高层建筑且隧道跨度较大时应用。　　　　　　　　（范文田）

嵌雕　carved applique work

在已雕好的浮雕作品上镶嵌更突出的部分。

（郦锁林）

嵌缝　caulking

向衬砌管片突缘上的沟槽内嵌填防水材料的措施。嵌缝材料主要为环氧树脂，聚硫橡胶和尿素树脂等。对钢管片衬砌可采用铅条。通常是在衬砌组装后，在盾构千斤顶推力消失处用作业台车进行操作。　　　　　　　　　　　（范文田）

qiang

戗脊　diagonal ridge for gable and hip roof

又称金刚戗脊。俗称岔脊。歇山顶四角，筑于角梁之上与垂脊相交的脊。　　　　（郾锁林）

强夯法　heavy tamping method, dynamic consolidation (compaction) method

又称动力固结法。用数吨至几十吨的重夯锤从高空自由下落强力夯击地基土以加固地基的方法。夯击在地基土中产生的冲击波和动应力可提高土的强度，降低土的压缩性，改善砂土的振动液化和消除湿陷性黄土的湿陷性，提高土层的均匀性。提升重夯锤用起重量大的履带式起重机、轮胎式起重机、三脚架和特制轮胎式强夯机。夯锤重 $8\sim30t$（最重可达200t），落距不宜少于6m，构造多为钢板外壳内灌混凝土，重量大者可为钢锤，或是在混凝土锤上临时装配钢板的组合锤。夯锤以圆形带气孔者较好，可减少起吊时的吸力和下落时的能量损失。锤的底面积与表层土层有关，砂性土为 $3\sim4m^2$，粘性土不小于 $6m^2$。在地下水位较高的饱和粘性土和易于液化的饱和砂土地区进行强夯，需铺设砂或砂砾垫层，厚度 $0.5\sim2.0m$，否则土体易流动。土层加固的厚度 H 可用 Menard 教授的经验公式估算：

$$H = \alpha\sqrt{\frac{W \cdot h}{10}}(m)$$

W 为锤重（t）；h 为落距（m）；α 为折减系数，粘性土取0.5，砂性土取0.7，黄土取 $0.35\sim0.5$。夯击点按正方形或梅花形网格布置，夯距一般为 $5\sim15m$。各夯击点的夯击数，可以土的体积竖向压缩最大，而侧向移动最少而定，或以最后两击的沉降量或最后两击沉降量之差少于试夯确定的数值，一般为 $3\sim10$ 击。平均夯击能，在一般情况下砂土可取 $50\sim100\ t\cdot m/m^2$；粘性土可取 $150\sim300\ t\cdot m/m^2$。夯击遍数一般为 $2\sim5$ 遍。两遍之间的间隔时间，取决于孔隙水压力的消散，一般为 $1\sim6$ 周。质量检验可用动力触探、静力触探、载荷试验、旁压仪试验和波速试验。　　（赵志缙）

强制挤出置换法　displacement method by forced squeezing

利用强制性的手段挤开软土而换填良质土（砂、碎石、石块等）以改良地基的方法。包括填土自重置换法、爆破置换法、水射法、压入砂（碎石）柱等方法。填土自重置换法仅适用于超软土地基，且置换深度有限。当需置换较深的软土时，可用爆破等其他置换法。强制置换法会使地基产生侧向变形和隆起，以致影响附近的原有建筑物，必须予以充分注意。　　　　　　　（李健宁）

强制取向　foned orientation

将钢纤维混凝土中处于空间随机分散状态下的钢纤维，在混凝土成型过程中，用人为的方法使其长度方向按构件拉应力的方向作定向排列的工作。按强制的手段分，有振动取向（例如采用振动台成型）、磁力取向、离心取向等。　　　（谢尊渊）

强制式搅拌　forced mixing

利用剪切扩散机理达到使物料混合均匀目的的搅拌方法。　　　　　　　　　　（谢尊渊）

墙顶封口　closing top of tunnel wall

又称刹肩、刹背。用先拱后墙法修筑衬砌边墙的最后操作。当边墙灌筑至快与已砌拱脚合拢时，必须留出封口缝，待混凝土初凝，发生散热收缩24h后，用比较干的混凝土分层由里向外充填和捣实，最后在外表面盖上木板顶紧。当边墙衬砌采用干硬性混凝土时，由于极少或无收缩现象，可以连续施工而不必间歇。同样，用砌块砌筑的边墙，可用稀砂浆连续施工而不必间歇。　（范文田）

墙段　wall segment

又称单元墙段。用地下连续墙法修建地下工程时，一次浇注的混凝土墙。地下连续墙则由墙段连接起来所构成。　　　　　　　　（范文田）

墙架　timbering of side wall formwork

修建隧道时用以支撑边墙衬砌模板的支承结构。可用作工作平台或脚手架，但须加强以防止其变形，大多用木料制成。　　　（范文田）

墙裙　dado

又称护壁、台度。室内墙面或柱身下部外加的表面层。一般高 $1\sim2\ m$。常用水泥砂浆、大理石、花岗石、水磨石、瓷砖板材等做成，既可保护墙面、柱身免受污损又起装饰作用。　（姜营琦）

qiao

荞麦棱

三根杉槁并立在一起的立杆。主要是为了加大立杆的承载能力和稳定性。　　　（郾锁林）

桥涵　bridges and culverts

桥梁和涵洞的合称。为便于管理或制定规范、规定、条例，通常用跨径来区分桥和涵，中国交通部公路工程技术标准规定：多孔跨径总长 $L\geqslant8m$，单孔跨径 $L_0\geqslant5m$ 者为桥，以下者为涵洞；圆管涵及箱涵不论管径或跨径大小以及孔数多少，均称为涵洞。　　　　　　　　　　　　（邓朝荣）

桥涵跨径　span of bridge and culvert

桥梁及涵洞越经河流、沟渠等的跨度总称。包括：桥跨结构两支点间的距离，称为计算跨径 L；梁式桥的设计洪水位线上相邻两桥墩（或桥台）的水平净距离，称为净跨径 L_0；各孔净跨径的总和，称为桥梁的总跨径，反映桥梁排泄洪水的能力；梁式桥、板式桥涵以两桥（涵）墩中线间距离或桥（涵）墩中线与台背边缘间距为准；拱式桥涵、箱涵、圆管涵以净跨径为准，称为标准跨径。当跨径在60m以下时，一般均应尽可能地采用标准跨径（m）：0.75、1.0、1.25、1.5、2.0、2.5、3.0、4.0、5.0、6.0、8.0、10、13、16、20、25、30、35、40、45、50、60。在不致淤塞的情况下，灌溉涵洞的跨径可小于0.75m，但不小于0.5m。桥梁全长（总长度）L_1：有桥台的桥梁，为两岸桥台侧墙或八字墙尾端的距离L；无桥台的桥梁，为桥面系行车道长度L_1。桥梁总长$8m \leqslant L_1 \leqslant 30m$和单孔跨径$5m \leqslant l \leqslant 20m$的为小桥；$30m \leqslant L_1 < 100m$和$20m \leqslant l < 40m$称为中桥；$L_1 \geqslant 100m$和$l \geqslant 40m$的为大桥；$l_1 \geqslant 500m$和$l \geqslant 100m$的为特大桥；$L < 8m$和$l_0 < 5m$的为涵洞。

（邓朝荣）

桥涵施工测量 construction surveying of bridge and culvert

桥梁、涵洞在施工阶段所进行的工程测量工作。在施工前按照设计施工图，对有关桥涵的中线桩、三角网基点桩、水准基点桩等及其测量资料进行检查、核对、补测；补充施工需要的桥涵中线桩；测定墩、台纵向和横向中线及基础桩的位置；测定桥涵锥坡、翼墙及导流构造的位置；补充施工需要的水准点；测定并观察校核在施工过程中，中线和高程与路线平面、纵断面与设计要求符合；进行高程测量和施工放样，将设计标高及几何尺寸移设于实地。在竣工时，对工程量和质量进行测验，以及竣工测量等。

（邓朝荣）

桥梁净空 clearance of bridge

桥梁上部结构底缘以下满足桥下通航或行车、行人通过的空间界限和桥上行车道、人行道上方应保证的空间界限的全称。前者称为桥下净空，后者称为桥面净空。净空由净高和净宽两部分组成。当桥梁跨越河道或越过其他道路而形成立体交叉时，应分别根据河道等级与交通工具的类别来确定桥下的净空尺寸。在桥梁设计规范中，均规定了必须保证的建筑限界或净空。

（邓朝荣）

桥上线型 alignment of bridge floor

桥道面中心线的空间形状。高速公路和一级公路上的大、中桥，以及各级公路上的小桥线型与公路的衔接，应符合路线布设的规定。二级公路、三级公路、四级公路上的大、中桥的桥上线型，一般为直线，如必须设成曲线时，各项指标均应符合路线布设的规定。桥上纵坡不宜大于4%；位于市镇混合交通繁忙处，不得大于3%。桥上线型要与桥头两端引道线型相配合，弯道上的桥梁按路线要求，予以加宽。

（邓朝荣）

桥式脚手架 bridge-type scaffolding

由可升降的桥架搁置或挂置在落地搭设的支承架上组合而成的脚手架。桥架为桁架式工作平台，由两榀单片桁架用水平横杆和剪刀撑（或小桁架）连接组装，上铺脚手板。支承架的构造型式有：型钢格构式、扣件钢管或门型框架搭设的井式架、定型钢排架组成的井式架和塔式脚手架等。桥架采用手动工具或卷扬机提升，主要用于外墙砌筑和装修等工程。

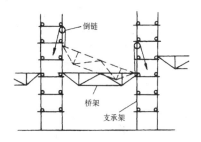

（谭应国）

桥式隧道 bridging tunnel

又称水下桥梁、隧式桥梁。修建在桥墩上并露出水底面的水下隧道。在窄而深的水道中修建水底隧道或桥梁都十分困难时穿越水域的一种方案，可采用沉管法施工。

（范文田）

桥头引道 bridge approach

桥梁两端与道路衔接部分的路段。其线型宜与桥上线型相配合，桥上纵坡不宜大于4%；引道纵坡不宜大于5%；位于市镇混合交通繁忙处，桥上纵坡和桥头引道纵坡均不得大于3%。

（邓朝荣）

壳体基础 shell foundation

柱下呈半圆薄壳状的钢筋混凝土基础。能减少混凝土量和改善基础的受力性能。施工时最好用土胎模浇筑，否则模板搭设较麻烦。曾在少数工程中使用。

（赵志缙）

翘 flower arm

斗栱中略似弓形的方木。沿建筑物纵向布置的，清代官式称为拱；横向布置，前后伸出的，清代官式称为翘。

（郫锁林）

翘飞椽

在古建筑转角部位的一组呈放射状排列的飞檐椽。由于角梁冲出与翘起，因此，翘飞椽也随之冲

出、翘起而改变角度，在头部形成一条翘起的折线。　　　　　　　　　　　　　　（张　斌）

翘飞母

翘飞椽椽头随起翘而扭转一定的角度。以靠近角梁的第一翘扭的角度最大，以下依次递减，直到最末一翘近似正身飞椽。　　　　（张　斌）

qie

切割放张法　releasing method by cutting

利用剪丝钳剪切或氧-乙炔焰熔断预应力筋的放张方法。前者用于钢丝配筋的中小型预应力混凝土构件，后者用于粗钢筋配筋的预应力混凝土构件。不管是采用剪切或熔断，都应注意对称地逐根进行。　　　　　　　　　　　　　　（卢锡鸿）

切口环　cutting edge

可切入土体并掩护开挖的盾构前端构件。由若干个前端为尖锐切口的钢制弓形件组成，其后端与支承环相连接。　　　　　　　　（范文田）

qing

青灰屋面　peat coating roof

一般以麻刀、青灰浆、石灰膏作面层，再在上面撒一层细麻刀拍入灰层，然后刷青灰浆抹压密实至表面出现光亮的自防水屋面。　　（毛鹤琴）

青浆

将青灰加水搅成浆状后过细筛（网眼宽度不超过0.2cm）的灰浆。主要用于青灰背、青灰墙面赶轧刷浆，筒瓦屋面檐头绞脖、黑活屋顶眉子、当沟刷浆等。在兑水2次以上时，应补充青灰，以保证质量。　　　　　　　　　　　　　　（郦锁林）

轻便轨路　light railroad

轨重小于或等于38kg/m的铁路。常为窄轨，轨距有600、762、900及1 000mm等。其承载能力相应较小，机车轴重一般在10~15t以下，年运量一般在100万t以下。线路标准较低，路床可用碎石、鹅卵石、粗砂甚至中砂修筑，轨枕也可较少，一般每公里约1 440~1 600根。线路占地少，建设快，投资省，运营费用低，维护检修易，布置比较灵活，适应地形，改线和拆除方便，不受接轨条件限制，可在一个地区独立修建。常用于森林、矿山、大型企业及大规模建设工程等内部运输。可用电瓶车、柴油机车、电机车或用汽车、拖拉机改装的牵引动力机车等牵引，也可用人力推运。　　　　　　　　　　　　　　（朱宏亮）

轻粗集料　lightweight coarse aggregate

粒径大于5mm，堆积密度小于1 000kg/m³的轻集料。按其粒型可分为三类：圆球型的（原材料经造粒工艺加工而成，呈圆球状）、普通型的（原材料经破碎加工而成，呈非圆球状）和碎石型的（由天然轻集料或多孔烧结块经破碎加工而成，呈碎石状）。　　　　　　　　　　（谢尊渊）

轻钢龙骨吊顶　ceiling with thin-walled steel joist

以薄壁轻钢吊顶龙骨为支承骨架，配以轻型罩面板材组合而成的新型吊顶。轻钢吊顶龙骨以镀锌钢带、铝带、铝合金型材或薄壁冷轧退火黑皮卷带为原料，经冷弯或冲压而成的顶棚吊顶的骨架，具有设置灵活、拆卸方便、质量轻、高强、防震、防火、隔热、隔声等特点。轻钢吊顶龙骨配以防火罩面板或吸声罩面板，在一些大型公共建筑和商业建筑中，应用较为广泛。　　　　　　（郦锁林）

轻混凝土　lightweight concrete

干表观密度小于1 950kg/m³的混凝土。它又可分为轻集料混凝土（干表观密度范围为760~1 950kg/m³）、多孔混凝土（干表观密度范围为300~1 200kg/m³）和大孔混凝土三类。　　　　　　　　　　　　　　（谢尊渊）

轻集料　lightweight aggregate

堆积密度小于1 200kg/m³的多孔轻质集料。按其粒径大小可分为轻粗集料和轻砂两类。　　　　　　　　　　　　　　（谢尊渊）

轻集料混凝土　lightweight aggregate concrete

用轻粗集料、轻砂（或普通砂）、水泥和水配制而成的轻混凝土。按用途可分为：保温轻集料混凝土、结构保温轻集料混凝土与结构轻集料混凝土。按粗集料种类可分为：工业废料轻集料混凝土（如粉煤灰陶粒混凝土、自燃煤矸石混凝土等）、天然轻集料混凝土（如浮石混凝土、火山渣混凝土等）与人造轻集料混凝土（如粘土陶粒混凝土、页岩陶粒混凝土等）。按细集料品种可分为：全轻混凝土与砂轻混凝土。　　　　　　　（谢尊渊）

轻砂　lightweight sand

又称轻细集料。粒径不大于5mm，堆积密度小于1 200kg/m³的轻集料。　　（谢尊渊）

轻型钢结构　light steel structures

采用圆钢筋、小角钢和薄钢板等材料组成的简易钢结构。所用材料为小于∟45×45的等肢角钢或小于∟56×36×4的不等肢角钢，以及厚度小于4mm的薄钢板。具有取材方便、结构轻巧、制作和安装可用简单设备的优点。主要用于轻型屋盖的屋架、檩条、支柱和施工用的托架等。适用于陡坡轻型屋面的有芬克式屋架和三铰拱式屋架；适用于平坡屋面的有棱形屋架、轻型檩条和托架杆件。对压杆尽可能用角钢，拉杆或压力很小的杆件用圆钢筋。　　　　　　　　　　　　　　（王士川）

轻型井点　light well points

以铺于地面上的集水总管连接各井管并集中用真空泵和离心水泵排出地下水的井点降水法。所需设备主要为井点管、总管和真空泵、离心泵、汽水分离器等。此法适用于土壤渗透系数 K 不小于 0.1m/昼夜，在 $K=5\sim20$m/昼夜的土层中最为适宜。一层轻型井点水位降低深度为 $3\sim6$m，两层轻型井点可为 $6\sim9$m。此法在工业与民用建筑施工中应用较广。　　　　　　　　　（林文虎）

倾注法　dumping method

在已浇出水面的混凝土上倾注混凝土拌合物，通过振捣（或利用自重）将其捣入未凝结的已浇混凝土中，始终只使外坡混凝土与水接触，让这部分斜坡混凝土不断被后浇的混凝土拌合物沿浇筑方向向前推动，排赶环境水浇筑水下混凝土的方法。此法只宜在水深不足 2m 的浅水混凝土工程中应用。
　　　　　　　　　　　　　　（谢尊渊）

清孔　hole trimming

泥浆护壁成孔后清理孔底沉渣的工作。目的在于避免水下灌筑混凝土时沉渣混入桩尖或地下连续墙等底部影响基础质量。对以原土造浆护壁的钻孔，可射水冲稀使泥浆密度降至 1.1 左右；对注入制备泥浆的钻孔，用换浆法清孔，至换出泥浆的密度小于 $1.15\sim1.25$ 时即合格。　　　（张凤鸣）

清漆　varnish

以油脂或树脂为主要成膜物质，不加颜色调制成的透明涂料。分油基清漆和树脂清漆两类。前者的粘结剂中含有树脂和干性油，漆膜干燥快，透明而有光泽，适用于木料及金属罩面，常用的品种有清油、酯胶清漆、酚醛清漆、醇酸清漆等；后者的粘结剂中只含树脂不含干性油，它是将树脂溶于溶剂中而制成，常用的树脂有虫胶、硝基、过氯乙烯、氯化橡胶、聚苯乙烯、聚氨酯、丙烯酸等，制成的涂料，可用于木料及金属罩面。　（姜营琦）

清水固壁　wall stabilization with clear water

在地下连续墙（孔、井）挖掘施工中，利用槽（孔）内水位高于地下水位，形成静水压力差，抵抗土体和地下水压力，使槽（孔）壁稳定的方法。但对于某些土壤（如砂性土等），水会渗入土壤中去，不但不能起到固壁作用，反而使槽（孔）壁坍塌。仅适用于粘性土地层的成槽（孔）的施工中。
　　　　　　　　　　　　　　（李健宁）

清水墙　fair faced brickwall

墙面不抹灰，砖及灰缝外露的墙。常用于建筑物的外墙。　　　　　　　　　　（方承训）

氰凝堵漏剂　low-polymerizd polyurethane leakproofing agent

为聚氨基甲酸酯（预聚体）与一些添加剂（如溶剂、增塑剂、催化剂、表面活性剂及填充剂等）组成的化学浆液。遇水后立即发生反应，发气膨胀，最终生成一种不溶于水的有一定强度的凝胶体，从而达到堵漏的目的。　　　　（毛鹤琴）

qu

区间隧道　running tunnel

地下铁道中各车站之间的连接通道。断面为矩形、圆形或马蹄形。前者多采用浅埋明挖法施工，后者则大多为深埋而采用暗挖的盾构法或矿山法施工。　　　　　　　　　　　　　　（范文田）

区域地形图　regional topographic map

综合地反映地面上物体、地貌和地形等一般特征的地图。经实地测量或根据有关资料绘制而成。
　　　　　　　　　　　　　　（甘绍熺）

曲线极限最小半径　minimum curvature radius

公路转弯处曲线半径的最小限值。与汽车的种类、公路的等级及所处地形有关。在车速一定时，曲线半径越小，则离心力越大，汽车向外滑移和倾覆的危险也就越大，为保证汽车的稳定及行车安全，对曲线半径的最小值必须加以限制。中国交通部颁发的《公路工程技术标准》中，根据具体情况，对各级公路在不同地形处的最小曲线半径做了具体规定。　　　　　　　　　（朱宏亮）

屈服值　yield value

又称屈服应力、极限剪切应力。使宾汉姆体开始流动所需施加的临界剪应力值。　（谢尊渊）

取向系数　factor of orientation

纤维混凝土中，纤维在无定向分布状态下，所有纤维在某一定方向上的投影长度之和与全部纤维长度之和的比值。其值与捣实方法、构件断面尺寸、纤维长度和配合比等因素有关。
　　　　　　　　　　　　　　（谢尊渊）

quan

全丁　header bond

每皮砖全部用丁砖砌筑，上、下皮砖互相搭接 1/4 砖长的砖墙组砌型式。多用于砌筑圆弧形砌体。　　　　　　　　　　　　　　（方承训）

全段围堰法导流　diversion only by cofferdam

又称一次断流法导流。用围堰在基坑上、下游一次截断河床，河水通过设在河床外的专门泄水通道下泄的导流方式。优点是无需纵向围堰，简化了施工，两岸交通方便；缺点是需修建专门的泄水建筑物，增加了工程费用。为此，应将导流泄水建筑物尽量与永久性建筑物结合。 （胡肇枢）

全断面开挖法 full face excavation method

在不需要临时支护的坚硬岩层中，整个隧道断面一次开挖一个进尺的钻爆法。因开挖空间较大，可采用钻孔台车、装碴机、梭式列车、金属模板台车和混凝土灌筑设备等大型机具进行施工。衬砌按先墙后拱顺序砌筑，也可采用锚杆喷浆或喷混凝土等作为永久支护。 （范文田）

全孔分段灌浆法 method of grouting by sections

根据地质条件和灌浆质量要求，将灌浆孔分段进行灌浆的方法。按钻进和灌浆的顺序不同有自上而下分段钻灌法、自下而上分段灌浆法和混合分段灌浆法等几种。自上而下分段灌浆法是自上而下逐段钻进后即行安设灌浆塞进行灌浆，适用于地质条件差的情况，可以避免向上段绕塞串浆，逐段增大灌浆压力，提高灌浆质量。缺点是灌浆后需待凝一定时间，再进行下段钻孔。由于钻、灌交替进行，费工费时。自下而上分段灌浆可以一次钻成全孔，然后自下而上逐段进行灌浆。其优缺点与自上而下分段灌浆法相反，适用于地质条件好的情况。混合灌浆综合前述两法，如全孔上部采用自上而下分段钻灌法，下部用自下而上分段灌浆法。 （汪龙腾）

全孔一次灌浆法 full-longth-hole grouting

全孔作为一段一次进行灌浆的方法。一般在孔深不超过 10m 的浅孔，地质条件好，岩石完整，漏水较少，又无特殊要求时采用。固结灌浆多采用此法。 （汪龙腾）

全轻混凝土 wholly lightweight concrete

用轻粗集料、轻砂、水泥和水配制而成的轻集料混凝土。如浮石全轻混凝土、陶粒陶砂全轻混凝土等。 （谢尊渊）

全顺 running stretcher bond

每皮砖全部用顺砖砌筑，上、下皮砖互相搭接 1/2 砖长的砖墙组砌型式。仅用于砌半砖厚墙。 （方承训）

全现浇大模板 wholly cast-in-situ large panel formwork building system

内、外墙均采用大模板，整体浇灌混凝土结构的大模板支模方法。墙体根据保温、隔热和承重的要求不同，可选择不同的墙体材料。内墙一般为普通混凝土，而外墙可采用轻集料混凝土或普通混凝土加贴保温隔热层及装饰混凝土等。这种结构体系整体性好，减少了外墙预制板的加工、运输、安装，造价相对较低，适用于高层建筑，但现场湿作业较多，工期较长。 （何玉兰）

全预应力混凝土 fully prestressed concrete

混凝土结构或构件按严格要求不出现裂缝设计时，在全部使用荷载下受拉边缘不允许出现拉应力的预应力混凝土。其预应力度 $\lambda \geqslant 1$，即有效预压应力大于或等于全部使用荷载下构件受拉边缘的拉应力，使全截面保持压应力或受拉边缘为零应力状态。这种混凝土的抗裂性好，刚度大，适用于要求混凝土不开裂的结构工程，如处于严重腐蚀环境的结构和需要防止渗漏的压力容器等。 （杨宗放）

que

缺陷 defect

不满足预期的使用要求，包括对预期使用要求的偏离或缺少一种或多种质量特性。 （毛鹤琴）

确定型决策 decision making under certainty

决策问题中的各种因素均是呈确定的面貌，而不需要考虑机会或随机状态，决策者只要在给定的约束条件下选取最佳效果的方案或措施。因而常常可以通过建立确定型的数学模型求其最优解。 （曹小琳）

qun

裙板

装于窗下栏杆内之木板。长窗（槅扇）的中夹堂板（绦环板）横料与下夹堂（绦环板）横料间之木板亦称裙板。 （张 斌）

群柱稳定 stability of column group

对一群具有特殊约束的柱进行变形系统平衡稳定的研究。在提升阶段，升板结构的板是通过承重销搁置于柱上。板柱全靠板与销之间的摩擦力以及在板柱间空隙打入的楔块来联系。这种节点连接只能传递水平力，而不能传递弯矩，故应视为铰接，从而板柱构成了铰接排架。由于板的刚度很大，对柱起着刚性较强的水平连杆作用，增强了群柱的空间作用，约束了单柱失稳。在这种情况下，一般来说，单柱不可能失稳，而总是群柱同时失稳。由于提升阶段升板结构的这种特殊条件，便将柱的稳定性验算由一般情况下的单柱稳定转而按群柱稳定进行验算。 （李世德）

R

rao

绕丝机 wire winding machine

在预应力混凝土圆形构筑物施工中,在构筑物上作圆周运动的过程中,连续张拉高强钢丝用的机械。由上架、下架、传动链条及中心配链环组成。张拉钢丝的原理:绕丝盘与大链轮装在同一轴上,但绕丝盘直径略小于大链轮直径;当两者同轴旋转时,大链轮每转一周所放出的链条长度略长于绕丝盘上放出的钢丝长度。由于链条强度高,故钢丝被拉长(二者长度差约0.6%)而产生预应力。

(杨宗放)

绕丝预应力 prestressing by winding wires

用绕丝机作圆周运动过程中把预应力强行缠绕到圆形混凝土构筑物上实现预加应力的方法。广泛用于水池、油罐或其他圆形构筑物等。预应力混凝土压力管也可采用专门的绕丝设备将环向钢丝缠绕在管芯上。

(杨宗放)

re

热拌混凝土 hot concrete mix

在混凝土搅拌过程中通入蒸汽加热混凝土拌合物,以加速混凝土硬化的搅拌工艺。其优点是能促使混凝土的硬化速度加快,缩短混凝土的养护时间,因而可提高设备的利用率,降低生产成本。在混凝土冬期施工中应用,可防止混凝土早期受冻。

(谢尊渊)

热处理钢筋 heat-treated steel bar

又称调质钢筋。将热轧中碳低合金钢筋经淬火-回火处理或轧后控制冷却处理,使其得到回火索(屈)氏体组织的钢筋。直径为6 mm、8.2 mm和10 mm,抗拉强度为1 470 MPa,伸长率为6%,松弛值低,粘结性好,大盘卷供货,无需焊接,但抗应力腐蚀性能较差。主要用于铁路轨枕,也有用于先张法预应力混凝土楼板等。

(朱 龙)

热加固托换 underpinning by thermal stabilization

通过加热的空气或灼热的烧成物,在压力作用下通过钻孔穿过土的孔隙而加热土体,以改善地基土的物理力学性质来达到加固地基土的托换技术。热加固钻孔直径一般为100~200mm,每个钻孔的加固半径约0.75~1.25m。热加固燃料有气体和液体两种,气体主要有天然气、煤气等,液体为石油、重油等。热加固需消耗大量燃料,只用于能源价格低廉之处,中国有少量应用。

(赵志缙)

热矫正 hot correcting

采用加热的方法对钢材进行局部加热,待冷却后达到矫正的目的。

(王士川)

热介质定向循环 oriented cycling of heat meduim

用若干个特殊喷嘴,在适当位置上以较大的压力喷出强烈的蒸汽流,强制载热介质在间歇式蒸汽养护室内以较大的流速、按预期的路线、多次定向循环流经制品所有表面的供热方法。它可显著提高制品与热介质间的热质交换强度,克服热介质沿间歇式蒸汽养护室高度分布不均匀的分层现象,使制品加热均匀,缩短养护时间,节省蒸汽用量。

(谢尊渊)

热铆 hot riveting

加热铆钉的铆合工艺。即将铆钉加热到1000~1100℃,插入构件的钉孔中(钉孔较铆钉杆大1.0~1.5mm),后用铆钉枪或压铆机打、压制出另一端的钉头。施铆过程中铆钉杆对孔壁引起很强的压力逼使钉孔填实,铆合后由于钉杆的冷缩,杆中产生一定的预拉力,对钢板产生预压力而有利于被连接件的整体弹性工作性能。

(王士川)

热能感度 degree of thermal sensitivity

在热能作用下的炸药敏感度。用爆发点表示,即在标准容器内、重量0.05g炸药在规定时间(5min)内,由于加热而发生爆炸反应时的最低温度。爆发点低则热感高,表示炸药受热易于起爆。

(林文虎)

热膨胀 thermal expansion

耐火混凝土在高温加热时产生而冷却后可以消失的膨胀变形。

(谢尊渊)

热养护 heat-treated curing

利用外界热源对混凝土进行加热处理,以加速水泥的水化反应,促进混凝土的硬化进程的加速养护。按热介质的湿度来分,可分为湿热养护和干热养护。若按热介质的种类来分,则可分为蒸汽养护、油热养护、红外线养护、微波养护、电热养护等。

(谢尊渊)

热养护损失 loss due to thermal curing

混凝土加热养护时受张拉的预应力筋与承受拉力的设备之间的温差引起的预应力损失。在长线台座上采用蒸汽养护生产先张法构件时，热养护损失可取 $2\Delta t$（Δt 为温差）MPa。对在钢模上张拉预应力筋的先张法构件，因钢模与构件一起加热养护，故可不考虑此项温差损失。

（杨宗放）

热震稳定性 heat and vibration stability

又称激冷激热性。耐火混凝土在温度急剧反复变化时能保持内部结构不受破坏的能力。以急冷急热试验的冷热循环次数作为其指标。

（谢尊渊）

热铸镦头锚具 heat-cast button-head anchorage

利用熔化的合金事先将放置在锚环锥形孔内带镦头的钢丝热铸成整体，再用螺母锚固钢丝束的支承式锚具。锚环的内螺纹供张拉用，外螺纹供锚固用。与钢丝束组装后，称为铸锚束。铸锚束可在工厂制作，成卷运到工地。适用于 $7\sim 54\phi^s 5$ 钢丝束。

（杨宗放）

ren

人工降低地下水位 artificial dewatering of groundwater level

在基坑四周打井，从井中抽水，形成基坑范围内地下水位降低而达到基坑内干燥施工条件的工作。可提高基坑开挖和基础施工的效率与工程质量，开挖时边坡可较陡，因而可缩小基坑轮廓尺寸，减少挖方量。由于地下水位降低，动水压力方向向下，土壤自重增加，对下面土层有压实作用，对此后建筑物的沉陷和稳定有利。此法设备较复杂，技术要求较高，费用较大。按井的类型不同有井点排水与管井排水两种。

（胡肇枢）

人工挖孔灌注桩 pile with man-excavated shaft

在围圈护壁保护下成孔的钢筋混凝土灌注桩。不用成孔机械，无噪声、无振动；挖土时能随时验证土质；易保证挖土质量，易成型扩底桩，可多人同时进行多根桩施工。但人工挖土效率低，劳动强度大。常用混凝土围圈护壁，亦有砖石砌筑的、钢套管、波纹钢板护圈，根据土质、地下水情况等选择。挖土时于桩孔上方架立小型机架以简易设备垂直运输土方，桩孔内需照明和送风。浇筑混凝土可用导管法、串筒法和直接投料法，前者可用于水下浇筑。

（赵志缙）

人工装碴 hand muck loading

见装碴（303页）。

人行隧道 pedestrian tunnel

修建在城市繁华地区的交叉口或江河底下地层中专供人行用的交通隧道。其断面尺寸和平曲线半径均较道路隧道为小，纵向坡度也可大至 10%，两端有时可用直升电梯或自动扶梯与街面连接而代替斜引道。也可与道路隧道修建在同一座隧道内。

（范文田）

人字桅杆 two-mast derrick

俗称两木搭。上部用缆风绳稳定，由两根圆木或钢管构成的起重架。圆木或钢管在上部相交成人字形，配以动力和传力装置。优点是起重量大，侧向稳定性较好，缆风绳较少，但起吊的活动范围较小，移动困难。一般仅用于吊装重型构件或设备。

（李世德）

任务

网络图的总目标。可以代表一个建筑群或单个建筑物、构筑物，也可以代表一个分部工程或分项工程等。一个网络图表示一项计划任务。

（杨炎燊）

rong

熔化冲能

电雷管桥丝熔断所需的电冲能。用电雷管熔化电流的平方与桥丝熔断时间的乘积表示，即 $k_y = I^2 t_y$。测定电雷管桥丝熔断时间和熔化冲能的意义在于当电雷管通电时，特别是强电流作用下引火头未被点燃前，其桥丝是否已被烧断。即用它来判断电雷管的质量和分析串联电雷管的准爆条件。

（林文虎）

rou

柔性防水屋面 soft waterproof roof

用防水卷材或防水涂料等柔性材料作防水层的屋面。这种屋面柔韧性较好，伸缩弹性较大，对地基不均匀沉降、基础微小变形、房屋轻微振动、温度应力变化等适应能力较强。

（毛鹤琴）

柔性管法 flexible pipe method

利用柔性软管将混凝土拌合物与环境水隔离，并将混凝土拌合物输送到水下浇筑点浇筑水下混凝土的方法。柔性管受水压力的作用能自动迭合，因而当管内无混凝土拌合物通过时，被管外水压力压扁，减少了水浮力的不利影响，有利于软管在水环境中的稳定和防止环境水侵入管内，故可不要求柔性管口埋入混凝土内达一定深度。当管内注入混凝土拌合物时，柔性管在混凝土拌合物自重及侧压力作用下撑开，让混凝土拌合物通过，但在环境水对软管的水压力作用下，使混凝土拌合物只能低速下落，因而可减少混凝土拌合物的离析现象，有利于保证水下混凝土的质量。　　　　　（谢尊渊）

柔性基础　flexible foundation

用钢筋混凝土材料建造的能承受弯曲应力的基础。这种基础挑出边的长度与基础高度之比$\frac{1}{H}$已超出某一容许比值$\left[\frac{1}{H}\right]$，需对基础进行抗弯和抗剪强度计算，并相应配置钢筋。　　　（林厚祥）

ru

乳化沥青　emulsified bitumen

以沥青和水为主要原料，借助乳化剂的作用，在机械强力搅拌下，将熔化的沥青分散成很细的颗粒（直径 $1\sim10\mu m$）悬浮于水中，形成均匀稳定的乳状液体。涂刷在基层上，水分蒸发后沥青颗粒凝聚成膜，形成沥青防水层，可广泛用于屋面防水、洞库防潮工程。　　　　　（毛鹤琴）

乳化炸药　emulsified explosive

以油为连续相，以过饱和的含氧酸盐的水溶液微滴为分散相，由硝酸铵、硝酸钠、尿素、水、司本-80、柴油、硫磺粉、燃料铝粉、亚硝酸钠和硝酸甲铵盐等按一定比例组成的炸药。含水炸药的一种类型，具有爆轰性能良好、抗水抗冻性能强、组分简单、原料来源广泛和成本低等特点，应用价值较高。　　　　　　　　　　　（林文虎）

乳胶漆　latex paint

以有机高分子聚合物乳液为主要成膜物质，再加入颜料、细粉末状的填充料和其他助剂配制而成的涂料。涂刷后所形成的涂膜光滑平整，类似油漆干燥后的漆膜，故沿用习惯上的"漆"字。多用于内外墙饰面。按其成膜物质分类，常用的品种有醋酸乙烯-顺丁烯二酸二丁酯乳胶漆、醋酸乙烯-丙烯酸酯乳胶漆、氯乙烯-醋酸乙烯-丙烯酸丁酯乳胶漆、聚醋酸乙烯乳胶漆等。　　　（姜营琦）

乳液厚质涂料　emulsified thick paint (coating material)

以有机高分子聚合物乳液为主要成膜物质，再加入颜料、细填充料、粗填充料（如云母粉、粗砂等）和其他助剂配制而成的涂料。涂刷后所形成的涂膜具有一定质感，适用于外墙饰面。按其成膜物质分类，常用的品种有醋酸乙烯-丙烯酸酯厚质涂料、氯乙烯-醋酸乙烯-丙烯酸酯厚质涂料等。
　　　　　　　　　　　　　（姜营琦）

乳液涂料　emulsified paint

以各种有机高分子聚合物乳液为主要成膜物质，再加入其他填充料及助剂配制而成的涂料。按所加填充料不同，又可分为乳液薄质涂料（或称乳胶漆）及乳液厚质涂料。它以水为分散介质，无毒，不污染环境，所形成的涂膜是多孔能透气的，当基层初步干燥而未干透时即可涂刷，施工简便。
　　　　　　　　　　　　　（姜营琦）

ruan

软基加固　consolidation of soft subsoil

为提高软土地基的强度，使其有足够的承载能力所采用的各种加固措施或方法。包括铺垫法、置换法、固结法、密实法、化学加固法和加筋法等。
　　　　　　　　　　　　　（李健宁）

软天花

在纸或绢上画的天花彩画，按块贴到天花板上或顶棚的龙骨上。　　　　　（张　斌）

S

sa

洒毛灰　floated stucco

又称甩毛灰、撒云片。用竹丝刷蘸1:1水泥砂浆甩在带色的中层上，再用铁抹子轻轻压平，形成类似云朵一样的饰面层。砂浆用细砂拌制，稠度以不流淌为宜。做成的云片应大小适度，形状相宜，颜色协调。　　　　　　　　　（姜营琦）

sai

塞流　plug flow

又称栓流。宾汉姆体物体沿管道作层流流动时，物体中心部分由于其屈服值大于剪应力而形成一固体塞（或称固体栓），塞内不存在速度梯度，整体是以同一速度作向前运动的流动状态。当剪应力一定时，固体塞的半径决定于物体屈服值的大小，屈服值愈大，半径也愈大。就混凝土拌合物而言，由于其屈服值大，泵送时，在输送管内整个断面都成为固体塞，整体以同一速度沿输送管向前滑动。
（谢尊渊）

san

三点安装法 three-paint installation method
在设备底座下，用三组斜铁来调整设备的标高、中心线和水平度的方法。具有简单、易行的优点。
（杨文柱）

三缝砖
六个面中砍磨加工四个面，有一道棱不加工的墙面砖。主要用于砌体或地面中不需全部加工的，如干摆的第一层、槛墙的最后一层、地面砖靠墙的部位等。此作法能在不影响施工质量的前提下有效地提高砖加工的效率。
（郦锁林）

三管两线 cables and pipelines during construction
隧道施工中，洞内的通风管、压缩空气管、水管以及运输线路和供电线路的简称。是隧道开挖、支护和衬砌等工序得以顺利进行的重要保证。必须保持它们处于良好状态，否则将影响整个施工进度，甚至发生事故而造成停工。
（范文田）

三合土垫层 lime-soil bedding course
由消石灰、砂和碎料（如碎石、卵石、碎砖和不分裂的冶炼矿渣等），按一定比例加水拌匀，铺于基土上，经夯实、固结而形成的垫层。三种材料的体积用量比例一般为 1:2:4 或 1:3:6。
（姜营琦）

三横梁张拉装置 tensioning device with three transverse beam
在台座张拉端横梁的外侧，由一根活动钢横梁和二台液压千斤顶组成的一种先张法成组张拉装置。每根预应力筋利用连接套筒与工具式螺丝端杆穿过固定横梁锚固在活动横梁上，驱动千斤顶即可进行张拉。张拉前必须先调整预应力筋的初应力。适用于大型构件的生产。
（卢锡鸿）

三级公路 highway class Ⅲ
年平均昼夜交通量折合成中型载重汽车在2000辆以下，沟通县及县以上城市的一般干线公路。在平原微丘地形情况下三级公路的计算行车速度为60km/h，行车道宽度7m，路基宽度8.5m，极限最小平曲线半径125m，停车视距75m，最大纵坡6%，桥涵设计车辆荷载汽车20级，挂车100；在山岭重丘情况下，上述数据相应为30km/h，6m，7.5m，30m，30m，8%，桥涵设计车辆荷载与平原微丘情况相同。两者桥面车道数均为2。
（邓朝荣）

三角棱柱体法 triangular prism method
土方量计算以三角棱柱体为计算单元的方格网法。计算时先把方格网顺地形等高线，将各个方格划分成三角形。每个三角形的三个角点填挖施工高度，用 H_1、H_2、H_3 表示。当三角形三个角点全部为挖或全部为填时

$$V = \frac{a^2}{6}(H_1 + H_2 + H_3)$$

a 为方格边长（m）；H_1、H_2、H_3 为三角形各角点的施工高度，取绝对值（m）。三角形三个角点有填有挖时，零线将三角形分成两部分，一个是底面为三角形的锥体，一个是底面为四边形的楔体。其中锥体部分的体积为

$$V_{锥} = \frac{a^2}{b} \frac{H_3^3}{(H_1 + H_3)(H_2 + H_3)}$$

楔体部分的体积为

$$V_{楔} = \frac{a^2}{b}[H_3^3/(H_1 + H_3)(H_2 + H_3) - H_3 + H_2 + H_1]$$

a 为方格边长（m）；H_1、H_2、H_3 为三角形各角点的施工高度，取绝对值（m），但 H_3 指的是锥体顶点的施工高度。

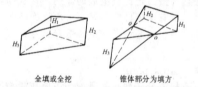

全填或全挖　　　锥体部分为填方

（林文虎）

三时估计法 three-time estimate
以工作的最短、最长和最可能三个工作时间的估计值再加权平均所求出的期望工作时间值作为工作持续时间值的方法。非肯定型网络一般都用此法估计工作持续时间。
（杨炎荣）

三顺一丁 boundary wall bond, English garden wall bond
①每砌三个顺砌层后，砌一个丁砌层，上、下皮顺砖相互搭接1/2砖长，顺砖与丁砖相互搭接1/4砖长的砖墙组砌型式。由于顺砖多，故砌筑效率高。常用于砌筑厚度大于一砖半的墙。

②又称三七缝。古建筑墙体中，同一砖层上先砌三块顺砖再砌一块丁砖的铺砌型式。有三种排活方法，其中一种为"顺起"，另两种为"丁起"。无论使用哪种摆法，丁砖必须安排在上、下层"三

顺"的中间，不可"偏中"。这种形式的墙体拉结性较好，墙面效果也比较完整，因此应用十分普遍。
（方承训 郦锁林）

三通一平　three accesses and site leveling

工程开工前施工现场准备工作中应做到的水通、电通、道路通及场地平整。水通主要包括铺设临时施工用水和生活用水及供热管道，设置现场红线内的排水系统，安装消火栓等。在大型工程中，还应包括设置高压泵房及蓄水池等。电通包括根据现场用电量选用配电变压器，架设与电力干线连接的临时供电线路及通信线路，保护红线内及现场周围不准拆迁的电线电缆等。道路通即为修筑施工现场临时运输道路。场地平整则是根据设计标高和土方调配方案平整场地，并按规定处理现场范围内的枯井、坟洞、松软地段及构件的堆放场地等。
（朱宏亮）

三一砌筑法　method of bricklaying with trowel

又称大铲砌筑法。用大铲铲砂浆，每铺一铲砂浆，即铺一块砖，接着对砖进行挤揉，使水平缝砂浆挤密，竖缝砂浆挤入的砌砖操作方法。由于其操作要领可归纳为一铲灰、一块砖、一挤揉，故简称为三一砌筑法。此法易保证灰缝砂浆饱满密实，故砌筑质量好。
（方承训）

三乙醇胺防水混凝土　triethanolamine waterproof concrete

在混凝土拌合物中掺入适量的三乙醇胺或其复合剂，以提高混凝土抗渗防水能力的外加剂防水混凝土。三乙醇胺可加速水泥的水化，在早期就生成较多的水化产物，夺取较多的水与它结合，相应地减少了游离水，也就减少了由于游离水蒸发而造成的毛细管通路和孔隙，从而提高了混凝土的抗渗性。当三乙醇胺和氯化钠、亚硝酸钠等无机盐复合应用时，在水泥水化过程中，还将分别生成氯铝酸盐和亚硝酸铝酸盐类络合物而发生体积膨胀，可堵塞混凝土内部的孔隙和切断毛细管通路，增大混凝土的密实度，从而达到抗渗防水的目的。
（毛鹤琴）

三元乙丙-丁基橡胶卷材

由乙烯、丙烯和少量的双环戊二烯共聚合成的三元乙丙橡胶，掺入适量的丁基橡胶和硫化剂、促进剂、软化剂、补强剂等，经过密炼、拉片、过滤、挤出或压延成型的防水卷材。其重量轻，耐候和耐老化性能优异，对基层开裂或伸缩的适应性强，能在-40℃～80℃范围内使用，可冷施工。
（毛鹤琴）

三元乙丙-丁基橡胶卷材防水屋面

施工时，先用聚氨酯底胶进行基层处理，然后用CX-404胶粘铺卷材，用聚氨酯涂料作涂膜防水层的卷材防水屋面。防水层上再刷银色着色剂保护层，或用107胶水泥砂浆粘贴缸砖、水泥方砖等做刚性保护层。防水层的构造有"一毡二油"的做法；有采用涂膜和卷材复合防水的做法；有带刚性保护层的单层防水做法。
（毛鹤琴）

sang

磉石　column base stone
鼓磴下所填之方石。
（张　斌）

sao

扫地杆　runners nearby earth surface
又称锁杆。第一步架下贴近地面的大、小横杆。用以保证立杆架设时的间距和加强支柱间底部的相互连接，防止柱脚变位。
（谭应国）

扫金
将金箔用金筒子揉成金粉，然后用羊毛笔将金粉轻轻扫于金胶油表面的工艺。厚度要均匀一致，然后用棉花揉之，使金粉与金胶油贴实，浮金粉扫掉即可。
（郦锁林）

sha

沙城
见城砖（27页）。

沙干摆
见干摆（70页）。

沙滚子砖
用经过风化、困存后的粗黄粘土制坯烧成的粗泥砖。有大沙滚和小沙滚两种。前者糙砖规格为320mm×160mm×80mm或410mm×210mm×80mm，清代官窑为281.6mm×144mm×64mm或304mm×150.4mm×64mm；后者为280mm×140mm×70mm或295mm×145mm×70mm，清代官窑为240mm×120mm×48mm。由于此砖质地粗糙、强度较低，多用于随其他砖背里、糙墙。
（郦锁林）

纱隔　screen partition door
又称槅扇。形与长窗相似，但内心仔钉以窗纱或书画装于内部，作为分隔内外之用。
（张　斌）

砂垫层　sand blanket, sand cushion, sand mat
置换建筑物基础底面下软弱土层的砂层。能满足建筑物地基的强度和变形要求。其厚度根据作用在其底面处的土自重应力和附加应力之和不大于软弱土层容许承载力的原则确定，一般厚度不大于3m，亦不小于0.5m。其宽度既要满足应力扩散要求，又要考虑垫层侧面土的容许承载力。如宽度不足，它可能被挤入四周的软弱土层中，沉降增大。重要建筑物还要验算基础沉降。施工时用中、粗砂，以振动、夯实或碾压方法使其密实，要控制虚铺厚度（150～300mm）、最优含水量（8%～20%）和达到设计密实度。　　　　　　　（赵志缙）

砂浆　mortar

由胶凝材料、细集料和水按一定比例拌制而成的混合物。按用途分有砌筑砂浆、抹灰砂浆、防水砂浆等。按组成材料分有水泥砂浆、石灰砂浆、混合砂浆、微沫砂浆等。　　　　　　　（方承训）

砂浆保水性

砂浆保持水分的能力。用分层度作为其能力大小的指标。分层度愈小，砂浆的保水性愈好。为便于施工操作，保证砌体质量，砌筑砂浆的分层度不宜大于2cm。　　　　　　　（方承训）

砂浆稠度　consistency of mortar

见砂浆流动性。

砂浆分层度　segregation of mortar

砂浆在各高度层流动性的差值（cm）。用以表明砂浆经过一段时间（约30min）的运输或贮存后其中水分的分离程度，从而反映了砂浆匀质性的变化。　　　　　　　（方承训）

砂浆流动度　fluidity of mortar

压浆混凝土施工时，一定量的砂浆从流速筒底部漏口全部流出所经历的时间（s）。一般所用的流速筒容积为1.7L，截头为圆锥体容器，底部漏口直径为12.7mm。　　　　　　　（谢尊渊）

砂浆流动性　fluidity of mortar

又称砂浆稠度。砂浆在重力或外力作用下克服其内部阻力而产生流动的性能。用砂浆稠度仪测定的圆锥体沉入深度值（cm）作为其表示指标，称为稠度。该值与胶凝材料的品种与用量、用水量、塑化剂的品种与掺量、砂粒粗细与形状变化以及搅拌时间等因素有关。

（方承训）

砂砾地基灌浆　grouting in sand and gravel foundation

为减少渗漏和防止管涌、流土，在土石坝的砂砾石地基中修建防渗帷幕的灌浆工作。主要有打管灌浆法、套管灌浆法、循环灌浆法和预埋花管法等。常用的浆液有纯水泥浆、水泥粘土浆、水泥粘土砂浆、粘土浆和化学浆液等。选择灌浆浆液时应注意砂砾石地基的可灌性。　　　　　（汪龙腾）

砂轮锯　emery wheel saw

以高速旋转的砂轮作为刀具的金属切断机械。当材料厚度较薄（1～3mm）时切断效率很高，当厚度大于4mm时效率降低，砂轮片损耗大，经济上不合理。由于下料时工作物固定在锯片的一面，另一面是自由的，故侧面抗力会使切口倾斜。

（王士川）

砂轻混凝土　lightweight sand concrete

用轻粗集料、普通砂（或部分普通砂与部分轻砂）、水泥和水配制而成的轻集料混凝土。如粉煤灰陶粒砂轻混凝土、粘土陶粒砂轻混凝土等。

（谢尊渊）

砂土路面　clay-sand pavement

在土中掺入一定数量的砂粒再铺平压实后筑成的路面。土中掺入砂粒后，土壤级配得到改善，因而可获得较原有土路为高的强度和稳定性。但与其他各种路面相比，结构强度偏低，平整度和水稳性也很差，车辆通过时尘土飞扬，只能低速行驶，所适应的交通量很小，一般只能用作低级路面的面层。砂土路面中掺入的砂粒一般应为粗砂，掺砂量则应根据实际情况而定。

（朱宏亮）

砂箱放张法　releasing method with sand box, sand box release method

通过砂子的慢慢流出，使放置在横梁与台墩间的砂箱活塞移动，而使预应力筋放张的方法。砂箱由活塞和套箱两部分组成。内装干的石英砂或铁砂。张拉钢筋时，箱内的砂被压实，可承受张拉力。钢筋放张时，打开砂箱的出砂口，砂即慢慢流出。　　　　　　　（卢锡鸿）

砂桩　sand pile

振动、冲击或水冲成孔后分层将砂挤压入孔形成的密实桩体。用于地基加固。能提高砂土地基的承载力和防止振动液化，也能提高软粘土地基的整体稳定性。桩径一般为300～700mm；桩长根据软土层的厚度和工程要求而定，不宜短于4m；桩距根据规定的挤密要求计算确定。多用沉管法成桩，包括振动成桩法和冲击成桩法。先将桩管在振动或冲击作用下沉入土中至设计深度，然后边填砂、边振动和上拔桩管而成桩。质量检验多用标贯试验、静力触探试验、土工试验或载荷试验。19世纪30年代起源于欧洲，中国于50年代引进，已在多项工程中应用，达到预期效果。　　（赵志缙）

砂桩挤密　sand compaction pile

桩管振（打）入土中成孔后将砂振实挤入土中形成大直径密实砂桩以加固地基。在砂性土中，将砂土挤实到临界孔隙比以下，防止在地震或受振动时液化，形成强度高的挤密砂桩，提高地基的抗剪强度，减少固结沉降；在粘性土中，形成复合地基，提高地基承载能力和整体稳定性，形成排水通道加速固结，减少固结沉降，对轻亚粘土还有挤密作用。砂桩在平面上按正三角形布置；桩径取决于桩管；桩距宜不超过桩径的 3.5 倍；桩长取决于加固土层厚度；加固宽度不小于基础宽度的 1.2 倍，且每边至少放出 0.5m。施工多用振动打桩机，先将桩管振入土中成孔并挤压桩管周围的土体，然后边灌入砂子、边拔桩管，并以桩管振密砂子和挤压周围土体，直至规定的高度。亦可用冲击法打入桩管成孔。　　　　　　　　　　　（赵志缙）

shan

山洞式锚碇　cavern anchor

吊桥主索直接锚碇于山洞（井）岩石上的结构。山洞内设有：锚碇工作室、锚碇承托板以及锚索调整替换、照明、通风、防水和排水等设施。此外，还设有供维护人员进出的竖井或侧通道（旁洞）。开洞炮眼不宜太深，控制装药量，以达到震松撬动，尽可能使非开挖部分的岩层保持完整。锚洞顶部，混凝土衬砌与岩间空隙，采用压浆措施，保证紧密结合。中国重庆朝阳大桥，中孔 186m，双链式吊桥，两岸均采用此法锚碇。
　　　　　　　　　　　（邓朝荣）

山花板

歇山顶紧挨博缝板下三角形山面封护用木板。
　　　　　　　　　　　（张　斌）

山岭隧道　mountain tunnel

修建在山岭地层内的交通隧道。在山区的铁路及道路上尤为多见。对缩短线路长度，减缓线路坡度，加大曲线半径，减少深挖路堑，从而避免坍方落石等自然灾害，具有重要作用。根据线路的位置，分为越岭隧道及河曲线隧道。沿其纵剖面分成洞口段及洞身段，前者多属浅埋而后者多为深埋。洞口外路堑的深度一般不超过 20～25m，需根据地形及地质条件而定。
　　　　　　　　　　　（范文田）

山嘴隧道　offspar tunnel

又称河曲线隧道。沿河道弯曲地段的交通线路上所修建的沿河绕行或穿过山嘴时截弯取直的山岭隧道。这种隧道使线路内移，避开地质不良地段，消除隐患而便于施工，并可节省运营费用。
　　　　　　　　　　　（范文田）

杉槁　fir pole

用作搭架的立杆、顺杆和戗杆的扒皮杉木杆。其标准长度为 4～6m 和 8～10m 两种，有效部分直径：小头不得小于 8cm，大头以 15cm 左右为宜。凡腐朽、易折断、枯节的均不得使用。
　　　　　　　　　　　（郦锁林）

闪光对焊　flash butt welding

简称对焊。在低电压下通以强电流，使钢筋需对接的两端头得到闪光和加热到一定温度接近熔点时加压顶锻，使两根钢筋熔接在一起，形成对焊接头。是钢筋接头的一种方法。根据钢筋的品种、直径和对焊机的功率等的不同可分别采用连续闪光对焊、预热闪光对焊和焊后通电热处理等方法。对于受力主筋在工厂加工接头时多用此法。
　　　　　　　　　　　（林文虎）

闪光对焊参数　parameters of flash butt welding

为保证焊接质量，实现闪光对焊的技术数据。随采用焊接设备、焊件的品种规格不同而异。有调伸长度、闪光留量、闪光速度、预热留量、顶锻留量，顶锻速度和压力以及变压器级次等。调伸长度是指钢筋从电极钳口伸出的长度，其大小应使接头区域获得均匀加热，在加压顶锻时不致发生旁弯为准；闪光留量指钢筋在闪光过程中所消耗的钢筋长度，其长度应使闪光结束时钢筋端部能均匀加热并达到足够的温度；闪光速度即闪光过程的速度，一般开始慢而后加快，使闪光强烈保证焊缝金属免受氧化；顶锻留量是指钢筋顶锻压紧后接头处挤出金属所消耗的钢筋长度；顶锻时挤压钢筋接头的速度称为顶锻速度；顶锻时对钢筋施加的压力称为顶锻压力；变压器级次则是用来调节电流大小的。
　　　　　　　　　　　（林文虎）

闪光留量　flash allowance

见闪光对焊参数。

闪光速度　flashing speed

见闪光对焊参数。

苫背

宽瓦前，屋面上铺抹灰背的操作过程。以防屋面雨水渗漏。每层要尽量一次苫完，尤其是顶层。如果面积较大，实在不能一次苫完时，应注意对接茬部分（俗称槎子）进行处理。　　　（郦锁林）

扇形掏槽　fan-shape cut

掏槽眼在平面上按扇形排列时的斜眼掏槽。炮眼为不对称分布，其深度和开钻位置须设计得相当精确并要求坑道在一定的宽度。　　　（范文田）

扇形支撑　radial strut in tunnel support

在松软地层中用矿山法开挖隧道时，从导坑将坑道逐步扩大至设计断面后用以替换导坑支撑而架立的木支撑。通常由底梁、立柱、横撑、斜撑等构件所组成，因其呈扇形而得名。分为简易式扇形、横撑式扇形、扩肩式扇形及复式扇形等多种型式。

（范文田）

shang

伤害程度 degree of injury

表示人体组织受到损伤或某些器官失去正常机能的程度。分为轻伤、重伤、多人事故、急性中毒、重大伤亡事故、多人重大伤亡事故、特大伤亡事故。

（刘宗仁）

伤亡事故 casualty accident

企业职工和职工以外的民工、临时工、参加劳动的人员，在企业生产中，由于生产区域和生产过程中存在的危险因素及操作方法的错误，突然使人体组织受到损伤，或使某些器官失去正常机能，致使负伤人员立即工作中断的一切事故。

（刘宗仁）

商品混凝土 commercial concrete

见预拌混凝土（278页）。

上部甲板 upper deck

导管架型平台上安置生产、生活设施的场所。由钢桁架、钢柱、梁板等组成。在加工厂里制造，用驳船运至井位附近并由起重船将其安装在桩的上部。根据起重船的起重量和甲板的重量来选择是整体安装还是分块安装。

（伍朝琛）

上部扩大 enlargement of top heading

俗称刷帮。隧道上导坑以外，起拱线以上部分的扩大。由于围岩压力随坑道的开挖宽度而迅速增大，开挖时须及时牢固地进行支撑以减小围岩的扰动。

（范文田）

上层滞水 perched water, suspended water

存在于地表岩层色气带中以各种形式出现的水。既有分子水、结合水、毛细水等非重力水，也有属于过路性质的下渗水流和存在于色气带中局部隔水层上的重力水。其特征是分布范围有限；补给区与分布区一致；直接接受当地的大气降水或地表水补给，以蒸发或逐渐向下渗透的形式排泄；水量随季节变化，雨季出现，旱季消失，极不稳定。只能作为临时性的水源，也可用于农村少量人口的饮用水及其他用水。因接近地表，对建筑物基础的施工有一定影响，应考虑排水或降水措施。

（林厚祥）

上升极限位置限制器 upper limit position indicating and control device

保证当吊具起升到极限位置时，自动切断起升动力源的起重机安全保护装置。对于液压起升机构，宜给出禁止性报警信号。

（刘宗仁）

上水平运输 horizontal transport above ground level

物料通过垂直运输送至地面以上部位后沿水平方向的运输。

（谢尊渊）

上吸法真空脱水 water removal by vacuum suction

将真空吸水装置安放在混凝土上表面进行真空脱水处理的方法。

（舒适）

上游围堰 upstream cofferdam

见围堰（254页）

shao

烧穿 burn-through

由于熔池温度过高且运条速度过慢而致使母材烧透，熔化金属自焊缝背面流出，形成穿孔的焊缝外部缺陷。常出现在薄钢板的焊接过程。

（王士川）

烧后抗压强度 compressive strength after being burned

耐火混凝土加热到指定温度并保温一定时间后再冷却至室温时的抗压强度。

（谢尊渊）

少支架安装法 erection by low-support

以少量简易支架支撑稳定拱肋并减少扣索以便于施工操作的钢筋混凝土拱桥安装方法。拱肋吊装，采用少量的简易支架（排架），以支撑和稳定拱肋，减少扣索，便于施工操作。整根肋的拱顶、1/4点的支承，或者拱肋分段的中间部位支承，采用单排架；拱肋分段预制吊装的接头处支承，采用双排架。当拱肋接头混凝土、拱波浆砌和拱板混凝土达到设计规定，才能卸架。在软弱地基，可进行两次或多次卸架，使拱圈、墩台逐渐受力。安砌拱波、拱板、拱上建筑及横向连接，均按无支架施工的规定进行。

（邓朝荣）

she

设备安装工程 equipment installation work

利用起重机械将生产设备吊运到设计位置进行安装的整个施工过程。将设备整体或其组合件依据设计与生产工艺的要求，按照设备安装施工组织设计、有关的随机技术文件和安装规范进行搬运、组合连接、设备吊装、设备安装、精平找正、调试运转和交付投产等。

（杨文柱）

设备安装工程施工准备 preparation for equipment installation work

为保证设备安装工程正常进行而应做好的前期

工作。主要内容包括：编制设备安装工程施工组织设计；起重安装机械进场及主要设备运载工具的选用与落实；运输路线的选定及其运行能力的审定；安装现场供电能力的审定；起吊、安装专业工人的技术培训及技术交底等。　　　　　（卢忠政）

设备安装工程施工组织设计 organizational plan of equipment installation work

在既定工期内，科学地组织设备安装各工种工人（队、组）及起重运输设备，按一定技术要求进行施工的实施性技术经济文件。主要内容包括：主要设备起吊、安装方案的选定；主要设备运输工具及运输路线的选定；能表明各专业工种（工人队、组）流水作业情况的施工进度计划；能表明主要设备运载工具和运行路线的施工平面布置图；起重机械、工人队组及需用材料的供应计划等。
　　　　　　　　　　　　　（卢忠政）

设备安装竣工验收 testing and acceptance upon completion of equipment installation

工程竣工后，按有关规范规定进行交工验收的最后施工程序。在设备投入生产使用前进行。应有竣工图，设计修改的文件，主要材料的出厂合格证和试验的资料，重要焊件的检验记录，隐蔽工程记录，各工序的自检和交接记录，试运转记录，重大问题及其处理文件及其他有关资料等。
　　　　　　　　　　　　　（杨文柱）

设备吊装 lifting equipment

用起重机将设备与构件在三维空间进行就位的方法。分桅杆式起重机设备吊装；桥式起重机设备吊装；自行式起重机设备吊装；无锚点法设备吊装；推举法设备吊装；利用构筑物配合起重机设备吊装；系留气球和飞艇与直升飞机设备吊装等。
　　　　　　　　　　　　　（杨文柱）

设备试运转 test running of equipment

综合检验设备安装各工序的施工质量，发现和改进设计和制造上存在问题的工艺过程。一般是：无负荷到有负荷；由部件到组件，由组件到单机，由单机到机组；先手控后遥控运转，最后进行自控运转。联动机组应将单台分别试运转后，再进行联动试运转。试运转一般分为准备、单机试车、联动试车、投料试车和试生产四个阶段。
　　　　　　　　　　　　　（杨文柱）

设备信托债券 equipment trust bond

公司以特定设备（如铁路机车、车厢、商用飞机等）为还款担保而采取信托方式发行的公司债券。公司筹资购置新设备前，先与信托机构签订合同，由后者作为公司的受托人代理发行债券筹资，买进设备的所有权由受托人掌握作为还款担保，固定租给该公司使用并由该公司负责维修、保养。该公司按合同定期向受托人支付租金，受托人以此向债券持有人支付利息和偿还本金。债券期满（偿还期须短于设备折旧期限），本息还清，公司才取得设备所有权。如果公司不能按期付息或到期还本，受托人有权出售该设备作为抵偿。　　（颜　哲）

设备找平 equipment leveling

采用一定的技术手段调整设备水平度的方法。找平应在设备处于自由状态下进行，一般采用垫板组的升降来调整水平度。　　　（杨文柱）

设备找正 position correction of equipment

采用一定的技术手段使设备的纵横中心线和基础上的中心线对正的方法。找正时必须找出设备的定位基准，进行设备划线。　　　　（杨文柱）

设计大纲 design brief

工程建设的大纲。是确定建设项目和建设方案（包括建设依据、建设规模、建设布局、主要技术经济要求等）的基本文件，也是编制设计文件的主要依据和工程建设的指导性文件。设计大纲根据批准后的可行性研究报告进行编制，其作用是对可行性研究所推荐的最佳方案再进行深入的工作，进一步分析项目的利弊得失，落实各项建设条件和协作配合条件，审核各项技术经济指标的可靠性，比较、确定建设厂址，审查建设资金的来源，为项目的最终决策和初步设计提供依据。　（曹小琳）

设计概算 design estimate, approximate estimate

设计部门根据建设项目计划任务书或可行性研究报告所规定的设计阶段所编制的相应阶段的经济文件。三阶段设计中，初步设计阶段编制总概算，经审批通过，据以确定建设项目投资和编制基本建设计划，并作为技术设计限额；技术设计阶段编制修正总概算，经审批成立，据以修订基本建设计划，控制基本建设投资和贷款，签订承包合同，也是工程项目招标编制标底的依据；施工图阶段编制投资验算，据以检验和确保施工图的总投资，将它严格控制在已审批成立的修正总概算范围内。两阶段设计中，扩大初步设计阶段编制总概算，经审批成立，据以确定基本建设项目投资、编制基本建设计划和控制基本建设投资和贷款、签订承包合同、工程项目招标编制标底的依据；施工图阶段编制投资验算，其作用与三阶段设计中的施工图投资验算同。一个完整的铁路基本建设项目的设计概算，一般应由单项概算、综合概算、总概算三个编制层次逐步完成。　　　　　　　　（邓先都）

设计阶段 design phases

为使设计工作由浅入深、循序渐进而划分的工作阶段。有两阶段设计和三阶段设计之分。在一般项目中按初步设计和施工图设计两个阶段设计，对技术复杂而又缺乏经验的项目，规模巨大的项目以及生产工艺、建筑结构、建筑装饰等方面有特殊要求的项目，需按初步设计、技术设计和施工图设计三个阶段设计。对矿区、林区、铁路、河流流域以及冶金、石油、化工等大型联合企业，为确定总体开发方案和总体部署等重大战略性问题，在初步设计之前应编制总体设计。 （卢有杰）

设计评审 desigh review

对设计所作的正式的、以文件为依据的、综合的、有系统的检查。目的在于评价设计要求以及评价设计能力是否满足设计大纲和设计合同。设计能力包括适应性、可行性、可制造性、可测量性、性能、可靠性、维修性、安全性、环境状况、时间期限、寿命周期和费用等。可以在设计过程的任一阶段进行，参加评审者应包括来自影响质量的所有有关职能部门中具备资格的人员。 （毛鹤琴）

设计任务书 project proposal

根据国家国民经济发展计划和勘察技术资料所编制的有关建设项目的必要性、可行性及投资估算的文件。其主要内容包括：建设目的和依据、建设规模、资源条件、投资估算、经济效果等。此文件经批准后将成为项目设计的依据。 （卢有杰）

设计委托书 design brief

由建设单位在上级主管部门批准建设计划后，根据使用要求拟定的工程设计工作基本文件。应说明工程所在地区或地段的情况，附有建设地段的总平面图，标明建设地点和地界；总建筑面积、层数、层高，投资总额及质量标准；建设项目的用途和特点，各个房间的用途、面积和功能要求；建设期限和建设程序等。它是设计的主要依据，拟定后，建设单位即可填写设计单位要求的设计委托单，又称设计任务单，会同有关批文及设计委托书，向设计单位办理设计委托手续，签订设计合同。 （卢有杰）

设计文件 design documents

对拟建工程的具体内容在技术和经济上进行全面的规划、详尽的计算、分析和安排。设计文件是可行性研究报告的深化，是组织工程施工的主要依据。一般大中型建设项目采用初步设计和施工图设计两个阶段。重大项目，技术复杂和专业有特殊要求的项目可采用初步设计、技术设计和施工图设计三个阶段。初步设计的主要内容包括：设计依据、工程用途、功能、建筑规模、建筑面积、建筑结构、建筑标准、产品方案、工艺流程、设备配置、生产组织、建设顺序和期限、总概算等。施工图设计是把工程和设备各构成部分的尺寸、布局和主要施工方法，以图样及文字的形式加以确定的设计文件，它根据已批准的初步设计（或技术设计）文件编制。其主要内容有：总平面图、建筑物的建筑、结构、水、暖通、电气等专业图纸和说明，以及工艺设计、设备安装详图和施工图概（预）算等。 （曹小琳）

设计修改通知书 design variation order

又称设计变更通知书。俗称洽商。设计图纸会审后对原设计文件进行修改的书面文件。其内容为修改和解决图纸会审后发现的设计问题，诸如图例不妥、尺寸差错、构造不当而难以施工、设备和材料供应不能保证、建设单位计划变更等。一般由原设计人员草拟，经审核批准后送建设单位、施工单位和有关部门备案并付诸实施，且应存入技术档案，作为施工、竣工验收及工程结算的依据。所涉及的技术问题由设计单位确定，政策性问题则应上报有关部门批准后确定。 （卢有杰）

射流泵 jet pump

利用较高能量的流体，通过喷嘴产生高速流束而形成负压来吸取流体的装置。由喷嘴、喉管入口、喉管、扩散管及吸入室等部件组成。在组装时，要保证喷嘴、喉管和扩散管的同心度。由于泵体没有转动部件，因此具有结构简单、加工容易、工作可靠、密封性能好，并可利用废水废气为动力便于综合利用。但泵的传能效率较低。 （胡肇枢）

涉外经济合同法 economic contract law concerning foreign affairs

国内企业或其他经济组织同外国的企业、其他经济组织或个人之间为实现一定的经济目的而订立的明确相互权利义务关系的协议。 （毛鹤琴）

shen

伸缩式平台架 telescopic scaffold platform

由基本单元架组成的平台架。基本单元由套管立柱、上桁架、下桁架及三角架组成。它可根据房间的要求，调整桁架长度和增加主杆及桁架的数目，

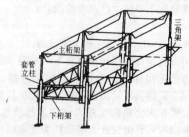

以适应房间开间及进深的尺寸，满足使用要求。其基本单元尺寸为1.75m×1.75m。　　　　　　（郦锁林）

伸缩式支撑　yieldable support, telescopic support

为了适应导坑的不同高度，将立柱做成可以伸缩的金属支撑。立柱通常采用圆形钢管或将两根槽钢对焊成方形。　　　　　　　　　（范文田）

深部破裂面　underground rupture plane

土层破裂面经过土锚锚固段和支护结构下端处的破坏形式。是土锚的一种失稳破坏形式。简化计算时，将锚固体中点与支护结构下端连一直线，再由锚固体中点垂直向上作一直线与地面相交，这两条直线可近似地看作深部滑动线。将这两条直线与支护结构包围的土体取作脱离体，根据力的平衡，求出土锚能承受的最大拉力的水平分力。如该值超过土锚设计水平分力的50%以上，即不会产生这种破坏。　　　　　　　　　　（赵志缙）

深层地基加固法　stabilization of superfacical subgrade

软土地基加固深度超过5m的各种方法。如堆载或真空预压法、砂井法、袋装砂井或塑料板排水固结法、强夯法、深层拌和法、化学固结法等。
　　　　　　　　　　　　　　　　（李健宁）

深层搅拌法　clay mixing stabilization method

用深层搅拌机械将水泥固化剂与地基粘土强制拌合形成水泥土加固地基或作基坑支护的方法。用于基础下地基加固；防止岸壁滑动和基坑边坡坍滑；作地下防渗墙阻止地下水渗流；用作深度不大基坑的支护结构。施工时用深层搅拌机先搅拌下沉至预定深度，再将制备好的水泥浆由灰浆泵经输浆管和中心管喷入土中，边喷浆、边旋转、边以规定的速度提升，提出地面后，为使水泥浆搅拌均匀，可再次边旋转边沉入土中，然后旋转搅拌提出地面。两根搅拌轴的深层搅拌机成型的柱状加固体断面呈"8"字形。加固体水泥土的强度与水泥标号、水泥用量、被加固土的含水量、养护龄期有关。水泥掺入比 $\left(a_w = \dfrac{掺加的水泥重量}{被加固土的重量} \times 100\%\right)$ 宜大于5%，该值愈高则水泥土强度愈大。水泥加固土完成硬凝反应的时间较长，宜以龄期100d的强度作为其标准强度。　　　　　　　（赵　帆）

深层搅拌机　clay mixing machine

在地基内就地将软土和水泥浆搅拌成水泥土以加固地基或作支护结构用的专用机械。有单轴的和多轴的，目前中国采用较多的SJB型属双轴中心管喷浆式。它由电动机、减速器、搅拌轴、搅拌头、中心管、输浆管、单向球阀等部件组成。施工时，由起重机或机架悬吊先预搅下沉至设计深度，再由灰浆泵经输浆管、中心管将制备好的水泥浆经球阀喷射入土中，边喷射、边旋转搅拌、边提升，直至规定标高。为使土与水泥浆搅拌均匀，可重复上下搅拌。加固体断面呈"8"字形。　　（赵志缙）

深井泵　deep well pump

将深井中的地下水输送到地面的设备。其工作部分一般为单级或多级离心式水泵。有非沉浸式与沉浸式两种。前者系在地面的泵座上，安置立式电动机，经长轴带动井下的叶轮旋转而提水；后者是将发动机和水泵一起，用机壳密封，沉放入井内工作。用于基坑施工中降低深层地下水位的排水，以及供城镇、工矿企业供排水与农田灌溉。其特点是性能稳定、操作简单、使用方便。　　　　（胡肇枢）

深井井点

将深水泵置于管井内的井点降水法。适用于涌水量大的砂类土中，降水深度可达50m左右。井管一般常用钢管、塑料管、混凝土管制成，管径一般为300mm，水泵采用潜水泵或深井泵。
　　　　　　　　　　　　　　　　（林文虎）

深孔爆破法　deep hole blasting

在炮孔深度超过5m，直径为75～300mm的圆柱深孔中装药施爆的方法。其特点是钻孔工作量小，施工进度快，钻孔作业机械化程度高，一次爆破量大，生产率高，但费用较昂贵。适用于深基松动爆破、场地平整及高台阶爆破各种岩石。　　　　　　　　（林文虎）

深埋隧道　deep tunnel

底部距地面的深度大于15～20m的隧道。一般都采用暗挖法施工。山岭隧道中的绝大部分属于这种类型。　　　　　　　　　　　（范文田）

深水拖航　deep water towing operation

将全部建成的钢筋混凝土重力式平台在吃水较深情况下从施工水域向井位拖运的过程。要有足够水深，航线要平顺、无急弯、有足够的宽度，尽量避开正常航线，要在风平浪静时拖航。路途长的要进行拖航动力计算。用数艘拖轮并配备反向拖轮拖航。一般事先均需进行模型试验。　　（伍朝琛）

渗排水层排水　drainage through infiltration layer

在地下建筑基底下满铺一层碎石或砾石作为渗水层，在渗水层内埋设渗水管，地下水通过渗水管排走。渗水层厚度不小于300mm，石子粒径以20～40mm为宜；渗水层下面用100～150mm厚的粗砂作反滤层，以防泥砂堵塞渗水管；渗水层与钢筋混凝土底板间应抹 15～20 mm 厚的水泥砂浆或加一层油毡作隔浆层，以防浇筑混凝土漏浆堵塞渗水层。渗水管用直径为 150～250 mm 带孔的铸铁管或硬塑料管、钢筋混凝土管，纵向排水坡度为 1%。水排水层排水，应尽可能采用自流排水方式。同时，还必须防止水的倒灌，致使渗排水层失效。

（毛鹤琴）

渗透系数 coefficient of infiltration

单位时间内水在土中移动的距离。表示岩土透水性的指标，反映岩土的通透能力，用 cm/s 为单位表示。由于土体构造的复杂性，土的渗透性具有极不均匀和各向异性性质，在各地各类土层中变化较大，实践中需要认真取值。可用实验室法和现场测定法来测定。是人工降水的主要计算依据指标。

（林文虎）

sheng

升 inclination (of column or wall)

古建施工中为倾斜之意。可分为正升和倒升。前者向建筑的轴线方向倾斜，如墙皮向里皮方向倾斜；后者向远离轴线方向倾斜，如墙里皮向外皮方向倾斜。为了增强建筑的稳定性，柱子和墙体一般都要有正升。在个别情况下，例如某些房屋的墙体的室内一侧，可以有倒升。其值的大小（即倾斜度）一般不超过 5/1 000。 （郦锁林）

升板法 lift slab method

利用升板设备将叠浇于地面的各层楼板（包括屋面板）按提升程序逐层地提升至设计位置，并加以固定的施工方法。自 1913 年在美国问世以来，无论工艺、设备和应用范围都得到很大发展，形成了一整套现代化升板技术。提升设备由手动千斤顶发展到电动升板机和液压升板机，升板机由设在柱顶发展到沿柱自升。相继产生的施工方法有：升层法、盆式提升工艺、集层升板法、升滑法、升提法、升梁提模施工法、先张法预应力升板法、无粘着后张法、双曲线预应力钢丝束升板法、整体预应力板柱体系升板法、电视塔升板机提模施工法等。它是介于现浇混凝土与预制装配化之间的一种施工方法。工艺过程为：吊装预制柱，浇注室内地坪，在其上依次叠浇各层楼板和屋面板，待混凝土达到规定强度后，利用沿柱自升的升板机将柱作为提升支承和导杆，按提升程序，由升板机将各层板逐一提升至设计位置并加以固定。具有简化施工工序、工效高、速度快；节约大量模板，减轻劳动强度；不需大型起重设备；减少高空作业；适应狭窄场地施工等优点。 （李世德）

升板机提升法 method of lifting by slab-lifter

利用升板机提升屋盖结构的整体安装法。采用此法应防止单柱失稳，尽量减小其计算长度，必要时进行验算。提升时控制屋盖结构的水平度和垂直度，尽量减少提升差和垂直偏差。不需大型起重设备，而且工艺简单，提升平稳，但施工用钢量较大，不能空中移位，给施工造成一些困难。一般用于整体屋盖安装，特别适用于空间网架的安装。

（李世德）

升板同步控制 synchronization control for lift-slab operation

升板法施工中提升阶段控制多台升板机同步的措施。为确保提升差不致太大，必须采取有效措施加以控制，使群机尽量地同步提升。控制同步常用的方法有标尺法、连通管液位控制法。近年来，利用现代技术，诸如激光水准仪、光电管和数控技术控制同步的方法也得以广泛采用。 （李世德）

升板柱计算长度 calculated length of column for liftingslab

适用于等代悬臂柱的等效欧拉柱（铰接柱）的长度。提升阶段，升板结构按等代悬臂柱验算其稳定性，计算长度则应按荷载作用点至固定端距离的两倍取值。由于升板法施工的特殊性，在提升阶段，随着板柱节点自下而上逐步固定，荷载作用点至固定端的距离也随之改变。当采用后浇柱帽固定时，在施工阶段柱帽混凝土未达设计强度，为安全计，根据柱的变形曲线可将不动点位置取在最上面两个柱帽之间（即层高的 1/2 处）；采用其他方法固定，视其节点具体情况而定。 （李世德）

升层法 lifting floor method

利用升板技术提升整个楼层的方法。有两种施工方法：在各层板提升前便进行整个楼层的墙体、门窗、甚至墙面装修的施工，然后随同楼板提升；叠浇楼板的同时，叠浇楼板之间的承重墙板，利用工具式钢管柱与升板机相连的工具式钢桁架，使悬挂在工具式柱上的升板机提升楼板的同时钢桁架上悬挂的吊杆将墙板由平卧状态提升至直立，随即将楼板搁置于墙上，完成整个楼层的提升。前者迎风面较大，提升时重心较高，必须采取措施解决稳定问题；后者比较成功地解决了这个问题，但后继工程工作量较大。 （李世德）

升滑法 method of lift-slab

升板法施工中，在升板的同时，利用升板机的富裕能力滑（提）升竖向结构（墙、柱）的模板，并进行混凝土浇筑的方法。这样便将两种施工工艺有机地结合在一起，达到各取所长、加快施工速度、文明施工的目的。 （李世德）

生产发展基金 production development fund

中国国有企业从税后留利中建立的用于发展生产的专用基金。在非生产性企业，则有与此相类似的、专门用于扩大和改进经营业务的业务发展基金。集体企业、乡镇企业等也可建立类似的基金。专门用于扩大生产经营规模、企业技术改造、新产品试制等所需的支出。国有企业从增加留利中提取该项基金的比例，一般不得低于50%。

（颜 哲）

生产要素价格论 theory of production essence prices

生产过程中有土地、资本和劳动三种要素在协同作用，每一要素都是作为价值的独立源泉出现，而地租即是土地这个生产要素对产品及其价值所作的贡献的报酬。是一种西方地租理论。

（许远明）

生产准备 production preparation

生产性建设项目投产前为竣工后能及时投产所做的全部生产准备工作。它是使建设阶段能顺利地转入生产经营阶段的必要条件。从批准可行性研究报告开始，直至项目建成投产，建设单位在整个建设过程中，都要有计划有步骤地一面抓好工程建设，一面做好生产准备工作，保证工程项目建成后能及时投产。主要内容有：①生产准备机构的设置；②生产准备工作计划的编制；③生产人员的配备与培训；④生产技术准备与规章制度的建立；⑤外部协作条件的准备；⑥物资供应准备；⑦经营管理方面的准备。

（曹小琳）

shi

狮龙防水胶 shilong

由主要成分为聚氨基甲酸脂的主剂（黑色糊状液体）和副剂（半透明体）按一定比例混合后形成的防水涂料。其涂层经数小时即可凝固成为一种性能极佳、富有弹性、坚韧耐用的防水胶膜。适用于建筑物、构筑物及地下结构的防水、防潮、堵缝或接缝，施工和维修均较方便，使用寿命可达20年以上。

（毛鹤琴）

施工安全 safety in construction

生产企业为了防止工伤事故和职业病的危害，保护职工生命安全和身体健康，采取的技术、组织措施和安全教育工作。应贯彻预防为主的方针。为此，国家制定了建筑安装工程安全技术规程和建筑施工安全标准等法规；设置了安全管理机构，如安全生产委员会，建筑安全监督站。做好安全工作可以促进施工任务顺利完成，保证工程质量，提高劳动生产率。

（刘宗仁）

施工安全监督机构 project safety administration authority

对辖区内所有工程施工安全实施强制性监督的专门机构。它行使政府职能，按照施工安全法规和安全规范，检查与监督施工安全防护设施和安全管理措施。目的是保障施工人员的人身安全和施工设备的安全，对政府负责。

（张仕廉）

施工便线 construction detour

铁路施工中为保证线路运输局部增修的临时铁路线。修建铁路时，常有量大而集中土石方和长大桥梁、隧道等控制通车日期的关键工程，为了不影响整条线路的开通，可在上述工点附近增设一段工程量较小、标准较低的临时铁路，以便通行工程列车和办理客货运输，但须经过技术经济比较，对施工和运输确实有利时才宜采用。

（段立华）

施工标高 construction level

建筑物（构筑物）设计标高和地面标高之差。如铁路线路纵断面上各点的填挖高数值。

（段立华）

施工测量 construction surveying

为工程施工阶段服务所进行的工程测量工作。它包括测量控制网的建立、工程建筑物构筑物的定位放线、建筑物构筑物沉降与变形观察以及绘制竣工总平面图等工作。

（林文虎）

施工层

沿工程对象的竖直方向划分的施工高度。分层界线根据各工种的特点和施工技术措施的需要，结合拟建工程对象的结构特征而定。

（杨炎榮）

施工程序 sequence of construction operations

在建筑安装工程施工中，不同阶段的不同工作内容按其固有的先后顺序依次开展的过程。大体上可分为：接受任务阶段；开工前规划和组织准备阶段；开工前现场条件准备阶段；全面施工阶段；竣工验收和交付使用（生产）阶段。

（孟昭华）

施工导流 construction diversion

为保证水工建筑物能在干燥基床上施工，用围堰围护基坑，引导河水从其他通道或部分河床下泄的工程技术措施。基本方法有：分期导流和全段围堰法导流。按导流泄水方式分有：隧洞导流、明渠导流、涵管导流、渡槽导流、底孔导流、梳齿导流等。在工程设计中一般应包括导流方案选择、导流标准及设计流量的确定、导流建筑物的设计与布置、截流工程设计、拦洪渡汛措施、封孔蓄水计划等，如有需要还包括施工期间通航、放木、向下游供水等措施。

（胡肇枢）

施工调度 construction dispatch

按照施工进度及相关工程关系进行的施工日常管理工作。主要有：收集、了解施工情况，掌握施工进度，调配劳动力及工程机具的使用，安排材料运输，对出现的不协调和不平衡现象进行调整和部署并及时向领导禀报，使之保持正常的施工秩序。

(段立华)

施工定额 construction cost standard

劳动定额、材料消耗定额、机械台班使用定额的总称，直接用于施工管理中的一种定额。根据施工定额便可直接计算出不同工程项目的人工、材料和机械台班的需要量。

(毛鹤琴)

施工段

在每一施工层的平面范围内，根据拟建工程对象的平面布置情况而划分的相对独立的区段。各施工段的工作性质应能相同，所需的劳动量也应大致相等。

(杨炎榮)

施工方案 construction scheme

确定为完成某个施工过程所需的人力、材料、机具、资金、方法，并在时间与空间上进行合理安排的施工文件。主要内容为：选择主要分部（分项）工程的施工方法和施工机械；明确施工流向和施工程序；确定分项工程或工序之间的施工顺序。应对每一施工过程的几种可能采用的施工方案作技术经济比较，然后择优确定。

(邝守仁)

施工缝 construction joint

在浇筑混凝土拌合物过程中，中途停歇时间超过混凝土拌合物的初凝时间，在停歇位置处所形成的新浇与已浇混凝土间的结合面。该结合面的留设位置应预先确定，应留在结构受剪力较小且便于施工的部位。在开始继续浇筑混凝土拌合物的时间不能过早，以免使已凝固的混凝土受到振动而破坏，必须待已浇筑混凝土的抗压强度不小于1.2MPa时才可进行。在继续浇筑前，应对已硬化的结合表面进行处理。

(谢尊渊)

施工机具需用计划 plan of construction plant supply

表明施工期限内各种机具月或季需用量安排的图表或文件。在施工组织总设计中，根据主要建筑物的施工方案，并按照施工总进度计划的要求，提出主要施工机具按月或季的需用数量。单位工程施工机具需用计划可根据单位工程施工进度计划编制。

(邝守仁)

施工机械平衡 balanced scheduling construction plant

尽量减少施工机械停歇时间以最大限度地提高机械利用率的施工组织管理工作。

(孟昭华)

施工机械使用费 operation costs of construction plant

列入概预算定额的施工机械台班量，按相应机械台班费用定额计算的建筑安装工程施工机械使用费和定额所列其他机械使用费。施工机械台班费由不变费用和可变费用组成。

(邓先都)

施工控制测量 control surveying on construction site

为建设项目施工定位放线而设置控制网的测量工作。施工平面控制网一般以主体建筑物或构筑物的主轴线为依据作网形布置。如房屋建筑施工控制网多布设成与主要建筑物轴线平行或垂直的方格网；桥梁施工中则以桥的中线为基准，向两侧展开布设对称的控制网。在网点布置上，应在工程重要的点位和轴线布置控制点，如房屋建筑的主要轴线上，大坝和遂道的两端处等。控制网的施测方法取决于工程的性质。建筑物控制方格网的施测是首先根据地形图控制网点，引测出主轴线上的网点，再据之引测设立其他网点，然后测定各点坐标，并根据各点设计坐标对点位改正后埋设牢固的点位桩，并测定其高程。

(卢 谦)

施工拦洪标准 criterion for construction flood retention

施工导流过程中，采用坝体直接挡水拦洪时选定拦洪设计流量所采用的洪水频率的标准。根据工程等级、坝型和失事后的危害程度等确定。

(胡肇枢)

施工拦洪水位 design flood level during construction

通过导流泄水建筑物下泄按施工拦洪标准所确定的流量而在上游形成的水位。是施工导流、进度安排的一个重要控制指标。对非全年挡水的围堰，在汛前应在围堰围护下将坝体修筑到此水位以上，以保证汛期坝体挡水，且在坝面上继续施工，对于不允许过水的土石坝尤要确保抢筑到此水位以上。

(胡肇枢)

施工里程 construction kilometrage

同时进行施工的铁路线路的总公里数。一条铁路线路可以采取全线同时施工，也可以采取分段施工、分段交付运营的方法。

(段立华)

施工流向 construction layout

单个建筑物在空间上的合理施工顺序。即确定单位工程在平面或竖向上施工开始的部位及其进展方向。应考虑的因素有：生产工艺过程，建设单位对生产或使用的需要，各个部位的施工繁简程度、工期长短、基础埋深不同等。

(邝守仁)

施工排水 site drainage

建筑工程施工期间排出雨水、废水及渗水的工作。包括地面排水和地下排水。地面排水是指施工期间对施工现场内地面雨水、施工废水、低洼处积水的排除。地面雨水和施工废水可通过排水沟排至施工现场之外的城镇排水系统中，低洼处积水可汇集到集水池后由水泵排走。地下排水是指施工期间排除地面以下基坑、基槽中的雨水和渗水。地下排水经常采用集水井排水法或井点降水法。

（那　路）

施工企业管理层　由项目经理或直线主管人员及有关职能部门组成的对企业生产经营活动进行管理的层次（机构）。其主要职能是为实施决策方案，达到企业经营目标，制定管理目标，实施计划，拟定实施策略、步骤和措施，并协调各部门间的关系等。

（曹小琳）

施工企业决策层　以企业总经理为首，由副总经理、总工程师、总经济师、总会计师以及公司级主要职能机构等组成的决策层次（机构）。其主要职能是从企业整体利益出发，对企业的生产经营活动实行统一指挥和综合管理，制定企业的发展规模、经营目标、经营方针和实现这些目标的计划。

（曹小琳）

施工水域　construction water region　钢筋混凝土重力式平台的建造水域。其水深大于井位处水深（若此条件不能满足，则需更改平台结构形式，施工更趋复杂），隐蔽条件好，不受外海风浪的影响，距岸要近，能对结构物进行锚泊，并能满足各种工程船舶的运输和靠泊所需的条件。

（伍朝琛）

施工顺序　sequential order of construction operations　各分部（分项）工程或工序根据施工部署和工艺衔接确定的施工先后顺序安排。它是编制施工组织设计和施工进度计划的主要内容之一。

（孟昭华）

施工条件调查　construction conditions investigation　施工开始前对影响施工的因素所进行的调查工作。主要包括：现场踏勘、地形概貌、工程地质、水文地质、气象条件等方面的自然条件调查；地方建筑生产企业，特殊材料和主要设备供应情况，地方资源情况，交通运输条件，水源、电力、蒸汽供应，劳动力、生活设施等方面的调查。

（甘绍熺）

施工图　working drawing　设计部门为建筑工程施工提供的图纸。包括图、表和必要的设计说明。它是编制施工图预算的依据。

（段立华）

施工图设计　working drawing design　根据已批准的初步设计（或技术设计）绘制，可据以编制施工图预算，安排材料、设备和非标准设备的制作以及进行施工和安装的图纸。是设计工作的最后阶段。在本阶段要调整和完善各部分尺寸，确定构造作法和协调建筑、结构以及其他专业设计工作之间的关系，对某些图纸上难以表达的问题做出必要的文字说明。施工图设计文件应包括明确的全部工程的尺寸、用料、结构、构造和设备的工艺、建筑、结构、暖通、电气和给排水等专业的施工图纸、计算书、说明书和预算书。

（卢有杰）

施工图预算　working drawing estimation　又称设计预算。根据施工图纸、施工组织设计、建设主管部门规定的现行预算定额及其取费标准等有关规定编制的拟建工程预算价格的文件。

（毛鹤琴）

施工现场准备　site preparation　开工前，为保证顺利开工及开工后能连续施工而事先应完成的准备工作。主要包括：清理现场，拆除现场的施工障碍物；为施工现场接通生产和生活用电、用水、修筑施工用道路并平整现场场地，做到水通、电通、路通和场地平整（三通一平）；施工现场的测量放线；设置必要的工地办公室、职工宿舍、食堂、材料库房、钢筋棚、木工棚、锅炉房、警卫室、厕所等临时设施。

（朱宏亮）

施工项目　construction　以建筑施工企业为管理主体，完成施工任务的建设项目或其中的单位工程或单项工程。施工任务的范围通过工程承包合同界定。

（毛鹤琴）

施工预算　construction cost estimation　施工单位根据施工图纸、施工定额、施工组织设计结合现场实际情况编制的、反映为完成一个单位工程（或分部工程、分项工程）所需的材料、人工、机械台班数量和费用的文件，据此用以确定用工、用料计划，进行备工、备料，指导施工，控制工料，考核成本。

（毛鹤琴）

施工周期　time of completion　又称工期。在正常情况下，从工程开工到竣工所需的时间。应根据工程类型、结构特征、施工方法、施工技术和施工管理水平，施工单位的机械化程度，以及现场的地形、水文地质等具体条件予以确定。在网络计划中，为关键线路的总工作持续时间。

（邝守仁）

施工桩　construction stake (peg)

施工中为控制建筑物的平面位置、尺寸和高程而测设的木橛。　　　　　　　　（段立华）

施工总进度计划　master construction schedule

为按预定工期组织建筑群施工而编制的计划。主要是确定各个建筑物和构筑物的施工期限，确定主要工种工程、准备工程、全工地性工程的施工期限。通常以横道图或网络图表示。据以确定主要工种劳动力、建筑材料、构件、半成品、施工机具的需用量计划。　　　　　　　　（邝守仁）

施工总平面图　master construction site plan

正确处理全工地在施工期间所需各项设施与永久性建筑之间空间关系的总体布置图。按施工方案、施工进度的要求，对施工用运输道路、材料仓库、附属生产企业、临时房屋建筑、临时水电管线做出合理规划。图的比例一般为 1:2 000 或 1:1 000。　　　　　　　　　　　（邝守仁）

施工组织设计　construction planning and scheduling document

规划工程施工全过程和指导各项施工管理工作的技术经济文件。其内容主要包括：工程性质、特点和技术要求的概述；工程量和工作量汇总表；施工方法和施工机械的选择；编制施工进度计划和确定施工期限；劳动力、机械、材料、构件、半成品需要量及其供应计划；各项现场临时设施的布置和施工总平面图；开工前各项准备工作等。根据设计阶段和编制对象的不同，一般分为：施工组织总设计、单位工程施工组织设计、分部（分项）工程作业设计三类。　　　　　　（朱宏亮）

施工组织总设计　master project planning and scheduling document

为规划群体工程或大型工矿企业、大型公共建筑等整个建设项目施工全过程和指导编制年度计划的技术经济文件。以主持工程的总承建单位为主，会同建设单位、设计单位和分包单位，以有关计划文件、技术经济资料及已经有关部门批准的初步设计或技术设计等文件为依据共同编制，并报上级领导单位审批。其主要内容包括：工程概况，施工部署和施工方案，施工准备工作计划，施工总进度计划，各项物资及资源需用量计划，施工总平面图，各项技术经济指标，交通、防洪、排水措施，主要技术、安全措施及冬、雨季施工措施等。
　　　　　　　　　　　　　　（朱宏亮）

湿饱和蒸汽　wet saturated steam

简称湿蒸汽。在一定压力下，水经沸腾产生的与水保持动态平衡时的蒸汽。其内分布有大量悬浮着的微细水滴，成白雾状。故它是干饱和蒸汽和水的混合物。　　　　　　　（谢尊渊）

湿饱和蒸汽干度　dryness of wet saturated steam

干饱和蒸汽质量与湿饱和蒸汽质量之比。其值介于 0~1 之间。它反映湿饱和蒸汽中所含水分（悬浮着的微细水滴）量的多少。　（谢尊渊）

湿空气　wet air

见蒸汽空气混合物（293 页）。

湿热养护　wet and heated curing

以相对湿度 90% 以上的热介质加热混凝土，升温过程中仅有水分的冷凝过程，而无水分的蒸发现象发生的热养护。由于水蒸气的凝结放热系数很高，所以湿热养护时，均利用水蒸气的凝结放热来加热混凝土，即通常所谓的蒸汽养护。
　　　　　　　　　　　　　（谢尊渊）

湿式喷射法　wet-mix spraying process

将水泥、集料、水等在搅拌机中搅拌均匀后，装入喷射机，经输送软管压送往喷枪，在喷枪处增送压缩空气的同时加入速凝剂，以高速将混凝土拌合料喷射到受喷面上的方法。此法优点为与其他材料拌合均匀，易准确控制水灰比，回弹及粉尘量较小，但设备复杂，水泥用量大，易堵管。
　　　　　　　　　　　　　（舒　适）

湿式凿岩　water-fed rock drilling

开挖坑道时，用水风钻钻眼时以高压水冲洗炮眼，防止粉尘飞扬的凿岩方式。按供水方式，有中心供水和侧面供水两种方式。前者是在风钻中心装有水针，高压水进入水针经钎孔流入炮眼底部以冲洗凿岩粉尘；后者则从风钻旁侧通过一接合器，经钎尾由钎杆水孔进入炮眼。　　（范文田）

湿陷性黄土

正常情况下具有较好的工程性质，一旦遇水，产生大量附加沉降，工程性质急剧恶化，危及建筑物安全的特殊土。中国西北、华北地区广泛分布，常由于地基浸水而产生大量湿陷事故，或由于加层、加载、抗震加固需对地基进行托换加固。在进行地基湿陷事故处理前，需确定湿陷性土层厚度、判定湿陷类型和划分湿陷等级，对黄土的湿陷性进行正确评价。　　　　　　（赵志缙）

湿养护　moist (wet) curing

采取措施使新浇筑混凝土表面经常保持潮湿状态的自然养护。常用措施为在新浇筑混凝土表面覆盖一层吸湿材料（如麻袋、草垫、锯末、木屑、砂等）并经常浇水使混凝土表面保持潮湿状态。也可以经常直接向混凝土表面洒水或在混凝土表面蓄水以使混凝土保持潮湿状态。　（谢尊渊）

湿蒸汽　wet steam

见湿饱和蒸汽。

湿砖 wetting of brick

对砖浇水使之湿润的过程。普通粘土砖、粘土空心砖吸水率大,为避免过多走砂浆水分,影响砂浆正常硬化,砌灰面应进行浇水。砖的湿润程度以使砖的含水率达10%~15%或水从砖表面渗入10mm为宜。灰砂砖、粉煤灰砖的自然含水率一般为5%~7%,故可不浇水。 (方承训)

十进制码 decimal code

把编码对象组成数字代码,每个对象分属用十(百)中某一数表示的大类,每类中再分十(百)个中类,每中类中再分十(百)个小类,依次分下去形成的数字组合编码。例如中国图书即用此分类法,现准备推行的"设备材料标准编码"也基本上用十进制码进行编码,其由一个八位数字代码组成,分成四段,分别每二位表示大、中、小类及品种,再按需要用附加的顺序码区分不同的规格。 (顾辅柱)

十字缝

古建墙体中,砖全部顺砌(转角处丁起除外)的型式。此式不但省砖,而且墙面灰缝少。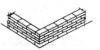
但如果处理不当,砖的拉结往往存在问题。多用于槛墙、冰盘檐,也常用于墙体下碱或下身。古建墙体中有些部位是必须用这种排列型式的,如象眼、山花等。 (郦锁林)

石板瓦屋面 slate roofing

在木基层上,铺盖用天然片状岩石,经削片、加工成一定形状的
薄石片排列有序地铺在屋面上形成的瓦屋面。石片形状和尺寸根据设计要求确定,一般常用尺寸为300~600 mm,厚10 mm左右。铺瓦时,按搭盖要求,自下而上进行,用钉子或铅丝固定于木基层上,搭接长度一般为瓦长的1/2~1/3,上下排瓦缝应相互错开。屋面坡度一般不小于1/2。 (毛鹤琴)

石碴 stone chips

又称色石子、石米等。由大理石、白云石、花岗岩等天然石材破碎成一定粒径加工而成的材料。用于水磨石、水刷石、干粘石等装饰抹灰。有各种色泽,其粒径习惯上用大二分、一分半、大八厘、中八厘、小八厘、米粒石等称呼,其相当粒径分别为20、15、8、6、4、2~4mm。 (姜营琦)

石材饰面 stone facing

采用天然石材板和人造石材板及石碴类外墙板的饰面工程。建筑装饰用的天然饰面板材主要有大理石和花岗石两大类。天然石材饰面板是高级装饰材料,用于高级建筑的装饰面。人造大理石板,由于其花纹图案可以人为控制,胜过天然石材,且质量轻、强度高、耐污染、耐腐蚀、施工方便,是现代建筑理想的装饰材料。预制水磨石饰面板是以水泥和彩色石碴拌合,经成型、养护、研磨、抛光后制成。具有强度高、坚固耐用、美观、施工简便等特点。可以制成各种形状的饰面板及其制品,且水磨石制品实现了机械化、工厂化、系列化生产,产品的质量、产量都有保证,为建筑装配化提供有利条件。它较天然大理石有更多的选择性,价廉物美,室内外均可采用,是建筑物广泛采用的装饰材料。 (郦锁林)

石层 stone course

石砌体中,石料叠砌形成的层次。用厚度相等的规则石料砌筑时,一皮石料形成一通长厚度不变的石层;大小不等的石料砌筑时,形成厚度不等不连续的石层;乱石砌筑时,形成乱层,但每砌3~4皮毛石时,应使其上层表面接近水平面,作为一个分层高度。 (方承训)

石雕 stone carving

在石活的表面上用平雕、浮雕或透雕的手法雕刻出各种花饰图案。一般分为平活、凿活、透活和圆身。平活即平雕,既包括阴纹雕刻又包括虽略凸起但表面无凹凸变化的阳活。凿活即浮雕,属于阳活范畴。透活即透雕,是比凿活更真实、立体感更强的具有空透效果的一类。圆身即立体雕刻,是指作品可以从前后左右几个角度都能得到欣赏。常用于须弥座、石栏杆、券脸、门鼓、抱鼓石、柱顶石、夹杆石、御路等。独立的制品有:石狮子、华表、陵寝中的石像生、石碑、石牌楼、石影壁、陈设座、焚帛炉等。 (郦锁林)

石缝 commissure, joint in stonework

石砌体中,块料间的接缝。左、右、前、后相邻块料间的接缝称竖缝,上、下相邻块料间的接缝称横缝。 (方承训)

石膏板隔墙 plaster board partition

采用隔墙龙骨及其连接件组成骨架后,侧面安装石膏板作为罩面板组成的隔断墙体。石膏板墙面可粘贴壁纸或喷涂涂料油漆等,作为装饰面层。这种隔墙适用于轻工业建筑、公共建筑、旅游建筑及住宅建筑等。 (郦锁林)

石膏灰 gypaum plaster

用石膏粉拌成的抹灰灰浆。一般用乙级建筑石膏粉。纯石膏灰浆速凝不宜操作,常用石灰膏作缓凝剂。配制时,先将石灰膏加水拌匀,再加石膏粉,随拌随用。其配合比为石膏粉:水:石灰膏=13:6:4。主要用于室内抹灰面层,厚度约2~3 mm。

分两遍涂抹，第一遍抹后未收水时即抹第二遍，再用钢皮抹子溜光至表面密实光滑为止。

(姜营琦)

石灰膏 lime paste, lime putty

石灰浆经沉淀并除去上层水分后所形成的一种白色膏状物。常用作砌筑砂浆和抹灰砂浆的胶结料。贮存的石灰膏应防止干燥、冻结和污染。脱水硬化的石灰膏不可作砂浆的胶结料。

(方承训)

石灰炉渣屋面 lime-slag roof

以石灰粉、炉渣作屋面垫层，以石灰膏、炉渣作面层，在面层上嵌入一层青瓦碎块，然后再铺一层石灰炉渣粉抹压平整的自防水屋面。此种屋面能就地取材，但荷载大，抗裂性、抗震性差。

(毛鹤琴)

石灰乳化沥青 lime emulsified

用石油沥青、石灰膏、石棉绒与水，在热状态下经机械强力搅拌而成的冷施工型防水涂料。

(毛鹤琴)

石灰砂浆 lime mortar

由石灰膏或磨细生石灰粉作胶凝材料拌制的砂浆。适用于砌筑强度要求不高，处于干燥环境的砌体，或用于抹灰工程。

(方承训)

石灰熟化 lime slaking

俗称陈伏。将块状生石灰（CaO）加水，水化成 $Ca(OH)_2$ 的工作。熟化时间一般为两周，如用作罩面灰则需时一个月。石灰在化灰池内熟化时，表面需保留一层清水，以防石灰碳化。

(姜营琦)

石灰土路面 lime-clay pavement

将粉碎后的土与适量石灰掺合拌匀，按照一定的技术要求压实养护而成的路面。其强度主要与土质、石灰质量、石灰剂量、石灰土含水量、压实后的密实度及养护状况等有关，在条件合适时强度较高，且有随时间推移而不断增高的特性，并具有较好的水稳性和一定的抗冻性，其抵抗不均匀冻胀及不均匀沉陷能力明显高于砂石路面。所用材料来源丰富，施工简单，造价低廉，适于各种程度的机械化施工，且适用于各类气候地区。可用作中、低级路面的面层及各类路面的基层、底基层和垫层。

(朱宏亮)

石灰桩 lime pile

将生石灰块、石灰粉或石灰浆灌（喷）入地基土内，经硬化、膨胀和脱水挤密后形成的密实桩体。用于地基加固。桩径一般为 150～400mm；桩距多为 3 倍桩径；桩长取决于加固目的和上部结构条件，一般为 2～4m。按用料和施工工艺分为块灰灌入法（亦称石灰桩法）、粉灰搅拌法（亦称石灰柱法）和石灰浆压力喷注法。中国于 1953 年开始进行系统研究，80 年代开始较大规模应用，效果良好。国外从 60 年代开始研究和应用。石灰桩法的成孔，可用沉管法、冲击法、钻进法、挖孔法或爆扩法。用人工填生石灰、机械夯实，桩顶部 1m 范围内用粘土或密度大的灰土封塞捣实，形成桩顶土塞，约束石灰桩向上膨胀。

(赵志缙)

石灰桩挤密 lime compaction pile

桩管沉入土中成孔后灌入生石灰块并经振实形成石灰挤密桩以加固地基。属深层密实法。石灰加固是一种古老的加固方法，中国古代就用石灰处理地基。20 世纪 50 年代以前中国用于浅层处理，50 年代以后用于深层处理。石灰桩吸水、膨胀、发热和进行离子交换，使桩周土体含水率降低、孔隙比减小并挤密土体，桩体硬化后与土体形成复合地基，共同承受荷载。桩呈梅花形或正方形布置，桩径 15～30cm，桩距约 3 倍桩径。施工时用振动打桩机，先将桩管振入土中成孔并起挤密作用，然后向孔中灌入好的生石灰块（或以 2:8～3:7 的比例掺加粉煤灰，有利于克服桩体软化和在地下水位以下硬化），边拔管边振实，直至设计高度。

(赵志缙)

石料干砌法 dry stone masonry

不用胶结料，直接将石料叠砌成石砌体的施工方法。

(方承训)

石料浆砌法 mortar stone masonry

用砂浆作胶结料，把石料砌筑成石砌体的施工方法。有铺浆、灌浆、挤浆砌筑等方法。

(方承训)

石面 face of stone

石料表面。六面体石料，其外露面为正面，正面的对应面为背面，朝上的一面为顶面，也称天座，朝下的一面为底面，也称地座，砌筑石料时，天、地座均应凿平（也称摊平），增强砌体的整体性。顶面或底面也称叠砌面，两侧的面分别为左、右侧面，或称左、右端面。

(方承训)

石硪 stone rammer

以周围系有提挂绳索的圆形石盘作夯拍的人工压实土的工具。通过多人协作工作，将其提升至一定高度后自由落下，以压实土体。

(庞文焕)

石油沥青油毡 bitumen felt

将纸胎或其他纤维胎，用软化点低的石油沥青浸渍，然后用高软化点的石油沥青涂盖其两面，再撒上一层滑石粉或云母片而制成的防水卷材。前者称为粉毡，适用于多层防水；后者称为片毡，仅用于单层防水。油毡幅宽为 0.95 m 和 1 m 两种，每

卷面积为 20 m²；油毡的标号用纸胎重（g/m²）来表示，有 200、350 和 500 号三种。　　（毛鹤琴）

石油沥青油毡防水屋面　petroleum asphalt felt waterproof roof

用沥青胶将油毡粘贴于用冷底子油处理的基层上，再在油毡防水层的面层上撒绿豆砂作保护层的卷材防水屋面。也可用其他块体材料或整浇混凝土作保护层。根据防水要求不同，其防水层的构造有"二毡三油"、"三毡四油"等做法。与石油沥青油毡配套使用的冷底子油和沥青胶，必须用石油沥青配制。　　（毛鹤琴）

时标网络图

又称时标网络计划、日历网络计划。画在水平时间坐标上的网络图。　　（杨炎粲）

时差　float time, time difference

① 又称机动时间。工作本身可以灵活机动使用的时间幅度。

② 世界各地区的时间差别。　　（杨炎粲）

时段

某种资源需要量完全相同的一段时间。在资源需要量曲线上表现为一踏步式的水平线段。
　　（杨炎粲）

时间定额　time norm

在合理地劳动组织和正常生产条件下，完成单位合格产品所必须的工作时间（包括准备与结束时间、基本生产时间、辅助生产时间、不可避免的中断时间及工人必须的休息时间）。时间定额以工日（按 8 小时计）为单位，其计算方法如下：

$$单位产品时间定额（工日）=\frac{1}{每工产量}$$

或

$$单位产品时间定额（工日）=\frac{小组成员工日数的总和}{台班产量}$$

（毛鹤琴）

时间序列分析法　time series analysis

根据过去统计资料来预测未来的方法。通常把在不同时刻观测或收集到的一组按时间顺序排列的数据，应用数学方法进行分析，找出事物发展趋势和变化规律的一类定量预测方法。　　（曹小琳）

时效制度　aging system

在一定的事实状态持续一定的时间之后即发生一定法律后果的制度。时效又可分为取得时效与消灭时效。凡一定事实状态持续一定时期而取得权利，叫取得时效；凡一定事实状态持续一定时期而失去权利，叫做消灭时效。　　（毛鹤琴）

实方　dense measure

自然状态下的土壤体积。表达土壤状态和计算土壤体积的方法。挖方时，按所挖路堑或基坑等体积计算；填方时，按所挖取土坑或采土场的体积计算。

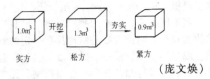

（庞文焕）

市场　market

商品供求双方交易关系的总和。可按交易客体分为产品市场和生产要素市场等，可按交易方式分为批发市场、零售市场、承包市场、拍卖市场等，可按交易范围分为地区性市场、国内市场、国际市场等。从供求关系的特征和价格决定的方式，则可把市场分为完全竞争、垄断竞争、寡头垄断、完全垄断四种类型。在不受非市场因素（如政府干预）干扰的情况下，市场上的价格和交易量由供求两方面力量共同决定，价格又对供给和需求发挥调节作用，使各种经济资源适应于人们的需要而实现有效配置。　　（颜　哲）

市政隧道　municipal (public) service tunnel

在城市地下，用以敷设各种市政设施用的管线（如自来水、热水、污水、暖气、煤气、电缆等）而修筑的隧道。按其用途有污水总管及排洪（暴雨）隧道、供水隧洞、煤气管路隧道、暖气热水管隧道、电线和电缆隧道以及混合用隧道等。这类隧道一般埋深较浅，大都采用明挖法施工。由于对城市地面的干扰较大，也常用盾构法施工。
　　（范文田）

事故类别　accident classification

直接使职工受到伤害的原因。共划分为物体打击，车辆伤害，机器工具伤害，起重伤害，触电，淹溺，灼烫，火灾，刺割，高处坠落，垮塌，冒顶片帮，透水，放炮，火药爆炸，瓦斯爆炸，锅炉和受压容器爆炸，其他爆炸，中毒和窒息，其他伤害等 20 类。对于有双重类别的事故，应按发生事故的第一个因素划分类别。　　（刘宗仁）

饰面工程　facing work

将板块状的饰面材料镶贴在基层表面作饰面层的施工作业。包括：石材饰面、陶瓷饰面、玻璃饰面、金属饰面、塑料饰面、木质饰面及混凝土外墙板饰面等。板块材料可分为①天然饰面板，如大理石、花岗石板等；②人造饰面板，如预制水磨石、人造大理石等；③饰面砖，如釉面砖、外墙面砖、陶瓷锦砖等。板块尺寸小于 400mm×400mm 者多用水泥砂浆或其他胶粘剂粘贴在基层表面；大于 400mm×400mm 者，则需在基层表面先扎钢筋网或安装其他金属固定件，再在板材侧面钻孔，将板材钩扎在钢筋网或金属件上，在板材与基层之间的空隙处灌入水泥砂浆固定。也有不灌水泥砂浆的干挂固定法。
(姜营琦)

饰面模板 finished face formwork
用不同线型、花饰的衬模现浇清水装饰混凝土结构的模板。装饰混凝土结构具有一定的颜色、质感、线型、花饰。模板主要有以下三种类型：在普通大模板上进行加工处理，如用角钢、瓦楞铁、压型钢板等固定在模板的所需部位，亦可将聚氨脂、橡胶粘在模板上并塑造出一定的线型、花饰；用材质和纹理较好的木模板，可做出木纹清水装饰混凝土；有着各种花纹的铸铝模板。采用装饰混凝土的优点是使结构功能与装饰相结合，减少现场抹灰工作量，减轻建筑物的自重，省工省料，缩短工期，显著提高了装饰工程的质量。
(何玉兰)

视距 sight distance
车辆行驶时，驾驶员能及时发现前方障碍物，防止冲撞而制动刹车所需要的距离。即从车道中心线上高1.2m处，能见到该线上高10cm的物体顶部的距离，沿车道中心线量得的长度，称为停车视距；在双向车道上，开始超车到超车完毕所需距离，称为超车视距。中国各级公路在平曲线和纵断面上的停车视距，应不小于规范规定。
(邓朝荣)

视粘度 apparent viscosity
见表观粘度（12页）

shou

收分 tapering
古建筑中使墙厚、柱径下大上小，墙面、柱面微向内倾的做法。
(郦锁林)

收分模板 tapering formwork(slipform)
能使变截面的结构物调整其直径与周长而设置的专用模板。其一侧或两侧带有舌状的薄板，便于在活动模板上滑动，进行变径收分。
(何玉兰)

手工抹灰 manual plastering
由抹灰工人用各种抹灰工具完成抹灰工作的施工方法。常用抹灰工具有铁抹子、木抹子、钢皮抹子、托灰板、木杠、刮尺等，操作方法有抹、压、磨、搓、拉、刮等。
(姜营琦)

手掘式盾构 hand-excavating shield
用人工开挖土层的敞胸盾构。在松散的砂土层中，可按砂土休止角将开挖面分成几层而构成棚式盾构，松软而含水地层中可辅以压缩空气。它构造简单，配套设备较少，没有复杂的开挖和出土机械，造价低，但劳动强度大，已较少采用。
(范文田)

shu

梳齿导流 combing diversion
利用预留在坝身的缺口下泄河水，用于混凝土坝后期施工的导流方法。缺口排列形如梳子，部分缺口用于下泄河水，其余缺口在上下游闸门围护下进行坝体浇注，以后再相互轮换，使坝身缺口交替上升直至坝体建成。无需另建专门导流泄水建筑物，并可将导流与封孔蓄水结合进行，但过流影响坝体施工，坝体上升速度较慢。
(胡肇枢)

树根桩 root pile
又称微型桩。就地灌注的直径75～250mm的小直径钢筋混凝土桩。可在各个方向成任意角度，因所形成的桩基形状似树根而得名。施工时所需场地和空间小，噪声和振动也小，对原有建筑物的墙身和地基土几乎不产生应力，特别宜用于托换工程，也用于稳定边坡、支护结构等。施工时在钢套管导向下成孔，清孔后插入钢筋，压力灌注水泥用量和坍落度都较大的细骨料混凝土，边灌、边振、边拔套管。单根树根桩的承载力由试验确定，网状结构树根桩的设计较复杂，桩与土共同工作的特性有待进一步研究。
(赵 帆)

树脂混凝土 RC, resin concrete
又称聚合物胶结混凝土。完全不用无机胶凝材料而只用树脂或有机单体作为胶结材料配制而成的聚合物混凝土。具有强度高，抗渗性、耐磨性与抗冲击性好，化学稳定性及绝缘性能强的特点。
(谢尊渊)

竖井 shaft
又称直井、立井，在修建山岭长隧道、水底隧道或地下铁道时从地面竖直向下开挖至隧道底部的辅助坑道。矿山工程中的一种主坑道也属此。多为圆形断面，通常修建在隧道中线的一侧，可用作隧道通车后的永久通风井。
(范文田)

竖井联系测量 transfer of directions down shafts
在隧道施工测量中通过竖井的联系，将坐标、方位角和高程从地面传递到地下的工作。使洞内控制与洞外控制纳入同一坐标和高程系统。通常采用联系三角形法，即在地面和地下各建立一个三角形，其中的两个顶点是通过竖井用挂有重锤的钢丝从地面投影到地下。测量两三角形的边长和有关的角，求出地下一个控制点的坐标和一条边的方位角。传递高程是采用长钢尺或钢丝法，求得井上井下两水准仪视线间的高差，确定地下一水准点的高程。
(范文田)

竖砌层 edger course

砖砌体中，由侧砖组砌成的砖层。
（方承训）

竖曲线 vertical curve

各级公路在纵坡变更处所设置的可使汽车平顺、安全、舒适地通过的竖向曲线。按起伏状况分为凸形竖曲线和凹形竖曲线；按线型分为圆曲线及抛物线。各级公路均规定有竖曲线最小半径和竖曲线最小长度。
（邓朝荣）

竖曲线长度 vertical curve length

竖曲线两切点间的曲线长度。各级公路均规定有竖曲线最小长度，如平原微丘地区，高速公路为 100m，一级公路为 85m，二级公路为 70m，三级公路为 50m，四级公路为 35m。
（邓朝荣）

竖向灌浆 vertical grouting

竖向预应力筋的孔道灌浆。在高耸结构中，竖向孔道的长度大，有时甚至超过 100 m。灌浆方案有一次到顶灌浆和分段接力灌浆两种。采用一次到顶灌浆时，灌浆泵的功率要大，灌浆高度宜控制在 100 m 以内。采用分段接力灌浆时，沿全高每隔 30～60 m 设置一对灌浆孔，相距约 1 m；待下部孔冒浆后予以堵塞，移到上部孔继续灌浆。为了确保竖向灌浆的顶部充满水泥浆，应采用高效减水剂和 U 型膨胀剂、二次压浆或重力补浆等综合措施。
（杨宗放）

竖向规划 vertical planning

城市规划中综合考虑地形起伏和一些主要控制标高关系而进行的总体部署。以达到建筑、道路、排水的标高相互协调，并且工程合理、造价经济、景观美好的目的。其主要内容包括：充分利用地形，尽量少占或不占良田，对一些需加以工程改造方能用于城市建设的地段提出方案；综合解决城市规划用地的各项控制标高问题，如防洪堤、排水干管出口、桥梁和道路交叉口等；使城市道路的纵坡既能配合地形又能满足交通要求；合理组织城市用地的地面排水；考虑填、挖方的平衡及填土的来源和弃土的出路，合理、经济地组织土方工程；适当考虑配合地形，增强城市环境的立体空间景观效果等。
（朱宏亮）

竖向开挖法 vertical excavation method

沿隧道中心线竖直向下开挖基坑或堑壕的隧道施工方法。各种明挖法皆如此开挖。
（范文田）

竖向预应力 vertical prestressing

在电视塔、压力容器和其他高耸结构中，沿竖直方向施加的预应力。根据竖向高度和构造特点可分别选用钢绞线束夹片锚固体系、钢丝束镦头锚固体系、精轧螺纹钢筋体系等。长度大的预应力筋宜从下向上穿，在底部进行张拉。在底部空间比较狭窄的情况下，预应力筋也可从上向下穿，在顶部进行张拉。张拉应对称进行，必要时可在另端补张拉。
（杨宗放）

竖斜砌层 dip edger course

倾斜砌筑的立砖层。
（方承训）

数据 data

一组记录客观世界事物（事件）性质、形态、数量的可鉴别的符号。例如数字、语言、文字、图像、曲线、色彩等均属于数据。
（顾辅柱）

shua

刷浆工程 painting work, finish coating work

将刷浆材料用刷或喷的方法，涂抹在抹灰层或混凝土表面上作饰面层的施工工作。可赋予建筑物以美丽鲜艳的色彩。要求表面颜色一致，无掉粉、起皮、漏刷和透底等现象。一般刷浆材料有石灰浆、大白浆、水泥浆、聚合物彩色水泥浆、可赛银浆等。
（姜营琦）

刷纹 brush mark

涂料涂刷后，表面不平，显出刷毛纹路的现象。产生的主要原因有涂料过稠、粘度太大、干燥太快、颜料过多、刷毛太硬等。
（姜营琦）

耍头

斗栱中，翘、昂之上与最外一层栱（清称厢栱）垂直相交的方木。
（郦锁林）

shuai

摔网椽

出檐及飞椽，至翼角处，其上端以步柱为中心，下端依次分布，逐根伸长成曲弧与戗角端相平的椽。因似摔网而得名。
（张　斌）

shuang

双笔管

两根杉槁并立在一起的立杆。主要是为了加大立杆的承载能力和稳定性。
（郦锁林）

双层衬砌 double lining

又称联合式衬砌。由外层初次衬砌与内层二次衬砌组成的衬砌。因外层装配式衬砌很难保证完全不透水，因而在其内表面先贴以防水层后再加筑一层同心的环行内衬砌以支承防水层。内衬砌常用钢筋混凝土整体式衬砌。
（范文田）

双代号网络图 arrow diagram

又称箭线式网络图。用箭线或其两端节点编号表示工作的网络图。图中节点表示箭线之间的连接点和工作相互逻辑关系（工作衔接）。

(杨炎荣)

双导梁安装法 erection by two lauching girders

又称穿巷式架桥机安装法。以两组用贝雷梁或万能构件组装的钢桁架作为预制梁运送和起吊设备导梁的安装方法。梁长大于两倍桥梁跨径，前方为引导部分，由可伸缩的钢支脚支承在前方墩上，中部是承重部分，后部为平衡部分，梁顶面铺设小平车轨道。预制梁由平车沿轨道运至桥孔，由设在两根横梁上的卷扬机吊起，下落在两桥墩上，之后在滑动垫板上横移就位。此法起吊能力较大，可在大跨多孔桥梁上使用。中国曾用此法架设了长51m、重1274.9kN的预应力混凝土简支T形梁桥。

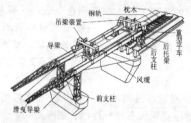

(邓朝荣)

双防水刚性屋面 double waterproof rigid roof

简称双防水屋面。由预制屋面板板面自防水与冷涂料贴板缝防水层（第一道防水层）、找平隔离层、预应力或非预应力细石混凝土刚性防水层（第二道防水层）三部分组成的刚性防水屋面。此种屋面综合和发展了自防水屋面、冷涂料防水屋面和刚性防水屋面防水的机理，其防水性和耐久性好，造价和维修费用低，是一种较好的屋面防水形式。

(毛鹤琴)

双钢筋 double reincement, top-bottom reinforcement

由两根冷拔低碳钢丝纵横向并联焊接成梯格状的配筋型式。用以代替混凝土构件中的单根钢筋。这种配筋在混凝土中由于短横钢筋的锚固作用加大使其与混凝土共同工作时产生较大锚固力，提高了承载能力并改善了构件在弹性阶段的性能。关键在于要有较高质量和较高效率的专用焊机。

(林文虎)

双滑 double slipform

结构物的内外双墙同时采用滑模的施工方法。将双墙的模板支承在三立柱的承力架上或支承在二立柱承力架上，利用双墙之间的隔热材料兼作模板形成双墙。双墙施工必须是双支承杆和双千斤顶。双滑施工简化工序，施工速度快，多用于烟囱内外筒壁的滑模施工。

(何玉兰)

双机抬吊法 lifting method by two cranes

用两台起重机起吊构件的方法。当构件体型、重量较大，一台起重机性能所限，不能满足起吊要求时便可采用此法。可分为旋转法、滑行法和递送法。构件的平面布置必须相应地满足其要求。对操作要求较严，起吊时应严格控制升钩、落钩和旋转的速度，以保证两机协调一致。两机负荷大小的分配必须根据其起重量进行计算，起重量应留有余地，以便起吊安全。

(李世德)

双阶式工艺流程 two-stage flowsheet technological process

在混凝土拌合物制备过程中，固体原材料要经过两次提升才制备成混凝土拌合物的生产工艺系统。固体材料第一次提升送入贮料斗内，经过称量配料后，再第二次提升送入搅拌机内搅拌。

(谢尊渊)

双控冷拉 two control of cold strething

见控制应力法（145页）。

双排脚手架 double row scaffolding

靠墙面设置里外两排立杆与大横杆、小横杆组成的脚手架，里排立杆一般距墙面0.5m，里外两排立杆的距离为1~1.5m。

(谭应国)

双排桩挡土支护 bank protection with two rows of piles

将单排桩间距拉开，每隔一根桩将移后一桩成梅花形式或成前后排形式的支护结构。由单排悬臂桩演变而成。必须满足：①桩顶必须要有圈梁连接起来（可以全部圈连，也可以局部圈连），使桩顶变成整体；②桩入土要有一定深度，即基坑开挖后的桩入土，要有一定深度；③桩与桩之间，要有规定的排距（排距大了就不是双排桩，而是拉结桩）。具有刚度大整体位移小，施工简单，速度快，造价便宜等优点。基坑在超出悬臂桩能负担承载需要拉结或锚杆时，采用双排桩则显出其突出优点。适用于粘土、海相沉积淤泥土。地下水位高时应降低地下水位，基坑深在12m以内。

(郦锁林)

双拼式连接器 double-spliced coupler

在先张法长线台座上接长预应力粗钢筋并传递预应力的临时性装置。由钢筋连接的二个半圆形套筒与钢圈组成。预应力粗钢筋的端部应做成螺杆头或镦粗头，以便卡在套筒端头进行连接。

(杨宗放)

双象鼻垂直打夯机 vertical rammer with two trunks

主要由石夯、象鼻、骨架和扛杆等部分组成的夯锤,利用垂直上下运动以压实土壤的夯实机具。下压扛杆时,连接石夯的吊杆被象鼻向上顶起,从而举起夯锤、象鼻转到一定角度时,吊杆即脱离象鼻,夯锤下落,夯击土壤。 (庞文焕)

双翼式脚手架 wing type scaffold

又称单立杆挂置桥架。由一对外径 76mm 或 83mm 的单根钢管作立柱支承杆,挂置两节悬臂的桥架。桥架可沿钢管两侧加焊的加劲钢板及角钢滑道升降。

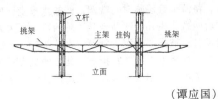

(谭应国)

shui

水玻璃模数 module of water glass

水玻璃组成中的二氧化硅与氧化钠的摩尔数的比值。以 M 表示,按下式计算

$$M = \frac{A}{D} \times 1.032$$

A 为二氧化硅的百分含量(%);D 为氧化钠的百分含量(%);1.032 为二氧化硅和氧化钠的分子量比。 (谢尊渊)

水玻璃耐酸混凝土 water glass acid proof concrete

由水玻璃作胶凝材料,硅氟酸钠(或其他材料)作硬化剂,与耐酸粉料和耐酸粗、细集料按一定比例配合拌制而成的耐酸材料。除热磷酸、氢氟酸、高级脂肪酸外,对大多数无机酸、有机酸和酸性气体均有良好的耐腐蚀能力,并有良好的耐热性能。配制时所用的水玻璃模数宜为 2.6~3.0,相对密度宜为 1.38~1.42。施工时,宜采用强制式搅拌机搅拌,机械振动捣实。最适宜的施工温度为 18~30℃。养护期内严禁与水或蒸汽接触,保证干燥养护。凡不直接接触酸液的耐酸混凝土工程,在养护以后应进行表面酸化处理。 (谢尊渊)

水冲沉桩 sinking pile by water jet

利用高压水流经过依附于桩侧面或空心桩内部的射水管,高压水流冲松桩侧或桩尖附近土层,便于锤击的方法。此法常与锤击沉桩联合施工。适用于坚硬土层、砂土、砾石层,但水冲至持力层 1~2m 应停止水冲,以锤击至到预定深度。 (郦锁林)

水冲浆灌缝 grouting joint with water diluted mortar

用大量水稀释后铺设在砖层上的砂浆充填灰缝的灌浆方法。由于质量差,一般禁止使用。 (方承训)

水底隧道 subagueous tunnel

又称水下隧道、越江隧道。修建在江河、湖泊、港湾或海峡底下地层内,为各种市政公用(或专用)管线及各种交通线路提供穿越水域的通道。可用以代替桥梁或轮渡,因此有时还设有单独的自行车道和人行通道。沿其纵断面分为水底段、河岸段和引道段三部分。水底段埋置在河床以下,两端与河岸段相接,再经过引道而与地面的交通线路相通。此类隧道绝大部分位于软土层内,因此常采用围堤明挖法、气压沉箱法、盾构法及沉管法等施工方法。通常还在两岸各设 1~2 座竖井,用以安装通风、排水和供电等设备。 (范文田)

水工隧洞 hydraulic tunnel,water tunnel

水利工程上用来穿过山体引水或泄水的水流通道。按其用途,分为引水隧洞、尾水隧洞、连接隧洞、泄水隧洞、施工隧洞、综合性隧洞等。按其工作方式,分为有压隧洞和无压隧洞。在结构上,通常都可分成入口段、渐变段、洞身段和出口段。水电站的水工隧洞大都在较坚硬的岩层中通过,因此,大多采用钻爆法或掘进机法施工。 (范文田)

水管冷却 cooling with water pipes

将循环冷水通入混凝土浇筑时埋设的冷却水管中对混凝土进行降温的措施。水管为 20~25mm 的薄钢管或薄铝管,在平面上布置成蛇形,有进出口各一个与供水管与回水管相连,通向制冷厂或水泵站,水管的间距与每层水管的高差均为 1.5~3.0m。通水降温分两期进行,一期在混凝土浇筑后数小时内开始,持续 10~15d,其作用是削减混凝土温升期内的温升高峰,防止深层温度裂缝的产生;二期则在坝体接缝灌浆前夕进行,持续 10~40d,以便把坝体按灌浆分区冷却到稳定温度,以保证如期接缝灌浆。 (胡肇枢)

水环 water ring

装在喷枪内的一个四周钻有小孔的环状金属物。压力水通过水环小孔时成雾状喷出,以包裹干混合料的每个颗粒表面,均匀混合成一定水灰比的混凝土拌合物。 (舒 适)

水胶炸药 gelatin explosive

由水和硝酸铵作氧化剂,以甲基胺硝酸盐作可燃剂,以古尔胶作胶凝剂按比例配制成的混合炸药。其密度为 1.12~1.25g/cm³,爆速为 4 000~5 000m/s。具有生产工艺简单和自动化程度高、安

全、有毒气体生成量少、抗水性强以及可以通过调节炸药密度和爆炸性能来适应不同爆破需要的特点，在世界各国得到广泛应用。

（林文虎）

水力冲填 hydraulic fill

用水力输送泥浆到冲填地点，进行土工建筑物填筑的作业。泥浆在冲填面上流散过程中，流束扩散流速减小，粗粒土先沉淀，细粒土后沉淀，微细粒土到沉淀池再缓慢沉淀，形成土粒级配分布的冲填面。根据土坝或其他土工建筑物的构造要求，用两面冲填法修筑心墙土坝，一面冲填法修筑斜墙土坝，端进法或嵌填法修筑均质土坝等。

（汪龙腾）

水力开挖 hydraulic excavation of earthwork

用水力机械进行土方开挖的施工方法。分陆地开挖和水下开挖两种。前者由水枪喷出的高速射流冲切土壤并拌成泥浆送走。为提高水枪冲射效果，还可以采用爆破、机械等配合将土翻松；后者用吸泥船吸泵吞口上较高流速将泥土随水吸入，经吸泵沿压力管道送走。在吞口处设置绞刀，将土绞成碎块，可提高吞口吸泥效率。

（汪龙腾）

水力吸泥机 hydraulic suction dredger

以大功率泵高压喷水，将泥土吸出基坑的施工设备。适用于粘砂土及砂夹砾石类土层，不受水深限制。出土效率可随水压、水量的增加而提高。一般使用的吸泥机，喉管与高压水喷嘴截面的比值为4～10，吸泥管与喷嘴截面的比值约为15～20。高压水喷嘴处的水压应高于构泥所需水压的7.5倍。水力吸泥机由吸泥器、吸泥管、扬泥管、高压水管等组成，如果泵的功率不够，可用两台或三台串连使用（吸口对出口）。

（邓朝荣）

水力吸石筒 hydraulic suction tube for gravel

以强力泵产生真空吸石出基坑的施工设备。适用于卵石含量在60％以上，粒径小于300mm的卵石地层，不受水深限制，须用一台吊机配合工作。工作原理是高压水通入封闭的锥体形水箱，由吸石管周围的圆环缝，向管内喷入圆锥状的水柱，因流速差造成的真空而吸起下面的水，砂石亦随水上升，碰到挡石网后，向四周落入贮石桶，吸石效率和高压水流成正比。

（邓朝荣）

水力旋流器 hydraulic cyclone

地下连续墙施工中，依靠高速旋转产生离心力除去护壁泥浆中小颗粒土渣的设备。地下连续墙施工用的护壁泥浆因与地下水、地基土和新拌混凝土接触，混入土渣和电解质离子等受污染而质量恶化。处理方法之一是用振动筛和水力旋流器。它包括锥形除砂筒、进料异径管、上端的外溢流管和底端的排砂嘴。经过振动筛除去大颗粒土渣后的泥浆，由泥浆泵经异径管增大流速后压入除砂筒，在其中高速旋转使混入泥浆中的小颗粒土渣由于离心力作用集聚于筒壁处，在自重作用下经排砂嘴排出，处理后的泥浆经上端外溢流管流出。

（赵　帆）

水力压接 rubber gasket connection

用沉管法修建水底隧道时，依靠水压力连接管段的水下连接。将新沉设的管段安设在已沉设管段端部的一圈止水胶垫内，产生初步压缩变形。然后，将两节管段临时封端墙之间的水排走，使管段前后两端产生几千吨乃至几万吨的巨大压力差，新沉设管段被推向先沉设管段，水胶垫产生二次压缩变形，成为可靠的防水接头。此法的优点是工艺简单，基本上不用潜水操作，施工速度快，水密性可靠且费用省。

（范文田）

水力运输 hydraulic transport

在管道或沟槽内利用水的流速和压力输送松散物料的运输方式。在水利工程施工中，用来配合水力开挖土方及水力冲填等的泥浆输送。分自流式、有压式输送两种。自流式输送是利用地形高差设置沟、槽或管路，泥浆沿沟槽或管子的部分断面靠重力作用流动；有压式输送需配备泥浆泵等压送设备，水和物料是沿管子的全断面流动。为提高经济性和不使泥浆在运输途中沉淀，最好在临界流速状态下输送泥浆。

（汪龙腾）

水利工程施工 construction for hydraulic works

对各种形式存在的水资源，按人们预想的要求兴修的兴利除害工程设施所进行的建筑、安装、疏浚等工作的总称。按目标不同有防洪、灌溉、排涝、发电、航运、竹木流放、挡潮、水产、供水、旅游等或综合几项目标的工程。它是水利建设程序中勘测、规划、设计、施工四个阶段中最后一个阶段，起着将规划、设计方案转变为工程实体的作用。

（胡肇枢）

水磨石面层 terrazzo finish

用水泥、石碴加水搅拌，铺在水泥砂浆找平层上，压实抹平，适当养护后，经多次补浆打磨露出石粒面，上蜡抛光而形成的饰面层。厚约10～15mm。广泛用作地面、墙面、楼梯、踢脚线、墙裙的面层。施工时，为防止收缩开裂，常用铜、铝、玻璃等做成分格条，将面层划分成块，将水泥石碴浆倒入各分块中，压实、抹平，待水泥石碴浆达适当强度后，至少应经三遍分别用由粗到细的金刚石加水研磨，每遍研磨后均需用水洗净，并用同色的水泥浆嵌补及适当养护。第三次研磨洗净后，

涂草酸水并用油石磨出白浆,再洗净、晾干、打蜡抛光。　　　　　　　　　　（姜营琦）

水泥灌浆　cement grouting

将水泥按配方制成的浆液进行的灌浆工作。具有结石体强度高,材料来源广,价格低,运输贮存方便以及灌浆工艺比较简单等优点。故至今为止仍是灌浆的主要方法。　　　　　　　（汪龙腾）

水泥裹砂法　sand enveloped with cement method

简称 SEC 法,又称造壳法。在制备混凝土拌合物过程中,使砂颗粒表面能包裹一层低水灰比水泥浆壳的搅拌混凝土的方法。其过程是先将砂表面的含水率调节至某一适宜范围（一般为 15%～25%）后,再将粗集料、水泥投入搅拌,使水泥颗粒粘附在砂粒表面,形成一层低水灰比（一般为 0.15～0.35）的结实的水泥浆壳包裹住砂粒（此过程称为"造壳"）,然后将拌制用水（应减去上述砂粒中的含水量）和外加剂加入,进行二次搅拌,即制备成混凝土拌合物。它由于带壳的砂粒相互紧密地连结在一起,形成骨架,把水灰比较大的稀水泥浆约束在砂粒之间的空隙里,因而改善了混凝土拌合物的组织结构,泌水量大大减少,不易分层离析,硬化后,使混凝土强度有显著提高。
　　　　　　　　　　　　　　（谢尊渊）

水泥快燥精　fast-drying agent for cement

用可溶性硅酸盐和铝酸盐配制而成的绿色溶液。掺入水泥中能加速凝固硬化。用于地下防水层或贮液结构堵漏和修补。　　　（毛鹤琴）

水泥砂浆　cement mortar

以水泥作为胶凝材料拌合而成的砂浆。一般用作砌筑或墙面抹灰、地面抹面。也可用于制作薄壁制品,如钢丝网水泥制品、水泥瓦等。
　　　　　　　　　　　　　　（方承训）

水泥砂浆防水层　cement mortar waterproof coating

在构筑物的底面与侧面分层涂抹一定厚度的水泥砂浆,利用砂浆的憎水性和密实性,来防止因毛细管现象而产生的潮湿及静水压力下的渗水作用,以达到抗渗防水的效果。根据防水机理分多层抹面水泥砂浆防水层、防水砂浆防水层、聚合物砂浆防水层和膨胀水泥砂浆防水层等四种类型。水泥砂浆应用不低于 425 号的普通水泥,砂子宜用中砂或粗砂。基层表面应坚实、粗糙、平整、干净。涂抹前基层洒水湿润;涂抹时避免施工缝,转角处应做成半径为 50～80mm 的圆弧。防水层做完后,须洒水养护 7～10d,以防出现收缩裂纹。
　　　　　　　　　　　　　　（毛鹤琴）

水泥水化热　hydration heat of cement

混凝土凝结硬化过程中水泥水化作用释放出的热量。不同品种、标号的水泥水化热量和放热速度均不相同。混凝土冬期施工中此种热量是有利因素,所以施工规范规定优先选用水化热量大的硅酸盐水泥或普通硅酸盐水泥,标号不低于 325 号,用量不少于 $300kg/m^3$ 混凝土。　　　（张铁铮）

水泥筒仓　cement silo

专用以贮存散装水泥的塔状料仓。按制造材料的不同,可分为砖石筒仓、钢筋混凝土筒仓和钢筒仓等。　　　　　　　　　　　　（谢尊渊）

水平尺　spirit level

中部嵌有水准管的测尺。用以检查砌体或结构的水平度。使用时,水平尺置于所测结构的表面,根据水准管气泡位置,便可确定水平偏差。
　　　　　　　　　　　　　　（方承训）

水平垂直千斤顶顶推法　incremental launching by jacking in both horizotal and vertical directions

以水平千斤顶推移梁体并以垂直千斤顶升落梁体使滑块退回或工作的预应力混凝土连续梁桥顶推安装方法。此法设备较简单,但垂直千斤顶将梁段顶起时,使梁段受到临时局部弯矩。水平千斤顶的后背必须锚固牢靠,以抵抗顶推时的反力。滑块用高强度等级的钢筋混凝土或钢材制成,顶部嵌设铸铁块,上面设置摩擦系数较大的氯丁橡胶片,顶推滑块时可随之前进。　　　　　　　（邓朝荣）

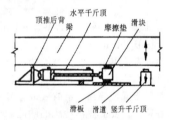

水平灰缝　horizontal mortar joint

又称横缝、卧缝。上、下相邻块料间的灰浆结合缝。　　　　　　　　　　　（方承训）

水平开挖法　horizontal excavation method

由隧道两端洞口或辅助坑道所增辟的工作面沿中心线水平方向开挖的隧道施工方法。通常均不挖开地面,因而各种暗挖法皆如此开挖。
　　　　　　　　　　　　　　（范文田）

水平式隧道养护窑　kiln for horizontal tunnel curing

简称水平式隧道窑、水平窑。状如水平隧道,内部可建立规定的湿热环境,用于养护混凝土制品的连续式蒸汽养护室。混凝土制品按规定速度顺序

通过隧道内的升温区、恒温区和降温区后，蒸汽养护作业便告完成。　　　　　　　　（谢尊渊）

水平运输　horizontal transport

物料沿水平方向的输送过程。可分上水平运输与下水平运输。　　　　　　　　　（谢尊渊）

水平张拉千斤顶顶推法　incremental launching with jack for horizontal tensioning

拉杆或拉索或压杆与梁段间设置连接固定装置并配备能随意锚紧、放松拉杆的水平张拉千斤顶的预应力混凝土连续梁桥顶推安装方法。此法顶推较快，千斤顶必须锚固牢靠，以抵抗顶推反力，常用于单点顶法。　　　　　　　　　（邓朝荣）

水枪　hydraulic gun, hydraulic jet

产生高速喷射水束的机具。它由上弯头、下弯头、导管和喷嘴四部分组成。它和动力设备、水泵、输水管道构成一套冲挖土方的设备。型式有手持式、悬吊式、带有保护装置的近射式、装在拖拉机上的自行式、远距离控制式等。工程中一般使用的水枪多置于滑板上，以利搬运。选择水枪主要是选择喷嘴直径、喷嘴压力、进口尺寸与供水管及水泵出口尺寸的匹配等。　　　　　　　（汪龙腾）

水乳型丙烯酸系建筑密封膏　water-emulsion acrylic building sealant

以丙烯酸系乳液为粘结剂，掺以少量表面活性剂、增塑剂、改性剂以及填充料、颜料等配制而成的密封材料。可在潮湿的基层上施工，并能提供多种色彩，是一种适用范围较广的防水密封材料。
　　　　　　　　　　　　　　　（毛鹤琴）

水乳型再生胶沥青涂料　water-emulsified type rubber-asphalt paint

以石油沥青为基料，再生橡胶为改性材料复合而成的水性防水涂料。由于橡胶和沥青具有良好的相溶性，涂料干燥成膜后，沥青吸取了橡胶的高弹性和耐温性特点，克服热淌冷脆的缺陷；橡胶也吸取了沥青的粘结性和憎水性，形成具有良好的耐热、耐寒及抗老化等性能的防水涂膜。涂料加衬玻璃纤维布或合成纤维薄毡构成增强涂膜防水层，其作法有"一布五胶"和"二布六胶"，冷作业施工，操作安全简便。　　　　　　　　（毛鹤琴）

水刷石　granitic plaster

又称洗石米、汰石子。将拌匀的水泥石碴浆抹在6~7成干的中层抹灰上，在水泥结硬前，用毛刷蘸水或水壶喷水洗去表面的水泥浆，使石碴半裸露的装饰面层。多用于外墙面。水泥石碴浆的配合比与抹灰层厚度和石碴粒径有关，常用体积配合比为水泥∶石碴＝1∶1~1.5。面层厚10~20 mm。
　　　　　　　　　　　　　　　（姜营琦）

水位　water level

江河、湖泊、水库、海洋中的自由水面及地下水的表面在某一地点、某一时刻高出基准面的高程。可用各种水尺按时观测该数后换算成基准面上的高程，也可直接用测量的方法求得。经过较长时期观测水位后，可得出水位过程线及历时线，由此求出按月、按年或历年的最高水位、最低水位、平均水位和不同历时的水位值。　　　　（那　路）

水文地质资料　hydrological geocogical data

经水文地质勘察测绘所提出的有关文字及图纸文件。应阐明地下水的埋藏、分布、补给、运动、排泄、水质与水量的状况等。　　　　（林文虎）

水下封底　tremie subsealing

用沉箱法或沉井法修建水底隧道时，在水下用混凝土封底的作业。混凝土经由导管进行灌注，在导管顶部最好有锥形进料器以便更好地接受混凝土材料。浇注时，管内应始终满充混凝土。其下端要始终埋在混凝土中直至封底完毕。有关混凝土的配合、首次用量、浇注速度、导管布置间距及操作要领等均须严格遵照施工规程。　　　　（范文田）

水下混凝土　concrete placed underwater, underwater placing of concrete

在干地拌制而在水下环境中浇筑和硬化的混凝土。其浇筑方法有导管法、泵压法、柔性管法、倾注法、开底容器法、袋装叠置法等。
　　　　　　　　　　　　　　　（谢尊渊）

水下混凝土连接　tremie concrete connection

在沉管接头处的钢制围堰中灌注混凝土形成永久性接头的水下连接。预制管段时，在管端安设钢制平堰板，待管段沉没就位后，于前后两块平堰板的左右两则，由潜水员安设圆弧形钢堰板，围成一个长圆形的钢围堰，用导管法向其内灌注水下混凝土，形成永久性的刚性接头。这种方法施工时需要较多的潜水作业，且隧道发生不均匀沉降时，接头易开裂而漏水，故目前已很少采用。
　　　　　　　　　　　　　　　（范文田）

水下混凝土强度系数　coefficient of strength of underwater concrete

钻取的水下混凝土芯样的强度与检查试块的强度之比。　　　　　　　　　　　（谢尊渊）

水下连接　underwater connection

在沉管隧道的管段沉设后，在水下与已沉设好的管段或与河岸段的隧道相连接的方法。通常有水下混凝土连接和水力压接。50年代以来，大多采用后一种连接方法。　　　　　　　（范文田）

水下隧道　underwater tunnel

见水底隧道（223页）。

水性石棉沥青涂料 water-applied asbestons-bitumen coating

又称 CXS-102 防水涂料。以石油沥青为防水基料，加入适量的石棉和辅助材料混合制成的冷施工型的厚质防水涂料。涂层的构造，视防水的要求有用玻璃网格布增强，按"一布二油"或"二布三油"的做法，也有采用无布二油涂层的做法。

（毛鹤琴）

水压试验 hydraulic pressure test

借助水的压强来检验各种容器的耐压性和严密性试验。在受试的容器内充满水后，用试压泵继续向内压水，使容器内形成一定的压力，借助水的压强对器壁进行耐压和严密性试验。（杨文柱）

水银箱测力计 mercury box dynamometer

又称水银标准箱。校准试验机与其他力值用的精密测力计。由钢筒弹性体、读数机构、指示机构等组成。在弹性体的筒内充满水银。读数机构是一个测微千分筒。在外力作用下，钢筒的内腔容积减小，利用千分筒读出力值。中国生产的水银箱测力计有 300～10000kN 等。（杨宗放）

水硬性胶凝材料 hydro-hardening binding material

既能在空气中硬化，又能更好地在水中硬化，保持和继续增长其强度的胶凝材料。如水泥。

（谢尊渊）

水质分析 water qualiry analysis

对水的物理性质和化学性质所进行的分析。物理性质主要包括密度、温度、颜色、味道、气味和透明度等。化学性质主要包括水中的各种离子含量、化合物含量和气体含量等。（解 滨）

水中挖土法 excavating underwater

修筑桥基时，用各式挖土机械和设备直接在水中挖土以形成基坑的方法。适用于排水挖土有困难或在有严重流砂、涌泥的基坑中开挖。常采用的机械设备：水力吸泥机、水力吸石筒、空气吸泥机、挖掘机、吊机配抓泥斗等。水下如有大树根、孤石等其他异物障碍时，还须潜水工水下作业（如切割、爆破）排除。（邓朝荣）

水准点 bench mark

用水准测量方法测定的高程控制点。该点要设置标志或埋设带有标志的标石。中国水准点的高程是从青岛水准原点起算的，全国范围内的水准点高程都在这个统一的高程系统之内。青岛水准原点绝对高程为 72.289m。（甘绍熺）

shun

顺层组砌 running stretcher stone bond

全部用顺石连续砌筑的石砌体组砌型式。适用于以条石或块石砌筑的墙或拱圈。要求上下错缝。

（方承训）

顺杆

见大横杆（33 页）。

顺杆间距

见大横杆步距（33 页）。

顺砌层 stretcher course

砖砌体中，由顺砖组砌成的砖层。

（方承训）

顺石 stretcher stone

石砌体中，长边平行于墙面水平放置的石料。

（方承训）

顺序码 sequential code

按事物（件）先后顺序给予编码的代码。是代码设计常用方法之一。方法简便、代码较短，但缺乏分类的组织、缺乏逻辑性，不能从某种程度上反映事物（件）特征，且添加只能在序号后面，删除中间的码则产生空码，长度亦不等。因此，往往仅作为其他编码方法使用时的一个补充方法，与其他编码方法混合使用。（顾辅柱）

顺序拼装法 progressive erection

又称渐次拼装法、逐段就位施工法。预应力混凝土梁式桥的预制桥节由桥的一端向另一端逐跨顺序拼装的施工方法。此法起源于平衡悬臂施工的概念，始创于法国。

（邓朝荣）

顺砖 stretcher

砖砌体中，砖块大面朝下，条面外露的砖。

（方承训）

瞬发电雷管 instataneously initiating

通电后立即爆炸的电雷管。

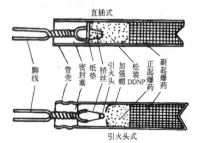

（林文虎）

si

丝缝
又称撕缝，俗称缝子。用砖加工较粗，膀子面朝上，外口挂老灰浆有极细砖缝，其余与干摆大致相同的砌法。最后不用清水冲，但要用平尺和竹片"耕缝"。耕出的缝子应横平竖直，深浅要一致。具体做法又分三种：四缝、沙子缝和线道灰。是可与干摆砌法相媲美的一种砌作类型，常用于墙的上身，也常用于砖檐、梢子、影壁心、廊心等。
（郦锁林）

撕缝
为便于油灰粘牢，用铲刀将木缝撕成 V 字形，并将树脂、油迹、灰尘清理干净的做法。大缝者应下竹钉、竹扁，或以木条嵌牢，称为楦缝。
（郦锁林）

死封口 last top sealing of tunnel lining
灌筑隧道衬砌拱圈混凝土工作在纵横两个方向相遇时的拱圈封顶方式。可在拱顶中央留出最后一个方形缺口，用千斤顶将混凝土自下顶上，应控制好混凝土的数量，以免衬砌背后留有较大的空隙。当采用定型料石或混凝土砌块砌筑衬砌时，可将封口石预放一块拱石在衬砌断面之外，封口时，使封口石块落下即行。放置拱石位置的空间用压浆回填密实。
（范文田）

四方体法 tetrahedroid method
土方量计算以四方体为计算单元的方格网法。方格四个角点全部为填或全部为挖时

$$V = \frac{a^2}{4}(H_1 + H_2 + H_3 + H_4)$$

V 为挖方或填方体积（m³）；H_1、H_2、H_3、H_4 为方格四个角点的填挖高度，均取绝对值（m）；a 为方格边长。方格四个角点，部分是挖方，部分是填方时

$$V_{填} = \frac{a^2}{4} \frac{(\Sigma H_{填})^2}{\Sigma H}$$

$$V_{挖} = \frac{a^2}{4} \frac{(\Sigma H_{挖})^2}{\Sigma H}$$

$\Sigma H_{填(挖)}$ 为方格角点中填（挖）施工高度的总和，取绝对值（m）；ΣH 为方格四角点施工高度的总和，取绝对值（m）；a 为方格边长（m）。

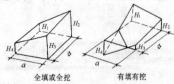
全填或全挖　　有填有挖
（林文虎）

四合土垫层 cement-lime-sand-soil bedding course
由水泥、石灰、砂和碎料（如碎石、卵石、碎砖或不分裂的冶炼矿渣），按一定比例加水拌匀，铺于基土上，经振实、固结而形成的垫层。四种材料的体积用量比例为 1:1:4~6:8~12。
（姜营琦）

四横梁张拉装置 tensioning device with four transverse beam
在台座张拉端横梁的两侧，由一套活动张拉架和一台液压千斤顶组成的一种先张法成组张拉装置。张拉架由两根活动钢横梁与两根粗螺杆组成。张拉前，预应力筋固定在内侧活动横梁上，并调整每根初应力。张拉时利用外侧活动横梁与台座横梁之间的液压千斤顶进行张拉，并用螺杆上的螺母锚固。适用于大型构件的生产。
（卢锡鸿）

四级公路 highway class Ⅳ
各种车辆折合成中型载重汽车的年平均昼夜交通量为 200 辆以下，沟通县、镇、村等的支线公路。在平原微丘情况下，四级公路的计算行车速度为 40km/h，行车道宽度 3.5m，路基宽度 6.5m；极限最小平曲线半径 60m，停车视距 40m，最大纵坡 6%，桥涵设计车辆荷载汽车 10 级，履带 50，在山岭重丘情况下，上述数据相应为 20km/h，3.5m，6.5m，15m，20m，9%，桥涵设计车辆荷载与平原微丘情况相同。两者桥面车道数均为 2 或 1。
（邓朝荣）

song

松动爆破 loosening blasting
只将岩石炸松炸碎，无须抛掷的爆破方式。适宜在地面横坡大于 70°的悬崖陡壁地段开挖路堑、移挖作填以及开采石料时采用。一般具有两个临空面，炸松后的岩石由于重力作用而崩坍落到路堑外，爆破效果较好。
（庞文焕）

sou

锼活
用钢丝锯锯解木板或其他木构件。
（郦锁林）

su

苏式彩画 Su-style colour painting
构图自由题材多变的彩画。因起源于苏州，故

名。与和玺彩画、旋子彩画主要不同点在枋心,是以檩、垫、枋三者合为一组,中间做成一个包袱,内画山水、人物、翎毛、花卉、楼台、殿阁等。藻头常绘以各种形象的集锦、花卉或瑞兽等。箍头画各种几何花纹,如回纹、寿字、连珠等。凡箍头、卡子、聚锦、包袱等,线路沥粉贴金者称为金线苏画;不沥粉不贴金而用黄线者称为黄线苏画;只在梁枋的两端画死箍头,大木上不画枋心、藻头、卡子者,而画各种花卉或流云等称为海墁苏画。

(郦锁林)

素灰 plain lime paste

各种不掺麻刀的泼灰、泼浆灰加水或煮浆灰的通称。其颜色可为白色、月白色、红色和黄色等。用于淌白墙、带刀缝墙、琉璃砌筑。黄琉璃砌筑用泼灰加红土浆调制。用于宽瓦勾抹瓦脸时又称节子灰;用于宽筒瓦挂抹熊头时又称熊头灰。

(郦锁林)

素土垫层 plain soil cushion

置换建筑物基础底面下软弱土层的素土层。是土垫层的一种,用于处理厚 1～3m 的软弱土层,尤其是湿陷性黄土层。土料用基槽中挖出的土,过筛,土粒径不大于 15mm,不含有机杂质。其厚度对非自重湿陷性黄土不小于 1m;对自重湿陷性黄土应稍大,以控制剩余湿陷量不大于 20cm 为宜。其宽度要每边超出基础底面不小于其厚度的 40% 和 0.5m。施工时,基坑验槽后,挖除局部软弱土层或孔穴并用素土分层填实,然后以含最优含水量的素土分层铺设并夯(压)实,以干土重度控制夯(压)实质量。

(赵志缙)

塑钢门窗 plastics-steel doors and windows

见塑料门窗。

塑料板面层 plastics tiled floor finish

将塑料板铺在地面基层上而形成的地面饰面层。塑料板分类方法很多,按产品外形分有板状的和卷状的;按材质的性质分有软质的和半硬质的;按使用的树脂分有聚氯乙烯塑料板、聚乙烯树脂塑料板、氯乙烯-醋酸乙烯塑料板、聚丙烯塑料板等。施工时,可用胶粘贴在基层上做成固定的饰面层,并可粘接成整片的地面层,也可干铺在基层上,做成不固定的饰面层。

(姜营琦)

塑料板排水法 plantics board draining method

将带有排水通道的塑料排水板垂直插入软土层中,加速软土地基排水固结的方法。其原理同袋装砂井排水法。目前国际上常用带沟槽或带钉的塑料芯板外包透水滤膜(常用无纺布)的复合形塑料排水板,断面尺寸常为(3～6)mm×100mm。

(李健宁)

塑料壁纸 plastics wall paper

以纸基为底层,聚氯乙烯或聚乙烯为面层,经过复合、印花、发泡、压花等工序制成的室内装饰材料。图案花色丰富,表面不吸水,可以擦洗,且具有较好的透气性,故可在基本干燥而未干透的基层上粘贴。它有一定的伸缩性和耐裂强度,即使基层出现 0.5 mm 的裂纹也不开裂。吸水会膨胀,故在刷胶前需在纸背刷水,约 5～10 min 胀足后刷胶裱糊,则干燥后收缩,使表面绷得更平服。

(姜营琦)

塑料薄膜养护 curing with plastic film covering

利用塑料薄膜覆盖在混凝土表面,阻止混凝土中水分蒸发的保湿养护。 (谢尊渊)

塑料门窗 plastics doors and windows

以聚氯乙烯、改性聚氯乙烯或其他树脂为主要原料,轻质碳酸钙为填料,添加适量助剂和改性剂,经双螺杆挤压机挤出成型成各种截面的空腹门窗异型材,再根据不同的品种规格选用不同截面异型材组装而成。因塑料的变形大、刚度差,为了提高它的牢固度,增加抗弯曲能力,在塑料异型材中设置轻钢或铝合金加劲板条等,该门窗称为塑钢门窗。具有线条清晰、挺拔、造型美观、表面光洁细腻,不但具有良好的装饰性,而且有良好的隔热性和密封性等特点。塑料本身又具有耐腐蚀和耐潮湿等性能,在化工建筑、地下工程、纺织工业、卫生间及浴池内部使用,尤为适宜。自 50 年代使用以来,经过不断改进,在建筑业得到大量应用,大有凌驾于铝、木、钢门窗之上的趋势。

(郦锁林)

塑料排水带 plastic drainage plate

深埋地下加速排出土体中孔隙水用的细长塑料带。在堆载预压法和含水量高的软粘土中打设预制钢筋混凝土实心桩时常用之,能加快地基固结和减少打桩带来的危害。有多孔质单一结构型和复合结构型两类。前者用聚氯乙烯经特殊加工制成,断面约 1.6mm×100mm,具有连通的孔隙,透水性好、耐酸碱、在土中不膨胀不变质;后者由硬质聚氯乙烯和聚丙烯带沟槽的芯板和透水且挡泥的由涤纶类或丙烯类纤维外滤膜组成。用插板机插入土中。当地基受荷或受挤压后,土中孔隙水即沿排水带逸出。其间距按砂井地基的固结理论的设计计算方法确定。

(赵志缙)

塑料饰面 plastics facing

采用聚氯乙烯塑料板(PVC)、三聚氰胺塑料板、塑料贴面装饰板等的饰面工程。聚氯乙烯塑料板具有板面光滑、光亮、色泽鲜艳,有多种花纹图案，质轻、耐磨、防燃、防水、硬度大、吸水性小、耐化学腐蚀及易于二次成型等特点，适用于建筑物室内墙面、柱面、吊顶、家具台面的装修铺设。三聚氰胺塑料板具有耐磨、耐热、耐寒、耐溶剂、耐污染和耐腐蚀等特点，是一种较好的防尘材料，适用于室内墙面、柱面、吊顶等部位。塑料贴面装饰板耐湿、耐磨、耐烫、耐燃烧，耐一般酸、碱、油脂及酒精等溶剂的化学侵蚀，可作为室内墙面、台面、门面、桌面等装饰材料之用，也可用于车辆、船舶、飞机、家具等装饰。　　（郦锁林）

塑料油膏　plastics mastic

由主要原材料为煤焦油、聚氯乙烯塑料、增塑剂、二甲苯、填充料等配制而成的热施工弹塑性防水材料。是在聚氯乙烯胶泥的基础上发展起来的。适用于各种混凝土板面及构筑物的嵌缝防水。

（毛鹤琴）

塑性混凝土　plastic concrete

坍落度值在10～150mm范围之内的混凝土拌合物。　　（谢尊渊）

塑性粘度　plastic viscocity

作用在宾汉姆体上的剪应力 τ 减去屈服值 S 后所得的差值与剪应变速率 $\dot{\gamma}$ 的比值。其表达式为：

$$\eta_{pl} = \frac{\tau - S}{\dot{\gamma}}$$

（谢尊渊）

塑性指数　plasticity index

粘性土的液限和塑限之差值。用百分数或用百分数绝对值表示。从流动转到可塑状态的界限含水量称液限；从可塑状态转到坚硬状态的界限含水量称塑限。塑性指数愈大，土的液限（塑性上限）和塑限（塑性下限）的差值愈大，土中粘粒含量愈多，粘粒矿物亲水性愈强，水化膜愈厚，可塑性愈强；反之，土的塑性愈弱。　　（朱　嫣）

suan

酸化处理　acidifying treatment

用浸酸或涂刷酸的方法，将硬化后的水玻璃耐酸混凝土面层中未参与反应的残留水玻璃分解成硅酸凝胶，从而提高耐腐蚀性能的工作。酸液浓度不宜太大，常用的酸液有：20%～40%浓度的硫酸；15%～20%浓度的盐酸或15%～30%浓度的硝酸。处理次数一般不少于4次，每次间隔时间不应少于8h。每次处理前应清除表面的白色析出物。

（谢尊渊）

酸洗除锈　rust removal by acid washing

将杆件放在酸槽内酸浸除锈的方法。酸溶液按15%的浓度配制，用风管搅拌，用蒸汽加热至30～60℃；酸浸后，吊出酸槽，待杆件附着的酸液滴尽后，放入冷水槽冲洗；吊出冷水槽，用高压风吹净表面水珠与缝隙水分；吊放入碱槽中，碱溶液按5%浓度配制，保持在15～20℃；吊出碱槽，待杆件附着的碱液滴尽后，再放入冷水槽冲洗；吊出冷水槽，放入热水槽静置，热水加温至70～90℃。杆件酸洗的时间应根据锈蚀程度、酸液浓度和温度确定，以达到氧化皮、铁锈除净为止。

（邓朝荣）

sui

碎拼大理石面层　broken marble floor

将不规则的大理石碎片，铺砌在水泥砂浆找平结合层上，形成的装饰面层。具有杂而不乱、错中有序、别有情趣的特点。可用于地面也可用于墙面。施工时应注意颜色、花纹的搭配协调，拼缝宽窄基本一致，并用与大理石同色水泥膏勾缝，其表面可打磨上蜡。　　（姜营琦）

碎砖路面　broken brick pavement

用破碎的砖块按嵌挤原理铺压筑成的柔性路面。路面强度主要产生于砖块的嵌挤销结作用及灌浆材料的粘结作用，因而强度不高，且路面平整度差，易扬尘，通行能力不强。但它具有投资少、修筑维修简便的优点，故在碎砖来源丰富的地方，常用之作为低级公路及简易公路的路面。如建设工地现场临时道路在通行车辆不太多时就常用碎砖路面。　　（朱宏亮）

碎砖砌　broken brick masonry

主要用碎砖（包括规格不一的整砖）掺以灰泥的砌法。传统方法是墙身两面砌碎砖，中间填馅，有的逐层灌桃花浆，有的每砌五层一灌；另一方法为"四角硬"，以山墙为例，墙身和下肩用整砖砌，墙心使用碎砖砌，表面抹饰青灰。（郦锁林）

隧道　tunnel

修建在岩土层内各种地下工程结构物的总称。中国早在春秋时代就有"隧而相见"，"晋候请隧"等史实。当今随着地下空间的广泛开发和利用，也有将隧道狭义地定义为在地层内挖筑的孔道，故又称隧洞。通常先在地层内挖出坑道，然后沿其四周修筑永久性支护结构（衬砌），以防止围岩的变形和坍落并保证其使用安全。按其不同用途，通常分为交通隧道，水工隧洞，市政隧道，矿山巷道等。

（范文田）

隧道沉降缝 settlement joint for tunnel

为避免衬砌不均匀下沉产生裂缝而从隧道底部至拱顶，用防腐木板将衬砌分隔成段的环向缝。通常设置在地基承载力相差很大而对衬砌有不良影响的软硬地层的分界处以及明洞与衬砌、洞口加强衬砌与洞身衬砌的连接处。 （范文田）

隧道防水 waterproofing of tunnel

防止隧道渗水、漏水和积水的各种措施和方法。主要包括洞顶、洞门、洞口及洞身衬砌等部位的防水。应采取"防、截、堵结合，因地制宜，综合治理"的原则，主要措施有采用抗侵蚀性防水混凝土、提高衬砌材料的密实性和抗渗性以及各种类型的防水层等。 （范文田）

隧道工班 tunneling shift

修建隧道时，按照工作性质及劳动时间等所组成的施工队伍。将主要工种及辅助工种组织在一起的称为综合工班，便于调剂劳动力的不均，各工种能密切配合，协同作战，提高工时利用率及培养多面手。若将同一工种或几个主要工种组织在一起而辅助工种另行组织的称为专业工班，其管理比较简单，人员配备少而效率高，便于学习和掌握技术，培养专业能手。 （范文田）

隧道工程 tunnelling

隧道的勘测、设计和施工等工作的总称。勘测是为确定隧道的位置、施工方法和支护、衬砌类型的技术方案而对隧道所处范围内的地形、工程地质及水文地质状况所进行的勘察和测定。设计包括隧道选线，平纵断面及横断面的设计，辅助坑道的选用等。施工是指为建成隧道所进行的开挖、出碴、支护、衬砌、通风、排水等工作。 （范文田）

隧道工作缝 construction joint of funnel

又称隧道施工缝。用混凝土灌筑隧道衬砌时，因浇筑工作间断而在前后两段浇筑的衬砌间设置的一条环向缝。应尽量少设，并尽量与隧道沉降缝或隧道伸缩缝相结合布置。 （范文田）

隧道管段节段 subsections

沉管隧道管段中变形缝之间的制作单元。由于管段在施工与使用阶段会发生纵向变形，从而产生可观的混凝土应变，并引起收缩裂缝。为了确保管段的防水性能，通常以变形缝将管段分成长约15～20m的若干节段。 （范文田）

隧道贯通误差 breakthrough errors of tunnel

隧道施工中两相对开挖的工作面在贯通时，两相向的施工中线在贯通处所产生的偏差。可分解为：横向贯通误差（在垂直于中线方向上的平面位置的误差）、纵向贯通误差（沿中线方向上的误差）及竖向贯通误差（即高程方面的误差）。纵向贯通误差对施工的影响不大，竖向贯通误差一般容易控制。因此，在隧道施工测量中最主要的是横向贯通误差。对较长的隧道，在施工前，应估算横向贯通误差值，拟定测量的方法和精度，以保证它不超过规定的限值。 （范文田）

隧道内贴式防水层 interior type waterproofing of tunnel

在用暗挖法修建的隧道衬砌内表面施作的防水层。所用的材料和结构与隧道外贴式防水层同。这种防水层施工较简便，但不能消除地下水或地表水对衬砌的侵蚀，故常在其他防水措施失效时施作。一般用于防止局部衬砌内渗漏或施工缝处补漏。这种防水层常设置防水壳来支承。 （范文田）

隧道伸缩缝 expansion joint of tunnel

在隧道内气温及年温相差较大的地段为减小变温应力设置于衬砌中的环向缝。通常在严寒地区的洞口地段，为防止衬砌冻裂可予设置，一般不必设置。 （范文田）

隧道施工测量 construction surveying during tunnel construction

隧道工程在施工阶段所进行的测量工作。主要内容有洞外的平面控制和高程控制测量，地面和地下的联系测量，隧道掘进中的中线放样和坡度放样，隧道横断面的测量和洞内建筑物的施工放样，实际贯通误差的测定及线路中线的调整，竣工测量，施工过程中及竣工后隧道和有关建筑物的沉陷、位移观测等。 （范文田）

隧道施工场地布置 site layout for tunnel construction

根据洞口附近的地形，隧道工程的规模，合理而紧凑地布置隧道施工过程中所需的各种地面设施。主要有弃碴场及卸碴轨道的布置、材料堆放场地和料库的布置、生产房屋和生产设施的布置，以及生活房屋的布置等。 （范文田）

隧道施工调查 investigation (survey) for tunnel construction

隧道在施工前，对其周围所作的各项调查工作的总称。除了需要仔细核对和研究设计文件外，应深入现场了解和充分掌握有关施工资料，以便更切合实际地组织施工。主要由施工单位进行。调查的主要内容有地质及水文地质情况调查，材料、运输及电力调查，施工场地调查等。 （范文田）

隧道施工方法 tunneling method

在地下挖出相应的隧道空间并加以永久支护的各种方法。其选择主要根据其地质、地形、环境条件、隧道用途及埋置深度等而定，后者具有决定性的影响。浅埋隧道通常采用竖直向下挖开地面的明挖法。深埋隧道通常采用不挖开地面而水平向前掘进的暗挖法。隧道施工的特点是：受工程地质和水文地质条件的影响较大；工作条件差、工作面少而狭窄、工作环境差；有大量弃碴及废土须妥善处置；埋深较浅时，可能导致地面沉陷。

（范文田）

隧道施工防尘 dust prevention during construction

开挖隧道时，为防止施工尘埃危害洞内工作人员身体健康，改善劳动条件，保证施工安全和提高劳动生产率所必须采取的措施。主要有加强机械通风，湿式凿岩，喷雾洒水及个人防护等。在水源缺乏地区，可采用带有捕尘设备的干式凿岩。

（范文田）

隧道施工辅助作业 auxiliary work in tunneling

隧道施工中除开挖坑道和修筑衬砌基本作业之外的各项工作。主要有通风防尘、压缩空气供应、施工给水与排水、施工供电与照明等，是为基本作业提供必要的条件并直接为之服务的工作。

（范文田）

隧道施工给水 water supply during tunnel construction

修筑隧道时，供给洞内凿岩、灌注衬砌、洞外空压机冷却用水和施工人员生活用水的隧道施工辅助作业。凡无臭味、不含有害矿物质的天然水皆可，生活用水应符合有关卫生标准。水源可来自山上自流水、河水、钻井取水或城市给水管网等。

（范文田）

隧道施工监测 tunnelling monitoring

为调整和确定支护参数及施工决策，在以新奥法施工过程中所进行的现场量测。是新奥法施工中一个必要的环节。主要的监测项目有：净空变化（收敛）、拱顶沉降、地表沉降、围岩表面点的位移、洞内肉眼观察、地中位移、锚杆杆体应力、喷层厚度、衬砌与围岩间的接触应力等。

（范文田）

隧道施工进度计划 progress schedule for tunneling work

用直角坐标表示在规定时间内隧道各工序计划的进展图式。横坐标表示隧道的长度或里程，纵坐标表示时间。各连续的工序用一条斜线表示。每条斜线都反映某一工序运作时间的安排情况，即计划的开竣工日期，在某一具体日期内施工大体进行到哪个里程（长度）以及计划的施工速度等。各斜线的余切等于各工序的计划速度。各斜线间的水平间隔表示各工序拉开的距离。其竖向间隔表示各工序的拉开时间。各工序的均衡掘进在进度图上表现为各斜线间的相互平行。

（范文田）

隧道施工控制网 tunnel construction control network

为隧道施工放样而建立的平面和高程控制网。以保证隧道的各个开挖面之间能够准确地贯通，并保证贯通误差不超过规定的限值。控制网主要包括建立洞外的（即地面的）平面和高程控制网以及洞内的平面和高程控制网。洞外平面控制多采用三角测量，有时也用导线测量。洞内外的高程控制都用水准测量。洞内的平面控制则采用各种形式的导线测量。

（范文田）

隧道施工排水 tunnel drainage during construction

为顺利进行隧道施工而对各开挖面所采取的各种排水措施。一般采用顺坡排水和机械抽排水，对地下水发育的隧道，可采用超前导坑预探排水、井点降水等措施。施工期间的排水设施应与运营防排水统一考虑。

（范文田）

隧道施工坍方 collapse in tunnel construction

在隧道施工中，洞顶和侧壁的局部围岩的坍落、冒顶以及较大范围地层滑移等现象的统称。主要是由于对地质情况不明和施工不当所引起，应及时采取措施防止坍方范围的扩大和蔓延。

（范文田）

隧道施工通风 tunnel ventilating during construction

在隧道施工中，为排出洞内污浊空气（主要由钻眼爆破所产生），降低粉尘浓度，改善洞内施工条件，借助通风机压入新鲜空气或吸出污浊空气的作业。分为风管式、巷道式及风墙式三种通风方式。

（范文田）

隧道施工照明 tunnel lighting during construction

为保证隧道施工安全、顺利地进行而设置的照明系统。一般应采用电灯照明，保证灯光充足、均匀并不得闪耀。在施工作业地段，额定电压不应超过36V，而在成洞或不作业地段，可采用220V。在有瓦斯的隧道内，必须有防爆措施。

（范文田）

隧道施工准备 preparation for tunnel construction

隧道进洞前，根据工程具体要求而必须先期进行的工作。是隧道施工管理的一个重要组成部分和顺利组织施工的前提，也是完成隧道修建任务的关键。大致分为准备措施和辅助工程两部分。前者包括工地布置、隧道施工调查、施工前的测量、机具整装和试运转、动力供应布置、试验工作及材料供

应等；后者包括修建运输便道、各种管道、临时房屋、移沟改道等工程。　　　　　　（范文田）

隧道施工组织设计　organizational plan for tunnel construction

用科学管理方法全面组织隧道及地下工程的技术经济文件。由于隧道处于地下，施工环境恶劣，且投资大，技术复杂，工程艰巨。因此，如何保证工程的质量和安全，全面正确地组织快速施工，缩短工期，降低造价是编制隧道施工组织设计的首要任务。其基本内容为工作面的安排，施工方法的选择，劳动力的合理组织和综合机械化等。
　　　　　　　　　　　　　　　　（范文田）

隧道外贴式防水层　exterior type waterproofing of tunnel

用明挖法修建的隧道衬砌或有足够的施工空间时，在已成的衬砌背部所施作的防水层。可采用以普通水泥砂浆五层抹面，或以掺防水剂的水泥砂浆单层抹面的刚性防水层；也可用乳化沥青、沥青橡胶以及聚氯酯涂料等喷涂柔性防水层。此外，尚可在围岩上先喷涂热沥青或沥青橡胶、合成树脂、涂敷沥青油毡等，再灌筑衬砌混凝土。操作时对某些有毒材料应加强劳动保护。　　（范文田）

隧道压浆　grouting of tunnel

经隧道衬砌的预留管孔向其背后空隙内压注砂浆或灰浆的作业。用以密实和填充衬砌与岩（土）层间的空隙，使其与围岩相互密贴而起共同作用，以防止衬砌自重所引起的变形、围岩压力的沉陷、地表沉陷，加强衬砌的防水。　　（范文田）

隧道作业循环图　work schedule of tunnelling cycle

开挖隧道中的各作业按期周而复始地循环进行的图表。编制时，要考虑循环的进度、循环中的各个工序及其工作量、平均先进定额、工班时间、工班人数等因素。循环时间应能与工班时间成为倍数关系，并经常由实践校核而予以修正。
　　　　　　　　　　　　　　　　（范文田）

隧洞导流　tunnel diversion, diversion by tunnel

用隧洞作为导流泄水建筑物的导流方法。多用于山区河床狭窄，两岸陡峻和岩质坚硬的条件下。断面形状常用门洞形、马蹄形，也有用圆形的；断面尺寸视导流流量而定，不少工程洞径有超过10m的。隧洞造价较高，应尽量结合发电、泄洪、放空水库等永久性隧洞在施工期用作导流，确有需要时可建专用导流隧洞，在导流完成后予以封堵。
　　　　　　　　　　　　　　　　（胡肇枢）

SUO

梭槽漏斗　hopper chute

土石方开挖用以进行重力装车的漏斗状溜槽。在欲开挖土石的斜坡上，用土挖成或用木制成漏斗状溜槽，上端设有挡板，底部装有活门。开挖出的土石通过溜槽直接装入停在下面的车中。适用于深路堑开挖中的土方刷坡和边坡修整工作。
　　　　　　　　　　　　　　　　（庞文焕）

梭式矿车　shuttle car

简称梭车。车辆底部带有刮板，可将其从一端装入的物料移送至另一端，从而使全车装满的矿车。卸料时利用刮板将物料从一端卸出。可单车使用，也可由若干辆联结组成梭式列车。用梭车代替斗车配合装碴机出碴，可减少调车和出碴时间，加快隧道的掘进速度。　　　　　　（范文田）

羧甲基纤维素　hydroxymethyl fibre

由纤维素制成的含醚结构的高分子化合物。是白色絮状物，吸潮性强，易溶于水。可用作乳化剂、粘合剂、增稠剂等。　　　　　（姜营琦）

缩颈　necking

俗称瓶颈、蜂腰。指桩身某处直径缩小，截面积小于设计要求的质量事故。是在饱和性淤泥或淤泥质粘土地基中施工沉管灌注桩时经常发生的事故之一。多由于拔管过快使管内混凝土存量过少；混凝土坍落度过小、出管扩散性差；新灌混凝土桩体受到超孔隙水压力侧向挤压所致。　　（张凤鸣）

索鞍　cable saddle

桥塔顶部支承悬索的钢制构造。其上座由肋形的铸钢块件组成，上设有弧形索槽，安设悬索或拉索。刚性桥塔的索鞍，须在上座之下设置一排辊轴，以保证边跨悬索伸缩时在桥塔顶上的自由移动，辊轴下设置下座底板，把辊轴传来的集中荷载分布在塔柱上。摆柱式或柔性桥塔的索鞍，仅设铸钢上座，并用螺栓与塔架固定。　　（邓朝荣）

索鞍预偏量　pre-displacement of cable saddle

索鞍初装位置向边跨预先偏离的距离。由两部分组成：安装气温与设计温度差的伸缩量。在计算荷载下，自索鞍中心至锚碇套筒索根间的锚索弹性延伸值。当索鞍预偏量设置妥当后，初步固定，待全部主索安装完毕并调整之后再松开，使索鞍随中孔加载而自由滚动，处于恒载和设计温度时，主索位于桥塔中心附近要求的位置。　（邓朝荣）

索道运输　cableway transport

用塔架或支杆架起空中钢索作为轨道，沿索道运送物料的运输方式。当由高处向低处运输时，吊运的物料靠自重下滑,更是经济。分为单索式和双索式两种。前者架空索兼作承重索和牵引索,运料斗夹紧在连续移动的架空索上随之运行;后者有承重索和牵引索,料斗由牵引索牵引在承重索上运行。索道运输在山区应用较多。　　　　(胡肇枢)

索塔　cable bent tower

又称桥塔。悬索桥(吊桥)和斜拉桥中,用来支撑悬索或斜缆,承受传来的水平分力和垂直分力的结构。为了使整个桥塔在横向成为能承受悬索和桥面系的全部横向风荷载的刚性结构,一般在塔顶和桥面下设置强大的横系梁,连接两根支承两边悬索的主柱使其形成框架。常用的桥塔为单层框架,较高的桥塔采用多层框架,必要时两柱之间加设斜杆形成桁架式桥塔。桥塔可用圬工(小跨经济)、钢筋混凝土或预应力混凝土、型钢等制造。大跨径悬索桥一般采用钢塔。但目前世界上最大跨径的英国恒比尔河悬索桥,大胆采用了钢筋混凝土桥塔,塔高155.5m。斜拉桥的桥塔还有:顺桥方向有柱型和A型;横桥方向分为单柱型、双柱型门型和倒V型等。悬索桥索塔顶,常设置活动支座及索鞍。　　　　(邓朝荣)

锁口出土

在路堑的边坡上开设通道进行横向出土的工作。当地面横坡较陡时,路堑开挖到一定深度后,可在其下坡一侧的边坡上,每隔50～60m开设一个通道。推土机将通道左右的土方顺纵向推运,再经锁口通道横向推往弃土堆。　　　　(庞文焕)

锁口管　locking pipe

又称接头管。为保证地下连续墙前后两段连接的质量而在浇筑混凝土前临时放入槽段两端的隔离工具。其断面形状有圆形、带锁口的圆形、带翼的圆形、带凸榫圆形等。圆形接头管构造简单,施工方便。　　　　(李健宁)

锁口石

驳岸顶砌筑的一层石材。　　　　(张　斌)

T

ta

塔架斜拉架设法　cantileve erection by cabel-stayed and tower

拱桥塔架斜拉索架设法的简称。用临时塔架上的斜拉索拉住预制拱圈节段,逐节拼装的拱桥悬臂施工法。即在拱脚墩、台处安装临时的钢或钢筋混凝土塔架,用斜拉索或斜拉粗钢筋,一端拉住拱圈节段,另一端绕向台后并锚固在岩盘上。这样逐节向河中悬臂架设,直至拱顶合拢。此法一般多采用悬浇施工,也可采用悬拼法施工,但后者用得较少。前南斯拉夫的Shibenik桥和Pag桥,跨径分别为246.4m和193.2m,均系采用此法建成。

(邓朝荣)

塔式脚手架　tower scaffolding

由三角形支撑架、端头连接杆、水平对角拉杆、可调底座和可调顶托五种基本构件组装而成的格构式钢管塔架。具有部件少、结构紧凑、装拆方便和承载力大等特点。各基本构件有尺寸系列,能组成不同断面型式。主要用作模板或桥架支承架,还可根据需要配备其他附件,以构成适宜特定项目的作业架。　　　　(谭应国)

塔式脚手架

塔桅钢结构　tower and mast structures

用各种型钢构成的自由站立的塔形或靠牵绳拉结的桅杆形高耸空间骨架。无线电桅杆、无线电塔、电视塔、输电线路铁塔、烟囱、灯塔等均属塔形和桅形结构物,其特点是高度远远大于横向尺寸,结构本身一般做成格子式空间结构(烟囱除外),用圆钢、钢管或角钢组成为三边形、四边形或多边形体系。　　(王士川)

踏脚板　foot plate

又称踏板、踏步平板。楼梯踏步的水平部分。木楼梯踏脚板最易磨损,应选用木纹结实细致而耐磨少节疤的材料,板厚30～50mm。在梁式楼梯中,踏板铺钉在三角木上,与踢板用榫接头;在帮式楼梯中，踏板与踢板分别镶入斜梁的凹槽内。踏板较踢板挑出15~30mm，需要时可在踏板口钉铁板以增耐磨和防滑。　　　　　　（王士川）

tai

胎模　precast mould
　　用土、砖及混凝土等材料筑成构件外型的底模。土胎模是利用土做成构件底模形状，成形后用水泥砂浆抹面。多用于形状较复杂、数量不多的现场预制构件。砖胎模是用砖砌筑后，表面粉刷水泥砂浆形成的底模，是用混凝土浇筑形成的底模，更能重复多次使用。无论土、砖、混凝土胎模使用前均应涂刷一层隔离剂。构件用胎模作底模，用木模或钢模作侧模，能大量节约底模材料，成本低，因而广泛应用于现场，更适用于工厂预制构件的生产。　　　　　　　　　　　　　　（何玉兰）

台班费用　machine-shift costs
　　一台机械使用一个工作班所需的费用。由不变费用和可变费用两部分组成。不变费用主要决定于机械的年工作制度；可变费用决定于机械的台班使用情况，随施工条件与地点而有较大的变化。
　　　　　　　　　　　　　　　　（庞文焕）

台墩　abutment
　　又称传力墩。承受预应力筋张拉力用的承力架。可以由现场浇筑的混凝土地梁、牛腿组成；也可由现浇的混凝土地梁，留孔插入钢立柱组成；或在现浇的混凝土地梁中插入钢板而成；或由预制的混凝土梁、钢立柱组装埋入土中而成。通常设计成与台面紧密接触，以便主要由混凝土台面来抵抗张拉力引起的滑移。只需作抗倾覆验算和承载力计算。　　　　　　　　　　　　　　（卢锡鸿）

台风　typhoon
　　热带洋面上急速旋转的气旋。发生在全球不同海区的热带气旋，按其中心附近最大风速的强弱，在习惯上沿用不同的名称。例如：在西北太平洋和南海（日本），中心附近最大风速大于或等于64海里/h（风力12级以上）称台风；48~63海里/h（风力10~11级）称强热带风暴；34~47海里/h（风力8~9级）称热带风暴；小于或等于33海里/h（风力7级以下）称热带低压。在西北太平洋和南海（中国），中心附近最大风速大于或等于64海里/h（风力12级以上）称强台风；34~63海里/h（风力8~11级）称台风；小于或等于33海里/h（风力7级以下）称热带低气压。　　（甘绍熺）

台基　stylobate
　　以砖石砌成之平台上立建筑物者。（张　斌）

台阶法　bench cut method
　　又称分层开挖法。在较好的岩层中将隧道断面分成台阶修建中等断面隧道的矿山法。通常将隧道断面分作2~3层，即1~2个台阶进行开挖。从上向下分层开挖时称为正台阶法，反之称为反台阶法。整个隧道断面分层开挖好后再修筑边墙和拱圈衬砌。一般不需要支撑，不宜用于节理发达的岩层。　　　　　　　　　　　　　（范文田）

台阶高度　step height
　　露天爆破开挖时根据凿岩设备和装车条件所确定的分段高度。是决定炮孔深度和最小抵抗线等爆破参数的主要依据。　　　　　　（林文虎）

台灵架　derrick
　　又称屋面吊。专指安设在屋面上吊装屋面板等中小型构件的起重架。配合主吊机工作。当第一节间的屋面构件由主吊机吊装完成后，便在其上架设台灵架。此后，便由主吊机吊装大型构件，台灵架吊装屋面构件。用钢管或圆木制成，配以动力和传动装置。起重量为20 kN左右，起重臂长7~9 m，一个停点可吊大型屋面板6~8块。它构造简单，制作容易，移动也较方便，不失为一种实用的小型吊装机械。　　　　　　　　　　　（李世德）

台面　bed surface
　　用于完成先张法预应力混凝土构件的整个生产过程的一片平整光滑的混凝土场地。两端与传力墩相接。厚度为6~15 cm，根据构件、生产机具及张拉力大小确定。长度一般在100 m左右，最短不小于50 m。一般应设置伸缩缝，伸缩缝间距视当地温差确定。　　　　　　　　　（卢锡鸿）

台模　platform form
　　见飞模（64页）。

台座　bed
　　见长线台座先张法（22页）。

台座法　precasting bed method
　　组织混凝土制品生产时，制品不动，完成各工序的工人顺序沿生产线移动的一种制品制作工艺方案。其工艺特点是：混凝土制品在整个生产过程中均停留在固定的生产地点不动，而负责完成制品的模型装拆、钢筋铺设、混凝土拌合物成型密实及养护等生产工序的工人，则按工艺顺序依次从一个制品生产地点转移到下一个制品生产地点，完成相应的生产工序。　　　　　　　　　　（谢尊渊）

台座式千斤顶　bench type jack
　　利用活塞往复运动在先张法台座上整体张拉或放松预应力筋的设备。由缸体、活塞、端盖、活塞头等组成。产品型号有：YT120型与YT300型。张拉力分别为1200 kN与3000 kN，张拉行程分别为 300 mm 与 500 mm，额定油压均为 50 MPa。

（杨宗放）

抬梁式构架　post and lintel construction

又称叠梁式构架。立柱上支承大梁，大梁上再通过短柱再叠放数层梁，梁长逐层减短。桁（檩）条置于各层梁端，在重要的建筑中还在梁柱交接处垫以坐斗。

（张　斌）

太阳能养护　curing by solar energy

利用太阳辐射能转变成热能，对混凝土进行加热，以提高混凝土养护温度，加速混凝土硬化的自然养护。它是利用透光罩覆盖在混凝土制品上，罩内设置有黑色吸热材料，必要时加设反射屏，使透光罩起着聚积太阳辐射能和蓄热保湿的作用，给混凝土造成一个良好的干-湿热养护环境。

（谢尊渊）

tan

坍落度　slump

按规定方法装入标准圆锥坍落度筒（无底）中的混凝土拌合物试体，在坍落度筒除去前后的高度之差（mm）。用其作为评定混凝土拌合物稠度大小的一种指标。坍落度愈大，表明混凝土拌合物的流动性愈大，变形愈易。其只适用于评定集料最大粒径不大于 40mm，坍落度值不小于 10mm 的混凝土拌合物的稠度。

（谢尊渊）

坍落度筒　slump cone

由 1.5mm 厚的钢板或其他金属制成的截头圆锥体空心无底圆筒。用以测定混凝土拌合物的坍落度值。截头圆锥体空心圆筒的高度为 300mm，底面和顶面互相平行，并与锥体的轴线垂直。底面的内部直径为 200mm，顶面的内部直径为 100mm。

（谢尊渊）

摊尺铺灰砌筑法

又称座浆砌筑法。先用灰勺将砂浆均匀倒在砌筑面上约 1m 长，然后左手将摊尺贴靠于墙的边棱上，右手用泥刀沿摊尺刮平砂浆，接着在竖缝处抹满砂浆并摆砌砖块的一种砌砖操作方法。这种方法用摊尺控制水平灰缝厚度，墙面美观，砂浆损耗少，但砂浆未挤密，对砌体质量有一定影响。

（方承训）

摊灰尺　straight-edge mortar spreader

又称摊尺、透尺、蜕尺。砌筑时控制铺灰厚度用的角铁状木尺。尺的厚度等于灰缝的厚度，使用时，将尺贴靠墙棱，在砌筑面铺砂浆后，用泥刀沿摊灰尺将砂浆刮平，然后砌砖，即可形成整齐的灰缝和均匀的砂浆层。

（方承训）

弹簧测力计　spring dynamometer

根据弹簧的压缩量测定钢丝（钢筋）张拉力的测力器具。是张拉机的组成部分之一。用优质弹簧钢制成，其标尺的刻度要求细而清晰。弹簧一定要在线性范围内工作，防止弹簧疲劳，并应定期将弹簧进行测试，修正读数。测力计误差不得超过 3%。

（卢锡鸿）

弹线　setting out with ink line

用沾墨汁的细线，在结构或构件上弹出中心线或边线等的工作。例如在钢筋混凝土基础和预制柱上弹出中心线，以作安装对位之用；在木料上弹中线或边线，以作锯裁、刨削加工的准线等。

（方承训）

弹性压缩损失　loss due to elastic shortening

预应力传递时由于构件受压缩短引起的预应力损失。对先张法构件，按全部预应力筋一次放张计算。对后张法构件，如只有一根预应力筋或虽有多根预应力筋但一次同时张拉，则构件在张拉过程中的缩短不产生弹性压缩损失；如多根预应力筋分批张拉，则构件逐步缩短，先张拉的预应力筋产生不同程度的弹性压缩损失。设计中如未考虑该损失值，则应采取超张拉：按不同的损失值分别增加先张拉预应力筋的张拉力；或按平均损失值统一增加每根预应力筋的张拉力。

（杨宗放）

探坑　test pit

掘探法中所挖的探井或探槽的总称。从中可取得直观资料和原状土样。其平面形状一般采用 1.5m×1.0m 的矩形或直径为 0.8~1.0m 的圆形，其深度视地层的土质和地下水埋藏深度等条件而定，一般为 2~3m。取土样的方法是在探坑指定深度处挖一土柱，其直径稍大于取土筒的直径。将土柱顶面削平，再将两端开口的金属筒放上并削去筒外多余的土，同时将筒压入，直到筒已完全套入土柱后切断土柱，削平土体，盖上筒盖，用熔蜡密封后贴上标签，注明土样的上下方向，送作土样的物理性能试验。

（林厚祥）

探头板　unsafe seted gang-plank

脚手架上出现的板头未搁置在小横杆上，或板端悬出小横杆之外长度超过 200mm 的脚手板。这种板的搁置状况，会造成使用不安全，脚手板在铺设及使用时，应注意检查，发现后及时处理。

（谭应国）

碳当量法　method of carbon equivalent

根据钢材的化学成分与焊接热影响区淬硬性的关系，粗略地评价焊接时产生冷裂纹的倾向和脆化倾向的估算方法。钢材的碳化当量可用简化算式 $C_{eg} = C + Mn/6$ 计算。C、Mn 分别表示钢材中碳和锰的含量百分比。经计算 Q235 钢为 0.21%～0.33%，20MnSi 为 0.37%～0.52%，25MnSi 为 0.4%～0.57%，40SiMnV 为 0.48%～0.63%。

(林文虎)

碳素钢丝 carbon steel wire

又称高强钢丝。优质高碳钢盘条经索氏体化处理后加工而成的钢丝总称。钢的索氏体组织是通过钢盘条加热至 850～950℃ 并经 500～600℃ 铅浴淬火或通过轧后控制冷却方法获得。索氏体组织提高了盘条塑性，使拉拔能顺利进行，同时使成品钢丝具有高的强度和良好的韧性。按生产工艺不同可分为：冷拉钢丝、矫直回火钢丝和稳定化钢丝。按表面形状分为：圆形钢丝和刻痕钢丝。按有无镀层分为：光面钢丝和镀锌钢丝。按应力松弛性能分为：普通松弛钢丝和低松弛钢丝。广泛用于现代预应力混凝土结构、桥梁等。

(朱 龙)

tang

螳螂头榫 gooseneck splice joint

见螳螂头榫墩接。

螳螂头榫墩接

在墩接柱上部做出螳螂头式插入原有柱内的木料墩接。长度为 40～50cm，榫宽为 7～10cm，深同柱径。

(郦锁林)

淌白

用淌白砖摆砌，砖下铺灰，不刹趟，不墁干活，其余与丝缝相同的砌法。具体做法分为：淌白砖仿丝缝、老淌白和糙淌白三种。砖缝不超过 3～5mm。也有不耕缝的，是细砖墙中最简单的一种做法，常用在墙的上身。

(郦锁林)

淌白地

用只磨面不砍肋，长短一致的砖料铺装地面的做法。墁地时不样趟、不揭趟，泥铺好后倒浆就墁砖。墁完后用泼灰面涂缝子，或挂油灰、墁水活，如细砖地做法。

(郦锁林)

淌白砖

只砍磨加工一个面或头的地面砖。分为细淌白（淌白截头）和糙淌白（淌白拉面）两种。前者按长度要求加工，按制子截头，但不砍包灰；后者长度不要求，不截头，有时也可用两砖对磨同时加工。此砖的特点是只磨面不过肋。细淌白"落宽窄"但不"劈薄厚"，糙淌白既不"落宽窄"也不"劈薄厚"。

(郦锁林)

tao

掏槽 cut

用钻爆法开挖坑道时，使几个炮眼（掏槽炮眼）先行起爆，为其他炮眼创造更多临空面，从而提高整个爆破工作效果的爆破方式。按掏槽的方向可分为斜眼掏槽、直眼掏槽及混合式掏槽三大类。采用何种掏槽方式，则应根据坑道断面的形状和尺寸、岩层硬度、节理和层理、钻眼工具等参照已有经验通过实地试验而定。

(范文田)

掏槽炮眼 cuthole, breaking-in hole

用钻爆法开挖坑道时，为增加临空面，提高破岩效率而布置的先行起爆的炮眼。通常布置在开挖面中部，眼深及装药量要比其他炮眼稍大。

(范文田)

掏土纠偏 tilting correction by earth undercutting

在倾斜建筑物基础沉降小的部位采取掏（排）土迫使基础沉降，使不均匀沉降得到调整而达到纠偏目的的措施。有掏（排）土、穿孔掏土、钻孔取土、沉井深层冲孔排土等纠偏方法。要严格控制掏土孔的位置和掏土量，要分阶段进行。向掏土孔内冲水是迫降基础的关键，要控制水量和水压。中国于 60 年代初开始应用。

(赵志缙)

桃花浆 pink lime paste

白灰浆加好粘土浆的灰浆。呈粉红色，比纯白灰浆有韧性。主要用于砖、石砌体灌浆。

(郦锁林)

陶瓷锦砖面层 mosaic tile floor

旧称马赛克面层。将陶瓷锦砖贴在水泥砂浆找平粘结层上而形成的装饰面层。可用于地面及墙面。施工时，按每联尺寸在找平层上划线，刷水泥浆结合剂，分层、分块将锦砖贴上，用木锤拍实。全部贴完后，洒水润纸，湿透后揭去纸皮，再用同色水泥浆擦缝，清洗表面。要求表面平整、对缝整齐、粘结牢固。

(姜营琦)

陶瓷饰面 ceramic(tile)facing

采用建筑陶瓷粘贴墙面的饰面工程。建筑陶瓷主要指釉面砖、外墙贴面砖、陶瓷锦砖和玻璃制品等。釉面砖，又称瓷砖。表面光滑，易于清洗，而且防潮耐碱，能起保护墙的作用。主要用在厨房、厕所、浴室、盥洗室等墙面。外墙面砖是用作建筑物外墙装饰的板状陶瓷建筑材料，用于建筑物外墙面装饰，不仅可以提高建筑物的使用质量，并能美化建筑，改善城市面貌，而且保护墙体，延长建筑物的使用年限。陶瓷锦砖外来语叫马赛克，是传统的墙面装饰材料，可以组成各种装饰图案的片状小瓷砖，大小不一，断面分凸面和平面两种。凸面者用于墙面装修；平面者用于地面装修。琉璃制品是一种带釉陶瓷，色泽丰富多彩，装饰建筑物富丽堂皇，雄伟壮观。建筑陶瓷在贴面前，应先将基层（基体）进行认真处理，然后粘贴在湿润、干净的基层（基体）上，以免产生空鼓、脱落现象。

（郦锁林）

套管灌浆法 grouting with casing pipe

边钻进边下套管到砂砾地基设计深度，冲洗钻孔，放进灌浆管，然后起拔套管至第一灌浆段顶部，对第一段进行灌浆，完成后将灌浆管提到第二段，而后上提套管至第二段顶部进行第二段灌浆，如此循环自下而上进行的灌浆工作。此法因有套管避免了坍孔、埋钻事故，但灌浆浆液易沿套管上冒，时间长会胶住套管，造成拔管困难。耗套管多，用得较少。

（汪龙腾）

套箱围堰 cased cofferdam

用木板、钢板或钢丝网混凝土制成无底的密水围套，浮运至桥墩基坑位置，下沉水底构成围堰。适于埋置深度不大的水中基础，也可用以修建高、低桩承台。

（邓朝荣）

te

特效防水堵漏涂料 highly efficient waterproofing and leakage sealing coating

以无机物水泥、石棉粉为主配制的无味无毒的粉状防水堵漏材料。可用于厕所、卫生间楼板管洞的渗漏部位，也可用于房屋修缮补漏、地下设施等各类建筑工程。

（毛鹤琴）

ti

剔凿挖补

先用錾子将需修复的部分剔凿成易于补配的形状，然后按原规格重新砍制，照原样用原做法重新补砌的修缮方法。对于墙体，凿去的面积应是单个整砖的整数倍补砌好后里面要用砖灰填实。对于石活，后口形状要与剔出的缺口形状吻合，露明的表面要按原样凿成糙样。安装牢固后再进一步"出细"。新旧楂接缝处要清洗干净，然后粘接牢固。

（郦锁林）

梯恩梯炸药 TNT dynamite, trinitrotoluene

以三硝基甲苯[$C_6H_2(NO_2)_3CH_3$]为主要成分的鳞片状、淡黄色晶体是单体炸药的一种类型。一般难溶于水，可在水下爆破中使用，在空气中只燃烧不发生爆炸，在密闭条件下或大量堆积时燃烧可转化为爆轰。其爆炸性能、物理化学安定性和安全性好，应用广泛。主要性能指标是：爆发点290～300℃；撞击感度为4%～8%（锤重10kg，落高25cm）；摩擦感度为0，爆力280～300mL；猛度16～17mm；爆速6 800m/s，爆容740L/kg，爆热4 180kJ/kg，爆温2 870℃，爆压18 800MPa。在混合炸药中作为敏化剂。

（林文虎）

梯式里脚手架 ladder-type interior scaffolding

由梯式支柱、横梁和脚手板组成的脚手架。梯式支柱由立杆、横档、顶板三部分组成一节；横梁为钢筋和扁钢焊接而成的桁架结构；横梁上铺放脚手板作为操作平台。主要用于砌墙，其架设高度可达12.5m（用于外墙时），支柱间距2.0m。

（郦锁林）

踢脚板 skirting

沿地板边缘的墙面上外加的一条狭长饰面板。高约150 mm，可用木材、涂料、水泥砂浆、水磨石瓷砖等做成。用以保护墙脚免受污损，并起装饰作用。

（姜营琦）

提金

又称倒支。用来增加握杆强度的杆。

（郦锁林）

提模 lifting form

将现浇混凝土墙结构的一段模板系统，待混凝土达到一定强度拆模后，用提升设备将模板系统整体提升一个高度，再进行扎筋、浇灌等逐段施工的方法。视提升设备的不同有升板机提模及手搬葫芦提模等。施工时，提升设备、模板系统、操作平台等均应有可靠的支承结构，常用的有三种形式：利用永久性钢筋混凝土柱、墙的配筋等强换算成劲性骨架柱；采用工具式劲性骨架柱；设置落地式或自升式井架等作为施工时的支承结构。其优点是：施工装置可利用永久性结构作为支承，节约施工用材；机械化程度较高，节省劳力；施工速度快，误差不积累；不用大型设备，造价较低。因此，提模法施工是目前很有生命力的施工方法。

（何玉兰）

提升差 difference in lifting height

在提升升板结构楼板的过程中，各悬挂支承标高不一形成的差异。产生的原因有：提升开始前调整提升螺杆产生的初始差异；提升时群机工作速度不一产生的提升差异。它是升板法施工的一个重要工艺指标，也是一个重要的设计参数，必须严格控制。其值应满足升板建筑结构设计与施工有关规定的要求，以免因差异值太大引起板内产生过大应力，甚至导致板面开裂。　　　　　　(李世德)

提升程序 lifting procedure, lifting sequence

升板法施工中提升阶段各层板交替上升的顺序。提升阶段柱子是按一群悬臂柱来验算强度和稳定的。因此，升板机位置最低对柱的稳定越有利。而在多、高层建筑升板施工中，由于提升螺杆长度的限制，楼板不能一次提升至设计标高，各层板必须按预定顺序交替提升。确定提升程序时应尽量设法减小柱的自由长度，也就是使升板机在尽可能低的标高工作，并使各层板尽早就位固定；同时还应尽量减少吊杆规格，以减少装拆吊杆的次数。它是升板建筑设计和施工的主要依据，是验算群柱稳定性的依据，直接关系着升板建筑的经济性和施工的安全性，必须给予足够的重视。　　(李世德)

提升吊杆 lifting suspender, jack rod

用以连接升板结构楼板提升孔（吊点）与升板机提升螺杆的传力构件。在提升过程中，各层板标高不同，而提升螺杆长度有限，要使待提升楼板的荷载传至提升螺杆必须通过不同规格的吊杆将两者连接起来。吊杆的规格、数量由提升程序确定。其规格按长度不同而异。吊杆用圆钢做成，两端焊以圆盘形的突缘，以便套入提升孔或用两片半圆铸钢接头外面套以钢筒（卡环）进行吊杆间的连接。
　　　　　　　　　　　　　　(李世德)

提升环 lifting loop

设置在升板结构板孔四周的加劲构件。为使板沿柱提升，在板上应预留孔洞。该处在提升或使用阶段分别作为板的悬挂支承或搁置支承。无论哪个阶段它都是受弯、受剪最大的部位，必须予以加强。常用的有如下几种：槽钢提升环，以槽钢焊接成井字形平面框架，提升孔处加焊加劲肋；其刚度大，但耗钢量多，焊接工作量大，一般用于两点提升。角钢桁架式提升环，用小型角钢作上下弦，焊以钢筋腹杆，构成轻型桁架，并拼装成井字型；提升孔一般设于四角，用于四点提升；耗钢量较槽钢提升环少，但施工麻烦。无型钢提升环，采取加强板孔四周配筋的方法，形成钢筋骨架而起加劲作用；试验表明，用后浇柱帽做升板结构的支承时，提升环在使用阶段作用不大，故可改用这种提升环，既节约钢材又方便施工。无论哪种提升环，其截面积大小均需按设计确定。　(李世德)

提升架 lifting frame

见承力架（26 页）。

提示标志 prompt signs

表示示意目标方向的安全标志。分一般提示标志和消防设备提示标志，几何图形为矩形。几何图形的参数：一般提示标志短边 $b_1 = 0.01414L$；长边 $L_1 = 2.5b_1$；L 为观察距离。消防设备提示标志短边 $b_2 = 0.01768L$；长边 $L_2 = 1.6b_2$；L 为观察距离。几何图形的颜色：图形符号及文字着白色；背景着绿色。　　　　　　　　　　(刘宗仁)

提栈 raising the purlin

为使屋面斜坡成曲线面，从檐桁（檩）开始向上，每根上层桁较下层桁按比例加高之方法。是中国南方地区对举架的称谓。
　　　　　　　　　　　　　　(张　斌)

体积公式 volume formula

利用炸药用量与爆破土石方的体积成正比的原理而导出的炸药量计算公式。即 $Q = kV$，Q 为装药量，k 为单位体积耗药量，V 为爆破漏斗体积，即被炸土石方体积。对于标准抛掷爆破时 $Q = kW^3$，W 为最小抵抗线。加强抛掷或减弱抛掷爆破的用药量与爆破作用指数 n 有关。因此，抛掷爆破用药量的通式为：

$$Q = f(n)kW^3$$

对 $f(n)$ 的计算和取值，世界各国有各种不同的算法，应用较广的为前苏联学者鲍利阔夫提出的经验公式，即：

$$f(n) = 0.4 + 0.6n^2$$

松动爆破 $f(n) = 0.33 \sim 0.55$。以上各式为用药量计算的基本公式。　　　　　　(林文虎)

体积减缩率 volume contraction rat

真空脱水时，混凝土拌合物体积减缩量（ΔV）与混凝土拌合物原体积（V）之比。以百分数表示。　　　　　　　　　　　　　　(舒　适)

体积图 mass diagram

又称土积图。为了合理调配路基填挖所作的土石方累积曲线图。以纵坐标代表土石方数量，并以填方为负，挖方为正。横坐标代表线路里程，按线路里程分别累计相加其填挖方数量并连成曲线，与经济运距配合，可进行土方调配。但此法繁琐，且不适合机械分层开挖方式，现已很少采用。
　　　　　　　　　　　　　　(段立华)

体力劳动强度 physical labour intensity

一个工作日内的净劳动时间。按劳动强度指数大小分为四级：Ⅰ级体力劳动——劳动强度指数小于或等于15, 8h工作日平均耗能值为3 550kJ/人, 劳动时间率为61%, 即净劳动时间为293min, 相当于轻劳动。Ⅱ级体力劳动——劳动强度指数为16～20, 8h工作日平均耗能值为5 560kJ/人, 劳动时间率为67%, 即净劳动时间为322min, 相当于中等强度劳动。Ⅲ级体力劳动——劳动强度指数为21～25, 8h工作日平均耗能值为7 130kJ/人, 劳动时间率为73%, 即净劳动时间为350min, 相当于重强度劳动。Ⅳ级体力劳动——劳动强度指数大于25, 8h工作日平均耗能值为11 304kJ/人, 劳动时间率为77%, 即净劳动时间为370min, 相当于很重强度劳动。 (刘宗仁)

tian

天花 ceiling
又称棋盘顶。古建筑内部用以遮蔽梁以上部分的木构顶棚。一般用方木交叉为方格放木板, 板下施彩画或彩纸。 (张 斌)

天然含水量 moisture content of natural
见含水量 (98页)。

天然孔隙率 voidn of natural
见孔隙率 (145页)。

填方边坡 fill side slope
填土四周临空面的土坡坡度。如堤坝、路堤、房屋填土地基等填土工程均需要有稳定的边坡。填方的边坡应根据填方高度、土的种类、结构的重要性等由设计规定或按有关规范执行。 (林文虎)

填方基底
回填土区域和部位的填土土料下的基础地层。基底应符合设计或土方验收规范的要求。一般要求应清除其上的树墩、主根及坑穴积水、淤泥和杂物, 按照不同情况处理草皮。当基底为耕植土或松土时应将其充分夯实, 在有水的基底上填方应采取排水疏干挖除淤泥砂石等方法处理后方可填土。在某些重要工程或高填土部位, 对基底尚需进行如强夯、砂桩等加固处理措施。 (林文虎)

填方土料 earth materials for earth fill
用于填方工程的填料。土料质量应符合设计或有关规范规定。一般碎石类土、砂土和爆破石碴可用作表层以下填料; 含水量符合压实要求的粘性土可用作各层填料; 碎块草皮和有机物含量大于8%的土仅可用于无压实要求的填方; 淤泥和淤泥质土一般不能作填料; 盐渍土的含量在规范限量以内时可作为填料。根据填方土料的品质不同分别采用不同的压实机械和压填方法。 (林文虎)

填方最大密实度 maximun density of fill
压实填土的最大干密度 ρ_{dmax}。是在最佳含水量时通过标准击实方法确定的密度值。也可用公式 $\rho_d = \eta \dfrac{\rho_w \cdot d_s}{1 + 0.01 w_{op} d_s}$ 进行计算。η 为经验系数; ρ_w 为水的密度; d_s 为土的相对密度以及 w_{op} 为最佳含水量。 (林文虎)

填塞长度 length of hole packing
炮孔装药后孔口部分用土填塞的长度。炮孔的填塞直接影响到炸药的能量利用, 合理的填塞可以提高爆破效果。良好的填塞可以阻止爆轰气体产物过早地从装药孔洞中冲出, 并在岩石破裂前使装药孔洞内保持高压状态, 使有效破碎能量大大增加。填塞长度在深孔爆破中取0.75倍炮孔底部抵抗线。在峒室爆破的抛掷爆破中, 需要利用爆轰气体的推力作用, 其填塞质量显得更为重要。 (林文虎)

填土工程 earth fill work
简称填方。又称回填土。在土方工程中将合格的土料填筑至设计标高并压实至设计要求或规范规定标准的全部过程。包括填筑和压实两个过程。大型场地平整、机场跑道的填筑、路堤水坝的建造、移山填海等工程中常有巨大的填土工程量, 都必须保证满足设计和有关规范的强度、稳定性和土的密实度等质量要求。故对填方基底处理、土料、回填方法、压实以及填土质量检验等方面均应有可靠的措施和方法, 方能保证填土工程顺利进行。 (林文虎)

填土压实 compaction of fill
对填方施以夯击、振动、碾压使之密实的过程。这个过程的目的是使含有固体土粒、空气和水的土体成为一个整体, 使其密实度和抗剪强度增大、压缩性降低和渗透性减少。根据工程条件、密实度要求、填土土料种类等情况可选用碾压法、夯实法、振动压实法进行压实作业。填土的密实度系控制填土质量的主要指标, 它与土料的含水量有着密切的关系, 在最佳含水量下可获得最大密实度。 (林文虎)

填挖高度 height of fill, depth of cut
设计标高与自然地面标高之差。其值为正, 表示填方; 其值为负, 表示挖方。影响土方工程数量的主要指标之一。 (庞文焕)

填筑顺序 order (sequence) of filling
铲运机填筑路堤时, 根据路堤高度进行纵向分段分层填筑的次序。视地形条件, 对不同高度的路堤可分别采用单层分段填筑、两层三段填筑和两层四段填筑等几种方法。如安排布置填筑次序不当,

会产生部分填方不必要的升高运输。 （庞文焕）

填筑质量控制 quality control of earth-rock fill

为保证工程安全而控制填筑工程质量所采取的施工技术和组织措施。包括：合理确定土料压实标准；合理选择压实机械和土料压实参数；在现场建立质量管理机构；对施工各环节进行严格控制；对不合质量标准的压实土体返工处理。 （汪龙腾）

tiao

调合漆 seady mixed paint

用干性油或长油度漆料加入体质颜料和着色颜料混合研磨后，再加入催干剂和溶剂调制而成的涂料。前者称油性调和漆，其漆膜柔韧，附着力好，有较高的耐候性，不易粉化、脱落、龟裂，经久耐用，但干燥较慢，适用于作室外面层涂饰。后者根据漆料所用的主要树脂分为钙脂调合漆、酯胶调合漆、酚醛调合漆等。耐候性和涂刷性好，适宜涂刷建筑物、家具等。 （姜营琦）

调径装置 diameter adjusting device

采用滑模施工时，对圆形的变截面结构（如烟囱），为使逐步改变结构物的直径，在水平方向施加水平力而设置的一种调节装置。由底座和调节丝杆组成。调径装置与承力架外侧相联，承力架以操作平台的辐射梁作为滑道。一般做法是每提升一次模板，即按设计收分尺寸拧动一次调径丝杆，推动承力架作径向移动，使围圈与模板沿圆周方向作环向移动，使围圈与模板进行收分，改变结构物的周长，以适应直径变化的需要。 （何玉兰）

调色样板 template for color preparation

在涂料施工前，为了供评选出满意的颜色花纹图案而制作的一些小块涂料饰面板。由于涂料品种和颜色繁多，涂料的最终颜色，不仅与原材料品种、配合比、涂刷工艺有关，而且与涂料的干湿程度、所处位置的光线强弱、被涂物的纹理颜色有关。故在涂料工程施工前，必须用不同的材料、配合比、涂刷工艺等，制作许多小块涂料板，放到实地位置去观察、比较，以便选出最佳方案。

（姜营琦）

调伸长度 adjusting length

见闪光对焊参数（207页）。

调整 adjustment

在网络计划编制、执行过程中，为使计划得到改善或符合变化了的条件和工期要求而进行的修正工作。 （杨炎榮）

挑架 bearing structure for cradle, hinging staging

吊脚手架中悬吊吊架和吊篮的支承构件。构件型式有梁式和桁架式。 （谭应国）

挑脚手架 outrigger scaffolding

采用悬挑形式搭设的脚手架。根据用途和建筑物结构情况，有两种基本形式：架子从建筑物内部挑伸出来，主要用于外墙面的局部装修；设置挑梁（架）并固结于结构柱（墙）上，在挑梁（架）上搭设架子，用于结构和装修施工。

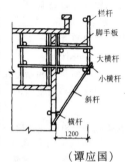

（谭应国）

挑筋石

支承挑出驳岸房屋的石挑梁。 （张 斌）

挑檐脚手架 outrigger scaffolding against floors inside the building

凸出墙面的檐口下部从脚手架上挑出的斜撑支架。用于挑檐、阳台及其他凸出墙面部分的施工作业。

（谭应国）

条筋拉毛 strip-form stucco

在拉毛灰的基底上，用特制鬃毛刷蘸水泥石灰浆刷出类似树皮状的饰面层。做法是面层用1:0.5:1水泥石灰砂浆拉成细长毛面，然后将一般鬃毛板刷剪成20~30 mm间距不等的锯齿形刷子，蘸1:1的水泥石灰浆刷出比拉毛灰面高出2~3 mm的竖向条纹，稍干后再用钢皮抹子抹压一道。条筋之间的拉毛应保持清晰。 （姜营琦）

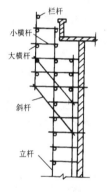

挑檐脚手架

条形基础

连续设置成长条形的基础。多为墙基础或荷载较大的一组柱子的基础。由于在一个方向连成整体，刚度较大，能在一定程度上防止不均匀沉降。

（赵志缙）

跳板 spring board, diving board

见马道（164页）。

tie

贴雕

将要雕刻的花纹用薄板镂空，粘贴在另外的木板上进行雕刻。 （郦锁林）

贴金　gold foil pasting

当金胶油尚有适当黏度时，将金箔撕成适当尺寸，用金夹子（竹片制成）将金箔贴于金胶油上，再以棉花拢好的施工工艺。如遇花活可用金肘子（柔软羊毛制成）肘金。处于门窗边楞容易磨损的部分，可罩光油一道。　　　　　　（郦锁林）

贴脸　architrave

钉在门窗框和墙壁接合处的木条或板条。用以遮盖门窗框和墙壁间的缝隙并起装饰作用。
　　　　　　　　　　　　　　　　（姜营琦）

铁活加固　strengthening by ironwork

利用铁活对石砌体进行加固的方法。常用的有：①在隐蔽位置凿铜眼，下扒锔，然后灌浆固定；②在隐蔽的位置凿镶锭槽，下铁镶锭，然后灌浆固定；③在中心位置钻孔，穿入铁芯，然后灌浆固定。　　　　　　　　　　　　　　（郦锁林）

铁路施工调查　investigation of railway construction

铁路在施工前对线路沿线所做的各项调查工作的总称。内容有：建筑材料等资源情况；交通运输情况；劳动力、机械、动力、水源情况；重点工程地段情况；生活物资供应情况；气候、雨量及洪水等情况。充分掌握有关资料，可使施工组织计划更切合实际，保证铁路基本建设工作正常地进行。
　　　　　　　　　　　　　　　　（段立华）

铁路施工方案　scheme of railway construction

修建铁路时组织、协调、安排施工活动的整体部署。应根据国家在政治、经济和国防上的需要和铁路施工的工期要求，结合工程数量、施工能力、资源和铁路施工的特点等进行多方案比较，选定比较经济合理的方案。　　　　　（段立华）

铁路施工复测　remeasurement of complete railway

铁路施工前对线路、桥隧施工控制网等的检查性测量工作。由于从勘测到施工要间隔一段时间，施工单位应对线路原设置的控制点、水准点和施工控制网进行复测，以检查原有桩点有无变动、资料有无错误，并对缺损的桩点进行补设。
　　　　　　　　　　　　　　　　（段立华）

铁路隧道　railway tunnel, railroad tunnel

铁路线路在穿越天然高程或平面障碍时所修建的交通隧道。高程障碍是指地面起伏较大的地形障碍，如分水岭、山脉、丘陵、峡谷等。平面障碍是指江河、湖泊、海湾、城镇、工矿企业、名胜古迹、地质不良地段等。隧道是克服铁路线路高程障碍的有效方法。有时甚至是唯一的方法。它可使线路的标高降低、长度缩短并减缓其纵向坡度，从而提高运量和行车速度。铁路线路遇到平面障碍时，可采用绕行或隧道穿越两种方法。前者往往是不经济的甚至是不可能的，如当线路需越过港湾、湖泊、海峡等，采用隧道往往是一种最好的解决方法。　　　　　　　　　　　　　　（范文田）

铁路通过能力　capacity of railroad track

一定的铁路线上或区段内，每昼夜间最多能通过的列车对数或列车数。也可用车辆数表示。根据各项固定技术设备（区间、车站、信号联锁闭塞设备、机务设备、给水设备、电气化铁路的供电设备等）的情况，所采用的行车组织方法、管理水平、职工素质等因素确定。　　　　　（胡肇枢）

铁路运输　cransport of railroad track

使用机车牵引铁路车辆，沿设置在路基上的钢轨所构成的铁路上行驶，用以运送人员与货物的运输方式。包括铁路路基、轨枕、钢轨、机车、车辆、通信、信号以及其他与铁路运输有关的各种建筑物、设备等。按线路数量分有单线铁路运输、复线铁路运输和多线铁路运输；按轨距分有标准轨铁路和窄轨铁路运输。　　　　　　（胡肇枢）

铁路运输能力　railway transport capacity

铁路在每昼夜内所能负担的最大客货运输量。决定因素主要有：线路、车站的数量和质量，运输工具的数量与载重量，人员的素质，行车的组织方法等。　　　　　　　　　　　　　　（胡肇枢）

ting

停机点　stay position for crane

简称停点。起重机吊装构件时的停机位置。其具体位置应根据起重机性能、构件的尺寸和重量、构件的吊装方法和布置方式予以确定。其位置处于吊装构件时的旋转中心。　　　（李世德）

停泥城砖

见城砖（27页）。

停泥滚子砖

用经过风化、困存、过筛的细黄粘土制坯烧成的细泥砖。可分为大停泥砖和小停泥砖两种，前者糙砖规格为 320mm×160mm×80mm 或 410mm×210mm×80mm，主要用于大、小式墙身干摆、丝缝、檐料，杂料；后者为 280mm×140mm×70mm 或 295mm×145mm×70mm，清代官窑规格为 288mm×144mm×64mm，主要用于小式墙身干摆、丝缝、地面，檐料，杂料。　　　　（郦锁林）

tong

通道断面样板　template of passage way

根据挖土机的通道断面形状剪成的纸板。与路堑横断面图比例尺相同。将此样板逐次叠合于路堑横断面图上，即可选择出合理而有利的通道布置方案，用以安排开挖程序。　　　　　（庞文焕）

通缝　continuouse vertical joint

砌体中，上、下相邻砌层竖缝连通在一条垂直线上的现象。由于砖未互相搭砌，砌体强度、稳定性及抗震性能差。通缝长度如超过施工规程规定值（一般不得大于五皮标准砖厚度），砌体应按废品处理，推倒重砌。　　　　　　　（方承训）

通进深　total depth (of a building)

各间进深的总和。即前后檐柱中心线间的距离。　　　　　　　　　　　　（郦锁林）

通面阔　total length (of a building)

各间面阔的总和。　　　　　（郦锁林）

通线法　straight line method

在两列吊车梁两端的地面上校对轴线间是否符合跨度尺寸，用经纬仪将此轴线投到每列吊车梁的两端，用通长钢丝连接，以校正吊车梁平面位置的方法。　　　　　　　　　　　（李世德）

通用设备安装工艺　installation technology of common use equipment

依据设计与生产工艺的要求，按照安装的技术文件与规范要求进行施工的工艺过程。主要有：设备的开箱与检查；设备定位；设备基础检验；设备二次搬运；设备吊装就位；设备精平找正；设备润滑；设备试压；设备的调试与运转；工程验收等。
　　　　　　　　　　　　　（杨文柱）

桐油渣废橡胶沥青防水油膏

以桐油渣、废橡胶粉、石油沥青及滑石粉石棉绒为主要原料配制而成的防水材料。具有粘结力强、延伸性好、常温冷施工的特点，适用于各种混凝土屋面板、墙板等建筑构件节点的防水密封。
　　　　　　　　　　　　　（毛鹤琴）

统筹法　critical path method

建立在网络模型基础上的计划管理方法。其基本原理是应用网络图形来表达计划中各个工作的先后顺序和相互关系，并通过数学运算指出完成计划的关键所在和可利用的机动时间，为工期、资源和成本的优化提供科学的依据，为组织管理工作提供有用的信息，使管理人员能纵观全局，统筹兼顾，对工作进行合理的安排和有效的控制，以达到加快工程进度，提高效率和降低成本的目的。
　　　　　　　　　　　　　（杨炎燊）

筒仓　silo

固定的或可移动的贮存粒状或粉状材料的塔状料仓。它可为矩形或圆形，由仓体和锥体两部分构成。仓体为贮存材料的主要部分，上部设有料位指示器、安全阀、排气口等。锥体应有一定的锥体倾角以保证卸料流畅。　　　　　（谢尊渊）

筒仓填充系数　coefficient of silo filling

筒仓内能容纳的物料体积与筒仓几何体积之比值。其值随物料输送入仓的方式不同而异。对于水泥筒仓约为 0.8~0.95。　　　　（谢尊渊）

筒仓锥体倾角　angle of inclination of silo cone

筒仓锥体母线与其水平投影间的夹角。其大小应保证仓内物料能卸料流畅，可根据物料自然休止角、锥体部分的结构材料与表面光洁程度以及防止物料起拱所采取的工艺措施等因素来确定。
　　　　　　　　　　　　　（谢尊渊）

筒模　cylindrical formwork

一个房间内纵横墙体各面模板吊挂在一空间钢架的三面（外墙预制）或四面（外墙现浇）组成的整体式筒形大模板。顶部为施工操作平台，每侧墙模均借助两个吊轴悬挂在钢架的角柱上，模板可沿吊轴作微量水平移动，以利拆模。这种模板体系，刚度大，能自身稳定，墙面平整，操作平台宽敞，吊次少，速度快，但灵活性不及平模，自重大。一般电梯井、管道井常采用。

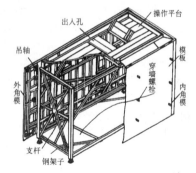

（何玉兰）

筒瓦　semicylindrical tile

后尾部有一个状似榫头的舌片，横断面为半圆形的瓦。是用来封护两垄板瓦瓦垄交汇线（俗称蚰蜒当子）的屋面防水构件。

（郦锁林）

筒瓦屋面

用弧形片状的板瓦做底瓦，半圆形的筒瓦做盖

瓦的瓦面做法。用于宫殿、庙宇、王府等大式建筑，以及园林中的亭子、游廊等。　（郦锁林）

筒压强度　compresive strength of conctete cylinder

用筒压法测定的轻粗集料的相对强度指标。它是将轻粗集料装入一 ϕ115mm×100mm 的带底圆筒内，上面加 ϕ113mm×70mm 的压模，取冲压模压入深度为 20mm 时的压力值除以承压面积所得的强度值。　（谢尊渊）

筒子板　jamb lining

又称垛头板。在沿门框外侧转角处包钉的木板。此板外再压钉贴脸板。用于高标准建筑装饰。一般建筑通常是在墙面（即墙垛）处抹灰嵌入门框边预先刨就的铲口内或抹至门框边，则需在转角处复钉木条，称压缝条。　（王士川）

tou

投标报价　tender offer

承包商采取投标的经济手段承揽工程任务时，计算和确定承包该项工程的投标总价格。报价是进行工程投标的核心，报价过高会失去中标的机会；过低，中标后有可能承担亏本风险；如何进行合适的投标报价，是投标者能否中标的关键问题。　（毛鹤琴）

投资包干责任制　lnvestment lump-sum responsibility system

对拟建的工程项目实行建设规模、投资总额、建设工期、工程质量和材料消耗等采取包干承包的责、权、利相结合的经营管理制度。　（毛鹤琴）

投资控制信息　information of cost control

在工程项目建设规划、设计、施工、保修各个时期与投资控制相关的信息。如类似工程的投资参考数据；国际、国内资金，物资市场变化的动态数据；各时期的物价指数；概算及预算定额；合同价组成；总投资额按时间、项目结构、阶段、资金来源的分解体系；计划值与实际发生额之间偏差及调整偏差的信息；工程实施阶段发生的设计费、设备购置费、运杂费、人工费、设备台班费等实际发生费用的付款及复审信息。　（顾辅柱）

透底　grinning

后刷涂料盖不住前层涂料的颜色而露出底色的现象。主要原因是后刷涂料遮盖力差、颜色过浅、浆液过稀、涂刷遍数过少等。　（姜营琦）

透雕　open work

将花纹以外部分去掉，使之透空，然后在花纹表面进行雕刻。　（郦锁林）

透风系数　wind passing coefficient

综合考虑混凝土养护期间的风速、结构所处的位置以及保温层的构造对混凝土冷却速度影响的系数。施工期间风速越大，结构位置越高，则混凝土冷却速度越快。保温材料本身的透风性及不透风性，保温材料的构造层次等，也直接影响混凝土冷却速度。　（张铁铮）

透活

见石雕（217页）。

tu

凸缝　convex joint

将灰缝做成凸出墙面约 5mm 的矩形或半圆形凸线的勾缝形式。　（方承训）

图例　legend

画在图纸、图表或其他书面资料中具有一定涵义和内容的图形和符号的总称。在各种制图标准中，如《建筑制图标准》、《总图制图标准》、《建筑结构制图标准》和《给水排水制图标准》等，均有相应的图例规定。　（卢有杰）

图上计算法　computation using the network diagram as a work-sheet

又称图算法。直接在网络图上计算网络时间参数的方法。　（杨炎榮）

图示评审技术　GERT

计划中工作和工作之间的逻辑关系都不肯定，且工作持续时间也不肯定，而按随机变量进行分析的网格计划技术。　（卢忠政）

图纸会审　working drawings review

又称设计交底。在设计单位完成建设项目的施工图纸后，由建设单位邀请设计及施工单位参加的审议施工图纸的会议。由设计负责人对建设项目的工艺流程作完整的介绍，简要说明设计意图，并对关键性问题进行强调和解释。施工和建设单位针对施工图中存在的问题提出询问，对难以实施之处提出看法和建议，并指出图纸中的错误和矛盾。三方就有关事项和疑难问题进行讨论，找出解决的合理途经。暂时难以确定的事项，以后协商解决。会议结束前，要拟定会审纪要，由各方人员在意见基本一致的情况下签字。正式印发的纪要应及时送交各方及有关部门。其目的是让施工单位明确设计意图，看懂图纸，保证建设项目得以顺利实施。

　（卢有杰）

涂包成型工艺　painted and wrapped technique

利用沥青涂包成束机生产无粘结预应力筋的加工工艺。该机主要由涂刷沥青槽、绕布转盘和牵引装置组成。每根预应力钢材经过沥青槽涂刷沥青后,再通过归束滚轮归成一束并进行补充涂刷,涂料厚度一般为2mm;涂好沥青的预应力束随即通过绕布转盘自动地交叉缠绕两层塑料布。此法涂包质量好、适应性强,适用于钢筋束与钢绞线束。
(杨宗放)

涂料 coating material, paint
旧称油漆。涂抹在物体表面干燥后能形成一层坚韧的薄膜,对被涂物起保护和装饰作用的材料。一般由粘结剂(主要成膜物质)、颜料、溶剂和其他辅助剂调制而成。早期多半采用植物油作粘结剂。随着高分子合成工业的发展,合成树脂的品种日益增多,质量日益提高,植物油已趋少用,现在多以合成树脂作为主要粘结剂。 (姜营琦)

涂料爆聚 fat edges, fat strips
涂料急速固化成为废料的现象。
(姜营琦)

涂料肝化 yellowing
涂料质次或存放过久,树脂和颜料结成块状的现象。 (姜营琦)

涂料工程 coating work
旧称油漆工程。将液态材料涂抹在建筑物表面的施工工作。干燥后形成一层坚韧的薄膜,对建筑物起装饰与保护作用。主要施工方法有:涂料刷涂、涂料滚涂和涂料喷涂等。 (姜营琦)

涂料滚涂 paint rolling
用特制的辊子,将液态涂料涂抹在建筑物表面作饰面层的施工方法。辊子可用羊毛或其他多孔吸附材料制成。 (姜营琦)

涂料流平性 property of spreading eveness of paint
涂料涂刷后,在干燥过程中自动流淌变平的能力。流平性好的涂料,施工时抹平要求可降低,干燥后不会留下抹痕或刷纹。 (姜营琦)

涂料面层 painted floor finish
用各种高分子聚合物配制成的涂料,涂布在地面基层上,凝固成膜后,形成坚固整体的装饰面层。如过氯乙烯涂料面层、苯乙烯涂料面层、环氧树脂面层、聚氨酯面层、不饱和聚酯面层等。
(姜营琦)

涂料凝结 set of paint
在极冷或极热处存放涂料,使树脂颗粒粘结在一起形成块状的现象。 (姜营琦)

涂料喷涂 paint spraying
用压缩空气的气流将液态涂料从喷枪的喷嘴中成雾状喷出,分散射至被涂物表面作饰面层的施工方法。喷涂层的厚度和质量与喷嘴口径、喷涂压力、喷嘴至被涂物的距离有关。 (姜营琦)

涂料桥接性 lapping property of paint
涂料填充基层表面微孔或裂缝,保证表面平整的能力。桥接性好,可使涂料层表面光滑。
(姜营琦)

涂料刷涂 paint brushing
用特制的刷子将液态涂料涂刷在建筑物表面作饰面层的施工方法。刷子可用动物毛或植物纤维做成,有大有小,有硬有软,有圆有扁,按需要选用。 (姜营琦)

涂料涂刷性 brushability of paint
涂料涂刷的难易程度。影响因素很多,如气候、工具、涂料的稠度、被涂物的表面情况等。
(姜营琦)

涂膜防水屋面 membxane waterproof roof
将防水涂料涂布在基层上,利用涂料经常温固化后,所形成的一层涂膜作防水层的柔性防水屋面。防水层可以由几层防水涂层的涂膜组成,也可以在几层防水涂层之间铺设玻璃纤维、合成纤维或无纺增强布,以形成一种增强涂膜防水层。涂膜防水屋面具有自重轻、延伸性、耐侯性、防水性好,施工操作简便,无污染,冷操作,无接缝,适用性广,易于修补等特点。 (毛鹤琴)

土壁支撑
在基坑或沟渠开挖过程中为保证土壁稳定和施工安全而设置的挡土设施。支撑方式和选用材料依具体情况而定。常用的材料有木材、钢、混凝土或其他材料,最常用的有木挡土板、木支撑、钢板桩及钢支撑、混凝土或钢筋混凝土桩支护、地下连续墙等。各种支撑结构均需进行设计以确保经济和安全。 (林文虎)

土层锚杆 soil anchor, earth anchor
见土锚(248页)。

土袋围堰 soil sack cofferdam
开挖桥梁基坑时,用袋装土构筑的围堰。适用于水深小于3.5m,流速2.0m/s以内的河道。堰顶宽常为1~2m,有粘土心墙时为2~2.5m,堰外边坡1:1~1:0.5,堰内边坡1:0.5~1:0.2;坡脚至基坑边缘不小于1m。装土的袋,可采用草袋、麻袋、玻璃纤维袋和无编织塑料袋等。
(邓朝荣)

土地产权 land property right
土地所有权、土地使用权或他项权利。是土地财产权的泛称。 (许远明)

土地纯收益 pure profit from land

土地所带来的或者其潜在的净收益。在单纯土地利用的情况下，为土地总收益扣除总费用后的余额；在房地综合利用的情况下，为房地总收益扣除总费用以及属于房屋的纯收益后的余额；当土地或房地产用于生产经营活动时，还应扣除生产经营活动所必需的合理利润。　　　　（许远明）

土地抵押价格　land mortgage price
业主以土地为担保品向金融机构申请贷款时，金融机构对土地现有权利估定的价格。一般比交易价格低，是决定债权债务数量的主要依据。
（许远明）

土地抵押权　land mortgage right
债务人以土地为担保品向债权人取得贷款而设定的土地他项权利。债权人为抵押权人，有在债务人不能偿付债务时拍卖土地优先受偿的权利。
（许远明）

土地管理　land administration
土地管理机构根据国家意志，确立和维护与社会生产方式相适应的土地占有形式，调整土地关系，对土地的利用实施规划、控制、调节、监督和组织等采取的一系列法律、经济、技术等方面的措施。目的是维护城市土地国家所有和农村土地集体所有，保证国家、集体的利益不受侵犯，实现土地的合理开发和利用，节约用地和制止土地浪费，保证城市建设的统一性，实现土地经济效益、社会效益、生态效益的统一。　　　　（张仕廉）

土地管理制度　land control system
以法律、法规、条例、规章等形式对社会组织、团体和个人占有、使用、利用土地的过程或行为所作的规范、约束的总称。　　（许远明）

土地价格　land price
简称地价。土地是自然物，不是劳动产品，故其价格不是价值的表现（并不排除其中含有土地开发而形成的价值），而是地租的资本化。即对于土地所有者来说，他可以凭借土地所有权获取地租。如果把这种获取地租的权力转让给别人，他自然要获取相应的代价，这一代价表现为土地价格。
（许远明）

土地交易价格　land transaction price
又称土地市场价格。土地交易双方的实际成交价格。根据土地交易权属的不同而有土地所有权价格、土地使用权价格、土地租赁权价格、土地抵押权价格等具体形式。　　　　　　（许远明）

土地金融　land monetary
与土地经济活动相关联而存在的融通货币和货币资金以及信用活动的总称。　　（许远明）

土地评估价格　land evaluation price
估价人员根据估价目的，运用适当的估价方法通过估价活动估计得到的土地价格。运用不同估价方法得到的评估价有不同的称呼，用收益还原法评估得到的价格称收益价格，用成本估价法得到的价格称积算价格，用市场比较法评估求得的价格称比准价格。　　　　　　　　（许远明）

土地使用权　land use right
土地使用者对所使用的土地按照法律规定对土地有利用和取得收益的权利。是土地使用制派生的一项权利，是土地使用制在法律上的表现。
（许远明）

土地使用权价格　price of land use right
土地使用权让渡发生的经济支付。其实质是地租。中国目前一级土地市场出让的就是国有土地使用权，出让价金即是土地使用权价格的表现。
（许远明）

土地使用制　land use system
土地使用权的法律基础，决定土地所有者、使用者相互之间的权利和经济关系。是土地制度的组成部分。中国城市土地实行有偿使用制度。
（许远明）

土地市场　land market
土地权属进行让渡过程中发生的多种经济关系的总和。即在土地这种特殊商品流通过程中，为使供求双方达成一确定交易价格，完成土地商品流通，有关各方所进行的一系列经济行为及其后果的总和。　　　　　　　　　　（许远明）

土地税收　land tax
政府为实现其职能，凭借政治权力，按照法定标准，以土地为对象无偿地集中一部分社会产品而形成的特定社会关系。　　（许远明）

土地所有权　landownership
简称地权。对土地的拥有、占用、使用、收益和处分的权利。是物权中的一种，是土地所有制在法律上的表现。其主体是土地所有者，客体是土地。　　　　　　　　　　　　（许远明）

土地所有权价格　landownership price
土地所有权让渡时的价格。中国实行土地国家所有和集体所有两种公有制，所有权转移只发生在集体与集体、集体与国家之间，相应的土地所有权价格也只在此才有意义。　　（许远明）

土地所有制　landownership system
土地所有权制度的基础，决定土地所有权制度的性质和内容。是土地制度的组成部分。人类迄今出现的土地所有制有氏族公社的土地公有制、奴隶主土地所有制、封建土地私有制、资本主义土地私有制和社会主义土地公有制等五种基本形态。从性质上分公有制和私有制两种。目前，中国实行社会主义土地公有制，有全民所有和社会主义劳动群众集体所有两种形式。　　　　　　　　（许远明）

土地租赁价格　land hire price

承租人为取得一定时期土地经营使用权而向土地租赁权人支付的经济代价。其实质是定期支付的地租。中国城市土地使用权的有偿有期出让实质上也是一种土地租赁，此时的价格为一次性支付的出让金。　　　　　　　　　　　　（许远明）

土地租赁权　land leasehold

以土地为标的物进行出租或承租而设定的土地他项权利。出租人为土地租赁权人，有转让一定时期土地使用权而收取租金的权利。（许远明）

土钉　soil nailing

以较小间距插入边坡土体内部的拉筋（短钢筋、钢杆等），然后在坡面上喷射混凝土，形成原位复合重力式结构。提高整个原位土体的强度并限制其变形，用于基坑支护或天然边坡加固，是一项实用的原位岩土加筋技术。1972年法国的Bouygues首先用于法国凡尔塞附近的铁道拓宽线路的边坡中，后来广泛用于深基坑支护和稳定边坡。中国于1980年在山西柳湾煤矿边坡稳定中首次使用该项技术，后来推广至基坑支护。
　　　　　　　　　　　　（赵志缙）

土方工程施工准备　preparation of earthwork

为使土方工程顺利进行而必须要做的前期工作。它包括工程地质勘察，土方工程测量，土方量计算及土方调配，土方工程施工方案与施工组织设计，降水、排水以及各项边坡稳定、土壁支撑设计等，场地准备，人力、机械设备的调配等工作。
　　　　　　　　　　　　（林文虎）

土方工程水力机械化　hydraulic mechanization of earthwork

凭借水力综合完成挖土、运土和填土作业的机械化施工方法。通常有两类：①用水枪喷出的高速射流冲挖土壤并拌成泥浆，在地势许可时，泥浆可沿沟槽自流到填土区，进行水力冲填，否则需用泥泵吸取泥浆沿压力管道输送到冲填地点；②用吸泥船吸取水下土壤，并沿压力管道输送到冲填地点。如开挖点离冲填点较远时，可以设立中间泵站接力输送。此法施工设备简单、所需劳力少、速度快，常用于开挖渠道、平整广场、水库清淤等。也可用来开采土料用冲填方法修建土坝，但需充足的电源和水源。　　　　　　　　　　（汪龙腾）

土方工程综合机械化　comprehensive mechanization of earth work

土方工程的挖、运、填压等施工过程均采用生产率彼此相适应的机械进行施工。机械化应是土方施工的主要手段，它可减轻工人的笨重体力劳动、加快施工速度、保证工程质量和安全。挖土机械可选用单斗挖掘机、多斗挖掘机、铲运机、推土机、水力挖掘机械等；土方运输可选用自卸汽车、有轨矿车、皮带运输机等；填压运用各类填压机械等。机械化或综合机械化都是相对的，具体工程的机械化程度的高低也视具体条件不同而异。
　　　　　　　　　　　　（林文虎）

土方量平衡调配　cut-fill balanced allocation

以土方运输量最少或土方的运输成本最低为目标，确定场地各填挖区土方的调运方向和数量的工作。包括划分土方调配区，计算土方的平均运距，计算单位土方的运输价格，制定最优调配方案，画出土方调配图。最优调配方案属线性规划的运输问题，可用表上作业法求解，使目标函数土方运输量 $V = \sum_{i=1}^{m}\sum_{j=1}^{n} L_{ij} \cdot x_{ij}$ 为最小。L_{ij} 表示由 i 至 j 区运输距离，x_{ij} 表示由 i 区调至 j 区的土方数量。
　　　　　　　　　　　　（林文虎）

土方平衡　cut and fill balance of earthwork

又称土方调配。通过合理确定挖填土方的调配方向和数量，以期达到土方工程施工总运输量最小或总成本最低的工作。通常采用划分土方调配区，计算平均运距和土方施工成本的方法。近年来采用线性规划原理并用表上作业方法进行。
　　　　　　　　　　　　（孟昭华）

土方压实机械　earth compaction equipment

对土石填料施加压实力以增加其密实度的施工机械。根据施加于土壤的压实力的性质不同分碾压机械、夯实机械和振动机械等三种。常用的碾压机械有平碾、肋形碾、羊足碾、汽胎碾等；常用的夯实机械有夯土机、爆炸夯和蛙式夯土机等；常用的振动机械有平板式振动器和振动碾等。
　　　　　　　　　　　　（汪龙腾）

土工垫　geomat

由半刚性单丝纤维（聚乙烯等）熔接而成的呈波浪状三维结构的土工织物。埋设于土体中起反滤、排水、隔离等作用。　　　　（赵志缙）

土工格栅　geogrid

由聚乙烯或聚丙烯板通过打孔（孔格尺寸为10～100mm的圆形、椭圆形、方形或长方形格栅）、单向或双向拉伸扩孔制成的土工织物。埋设于土体中起反滤作用等。　　　　　（赵志缙）

土工聚合物　geopolymer

见土工织物（248页）。

土工膜　geomembrance

在各种塑料、橡胶或土工纤维上喷涂防水材料而制成的不透水土工织物。埋设于土体中可起隔离作用，利于排水和加速土体固结。　（赵志缙）

土工织物　geotextile

又称土工聚合物。埋设于土体中起排水作用、隔离作用、反滤作用和加筋作用的聚合物纤维制品。根据加工制造的不同，分为由相互正交纤维织成的有纺型土工织物、由单股或多股线带编织而成的编织型土工织物和由不规则纤维织成的无纺型土工织物。中国从60年代中期开始应用于防止路基翻浆、加固地基、加筋土挡墙等。　（赵志缙）

土锚　soil anchor, earth anchor

又称土锚杆、土层锚杆。将支护结构承受的荷载通过金属拉杆和水泥锚固体传递和分布到稳定土层中的锚固体系。用于锚固各种支护结构，中国已在高层建筑深基坑支护中推广。它由锚头、楔形垫块、腰梁（围檩）、拉杆（索）、锚固体、锚底板等组成。根据受力要求，全长分为非锚固段（自由段）和锚固段。非锚固段处于不稳定土层中，与土层脱离，能自由变形，其作用是将锚头所受荷载传至锚固段。锚固段处于稳定土层中，通过与土层的紧密接触将荷载分布到周围土层中。承载能力取决于锚固段，锚头位移主要来自非锚固段。最上层的上面要有足够的覆土厚度，避免地面隆起；其垂直和水平间距计算确定；为便于灌浆其倾角一般不小于$12.5°$。计算时，除验算承载能力外，须进行稳定性验算。施工时，先用钻机钻孔，要保证孔洞顺直，在拉杆上设定位器以保证其位于孔洞中央。压力灌浆用泥浆泵灌注水泥浆或水泥砂浆，二次灌浆可提高承载能力。由于理论计算尚难以精确确定承载能力，试验是必需的。　（赵志缙）

土锚定位器　fixing instrument in soil anchor

将土锚的金属拉杆就位于钻孔中央，不产生过大挠度所用的工具。能使拉杆插入钻孔时不扰动孔壁，使锚固段不产生偏心荷载。它有多种形式，可根据拉杆材料选择。在土锚锚固段处间距较小，在非锚固段处稍大。　（赵志缙）

土牛拱胎　earth-filled formwork for arch

在砌拱的桥孔处，夯筑的一道顶面与拱腹曲线相吻合的土堤胎模。在其上砌筑拱桥。在有水流的河流中，土牛底部设临时涵洞。中国延安河大桥，是三孔净跨30m的石拱桥，就采用了此种措施。
　（邓朝荣）

土壤防冻　soil freezing prevention

地基土未冻结之前为使其免遭冻结或减小其冻结深度所采取的措施。防冻方法有：翻松耙平防冻法、覆雪防冻法，隔热材料防冻法，冰壳防冻法、暖棚防冻法等。　（张铁铮）

土石方工程　eathwork

为工程建设目的而进行的土（石）开挖、土（石）搬运、回填和夯实等工作。按工程性质可分为场地平整，基坑、基槽开挖，开山填海，路堑、路堤工程，水坝、河堤工程，隧道工程等。它具有工程数量大、劳动强度高、施工条件复杂以及对整个工程建设的施工进度、工程造价等因素影响较大的特点。因此工程开工前必须做好周密的调查，拟定合理的施工方案和排水、降水、挡土等技术措施，做好准备工作，并尽量采用机械化和综合机械化方法进行。　（林文虎）

土石工程分类　classification of earthwork

根据工程施工的难易程度划分土石的类别。建筑工程中将土石分为松软土、普通土、坚土、砂砾坚土、软石、次坚石、坚石、特坚石八类。公路土（石）方工程将岩土分为Ⅰ～Ⅵ级，分别为松土、普通土、硬土、软石、次坚石和坚石。除此之外，尚可按开挖方法、坚固性系数、净钻时间将土（石）分为七级共16个种类。　（林文虎）

土石现场鉴别法　on-site identification of soil and rock

在野外或工地用简单的工具或人的感觉粗略地确定场地土石类别的方法。对于区别碎石土、砂土主要依据颗粒的粗细，干燥时的状态及强度，湿润时的状态以及粘着程度来判别；对于粘土或砂土的区别则依靠湿润时用刀切削，用手捻摸的感觉，土的干、湿状态以及湿土搓条情况来分辨粘土、粉质粘土、粉土和砂土。　（林文虎）

土体可松性　looseness of soil

土体经过挖掘后组织结构受到破坏而土体体积增加的性质。可用体积增加百分比或可松性系数表示。按填土是否经过压实又可分为最初可松性系数（最初体积增加百分比）和最终可松性系数（最终体积增加百分比）。　（林文虎）

土体压后沉降量　settlement of compacted soil

原地面经机械往返运行或采用其他压实措施后产生的沉降数值 S（cm）。一般在3～30cm之间。亦可用经验公式$S=$有效作用力/土的抗陷系数求得。　（林文虎）

土体压缩性　compressibility of soils

土体在压力作用下体积缩小的特性。由于土体中的水和土的矿物颗粒本身压缩性甚小，故土的压缩主要表现为土孔隙的减小。在土方工程的填土中需考虑此特性。一般可用压缩率表示。土的压缩率为土压实后干密度减原状土干密度的差值与原状土干密度之比的百分率。也可用松散土经压缩后与压

缩前体积之比的百分数表示。　　　　（林文虎）

土体自然休止角　natural angle of repose

土在松散状态下，自然形成的并保持边坡稳定的坡角。同土的种类、湿度有关。　　　（鄌锁林）

土围堰　ground cofferdam

开挖桥梁基坑时，用填土构筑成的围堰。适用于水深小于 1.5m、流速在 0.5m/s 以内，以及河边浅滩。堰顶宽常为 1~2m，堰外边坡 1:2~1:3，堰内边坡 1:1.5~1:1，坡脚至基坑边缘不小于 1m。坡面加草皮防护时，适用流速可加大。

（邓朝荣）

土压平衡式盾构　EPBH, earth pressure balanced shield

又称泥土加压式盾构。在切口环与支承环之间安装隔板形成一密封舱，依靠前端刀盘切下的土充填舱内以平衡开挖面土压力的闭胸机械式盾构。密封隔板中间装有一台长筒形螺旋运输机，进土口设在密封舱内的中心或下部，出土口在舱外。运输机的出土量应密切配合刀盘切削速度，以保持舱内始终充满泥土而不致过松或挤得过密。

（范文田）

土岩爆破机理　mechanism of blasting in rock and soil

爆破使岩石破坏的原理、过程及状态。有爆轰气体产物膨胀推力破坏、应力波反射波破坏和前两者共同作用等几种假说。

（林文虎）

土桩　soil pile

挤密成孔后分层夯填素土形成的桩体。用于地基加固。适用于地下水位以上的湿陷性黄土、新堆积黄土、素填土和杂填土。桩径一般为 300~600mm；桩距要使桩间土挤密后的最小干密度不小于 $1.5t/m^3$；桩长取决于建筑物对地基的要求、地基湿陷类型和等级、湿陷性土层厚度及成孔机械，目前可达 12~15m。成孔多用沉管、冲击或爆扩等方法，使土向孔周围挤密，孔底要夯实。回填的土料多用过筛（筛孔不大于 20mm）的粉质粘土，分层填筑并用夯实机械夯实。质量检验多用触探法、取样测定干土密度或载荷试验法。　　（赵志缙）

tui

推举法设备吊装　lifting of equipment by push method

用单台或多台桅杆式起重机将设备与构件在三维空间进行就位的方法。由设备、基础、回转铰链、桅杆、滑叉脚、轨道、牵引滑轮组等组成。当设备从水平位置吊装成直立位置时，起重桅杆使设备环绕其支撑铰链回转，而桅杆则沿设备的轴线向基础平移过去，这时桅杆将设备推吊起来的同时桅杆的横梁回绕其上部铰链回转。具有吊装技术性能好、占地面积小的特点，所用的起重机具的重量仅为被吊设备重量的 15%~20%。

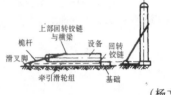

（杨文柱）

推土机　bulldozer, dozer, pushdozer

装有铲刀的拖拉机。是处理土石方工程的主要施工机械。可概分为履带式（代号为 TY）和轮胎式（代号为 TL）两类。按传动方式则可分为机械式、液力机械和全液压传动式。按铲土装置型式则可分为：直铲式，吊铲刀与底盘的纵向轴线成直角，铲刀切削角可调，多用于大型和小型推土机；角铲式，即铲刀除了能调节切削角度外，还可在水平方向上回转一定角度（一般为 ±25°），可实现外侧卸土，应用范围广。具有操作灵活、运转方便、行驶速度快、所需工作面较小等特点。多用于场地清理、场地平整、开挖深度不大的基坑、推筑高度不大的路基、回填基坑和沟槽等。中国于 50 年代开始仿制，60 年代着手成立行业并仿制新一代，70 年代自行研制液压操纵推土机。1979 年后随着引进技术的消化吸收，推土机的生产有了巨大发展。

（鄌锁林）

推土机开挖路堑　cut excavation by bulldozer

推土机在路基工程施工中进行开挖路堑的工作。当地面横坡不大时，可作两侧弃土；当横坡较陡时，向下坡一侧弃土，以利排水。当路堑挖到一定深度后，应每隔一定距离开设横向出土通道。路堑长度较短时，推土机可沿路堑纵向进行开挖，从路堑两端出土。修筑半填半挖路段时，根据地形及挖除土体的宽度，分别采用横向推土开挖、纵向推土开挖和傍山顺推法。　　　　（庞文焕）

推土机填筑路堤　embankment filling by bulldozers

在运距短的情况下全由推土机完成取土、运土及铺筑路堤的工作。一般从路侧取土，进行横向推填和纵向碾压。横向推填的填筑高度不宜太大，以避免为修筑工作坡度而带来过多的额外填土工作量和推土损失。常用的横向推填方法有斜层铺填法和堆填法。当填筑路堤较高时，还可采用斜向推填法。当推土机采用纵向运土填筑路堤时，则不受填

筑高度的限制。　　　　　　（庞文焕）

推土机作业　working with bulldozer(s)

用推土机进行土方工程施工的方式。推土机在一定距离下具有操作灵活，运输方便，需要工作面小，可挖土和运土，行驶速度快等特点。它可完成场地平整，运距在100m内的推土，开挖浅基础，回填压实，助铲和牵引等作业。为提高推土机生产率，可采用槽形推土、下坡推土、并列推土等施工方法。　　　　　　　　　　　　　（林文虎）

tuo

托换技术　underpinning

解决既有建筑物地基因不满足地基承载力和变形要求而对地基进行处理或加固基础，解决既有建筑物基础下因修建地下工程而需加固及解决新建建筑物基础不容许出现的地基差异沉降的技术。包括：坑式托换、桩式托换、灌浆托换、热加固托换、补救性托换、预防性托换、维持性托换、灰砂桩托换、灰土井墩托换、加强刚度托换等。它是一种技术难度大、费用高、工期较长和责任性较强的特殊施工方法，是一项集勘察、设计、施工、研究于一体的综合性技术。　　　（赵志缙）

托灰板　hawk

又称操板、灰板。砌筑、勾缝时用以承托砂浆的木板。前端用于盛放灰浆，后尾带柄，便于手执。　　　　　　　　　　　　　　（方承训）

托线板　plumb ruler and bob

又称靠尺。由2000mm×120mm×15mm板和线锤组成的，用以检查结构竖向表面垂直度和平整度的工具。下部沿板宽方向有毫米刻度。检查垂直度时，板竖直侧靠于结构表面，根据自板顶中部所挂线锤在下部之偏中值，即可得垂直偏差值。
　　　　　　　　　　　　　　　　（方承训）

拖拉托轨　traction bracket of track panels

铺轨时轨排移动用的托架。主要由两根略长于轨排的倒置钢轨及联系横杆组成。轨排置于托架上，托架轨头则支承于平车滚轮上。托架两端有翘起的滑靴，以便滑行。　　　　（段立华）

拖轮　towboat

拖带驳船或其他船舶用的动力船。分为海洋拖轮、内河拖轮、港区作业拖轮。其主要特点是主机马力较大，而船体主要尺寸小。具有良好的灵活性、稳定性、拖拽能力和救生工具较为完备。海洋和内河拖轮用来拖带驳船。港区作业拖轮用来拖拽大船，进出港埠或船坞等。　　　（胡肇枢）

脱水率　rate of water removal

混凝土拌合物真空脱水时，单位体积混凝土拌合物脱水量（ΔW）与单位体积混凝土拌合物拌和用水量（W）之比。以百分数表示。此值反映真空处理效果。　　　　　　　　　　（舒　适）

W

wa

挖补　mending by replacing a rotten part

将柱子轻微的槽朽部分用凿子或扁铲剔成几何形状，然后用干燥的木料制作成已凿好的补洞形状，用胶粘结的维修方法。几何形状为三角形、方形、多边形、半圆或圆形，剔挖的面积以最大限度地保留柱身没有槽朽的部分为合适。为了便于嵌补，要把所剔的洞边铲直，洞壁也要稍微向里倾斜（即洞里要比洞口稍大，容易补严），洞底要平实，再将木屑杂物剔除干净。待胶干后，用刨子或扁铲做成随柱身的弧形，补块较大的，还可用钉子钉牢，将钉帽嵌入柱皮以利补腻补油饰。
　　　　　　　　　　　　　　　　（郦锁林）

挖槽机　trench excavator

在地面上操作就能开挖地下深处沟槽的工程机械。有抓斗式挖槽机、冲击式挖槽机和回转式挖槽机等。　　　　　　　　　　　　（李健宁）

挖底支撑　transverse sills

用比国法修建隧道时，在上部拱圈衬砌修筑后，进行下部拉槽及挖马口用的支撑。通常都应先在拱脚间架设棚子梁。采用纵梁和立柱作为向下开挖时的支撑。　　　　　　　　（范文田）

挖方边坡　site slope of excavation

为保持土方开挖区边缘未扰动的土体稳定，防止塌方所设置的斜坡。边坡稳定是施工安全的基本保证。边坡坡度以其高度H与底宽B之比$H:B$表示坡度大小与土质、开挖深度、开挖方法、边坡留置时间的长短、排水情况、边坡上的荷载大小等因素有关，应进行稳定性验算。对使用时间较短的临时性挖方边坡坡度在整体稳定的情况下，如地质情况良好，土质均匀，高度在10m以内，可按一般手册或规范选用。开挖边坡时应沿等高线自上而下分层分段依次进行。

(林文虎)

挖掘机 excavator

用斗状工作装置挖取土壤或其他材料，或用于剥离土层的机械。主要用于基坑、沟槽的开挖。按传动方式可分为：液压传动和机械传动两种。液压挖掘机的破土、切土能力特别强，可以挖Ⅱ级以内各种土壤和爆破后的岩石；作业尺寸大，可以上掘高、下掘深、半径大、掘层厚。由于采用液压传动和液压操纵，生产效率高，工作平稳，操作轻便，安全可靠。按移动方式可分为履带式、轮胎式和步行式等几种。根据其工作装置的不同，可分为正铲、反铲、拉铲和抓铲四种。建筑施工广泛应用的是液压反铲挖掘机。液压挖掘机的选用：①开挖沟渠可选用小斗容量（0.1～0.25m³）的轮胎式或履带式；②开挖条形基坑宜选用斗容量为0.4～0.5m³的履带式；③开挖深基坑应选用斗容量不小于0.6m³的履带式；④开挖特深大型基坑（例如深度达14m以上以至深达24m的深基坑），最宜采用二级接力挖土或三级接力挖土。采用三级接力挖土就是采用3台液压挖掘机分别负责不同标高范围掌子面的开挖及二传手作业。中国于50年代初期开始生产机械传动单斗挖掘机，60年代中期已着手研制液压挖掘机。

(林文虎)

挖掘机作业 excavator operation

用挖掘机进行的土方开挖工作。挖掘机在土方工程施工中，可用以挖掘基坑、沟槽，清理和平整场地。可以根据工作的需要，更换其工作装置，改装成正铲、反铲、拉铲和抓铲等不同的挖土机。生产效率高，是土方工程施工的主要机械。工作时需配置与之相适应的运输设备。

(林文虎)

挖马口 excavation of pit

用先拱后墙法修建隧道时，起拱线以下，下导坑两边墙部分岩土的开挖。这部分开挖直接影响着拱圈和整个衬砌的质量，常采取分段跳槽交错开挖的方法，以防止拱圈下沉。必要时应设置临时圆木斜撑或棚子梁撑住拱脚。

(范文田)

挖土通道 excavation access

正铲挖土机工作时，随着开挖的进展不断向前移动而在土壤中挖出的沟槽。通道布置应在横断面和纵断面图上进行，在布置前应先根据挖土机的工作性能确定通道尺寸。通道最大高度不宜大于挖土机的最大挖土高度，但在松散土壤中可比最大挖土高度高出1m。

(邓先都)

蛙式打夯机 frog rammer

利用夯锤上部偏心块转动时的离心力作用，使夯锤夯击土壤并自行移位的夯土机械。构造简单，使用方便，尺寸小。适于工作面狭小处的土方压实工作。

(汪龙腾)

瓦刀 slice

又称泥刀、砌刀、砖刀。砌筑用金属刀状工具。用于铺刮砂浆、砍砖、敲击砖块，使砂浆挤压密实。也用于宽瓦或修补屋面时的瓦面夹垄和裹垄后的赶轧。

(方承训)

瓦屋面 tile roof

在屋面基层上铺盖各种瓦材，利用瓦材相互搭接形成自防水屋面。按瓦材类型不同，分为平瓦屋面、小青瓦屋面、波形瓦屋面、筒瓦屋面、石板瓦屋面等。其构造简单、取材容易，是中国传统建筑广泛采用的屋面构造方式。

(毛鹤琴)

宽瓦

古建筑屋面施工中，自苫背以上铺瓦的全过程。对于不同的瓦件，其操作方法略有差异。施工大体分以下几道工序：找中，钉瓦口，号垄，抹尖，排头，挂线，攒角，调脊，宽瓦。

(郦锁林)

wai

外板内模 building system with external wall panels and internal monolithic walls

见内浇外挂大模板（176页）

外加剂 admixture

在混凝土（包括砂浆、净浆）拌和时或拌和前掺入的，掺量不大于水泥质量5%（特殊情况除外），并能对混凝土的正常性能按要求而改变的物质。其种类繁多，按其主要功能一般可分为下列几类：用于改善混凝土拌合物流变性能的外加剂（如减水剂、引气剂、泵送剂等）；用于调节混凝土凝结硬化速度的外加剂（如早强剂、缓凝剂、速凝剂等）；用于调节混凝土含气量的外加剂（如加气剂、泡沫剂、消泡剂等）；用于改善混凝土耐久性的外加剂（如阻锈剂、防冻剂等）；用于赋予混凝土特殊性能的外加剂（如膨胀剂、防水剂等）。

(谢尊渊)

外加剂防水混凝土 waterproof concrete added mixed with admixture

用掺入适量外加剂的方法,改善混凝土的和易性和内部组织结构,以增强密实性、抗渗性,能满足防水要求的防水混凝土。外加剂主要是以吸附、分散、引气、催化或与水泥的某种成分发生反应等物理、化学作用,使混凝土得到改性。按所掺外加剂种类的不同,可分为减水剂防水混凝土、加气剂防水混凝土、三乙醇胺防水混凝土、氯化铁防水混凝土和粉煤灰防水混凝土等。

(毛鹤琴)

外脚手架 exterior scaffolding

沿建筑物外墙的外围搭设,供外墙砌筑和外立面装修作业时用的脚手架。搭设型式有多立杆式、定型组合件构成的组合式及自行设计加工的升降式三种。

(谭应国)

外向箭线 activity leading away from a event

又称外向箭杆。就节点而言,所有从某一节点引出的箭线。

(杨炎荣)

外檐双排脚手架

用于拆卸各层檐的瓦顶、椽飞、连檐、瓦口、望板、檩枋、斗栱等搭设的脚手架。立杆要垂直,顺杆要水平,脚手板两段要绑牢,绳结要打紧。双排立杆之间的水平距离应保持1.5m,每排立杆之间的水平距离也为1.5m,顺杆步距为1.2m,坡道的坡为1:4。为了下运瓦兽件、椽飞、连檐、瓦口、望板等构件,需在建筑物的一侧搭设探海平台架子。为使脚手架不碍出入搬运构件,在建筑物的主要出入口,采用偷两步顺杆,悬起一根立杆,亮出进出的通道。如果拆落较大的梁枋,则必须在室内另行绑搭承重脚手架。

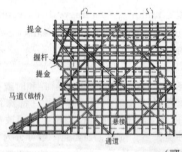

(郦锁林)

外檐装修 exterior joinery

界于室内、外之间的和廊子下面的木装修。包括门厅上的街门、垂花门、月洞墙的屏门及走廊上采用的倒挂楣子、坐凳楣子、什锦窗等。

(郦锁林)

外砖内模 buliding system with external brickwalls and monolithic cast-in-situ internal walls

见内浇外砖大模板(176页)。

外资 foreign capital

来自非居民所有者的资本或资金。一般以外国货币表示和计量。当前国际投资已成为国际经济活动的一种重要方式,利用外资已成为中国加快经济发展、扩大利用国外先进技术、引进设备的重要手段。利用外资的形式有借用境外资金和吸收境外投资,前者包括外国政府贷款、境外银行贷款、国际金融组织贷款、出口信贷、国际债券、本国银行吸收境外存款等;后者包括合资经营、合作经营、合作开发、外商独资经营、补偿贸易、加工贸易、租赁贸易等。

(颜 哲)

wan

弯道超高 curve superelevation

为了提高汽车转弯时的抗倾覆和抗滑移的稳定性,将路面外侧加高的构造措施。原来路面的双坡在外侧加高处改为向内侧倾斜的单面坡。弯道超高的横坡按计算行车速度、平曲线半径大小、结合路面种类、自然条件等确定。高速公路、一级公路的超高横坡不超过10%;其他各级公路不超过8%;高寒地区不超过6%。当超高横坡的计算值小于路拱坡度时,设置等于路拱坡度的超高。

(邓朝荣)

弯道加宽 curve wideing

又称平曲线加宽。汽车在曲线路段上行驶时所占有的汽车道宽度比直线段大的部分。当平曲线半径等于或小于250m时,应在弯道内侧相应增加路面宽度和路基宽度,以保证汽车在转弯中不侵占相邻车道。弯道加宽值,根据车辆对向行驶时两车之间的相对位置和行车摆动幅度在曲线上的变化等综合确定。公路工程技术标准规定了平曲线半径在250m以内不同条件下的加宽值。

(邓朝荣)

弯管 bend

又称弯头。用来改变管道走向的管件。分为冷弯弯头、热弯弯头、折皱弯头、焊接弯头、压制弯头和推拉弯头。

(杨文柱)

弯曲调整值 adjustment value for steel bar bending

见量度差值(154页)。

弯头 elbow

见弯管。

完全浸渍 complete (whole) impregnation

基材断面被单体完全浸透的浸渍方式。浸填率一般在6%左右。

(谢尊渊)

碗扣 bowl-type coupler

由上、下碗扣、横杆接头和上碗扣的限位销等组成的钢管接头连接件。上、下碗扣和限位销按一定间距设置在钢管立杆上，其中下碗扣和限位销直接焊在立杆上，上碗扣的缺口对准限位销后，可沿立杆向上滑动，横杆接头插入下碗扣圆槽内，将上碗扣沿限位销滑下并顺时针旋转即可扣紧横杆接头。　　　　　　　　　　　　（谭应国）

碗扣式钢管脚手架　steel tube scaffolding with bowl type coupler

用碗形扣件作连接件组成的钢管脚手架。其特点是：碗扣式接头可同时连接4根相互垂直或偏转一定角度的横杆，立杆接长用立杆连接销，完全避免了螺栓作业。组架型式多样，能根据不同使用要求使用不同长度的横杆组合成直线或曲线等不同类型的作业架。接头构造合理，力学性能好，工作安全可靠，构件轻，装拆方便。

（谭应国）

wang

网格式盾构　grid faced shield

在切口环前端设置由若干主梁、次梁和活动隔板构成网格胸板的闭胸盾构。主梁和次梁构成大的网格，可拆卸的活动隔板将大网格分成小网格。借助土的凝聚力，用网格胸板支撑开挖面的土体。盾构推进时，土体从网格中挤入，其数量用调节网格孔的面积来加以控制，经过提土转盘将挤入的土转送到盾构中心的皮带或刮板运输机上装箱外运。这种盾构只适用于松软可塑的粘性土层。

（范文田）

网络计划　netwock plan

又称统筹图。在网络图上加注工作时间参数等而编成的进度计划。网络计划中完成工作所需时间可以是确定的，也可以是非确定的。前者称为肯定型网络，后者称为非肯定型网络。

（杨炎荣）

网络计划方法　netwovk planning method

又称网络计划技术、网络法。应用网络计划对任务的工作进度进行安排和控制，以保证实现预定目标的科学的计划管理技术。网络计划技术的种类很多，有关键线路法、计划评审技术、图示评审技术、风险评审技术等。此法能全面反映整个工作的流程、计划内各项工作之间的相互关系和进度，通过各种时间参数的计算，可找出关键线路和机动时间，对工作进行合理的安排和有效的控制，并能对计划进行优化。

（杨炎荣）

网络计划技术　network planning technique

见网络计划方法。

网络图　netwock diagram

又称箭线图、网络。由节点（点）和箭线（弧）所构成的，用以表示施工流程的有向、有序的网状图形。一个网络表示一项计划任务。

（杨炎荣）

网状树根桩　reticulated root piles

在地基土中按三维系统布置的、直径为100～250mm的小直径钻孔灌注桩群。常用于建筑物基础的防护托换。网状结构树根桩形成的桩系和围起来的土视作一个整体结构，桩系内的单根树根桩可能承受拉、压或弯曲应力。设计时先进行桩的布置，然后计算整体结构的稳定性、桩系内天然土体的整体稳定性、钢筋的应力、灌浆材料的应力、桩的设计长度、压顶梁的应力和钢筋与压顶梁的粘着长度等。

（赵志缙）

望板　sheating slab

铺于橼上的木屋面板。　　　　（张　斌）

望砖　sheating tile

代替望板作草泥宽瓦屋面基层用的薄型粘土砖。

（张　斌）

wei

微波养护　curing by microwave

又称超高频电磁场养护。将混凝土置于2200～2700MHz的电磁场中以加热混凝土的热养护。

（谢尊渊）

微差爆破　micro-difference blasting

又称毫秒爆破。相邻炮孔或炮孔组中的炸药按预先设计的次序以极短的时间间隔（以毫秒计）依次起爆的爆破方法。延期起爆是利用毫秒雷管来实现的。其过程是第一组药包爆炸的全过程结束仅25～50ms之后，第二组药包即行爆炸。由于炸药相继爆炸所产生应力波的叠加作用，以及抛出岩石互相碰撞，先爆孔为后爆孔增加了自由面，因此使爆破效果大为提高。其一次用药量可以很多，但同时起爆药量较少因而显著地减少了地震效应，增加了一次爆破量，可以取得较好的技术经济效果。多用于深孔爆破和拆除爆破中。

（林文虎）

微沫剂　foamer

见皂化松香（286页）

微沫砂浆　foam mortar

掺有微沫剂的水泥砂浆或水泥石灰砂浆。改善原有砂浆的流动性和保水性，易于操作，可节省水泥或石灰。

（方承训）

微膨胀混凝土防水屋面 micro-expansive concrete waterproof roof

见补偿收缩混凝土刚性防水屋面（14页）。

微型桩 micro piles

见树根桩（220页）。

微压蒸汽养护 low pressure steam curing

在升温的同时，快速升高介质的压力至 0.13MPa 以上，以抑制混凝土内部气相剩余压力对混凝土结构的破坏作用的湿热养护。其与常压蒸汽养护相比，可提高混凝土的强度，可快速升温，从而可缩短养护周期，降低能耗。

（谢尊渊）

煨弯 hot bending

将型钢（工字钢、槽钢、角钢）或钢管及钢板弯成某种较小的角度或曲率半径很小的圆弧的工艺过程。对曲率半径较小的一般采用热加工方法来进行（热煨），热煨时要掌握好温度（在 1 000～1 100℃ 时开始，在 500～550℃ 前结束），可在型钢滚圆机、液压弯管机或压力机床上完成。

（王士川）

围挡防护 protection enclosures

在离爆破体一定距离处，设立一定高度的排架，以防护被保护对象的措施。特别是在要求严格控制飞石的方向，设置围挡防护排架是必不可少的。一般围挡防护排架可用杉杆或毛竹做骨架，挂以铁丝网、荆笆、木板等。排架高度由爆破体及排架的位置决定，以能遮挡可能出现的个别飞石为宜。

（陈晓辉）

围脊

俗称缠腰脊。沿着下层檐屋面与木构架（如承椽枋、围脊板等）相交处的脊。

（郦锁林）

围圈 waling

又称拱带、围檩。在滑模装置中，使模板保持正确的形状与位置，并将模板与承力架连成整体的支撑系统。在每侧模板背后，通常设置上、下两道。施工变截面结构应设置固定围圈、断续围圈、活动围圈。其形状随混凝土构件的截面形状而变，有直线形、多边形及圆弧形等。在工作时，它既是模板的侧向支承，又是操作平台的竖向支承，因此，它是以承力架间距为跨度的多跨双向弯曲、扭转的连续梁，必须注意两个方向的刚度，一般宜采用双角钢与双槽钢制作，当跨度较大时，可在上下围圈之间增设腹杆形成桁架，加强整体刚度。

（何玉兰）

围岩压力施工效应 construction effect of surrounding rock pressure

隧道施工方法对其围岩压力的分布和大小所产生的影响。在同样的地质条件下，不同的施工方法会引起不同的围岩压力值，例如用掘进机或盾构开挖时，对围岩的扰动较矿山法少而围岩压力值较小。矿山法中采用光面爆破时围岩压力值也较小。支撑是否及时也对围岩压力值有较大影响。

（范文田）

围堰 cofferdam

在施工期间围护基坑，挡住河水，使主体建筑物在干地上施工的导流挡水设施。在建筑物上游的称上游围堰；下游的称下游围堰；轴线与水流方向近于垂直的称横向围堰；轴线与水流方向近于平行的称纵向围堰。一次围堰的导流方式只需上、下游横向围堰，分期导流方式则还需纵向围堰。常用的有土石围堰、钢板桩围堰、混凝土围堰、笼网围堰、草土围堰、木笼围堰等。应满足稳定、防渗、防冲要求。一般不允许过水，有必要时也可设计成过水围堰。设计构造应考虑到水下施工和使用后要便于拆除等特点。

（胡肇枢）

围堰挡水时段 time inter

用围堰挡水以围护基坑的有效时段。它与导流分期是相应的。一是围堰全年挡水，用于基坑内工程量大，大坝不可能在汛前超出拦洪水位时采用；二是围堰只挡一个枯水期中的全部或部分时段，在此期中坝体能超出拦洪水位，围堰作用消失；三是围堰要用几个枯水期，汛期中当来水超过某一选定流量时允许漫顶过水（过水围堰），水退后围堰可继续使用。

（胡肇枢）

桅杆抬吊法 method of lifting by derrick

利用多根独脚桅杆抬吊屋盖结构的整体安装法。拼装前因柱已就位，只能进行错位拼装，而在起吊过柱顶后，利用空中移位使之就位固定。此法起吊平移，高空作业少，但所需设备多，劳动量大，占用场地较大。仅适用于高、大、重的屋盖结构的安装。

（李世德）

帷幕灌浆 curtain grouting

为形成一道地下防渗帷幕而在坝基岩石或砂砾石中进行的灌浆工作。其目的是截断渗流，减少水库水量损失，降低坝体基础渗透压力，防止地基及土坝的渗透变形。它孔深大，多用回转式钻机钻孔，用分段灌浆法灌浆，或分段钻灌法灌浆。布孔采用先大孔距后在中间插孔逐步加密法进行。孔深及排数视地基渗透特性和作用水头而定。

（汪龙腾）

维勃稠度 Vebe consistency

按规定方法成型的标准截头圆锥形混凝土拌合物在维勃稠度仪内经振动至摊平状态时所需的时间(s)。用其作为评定混凝土拌合物稠度大小的一种指标。测试时，将混凝土拌合物按规定方法装入维勃稠度仪中的标准坍落度筒内后，提起坍落度筒，在拌合物试体顶面放一透明圆盘。开启振动台，同时用秒表开始计时，直到透明圆盘的底面完全被水泥浆所布满为止。所经历的时间(s)即为该拌合物的维勃稠度。其值愈小，表明混凝土拌合物的流动性愈大，变形愈易。其只适用于评定集料最大粒径不大于40mm、维勃稠度在5～30s之间的混凝土拌合物的稠度。

维勃稠度仪

(谢尊渊)

维持性托换 maintenance underpinning

在新建建筑物的基础上，预先设计好可设置千斤顶等顶升装置，以调整事后预估不容许出现的差异沉降的托换。

(赵志缙)

尾水隧洞 tail race tunnel

将水从水电站排至下游的泄水隧洞。通常为无压，但当下游水位变化很大，为保持无压状态而所需的横断面高度很大时，也可以是有压的。必要时，应设置尾水调压井，以减少水锤压力和改善水轮机的条件。

(范文田)

未熔透 incomplete penetration

又称未焊透。熔焊时，接头根部未完全熔透的焊缝内部缺陷。主要是操作技术不良、规范选用不当，或装配不良引起的。在根部由于电弧未将母材熔化或未填满熔化金属所引起的未焊透称根部未焊透；电弧未将各层间完全熔化，亦未填满熔化金属的称层间未焊透；如在边缘未焊透时称边缘未焊透。未焊透有时与未熔合难以区别。

(王士川)

wen

文物古建筑 preserved historical building

各种文物保护单位中的古建筑或虽未明确作为文物保护单位但具有文物价值的古建筑物。

(张 斌)

稳定性 stability

混凝土拌合物在一定外力作用下能保持其组分相互粘聚和均匀分布的稳定状态而不离析的能力。

(谢尊渊)

稳定液 stabilizing fluid

又称固壁泥浆、护壁泥浆。在成槽（孔）时，用于防止槽（孔）壁坍塌，保持周围土体稳定的泥浆液。包括膨润土泥浆，聚合物泥浆，CMC泥浆，盐水泥浆等。通常使用的是膨润土泥浆，其主要由膨润土、水和掺合剂组成。而CMC泥浆和盐水泥浆适于海岸附近的工程中使用。聚合物泥浆是以长链有机聚合物和无机硅酸盐为主体的泥浆，作为取代膨润土泥浆而在最近被研制出来的。

(李健宁)

稳定液调整剂 adjusting agent for stabilizing liquid

为调整稳定液在循环过程中性能变化而加入的掺合剂的总称。包括稳定液加重剂、稳定液增粘剂、稳定液分散剂和堵漏剂四类。

(李健宁)

稳定液分散剂 dispersing agent for stabilizing liquid

为防止稳定液在循环过程中由于泥水中Ca离子、地下水中Na离子和Mg离子不断析入，使稳定液密度、pH值和粘度的增大，导致护壁能力和挖槽精度降低所掺入的调整剂。常用的分散剂有磷酸盐类的六甲基磷酸钠、三(聚)磷酸钠；碱类的碳酸钠、碳酸氢钠、木质素矾酸盐类的铁铬木质素矾酸钠、腐殖酸类的腐殖酸钠。

(李健宁)

稳定液加重剂 weight-increasing agent for stabilizng liquid

为保持稳定液的适当密度所掺入的调整剂。主要是重晶石、珍珠岩、铁砂、铜矿渣、方铅矿粉末等。

(李健宁)

稳定液抗粘剂 adhesion reducing agent for stabilizing liquid

为防止护壁泥浆在循环过程中因粘土颗粒渗入使粘度升高而降低护壁效果所掺入的调整剂。常用的抗粘剂为腐殖酸钠及铁铬木质素磺酸钠等。

(李健宁)

WO

握杆

用来挑出跨空的顺杆。

(郦锁林)

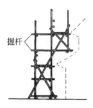

握杆

WU

屋架布置 roof truss arrangement

按生产工艺要求，对屋架进行的现场布置。对于跨度较大的钢筋混凝土屋架，由于运输工具的限制，常采用现场预制。预制时，一般布置在跨内平卧叠浇，每叠3~4榀。又因屋架多采用后张预应力生产工艺，故布置时应考虑抽管、穿筋、张拉、灌浆等操作所需的场地。布置方式视屋架跨度和场地情况可采用斜向布置、正反斜向布置及正反纵向布置。为便于扶直、就位，在场地允许的情况下，应优先选用斜向布置。　　　　　（李世德）

屋架扶直 setting a roof truss upright

将平卧预制或拼装的屋架转为竖直状态的过程。扶直时，屋架将承受出平面外力（自重），改变了受力性质。因此，扶直前必须进行强度和刚度验算。如不能满足要求，则应采取加固措施。根据起重机位于屋架的不同侧面，可分为正向扶直和反向扶直。起重机位于下强一侧进行扶直称为正向扶直。扶直时，吊钩对准屋架中心，同时升钩、起臂，使屋架绕下弦转动至直立。此法方便、安全，是常用的扶直方法。起重机位于上强一侧进行扶直，称为反向扶直。采用此法，起重机在升钩的同时必须降臂，对操作要求较为严格，且不安全，不常采用。　　　　　　　　　　（李世德）

屋架校正器 roof truss rectification device

用以校正屋架垂直度的工具。采用钢管制作。钢管两端分别安装固定和活动卡头。固定卡头用以卡住已校正好的屋架上弦，活动卡头则卡住待校正的屋架。活动卡头安装在活动套筒上，套筒与钢管以螺纹连接（即钢管为螺杆、套筒为螺母）。套筒端部用攻有螺母的钢板封口，钢管端部亦然。再配以带摇柄的螺杆连接两个螺母。这样只需摇动摇柄即可以对屋架进行垂直度的校正。（李世德）

屋面防水 waterproofing of roofs

对建筑物屋盖围护结构进行保护，以防止雨水的渗漏、侵蚀或渗透所采取的技术措施。按防水层所用材料和构造的不同，分柔性防水屋面、刚性防水屋面和构件自防水屋面三大类。屋面防水层的选择和设计，主要取决于房屋的用途、屋盖结构的特点、气候条件、地震烈度，以及材料供应情况等。为了增强防水效果，在设计屋面防水时，应采用"排"、"防"结合；"导"、"堵"结合；"刚"、"柔"结合；或采用多道防水的综合措施。
　　　　　　　　　　　　　　（毛鹤琴）

无保证优先股 preferred stock without guarantee

仅由发行者对其股利发放负责而无其他担保人为此提供保证的优先股。有保证优先股的对称。
　　　　　　　　　　　　　　（颜　哲）

无表决权优先股 nonvoting preferred stock

其持有人在任何事项的表决上都无投票权的优先股。有表决权优先股的对称。　　（颜　哲）

无垫铁安装法 installation method without gasket plate

用斜铁器或调整螺栓取代垫铁进行设备安装位置的调整，并用高标号微膨胀水泥进行二次灌浆，使设备的承载不用垫铁来承受的方法。具体做法是：二次灌浆后，设备底座与灌浆层密实接触，然后取出斜铁器或调整螺栓，再用混凝土填补空隙。具有省工、省料、工艺易于掌握的特点。
　　　　　　　　　　　　　　（杨文柱）

无管盲沟 blind without pipe

用粒径为60~100 mm的砾石或碎石所组成的渗水沟。要求断面不小于300 mm×400 mm，纵向坡度不小于3‰，在其周围由内向外填以5~10 mm的小石子和粗砂形成反滤层。铺设各层滤水层要保持厚度和密实度均匀一致，勿使污物、泥土混入，并应在盲沟出水口处设置滤水笼子。
　　　　　　　　　　　　　　（毛鹤琴）

无机胶凝材料 inorganic bond material

以无机化合物为主要成分的胶凝材料。按其硬化条件，可分为：气硬性胶凝材料和水硬性胶凝材料两种。　　　　　　　　　　　（谢尊渊）

无机铝盐防水剂 inorganic aluminum salt waterproofing agent

以铝和碳酸钙为主要原料，通过多种无机化学原料化合反应而成的一种浅黄色或褐黄色无毒、无味、无污染的防水材料。直接与水泥砂浆和混凝土混合使用，可取得高效防水效果。　（毛鹤琴）

无节奏流水

参与流水施工的部分或全部工种工人（专业队组）本身在各施工段的流水节拍部分或全部不相等，各工种工人之间的流水节拍也部分或全部不相等的流水作业方式。　　　　　　（杨炎榮）

无锚点法设备吊装 equipment installation method without anchorage

只用桅杆式起重机，不用缆风绳和地锚的设备吊装。吊装时必须使

龙门桅杆的支撑底脚、起重滑轮组的动滑轮处于设备的重心以外，并与起重滑轮组的动滑轮的紧固件处于同一平面内，同时还须使龙门桅杆底脚低于吊索的绑扎点。在吊装过程中，龙门桅杆与设备之间的相对位置始终保持不变。具有技术性能好、占地面积小、起吊机具构造简单、安装容易的优点。

（杨文柱）

无眠空斗墙 rat-trap bonded wall

不用眠砖，仅用斗砖和拉结丁砖砌筑的空斗墙。墙心自下而上为贯穿的空气间层。稳定性较低，一般限用于一层的简单建筑或围墙等。

（方承训）

无面额股 non-par value share

又称比例股。票面上无股份金额的股票。通常要在票面上表明该股票所代表股份占公司全部股份资本的比例。

（颜 哲）

无权代理 void agency

代理人不能以被代理人的名实施民事法律行为的权限。即指没有代理权的"代理行为"，超越代理权的"代理行为"，代理权终止后而为的"代理行为"。无权代理人进行的代理行为，被代理人不承担责任，如果被代理因此受到损害，应该由无权代理人予以赔偿；无权代理只有经过被代理人的追认，被代理人才承担民事责任。被代理人有追认权，亦有拒绝权。

（毛鹤琴）

无投票权普通股 nonvoting share

股利随发行公司税后盈利状况变化而变化，但持有人没有在股东大会上投票表决公司重大事项的权利的普通股。曾出现于英国，一些公司同时发行A、B两类普通股，其中仅B类股票的持有人有投票权，A类股票则是无投票权的普通股。这些公司采取这种做法，是由于控制B类股票的大股东们希望避免由于股票被他人收购而失去对公司的控制。

（颜 哲）

无围堰法施工 no-cofferdam construction method

不用围堰围护，直接在水中修建水工建筑物水下部分的施工方法。施工期间导流泄水建筑物仍需建造。此法省去建造围堰与基坑排水工作。对水下施工部分的工程质量特别是防渗结构部分较难保证。常用于修建质量要求不高的局部结构或临时性工程，某些特殊筑坝方法如定向爆破等可结合采用此法。

（胡肇枢）

无效经济合同 void economic contract

当事人双方经协商订立的合同，因违反法律的要求，从订立之日起就没有法律约束力的合同。无效经济合同，不但达不到当事人预期的经济目的，还要承担由此产生的法律责任，受到法律的制裁。

（毛鹤琴）

无压隧洞 non-pressure tunnel

部分断面承受内水压力的水工隧洞。过水时，水流并不充满全洞而在水流面上保持着和大气相接触的自由水面。无压的发电站引水隧洞又分为非自动调节隧洞和自动调节隧洞。高速水流的无压隧洞应力求避免曲线地段。

（范文田）

无压蒸汽养护 non-pressure steam curing

又称纯蒸汽养护。用0.1MPa气压的纯饱和蒸汽介质（其温度为100℃，相对湿度为100%）进行的湿热养护。其表压力为零。为了使养护室内能形成纯饱和蒸汽的养护环境，在室的上沿及底部均设有供汽管。升温期时，用下供汽管送汽，以便逐渐和均匀地加热混凝土制品。恒温期开始时，关闭下供汽管，打开上供汽管送汽，从而将室内较重的蒸汽空气混合气体逐步压下，经由排气管排至室外，使室内充满100℃的纯蒸汽。与常压蒸汽养护相比，可加速混凝土的硬化过程，缩短养护时间，提高养护室的周转率，降低蒸汽耗用量。

（谢尊渊）

无粘结筋涂料层 unbonded tendon coating

在预应力钢材上涂抹的一层防腐蚀和润滑用的材料。涂料应具有以下性质：对预应力钢材起防腐蚀作用；在钢材与外包层之间起润滑作用；在预期的温度变化范围内不流淌，不变脆，并有一定韧性；化学稳定性好并对混凝土、钢材和外包层无侵蚀作用；不透水、不吸湿等。常用的有：沥青、油脂等。沥青涂料由沥青、聚丙烯无规物和柴油组成，无粘结预应力专用油脂已有成品供应。油脂用量应足以完全填充预应力钢材与外包层之间的环形空间。

（杨宗放）

无粘结筋外包层 unbonded tendon wrapping

包裹在预应力钢材涂料层周围，防止预应力钢材与混凝土粘结用的材料。外包层材料应具有以下性质：有足够的强度，耐磨性强；防水性能好；在预期的温度变化范围内不硬化或软化；对混凝土、钢材和涂料层无侵蚀作用。常用的有：塑料布、塑料管等。前者系分层缠绕在预应力钢材上，后者可直接套在或挤出成型在预应力钢材上。外包层壁厚：对正常环境不小于0.6 mm，对腐蚀环境不小于1 mm。外包层内径必须保证预应力钢材可以自由滑动。

（杨宗放）

无粘结预应力混凝土 unbonded prestressed concrete

预应力筋沿全长与周围混凝土不粘结而完全靠锚具传力的预应力混凝土。其施工过程是：无粘结预应力筋（外表有隔离层的预应力筋）先铺设在模板中，待混凝土浇筑并达到强度后进行张拉锚固。这种混凝土无需留孔与灌浆，施工方便，但预应力筋的强度不能充分发挥，锚具质量要求高，开裂后裂缝较集中。采用无粘结部分预应力混凝土，可改善开裂后的性能与破坏特征。广泛用于单向与双向预应力混凝土连续板与密肋板，也可用于地基板、桥梁、地锚及加固等工程。　　　　（杨宗放）

无粘结预应力筋　unbonded tendon

施加预应力后，沿全长与周围混凝土不粘结的预应力筋。由预应力钢材、涂料层与外包层组成。预应力筋的拉力永久地靠锚具来传递给混凝土。承载时预应力筋与周围混凝土产生相对滑移，不能充分发挥强度。　　　　　　　　（杨宗放）

五扒皮砖

六个面中砍磨加工五个面的墙面砖。主要用于干摆做法的砌体和细墁条砖地面。（郦锁林）

五顺一丁　common bond

①每砌五个顺砌层后，砌一个丁砌层的砖墙组砌型式。

②古建筑墙体中，同一砖层上先砌五块顺砖再砌一块丁砖的型式。实际上是三顺一丁与十字缝的结合形式，兼有两者的特点，但这种排列方式很少使用。　　　　　　（方承训　郦锁林）

物料起拱　arching of material

物料在料仓出料口形成穹拱状，阻碍排料的现象。物料从料仓中卸出时，由于颗粒间和颗粒与料仓内壁之间存在摩擦力和粘结力，导致在出料口形成穹拱，将出料口堵塞，使排料困难。为防止起拱，可采取改善料仓的构造、安装振动器或吹入压缩空气等措施。　　　　　　（谢尊渊）

物料自然休止角　angle of natural repose of material

又称物料自然安息角。物料在自然堆集状态下当其倾斜表面不产生滑动时与水平面间所成的最大夹角。　　　　　　　　　（谢尊渊）

X

xi

吸泥下沉沉井　open caisson sinking by suction dredge

采用吸泥设备吸出井内泥沙，使沉井下沉的方法。为防止大量翻砂，保持沉井内外水位的一定高差，须备有向井内补水的措施。吸泥器应均匀吸砂，防止局部吸砂过深导致土层坍塌而使沉井下沉偏斜。　　　　　　　　（邓朝荣）

析白　surface whitening

水泥水化时产生的 $Ca(OH)_2$，随游离水聚集在抹灰层表面，与空气中的 CO_2 化合成 $CaCO_3$，使墙面呈现白色的现象。若不匀则成花脸。当砂浆较稀、墙面较湿、气温较低、有水雾、砂浆凝结硬化慢时，此现象就更严重。（姜营琦）

析盐　defect due to salinization

饰面灰浆中的各种盐分，随游离水渗透到抹灰层表面，干燥后，附在饰面层上结晶成白色粉末的现象。　　　　　　　　　（姜营琦）

系统　system

由相互联系、相互作用的要素（部分）组成的具有一定结构和功能的有机整体。构成一个系统必须具备三个条件：①必须由两个以上的要素（部分、环节）组成的整体，单个要素不能构成系统；②要素和要素、要素与整体、整体与环境之间存在着相互联系、相互作用，从而形成系统的结构和秩序；③系统具有不同于各个组成要素的整体功能。基本特征有：整体性、相关性、目的性、层次性和环境适应性等。　　　　　　（曹小琳）

系统方法　system method

按照事物本身的系统性，把研究对象放在系统的形式中加以考察、认识和处理的方法。即从系统的观点出发，着眼于系统与要素、要素与要素、系统与环境之间的相互联系和相互作用的关系中，综合地、精确地考查系统，以掌握系统的本质与运动规律和达到最佳处理问题的方法。（曹小琳）

系统分析　system analysis

以系统的总体最优为目标，开发可行方案，建立系统模型，进行定性与定量相结合的分析，全面评价和优化可行性方案，为决策者选择最优方案提供可靠的依据。它是一个有目的、有步骤的探索和分析过程，也是辅助领导者科学决策的一种重要工具。　　　　　　　　　　（曹小琳）

系统论　systematology

又称系统观。研究系统概念、系统思想、系统方法和系统规律的哲学理论。系统是世界及其各种事物存在的基本形式和基本属性。它所研究的是各种系统的共同特征，它们的层次、结构与相互作用，找出适用于一般系统的模式、原则和规律，并对系统的性质做出定量的描述，以求得系统的最大效能。　　　　　　　　　　　　　　　（曹小琳）

细料石

经"双细"或"出潭双细"、"市双细"、"錾细"后，再用凿细督，使表面平整，棱角齐直方正。　　　　　　　　　　　　　　　　（张　斌）

细墁地面

用经过砍磨加工后的砖料铺装地面的做法。加工后的砖应规格统一准确、棱角完整挺直、表面平整光洁。地面砖的灰缝很细，表面经桐油浸泡，地面平整、细致、洁净、美观，坚固耐用。多用于大、小式建筑的室内，讲究的宅院或宫殿建筑的室外地面也可用此法，但一般限于甬路、散水等主要部位。　　　　　　　　　　　　　（郦锁林）

细腻子　fine putty

用血料、水、土粉子调成的糊状物。用于地仗或浆灰。　　　　　　　　　　　　（郦锁林）

细石混凝土刚性防水屋面　fine aggregate concrete rigid waterproof roof

在结构层（基层）上按构造要求设置分格缝，分格浇筑 40 mm 厚的细石混凝土，内配 $\phi 4 \sim 6$ @ $100 \sim 200$ 双向钢筋，缝内嵌填塑料油膏或聚氯乙烯胶泥等密封材料，以此作防水层的刚性防水屋面。若细石混凝土防水层与结构层紧密粘结，称粘结式刚性防水屋面；若在防水层与结构层之间加一层隔离层，称隔离式刚性防水屋面。粘结式屋面不能适应结构层的刚度、温度变形，而易开裂、漏水；隔离式屋面，由于防水层与结构层相互隔离，在温度变形影响下，彼此能自由伸缩，互不牵制，这样就可避免防水层被拉裂。隔离层的做法，可采用纸筋灰或麻刀灰、低强度等级砂浆找平，也可在结构层上平铺一层卷材。　　　　（毛鹤琴）

细淌白

见淌白砖（237 页）。

细望砖

望砖经刨磨加工者。　　　　　　（张　斌）

xia

瞎缝　blind mortar joint

待勾的灰缝被砂浆泥污等堵塞的现象。需经开凿、清扫后，方可勾缝。　　　　　　（方承训）

瞎炮　missed hole, misfire shot

爆破时由于器材不良、操作不慎、工作疏忽等原因未能起爆的炮眼。必须及时妥善地予以消除。可在其附近重新打一个或几个与其平行的炮眼内装药将其炸毁。当其内的炸药为粉状时可用压力不大的水流将炸药冲洗而出。处理时要特别小心，严禁使用铁器作掏挖工具。　　　　　　（范文田）

下降极限位置限制器　lower rig position indicating and control device

在吊具可能低于下限位置的工作条件下，保证吊具下降到极限位置时，能自动切断下降动力源，保证钢丝绳在卷筒上缠绕的圈数不少于设计规定圈数的起重机安全保护装置。。　　　　（刘宗仁）

下水平运输　horizontal transport on or below ground level

物料在地面上或地面下所作的水平运输。

（谢尊渊）

下吸法真空脱水　water removal by vacuum suction

在混凝土构件底部设置兼作底模的真空吸水装置，从构件下部进行真空脱水处理的方法。

（舒　适）

下游围堰　downstream cofferdam

见围堰（254 页）。

下竹钉

为防止构件较宽裂缝的收缩，在缝内用竹钉或竹片卡牢的工艺。钉距一般为 15cm。

（郦锁林）

xian

先锋沟　pioneer trench

挖土机开挖路堑时，当某段内路堑深度 H 不是装车高度 h 的整数倍（$H = nh + S$）时，在此路段上设置深度为 S 的沟槽，以便使路堑底部不致剩下挖土机难以挖掘的薄薄土层。它应有足够宽度，以便运输工具通行自如。可用人工或推土机开挖，挖出的土壤随即堆置于沟的两侧，以便在开挖第一条通道时即时运走。土堆与沟槽边缘应留出 1m 左右的护道，以免土堆坍入沟内阻塞运输。

（邓先都）

先拱后墙法　arch first lining method

见比国法（10 页）。

先铺法　pre-bedding

用沉管法修建水底隧道时，先在水底沟槽底面上铺以砂、石垫层的管段基础处理方法。管段即沉设在此垫层上。此法适用于底宽不大的沉管隧道。

（范文田）

先挖底拱法 invert arch method

见意国法（274页）。

先行工作 preceding activities

又称先行工序、先行作业、先行活动。自网络图的起点节点至本工作之前各条线路上的所有工作。

（杨炎燊）

先张法 pretensioning method

在浇筑构件的混凝土前，张拉预应力筋的方法。其施工过程是：先张拉预应力筋并临时锚固在台座或钢模上，然后浇筑构件的混凝土，待混凝土达到设计要求强度时，放松预应力筋，借助混凝土与预应力筋的粘结，使混凝土产生预压应力。先张法预应力混凝土构件的施工方法有长线台座先张法和短线模外先张法两类。

（卢锡鸿）

纤维长径比 length-diameter ratio of fibers

纤维长度与纤维圆截面直径之比。当纤维截面不是圆形时，可取圆面积与纤维横截面面积相同的圆形直径作为纤维直径。

（谢尊渊）

纤维混凝土 fiber-reinforced concrete

见纤维增强混凝土。

纤维增强混凝土 fiber-reinforced concrete

简称纤维混凝土。将短纤维均匀分散掺入在混凝土基体中所形成的复合材料。其具有良好的抗拉、抗弯、抗冲击、抗爆和韧性性能。采用的纤维材料有：钢纤维、玻璃纤维、合成纤维、碳纤维和石棉纤维等。

（谢尊渊）

纤维增强水泥 fiber-reinforced cement

将短细纤维均匀分散掺入到水泥浆或掺有细砂的水泥砂浆中所形成的复合材料。

（谢尊渊）

现场踏勘 site survey

铁路、公路、河渠、管线及水库等重大工程进行设计前利用简便的仪器在工程现场范围内对地形、地质及水文等所进行的概略性勘测工作。据此，可提出若干可能的方案，作为进一步勘测的依据。

（甘绍熺）

现浇混凝土 cast-in-place concrete

在结构构件设计位置处浇灌入模、成型、密实和硬化的混凝土。硬化后，成型的构件即成为结构的一个组成部分。

（谢尊渊）

现浇模板 formwork for cast-in-situ works

为在现场就地浇灌混凝土结构构件而使用的模板。由于现浇构件的成本，在很大程度上取决于模板工程，所以，模板体系的设计、改革已成为建筑工程技术人员研究的主要课题之一，现浇模板的进步与发展亦非常显著。中国在 50 年代，多采用小块木模板拼装、竹木拉条与顶撑组成的现浇模板体系，这种体系支架成林、拉条成网、费工费料、工期长、成本高。70 年代提出贯彻"以钢代木"的方针，推行了钢木组合模板、定型钢模板及多种材料的模板，如胶合板、塑料、铝合金等。为适应高层高耸结构的需要，还发展了筒模、隧道模、滑模、滑框倒模、提模、爬模等工业化的现浇模板体系。先进的现浇模板体系，由于它的模数化、装配化、工具化，可以加快施工进度，降低成本，取得良好的综合经济效果。

（何玉兰）

限额领料 limited material requisition

施工队组所领用的材料，必须限定在其所担负施工项目规定的材料品种、数量之内。

（毛鹤琴）

限制膨胀 constrained expansion

膨胀变形受到约束的膨胀。 （谢尊渊）

限制膨胀率 constrained expansion

膨胀混凝土在某一龄期的限制膨胀值与原有长度之比值的百分率。用 ε_r 表示。可通过规定试验方法测得有关数据后按下式计算

$$\varepsilon_r = \frac{L_x - L}{L_0} \times 100\%$$

L_x 为所测得龄期限制试体的长度（mm）；L 为脱模后测量的试体初始长度（mm）；L_0 为限制试体有效长度（mm）。

（谢尊渊）

限制收缩 limited shrinkage

收缩变形受到约束的收缩。 （谢尊渊）

线路 path

网络图中从起点节点开始沿箭头方向顺序通过一系列箭线与节点，最后到达终点节点所构成的通路。

（杨炎燊）

线路时差

在不超过关键线路总持续时间的前提下，非关键线路上可以利用的机动时间。其值等于该线路上自由时差之和，或等于关键线路与非关键线路的总持续时间之差。

（杨炎燊）

线膨胀 linear expantion

耐火混凝土经高温加热后产生线尺寸上不能复原的膨胀变形。以百分率表示。它反映耐火混凝土在高温加热后长度和体积的非可逆变化。

（谢尊渊）

线收缩 linear contraction

耐火混凝土经高温加热后产生线尺寸上不能复原的收缩变形。以百分率表示。它反映耐火混凝土在高温加热后长度和体积的非可逆变化。

（谢尊渊）

线性规划 linear programming

研究在资源（人力、材料、资金等）有限的条

件下，如何合理地组织经济活动，使其达到最佳的目标。对于这类问题所建立的数学模型，目标函数是线性函数，约束条件是线性等式和不等式。一般线性规划问题的数学模型为：

要求目标函数实现最大化（或最小化）

$$\text{Max（Min）} Z = \sum_{j=1}^{n} C_j X_j$$

由 m 种有限资源构成的一组约束条件

$$\sum_{j=1}^{n} a_{ij} x_j \leqslant (=, \geqslant) b_i$$

$$i = 1, 2, \cdots, m$$

各变量不能取负值

$$x_j \geqslant 0 \quad j = 1, 2, \cdots, n$$

求解线性规划的基本方法是单纯形法。

（曹小琳）

xiang

相对标高　relative elevation

某一地点与取为暂定高程基准的另一地点的竖向高度差。即此两点的绝对标高差值称前一点的相对标高值。建设工程设计与施工中，通常假设首层地面顶面的标高为±0.00m，其他各点的标高均取相对于首层地面的相对标高；在其上方为正，在其下方为负。

（孟昭华）

相对湿度　relative humidity

空气中实际所含的水蒸气密度和同温度下饱和水蒸气密度的百分比值。混凝土工程冬期施工采用低压饱和蒸汽养护混凝土时，相对湿度为100%。

（张铁铮）

相对压力　relative pressure

又称表压力、计示压力。以大气压力作为压力起算零点的气体压力。其值为绝对压力与大气压力之差。

（谢尊渊）

相关时差　interfering float

工作除去自由时差后，还可以与紧后工作共同利用的时间。其值为总时差与自由时差之差。

（杨炎燊）

相似法则　law of similasity

爆破漏斗的各个向度都将按药包增大的同一比例增大的规律。即药包的长、宽、高尺寸增大若干倍时，爆破漏斗的直径和深度也将增大若干倍。因此，对于一定岩石所需单位平均装药量是一个定值。此法则是布若格通过试验所得的结论。

（林文虎）

箱形基础　box foundation

由现浇钢筋混凝土底板、顶板和纵横隔墙组成的刚度大、整体性强的基础结构。多用于高层建筑，做成补偿性基础，能充分利用地基承载能力和地下空间，提高建筑物的整体刚度和稳定性。施工时开挖深度较大，在地下水位高的地区需降低地下水位，预防坑底隆起和管涌，有时支护结构的费用较高。

（赵志缙）

向碴场铺碴　ballasting towards ballast yard

卸碴列车行进方向朝向碴场进行铺碴的工作方式。运碴列车由碴场运碴至线路最远端开始，然后逐步向碴场方向卸铺。这样，列车是在未铺道碴的线路上运行，因此仅适用于运距不长、路基为砂质或碎石性土壤，以及旱季施工的情况。

（段立华）

项目　projet

在一定约束条件下（限定时间、资源、质量标准等），具有特定目标的一次性任务。

（毛鹤琴）

项目法施工　construction under project management

以工程项目为对象，以项目经理负责制为基础，以实现项目目标为目的，以构成工程项目要素的市场为条件，以与此相适应的一整套科学的施工组织和管理制度做保证，对工程项目建设全过程进行系统控制和管理的模式。

（毛鹤琴）

项目建议书　project proposal

由企、事业单位或其主管部门根据国民经济和社会发展长期计划、行业规划及技术经济条件等要求，通过调查研究，综合分析项目建设的必要性和建设的合理性等提出的工程建设建议。是对拟建项目的轮廓设想。包括下列内容：①提出建设项目的必要性和依据；②建设规模、产品方案、生产方法和建设地点的设想；③资源条件、建设条件和协作关系；④投资估算和资金筹措设想；⑤项目建设工期的初步安排；⑥要求达到的技术水平和生产能力，预计取得的经济效果和社会效益。

（曹小琳）

项目作业层　project operation layer

从事项目生产活动和管理工作的基层组织。它由直接从事施工生产的工人组成作业班组，由施工队长或生产班组长等基层管理人员进行管理。其主要职能是按照规定的计划和程序合理地安排施工作业计划、资源配备，严格执行技术、安全等各项规章制度，保证工程质量及安全生产，并协调基层组织的各项工作和实施生产作业，保证生产任务的圆满完成。

（曹小琳）

xiao

削割瓦　fine clay tile

一般指琉璃瓦坯子素烧成型后"焖青"成活，而不再施釉的瓦件。其外观虽然接近黑活瓦面，但做法却应遵循琉璃规矩，就是说，削割瓦虽无釉面，但从等级和做法角度讲，属琉璃屋面。尤其是屋脊，仙人走兽的做法与琉璃完全相同。

（郦锁林）

消防 fire control

灭火和防火的统称。包括消防监督、设置消防安全标志和组织扑灭发生的火灾。消防监督由公安机关实施，遵照政府的有关规定，对各部门，各单位和城乡居民的消防工作以及对制造生产消防器材的规格和质量进行检查和监督。消防安全标志是表示消防安全特征的，使人醒目、便于记忆的标志和符号，中国目前有13种消防安全标志：火警电话、消防警铃、太平门、安全通道、灭火器、地上消火栓、地下消火栓、消防水带、消防水泵接合器、禁止吸烟、禁带火种、禁放易燃物、禁止用水灭火、当心火灾、当心爆炸等。

（陈晓辉）

硝化甘油炸药 nitroglycerine explosive

以硝化甘油为主要成分另加硝酸钾、硝酸钠或硝酸铵作氧化剂，胶质棉作吸收剂与增塑剂，少量木粉作疏松剂的混合炸药。具有抗水性强、密度大、威力大、敏感度高的特点，但安全性差且价格昂贵，因此使用范围日益减少。

（林文虎）

小斗 small block

斗栱中除大斗以外的其余斗形构件，一般均小于大斗。

（郦锁林）

小干摆

见干摆（70页）。

小横杆 bearer, transom

又称横向水平杆、横楞、楞木。俗称横担、排木、六尺杆。承托脚手板并沿脚手架横向水平设置的杆件。

（谭应国）

小横杆间距 bear spacing

在同一平面内相邻小横杆的水平距离。

（谭应国）

小麻刀灰

见麻刀灰（164页）。

小青瓦屋面 traditinal smalltile roof

在木椽或基层上铺以小青瓦形成的瓦屋面。小青瓦又称青瓦、水青瓦、布瓦、土瓦等，是中国旧民居建筑中常用的屋面防水瓦材。根据各地气候、雨量的差异，青瓦屋面的做法亦各有不同，有用灰泥将小青瓦粘于基层上无灰埂的仰瓦屋面，或有灰埂的仰瓦屋面；有用灰泥将仰瓦粘于基层上，再搭盖俯瓦的俯仰瓦屋面；有直接在木椽条上铺盖俯仰瓦的冷摊瓦屋面；有在木椽条上直接铺仰瓦，在仰瓦之间用灰泥粘盖筒形瓦的筒板瓦屋面等。

（毛鹤琴）

xie

楔块放张法 releasing method with wedge, wedge release method

退出预先放置于台墩与横梁间的楔块，而使预应力筋同时放张的方法。楔块由三块组成，中间的一块与一螺杆焊连，预应力筋放张时，旋转螺母，使螺杆向上提起，楔块退出。

（卢锡鸿）

楔形夹具 wedge grip

利用楔块夹持各类钢丝的张拉工具。由楔块、楔形盒、夹紧弹簧、手柄等组成。楔块宜采用优质碳素工具钢，淬火硬度 HRC50～55。撬下手柄，楔块后缩，钢丝即可脱开或插入。

（杨宗放）

楔形塞尺 insert wedge gauge

高与宽15mm，全长120mm，楔形部分长70mm，斜坡上分15格的测尺。与靠尺配套使用，以检查墙面的平整度。使用时，先将靠尺紧靠墙面，然后在靠尺与墙面的缝隙间塞入楔形尺，根据塞入尺寸，即可确定墙面平整度偏差值。

（方承训）

楔形掏槽 wedge cut V-shape cut

又称V形掏槽。掏槽眼水平或竖直成对地相向倾斜布置的多向掏槽。爆破后形成竖直或水平的楔形槽口，其宽度要根据眼深和倾角而定。各对掏槽眼深略大以保证较好的爆破效果。适用于中等硬度的整体或层状岩层中。

（范文田）

协商议标 negotiated bidding

又称邀请协商。由建设单位直接邀请某一承包企业就拟建工程项目进行协商，达成协议后将工程任务委托该承包企业去完成。

（毛鹤琴）

斜层铺填法 method of spreading in slant layers

推土机由路侧取土坑横向往上推土以斜层铺筑路堤的方法。每铺填0.2～0.3m的一薄层（每层均呈斜坡状），即用履带碾压，每铺垫到一定高度后，进行若干次纵向碾压，以保证压实质量。

（庞文焕）

斜槎 racking back stop, mason's stop

又称踏步槎、退槎。砌体临时间断处砌成的阶梯形待接接口。

（方承训）

斜道 ramp

又称盘道、坡道。俗称马道。供施工人员上下脚手架的坡道。通常附搭于脚手架旁。搭设形式有"一"字形和"之"字形两种，需在拐弯处设置平

台。　　　　　　　　　　　　（谭应国）

斜缝　weathered joint

又称风雨缝。水平灰缝上部砂浆压进墙面3～4mm，下部平墙面，形成向下泄水斜面的勾缝形式。　　　　　　　　　　　　（方承训）

斜杆　diagonal brace

紧贴脚手架外侧与地面约成45°角的杆件。上下连续设置呈之字形，其作用为确保脚手架结构的几何不变性，防止杆件间的位移变形。
　　　　　　　　　　　　（谭应国）

斜井　inclined shaft

用矿山法修建山岭长隧道时，在工期紧迫而地形有利的条件下，为增加开挖的工作面而从地面斜向修通至隧道的辅助坑道。其断面为梯形、拱形、马蹄形或圆形。其倾角不宜大于25°，井身全长不设变坡段。隧道建成后，可作永久通风井之用。
　　　　　　　　　　　　（范文田）

斜拉杆　tension diagonal

设置于有连墙杆的一步架平面内的斜向拉压杆。用于加强脚手架的横向刚度。　　（谭应国）

斜拉桥　cable stayed bridge

又称斜张桥。将桥面用若干斜向拉索锚固，直接固定于桥塔（索塔）上，作为上部结构的桥梁。主梁承受桥上荷载，藉斜拉索将桥塔和主梁连接。现代斜拉桥的发展是建立在对多次超静定空间结构体系的正确分析计算和高强材料的应用上。从1955年瑞典建成第一座183m跨径的钢斜拉桥起，陆续在各国建造不少斜拉桥。中国上海杨浦大桥主跨602m，为双塔双索面钢-混凝土结合梁斜拉桥。中国重庆长江二桥属预应力混凝土双塔斜拉桥主跨444m。预应力混凝土斜拉桥，结构经济合理，养护简便，有利于无支架施工。

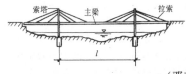
　　　　　　　　　　　　（邓朝荣）

斜缆式吊桥　sloped cable suspension bridge

主索与吊索组成不同的三角网状的吊桥。不论活载在桥上任何位置，每根缆索只承受拉力，刚度较大，不需设置加劲构架。安装网索时，在一岸的桥台上将一根主索的全部网索包括节点板一次拼装，然后使用悬索吊装设备，牵引到桥跨内，分别安装在两岸索塔顶部的节点上；另一种安装法，分别安装主要节点，提升并与塔顶节点相连接后，再安装各次要节点，起重量较轻，施工方便。桥面横梁、纵梁安装应在网索安装完毕后，由两岸同时向跨中进行。

　　　　　　　　　　　　（邓朝荣）

斜向推填法　slant stack filling method

推土机横向推土运行道与路基方向呈斜交的填筑路堤方法。可利用路堤边坡作升高的运行道，节省了部分运行道土方，特别适合于推土机填筑较高的路堤时采用。　　　　　　（庞文焕）

斜眼掏槽　cut with angled drill holes

掏槽眼与坑道中心线成一向或多向夹角时的掏槽。分为单向掏槽及多向掏槽两种。可充分利用临空面，逐步扩大爆破范围。因其具有较大的掏槽面积，适用于较大断面的坑道，但因炮眼倾斜使眼深受到坑道宽度的限制，从而使每次的循环进尺也受到限制。　　　　　　　　　（范文田）

斜张桥

见斜拉桥。

泄洪隧洞　spillway tunnel

为渲泄洪水、放空水库或排走弃水而修筑的隧洞。一般因流速过大，不允许在同一段洞内采取有压和无压相互交替的工作方式。　　（范文田）

泄水隧洞　discharge tunnel

将多余或无用的水输送至水位较低的河道、湖泊或海洋而修筑的水工隧洞。根据其不同用途，分为尾水隧洞、导流隧洞、泄洪隧洞等。
　　　　　　　　　　　　（范文田）

卸碴列车　train for ballast unloading

轨道铺设后用以运送和散布道碴的专用列车。可用普通平车或自动卸碴车。使用自动卸碴车，能减少列车周转时间，加快铺碴进度。
　　　　　　　　　　　　（段立华）

卸架程序　process of releasing arch centering

使拱架支承的桥跨结构重量逐渐转移给拱圈承担的顺序。拱架不能突然卸落，常从拱顶开始，向拱脚对称卸落，每次降落1/3，三次完成。大跨径悬链线拱，为了避免拱圈发生"M"变形，从两边1/4处逐次对称地向拱脚和拱顶均衡地卸落。多孔拱桥，若拱墩容许承受单孔施工荷载，可单孔卸落；否则多孔同时卸落拱架。卸架应在白昼气温较高时进行，以便拱架卸落。　　（邓朝荣）

卸架设备　equipment for releasing centering

保证拱架（支架）按卸架程序降落的专门设备。包括：木楔、木马（木凳）、砂筒、千斤顶等。木楔分为简单和组合两种：中小跨径拱桥的满布式拱架，常采用简单木楔，用两块1:6～1:10斜面的硬木组成。卸架时敲出木楔的震动较大。40m跨径以下的满布式拱架或 20m 跨径的桁式拱架，采用组合木楔。跨径在 15m 以内的拱桥，常采用木马，只要沿Ⅰ-Ⅰ、Ⅱ-Ⅱ方向锯去边角，即可卸架。大中拱桥多采用砂筒卸载。中国 170m 混凝土箱形拱桥使用的钢制砂筒直径 860mm。千斤顶除降落拱架与调整内力同时进行外，还用来消除混凝土收缩、徐变以及弹性压缩等因素，大跨径拱桥常采用。

（邓朝荣）

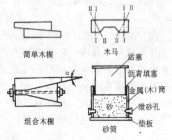

卸土回转角 angle of rotation for unloading

挖土机的铲斗由挖土到卸土过程中，其机身绕回转台中心垂直轴旋转的水平角。它是影响挖土机生产率的重要因素之一，应尽可能减小。当采用侧向开行的挖土方式时，该角以维持在 60°左右为宜。

（庞文焕）

xin

新奥法 NATM, New Austrain Tunnelling Method

通过对隧道围岩变形的量测及监控，采用锚喷支护以充分利用围岩自承能力的隧道施工方法。1963 年由创始人拉布采维茨（L. V. Rabcewicz）正式命名以与原来的奥国法有所区别。开挖坑道后及时安设锚杆，并喷敷薄层混凝土，以控制围岩的变形和应力释放，使支护和围岩在共同作用过程中调整围岩应力的重分布，使之形成一环状承载结构而达到新的稳定和平衡。为此应及时修筑仰拱，使隧道断面闭合成环状。此法适用于各种不同的地质条件，在软弱围岩中尤为有效，取消了矿山法中笨重的临时支护。具有施工方便、安全、用料少、费用省、进度快等优点。

（范文田）

新产品试制基金 new products trial-produce fund

中国国有企业"利改税"第一步改革中规定的从企业留利中建立的用于开发新产品的专用基金。有试制新产品任务的国有工业企业建立此项基金。专门用于改变产品结构，进行新品种、新技术、新材料、新工艺研究所需的费用支出。自 1984 年 10 月 1 日起，该项基金归并到生产发展基金项内。

（颜 哲）

信息 information

对数据的解释，反映客观世界事物（事件）的客观规律。数据是信息的载体，信息则是数据的内涵。具有：真实性、系统性、时效性、行为性、不完全性、可传递、可扩散性、可增值性、可转换性等特点。在信息社会里信息也是除能源、原材料之外的第三大资源。信息的过去态是知识，信息的前沿则是情报，二者均属于信息范畴。

（顾辅柱）

信息流 information flow

伴随着物流的变化而在各个生产环节产生的反映物流变化的信息。是物质生产的必然产物。物流是在物质生产过程中，能源、原材料等物质经过各个生产环节的生产，生成产品的物质流动。信息流合理地组织，即能使物流符合客观经济规律，取得较好的经济效果，是科学地组织、计划、调节、控制物流的基础。信息流相对单向的物流而言是双向的，也即信息流对物流有负反馈作用。信息流又是既有纵向信息流亦有横向信息流。纵向信息流也是由自上而下及自下而上的双向流，横向信息流既有内外交换的双向信息流（企业对市场）亦有各职能部门间、各生产环节间的双向信息流。

（顾辅柱）

信息论 information theory

研究信息的计量、传递、变换、储存的科学。研究对象是广义的信息传输和信息处理系统，有技术信息、生物信息、社会信息等。

（曹小琳）

xing

行政法 administration law

以行政关系为调整对象的有关国家行政管理法律规范的总称。所谓行政关系，是指行政主体（一般是行政机关）在实施国家行政权过程中所发生的各种关系，诸如行政主体之间、行政主体与公民之间、行政主体与行政人员之间、行政主体与其他国家机关之间、行政主体与企事业单位和社会团体组织之间、行政主体与外国组织及外国人之间的关系等。

（毛鹤琴）

行政诉讼法 administrative lawsuit law

国家制定的调整人民法院、当事人和其他诉讼参与人在行政诉讼中的活动和关系的法律规范的总称。

（毛鹤琴）

型钢矫正机 steel shape correcting machine

在常温状态下矫正（矫直）型钢的设备。有辊式型钢矫正机和机械顶直矫正机两类。

（王士川）

xiong

熊头灰

见素灰（229页）。

xu

须弥座 high base

多层叠涩组成的台基。有比较讲究的线脚花纹。一般分圭角、下枋、下枭、束腰、上枭、上枋等几层。是建筑中等级较高的一种台基。（张　斌）

虚工作 dummy activity

又称虚工序、虚作业、虚活动。在双代号网络图中，只是用来表示前后相邻两项工作之间逻辑关系（工作衔接）。既不消耗时间，也不耗用资源。

（杨炎燊）

虚箭线 dummy arrow

又称虚箭杆。用虚线表示的箭线。在双代号网络图中，用以表示一项持续时间为零的虚工作。

（杨炎燊）

需压缩线路

总工作时间超过计划总工期的线路。

（杨炎燊）

序列论 sequence theory

又称排序问题。研究排序最优化的理论与方法。它研究怎样安排设备（机床）进行工作（工作、工序）的先后次序是最有效的问题。这些工作的安排可能有不同的约束条件，并有一定的效率度量指标。排序最优化就是寻求序列问题最优解。为此应建立模型来求解。由于排序问题的复杂性，模型也是多种多样的。在解法上可以应用分析法、组合解法、模拟法、分枝定界法、规划论和排队论的解法等等。

（曹小琳）

蓄热法 heat retention method for concrete curing

利用加热原材料或混凝土获得的热量及水泥水化释放的热量，通过适当的保温材料覆盖，延缓混凝土的冷却速度，保证混凝土在正温环境下硬化并达到临界强度的方法。施工不需外加热源，操作简单，造价低，是混凝土工程冬期施工的基本方法。但由于混凝土内部储存的热量有限，保温材料的保温能力也受到一定的限制，因此当外界气温过低或构件表面系数较大时，均不宜采用此法施工。

（张铁铮）

蓄热养护

利用提高混凝土的初始热量和水泥水化释放出来的热量，覆盖适当的保温材料，防止热量损失，延缓混凝土的冷却速度，保证混凝土在预定的时间内达到预定强度的养护方法。也可配以早强剂。此方法多用于冬季施工。有加热集料及水和热拌混凝土两种方式。前者是通过加热集料及水，使混凝土拌合物获得预定的初始温度；后者是将低压饱和蒸汽直接通入混凝土搅拌机，在搅拌过程中将混凝土拌合物加热至 30~60℃ 的温度，然后浇筑成型。

（郦锁林）

蓄水隔热刚性防水屋面 water containing and heat insulation rigid roof

简称蓄水屋面。在刚性防水层四周设墙蓄水，使太阳的辐射热由于水分不断蒸发而减弱的刚性防水屋面。具有隔热功能，可改善建筑物顶层房间的热工条件。由于防水层常年处于水下，避免紫外线直接照射，故可防止温度变形和干缩，能充分发挥混凝土水硬性材料的特点，从而可延长防水层的使用寿命。蓄水层的深度一般为 50~200 mm，有的深蓄水屋面可达 600 mm，水分蒸发后应予以补充。

（毛鹤琴）

xuan

悬臂连续法 continuous erection by cantilever method

在施工过程中，将悬臂梁的受力，转换成预应力混凝土连续梁桥的架设方法。连续梁桥在施工阶段，采用预制梁装配，梁的各截面受力随着施工进程不断变化，因此除所配的预应力索筋、张拉程序和截面应力要满足施工过程和运营状态的要求外，还应尽量减少梁节现浇接头数量以及采用比较接近的龄期浇筑混凝土措施，以提高施工速度，减小次应力。此法不但易于满足以上要求，还可将接头设在受力有利的位置。中国上海莲西桥全长 280m，是三孔（30m+40m+30m）一联的预应力混凝土连续梁桥，采用此法施工。

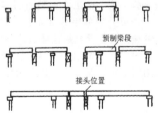

（邓朝荣）

悬吊法 cantilever lifting method

起重机起吊构件，在升钩的同时使构件整体离开地面的方法。此法简便、安全，对构件的平面布

置要求不高。桁架、梁、板等构件的起吊都采用这种方法。　　　　　　　　　　　(李世德)

悬接

下脚悬空的立杆。

(郦锁林)

悬砌板拱　plat arch by cantilever laid

板式拱圈按纵向、横向划分砌块，基肋砌块均有扣索定位的无支架拱桥安装法。按砌块形状分为：斜板式砌块、方块式砌块、分肋合拢横向填镶式砌块等。悬砌方法简单，但要求严格，首先悬砌基肋，严格校核及调整纵横拱块位置，然后合拢，所有砌缝用厚度不一的楔缝铁块砌紧。放松基肋扣索，分两次进行，先使基肋处于半受力状态，待各砌缝灌筑的水泥砂浆强度达 2.5MPa，再由拱顶向拱脚依次对称卸载。为了加强基肋的拱平面内、外的稳定，基肋合拢后，在两侧拱脚处，预先安砌 3～4 砌块，使拱脚部分宽度增大，或设置风缆。基肋两侧的砌块悬砌采取横向平衡、纵向对称、由拱脚向拱顶悬砌的原则，若跨径大于 15m，应分段施工。限制上拱人数，每肋均应迅速于当时合拢，砂浆强度达到 10%，方可安装悬砌下一肋砌块。　(邓朝荣)

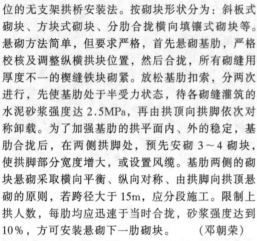

悬索　suspended cable, suspension cable

见主索(300页)。

悬索结构　suspended-cable structures

以一系列受拉缆索按一定规律组成并悬挂在相应的支承结构上的各种承重结构体系。一般采用由高强度钢丝组成的钢绞线、钢丝绳或钢丝束，也可用圆钢筋或带状的薄钢板构成悬索，通过索的轴向拉伸来抵抗外荷，可以最充分地利用钢材的强度，大大减轻结构自重，因而可以较经济地跨越很大的跨度，且便于建筑造型，适应多种多样的平面图形和外形轮廓，能较自由地满足各种建筑功能和表达形式的要求。另外，施工较方便，钢索自重较小，屋面构件一般也较轻，安装时不需大型起重设备，施工时不需要脚手架，施工费用较省且工期较短。按受力的特点，可分为单层悬索体系、双层索系、索网结构、悬挂薄壳、混合悬挂体系等不同结构形式。悬索体系的支承结构往往需要耗费较多的材料，不论采用钢或钢筋混凝土，其用钢量均超过钢索部分。　　　　　　　　　　　(王士川)

悬索桥　suspension bridge

又称吊桥。以承受拉力的悬索，作为桥跨主要承重构件的桥梁。由悬索、桥塔、吊杆、锚碇、加劲梁及桥面等组成。悬索挂在桥塔顶部，考虑温度及活载对悬索的影响，常在塔顶设置活动支座以保证悬索在塔顶的移动；桥面通过竖吊杆或斜吊杆悬挂在悬索上。按加劲梁刚度的大小，悬索桥分为柔性与刚性两种；悬索可锚在桥台及岩体上，也可直接锚在加劲梁末端，后者称为自锚式吊桥，但必须在加劲梁两端设置能承受正负反力的支座。悬索桥的跨越能力是所有桥型中最大的，也是目前 600m 以上跨径桥梁唯一可以采用的结构体系。英国在 1981 年建成的恒比尔河(Humber River)桥，中跨达 1 410m。　　　　　　　　　　　(邓朝荣)

券洞脚手架

用于城门洞、无梁殿等建筑的洞内抹灰和刷浆的脚手架。不需要承担很大的荷载，只要满足工作人员在架子上操作方便、安全以及便于进入材料等要求。在洞券的中间悬起两棵立杆，作为运输材料的通道，在横向的每排立杆之间绑扎一副戗杆，使整座脚手架更加稳固。

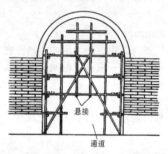

(郦锁林)

券胎满堂脚手架

用于砌筑城门洞、无梁殿、桥洞等建筑物的拱券的脚手架。由于这种架子需承重，因此每棵立杆用三根杉槁绑搭(即荞麦棱)。立杆根部须绑扎一步扫地杆。整个脚手架在垒砌洞券后便承受到一定的压力，为了便于拆卸，每棵立杆根部须用两块楔形厚木板支垫，同时这个垫板也可用于调整每棵立杆的高度，使之符合券胎的弧线。这种承重架子要求严格，立杆小头直径不能小于 6cm，楔形垫板最厚部分的尺寸不能小于 8cm。每个绳结要绑紧。

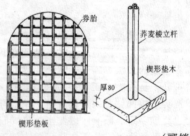

(郦锁林)

旋喷法　chemical churming method

由工程钻机和旋喷装置将加固浆液喷入地基土以加固地基或形成挡水帷幕的方法。是高压喷射注浆法的一种，属化学加固法。开始用单管旋喷，加固体直径较小，继而创造加固浆液喷射流与外部环绕的气流同轴喷射的二重管旋喷法，进而又创造了水、气、浆三种介质同轴喷射的三重管旋喷法。适用于加固砂土、粘性土、湿陷性黄土、淤泥和人工填土地基。对砾石含量多且有大量纤维质的腐殖土、地下水流过大的土壤、岩溶地区、永冻土和对水泥有严重腐蚀的地基不宜应用。施工时由钻机钻孔，至预定深度后插入旋喷管，由高压泥浆泵和空气压缩机将拌制好的加固浆液喷入地基土中，边喷射、边旋转和提升旋喷管。旋喷参数有喷嘴直径、提升速度、旋转速度、喷射压力、流量等，根据土质、加固体直径、施工条件和设计要求现场试验确定。加固浆液中国多用水泥浆，水灰比 1:1～1.5:1。如要求早强，掺入氯化钙、三乙醇胺等早强剂。如要求抗渗，掺入 2%～4% 的水玻璃，或掺入一定量的膨润土。加固后的地基承载力按复合地基考虑。

（赵　帆）

旋转法　rotation method

起重机在起吊柱子时，一边升钩一边旋转起重杆，使柱绕柱脚旋转至竖立，然后吊起插入基础杯口的方法。为使柱子在起吊过程中起重杆不起伏，对柱子进行平面布置时应使柱子的绑扎点、柱脚中心和杯口中心三点共弧，并使柱脚尽量地靠近杯口。采用此法起吊，柱子所受震动较小，生产率较高，是柱子常用的起吊方法。如受条件限制，也可采用杯口中心与柱脚中心或杯口中心与绑扎点两点共弧。这种布置方式在起吊过程中起重杆必然起伏，工效低且不安全。当双机抬吊柱子时，采用两点绑扎，要求两个绑扎点分别与杯口中心两点共弧。起吊时两机同时升钩，将柱吊离地面一定距离后，两机同时向杯口旋转。副机只旋转不升钩，主机则在旋转的同时提升吊钩直至柱子呈竖直状态位于杯口上方，然后两机同时落钩，将柱插入杯口。此法也可用于起吊屋架等大型构件。（李世德）

旋转扣件　angle adjustable coupler

又称回转扣。用于连接两根呈任意角度交叉钢管的连接件。（谭应国）

旋子彩画　colour painting with volute design

藻头部位花纹多用旋纹的彩画。其特点是藻头内画旋花，画法要依据藻头内面积大小而定，以皮条线至岔口线宽度为标准。枋心分龙枋心、锦枋心、一字枋心等。其彩画，因颜色深浅与用金量多少，可分为金琢墨石碾玉、烟琢墨、石碾玉、金线大点金、墨线大点金、金线小点金、墨线小点金、雅伍墨、雄黄玉等。（郦锁林）

选择性招标　selected bidding

又称有限招标。中国称为"邀请招标"（确切地说，应该称"邀请投标"）。由招标单位向预先选择的 3～10 家有限数目的承包商发出邀请函，要求他们参与招标工程项目的投标竞争。

（毛鹤琴）

楦缝

见撕缝（228 页）。

礓　arch

见拱（86 页）。

xun

循环灌浆法　circulating grouting

浆液在压力作用下进入孔段，部分扩散到地层孔隙中，剩余部分由专设回浆管返回到浆液搅拌筒，使浆液在灌浆孔中保持滚动状态的灌浆方法。可减少沉淀，有利于灌浆质量。常用于固体颗粒灌浆材料的灌浆。大坝的帷幕灌浆大都采用此法。

（汪龙腾）

循环针法　steam-circulation pipe method

又称蒸汽化冻法。在冻土层上按预定位置钻孔，插入循环针并通入低压蒸汽以融化冻土的方法。为防止热量损失，在排管上应覆盖一层苫布。由于冻土融化时冷凝水较大，必须及时做好排水工作。融化的冻土在停汽后应立即挖掘。适用于有足够蒸汽热源或多余废汽的施工现场。

（张铁铮）

循环钻灌法　circulating grouting

在砂砾地基中，采用循环泥浆固壁钻进一段后即行灌浆，不待凝结紧接钻下一段，如此循环自上而下分段的钻灌方法。孔口保护，起钻孔导向和防止冒浆作用。此法钻灌紧密连接，操作简便，节省时间。由于自上而下分段钻灌，灌浆压力较高，灌浆质量较好。缺点是孔口管设置要求紧密，易冒浆且不易拔管；泥皮对灌浆有不利影响。

（汪龙腾）

殉爆　sympathetic detonation

主炸药爆炸引起在一定距离内的另一炸药爆炸的现象。这个距离称为殉爆距离，是炸药的一个重要性能指标。（林文虎）

殉爆距离　distance of sympathetic detonation

见殉爆。

Y

ya

压波机 corrugating machine
对钢丝端部一段长度内压波用的设备。由机架、压波块和千斤顶等组成。压波块分上下两块，各焊 6～7 根 φ14 钢棒，位置错开。钢棒采用 45 号钢，热处理硬度 HRC45～50。每次可将多根钢丝压成波形。
（杨宗放）

压花机 jack for bulb
又称压花千斤顶。钢绞线端头压花用的设备。由液压缸、机架、夹具等组成。液压缸为压花机的加力部分。机架由薄钢材组ended。两片式楔形夹具的张开与闭合用手柄操纵。使用时钢绞线头从机架的开缝处放入，并就位夹紧后，液压缸活塞顶出，钢绞线头即扭成灯炮状，再从开缝处取出，操作方便。
（杨宗放）

压花锚具 spreading anchorage
利用压花头锚固钢绞线的粘结式锚具。仅用于固定端。钢绞线的压花头是由专用的液压压花机成型。压花头的尺寸直接影响锚固力。为提高压花锚四周混凝土及根部混凝土的抗裂度，压花头部配置构造筋，根部配置螺旋筋。混凝土强度等级不小于 C 30。
（杨宗放）

压肩
先做好瓦面以后再挑正脊的做法。琉璃屋脊多采用。
（郦锁林）

压浆混凝土 grouted concrete
又称预填集料混凝土。预先将粗集料装填入模板内，再将水泥砂浆通过埋置在粗集料中的灌注管灌入粗集料的空隙中，从而与粗集料胶结成整体所形成的混凝土。
（谢尊渊）

压老
一切颜色都描绘完毕后，用最深的颜色（黑烟子、砂绿、佛青、深紫、深香色等）在各色的最深处的一边，用画笔润一下，以使花纹突出的工艺。
（郦锁林）

压力表 pressure gauge
量测油泵出口压力用的仪表。由弹性元件、放大机构、指示器及基座等组成。弹性元件弹簧管通入压力油时，弹簧管受液压作用伸张，通过放大机构中的杠杆与齿轮使指针偏摆，读出油压值。中国生产的量测上限有 40 MPa、60 MPa 与 100 MPa 等几种。最大量程不宜小于设备额定张拉力的 1.3 倍。
（杨宗放）

压力传感器 force transducer
校准机器和测定张拉力用的精密测力计。由圆筒形弹性元件、应变片与外壳等组成。圆筒形弹性元件承受轴向压力，而粘贴在元件上的应变片按全桥式接线感受应变。用电阻应变仪进行量测，按预先标定的力-应变曲线求得力值；也可用专门的电位差计（通称电子秤）直接读出力值。
（杨宗放）

压力隧洞 tunnel under pressure
又称有压隧洞。过水时水流充满全洞且洞内全断面承受一定水头的内水压力的水工隧洞。一般采用圆形断面，当内水压力不大时，也可采用方圆形、马蹄形等断面。
（范文田）

压气盾构法 air pressed shield method, shielding with air pressure
修建位于松软而含水地层中的隧道及水底隧道水底段时，采用压缩空气防止地下水淹入及开挖面土层坍塌的盾构法。就是在盾尾后面一段距离处横向设置一道隔墙而与开挖面形成一密封段，向内施加气压，使地下水排离开挖面，疏干土层而增加土体稳定。隔墙上设有施工所需的气闸。要特别注意压缩空气的泄漏和逸出。
（范文田）

压砂法 sand flow method
用沉管法修建水底隧道时从管段内预埋于底板的阀门向管段底部压注砂、水混合物处理基础的后填法。在管段沉设且经水下连接后，用普通压注设备，通过预埋在管段底板上的阀门，向管段底部压注砂、水混合料。压砂前须先沿管段两侧边及后端抛堆砂、石混合料，封闭管底周边。此法优点：作业时不影响航行；不需专用设备；不受水深、流速、浪潮、气象等条件影响；不需潜水作业；便于日夜连续施工；操作简易，省工、省时、省钱。但不适用于地震区。
（范文田）

压实标准 compaction criterion
土石方填筑作业的质量控制标准。它直接关系到工程的压实质量、工程费用和工期。对粘性土，用土的干表观密度作为控制土方压实质量的标准；对非粘性土，用土石料的相对密度来控制。是现场控制压实质量的主要依据。　　　（汪龙腾）

压实参数　compaction parameter

用某种压实机具对土壤进行压实时，为使土壤达到压实标准，根据所选用的机具性能、土壤性质及影响压实效果、施工速度、工程成本的因素所确定的指导施工的系列控制数据。当使用碾压机械时有碾重，铺土厚度，碾压遍数；当使用夯击机械时有夯板重量和尺寸，落高，铺土厚度及夯击遍数。它们互相制约，互相依存，应参考类似工程的经验或用经验公式计算求得，必要时还要通过现场压实试验确定。　　　　　　　　　　（胡肇枢）

压实功能　compaction energy

满足土壤压实质量要求的压实机械施加给土壤的能量。由压实机械的静重，压实遍数，夯距，振动力等因素决定。随土壤性质，压实方法，土壤含水量不同而异。　　　　　　　　（汪龙腾）

压实试验　compaction tes

为土方填筑工程的设计和施工提供数据和控制标准所进行的试验。有室内标准击实试验和现场压实试验。前者是为设计提供工程各部土体的抗剪强度和渗透系数，为施工提供现场压实控制标准的试验；后者是参照前者提供的压实标准，工程可能采用的压实机械和选定的土料，最后选定压实机械和压实参数的试验。现场压实试验费用大，大型工程多在工程填筑范围内划出试验段进行，中小型工程不进行现场试验，而是参考类似工程经验，加强施工控制和检查，逐步调整压实参数。　（汪龙腾）

压实系数　coefficiemt of compaction, compaction factor

填土压实后土的控制干重度与最大干重度之比。即：

$$\lambda = \frac{\rho_d}{\rho_{dmix}}$$

式中 λ 为压实系数；ρ_d 为土的控制干密度；ρ_{dmix} 为最大干重度。

土的干重度是设计对填土密实度规定的要求，施工时必须达到。土的最大干重度由土样室内击实实验确定。设计规范对各类结构的填土地基规定了不同的值。　　　　　　　　　（赵志缙）

压水试验　test by injecting water into the grout hole

借压力将水压入灌浆孔段的岩石裂隙中，测定该段地基单位吸水率，推测地层裂隙状况的试验方法。在工程勘测阶段进行的，是为设计提供数据；在灌浆作业开始时进行的，是进一步验证数据和检查灌浆系统的可靠性；在部分孔已灌浆后，通过检查孔进行的，则是为了检查灌浆效果，以确定是否需要插孔补灌。　　　　　　　（汪龙腾）

压缩试验　compressibility test

实验室条件下测定土的压缩性的试验。土的压缩性是指土在荷载作用下体积减少的性质。试验方法是将土样放在厚壁的金属容器中，分级施加竖直压力，测记加压后不同时间的竖向变形，绘制每级压力作用下竖向变形与时间的关系曲线，然后取每级压力作用下最终的竖向变形值与相应的压力强度绘制关系曲线。由于试验土样受金属厚壁容器的限制不能向侧向膨胀，故称为无侧胀或侧限压缩试验。　　　　　　　　　　　（朱　嬿）

压头机　extruding machine

又称压头千斤顶。制作钢绞线挤压式锚具用的设备。由液缸、机架、模具等组成。使用时在清洁的钢绞线头先套上硬钢丝弹簧圈，再套上硬度适当的钢套筒，开动油泵，液压缸活塞将钢套筒从一个有洞的模具中顶出。于是钢套筒变细，紧夹住钢绞线，以形成大头。　　　　　　　（林文虎）

压头千斤顶　buttonhead pressing jack

见压头机。

压轧法　rolling process

利用压辊对入模的混凝土拌合物连续碾压，使受碾压部分相对于其他部分作剪切位移，从而使混凝土的外形和内部结构发生变化而成型密实的方法。　　　　　　　　　　　　（舒　适）

压折器　push-down apparatus

预应力板柱结构明槽折线张拉采用先拉后折工艺时，用于压折预应力筋成为折线状的一种专用机具。常用的有手动螺旋压折器和液压式压折器，后者主要由缸体、活塞杆、压块、拉杆和条形垫块等组成。额定压折力为 60～70 kN，压折高度为 150～200 mm，与高压油泵配套使用，额定油压为 45～50 MPa。　　　　　　　　　（方先和）

压蒸养护　autoclave curing

见高压蒸汽养护（82页）。

压制法　method of pressing

对入模后的混凝土拌合物施加较大的静压力，迫使模内物料颗粒移动、靠紧，并产生一定变形，最终使混凝土拌合物密实成型的方法。　（舒　适）

压制密实成型　technology of compaction moulding by pressing

混凝土拌合物成型密实时，将外部能量集中在其局部区域内，以克服其颗粒间的抗剪能力，使颗粒位移排气（有时还排水）、压实并逐渐波及整体，最终达到较好密实成型效果的方法。此法能合理使用能量，能耗小，混凝土密实程度高。一般有压制法、压轧法、挤压法、振动加压法、振动压轧法、振动挤压法和振动模压法等方法。　　（舒　适）

yan

烟子浆　lamp black grout

黑烟子用胶水搅成膏状，再加水搅成浆状的灰浆。可掺入适量青浆。主要用于筒瓦檐头绞脖，眉子、当沟刷浆。　　　　　　　　（郦锁林）

延发电雷管　electrical detonator of delayed initiation

通电后能延后一定时间再行爆炸的电雷管。与瞬发电雷管不同点在于引火头与起爆药间装有延期药。引爆过程是通电，引火头发火，引燃延期药，延迟一定时间后正、副起爆药爆炸。按延期时间长短可分为秒延期电雷管和毫秒延期电雷管。延发电雷管是进行控制爆破，减少爆破震动的不可少的引爆材料。

（林文虎）

延伸填筑法　embankment filling by extension

在一个填筑分段内，由地势高的一端向另一端运行卸土，随着填土层的逐渐增高不断向前延伸卸土的填筑方法。适合于地面有显著纵坡，特别是纵向移挖作填时采用。　　（庞文焕）

岩爆　rock burst

在埋深较大的岩层中开挖坑道时，因应力释放使洞内岩块向内外射出的现象。易造成人身事故并影响开挖进度。可用防护罩、光面爆破、喷混凝土支护、洒水将释放的应变能转换为热能，解除应力等措施予以防止。　　　　　　　（范文田）

岩石坚固性系数　coefficient of soundness of rock

又称普氏系数。概括岩石各种物理力学性质。表示岩石破碎难易程度的无量纲综合性指标，用 f 表示。由俄罗斯学者 M. M. 普洛托季雅可诺夫提出，故称为普氏系数，一般常用 $f=R/100$ 表示，R 表示岩石的极限抗压强度（MPa）。

（林文虎）

岩石可凿性　drillability of rock

判断用凿岩机或破碎机能否使岩石破碎或其破碎程度的一项指标。通常以其弹性波地下传播速度来判断。　　　　　　　　　（范文田）

沿线设施　roadside facilities

为了充分发挥道路作用，确保行车和人行安全，使之正常营运，在沿线须设置必要的设施总称。包括：交通安全设施，如设置跨线桥或地下横道、人行横穿车道的护拦和防护网、反光标志及分道线等；交通管理设施，如在规定的地点设置公路标志、路面标志、立面标志、紧急电话、公路情报板和公路监视设施；防护设施，如在塌方、泥石流及水毁等地段设置防护；停车设施，如设置停车场及停靠站等；养护及营运房屋等设施；渡口码头；绿化设施，用以稳定路基、美化路容等。

（邓朝荣）

盐析　efflorescence

在加气混凝土制品表面或表层下析出盐类结晶体（俗称白霜）的现象。这是由于制品内部含有可溶性硫酸钠（Na_2SO_4）、硫酸钾（K_2SO_4），随着制品中的水分迁移从内部转移到表面上来，水分蒸发后，便以晶体析出。在盐析过程中由于结晶体积膨胀，会导致表面剥离或饰面层脱落，故必须限制原材料砂中的钾、钠含量。　　　　（谢尊渊）

檐口瓦　verge tile

瓦屋面中屋檐处最外侧带有特制勾头花边和滴水的底瓦和盖瓦。筒瓦、板瓦下端用勾头瓦和滴水瓦，阴阳瓦下端常用花边瓦和滴水瓦。

（郦锁林）

验槽　check and acceptance of foundation trenches

基槽挖至设计标高后对槽壁、槽底进行的观察检验工作。观察槽壁土层分布及走向，初步判明基底是否已挖至设计所要求的土层。检查槽底是否已挖到老土，是否还需继续下挖或进行处理。土的颜色是否均匀一致，土的坚硬程度是否相同，有无局部含水量异常现象，走上去有无颤动感觉等。凡有异常部位，都应对其原因和范围调查清楚，为地基处理和更改设计提供依据。重点是检验柱基、墙角、承重墙下或其他受力较大的部位。它只能对槽底进行详细检查，而对在槽底以下 2～3 倍基础宽度的深度范围内土的变化和分布情况，以及是否有墓穴、软弱土层等情况无法探明，应辅以钎探检查。　　　　　　　　　　（林厚祥）

验工计价　price determination according to measured work

施工部门在施工过程中，与建设单位进行财务结算的方法。施工部门根据批准的设计文件，在符合质量要求前提下，按照年度计划、施工预算单价和实际完成的建筑安装工程数量，按期提出验工报表，作为与建设单位进行财务结算的依据。

（段立华）

验收函数 function of acceptance
验收时采用的关于试样数据的函数。常用的有试样性能的平均值、最小值和标准差等。
（谢尊渊）

验收界限 limit of acceptance
用于与验收函数相比较，以判断交验批量是否合格的界限值。
（谢尊渊）

验收批量 acceptance lot
每一交验批中材料或构件的数量。
（谢尊渊）

堰 weir, cofferdam
水中施工时围绕施工区域修筑的临时挡水构筑物。围护施工区域，保证在施工期间不进水、漏水。围堰常在流水中修筑，建筑物建成后应予以拆除。一般用土堤、草袋堆砌或钢板物筑成。
（那　路）

燕尾榫 dovetail joint
见半银锭榫（5页）。

yang

扬弃爆破 throwing blasting
通过爆破使岩石块向四方扬弃的爆破方式。适宜在地面横坡小于30°时的较平坦地段向下拉槽或穿过山梁开挖堑沟以及改移河道和新建沟渠时采用。一般仅有一面临空，炸药消耗量与导硐开挖量均较大，爆破效益较低。
（庞文焕）

羊足碾 sheepfoot roller
在滚筒表面均匀地装有许多形如羊足突起物的碾压机械。工作分由碾滚、导架、刮土器组成。碾滚中可以加填料以调节碾重。由拖拉机拖带工作。碾压时由于羊足的作用，可以提高土壤的密实度和改善层面结合质量。适于粘性土壤的压实。水利工程中广泛使用的压实机械。
（汪龙腾）

阳槎 projecting toothing connection of brick wall
又称马牙槎。槎口留在已砌墙体之外，相邻砖层每隔一皮伸出1/4砖作为接槎用，形成整齐凹凸类似马牙状的直槎形式。
（方承训）

仰瓦灰梗屋面

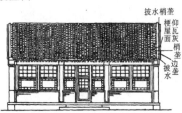

全部用板瓦仰着宽，不做盖瓦垄，在两垄底瓦垄之间用灰堆抹出形似筒瓦垄，宽约4cm灰梗的布瓦屋面。不做复杂的正脊，也不做垂脊，多用于不甚讲究的民宅。
（鄢锁林）

养护池 curing pool
见养护坑。

养护坑 curing pit
又称养护池。四周为固定的围护结构，上部有活动坑盖，内部可形成规定的湿热环境，用于养护混凝土制品的间歇式蒸汽养护室。具有投资少、操作简单、装载系数较大、容易维修、灵活性大等优点。但能耗大、养护周期长、劳动强度大、生产条件差。
（谢尊渊）

养护室 curing chamber
建筑在地面上的单侧或双侧开门的室形空间，用于养护混凝土制品的间歇式蒸汽养护室。多用于养护小型构件。具有投资少、劳动强度较低、热力设备简易等优点。但耗汽指标高、上下温差大、装载系数较低。
（谢尊渊）

养护纸养护 curing with waterproof paper covering
利用防水养护纸覆盖在混凝土表面，阻止混凝土中水分蒸发的保湿养护。
（谢尊渊）

yao

咬底 biting of prime coat, grinning
涂刷面层涂料时，将已形成的底层涂膜软化而破坏的现象。
（姜营琦）

咬肉 undercut
又称咬边。在焊缝边缘母材上被电弧烧出凹陷或沟槽的焊缝外部缺陷。通常是由于焊接参数选择不当，或操作工艺不正确引起的。
（王士川）

咬色 discoloration
又称渗色。面层涂料涂刷干燥成膜后，底层涂料的颜色渗透到面层，造成颜色不一致的现象。
（姜营琦）

药壶爆破法 blasting with explosive pots
又称蛇穴爆破、葫芦炮、坛子炮。在炮孔中用少量炸药先将孔底爆扩成药壶以便增大装药量和扩大桩底面积的爆破方法。其特点是装药多，钻孔工作量少，但扩药壶需花较长时间，操作复杂，不能用于坚硬岩石。适用于软质和中等硬度岩石，高度不大于10m的台阶中。
（林文虎）

药室 explosive chamber
大爆破中装药的洞穴。其容积 V_c 等于药室装药量 Q 与装药密度之比乘以药室扩大系数 K_V。

药室形状多用正方形和方形。其高度不超过2.5m，宽度不宜超过5m以利装药。其形状有简单型和异型两种。
（林文虎）

要约　offer

当事人一方向另一方提出订立合同的要求和合同的主要条款，并限定其作出答复期限的经济活动。其中发生要约的一方为要约人，要约发向的另一方称为受要约人或相对人。要约是一种法律行为，在要约规定的有效期限内，要约人受到要约的法律约束，受要约人如接受要约时，要约人负有与对方签订经济合同的义务。
（毛鹤琴）

ye

业务性信息　information of transaction

在工程建设项目中，用于日常事务性工作的信息。主要用于各部门的各级管理人员处理日常工作。如工程日进度；材料消耗额度；工程费用支付额度；会议记录；质量检查记录；工程变更通知；现场工作令；材料材质化验报告等；这类信息业务量大、准确、精度高、具体、结构性好、使用范围广、变动快、时效性强。
（顾辅柱）

业主　owner

由投资方派代表组成的，全面负责项目筹划、筹资、项目建设、生产经营、归还贷款和债券本息的，并承担投资风险的管理班子。工程项目由原有企业投资的，原有企业的领导班子就是业主；由多方合资的，其成立的董事会就是业主；单一由政府投资的，其设立的管理委员会就是业主。业主是工程建设投资行为的主体，业主班子要保持相对稳定。业主在承包合同中常常又称之为发包方、建设单位、甲方等。
（张仕廉）

液体炸药　liquid explosive

由硝酸、甲苯及硝基甲苯冷母液配制的液态炸药。其主要特点是威力高，组分简单和成本低廉。但腐蚀性强，不抗水。密度约为$1.4g/cm^3$，爆速为6 000～7 000m/s，爆力为380～400mm，殉爆为6mm。适用于露天坚硬岩石炮孔爆破使用。
（林文虎）

液压镦头器　hydraulic end-upsetting apparatus

采用液压镦粗钢丝端部的一种镦头器。附有切筋装置。由电动油泵带动。油液先进入外油缸，推动夹紧活塞，使夹片夹住钢丝；当压力升至顺序阀开启油压后，油液再进入内油缸，推动镦头活塞，对钢丝进行冷镦。可分为手提式和固定式两种。手动式镦头器有：LD-10型与LD-20型。前者用于直径为5 mm的碳素钢丝，后者用于7 mm钢丝。
（杨宗放）

液压控制台　hydraulic control console

在滑模装置中，将电动机、油泵、油箱、压力表和控制调节装置等，集中安装在一起组成的液压控制装置。工作时，电动机带动油泵，将压力油经换向阀、分流器、针阀和管路输送到各台千斤顶，使千斤顶带动模板系统，沿着支承杆向上爬升。当千斤顶达到满行程后，电磁换向阀使油路回油，液压油从千斤顶排回油箱。如此循环，使千斤顶不断上升。
（何玉兰）

液压拉伸机　hydraulic tensioning machine

利用液压缸张拉预应力筋的设备。由液压千斤顶、电动油泵和高压油管等组成。液压千斤顶按机型不同可分为：拉杆式千斤顶、穿心式千斤顶、锥锚式千斤顶和台座式千斤顶等四类；新开发的有：大孔径穿心式千斤顶、开口式双缸千斤顶和前卡式千斤顶等。基本参数为张拉力最小为180 kN、最大为5000 kN；张拉行程最小为150 mm，最大为300 mm；额定油压分为40 MPa、50 MPa和63 MPa。液压千斤顶的技术性能、试验方法与检验规则均应符合现行标准《预应力筋液压拉伸机——千斤顶》的要求。
（杨宗放）

液压升板机　hydraulic slab-lifter

以液压千斤顶为动力，用于提升楼板的机械。千斤顶和上下横梁置于柱顶。提升前拧紧上螺母，使楼板悬吊在上横梁上，当千斤顶活塞上升时通过螺杆和吊杆带动楼板上升。完成一个冲程后，拧紧下螺母，使楼板荷载由下横梁承担。千斤顶回油，上横梁随之下降，再拧紧上螺母。如此反复使楼板不断上升。因千斤顶种类不同，可分为普通液压升板机和自动液压升板机。不同点在于：前者活塞上升，拧紧螺母全靠手动；后者则利用高压油泵，一面顶升活塞，一面拧紧螺母，实现自动化。并可通过自整角机控制各千斤顶的同步。前者设备简单，但操作人员多，劳动强度大，提升差不易控制；后者自动化程度高，基本上做到同步提升，但投资大，加工精度要求高，制作复杂。
（李世德）

液压桩锤　hydraulic pile hammer

由液压缸提升或驱动锤体产生冲击力沉桩的桩锤。
（郦锁林）

yi

一般抹灰　common plaster

将砂浆或石灰等涂抹在建筑物墙体和顶棚的表面，形成光滑平整装饰面的施工作业。所用的砂浆或灰浆为：石灰砂浆、水泥砂浆、水泥石灰砂浆、聚合物水泥砂浆、麻刀石灰、纸筋石灰、石膏灰。

按质量要求的不同，分为普通抹灰、中级抹灰和高级抹灰三级。
(姜营琦)

一般网络计划
表达紧前工作完成后，紧后工作才能开始，且完成与开始的相隔时间为零的网络计划。
(杨炎荣)

一步架 a lift of scaffold
脚手架的上下两层水平承力杆所构成的空间作业层。作业层的高度即一步架高。
(谭应国)

一次投料法 one-step charging operation
将混凝土各原材料同时或几乎同时投放搅拌机搅拌筒中进行搅拌的投料方式。在短瞬的投料过程中，各物料的投放顺序可仍有一定的先后。
(谢尊渊)

一次性模板 formwork used for one time only
见永久性模板(276页)。

一斗一眠 silver lock's bond
斗砖层和眠砖层相间的空斗墙组砌型式。其稳定性比无眠空斗墙、二斗一眠或多斗一眠好。可用于3层以内的建筑物。
(方承训)

一端张拉 tensioning from one end
张拉设备放置在预应力筋一端的张拉方法。对后张法预应力混凝土构件或结构，当锚固损失影响长度 $\geqslant L/2$ (L 为预应力筋长度)时，张拉端锚固后预应力筋的拉力小于固定端的拉力。这种情况一般是在直线或弯起角度不大的曲线筋中孔道摩擦系数较小、锚具内缩量较大时发生，应采取一端张拉，但对多束预应力筋张拉端宜分别设置在构件的两端。如锚固损失影响长度<$L/2$ 而设计人员认为固定端的拉力已足够，也可采取一端张拉，以简化工艺，降低成本。
(杨宗放)

一级公路 highway class Ⅰ
年平均昼夜汽车交通量折合成小客车10000～25000辆的连接重要政治、经济中心或通往重点矿区，可供汽车分道行驶，并部分控制出入，部分立体交叉的公路。在平原微丘地形情况下，一级公路的计算行车速度为100km/h，行车道宽度 2×7.5m，路基宽度23m，极限最小平曲线半径400m，停车视距160m，最大纵坡4%，桥涵设计车辆荷载汽车超20级，挂车120；在山岭重丘条件下，上述数据相应为60km/h，2×7.0m，19m，125m，75m，6%，桥涵设计车辆荷载与平原微丘情况相同。两者桥面车道数为4。
(邓朝荣)

一顺一丁 English bond
①又称满丁满条。顺砌层与丁砌层相间交替砌筑，上、下皮砖的垂直灰缝互相错开1/4砖长的砖墙组砌型式。

②古建筑墙体中，同一皮砖顺砖和丁砖间隔铺砌的型式。上下皮顺砖与顶砖相互错开形成错缝。此种砌式墙体的整体性好，墙面美观，但施工较复杂，比较费砖。是明代建筑中常用的手法，清代建筑中已不多用，但城墙的砌筑有时还保持这种排列方式。
(方承训　郦锁林)

一碌一伏
大跨度的弧形砖拱，顺拱圈每砌一立砖层，即砌一平砖层的组砌型式。其立砌砖层称碌砖，平砌砖层称伏砖。
(方承训)

依次施工 successive construction operations
第一个施工过程或第一幢房屋完工后才开始第二个施工过程或第二幢房屋施工的施工组织方法。其特点为：工期长；工作面空闲；每日资源消耗少；工作队(组)不能进行连续施工等。
(孟昭华)

移动脚手架施工法
见导梁法(39页)。

移动式脚手架 movable scaffolding
一种带行走机构可升降的工作台。由底盘、立柱和作业台等构成。装在行走底盘上的立柱，由呈开口方形截面的上下两根相互套接的立杆组成，上下立杆的一端设销孔，以销孔间距调节上立杆的高度使作业台升降。用于两层房屋和高层建筑的裙房外装修、大型厂房内部的装修和厂区架空管线的保温工程。

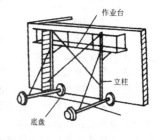

(谭应国)

移动悬吊模架施工 construction by suspended form on traveler
在移动的承重梁下，悬吊模板进行桥梁上部结构浇筑混凝土的施工方法。承重梁常采用钢箱梁，长度大于两倍桥梁跨度，后端通过移动式支架坐落在完成的梁段上，前方支承在桥墩上，工作状态呈单悬臂梁。在一孔施工完成后，承重梁作为导梁将悬吊模架纵向移到前方施工桥孔。承重梁的移位及内部运输由数组千斤顶或起重机完成，通过控制室操作。

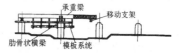

(邓朝荣)

移动支架式安装 erection by travelling sup-

ports

用可移支架拖引梁体就位落梁的装配式梁桥的安装方法。在引道或已经安装好的桥跨上，将待安装的梁拖出，前端安放在钢支架（排架）上，后端安放在重型平车上，牵引梁体前行，就位落梁。

（邓朝荣）

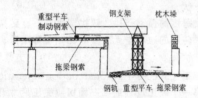

乙方 contractors

为了避免在整个建设工程合同中重复使用承包方或被委托方全名的繁琐而采用的缩写。

（张仕廉）

乙级监理单位 second-grade project administration and management orga-nization

监理单位负责人或技术负责人要求同甲级监理单位；取得监理工程师资格证书的工程技术与管理人员不少于 30 人，且专业配套，其中高级工程师和高级建筑师不少于 5 人，高级经济师不少于 2 人；注册资金不少于 50 万元；一般应当监理过 5 个二等一般工业与民用建设项目或者 2 个二等工业、交通建设项目。省、自治区、直辖市人民政府建设行政主管部门负责本行政区域地方乙级监理单位的定级审批；国务院工业、交通等部门负责本部门直属乙级监理单位的定级审批。它只能监理本地区、本部门二、三等的工程。 （张仕廉）

易密性 compactability

混凝土拌合物在密实过程中克服内部粒子间的相互作用力和与模板、钢筋等表面的摩阻力而达到完全密实的能力。 （谢尊渊）

易抹性 finishability

混凝土拌合物在抹平过程中达到要求表面型式难易程度的性能。 （谢尊渊）

意国法 Italian method

又称先挖底拱法。在弹塑性粘土和饱含水分的细砂地层中修建隧道时，按下、上、中的顺序开挖导坑、砌筑墙拱的矿山法。先挖一段很短的下导坑并向两侧扩宽后，挖底砌筑仰拱和下段边墙，再挖上导坑并扩大修筑拱圈，然后将中间核心部分的两侧分段开挖并砌筑边墙上段，待衬砌连成整体后再挖掉核心的其余部分。此法费时费工，现已很少采用，除非在整个隧道遇到特殊困难地段时偶尔用之。1867 年在意大利首先应用而得名。

（范文田）

溢流 overflowing

由于熔池温度过高使液体金属凝固较慢而流淌的现象。由于溢流导致在正常焊缝处出现多余的焊着金属称为焊瘤，为焊缝外部缺陷。 （王士川）

翼角椽 rafter of corner eaves

古建筑转角部位的特殊形态的椽。分翼角檐椽与翼角飞椽。头部随翼角起翘呈不规则的椭圆形或菱形，后尾呈薄厚不等的楔形，成散射状排列。

（张 斌）

翼角起翘 upturning of corner eaves

木构架翼角处，利用檐椽和飞椽处外端逐渐向上升高，使翼角端部翘起一定高度的做法。

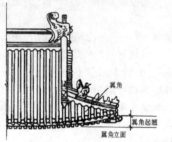

（郦锁林）

翼角生出 outstretching of corner eaves

翼角处的檐椽和飞椽在向上翘起的同时，还使其逐渐向外延伸一定距离的做法。

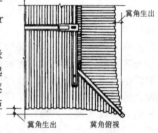

（郦锁林）

yin

因果分析预测法 causal analysis forecasting

又称回归分析预测法。从事物发展变化的因果关系出发，建立具有因果关系的两个或两个以上随机变量的相关关系模型进行预测的数理统计方法。有因果关系的随机变量（如 y 和 x）之间在统计平均意义上存在较为确定的相互依赖关系，即相关关系，用某个函数 $\hat{y}=f(x)$ 来表示，称之为回归方程。$\hat{y}$ 表示随机变量 y 的估计值；x 是对 y 有影响或控制作用的自变量。回归方程是线性函数时称线性回归，否则称非线性回归；只有一个自变量的称一元回归，多于一个的称多元回归。预测是在对自变量预测前提下，运用回归模型再对因变量做出

预测。　　　　　　　　　　（曹小琳）

阴槎　indent toothing of brick wall

又称母槎、肉里槎。槎口留在已砌墙体内部，在墙内每隔一皮砖凹进 1/4 砖长作为接槎用的直槎型式。　　　　　　　　　　（方承训）

阴纹线雕　incised line engraving

在光平的木板表面雕刻出花纹、字形和线条的方法。　　　　　　　　　（郦锁林）

阴阳瓦　blue roofing tile

见合瓦（101 页）。

银行贷款　banker's loan

银行以到期偿还和支付利息为条件而暂时让渡货币资金使用权的经济活动。以银行存款为前提，通过存贷活动，银行吸收社会各方面闲置资金，贷放给企业，转化为生产经营资金，实现扩大再生产和资金增值。按用途分为固定资金贷款、流动资金贷款、消费信贷等；按部门分为工业贷款、商业贷款、农业贷款等；按期限分为短期贷款、中长期贷款等；按贷款对象经济形式分为国有企业贷款、集体企业贷款、个体经济贷款等；还可按贷款方式分为信用贷款、担保贷款和票据贴现贷款等。
　　　　　　　　　　（颜　哲）

银行贷款筹资　loans financing

企业通过筹借银行贷款的负债业务扩大运营用资金的来源。在中国，目前银行贷款筹资已成为各部门企业尤其是国有企业筹资的主要渠道。银行贷款筹资弥补了企业自有资金的不足，支持了企业的再生产活动和企业自身的发展、改造。银行贷款按期偿还和支付利息的特点，促使企业注重资金周转回收和企业经济效益，注重资金自我积累。贷款银行对企业还贷能力的审查和对企业资金运动状况的监督，也有助于企业提高经营管理水平和效益。
　　　　　　　　　　（颜　哲）

引道　approach

又称斜引道。从隧道或地道的出入口沿纵向斜坡向上延伸至与地面相接的地段。实际上是一种沿纵向由浅到深的路堑。为了减少土方量及城市用地，要修建不同型式的支挡建筑物来支护或加固。
　　　　　　　　　　（范文田）

引水隧洞　water intake tunnel, headrace

从河流或水库将水引至水电站厂房枢纽或渠道内供工业生产、灌溉或居民生活之用而修筑的水工隧洞。分为发电隧洞、输水隧洞、给水隧洞、灌溉隧洞等。发电隧洞大都为有压，而其余隧洞在上游水位变化不大，引用流量比较稳定及其他有利条件下，也可以是无压的。　　　　　（范文田）

隐蔽工程　concealed work

人们不易用肉眼看见的工程。按施工期分为既有隐蔽工程和施工中新产生的隐蔽工程两种。前者系指本工程施工前已置于地下的工程，为防空洞、电缆槽、给排水管道、输油管道、煤气管道等，这些隐蔽工程施工前需经技术处理后方能开工；后者系指先施工的工程部位被下一工序施工掩盖后无法再行检验其质量的工程。如基础工程，打桩工程、管道工程、钢筋工程等。为了确保工程质量，应在掩盖前检查验收，以防留有质量隐患。（段立华）

隐蔽式装配吊顶　hidden assembled ceiling

龙骨不外露，罩面板表面呈整体效果的吊顶形式。罩面板与龙骨的固定有三种方式，即：用螺钉拧在龙骨上；用胶粘剂粘到龙骨上；将罩面板加工成企口形式，用龙骨将罩面板连成一个整体。常用的金属龙骨一般采用薄壁轻钢或镀锌铁片挤压成型。为了有效地防火，一般选用金属吊杆与轻钢龙骨配套。吊杆可选用钢筋或型钢，但大小及连接构造应经过计算，以校核其抗拉强度是否满足要求。
　　　　　　　　　　（郦锁林）

ying

应力波反射破坏理论

认为爆破时岩石的破坏主要是由自由面上应力波反射转变成的拉伸波造成的。为岩石爆破破坏原因的理论之一。
　　　　　　　　　　（林文虎）

应力传递长度　transfer length of prestress

先张法预应力混凝土构件的预应力筋放张后，预应力筋的应力从端部零值逐渐增加到最大值的长度范围。传递长度的大小与预应力筋种类、放张时混凝土强度、预应力值大小等因素密切相关。
　　　　　　　　　　（卢锡鸿）

应力腐蚀　stress corrosion

钢材在拉应力与腐蚀介质共同作用下发生的金属断裂现象。应力破坏了材料表面的钝化膜，使新鲜表面与腐蚀介质接触发生电化学腐蚀，形成蚀孔引起应力集中，促使微裂纹产生。在裂缝内电化学反应产生的氢，渗入裂缝前缘使材质脆化，加速裂缝沿晶界向纵深发展，使金属材料在远低于屈服应力的情况下发生断裂。这种断裂，事先无明显的预兆而突然，危害较大。材料的冶金成分和结构直接影响抗应力腐蚀性能。预应力钢丝和钢绞线比热处理钢筋有较高的抗应力腐蚀能力。预应力钢材的应力水平低于抗拉强度的 60% 时，应力腐蚀的机率很小。　　　　　　　　　（朱　龙）

应力松弛 stress relexation

钢材受力后，在长度保持不变的条件下，应力随时间的推移而逐步降低的现象。这种现象是由于金属材料内部位错攀移和原子扩散等影响，使一部分弹性变形转化为塑性变形引起的。对预应力钢丝及钢绞线，在初始应力相当于抗拉强度70%的作用下，置于20±2℃环境中，保持1 000 h，应力松弛损失率不大于初始应力的8%为普通松弛级，应力松弛损失率不大于2.5%为低松弛级。
（朱　龙）

英国法 English method

又称拱冠梁法。全断面分部开挖、先墙后拱并逐段砌筑的矿山法。在松软地层中先开挖一段长约3~6m的上导坑并进行扩大，用后端支顶在已砌好的衬砌上的纵向冠梁及斜撑对开挖面加以支护。挖出下部后按仰拱、边墙及拱圈的顺序修筑衬砌，砌好一段再挖上导坑而重复进行。在坚硬地层中可采用上下导坑，且无需支护开挖面。此法因进度慢、需要大量而复杂的木支撑，故目前较少采用。1830年首先用于英国的隧道而得名。　（范文田）

硬化 hardening

水泥净浆或混凝土拌合物凝结后，强度随时间逐渐增长的过程。凝结和硬化是一个连续的复杂的物理化学变化过程，它们之间并没有明显的分界线，故它们的区分点是带有人为性的。
（谢尊渊）

硬天花

直接画在天花板上的天花彩画。系与软天花相对而言。
（张　斌）

硬质纤维板面层 hard fibre board floor finish

将硬质纤维板用胶粘剂或沥青胶结料粘贴在地面基层上做成的木板面层。为防止纤维板粘贴后吸水膨胀变形，铺贴前需先浸水晾干。硬质纤维板铺贴后应涂刷聚醋酸乙烯乳液或氯偏涂料作罩面处理，以提高防水能力和增加美观。　（姜营琦）

yong

永久性模板 permanent formwork

又称一次性模板。施工时既是浇筑混凝土构件的模板，成型后又是结构本身组成部分的预制板。常用的有钢筋混凝土薄板、预应力钢筋混凝土薄板、波纹压型薄钢板、胶合板面砖、大理石预贴板等。为增强上下层的结合，可将预制板面凿毛，或预留插铁。当永久性模板跨度较大时，为保证结构的强度、刚度，经计算以合宜的间距加设支撑。为了简化施工不用支撑时，可将永久性平板模板改为槽形薄板、带肋叠合板、带次梁的压型钢板，这样可方便地在槽（肋）内配置附加钢筋，改善受力性能。永久性模板现浇结构，集现浇结构和全装配式结构之所长，具有很好的空间整体性，并可减少支撑系统，节约材料，施工方便，已广泛应用于多、高层建筑楼盖结构的底模。　（何玉兰）

永久支座顶推法 ribbon sliding method

又称RS施工法。将永久支座临时改造为顶推滑道的施工方法。施工时将竣工后的永久支座安装在桥墩顶的设计位置，在上支座板上临时安装支承板，支承板的表面是聚四氟乙烯材料的滑动板，与衬有橡胶板的不锈钢板组合成的滑动带形成滑动面，并用卷绕装置自动插入和卷绕滑动带，作为顶推滑道。顶推完成后拆除临时支承板和滑动装置，调换连接板，并与主梁的上支座板连接形成正式支座。
（邓朝荣）

用材允许缺陷 allowable defects in lumber

结构用材许可存在的缺陷限值。是承重木结构的选材标准。木结构胶合材材质和门窗及其他细木制品用材的选材标准中均有对腐朽、木节、斜纹（扭纹）、裂缝、髓心等在构件中的具体限值。如承重木结构方木及板材对木节的具体要求为Ⅰ等材不允许有死节；Ⅱ、Ⅲ等材允许有死节（不包括发展中的腐朽节），但Ⅱ等材中死节直径不应大于20 mm，且每延米中不得多于1个，Ⅲ等材中死节直径不应大于50 mm，每延米中不得多于2个。对承重木结构原木，Ⅰ、Ⅱ等材不允许有死节，Ⅲ等材允许有死节（不包括发展中的腐朽节），死节直径不应大于原木直径的1/5，且每2m长度内不得多于1个等。可详阅有关规范规定。　（王士川）

you

优化 optimization

对初始方案不断进行修正调整使之逐步完善以达到最优指标的工作。　（杨炎荣）

优先股 preferred stock, preference share

股份有限公司发行的在分配方面较普通股有优先权的股票。普通股的对称。其股票票面上应注明"优先股"字样。优先股通常能按预先规定的一定比率取得固定股利；在公司清算时，公司财产支付清算费用、职工工资和劳动保险费用、缴纳所欠税款、清偿公司债务后的剩余财产，优先按优先股股份在优先股股东间分配，分配后如有剩余才向普通股股东分配。优先股股东通常不拥有在股东大会上的表决权。公司发行优先股，可以增加资本金而不致影响普通股股东对公司的控制权，也可用优先股换回已发行的可转换债券,以减轻还本压力。

(颜 哲)

油画活脚手架 scaffold for colour painting

为满足油饰和彩画各道工序的需要而搭设的脚手架。要求做到上下方便、操作便利,对荷载要求不高。翼角部分的脚手板,必须随着翼角起翘的高度进行调整,以适合工作人员在架子上站着操作。

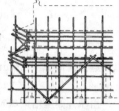

五间以上的建筑物每面绑扎面宽戗两副,并在每面双排立杆之间各绑扎两副五字戗。贴金和在地仗上做油皮,遇上大风或气温较低时,必须在脚手架周围及上顶缝席封护,以防金箔刮失及尘土污染油皮,影响油皮起亮。

(郦锁林)

油灰 putty

①细白灰粉(过箩)、面粉、烟子(用胶水搅成膏状),加桐油搅匀而成的灰浆。灰内可兑入少量白矾水。可用青灰面代替烟子,用量根据颜色定。用于细墁地面砖棱挂灰。②用泼灰加面粉加桐油调匀而成的灰浆。用于宫殿柱顶等安装铺垫,勾栏等石活勾缝。铺垫用时应较硬,勾缝用时应较稀。

(郦锁林)

油漆工程 painting work

以油料、树脂为主要成膜物质,加入颜料、溶剂和其他辅助材料调制的涂料,用刷或喷等方法涂抹的施工工作。经干燥后,形成一层连续而坚韧的薄膜牢固地附着于被涂物表面,起保护与装饰作用。常用的油漆品种有清油、厚漆、调合漆、清漆、磁漆、防锈漆等。其施工过程包括基层处理、打底子、刮腻子、涂刷等。但随着高分子合成工业的发展,合成树脂的品种与质量不断增多与提高,已逐渐取代了早期所用的天然油漆材料,故已将其改称为涂料工程。旧时用天然油料制成的油漆则改称为油性涂料。

(姜营琦)

油热养护 curing with hot oil

利用高温(可达200～250℃)热油作为载热体,在热油流经装于台座或模型内的循环管路系统中间接地加热混凝土,或直接将混凝土制品浸没于热油池中加热,以加速混凝土硬化、提高混凝土耐久性的热养护。该法具有热损耗小、构件加热均匀、热养时间较短等优点。

(谢尊渊)

油毡 felt

见防水卷材(62页)。

游丁走缝 random breaking joint

旧称游丁错缝。砖砌体按要求的组砌型式砌筑后,各砖层的垂直灰缝未能上下对齐处于一条竖线上的现象。

(方承训)

有保证优先股 guaranteed preferred stock

一家股份有限公司发行而由另一担保人对该公司按固定股利率发放股利作保证的优先股。如果该公司不能足额发放优先股股利,则由该担保人补足。这种保证通常有两种情况,一种是政府作为担保人对国有企业的优先股提供保证,另一种是母公司作为担保人对其子公司的优先股提供保证。

(颜 哲)

有表决权优先股 voting preferred stock

在公司章程预先规定的某些事项方面有权参加股东大会投票表决的优先股。优先股股东通常无权参加股东大会表决,但如公司章程规定了优先股股东有投票权的限定范围,这种优先股就是有表决权优先股。通常只有在公司决定是否按原定股利率向优先股股东足额发放股利,或当某种经济决策将影响优先股股东利益时,这种股票的持有者才能行使一股一票的表决权。

(颜 哲)

有机硅密封膏 organic silicon sealing mastic

由有机硅氧烷聚合物为主剂,加入硫化剂、硫化促进剂、填充料和颜料等成分组成的密封材料。分单组分与双组分。双组分的主剂与单组分主剂相同,但硫化剂及其机理不同。具有优异的耐热、耐寒性和良好的粘结密封性,适用于不同材质构配件接缝的防水密封。

(毛鹤琴)

有机硅砂浆防水层 orgnic silicon mortar waterproof coating

在水泥砂浆中掺入有机硅防水剂,进行分层涂抹施工的刚性防水层。有机硅防水剂的主要成分是甲基硅醇钠,在二氧化铁和水的作用下生成甲基硅氧烷,这是一种憎水物,进一步可缩聚成网状甲基树脂防水膜,使之堵塞防水砂浆内部毛细孔,增强密实性,提高抗渗性,从而达到防水的作用。

(毛鹤琴)

有机胶凝材料 organic binding material

以天然或合成的高分子化合物为基本成分的胶凝材料。如沥青、树脂等。

(谢尊渊)

有机溶剂型涂料 paint with organic solvent

以高分子合成树脂为主要成膜物质,有机溶剂(如苯、甲苯、二甲苯、甲醇及乙二醇等)为稀释剂,加入一定的颜料及助剂,经研磨、搅拌等配制而成的涂料。按成膜物质分类,常用品种有过氯乙烯外墙涂料、苯乙烯焦油外墙涂料、氯化橡胶外墙涂料等。一般涂膜比较致密,硬度、光泽、耐水性、耐候性和耐酸碱性都比较好。施工时,基层必须干透,含水率在6%以下,且要平整清洁。施工气温需在 0℃ 以上，炎热及雨天不宜施工。

(姜营琦)

有机塑化剂 organic plasticizer

掺入混凝土和砂浆拌合物中以减少胶凝材料用量，提高混凝土和砂浆拌合物的和易性，并能改善混凝土和砂浆的某些性能的表面活性物质。

(方承训)

有眠空斗墙 row-lock (rat-trap) wall with bonding brick on flat

由斗砖、拉结丁砖、眠砖组成的空斗墙。墙心竖向空气间隔层为眠砖层隔断。有一斗一眠、二斗一眠、多斗一眠等型式。其稳定性比无眠斗墙好。

(方承训)

有面额股 par value stock

由公司章程规定其表示的股份资本金额并将该金额印在票面上的股票。票面金额通常为不大的整数。公司设立时发行的全部股票的面额总和，即为公司股份资本的账面价值。在实行证券转让税的国家，按转让股票的面额从价征税。

(颜 哲)

有投票权普通股 voting share

其股利随公司税后、分配优先股股利后盈利状况变化而变化，其持有人按所持股份享有股东大会表决权的普通股。普通股通常都有投票权，仅英国一些公司发行的 A 类股票例外。

(颜 哲)

有效膨胀能 energy of effective expansion

导致限制膨胀所消耗的能量。

(谢尊渊)

有效预应力 effective prestress

扣除预应力损失之后，预应力筋中建立的应力值。对碳素钢丝、刻痕钢丝和钢绞线，其值不应大于 $0.6 f_{ptk}$ (f_{ptk} 为预应力筋的强度标准值)。它不包括任何荷载效应引起的预应力筋中的应力。

(杨宗放)

有压隧洞 tunnel under pressure

见压力隧洞（268 页）。

有粘结预应力混凝土 bonded prestressed concrete

预应力筋沿全长与周围混凝土粘结在一起的预应力混凝土。可采用先张法和后张法施工。在这种预应力混凝土结构或构件的任一截面上，预应力筋与混凝土都是变形协调的。预应力筋的强度可得到充分发挥；混凝土如出现裂缝，也比较分散。先张法预应力构件必然是有粘结的。后张法大跨度结构或承受重载的结构、桥梁、大型构筑物等重要工程应当是有粘结的。

(杨宗放)

有粘结预应力筋 bonded tendon

施加预应力后，沿全长与周围混凝土相粘结的预应力筋。先张法预应力筋张拉后，直接浇筑在混凝土内是有粘结的。后张法预应力筋张拉后，通过孔道灌浆也是有粘结的。承载时预应力筋的应变与周围混凝土的应变一致，能充分发挥强度。

(杨宗放)

yu

雨季起止时间 beginning and end of rainy season

雨季开始至结束的时间。中国各地雨季开始的早晚，主要取决于夏季风的进退。南方雨季开始早，北方晚；南方雨季长，北方短。东季风雨带，自 5 月中旬开始在华南沿海出现，7 月中旬到达华北东北，8 月中旬到达最北位置。8 月下旬雨带迅速南撤，不到一个月撤离大陆。来自印度洋和南海的西南季风主要影响西南地区和华南地区，北上快而南撤慢。云南南部 5 月中、下旬进入雨季。西南地区东经 90°以东，6 月中旬雨季就已全面开始；东经 90°以西地区，6 月下旬前后雨季开始。雨季结束在西部早而东部迟，东经 90°以西地区一般 9 月上旬前后雨季结束。四川、云南、贵州一般 10 月底前后雨季结束。云南最南部 11 月上旬雨季结束。

(朱 嬿)

雨季施工 construction in rainy season

在降雨量超过年总降雨量 50% 以上的降雨集中季节进行的施工。雨季比较突出地集中在夏季，特点是降雨量增加，降雨日数增多，降雨强度增强，经常出现暴雨或雷暴。为保证施工顺利进行，必须增加排水、防洪措施，增设防雨设施。降雨量是指一定时段内，一次或多次降落到地面上的雨水未经蒸发、渗透和流失等作用，在水平面上累积的水深，一般以 mm 计。降雨日数是指一定时段内，可观测到降雨的总日数，通常指一日内最小降雨总量为 0.1mm 或以上的降雨日数。降雨强度是指单位时间内的降雨量。雷暴是大气中伴有雷声的发电现象。雷暴对建筑工程安全施工危害性很大，必须注意。

(那 路)

雨季施工增加费 rainy season additional costs

建筑安装工程雨季施工或采取防雨措施所增加的直接费用。按全年平均摊销方法计取，即不论施工期是否在雨季，均应按规定的取费标准计取。它与总造价的百分比，称为雨天费用增加率，一般为 5‰～1%。

(那 路)

预拌混凝土 premixed concrete

又称商品混凝土。集中在混凝土搅拌工厂（站）生产，然后运送到用户使用地点进行浇筑的混凝土拌合物。多以商品的形式供应用户。其有两种生产形式，一种是集中在搅拌工厂（站）搅拌成混凝土拌合物后，用混凝土搅拌输送车运往使用地点。另一种是集中在配料站配料，将配合好的干原材料装入混凝土搅拌输送车中，输送车在赴使用地点途中或在即将卸料之前加水搅拌成混凝土拌合物。 （谢尊渊）

预拌净浆法 premixed cement paste method
先将水泥和水拌制成均匀的水泥净浆后，再与粗、细集料搅拌成混凝土拌合物的方法。是二次投料法中的一种投料方式。 （谢尊渊）

预拌砂浆法 premixed mortar method
先将水泥、砂和水投入搅拌机搅拌筒内拌制成水泥砂浆，然后投入粗集料拌成混凝土拌合物的方法。是二次投料法中的一种投料方式。 （谢尊渊）

预测 forecasting
根据过去和现在的数据资料，去探索某事物今后可能的发展趋势，以指导未来的行动。即根据过去和现在估计未来，根据已知推测未知。其主要作用是：①预测是决策的前提；②预测是制定国民经济和科学技术发展规划的重要依据；③预测可以推动技术和产品更新，增强产品能力；④预测是组织好社会生活以及搞好经营管理的重要手段。人们可以根据预测来研究、规划未来，设计应变的对策和行动方案。 （曹小琳）

预防性托换 precautionary underpinning
又称侧向托换。既有建筑物基础下的地基土满足承载力和变形要求，但由于既有建筑物邻近要修建较深的新建筑物基础而需开挖深基坑，或有隧道在邻近穿越等，而需对既有建筑物的基础加深、桩基托换或地基土灌浆加固等托换。多采用板桩墙、地下连续墙、网状树根桩等措施。 （赵志缙）

预裂爆破 presplitting blasting, presplit blasting
先起爆沿开挖轮廓线布置的预裂孔而后起爆主爆炸孔的光面爆破。预裂孔起爆后在预裂孔中心连线上爆破成宽 1～2cm 的预裂缝，其后再起爆主炮孔药包时，爆破范围外的岩石受到预裂缝的良好保护。这种爆破降震作用好，光面效果好。爆破后孔迹保存率可达 70%～80% 以上。 （林文虎）

预留车站岔位 presetted turnout position for station
机械铺轨时用与道岔等长的轨排取代道岔先行铺设通过车站的作业。正线铺至车站道岔时，为了不影响铺轨进度，可按照岔心里程及道岔全长，用相同长度轨排铺设，先行通过，待铺设站线时，再将岔位正线轨排拆除，将道岔铺入缺口。 （段立华）

预留沉落量 top auowance for timbering subsidence
隧道断面设计中考虑因支撑和衬砌沉落变形而适当加大的尺寸。在松软地层中开挖隧道时，以保证衬砌的厚度及隧道的建筑限界。支撑和衬砌的沉落主要是由于围岩压力变化、爆破震动、支撑刚度不够和支撑不良以及底部地层承载力不足等原因引起的。预留量的大小视围岩性质、衬砌重量、拱圈跨度、支撑更换次数等因素而定，并根据实地观测予以调整。 （范文田）

预埋花管法 soletanche process
在砂砾地基中，边钻进边下套管或用泥浆固壁钻进到设计深度，清洗孔内残留物，下放一根花管，然后在套管与花管之间灌注由粘土水泥浆制成的封闭材料，边下填料边起套管至孔口，填料将花管埋住为止的灌浆方法。间隔 10～15d，待填料凝固，才开始灌浆。灌浆是在花管内放入带有双橡塞式灌浆管，对准花管中需要开环灌浆的环孔，先用稀浆或清水升压开环，接着开始灌浆。灌浆可根据需要自上而下或自下而上或混合进行，甚至可重复进行。此法灌浆方便、质量高，但需大量花管。用于质量要求较高的灌浆工程。 （汪龙腾）

预埋套管法 duct formed with embeding sheathing tube
制作后张法预应力混凝土构件或结构时，在预应力筋的位置处预埋金属波纹管或铁皮管的留孔方法。为防止在浇筑混凝土时预埋管产生位移，每隔 80cm 用钢筋井字架固定牢靠。预埋管接头采用长为 20～30 cm、直径大一号的同型套管连接，接头管两端用塑料热缩管或密封胶带封口。浇筑混凝土后，预埋管不再抽出。适用于预应力筋密集的孔道或曲线（折线）孔道。 （方先和）

预热闪光对焊 flash butt welding with preheating
在闪光对焊时，先使钢筋端面交替轻微接触和分开，发出断续闪光使钢筋预热，当钢筋烧化到预热留量后，随即进行连续闪光对焊。其工艺过程是预热-连续闪光-加压顶锻。适用于连续闪光对焊适用范围以上的粗钢筋焊接。预热是为使粗钢筋的温度得以均匀、充分地提高，在此基础上，再进行连续闪光对焊，以达到粗钢筋能很好熔接为一体，确保焊接质量。因而它是粗筋对焊的一种方法。
 （林文虎）

预算包干 detuiled estimation lump-suin contract
由建设单位、承包单位协商，并经得建设银行认可，在施工图预算的基础上，增加一定的系数

(考虑不可预见的费用)，然后由承包单位将工程费用"一次包死"。　　　　　　　　（毛鹤琴）

预填集料混凝土　concrete with prepacked aggregate, concrete with preplaced aggregate

见压浆混凝土（268页）。

预贴面砖模板　formwork with prehung wall tiles

将装饰墙面的面砖用木条、木框或外模，预先按设计花纹排列固定，作为墙体浇灌混凝土的一次性模板。按固定面砖的方法不同，可分为木条嵌固法、模板上预贴面砖法、框式卡缝法等。它们共同的特点是：皆为预先临时固定面砖，形成混凝土墙的永久性模板，利用面砖缝隙安装穿墙拉杆，固定内外墙模板，浇灌墙体混凝土，使面砖与混凝土墙形成整体，结合牢固，墙面平整，改变了装饰材料单块粘贴、压贴的传统方法。（何玉兰）

预压排水固结　consolidation by preloading and drainage

在建筑物建造之前，在饱和软粘土地基的建筑场地上进行加载预压，使地基的固结沉降基本完成并提高地基土强度的方法。为加速压缩过程，可采用比建筑物重量大的超载进行预压。当预计的压缩时间过长时，可在地基中设置袋装砂井或塑料排水带等竖向排水体以加速土层固结，缩短预压时间。已用于油罐、机场跑道、集装箱码头等建筑物地基。（赵志缙）

预养　pre-curing

又称静停。混凝土制品成型后，在蒸汽养护供汽升温前，先在室温下放置一段时间，使混凝土能获得一定程度的初始结构强度的养护过程。其目的是增强混凝土抵抗升温过程中结构破坏作用的能力。（谢尊渊）

预应力度　prestressing degree

预应力混凝土结构中加施预应力的大小程度。可采用弯矩（轴力）比或应力比表达。采用弯矩（轴力）比时，为构件有效预压应力抵消到零时的弯矩（轴力）与全部使用荷载下的弯矩（轴力）之比。采用应力比时，为构件有效预压应力与全部使用荷载下的拉应力之比。此外，还可采用配筋比表达，即预应力筋承担的拉力与预应力筋和非预应力筋共同承担的拉力之比。（杨宗放）

预应力钢材　steel for prestressing

对混凝土施加预压力用的钢材统称。包括冷拔钢丝、冷拉钢筋、热处理钢筋、精轧螺纹钢筋、碳素钢丝与钢绞线等。其中，碳素钢丝和钢绞线的强度高、柔性好，是重点发展的品种。（杨宗放）

预应力钢材下料长度　cutting length of prestressing steel

制作预应力筋所需钢丝、钢绞线或钢筋的实际配料长度。计算时应根据预应力筋张拉锚固体系不同分别考虑下列因素：构件长度、锚（夹）具厚度、千斤顶长度、焊接接头或镦头预留量、冷拉伸长值、弹性回缩值、张拉伸长值、台座长度等。（杨宗放）

预应力钢材应力-应变曲线　stress-strain diagram of prestressing steel

预应力钢材通过拉伸试验得出的应力-应变（σ-ε）关系曲线。冷拉钢筋属于软钢，具有明显的屈服点 σ_s，比例极限约为 $0.7\sigma_s$；张拉控制应力为 $0.85\sim0.90\sigma_s$，钢筋张拉时有塑性变形。预应力钢丝属于硬钢，没有屈服平台，比例极限 σ_p 为 $0.75\sim0.8\sigma_b$（σ_b 为抗拉强度），屈服强度 $\sigma_{0.2}$ 为 $0.85\sim0.9\sigma_b$；张拉控制应力 σ_{con} 为 $0.65\sim0.75\sigma_b$，钢丝张拉时仅弹性变形。（杨宗放）

预应力钢结构　prestressed steel structures

在构件承受使用荷载之前（或承受部分荷载之后）对构件受力区预先施加方向相反的力，使产生内部自相平衡的应力状态的钢结构。使结构更充分发挥它的承载能力，以节约钢材；也可以用预加应力的办法增强结构的刚度。根据采用的材料不同，可分为同钢种预应力钢结构和异钢种预应力钢结构两类。前者只适用于内力分布不均匀的结构体系，施加预应力的作用是调整结构的内力分布，充分发挥材料的承载能力；后者是在结构体系中增设一些高强度钢材的构件，张拉这些构件，在体系中建立一种和使用时反号的预应力，提高体系的承载能力，这种方法可适用于各种结构体系。构件或结构中建立预应力的方法很多，无论采取何种方法均必须在充分满足使用要求的基础上，做到安全可靠、技术先进、确保质量和经济合理。（王士川）

预应力滑动台面　prestressed sliding bed surface

配有预应力钢丝并与基层间设置隔离层，在整个长度范围内不设伸缩缝的整体台面。有双层和单层两种做法。双层台面既适用于新建，更适用于老台面改造，因而用得较多。由于隔离层的摩擦力小，气温变化时台面可整体滑动，预应力则用于抵抗剩余的温度应力，因此台面不会开裂。这样就解决了构件跨越台面伸缩缝可能被拉裂的问题，可提高台面的利用率，并节约生产用的钢材。（卢锡鸿）

预应力混凝土　prestressed concrete

外荷载作用前，预先建立有内应力的混凝土。

内应力的大小和分布应能抵消或减少给定外荷载所产生的拉应力。混凝土的预压应力一般是通过张拉预应力筋实现的。按预应力度大小可分为：全预应力混凝土和部分预应力混凝土。按预加应力方式分为：先张法预应力混凝土、后张法预应力混凝土和自应力混凝土。按预应力筋的粘结状态分为：有粘结预应力混凝土和无粘结预应力混凝土。按施工方法又分为：预制预应力混凝土、现浇预应力混凝土和叠合预应力混凝土等。此外，预应力轻集料混凝土也开始在结构上应用。预应力混凝土与钢筋混凝土比较，可有效地利用高强钢材和混凝土，提高使用荷载下结构的抗裂性和刚度，做成跨度大、自重轻的结构，并有显著的节材效果。广泛用于房屋、桥梁、水工和特种结构等，在现代结构中具有广阔的应用和发展前景。 （杨宗放）

预应力混凝土安全壳 prestressed concrete safety shell

在核电站工程中，包含整个反应堆厂房—回路系统的密闭结构。用于控制和限制反应堆系统的放射性物质向外扩散和泄漏。安全壳的筒身和穹顶均采用大吨位后张预应力体系。筒身的环向预应力筋采用分段的钢绞线束，锚固在筒壁外侧的扶壁上；筒身的竖向预应力筋采用统长的钢绞线束。由于安全壳筒身上开有大直径的设备进出舱口，预应力筋沿孔壁绕过这些舱口部位时则形成空间曲线束。在穹顶处配置三个方向互为60°的预应力钢绞线束。这种安全壳能承受强大的内压力。中国已建成的有：秦山核电站和大亚湾核电站安全壳。 （杨宗放）

预应力混凝土薄板叠合板 composite slab with prestressed concrete thin plate

由预制预应力混凝土薄板与现浇混凝土层结合而成的叠合板。叠合面是保证预制薄板与现浇混凝土层共同工作的关键。按叠合面做法不同可分为：无结合筋叠合板和有结合筋叠合板。后者用于叠合面剪应力较大的板。薄板的预应力筋即为简支叠合板的主筋。连续叠合板现浇层内需配置负弯矩钢筋和构造钢筋。现浇层的混凝土强度等级不宜小于C20。施工时，薄板下设少量临时支撑。这种叠合板具有整体性好、抗裂度高、钢材省、不需支模等优点，适用于多层与高层建筑中跨度不大于8 m的单向板和边长不大于5 m的双向板。 （杨宗放）

预应力混凝土电杆 prestressed concrete electric pole

杆身施加纵向预应力的混凝土电杆。通常为圆形。采用先张法制作，离心成型。钢模由两半圆筒组成，预应力筋锚固在钢模端部。电杆的预应力筋采用$\varphi^s 5\sim 7$碳素钢丝，用镦头锚具成组张拉。这种电杆具有抗裂度高、刚度大、耐久性好等特点，广泛用于通信线路、输电线路等。 （杨宗放）

预应力混凝土电视塔 prestressed concrete TV tower

塔身施加竖向预应力的混凝土电视塔。塔身的平面形状有：圆形、多边形和Y形。塔身的竖向预应力采用大吨位后张钢绞线束，部分统长到顶，部分达50%或其他高度处。塔基和塔楼也有采用水平方向的预应力。对塔肢分离的电视塔，塔肢之间的横梁也有施加预应力的。当前世界上最高的预应力混凝土电视塔为加拿大多伦多电视塔（总高为553m），中国已建成的有：北京、天津、南京及上海电视塔等。 （杨宗放）

预应力混凝土叠合构件 composite precast prestressed concrete member

在预制预应力混凝土构件上现浇一层混凝土形成的组合截面构件。按叠合构件类型可分为：预应力混凝土薄板叠合板、预应力混凝土空心板叠合板、预应力混凝土T形板叠合板、预应力混凝土叠合梁等。叠合面处理应根据叠合构件类型和荷载大小确定。浇筑叠合层时是否需要临时支撑应由设计确定。通常，当预应力构件截面高度与叠合构件截面高度之比小于0.4时，应在施工阶段设置可靠支撑。 （杨宗放）

预应力混凝土叠合梁 composite precast prestressed concrete beam

由预制预应力混凝土梁与现浇混凝土叠合层结合而成的叠合构件。对密肋式楼面结构，肋梁的高度一般为250~350 mm，配置钢丝或钢绞线，采用先张法制作。梁中的箍筋应全部伸入叠合层，叠合面宜做成凹凸不小于6 mm的自然粗糙面。叠合层的厚度不宜小于100 mm，混凝土强度等级不宜低于C20。对于叠合大梁，其预制预应力混凝土梁的截面尺寸应根据承载性能和吊装施工能力确定。预制梁与整浇层之间的叠合面也应按计算做出相应处理。 （杨宗放）

预应力混凝土刚性防水屋面 prestressed concrete rigid waterproof roof

在混凝土刚性防水层中配置双向钢丝并施加预应力，以提高屋面防水层抗裂性的刚性防水屋面。可避免或减轻开裂，故获得良好的防水效果。 （毛鹤琴）

预应力混凝土工程 prestressed concrete work

以预应力混凝土为主要材料制成的工程结构的设计、制造、安装及维修工程的总称。中国预应力技术始于20世纪50年代后期，至80年代随着高强预应力钢材配筋的现代预应力混凝土和预应力张拉锚固体系的出现，预应力技术已从制造单个构件发展到了预应力混凝土结构的新阶段。目前在采用数量、结构类型、使用材料及施工工艺与设备等方面都取得了很大进展。主要的预应力结构体系有：部分预应力混凝土现浇框架结构体系、无粘结预应力混凝土现浇楼板结构体系、整体预应力装配式板柱结构体系等。在深基础边坡支护结构、特种结构、房屋加固改造、钢结构及桥梁等方面均得到实际应用。　　　　　　　　　　　（鄘锁林）

预应力混凝土轨枕　prestressed concrete sleeper

采用先张法预应力混凝土制成的铁路轨枕。其生产工艺主要采用流水机组法，一套钢模可同时生产二排10根轨枕。轨枕的预应力筋可采用 ϕ^s3 碳素钢丝，用波形夹具成组张拉；或采用 $\phi^l 8.2$ 热处理钢筋，用方套筒二片式夹具单根张拉。广泛用于铁路工程。　　　　　　　　　　　（杨宗放）

预应力混凝土空心板叠合板　composite slab with prestressed concrete hollow-core slab

由预制预应力混凝土空心板与现浇混凝土叠合层结合而成的叠合板。在支座处配置负弯矩钢筋，即可形成连续板。预制空心板的刚度大，施工时无需设置临时支撑。空心板的上表面应做成自然粗糙面。叠合层的厚度一般为50 mm，混凝土强度等级不低于 C20。　　　　　　　　　（杨宗放）

预应力混凝土跑道　prestressed concrete runway

混凝土面板施加预应力的飞机跑道。具有较高的抗弯刚度和抗剪强度，还具有不透水性和耐磨损性能。板的厚度为16～20 cm，横缝的距离可扩大至120～180 m，缝口处构造应能适应板的胀缩，并下设垫梁，以保证板边不会自由下沉。预应力筋布置可采用纵横向平行方式或斜向交叉方式。施工方法有先张法、后张法、自应力和外加预应力法。采用外加预应力法施工时，不用预应力筋，而在两块跑道板之间放置扁千斤顶对板施加预应力。张拉后扁千斤顶中的水介质应很快地用水泥砂浆替代，顶面上所形成的缝隙要用环氧树脂砂浆填补。　　　　　　（杨宗放）

预应力混凝土桥悬臂浇筑　cantilever concreting of prestressed bridge

利用挂篮设备，就地浇筑梁段，每浇完一梁段，待混凝土达到要求强度后，便进行预应力张拉锚固，然后向前移动挂篮，进行下一梁段的浇筑，直到悬臂端为止。　　　　　　　　　（邓朝荣）

预应力混凝土桥悬臂拼装　cantilever assemblage of prestressed concrete bridge

将预制的梁段，自桥墩顶段开始，向前吊装梁段，就位后施加预应力，并逐渐接长的施工方法。
　　　　　　　　　　　　　　　　　（邓朝荣）

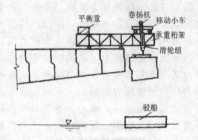

预应力混凝土筒仓　prestressed concrete silo

筒壁施加环向预应力的圆形混凝土筒仓。筒仓支承在底部结构上。筒壁的高度大，宜采用滑升模板施工。在筒壁内预留水平孔道，配置大吨位钢绞线束，利用液压千斤顶施加环向预应力。沿筒壁外侧，一般设置4根扶壁，每束钢绞线的包角180°，锚固在筒壁外侧相对的两个扶壁上。相邻上、下钢绞线束锚固端错位 90°，可使由摩擦引起的预应力损失沿圆周近于相等。钢绞线束锚固后，在孔道内进行压力灌浆，这种筒仓整体性好，抗裂度高，适用于大型水泥料库和煤仓等。

　　　　　　　　　　　　　　　　　（杨宗放）

预应力混凝土芯棒　prestressed concreteconre rod

采用先张法生产的一种小截面预应力混凝土元件。可以代替预应力筋配置在各类构件中，从而使构件同样体现出预加应力的效果。采用芯棒配筋的构件比非预应力混凝土构件节约钢材约30%。

　　　　　　　　　　　　　　　　　（杨宗放）

预应力混凝土压力管　prestressed concrete pipe

管壁施加纵向和环向预应力，以满足耐压要求的混凝土管。管径为400～2 000 mm。生产工艺有二种：管芯绕丝工艺和振动挤压工艺。管芯绕丝工艺（又称三阶段工艺），首先制作带有纵向预应力筋的混凝土管芯，然后在管芯上缠绕环向预应力钢丝，最后覆加一层水泥砂浆保护层。振动挤压工艺（又称一阶段工艺）的环向预应力是由内钢模胶套管内的高压水挤压尚在塑性阶段的混凝土过程中张拉钢丝来建立的。广泛用于输水管道、输油和输气工程等。　　　　　　　　　（杨宗放）

预应力混凝土桩　prestressed concrete pile

桩身施加纵向预应力的预制混凝土桩。按其形状不同分为：方桩（边长35～55 cm）、八角桩和管桩（直径40～60 cm）等。对尺寸大的方桩和八角桩，宜做成空心桩。桩的预应力筋可采用冷拉粗钢筋、钢丝和钢绞线等。生产工艺：一般采用先张法，方桩和八角桩在长线台座上振动成型，管桩在钢模内离心成型。对长度大的桩,可在预制工厂内先做成管段,然后运到现场后用后张法拼装而成。为了节约钢材,有时桩打设后可将预应力筋抽出来。这类桩具有抗裂度高、耐久性好、钢材省等优点。广泛用于深基础、海港工程等。

(杨宗放)

预应力筋 tendon

可张拉的单根或多根预应力钢材。用来将预应力传递给混凝土。按粘结状态不同可分为:有粘结预应力筋和无粘结预应力筋。 (杨宗放)

预应力筋放张 releasing of tendon

先张法预应力混凝土构件生产过程中,当混凝土达到设计要求强度后放松预应力筋,从而使混凝土产生预压应力的工序。放张时混凝土的强度按设计规定,但不得低于立方抗压强度标准值的75%。放张宜缓慢,其一般顺序为:①轴心受预压的构件,全部预应力筋应同时放松;②偏心受预压的构件,应先同时放松预压力较小边的预应力筋,后同时放松预压力较大边的预应力筋;③当受条件限制不能同时放松时,应对称地逐根放松。放张的方法有:切割放张法、砂箱放张法和楔块放张法等。

(卢锡鸿)

预应力筋孔道 tendon duct

在后张法预应力混凝土构件或结构中,为放置预应力筋预先在混凝土内留设的孔道。孔道的位置与尺寸应正确,端部预埋钢板应垂直于孔道中心线,接头处应严密,不得漏浆。孔道形状有直线、曲线和折线等。当预应力筋为单根钢筋时,孔道直径应比钢筋公称直径、钢筋对焊接接头处外径或需穿过孔道的锚具外径大10mm;当预应力筋为多根钢丝、钢绞线或钢筋时,孔道截面面积至少应为预应力筋净截面面积的2倍。孔道留设的方法有钢管抽芯法、胶管抽芯法和预埋套管法等。

(方先和)

预应力筋-锚具组装件 tendon-anchorage assembly

预应力筋上装有锚具的部分。试验用的预应力筋-锚具组装件应由锚具的全部零件和预应力钢材组装而成。对锚具定型与新产品试验,应选同一品种、同一规格中最高强度级别的预应力钢材;对锚具验收试验,预应力钢材应与工程实际情况一致。

(杨宗放)

预应力筋效率系数 tendon efficiency factor

预应力筋拉力试验时的最小破断力与各根预应力钢材的理论破断力总和之比值。以 η_p 表示。对于一般工程,当预应力筋为钢丝、钢绞线或热处理钢筋时,取 $\eta_p=0.97$;当为冷拉Ⅱ~Ⅳ级钢筋时,取 $\eta_p=1.0$。对重要工程 η_p,应按照现行预应力锚具、夹具和连接器应用技术规程计算确定。

(杨宗放)

预应力连续梁桥顶推安装 incremental launching method of PC continuous beam bridge

桥梁逐段在桥台背后浇筑,施加预应力,与前段连接、顶推而形成整个桥梁的施工方法。利用桥台背后的路堤或引桥作为浇筑底座,浇筑完毕,待混凝土达到强度后再施加预应力,进行顶推,从第二段开始与前段连接后再行顶推。此法适用于等高度预应力混凝土连续梁,可在平坡、上下坡、直线或大半径曲线桥时施工安装。改善被顶推梁的挠度和减少负弯矩的措施为:在首节梁段的前端设导梁;在跨径中间设临时墩;在有横梁处的桥面上设塔架,用斜拉索将梁前端吊起等。按顶推的支承系统分为:单点顶法、多点顶法。按顶推方向有:从一岸顶推到另一岸的单向顶推;由两岸同时顶推,在跨中合拢的双向顶推;用水平张拉千斤顶和拉杆或压杆,水平-垂直千斤顶顶推。梁的支搁处设滑动支座,支座面设置光洁度大的不锈钢板塞以聚四氟乙烯板,涂以中性润滑油减小摩擦。为防止梁体在顶推过程中偏移,设置横向导向装置。全梁顶推到设计位置,安装正式支座,按设计气温规定落梁。

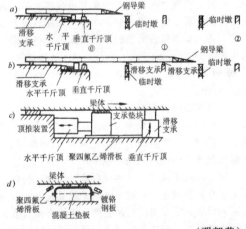

(邓朝荣)

预应力锚杆 prestressed ground anchor bar

将拉力传递到土层或岩层的预应力体系。按其锚固地层的类型可分为:岩层锚杆和土层锚杆。按其使用要求又可分为:临时性锚杆和永久性锚杆,一般以两年为界。锚杆由锚头、拉杆、锚固体等组成,分为张拉段和锚固段两部分。拉杆采用高强预应力钢材制作,其根部灌水泥浆形成锚固体。锚杆的承载力取决于拉杆强度、拉杆与锚固体之间的握裹力、锚固体和孔壁之间的摩阻力,并通过试验确定。锚杆的施工过程：成孔、安放拉杆、锚固段灌浆、张拉、张拉端段灌浆等。对需要补张拉或将预应力筋拔出的锚杆，张拉端可不灌浆或采用带套管的预应力筋沿全长一次灌浆。对设置在腐蚀环境中的锚杆，应采取防腐蚀措施。这种锚杆广泛用于深基础开挖支护、挡土墙支承、边坡稳定、坝基加固等。

（杨宗放）

预应力轻集料混凝土 prestressed light-weight aggregate concrete

采用轻集料混凝土制作的预应力混凝土。应选用优质人造轻集料，如粘土陶粒、粉煤灰陶粒、页岩陶粒等。它具有自重轻、隔热性能好等优点，但弹性模量低、预应力损失大、价格贵。欧美等国在高层建筑、大跨建筑、桥梁、水工结构等领域中都已获得应用，中国也开始用于楼板、桥梁等。

（杨宗放）

预应力损失 prestressing loss

预应力筋张拉后，由于材料特性与张拉工艺等多种因素，使得预应力筋中的应力从构件制作直至安装使用后的整个过程中不断降低的现象。根据预应力损失发生的时间可分为：瞬时损失和长期损失。瞬时损失包括孔道摩擦损失、锚固损失、弹性压缩损失、热养护损失等。长期损失包括钢材的应力松弛损失、混凝土收缩损失和徐变损失等。此外，有时还有锚口摩擦损失、叠层摩阻损失等。预应力损失计算正确与否，对结构使用性能有较大的影响。为了提高预应力筋的有效预应力，可采取相应措施。

（杨宗放）

预制构件平衡 precast members balanced scheduling

根据建设项目施工不同阶段所需要预制构件的规格、品种和数量以及预制构件厂的生产能力，平衡调度供需之间矛盾的工作。

（孟昭华）

预制混凝土 precast concrete

在工厂或工地现场（非最后设计位置）制作混凝土制品的混凝土。一般是借助于起重设备将制品安装到设计位置上去。制品生产的组织方法有台座法、机组流水法和流水传送法三种。按制品制作时所处的状态分，其生产工艺有立模工艺、平模工艺、反打工艺、正打工艺等。

（谢尊渊）

预制水磨石面层 precast terrazzo floor

将预制水磨石板块铺砌在水泥砂浆找平结合层上而做成的地面装饰层。铺砌前板块应浸水晾干备用。要求表面平整、对缝整齐、不空鼓。

（姜营琦）

预制预应力混凝土薄板 precast prestressed concrete thin plate

生产预应力混凝土叠合板用的预制底板。薄板既是叠合板的承重部件，又是永久性模板，薄板底面光滑平整，板缝经处理后，可不抹灰而直接喷浆。薄板的厚度为 40～70 mm，混凝土强度等级不小于 C30。薄板配置冷拔钢丝或刻痕钢丝，采用光张法制作。薄板的钢丝应伸出板端，锚固在墙或梁内。对于无结合筋叠合板，在预制薄板上表面常采用压痕或划毛措施，做成凸凹程度不小于 4 mm 的人工粗糙面。对有结合筋的叠合板，预制薄板上表面的结合筋，可由点焊钢筋网片折叠成三角形断面，沿薄板纵向通长设置，半埋入薄板的混凝土内。

（杨宗放）

yuan

原材料计量 batching of raw material

又称配料。将一次同时拌合的混凝土原材料，按混凝土配合比设计所要求的数量分别进行称量的工作。计量的方法可以按重量计，也可以按体积计。由于材料计量的准确性会显著影响所拌制混凝土的质量，而松散材料按体积计量的误差甚大。因此，为保证所拌制混凝土的质量能符合设计要求，应采用按重量计量。计量过程可分为粗称与精称两个阶段。

（谢尊渊）

原材料贮存 storage of raw materials

原材料运至混凝土拌制地点后，等待使用的临时存放工作。目的是为了保证混凝土的拌制工作不会因材料供应短缺而中途停顿。原材料的贮存方式与材料品种有关，集料多采用露天堆场贮存，水泥则采用棚库或筒仓贮存。原材料的贮备量主要决定于每天的平均需要量和贮存期，也与生产的不均衡因素和原材料在输送、贮存过程中的损耗有关。

（谢尊渊）

原浆勾缝 jointed

用砌筑原墙体的砂浆进行勾缝的做法。要求边砌筑边勾缝。

（方承训）

原木 log

伐倒木的茎干经打枝和选材而成的圆木段。通常按用途分类，如直接用圆木、加工用圆木等。中国国家林业标准按材质（木材缺陷程度）将加工用原木划分为三个等级。

（王士川）

圆身

见石雕（217 页）。

圆套筒三片式夹具 three-wedge grip with circular sleeve

利用三夹片夹持直径为 12～14 mm 的单根冷拉钢筋的夹具。套筒和夹片均采用 45 号钢。套筒

调质热处理硬度 HRC32~35，夹片热处理硬度 HRC40~45。　　　　　　　　（杨宗放）

远红外线养护法　curing method by distant infrared rays

利用红外线辐射元件发出的红外线被混凝土吸收后转化为热能加热养护混凝土的冬期施工方法。设备简单，操作方便，升温迅速，养护时间短。红外线辐射元件有红外线电热管和碳化硅板。采用红外线电热管时，将其固定在钢模板外侧，外部设保温板，在保温板与钢模板间形成热辐射空腔。采用碳化硅板时，可在碳化硅板面上涂一层远红外线涂料组成的碳化硅燃烧板，也可将碳化硅板组成不同形式的碳化硅电阻炉。常用于薄壁钢筋混凝土结构及装配式结构接头处混凝土的养护。
　　　　　　　　　　　　　（张铁铮）

yue

月白灰

白灰或麻刀灰中掺入适量青灰浆而成的灰浆。可分为浅月白灰和深月白灰。前者用于调脊、宽瓦，砌糙砖墙，室内抹灰；后者用于调脊、宽瓦，砌涧白墙，室外抹灰。　（郦锁林）

月白浆

白灰浆加青浆而成的灰浆。前者用于墙面刷浆；后者用于墙面刷浆或布瓦屋顶刷浆。当用于墙面刷浆时，应过箩，并应掺胶物质。
　　　　　　　　　　　　　（郦锁林）

越岭隧道　watershed tunnel

交通线路跨越垭口时所修建的山岭隧道。根据洞口位置的高低，分为山顶隧道及山麓隧道。前者隧道短，展线长，线路起拔高度大，运营条件差，但工期短，造价低；后者正相反。究竟何者为优，需经技术经济比较而定，在经济上合理，技术上可能的条件下，力争修建较长的隧道，线路以不展线或少展线为宜。　　　　　（范文田）

yun

匀质混凝土　homogeneous concrete

混凝土中砂浆体积密度的相对误差小于0.8%，单位体积混凝土中粗集料重量的相对误差小于5%的混凝土。　　　　（谢尊渊）

允许自由高度　allowable unsupported height of brichwork

墙与柱在无横向支撑（如隔墙、楼盖、圈梁等）条件下砌筑时所允许达到的高度。其值与墙类别（实心墙、空斗墙）、墙厚、风力等因素有关。
　　　　　　　　　　　　　（方承训）

运碴　muck haulage

将装好的土石运出洞外的出碴作业。分轨道运输和无轨运输两种方式。前者是在坑道内铺设轨道，用人力推送或机械牵引矿车，占用坑道断面小且牵引吨数大；后者多采用自卸卡车，设备少而简单，但有废气污染，需加强通风，只适用于大断面隧道的开挖。　　　　　　　（范文田）

运筹学　operations research

科学地、定量地研究问题，主要通过建立模型（数学的或模拟的），从可供选择的行动方案中寻找最优方案，为决策提供科学的定量的依据。是近50年发展起来的新兴学科，是多学科协同工作的思想和方法，其领域随着社会的发展无限扩展和延伸。内容有：线性规划，非线性规划，整数规划，动态规划，排队论，对策论，决策论，网络技术，库存论等。　　　　　　　　（曹小琳）

运河隧道　canal tunnel

又称航运隧道。用以通航船只或浮运木材而修建的交通隧道。当运河穿过高程障碍或遇山嘴而须截弯取直时，为缩短河道长度，加速船只通过所必须修建。通常在隧道上方开挖竖井而用矿山法施工。17世纪时，曾在英法等国的运河上修建了不少这种隧道，19世纪以来，由于铁路的出现而很少修建运河，因而新建的隧道已不多见，现有的一些运河隧道，不少也已被相继废弃。
　　　　　　　　　　　　　（范文田）

运输道路布置　access road layout

施工现场上运输道路的规划。根据施工现场内各加工场、仓库及各施工对象的相对位置，设计货物周转运行图，区别出主要和次要的临时道路，道路的规划要使车辆行驶安全、运输畅通、造价低。一般应尽量提前修建和利用拟建的永久性道路。连接仓库、加工场和施工地点的临时主要道路应按环形线路布置。次要道路可单行布置，末端应设置回车场地，并尽量避免与铁路交叉。　（邝守仁）

运输能力　transportation capacity

运输企业或一定的线路、港口、车船设备在一定时期内所能担负的最大客货运输量或周转量。主要因素有：①固定设备（线路、车站、港口、码头等）的数量和质量；②运输工具（如车辆、船舶等）的数量和性能；③职工的业务技术和管理水平。运输能力通常分别以铁路通过能力、铁路输送能力、港口通过能力、船舶运输能力等来表示。
　　　　　　　　　　　　　（解　滨）

运行极限位置限制器　motion limit position in-

dicating and control deviee
保证机构在其运动的极限位置时,自动切断前进动力源并停止运动的起重机安全保护装置。

(刘宗仁)

运行阻力 moving resistance
车辆在行驶中所遇到各种阻力的总和。与车辆性能、自重、运载重量、行驶速度和道路条件等因素有关。

(胡肇枢)

晕色
彩画内同颜色逐渐加深或逐渐减淡的方法。

(郦锁林)

Z

za

砸花锤 hammering
在剁点或打糙道的基础上,用花锤在石面上锤打,使石面更加平整的加工方法。既可作为剁斧前的一道工序,也可作为石面的最后一道工序。经处理后的石料大多用于铺墁地面,也常见于地方建筑中。

(郦锁林)

zai

再生橡胶卷材 regenerated rubber roofing material
由再生橡胶、10号石油沥青和碳酸钙经混炼、压延而成的无胎防水卷材。其规格为宽1 m,长20 m,厚有1.2 mm和1.5 mm两种。有一定的延伸性,低温柔性较好,耐腐蚀能力较强,价格低廉,可单层冷防水施工。

(毛鹤琴)

再生橡胶卷材防水屋面 regenerated rubber roll waterproof roof
以再生橡胶卷材作屋面防水层的卷材防水屋面。一般采用"一毡二油"的构造,即先在基层上涂一层水性沥青冷粘结剂,随即铺贴一层再生橡胶卷材,然后再在卷材上加涂一层粘结剂,撒上云母粉,用滚筒碾压一遍,形成屋面保护层。

(毛鹤琴)

zao

凿 chiselling
用锤子和錾子将多余的部分打掉的石料加工方法。特指对荒料凿打时可称为打荒;特指对底部凿打时可称为打大底;用于石料表面加工时,有时可按工序直接称为打糙或见细。

(郦锁林)

凿活
见石雕(217页)。

早爆 earlier blast
在预定时间之前产生的意外爆炸。其原因是导火线燃速过快,或由于爆破点周围存在的高压线、射频电源、杂散电流源、雷电等产生感应电流引起的电引爆系统提前爆炸。由于缺乏准备,会造成恶性事故发生。防止的措施有:在作业区附近有电磁波发射源;高压线路或射频电源时,建议采用非电爆破;爆破现场通信联络的无线电台,应采用高频,爆破网路不要离开地面悬挂,应保证绝缘良好,避免接地,爆破网路应布成平行线或双绞线;减少杂散电流源,拆除爆破区的金属物,清除散落在积水内的炸药;雷雨天禁用电力起爆。

(陈晓辉)

皂化松香 saponified resin
俗称微沫剂。由松香和碱(氢氧化钠或碳酸钠)溶液经皂化反应制成的有机塑化剂。掺入水泥砂浆或水泥石灰砂浆中后,能产生大量微小分散的、不破灭的气泡,并保存在硬化后的砂浆中。从而改善了砂浆拌合物的流动性和保水性以及砂浆的抗冻能力。

(方承训)

皂液乳化沥青 saponified bitumen emulsion
以肥皂和洗衣粉为乳化剂制成的离子型沥青乳状液的防水涂料。

(毛鹤琴)

造壳法
见水泥裹砂法(225页)。

造壳混凝土
见SEC混凝土(311页)。

ze

择砌
当墙体局部酥碱、空鼓、鼓胀或损坏的部位在中下部,而整个墙体比较完好时,采用的边拆边砌的修缮方法。一次长度不应超过50~60cm。若只砌外（里）皮时，长度不要超过1m。

（郦锁林）

zha

渣池电压 slag cup voltage
焊剂盒内熔化了的焊剂和钢筋端部金属所形成的渣池的电压。它主要影响电渣过程的稳定，而电压又随两端钢筋间距而变化，电压过低表明两端钢筋过小容易产生短路，距离过大则电压过高，易发生断路。一般电弧过程时为40~45V；电渣过程时为22~27V。
（林文虎）

渣石路面 broken stone and slag pavement
以适量石灰与炉渣的拌合物为胶结料，以矿渣、碎石或碎砖为粗集料，拌合、压实筑成的半刚性路面。其强度是由于炉渣中所含的硅、铝、铁等成分与活性氧化钙发生物理化学作用生成水硬性胶结材料而产生的，因而有随时间的推移而强度不断增长的特性。其强度和冰冻稳定性都较石灰土路面好，它通常用作中、低级路面的面层。目前，也有用钢铁工业中产生的铁渣、钢渣及化学工业中产生的漂白粉渣、电石渣、硫铁矿渣等工业废渣来修筑的。
（朱宏亮）

扎缚绳
用白色苘麻做成两股的麻辫子。长为3m，粗1.2cm，每根重1.2kg左右，耐拉力强，缺点是易腐烂和松扣。
（郦锁林）

闸挡板
在檐椽头上部之间加一板条，把椽之间的空档堵满之木。
（张 斌）

闸墙 air lock wall
全气压盾构施工的隧道中，为将盾构分隔成高气压段和正常气压段所建造的不漏气的厚墙。设有供施工用的人行闸、材料闸、安全闸等闸室。可用砖、混凝土、钢筋混凝土等材料建成，应装配简便、易于拆卸和转移。
（范文田）

闸室 air lock
用压气盾构法修建隧道时，水平设闸于闸墙之锅炉形洞室。两端装有闸门，仅能朝高气段方向开启。
（范文田）

炸药爆轰 blast of explosive
在炸药中由冲击波传播引起的爆炸反应。爆轰是炸药化学变化的一种形式。爆轰波则是在炸药中传播的特殊形式的冲击波，在其传播过程中，炸药由于受到波阵面的压力强烈压缩而产生急剧放热反应，同时又从炸药化学反应中获得能量补充，保持恒定的波阵面压力和速度而稳定传播。
（林文虎）

炸药爆炸性能 blasting properties of explosives
炸药爆炸时各种能力的综合。即炸药在爆速、爆热、爆温、爆炸气体生成物、爆力、猛度等方面所具备的能力。由于炸药品种很多，其组成成分各不相同，上述能力也各异。为正确、合理、安全使用炸药，必须掌握各种炸药的这些爆炸性能。
（林文虎）

炸药敏感度 degree of sensitivity of explosives
在外能作用下炸药起爆的难易程度。系表示炸药稳定性的指标。一般采用激起炸药爆炸反应所需最小起始冲能来衡量。各种炸药对不同形式的外能作用的敏感度不是等效的，因此必须综合炸药对各种外能作用的敏感程度，才能全面评定。对不同外能作用的敏感度可用热能感度、撞击感度、摩擦感度和爆炸冲能感度来表示。敏感度的高低对于安全使用，加工制造和运输贮存有十分重要的作用，是爆破工程中炸药选用的一个重要因素。
（林文虎）

炸药摩擦感度 degree of friction sensitivity of explosives
炸药在摩擦作用下的炸药敏感度。用摩擦感度仪试验25次。用爆炸次数与试验次数的百分比表示。
（林文虎）

炸药氧平衡 oxygen balance of explosive
将炸药爆炸后，以其中所含的氧完全氧化本身所含的碳和氢。目前大量使用的炸药均由C、H、O、N四种元素组成，其化学通式为$C_aH_bO_cN_d$。氧平衡可用下式计算

$$氧平衡 = \frac{\left[c - \left(2a + \frac{b}{2}\right)\right] \times 16}{M}$$

a、b、c、d分别为炸药分子中的碳、氢、氧原子的个数，M为炸药的摩尔数。亦可用炸药实际含氧量与使炸药中碳和氢完全氧化所需氧量之间相差程度的氧平衡率表示。即：

$$氧平衡率 = \frac{16 \times n}{M} \times 100\%$$

M为炸药的摩尔数；16为氧的克原子量；n为多余或不足的氧原子数 $n = c - \left(2a + \frac{b}{2}\right)$。当$n$大于、小于或等于零时，分别称这些炸药为正氧、负氧或零氧平衡，前两者分别生成氮氧化物和一氧化碳有毒气体，在爆破工程中应力求使炸药为零氧平衡或微量正氧平衡。
（林文虎）

zhai

债券可行性研究 feasibility study for bonds

企业在发行债券前对应否以债券筹资和如何以债券筹资的分析研究。债券筹资适于满足企业中长期资金需要，而不适用于筹集短期资金和永久性资本。股市萧条时，发行债券较有吸引力；股市旺盛时固定利率债券缺乏竞争力。企业资信等级高，可用较低利率发行债券；资信等级低则难以筹集大量资金，利率也较高而难以负担。在经济萧条阶段或在市场利率较低时可发行固定利率债券，否则应采用浮动利率。预测未来利率趋于下降，可采用较短的还债期限，到期后可按新的较低利率发行新债。通货膨胀率较高时可发行可转换债券。经营风险大、不能保证按时还本付息的企业则不适于以债券筹资。

(颜 哲)

zhan

粘结式锚具 bonded anchorage

利用预应力筋端头经处理后与混凝土之间的粘结来锚固钢丝束或钢绞线束的埋入式锚具。仅用于固定端。按粘结状态，可分为全粘结式锚具和半粘结式锚具。全粘结式锚具是全部靠粘结锚固，如钢绞线压花锚具。半粘结式锚具是部分靠机械零件，部分靠粘结锚固，如钢丝束的端部有一段锚固长度并装有一块镦头锚板。

(杨宗放)

斩假石 axed artificial granite

又称剁斧石。在水泥砂浆中层面上抹水泥石粒浆，硬化后，用剁斧、齿斧、凿子等将面层斩琢成具有天然石料纹理的人造石料饰面。石粒浆的体积配合比一般为：水泥：石粒=1:1.25～1.50。面层厚度约10 mm。施工时，先按设计要求用分格条将墙面分块，石粒浆分两次涂抹，用刮尺赶平，木抹子打磨压实，用软质扫帚顺剁纹扫一遍，遮蔽养护2～3d，强度达5 MPa后，经试剁石粒不掉时，即可正式开剁。

(姜营琦)

斩砍见木

为使油灰与木表面易于粘接，将木料表面用小斧子砍出斧迹的做法。如遇旧活应将旧灰皮全部砍挠去掉，至见木纹为止。在砍挠过程中应横着木纹来砍，不得斜砍，损失木骨，然后用挠子挠净，称为砍净挠白。

(鄢锁林)

栈桥法浇注 concreting from construction trestle

修建混凝土坝或其他高大混凝土建筑物时，在可供起重机及运输车辆运行和供应混凝土等物的临时栈桥上进行混凝土运输浇注的施工方法。栈桥上常安置若干台移动式门架起重机或塔式起重机，这些起重机因设在栈桥上而增加了吊运高度和宽度，扩大了控制范围。栈桥一般与坝轴线平行布置，可设在坝轮廓线内，或坝外，可一条或多条，桥面可固定高程，也可随坝体上升而翻高。桥墩可以是混凝土、钢筋混凝土或钢结构的。桥梁一般为钢的，以便大坝完建后回收。

(胡肇枢)

战略性信息 information of strateqy

在工程建设项目中，用于高层次管理人员对工程建设项目中重大问题决策时所需要的一部分信息。这些重大问题影响到项目成败、投资效益。如项目前景规划；项目资金筹措来源；确定总投资额、总目标、总进度、总质量要求；确定项目总体设计、项目总体规模；设计、施工承包商确定；合同条款及合同价确定；项目总体技术水平的确定；设备、原材料选择；建设物资、资金变化趋势对工程建设影响等重大问题。较多来源于项目外部信息，离散度大，不确定性强，主要用于项目建设前期决策。

(顾辅柱)

站后配套工程 following works to station

新建铁路施工中在站场铺轨之后所进行的为交付运营所需的生产建筑及设备安装工程。包括通信、信号、电力、站场给水和房屋建筑等。应尽早完成这些工程，以便交付使用，发挥铁路运输能力。

(段立华)

绽口

由于贴金不严，使金箔出现裂缝的现象。

(鄢锁林)

zhang

张拉程序 tensioning procedure

预应力筋张拉过程中的加载步骤。可分为一次张拉程序和超张拉程序，根据构件类型、张拉锚固体系、松弛损失取值等因素确定。一次张拉程序为：先从零加载至量测伸长值起点的初拉力，然后分级或一次加载至张拉力；适用于设计中钢材应力松弛损失按一次张拉取大值的情况。

(杨宗放)

张拉控制应力 controll stress for tensioning

又称初始预应力。施加预应力时在张拉端预应力筋需要达到的应力。应根据预应力筋类别和设计要求确定，是施工中的一项重要参数。可作为预应力损失及各阶段应力计算的起点。施工时为了部分抵消由于孔道摩擦、锚固、应力松弛，以及克服由于分批张拉、叠层张拉、锚口摩阻等引起的预应力损失，可适当提高张拉控制应力；但最大值不得大于：对冷拉钢筋和精轧螺纹钢筋为 $0.95f_{pyk}$，对热处理钢筋和冷拉钢丝为 $0.75f_{ptk}$，对碳素钢丝、刻痕钢丝和钢绞线为 $0.8f_{ptk}$（f_{pyk}、f_{ptk} 为预应力筋的强度标准值）。 （杨宗放）

张拉力 tensioning force

在结构构件张拉端由千斤顶施加给预应力筋的拉力。等于预应力筋的张拉控制应力乘以预应力筋的截面面积。由张拉设备的压力表或测力器控制。张拉力过大会使构件的混凝土徐变、反拱过大或预拉区出现裂缝。反之，构件可能会过早出现裂缝。因此，如施工中遇到实际产生的预应力损失与设计取值不一致等情况，则应调整张拉力，以准确建立有效预应力值。 （杨宗放）

张拉设备 tensioning equipment

张拉各类预应力筋用的设备总称。按传动方式不同可分为：电动张拉机和液压拉伸机两类。前者仅用于先张法单根钢丝张拉；后者广泛用于先张法与后张法各类预应力筋张拉。按张拉吨位大小分为：小吨位（250 kN）、中吨位（>250，<1000 kN）和大吨位（1 000 kN）。中国生产的最大吨位达 6 000 kN。为满足特种结构或特殊部位张拉需要，还可采用扁千斤顶、绕丝机等。应装有测力仪表，以准确建立张拉力；应由专人使用和保管，并定期维护和标定。 （杨宗放）

张拉伸长值 value of tensioning elongation

预应力筋张拉时的伸长量。预应力筋的计算伸长值 $\Delta L = \dfrac{PL}{AE}$（$P$ 为张拉力，对直线筋取张拉端拉力，对曲线筋取扣除孔道摩擦损失后的两端拉力的平均值；L 为预应力筋长度；A 为预应力筋面积；E 为预应力筋的弹性模量）。预应力筋的实测伸长值，应在一定的初拉力下开始量测，但必须加上该初拉力以下的推算伸长值；对后张法尚应扣除混凝土构件在张拉过程中的弹性压缩值。通过实测值与计算值对比，可校核张拉力是否准确，孔道摩擦损失是否与预期值一致。伸长值容许偏差为 10% ~ -5%。 （杨宗放）

张拉梳丝板 wire-combing plate

短线模外张拉工艺中，固定预应力钢丝位置并通过它的移动对钢丝实施张拉的部件。它处于钢模的一端，板上有一排槽口，以嵌入钢丝；中间开有两个孔，供液压拉伸机的张拉钩钩入，进行张拉。梳丝板通过两根螺杆固定于钢模上。
（卢锡鸿）

掌子面 face

又称工作面。挖土机在一个停点所能开挖的土方面。其高度称掌子面高度。掌子面高度应按机械的最优开挖高度来取值，以发挥机械的最大效率。
（林文虎）

丈杆 rod, measuring rod

用优质木材制成的古建筑木构件制作和木构架安装工程中必备的度量工具。分总丈杆和分丈杆两种。总丈杆厚 4cm、宽 7cm，是制备、验核分丈杆的依据。分丈杆厚 3cm、宽 4cm，是直接用来进行木构架制作、安装的度量工具，每一种或一类构件都要专门制备一根分丈杆。 （郦锁林）

胀管 swelled sleeve

又称胀接。利用管子和管板变形来达到密封和紧固的连接方法。广泛用于管-板结合。
（杨文柱）

胀接 expansion connection, swelling connection

见胀管。

zhao

找平 screed

保证墙面或地面等表面平整的工作。墙面找平的做法是依据规方所弹准线，在墙面上定出标志与标筋，再依据标筋进行抹灰施工，即可保证抹灰面的平整。 （姜营琦）

找平层 screed

在地面、楼面或屋面等工程中，位于垫层、楼板或轻质、松散材料层之上，起整平、找坡或加强作用的构造层。常用材料有水泥砂浆、混凝土、沥青砂浆或沥青混凝土。 （姜营琦）

找中心法 centering method

使设备中的整个轴系的每一个轴颈圆柱的几何中心线与总体的回转中心线重合。有挂设中心线、挂边线等方法。 （杨文柱）

照色做旧

将补配、添配的新石料的颜色做得旧一些，使其与原有旧石料颜色相协调的处理方法。将高锰酸钾溶液涂在新补配的石料上，待其颜色与原有石料的颜色协调后，用清水将表面的浮色冲净。进而可用黄泥浆涂抹一遍，最后将浮土扫净。
（郦锁林）

罩面板工程 cabinet of finish work

将罩面板用钉或胶固定于室内墙面或顶棚作饰面层的施工作业。罩面板的种类很多，常用的有胶合板、纤维板、钙塑泡沫吸声板、石膏板、塑料板、铝合金板等。 （姜营琦）

罩面层 finish coat

屋顶或楼板底部的装饰面层。常用的板材有各种石膏板（装饰石膏板、纸面石膏板、吸声穿孔石膏板及嵌装式装饰石膏板）、金属板（金属微穿孔吸声板、铝合金装饰板、铝合金单体构件）及其他板材（纤维板、胶合板、塑料板、玻璃棉及矿棉板等）。选用板材应考虑质量轻、防火、吸声、隔热、保温、调湿等要求，但更主要的是牢固可靠，装饰效果好，便于施工和检修拆装。　　（郦锁林）

zhe

折算荷载　reduced load

在进行柱的稳定性验算时，按等稳定度原理将不同标高的荷载折算成验算点位置的荷载。提升阶段，升板结构的计算简图为多层铰接排架，可简化为等代悬臂柱。当验算该柱的稳定性时，各层板的荷载标高不一。为简化计算可将作用于任一标高的集中荷载或均布荷载乘以不同的折算系数，即可将其移至柱的验算点，而等效于原来位置。当各层板都处于搁置状态时，验算点位置取在最上一层板的位置；当一层板正在提升，其他各层板处于搁置状态时，验算点位置取在提升机着力点。

　　（李世德）

折线式隧道养护窑　kiln for broken-line tunnel curing

简称折线式隧道窑、折线窑。状如弓背形隧道，内部可建立规定的湿热环境，用于养护混凝土制品的连续式蒸汽养护室。弓背形隧道中部做成水平式，两端做成斜坡。由于饱和蒸汽比空气轻，因而弓背中部的水平区段充满蒸汽，从而自然形成一个弓背中部温度高、两端温度低的温度分布曲线。混凝土制品进入室内后，先经过上坡区段升温，而后经中部水平区段恒温养护，再经下坡区段降温，随即完成养护作业。该养护窑具有分区合理、蒸汽消耗量低、机械设备较简易、投资较低等优点。

　　（谢尊渊）

折线张拉　deflecting tendon tensioning

在张拉台座上生产折线配筋先张法预应力混凝土构件时的张拉方法。有垂直折线张拉和水平折线张拉两种装置。前者在预应力折角处设置钢滚轴，后者在预应力筋折角处设置固定于台座上的钢筋网片，把折线筋分开并用以承受张拉时产生的横向分力，也常成双生产。一般预应力筋转折点不宜超过10个，采用两端张拉。

　　（卢锡鸿）

zhen

针梁法　needle-beam method

用千斤顶将各块衬板支持在沿隧道中部纵向设置的纵梁（针梁）上的衬板法。针梁通常是用两根并排的工字钢由螺栓连接而成，梁间塞有硬木块以保持稳定。梁的后端支承在立柱上，其长度应大于隧道日进度1.0~1.2m。

　　（范文田）

真空搬运　transportation with vacuum lifting device

用真空原理进行各种金属与非金属材料及设备的搬运。一般用一个或多个杯状的吸取器安装在起重机上，并与空气管和真空泵连接。形成真空后，吸取器附着在物料或设备上，将物料或设备吸住，即可进行搬运。

　　（杨文柱）

真空处理制度　vacuum dewatering institution

混凝土拌合物真空脱水处理时所采用的真空度与真空处理延续时间两个基本参数的总称。足够的真空度是建立压差、克服混凝土拌合物内部阻力、排出多余水分和空气使混凝土密实的必要条件。一般采用的真空度为66 661~79 993Pa（500~600mmHg）。要求过高，设备不易达到，过低则脱水处理效果差。真空处理延续时间的长短取决于真空度、混凝土处理厚度、水泥品种和用量、混凝土拌合物的坍落度和温度等因素。

　　（舒适）

真空传播深度　vacuum spreading depth

真空处理混凝土拌合物时，真空作用向混凝土拌合物内传播的极限有效深度。超过此深度即使延长真空处理延续时间，真空作用也不再向混凝土深层发展。

　　（舒适）

真空度　vacuum rate

气体稀薄接近真空的程度。其直接的物理量是单位体积中的摩尔数。但习惯用气体压强来表示。压强越低，真空度越高。

　　（舒适）

真空混凝土　vacuum concrete

采用真空脱水密实所制成的混凝土。

　　（谢尊渊）

真空加压浸渍　vacuum impregnation under pressure

抽真空与加压措施并用的浸渍基材的方法。此法可大幅度地缩短浸渍时间，增加浸填量。

　　（谢尊渊）

真空浸渍　vacuum impregnation

将基材浸渍于处在真空状态下的单体中的方法。此法可提高单体的浸填量。

　　（谢尊渊）

真空腔　vacuum cavity

真空吸水装置中的空间部分。在对混凝土拌合物进行真空脱水处理时，该部分空间形成真空，在负压作用下，可将混凝土拌合物中的多余水分和空气抽吸到该空间中来。

　　（舒适）

真空脱水密实 vacuum process for water removal from concrete

在混凝土拌合物成型之后，利用真空脱水设备对其进行真空处理，借助于真空负压的作用，将其内部多余水分和空气排出，并使混凝土拌合物密实的方法。它包括成型、真空处理及混凝土表面处理三个主要工艺过程。 （舒　适）

真空脱水有效系数 the effective coefficient of vacuum dewatering

真空脱水时，混凝土拌合物体积的减缩量（ΔV）与脱水量（ΔW）之比。此值越接近 1，真空效果越好。 （舒　适）

真空吸垫 vacuum sucking cushion

见真空吸水装置。

真空吸盘 vacuum sucker

见真空吸水装置。

真空吸水装置 vacuum mat

与混凝土制品表面接触，形成真空腔，传递真空作用，进行真空脱水的装置。分刚性和柔性两种。刚性的用钢板焊制而成，称为真空吸盘。柔性的用高分子合成材料制成，可卷折，称为真空吸垫。 （舒　适）

真空预压法 vacuum preloading method

将真空装置密封地置于地基土中的垂直排水通道和地表面的砂垫层上，利用压差排出土中孔隙水的排水固结。施工时在土体中埋设袋装砂井或塑料排水带，在地表铺设砂垫层，将真空滤管于砂垫层中，铺设塑料薄膜封闭，接通真空装置进行预压。抽气后，土体与砂井、砂垫层间产生压差，使土中孔隙水压力降低排出；水位降低后产生固结应力，使土体固结；吸出土体中的封闭气泡，提高土的渗透性，加速土的固结过程。预压区面积要大，预压区间距宜小，砂井间距取决于土质和工期。真空度的降低取决于砂井阻力，宜用渗透系数大的中、粗砂。地面沉降量与真空度成正比。抽水后在水平方向产生向着负压源的压力，四周土体向预压区移动，有时地面产生裂缝，影响范围约 5～10m。 （赵志缙）

枕木槽 sleeper pit

见路基面整修（160页）。

振冲法 vibroflotation

见振动水冲法（292页）。

振冲器 vibroflot

振动水冲法施工所用的大功率振动器。主要由潜水电机、联轴节、偏心块、轴承等组成。潜水电机带动偏心块高速旋转产生高频振动；与高压水泵相联的水管通过其中，其端部的射水管喷射高压水流。它在边振、边冲下成孔至预定深度，然后向孔中边填料（碎石等）边振动，在地基土中形成加固桩。新型的除水平向振动外还产生垂直向振动，振实效果更好。目前中国应用较多者为 ZCQ 系列振冲器。施工时用履带式、汽车式起重机或自行式专用吊机吊住进行成孔。喷射的高压水流的水压约 40～60N/cm^2，水量为 20～30m^3/h。 （赵　帆）

振动沉桩 vibrosinking of piles

利用高频激振器的振动力将预制桩沉入土中的沉桩工艺。激振器又称振动桩锤，在起重机或龙门架的吊引和控制下进行工作，其底座与桩帽连接固定在桩头上。工作时，电动机通过变速齿轮传动两根装有偏心块的轴，两轴以同一速度相向旋转，当旋转至水平位置时，偏心块产生的离心力彼此抵消，而旋转至垂直位置时离心力重合，产生竖向往复振动使桩下沉。当桩沉入土深大于 15m 时，可采用射水配合沉桩。现在广泛使用的有振动锤和振动冲击锤两种。后者在工作过程中，既有振动作用又对桩头进行冲击，可用于粘性土和坚硬土中沉桩。入土深度是以最后两个 2min 的贯入速度控制。与锤击沉桩相比，噪声小，无需桩锤的导向设备。 （张凤鸣）

振动捣实 vibro-compaction

通过振动机械将具有一定振动频率、振幅和激振力的振动能量传递给混凝土拌合物组分中的颗粒，使混凝土拌合物达到密实的方法。常用的振动机械有插入式振动器、表面振动器、附着式振动器及振动台等。 （舒　适）

振动活化 vibration activation

在搅拌工艺中，利用振动作用，使水泥颗粒相互碰撞而破碎，分散成更细的颗粒，表面积增大，表面活化能增加，水泥活性因而得到提高的现象。 （谢尊渊）

振动加速度 acceleration of vibration

混凝土拌合物在振动机械作用下运动时的加速度。它是振幅和振动频率两者的函数。是以振动的功率谱为指标的振动参数，其对混凝土拌合物振动密实作用的影响与振动速度类似。 （舒　适）

振动搅拌 vibration mixing

振动搅拌机将强大的振动脉冲通过拌筒传递给混凝土组成材料中的各物料颗粒，使它们在拌筒内处于悬浮状态，并产生强烈的混合作用的搅拌方法。它能提高各材料组分在混凝土拌合物中分布的均匀性，并使水泥颗粒受到活化。因此，这种搅拌方法对混凝土拌合物除起到混合作用外，还有强化

振动烈度 intensity of vibration

振动机械振幅的平方与频率的立方的乘积。是反映振动密实效果的综合指标。当混凝土拌合物不变时，在一定振动时间内，在不同振幅和振动频率下，只要振动烈度不变，则振动效果相同。

(舒 适)

振动密实成型 technology of moulding by vibro-compaction

利用机械措施迫使混凝土拌合物颗粒产生振动，使原不易流动的混凝土拌合物液化，从而达到使混凝土拌合物密实成型的方法。此法设备简单、效果较好，能保证混凝土达到良好的密实度；可采用干硬性混凝土以节约水泥；还能加速水泥的水化作用促使混凝土的早期强度增长速度加快。

(舒 适)

振动模压法 vibro-pressure compaction process

将混凝土拌合物浇注入模，再将上部振动压膜边振动边压入混凝土拌合物中，直至覆盖混凝土的全部表面的成型方法。在振动和压力的综合作用下，使混凝土拌合物液化、充模及密实成型为所需形状的制品。

(舒 适)

振动碾 vibrating roller

在碾滚上装置高频振动器的碾压机械。工作部分与普通碾压机械相比，增加了振动器、振动动力转动和减振装置。是一种新型的土石方碾压机械，有振动平碾、振动羊足碾、振动汽胎碾等。主要靠振动力和静压力共同作用，引起填料振动，颗粒位移使填料密实。它的效率取决于振动力、静压力、振频和振幅。由于振动力影响深度大、面积广，故压实厚度可高达0.8～1.5m，而且压实遍数少，效果比一般碾压机械好。适用于各种土石料的压实，对松散颗粒材料包括石料的压实特别有效，水利工程中修筑土石坝和碾压混凝土的常用压实机械。

(汪龙腾)

振动频率 frequency of vibration

振动机械每分钟振动的次数。它是使混凝土拌合物获得良好振动效果的基本参数之一。其值应大于极限振动频率，否则影响振动效果。选择时应和振幅相协调。

(舒 适)

振动水冲法 vibro flotation

简称振冲法。由振冲器和高压水成孔后分段填入碎石（卵石），振实后形成大直径密实碎石桩以加固地基的方法。属挤密法加固地基的一种方法。用于饱和松散粉细砂、中粗砂、砾砂、饱和黄土、杂填土、粘性土和软土地基加固。在砂性土中，砂在饱和水和强烈振动下趋于液化状态，使填入的碎石很容易地也被振入周围土壤中，使砂土相对密度提高，孔隙率减小，重度和内摩擦角增大，还形成渗透性良好的人工竖向排水通道，加速地基排水固结，改善砂土的抗液化性能。在粘性土中，振实后形成密实的大直径碎石桩，其刚度比周围土体大，大部分荷载由碎石桩承担，提高了地基承载能力；形成排水通道，加速地基排水固结，沉降稳定。对条形和单独基础，桩孔按等腰三角形或矩形布置，仅在基础宽度内布孔；对大面积或片筏基础，按等边三角形布置，在边缘处放宽。对厚度不大的软弱土层，碎石桩可穿透后支承在好土上；较厚时，加固深度应满足下卧层的强度和变形要求。施工时，由振冲器（长约2m，可用汽车式起重机吊起和放入）和高压水边冲边振成孔，提升振冲器倒入碎石（最大粒径不宜大于50mm），每倒入孔内约0.5m高碎石振动一次，以电流大小来控制振实度，待振实时的电流超过空振电流一般达50～55A时，质量即合格。加固中、粗砂地基，可不另外加料，只用振冲器振实即可。此法最适用于砂层地基土的加固。

(赵志缙)

振动速度 velocity of vibration

在振动机械作用下混凝土拌合物的运动速度。它是振幅与振动频率的函数。是混凝土拌合物振动密实的重要参数之一。选择时应使其值不小于极限振动速度，过小难于密实，过大则易使拌合物分层离析。

(舒 适)

振动压实 vibratory compaction

无粘性土或粘粒含量少且透水性好的松散杂填土地基，通过振动、挤压使地基土体孔隙比减小，强度提高的方法。振实的杂填土地基的承载力可达100～120kPa。电动机带动两个偏心块同速、反向旋转的振动压实机，产生50～100kN的垂直振动力，能振实松散的地基。施工质量与振动时间、填土成分有关。振动时间越长，效果越好。施工质量以振实时不再继续下沉为合格。振实范围宜超出基础边缘0.6m左右，先振两边，后振中部。如地下水位距离振实面小于0.6m，应先降低地下水位。

(赵志缙)

振动压实法 method of compaction by vibration, vibration compaction

振动置于土层表面的重锤，用振动设备使土壤颗粒发生相对位移而达到紧实状态的填土压实方法。常用机具有振动平碾压路机。适用于填料为爆破石碴、碎石类土、杂填土或轻亚粘土等大型填土工程。

(林文虎)

振动延续时间 duration of vibration

混凝土拌合物在振动机械作用下从开始振动到

振动结束的时间。是振动密实成型的一个重要参数。当振幅与振动频率一定时，对不同的混凝土拌合物，都有一相应的振动延续时间。当低于最佳值时，混凝土拌合物不能充分密实。若高于最佳值，则混凝土拌合物的密实度不仅不会有显著增加，甚至会产生离析。

（舒 适）

振动有效作用半径 effective radius of action of vibration

插入式振动器振动棒轴线至混凝土拌合物因振动而能得到有效密实范围的最远点的距离。

（舒 适）

振动有效作用深度 effective depth of action of vibation

表面振动器所振动的混凝土拌合物表面至拌合物因振动而能得到有效密实深度的最深点的距离。

（舒 适）

振动制度 of vibration regime

振动密实混凝土拌合物时，所采用的振动频率、振幅及振动延续时间三个基本参数的总称。

（舒 适）

振动桩锤 vibratory pile hammer

又称沉拔桩锤。依靠激振器产生的振动力或振动冲击力沉、拔桩的桩锤。其代号为DZ。按动力可分为电动式和液压式，按振动频率可分为低频（300～700r/min）、中频（700～1 500r/min）、高频（2 300～2 500r/min）及超高频（约6 000r/min），按振动偏心块的结构可分为固定式偏心块和可调式偏心块。这种桩锤既可用于沉桩，又可用于拔桩，结构简单，使用方便，经济效益高，广泛应用于工业及民用建筑的地基基础加固和工字钢及钢板桩作业。

（郦锁林）

振幅 amplitude of vibration

振动机械振动时离开平衡位置的距离。是使混凝土拌合物获得良好振动效果的基本参数之一。其大小与混凝土拌合物固体颗粒的大小及拌合物的工作性有关。确定时应和振动频率相协调，过大或过小都将影响振动效果。

（舒 适）

振频式钢丝应力测定仪 vibration frequency type wire stress measuring instrument

利用钢丝自振频率与应力的关系，先测定钢丝的自振频率，然后转换成钢丝应力的仪器。主要由激振装置、大规模集成电路和液晶显示屏组成。力频函数的拟合在集成电路中实现，通过液晶屏显示出钢丝的张拉力。中国生产的型号有LYC-1和LYC-2型等。

（卢锡鸿）

zheng

蒸发面蒸发负荷 evaporation load of evaporation

单位时间内由蒸汽养护制品的单位裸露面蒸发的蒸汽量。

（谢尊渊）

蒸汽加热法 steam heated curing of concrete

利用低压饱和蒸汽加热养护混凝土的冬期施工方法。外界平均气温较低或构件表面系数较大时，采用蒸汽加热养护可以使混凝土在很短时间内获得较高强度。主要包括内部通汽法、汽套法、棚罩法以及蒸汽热模法。蒸汽加热养护混凝土分三个阶段：①混凝土由初温升至恒温养护温度的升温阶段，当构件的表面系数大于和等于6时，升温速度为15℃/h，当构件表面系数小于6时，为10℃/h；②混凝土恒温养护的等温阶段，混凝土最高养护温度，采用硅酸盐水泥配制的混凝土不得超过80℃，采用矿渣硅酸盐水泥或火山灰质硅酸盐水泥配制的混凝土不得超过95℃；③混凝土由恒温养护温度降至养护终了时温度的降温阶段，当构件表面系数大于和等于6时，降温速度为10℃/h，当构件表面系数小于6时，为5℃/h。

（张铁铮）

蒸汽空气混合物 steam and air mixture

又称湿空气。由蒸汽分子和空气分子组成的气体混合物。

（谢尊渊）

蒸汽热模法 method of heated formwork by steam

钢模板外侧焊蒸汽排管，排管外侧用矿棉保温，蒸汽热量通过模板加热养护混凝土的冬期施工方法。常用于柱、梁、桁架结构等。其加热均匀、温度易控制、养护时间短，但设施复杂、费用较高。

（张铁铮）

蒸汽试验 steam test

用蒸汽来检查锅炉安装的严密性和热胀情况的试验方法。在热状态下，用工作压力下的蒸汽来检查各承压部件和管路的严密性，并了解锅筒、集箱、管路和支架等在热状态下的热胀情况是否正常。

（杨文柱）

蒸汽相对体积 relative volume of steam

一定压力下单位质量的干饱和蒸汽的体积与水的原始体积的比值。

（谢尊渊）

蒸汽养护 steam curing, curing with steam

利用凝结放热系数很高的水蒸气（相对湿度不低于90%）作为热介质加热混凝土的湿热养护。按蒸汽压力的不同，可分为：常压蒸汽养护、无压蒸汽养护、微压蒸汽养护和高压蒸汽养护。

(谢尊渊)

蒸汽养护室 steam-curing chamber

又称蒸汽养护窑。混凝土制品进行常压蒸汽养护的场所设施。按其作业制度分，有间歇式和连续式两种。间歇式有养护坑和养护室等型式。连续式一般称为养护窑，有水平式隧道养护窑、折线式隧道养护窑、立式养护窑等型式。 (谢尊渊)

蒸汽养护窑 steam kiln

见蒸汽养护室。

蒸汽养护制度 steam curing regime

蒸汽养护时，对各养护阶段所采用的主要工艺参数所作规定的总称。参数内容包括：预养时间、升温时间、恒温时间、恒温温度、降温时间等。

(谢尊渊)

整体安装法 integral erection method

利用起重设备将地面上拼装成整体的屋盖结构升起至设计位置进行固定的方法。此法变高空为地面作业，给施工带来了不少方便，对节省施工费用和缩短工期是有利的，但要求起重设备能力大，安装技术复杂。根据安装方式和起重设备不同，可分为多机抬吊法、桅杆抬吊法、升板机提升法和顶升法。适用于大跨度空间网架和薄壳屋盖结构的安装。

(李世德)

整体拼装法 integral assemblage method

先将网架在地面上连接成整体，然后利用起重设备将其整体提升到设计位置上加以固定的方法。随安装机具选择的不同，可分为整体吊装、整体提升和整体顶升等安装方法。整体吊装法是将在地面拼装好的网架直接用起重设备进行吊装就位的施工方法，吊装时应采取具体措施保证各吊点在起升或下降时的同步性；整体提升法是将网架在地面就地总拼后利用安装在柱顶的小型设备（如升板机、液压滑模千斤顶等）将网架整体提升到设计标高以上，再就位固定；整体顶升法是将在地面拼装好的网架，利用建筑物承重柱作为顶升的支承结构，用千斤顶将网架顶升至设计标高，并尽可能将屋面结构（包括屋面板、顶棚等）及通风、电气设备在网架顶升前全部安装在网架上，以减少高空作业。安装方法的选用取决于网架型式、现场情况、设备条件及工期要求等。

(王士川)

整体式衬砌 cast-in-place lining

又称现浇衬砌、模筑衬砌。在隧道工点就地以混凝土或钢筋混凝土灌筑而成的衬砌。因其便于机械化施工，整体性和抗渗性均较好，尤其在全断面一次开挖时可采用金属模板台车灌筑混凝土。因此目前在隧道工程中广泛应用这种衬砌。其缺点为工序多，施工进度慢，拱圈封口后不能立即承载，化学稳定性也较差。

(范文田)

整体预应力 overall prestressing

对预应力混凝土板柱结构整个楼层施加的双向预应力。预应力筋设置于柱网纵横轴线处的相邻楼板间明槽内。通过双向施加预应力使预制楼板与柱装配成整体。它既是形成结构的拼装手段，又是构成结构承载能力的重要组成部分。预应力筋张拉可分明槽直线张拉和明槽折线张拉两种。明槽折线张拉又分为"先折后拉"与"先拉后折"两种方法。前者是在预应力筋已形成多跨连续折线以后进行张拉；后者是预应力筋先在直线状态下张拉，然后再用压折器压折成折线形，是明槽折线张拉常用的方法。

(方先和)

整体预应力装配式板柱结构 IMS prefabricated skeleton building system

又称 IMS 体系，对整个楼盖施加预应力将预制的板柱拼装成整体的装配式结构，由前南斯拉夫创立。其施工过程：安装柱与楼板，在板与柱接触面的立缝中灌砂浆或细石混凝土，将预应力筋贯穿柱孔和相邻楼板间的明槽对整个楼层施加双向预应力，楼板依靠预应力和预应力产生的静摩擦力固定在立柱上，板柱之间形成摩擦节点。在大柱网的情况下，每个柱网单元的楼板要再分割成拼板。在地震区或高层建筑中应加设剪力墙。具有自重轻、安全度大、抗震性好、建筑布置灵活、通用性强、装配化程度高、施工方便、进度快等优点，适用于多高层住宅、办公楼、多层仓库和多层轻工厂房等。

(方先和)

整体折叠式模板 integral folded type formwork

现浇楼板时，将一个房间楼板底模分成两块，并用铰链组装成整体又可折叠的模板。浇灌楼板混凝土时，在楼板中部留出一条适当宽度与折叠模板接缝平行的板缝，以便下层楼板脱模折叠后，使模板通过板缝吊往上层楼板位置，然后依靠墙体上预留的临时钢梁牛腿支承，重新将折叠模板展开，拼成平板形状，继续进行上一层楼板的施工。这样，楼板可按自下而上的顺序施工，有利于立体交叉作业，同时由于模板整体折叠，使安装及拆卸均较省

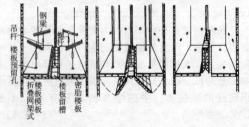

工。但模板制作较复杂，且施工时需在操作平台上部设置起吊设备，楼板上尚需留设通长的板缝。

（何玉兰）

正铲挖土机开挖路堑 cut excavation by power shovel

正铲挖土机上配以适量运输工具，在路基施工中进行路堑开挖的工作。挖方的平均深度不宜小于保证挖斗能一次装满的高度。由于挖土机搬运不便，故应选择使用在工程量较大的土方集中点。开挖方式有侧向开挖和正面开挖两种，根据开挖地段地形情况选择。应合理地布置挖土通道位置，确定开挖顺序。

（庞文焕）

正铲作业 power shovel operation, working with power shovel(s)

使用正铲的挖掘机作业。正铲挖土机具有挖掘力大，装车轻便灵活，通常与运土车辆联合作业等特点。适用于开挖停机面以上一～四类土及堆积的碎石、矿石等，工作面高度一般为3～10m。在大型土方工程中使用广泛。

（郦锁林）

正常费用 normal cost

按正常时间完成一项工作所需的费用。

（杨炎燊）

正常时间 normal time

在合理组织与现有技术条件下，完成一项工作所需的时间。

（杨炎燊）

正打工艺 technology of precast member production in normal position

见反打工艺（60页）。

正脊 ridge

屋顶上前后两坡屋面相交处的脊。

（郦锁林）

正升

见升（212页）。

正台阶法 top bench cut method

将坑道断面分为几层由上向下依次进行开挖的台阶法。因上部台阶的钻眼作业与下部台阶的出碴作业可同时进行，故可提高工效。顶层导坑为弧形，如岩层松动时可用锚杆或钢拱架作为临时支护以防坍塌。整个断面挖好再修筑边墙和拱圈衬砌。此法适用于不需要支撑或只需在局部地段架设支撑的岩层中。

（范文田）

正向开挖 front cutting (excavation), forward cutting

正铲挖土机沿前进方向挖土，运输车辆停在后面装土的开挖方式。此法装车角度大，生产效率较低。

（郦锁林）

证券质押信托债券 collateral trust bond

以股票或其他债券为质押而发行的公司债券。发行公司不能按期付息或到期还本时，持券人有权从被质押证券的变卖收入中获得抵偿。发行公司往往是一家母公司，它以其掌握的子公司股票或债券为质押发行债券，既扩大资金来源，又不丧失对子公司的控制。发行公司也可用所购买的其他证券作质押。发行公司应先与债券受托人（银行或信托公司）订立证券质押信托协议，将作为质物的证券交受托人保管，由受托人代表未来的持券人持有其留置权。

（颜哲）

政府部门 government departments

为社会生产、经济活动和人们生活进行规划、组织、管理、监督、协调和服务的政府机构。中国每一级政府都设有多个政府部门，如计划部门、建设管理部门、专门产业管理部门。政府部门在其活动中，是以行政权力的执有者的资格出现，并以国家的名义行使管理权。在法律关系中，它们与其他主体的关系是一种领导和被领导、管理和被管理的关系。

（张仕廉）

政府建设监督管理 government construction administration

政府建设管理部门及其监理机构，对其所辖区域或部门内的建筑市场、工程项目建设过程、建设参与者（业主、监理、设计、施工、材料和设备供应商等）进行宏观的、强制的监督管理。目的是保证建设行为的合法性和科学性，符合国家利益。

（张仕廉）

政府建设主管部门 government construction authority

主管全国或地区建设工作的各级政府机构。如中国，国家为建设部，省、自治区、直辖市政府为建设委员会或建设厅，县级政府为建设委员会或建设局。地方建设主管部门由地方政府领导，中央建设主管部门通过政策、法规和拨款等方式给予帮助和指导。各级政府建设主管部门中设立的工程质量监督站、施工安全监督机构、工程建设监理机构、建筑市场和工程招标投标监督办公室等，就是政府建设监理的执行机构。

（张仕廉）

政府专业建设管理部门 project speciality administration authority

各级和各个专门产业管理部门中的建设管理机构。如中国国家交通部中的建设司，省交通厅中的建设处，县交通局中的建设科等。

（张仕廉）

zhi

之字形路线 zigzag operation route

铲运机采取间隔地铲土与卸土的运行方式所行经的作业路线。两个交叉的之字形运行便成为8字形路线。
（庞文焕）

支承顶拱法 flying arch method
见比国法（10页）。

支承环 supporting ring
承受传递到盾构上的各种荷载并安设千斤顶等设备的盾构中间部分。由若干个截面为槽形的钢制弓形件组成，其前端与切口环相连接，后端与盾尾相连接。
（范文田）

支顶加固 strengthening by struts
使用木料或砌砖垛来加固石砌体的倾斜、石券的开裂等的临时性应急措施。
（郦锁林）

支护 supporting
开挖隧道时，为维持围岩稳定，防止其过大变形及坍落所采取的临时支撑及永久衬砌的总称。支护方式因施工方法而异。
（范文田）

支护结构 supporting structure
垂直开挖深基坑时底端深入土中用以挡土和挡水的板、桩或墙结构体系。常用的有钢板桩、预制钢筋混凝土板桩、工字钢或H型钢挡土桩、钻孔灌注桩、地下连续墙、旋喷桩、深层搅拌水泥土桩等。主要承受土和水的侧压力和附近地面动、静荷载及已有建（构）筑物产生的附加侧压力。要求有必需的强度、刚度和稳定性；保证附近地面不产生过大沉降和位移；要有足够的入土深度，保证本身的稳定和避免产生坑底隆起或管涌。坑深较小时，可采用悬臂式；坑深较大时，需在坑内支撑，或用近地表的锚杆和锚固在土中的土锚进行坑外拉结，支撑、土锚的位置和结构尺寸计算确定。有的基础完工后可拔出，重复使用，有的则永久留在地基土中。其各种结构的计算方法和计算内容不同，正确选型和精确计算有较大的经济意义。
（赵志缙）

支柱式里脚手架 post-type interior scaffolding
由支柱与横杆形成支架，再铺上脚手板形成的脚手架。其中支柱有：套管式支柱、双联式钢管支柱、承插式钢管支柱、承插式角钢支柱、钢筋支柱和伞脚折叠式支柱。它适用于砌墙和内装饰工程的施工。
（郦锁林）

汁浆
用油满、血料、水调成均匀油浆（不宜过稠），用糊刷将木件全部刷到（缝内也要刷到），使油灰与木件更加粘接牢固的做法。
（郦锁林）

直槎 toothing of brick wall
砌体临时间断处垂直砌成齿状或踏步状的待接接口。有阳槎、阴槎、老虎槎三种形式。
（方承训）

直角撑 bracing for connecting right angle intersection scaffold
脚手架直角交叉处的连接杆件。可加强架子的整体性。
（谭应国）

直角扣件 standard coupler, couplers for right-angle intersection members
又称十字扣。用于连接扣紧两根呈垂直交叉钢管的连接件。
（谭应国）

直线掏槽 burn cut
见龟裂掏槽（141页）。

直眼掏槽 parallel hole cut
又称平行孔掏槽。掏槽眼与坑道中线平行的掏槽。适用于均质坚硬的整体岩层中。通常有直线掏槽、角柱式掏槽和螺旋形掏槽等形式。可采用多台风钻同时施工，炮眼深度不受坑道断面限制而可用深眼爆破。打眼时方向容易掌握而操作方便，眼内通常是过量装药，占眼深的70%～80%。
（范文田）

职工奖励基金 worker's premium fund
中国企业用于对职工的超额劳动发放奖金的专用基金。主要来源是按规定比例从税后留利中提取，但某些重要原材料的节约奖、技术改进奖和合理化建议奖等则在成本中列支。股份制企业的税后留利不提取此项基金，奖金按公司章程和国家有关规定从成本中开支。
（颜哲）

止水 water sealing, water stopping
在隧道及地下工程的变形缝中或衬砌背后与中间采用止水带等进行防水的措施。
（范文田）

止水带 water stoppind band
①用橡胶或聚氯乙烯树脂特制的一种带状材料。用于处理地下建筑及防水结构的变形缝，以适应接缝的变形和阻止水的渗漏。其截面中心有一管状的圆环，两翼带有小肋，具有很高的强度和良好的弹性及耐腐蚀性，能承受1.02 MPa的水压。施工时，将止水带的圆环位于变形缝的中间，两翼分别埋入两边混凝土结构中，再在变形缝内放置木丝板。
②用沉管法修建水底隧道时，在管段各个节段间的变形缝中采取止水措施时所用的各种材质的防水环带。用以保证管段的不裂不漏。其类型有金属止水带、塑料（聚氯乙烯等）止水带、橡胶或钢边橡胶止水带等，后者应用得较多。
（毛鹤琴 范文田）

止水胶垫 water stopping rubber gasket
用沉管法修建水底隧道时，用水力压接法连接管段时的橡胶密封垫圈。其类型很多，60年代以来已普遍采用尖肋型，由尖肋、本体、底翼缘及底

部小肋等四部分组成。　　　　　(范文田)

纸筋灰　lime plaster with straw pulp
又称草纸灰。将草纸用水闷成纸浆，再放入煮浆灰内搅匀的灰浆。用于室内抹灰的面层、堆塑花活的面层，厚度不宜超过 1~2mm。
　　　　　　　　　　　　　　　(郦锁林)

纸筋石灰　lime plaster with straw pulp
在石灰膏中掺入纸筋拌成的抹灰灰浆。制作过程为先将纸筋撕碎，除去尘土，用清水浸透。在淋灰时，大约按 100 kg 石灰膏掺 2.75 kg 纸筋加入化灰池。使用时，再用小钢磨搅拌打细，并过 3 mm 的筛孔过滤。一般用于面层抹灰，厚度 2~3 mm，可防止产生收缩裂缝。　　　　　　(姜营琦)

指令标志　order signs
表示必须遵守的安全标志。几何图形为圆形，几何图形的参数：直径 $d = 0.025L$；L 为观察距离。几何图形的颜色：图形符号着白色；背景着蓝色。　　　　　　　　　　　　　　　(刘宗仁)

指向导坑　pilot heading
又称超前导坑。开挖长大隧道时，为进一步查明前方的地质变化和地下水情况，预先制定相应的措施，进行施工测量向前测定隧道中线方向和高程，并控制贯通误差而专门先挖的导坑或小断面隧道。矿山法施工中的下导坑及平行导坑等均起指向导坑的作用。　　　　　　　　　　(范文田)

质量　quality
反映实体满足明确或隐含需要能力的特征的总和。　　　　　　　　　　　　　　　(毛鹤琴)

质量保证　quality assurance
对某一产品或服务能满足规定质量要求，提供适当信任所必需的全部有计划、有系统的活动。如对设计进行评价，对生产、安装和检验工作进行验证和审核等。在组织内部，它是一种管理手段；在合同环境中，还被供方提供信任。提供信任也包括出示证据。　　　　　　　　　　　　(毛鹤琴)

质量方针　quality policy
由组织的最高管理者正式颁布的该组织总的质量宗旨和质量方向。　　　　　　　　(毛鹤琴)

质量管理　quality management
制定和实施质量方针的全部管理职能。包括战略策划、资源分配和其他有系统的活动，如质量策划、运行和评价等。　　　　　　　　(毛鹤琴)

质量环　quality loop
从识别需要到评价这些需要是否得到满足的各阶段中，影响产品或服务质量的相互作用活动的概念模式。　　　　　　　　　　　　(毛鹤琴)

质量计划　quality plan
针对特定的产品、服务、合同或项目，规定专门的质量措施、资源和活动顺序的文件。
　　　　　　　　　　　　　　　(毛鹤琴)

质量监督　quality surveillance
为确保满足规定的质量要求，按有关规定对程序、方法、条件、过程、产品和服务以及记录分析的状态所进行的连续监视和验证。　(毛鹤琴)

质量控制　quality control
为达到质量要求所采取的作业技术和活动。当涉及一项具体的质量控制或一个更广泛的概念时，则应在质量控制前加限定词，如"混凝土质量控制"、"制造质量控制"、"公司范围的质量控制"等。它所采取的作业技术和活动，应能监视一个过程并排除影响质量的不良因素，以取得经济效益。
　　　　　　　　　　　　　　　(毛鹤琴)

质量控制信息　information of qualiltative control
在工程项目建设实施、维修阶段与工程质量控制相关的信息。如国家关于设计、施工的质量标准及方针政策；质量目标体系的结构及分解；质量控制程序及规章制度；质量抽样检查有关数据；材料、设备的质量标准及实际值；施工阶段工程实施发生的数据，质量控制的风险分析信息等。
　　　　　　　　　　　　　　　(顾辅柱)

质量审核　quality audit
确定质量活动及其有关结果是否符合计划安排，以及这些安排是否有效贯彻并适合于达到目标的有系统的、独立的审查。视其对象，若为质量体系或其要素、过程、产品或服务，则分别称为"质量体系审核"、"过程质量审核"、"产品质量审核"、"服务质量审核"等。可按内部和外部两种目的进行，应由对被审核领域无直接责任的人员实施，以评价是否需要采取改进或纠正措施。
　　　　　　　　　　　　　　　(毛鹤琴)

质量体系　quality system
为实现质量管理的组织结构、职责、程序、过程和资源。它所包含的内容仅需满足实现质量目标的要求。为了履行合同、贯彻法规和进行评价，可要求提供体系中已确定的要素实施的证实。
　　　　　　　　　　　　　　　(毛鹤琴)

质量体系评审　quality system review
由最高管理者就质量方针和因情况变化而制定的新目标，对质量体系的现状与适应性所作的正式评价。　　　　　　　　　　　　(毛鹤琴)

智能大厦　IB, intelligent building
以楼宇控制中心的电脑网络为中心，通过结构化综合布线系统实现整个建筑物（建筑群）的楼宇自动化、通信自动化、办公自动化及安全自动化。信息社会新型建筑主要形式。既沟通建筑物（建筑群）与外界的全面联系，又智能化地管理建筑物（建筑群）的供水、供电、供气、空调、采光照明、电梯、音乐、电视、广播、通信、消防、保安、办公、金融、购物、教育等，是高科技、高投资密集的建筑。　　　　　　　　　　（顾辅柱）

zhong

中　axis line, central line

古建施工中，决定古建筑方位的中线。古建施工中的许多规矩都要以"中"为本。例如，砌基础墙要先找中，决定门道位置要先确定全院中轴线到门道面阔中的距离，排瓦当也要先找中。总之是"万法不离中"。古建施工中所使用的"中"有：整个建筑群的中轴线，各种面阔中线和进深中线，各种墙体的中线（即柱中）。使用时应注意三个问题：①凡是房屋的面阔或进深的尺寸，都是指柱子中到柱子中的距离，即古建施工中常说的"中到中"的尺寸；②中在瓦作中有时会有平分的意思，有时则没有；③按照古建施工的传统，北房或南房的进深中线不应与建筑群中轴线互相垂直，调整的方法是移动进深中线而不动建筑群中轴线，即断横不断竖。　　　　　　　　　　（郦锁林）

中层支撑　secondary story in tunnel timbering

在软地层中用矿山法修建隧道时，上部扩大完成后所架立的扇形支撑。　　　　　（范文田）

中国社会主义建筑市场　socialist construction market of china

在中国的改革开放中形成、发展和日趋完善的具有中国社会主义特色的建筑市场。其中国特色和社会主义性质表现在以下方面：社会主义国家从全体劳动人民利益出发对市场实行宏观调控；市场经营主体是以社会主义公有制为主的现代建筑企业；市场交易活动按法律规范和国际惯例进行；市场价格在国家定额和取费标准指导下由供求力量共同决定；中国广阔的国土、众多的人口和迅速发展的社会主义经济决定其建筑市场的巨大规模和宏伟前景；建筑市场对内、对外开放，打破封锁、保护、割据，鼓励公平竞争，形成全国统一的、与国际市场接轨的活跃有序的建筑市场。　　（颜　哲）

中级路面　intermediate-grade pavement

见路面（161页）。

中级抹灰　medium-class plaster

由一层底层、一层中层和一层面层构成装饰层的一般抹灰。施工要求阳角找方、设置标筋、分层赶平、修整、表面压光。　　　　　（姜营琦）

中继间法　relay chamber method

将涵箱分成数节交替顶进的顶管法。当顶进的隧道过长时，所需顶力较大，将使顶力设备和后背修筑发生困难。此时宜将涵箱分成数节，在节间设置中继间，使节段交替顶进。可使后背上的最大反力仅是最后一节节段的顶力。　　　（范文田）

中间支承柱　intermediate bearing column

逆筑法施工在基础底板封底前与周围地下连续墙共同承担上部荷载的竖向构件。其位置和数量在施工前根据地下结构特点和制定的施工方案经计算确定。它要与上部结构（柱、墙）的轴线重合，以免传力偏心。当地下结构施工至最下一层，地面上结构施工至允许的最高高度时其所承受的荷载最大，由柱四周的摩擦阻力和柱底的反力平衡。其直径一般较大，要便于与地下结构的构件连接。底板以下部分由于要与底板结合成整体而不能太长，多为直径较大的混凝土柱，上部多为钢管混凝土或型钢柱，用钻孔灌注桩或套管灌注桩施工方法施工，个别的亦可用预制打入桩。　　　（赵志缙）

中期公司债券　intermediate term corporate bond

偿还期限为1年以上、5年以下的公司债券。在西方通常分期（大多为每半年一次）按固定利率付息，期满还本。在中国目前大多按年按固定利率计息，期满一次性还本付息，不计复利。　　　　　　　　　　（颜　哲）

中期预测　mid-term forecasting

预测系统或企业较长时期的发展行为，为系统规划提供依据。预测时间一般是5～10年。　　　　　　　　　　（曹小琳）

中心标板　centre-marking bard

用于设备基础放线时投设中心线端点的标定点的金属件。浇灌设备基础时，在机组两端的基础表面中心线上埋设两块型钢作为标定点。一般可用小段钢轨、工字钢、槽钢、角钢进行埋设，长度为150～200mm，外露4～6mm。　　（杨文柱）

中央导坑法　center drift method

在坚实而稳固的岩层中先挖中央导坑而后扩大的矿山法。中央导坑中线与隧道中线重合。沿导坑周边钻设一系列辐射方向的炮眼，经爆破一次将断面扩大至设计周边，再修筑边墙和拱圈衬砌。此法修建速度快，但在需要支撑的地层中不能应用。　　　　　　　　　　（范文田）

终点节点　final event

又称网络终点。网络图最后一个节点。

　　　　　　　　　　（杨炎榮）

终凝 final set

见凝结（178页）。

终凝时间 final setting time

水泥净浆或混凝土拌合物达到完全固化所经历的时间。水泥净浆的终凝时间是按从水泥加水拌和时起至标准稠度净浆完全失去可塑性刚开始产生强度时所经历的时间来确定的，可用水泥净浆凝结时间测定仪测定。混凝土拌合物的终凝时间与水泥净浆不同，通常是用贯入阻力法进行测定的，它表明混凝土开始具有强度的时间点。从此之后，混凝土强度将以显著的速度发展。　　　　（谢尊渊）

种植隔热刚性防水屋面 heat msulating rigid roof for planting

简称种植屋面。在刚性防水层上覆盖种植土层，种植草皮、瓜果、花草，以达到隔热、降温和美化环境的刚性防水屋面。可有效地控制屋面温度变形，增强刚性防水层防裂、抗渗和耐久性。
（毛鹤琴）

仲裁法 arbitration law

国家制定和确认的关于仲裁制度的法律规范的总称。所谓仲裁制度是指双方当事人在争议发生前或争议发生后达成协议，自愿将争议交给第三方做出裁决，双方有义务执行，从而解决争议的法律制度。　　　　　　　　　　　　　　　　（毛鹤琴）

重锤夯实 ramming by heavy hammer

用提升至一定高度的重夯锤自由下落夯击土体以加固地基。属浅层加固地基，适用于地下水位距地表0.8m以上且稍湿的粘性土、砂土、湿陷性黄土、杂填土和分层填土的加固。提升机械多用履带式起重机、打桩机、桅杆式起重机等。夯锤宜为重1.5～3.0t预制的钢筋混凝土截头圆锥体，为降低重心可设钢底板，底部填充废钢铁，使锤底面的静压力达到15～20kPa。落距一般2.5～4.5m。根据选定的夯锤、落距和土壤最佳含水量，施工前通过试夯确定总下沉量、最后下沉量和最少夯击遍数。最后下沉量指夯锤最后两击的平均每击土面夯沉量。施工时先检查土壤含水量，如过湿或过干都需处理。填土地基每层虚铺厚度约等于锤底直径。夯实范围比基础底面每边宽出0.3m以上。夯实后除符合试夯时的最后下沉量外，总下沉量亦不小于试夯总下沉量的90%。夯完后将基坑表面拍实至设计标高。　　　　　　　　　　　　（赵志缙）

重混凝土 heavyweight concrete

干表观密度大于 $2600kg/m^3$ 的混凝土。其所用的集料特别密实和密度大，具有防辐射的性能。
（谢尊渊）

重力扩散机理 mechanism of spreading by gravity

又称自落式扩散机理。将物料提升到一定高度后，在重力作用下自由落下，达到混合均匀的搅拌机理。由于物料颗粒下落的高度、速度、时间和落点的不同，使物料颗粒相互穿插、渗透和扩散，使物料均匀混合。　　　　　　　　　　（谢尊渊）

重力式锚碇 gravity type anchoring

吊桥的悬索锚在石砌或混凝土实体桥台内，以实体的重力及摩阻力等来平衡悬索拉力的结构。桥台尺寸必须保证具有足够的抗倾覆及抗滑移稳定性。由锚碇体（石砌及混凝土实体）、锚碇工作室、承托板以及锚索调整替换、照明等设施。此外在承托板的另一方向，须设维护人员出入孔。必须考虑地下水和地面水的防水和排水，使工作时保持干燥。　　　　　　　　　　　　　　（邓朝荣）

zhou

周边爆破 peripheral blasting

在周边缓冲炮孔中按减弱空气间隔装药，依序起爆主炮孔，最后起爆周边缓冲炮孔的光面爆破。常用于隧道工程中。　　　　　　　（林文虎）

周边炮眼 rim holes

俗称帮眼。用钻爆法开挖坑道时沿坑道周边布置的炮眼。是控制坑道成型好坏的关键。位于坑道顶部的称为压顶眼，底部的称为底板眼。应布置较密且每眼装药量较少，以保证能准确地炸出坑道轮廓。　　　　　　　　　　　　　　（范文田）

皱纹 wrinkling, shrivelling

涂料施工干燥后，涂膜表面收缩形成高低不平、不规则棱脊条纹的现象。产生原因是涂料中含桐油太多或含有炼制聚合不佳的清漆，底层涂料过厚，未干透就刷面层涂料，施工时遇高温、曝晒，或催干剂用量过多等。　　　　　（姜营琦）

zhu

竹脚手板 bamboo gang-plank

用毛竹（楠竹）制作而成的脚手板。有竹笆板和竹片并列板两种。竹笆板用平放的竹片纵横编制，横筋一正一反，板边纵横筋相交点用铅丝扎牢；竹片并列板用螺栓将并列的竹片连接而成。
（谭应国）

竹脚手架 bamboo pole scaffolding

由竹竿用铅丝、麻绳、棕绳或竹篾绑扎而成的脚手架。竹竿应用生长3年以上的毛竹（楠竹）。基本构造形式有单排和双排两种。　　（谭应国）

竹篾 bamboo

用水竹或慈竹劈成厚度0.6~0.8mm、宽度为5mm左右的竹条。用于竹、木脚手架的绑扎。要求质地新鲜、坚韧带青，使用前要提前1d用水浸泡。 （谭应国）

竹木竿爆破法

对于漏斗或溜井中卡堵的大块岩石，用竹木竿将药包送入漏斗或溜井后进行二次破碎的爆破方法。此法因人员不直接进入大块危险区，比较安全，但大块高度不宜过高，否则既无效又不安全。 （郦锁林）

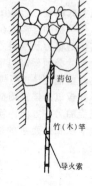

竹木竿爆破法

逐段就位施工法

见顺序拼装法（227页）。

主导风向 prevailing wind direction

根据历年统计资料，某一地区一年内最多的较为稳定的风向。最多风向视所取时段不同而有日、月和年最多风向之分。 （甘绍熺）

主导工作 prevailing work, main work

建筑物施工中具有决定完工期限，有着严格先后顺序等主导作用的工作项目。这一工作的划分是为了组织施工，便于计算工期，以及安排劳动力。 （段立华）

主动土压力 active earth pressure

当挡土墙后土体达到主动极限平衡状态时，作用在挡土墙上的土压力最小值。挡土墙离开后面的填土向前移动（0.5%~2.0%）H（H为墙高），土中产生滑裂面，在此滑裂面上产生抗剪力，减少了作用在挡土墙上的土压力。用于计算挡土结构等。 （赵志缙）

主索 main cable

又称悬索。吊桥上悬挂桥道承受拉力的主要承重构件。主索的外形由矢跨比f/L决定，f为矢高，L为跨径。矢高f越大，主索的内力越小，可以节省钢索材料，但桥塔的高度和悬索的长度都要增加。结构分析指明，最有利的矢跨比是$1/6$~$1/7$。但工程实践中，欧美各国为了减小桥塔高度，常采用$1/9$~$1/12$的矢跨比。中国常采用的矢跨比为$1/9$~$1/10$。吊桥的悬索间距，一般不小于跨径的$1/35$。主索由钢丝绳或平行钢丝组成的缆索做成，为防止钢丝锈蚀，可采用镀锌钢丝或封闭式钢索。吊桥钢索应选用钢芯的、单股式或多股式直径2~6mm钢丝。 （邓朝荣）

煮浆灰

将生石灰加水搅成浆，再过细筛后发胀而成。主要用于制作各种灰浆。一般不宜用于室外露明处，不宜用于苫背。 （郦锁林）

煮炉 cooker

用碱液煮沸洗除锅炉内表面的铁锈、铁渣，除去油质及其他污垢的方法。 （杨文柱）

注浆法 grouting method, grouting

又称灌浆法。用液压、气压或电化学等方法通过注浆管将加固浆液注入土层进行地基处理的方法。可增加地基土的不透水性，防止渗水、漏水、涌水和流砂；防止桥墩、护岸被冲刷；防止滑坡；提高地基土的承载力和进行已有建筑物下的地基处理。注浆材料由主剂和助剂组成。主剂分为无机系和有机系两大类，前者如水泥类、粘土类、水玻璃类等，用于灌注孔隙较大的土体；后者如丙烯酰胺类、聚氨酯类、环氧树脂类、木质素类等，能灌注孔隙较小的土体。助剂的作用是固化、催化、速凝、缓凝和悬浮等。注浆管为内径20~38mm的钢管，打入土中，土层较深时先钻孔后打入。其各排间距约为1.5倍加固半径，加固半径与土质、渗透系数、浆液粘度、注浆压力等有关。注浆压力与上覆重量、浆液粘度、注浆速度有关。注浆加固厚度一般不大于0.5m，土层厚时需多层灌注。 （赵志缙）

柱侧脚 leaning inward of peripteral columns

使木构架中最外侧檐柱的柱头向内微收，柱脚向外微出的做法。

（郦锁林）

柱生起 raise of columns

木构架中，檐柱的高度自明间向两侧逐间增高（至角柱增至最高）的做法。

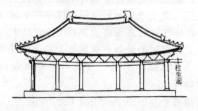

（郦锁林）

柱头科 bracket set on column

位于柱头之上的斗栱。 （郦锁林）

柱子布置　column arrangement (layout)

按吊装工艺要求，在现场将柱子进行便于吊装的合理排放。根据柱轴线与房屋纵向轴线的相对关系，一般分为纵向布置、横向布置和斜向布置三种方式。纵向布置对节省场地有利，当柱的长度较大时采用，这种方式适用于滑行法吊装工艺；横向布置由于占地面积较大，一般很少采用，只有当柱子较重，采用双机抬吊时采用；斜向布置比较灵活方便，既可适用于旋转法，也能适用于滑行法，是经常采用的布置方式。　　　　　　　　　（李世德）

铸铝模板　cast aluminium formwork

又称铝合金模板。用铝合金材料浇铸成的配件，再将配件组合成模板。由窄条面板、水平圈梁、卡具、连接销、活动卡、三角架、拉条、螺栓等配件组成的模板系列。模板宽度基本尺寸为 61cm×61cm，配套模板宽度为 30.5、20.5、10.2、5.1、2.5cm，高度为 61、30.5cm。特点是：重量轻（为钢模重的 1/4），拼缝严密，周转次数可达 1000 次以上，使用灵活，装拆方便，可以铸造成需要的装饰图案，但一次性投资高，目前中国已开始生产和运用。　　　　　　　　　　（何玉兰）

铸铁喇叭管　cast iron trump

埋设在预应力混凝土构件或结构孔道端部的承压板和喇叭管组合件。用作承压板，将预应力从锚板传递到混凝土中；作为导向部件，将预应力筋从锚板导入金属波纹管中。为了孔道灌浆需要，其端部设有灌浆孔。　　　　　　　　　　（方先和）

筑岛沉井　sinking of open caisson on filled up island

在河道内的桥墩位置上用易于压实的土（如砂性土、砾石、较小卵石）临时填筑成岛，在岛上就地浇制沉井的方法。可分为有围堰和无围堰筑岛两种，视河床土质、水深、流速等条件而定，常用于水深小于 5m 的河道上。水深小于 1.5m、流速小于 1.5m/s，可采用没有围堰的土岛；水深 1.5～5m，按照水深和流速情况，可采用土袋围堰筑岛、木板桩围堰筑岛、木笼围堰筑岛、钢板桩围堰筑岛等。　　　　　　　　　　（邓朝荣）

zhua

抓铲作业　grab operation, working with grab(s)

使用抓铲的挖掘机作业。抓铲挖掘机挖掘力小，生产效率也低，但挖土深度大，可挖出直立边坡。可开挖停机面以下一～二类土，水下土方、松散碎石等。适用于开挖工作面狭窄而深的基坑（槽）、竖井、沉井等，逆筑法及栈桥法挖土也可用抓铲。　　　　　　　　　　（林文虎）

抓斗式挖槽机　grab trench excavator

利用抓斗自重（有时还有压重）和斗齿进行切土，并利用抓叶的启闭进行取土、卸土的专门挖掘长条深槽的机械。施工方法可分为分条抓、分块抓和两钻一抓等。其施工简单方便，适于地层较软及挖掘深度不大的工程。但抓斗上下运动时会碰撞槽壁并引起槽壁坍塌，对周围建筑物也会产生震动影响。　　　　　　　　　　（李健宁）

zhuai

拽架

见出跳（28 页）。

zhuan

专家系统　expert systems

在某一特定领域内，运用该领域内具有相当权威性的专门知识和经验，解决实际问题（特别是缺乏结构性的问题）的电脑信息系统。将专家的知识，系统地整理为若干条规则，放在知识库内，通过人机对话方式输入有关问题的原始数据，处理在求解过程中不断产生的中间信息，进行推理判断，最后得出结论及该结论的可信度。具有启发性、直接性、灵活性三大特点。能通过不断增加新知识、新经验，调整补充知识库，提高专家决策帮助水平。　　　　　　　　　　（顾辅柱）

专业设计　specialized services design

建设项目在给水、排水、采暖、通风、制冷、电气（包括弱电）和消防等方面设计的统称。工业与民用建筑的功能越复杂，其任务越为重要。
　　　　　　　　　　（卢有杰）

专用轨排平车　special platform wagon for track panel

机械铺轨时供应轨排的平车。车上装有成排的滚轮，可承载多层轨排，运输时需加以固定，铺轨时可在滚轮上滑行沿纵向拖至铺轨机。

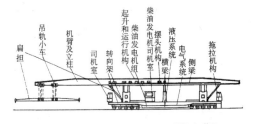

（段立华）

砖 brick

建筑用人造小型块材。按原材不同分粘土砖、粉煤灰砖、灰砂砖、煤矸石砖、页岩砖、炉渣砖等。　　　　　　　　　　　　（方承训）

砖雕 brick carving

俗称硬花活。用平雕、浮雕或透雕手法雕刻出各种花饰图案的砖活。如果雕刻的图案完全在一个平面上，这种手法就称平雕。平雕是通过图案的线条给人以立体感，而浮雕和透雕则要雕出立体的形象。浮雕的形象只能看见一部分，透雕的形象则大部分甚至全部都能看到。透雕手法甚至可以把图案雕成多层。可以在一块砖上进行雕刻，也可以由若干块组合起来进行雕刻。一般都是预先雕好，然后再进行安装。中国古建筑中的雕刻艺术有着它独有的生动、细腻的特点，这一点在小式建筑中表现得尤其突出。　　　　　　　　　（郦锁林）

砖块体刚性防水屋面 brick block rigid roof

在屋面的找平层上铺砌砖块体垫层，再在砖块体上抹水泥防水砂浆面层的刚性防水屋面。由于砖块体在施工前经充分浇水湿润，因此对找平层与面层的水泥砂浆均起到养护、防裂与整体连接的作用；又因砖的导热系数小，热膨胀率低，单元体积小，故既能减小温度应力，又能使温度应力得到均匀的分散、平衡，从而可防止产生温度裂缝现象。这是一种防水可靠，隔热性能好，能上人使用的多功能屋面。　　　　　　　　（毛鹤琴）

砖笼 brick container

砖在吊送、运输过程中装砖的容器。由底盘及折页式侧框组成。使用时，砖先装在底盘上，然后将折页式侧框勾住底盘，并闭合成框，即可吊运。运至目的地点后，取下折页式侧框，将砖及底盘留下。　　　　　　　　　　　　（方承训）

砖面水 brick-dust grout

细砖面经研磨后加水调成浆状的灰浆。主要用于旧干摆、细缝墙面打点刷浆，捉节夹垄作法的布筒瓦屋面新做刷浆等。　　　　　（郦锁林）

砖石衬砌 masonry lining

用砖或石料砌筑的隧道衬砌。在拱圈封顶后能立即承受围岩压力，并易于就地取材，但费时费工，且砌缝易漏水而防水性能差。早期修建的隧道大都采用这种衬砌，目前已很少采用。
　　　　　　　　　　　　　　　（范文田）

砖筒拱 brick barrel arch

砖砌半圆筒状拱。用于屋盖、楼盖、隧道、中间走廊等结构。　　　　　　　　（方承训）

砖柱墩接 block splicing with brick column

将梁架支顶好，用刀锯将木柱糟朽的部分截掉，用砖在木柱下砌成一个砖墩，与木柱接齐的墩接。砌砖墩所用的砂浆强度应较高，最好能用水泥砂浆。每层砖要经适当敲砸加压，砂浆的厚度不宜超过1cm。与木柱接触的一层必须背实塞严。必要时可用木楔，里外各一块相对楔严。但不能用砂浆找平。砖墩的外侧要用灰抹平，与墙找齐。多用于山墙或后檐等部位的柱子。前檐明柱一般不用砖墩接。　　　　　　　　　　　　（郦锁林）

zhuang

桩锤 driving hammer, pile hammer

对桩施加冲击把桩打入土中的机具。由锤头（也称锤心）、锤座、操纵机构和桩帽等组成。锤头是冲击部分，功率参数取决于本身重量、冲击的功能和频率。按锤头运动的能源分类，锤型有落锤、柴油锤、汽锤、振动锤和液压锤等。锤重（冲击部分的重量）在参照有关技术数据选用的同时，应综合考虑土质情况、桩的类型、桩重、桩群密集程度、桩垫和锤垫特性、施工条件等因素。为防止桩受冲击应力过大而破坏，过小不能打入或桩顶损坏，打桩宜采用重锤低击的原则。　　（张凤鸣）

桩基 pile foundation

由承台（或梁）和桩（设置在土层中的柱状物件）组成的基础型式。桩基础的简称。作用在上部结构的荷载通过承台和桩传递给具有可靠承载力的土层。建造于软土或地基复杂情况下的高层建筑或上部荷载大的建筑多用之。按受力性质分有：端承桩和摩擦桩。承台位于地下的为低桩承台；露于地表的为高桩承台。桩按材料分类有：木桩、钢桩、混凝土桩和钢筋混凝土桩、混合桩等。按施工方法有：打入式预制桩和现场灌注桩。桩可用锤击、振动、水冲、压入、旋入、钻孔、爆扩等方法设置在土中。成桩方法对承载力和沉降有重大影响。
　　　　　　　　　　　　　　　（张凤鸣）

桩架 pile driver

悬挂桩锤、起吊和支持桩身并在打桩过程中引导桩入土方向的打桩设备。由桩锤的导杆（又称龙门）和支持它的后撑支架、承载动力装置的底座以及转台和行走机构等构成。常见形式有：可在水平方向回转、立柱可前后倾斜、沿轨道移动的万能打桩架；利用履带式起重机改换工作装置而成的、移动方便的履带式桩架；在水上使用的漂浮式桩架。中国目前使用较多的为打桩效率较高的三点支撑桩杆式柴油锤桩架。其选用主要根据桩锤种类、桩长和施工条件而定。　　　　　　（张凤鸣）

桩式托换 piling underpinning

采用打入、压入或钻孔灌注混凝土成桩的方法，将地基承载力和变形不满足要求的建筑物基础与桩连成整体，将建筑物荷载通过桩部分传入基础下土层的托换。常用的有静压桩、打入桩、灌注桩、灰土桩和树根桩等。适用于各种型式的基础，托换效果较好。

（赵志缙）

装碴 muck loading

将坑道开挖出的石碴装进运输工具内的出碴作业。分为人工装碴、半机械化装碴和机械装碴三种方式。人工装碴的主要工具有尖锹、挑锄、三齿耙、荆条筐等；为便于装碴亦可在开挖面前铺放钢板，使爆下的石碴落在钢板上，而后人工装碴，工效可提高 1/3 左右；利用漏碴口、漏斗棚架以及下导坑支撑棚架等可更多提高人工装碴工效。

（范文田）

装碴机 mucker

将松土或爆破崩落下的石碴进行装入运输工具的机械。按其工作装置型式分为铲斗式、耙斗式及耙抓式三种，前两种应用较广；按机械的运行方式分为自行式和非自行式两种，前一种又有轨轮式、轮胎式及履带式之分，大多数耙斗式装碴机为非自行式；按其动力型式分为电动、风动（压缩空气）、内燃机发动等类型。

（范文田）

装配式衬砌 precast lining

以沿隧道环向分成若干段块的预制构件进行拼装的衬砌。可以立即承受临时的和永久的荷载，便于机械化施工，减轻劳动强度，质量也易于保证。但接头的防水须仔细处理而且整体性差。可用混凝土、钢筋混凝土、铸铁或钢材等在工厂或工地预制成砌块或管片，通常多用于盾构法施工中。

（范文田）

装饰工程 finish and decoration work

采用建筑装饰材料和施工工艺对建筑物和构筑物进行美化和保护的总称。根据所用材料和施工工艺的不同，可分为抹灰工程、涂料工程、刷浆工程、饰面板（砖）工程、裱糊工程、吊顶工程、隔断工程、玻璃工程、门窗工程、花饰工程等。

（姜营琦）

装饰抹灰 decorative plastering

用水泥砂浆、聚合物水泥砂浆、水泥石粒浆等，使面层形成具有各种质感、色彩、图案等装饰效果的施工作业。根据所用材料、施工方法和装饰效果的不同，可分为：水刷石、斩假石、干粘石、水磨石、拉毛灰、条筋拉毛、拉条灰、洒毛灰、彩色瓷粒饰面、扒拉灰、扒拉石、聚合物水泥砂浆喷涂饰面、聚合物水泥砂浆滚涂饰面、聚合物水泥浆弹涂饰面、仿假石、假面砖、钡砂砂浆饰面、膨胀珍珠岩砂浆饰面、膨胀蛭石砂浆饰面、灰线等。

（姜营琦）

撞击感度 degree of percussion sensitivity

在撞击作用下的炸药敏感度。用炸药受固定重量的落锤自固定高度自由落下一次撞击作用而爆炸的可能性的方法来测定。采用 25 次试验中发生爆炸的次数的百分数表示。

（林文虎）

撞肩

先挑完正脊以后再做瓦面的做法。黑活屋脊多采用。

（郦锁林）

zhui

锥锚式千斤顶 cone-anchorage jack

利用多液缸系统张拉预应力筋、顶锚与退楔的三作用千斤顶。由主缸、副缸、退楔块、锥形卡环、退楔翼片、楔块等组成。主要产品有 YZ85 型千斤顶，张拉力为 850 kN，张拉行程为 250 mm，额定油压为 52 MPa。只用于张拉带有钢质锥形锚具的钢丝束。

（杨宗放）

锥销夹具 conical grip

利用锥销夹持直径为 3～5 mm 的单根各类钢丝的夹具。由套筒和锥销组成。对冷拔钢丝，采用 45 号钢，套筒不调质；锥销为齿板式，热处理硬度 HRC40～45。对碳素钢丝，套筒采用 45 号钢，调质热处理硬度 HRC25～28；锥销为齿槽式，热处理硬度 HRC58～61。

（杨宗放）

锥形螺杆锚具 conical thread anchorage

利用锥形螺杆的倒锥体与套筒事先将钢丝束楔紧，再用螺杆锚固钢丝束的支承式锚具。由锥形螺杆、套筒、螺母和垫板组成。锥形螺杆与套筒采用 45 号钢，先粗加工至接近设计尺寸，再调质热处理（HB251～283），然后精加工至设计尺寸。最后对锥形螺杆的倒锥体进行表面热处理（高频淬火），硬度 HRC55～58。适用于 14～28ϕ^s5 钢丝束。

（杨宗放）

锥形掏槽 pyramid cut

掏槽眼从几个方向汇集于开挖面中央，爆破后形成角锥形槽口的多向掏槽。适用于匀质整体，节理不发达，层理不明显的较坚硬的岩层中。

（范文田）

zhuo

捉节

用筒瓦作盖瓦时，将瓦垄清扫干净后用小麻刀灰（掺颜色）在上、下筒瓦相接处勾灰。

（郦锁林）

桌模 table form

见飞模（64页）。

zi

资本还原利率 capital reduction rate

收益还原法中用于将未来纯收益还原（或转换）成价格的利率。其实质是投资收益率，大小与投资风险的大小成正比，风险大者收益率高，反之则低。 （许远明）

资源 resource

为完成建筑施工任务所需的各种劳动力、材料、机具设备和资金等人力、物力和财力的总称。
（杨炎荣）

资源优化 resource optimization

在网络计划中为达到当工期固定时，使各种资源的使用尽可能均衡；或当资源有限时，使资源的使用不超过限量而工期又最短的目标，对计划所进行的调整改善工作的总称。其方法有削高峰法和缩方差法等。 （杨炎荣）

仔角梁 upper hip rafter

置于老角梁上其方向与老角梁同，外端从大角梁挑出至翼角飞椽椽头部位的角梁。 （张 斌）

自碴场铺碴 ballasting form ballast yard

卸碴列车行进方向背离碴场进行铺碴的工作方式。运碴列车自碴场一端逐渐向远方运碴并铺碴，所经线路道床得到压实，线路处于良好工作状态，但在途经铺碴整道地段时，互相有干扰，影响铺碴进度。 （段立华）

自承式静压桩 self-supporing static pressed pile

利用静力压桩机将钢筋混凝土预制桩分节压入土中的沉桩工艺。施工时在条形基础两侧挖槽，用压桩机械将桩分节压入，节与节之间用硫磺砂浆连接，达到设计规定的压力值后，在桩顶设纵向连梁和横向托梁，承托条形基础，减少建筑物沉降。用于有条形基础的建筑物托换处理。 （赵志缙）

自动焊 automatic welding

焊接过程中，焊接速度、送丝速度、焊接电流、焊弧电压能自动控制的焊接方法。常用的有埋弧自动焊和气体保护焊两种。具有焊缝质量均匀、塑性好、冲击韧性高、焊接速度快等特点。 （郦锁林）

自防水屋面 self-waterproof roof

又称构件自防水屋面、油膏嵌缝涂料屋面。利用屋面板的板面作防水层，板缝填以嵌缝油膏，再在板面上涂一层防水涂料的防水屋面。
（毛鹤琴）

自封式快速接头 self-closed rapid joint

高压油管与千斤顶快速连接用的一种接头。该接头能承受 50 MPa 的油压，柔软易弯，不需工具就能迅速装拆。拆下的管道接头能自动密封，油液不会流失，使用极为方便。 （杨宗放）

自流灌注 grouting by gravity

压浆混凝土施工时，借助于重力的作用，使砂浆自动注入粗集料间空隙中去的砂浆灌注方法。
（谢尊渊）

自落式搅拌 free fall mixing

利用重力扩散机理达到使物料混合均匀目的的搅拌方法。 （谢尊渊）

自凝灰浆 self-setting mortar

由一定配比的水、水泥（一般用矿渣水泥 150~450kg/m³），膨润土（30~60kg/m³）和少量缓凝剂组成的一种浆液。主要用于地下连续墙（防渗墙）施工中造槽（孔）固壁，或镶固预制墙板，或自行凝固后构成墙体。 （胡肇枢）

自然浸渍 natural impregnation

混凝土基材在常压下直接浸渍于单体中的方法。一般对于完全浸渍的基材，如要获得最佳的性能，则要求尽可能除尽混凝土孔隙中的水分。浸渍的饱和程度决定于单体的粘度、混凝土的孔隙率和孔径分布、静水压力和浸渍时间。 （谢尊渊）

自然养护 natual curing

在自然气候条件下，采取保湿保温等措施所进行的混凝土养护。可分为湿养护、保湿养护和太阳能养护。 （谢尊渊）

自卸汽车 dumping truck, dumper

又称翻斗汽车。具有举升和回复的装置，使车厢倾斜卸货的汽车。按倾卸装置分有液压式、机动式等，现多用前者；按倾卸方向分有向后倾卸、单侧倾卸、双侧倾卸等形式。用于装运砂石料、土壤、煤炭等散装货物和混凝土料等，可节省卸货人力和时间。常用的载重量为 4~32t，个别达 100t 以上。 （胡肇枢）

自行车隧道 bicycle tunnel

修建在城市繁华地区或江河底下专供自行车辆通行的交通隧道。有时在交通量较小且长度较短的道路隧道内，也允许自行车通行。在此情况下，可将二者修建在同一座隧道内。 （范文田）

自应力混凝土 self-stressing concrete

又称化学预应力混凝土。利用水泥水化过程中产生的膨胀能来张拉预应力筋，达到使混凝土产生预压应力目的的混凝土。具有工序简单、无需张拉设备、成本低、抗渗性好等优点，但预应力值低（3~5MPa），并难以准确控制。主要用于压力管道，也可用于轨枕、机场跑道等。
（谢尊渊　杨宗放）

自应力混凝土管　self-stressing concrete pipe
用自应力混凝土并配置一定数量钢筋制成的水泥管。按其外形不同分为平口管和承插管。管径为150～600 mm。生产工艺采用离心法成型，经过蒸养与水养护，自应力混凝土膨胀，由膨胀力张拉钢筋而使混凝土获得预压应力。这种管的耐久性好，有裂缝闭合能力，但较脆。主要用于工作压力0.6 MPa以下的输水管、煤气管、排灰管。
（杨宗放）

自应力水泥　self-cement for stressing
通过化学作用使混凝土在凝固后及硬化期间不是收缩而是膨胀的水泥。常用的硅酸盐自应力水泥是用石膏、矾土水泥和硅酸盐水泥粉磨而成。其中硅酸盐水泥为基本材料，起强度作用；石膏和矾土水泥起膨胀作用，具有大的膨胀能，用以张拉钢筋对混凝土产生自应力。
（杨宗放）

自由面　free surface
又称临空面。岩石与空气的交界面。应力波在传播过程中遇到自由面反射而成拉伸波，即自由面附近的岩石处于易于破坏的各种应力叠加拉伸应力状态之下。自由面对于爆破效果起着重要作用。在爆破工程中应尽量创造多个自由面，以提高爆破效果。
（林文虎）

自由膨胀　free expansion
膨胀变形不受约束的膨胀。（谢尊渊）

自由膨胀率　rate of free expansion
膨胀混凝土在某一龄期的自由膨胀值与原有长度之比值的百分率。用 ε_f 表示。可通过规定的试验方法测得有关数据后，按下式计算

$$\varepsilon_f = \frac{L_x - L}{L_0} \times 100\%$$

L_x 为所测龄期自由试体的长度（mm）；L 为脱模后自由试体的初长（mm）；L_0 为自由试体有效长度（mm）。
（谢尊渊）

自由膨胀能　energy of free expansion
自由膨胀时所消耗的能量。（谢尊渊）

自由倾落高度　height of free dumping
混凝土拌合物垂直向下输送离开容器或管道出料口自由下落时，出料口至落点的垂直距离。此距离愈大，混凝土拌合物出现离析的现象愈严重。
（谢尊渊）

自由时差　free float
又称自由机动时间。在不影响其紧后工作的最早开始时间的条件下，工作可以机动使用的时间。其值为该工作的紧后工作的最早开始时间与本工作的最早完成时间之差。
（杨炎荣）

自由收缩　free shrinkage
收缩变形不受约束的收缩。（谢尊渊）

自有发电设备　self-owned power generating facility
机关，企、事业单位或农村自设的水力、火力、机械、太阳能发电设备。所发电能一般不与输电线路并网。平时不用，一般在突发性或周期性停电时启用，或在输变电网所不能达到的地方使用。
（解　滨）

自粘防水卷材　self bending waterproof felt
见彩色三元乙丙复合防水卷材（17页）。

zong

综合吊装法　comprehensive method of erection
旧称节间吊装法。起重机在进行结构吊装过程中，开行一次便按节间顺序吊装完房屋所有构件的方法。特点是：起重机停机点少，开行路线短。但由于在每一个节间要吊装多种构件，吊装速度较慢，且使构件供应和平面布置、构件校正和最后固定都较困难，一般很少采用这种吊装方法。
（李世德）

综合概预算书　biu of general estimate
用以分别确定每一生产车间、独立公用事业或独立建筑物等工程项目全部建设概（预）算费用的文件。它是由该工程项目内的各单位工程概（预）算书汇编而成。
（毛鹤琴）

综合机械化施工　comprehensive mechanized construction
由主要参数一致的成套机械来完成整个工程施工的工作方式。成套机械包括完成主要工序的主导机械以及辅助机械。选定成套机械的组成时，应根据工程的类型、工程量、工期，以及施工条件等。正确选定和正确搭配整套机械，以充分发挥各个机械的作用，获取较好的效益。
（段立华）

综合蓄热法　combined heat retention method for concrete curing
采用保温蓄热、掺入相应的外加剂、短时加热等措施与蓄热法相结合养护混凝土的冬期施工方法。按施工条件分为低蓄热养护和高蓄热养护。低蓄热养护主要是掺低温早强剂和防冻剂，使混凝土缓慢冷却至冰点前达到临界强度。高蓄热养护以短时加热为主，使混凝土在养护期间达到受荷强度。
（张铁铮）

综合预测　synthetic forecasting
两种以上预测方法结合使用。任何一种预测都

有一定的适应范围,都有一定的局限性。为了克服这些缺点,往往采用多种预测方法,进行综合预测。这种综合可以是定性方法与定量方法的结合,也可以是定量与定量或定性与定性方法的结合。综合预测兼有定性预测和定量预测的长处,因此预测的精度和可靠性比单项预测高。 (曹小琳)

总概算 total budget estimate

反映整个建设项目的投资规模和投资构成的文件。原则上应按整个建设项目的范围进行编制,也可根据具体情况分段、分片地划分编制范围,分别编制总概算,然后汇编建设项目的总概算汇总表。由建筑工程费、安装工程费、设备工器具购置费及其他费构成。 (邓先都)

总概预算书 biu of overau approximate estimate

用以确定一个建设项目(工厂或学校、医院等)从筹建到竣工验收过程的全部建设概(预)算费用的文件。它是由各生产车间、独立公用事业及独立建筑物的综合概(预)算书,以及其他工程和费用的概算书汇编而成。此外,在总概(预)算书之后还应列出"未能预见工程和费用"及可以回收的金额。 (毛鹤琴)

总热阻 total heat resistance

混凝土冬期施工时,结构或构件的模板及表面覆盖的保温材料热阻之和(R)。按公式计算

$$R = \frac{1}{23.3} + \Sigma \frac{h}{\lambda}$$

h 为模板或保温材料的厚度(m);λ 为模板或保温材料的导热系数(W/(m·K))。 (张铁铮)

总时差 total float

又称总机动时间。网络计划中工作可以机动使用的总时间。包括自由时差和相关时差。其值为工作最迟开始(或完成)时间与最早开始(或完成)时间之差。 (杨炎荣)

总水灰比 total water/cement ratio

包括轻集料 1h 吸水量在内的总用水量与水泥用量之比。 (谢尊渊)

总网络计划 master network

以整个任务的全部工作为对象编制的网络计划。 (杨炎荣)

纵向出土开挖法 excavation with longitudinal casting

铲运机开挖具有地面纵坡地段路堑时,充分利用有利地形,从路堑一端作下坡铲土并不断延伸挖土长度的方法。铲运机开挖路堑方式之一。沿纵向运行弃土在堑口外侧或向邻接的路堤填筑。 (庞文焕)

纵向推土开挖 longitudinal excavation by bulldozer

推土机沿路堑纵向进行开挖,从路堑两端出土的修建路堑方法。纵向出土开挖时,能利用下坡推土,生产效率高。纵向弃土的运距一般为 40~60m。作纵向利用移挖作填时,运距可到 80~100m。 (庞文焕)

纵向拖拉法 erection by longitudinal method

在引桥或桥台背后的路堤上拼装钢桁(梁),用设于另岸的卷扬机,将整跨或全梁沿纵向拖拉就位安装的方法。为了改善悬臂的挠度和受力状况,可安装导梁(又称鼻梁),或设置加强塔架、斜拉索及临时支墩等。拖拉时梁要受到可能发生的竖向压力和施工期内风力的影响,必须保证钢桁杆件临时连接的强度和稳定性。倾覆稳定系数应大于 1.3。必要时,可设置平衡重。在引桥或桥台背,钢梁藉平车前移,在墩顶以辊柱滑行。为了控制速度,大梁尾部设尾索制动。 (邓朝荣)

纵向围堰 cofferdam along stream

见围堰(254 页)。

ZU

足材

见材(16 页)。

足尺大样 full scale template

在放样台或平地面上按 1:1 的比例划出的半榀或全榀屋架的大样。要求各杆件的中心线在节点处应交于一点,各部榫头的相邻两边必须成直角,下弦的起拱高度根据设计图纸(或根据荷载)来决定,大样上的零件(如螺杆、垫圈等)均须仔细说明。如遇结构较复杂(如四面落水式、折波式屋面等)发现施工图不全、尺寸不符时应与设计部门讨论予以校核纠正。 (王士川)

组合 condensation of activities

又称工作合并。在网络计划中,将划分较小的工作项目合并成较大的项目,使计划简化的工作。 (杨炎荣)

组合安装法 preassenbly method of erection

将结构构件在地面上按架设单元组合,然后利用起重设备起吊并安装就位的方法。根据安装方法不同可分为吊装法、钢带提升法和平移法。吊装法是依据架设单元的重量和平面尺寸,以及起重机械的性能采用一台或多台起重机吊装就位。组合安装对增强结构在安装过程中的稳定性有利,并能减少高空作业。此法适用于大跨度桁架或刚架结构,因为划分架设单元后安装和使用阶段的受力情况一

致。如应用于空间网架结构,则应按架设单元进行吊装验算,必要时需采用相应的加固措施。

(李世德)

组合钢模板 assembled steel formwork

采用模数制设计,能进行横竖拼装,组合成各种形状的钢制小块定型模板。由平面模板、阴角模、阳角模、连接角模及 U 形卡、L 形插销、钩头螺栓、紧固螺栓、对拉螺栓、扣件等配件组成。用组合钢模代替木模板,是中国一项长期的技术经济政策,目前在全国已得到迅速推广应用。不仅广泛用于工业与民用建筑,也用于大型设备基础、水工混凝土坝、铁路桥隧等专业工程。具有强度高、刚度大、组装灵活、装拆方便、通用性强、周转次数多等优点。

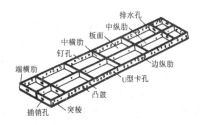

(何玉兰)

组合式操作平台 assembled operation platform

由立柱架、联系桁架、横向桁架、三角挂架及脚手板组成的平台架。其平面尺寸按基本单元尺寸 1.8m×1.8m 进行组合,并配以三角挂架,在三角挂架之上铺脚手板,能够满足一般房间和开间的要求。

(鄢锁林)

组码 group code

又称区间码。把一个代码分成若干段,每一段为一组,表示事物(件)某一方面特征。整个代码则反映几方面特征。如中国目前使用的身份证号码、邮政编码即是组码形式的代码。邮政编码六位中每二位反映一个市、区(县)、邮区的编号。其优点是不同组反映事物(件)某一方面特征,有利于代码的分段处理,以得到某一方面具体值,检索方便,便于记忆,便于扩展和删除代码。但组码也易造成多方面反映事物(件)特征而增加代码长度,且有较多空码,维护有一定困难。

(顾辅柱)

组砌型式 bond

又称砌筑方式。块材在砌体中的组合排列型式。如实心砖墙常用一顺一丁、三顺一丁、梅花丁等型式。

(方承训)

组织关系

又称组织联系。由于劳动力或机械等资源的组织与安排需要而确定的各工作完成程序的逻辑关系。

(杨炎桀)

zuan

钻爆参数 parameter of drilling and blasting

用钻爆法开挖坑道时,为达到预期爆破效果而事先设计的数据的总称。主要有单位炸药消耗量、炮眼数目、炮眼直径和炮眼深度等。这些参数主要取决于岩石的物理力学性质、开挖面面积和形式、预定的循环进尺和时间、掘进的机具、施工组织、炸药类型和药卷规格、起爆方法等而定,并在施工中根据实际情况加以修正。

(范文田)

钻爆法 borehole-blasting method

在隧道工作面上钻眼,并装填炸药爆破,将隧道开挖成型的隧道施工方法。主要包括钻孔、装药、爆破、通风、支护、出碴、运输等作业程序。根据岩体性质可采用全断面开挖法或分部开挖法。

(范文田)

钻孔 drill hole

用钻床、风钻、电钻的钻头在金属结构中按施工图要求的孔径及精度的制孔作业。包括零件钻孔和成品钻孔。此法所钻钢材厚度不限,且孔壁不受损伤,质量高,但效率低,故仅在厚钢材以及孔的质量要求高时采用。为提高效率常把数个同样的零件叠在一起一次钻成设计的孔径。

(王士川)

钻孔布置图 borehole layout

表示地质勘察钻孔位置的图。钻孔的布置视土层情况,拟建工程的平面布置、重要程度、荷载等级以及工程设计的不同阶段而定。

(朱 嬿)

钻孔锤击沉桩

在坚硬土层、厚砂层,锤击沉桩遇到困难时,采用先钻孔后锤击打桩的方法。钻孔深度距持力层 1～2m 时停止钻孔,锤击至预定持力层深度。如遇有地下水,则可通过钻注浆孔,然后将桩插入钻孔内再锤击打入。钻孔直径应小于预制桩径,例如打预制 300mm×300mm 方桩,用 ϕ300mm 钻孔径适宜。桩架以双导向桩架合宜,其双导向杆一面悬挂钻孔螺旋杆可以先钻孔,另一导杆可悬挂柴油锤,钻孔完成即吊桩锤击沉入,无需两套机械。

(鄢锁林)

钻孔灌注桩 bored pile, mondisplacement pile

用钻孔机械在桩位处钻出桩孔的灌注桩。钻孔机械种类很多,有螺旋钻机和潜水钻机、冲击钻机类等。前者钻孔直径较小,深度较浅,适用于地下水位以上的各类土壤;后者潜入泥浆中钻孔。在粘土中钻孔可向桩孔中注入清水自造泥浆护壁,防止坍孔;在砂土中钻孔要注入制备好的泥浆。钻孔至设计深度要进行清孔。防止沉淀的土渣增大桩的沉降。如在桩孔底部用扩孔设备进行扩孔，可提高桩的承载能力。钻孔要防止坍孔和偏斜，在杂填土或松软土层中钻孔，在桩位处要埋设钢护筒，以定位、保护孔口和保持泥浆液位高于地下水位。清孔后吊放钢筋骨架和灌注混凝土，在泥浆中需用水工混凝土以导管法灌注。施工时无振动、不挤土，能在各种土质中施工。 （赵志缙）

钻孔机 boring machine

用于钻孔灌注桩、钻孔打入预制桩和地下连续墙（或挡土帷幕）的成孔设备。根据地质条件和钻机及钻头的不同，常用的有长螺旋钻孔机、短螺旋钻孔机、潜水钻孔机、转盘式钻孔机及振冲器等。长螺旋钻孔机（代号 ZKL）适用于钻孔灌注桩作业，主要用于粘土、砂壤土、回填土等地层，比锤击沉桩性能好，比振动沉桩损坏设备轻，还能避免沉桩对地基挤压而危及邻近建筑物的不良影响；短螺旋钻孔机（代号 ZKD）是一种干法成孔钻机，除具有长螺旋钻孔机的某些特点外，还兼有无需接长钻杆、效率高等特点；转盘式钻孔机（代号 ZKP）是湿法成孔钻机，一般应有泥浆循环，适用于在粘土、卵石、砾石、岩石等地质条件下使用，性能可靠；潜水钻孔机（代号 ZKQ）是湿法成孔钻机，主要用于中国沿海软土地区的大口径钻孔桩基础施工，亦可将数台钻机组合成群钻，用地下连续墙和竖井防渗帷幕等工程施工，适用于淤泥、粘土、砂层、风化页岩及含有少量砾石的第四纪覆盖层成孔。这种钻机结构简单，维修方便，钻孔时钻机主轴连接钻头一起潜入水中，切削土壤成孔，具有钻孔效率高，钻孔垂直度高，成桩后单桩承载力较大等优点。其特点是造价低、施工无噪声、无冲击、无振动和无污染，因而近年来发展迅速，应用日广。 （郦锁林）

钻孔台车 rock drilling jumbo

开挖隧道时，能够移动并支持多台凿岩机同时进行钻眼作业的设备。主要由凿岩机、钻臂、钢结构车架、走行机构及其他必要的附属设备所组成。按走行方式分为轨行式、轮胎式和履带式三种。在全断面开挖石质隧道或掘进导坑时，可与装载设备组合而加快施工速度，提高劳动生产率并改善劳动条件。 （范文田）

钻探法 drilling prospecting method

用钻机在地层中钻孔取原状土样，以鉴别地层和土质情况的勘探方法。常用手摇钻探法和岩心机钻探法。前者打浅孔，后者打深孔。钻孔中用取土器取原状土样，以测定岩土的物理力学性质。钻探的深度、地层变化、层土物理力学性能及水文地质条件等都需详细描述和记录。是最广泛采用的一种勘探方法。 （林厚祥）

钻抓法 driuing-grabbing method

在地下连续墙施工中，用钻机在单元槽段两端钻出导孔，再用抓斗式挖槽机进行挖槽的施工方法。对于相邻的后段，可以利用前段接头管的孔洞为导孔，只要钻另一端的导孔即可。 （李健宁）

zui

最长工作时间 pessimistic time estimate

又称悲观时间。在最不利条件下完成某项工作所需的持续时间估计值。 （杨炎榮）

最迟开始时间 late start time

又称最迟必须开始时间。在不影响整个任务按期完成的条件下，工作最迟必须开始的时刻。其值为最迟完成时间与本工作的工作持续时间之差。 （杨炎榮）

最迟完成时间 late finish time

又称最迟必须完成时间。在不影响整个任务按期完成的条件下，本工作最迟必须完成的时刻。其值为工作最迟开始时间与本工作持续时间之和。 （杨炎榮）

最初可松性系数 initial looseness coefficient of soil

土体经挖掘后的体积 V_2 与开挖前土体的自然体积 V_1 的比值 K_p。是计算土的挖方装运车辆及挖土机械的重要参数。K_p 与土的类别有关，数值大约在 1.08～1.50 之间。 （林文虎）

最大干重度 maximum dry unit weight

土样在不同含水量下经标准击实能达到的干重度最大值。由土样室内击实实验确定。实验用击实仪的击实筒内径 9.215cm，容积 1 000cm³，锤重 2.5kg，锤底直径 5cm，落距 46cm。土样分三层击实，每层击数：砂土和轻亚粘土为 20 击；亚粘土和粘土为 20 击。击实后，对不同的含水量 w 可求得不同的干重度 r_d，绘制 r_d 与 w 的关系曲线，曲线上 r_d 的峰值即土的最大干重度。 （赵志缙）

最大积雪深度 maximum snow depth

一定地区内多年来积雪深度的最大值。1949 年后中国一些地区的最大积雪深度为：上海 14mm、北京 24mm、哈尔滨 41mm，最深的积雪发生在北疆伊宁，深达 89mm。 （朱 嬿）

最大纵坡 maximum prfile grade

公路沿线路方向允许采用的最大坡度值。为公路线路设计中的一项重要的控制性指标。其大小将直接影响线路的长短、使用品质的好坏、工程量的大小及运输成本的高低。一般根据汽车的动力特性、道路的等级及公路所经地区的地形、海拔高度、气温、雨量等自然因素而定。中国交通部颁发的《公路工程技术标准》中对不同等级和不同地形处的公路最大纵坡值做了具体的规定。

（朱宏亮）

最低准爆电流 minimum allowable blasting current

使电雷管起火爆炸所需的最低电流强度。即电雷管通以恒定的直流电流值在无限长时间内（一般通电 5min）必能使电雷管发火爆炸。此恒定电流下限值即为最低准爆电流。在设计电爆网路时，通过每个电雷管的最小电流大于其最低准电流时，方不产生拒爆。 （林文虎）

最短工期 project crash duration

不能进一步缩短的工程总工期。 （杨炎燊）

最短工作时间 optimistic time estimate

又称乐观时间。在最顺利条件下完成某项工作所需的持续时间估计值。 （杨炎燊）

最高安全电流 maximum safety current

电雷管通以恒定的直流电流在无限长的时间内（一般为 5min）均不会引起电雷管爆炸的最大电流值。其实用意义在于保证爆破作业的安全并作为设计爆破专用仪表时选用仪表输出电流的依据。

（林文虎）

最佳工期 optimum duration

总成本最低时的工程总工期。 （杨炎燊）

最佳含水量 optimun water content

填土能获得最大密实度而耗费夯击能又最小时的填方土料中含水量的范围。也就是土料含水量在此范围内时，土料颗粒间的摩擦阻力减小，易使土壤密实，但若超过此范围，则土壤颗粒间大部分间隙由水充满，在压实时由于水分的隔离，土壤不能压实。反之含水量过小，又多耗夯击能。含水量与表观密度的关系一般用压密曲线表示。

（林文虎）

最佳砌筑高度 optimum height of bricklaying

工人操作方便，砌筑效率最高时的砌筑高度。一般为 1.2m。 （方承训）

最佳预养期 optimum pre-curing period

达到临界初始结构强度所需的预养时间。

（谢尊渊）

最可能工作时间 most likely time estimate

又称最可能时间。在一般正常条件下最可能完成某项工作所需的持续时间估计值。

（杨炎燊）

最小抵抗线 line of minimum resistance

药包中心距自由面的最小距离 W，即当有几个自由面时的最小距离。为爆破漏斗的主要参数之一。其数值大小，直接影响爆炸作用指数、爆破漏斗的形状及爆破效果。 （林文虎）

最小抵抗线原理 principle of minimum resistance line

岩石破碎和抛掷的主导方向在最小抵抗线方向的规律。这是因为在最小抵抗线方向岩土抵抗炸药爆破作用的能力最弱，应力波首先在此方向达到自由面并产生破坏作用，同时此处岩石可获得最大的初速度并沿此方向抛掷。定向爆破就是利用的这个原理。 （林文虎）

最小贯入度 minimum penetration

又称最后贯入度。锤击沉桩时最后一击桩的入土深度。实际施工中，一般采用最后 10 击的平均入土深度作为衡量端承桩是否符合设计要求的打桩控制指标，或摩擦桩达到规定标高时的参考。为确保每根桩的承载能力，其值应通过试桩确定，或做打桩试验后与有关单位确定。打桩中，若控制指标已达到要求，而桩尚未达到设计标高时，为消除可能遇到硬土夹层或障碍物使入土深度突然变小的假象，应继续锤击三阵，每阵 10 击的平均入土深度不应大于规定的数值。测量最后入土深度应在下列条件下进行：锤的落距符合规定；桩帽和弹性垫层正常；锤击没有偏心；桩顶没有破坏或破坏处已凿平。 （张凤鸣）

最早开始时间 early start time

又称最早可能开始时间。在各紧前工作全部完成后，本工作有可能开始的最早时刻。

（杨炎燊）

最早完成时间 early finish time

又称最早可能完成时间。是在各紧前工作全部完成后，本工作有可能完成的最早时刻。其值为工作最早开始时间与本工作的工作持续时间之和。

（杨炎燊）

最终可松性系数 final looseness coefficienl of soil

土体经挖掘后将松散土运至填土区经压实后的体积 V_3 与开挖前土体的自然体积 V_1 的比值 K'_p。是计算填方土料数量的重要参数。K'_p 与土的类别和土的压缩性有关，是反映各类土的可压缩程度，其数值大约在 1.01~1.03 之间。 （林文虎）

ZUO

作旧

在木构古建筑的个别梁、柱、枋等更换构件上按原样补绘后，将修补的油饰彩画的色彩作得旧一些，使新旧色调相协调的处理方法。一种是比较简单的做法，在调色时，青、绿、红等色内加以适量的黑烟色，刷色后旧色均匀、整洁，不同于自然陈旧的深浅不匀的状态；另一种是比较复杂的办法，完全依照旧构件的陈旧状态，一丝不苟地进行复制，裂痕污迹等如实描绘，完工后可以达到乱真的效果，但绘画者需掌握一定的技术，一般很少采用。

（郦锁林）

坐车
为了防止较高较长的戗杆塌腰，并为增加戗杆接头的强度而搭的架子。

（郦锁林）

坐车脚手架
用于城墙及其他高墙墙面抹灰刷浆搭设的脚手架。只用于高墙墙面抹灰刷浆，不需要承受很大荷载。由于城墙有收分，贴墙根一排垂直立杆的上半部分，距离墙面较远，须在墙的上半部，绑扎一排悬空的立杆（悬接）。为此，落地的立杆也为双排，借此构造来稳固挑出跨空的一排立杆。

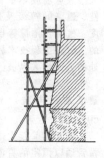

（郦锁林）

做缝
将缝子着意做出艺术形式的做法。一般都是施用于虎皮石墙。由于十分强调灰缝的效果，所以所使用的灰的颜色都应与墙面形成较大的反差对比，如虎皮石用深灰或灰黑色，砖墙用白色或黑色。灰缝应做得很细，必要时要用专用工具。

（郦锁林）

外文字母·数字

BX-701 橡胶防水卷材 BX-701 rubber waterproof roll material

以优质水油法轮胎再生胶为主要成分，加入其他高分子聚合物作改性剂和适量的防老化剂，经硫化而制成的防水卷材。防水层以氯丁橡胶为粘结剂，以氯丁胶铝粉涂料作表面保护层，采用单层冷粘贴施工。此卷材由于耐老化性能较差，不宜用于外露防水工程，只适用于地下防水工程或有刚性保护层的屋面。

（毛鹤琴）

BX-702 橡胶防水卷材 BX-702 rubber waterproof roll material

以氯丁橡胶为主要成分，加入适量炭黑制成的防水卷材。长20 m，宽1 m，厚1.4 mm。适用于地下及屋面防水工程，有较好的耐候性，可冷施工操作，基层粘结剂为氯丁橡胶胶液，面层保护用氯丁胶铝粉涂料。

（毛鹤琴）

CSPE-A 型密封膏 CSPE-A sealing mastic

见氯磺化聚乙烯密封膏（162页）。

CXS-102 防水涂料 CXS-102 waterproofing emulsion waterproofing glue

见水性石棉沥青涂料（227页）。

EPDM 防水薄膜 EPPM waterproof membrane

乙烯、丙烯和二烯类三元共聚物。具有抗氧化、抗老化、抗紫外线、抗湿能力强，低温弹性好，施工简便的特点，可直接铺设于屋面基层上。其铺设方法有粘贴法、机械固定法和压载固定法三种。

（毛鹤琴）

JG-1 防水冷胶料 JG-1 cold-applied waterproof binder

采用油溶性再生橡胶沥青制成的防水涂料。具有高温不流淌，低温不脆裂，弹塑性能良好，粘结力强，干燥快，老化缓慢，操作简便，可在负温下施工等特点。适用于屋面、墙面、地下室、冷库、洞体、设备及管道等的防水防潮工程，也可用于嵌缝补漏、防渗防腐工程。冷胶料涂膜防水常用玻璃丝布作增强布，根据防水质量的要求，可按"一布二油"或"二布三油"的做法，当刷完最后一道油时，随即撒上粗砂或云母粉作保护层。

（毛鹤琴）

JG-2 防水冷胶料 JG-2 cold-applied waterproof binder

乳化橡胶和阴离子型乳化沥青混合后形成的水乳型双细分防水涂料。涂刷在基层上，形成防水涂膜。涂膜具有橡胶的弹性、耐温性和沥青的粘结性、不透水性等优点。是一种高温不流淌，低温不开裂，无毒，无味的新型防水材料。适用于各类建筑物、构筑物的防水、防潮、防漏工程，也可用于旧屋面和其他防水工程的修补。一般防水层的构造是用玻璃纤维布或无纺布按"二布三油"的做法,以形成增强的涂膜防水层。　　　（毛鹤琴）

JH80-1 无机建筑涂料　inorganic building paint JH80-1

以硅酸钾作粘结剂,加入颜料和其他助剂制成的涂料。无毒,不污染环境,耐候性、耐水性、耐火性均好,用于外墙有较好的装饰效果。施工最低温度为0℃,应无雨时涂刷。　　　（姜营琦）

JH80-2 无机建筑涂料　inorganie building paint JH80-2

以胶态二氧化硅为粘结剂,加入成膜助剂、颜色、增稠剂、分散剂、表面活性剂等多种材料,经搅拌、调制而成的涂料。它以水为分散剂,无毒、无味、不污染环境,涂膜细腻、致密,有较高的硬度,耐酸碱。用于外墙,颜色明快,装饰效果好。施工最低温度为8℃。　　　（姜营琦）

JM 型锚具　JM type anchorage

利用楔块式夹片装在相邻钢绞线或钢筋之间锚固钢绞线束或钢筋束的楔紧式锚具。楔块式夹片是由圆锥体按径向分割而成,其片数与所夹钢绞线的根数相同。每个夹片的两个侧面都设有半圆形槽,以夹持钢绞线。钢绞线彼此靠近,没有弯折,构件端部无需扩孔;但个别夹片损坏会导致整体锚固失效。夹片改用倒锯齿形细齿和表面热处理（硬度HRC60~62）后,锚固性能良好。适用于4~6根 $\phi12$ 或 $\phi15$ 钢绞线束或钢筋束。（杨宗放）

K 系列锚具　K series of anchorage

法国弗莱西奈（Freyssinet）公司生产的锚固钢绞线束用锚具系列。分为张拉端锚具、固定端锚具和连接器等。张拉端锚具由多孔的锚板与夹片组成。锚板的顶面倾斜,夹筋孔呈同心圆排列,并向心倾斜。夹片为直分三片式,倒锯齿形细齿,表面热处理硬度 HRC58~61。构件端部需设置喇叭管。适用于7~55ϕ12.7 或 4~37ϕ15.2 钢绞线束。固定端锚具和连接器可分别参见 VSL 系列锚具和钢绞线束连接器。　　　（杨宗放）

LYX-603 卷材屋面　LYX-603 roll material roof

施工时只需在基层上随刷粘胶剂随粘贴一层以氯化聚乙烯为主要原料,以玻璃纤维网格布为骨架的防水材料的卷材防水屋面。待经闭水试验合格后,再在防水层上涂以用胶液配制的银粉保护层,或直接做刚性保护层。具有耐热、耐老化、耐燃、耐酸碱和强度大的特点,可常温冷施工。
　　　　　　　　　　　　　　　（毛鹤琴）

M1500 水泥密封剂　M1500 cement sealing agent

含有催化剂和载体复合水基溶液的防水材料。具有高度的渗透力,可渗入混凝土内部达3cm,与混凝土的碱分和湿气转化成流胶体而填满孔隙,形成完全和永久的防水体。　　　（毛鹤琴）

PVC 焦油防水涂料　PVC-tar waterproof coating

以 PVC（聚氯乙烯）为主要原料,掺入一定增塑剂、稳定剂和填充料制成的防水涂料。加热后成液态,具有防水性能好、粘结力强、重量轻、低温柔性好、施工简便、经济耐用等优点。适用于屋面防水和维修。施工时,先将涂料加热熔化,然后趁热刮涂,涂层厚一般为 6 mm,要求涂刮均匀,一次成活。　　　（毛鹤琴）

QM 型锚具　QM type anchorage

在一块多孔的锚板上,利用每孔装一付夹片夹持一根钢绞线来锚固钢绞线束的楔紧式锚具。任何一根钢绞线锚固失效,都不会引起整束锚固失效。锚板的顶面为平面,锚孔为直孔。夹片为三片式直开缝,倒锯齿形细齿,表面热处理硬度 HRC 58~61。构件端部需设置铸铁喇叭管。适用于 4~31ϕ12 或 3~19ϕ15 或更大的钢绞线束。
　　　　　　　　　　　　　　　（杨宗放）

RS 施工法　ribbon sliding method
见永久支座顶推法（276页）。

SBS 弹性沥青防水胶　SBS elastic bitumen waterproof gelatine

以沥青、橡胶、合成树脂、SBS 及表面活性剂等高分子材料组成的水乳型弹性沥青防水材料。其柔韧性、抗裂性、粘结性优异,可与玻璃布复合,适用于屋面、地面、地下室等部位的防水工程,也可用于嵌缝补漏及旧屋面、地下防水工程的修补,冷作业施工,操作简便,是防水性能较好的一种新型涂料。用于屋面工程防水时,常用"一布二胶"和"二布六胶"的做法。　　　（毛鹤琴）

SEC 混凝土　SEC concrete

又称造壳混凝土。采用水泥裹砂法拌制成的混凝土。参见水泥裹砂法（225页）。　　（谢尊渊）

SJ-803 内墙涂料
见聚乙烯醇缩甲醛内墙涂料（139页）。

VSL 系列锚具　VSL series of anchorage

瑞士罗辛格（Losinger）公司生产的锚固钢绞线束用锚具系列。分为张拉端锚具（E 型）、固定端锚具（U、P、H 型）与连接器（K、V 型）等。E 型张拉端锚具由多孔的锚板与夹片组成。锚板的顶面为平面;夹筋孔呈六边形排列。夹片为二片式,上部开缝,倒锯齿形细齿,表面热处理硬度 HRC58~61,不顶压锚固。U 型固定端锚具是将钢绞线加工成环状后绕缠在一块弯曲成U型的钢板上，并埋置在混凝土中进行锚固。P型固定端锚具由挤压式锚具与多孔的锚板组成。H型固定端锚具为压花锚具。K型与V型连接器参见钢绞线束连接器（73页）。适用于 $3\sim55\phi12.7$ 和 $6\sim37\phi15.2$ 钢绞线束。　　　　　　（杨宗放）

XM型锚具　XM type anchorage

在一块多孔的锚板上，利用每孔装一付夹片夹持一根钢绞线来锚固钢绞线束的楔紧式锚具。任何一根钢绞线锚固失效，都不会引起整束锚固失效。锚孔向心倾斜，锚板的顶面垂直于夹筋孔中心线。夹片为三片式斜开缝，与钢绞线的扭角相反，也可锚固钢丝束。夹片的齿型为短牙三角螺纹，整体热处理。构件端部需设置喇叭孔。适用于 $3\sim12\phi15$ 或更大的钢绞线束。　　　　　（杨宗放）

8字形路线　8-form route

铲运机完成两个工作循环所行经的作业路线，可避免重载急转弯，节省转向时间。当路基填挖方较高时，常采用此种运行路线。　（庞文焕）

106内墙涂料

见聚乙烯醇水玻璃内墙涂料（139页）。

107胶　107 glue

见聚乙烯醇缩甲醛（139页）。

801地下堵漏剂　801 leak sealing agent for underground use

以多种化工原料配制而成的快速高强堵漏材料。适用于钢筋混凝土地下室、地坑、地沟、水池、水塔等局部防水堵漏和卫生间渗漏部位。

（毛鹤琴）

Ⅰ类锚具　class Ⅰ anchorage

静载锚固性能满足 $\eta_a \geq 0.95$ 与 $\varepsilon_{apu,tot} \geq 2\%$ （η_a 为锚具效率系数，$\varepsilon_{apu,tot}$ 为预应力筋锚具组装件在极限拉力时的总应变），并能通过循环次数为200万次疲劳试验的锚具。适用于承受静、动荷载的无粘结或有粘结的预应力混凝土结构。在抗震结构中，还应满足循环次数为50次的周期荷载试验。尚应满足现行规范规定的各项要求。

（杨宗放）

Ⅱ类锚具　class Ⅱ anchorage

静载锚固性能满足 $\eta_a \geq 0.90$ 与 $\varepsilon_{apu,tot} \geq 1.7\%$ （η_a 为锚具效率系数，$\varepsilon_{apu,tot}$ 为预应力筋锚具组装件在极限拉力时的总应变）的锚具。仅用于有粘结预应力混凝土构件，且锚具只能处于预应力筋的应力变化不大的部位。　　　　　（杨宗放）

词目汉语拼音索引

说　明

一、本索引供读者按词目汉语拼音序次查检词条。
二、词目的又称、旧称、俗称、简称等，按一般词目排列，但页码用圆括号括起，如(1)、(9)。
三、外文、数字开头的词目按外文字母与数字大小列于本索引末尾。

a

| 矮柱墩接 | 1 |
| 艾叶青石 | 1 |

an

安全标志	1
安全带	1
安全等级	1
安全电压	1
安全防护	1
安全间距	1
安全帽	1
安全色	1
安全跳闸	1
安全网	2
安全用电	2
铵梯炸药	2
铵油炸药	2
暗沟排水	2
暗挖法	2

ang

| 昂 | 2 |

ao

凹缝	2
熬炒灰	(6)
奥国法	2

ba

八字撑	3
巴掌榫	3
巴掌榫墩接	3
扒杆吊装法	3
扒拉灰	3
扒拉石	3
拔丝机	3,(77)
坝	3

bai

白灰浆	3
百格网	3
摆动法	3

ban

板材	3
板材隔墙	4
板式基础	4
板瓦	4
板桩支撑	4
办公自动化	4
半堤半堑	(5)
半断面开挖法	4
半盾构	4
半二寸条	4
半防护厚度	4
半刚性骨架假载施工法	4
半机械化土方施工	4
半机械化装碴	4
半机械式盾构	5
半填半挖	5
半细料石	5
半银锭榫	5
半圆灰匙	5
半砖	5
拌和固结法	5

bang

帮脊木	5
帮条锚具	5
帮眼	(299)
膀子面砖	5
傍坡推土法	5
傍山隧道	5

bao

包胶	5
包金土浆	5
包镶	5
包心砌法	6
薄壁型钢结构	6
薄钢脚手板	6
薄膜养生液	6,(26)
饱和蒸汽	6
饱和蒸汽温度	6
饱和蒸汽压	6
宝顶	6
保护接地	6
保护接零	6
保湿养护	6
保温层	6
保证	6
刨	6
刨锛	6
抱框	(6)
抱柱	6
爆炒灰	6
爆堆	7
爆轰波	7
爆轰气体产物	7
爆轰气体产物膨胀推力破坏理论	7
爆扩灌注桩	7
爆力	7
爆破安全	7
爆破安全距离	7
爆破地表质点振动周期	7
爆破地震危险半径	7
爆破地震效应	7
爆破飞石	7
爆破工程	8
爆破挤淤法	(9)
爆破开挖路堑	8
爆破空气冲击波	8
爆破漏斗	8
爆破有害效应	8
爆破震动防护	8
爆破作用圈	8
爆破作用指数	8
爆热	9
爆速	9
爆温	9
爆炸冲能感度	9
爆炸功	9
爆炸夯	9
爆炸置换法	9

bei

杯形基础	9
悲观时间	(308)
贝诺尔法	9
贝诺特法	9
被动土压力	9

ben

苯乙烯涂料面层	10

beng

崩落眼	(69)
崩秧	10
泵送混凝土	10
泵压法	10

bi

鼻梁	10,(39)
鼻子榫	10
比国法	10
比价	10
比例股	(257)
闭合回路	10
闭气	10
闭胸盾构	10
闭胸盾构开口比	10
避雷针	10
避雷装置	10
避水浆	11

bian

边坡坡度	11
边坡样板	11
边坡桩	11
编束	11
扁光	11
扁千斤顶	11
变压器级次	11

biao

标底	11
标棍	11
标筋	11
标志	11
标志板	11
标准贯入试验	11
标准图	11
标准养护	12
表层地基加固法	12
表观粘度	12
表上计算法	12
表上作业法	12
表算法	(12)
表压力	12,(261)
裱糊顶棚满堂脚手架	12
裱糊工程	12

bin

宾汉姆模型	12
宾汉姆体	12

bing

冰壳防冻法	12
丙级监理单位	12
丙凝	13
丙烯酰胺浆液	13
并图	13

bo

拨道	13
波形夹具	13
波形瓦屋面	13
玻璃扶手	13

玻璃隔断	13	材料运杂费	16	测力环	18
玻璃隔墙	13	财产保险合同	16	测量放线	18
玻璃工程	13	财产租赁合同	16	测量师	18
玻璃栏板	(13)	采土场	16	测量师行	19
玻璃栏河	13	彩板屋面	(17)	策略性信息	19
玻璃幕墙	13	彩画	16		
玻璃饰面	13	彩色瓷粒	(17)	**ceng**	
玻璃纤维墙布	14	彩色三元乙丙复合防水卷材	17	层间水	19
驳岸	14	彩色压型钢板屋面	17		
驳船	14	彩砂	17	**cha**	
博缝板	14	彩砂面聚酯胎弹性体油毡	17	插板法	19
博脊	14			插板式台座	19
博弈论	(55)	**can**		插板支撑	19
		参与优先股	17	插灰泥	(20)
bu		残余抗压强度	17	插筋补强护坡	19
补偿器	14			插头	19
补偿收缩混凝土	14	**cang**		槎	19
补偿收缩混凝土刚性防水屋面	14	仓储保管合同	17	岔脊	(196)
补偿性基础	14				
补偿张拉	14	**cao**		**chai**	
补救性托换	14	操板	(250)	拆安	19
补强灌浆	14	操作平台	17	拆安归位	19
补挖	14	糙灰条子	(17)	拆除爆破	19
不饱和聚酯面层	14	糙墁地面	17	拆模时间	20
不等节奏流水	15	糙砌	17	拆砌	20
不动产	15,(63)	糙淌白	18	柴油桩锤	20
不发生火花地面	15	糙望砖	18		
不合格	15	槽壁法	18	**chan**	
不可调换优先股	15	槽式列车	18		
不偶合系数	15	槽式台座	18	掺灰泥	20
不偶合药包	15	槽销锚具	18	掺盐砂浆法	20
布料杆	15	草土围堰	18	缠腰脊	(254)
布氏硬度	15	草纸灰	(297)	产量定额	20
布瓦	15			产流	20
布瓦屋面	15	**ce**		铲运机	20
步架	15	侧壁导坑法	18,(40)	铲运机分段填筑	21
部分预应力混凝土	15	侧面掏槽	18	铲运机开挖路堑	21
		侧吸法真空脱水	18	铲运机填筑路堤	21
cai		侧向开挖	18	铲运机运行路线	21
材	16	侧向托换	18,(279)	铲运机作业	21
材料加热温度	16	侧砖	18	铲运机作业循环时间	21
材料平衡	16				
材料消耗定额	16				

chang

长窗	21	沉井法	24		
长廊油画活脚手架	21	沉井封底	24	**chong**	
长期公司债券	21	沉井浮运	24	重叠支模	27
长期预测	22	沉井基础	24	重复振捣	27,(58)
长线台座先张法	22	沉井基底处理	24	冲沟	27
常压蒸汽养护	22	沉井填箱	24	冲剪	28
厂房钢结构	22	沉井下沉	24	冲筋	(11)
厂址地形图	22	沉井下沉除土	24	冲孔	28
场地勘探	22	沉埋法	24,(23)	冲天	(152)
场地平整设计标高	22	沉箱病	24		
场地平整土方工程量	22	沉箱工作室	25	**chou**	
敞胸盾构	22	沉箱气闸	25	抽拔模板	28,(114)
		沉箱刃脚	25	稠度	28
		陈伏	(218)		
chao		衬板法	25	**chu**	
		衬砌背后回填	25		
		衬砌管片	25		
		衬砌夹层防水层	25		
抄平	22	衬砌径向缝	25	出材率	28
抄手槫	22	衬砌模板台车	25	出碴	28
抄手槫墩接	22	衬砌砌块	25	出模强度	28
超高频电磁场养护	(253)	衬砌止水板	25	出潭双细	(165)
超静水压力	22			出跳	28
超前导坑	23,(297)	**cheng**		出柱	(11)
超塑性混凝土	(158)			初步设计	28
超挖	23	撑杆校正法	25	初次衬砌	28
超挖百分率	23	成倍节拍流水	25	初次压注	28
超载限制器	23	成本加酬金合同	26	初拉力	28
超张拉	23	成洞折合系数	26	初凝	28
超张拉程序	23	成膜养护剂	26	初凝时间	28
		成熟度	26	初始预应力	29,(288)
		成组立模	26	触变性	29
che		成组立模工艺	26	触电防护	29
		成组张拉	26	触探法	29
车辆荷载标准	23	承包方	26		
车站隧道	23	承插式钢管脚手架	26	**chuan**	
		承插式台座	26		
chen		承力架	26	穿斗式构架	29
		承诺	27	穿束	29
沉拔桩锤	(293)	承重销	27	穿束机	29
沉管法	23	承重销节点	27	穿束网套	29
沉管灌注桩	23	城市规划	27	穿巷式架桥机安装法	29,(222)
沉管摩阻力	23	城市基础设施	27	穿心式千斤顶	29
沉管隧道	23	城市总体规划	27	传力垫块	30
沉管隧道管段	24	城砖	27	传力墩	30,(235)
沉井承垫	24				

船形脚手架	30		大量爆破	34
椽花线	30	**cun**	大流水吊装法	34,(66)
椽椀	30		大麻刀灰	34
串缝	30	存储论 31	大模板	34
串筒	30	存货论 31	大模板自稳角	34
			大木构架	34
chuang		**cuo**	大木归安	34
			大木满堂安装脚手架	34
窗帘盒	(30)	错缝 32	大体积混凝土	34
窗帘箱	30	错缝分块法 (109)	大吻安装脚手架	35
创始人股	30		大直径扩底灌注桩	35
		da		
chui			**dai**	
		搭角梁 32		
吹填法	30	搭接网络计划 32	代理	35
垂脊	30	打糙 32	代理权终止	35
垂莲柱	30	打糙道 32	代码	35
垂直灰缝	30	打大底 32	带刀缝砌	35
垂直运输	31	打道 32	带式运输机	35
垂柱	(30)	打点刷浆 32	贷款前可行性研究	35
锤击沉桩	31	打管灌浆法 32	袋装叠置法	35
锤击应力	31	打夯 32	袋装砂井	35
锤体	31	打荒 32	袋装砂井排水法	35
		打牮拨正 32		
chun		打蜡抛光 32	**dan**	
		打细道 32		
纯白灰	31	打桩脚手架 32	单纯债券	36
纯压灌浆法	31	打桩顺序 33	单代号网络图	36
纯蒸汽养护	31,(257)	大白腻子 33	单点顶推法	36
		大爆破 33,(52)	单独基础	(53)
ci		大仓面薄层浇筑法 33	单根钢绞线连接器	36
		大铲 33	单根钢绞线锚具	36
磁力搬运	31	大铲砌筑法 (205)	单根钢筋镦头夹具	36
磁漆	31	大城样 33	单机起吊法	36
次发炸药	(186)	大斗 33	单价表	36,(37)
次高级路面	31	大放脚 33	单价合同	36
刺点	31	大干摆 33	单阶式工艺流程	36
		大横杆 33	单控冷拉	36,(145)
cu		大横杆步距 33	单口平均月成洞	36
		大横杆间距 (33)	单立杆挂置桥架	(223)
粗称	31	大阶砖面层 33	单锚式板桩	36
粗料石	31	大孔混凝土 33	单排脚手架	36
		大孔径穿心式千斤顶 33	单排柱子腿戗脚手架	36
		大跨度建筑钢结构 33	单披灰	37
		大理石板块面层 34	单戗堤截流	37

单色断白	37	导向船	40	地价	(246)
单时估计法	37	倒铺式屋面	(40)	地脚螺栓	42
单位工程	37	倒升	40	地龙	42
单位工程概预算书	37	倒退报警装置	40	地锚	(165)
单位工程施工进度计划	37	倒支	(238)	地面工程	42
单位工程施工组织设计	37	倒置式卷材防水屋面	40	地权	(246)
单位估价表	37	倒置式屋面	(40)	地毯	42
单位估价汇总表	37	道岔分段拼装	40	地铁	(43)
单位耗药量	37	道床捣固	40	地铁隧道	43
单位时间增加费用	(64)	道床整修	40	地下防水	43
单向开挖法	37	道路安全设施	40	地下连续墙	43
单向掏槽	37	道路路基	40	地下连续墙法	43,(18)
单元槽段	38	道路隧道	40	地下水	43
单元墙段	(196)	道路纵坡	40	地下铁	(43)
				地下铁道	43

dang

de

				地形概貌	43
				地仗	43
挡脚板	38	德国法	40	地仗工程	43
				地震	43

dao

deng

				地震烈度	43
				地震震级	44
导板抓斗	38	等代悬臂柱	41	地质剖面图	44
导爆管起爆法	38	等高线	41	递送法	44
导爆索	38	等级	41	第三方	44
导爆索起爆法	38	等节奏流水	41		
导电夹具	38	等值梁法	41		
导峒	38	澄浆城砖	41	## dian	
导洞	(39)				
导管法	38	## di		点焊	44,(47),(129)
导管管内返浆	38			点焊电极压力	44
导管管内返水	39	低级路面	41	点焊焊接电流	44
导管架	39	低流动性混凝土	41	点焊机	44
导管架型平台	39	低松弛钢绞线	41	点焊通电时间	44
导管作用半径	39	低松弛钢丝	41	点火材料	44
导火索	39	低温硬化混凝土	41	点燃冲能	45
导火线	(39)	堤	41	点燃起始能	(45)
导坑	39	狄威达格连接器	(134)	电爆网路	45
导坑延伸测量	39	狄威达格锚具	(134)	电磁感应加热法	45
导坑支撑	39	抵押	42	电动卷筒张拉机	45
导梁	39	抵押债券	42	电动螺杆张拉机	45
导梁法	39	底部掏槽	42	电动螺旋千斤顶	(45)
导流	39	底孔导流	42	电动升板机	45
导流设计流量	39	地道	42	电动提升机	(45)
导流隧洞	39	地方资源	42	电动油泵	45
导墙	40	地基与基础工程	42	电动张拉机	45
				电发火装置	45

电弧焊	46		**die**			**dong**	
电弧气刨	46						
电化学灌浆	46	叠层摩阻损失	49	冬期施工	51
电极加热法	46	叠层张拉	49	冬夏季日平均温度	51
电雷管	46	叠梁式构架	(236)	动臂桅杆	51
电雷管反应时间	46			动力触探	51
电雷管起爆法	46	**ding**		动力固结法	(196)
电雷管全电阻	46			动态规划	51
电力起爆	(46)	丁砌层	49	动压型气垫	51
电热法	46	丁石	49	冻结法	51
电热化冻法	46	丁顺分层组砌	49	冻土爆破法	51
电热器加热法	47	丁顺混合组砌	49	冻土护壁	(51)
电热设备	47	丁头石	(148)	冻土机械法	52
电热养护	47	丁砖	49	冻土融化	52
电热张拉法	47	顶部掏槽	49	冻土深度	52
电渗井点	47	顶撑	49	冻土挖掘	52
电石膏	47	顶承式静压桩	49	峒室爆破	52
电渣焊	47	顶锻留量	50	洞口开挖	52
电渣焊接电流	47	顶锻速度	50	洞口投点	52
电渣压力焊	47	顶锻压力	50	洞内控制测量	52
电阻点焊	47	顶管法	50	洞外控制测量	52
垫板	48	顶入法	(50)		
垫层	48	顶升法	50	**dou**	
垫铁	48	顶石	(49)		
		顶推程序	50	斗口	52
diao		顶推装置	50	斗栱	53
		顶柱	50	斗砖	53
吊顶工程	48	钉道站	50	陡槽	53
吊顶龙骨	48	定标	50	豆瓣石	53
吊斗	48,(154)	定额	50		
吊杆	48	定金	50	**du**	
吊挂支模	48	定量预测	50		
吊机吊装法	48	定期保养	50	独脚桅杆	53
吊架	48	定位放线	50	独脚桅子	(53)
吊脚手架	48	定位开挖	50	独立基础	53
吊脚桩	48	定向爆破	50	独立时差	53
吊具	48	定向中心	51	堵口	53
吊篮	49	定性预测	51	堵抹燕窝	53
吊桥	49,(266)			度时积	(26)
吊桥锚碇	49	**diu**		渡槽导流	53
吊柱	(30)			渡口码头	53
吊装准线	49	丢缝	51	镀锌钢板门窗	53
钓鱼法	49			镀锌钢丝	53

duan

端承桩	53
端头局部灌浆	53
短窗	54
短期预测	54
短期债券	54
短线模外先张法	54
断白	54
断路法	54
断面法	54
断丝	54

dui

堆码高度	54
堆码间距	54
堆石薄层碾压法	54
堆石高层端进抛筑法	54
堆石人工撬砌	54
堆填法	54
堆载加压纠偏	55
堆载预压法	55
对比色	55
对策论	55
对称张拉	55
对焊	(207)
对接扣件	55
对流扩散机理	55

dun

镦头锚具	55
镦头器	55
墩接	55
墩梁临时固结	55
墩式台座	56
盾构	56
盾构拆卸室	56
盾构法	56
盾构纠偏	56
盾构灵敏度	56
盾构拼装室	56
盾构千斤顶	56

盾尾	56
盾尾间隙	56
盾尾密封装置	56

duo

多层导坑开挖法	56
多层抹面水泥砂浆防水层	56
多点顶推法	57
多斗一眠	57
多根钢丝镦头夹具	57
多机抬吊法	57
多卡模板	57
多孔混凝土	57
多立杆式脚手架	57
多锚式板桩	57
多目标决策	57
多戗堤截流	57
多头钻成槽机	57
多向掏槽	58
垛头板	(244)
剁斧	58
剁斧石	(288)

er

二槽眼	(69)
二城样	58
二次衬砌	58
二次灌浆	58
二次灌浆法	58
二次投料法	58
二次压注	58
二次运输	58
二次振捣	58
二寸条	58
二寸头	58
二斗一眠	59
二级公路	59
二平一侧	59

fa

发包方	59
发平	59

发气剂	59
发笑	59
发行普通股筹资	59
发行优先股筹资	59
法孔	(114)
法人	59

fan

翻碴	59
翻斗汽车	(304)
翻模	60
翻松耙平防冻法	60
翻转脱模	60
反铲作业	60
反打工艺	60
反台阶法	60
反砖碴	60
返泵	60
泛白	60

fang

方尺	(129)
方格网法	60
方木	60
方套筒二片式夹具	60
方砖	61
防爆安全距离	61
防爆地面	(15)
防潮层	61
防辐射混凝土	61
防洪	61
防护栏杆	61
防护立网	61
防护面罩	61
防护棚	61
防护手套	61
防护眼镜	62
防火	62
防火最小间距	62
防水层	62
防水灯具	62
防水工程	62
防水混凝土	62

防水浆	62	分层大流水吊装法	65	风险型决策	68
防水卷材	62	分层分段流水吊装法	65	风雨缝	(263)
防水砂浆防水层	62	分层开挖法	(235)	封底	68
防锈漆	62	分层平挖法挖槽	65	封端墙	68
防汛	62	分层投料	65	封孔蓄水	68
防雨棚	63	分层直挖法挖槽	65	封檐板	68
防雨器材	63	分段长度	65	蜂窝	68
防震沟	63	分段开挖	65	蜂腰	(233)
房地产	63	分段张拉	65	缝子	(228)
房地产公司	63	分段装药	(122)		
房地产估价	63	分格缝	65	**fu**	
房地产市场	63	分格条	66		
房地产市场客体	63	分级张拉	66	弗氏锚具	68,(80)
房地产市场信号	63	分件吊装法	66	扶脊木	(5)
房地产市场运行规则	63	分阶段后张法	66	浮吊	(68)
房地产市场主体	63	分节脱模	66	浮基础	68,(14)
房地产业	63	分流	66	浮式沉井	68
房屋纠偏	63	分批张拉	66	浮式起重机	68
仿方砖地面	63	分批张拉损失	66	浮运沉井定位	(68)
仿古地面	63	分期导流	66	浮运沉井就位	68
仿古建筑	63	分散式顶推法	(57)	浮运沉井落床	68
仿假石	64	分散体系	66	浮运吊装法	68,(69)
		分散系	(66)	浮运架桥法	69
fei		分色断白	66	浮运落架法	69
		分析计算法	66	浮运落梁法	(69)
飞模	64	分项工程	67	幅度	(85)
飞檐椽	64	分项工程作业设计	(65)	斧刃砖	69
飞罩	64	分中	67	斧子	69
非参与优先股	64	粉尘度	67	辅助坑道	69
非关键线路	64	粉尘量	67	辅助炮眼	69
非肯定型网络	64	粉化	67	附息票债券	69
非累积优先股	64	粉煤灰防水混凝土	67	复合地基	69
非确定型决策	64	粉煤灰砖	67	复合多色深压花纸质壁纸	69
非水硬性胶凝材料	(193)	粉刷工程	(171)	复合式衬砌	69
非线性规划	64	粉体喷射搅拌法	67	复式搅拌系统	69
非主要矛盾线	(64)			复式网路起爆法	(154)
废弃工程	64	**feng**		腹石	69
费用增率	64			覆盖防护	69
		丰水期	67	覆土爆破法	70
fen		风管式通风	67	覆雪防冻法	70
		风级	67		
分别流水法	64	风级风速报警器	67	**gai**	
分部工程	65	风玫瑰图	67		
分部工程作业设计	65	风速	68	改性沥青柔性油毡	70
分仓缝	65	风险评审技术	68	改性沥青柔性油毡屋面	70

钙塑门窗	70	钢结构放样	74	钢筋强度	78
概算包干	70	钢结构工厂拼装	74	钢筋切断	78
概算定额	(125)	钢结构工程	74	钢筋切断机	78
概算指标	(125)	钢结构连接	74	钢筋屈服点	78
		钢结构退火	74	钢筋设计强度	78
gan		钢结构下料	74	钢筋伸长率	78
		钢结构样板	75	钢筋弯箍机	78
干摆	70	钢结构样杆	75	钢筋弯曲成型	78
干摆细磨	(70)	钢筋	75	钢筋弯曲机	78
干饱和蒸汽	70	钢筋绑扎	75	钢筋下料长度	79
干搓瓦屋面	70	钢筋绑扎接头	75	钢筋延伸率	(78)
干地沉井	71	钢筋保护层	75	钢筋轴	(194)
干热养护	71	钢筋标准强度	75	钢筋锥螺纹接头	79
干-湿热养护	71	钢筋除锈	75	钢门窗	79
干式喷射法	71	钢筋搭接长度	75	钢木大门	79
干坞	71	钢筋代换	75	钢木脚手板	79
干硬度	71	钢筋等面积代换	75	钢排	79
干硬性混凝土	71	钢筋等强代换	76	钢钎校正法	79
干粘石	71	钢筋电焊焊接设备	76	钢丝等长下料	79
干蒸汽	71,(70)	钢筋电热伸长值	76	钢丝镦头	79
		钢筋调直器	76	钢丝绳	79
gang		钢筋镦头	76	钢丝束连接器	79
		钢筋镦头机械	76	钢丝网水泥模板	79
刚性防水屋面	71	钢筋负温焊接	76	钢丝应力测定仪	79
刚性骨架法	71	钢筋工程	76	钢索测力器	80
刚性基础	72	钢筋焊接	76	钢索锚头	80
钢板出碴	72	钢筋混凝土板桩	76	钢弦混凝土	80
钢板结构	72	钢筋混凝土板桩围堰	76	钢屑水泥面层	80
钢板桩	72	钢筋混凝土挂瓦板平瓦屋面	76	钢质锥形锚具	80
钢板桩围堰	72	钢筋混凝土工程	77	缸砖面层	80
钢边橡胶止水带	72	钢筋混凝土重力式平台	77		
钢材边缘加工	72	钢筋机械连接	77	**gao**	
钢材可焊性	72	钢筋挤压接头	77		
钢材下料公差	72	钢筋剪切机	77,(78)	高层建筑钢结构	80
钢材应力松弛损失	72	钢筋脚手板	77	高处作业	80
钢窗安装	73	钢筋井字架	77	高级路面	81
钢带提升法	73	钢筋抗拉强度	77	高级抹灰	81
钢拱支撑	73	钢筋冷拔	77	高空拼装法	81
钢管抽芯法	73	钢筋冷拔机	77	高空散装法	81
钢管脚手架	73	钢筋冷拔总压缩率	77	高能燃烧剂	81
钢管桩	73	钢筋冷拉	77	高频焊	81
钢绞线	73	钢筋冷拉机	78	高强钢丝	(237)
钢绞线束连接器	73	钢筋冷弯	78	高强螺栓紧固设备	81
钢结构	73	钢筋力学性能	78	高强螺栓连接	81
钢结构材料	73	钢筋锚固长度	78	高速公路	81

高温抗压强度	81	工法	84	拱桥悬臂施工法	87
高压釜	81	工具锚	84	拱桥悬砌法	87
高压油管	81	工具式模板	84	拱桥转体施工	87
高压蒸汽养护	82	工期	84,(215)	拱圈封顶	87
		工期成本优化	84	拱圈合龙	87

ge

		工期调整	84	拱圈混凝土浇筑	88
		工期优化	(84)	拱圈托梁	88
搁栅	82	工期指标	84	拱上建筑	88
搁置差	82	工伤事故	84	拱石	88
隔断工程	82	工序	(85)	拱石楔块	(88)
隔热材料防冻法	82	工业炸药	84	拱心石	(86)
槅扇	(21),(205)	工艺关系	85	拱	88
		工艺联系	(85)	栱眼	88

gen

		工艺设计	85		
		工作	85		gou
跟踪	82	工作持续时间	85		
		工作度	(71)	勾缝	88

geng

		工作幅度	85	沟侧开挖	88
		工作合并	(306)	沟端开挖	88
耕缝	82	工作面	85,(289)	构件绑扎	88
		工作面正常高度	85	构件叠放	88

gong

		工作衔接关系	(162)	构件对位	89
		工作性	85	构件分节吊装法	89
工程材料费	82	工作延续时间	(85)	构件加固	89
工程地质资料	82	公开招标	85	构件就位	89
工程费	82	公路分级	85	构件立放	89
工程间接费	82	公路交通标志	85	构件立运	89
工程建设监理管理机构	82	公路桥梁工程	85	构件临时固定	89
工程控制测量	83	公路隧道	(40)	构件落位	89
工程量计算	83	公司保证债券	86	构件平放	89
工程任务单	83	公司收益债券	86	构件平运	89
工程施工	83	公司信用债券	86	构件校正	89
工程项目内部信息	83	公司债券	86	构件自防水屋面	(304)
工程项目外部信息	83	供用电合同	86	构件最后固定	90
工程预算	83	拱	86	购售合同	90
工程预算单价	(37)	拱带	(254)		
工程运输	83	拱顶石	86		gu
工程招标	83	拱冠梁法	86,(276)		
工程招标投标监督办公室	83	拱涵	86	箍头榫	90
工程直接费	84	拱架	86	古建筑	90
工程质量监督站	84	拱壳空心砖	86	古建筑复建	90
工程咨询	84	拱块砌缝	87	古建筑移建	90
工程咨询单位	84	拱桥塔架斜拉索架设法	(234)	古建筑重建	90
工地消防	84	拱桥悬臂浇筑法	87	股东认购优先发行	90
工地运输	84	拱桥悬臂拼装法	87	股票	90

骨架斜拉施工法	90	管棚法	93	轨排拼装基地	96
固壁泥浆	(255)	管涌	93	轨排拖拉	96
固定底座	90	管柱基础	93	轨枕盒	96
固定节拍流水	(41)	管柱内清孔	93		
固定模板	90	管柱下沉	93	**gun**	
固定式脚手架	91	管柱钻岩	93		
固定总价合同	91	贯入阻力法	93	滚杠	97
固结法	91	贯通	94	滚圆	97
固结灌浆	91	灌槽	94		
		灌浆	94	**guo**	
gua		灌浆泵	94		
		灌浆材料	94	国土规划	97
挂车	91	灌浆次序	94	裹垄	97
挂钩砖	(87)	灌浆法	94,(300)	裹垄灰	97
挂甲	91	灌浆加固	94	过梁	97
挂脚手架	91	灌浆浆液浓度	94	过氯乙烯涂料面层	97
挂镜线	91	灌浆孔	94	过热度	97
挂篮	91	灌浆设备	95	过热蒸汽	97
挂落	91	灌浆试验	95	过色还新	97
挂线	91	灌浆托换	95	过水	97
		灌浆压力	95	过水围堰	97
		灌囊法	95		
guan		灌水下沉	95	**hai**	
		灌注桩	95		
官式古建筑	92			海拔高度	(140)
关键工作	92			海底管线	98
关键节点	92	**guang**		海墁地面	98
关键事件	(92)			海墁苏画	98
关键线路	92	光面爆破	95	海洋土木工程	98
关键线路法	92				
管道安装	92	**gui**		**han**	
管道防腐	92				
管道试压	92	归安	95	含水量	98
管道水平距离换算系数	92	规定工期	95	含水率	(98)
管道支架	92	规范	95	涵洞	98
管底压浆法	92	规方	95	涵管导流	98
管段沉入	92	硅化灌浆	96	寒潮	98
管段刚性接头	92	硅化加固法	96	汉白玉石	98
管段基础处理	92	硅酸钠五矾防水胶泥	96	焊缝	98
管段柔性接头	92	轨道翻板车	96	焊缝内部缺陷	99
管涵	92	轨道翻斗车	96	焊缝凸起	99
管脚榫	93	轨节	(96)	焊缝外部缺陷	99
管井井点	93	轨排	96	焊缝未填满	99
管井井点降水	93	轨排换装站	96	焊后杆件矫正	99
管井排水	93	轨排计算里程	96	焊剂	99
管理信息系统	93	轨排经济供应半径	96		

焊接	99			后继工作	103		
焊接变形	99	**hei**		后继活动	(103)		
焊接防护	99			后继作业	(103)		
焊接防护面罩	99	黑活屋面	102	后浇柱帽节点	103		
焊接护目镜	99			后填法	104		
焊接接头	99	**heng**		后张法	104		
焊接裂纹	100			后张自锚工艺	104		
焊接气孔	100	桁架拱桥	102				
焊接缺陷	100	桁架支模	102	**hu**			
焊接收缩裕量	100	桁式吊悬拼施工	102				
焊接应力	100	横撑式支撑	102	葫芦炮	(271)		
焊瘤	100	横担	(262)	蝴蝶架架桥机	(153)		
焊丝	100	横道计划	(102)	蝴蝶瓦	104,(101)		
焊条	100	横道图	102	护岸	104		
		横洞	102	护板灰	104		
hang		横断面法	(54)	护壁	(196)		
		横风窗	102	护壁泥浆	104,(255)		
夯锤	100	横缝	(225)	护道	104		
夯击能	100	横楞	(262)	护角	104		
夯实法	100	横木	102	护角石	104		
夯土机	100	横木间距	102	护脚	104		
航运隧道	(285)	横平竖直	102	护栏	104		
		横线图	(102)	护坡	104		
hao		横向出土开挖法	102	护坡道	104		
		横向导向装置	103	护筒	104		
毫秒爆破	(253)	横向水平杆	(262)				
号料公差	101	横向推土开挖	103	**hua**			
				花岗石	105		
he		**hong**		花灰	105		
				花饰工程	105		
合龙	101	烘干强度	103	滑动支座	105		
合瓦	101	烘烤法	103	滑秸泥	105		
合瓦屋面	101	烘烤制度	103	滑框倒模	105		
合资经营	101	烘炉	103	滑模	105		
合作经营	101	红浆	(103)	滑模装置	106		
合作开发	101	红土浆	103	滑坡	106		
和合窗	101	红外线养护	103	滑丝	106		
和玺彩画	101	洪水	103	滑台	106		
和易性	101,(85)	洪水位	103	滑行法	106		
河曲线隧道	101,(207)			化学灌浆	106		
核心支持法	101,(40)	**hou**		化学加固法	106		
荷花柱	(30)			化学预应力混凝土	(304)		
荷重软化温度	102	后备基金	103	划缝	106		
		后背	103	画镜线	(91)		
		后继工序	(103)				

huan

环向预应力	106
环形路线	106
环氧树脂面层	107
缓冲爆破	107
缓和曲线	107
换埋式台座	107
换土垫层法	107
换装站供应距离	107

huang

黄灰	107
黄线苏画	107

hui

灰板	(250)
灰板条隔墙	107
灰背	107
灰背顶	107
灰饼	(11)
灰匙	(157)
灰缝	107
灰砌糙砖	108
灰砂砖	108
灰砂桩托换	108
灰土垫层	108
灰土井墩托换	108
灰土桩	108
灰线	108
回弹率	108
回弹物	108
回归分析预测法	(274)
回填土	(240)
回头曲线	108
回粘	109
回转半径	109,(85)
回转扣	(267)
回转式挖槽机	109
汇流	109

hun

混碴	109
混合堵	109
混合矫正	109
混合砂浆	109
混合式掏槽	109
混凝土	109,(188)
混凝土坝砌砖分块法	109
混凝土坝斜缝浇筑法	109
混凝土坝柱状浇筑法	109
混凝土坝纵缝分块浇筑法	(109)
混凝土拌合物	110
混凝土拌合物流变性能	110
混凝土拌合物流动性保持指标	110
混凝土拌合物液化	110
混凝土拌制	110
混凝土泵	110
混凝土标号	110
混凝土侧压力	110
混凝土成型	110
混凝土捣实	110,(112)
混凝土工程	110
混凝土合格质量	110
混凝土护壁衬模	110
混凝土混合物	(110)
混凝土极限质量	111
混凝土浇筑	111
混凝土浇筑强度	111
混凝土搅拌	111
混凝土搅拌车	(111)
混凝土搅拌机	111
混凝土搅拌楼	111
混凝土搅拌运输车	111
混凝土搅拌站	111
混凝土结构工程	111
混凝土抗渗标号	111
混凝土抗渗等级	112
混凝土可泵性	112
混凝土立方体抗压强度标准值	112
混凝土梁桥安装	112
混凝土临界强度	112
混凝土密实	112
混凝土配合比	112
混凝土配制强度	112
混凝土强度等级	112
混凝土切缝机	112
混凝土收缩损失	113
混凝土通仓浇筑法	113
混凝土外观缺陷	113
混凝土外墙板饰面	113
混凝土围堰	113
混凝土温度控制	113
混凝土温度裂缝	113
混凝土徐变损失	113
混凝土养护	113
混凝土养护平均温度	113
混凝土运输	113
混凝土振动器	114
混凝土制备	(110)
混凝土质量初步控制	114
混凝土质量管理图	114
混凝土质量合格控制	114
混凝土质量控制	114
混凝土质量生产控制	114
混凝土质量验收	(114)
混凝土柱墩接	114
混水墙	114

huo

锪孔	114
活动	(85)
活动模板	114
活动模板吊架	(91)
活动模架施工	114
活动式装配吊顶	115
活动桩顶法	115
活封口	115
火雷管	115
火雷管起爆法	115
火焰矫正	115
火灾	115
货物运输合同	115
霍金逊效应	115

ji

机动时间	(219)

机切	116	计算行车速度	119	监理工程师	122
机械化铺轨	116	技术合同法	119	监理工程师素质	122
机械抹灰	116	技术间歇	119	监理工程师注册	122
机械式盾构	116	技术间歇时间	119	监理工程师资格考试	122
机械台班使用定额	116	技术设计	119	检验	122
机械张拉法	116	技术组织措施计划	119	减水剂防水混凝土	122
机组流水法	116	继爆管	119	减柱造	122
鸡窝囊	116			剪刀撑	123
基材	116	**jia**		剪力块节点	123
基材干燥	116			剪切扩散机理	123
基材真空抽气	116	加工承揽合同	119	剪应变速率	123
基坑法	116	加工裕量	119	简扣	(55)
基坑开挖	116	加浆勾缝	120	简支连续法	123
基坑排水	117	加筋土	120	碱蚀	123
基土	117	加筋土挡墙	120	碱液加固法	123
基准点	117	加劲梁	120	见细	123
激冷激热性	(202)	加气混凝土	120	建设程序	123
级差地租	117	加气剂	120,(59)	建设工程承包合同	123
级配砾石路面	117	加气剂防水混凝土	120	建设工程勘察设计合同	123
极限剪切应力	(199)	加强刚度托换	120	建设工程施工合同	123
极限力矩限制器	117	加速养护	120	建设工程项目总承包	123
极限振动速度	117	加压灌注	120	建设监理	124
集层升板法	117	加压浸渍	120	建设监理服务费用	124
集管	117	夹具	121	建设监理管理信息系统	124
集料预冷	117	夹垄	121	建设监理委托合同	124
集水池	117	夹垄灰	121	建设监理信息	124
集水坑降水	117	夹堂板	121	建设监理信息管理	124
集体福利基金	118	夹渣	121	建设监理制	124
集中供热	118	甲方	121	建设全过程承包	(124)
集中式顶推法	(36)	甲级监理单位	121	建设项目	125
挤浆法	(187)	架板	(129)	建筑材料需用计划	125
挤密法	118	架空隔热刚性屋面	121	建筑产品价格	125
挤压爆破	118	架桥机	121	建筑地段地租	125
挤压衬砌	118	架桥设备	121	建筑工程安全网	125
挤压法	118	假面砖	121	建筑工程概算定额	125
挤压混凝土强度提高系数	118	假柱头	(30)	建筑工程概算指标	125
挤压式盾构	118			建筑工程价格	125
挤压式锚具	118	**jian**		建筑工程预算定额	125
挤压涂层工艺	118			建筑平面图	(184)
挤淤法	118	间隔支模	121	建筑剖面图	(186)
脊	119	间隔装药	122	建筑企业	125
计划评审技术	119	间横杆	122	建筑企业筹资	125
计划协调技术	(119)	监理	122	建筑设计	126
计量估价合同	119	监理单位	122	建筑施工	126
计示压力	119,(261)	监理单位资质	122	建筑施工准备	126

建筑施工组织	126	矫直回火钢丝	129	截流戗堤		131
建筑市场	126	脚手板	129	截流设计流量		131
建筑业	126	脚手板防滑条	129	截流水力学		132
渐次拼装法	126,(227)	脚手架	129	截泥道		132
箭杆	(127)	脚手架步距	(33)	截水沟		132
箭头节点	(131)	脚手架工程	129	界		132
箭尾节点	(142)	搅拌	129	借款合同		132
箭线	127	搅拌机理	129	借土		132
箭线式网络图	(222)	搅拌时间	129	借土坑		(160)
箭线图	(253)	搅拌制度	129			

jiang

jie

jin

				金刚戗脊	(196)
江米灰	127	阶梯榫	129	金龙和玺	132
浆砌拱圈	127	接触点焊	129	金线苏画	132
浆砌块石	127	接触焊	130	金属波纹管	132
浆液扩散半径	127	接缝灌浆	130	金属饰面	132
浆液升涨高度	127	接面冲刷	130	金属瓦屋面	132
浆状炸药	127	接受提议	(27)	金属装饰板吊顶	132
降模	127	接头残余变形	130	金柱	132
降水掏土纠偏	127	接头管	130,(234)	金砖	133
降雪量	127	接头极限应变	130	金琢墨苏画	133
降雨等级	127	接头抗拉强度	130	紧方	133
降雨径流	127	接头箱	130	紧后工序	(133)
降雨量	128	揭标	130,(141)	紧后工作	133
		节点	130	紧后活动	(133)
## jiao		节点式网络图	(36)	紧后作业	(133)
		节点最迟时间	130	紧前工序	(133)
交错混合组砌	128	节点最迟完成时刻	(130)	紧前工作	133
交付使用	128	节点最早开始时刻	(130)	紧前活动	(133)
交接班时间	128	节点最早时间	130	紧前作业	(133)
交通隧道	128	节间吊装法	130,(305)	进尺	133
交钥匙承包	(124)	节子灰	130	进度控制信息	133
胶管抽芯法	128	结点	(130)	进深	133
胶合板	128	结构安装工程	130	进深戗	133
胶合板模板	128	结构安装工程施工准备	131	近期预测	133
胶结料	128	结构安装工程施工组织设计	131	浸填率	133
胶凝材料	128	结构表面系数	131	浸渍	133
焦油沥青耐低温油毡	128	结构架设工程	(131)	禁止标志	133
焦渣灰	128	结构设计	131		
角尺	129	结合层	131	## jing	
角科	129	结束节点	131		
角模	129	截	131	经济法	133
角石	(104)	截流	131	经济合同	133
绞车道	(139)	截流护底	131	经济合同担保	133

经济合同法	134	局部网络计划	136	决策程序	139		
经济合同公证	134	橘皮	136	决策论	139		
经济合同管理	134	举高	136	决策树法	139		
经济合同鉴证	134	举高总高	136	决策系统	140		
经济合同履行	134	举架	137	决策支持系统	140		
经济合同仲裁	134	举重臂	137	绝对标高	140		
经济诉讼	134	矩阵计算法	137	绝对地租	140		
经济信息	134	聚氨酯弹性密封膏	137	绝对高程	(140)		
经济盈余论	134	聚氨酯面层	137	绝对压力	140		
经济运距	134	聚氨酯涂料	137	绝脊	(6)		
经济责任制	134	聚醋酸乙烯乳液	137	绝缘手套	140		
精称	134	聚合	137	掘进	140		
精轧螺纹钢筋	134	聚合物彩色水泥浆	137	掘进机法	140		
精轧螺纹钢筋连接器	134	聚合物混凝土	137	掘进千斤顶	140		
精轧螺纹钢筋用锚具	134	聚合物胶结混凝土	137,(220)	掘探法	140		
井点降水	134,(135)	聚合物浸渍混凝土	137				
井点降水法	134	聚合物砂浆防水层	137	**jun**			
井点排水	135	聚合物水泥比	138				
井架	135	聚合物水泥混凝土	138	均衡施工	140		
警告标志	135	聚合物水泥砂浆	138	龟裂	141		
警戒水位	135	聚合物水泥砂浆滚涂饰面	138	龟裂掏槽	141		
径流	135	聚合物水泥砂浆抹灰	138	竣工测量	141		
径向张拉法	135	聚合物水泥砂浆喷涂饰面	138	竣工决算	141		
净浆裹砂石法	135	聚合物水泥砂浆弹涂饰面	138	竣工验收	141		
净浆裹石法	135	聚灰比	(138)				
净水灰比	135	聚硫密封膏	138	**kai**			
竞赛论	(55)	聚氯乙烯胶泥	138				
竞争性决策	136	聚四氟乙烯垫片	138	开标	141		
静力触探	136	聚填率	138	开敞式吊顶	141		
静力压桩	136	聚乙烯醇水玻璃内墙涂料	138	开底容器法	141		
静力压桩机	136	聚乙烯醇缩甲醛	139	开工报告	141		
静态爆破剂	136	聚乙烯醇缩甲醛内墙涂料	139	开花	141		
静停	(280)			开竣工期限	142		
静压型气垫	136	**juan**		开口式双缸千斤顶	142		
静止土压力	136			开始节点	142		
		卷材	(62)	开条砖	142		
jiu		卷材防水层	139	开挖面	142		
		卷材防水屋面	139	开挖面千斤顶	142		
就位,差	136	卷管机	139	开挖面支护	142		
		卷杀	139	开挖置换法	142		
ju		卷扬道	139	开行路线	142		
局部拆砌	136	**jue**		**kan**			
局部浸渍	136						
局部气压盾构	136	决策	139	勘察设计	142		

砍净挠白	142	孔道灌浆	145		
		孔道摩擦损失	145	**kuo**	
kao		孔洞	145		
		孔内微差爆破	145	扩初设计	(147)
靠尺	142,(250)	孔隙率	145	扩大	147
		孔兹支撑法	145	扩大初步设计	147
ke		控制爆破	145	扩孔裕量	147
		控制冷拉率法	145	扩展断面	147
		控制应力法	145		
可调底座	142	控制桩	146	**la**	
可调换优先股	142				
可锻铸铁锥形锚具	143	**kou**		拉槽	147
可供水量	143			拉铲作业	147
可靠概率	143	口份	146,(52)	拉杆式千斤顶	147
可靠性	143	扣件式钢管脚手架	146	拉合千斤顶	147
可靠指标	143	扣件式钢管支架	146	拉结丁砖	147
可砌高度	143			拉结筋	148
可赛银浆	143	**ku**		拉结石	148
可塑性	143			拉结条	(148)
可行性研究	143	枯水期	146	拉毛灰	148
可行性研究报告	143	枯水位	146	拉模	148
可转换债券	143	库存论	146,(31)	拉条灰	148
刻痕钢丝	143			喇叭口隧道	148
刻痕机	144	**kua**			
				lan	
ken		跨墩龙门架安装法	146		
				栏杆	148
肯定型网络	144	**kuan**		缆风绳	148
				缆风校正法	148
keng		宽戗堤截流	146	缆索吊	(148)
				缆索吊装法	148
坑道施工降温	144	**kuang**		缆索架桥机	148
坑底隆起	144			缆索丈量	149
坑式托换	144	矿车	146		
		矿山地租	146	**lang**	
kong		矿山法	146		
		矿物掺合料	146	朗肯土压力理论	149
空斗墙	144	矿物混合材	147,(146)		
空缝	144	矿物外掺料	(146)	**lao**	
空鼓	144	框架组合式脚手架	147		
空间曲线束	144			劳动定额	149
空炮眼	144	**kun**		劳动力平衡	149
空气冲击波安全距离	144			劳动力需用计划	149
空气帘沉井	144	困料	147	劳动强度指数	149
空气吸泥机	145			劳动生产率指标	149
空眼	(144)				

ling

老虎楂	149	里程表计算法	152	两侧弃土	154
老浆灰	149	里脚手架	152	两侧取土	154
老角梁	150	里口木	152	两端张拉	154
老戗	150	力矩限制器	152	两木搭	(202)
		立堵	152	量度差值	154

le

		立缝	(30)		
		立杆	152	### liao	
乐观时间	(309)	立杆间距	152		
勒脚	150	立杆连接销	152	料罐	154
勒望	150	立脚飞椽	152	料浆稠化过程	154
		立井	(220)	料石	154

lei

		立模法	(152)	料石砌体	155
		立模工艺	152	料石清水墙	155
累积优先股	150	立砌层	152	料位指示器	155
		立式养护窑	152		

leng

		立网	152	### lie	
		立窑	152		
楞草和玺	150	立柱	(152)	列车运行图	155
楞木	(262)	立柱头	(11)	裂缝	155
冷拔低合金钢丝	150	立柱支撑	152		
冷拔低碳钢丝	150	立砖	153	### lin	
冷拔钢丝	150	利用方	153		
冷底子油	150	沥粉	153	临界长径比	155
冷缝	150	沥青混凝土	153	临界初始结构强度	155
冷矫正	150	沥青胶	153	临界费用	155
冷拉钢筋	150	沥青橡胶防水嵌缝膏	153	临界时间	155
冷拉钢丝	150	例行保养	153	临界纤维长度	155
冷拉时效	151			临界纤维体积	155
冷铆	151	### lian		临空面	(305)
冷摊平瓦屋面	151			临时道路	155
冷轧带肋钢筋	151	连机	153	临时墩	155
冷轧螺纹锚具	151	连接器	153	临时干坞	155
冷轧扭钢筋	151	连墙杆	153	临时供电计划	155
冷铸镦头锚具	151	连续墙导向沟	153	临时供水计划	156
		连续闪光对焊	153	临时拦洪断面	156

li

		莲草和玺	153	临时通信	156
		联合架桥机	153	临时支撑	156
离壁式衬砌	151	联合起爆法	154	临时支护	(156)
离析	151	联合式衬砌	(221)	淋灰	156
离心混凝土内分层	151	联结筋	(148)	檩椀	156
离心混凝土外分层	151	联锁保护装置	154		
离心时间	151			### ling	
离心速度	151	### liang			
离心脱水密实成型	152			菱角脚手架	156
离心制度	152	梁式大跨度结构	154	菱苦土面层	156

零星添配	156	龙口落差	159	铝合金门窗	162
		龙口下游基床冲刷	159	铝合金模板	162,(301)
liu		龙门板	159,(11)	氯化聚乙烯卷材	162
		龙门架	159	氯化聚乙烯-橡胶共混卷材	162
溜槽	156	龙门吊机	159	氯化聚乙烯-橡胶共混卷材屋面	
溜子	157	笼网围堰	159		162
留碴爆破	(118)	垄断地租	159	氯化铁防水混凝土	162
留晕	157			氯化铁防水剂	162
留置权	157	**lou**		氯磺化聚乙烯密封膏	162
流动度	157				
流动性	157	漏碴口	159	**luan**	
流动性混凝土	157	漏洞	159		
流化剂	157	漏斗口	159	乱搭头	162
流砂	157	漏斗棚架法	159		
流水步距	157	漏斗试验法	160	**luo**	
流水传送法	157				
流水段法	157	**lu**		罗锅椽	162
流水计划工期	(157)			逻辑关系	162
流水节拍	157	炉渣垫层	160	螺栓式钢管脚手架	162
流水块	157	路堤	160	螺丝端杆锚具	163
流水施工	157	路堤边坡	160	螺旋形掏槽	163
流水施工工期	157	路堤取土坑	160	螺旋运输机	163
流水网络计划	157	路堤缺口	160	裸露面模数	163
流水线法	158	路堤填筑	160	洛氏硬度	163
流水作业法	158	路拱	160	洛阳铲	163
流态混凝土	158	路基边坡	160	落锤	163
流锥时间	158	路基工程	160	落底	163
流坠	158	路基宽度	160	落地式外脚手架	163
琉璃剪边	158	路基面整修	160	落地罩	163
琉璃聚锦	158	路基施工方数	161	落架大修	163
琉璃瓦	158	路基箱	161	落檐脚手架	163
琉璃瓦屋面	158	路面	161		
硫化型橡胶油毡	158	路面宽度	161	**ma**	
硫磺混凝土	158	路堑	161		
硫浸渍混凝土	158	路堑开挖	161	麻刀灰	164
六扒皮砖	159	路线	161	麻刀石灰	164
六尺杆	(262)	路线交叉	161	麻刀油灰	164
		露筋	161	麻面	164
long		盝顶	161	马道	164,(104),(262)
				马凳	164
龙草和玺	159	**lü**		马赛克面层	(237)
龙凤和玺	159			马牙槎	(271)
龙凤榫	159	铝箔塑胶油毡	161	玛琋脂	164,(153)
龙口	159	铝合金结构	161		
龙口单宽功率	159	铝合金龙骨吊顶	162		

mai

埋管盲沟	164
埋弧压力焊	164
埋入式钢拱架	(71)
麦赛尔法	164

man

馒头榫	164
满刀灰砌筑法	164
满丁满条	(273)
满堂基础	(183)
满堂式脚手架	164
慢干	164

mang

盲沟排水	165

mao

毛料石	165
毛石	165
毛石砌体	165
锚碇	165
锚碇承托板	165
锚杆	165
锚杆式静压桩	165
锚杆支护	165
锚固区	165
锚固损失	165
锚具	166
锚具套筒	166
锚具效率系数	166
锚具组装件静载试验	166
锚具组装件疲劳试验	166
锚具组装件周期荷载试验	166
锚口摩擦损失	166
锚喷参数	166
锚下预应力	166
铆钉	166
铆钉连接	167
铆钉缺陷	167

铆接允许偏差	167
冒顶	167

mei

梅花丁	167
美人靠	167

men

门窗工程	167
门窗贴脸	167
门窗小五金	167
门架式里脚手架	167
门式起重机	(159)
门型架	167,(26)
门型式钢管支架	167

meng

猛度	167

mi

弥缝	168
米兰法	168
泌水	168
泌水管	168
泌水率	168
密度等级	168
密集断面	168
密集空孔爆破	168

mian

眠砖	168
面层	168
面阔	168

miao

描缝	168

min

民法	168
民事诉讼法	169
抿子	169

ming

明洞	169
明洞施工方法	169
明沟排水	169
明排水法	(117)
明渠导流	169
明式排水	169
明挖法	169
明挖回填法	(116)

mo

模拔钢绞线	169
模板	169
模板工程	169
模板连接件	170
模板图	170
模板支架	170
模壳	170
模筑衬砌	170,(294)
摩擦焊	170
摩擦节点	170
摩擦面	170
摩擦桩	170
磨光	170
磨生	170
磨细生石灰	170
蘑菇形开挖法	171
抹灰层	171
抹灰底层	171
抹灰工程	171
抹灰面层	171
抹灰中层	171
抹角	171
抹角梁	171,(32)
抹子	171
末端弯钩增长值	171

墨瓦屋面	171				

mu / nai / nian

		耐火度	175	年度固定资产投资计划	177
母楔	(275)	耐火混凝土	175	年均雷暴日数	(177)
木板面层	171	耐热混凝土	175	年雷暴日数	177
木材疵病	171			粘聚性	177
木材防虫	171	**nao**		粘土覆盖层	178
木材防腐	171			粘土膏	178
木材防火	172	挠度式钢丝应力测定仪	175	粘土空心砖	178
木材干燥	172			粘土砖	178
木材含水率	172	**nei**		舱缝	178
木材基本结合	172			碾压法	178
木材综合加工厂	172	内部通汽法	176	碾压混凝土筑坝	178
木窗台板	172	内浇外挂大模板	176		
木工机械	172	内浇外砌	176	**nie**	
木拱架	172	内浇外砖大模板	176		
木骨架轻质隔墙	172	内排法排水	176	捏嘴	178
木夯	172	内缩	176		
木脚手板	173	内吸法真空脱水	176	**ning**	
木脚手架	173	内向箭杆	(176)		
木结构	173	内向箭线	176	凝结	178
木结构放样	173	内檐装修	176	凝结时间	178
木结构工程	173				
木结构工程验收	173	**nen**		**nuan**	
木结构下料	173				
木结构样板	173	嫩戗	176	暖棚法	178
木料墩接	174			暖棚防冻法	178
木笼围堰	174	**neng**			
木楼梯	174			**pa**	
木门窗安装	174	能量代谢率	176		
木模板	174			爬道	179
木排	174	**ni**		爬杆	179,(194)
木墙裙	174			爬模	179
木桥	174	泥刀	(251)		
木望板平瓦屋面	174	泥浆反循环挖槽	176	**pai**	
木屋架吊装	174	泥浆固壁	177		
木屋架拼装	174	泥浆润滑套下沉沉井	177	拍口枋	179
木虾须	175	泥浆正循环挖槽	177	拍谱子	179
木支撑	175	泥石流	177	排木	(262)
木支架	(172)	泥水加压盾构	177	排气孔	179
木装修	175	泥土加压式盾构	(249)	排气屋面	179
目标管理	175	逆筑法	177	排山脚手架	179
目标函数	175	逆作法	(177)	排水沟	179
		腻子	177	排水固结法	180

排序问题	(265)	喷雾养护		平缝	184
		喷焰处理		平活	184
pan		盆式提升		平均劳动时间率	184
				平面图	184
盘道	(262)	**peng**		平模	184
				平模法	(184)
pao		棚洞	182	平模工艺	184
		棚架漏斗	182	平碾	185
抛撑	180	棚罩法	182	平曲线	185
抛投材料	180	棚子梁	182	平曲线半径	185
抛掷爆破	180	膨润土沥青乳液涂料	182	平曲线加宽	(252)
炮棍	180	膨胀混凝土	182	平身科	185
炮孔间距	180	膨胀率	182	平水	185
炮孔深度	180	膨胀水泥防水混凝土	182	平台架	185
炮泥	180	膨胀水泥砂浆防水层	183	平台桩	185
炮眼	180	膨胀土	183	平瓦屋面	185
炮眼法	(195)	膨胀珍珠岩	183	平网	185
炮眼利用率	180	膨胀蛭石	183	平斜砌层	185
跑浆	180			平行导坑	185
泡沫混凝土	180	**pi**		平行工序	(185)
泡沫剂	180			平行工作	185
		披刀灰砌筑法	(164)	平行活动	(185)
pei		披麻捉灰	183	平行孔掏槽	(296)
		劈	183	平行施工	185
配碴整形机	(187)	皮带机	(35)	平行作业	(185)
配筋图	180	皮数杆	183	平移法	185
配料	181,(284)			平移轴线法	185
		pian		平直	186
pen				评标	186
		片筏基础	183	瓶颈	(233)
喷浆嘴	181	偏心夹具	183		
喷膜养护	181			**po**	
喷枪	181	**piao**			
喷砂处理	181			坡道	(262)
喷砂法	181	漂浮敷设法	183	坡顶	186
喷射混凝土	181			坡度尺	186
喷射混凝土支护	181	**pin**		坡脚	186
喷射角	181			坡口	186
喷射搅拌法	(67)	拼花木板面层	183	坡口切割	186
喷射井点	181	拼装楼板	184	泼灰	186
喷射密实成型	181			泼浆灰	186
喷射速度	181	**ping**		破坏药	186
喷铁丸除锈	181			破圈法	186
喷头	182,(181)	平板网架钢结构	184		
喷雾消尘	182	平堵	184		

pou

剖面图	186	企业筹资机会	189	弃土	193
		企业留利	189	弃土堆	193

pu

		企业内部资金	190	汽胎碾	193
		企业应收账款	190	汽套法	193
		企业资产变卖筹资	190	栔	193
		起爆方法	190	砌刀	(251)
		起爆药	190	砌块	193
铺碴	186	起道	190	砌块排列图	193
铺碴机	187	起点节点	190	砌石工程	193
铺垫法	187	起泡	190	砌体工程	193
铺管船敷设法	187	起泡剂	190,(180)	砌体桥涵施工	194
铺轨	187	起皮	190	砌筑程序	194
铺轨后铺碴	187	起砂	190	砌筑方式	(307)
铺轨机	187	起升高度	190		
铺轨列车	187	起始节点	(190)		
铺轨前铺碴	187	起雾	191		

qia

铺灰挤砌法	187	起重船	(68)	洽商	(210)
铺灰器	187	起重吊运指挥信号	191	卡口梁	194
铺设误差	187	起重高度	(190)		

qian

葡萄灰	187	起重机	191		
普氏系数	187,(270)	起重机安全防护装置	191	千斤顶标定	194
普通低合金钢钢筋	187	起重机参数	191	千斤顶杆	(194)
普通防水混凝土	187	起重力矩	191	千斤顶校正法	194
普通股	188	起重量	191	千斤顶油路	194
普通混凝土	188	气垫	191	千斤顶支承杆	194
普通螺栓连接	188	气垫运输	191	牵杠	(33)
普通抹灰	188	气垫运输车	191	牵引敷设法	194
普通碳素钢钢筋	188	气动桩锤	192	牵引汽车	194
普通粘土砖	188	气割	192	前卡式千斤顶	195
普通砖	(188)	气焊	192	前檐	195
		气密性试验	192	潜水	195
		气体推力反射波共同作用理论	192	浅层地基加固法	(12)

qi

		气温	192		
七分头	188	气象条件	192	浅层钻孔沉桩	195
期望工作时间	188	气象要素	192	浅孔爆破	195
齐头墩接	188	气压沉箱	192	浅孔液压爆破	195
齐檐脚手架	188	气压沉箱法	192	浅埋隧道	195
其他工程费用概算书	189	气压盾构漏气	192	浅水拖航	195
棋盘顶	189,(240)	气压盾构跑气	192	欠挖	195
棋盘心屋面	189	气压焊	193	堑壕法	195
企口板	189	气压焊焊接参数	193	嵌雕	195
企业	189	气压试验	193	嵌缝	195
企业筹资	189	气硬性胶凝材料	193		
企业筹资策略	189	弃碴	193		
企业筹资规模	189	弃方	193		

qiang

戗脊	195
强夯法	196
强制挤出置换法	196
强制取向	196
强制式搅拌	196
强制式扩散机理	(123)
墙顶封口	196
墙段	196
墙架	196
墙裙	196

qiao

荞麦棱	196
桥板	(164)
桥涵	196
桥涵跨径	196
桥涵施工测量	197
桥梁净空	197
桥上线型	197
桥式脚手架	197
桥式隧道	197
桥塔	(234)
桥头引道	197
壳体基础	197
翘	197
翘飞椽	197
翘飞母	198

qie

切割放张法	198
切口环	198

qing

青灰屋面	198
青浆	198
轻便轨路	198
轻粗集料	198
轻钢龙骨吊顶	198
轻混凝土	198

轻集料	198
轻集料混凝土	198
轻砂	198
轻细集料	(198)
轻型钢结构	198
轻型井点	199
倾注法	199
清孔	199
清漆	199
清水固壁	199
清水墙	199
氰凝堵漏剂	199

qu

区间码	(307)
区间隧道	199
区域地形图	199
曲线极限最小半径	199
屈服应力	(199)
屈服值	199
取向系数	199

quan

全等节拍流水	(41)
全丁	199
全段围堰法导流	199
全断面分部开挖法	(2)
全断面开挖法	200
全孔分段灌浆法	200
全孔一次灌浆法	200
全轻混凝土	200
全顺	200
全现浇大模板	200
全预应力混凝土	200

que

缺陷	200
确定型决策	200

qun

裙板	200

群锚千斤顶	(33)
群柱稳定	200

rao

绕丝机	201
绕丝预应力	201

re

热拌混凝土	201
热处理钢筋	201
热加固托换	201
热矫正	201
热介质定向循环	201
热铆	201
热能感度	201
热膨胀	201
热养护	201
热养护损失	202
热震稳定性	202
热铸镦头锚具	202

ren

人工定额	(149)
人工降低地下水位	202
人工挖孔灌注桩	202
人工装碴	202
人行隧道	202
人字桅杆	202
任务	202

ri

日历网络计划	(219)

rong

熔化冲能	202
熔剂	(99)

rou

柔性防水屋面	202

柔性管法 202
柔性基础 203
肉里槎 (275)

ru

乳化沥青 203
乳化炸药 203
乳胶漆 203
乳液厚质涂料 203
乳液涂料 203

ruan

软基加固 203
软天花 203

sa

撒云片 (203)
洒毛灰 203

sai

塞流 203

san

三点安装法 204
三缝砖 204
三管两线 204
三合土垫层 204
三横梁张拉装置 204
三级公路 204
三角棱柱体法 204
三七缝 (204)
三时估计法 204
三顺一丁 204
三通一平 205
三一砌筑法 205
三乙醇胺防水混凝土 205
三元乙丙-丁基橡胶卷材 205
三元乙丙-丁基橡胶卷材防水
　屋面 205

sang

磉石 205

sao

扫地杆 205
扫金 205

sha

沙城 205
沙干摆 205
沙滚子砖 205
纱隔 205
刹背 (196)
刹尖 (115)
刹肩 (196)
砂包砌法 (167)
砂垫层 205
砂浆 206
砂浆保水性 206
砂浆稠度 206
砂浆分层度 206
砂浆流动度 206
砂浆流动性 206
砂砾地基灌浆 206
砂轮锯 206
砂轻混凝土 206
砂土路面 206
砂箱放张法 206
砂桩 206
砂桩挤密 206

shai

色石子 (217)

shan

山洞式锚碇 207
山花板 207
山岭隧道 207
山嘴隧道 207

杉槁 207
闪光对焊 207
闪光对焊参数 207
闪光留量 207
闪光速度 207
苫背 207
扇形掏槽 207
扇形支撑 207

shang

伤害程度 208
伤亡事故 208
商品混凝土 208,(278)
上部甲板 208
上部扩大 208
上层滞水 208
上升极限位置限制器 208
上水平运输 208
上吸法真空脱水 208
上下导坑先墙后拱法 (2)
上游围堰 208

shao

烧穿 208
烧后抗压强度 208
少支架安装法 208

she

蛇穴爆破 (271)
设备安装工程 208
设备安装工程施工准备 208
设备安装工程施工组织设计 209
设备安装竣工验收 209
设备吊装 209
设备试运转 209
设备信托债券 209
设备找平 209
设备找正 209
设计变更通知书 (210)
设计大纲 209
设计概算 209
设计交底 (244)

设计阶段	209	施工安全	213	湿陷性黄土	216
设计评审	210	施工安全监督机构	213	湿养护	216
设计任务书	210	施工便线	213	湿蒸汽	216
设计委托书	210	施工标高	213	湿砖	217
设计文件	210	施工测量	213	十进制码	217
设计行车速度	(119)	施工层	213	十字撑	(123)
设计修改通知书	210	施工程序	213	十字缝	217
设计预算	(215)	施工导流	213	十字盖	(123)
射流泵	210	施工调度	213	十字扣	(296)
涉外经济合同法	210	施工定额	214	石板瓦屋面	217
		施工段	214	石材饰面	217
shen		施工方案	214	石层	217
		施工缝	214	石碴	217
伸缩式平台架	210	施工机具需用计划	214	石雕	217
伸缩式支撑	211	施工机械平衡	214	石缝	217
深部破裂面	211	施工机械使用费	214	石膏板隔墙	217
深层地基加固法	211	施工控制测量	214	石膏灰	217
深层搅拌法	211	施工拦洪标准	214	石灰膏	218
深层搅拌机	211	施工拦洪水位	214	石灰炉渣屋面	218
深井泵	211	施工里程	214	石灰乳化沥青	218
深井井点	211	施工流向	214	石灰砂浆	218
深孔爆破法	211	施工排水	214	石灰熟化	218
深埋隧道	211	施工企业管理层	215	石灰土路面	218
深水拖航	211	施工企业决策层	215	石灰桩	218
渗硫混凝土	(158)	施工水域	215	石灰桩挤密	218
渗排水层排水	211	施工顺序	215	石料干砌法	218
渗色	(271)	施工条件调查	215	石料浆砌法	218
渗透系数	212	施工图	215	石米	(217)
		施工图设计	215	石面	218
sheng		施工图预算	215	石碾	218
		施工现场准备	215	石油沥青油毡	218
升	212	施工项目	215	石油沥青油毡防水屋面	219
升板法	212	施工预算	215	时标网络计划	(219)
升板机提升法	212	施工周期	215	时标网络图	219
升板同步控制	212	施工桩	215	时差	219
升板柱计算长度	212	施工总进度计划	216	时段	219
升层法	212	施工总平面图	216	时间成本优化	(84)
升滑法	212	施工组织设计	216	时间定额	219
生产发展基金	213	施工组织总设计	216	时间序列分析法	219
生产要素价格论	213	湿饱和蒸汽	216	时效制度	219
生产准备	213	湿饱和蒸汽干度	216	实方	219
		湿空气	216,(293)	市场	219
shi		湿热养护	216	市双细	(31)
		湿式喷射法	216	市政隧道	219
狮龙防水胶	213	湿式凿岩	216	事故类别	219

事件	（130）			水泥裹砂法	225
饰面工程	219	**shuan**		水泥快燥精	225
饰面模板	220			水泥砂浆	225
视距	220	栓流	（203）	水泥砂浆防水层	225
视粘度	220,（12）			水泥水化热	225
		shuang		水泥筒仓	225
shou				水平尺	225
		双笔管	221	水平垂直千斤顶顶推法	225
收分	220	双层衬砌	221	水平灰缝	225
收分模板	220	双代号网络图	222	水平开挖法	225
手工抹灰	220	双导梁安装法	222	水平式隧道养护窑	225
手掘式盾构	220	双防水刚性屋面	222	水平式隧道窑	（225）
		双防水屋面	（222）	水平窑	（225）
shu		双钢筋	222	水平运输	226
		双滑	222	水平张拉千斤顶顶推法	226
梳齿导流	220	双机抬吊法	222	水枪	226
树根桩	220	双阶式工艺流程	222	水乳型丙烯酸系建筑密封膏	226
树脂混凝土	220	双控冷拉	222,（145）	水乳型再生胶沥青涂料	226
竖缝	（30）	双排脚手架	222	水刷石	226
竖杆	（152）	双排桩挡土支护	222	水位	226
竖井	220	双拼式连接器	222	水文地质资料	226
竖井联系测量	220	双象鼻垂直打夯机	222	水下封底	226
竖砌层	221	双翼式脚手架	223	水下混凝土	226
竖曲线	221			水下混凝土连接	226
竖曲线长度	221	**shui**		水下混凝土强度系数	226
竖向灌浆	221			水下连接	226
竖向规划	221	水玻璃模数	223	水下桥梁	（197）
竖向开挖法	221	水玻璃耐酸混凝土	223	水下隧道	226,（223）
竖向预应力	221	水冲沉桩	223	水性石棉沥青涂料	227
竖斜砌层	221	水冲浆灌缝	223	水压试验	227
数据	221	水底隧道	223	水银标准箱	（227）
		水工隧洞	223	水银箱测力计	227
shua		水管冷却	223	水硬性胶凝材料	227
		水环	223	水质分析	227
刷帮	（208）	水胶炸药	223	水中挖土法	227
刷浆工程	221	水力冲填	224	水准点	227
刷纹	221	水力开挖	224		
耍头	221	水力吸泥机	224	**shun**	
		水力吸石筒	224		
shuai		水力旋流器	224	顺层组砌	227
		水力压接	224	顺杆	227
摔网椽	221	水力运输	224	顺杆间距	227
甩毛灰	（203）	水利工程施工	224	顺砌层	227
		水磨石面层	224	顺石	227
		水泥灌浆	225	顺水杆	（33）

顺序码	227	**suan**		**suo**	
顺序拼装法	227	酸化处理	230	梭槽漏斗	233
顺砖	227	酸洗除锈	230	梭车	(233)
瞬发电雷管	227			梭式矿车	233
si		**sui**		羧甲基纤维素	233
丝缝	228			缩颈	233
撕缝	228	碎拼大理石面层	230	索鞍	233
死封口	228	碎砖路面	230	索鞍预偏量	233
四方体法	228	碎砖砌	230	索道运输	233
四氟板	(138)	隧道	230	索塔	234
四氟乙烯板	(138)	隧道沉降缝	231	锁杆	(205)
四合土垫层	228	隧道防水	231	锁口出土	234
四横梁张拉装置	228	隧道工班	231	锁口管	234,(130)
四级公路	228	隧道工程	231	锁口石	234
		隧道工作缝	231		
song		隧道管段节段	231	**ta**	
		隧道贯通误差	231		
松动爆破	228	隧道内贴式防水层	231	塔架斜拉架设法	234
		隧道伸缩缝	231	塔式脚手架	234
sou		隧道施工测量	231	塔桅钢结构	234
		隧道施工场地布置	231	踏板	(234)
锼活	228	隧道施工调查	231	踏步楂	(262)
		隧道施工方法	231	踏步平板	(234)
su		隧道施工防尘	232	踏脚板	234
		隧道施工缝	(231)		
苏式彩画	228	隧道施工辅助作业	232	**tai**	
素灰	229	隧道施工给水	232		
素土垫层	229	隧道施工监测	232	胎模	235
塑钢门窗	229	隧道施工进度计划	232	台班费用	235
塑料板面层	229	隧道施工控制网	232	台度	(196)
塑料板排水法	229	隧道施工排水	232	台墩	235
塑料壁纸	229	隧道施工坍方	232	台风	235
塑料薄膜养护	229	隧道施工通风	232	台基	235
塑料门窗	229	隧道施工照明	232	台阶法	235
塑料排水带	229	隧道施工准备	232	台阶高度	235
塑料饰面	229	隧道施工组织设计	233	台灵架	235
塑料油膏	230	隧道外贴式防水层	233	台面	235
塑性混凝土	230	隧道压浆	233	台模	235,(64)
塑性粘度	230	隧道作业循环图	233	台座	235
塑性指数	230	隧洞导流	233	台座法	235
		隧式桥梁	(197)	台座式千斤顶	235
				抬梁式构架	236
				太平梁	(182)

太阳能养护	236	梯恩梯炸药	238	挑筋石	241	
汰石子	(226)	梯式里脚手架	238	挑檐脚手架	241	
		踢脚板	238	条筋拉毛	241	
tan		提金	238	条形基础	241	
		提模	238	跳板	241,(129),(164)	
坍落度	236	提升差	239			
坍落度筒	236	提升程序	239	**tie**		
摊尺	(236)	提升吊杆	239			
摊尺铺灰砌筑法	236	提升环	239	贴雕	241	
摊灰尺	236	提升架	239,(26)	贴金	241	
弹簧测力计	236	提示标志	239	贴脸	242	
弹线	236	提栈	239	贴脸板	(167)	
弹性压缩损失	236	体积公式	239	铁活加固	242	
坛子炮	(271)	体积减缩率	239	铁路施工调查	242	
探坑	236	体积图	239	铁路施工方案	242	
探头板	236	体力劳动强度	239	铁路施工复测	242	
碳当量法	236			铁路隧道	242	
碳素钢丝	237	**tian**		铁路通过能力	242	
				铁路运输	242	
tang		天花	240	铁路运输能力	242	
		天然含水量	240			
螳螂头榫	237	天然护道	(104)	**ting**		
螳螂头榫墩接	237	天然孔隙率	240			
淌白	237	填方	(240)	停点	(242)	
淌白地	237	填方边坡	240	停机点	242	
淌白砖	237	填方基底	240	停泥城砖	242	
		填方土料	240	停泥滚子砖	242	
tao		填方最大密实度	240			
		填塞长度	240	**tong**		
掏槽	237	填土工程	240			
掏槽炮眼	237	填土压实	240	通道断面样板	242	
掏土纠偏	237	填挖高度	240	通缝	243	
桃花浆	237	填筑顺序	240	通进深	243	
陶瓷锦砖面层	237	填筑质量控制	241	通面阔	243	
陶瓷饰面	237			通线法	243	
套管灌浆法	238	**tiao**		通用设备安装工艺	243	
套箱围堰	238			桐油渣废橡胶沥青防水油膏	243	
		调合漆	241	统筹法	243	
te		调径装置	241	统筹图	(253)	
		调色样板	241	筒仓	243	
特效防水堵漏涂料	238	调伸长度	241	筒仓填充系数	243	
		调整	241	筒仓锥体倾角	243	
ti		调质钢筋	(201)	筒模	243	
		挑架	241	筒瓦	243	
剔凿挖补	238	挑脚手架	241	筒瓦屋面	243	

筒压强度	244	土地价格	246	土岩爆破机理	249
筒子板	244	土地交易价格	246	土桩	249
		土地金融	246		

tou / tui

		土地评估价格	246			
		土地使用权	246			
投标报价	244	土地使用权价格	246	推举法设备吊装	249
投资包干责任制	244	土地使用制	246	推土机	249
投资控制信息	244	土地市场	246	推土机开挖路堑	249
透尺	(236)	土地市场价格	(246)	推土机填筑路堤	249
透底	244	土地税收	246	推土机作业	250
透雕	244	土地所有权	246	退楔	(262)
透风系数	244	土地所有权价格	246	蜕尺	(236)
透活	244	土地所有制	246		
		土地租赁价格	247		
		土地租赁权	247		

tu / tuo

		土钉	247	托换技术	250
凸缝	244	土冻结深度	(52)	托灰板	250
图例	244	土方调配	(247)	托线板	250
图上计算法	244	土方工程施工准备	247	拖车	(91)
图示评审技术	244	土方工程水力机械化	247	拖车头	(194)
图算法	(244)	土方工程综合机械化	247	拖拉托轨	250
图纸会审	244	土方量平衡调配	247	拖轮	250
涂包成型工艺	244	土方平衡	247	脱水率	250
涂料	245	土方压实机械	247		

wa

涂料爆聚	245	土工垫	247			
涂料肝化	245	土工格栅	247			
涂料工程	245	土工聚合物	247,(248)	挖补	250
涂料滚涂	245	土工膜	247	挖槽机	250
涂料流平性	245	土工织物	248	挖底支撑	250
涂料面层	245	土黄浆	(5)	挖方边坡	250
涂料凝结	245	土积图	(239)	挖掘机	251
涂料喷涂	245	土锚	248	挖掘机作业	251
涂料桥接性	245	土锚定位器	248	挖马口	251
涂料刷涂	245	土锚杆	(248)	挖土通道	251
涂料涂刷性	245	土牛拱胎	248	蛙式打夯机	251
涂膜防水屋面	245	土壤防冻	248	瓦刀	251
土壁支撑	245	土石方工程	248	瓦屋面	251
土层锚杆	245,(248)	土石工程分类	248	宽瓦	251
土袋围堰	245	土石现场鉴别法	248		
土地产权	245	土体可松性	248		
土地纯收益	245	土体压后沉降量	248		

wai

土地抵押价格	246	土体压缩性	248	外板内模	251,(176)
土地抵押权	246	土体自然休止角	249	外加剂	251
土地管理	246	土围堰	249	外加剂防水混凝土	251
土地管理制度	246	土压平衡式盾构	249	外脚手架	252

外向箭杆	(252)	围挡防护	254	无节奏流水	256
外向箭线	252	围脊	254	无锚点法设备吊装	256
外檐双排脚手架	252	围檩	(254)	无眠空斗墙	257
外檐装修	252	围圈	254	无面额股	257
外砖内模	252,(176)	围岩压力施工效应	254	无权代理	257
外资	252	围堰	254	无投票权普通股	257
		围堰挡水时段	254	无围堰法施工	257
wan		桅杆抬吊法	254	无效经济合同	257
		帷幕灌浆	254	无压隧洞	257
弯道超高	252	维勃稠度	255	无压蒸汽养护	257
弯道加宽	252	维持性托换	255	无粘结筋涂料层	257
弯管	252	尾水隧洞	255	无粘结筋外包层	257
弯曲调整值	252,(154)	未焊透	(255)	无粘结预应力混凝土	257
弯头	252	未熔透	255	无粘结预应力筋	258
完成节点	(131)			五扒皮砖	258
完全浸渍	252	**wen**		五顺一丁	258
碗扣	252			五字戗	(133)
碗扣式钢管脚手架	253	文物古建筑	255	物料起拱	258
		稳定化钢丝	(41)	物料自然安息角	(258)
wang		稳定性	255	物料自然休止角	258
		稳定液	255		
网格式盾构	253	稳定液调整剂	255	**xi**	
网络	(253)	稳定液分散剂	255		
网络法	(253)	稳定液加重剂	255	吸泥下沉沉井	258
网络计划	253	稳定液抗粘剂	255	析白	258
网络计划方法	253			析盐	258
网络计划技术	253	**wo**		洗石米	(226)
网络计划连接	(13)			系统	258
网络起点	(190)	卧缝	(225)	系统方法	258
网络图	253	握杆	255	系统分析	258
网络终点	(298)			系统观	(258)
网状树根桩	253	**wu**		系统论	258
望板	253			细称	(134)
望砖	253	圬工桥涵施工	(194)	细料石	259
		屋架布置	256	细墁地面	259
wei		屋架扶直	256	细腻子	259
		屋架校正器	256	细石混凝土刚性防水屋面	259
微波养护	253	屋面吊	(235)	细淌白	259
微差爆破	253	屋面防水	256	细望砖	259
微沫剂	253,(286)	无保证优先股	256		
微沫砂浆	253	无表决权优先股	256	**xia**	
微膨胀混凝土防水屋面	254,(14)	无垫铁安装法	256		
微型桩	254,(220)	无管盲沟	256	瞎缝	259
微压蒸汽养护	254	无机胶凝材料	256	瞎炮	259
煨弯	254	无机铝盐防水剂	256	下导坑先墙后拱法	(159)

下辅助操作平台	(48)	箱形基础	261	卸土回转角	264
下降极限位置限制器	259	向碴场铺碴	261		
下水平运输	259	项目	261	**xin**	
下吸法真空脱水	259	项目法施工	261		
下游围堰	259	项目建议书	261	新奥法	264
下竹钉	259	项目作业层	261	新拌混凝土	(110)
				新产品试制基金	264
xian		**xiao**		信息	264
				信息流	264
先锋沟	259	削割瓦	261	信息论	264
先拱后墙法	259,(10)	消除应力钢丝	(129)		
先铺法	259	消防	262	**xing**	
先挖底拱法	260,(274)	硝化甘油炸药	262		
先行工序	(260)	小斗	262	行政法	264
先行工作	260	小干摆	262	行政诉讼法	264
先行活动	(260)	小横杆	262	型钢矫正机	264
先行作业	(260)	小横杆间距	262		
先张法	260	小麻刀灰	262	**xiong**	
纤维长径比	260	小青瓦屋面	262		
纤维混凝土	260			熊头灰	265
纤维增强混凝土	260	**xie**			
纤维增强水泥	260			**xu**	
现场踏勘	260	楔块放张法	262		
现浇衬砌	(294)	楔形夹具	262	须弥座	265
现浇混凝土	260	楔形塞尺	262	虚工序	(265)
现浇模板	260	楔形掏槽	262	虚工作	265
限额领料	260	协商议标	262	虚活动	(265)
限制膨胀	260	斜层铺填法	262	虚箭杆	(265)
限制膨胀率	260	斜槎	262	虚箭线	265
限制收缩	260	斜道	262	虚作业	(265)
线杆子	(183)	斜缝	263	需压缩线路	265
线路	260	斜杆	263	序列论	265
线路时差	260	斜井	263	蓄热法	265
线膨胀	260	斜拉杆	263	蓄热养护	265
线收缩	260	斜拉桥	263	蓄水隔热刚性防水屋面	265
线性规划	260	斜缆式吊桥	263	蓄水屋面	(265)
		斜向推填法	263		
xiang		斜眼掏槽	263	**xuan**	
		斜引道	(275)		
相当梁法	(41)	斜张桥	263	悬臂连续法	265
相对标高	261	泄洪隧洞	263	悬臂桅杆	(51)
相对湿度	261	泄水隧洞	263	悬吊法	265
相对压力	261	卸碴列车	263	悬接	266
相关时差	261	卸架程序	263	悬砌板拱	266
相似法则	261	卸架设备	263	悬索	266,(300)

悬索结构	266	压缩试验	269	咬边	(271)
悬索起重机	(148)	压头机	269	咬底	271
悬索桥	266	压头千斤顶	269	咬肉	271
券洞脚手架	266	压轧法	269	咬色	271
券胎满堂脚手架	266	压折器	269	药壶爆破法	271
旋喷法	266	压蒸养护	269,(82)	药室	271
旋转法	267	压制法	269	要径法	(92)
旋转扣件	267	压制密实成型	269	要约	272
旋子彩画	267				
选择性招标	267				
楦缝	267				
碹	267,(86)				

yan

烟子浆	270
延发电雷管	270
延伸填筑法	270
岩爆	270

xun

循环灌浆法	267	岩石坚固性系数	270
循环线路	(10)	岩石可凿性	270
循环针法	267	岩石炸药	(2)
循环钻灌法	267	沿线设施	270
殉爆	267	盐析	270
殉爆距离	267	檐口瓦	270
		验槽	270

ya

验工计价	270
验收函数	271
验收界限	271
压波机	268
压杆式台座	(18)
压花机	268
压花锚具	268
压花千斤顶	(268)
压肩	268
压浆混凝土	268
压栏子	(180)
压老	268
压力表	268
压力传感器	268
压力隧洞	268
压路机	(185)
压气盾构法	268
压砂法	268
压实标准	268
压实参数	269
压实功能	269
压实试验	269
压实系数	269
压水试验	269

验收批量	271
堰	271
燕尾榫	271,(5)

yang

扬弃爆破	271
羊足碾	271
阳榫	271
仰瓦灰梗屋面	271
养护池	271
养护坑	271
养护室	271
养护纸养护	271
样棒	(183)

yao

邀请协商	(262)
邀请招标	(267)

ye

业务性信息	272
业主	272
液体炸药	272
液压镦头器	272
液压控制台	272
液压拉伸机	272
液压升板机	272
液压桩锤	272

yi

一般抹灰	272
一般网络计划	273
一步架	273
一次断流法导流	(199)
一次投料法	273
一次性模板	273,(276)
一斗一眠	273
一端张拉	273
一级公路	273
一揽子承包	(124)
一顺一丁	273
一字扣	(55)
一碹一伏	273
依次施工	273
移动脚手架施工法	273,(39)
移动式脚手架	273
移动悬吊模架施工	273
移动支架式安装	273
乙方	274
乙级监理单位	274
异节奏流水	(15)
易密性	274
易抹性	274

意国法	274	油画活脚手架	277	预贴面砖模板	280
溢流	274	油灰	277	预压排水固结	280
翼角椽	274	油漆	(245)	预养	280
翼角起翘	274	油漆工程	277,(245)	预应力度	280
翼角生出	274	油热养护	277	预应力钢材	280
		油毡	277,(62)	预应力钢材下料长度	280
		游丁错缝	(277)	预应力钢材应力-应变曲线	280

yin

		游丁走缝	277	预应力钢结构	280
因果分析预测法	274	有保证优先股	277	预应力滑动台面	280
阴槎	275	有表决权优先股	277	预应力混凝土	280
阴纹线雕	275	有机硅密封膏	277	预应力混凝土安全壳	281
阴阳瓦	275,(101)	有机硅砂浆防水层	277	预应力混凝土薄板叠合板	281
阴阳瓦屋面	(101)	有机胶凝材料	277	预应力混凝土电杆	281
银行贷款	275	有机溶剂型涂料	277	预应力混凝土电视塔	281
银行贷款筹资	275	有机塑化剂	278	预应力混凝土叠合构件	281
引道	275	有眠空斗墙	278	预应力混凝土叠合梁	281
引水隧洞	275	有面额股	278	预应力混凝土刚性防水屋面	281
隐蔽工程	275	有投票权普通股	278	预应力混凝土工程	281
隐蔽式装配吊顶	275	有限招标	(267)	预应力混凝土轨枕	282
		有效膨胀能	278	预应力混凝土空心板叠合板	282

ying

		有效水灰比	(135)	预应力混凝土跑道	282
应力波反射破坏理论	275	有效预应力	278	预应力混凝土桥悬臂浇筑	282
应力传递长度	275	有压隧洞	278,(268)	预应力混凝土桥悬臂拼装	282
应力腐蚀	275	有粘结预应力混凝土	278	预应力混凝土筒仓	282
应力松弛	276	有粘结预应力筋	278	预应力混凝土芯棒	282
英国法	276	鱼鳞状填土法	(55)	预应力混凝土压力管	282
膺架	(86)			预应力混凝土桩	282
迎门戗	(133)	## yu		预应力筋	283
硬花活	(302)			预应力筋放张	283
硬化	276	雨季起止时间	278	预应力筋孔道	283
硬天花	276	雨季施工	278	预应力筋-锚具组装件	283
硬质纤维板面层	276	雨季施工增加费	278	预应力筋效率系数	283
		预拌混凝土	278	预应力连续梁桥顶推安装	283
		预拌净浆法	279	预应力螺栓连接	(81)

yong

		预拌砂浆法	279	预应力锚杆	283
		预测	279	预应力轻集料混凝土	284
永久性模板	276	预防性托换	279	预应力损失	284
永久支座顶推法	276	预裂爆破	279	预制构件平衡	284
用材允许缺陷	276	预留车站岔位	279	预制管段沉埋法	(23)
		预留沉落量	279	预制混凝土	284
## you		预埋花管法	279	预制水磨石面层	284
		预埋套管法	279	预制预应力混凝土薄板	284
优化	276	预热闪光对焊	279		
优先股	276	预算包干	279		
油膏嵌缝涂料屋面	(304)	预填集料混凝土	280,(268)		

yuan

原材料计量	284
原材料贮存	284
原浆勾缝	284
原木	284
圆身	284
圆套筒三片式夹具	284
远红外线养护法	285

yue

月白灰	285
月白浆	285
越江隧道	(223)
越岭隧道	285

yun

匀质混凝土	285
允许自由高度	285
运碴	285
运筹学	285
运河隧道	285
运输道路布置	285
运输能力	285
运行极限位置限制器	285
运行阻力	286
晕色	286

za

砸花锤	286

zai

再生橡胶卷材	286
再生橡胶卷材防水屋面	286

zao

凿	286
凿活	286
早爆	286
皂化松香	286
皂液乳化沥青	286
造壳法	286,(225)
造壳混凝土	286,(311)

ze

择砌	286

zha

渣池电压	287
渣石路面	287
扎缚绳	287
轧丝锚	(151)
闸挡板	287
闸墙	287
闸室	287
炸药爆轰	287
炸药爆炸性能	287
炸药敏感度	287
炸药摩擦感度	287
炸药氧平衡	287

zhai

债券可行性研究	288

zhan

粘结式锚具	288
斩假石	288
斩砍见木	288
占斧	(58)
栈桥法浇注	288
战略性信息	288
站杆	(152)
站后配套工程	288
绽口	288

zhang

张拉程序	288
张拉控制应力	288
张拉力	289
张拉设备	289
张拉伸长值	289
张拉梳丝板	289
掌子面	289
掌子面正常高度	(85)
丈杆	289
胀管	289
胀接	289

zhao

找平	289
找平层	289
找中心法	289
照色做旧	289
罩面板工程	289
罩面层	289

zhe

折算荷载	290
折线式隧道养护窑	290
折线式隧道窑	(290)
折线窑	(290)
折线张拉	290

zhen

针梁法	290
真空搬运	290
真空处理制度	290
真空传播深度	290
真空度	290
真空混凝土	290
真空加压浸渍	290
真空浸渍	290
真空腔	290
真空脱水密实	291
真空脱水有效系数	291
真空吸垫	291
真空吸盘	291
真空吸水装置	291
真空预压法	291
枕木槽	291
枕木盒	(96)

振冲法	291,(292)	正铲作业	295	质量计划	297
振冲器	291	正常费用	295	质量监督	297
振动沉桩	291	正常时间	295	质量控制	297
振动捣实	291	正打工艺	295	质量控制信息	297
振动活化	291	正脊	295	质量审核	297
振动加速度	291	正升	295	质量体系	297
振动搅拌	291	正台阶法	295	质量体系评审	297
振动烈度	292	正向开挖	295	智能大厦	297
振动密实成型	292	证券质押信托债券	295		
振动模压法	292	政府部门	295	**zhong**	
振动碾	292	政府建设监督管理	295		
振动频率	292	政府建设主管部门	295	中	298
振动水冲法	292	政府专业建设管理部门	295	中层支撑	298
振动速度	292			中国社会主义建筑市场	298
振动压实	292	**zhi**		中级路面	298
振动压实法	292			中级抹灰	298
振动延续时间	292	之字形路线	295	中继间法	298
振动有效作用半径	293	支撑	(180)	中间支承柱	298
振动有效作用深度	293	支承顶拱法	296,(10)	中期公司债券	298
振动制度	293	支承环	296	中期预测	298
振动桩锤	293	支顶加固	296	中强钢丝	(150)
振幅	293	支护	296	中心标板	298
振频式钢丝应力测定仪	293	支护结构	296	中央导坑法	298
		支柱式里脚手架	296	终点节点	298
zheng		汁浆	296	终凝	299
		直槎	296	终凝时间	299
蒸发面蒸发负荷	293	直缝	(30)	种植隔热刚性防水屋面	299
蒸汽化冻法	(267)	直角撑	296	种植屋面	(299)
蒸汽加热法	293	直角扣件	296	仲裁法	299
蒸汽空气混合物	293	直井	(220)	重锤夯实	299
蒸汽热模法	293	直线掏槽	296,(141)	重混凝土	299
蒸汽试验	293	直眼掏槽	296	重力扩散机理	299
蒸汽相对体积	293	职工奖励基金	296	重力式锚碇	299
蒸汽养护	293	止水	296		
蒸汽养护室	294	止水带	296	**zhou**	
蒸汽养护窑	294	止水胶垫	296		
蒸汽养护制度	294	纸筋灰	297	周边爆破	299
蒸压釜	(81)	纸筋石灰	297	周边炮眼	299
整体安装法	294	指令标志	297	皱纹	299
整体拼装法	294	指向导坑	297		
整体式衬砌	294	质量	297	**zhu**	
整体预应力	294	质量保证	297		
整体预应力装配式板柱结构	294	质量方针	297	珠光砂	(183)
整体折叠式模板	294	质量管理	297	竹脚手板	299
正铲挖土机开挖路堑	295	质量环	297	竹脚手架	299

竹篾	300			自然养护	304
竹木竿爆破法	300	**zhuang**		自卸汽车	304
逐段就位施工法	300,(227)			自行车隧道	304
主导风向	300	桩锤	302	自应力混凝土	304
主导工作	300	桩基	302	自应力混凝土管	305
主动土压力	300	桩架	302	自应力水泥	305
主索	300	桩式托换	302	自由机动时间	(305)
主要矛盾线	(92)	装碴	303	自由面	305
主炸药	(186)	装碴机	303	自由膨胀	305
煮浆灰	300	装配	(74)	自由膨胀率	305
煮炉	300	装配式衬砌	303	自由膨胀能	305
注浆法	300	装饰工程	303	自由倾落高度	305
柱侧脚	300	装饰抹灰	303	自由时差	305
柱生起	300	撞击感度	303	自由收缩	305
柱头科	300	撞肩	303	自有发电设备	305
柱子布置	301			自粘防水卷材	305,(17)
铸铝模板	301				
铸铁喇叭管	301	**zhui**		**zong**	
筑岛沉井	301	追踪	(82)	综合吊装法	305
		锥锚式千斤顶	303	综合概算定额	(125)
zhua		锥销夹具	303	综合概预算书	305
		锥形螺杆锚具	303	综合机械化施工	305
抓铲作业	301	锥形掏槽	303	综合蓄热法	305
抓斗式挖槽机	301			综合预测	305
		zhuo		总概算	306
zhuai		捉节	303	总概预算书	306
拽架	301	桌模	304,(64)	总机动时间	(306)
				总热阻	306
zhuan		**zi**		总时差	306
				总水灰比	306
专家系统	301	资本还原利率	304	总网络计划	306
专业设计	301	资源	304	纵向出土开挖法	306
专用轨排平车	301	资源优化	304	纵向水平杆	(33)
专用时差	(53)	仔角梁	304	纵向推土开挖	306
砖	302	自碴场铺碴	304	纵向拖拉法	306
砖刀	(251)	自承式静压桩	304	纵向围堰	306
砖雕	302	自动焊	304		
砖块体刚性防水屋面	302	自防水屋面	304	**zu**	
砖笼	302	自封式快速接头	304		
砖面水	302	自流灌注	304	足材	306
砖石衬砌	302	自落式搅拌	304	足尺大样	306
砖筒拱	302	自落式扩散机理	(299)	组合	306
砖柱墩接	302	自凝灰浆	304	组合安装法	306
		自然浸渍	304	组合钢模板	307

组合式操作平台	307	最短工期	309	BX-702 橡胶防水卷材	310
组立	(74)	最短工作时间	309	CSPE-A 型密封膏	(162),310
组码	307	最高安全电流	309	CXS-102 防水涂料	(227),310
组砌型式	307	最后贯入度	(309)	EPDM 防水薄膜	310
组织关系	307	最佳工期	309	IMS 体系	(294)
组织联系	(307)	最佳含水量	309	JG-1 防水冷胶料	310
		最佳砌筑高度	309	JG-2 防水冷胶料	310

zuan

		最佳预养期	309	JH80-1 无机建筑涂料	311
		最可能工作时间	309	JH80-2 无机建筑涂料	311
钻爆参数	307	最可能时间	(309)	JM 型锚具	311
钻爆法	307	最小抵抗线	309	K 系列锚具	311
钻打法	(195)	最小抵抗线原理	309	LYX-603 卷材屋面	311
钻孔	307	最小贯入度	309	M1500 水泥密封剂	311
钻孔布置图	307	最早开始时间	309	PVC 焦油防水涂料	311
钻孔锤击沉桩	307	最早可能开始时间	(309)	QM 型锚具	311
钻孔灌注桩	307	最早可能完成时间	(309)	RS 施工法	(276),311
钻孔机	308	最早完成时间	309	SBS 弹性沥青防水胶	311
钻孔台车	308	最终可松性系数	309	SEC 法	(225)
钻探法	308			SEC 混凝土	311
钻抓法	308			SJ-803 内墙涂料	(139),311

zuo

				V 形掏槽	(262)

zui

		作旧	309	VSL 系列锚具	311
		作业	(85)	XM 型锚具	312
最长工作时间	308	作业时间	(85)	8 字形路线	312
最迟必须开始时间	(308)	坐车	310	1/2 砖	(5)
最迟必须完成时间	(308)	坐车脚手架	310	1/4 砖	(58)
最迟开始时间	308	做缝	310	3/4 砖	(188)
最迟完成时间	308	座浆砌筑法	(236)	106 内墙涂料	(138),312
最初可松性系数	308			107 胶	(139),312
最大干重度	308			801 地下堵漏剂	312
最大积雪深度	308	**外文字母·数字**		Ⅰ类锚具	312
最大纵坡	308	BX-701 橡胶防水卷材	310	Ⅱ类锚具	312
最低准爆电流	309				

词目汉字笔画索引

说　明

一、本索引供读者按词目的汉字笔画查检词条。

二、词目按首字笔画数序次排列；笔画数相同者按起笔笔形，横、竖、撇、点、折的序次排列，首字相同者按次字排列，次字相同者按第三字排列，余类推。

三、词目的又称、旧称、俗称简称等，按一般词目排列，但页码用圆括号括起，如(1)、(9)。

四、外文、数字开头的词目按外文字母与数字大小列于本索引的末尾。

一画

[一]

一斗一眠	273
一次投料法	273
一次性模板	273,(276)
一次断流法导流	(199)
一字扣	(55)
一级公路	273
一步架	273
一顺一丁	273
一般网络计划	273
一般抹灰	272
一揽子承包	(124)
一端张拉	273
一碴一伏	273

[乙]

乙方	274
乙级监理单位	274

二画

[一]

二寸头	58
二寸条	58
二斗一眠	59
二平一侧	59
二次压注	58
二次运输	58
二次投料法	58
二次衬砌	58
二次振捣	58
二次灌浆	58
二次灌浆法	58
二级公路	59
二城样	58
二槽眼	(69)
十字扣	(296)
十字盖	(123)
十字缝	217
十字撑	(123)
十进制码	217
丁石	49
丁头石	(148)
丁砖	49
丁砌层	49
丁顺分层组砌	49
丁顺混合组砌	49
厂址地形图	22
厂房钢结构	22
七分头	188

[丿]

八字撑	3
人工定额	(149)
人工降低地下水位	202
人工挖孔灌注桩	202
人工装碴	202
人行隧道	202
人字桅杆	202

[フ]

力矩限制器	152

三画

[一]

三一砌筑法	205,(205)
三乙醇胺防水混凝土	205
三七缝	(204)
三元乙丙-丁基橡胶卷材	205
三元乙丙-丁基橡胶卷材防水屋面	205
三合土垫层	204
三级公路	204
三时估计法	204
三角棱柱体法	204
三点安装法	204

三顺一丁	204	土地抵押价格	246	工作性	85
三通一平	205	土地使用权	246	工作持续时间	85
三缝砖	204	土地使用权价格	246	工作面	85,(289)
三管两线	204	土地使用制	246	工作面正常高度	85
三横梁张拉装置	204	土地所有权	246	工作度	(71)
干式喷射法	71	土地所有权价格	246	工作衔接关系	(162)
干地沉井	71	土地所有制	246	工作幅度	85
干坞	71	土地金融	246	工序	(85)
干饱和蒸汽	70	土地租赁权	247	工具式模板	84
干热养护	71	土地租赁价格	247	工具锚	84
干粘石	71	土地税收	246	工法	84
干槎瓦屋面	70	土地管理	246	工期	84,(215)
干硬性混凝土	71	土地管理制度	246	工期成本优化	84
干硬度	71	土压平衡式盾构	249	工期优化	(84)
干-湿热养护	71	土围堰	249	工期指标	84
干摆	70	土钉	247	工期调整	84
干摆细磨	(70)	土体可松性	248	工程地质资料	82
干蒸汽	71,(70)	土体压后沉降量	248	工程任务单	83
土工织物	248	土体压缩性	248	工程运输	83
土工垫	247	土体自然休止角	249	工程材料费	82
土工格栅	247	土冻结深度	(52)	工程间接费	82
土工聚合物	247,(248)	土层锚杆	245,(248)	工程招标	83
土工膜	247	土岩爆破机理	249	工程招标投标监督办公室	83
土牛拱胎	248	土桩	249	工程直接费	84
土方工程水力机械化	247	土积图	(239)	工程质量监督站	84
土方工程施工准备	247	土黄浆	(5)	工程建设监理管理机构	82
土方工程综合机械化	247	土袋围堰	245	工程项目内部信息	83
土方平衡	247	土锚	248	工程项目外部信息	83
土方压实机械	247	土锚杆	(248)	工程咨询	84
土方调配	(247)	土锚定位器	248	工程咨询单位	84
土方量平衡调配	247	土壁支撑	245	工程施工	83
土石工程分类	248	土壤防冻	248	工程费	82
土石方工程	248	工艺关系	85	工程预算	83
土石现场鉴别法	248	工艺设计	85	工程预算单价	(37)
土地市场	246	工艺联系	(85)	工程控制测量	83
土地市场价格	(246)	工业炸药	84	工程量计算	83
土地价格	246	工地运输	84	下水平运输	259
土地交易价格	246	工地消防	84	下吸法真空脱水	259
土地产权	245	工伤事故	84	下竹钉	259
土地评估价格	246	工作	85	下导坑先墙后拱法	(159)
土地纯收益	245	工作延续时间	(85)	下降极限位置限制器	259
土地抵押权	246	工作合并	(306)	下辅助操作平台	(48)

四画					
下游围堰	259	小青瓦屋面	262	井点降水法	134
丈杆	289	小麻刀灰	262	井点排水	135
大干摆	33	小横杆	262	井架	135
大木归安	34	小横杆间距	262	开工报告	141
大木构架	34	口份	146,(52)	开口式双缸千斤顶	142
大木满堂安装脚手架	34	山花板	207	开行路线	142
大仓面薄层浇筑法	33	山岭隧道	207	开花	141
大斗	33	山洞式锚碇	207	开条砖	142
大孔径穿心式千斤顶	33	山嘴隧道	207	开底容器法	141
大孔混凝土	33			开始节点	142
大白腻子	33	[丿]		开挖面	142
大阶砖面层	33	千斤顶支承杆	194	开挖面千斤顶	142
大吻安装脚手架	35	千斤顶杆	(194)	开挖面支护	142
大体积混凝土	34	千斤顶油路	194	开挖置换法	142
大直径扩底灌注桩	35	千斤顶标定	194	开标	141
大放脚	33	千斤顶校正法	194	开敞式吊顶	141
大城样	33			开竣工期限	142
大流水吊装法	34,(66)	[、]		天花	240
大理石板块面层	34	门式起重机	(159)	天然孔隙率	240
大铲	33	门型式钢管支架	167	天然护道	(104)
大铲砌筑法	(205)	门型架	167,(26)	天然含水量	240
大麻刀灰	34	门架式里脚手架	167	无节奏流水	256
大量爆破	34	门窗工程	167	无机胶凝材料	256
大跨度建筑钢结构	33	门窗小五金	167	无机铝盐防水剂	256
大模板	34	门窗贴脸	167	无权代理	257
大模板自稳角	34	之字形路线	295	无压蒸汽养护	257
大横杆	33			无压隧洞	257
大横杆步距	33	[𠃌]		无投票权普通股	257
大横杆间距	(33)	飞罩	64	无围堰法施工	257
大爆破	33,(52)	飞模	64	无表决权优先股	256
		飞檐椽	64	无垫铁安装法	256
[丨]		马牙槎	(271)	无面额股	257
上下导坑先墙后拱法	(2)	马道	164,(104),(262)	无保证优先股	256
上水平运输	208	马赛克面层	(237)	无眠空斗墙	257
上升极限位置限制器	208	马凳	164	无效经济合同	257
上吸法真空脱水	208			无粘结预应力混凝土	257
上层滞水	208	四画		无粘结预应力筋	258
上部甲板	208			无粘结筋外包层	257
上部扩大	208	[一]		无粘结筋涂料层	257
上游围堰	208	丰水期	67	无锚点法设备吊装	256
小干摆	262	井点降水	134,(135)	无管盲沟	256
小斗	262			专业设计	301

四画

专用轨排平车	301	五字钺	(133)	中级路面	298
专用时差	(53)	五顺一丁	258	中间支承柱	298
专家系统	301	支护	296	中层支撑	298
扎缚绳	287	支护结构	296	中国社会主义建筑市场	298
木工机械	172	支顶加固	296	中继间法	298
木门窗安装	174	支承环	296	中期公司债券	298
木支架	(172)	支承顶拱法	296,(10)	中期预测	298
木支撑	175	支柱式里脚手架	296	中强钢丝	(150)
木夯	172	支撑	(180)	贝诺尔法	9
木材干燥	172	不可调换优先股	15	贝诺特法	9
木材防火	172	不发生火花地面	15	内吸法真空脱水	176
木材防虫	171	不动产	15,(63)	内向箭杆	(176)
木材防腐	171	不合格	15	内向箭线	176
木材含水率	172	不饱和聚酯面层	14	内浇外挂大模板	176
木材基本结合	172	不偶合系数	15	内浇外砖大模板	176
木材疵病	171	不偶合药包	15	内浇外砌	176
木材综合加工厂	172	不等节奏流水	15	内部通汽法	176
木板面层	171	太平梁	(182)	内排法排水	176
木拱架	172	太阳能养护	236	内缩	176
木虾须	175	区间码	(307)	内檐装修	176
木骨架轻质隔墙	172	区间隧道	199	水力开挖	224
木屋架吊装	174	区域地形图	199	水力压接	224
木屋架拼装	174	车站隧道	23	水力吸石筒	224
木结构	173	车辆荷载标准	23	水力吸泥机	224
木结构工程	173	比价	10	水力冲填	224
木结构工程验收	173	比国法	10	水力运输	224
木结构下料	173	比例股	(257)	水力旋流器	224
木结构放样	173	切口环	198	水工隧洞	223
木结构样板	173	切割放张法	198	水下连接	226
木桥	174	瓦刀	251	水下封底	226
木料墩接	174	瓦屋面	251	水下桥梁	(197)
木排	174			水下混凝土	226
木笼围堰	174	[丨]		水下混凝土连接	226
木脚手板	173	止水	296	水下混凝土强度系数	226
木脚手架	173	止水带	296	水下隧道	226,(223)
木望板平瓦屋面	174	止水胶垫	296	水中挖土法	227
木装修	175	少支架安装法	208	水文地质资料	226
木窗台板	172	日历网络计划	(219)	水平开挖法	225
木楼梯	174	中	298	水平尺	225
木墙裙	174	中心标板	298	水平式隧道养护窑	225
木模板	174	中央导坑法	298	水平式隧道窑	(225)
五扒皮砖	258	中级抹灰	298	水平灰缝	225

水平运输	226	气压沉箱	192	分色断白	66
水平张拉千斤顶顶推法	226	气压沉箱法	192	分阶段后张法	66
水平垂直千斤顶顶推法	225	气压试验	193	分级张拉	66
水平窑	(225)	气压盾构跑气	192	分批张拉	66
水压试验	227	气压盾构漏气	192	分批张拉损失	66
水冲沉桩	223	气压焊	193	分别流水法	64
水冲浆灌缝	223	气压焊焊接参数	193	分层大流水吊装法	65
水利工程施工	224	气体推力反射波共同作用理论	192	分层开挖法	(235)
水位	226	气垫	191	分层分段流水吊装法	65
水环	223	气垫运输	191	分层平挖法挖槽	65
水枪	226	气垫运输车	191	分层投料	65
水质分析	227	气象条件	192	分层直挖法挖槽	65
水乳型丙烯酸系建筑密封膏	226	气象要素	192	分析计算法	66
水乳型再生胶沥青涂料	226	气焊	192	分项工程	67
水底隧道	223	气密性试验	192	分项工程作业设计	(65)
水泥水化热	225	气硬性胶凝材料	193	分段开挖	65
水泥快燥精	225	气温	192	分段长度	65
水泥砂浆	225	气割	192	分段张拉	65
水泥砂浆防水层	225	升	212	分段装药	(122)
水泥筒仓	225	升层法	212	分格条	66
水泥裹砂法	225	升板机提升法	212	分格缝	65
水泥灌浆	225	升板同步控制	212	分部工程	65
水性石棉沥青涂料	227	升板法	212	分部工程作业设计	65
水刷石	226	升板柱计算长度	212	分流	66
水玻璃耐酸混凝土	223	升滑法	212	分期导流	66
水玻璃模数	223	长线台座先张法	22	分散式顶推法	(57)
水胶炸药	223	长廊油画活脚手架	21	分散体系	66
水准点	227	长期公司债券	21	分散系	(66)
水银标准箱	(227)	长期预测	22	公开招标	85
水银箱测力计	227	长窗	21	公司收益债券	86
水硬性胶凝材料	227	片筏基础	183	公司保证债券	86
水管冷却	223	化学加固法	106	公司信用债券	86
水磨石面层	224	化学预应力混凝土	(304)	公司债券	86
见细	123	化学灌浆	106	公路分级	85
		反打工艺	60	公路交通标志	85
[J]		反台阶法	60	公路桥梁工程	85
手工抹灰	220	反砖碴	60	公路隧道	(40)
手掘式盾构	220	反铲作业	60	仓储保管合同	17
毛石	165	分中	67	月白灰	285
毛石砌体	165	分仓缝	65,(65)	月白浆	285
毛料石	165	分节脱模	66	风级	67
气动桩锤	192	分件吊装法	66	风级风速报警器	67

风玫瑰图	67	孔隙率	145	正台阶法	295
风雨缝	(263)	办公自动化	4	正向开挖	295
风险评审技术	68	允许自由高度	285	正脊	295
风险型决策	68	双代号网络图	222	正常时间	295
风速	68	双机抬吊法	222	正常费用	295
风管式通风	67	双导梁安装法	222	正铲作业	295
欠挖	195	双阶式工艺流程	222	正铲挖土机开挖路堑	295
匀质混凝土	285	双防水刚性屋面	222	扒杆吊装法	3
勾缝	88	双防水屋面	(222)	扒拉石	3
		双层衬砌	221	扒拉灰	3
[丶]		双拼式连接器	222	艾叶青石	1
六尺杆	(262)	双钢筋	222	古建筑	90
六扒皮砖	159	双笔管	221	古建筑重建	90
文物古建筑	255	双排桩挡土支护	222	古建筑复建	90
方木	60	双排脚手架	222	古建筑移建	90
方尺	(129)	双控冷拉	222,(145)	节子灰	130
方砖	61	双象鼻垂直打夯机	222	节间吊装法	130,(305)
方格网法	60	双滑	222	节点	130
方套筒二片式夹具	60	双翼式脚手架	223	节点式网络图	(36)
火灾	115			节点最早开始时刻	(130)
火焰矫正	115	五画		节点最早时间	130
火雷管	115			节点最迟时间	130
火雷管起爆法	115	[一]		节点最迟完成时刻	(130)
斗口	52			可行性研究	143
斗砖	53	末端弯钩增长值	171	可行性研究报告	143
斗栱	53	未焊透	(255)	可转换债券	143
计示压力	119,(261)	未熔透	255	可供水量	143
计划协调技术	(119)	打大底	32	可砌高度	143
计划评审技术	119	打夯	32	可调底座	142
计量估价合同	119	打细道	32	可调换优先股	142
计算行车速度	119	打荒	32	可塑性	143
		打点刷浆	32	可锻铸铁锥形锚具	143
[乛]		打牮拨正	32	可赛银浆	143
引水隧洞	275	打桩顺序	33	可靠性	143
引道	275	打桩脚手架	32	可靠指标	143
巴掌榫	3	打道	32	可靠概率	143
巴掌榫墩接	3	打蜡抛光	32	丙级监理单位	12
孔内微差爆破	145	打管灌浆法	32	丙烯酰胺浆液	13
孔兹支撑法	145	打糙	32	丙凝	13
孔洞	145	打糙道	32	石灰土路面	218
孔道摩擦损失	145	正升	295	石灰乳化沥青	218
孔道灌浆	145	正打工艺	295	石灰炉渣屋面	218

五画

石灰砂浆	218	平曲线	185	电石膏	47
石灰桩	218	平曲线半径	185	电发火装置	45
石灰桩挤密	218	平曲线加宽	(252)	电动升板机	45
石灰膏	218	平网	185	电动张拉机	45
石灰熟化	218	平行工作	185	电动卷筒张拉机	45
石米	(217)	平行工序	(185)	电动油泵	45
石材饰面	217	平行孔掏槽	(296)	电动提升机	(45)
石层	217	平行导坑	185	电动螺杆张拉机	45
石板瓦屋面	217	平行作业	(185)	电动螺旋千斤顶	(45)
石油沥青油毡	218	平行施工	185	电极加热法	46
石油沥青油毡防水屋面	219	平行活动	(185)	电阻点焊	47
石面	218	平均劳动时间率	184	电弧气刨	46
石料干砌法	218	平身科	185	电弧焊	46
石料浆砌法	218	平直	186	电热化冻法	46
石碴	218	平板网架钢结构	184	电热设备	47
石缝	217	平面图	184	电热张拉法	47
石碴	217	平活	184	电热法	46
石膏灰	217	平堵	184	电热养护	47
石膏板隔墙	217	平移法	185	电热器加热法	47
石雕	217	平移轴线法	185	电渗井点	47
布瓦	15	平斜砌层	185	电渣压力焊	47
布瓦屋面	15	平缝	184	电渣焊	47
布氏硬度	15	平模	184	电渣焊接电流	47
布料杆	15	平模工艺	184	电雷管	46
夯土机	100	平模法	(184)	电雷管反应时间	46
夯击能	100	平碾	185	电雷管全电阻	46
夯实法	100	轧丝锚	(151)	电雷管起爆法	46
夯锤	100			电磁感应加热法	45
龙口	159	[丨]		电爆网路	45
龙口下游基床冲刷	159	卡口梁	194	凹缝	2
龙口单宽功率	159	占斧	(58)	四方体法	228
龙口落差	159	凸缝	244	四合土垫层	228
龙门吊机	159	业务性信息	272	四级公路	228
龙门板	159,(11)	业主	272	四氟乙烯板	(138)
龙门架	159	归安	95	四氟板	(138)
龙凤和玺	159	目标函数	175	四横梁张拉装置	228
龙凤榫	159	目标管理	175		
龙草和玺	159	甲方	121	[丿]	
平瓦屋面	185	甲级监理单位	121	生产发展基金	213
平水	185	号料公差	101	生产要素价格论	213
平台架	185	电力起爆	(46)	生产准备	213
平台桩	185	电化学灌浆	46	代码	35

代理	35	立柱头	(11)	出潭双细	(165)
代理权终止	35	立砖	153	加工承揽合同	119
白灰浆	3	立砌层	152	加工裕量	119
仔角梁	304	立堵	152	加气剂	120,(59)
用材允许缺陷	276	立脚飞椽	152	加气剂防水混凝土	120
甩毛灰	(203)	立窑	152	加气混凝土	120
乐观时间	(309)	立缝	(30)	加压浸渍	121
外加剂	251	立模工艺	152	加压灌注	120
外加剂防水混凝土	251	立模法	(152)	加劲梁	120
外向箭杆	(252)	闪光对焊	207	加速养护	120
外向箭线	252	闪光对焊参数	207	加浆勾缝	120
外板内模	251,(176)	闪光速度	207	加筋土	120
外砖内模	252,(176)	闪光留量	207	加筋土挡墙	120
外资	252	半二寸条	4	加强刚度托换	120
外脚手架	252	半机械化土方施工	4	皮带机	(35)
外檐双排脚手架	252	半机械化装碴	4	皮数杆	183
外檐装修	252	半机械式盾构	5	边坡坡度	11
冬夏季日平均温度	51	半刚性骨架假载施工法	4	边坡桩	11
冬期施工	51	半防护厚度	4	边坡样板	11
包心砌法	6	半细料石	5	发气剂	59
包金土浆	5	半砖	5	发平	59
包胶	5	半盾构	4	发包方	59
包镶	5	半圆灰匙	5	发行优先股筹资	59
		半银锭榫	5	发行普通股筹资	59
[丶]		半断面开挖法	4	发笑	59
主动土压力	300	半堤半堑	(5)	对比色	55
主导工作	300	半填半挖	5	对称张拉	55
主导风向	300	汁浆	296	对流扩散机理	55
主要矛盾线	(92)	汇流	109	对接扣件	55
主炸药	(186)	汉白玉石	98	对焊	(207)
主索	300	永久支座顶推法	276	对策论	55
市双细	(31)	永久性模板	276	台风	235
市场	219			台阶法	235
市政隧道	219	[㇆]		台阶高度	235
立井	(220)	民事诉讼法	169	台灵架	235
立式养护窑	152	民法	168	台面	235
立网	152	弗氏锚具	68,(80)	台度	(196)
立杆	152	出材率	28	台班费用	235
立杆连接销	152	出柱	(11)	台座	235
立杆间距	152	出跳	28	台座式千斤顶	235
立柱	(152)	出模强度	28	台座法	235
立柱支撑	152	出碴	28	台基	235

台模	235,(64)	地权	(246)	压轧法	269
台墩	235	地价	(246)	压头千斤顶	269,(269)
母材	(46)	地形概貌	43	压头机	269
母楂	(275)	地质剖面图	44	压老	268
丝缝	228	地面工程	42	压折器	269
		地铁	(43)	压花千斤顶	(268)

六画

[一]

		地铁隧道	43	压花机	268
		地基与基础工程	42	压花锚具	268
		地脚螺栓	42	压杆式台座	(18)
		地毯	42	压制法	269
动力固结法	(196)	地道	42	压制密实成型	269
动力触探	51	地锚	(165)	压波机	268
动压型气垫	51	地震	43	压实功能	269
动态规划	51	地震烈度	43	压实系数	269
动臂桅杆	51	地震震级	44	压实试验	269
圬工桥涵施工	(194)	扬弃爆破	271	压实参数	269
扣件式钢管支架	146	场地平整土方工程量	22	压实标准	268
扣件式钢管脚手架	146	场地平整设计标高	22	压肩	268
托灰板	250	场地勘探	22	压栏子	(180)
托线板	250	机切	116	压砂法	268
托换技术	250	机动时间	(219)	压浆混凝土	268
老角梁	150	机组流水法	116	压蒸养护	269,(82)
老虎楂	149	机械化铺轨	116	压路机	(185)
老戗	150	机械台班使用定额	116	压缩试验	269
老浆灰	149	机械式盾构	116	百格网	3
扩大	147	机械张拉法	116	有机胶凝材料	277
扩大初步设计	147	机械抹灰	116	有机硅砂浆防水层	277
扩孔裕量	147	过水	97	有机硅密封膏	277
扩初设计	(147)	过水围堰	97	有机塑化剂	278
扩展断面	147	过色还新	97	有机溶剂型涂料	277
扫地杆	205	过热度	97	有压隧洞	278,(268)
扫金	205	过热蒸汽	97	有投票权普通股	278
地下水	43	过梁	97	有表决权优先股	277
地下防水	43	过氯乙烯涂料面层	97	有限招标	(267)
地下连续墙	43	再生橡胶卷材	286	有面额股	278
地下连续墙法	43,(18)	再生橡胶卷材防水屋面	286	有保证优先股	277
地下铁	(43)	协商议标	262	有眠空斗墙	278
地下铁道	43	压力传感器	268	有效水灰比	(135)
地方资源	42	压力表	268	有效预应力	278
地龙	42	压力隧洞	268	有效膨胀能	278
地仗	43	压水试验	269	有粘结预应力混凝土	278
地仗工程	43	压气盾构法	268	有粘结预应力筋	278

存货论	31			网络终点	(298)
存储论	31	[丨]		网络起点	(190)
灰土井墩托换	108	光面爆破	95	网格式盾构	253
灰土垫层	108	早爆	286	肉里槎	(275)
灰土桩	108	曲线极限最小半径	199		
灰板	(250)	吊斗	48,(154)	[丿]	
灰板条隔墙	107	吊机吊装法	48	年均雷暴日数	(177)
灰线	108	吊杆	48	年度固定资产投资计划	177
灰砌糙砖	108	吊顶工程	48	年雷暴日数	177
灰砂砖	108	吊顶龙骨	48	先行工作	260
灰砂桩托换	108	吊具	48	先行工序	(260)
灰背	107	吊挂支模	48	先行作业	(260)
灰背顶	107	吊柱	(30)	先行活动	(260)
灰饼	(11)	吊架	48	先张法	260
灰匙	(157)	吊桥	49,(266)	先拱后墙法	259,(10)
灰缝	107	吊桥锚碇	49	先挖底拱法	260,(274)
列车运行图	155	吊脚手架	48	先铺法	259
死封口	228	吊脚桩	48	先锋沟	259
成本加酬金合同	26	吊装准线	49	丢缝	51
成组立模	26	吊篮	49	竹木竿爆破法	300
成组立模工艺	26	因果分析预测法	274	竹脚手板	299
成组张拉	26	吸泥下沉沉井	258	竹脚手架	299
成洞折合系数	26	回归分析预测法	(274)	竹箦	300
成倍节拍流水	25	回头曲线	108	传力垫块	30
成膜养护剂	26	回转半径	109,(85)	传力墩	30,(235)
成熟度	26	回转式挖槽机	109	优化	276
夹垄	121	回转扣	(267)	优先股	276
夹垄灰	121	回粘	109	延发电雷管	270
夹具	121	回弹物	108	延伸填筑法	270
夹堂板	121	回弹率	108	仲裁法	299
夹渣	121	回填土	(240)	任务	202
轨节	(96)	刚性防水屋面	71	伤亡事故	208
轨枕盒	96	刚性骨架法	71	伤害程度	208
轨排	96	刚性基础	72	仰瓦灰梗屋面	271
轨排计算里程	96	网状树根桩	253	仿方砖地面	63
轨排拖拉	96	网络	(253)	仿古地面	63
轨排经济供应半径	96	网络计划	253	仿古建筑	63
轨排拼装基地	96	网络计划方法	253	仿假石	64
轨排换装站	96	网络计划技术	253	自由机动时间	(305)
轨道翻斗车	96	网络计划连接	(13)	自由收缩	305
轨道翻板车	96	网络图	253	自由时差	305
划缝	106	网络法	(253)	自由面	305

自由倾落高度	305	全预应力混凝土	200	冲筋	(11)
自由膨胀	305	全断面开挖法	200	冰壳防冻法	12
自由膨胀能	305	全断面分部开挖法	(2)	齐头墩接	188
自由膨胀率	305	全等节拍流水	(41)	齐檐脚手架	188
自动焊	304	合瓦	101	交付使用	128
自有发电设备	305	合瓦屋面	101	交钥匙承包	(124)
自行车隧道	304	合龙	101	交通隧道	128
自防水屋面	304	合作开发	101	交接班时间	128
自应力水泥	305	合作经营	101	交错混合组砌	128
自应力混凝土	304	合资经营	101	次发炸药	(186)
自应力混凝土管	305	企口板	189	次高级路面	31
自承式静压桩	304	企业	189	产流	20
自封式快速接头	304	企业内部资金	190	产量定额	20
自卸汽车	304	企业应收账款	190	决策	139
自流灌注	304	企业留利	189	决策支持系统	140
自粘防水卷材	305,(17)	企业资产变卖筹资	190	决策论	139
自落式扩散机理	(299)	企业筹资	189	决策系统	140
自落式搅拌	304	企业筹资机会	189	决策树法	139
自然养护	304	企业筹资规模	189	决策程序	139
自然浸渍	304	企业筹资策略	189	闭气	10
自碴场铺碴	304	创始人股	30	闭合回路	10
自凝灰浆	304	多斗一眠	57	闭胸盾构	10
向碴场铺碴	261	多孔混凝土	57	闭胸盾构开口比	10
后张自锚工艺	104	多卡模板	57	羊足碾	271
后张法	104	多目标决策	57	并图	13
后备基金	103	多立杆式脚手架	57	关键工作	92
后背	103	多头钻成槽机	57	关键节点	92
后浇柱帽节点	103	多机抬吊法	57	关键事件	(92)
后继工作	103	多向掏槽	58	关键线路	92
后继工序	(103)	多层导坑开挖法	56	关键线路法	92
后继作业	(103)	多层抹面水泥砂浆防水层	56	米兰法	168
后继活动	(103)	多戗堤截流	57	江米灰	127
后填法	104	多点顶推法	57	安全电压	1
行政诉讼法	264	多根钢丝镦头夹具	57	安全用电	2
行政法	264	多锚式板桩	57	安全网	2
全丁	199	色石子	(217)	安全色	1
全孔一次灌浆法	200			安全防护	1
全孔分段灌浆法	200	[丶]		安全间距	1
全现浇大模板	200	冲天	(152)	安全带	1
全轻混凝土	200	冲孔	28	安全标志	1
全段围堰法导流	199	冲沟	27	安全帽	1
全顺	200	冲剪	28	安全等级	1

安全跳闸	1	导管架	39	红外线养护	103
设计大纲	209	导管架型平台	39	红浆	(103)
设计文件	210	导管管内返水	39	纤维长径比	260
设计任务书	210	导管管内返浆	38	纤维混凝土	260
设计行车速度	(119)	导爆索	38	纤维增强水泥	260
设计交底	(244)	导爆索起爆法	38	纤维增强混凝土	260
设计阶段	209	导爆管起爆法	38	级差地租	117
设计评审	210	异节奏流水	(15)	级配砾石路面	117
设计委托书	210	阳榫	271		
设计变更通知书	(210)	收分	220	**七画**	
设计修改通知书	210	收分模板	220		
设计预算	(215)	阶梯榫	129	[一]	
设计概算	209	阴阳瓦	275,(101)		
设备吊装	209	阴阳瓦屋面	(101)	麦赛尔法	164
设备安装工程	208	阴纹线雕	275	玛琋脂	164,(153)
设备安装工程施工组织设计	209	阴榫	275	进尺	133
设备安装工程施工准备	208	防水工程	62	进度控制信息	133
设备安装竣工验收	209	防水灯具	62	进深	133
设备找正	209	防水层	62	进深哉	133
设备找平	209	防水卷材	62	远红外线养护法	285
设备试运转	209	防水砂浆防水层	62	运行极限位置限制器	285
设备信托债券	209	防水浆	62	运行阻力	286
		防水混凝土	62	运河隧道	285
[丿]		防火	62	运输能力	285
导火线	(39)	防火最小间距	62	运输道路布置	285
导火索	39	防汛	62	运筹学	285
导电夹具	38	防护手套	61	运碴	285
导向船	40	防护立网	61	扶脊木	(5)
导坑	39	防护栏杆	61	坛子炮	(271)
导坑支撑	39	防护面罩	61	技术合同法	119
导坑延伸测量	39	防护眼镜	62	技术设计	119
导板抓斗	38	防护棚	61	技术间歇	119
导峒	38	防雨棚	61	技术间歇时间	119
导洞	(39)	防雨器材	63	技术组织措施计划	119
导流	39	防洪	61	找中心法	289
导流设计流量	39	防锈漆	62	找平	289
导流隧洞	39	防辐射混凝土	61	找平层	289
导梁	39	防震沟	63	抄手榫	22
导梁法	39	防潮层	61	抄手榫墩接	22
导墙	40	防爆地面	(15)	抄平	22
导管作用半径	39	防爆安全距离	61	坝	3
导管法	38	红土浆	103	折线式隧道养护窑	290

折线式隧道窑	(290)	材料加热温度	16	串缝	30
折线张拉	290	材料运杂费	16	吹填法	30
折线窑	(290)	材料消耗定额	16	财产保险合同	16
折算荷载	290	杉槁	207	财产租赁合同	16
抓斗式挖槽机	301	极限力矩限制器	117		
抓铲作业	301	极限振动速度	117	[J]	
坍落度	236	极限剪切应力	(199)	钉道站	50
坍落度筒	236	豆瓣石	53	针梁法	290
均衡施工	140	两木搭	(202)	乱搭头	162
抛投材料	180	两侧弃土	154	利用方	153
抛掷爆破	180	两侧取土	154	体力劳动强度	239
抛撑	180	两端张拉	154	体积公式	239
投标报价	244	连机	153	体积图	239
投资包干责任制	244	连接器	153	体积减缩率	239
投资控制信息	244	连续闪光对焊	153	伸缩式支撑	211
坑式托换	144	连续墙导向沟	153	伸缩式平台架	210
坑底隆起	144	连墙杆	153	作业	(85)
坑道施工降温	144			作业时间	(85)
护角	104	[l]		作旧	309
护角石	104	步架	15	低级路面	41
护坡	104	时间成本优化	(84)	低松弛钢丝	41
护坡道	104	时间序列分析法	219	低松弛钢绞线	41
护板灰	104	时间定额	219	低流动性混凝土	41
护岸	104	时标网络计划	(219)	低温硬化混凝土	41
护栏	104	时标网络图	219	皂化松香	286
护脚	104	时段	219	皂液乳化沥青	286
护筒	104	时差	219	近期预测	133
护道	104	时效制度	219	返泵	60
护壁	(196)	里口木	152	坐车	310
护壁泥浆	104,(255)	里脚手架	152	坐车脚手架	310
壳体基础	197	里程表计算法	152	含水率	(98)
花灰	105	围岩压力施工效应	254	含水量	98
花岗石	105	围挡防护	254	岔脊	(196)
花饰工程	105	围脊	254	龟裂	141
劳动力平衡	149	围圈	254	龟裂掏槽	141
劳动力需用计划	149	围堰	254	狄威达格连接器	(134)
劳动生产率指标	149	围堰挡水时段	254	狄威达格锚具	(134)
劳动定额	149	围檩	(254)	角尺	129
劳动强度指数	149	足尺大样	306	角石	(104)
苏式彩画	228	足材	306	角科	129
材	16	困料	147	角模	129
材料平衡	16	串筒	30	条形基础	241

七画

条筋拉毛	241	弃碴	193	补挖	14
刨	6	间隔支模	121	补救性托换	14
刨锈	6	间隔装药	122	补偿收缩混凝土	14
迎门戗	(133)	间横杆	122	补偿收缩混凝土刚性防水屋面	14
系统	258	汰石子	(226)	补偿张拉	14
系统分析	258	沥青胶	153	补偿性基础	14
系统方法	258	沥青混凝土	153	补偿器	14
系统论	258	沥青橡胶防水嵌缝膏	153	补强灌浆	14
系统观	(258)	沥粉	153	初次压注	28
		沙干摆	205	初次衬砌	28
[丶]		沙城	205	初步设计	28
		沙滚子砖	205	初拉力	28
冻土机械法	52	汽胎碾	193	初始预应力	29,(288)
冻土护壁	(51)	汽套法	193	初凝	28
冻土挖掘	52	泛白	60	初凝时间	28
冻土深度	52	沟侧开挖	88		
冻土融化	52	沟端开挖	88	[一]	
冻土爆破法	51	沉井下沉	24	层间水	19
冻结法	51	沉井下沉除土	24	尾水隧洞	255
库存论	146,(31)	沉井法	24	局部气压盾构	136
应力传递长度	275	沉井承垫	24	局部网络计划	136
应力松弛	276	沉井封底	24	局部拆砌	136
应力波反射破坏理论	275	沉井浮运	24	局部浸渍	136
应力腐蚀	275	沉井基底处理	24	改性沥青柔性油毡	70
冷轧扭钢筋	151	沉井基础	24	改性沥青柔性油毡屋面	70
冷轧带肋钢筋	151	沉井填箱	24	张拉力	289
冷轧螺纹锚具	151	沉拔桩锤	(293)	张拉设备	289
冷拔低合金钢丝	150	沉埋法	24,(23)	张拉伸长值	289
冷拔低碳钢丝	150	沉管法	23	张拉控制应力	288
冷拔钢丝	150	沉管隧道	23	张拉梳丝板	289
冷拉时效	151	沉管隧道管段	24	张拉程序	288
冷拉钢丝	150	沉管摩阻力	23	陈伏	(218)
冷拉钢筋	150	沉管灌注桩	23	附息票债券	69
冷底子油	150	沉箱工作室	25	鸡窝囊	116
冷铆	151	沉箱刃脚	25	纯白灰	31
冷矫正	150	沉箱气闸	25	纯压灌浆法	31
冷铸镦头锚具	151	沉箱病	24	纯蒸汽养护	31,(257)
冷摊平瓦屋面	151	完成节点	(131)	纱隔	205
冷缝	150	完全浸渍	252	纵向水平杆	(33)
序列论	265	宽瓦	251	纵向出土开挖法	306
弃土	193	证券质押信托债券	295	纵向围堰	306
弃土堆	193	评标	186	纵向拖拉法	306
弃方	193				

纵向推土开挖	306	拍口枋	179	坡道	(262)
驳岸	14	拍谱子	179	披刀灰砌筑法	(164)
驳船	14	顶入法	(50)	披麻捉灰	183
纸筋石灰	297	顶升法	50	拨道	13
纸筋灰	297	顶石	(49)	择砌	286
		顶承式静压桩	49	抬梁式构架	236
		顶柱	50	其他工程费用概算书	189
		顶部掏槽	49	取向系数	199
		顶推程序	50	苯乙烯涂料面层	10
		顶推装置	50	苫背	207

八画

[一]

环向预应力	106	顶锻压力	50	英国法	276
环形路线	106	顶锻速度	50	直井	(220)
环氧树脂面层	107	顶锻留量	50	直角扣件	296
青灰屋面	198	顶管法	50	直角撑	296
青浆	198	顶撑	49	直线掏槽	296,(141)
现场踏勘	260	拆安	19	直眼掏槽	296
现浇衬砌	(294)	拆安归位	19	直槎	296
现浇混凝土	260	拆砌	20	直缝	(30)
现浇模板	260	拆除爆破	19	杯形基础	9
表上计算法	12	拆模时间	20	析白	258
表上作业法	12	抵押	42	析盐	258
表压力	12,(261)	抵押债券	42	板瓦	4
表观粘度	12	抱柱	6	板式基础	4
表层地基加固法	12	抱框	(6)	板材	3
表算法	(12)	拉毛灰	148	板材隔墙	4
规方	95	拉合千斤顶	147	板桩支撑	4
规范	95	拉杆式千斤顶	147	松动爆破	228
规定工期	95	拉条灰	148	构件分节吊装法	89
抹子	171	拉结丁砖	147	构件平运	89
抹灰工程	171	拉结石	148	构件平放	89
抹灰中层	171	拉结条	(148)	构件立运	89
抹灰层	171	拉结筋	148	构件立放	89
抹灰底层	171	拉铲作业	147	构件加固	89
抹灰面层	171	拉模	148	构件对位	89
抹角	171	拉槽	147	构件自防水屋面	(304)
抹角梁	171,(32)	拌和固结法	5	构件临时固定	89
拔丝机	3,(77)	抿子	169	构件绑扎	88
抽拔模板	28,(114)	坡口	186	构件校正	89
拖车	(91)	坡口切割	186	构件落位	89
拖车头	(194)	坡顶	186	构件最后固定	90
拖拉托轨	250	坡度尺	186	构件就位	89
拖轮	250	坡脚	186	构件叠放	88

枕木盒	(96)	易密性	274	侧壁导坑法	18,(40)
枕木槽	291	昂	2	货物运输合同	115
画镜线	(91)	固定节拍流水	(41)	依次施工	273
卧缝	(225)	固定式脚手架	91	质量	297
事件	(130)	固定底座	90	质量方针	297
事故类别	219	固定总价合同	91	质量计划	297
刺点	31	固定模板	90	质量体系	297
雨季施工	278	固结法	91	质量体系评审	297
雨季施工增加费	278	固结灌浆	91	质量环	297
雨季起止时间	278	固壁泥浆	(255)	质量审核	297
矿山地租	146	岩石可凿性	270	质量保证	297
矿山法	146	岩石坚固性系数	270	质量监督	297
矿车	146	岩石炸药	(2)	质量控制	297
矿物外掺料	(146)	岩爆	270	质量控制信息	297
矿物掺合料	146	罗锅椽	162	质量管理	297
矿物混合材	147,(146)	购售合同	90	爬杆	179,(194)
垄断地租	159	图上计算法	244	爬道	179
斩砍见木	288	图示评审技术	244	爬模	179
斩假石	288	图纸会审	244	径向张拉法	135
软天花	203	图例	244	径流	135
软基加固	203	图算法	(244)	金龙和玺	132
				金刚戗脊	(196)
[丨]		[丿]		金线苏画	132
非水硬性胶凝材料	(193)	钓鱼法	49	金柱	132
非主要矛盾线	(64)	垂直灰缝	30	金砖	133
非关键线路	64	垂直运输	31	金琢墨苏画	133
非肯定型网络	64	垂柱	(30)	金属瓦屋面	132
非参与优先股	64	垂莲柱	30	金属饰面	132
非线性规划	64	垂脊	30	金属波纹管	132
非累积优先股	64	物料自然休止角	258	金属装饰板吊顶	132
非确定型决策	64	物料自然安息角	(258)	刹尖	(115)
肯定型网络	144	物料起拱	258	刹肩	(196)
国土规划	97	和合窗	101	刹背	(196)
明式排水	169	和易性	101,(85)	斧子	69
明沟排水	169	和玺彩画	101	斧刃砖	69
明挖回填法	(116)	供用电合同	86	采土场	16
明挖法	169	例行保养	153	乳化沥青	203
明洞	169	侧吸法真空脱水	18	乳化炸药	203
明洞施工方法	169	侧向开挖	18	乳胶漆	203
明排水法	(117)	侧向托换	18,(279)	乳液厚质涂料	203
明渠导流	169	侧砖	18	乳液涂料	203
易抹性	274	侧面掏槽	18	戗脊	195

胀接	289	单机起吊法	36	油毡	277,(62)
胀管	289	单价合同	36	油热养护	277
股东认购优先发行	90	单价表	36,(37)	油膏嵌缝涂料屋面	(304)
股票	90	单向开挖法	37	油漆	(245)
周边炮眼	299	单向掏槽	37	油漆工程	277,(245)
周边爆破	299	单色断白	37	沿线设施	270
剁斧	58	单阶式工艺流程	36	泡沫剂	180
剁斧石	(288)	单时估计法	37	泡沫混凝土	180
鱼鳞状填土法	(55)	单位工程	37	注浆法	300
饰面工程	219	单位工程施工进度计划	37	泌水	168
饰面模板	220	单位工程施工组织设计	37	泌水率	168
饱和蒸汽	6	单位工程概预算书	37	泌水管	168
饱和蒸汽压	6	单位时间增加费用	(64)	泥刀	(251)
饱和蒸汽温度	6	单位估价汇总表	37	泥土加压式盾构	(249)
		单位估价表	37	泥水加压盾构	177
[丶]		单位耗药量	37	泥石流	177
变压器级次	11	单纯债券	36	泥浆反循环挖槽	176
底孔导流	42	单披灰	37	泥浆正循环挖槽	177
底部掏槽	42	单戗堤截流	37	泥浆固壁	177
废弃工程	64	单点顶推法	36	泥浆润滑套下沉沉井	177
净水灰比	135	单独基础	(53)	波形瓦屋面	13
净浆裹石法	135	单根钢绞线连接器	36	波形夹具	13
净浆裹砂石法	135	单根钢绞线锚具	36	泼灰	186
盲沟排水	165	单根钢筋镦头夹具	36	泼浆灰	186
刻痕机	144	单排柱子腿戗脚手架	36	宝顶	6
刻痕钢丝	143	单排脚手架	36	定向中心	51
闸挡板	287	单控冷拉	36,(145)	定向爆破	50
闸室	287	单锚式板桩	36	定位开挖	50
闸墙	287	炉渣垫层	160	定位放线	50
券胎满堂脚手架	266	浅水拖航	195	定金	50
券洞脚手架	266	浅孔液压爆破	195	定性预测	51
卷扬道	139	浅孔爆破	195	定标	50
卷杀	139	浅层地基加固法	(12)	定期保养	50
卷材	(62)	浅层钻孔沉桩	195	定量预测	50
卷材防水层	139	浅埋隧道	195	定额	50
卷材防水屋面	139	法人	59	官式古建筑	86
卷管机	139	法孔	(114)	空气吸泥机	145
单口平均月成洞	36	泄水隧洞	263	空气冲击波安全距离	144
单元墙段	(196)	泄洪隧洞	263	空气帘沉井	144
单元槽段	38	河曲线隧道	101,(207)	空斗墙	144
单代号网络图	36	油灰	277	空间曲线束	144
单立杆挂置桥架	(223)	油画活脚手架	277	空炮眼	144

八画

空眼	(144)	建筑工程预算定额	125	线性规划	260
空鼓	144	建筑工程概算定额	125	线路	260
空缝	144	建筑工程概算指标	125	线路时差	260
实方	219	建筑平面图	(184)	线膨胀	260
房地产	63	建筑业	126	组立	(74)
房地产公司	63	建筑市场	126	组合	306
房地产业	63	建筑地段地租	125	组合式操作平台	307
房地产市场	63	建筑企业	125	组合安装法	306
房地产市场主体	63	建筑企业筹资	125	组合钢模板	307
房地产市场运行规则	63	建筑产品价格	125	组码	307
房地产市场信号	63	建筑设计	126	组织关系	307
房地产市场客体	63	建筑材料需用计划	125	组织联系	(307)
房地产估价	63	建筑施工	126	组砌型式	307
房屋纠偏	63	建筑施工组织	126	细石混凝土刚性防水屋面	259
衬板法	25	建筑施工准备	126	细称	(134)
衬砌止水板	25	建筑剖面图	(186)	细料石	259
衬砌夹层防水层	25	刷纹	221	细望砖	259
衬砌径向缝	25	刷帮	(208)	细淌白	259
衬砌砌块	25	刷浆工程	221	细腻子	259
衬砌背后回填	25	屈服应力	(199)	细墁地面	259
衬砌模板台车	25	屈服值	199	终点节点	298
衬砌管片	25	弥缝	168	终凝	299
视距	220	承力架	26	终凝时间	299
视粘度	220,(12)	承包方	26	经济合同	133
		承重销	27	经济合同公证	134
[ᄀ]		承重销节点	27	经济合同仲裁	134
建设工程承包合同	123	承诺	27	经济合同担保	133
建设工程项目总承包	123	承插式台座	26	经济合同法	134
建设工程施工合同	123	承插式钢管脚手架	26	经济合同鉴证	134
建设工程勘察设计合同	123	降水掏土纠偏	127	经济合同管理	134
建设全过程承包	(124)	降雨径流	127	经济合同履行	134
建设项目	125	降雨量	128	经济运距	134
建设监理	124	降雨等级	127	经济诉讼	134
建设监理制	124	降雪量	127	经济责任制	134
建设监理委托合同	124	降模	127	经济法	133
建设监理服务费用	124	限制收缩	260	经济信息	134
建设监理信息	124	限制膨胀	260	经济盈余论	134
建设监理信息管理	124	限制膨胀率	260	贯入阻力法	93
建设监理管理信息系统	124	限额领料	260	贯通	94
建设程序	123	参与优先股	17		
建筑工程价格	125	线收缩	260		
建筑工程安全网	125	线杆子	(183)		

九画

[一]

词条	页码
帮条锚具	5
帮脊木	5
帮眼	(299)
玻璃工程	13
玻璃纤维墙布	14
玻璃扶手	13
玻璃饰面	13
玻璃栏板	(13)
玻璃栏河	13
玻璃隔断	13
玻璃隔墙	13
玻璃幕墙	13
型钢矫正机	264
挂车	91
挂甲	91
挂线	91
挂钩砖	(87)
挂脚手架	91
挂落	91
挂镜线	91
挂篮	91
封孔蓄水	68
封底	68
封端墙	68
封檐板	68
拱	86
拱上建筑	88
拱心石	(86)
拱石	88
拱石楔块	(88)
拱壳空心砖	86
拱块砌缝	87
拱顶石	86
拱带	(254)
拱冠梁法	86,(276)
拱架	86
拱桥转体施工	87
拱桥悬砌法	87
拱桥悬臂拼装法	87
拱桥悬臂施工法	87
拱桥悬臂浇筑法	87
拱桥塔架斜拉索架设法	(234)
拱圈支持法	(10)
拱圈托梁	88
拱圈合龙	87
拱圈封顶	87
拱圈混凝土浇筑	88
拱涵	86
项目	261
项目作业层	261
项目法施工	261
项目建议书	261
城市规划	27
城市总体规划	27
城市基础设施	27
城砖	27
挠度式钢丝应力测定仪	175
政府专业建设管理部门	295
政府建设主管部门	295
政府建设监督管理	295
政府部门	295
挡脚板	38
拽架	301
挑架	241
挑脚手架	241
挑筋石	241
挑檐脚手架	241
垛头板	(244)
指令标志	297
指向导坑	297
垫层	48
垫板	48
垫铁	48
挤压式盾构	118
挤压式锚具	118
挤压法	118
挤压衬砌	118
挤压涂层工艺	118
挤压混凝土强度提高系数	118
挤压爆破	118
挤浆法	(187)
挤淤法	118
挤密法	118
拼花木板面层	183
拼装楼板	184
挖土通道	251
挖马口	251
挖方边坡	250
挖补	250
挖底支撑	250
挖掘机	251
挖掘机作业	251
挖槽机	250
带刀缝砌	35
带式运输机	35
草土围堰	18
草纸灰	(297)
荞麦棱	196
药室	271
药壶爆破法	271
标志	11
标志板	11
标底	11
标准图	11
标准贯入试验	11
标准养护	12
标棍	11
标筋	11
栈桥法浇注	288
枯水位	146
枯水期	146
相对压力	261
相对标高	261
相对湿度	261
相当梁法	(41)
相似法则	261
相关时差	261
柱子布置	301
柱生起	300
柱头科	300
柱侧脚	300

栏杆	148	耐火度	175	临界时间	155
树根桩	220	耐火混凝土	175	临界初始结构强度	155
树脂混凝土	220	耐热混凝土	175	临界费用	155
要约	272	耍头	221	竖井	220
要径法	(92)	牵引汽车	194	竖井联系测量	220
砖	302	牵引敷设法	194	竖曲线	221
砖刀	(251)	牵杠	(33)	竖曲线长度	221
砖石衬砌	302	残余抗压强度	17	竖向开挖法	221
砖块体刚性防水屋面	302	轻细集料	(198)	竖向规划	221
砖柱墩接	302	轻型井点	199	竖向预应力	221
砖面水	302	轻型钢结构	198	竖向灌浆	221
砖笼	302	轻砂	198	竖杆	(152)
砖筒拱	302	轻钢龙骨吊顶	198	竖砌层	221
砖雕	302	轻便轨路	198	竖斜砌层	221
砌刀	(251)	轻粗集料	198	竖缝	(30)
砌石工程	193	轻混凝土	198	削割瓦	261
砌块	193	轻集料	198	冒顶	167
砌块排列图	193	轻集料混凝土	198	界	132
砌体工程	193			咬边	(271)
砌体桥涵施工	194	[丨]		咬肉	271
砌筑方式	(307)	战略性信息	288	咬色	271
砌筑程序	194	点火材料	44	咬底	271
砂土路面	206	点焊	44,(47),(129)	峒室爆破	52
砂包砌法	(167)	点焊电极压力	44	贴金	241
砂轮锯	206	点焊机	44	贴脸	242
砂垫层	205	点焊通电时间	44	贴脸板	(167)
砂轻混凝土	206	点焊焊接电流	44	贴雕	241
砂桩	206	点燃冲能	45	骨架斜拉施工法	90
砂桩挤密	206	点燃起始能	(45)		
砂砾地基灌浆	206	临时干坞	155	[丿]	
砂浆	206	临时支护	(156)	钙塑门窗	70
砂浆分层度	206	临时支撑	156	钢门窗	79
砂浆保水性	206	临时拦洪断面	156	钢木大门	79
砂浆流动性	206	临时供水计划	156	钢木脚手板	79
砂浆流动度	206	临时供电计划	155	钢边橡胶止水带	72
砂浆稠度	206	临时通信	156	钢丝网水泥模板	79
砂箱放张法	206	临时道路	155	钢丝束连接器	79
泵压法	10	临时墩	155	钢丝应力测定仪	79
泵送混凝土	10	临空面	(305)	钢丝绳	79
砍净挠白	142	临界长径比	155	钢丝等长下料	79
面层	168	临界纤维长度	155	钢丝镦头	79
面阔	168	临界纤维体积	155	钢材下料公差	72

钢材可焊性	72	钢筋抗拉强度	77	卸架程序	263
钢材边缘加工	72	钢筋伸长率	78	卸碴列车	263
钢材应力松弛损失	72	钢筋冷拔	77	缸砖面层	80
钢板出碴	72	钢筋冷拔机	77	矩阵计算法	137
钢板结构	72	钢筋冷拔总压缩率	77	选择性招标	267
钢板桩	72	钢筋冷拉	77	种植屋面	(299)
钢板桩围堰	72	钢筋冷拉机	78	种植隔热刚性防水屋面	299
钢钎校正法	79	钢筋冷弯	78	重力式锚碇	299
钢质锥形锚具	80	钢筋屈服点	78	重力扩散机理	299
钢弦混凝土	80	钢筋挤压接头	77	重复振捣	27,(58)
钢拱支撑	73	钢筋标准强度	75	重混凝土	299
钢带提升法	73	钢筋轴	(194)	重锤夯实	299
钢结构	73	钢筋保护层	75	重叠支模	27
钢结构工厂拼装	74	钢筋弯曲机	78	复式网路起爆法	(154)
钢结构工程	74	钢筋弯曲成型	78	复式搅拌系统	69
钢结构下料	74	钢筋弯箍机	78	复合式衬砌	69
钢结构材料	73	钢筋除锈	75	复合地基	69
钢结构连接	74	钢筋绑扎	75	复合多色深压花纸质壁纸	69
钢结构放样	74	钢筋绑扎接头	75	贷款前可行性研究	35
钢结构退火	74	钢筋调直器	76	顺水杆	(33)
钢结构样杆	75	钢筋脚手板	77	顺石	227
钢结构样板	75	钢筋剪切机	77,(78)	顺杆	227
钢绞线	73	钢筋焊接	76	顺杆间距	227
钢绞线束连接器	73	钢筋混凝土工程	77	顺序码	227
钢索测力器	80	钢筋混凝土板桩	76	顺序拼装法	227
钢索锚头	80	钢筋混凝土板桩围堰	76	顺层组砌	227
钢屑水泥面层	80	钢筋混凝土挂瓦板平瓦屋面	76	顺砖	227
钢排	79	钢筋混凝土重力式平台	77	顺砌层	227
钢筋	75	钢筋搭接长度	75	保护接地	6
钢筋力学性能	78	钢筋等面积代换	75	保护接零	6
钢筋工程	76	钢筋等强代换	76	保证	6
钢筋下料长度	79	钢筋强度	78	保湿养护	6
钢筋井字架	77	钢筋锚固长度	78	保温层	6
钢筋切断	78	钢筋锥螺纹接头	79	信息	264
钢筋切断机	78	钢筋镦头	76	信息论	264
钢筋电热伸长值	76	钢筋镦头机械	76	信息流	264
钢筋电焊焊接设备	76	钢窗安装	73	追踪	(82)
钢筋代换	75	钢管抽芯法	73	盾尾	56
钢筋机械连接	77	钢管桩	73	盾尾间隙	56
钢筋延伸率	(78)	钢管脚手架	73	盾尾密封装置	56
钢筋负温焊接	76	卸土回转角	264	盾构	56
钢筋设计强度	78	卸架设备	263	盾构千斤顶	56

盾构纠偏	56	施工组织设计	216	炮眼	180
盾构灵敏度	56	施工组织总设计	216	炮眼利用率	180
盾构拆卸室	56	施工项目	215	炮眼法	(195)
盾构法	56	施工标高	213	炮棍	180
盾构拼装室	56	施工段	214	洪水	103
须弥座	265	施工便线	213	洪水位	103
盆式提升	182	施工顺序	215	洒毛灰	203
胎模	235	施工总平面图	216	洞口开挖	52
狮龙防水胶	213	施工总进度计划	216	洞口投点	52
独立时差	53	施工测量	213	洞内控制测量	52
独立基础	53	施工桩	215	洞外控制测量	52
独脚桅子	(53)	施工流向	214	测力环	18
独脚桅杆	53	施工调度	213	测量师	18
		施工预算	215	测量师行	19
		施工排水	214	测量放线	18

[丶]

弯头	252	施工控制测量	214	洗石米	(226)
弯曲调整值	252,(154)	施工程序	213	活动	(85)
弯道加宽	252	施工缝	214	活动式装配吊顶	115
弯道超高	252	养护池	271	活动桩顶法	115
弯管	252	养护坑	271	活动模板	114
度时积	(26)	养护纸养护	271	活动模板吊架	(91)
施工水域	215	养护室	271	活动模架施工	114
施工方案	214	美人靠	167	活封口	115
施工机具需用计划	214	前卡式千斤顶	195	洽商	(210)
施工机械平衡	214	前檐	195	洛氏硬度	163
施工机械使用费	214	逆作法	(177)	洛阳铲	163
施工企业决策层	215	逆筑法	177	举重臂	137
施工企业管理层	215	总水灰比	306	举架	137
施工安全	213	总机动时间	(306)	举高	136
施工安全监督机构	213	总网络计划	306	举高总高	136
施工导流	213	总时差	306	穿斗式构架	29
施工里程	214	总热阻	306	穿心式千斤顶	29
施工条件调查	215	总概预算书	306	穿束	29
施工层	213	总概算	306	穿束机	29
施工现场准备	215	炸药氧平衡	287	穿束网套	29
施工拦洪水位	214	炸药敏感度	287	穿巷式架桥机安装法	29,(222)
施工拦洪标准	214	炸药摩擦感度	287	扁千斤顶	11
施工图	215	炸药爆轰	287	扁光	11
施工图设计	215	炸药爆炸性能	287		

[乛]

施工图预算	215	炮孔间距	180	退槎	(262)
施工周期	215	炮孔深度	180	屋面吊	(235)
施工定额	214	炮泥	180		

屋面防水	256	素灰	229	起爆药	190
屋架布置	256	振动水冲法	292	盐析	270
屋架扶直	256	振动加速度	291	捏嘴	178
屋架校正器	256	振动压实	292	埋入式钢拱架	(71)
费用增率	64	振动压实法	292	埋弧压力焊	164
陡槽	53	振动有效作用半径	293	埋管盲沟	164
架板	(129)	振动有效作用深度	293	捉节	303
架空隔热刚性屋面	121	振动延续时间	292	换土垫层法	107
架桥机	121	振动沉桩	291	换埋式台座	107
架桥设备	121	振动制度	293	换装站供应距离	107
柔性防水屋面	202	振动活化	291	热介质定向循环	201
柔性基础	203	振动捣实	291	热处理钢筋	201
柔性管法	202	振动桩锤	293	热加固托换	201
结合层	131	振动速度	292	热拌混凝土	201
结束节点	131	振动烈度	292	热养护	201
结构安装工程	130	振动密实成型	292	热养护损失	202
结构安装工程施工组织设计	131	振动搅拌	291	热铆	201
结构安装工程施工准备	131	振动频率	292	热能感度	201
结构设计	131	振动模压法	292	热矫正	201
结构表面系数	131	振动碾	292	热铸镦头锚具	202
结构架设工程	(131)	振冲法	291,(292)	热震稳定性	202
结点	(130)	振冲器	291	热膨胀	201
绕丝机	201	振幅	293	莲草和玺	153
绕丝预应力	201	振频式钢丝应力测定仪	293	荷花柱	(30)
绝对地租	140	起升高度	190	荷重软化温度	102
绝对压力	140	起皮	190	真空处理制度	290
绝对标高	140	起泡	190	真空加压浸渍	290
绝对高程	(140)	起泡剂	190,(180)	真空吸水装置	291
绝脊	(6)	起始节点	(190)	真空吸垫	291
绝缘手套	140	起砂	190	真空吸盘	291
绞车道	(139)	起点节点	190	真空传播深度	290
统筹图	(253)	起重力矩	191	真空度	290
统筹法	243	起重机	191	真空浸渍	290
		起重机安全防护装置	191	真空预压法	291
		起重机参数	191	真空脱水有效系数	291
		起重吊运指挥信号	191	真空脱水密实	291
		起重高度	(190)	真空混凝土	290
		起重船	(68)	真空腔	290
		起重量	191	真空搬运	290
耕缝	82	起道	190	框架组合式脚手架	147
栔	193	起雾	191	桐油渣废橡胶沥青防水油膏	243
珠光砂	(183)	起爆方法	190	栱眼	88
素土垫层	229				

十画

[一]

桥上线型	197	[丨]		铁路施工复测	242
桥头引道	197			铁路施工调查	242
桥式脚手架	197	柴油桩锤	20	铁路通过能力	242
桥式隧道	197	桌模	304,(64)	铁路隧道	242
桥板	(164)	监理	122	铆钉	166
桥涵	196	监理工程师	122	铆钉连接	167
桥涵施工测量	197	监理工程师注册	122	铆钉缺陷	167
桥涵跨径	196	监理工程师素质	122	铆接允许偏差	167
桥梁净空	197	监理工程师资格考试	122	缺陷	200
桥塔	(234)	监理单位	122	特效防水堵漏涂料	238
桁式吊悬拼施工	102	监理单位资质	122	造壳法	286,(225)
桁架支模	102	紧方	133	造壳混凝土	286,(311)
桁架拱桥	102	紧后工作	133	透风系数	244
栓流	(203)	紧后工序	(133)	透尺	(236)
桃花浆	237	紧后作业	(133)	透底	244
桅杆抬吊法	254	紧后活动	(133)	透活	244
桩式托换	302	紧前工作	133	透雕	244
桩架	302	紧前工序	(133)	债券可行性研究	288
桩基	302	紧前作业	(133)	借土	132
桩锤	302	紧前活动	(133)	借土坑	(160)
核心支持法	101,(40)	眠砖	168	借款合同	132
样棒	(183)	剔凿挖补	238	倾注法	199
索塔	234	晕色	286	倒支	(238)
索道运输	233	圆身	284	倒升	40
索鞍	233	圆套筒三片式夹具	284	倒退报警装置	40
索鞍预偏量	233			倒铺式屋面	(40)
配料	181,(284)	[丿]		倒置式卷材防水屋面	40
配筋图	180	钻孔	307	倒置式屋面	(40)
配碴整形机	(187)	钻孔布置图	307	射流泵	210
砸花锤	286	钻孔台车	308	航运隧道	(285)
破坏药	186	钻孔机	308	胶合板	128
破圈法	186	钻孔锤击沉桩	307	胶合板模板	128
原木	284	钻孔灌注桩	307	胶结料	128,(128)
原材料计量	284	钻打法	(195)	胶管抽芯法	128
原材料贮存	284	钻抓法	308	胶凝材料	128
原浆勾缝	284	钻探法	308	留晕	157
套管灌浆法	238	钻爆法	307	留置权	157
套箱围堰	238	钻爆参数	307	留碴爆破	(118)
逐段就位施工法	300,(227)	铁活加固	242	皱纹	299
殉爆	267	铁路运输	242		
殉爆距离	267	铁路运输能力	242	[丶]	
		铁路施工方案	242	浆状炸药	127

浆砌块石	127	粉尘量	67	浮式起重机	68
浆砌拱圈	127	粉体喷射搅拌法	67	浮吊	(68)
浆液升涨高度	127	粉刷工程	(171)	浮运吊装法	68,(69)
浆液扩散半径	127	粉煤灰防水混凝土	67	浮运沉井定位	(68)
高处作业	80	粉煤灰砖	67	浮运沉井落床	68
高压油管	81	料石	154	浮运沉井就位	68
高压釜	81	料石砌体	155	浮运架桥法	69
高压蒸汽养护	82	料石清水墙	155	浮运落架法	69
高级抹灰	81	料位指示器	155	浮运落梁法	(69)
高级路面	81	料浆稠化过程	154	浮基础	68,(14)
高层建筑钢结构	80	料罐	154	流水计划工期	(157)
高空拼装法	81	烘干强度	103	流水节拍	157
高空散装法	81	烘炉	103	流水网络计划	157
高速公路	81	烘烤制度	103	流水传送法	157
高能燃烧剂	81	烘烤法	103	流水块	157
高温抗压强度	81	烧后抗压强度	208	流水步距	157
高强钢丝	(237)	烧穿	208	流水作业法	158
高强螺栓连接	81	烟子浆	270	流水线法	158
高强螺栓紧固设备	81	递送法	44	流水段法	157
高频焊	81	涉外经济合同法	210	流水施工	157
座浆砌筑法	(236)	消防	262	流水施工工期	157
脊	119	消除应力钢丝	(129)	流化剂	157
离心时间	151	海拔高度	(140)	流动性	157
离心制度	152	海底管线	98	流动性混凝土	157
离心速度	151	海洋土木工程	98	流动度	157
离心脱水密实成型	152	海墁地面	98	流坠	158
离心混凝土内分层	151	海墁苏画	98	流态混凝土	158
离心混凝土外分层	151	涂包成型工艺	244	流砂	157
离析	151	涂料	245	流锥时间	158
离壁式衬砌	151	涂料工程	245	浸渍	133
资本还原利率	304	涂料肝化	245	浸填率	133
资源	304	涂料刷涂	245	宽㘰堤截流	146
资源优化	304	涂料面层	245	宾汉姆体	12
站后配套工程	288	涂料桥接性	245	宾汉姆模型	12
站杆	(152)	涂料涂刷性	245	朗肯土压力理论	149
剖面图	186	涂料流平性	245	扇形支撑	207
竞争性决策	136	涂料喷涂	245	扇形掏槽	207
竞赛论	(55)	涂料滚涂	245	被动土压力	9
部分预应力混凝土	15	涂料凝结	245	调合漆	241
瓶颈	(233)	涂料爆聚	245	调色样板	241
粉化	67	涂膜防水屋面	245	调伸长度	241
粉尘度	67	浮式沉井	68	调质钢筋	(201)

调径装置	241	预应力筋孔道	283	堵抹燕窝	53
调整	241	预应力筋放张	283	描缝	168
		预应力筋效率系数	283	排山脚手架	179
[丿]		预应力筋-锚具组装件	283	排木	(262)
陶瓷饰面	237	预应力滑动台面	280	排水沟	179
陶瓷锦砖面层	237	预应力锚杆	283	排水固结法	180
通用设备安装工艺	243	预应力螺栓连接	(81)	排气孔	179
通进深	243	预拌净浆法	279	排气屋面	179
通线法	243	预拌砂浆法	279	排序问题	(265)
通面阔	243	预拌混凝土	278	推土机	249
通道断面样板	242	预制水磨石面层	284	推土机开挖路堑	249
通缝	243	预制构件平衡	284	推土机作业	250
能量代谢率	176	预制预应力混凝土薄板	284	推土机填筑路堤	249
预压排水固结	280	预制混凝土	284	推举法设备吊装	249
预防性托换	279	预制管段沉理法	(23)	堆石人工撬砌	54
预应力连续梁桥顶推安装	283	预贴面砖模板	280	堆石高层端进抛筑法	54
预应力轻集料混凝土	284	预养	280	堆石薄层碾压法	54
预应力钢材	280	预测	279	堆码间距	54
预应力钢材下料长度	280	预埋花管法	279	堆码高度	54
预应力钢材应力-应变曲线	280	预埋套管法	279	堆载加压纠偏	55
预应力钢结构	280	预热闪光对焊	279	堆载预压法	55
预应力度	280	预留车站岔位	279	堆填法	54
预应力损失	284	预留沉落量	279	掏土纠偏	237
预应力混凝土	280	预裂爆破	279	掏槽	237
预应力混凝土工程	281	预填集料混凝土	280,(268)	掏槽炮眼	237
预应力混凝土电杆	281	预算包干	279	接头抗拉强度	130
预应力混凝土电视塔	281	验工计价	270	接头极限应变	130
预应力混凝土压力管	282	验收批量	271	接头残余变形	130
预应力混凝土轨枕	282	验收函数	271	接头管	130,(234)
预应力混凝土刚性防水屋面	281	验收界限	271	接头箱	130
预应力混凝土安全壳	281	验槽	270	接受提议	(27)
预应力混凝土芯棒	282	继爆管	119	接面冲刷	130
预应力混凝土空心板叠合板	282			接触点焊	129
预应力混凝土桥悬臂拼装	282	十一画		接触焊	130
预应力混凝土桥悬臂浇筑	282			接缝灌浆	130
预应力混凝土桩	282			控制应力法	145
预应力混凝土跑道	282	[一]		控制冷拉率法	145
预应力混凝土筒仓	282	琉璃瓦	158	控制桩	146
预应力混凝土叠合构件	281	琉璃瓦屋面	158	控制爆破	145
预应力混凝土叠合梁	281	琉璃剪边	158	探头板	236
预应力混凝土薄板叠合板	281	琉璃聚锦	158	探坑	236
预应力筋	283	堵口	53	掘进	140

十一画

掘进千斤顶	140	虚箭线	265	做缝	310
掘进机法	140	常压蒸汽养护	22	袋装砂井	35
掘探法	140	悬吊法	265	袋装砂井排水法	35
掺灰泥	20	悬砌板拱	266	袋装叠置法	35
掺盐砂浆法	20	悬索	266,(300)	停机点	242
职工奖励基金	296	悬索结构	266	停泥城砖	242
基土	117	悬索起重机	(148)	停泥滚子砖	242
基坑开挖	116	悬索桥	266	停点	(242)
基坑法	116	悬接	266	偏心夹具	183
基坑排水	117	悬臂连续法	265	假柱头	(30)
基材	116	悬臂桅杆	(51)	假面砖	121
基材干燥	116	蛇穴爆破	(271)	盘道	(262)
基材真空抽气	116	累积优先股	150	船形脚手架	30
基准点	117	逻辑关系	162	斜井	263
勘察设计	142	帷幕灌浆	254	斜引道	(275)
菱角脚手架	156	崩秧	10	斜向推填法	263
菱苦土面层	156	崩落眼	(69)	斜杆	263
勒脚	150			斜层铺填法	262
勒望	150	[丿]		斜张桥	263
黄灰	107	铝合金门窗	162	斜拉杆	263
黄线苏画	107	铝合金龙骨吊顶	162	斜拉桥	263
梅花丁	167	铝合金结构	161	斜眼掏槽	263
检验	122	铝合金模板	162,(301)	斜道	262
梳齿导流	220	铝箔塑胶油毡	161	斜缆式吊桥	263
梯式里脚手架	238	铲运机	20	斜楂	262
梯恩梯炸药	238	铲运机开挖路堑	21	斜缝	263
梭车	(233)	铲运机分段填筑	21	彩色三元乙丙复合防水卷材	17
梭式矿车	233	铲运机运行路线	21	彩色压型钢板屋面	17
梭槽漏斗	233	铲运机作业	21	彩色瓷粒	(17)
硅化加固法	96	铲运机作业循环时间	21	彩板屋面	(17)
硅化灌浆	96	铲运机填筑路堤	21	彩画	16
硅酸钠五矾防水胶泥	96	铵油炸药	2	彩砂	17
辅助坑道	69	铵梯炸药	2	彩砂面聚酯胎弹性体油毡	17
辅助炮眼	69	银行贷款	275	脚手板	129
堑壕法	195	银行贷款筹资	275	脚手板防滑条	129
		矫直回火钢丝	129	脚手架	129
[丨]		移动支架式安装	273	脚手架工程	129
虚工作	265	移动式脚手架	273	脚手架步距	(33)
虚工序	(265)	移动悬吊模架施工	273	脱水率	250
虚作业	(265)	移动脚手架施工法	273,(39)	猛度	167
虚活动	(265)	笼网围堰	159		
虚箭杆	(265)	第三方	44	[丶]	
				减水剂防水混凝土	122

减柱造	122	焊接接头	99	混凝土围堰	113
毫秒爆破	(253)	焊接裂纹	100	混凝土拌合物	110
麻刀石灰	164	焊缝	98	混凝土拌合物流动性保持指标	110
麻刀灰	164	焊缝内部缺陷	99	混凝土拌合物流变性能	110
麻刀油灰	164	焊缝未填满	99	混凝土拌合物液化	110
麻面	164	焊缝凸起	99	混凝土拌制	110
商品混凝土	208,(278)	焊缝外部缺陷	99	混凝土制备	(110)
旋子彩画	267	焊瘤	100	混凝土侧压力	110
旋转扣件	267	清水固壁	199	混凝土质量生产控制	114
旋转法	267	清水墙	199	混凝土质量合格控制	114
旋喷法	266	清孔	199	混凝土质量初步控制	114
望板	253	清漆	199	混凝土质量验收	(114)
望砖	253	淋灰	156	混凝土质量控制	114
粘土空心砖	178	渐次拼装法	126,(227)	混凝土质量管理图	114
粘土砖	178	淌白	237	混凝土标号	110
粘土膏	178	淌白地	237	混凝土柱墩接	114
粘土覆盖层	178	淌白砖	237	混凝土泵	110
粘结式锚具	288	混水墙	114	混凝土临界强度	112
粘聚性	177	混合式掏槽	109	混凝土养护	113
粗称	31	混合砂浆	109	混凝土养护平均温度	113
粗料石	31	混合堵	109	混凝土浇筑	111
断白	54	混合矫正	109	混凝土浇筑强度	111
断丝	54	混碴	109	混凝土结构工程	111
断面法	54	混凝土	109,(188)	混凝土振动器	114
断路法	54	混凝土工程	110	混凝土捣实	110,(112)
剪刀撑	123	混凝土切缝机	112	混凝土配合比	112
剪力块节点	123	混凝土可泵性	112	混凝土配制强度	112
剪切扩散机理	123	混凝土外观缺陷	113	混凝土徐变损失	113
剪应变速率	123	混凝土外墙板饰面	113	混凝土通仓浇筑法	113
焊丝	100	混凝土立方体抗压强度标准值	112	混凝土混合物	(110)
焊后杆件矫正	99	混凝土成型	110	混凝土梁桥安装	112
焊条	100	混凝土合格质量	110	混凝土密实	112
焊剂	99	混凝土收缩损失	113	混凝土搅拌	111
焊接	99	混凝土运输	113	混凝土搅拌车	(111)
焊接气孔	100	混凝土坝纵缝分块浇筑法	(109)	混凝土搅拌机	111
焊接收缩裕量	100	混凝土坝柱状浇筑法	109	混凝土搅拌运输车	111
焊接防护	99	混凝土坝砌砖分块法	109	混凝土搅拌站	111
焊接防护面罩	99	混凝土坝斜缝浇筑法	109	混凝土搅拌楼	111
焊接护目镜	99	混凝土抗渗标号	111	混凝土温度控制	113
焊接应力	100	混凝土抗渗等级	112	混凝土温度裂缝	113
焊接变形	99	混凝土护壁衬模	110	混凝土强度等级	112
焊接缺陷	100	混凝土极限质量	111	液压升板机	272

液压拉伸机	272	[一]		搁置差	82
液压桩锤	272			搅拌	129
液压控制台	272	塔式脚手架	234	搅拌机理	129
液压镦头器	272	塔架斜拉架设法	234	搅拌时间	129
液体炸药	272	塔桅钢结构	234	搅拌制度	129
深井井点	211	搭角梁	32	握杆	255
深井泵	211	搭接网络计划	32	期望工作时间	188
深水拖航	211	堰	271	联合式衬砌	(221)
深孔爆破法	211	越江隧道	(223)	联合架桥机	153
深层地基加固法	211	越岭隧道	285	联合起爆法	154
深层搅拌机	211	超张拉	23	联结筋	(148)
深层搅拌法	211	超张拉程序	23	联锁保护装置	154
深埋隧道	211	超挖	23	葫芦炮	(271)
深部破裂面	211	超挖百分率	23	葡萄灰	187
涵洞	98	超前导坑	23,(297)	落地式外脚手架	163
涵管导流	98	超载限制器	23	落地罩	163
梁式大跨度结构	154	超高频电磁场养护	(253)	落底	163
渗色	(271)	超塑性混凝土	(158)	落架大修	163
渗透系数	212	超静水压力	22	落锤	163
渗排水层排水	211	提升吊杆	239	落檐脚手架	163
渗硫混凝土	(158)	提升环	239	棋盘心屋面	189
密度等级	168	提升差	239	棋盘顶	189,(240)
密集空孔爆破	168	提升架	239,(26)	棚子梁	182
密集断面	168	提升程序	239	棚洞	182
		提示标志	239	棚架漏斗	182
[乛]		提金	238	棚罩法	182
弹性压缩损失	236	提栈	239	硬天花	276
弹线	236	提模	238	硬化	276
弹簧测力计	236	堤	41	硬花活	(302)
隐蔽工程	275	博弈论	(55)	硬质纤维板面层	276
隐蔽式装配吊顶	275	博脊	14	硝化甘油炸药	262
维持性托换	255	博缝板	14	确定型决策	200
维勃稠度	255	揭标	130,(141)	硫化型橡胶油毡	158
综合机械化施工	305	插头	19	硫浸渍混凝土	158
综合吊装法	305	插灰泥	(20)	硫磺混凝土	158
综合预测	305	插板支撑	19	裂缝	155
综合蓄热法	305	插板式台座	19	翘	197
综合概预算书	305	插板法	19	翘飞母	198
综合概算定额	(125)	插筋补强护坡	19	翘飞椽	197
绽口	288	煮炉	300		
		煮浆灰	300	[丨]	
十二画		搁栅	82	悲观时间	(308)

凿	286	喷射混凝土	181	氯化铁防水剂	162
凿活	286	喷射混凝土支护	181	氯化铁防水混凝土	162
敞胸盾构	22	喷射密实成型	181	氯化聚乙烯卷材	162
掌子面	289	喷射搅拌法	(67)	氯化聚乙烯-橡胶共混卷材	162
掌子面正常高度	(85)	喷浆嘴	181	氯化聚乙烯-橡胶共混卷材屋面	
最大干重度	308	喷焰处理	182		162
最大纵坡	308	喷雾养护	182	氯磺化聚乙烯密封膏	162
最大积雪深度	308	喷雾消尘	182	等节奏流水	41
最小抵抗线	309	喷膜养护	181	等代悬臂柱	41
最小抵抗线原理	309	喇叭口隧道	148	等级	41
最小贯入度	309	跑浆	180	等值梁法	41
最长工作时间	308	蛙式打夯机	251	等高线	41
最可能工作时间	309	嵌缝	195	筑岛沉井	301
最可能时间	(309)	嵌雕	195	策略性信息	19
最早开始时间	309	幅度	(85)	筒子板	244
最早可能开始时间	(309)	黑活屋面	102	筒瓦	243
最早可能完成时间	(309)			筒瓦屋面	243
最早完成时间	309	[J]		筒仓	243
最后贯入度	(309)	铸铁喇叭管	301	筒仓填充系数	243
最低准爆电流	309	铸铝模板	301	筒仓锥体倾角	243
最初可松性系数	308	铺灰挤砌法	187	筒压强度	244
最迟开始时间	308	铺灰器	187	筒模	243
最迟必须开始时间	(308)	铺轨	187	集中式顶推法	(36)
最迟必须完成时间	(308)	铺轨机	187	集中供热	118
最迟完成时间	308	铺轨列车	187	集水池	117
最佳工期	309	铺轨后铺碴	187	集水坑降水	117
最佳含水量	309	铺轨前铺碴	187	集体福利基金	118
最佳砌筑高度	309	铺设误差	187	集层升板法	117
最佳预养期	309	铺垫法	187	集料预冷	117
最终可松性系数	309	铺碴	186	集管	117
最高安全电流	309	铺碴机	187	焦油沥青耐低温油毡	128
最短工作时间	309	铺管船敷设法	187	焦渣灰	128
最短工期	309	锁口石	234	傍山隧道	5
量度差值	154	锁口出土	234	傍坡推土法	5
喷头	182,(181)	锁口管	234,(130)	奥国法	2
喷枪	181	锁杆	(205)	循环针法	267
喷砂处理	181	短线模外先张法	54	循环线路	(10)
喷砂法	181	短期债券	54	循环钻灌法	267
喷铁丸除锈	181	短期预测	54	循环灌浆法	267
喷射井点	181	短窗	54		
喷射角	181	智能大厦	297	[丶]	
喷射速度	181	氰凝堵漏剂	199	装饰工程	303

装饰抹灰	303	滑坡	106	填方最大密实度	240
装配	(74)	滑框倒模	105	填挖高度	240
装配式衬砌	303	滑秸泥	105	填筑质量控制	241
装碴	303	滑模	105	填筑顺序	240
装碴机	303	滑模装置	106	填塞长度	240
就位差	136	渡口码头	53	摆动法	3
竣工决算	141	渡槽导流	53	摊尺	(236)
竣工测量	141	游丁走缝	277	摊尺铺灰砌筑法	236
竣工验收	141	游丁错缝	(277)	摊灰尺	236
普氏系数	187,(270)	寒潮	98	蓄水屋面	(265)
普通防水混凝土	187	窗帘盒	(30)	蓄水隔热刚性防水屋面	265
普通低合金钢钢筋	187	窗帘箱	30	蓄热法	265
普通抹灰	188	裙板	200	蓄热养护	265
普通胶	188			蒸发面蒸发负荷	293
普通砖	(188)	[ㄱ]		蒸压釜	(81)
普通粘土砖	188	强夯法	196	蒸汽化冻法	(267)
普通混凝土	188	强制式扩散机理	(123)	蒸汽加热法	293
普通碳素钢钢筋	188	强制式搅拌	196	蒸汽空气混合物	293
普通螺栓连接	188	强制取向	196	蒸汽试验	293
道岔分段拼装	40	强制挤出置换法	196	蒸汽相对体积	293
道床捣固	40	隔热材料防冻法	82	蒸汽养护	293
道床整修	40	隔断工程	82	蒸汽养护制度	294
道路安全设施	40	缆风校正法	148	蒸汽养护室	294
道路纵坡	40	缆风绳	148	蒸汽养护窑	294
道路路基	40	缆索丈量	149	蒸汽热模法	293
道路隧道	40	缆索吊	(148)	楔形夹具	262
渣石路面	287	缆索吊装法	148	楔形掏槽	262
渣池电压	287	缆索架桥机	148	楔形塞尺	262
湿式凿岩	216	缓冲爆破	107	楔块放张法	262
湿式喷射法	216	缓和曲线	107	禁止标志	133
湿饱和蒸汽	216	编束	11	楞木	(262)
湿饱和蒸汽干度	216			楞草和玺	150
湿空气	216,(293)	十三画		槎	19
湿砖	217			楦缝	267
湿养护	216			概算包干	70
湿热养护	216	[一]		概算定额	(125)
湿陷性黄土	216	填土工程	240	概算指标	(125)
湿蒸汽	216	填土压实	240	椽花线	30
滑台	106	填方	(240)	椽椀	30
滑丝	106	填土料	240	碎拼大理石面层	230
滑动支座	105	填方边坡	240	碎砖砌	230
滑行法	106	填方基底	240	碎砖路面	230

十三画

碗扣	252	锚杆	165	新奥法	264
碗扣式钢管脚手架	253	锚杆支护	165	意国法	274
零星添配	156	锚杆式静压桩	165	羧甲基纤维素	233
		锚具	166	数据	221

[丨]

		锚具组装件周期荷载试验	166	塑性指数	230
暖棚防冻法	178	锚具组装件疲劳试验	166	塑性粘度	230
暖棚法	178	锚具组装件静载试验	166	塑性混凝土	230
暗沟排水	2	锚具套筒	166	塑钢门窗	229
暗挖法	2	锚具效率系数	166	塑料门窗	229
照色做旧	289	锚固区	165	塑料板面层	229
跨墩龙门架安装法	146	锚固损失	165	塑料板排水法	229
跳板	241,(129),(164)	锚喷参数	166	塑料饰面	229
路线	161	锚碇	165	塑料油膏	230
路线交叉	161	锚碇承托板	165	塑料排水带	229
路拱	160	锤击应力	31	塑料薄膜养护	229
路面	161	锤击沉桩	31	塑料壁纸	229
路面宽度	161	锤体	31	煨弯	254
路基工程	160	锥形掏槽	303	满丁满条	(273)
路基边坡	160	锥形螺杆锚具	303	满刀灰砌筑法	164
路基面整修	160	锥销夹具	303	满堂式脚手架	164
路基施工方数	161	锥锚式千斤顶	303	满堂基础	(183)
路基宽度	160	铰孔	114	溜子	157
路基箱	161	矮柱墩接	1	溜槽	156
路堑	161	稠度	28	滚杠	97
路堑开挖	161	简支连续法	123	滚圆	97
路堤	160	简扣	(55)	溢流	274
路堤边坡	160	微压蒸汽养护	254	塞流	203
路堤取土坑	160	微沫剂	253,(286)	裱糊工程	12
路堤缺口	160	微沫砂浆	253	裱糊顶棚满堂脚手架	12
路堤填筑	160	微波养护	253	裸露面模数	163
跟踪	82	微型桩	254,(220)		
蜂窝	68	微差爆破	253	[乛]	
蜂腰	(233)	微膨胀混凝土防水屋面	254,(14)	群柱稳定	200
蜕尺	(236)	腻子	177	群锚千斤顶	(33)
罩面层	289	腹石	69	盝顶	161
罩面板工程	289	触电防护	29	叠层张拉	49
		触变性	29	叠层摩阻损失	49

[丿]

		触探法	29	叠梁式构架	(236)
错缝	32			缝子	(228)
错缝分块法	(109)	[丶]		缠腰脊	(254)
锚下预应力	166	新产品试制基金	264		
锚口摩擦损失	166	新拌混凝土	(110)		

十四画

[一]

静力压桩	136	聚合物彩色水泥浆	137	管井排水	93
静力压桩机	136	聚合物混凝土	137	管底压浆法	92
静力触探	136	聚氨酯面层	137	管柱下沉	93
静止土压力	136	聚氨酯涂料	137	管柱内清孔	93
静压型气垫	136	聚氨酯弹性密封膏	137	管柱钻岩	93
静态爆破剂	136	聚硫密封膏	138	管柱基础	93
静停	(280)	聚氯乙烯胶泥	138	管段刚性接头	92
熬炒灰	(6)	聚填率	138	管段沉入	92
墙顶封口	196	聚醋酸乙烯乳液	137	管段柔性接头	92
墙段	196	模壳	170	管段基础处理	92
墙架	196	模拔钢绞线	169	管涌	93
墙裙	196	模板	169	管理信息系统	93
截	131	模板工程	169	管脚榫	93
截水沟	132	模板支架	170	管涵	92
截泥道	132	模板连接件	170	管棚法	93
截流	131	模板图	170	管道支架	92
截流水力学	132	模筑衬砌	170,(294)	管道水平距离换算系数	92
截流设计流量	131	楠扇	(21),(205)	管道安装	92
截流护底	131	酸化处理	230	管道防腐	92
截流戗堤	131	酸洗除锈	230	管道试压	92
摔网椽	221	碱蚀	123	鼻子榫	10
聚乙烯醇水玻璃内墙涂料	138	碱液加固法	123	鼻梁	10,(39)
聚乙烯醇缩甲醛	139	碳当量法	236	舱缝	178
聚乙烯醇缩甲醛内墙涂料	139	碳素钢丝	237	膀子面砖	5
聚四氟乙烯垫片	138	磁力搬运	31	馒头榫	164
聚灰比	(138)	磁漆	31		
聚合	137	需压缩线路	265	[、]	

[丿]

聚合物水泥比	138	镀活	228	裹垄	97
聚合物水泥砂浆	138	镀锌钢丝	53	裹垄灰	97
聚合物水泥砂浆抹灰	138	镀锌钢板门窗	53	端头局部灌浆	53
聚合物水泥砂浆喷涂饰面	138	稳定化钢丝	(41)	端承桩	53
聚合物水泥砂浆弹涂饰面	138	稳定性	255	精轧螺纹钢筋	134
聚合物水泥砂浆滚涂饰面	138	稳定液	255	精轧螺纹钢筋用锚具	134
聚合物水泥混凝土	138	稳定液分散剂	255	精轧螺纹钢筋连接器	134
聚合物砂浆防水层	137	稳定液加重剂	255	精称	134
聚合物胶结混凝土	137,(220)	稳定液抗粘剂	255	熔化冲能	202
聚合物浸渍混凝土	137	稳定液调整剂	255	熔剂	(99)
		箍头榫	90	漂浮敷设法	183
		管井井点	93	漏斗口	159
		管井井点降水	93	漏斗试验法	160
				漏斗棚架法	159
				漏洞	159

漏碴口	159		踏步平板	(234)
慢干	164	**十五画**	踏步楂	(262)
			踏板	(234)
[ᄀ]			踏脚板	234
		[一]	蝴蝶瓦	104,(101)
隧式桥梁	(197)		蝴蝶架架桥机	(153)
隧洞导流	233	撕缝 228	墨瓦屋面	171
隧道	230	撒云片 (203)		
隧道工作缝	231	撑杆校正法 25	**[ノ]**	
隧道工班	231	墩式台座 56		
隧道工程	231	墩接 55	靠尺	142,(250)
隧道内贴式防水层	231	墩梁临时固结 55	箱形基础	261
隧道外贴式防水层	233	撞击感度 303	箭头节点	(131)
隧道压浆	233	撞肩 303	箭杆	(127)
隧道防水	231	横木 102	箭尾节点	(142)
隧道伸缩缝	231	横木间距 102	箭线	127
隧道作业循环图	233	横风窗 102	箭线式网络图	(222)
隧道沉降缝	231	横平竖直 102	箭线图	(253)
隧道贯通误差	231	横向水平杆 (262)	德国法	40
隧道施工方法	231	横向出土开挖法 102		
隧道施工场地布置	231	横向导向装置 103	**[、]**	
隧道施工防尘	232	横向推土开挖 103		
隧道施工进度计划	232	横担 (262)	摩擦节点	170
隧道施工坍方	232	横线图 (102)	摩擦面	170
隧道施工组织设计	233	横洞 102	摩擦桩	170
隧道施工测量	231	横断面法 (54)	摩擦焊	170
隧道施工给水	232	横道计划 (102)	潜水	195
隧道施工监测	232	横道图 102	澄浆城砖	41
隧道施工准备	232	横楞 (262)		
隧道施工调查	231	横缝 (225)	**[ᄀ]**	
隧道施工通风	232	横撑式支撑 102		
隧道施工排水	232	槽式台座 18	劈	183
隧道施工控制网	232	槽式列车 18		
隧道施工辅助作业	232	槽销锚具 18	**十六画**	
隧道施工照明	232	槽壁法 18		
隧道施工缝	(231)	碾压法 178	**[一]**	
隧道管段节段	231	碾压混凝土筑坝 178		
嫩戗	176	碴石 205	操作平台	17
熊头灰	265		操板	(250)
缩颈	233	**[丨]**	燕尾榫	271,(5)
			薄钢脚手板	6
		瞎炮 259	薄膜养生液	6,(26)
		瞎缝 259	薄壁型钢结构	6
		踢脚板 238	橘皮	136
			整体式衬砌	294

十七画

[一]

整体安装法	294
整体折叠式模板	294
整体拼装法	294
整体预应力	294
整体预应力装配式板柱结构	294
霍金逊效应	115
礅	267,(86)

[丿]

邀请协商	(262)
邀请招标	(267)
膨胀土	183
膨胀水泥防水混凝土	182
膨胀水泥砂浆防水层	183
膨胀珍珠岩	183
膨胀率	182
膨胀混凝土	182
膨胀蛭石	183
膨润土沥青乳液涂料	182

[丶]

磨生	170
磨光	170
磨细生石灰	170
凝结	178
凝结时间	178
糙灰条子	(17)
糙砌	17
糙望砖	18
糙淌白	18
糙墁地面	17
激冷激热性	(202)

[乛]

避水浆	11
避雷针	10
避雷装置	10

十七画

[一]

檐口瓦	270

檩椀	156

[丨]

瞬发电雷管	227
螳螂头榫	237
螳螂头榫墩接	237
螺丝端杆锚具	163
螺栓式钢管脚手架	162
螺旋形掏槽	163
螺旋运输机	163

[丿]

镦头锚具	55
镦头器	55

[丶]

膺架	(86)

[乛]

翼角生出	274
翼角起翘	274
翼角椽	274

十八画

[一]

覆土爆破法	70
覆雪防冻法	70
覆盖防护	69

[丿]

翻斗汽车	(304)
翻松耙平防冻法	60
翻转脱模	60
翻模	60
翻碴	59

十九画

[一]

警戒水位	135

警告标志	135
蘑菇形开挖法	171

[丶]

爆力	7
爆扩灌注桩	7
爆轰气体产物	7
爆轰气体产物膨胀推力破坏理论	7
爆轰波	7
爆炒灰	6
爆炸功	9
爆炸夯	9
爆炸冲能感度	9
爆炸置换法	9
爆热	9
爆速	9
爆破工程	8
爆破飞石	7
爆破开挖路堑	8
爆破地表质点振动周期	7
爆破地震危险半径	7
爆破地震效应	7
爆破有害效应	8
爆破安全	7
爆破安全距离	7
爆破作用指数	8
爆破作用圈	8
爆破空气冲击波	8
爆破挤淤法	(9)
爆破漏斗	8
爆破震动防护	8
爆堆	7
爆温	9

二十画

[丶]

灌水下沉	95
灌注桩	95
灌浆	94
灌浆孔	94

灌浆加固	94			QM 型锚具	311
灌浆托换	95	**外文字母·数字**		RS 施工法	(276),311
灌浆压力	95			SBS 弹性沥青防水胶	311
灌浆次序	94	BX-701 橡胶防水卷材	310	SEC 法	(225)
灌浆设备	95	BX-702 橡胶防水卷材	310	SEC 混凝土	311
灌浆材料	94	CSPE-A 型密封膏	(162),310	SJ-803 内墙涂料	(139),311
灌浆法	94,(300)	CXS-102 防水涂料	(227),310	V 形掏槽	(262)
灌浆试验	95	EPDM 防水薄膜	310	VSL 系列锚具	311
灌浆泵	94	IMS 体系	(294)	XM 型锚具	312
灌浆浆液浓度	94	JG-1 防水冷胶料	310	8 字形路线	312
灌槽	94	JG-2 防水冷胶料	310	1/2 砖	(5)
灌囊法	95	JH80-1 无机建筑涂料	311	1/4 砖	(58)
		JH80-2 无机建筑涂料	311	3/4 砖	(188)
二十一画		JM 型锚具	311	106 内墙涂料	(138),312
		K 系列锚具	311	107 胶	(139),312
[一]		LYX-603 卷材屋面	311	801 地下堵漏剂	312
		M1500 水泥密封剂	311	Ⅰ类锚具	312
露筋	161	PVC 焦油防水涂料	311	Ⅱ类锚具	312

词目英文索引

absolute elevation	140
absolute land rent	140
absolute pressure	140
abutment	235
abutment-type bed	56
accelerated curing	120
acceleration of vibration	291
acceptable control of concrete quality	114
acceptable quality of concrete	110
acceptance lot	271
acceptance of timber structures	173
access adit	69
access road layout	285
accident classification	219
accounts receivable	190
acidifying treatment	230
acid resistant concrete with with water glass	103
acrylamide	13
acrylamide grouting materials	13
action radius of tremie pipe	39
active earth pressure	300
activity	85
activity duration	85
activity leading away from a event	252
activity leading into a event	176
activity time expected	188
additional length for end hook bending	171
adhesion reducing agent for stabilizing liquid	255
adjustable base	142
adjustable pile head	115
adjusting agent for stabilizing liquid	255
adjusting length	241
adjustment	241
adjustment value for steel bar bending	252
administration and management	122
administration law	264
administrative lawsuit law	264
admixture	251
advance progress	133
aerated concrete	120
ageing of cold stretching	151
agency	35
aggregate precooling	117
aggregates enveloped with paste	135
aging system	219
air blast wave	8
air cushion	191
air cushion transport	191
air cushion transporter	191
air-entraining admixture	120
air entraining agent	59,120
air hardening binding material	193
airlift suction dredger	145
air lock	287
air lock of cassion	25
air lock wall	287
air pressed shield method	268
airtightness experiment	192
alarming water level	135
a lift of scaffold	273
alignment marking for erection	49
alignment of bridge floor	197
alkali corrosion	123
alkaline surface	60
allowable defects in lumber	276
allowable unsupported height of brichwork	285
allowance for butt forging	50
allowance of welding contraction	100
alternate form	60
alternate header and stretcher stone bond	49
alternate header and stretcher stone coursed bond	49
aluminium alloy structures	161
aluminum alloy doors and windows	162
aluminum foil plastics felt	161

ammonia-antimony dynamite	2	arrow diagram	222
amplitude of vibration	293	artificial dewatering of groundwater level	202
analysis and calculation method	66	artificial stone	64
anchor	165	aseismic trench	63
anchorage	165,166	assemblage of turnout (switch) by sections	40
anchorage device for cable	80	assemblage of wooden roof truss	174
anchorage efficiency factor	166	assembled operation platform	307
anchorage length of reinforcing bar	78	assembled steel formwork	307
anchorage with side-welding bar	5	assembly line method	158
anchorage zone	165	ating range of blasting	8
anchoring of suspension bridge	49	atmospheric temperature	192
anchor plate	165	aueptame	27
anchor socket	166	Austrain method	2
anchor wall	165	autoclave	81
anchov block	165	autoclave curing	269
ancient architecture	90	automatic safety switch off	1
angle adjustable coupler	267	automatic welding	304
angle form	129	auxiliary gallery	69
angle of inclination of silo cone	243	auxiliary work in tunneling	232
angle of natural repose of material	258	average curing temperature of concrete	113
angle of rotation for unloading	264	average tunnel driving rate from one portal	36
annealing of steel structures	74	average working hour rate	184
annual fixed asset investment schedule	177	axe	69
annual occurences of thunderstorm	177	axed artificial granite	288
antirusting pamt	62	axis line	298
apparent viscosity	12,220	backactor operation	60
approach	275	back fill behind lining	25
approximate estimate	209	back running alarm	40
approximate estimation lump-suin contract	70	back support	103
arbitration law	299	balanced scheduling construction plant	214
arbitration of economic contract	134	balanced scheduling of materials	16
arch	86,267	ballasting	186
arch by laid cantilever	87	ballasting after track laying	187
arch centering	86	ballasting before track laying	187
arched culvert	86	ballasting form ballast yard	304
arched rafter	162	ballasting towards ballast yard	261
arch first lining method	259	ballast preloading method	55
arching of material	258	ballast spreader	187
architectural design	126	ballast trimming	40
architrave	242	ball hardness	15
arc-welding	46	bamboo	300
arrow	127	bamboo gang-plank	299

bamboo pole scaffolding	299
banker's loan	275
banket	104
bank protection with reinforcing dowels	19
bank protection with two rows of piles	222
banquette	193
bar chart	102
bar for climbing	179
barge crane	68
barger	14
base bid pricl	11
basic bonding of wood	172
batching	181
batching of raw material	284
batch tensioning	66
batter board	11, 159
bearer	262
bearing pin	27
bearing rack	26
bearing rod of jacks	194
bearing structure for cradle	241
bear spacing	262
bed	235
bedding course	48
bedding for immersed tubes	92
bedding of foundation of open eaisson	24
bed-erosion downstream the gap	159
bed joint mortar fullnesse measuring grid	3
bed of remouhtable type	107
bed protection during closure	131
bed surface	235
beginning and end of rainy season	278
Belgian method	10
belt conveyer	35
bench	164
bench cut method	235
bench mark	227
bench type jack	235
bend	252
bending and forming of reinforcing bar	78
bending machine	78
Benote method	9
bentonite bitumen emulsion coating	182
berm	104
Bernold method	9
bicycle tunnel	304
bid award	50
bid opening	130, 141
bids evaluation	186
binding course	131
binding material	128
Bingham body	12
Bingham model	12
biting of prime coat	271
bitumen concrete	153
bitumen felt	218
bitumen-rubber waterproofing caulking mastic	153
bituminous concrete	153
biulding system with external brick walls and internal monilithic walls	176
biu of estimation for the other project cost	189
biu of general estimate	305
biu of overau approximate estimate	306
biu of unie work estimate	37
biu of unit estimation	37
blanketing method	187
blanting tamper	9
blasfing method of frozen soil	51
blaster	39
blast funnel	8
blast heap	7
blast hole	180
blast hole spacing	180
blasting crater	8
blasting engineering (operation)	8
blasting force	7
blasting fuse	38, 39
blasting heat	9
blasting properties of explosives	287
blasting safety	7
blasting safety clearance	61
blasting shock protection	8
blasting speed	9
blasting temperature	9

blasting wave	7	bottom cut	42
blasting with explosive pots	271	bottom heave	144
blasting with soil overlay	70	bottom sink diversion	42
blast of explosive	287	boundary wall bond	204
bleeding	168	bowl-type coupler	252
bleeding hose	168	box bond brick wall	144
bleeding rate	168	box foundation	261
blind mortar joint	259	bracing for connecting right angle intersection	
blind pipe	164	scaffold	296
blind shield	118	bracketarm	88
blind without pipe	256	bracket set	53
blistering agent	190	bracket set on column	300
block	193	bracket set on corner	129
block bond pattern	193	bracket sets between columns	185
block of transferring farce	30	breaking-in hole	237
block splicing of column	55	break joint	32
block splicing with brick column	302	break of wire	54
block splicing with concrete column	114	breakthrough errors of tunnel	231
block splicing with stone	1	brick	302
blooming	191	brickadze	6
blow in air pressed shield	192	brick ax	6
blowing	144	brick barrel arch	302
blown tip pile	7	brick block rigid roof	302
blue roofing tile	275	brick carving	302
board	3	brick container	302
boarded portition	4	brick-dust grout	302
bolt	165	brick for arcked soof	86
bolt-connected steel tube scaffolding	162	brick on edge	53, 147
bolted reinforcement splice joint	79	brick on flat	168
bond	307	brick with groove	142
bonded anchorage	288	bridge approach	197
bonded prestressed concrete	278	bridge erection eguipment	121
bonded stone	148	bridges and culverts	196
bonded tendon	278	bridge-type scaffolding	197
bored pile	307	bridging tunnel	197
borehole-blasting method	307	bridle joint	10
borehole layout	307	broken brick masonry	230
boring machine	308	broken brick pavement	230
borrow area	16	broken marble floor	230
borrowing fill from both sides	154	broken stone and slag pavement	287
borrow of ground mass	132	brushability of paint	245
borrow pit for embankment	160	brush mark	221

bucket	154
buffer blasting	107
building on arch	88
building project	125
building system with external wall panels and internal monolithic walls	251
building tilting correction	63
bulb	141
bulding	190
buliding system with external brickwalls and monolithic cast-in-situ internal walls	252
bulldozer	249
bunker train	18
buoyant foundation	68
burn cut	296
burn-through	208
butt coupler	55
butt forging pressure	50
butt forging speed	50
button-head anchorage	55
button-head grip for multiple wires	57
button-head grip of monobar	36
button-head of wire	79
buttonhead pressing jack	269
butt welded joint of reinforcing bar	77
BX-701 rubber waterproof roll material	310
BX-702 rubber waterproof roll material	310
cabinet of finish work	289
cable bent tower	234
cable saddle	233
cables and pipelines during construction	204
cable stayed bridge	263
cable stress detector	80
cableway erecting equipment of bridge	148
cableway transport	233
cai	16
caisson disease	24
calcium carbide plaster	47
calculated kilometrage of track panel	96
calculated length of column for liftingslab	212
calculated running speed	119
camber	160
canal tunnel	285
cantileve erection by cabel-stayed and tower	234
cantilever assemblage of prestressed concrete bridge	282
cantilever concreting of prestressed bridge	282
cantilever lifting method	265
cantilever-wise concreting method of arch bridge	87
capacity of railroad track	242
cap block	33
capital reduction rate	304
carbon steel wire	237
carpet	42
carved applique work	195
cased cofferdam	238
cased pile	23
casein slurry	143
cassette-type group formwork technology	26
cast aluminium formwork	301
casting of ground to both sides	154
cast-in-place concrete	260
cast-in-place lining	294
cast-in-place pile	95
cast-in-situ pile	95
cast iron trump	301
casualty accident	208
catchment basin	117
catchment runoff	109
cat walk	164
caulking	195
causal analysis forecasting	274
cavern anchor	207
ceiling	240
ceiling joist	48
ceiling with aluminium alloy joist	162
ceiling with thin-walled steel joist	198
ceiling work	48
cellular concrete	57
cement grounting	225
cement-lime-sand-soil bedding course	228
cement mortar	225
cement mortar waterproof coating	225
cement silo	225

Cement-steel chip floor finish	80	clay mixing machine	211
cement-water ratio of groutmix	94	clay mixing stabilization method	211
center cut	147	clay overlay	178
center drift method	298	clay paste	178
centering method	289	clay puddle	178
centraliged heating	118	clay-sand pavement	206
central line	298	clay tile	15
centre-marking bard	298	clay tile roofing	15
centre of oriented blasting	51	cleaning of cylindrical shaft hole	93
ceramic(tile)facing	237	clearance of bridge	197
chalking	67	cleavage	183
chamber blasting	52	client	59
chamber for shield disassembly	56	client or owner	121
chamber ofr shield assembling	56	climbing formwork	179
characteristic value for strength of reinforcing bar	75	clinker floor finish	80
characteristic value of compressive strength of concrete cube	112	clink paving tile	133
		closed shield	10
check and acceptance of foundation trenches	270	closing and ponding	68
checkered support-bar	77	closing top of tunnel wall	196
chemical churming method	266	closing up of the arch ring	87
chemical grouting	106	closure	53,101
chemical grouting method	106	closure gap	159
chipped marble finish	71	coarse aggregate enveloped with cement paste	135
chiselling	286	coating material	245
chlorinate polyethylene-rubber felt roof	162	coating work	245
chlorosulfonated polyethylene sealing mastic	162	cob without straw	20
chute	53,156	cob with wheat straw	105
cinder bedding course	160	code	35
cinder-lime mortar	128	coefficiemt of compaction	269
circulating grouting	267	coefficient of infiltration	212
circumferential prestressing	106	coefficient of silo filling	243
city planning	27	coefficient of soundness of rock	270
city-wall brick	27	coefficient of strength of underwater concrete	226
civil law	168	cofferdam	254,271
civil lawsuit law	169	cofferdam along stream	306
class I anchorage	312	cofferdam of reinforced concrete sheet piles	76
class II anchorage	312	cohesiveness	177
classification of earthwork	248	cold-applied prime coating	150
classification of highway	85	cold bending of reinforcing bar	78
clay blanket	178	cold- cast button-head anchorage	151
clay brick	178	cold correcting	150
clay hollow brick	178	cold-drawn low-alloy steel wire	150

cold-drawn mild steel wire	150	compaction energy	269
cold-drawn steel wire	150	compaction factor	269
cold drowing of steel bar	77	compaction of concrete	112
cold joint	150	compaction of fill	100,240
cold laid flat tile roof	151	compaction parameter	269
cold riveting	151	compaction pile method	118
cold-rolled ribbed steel wire and bar	151	compaction tes	269
cold-rolled threaded anchorage	151	comparision of bids	10
cold rolled tuisted reinforcing bar	151	compensated foundation	14
cold-stretched steel bar	150	compensating tensioning	14
cold stretching	77	compensator	14
cold wave	98	competitive decision	136
collapse in tunnel construction	232	complete (whole) impregnation	252
collateral trust bond	295	completion inspection	141
collective welfare fund	118	composite foundation	69
colored shaped steel sheet roof	17	composite lining	69
colour painting	16	composite mortar	109
colour painting with dragon-phoenix destigh	101	composite multi-coloured wall paper with deep	69
colour painting with volute design	267	composite precast prestressed concrete beam	281
colour sand	17	composite precast prestressed concrete member	281
column and tie construction	29	composite slab with prestressed concrete hollow-core slab	282
column arrangement (layout)	301		
column base stone	205	composite slab with prestressed concrete thin plate	281
combined bridge erection eguipment	153		
combined heat retention method for concrete curing	305	comprehensive mechanization of earth work	247
		comprehensive mechanized construction	305
combined stone ballast	109	comprehensive method of erection	305
combing diversion	220	compresive strength of conctete cylinder	244
commercial concrete	208	compressibility of soils	248
commissure	217	compressibility test	269
common bolted connection	188	compressive strength after being burned	208
common bond	258	compressive strength at hightempratual	81
common clay brick	188	computation using a work-table	12
common low alloy steel bar	187	computation using the network diagram as a work-sheet	244
common plaster	188,272		
common share	188	concave joint	2
common stock	188	concealed work	275
common stock financing	59	concentrated section	168
compactability	274	concession	101
compacting factor	269	concrete	109
compaction blasting	118	concrete batching plant	111
compaction criterion	268	concrete cofferdam	113

concrete cover for rein forcement	75	construction by swing of arch bridge	87
concrete curing in heated shed	178	construction conditions investigation	215
concrete mix	110	construction cost	125
concrete mixer	111	construction cost estimation	215
concrete placed underwater	226	construction cost standard	214
concrete pump	110	construction design of divisional work	65
concrete slot cutting machine	112	construction detour	213
concrete structure engineering	111	construction direct costs	84
concrete temperaturecontrol	113	construction dispatch	213
concrete truck mixer	111	construction diversion	213
concrete vibrator	114	construction effect of surrounding rock pressure	254
concrete with prepacked aggregate	280	construction enterprise	125
concrete with preplaced aggregate	280	construction for hydraulie works	224
concrete work	110	construction indirect costs	82
concreting from construction trestle	288	construction industry	126
concreting of arch	88	construction in rainy season	278
concurrent activities	185	construction joint	214
concurrent construction operations	185	construction joint of funnel	231
condensation of activities	306	construction kilometrage	214
cone-anchorage jack	303	construction law	84
confined water	19	construction layout	214
conical grip	303	construction level	213
conical scaffold	156	construction market	126
conical thread anchorage	303	construction method of open cut tunnels	169
connecting box	130	construction of masonry bridge and culvert	194
connecting pipe	130	construction of semi-rigid framework by imaginary load	4
connection of fragnets	13		
connection of steel structures	74	construction organization	126
consistency	28	construction organization plan for structure erection work	131
consistency of mortar	206		
consolidation by dewatering	180	construction permit application	141
consolidation by preloading and drainage	280	construction planning and schduling of a single project	37
consolidation grouting	91		
consolidation method	91	construction planning and scheduling document	216
consolidation of soft subsoil	203	construction preparation	126
constrained expansion	260	construction preparation for structure erection work	131
construction	126,215		
construction administration and managementfee	124	construction procedure	123
construction administration and mangement	124	construction project contract	123
construction by movable form and scaffolding	114	construction safety net	125
construction by rigid frame	71	construction scheme	214
construction by suspended form on traveler	273	construction stake (peg)	215

construction surveying	213
construction surveying during tunnel construction	231
construction surveying of bridge and culvert	197
construction transportation	83
construction under project management	261
construction water region	215
contact spot welding	129
contact welding	130
continuous erection by cantilever method	265
continuous erection by may of simpl-supported beam	123
continuouse vertical joint	243
continuous flash welding	153
continuous placing of large volume concrete	113
contour	41
contract for construction administration and management	124
contract for construction projct survey and design	123
contract for purchase and sale	90
contract of property lease	16
contractors	26, 274
contractual joint venture	101
contrast colours	55
controlled blasting	145
controll stress for tensioning	288
control peg	146
control surveying for projects	83
control surveying on construction site	214
convertible bond	143
convertible preferred stock	142
convex and concave tile	101
convex and concave tile roofing	101
convex joint	244
conveyer method	44, 157
cooker	300
cooling with water pipes	223
cored duct by removable rubber tube	128
core leaving method	101
corporate bond	86
correction of welded members	99
corrosion pratection of pipeline	92
corrugated grip	13
corrugating machine	268
cost reimbursement-and-fee contract	26
cost slope	64
cost standard	50
coupler	153
coupler connected steel tube scaffolding	146
couplers for right-angle intersection members	296
coupler type steel tube falsework	146
coupling pin for rickers	152
coupon bond	69
covered hopper	182
crack	155
cracking	141
cradle	49
crane	191
crane moving route	142
crane parameters	191
cransport of railroad track	242
crash cost	155
crash time	155
crater hole	159
crest of slope	186
crib cellular cofferdam	159
crib cofferdam	174
criterion for construction flood retention	214
critical actirity	92
critical event	92
critical fiber volume	155
critical initial strength of structure	155
critical length-diameter ratio of fibers	155
critical length of fibers	155
critical path	92
critical path method	92, 243
critical strength of concrete	112
cross arrangement of rafter	162
cross bracing	3
cross-bracing	123
cross lap joint of lintels on corner column	90
crossover tunnel	148
crown bar method	86
crown of road	160
CSPE-A sealing mastic	310

culvert	98	cut with angled drill holes	263
culvert diversion	98	cut with argled and parallel holes	109
cumulative preferred stock	150	cut with holes inclined in one direction	37
curing by infra-red radiation	103	cut with holes in multiple direction	58
curing by microwave	253	CXS-102 waterproofing emulsion waterproofing	
curing by solar energy	236	glue	310
curing chamber	271	cylindrical formwork	243
curing method by distant infrared rays	285	cylindrical shaft foundation	93
curing of concrete	113	dado	196
curing pit	271	dam	3
curing pool	271	dam concreted by roller compaction method	178
curing with hot oil	277	dam concreting by separated blocks	109
curing with normal pressure steam	22	dampproof coat	61
curing with plastic film covering	229	dampproof course	61
curing with pure steam	31	damp proofing course	62
curing with retention of moisture	6	data	221
curing with steam	293	datum point	117
curing with waterproof paper covering	271	debenture	86
current for electric slag welding	47	debenture bond	86
current for spot welding	44	decimal code	217
curtain box	30	decision making	139
curtain grouting	254	decision making under certainty	200
curtaining	158	decision making under risk	68
curve superelevation	252	decision making under uncertainty	64
curve wideing	252	decision program	139
cut	131,237	decision support systems	140
cut and cover method	116	decision system	140
cut and fill balance of earthwork	247	decision theory	139
cut excavation by blasting	8	decision tree method	139
cut excavation by bulldozer	249	decorative metal sheet ceiling	132
cut excavation by power shovel	295	decorative plastering	303
cut excavation by scrapers	21	deep hole blasting	211
cut-fill balanced allocation	247	deep tunnel	211
cuthole	237	deep water towing operation	211
cut-off ditch	132	deep well pump	211
cutting curb of cassion	25	defect	200
cutting edge	198	defect due to salinization	258
cutting for steel structures	74	defects in timber	171
cutting length of prestressing steel	280	defects of rivets	167
cutting length of steel bar	79	deflecting tendon tensioning	290
cutting of steel bar	78	deflection type wire stress measuring instrument	175
cutting of timber structures	173	degree of blasting sensitivity to impulsive energy	9

degree of fire resistance	175	diagonal stretching courrse	185
degree of fluidity	157	diagram for concrete quality control	114
degree of friction sensitivity of explosives	287	diameter adjusting device	241
degree of injury	208	diaphragm wall	43
degree of percussion sensitivity	303	diaphragm wall method	43
degree of sensitivity of explosives	287	dieformed strand	169
degree of superheating	97	diesel pile hammer	20
degree of thermal sensitivity	201	difference in lifting height	239
demo lition blasting	19	difference in placing	82
demoulding strength	28	difference in positioning	136
dense measure	219	dip edger course	221
dense soil	133	disassembling and reassembling of brickwork	20
depth of a bay	133	disassembling and reassembling of certain	
depth of blast hole	180	part of brickwork	136
depth of cut	240	disassembling and reassembling of masonry work	19
depth of frozen soil	52	discarded works	64
derrick	235	discharge tunncl	263
desigh review	210	discoloration	271
design brief	209,210	disperse system	66
design development	147	dispersing agent for stabilizing liquid	255
design discharge for closure	131	displacement method by excavation	142
design discharge for diversion	39	displacement method by forced squeezing	196
design documents	210	displacement methol by blasting	9
design estimate	209	displacement of silt by squeezning	118
design flood level during construction	214	distance of sympathetic detonation	267
design level for site leve ling	22	distributing boom	15
design phases	209	diversion	39,66
design strength of reinforcing bar	78	diversion by bottom sink	42
design variation order	210	diversion by culvert	98
destructive explosive	186	diversion by stages	66
detail design	119	diversion by tunnel	233
detonating agent	190	diversion only by cofferdam	199
detour tunnel	101	diversion tunnel	39
detrimental effect of blasting	7,8	diving board	241
detuiled estimation lump-suin contract	279	divisional work	65
dewatering by drainage sumps	117	door and window architrave	167
dewatering by tubular well points	93	door and window hardware (ironmorgery)	167
dewatering by well-point	134	door and window work	167
dewatering by well points	134	double lining	221
diagonal brace	263	double reincement	222
diagonal ridge for gable and hip roof	195	double row scaffolding	222
diagonal ridge for hip roof	30	double slipform	222

double-spliced coupler	222	duct-made machine	139
double waterproof rigid roof	222	duct ventilation	67
dougong	53	dummy activity	265
dovetail joint	5,271	dummy arrow	265
downstream cofferdam	259	dumped material	180
down-to-ground openwork screen	163	dumper	304
dozer	249	dumper on track way	96
dragline operation	147	dumping method	199
drainage by sacked sand wells	35	dumping truck	304
drainage by tube wells	93	dump shaft	159
drainage by well points	135	duration of vibration	292
drainage ditch	179	dust prevention during construction	232
drainage through blinds	165	dynamic air cushion	51
drainage through infiltration layer	211	dynamic consolidation (compaction) method	196
draw-in	176	dynamic programming	51
drawing form work	148	dynamic sounding	51
dredger fill method	30	dywidag threaded bar anchorage	134
dressed stone	154	dywidag threaded barcoupler	134
dressed stone masonry	155	earlier blast	286
drg and heated curing	71	early event time	130
drift	39	early finish time	309
drillability of rock	270	early start time	309
drill hole	307	earth anchor	245,248
drilling prospecting method	308	earth compaction equipment	247
driuing-grabbing method	308	earth-filled formwork for arch	248
driving	140	earth fill work	240
driving hammer	302	earth materials for earth fill	240
driving jack	140	earthmoving along hillside by bulldozers	5
drop hammer	163	earth pressure at rest	136
dry dock	71	earth pressure balanced shield	249
dry level	146	earthquake	43
dry-mix spraying process	71	earthquake intensity	43
dryness of wet saturated steam	216	earthquake magnitude	44
dry saturated steam	70	eathwork	248
dry season	146	eawer	69
dry steam	71	eccentric grip	183
dry stone masonry	218	economical supply radius (range) of track panels	96
dry-wet-heated curing	71	economic contract	133
dual mixing system	69	economic contract law	134
duct formed with embeding sheathing tube	279	economic contract law concerning foreign affairs	210
duct forming by removing steel coretub	73	economic contract notariation	134
duct grouting	145	economic contract wavranty	133

economic contract witness	134	emulsified bitumen	203
economic haul distance	134	emulsified explosive	203
economic information	134	emulsified paint	203
economic law	133	emulsified thick paint(coating material)	203
economic lawsuit	134	enamel lacquer	31
economic profit theory	134	enamel paint	31
economic resposibility system	134	end-bearing piles	53
edger course	221	end-tipping closure method	152
edge trimming of steel shapes	72	end-upsetting apparatus	55
effective depth of action of vibation	293	energy of effective expansion	278
effective prestress	278	energy of free expansion	305
effective radius of action of vibration	293	engieering estimate	83
effective range of blasting	8	engineering consultatin firm	84
efflorescence	270	engineering consultation	84
ejector well points	181	engineering geological data	82
elbow	252	English bond	273
electrical curing	47	English garden wall bond	204
electrical detonator	46	English method	276
electrical detonator of delayed initiation	270	enlargement	147
electrical heating equipment	47	enlargement of top heading	208
electrical sparking unit	45	entasis tapering	139
electrical tensioning method	47	enterprise	189
electric arc planing	46	eonstruction costs	82
electric heating method	46	EPBH	249
electricity conducting grip	38	epoxy resin finish	107
electric shock prevention	29	EPPM waterproof membrane	310
electric slag pressure welding	47	equal-length cutting of wire	79
electrochemical grouting	46	equal strength substitution of reinforcing bar	76
electrode pressure for spot welding	44	equipment for releasing centering	263
electro-osmosis well points	47	equipment installation method without anchorage	256
electroslag welding	47	equipment installation work	208
eleetric thawing of frozen soil	46	equipment leveling	209
element of immersed tube tunnel	24	equipment trust bond	209
elongation rate of reinforcing bar	78	equivalent beam miethod	41
embankment	41,160	equivalent cantilever column	41
embankment closure	131	erection by cableway	148
embankment filling	160	erection by cantilever method of arch bridge	87
embankment filling by bulldozers	249	erection by derrick mast	3
embankment filling by extension	270	erection by framework and cable-stayed	90
embankment filling by scraper	21	erection by gantry overpiers	146
embossed painting	153	erection by hoisting machine	48
emery wheel saw	206	erection by longitudinal method	306

erection by low-support	208	explosive for industrial use	84
erection by protrusion of arch bridge	87	exposed reinforcing bar	161
erection by travelling supports	273	expressway	81
erection by two lauching girders	222	extended section	147
erection method by individual members	66	extensible rail track	179
erection method by sectio	89	extension of bracket	28
erection of reinforced concrete beam bridge	112	exterior defect of concrete	113
erection with launching girder	39	exterior joinery	252
erector	137	exterior scaffolding	252
ereetion by protrusion with trussed	102	exterior stratification of centrifugal technology	151
error in track laying	187	exterior type waterproofing of tunnel	233
estimated quantity contract	119	external defects on welded seam	99
evaporation load of evaporation	293	extruded anchorage	118
event diagram	36	extruded joint mortar	180
excaration of portal	52	extruding machine	269
excavating underwater	227	extrusion process	118
excavation	161	face	289
excavation access	251	face jack	142
excavation by sections	65	face of stone	218
excavation by side casting	102	face of tunnel	142
excavation from a fixed position	50	face protection helmet	61
excavation from one end	37	face support	142
excavation of cut	161	facing work	219
excavation of foundation pit	116	factor of orientation	199
excavation of pit	251	fair faced brickwall	199
excavation prospecting method	140	fair faced squared stonewall	155
excavation with access adit	65	fall across the gap	159
excavation with longitudinal casting	306	falling form	127
excavator	251	falsework	170
excavator operation	251	fan-shape cut	207
excess hydrostatic pressure	22	fast-drying agent for cement	225
expanded pearlite	183	fastening of members	88
expanded vermiculite	183	fat edges	245
expansion connection	289	fatigued test of anchorage assembly	166
expansion joint	65	fat strips	245
expansion joint of tunnel	231	feasibility study	143
expansion rate	182	feasibility study for bonds	288
expansive cement mortar waterproof coating	183	feasibility study for loan	35
expansive concrete	182	feasibility study report	143
expansive soil	183	feeding in material by layers	65
expert systems	301	felt	277
explosive chamber	271	felt waterproof roof	139

ferry and dock	53	flash allowance	207
ferry and wharf	53	flash butt welding	207
fiber-reinforced cement	260	flash butt welding with preheating	279
fiber-reinforced concrete	260	flashing speed	207
filling of open caisson	24	flat form	184
fill side slope	240	flat formwork technology	184
final event	298	flat jack	11
final fixing of members	90	flattening and straightening	186
final looseness coefficienl of soil	309	flat tile roof	185
final set	299	flat tile roof on reinforced concrete	76
final setting time	299	flemish bond	167
financing	189	flexible foundation	203
financing by construction enterprise	125	flexible joint between tube segments	92
financing by selling off assets	190	flexible pipe method	202
financing scale	189	floated stucco	203
financing tactics	189	floating coat	171
fine aggregate concrete rigid waterproof roof	259	floating crane	68
fine clay tile	261	floating transport of open caisson	24,68
finely-rolled threaded bar	134	float path	64
fine putty	259	float time	219
fine weighing	134	flood	103
finishability	274	flood contral	61
finish and decoration work	303	flood control	62
finish coat	289	flood level	103
finish coating work	221	flood period	67
finished face formwork	220	flood prevention	61
finish floor	168	flood season	67
finish node	131	flooring work	42
fire	115	floor level	185
fire clearance	62	flowability	157
fire control	262	flowable concrete	157
fire prevention	62	flower arm	197
fire-resistant concrete	175	flowing concrete	158
fir pole	207	flow repetitive construction operations	157
first-grade project administration and management organization	121	fluidification of concrete mix	110
		fluidity of mortar	206
fishing method	49	fluidizer	157
fixed formwork	90	flume diversion	53
fixed scaffolding	91	flush joint	184
fixing instrument in soil anchor	248	fly ash brick	67
flame-correction	115	fly-ash waterproof concrete	67
flame spraying treatment	182	flying arch method	296

flying form	64	freezing method	51
flying rafter	64	freezing prevention with heated shed	178
flying stone	7	freezing prevention with ice coating	12
foamed concrete	180	freezing process	51
foamer	253	frequency of vibration	292
foaming agent	180	fresh concrete	110
foam mortar	253	Freyssinet anchorage	68
(fog) spraying curing	182	friction joint	170
following activities	103	friction piles	170
following works to station	288	friction surface	170
follow-up	82	friction to sinking tube	23
foned orientation	196	friction welding	170
foot plate	234	frog rammer	251
forced mixing	196	front-clamping jack	195
force meassured force ring	18	front cutting(excavation)	295
force transducer	268	front excavation of trench	88
forecasting	279	frozen soil excavation	52
foreign capital	252	frozen soil thawing	52
forepoling	19	full face excavation method	200
forepoling method	19	full framing scaffolding	164
formation of concrete	110	full-longth-hole grouting	200
form lining for protecting concrete walls	110	full scale template	306
formwork	169	fully prestressed concrete	200
formwork drawings	170	function of acceptance	271
formwork for cast-in-situ works	260	funnel test method	160
formwork jointer	170	fuse	39
formwork jumbo for tunnel lining	25	gable eave board	14
formworks	169	galvanized steel doors and windows	53
formwork shell	170	galvanized wire	53
formwork used for one time only	273	game theory	55
formwork with prehung wall tiles	280	gang-board(plank)	129
forward cutting	295	gang-board safty nosing	129
foundation base treatment for open caisson	24	gang formwork	26
foundation bolt	42	gantry	159
foundation pit drainage	117	gantry crane	159
founders' shares	30	gap	159
free expansion	305	gap charging	122
free fall mixing	304	gap in embankment	160
free float	305	gas cutting	192
free shrinkage	305	gaseous product of explosion	7
free surface	305	gase pressure welding	193
freeway	81	gas forming agent	59

gasket plate	48	gronting material	94
gas welding	192	groove	186
gelatin explosive	223	groove cutting	186
geogrid	247	grooved and tongued plank	189
geological profile	44	ground anchor	42
geomat	247	ground and foundation engineering	42
geomembrance	247	ground cofferdam	249
geopolymer	247	ground flooding	94
geotextile	248	ground lime	170
German method	40	groundwater drainage	2
GERT	244	group code	307
glass balustrade	13	grouted concrete	268
glass certain wall	13	grouting	94,300
glass facing	13	grouting by gravity	304
glass fiber cloth for wall covering	14	grouting by inserting grout tube	32
glass handrail	13	grouting equipment	95
glass partition	13	grouting in sand and gravel foundation	206
glazed facing	13	grouting joint with water diluted mortar	223
glazed facing tile	158	grouting method	300
glazed tile roof	158	grouting mouth	181
glazing work	13	grouting of tunnel	233
global urban planning	27	grouting pressure	95
goggles	62	grouting pump	94
gold foil pasting	241	grouting test	95
gooseneck splice joint	237	grouting underpinning	95
government construction administration	295	grouting with casing pipe	238
government construction authority	295	grout opening	94
government departments	295	guarantce	6
grab operation	301	guaranteed bond	86
grab trench excavator	301	guaranteed preferred stock	277
grade	41	guard rail	104
graded gravel pavement	117	guide boat	40
grade of concrete	110	guide-plate grab	38
grade of concrete against infiltration	111,112	guide wall	40
grades of concrete stength	112	gunite concrete moulding process by gunite	
grades of density	168	spraying	181
granitic plaster	226	gutter drainage	169
graving dock	71	guy rope	148
gravity type anchoring	299	gypaum plaster	217
grid faced shield	253	gypsum putty	33
grinning	244,271	half bat	5
grip	121	half closer	4

half cross-section excavation method	4		heavyweight concrete	299
half queen closer	4		height of a panel	136
half shielding thickness	4		height of bricklaying	143
hammer	100		height of fill	240
hammer body	31		height of free dumping	305
hammering	286		height of grout rising	127
hand-excavating shield	220		height of stack	54
hand muck loading	202		hemp cuts and lime plaster	164
hanger	48		hidden assembled ceiling	275
hanging bridge	49		high base	265
hanging form	48		high-ehergy burning agent	81
hanging platform	48		high frequency welding	81
hardened concrete at low temperature	41		high grade pavement	81
hardening	276		highly efficient waterproofing and leakage sealing	
hard fibre board floor finish	276		coating	238
hawk	250		high-pressure oil pipe	81
header	49		high-pressure steam curing	82
header bond	199		high-strength bolted connection	81
header course	49		highway bridge construction work	85
header pipe	117		highway class I	273
header stone	49		highway class II	59
heading	39		highway class III	204
heading extension surveying	39		highway class IV	228
heading jack	142		hillside cut and fill	5
heading support	39		hillside tunnel	5
headrace	275		hinging staging	241
heap due to not slaked lime	141		hoisting of wooden roof truss	174
heaping of welded seam	99		hole punching	28
heat and vibration stability	202		hole reaming allowance	147
heat-cast button-head anchorage	202		hole seaming	114
heated shed	182		holes for fitting rafters	30
heating method	103		hole trimming	199
heating method by electric heaters	47		holing through	94
heating method by electromagnetic induction	45		hollow concrete	33
heating method with electrodes	46		homogeneous concrete	285
heat msulating rigid roof for planting	299		honeycomb	68
heat-resistant concrete	175		hon-saturated polystyle finish	14
heat retention method for concrete curing	265		Hopkinson's effect	115
heat-treated curing	201		hopper chute	233
heat-treated steel bar	201		horizontal curve	185
heavy blasting	34		horizontal excavation method	225
heavy tamping method	196		horizontal mortar joint	225

horizontal net	185	income bond	86
horizontal ridge for gable and hid roof	14	incomplete penetration	255
horizontal transport	226	inconvertible preferred stock	15
horizontal transport above ground level	208	incremental launching by jacking in both horizotal	
horizontal transport on or below ground level	259	and vertical directions	225
hot bending	254	incremental launching method of PC continuous	
hot concrete mix	201	beam bridge	283
hot correcting	201	incremental launching with jack for horizontal	
hot riveting	201	tensioning	226
hydration heat of cement	225	indented wire	143
hydraulic control console	272	indenting machine	144
hydraulic cyclone	224	indent toothing of brick wall	275
hydraulic end-upsetting apparatus	272	independent float	53
hydraulic excavation of earthwork	224	index of blasting action	8
hydraulic fill	224	index of fluidity retaining of fresh concrete mix	110
hydraulic gun	226	index of labour intensity	149
hydraulic jet	226	indicated pressure	12
hydraulic mechanization of earthwork	247	indicator of material level	155
hydraulic pile hammer	272	indicator pressure	119
hydraulic pressure test	227	individual footing	53
hydraulic slab-lifter	272	information	264
hydraulic suction dredger	224	information flow	264
hydraulic suction tube for gravel	224	information for project management	124
hydraulic tensioning machine	272	information inside project	83
hydraulic transport	224	information of cost control	244
hydraulic tunnel	223	information of evolution control	133
hydro-hardening binding material	227	information of manoeuvre	19
hydrological geocogical data	226	information of qualiltative control	297
hydrophobic (waterproofing) paste	11	information of strateqy	288
hy droxymethyl fibre	233	information of transaction	272
IB, intelligent building	297	information outside project	83
imitation facing tile	121	information theory	264
immediate predecessor	133	initial control of concrete quality	114
immediate successor	133	initial event	190
immersed tube method	24	initial looseness coefficient of soil	308
immersed tunnel	23	initial prestress	29
impregnation	133	initial set	28
impregnation under pressure	121	initial setting time	28
IMS prefabricated skeleton building system	294	initial tensioning force	28
incised line engraving	275	initiating impulsive energy	45
inclination (of column or wall)	212	initiation with blasting fuse	38
inclined shaft	263	initiation with spark detonators	115

injury accident	84	inversely applied waterproof roof	40
inorganic aluminum salt waterproofing agent	256	invert arch method	260
inorganic bond material	256	inverted brick arch	60
inorganic building paint JH80-1	311	investigation of railway construction	242
inorganie building paint JH80-2	311	investigation (survey) for tunnel construction	231
inserting-plate bed	19	iron chloride waterproofing agent	162
insert wedge gauge	262	isolated foundation	53
inside casting and outside brick massive formwork	176	Italian method	274
inside casting and outside precast slab massive formwork	176	jack calibration	194
		jacket	39
inspection	122	jacket platform	39
installation method without gasket plate	256	jack for bulb	268
installation of pipe	92	jacking at one point	36
installation of steel windows	73	jacking at several points	57
installation of wooden doors and windows	174	jacking equipment	50
installation technology of common use equipment	243	jacking method	50
instataneously initiating	227	jacking strut	50
Insulating course	6	jack rod	239
integral assemblage methed	294	jamb lining	244
integral erection method	294	jamb on door or window	6
integral folded type formwork	294	jet pump	210
intensity	167	JG-1 cold-applied waterproof binder	310
intensity of placing concrete	111	JG-2 cold-applied waterproof binder	310
intensity of vibration	292	jib derrick	51
interface erosion	130	JM type anchorage	311
interfering float	261	jointed	284
interior defects in welded seam	99	joint grouting	130
interior drainage	176	joint in stonework	217
interior joinery	176	joint not pointed	51
interior scaffolding	152	joint of load-bearing pin	27
interior stratification of centrifugal technology	151	joint of sheav block	123
interior type waterproofing of tunnel	231	joint venture	101
intermediate bearer	122	joist	82
intermediate bearing column	298	keystone	86
intermediate-grade pavement	298	kiln for broken-line tunnel curing	290
intermediate term corporate bond	298	kiln for horizontal tunnel curing	225
intermittent form setting	121	K series of anchorage	311
internal finance	190	Kunz method	145
intersection of routes	161	labour demand plan	149
interstie	144	labour leveling	149
inter vacuum dewatering	176	labour norm	149
inventory theory	31	labour productivity index	149

ladder-type interior scaffolding	238	laying out of timber structures	173
lagal person	59	laying procedure of masonry work	194
lag spacing	152	leading trench of diaphragm wall	153
lamp black grout	270	leakage	159
land administration	246	leakage of air in air pressed shield	192
land control system	246	leaning inward of peripteral columns	300
land evaluation price	246	ledger	33
land hire price	247	ledger board	129
landing stage of scaffold	185	legend	244
land leasehold	247	length-diameter ratio of fibers	260
land market	246	length of a bay	168
land monetary	246	length of hole packing	240
land mortgage price	246	length of section	65
land mortgage right	246	levelling	22
land open caisson	71	lever	2
landownership	246	lien	157
landownership price	246	lifting capacity	191
landownership system	246	lifting devices	48
land planning	97	lifting equipment	209
land price	246	lifting floor method	212
land property right	245	lifting form	238
landslide	106	lifting frame	239
landslide prevention skirting	104	lifting height	190
land tax	246	lifting loop	239
land transaction price	246	lifting method by one crane	36
land use right	246	lifting method by two cranes	222
land use system	246	lifting moment	191
lap joint	3	lifting moment control device	152
lap length of reinforcement	75	lifting of basin type slab	182
lapping property of paint	245	lifting of equipment by push method	249
large blasting	33	lifting procedure	239
large panel formwork	34	lifting sequence	239
last top sealing of tunnel lining	228	lifting suspender	239
late event time	130	lift slab method	212
late finish time	308	lighter	14
lateral cutting	18	lightning arrestor	10
lateral presure of concrete on formwork	110	lightning device	10
lateral underpinning	18	lightning rod	10
late start time	308	light railroad	198
latex paint	203	light steel structures	198
launching girder	39	lightweight aggregate	198
law of similasity	261	lightweight aggregate concrete	198

lightweight coarse aggregate	198	loan contract	132
lightweight concrete	198	loans financing	275
lightweight sand	198	local grouting from the end	53
lightweight sand concrete	206	local impregnation	136
light well points	199	local resources	42
light wood frame partition	172	locking pipe	234
lime and soil pile	108	lofting bar of steel structures	75
lime-clay pavement	218	lofting of steel structures	74
lime compaction pile	218	log	116,284
lime emulsified	218	log drying	116
lime grout	3	logical interdependency	162
lime mortar	218	logical loop	10
lime paste	218	longitudinal excavation by bulldozer	306
lime pile	218	longitudinal gradient of road	40
lime plaster with hemp cut	164	long-span girder structures	154
lime plaster with straw pulp	297	long term corporate bond	21
lime putty	218	long-term forecasting	22
lime sand brick	108	loop-form route	106
lime-slag roof	218	looseness of soil	248
lime slaking	156,218	loosening blasting	228
lime-soil bedding course	108,204	loss due to anchorage take-up	165
lime-soil cushion	108	loss due to creep of concrete	113
limited material requisition	260	loss due to duct friction	145
limited shrinkage	260	loss due to elastic shortening	236
limiting quality of concrete	111	loss due to friction of orerlap lager	49
limit of acceptance	271	loss due to friction on anchor-mouth	166
limit velocity of vibration	117	loss due to shrinkage of concrete	113
linear contraction	260	loss due to stress relaxation in steel	72
linear expantion	260	loss due to tensioning in batch	66
linear programming	260	loss due to thermal curing	202
line of minimum resistance	309	lower hip rafter	150
liner-plate method	25	lower rig position indicating and control device	259
lining block	25	low flowability concrete	41
lining segment	25	low grade pavement	41
lintel	97	low-polymerizd polyurethane leakproofing agent	199
liquid explosive	272	low pressure steme curing	254
litumen mastic	153	low relaxation strand	41
lndicator for building engieering approximate estimation	125	low relaxation wire	41
		low temperature resistant tar felt	128
lnsulating gloves	140	lumber recovery rate	28
lnvestment lump-sum responsibility system	244	lump sum contract	91
load-bearing pin	27	luoyang spoon	163

LYX-603 roll material roof	311
M1500 cement sealing agent	311
machine cutting	116
machine-shift costs	235
machine-stand flow method	116
magnisite floor finish	156
main cable	300
main character of real estate market	63
main jack	140
maintenance underpinning	255
main work	300
management by objective	175
management for project information	124
management information system	93
management of economic contract	134
manual plastering	220
manual prising and laying of rockfill	54
many sodiers-one brick on flat	57
marble tile floor	34
marine civil engineering	98
mark	11
market	219
marking screed	11
masonry	193
masonry lining	302
masonry work with brined mortar	20
mason's square	129
mason's stop	262
mass concrete	34
mass diagram	239
master construction schedule	216
master construction site plan	216
master network	306
master project planning and scheduling document	216
mastic	164
material expenses for works	82
material transportation and miscellaneous costs	16
mat foundation	183
mat method	187
matrix approach	137
maturity	26
maueable cast-iron conical anchorage	143
maximum dry unit weight	308
maximum prfile grade	308
maximum safety current	309
maximum snow depth	308
maximun density of fill	240
mean daily temperature in winter and summer	51
measurement of cable	149
measuring rod	289
mechanicae excavation of frozen soil	52
mechanical properties of reinforcment steel	78
mechanical tensioning method	116
mechanism of blasting in rock and soil	249
mechanism of mixing	129
mechanism of spreading by convection	55
mechanism of spreading by gravity	299
mechanism of spreading by shear	123
mechanization of rail track laying	116
mechanized plaster	116
mechanized shield	116
medium-class plaster	298
membrane curing liquid	6
membrane-forming curing agent	26
membxane waterproof roof	245
mending by replacing a rotten part	250
mercury box dynamometer	227
Messer method	164
metabolic ratio of energy	176
metal corrugate pipe	132
metal facing	132
metal tile roof	132
meteorological conditions	192
meteorological factors	192
method by bucket with dumping bottom	141
method by sections	54
method of adjustment by jack	194
method of adjustment by steel rod	79
method of bricklaying with trowel	205
method of carbon equivalent	236
method of compaction by vibration	292
method of control of cold strething rate	145
method of determining of the pitch and cuevature of a roof	137

method of erecting bridge by floating	69	module of water glass	223
method of grouting by sections	200	moisture content	98
method of heated formwork by steam	293	moisture content of natural	240
method of initiation	190	moisture content of wood	172
method of interhal heating with vapor	176	moist (wet) curing	216
method of lifting by derrick	254	mondisplacement pile	307
method of lifting by multiple cranes	57	monoderrick	53
method of lifting by slab-lifter	212	monolithic-pressed lining	118
method of lifting by strip steel	73	monopolistic land rent	159
method of lift-slab	212	monostrand anchorage	36
method of parallel moving of axes	185	mono-strand coupler	36
method of pressing	269	mortar	206
method of rectification by guy lines	148	mortar bound arch	127
method of rectification by rakers	25	mortar grouting underneath tubes	92
method of sacked concrete	35	mortar joint	107
method of spreading in slant layers	262	mortar spreader	187
method of steam casing	193	mortar stone block masonry	127
method of stress control	145	mortar stone masonry	218
method of underwater placement of concrete by concrete pump	10	mortgage	42
		mortgage bond	42
micro-difference blasting	145, 253	mortise of cap block	52
micro-expansive concrete waterproof roof	254	mosaic tile floor	237
micro piles	254	most likely time estimate	309
mid-term forecasting	298	motch for fitting purlins	156
Milanese method	168	motion limit position indicating and control deviee	285
mineral additive	146	motion rule of real estate market	63
minimum allowable blasting current	309	motor-driven oil pump	45
minimum curvature radius	199	motorway	81
minimum penetration	309	moulded lining	170
mining car	146	moulding	108
mining method	146	moulding decoration work	105
misfire shot	259	mountain tunnel	207
missed hole	259	movable assembled ceiling	115
mixed closure method	109	movable scaffolding	273
mixed correcting	109	moving (collapsible) formwork	114
mixing	129	moving resistance	286
mixing of concrete	110, 111	mucker	303
mixing regimen	129	muck haulage	285
mixing time	129	mucking by plate	72
modified asphalt felt roof	70	mucking out	28
modified bitumen flexible felt	70	muck loading	303
module of exposed surface	163	muck piling	193

mud catching gravel joint	132
mud-rock flow	177
multianchored sheet pile	57
multi-bit trench boring machine	57
multi floor method of lift-slab	117
multiple criteria decision making	57
multiple-drift method	56
multi-post scaffolding post-type scaffolding	57
multi-purpose timber (wood) products factory	172
multi-wall finishing cement mortar damp-proofing course	56
multi-wire coupler	79
municipal (public) service tunnel	219
mushroom-form tunneling method	171
NATM, New Austrain Tunnelling Method	264
natual curing	304
natural angle of repose	249
natural impregnation	304
near-term forecasting	133
neat lime paste	31
necking	233
needle-beam method	290
negotiated bidding	262
net sleeve of pull-through tendon	29
net water/cement radio	135
netwock diagram	253
netwock plan	253
network for electrical initiation	45
network planning technique	253
netwovk planning method	253
new products trial-produce fund	264
nitroglycerine explosive	262
no-cofferdam construction method	257
node	130
non-circulating grouting	31
nonconformity	15
noncumulative preferred stock	64
nonlinear programming	64
nonparticipating prefered stock	64
non-par value share	257
non-pressure steam curing	257
non-pressure tunnel	257
non-stress-relieved wire	150
nonvoting preferred stock	256
nonvoting share	257
normal concrete	188
normal cost	295
normal height of working face	85
normal pressure steam curing	22
normal time	295
norm for building engieering estimate	125
norm for equipment uint cost	116
norm for material consumption	16
norm for project cost estimate	125
no-slump concrete	71
notched conical anchorage	18
objective function	175
offer	272
office automation	4
offshore civil engineering	98
offspar tunnel	207
of vibration regime	293
oil pipes to jacks	194
oily ammonia dynamite	2
one control of cold strething	36
one-embankment closure method	37
one-step charging operation	273
on-site identification of soil and rock	248
open bidding	85
open caisson floating to its sinking position	68
open caissons foundation	24
open caisson sinking by air curtain	144
open caisson sinking by suction dredge	258
open cassion method	24
open ceiling	141
open channel diversion	169
open cut method	169
open cut tunnel	169
open ditch drainage	179
open double cylinder jack	142
open drainage	169
openness ratio of closed shield	10
open shield	22
open work	244

operation costs of constructional plant	214	overlapping form setting	27
operation platform	17	overlay layer tensioning	49
operation route of scraper	21	overload control device	23
operations research	285	over tensioning	23
opportunities for financing	189	over tensioning procedure	23
optimistic time estimate	309	owner	272
optimization	276	oxyacetylene welding	192
optimum duration	309	oxygen balance of explosive	287
optimum height of bricklaying	309	pack drain	35
optimum pre-curing period	309	packing plat	48
optimun water content	309	paint	245
option money	50	paint brushing	245
orange peel	136	painted and wrapped technique	244
order (sequence) of filling	240	painted finish for extrusion technigue	118
order signs	297	painted floor finish	245
ordinary brick	69	painting work,	221
ordinary waterproof concrete	187	painting work	277
organic binding material	277	paint rolling	245
organic plasticizer	278	paint spraying	245
organic silicon sealing mastic	277	paint with organic solvent	277
organizational plan for tunnel construction	233	panel of a roof truss	15
organizational plan of equipment installation work	209	pantiled roof	13
orgnic silicon mortar waterproof coating	277	parallel heading	185
orientation boat	40	parallel hole cut	296
oriented blasting	50	parallel translalion method	185
oriented cycling of heat meduim	201	paramenters for gas pressure welding	193
outrigger scaffolding	241	parameter of drilling and blasting	307
outrigger scaffolding against floors inside the building	241	parameters for bolting and shotcreting	166
		parameters of flash butt welding	207
out-stretching of corner eaves	274	parquet floor	183
oven	103	partially prestressed concrete	15
oven-dry strength	103	participating preferred stock	17
overall prestressing	294	partition door	21
overbreak	23	partition (erection) work	82
overexcavation	23	partitioning work	82
overflow cofferdam	97	par value stock	278
overflowing	274	passive earth pressure	9
overhead assemblage method by individual members	81	path	260
		pavement	161
overhead assemblage method by sections	81	PCC	138
overlapping corner beam	32,171	peat coating roof	198
overlapping corner ter	171	pedestrian tunnel	202

peeling off	190	pit underpinning	144
penetration of pile with hammer blow	31	placing of concrete	111
penetration resistance method	93	placing of large deck concrete by thin layers	33
percentage of dust content	67	plain lime paste	229
percentage of overbreak	23	plain soil cushion	229
percentage of rebound	108	plan	184
perched water	208	plane	6
performance of economic contract	134	plane curve	185
period of operating cycle by scraper	21	plan of building materials supply	125
peripheral blasting	299	plan of construction plant supply	214
permanent formwork	276	plan of technical and organizational measures	119
PERT	119	plan of temporary power supply	155
pessimistic time estimate	308	plan of temporary water supply	156
petroleum asphalt felt waterproof roof	219	plantics board draining method	229
phreatic water	195	plaster board partition	217
physical labour intensity	239	plaster course	171
pick and dip	164	plastered brickwall	114
PIC	137	plaster finish	171
picture rail	91	plastering with polymer-cement mortar	138
(pile) casing	104	plastering work	171
pile driver	302	plastic concrete	230
pile foundation	302	plastic drainage plate	229
pile hammer	302	plasticity	143
pile jacker	136	plasticity index	230
pile with man-excavated shaft	202	plastics doors and windows	229
piling underpinning	302	plastics facing	229
pilot heading	297	plastics mastic	230
pilot hole	38	plastics tiled floor finish	229
pilot tunnel	38	plastics-steel doors and windows	229
pink lime paste	237	plastics wall paper	229
pioneer drift	23	plastic viscocity	230
pioneer heading	23	plastifiability	143
pioneer trench	259	plat arch by cantilever laid	266
pipe culvert	92	platform form	235
pipe jacking method	50	platform pile	185
pipelinc laying method from ship	187	plinth	150
pipeline buoyant method	183	plug flow	203
pipeline conversion coefficient for horizontal pumping distance	92	plugging	10
		plumb ruler and bob	250
pipeline pull-in method	194	plywood	128
pipeline suppovt	92	plywood form	128
piping	93	pmeumatic caissons	192

pneumatic cassion method	192	post-tensioning in stages	66
pneumatic pile hammer	192	post-tensioning method	104
pneumatic pressure test	193	post-tensioning self-anchorage technique	104
pneumatic tine roller	193	post-type interior scaffolding	296
pockmarks	164	pounder	100
pointing joint	88	powder jet mixing method	67
pointing joint with pointing mortar	120	power-driven screw rod tensioning machine	45
pointing tool	157	power-driven slab-lifter	45
pointing trowel	169	power-driven tensioning machine	45
point welding machine	44	power-driven winch for tensioning	45
polishing	170	power per unit width across the gap	159
poly-embankment closure method	57	power shovel operation	295
polymer cement concrete	138	preassenbly method of erection	306
polymer-cement mortar	138	pre-bedding	259
polymer-cement mortar sprayed finish	138	precast concrete	284
polymer cement radio	138	precasting bed method	235
polymer-coloured cement plaster	137	precast lining	303
polymer concrete	137	precast members balanced scheduling	284
polymerization	137	precast mould	235
polymer impregnated concrete	137	precast prestressed concrete thin plate	284
polymer londed concrete	137	precast terrazzo floor	284
polymer-mortar waterproof coating	137	precautionary underpinning	279
polysulphide sealants	138	preceding activities	260
polyurethane finish	137	pre-curing	280
polyurethane flexible sealant	137	pre-displacement of cable saddle	233
polyurethane resin paint	137	preference share	276
polyvinyl acetate emulsion	137	preferred stock	276
polyvinyl formal	139	preferred stock financing	59
polyvinyl formal paint for internal walls	139	preferred stock without guarantee	256
pores	145	premixed cement paste method	279
pores in welds	100	premixed concrete	278
portal frame	167	premixed mortar method	279
portal-type interior scaffolding	167	preparation for equipment installation work	208
portal type steeltube support	167	preparation for tunnel construction	232
position correction of equipment	209	preparation of earthwork	247
positioning and alignment of members	89	prepasation of concrete	110
positioning of member	89	preserved historical building	255
post	152	presetted turnout position for station	279
post and lintel construction	236	presplit blasting	279
post braces	152	presplitting blasting	279
post-filling	104	pressure gauge	268
post-placed joint of column cap (capital)	103	pressure grouting	120

pressure test of in pipeline	92	production development fund	213
prestressed concrete	280	production norm	20
prestressed concreteconre rod	282	production preparation	213
prestressed concrete electric pole	281	professional construction manager	122
prestressed concrete pile	282	program evaluation and review technique	119
prestressed concrete pipe	282	progressive erection	227
prestressed concrete rigid waterproof roof	281	progress schedule for tunneling work	232
prestressed concrete runway	282	prohibitiown signs	133
prestressed concrete safety shell	281	project administration and management authority	82
prestressed concrete silo	282	project administration and management organization	122
prestressed concrete sleeper	282	project administration and mauagement	124
prestressed concrete TV tower	281	project bidding administration offices	83
prestressed concrete work	281	project completion budget	141
prestressed ground anchor bar	283	project construction	83
prestressed light-weight aggregate concrete	284	project construetion work contract	123
prestressed sliding bed surface	280	project crash duration	309
prestressed steel structures	280	projecting toothing connection of brick wall	271
prestressed wire concrete	80	project management information system	124
prestressing by winding wires	201	project operation layer	261
prestressing degree	280	project proposal	210, 261
prestressing loss	284	project quality administration station	84
prestress under anchorage	166	project safety administration authority	213
pretensioning method	260	project speciality administration authority	295
prevailing wind direction	300	project tender	83
prevailing work	300	project time	84
price determination according to measured work	270	projet	261
price of construction products	125	promotors' stocks	30
price of land use right	246	prompt signs	239
primary coat	171	property lasurance contract	16
primary grouting	28	property of spreading eveness of paint	245
primary lining	28	proportions of concrete mix	112
prime coat	171	protection	99
prime contract of construction project	123	protection coverage	69
primer	190	protection enclosures	254
priming agent	44	protective device interlocking	154
principle column	132	protective earthing	6
principle of minimum resistance line	309	protective gloves	61
probability of survival	143	protective sailing	61
procedure of incremental lauching	50	protective shed	61
processing contract	119	protective zero grounding	6
process of releasing arch centering	263	prwer supply contract	86
production control of concrete quality	114		

pseudo-classic architecture	63	quantitative forecasting	50
pseudo-classic floor	63	quantity measurement	83
pulling-through of tendon	29	quantity of dust content	67
pull-in jacks	147	quantity of earthwork for subgrade construction	161
pull-rod jack	147	quantity of earth work in site leveling	22
pumpability of concrete	112	quantity surreying construction	19
pumped concrete	10	quantity surreyor	18
punching	28	queen-closer	58
pure profit from land	245	quick sand	157
puresteam curing	31	racking back and tooth	19
push-down apparatus	269	racking back stop	262
pushdozer	249	radial joint of lining	25
putty	177, 277	radial strut in tunnel support	207
putty with hemp cut	164	radiation shielding concrete	61
PVC mortar	138	radius of grout spread	127
PVC roll material	162	radius of plane curve	185
PVC-rubber polymerized roll material	162	radius of rotation	109
PVC-tar waterproof coating	311	radius-tensioning method	135
pyramid cut	303	raft	174
qi	193	rafter of corner eaves	274
QM type anchorage	311	raft foundation	183
qranite	105	railings	148
QS	18	railroad tunnel	242
qualification exam of professional construction manager	122	railway transport capacity	242
		railway tunnel	242
qualification of professional construction manager	122	rain canopy	63
qualification of project administration and management organization	122	rainfall	128
		rainfall runoff	127
		rainfall scale	127
qualitative forecasting	51	rain protection devices	63
quality	297	rainy season additional costs	278
quality assurance	297	raise of columns	300
quality audit	297	raising the purlin	239
quality control	297	raking shore	180
quality control of concrete	114	ram	31, 100
quality control of earth-rock fill	241	ramming	32
quality loop	297	ramming by heavy hammer	299
quality management	297	ramp	262
quality plan	297	random breaking joint	277
quality policy	297	random rubble bond	128
quality surveillance	297	rankine's earth pressure theory	149
quality system	297	rated construction period	95
quality system review	297		

rate of free expansion	305	reinforcement drawings	180
rate of impregnation	133	reinforcement of common carbon steel	188
rate of polymerization	138	relative elevation	261
rate of shear strain	123	relative humidity	261
rate of total area contraction of steel bar cold drawing	77	relative pressure	261
		relative volume of steam	293
rate of water removal	250	relay chamber method	298
rat-trap bonded wall	257	releasing method by cutting	198
rat-trap bond wall	144	releasing method with sand box	206
RC	220	releasing method with wedge	262
real estate	15, 63	releasing of tendon	283
real estate appraisal	63	reliability	143
real estate corporation	63	reliability index	143
real estate market	63	remeasurement of complete railway	242
real estate market object	63	remedial underpinning	14
realty business	63	removable window	101
Rebar mechanical splicing	77	removal of soil for open caisson sinking	24
rebound material	108	rent from land grade	117
reconstruction of ancient architecture	90	rent of land containing mineral derosits	146
recovery of stickiness	109	repeated swbsequent traneportation	58
rectangle	95	repeated vibration	27
rectangular timber	60	replacement method	107
rectification of members	89	reserve fund	103
red ochre grout	103	residual compressive strength	17
reduced load	290	Residual deformation of splicing	130
reduction coefficient of tunnelling rate	26	resin concrete	220
reference line for lifling	49	resistance spot welding	47
refrigeration of tunnel during construction	144	resistance welding	130
regenerated rubber roll waterproof roof	286	resource	304
regenerated rubber roofing material	286	resource balanced construction operations	140
regime of centrifugal moulding	152	resource optimization	304
regime of toasting	147	retained profits	189
regional topographic map	199	reticulated root piles	253
registration of professional construction manager	122	return pump	60
regrouting	58	reverse bench cut method	60
regular maintenance	50	reverse building method	177
reinfoced concrete gravity platform	77	reverse loop curev	108
reinforced concrete sheet piling	76	revetment bank	104
reinforced concrete work	77	rheological properties of concrete mix	110
reinforced earth	120	ribbon sliding method	276, 311
reinforced fill wall	120	ricker	152
reinforcement	75	ridge	119, 295

rights issue	90	rubber gasket connection	224
rigid foundation	72	rubber waterstop with steel flanges	72
rigid joint between tube segments	92	rubble	165
rigid waterproof roof	71	rubble stone masonry	165
rim holes	299	rug	42
riveted connection	167	runner	33
rivets	166	runner interval	33
roadbed box	161	runners nearby earth surface	205
roadbed construction	160	running rule	142
roadside facilities	270	running stretcher bond	200
road traffic signs	85	running stretcher stone bond	227
road tunnel	40	running tunnel	199
rock bolting	165	runoff	135
rock burst	270	runoff volume	20
rock drilling jumbo	308	runs	158
rock drilling with cylindrical shaft	93	rust removal by acid washing	230
rockfill dumped in high sluiced lifts	54	rust removal by spouting iron pellets	181
rock fill placing and compacting in thin layers	54	rust removal of reinforcing bar	75
Rockwell hardness	163	sack-filling	95
rod	289	sadius (range) of seismic danger due to blasting	7
rodding of concrete	110	safety belts	1
roller compaction	178	safety blasting range	7
rolling process	269	safety classes	1
roll-over demoulding	60	safety clearance	1
roll waterproof material coating	139	safety colours	1
roof bolting	165	safety devices in hoisting and lifting equipment	191
roof fall	167	safety devices of road	40
roof truss arrangement	256	safety helmet	1
roof truss rectification device	256	safety in construction	213
root pile	220	safety net drotecting net	2
rotary trench excavator	109	safety protection	1
rotation method	267	safety range against air blast wave	144
roughing stone	165	safety signs	1
rough weighing	31	safety voltage	1
rounding	97	safe use of electricity	2
rounding by rolling	97	sagging	158
route	161	sand blanket	205
routine maintenance	153	sand box release method	206
row	97	sand compaction pile	206
row-lock (rat-trap) wall with bonding brick on flat	278	sand cushion	205
		sand enveloped with cement method	225
row-lock wall	144	sand flow method	268

sanding	190
sand-jetting method	181
sand mat	205
sand pile	206
sandwich waterproofing of lining	25
sand wick	35
saponified bitumen emulsion	286
saponified resin	286
saturated steam	6
saturated steam pressure	6
saturated steam tempreture	6
SBS elastic bitumen waterproof gelatine	311
scaffold	129
scaffold for colour painting	277
scaffold for colour painting along long corridor	21
scaffolding	129
scaffoldings	129
scaffold platform	185
scaffold pole	49
scaffold work	129
scattering of rock muck	59
schedule of work to be completed	83
schematic design	28
scheme of railway construction	242
scoured ditches	27
scraped stucco finish	3
scraper	20
scraper filling by sections	21
scraper operation	21
scratching stucco finish	3
screed	289
screen partition door	205
screw conveyer	163
seady mixed paint	241
sealing device at tail of shield	56
seam cut	141
SEC concrete	311
secondany grouuting	58
secondary lining	58
secondary story in tunnel timbering	298
secondary vibration	58
second-grade project administration and management orga-nization	274
section	186
sectional demoulding	66
sectional frame scaffolding	147
section time of electrical detonator	46
segmental tile	4
segregation	151
segregation of mortar	206
selected bidding	267
self bending waterproof felt	305
self-cement for stressing	305
self-closed rapid joint	304
self-setting mortar	304
self-stabilizing angle of large panel formwork	34
self-stressing concrete	304
self-stressing concrete pipe	305
self-supporing static pressed pile	304
self-waterproof roof	304
selt-owned power generating facility	305
semicylindrical tile	243
semi-mechanization of earth work	4
semi-mechanized mucking	4
semi-mechanized shield	5
semi-shield	4
sensibility of shield	56
separate lining	151
separating joint	65
sequence of construction operations	213
sequence of grouting	94
sequence theory	265
sequential code	227
sequential order of construction operations	215
set of paint	245
setting	178
setting a roof truss upright	256
setting out	18,50
setting out with ink line	236
setting time	178
settlement joint for tunnel	231
settlement of compacted soil	248
shaft	220
shaftweise placing of concrete dam	109

shallow ground stabilization	12	sight distance	220
shallow hole blasting	195	signal from real estate market	63
shallow hole hydraulic blasting	195	signals to lifting and hoisting machine operators	191
shallow tunnel	195	silicate brick	108
shallow water towing operation	195	silicification grouting	96
share	90	sill at spring	182
sheating slab	253	silo	243
sheating tile	253	silver lock's bond	273
shed for falling rock	182	single anchored sheet pile	36
sheepfoof roller	271	single-colour painting	54
sheet piling support	4	single project construction schedule	37
sheet steel gang-plank	6	single row scaffolding	36
shell foundation	197	single-stage flowsheet technological process	36
shield	56	single-time estimate	37
shield driving method	56	sinking and positioning of trans ported open caisson	68
shield hood	195		
shielding with air pressure	268	sinking by water filling	95
shield jack	56	sinking of cylindrical shaft	93
shield steering adjustment	56	sinking of open caisson	24
shield with partial air pressure	136	sinking of open caisson on filled up island	301
shilong	213	sinking open caisson by play slurry jacket	177
shim	48	sinking pile by water jet	223
shop assemblage of steel structures	74	site drainage	214
shortening project	84	site exploration	22
short-line pretensioning technique beyond the mold	54	site fire protection and firefighting	84
short term bond	54	site layout for tunhel construction	231
short-term forecasting	54	site preparation	215
shotcrete support	181	site slope of excavation	250
shothole	180	site survey	260
shove joint brickwork	187	site transportation	84
shrinkage-compensating concrete	14	skip	48
shrinkage compensating concrete rigid waterproof roof	14	skirting	238
		slab foundation	4
shrivelling	299	slag cup voltage	287
shuttle car	233	slaginclusion	121
side cutting (excavation)	18	slant joint(layer) placing of concrete dam	109
side drift method	18	slant stack filling method	263
side excavation of trench	88	slate roofing	217
side slope board	11	sleeper box	96
side slope grade	11	sleeper pit	291
side slope of embankment	160	slice	251
sidewise cut	18	sliding bearing (support)	105

sling	48	spacing of stack	54
slipform	105	span of bridge and culvert	196
slipform equipment	106	spark detonotor	115
slipframe with remounted formwork	105	spark free floor finish	15
slip method	106	spatially curved tendon	144
slip wire	106	specialized services design	301
sloped cable suspension bridge	263	special platform wagon for track panel	301
slope peg	11	specification	95
slope protection	104	specific surface coefficient of structure	131
slope scale	186	spigot	19
slope stake	11	spillway tunnel	263
slow cycle load test of anchorage assembly	166	spiral cut	163
slow drying	164	spirit level	225
slump	236	splicing floor-slab	184
slump cone	236	spoil	193
slurry explosive	127	spot welding	44
slurry pressed shield	177	spot welding machine	44
slurry return into tremie pipe	38	sprayed concrete	181
slurry-trench method	18	sprayed membrane curing	181
small block	262	spray gun	181
smooth surface blasting	95	spraying angle	181
smooth-wheel roeler	185	spreading anchorage	268
smqqth terrace	106	spring board	241
snowfall	127	spring dynamometer	236
socialist construction market of china	298	sprinkler head	182
socket bed	26	spure stone	104
socket foundation	9	square clinking clay tile	133
soft waterproof roof	202	squared stone	154
soil anchor	245,248	squared timber	60
soil freezing prevention	248	square paving brick	61
soil freezing prevention by raking and scarifying	60	square paving clay tile	61
soil freezing prevention with insulation material coverage	82	squase grid method	60
		stability	255
soil freezing prevention with snow cover	70	stability of column group	200
soil nailing	247	stabilization method by mixing	5
soil pile	249	stabilization of superfacical subgrade	211
soil sack cofferdam	245	stabilizing fluid	255
soldier	153	stack filling method	54
soldier course	152	staff angle	104
soletanche process	279	stage diversion	66
sounding method	29	stager of trans former	11
spacing betweeh blast holes	180	standard	152

standard coupler	296	steel strand	73
standard curing	12	steel structural engineering	74
standard for vehicle load	23	steel structures	73
standardized working drawings	11	steel structures for factory buildings	22
standard penetration test	11	steel structures for long-span buildings	33
start node	142	steel structures for tall(highrise) buildings	80
static blasting agent	136	steel structures materials	73
static loading test of anchorage assembly	166	steel tube pile	73
static pile loading	136	steel tube scaffolding	73
static pressure type air cushion	136	steel tube scaffolding with bowl type coupler	253
static sounding	136	steel tube scaffolding with socket-spigot joints	26
stationary hoisting towel	135	steel wire drawing machine	3
station for track panel reloading	96	steel wood gang-plank	79
station tunnel	23	steelwork	76
stay position for crane	242	steep chute	53
steam and air mixture	293	stemming in drill hole	180
steam-circulation pipe method	267	step height	235
steam curing	293	stepped footing	33
steam-curing chamber	294	stepped lap joint	129
steam curing regime	294	stepped tensioning	66
steam heated curing of concrete	293	stiff concrete	71
steam kiln	294	stiffening girder (beam)	120
steam test	293	stiffness	71
steel and wood gate	79	stock	90
steel bar bender	78	stone carving	217
steel barbutt head end forging machine	76	stone chips	217
steel bar cold-drawing machine	77,78	stone course	217
steel bar cutting machine	78	stone facing	217
steel bar gang-plank	77	stone masonry	193
steel bar straightener	76	stone rammer	218
steel bar with butt head ends	76	stone work	193
steel conical anchorage	80	stopping platform with breakup tunnel method	159
steel doors and windows	79	storage contract	17
steel for prestressing	280	storage of raw materials	284
steel-plate structures	72	story and section-wise flow mothod of erection	65
steel plate-type grid structures	184	story pole	183
steelraft	79	story-wise flow method of erection	65
steel rib support	73	straight bond	36
steel shape correcting machine	264	straight-edge mortar spreader	236
steel sheet pile	72	straight line method	243
steel sheet pile cofferdam	72	strand pushing through machine	29
steel stirrup bender	78	straw and earth cofferdam	18

stream closure	131
stream closure hydraulics	132
strengthening by ironwork	242
strengthening by struts	296
strengthening grounting	14
strengthening of structural members	89
strength of reinforcing bar	78
strength of trial concrete mix	112
stress corrosion	275
stresses due to hammer driving	31
stress of welding	100
stress relexation	276
stress-relieved wire	129
stress-strain diagram of prestressing steel	280
stretcher	18,227
stretcher beam	194
stretcher course	227
stretcher stone	227
stretching bricklayer's line	91
stretching in batches	26
stripe for dividing into sections	66
strip-form stucco	241
strip stucco	148
strong wind alarm	67
structural design	131
structural members piled up each other	88
structural members stacked horizontally	89
structural members stored in vertical posion	89
structural members transported in level posion	89
structural members transported in vertical posion	89
structure erection work	130
structure with columns reduced	122
stucco	148
stud partition	107
stylobate	235
styrene tar painted finish	10
subagueous tunnel	223
subdivisional work	67
subgrade construction	160
subgrade of rod	40
subgrade side slope	160
subhigh grade pavement	31
submarine pipeline	98
submerged. embankment closure method	184
submerged pressure arc welding	164
sub-network	136
subsealing	68
subsections	231
subsoil	117
subsoil water	195
substitution of reinforcement	75
substitution of steel bar with equal cross-sectional area	75
subway	43
subway tunnel	43
successive construction operations	273
sulphur concrete	158
sulphur impregnated	158
summary of unit-price estimation	37
sunk caisson foundation	24
sunken tube method	23
superheated steam	97
superior-class plaster	81
supply distance between reloading and track laying	107
supporting	296
supporting pad of open cassion	24
supporting ring	296
supporting structure	296
surface whitening	60,258
survey and design services	142
surveying control inside tunnel	52
surveying control outside tunnel portal	52
surveying of as-built works	141
suspended cable	266
suspended-cable structures	266
suspended heat insulating rigid roof	121
suspended log pile	48
suspended scaffolding	48,91
suspended water	208
suspending cradle	91
suspension bridage	49
suspension bridge	266
suspension cable	266

Su-style colour painting	228	telescopic scaffold platform	210
swelled sleeve	289	telescopic support	211
swelling connection	289	temperature	102
swelling soil	183	temperature of heated material	16
swinging cradle	49	temperature (thermal) crack of concrete	113
swinging scaffolding	48	template for color preparation	241
swing method	3	template of passage way	242
switch-back cutve	108	template of steel structures	75
symmetrical tensioning	55	template of timber structures	173
sympathetic detonation	267	temporary bulkhead	68
synchronization control for lift-slab operation	212	temporary communication	156
synthetic forecasting	305	temporary dam section for flood	156
system	258	temporary dry dock	155
system analysis	258	temporary fixing of members	89
systematology	258	temporary fixing of pier girder	55
system method	258	temporary pier	155
table form	304	temporary roads	155
tabular method	12	temporary support	156
tail	56	tender offer	244
tail clearance	56	tendon	283
tail race tunnel	255	tendon-anchorage assembly	283
taking off underbreak	14	tendon duct	283
tamper	100	tendon efficiency factor	283
tamping	32	tenon on bottom of column for fitting stone base	93
tamping of concrete	110	tenon on top of column for fitting beam	164
tamping of track bed	40	Tensile strength of splicing	130
tamping rod	180	tensile strength of reinforcing bar	77
tapering	139,220	tension diagonal	263
tapering formwork(slipform)	220	tensioning by section	65
targeted project duration	84	tensioning device with four transverse beam	228
technical contract law	119	tensioning device with three transverse beam	204
technical intermission	119	tensioning equipment	289
technological design	85	tensioning force	289
technology forsinking piles with bores	195	tensioning from both ends	154
technology of compaction moulding by pressing	269	tensioning from one end	273
technology of moulding by centrifugal water removal	152	tensioning procedure	288
technology of moulding by vibro-compaction	292	tensioning technique with long-line bed	22
technology of precast member production in normal position	295	termination of agency	35
		terrazzo finish	224
		test by injecting water into the grout hole	269
technology of precast member production in reverse position	60	testing and acceptance on completion	141
		testing and acceptance upon completion of	

equipment installation	209	timber scaffold	173
test pit	236	timber structural engineering	173
test running of equipment	209	timber structure	173
tetrahedroid method	228	timber supports	172
thchnology of precast member production using upright standing form	152	timber truss support(bracing)	102
		time-cost optimization	84
the effective coefficient of vacuum dewatering	291	time difference	219
the factor of strength increase of extruded concrete	118	time for commencement and time for completion	142
		time inter	254
theory of production essence prices	213	time norm	219
thermal expansion	201	time of centrifugation	151
the system of construction administration and management	124	time of completion	215
		time of current action inspot welding	44
the third party	44	time of flow cone	158
thin-walled shaped steel structures	6	time of shift	128
third-grade project administration and management organization	12	time series analysis	219
		TNT dynamite	238
thixotropy	29	toe board	38
threaded end anchorage	163	toe of slope	186
three accesses and site leveling	205	tolerance allowable deviation of riveted connection	167
three guarter bat	188	tolerance of cutting of steel	72
three-paint installation method	204	tolerance of laying out	101
three-time estimate	204	tongue and groove joint	159
three-wedge grip with circular sleeve	284	tool anchorage	84
through-bore jack	29	tool-type form work	84
through-bore jack with large bore diameter	33	toothed connection of brick wall	149
throwing blasting	180,271	toothing of brick wall	296
tie bar	148	top auowance for timbering subsidence	279
tied reinforcement splice joint	75	top bench cut method	295
tieing of reinforcement	75	top-bottom reinforcement	222
tie rod anchered in wall	153	top closing of tunnel arch	87
tie stone	148	top cut	49
tightenning device of hight-strength bolts	81	topographic features	43
tile roof	251	topographic map of industrial construction site	22
tilting correction by ballast loading	55	top seal of tunnel lining	115
tilting correction by earth undercutting	237	total budget estimate	306
tilting correction by undercutting and dewatering	127	total depth (of a building)	243
		total float	306
timber arch centering	172	total heat resistance	306
timber bridge	174	total height of a roof truss	136
timber formwork	174	total length (of a building)	243
timbering	175	total resistance of electrical detonator	46
timbering of side wall formwork	196		

total water/cement ratio	306	trench method	195
towboat	250	triangular prism method	204
tower and mast structures	234	triethanolamine waterproof concrete	205
tower scaffolding	234	trimming of railway subgrade	160
track fixing station	50	trinitroto luene	238
track laying	187	trnsportation contract	115
track laying machine	187	trough bed	18
track laying train	187	trowel	33,171
track lifting	190	trussed arch bridge	102
track lining	13	tube-immersing	92
track panel	96	tube-sinking	92
track panel assemblage base	96	tubular well point	93
traction bracket of track panels	250	tunnel	230
traction of track panels	96	tunnel boring machine method	140
tractor truck	194	tunnel construction control network	232
traditinal smalltile roof	262	tunnel diversion	233
traffic tunnel	128	tunnel drainage during construction	232
trailer	91	tunneling method	231
train for ballast unloading	263	tunneling shift	231
train running graph	155	tunneling with pilot pipes	93
transfer length of prestress	275	tunnel lighting during construction	232
transfer of directions down shafts	220	tunnelling	231
transferring completed project	128	tunnelling monitoring	232
transition curve	107	tunnel through	94
transom	262	tunnel under pressure	268,278
transportation capacity	285	tunnel ventilating during construction	232
transportation with magnetic lifting device	31	twice grouting method	58
transportation with vacuum lifting device	290	two control of cold strething	222
transport of concrete	113	two-mast derrick	202
transveral guiding devices	103	two soldiers-one brick on flat	59
transversal excavation by bulldozer	103	two-stage flowsheet technological process	222
transverse gallery	102	two-step charging operation	58
transverse sills	250	two-wedge grip with rectangular sleeve	60
treatment by sand-bath	181	typhoon	235
tremie concrete connection	226	ultimale couple indicating and control device	117
tremie method	38	Ultimate strain of splicing	130
tremie subsealing	226	unable adjustment base	90
trench excavation by direct layerwise cutting	65	unbonded prestressed concrete	257
trench excavation by horizontal layers	65	unbonded tendon	258
trench excavation by normal circulation of slurry	177	unbonded tendon coating	257
trench excavation by reverse circulation of slurry	176	unbonded tendon wrapping	257
trench excavator	250	uncharged hole	144

uncoupling cartrige	15	vacuum impregnation under pressure	290
uncoupling coefficeent	15	vacuum mat	291
underbreak	195	vacuum moisture removal fron log	116
under cut	163	vacuum preloading method	291
undercut	271	vacuum process for water removal from concrete	291
undercutting method	2	vacuum rate	290
underexcavation	195	vacuum spreading depth	290
underfilled weld	99	vacuum sucker	291
underground diaphragm wall method	43	vacuum sucking cushion	291
underground pipeline	43	value of electrical elongation of tendon	76
underground rupture plane	211	value of tensioning elongation	289
underground water	43	varnish	199
underground waterproof	43	Vebe consistency	255
underpass	42	velocity at nozzle	181
underpinning	250	velocity of centrifugation	151
underpinning by increasing its rigidity	120	velocity of vibration	292
underpinning by thermal stabilization	201	veneer board	128
under-reamed bored pile of large diameter	35	vent	179
underwater connection	226	ventilalion roof	179
underwater placing of concrete	226	verge tile	270
underwater tunnel	226	VERT	68
unit powder explosive consumption	37	vertical curve	221
unit price contract	36	vertical curve length	221
unit trench section	38	vertical excavation method	221
unit work	37	vertical grouting	221
unloaded hole	144	vertical mortar joint	30
unsafe seted gang-plank	236	vertical net	152
upper deck	208	vertical planning	221
upper hip rafter	304	vertical prestressing	221
upper limit position indicating and control device	208	vertical protective net	61
upstream cofferdam	208	vertical rammer with two trunks	222
upturning of corner eaves	274	vertical steam curing kiln	152
urban infrastructure	27	vertical transport	31
urban land rent	125	vibrating roller	292
usable measure	153	vibration activation	291
useful timber rate	28	vibration compaction	292
utilization factor of shothole	180	vibration frequency type wire stress measuring instrument	293
vabration period of surface pasticles due to blasting	7	vibration mixing	291
vacuum cavity	290	vibratory compaction	292
vacuum concrete	290	vibratory pile hammer	293
vacuum dewatering institution	290	vibro-compaction	291
vacuum impregnation	290		

vibroflot	291	waterproofing of roofs	256
vibroflotation	291	waterproofing of tunnel	231
vibro flotation	292	waterproof lighting devices	62
vibro-pressure compaction process	292	waterproof mortar	62
vibrosinking of piles	291	waterproof mortar conting	62
void agency	257	waterproof roll-roofing material	62
void economic contract	257	waterproof work	62
voidn of natural	240	water qualiry analysis	227
void ratio	145	water removal by vacuum suction	208,259
volume contraction rat	239	water return into tremie pipe	39
volume formula	239	water ring	223
voting preferred stock	277	water sealing	296
voting share	278	watershed tunnel	285
voussoir	88	water spray for damping dust	182
voussoir joint	87	water stoppind band	296
VSL series of anchorage	311	water stopping	296
vulcanized rubber felt	158	water stopping rubber gasket	296
waling	254	water stop plate for lining	25
wall beam at tunnel arch springing	88	water supply capacity	143
wall covering work	12	water supply during tunnel construction	232
wall paper work	12	water tunnel	223
wall-protecting(bentonite) slurry	104	waxing and polishing	32
wall segment	196	weathered joint	263
wall stabilization with clear water	199	weaving of prestressing steel strand	11
wall stabilization with slurry	177	web stone	69
warning signs	135	wedge cut V-shape cut	262
washer of poly-tetra-fluor ethylene	138	wedge grip	262
waste	193	wedge release method	262
water-applied asbestons-bitumen coating	227	weight-increasing agent for stabilizng liquid	255
water containing and heat insulation rigid roof	265	weir	271
water-emulsified type rubber-asphalt paint	226	weld	98,99
water-emulsion acrylic building sealant	226	weldability of steel	72
water-fed rock drilling	216	weld crack	100
water glass acid proof concrete	223	weld defects	100
water intake tunnel	275	welded joint	99
water level	226	welded seam	98
waterproof concrete	62	welded slag	100
waterproof concrete added mixed with admixture	251	welder's helmet	99
waterproof concrete with expansive cement	182	welding	99
waterproof concrete with gas forming admixture	120	welding deformation	99
waterproof concrete with iron chloride	162	welding electrode(s)	100
waterproof concrete with water reducer	122	welding equipment for steel bars	76

welding flux	99	wood fireproofing	172
welding goggles	99	wood fitting up	175
welding of reinforcing bar under negative temperature	76	wood gang-plank	173
		wood lath partition	107
welding of steel bar	76	wood plank floor finish	171
welding rod	100	wood preservation	171
welding wire	100	wood preservation against worms	171
wet air	216	wood seasoning	172
wet and heated curing	216	wood stairway	174
wet-mix spraying process	216	wood window board	172
wet saturated steam	216	wood-working machine	172
wet steam	216	workability	85, 101
wetting of brick	217	work above ground level	80
white marble	98	work due to blasting	9
wholly cast-in-situ large panel formwork building system	200	worker's premium fund	296
		work face	85
wholly lightweight concrete	200	(working) allowance	119
wide-crested embankment closure method	146	working area of crane	85
		working chamber of cassion	25
width of pavement	161	working drawing	215
width of subgrade	160	working drawing design	215
winch tractive road	139	working drawing estimation	215
wind passing coefficient	244	working drawings review	244
wind roses	67	working with backactor(s)	60
wind scale	67	working with bulldozer(s)	250
wind speed	68	working with dragline(s)	147
wing type scaffold	223	working with grab(s)	301
winter construction	51	working with power shovel(s)	295
wire-combing plate	289	work points at portal	52
wire mesh reinforced cement mortor formwork	79	work schedule of tunnelling cycle	233
wire rope	79	wrinkling	299
wire strand coupler	73	XM type anchorage	312
wire stress measuring instrument	79	yellowing	245
wire winding machine	201	yieldable support	211
wise flow method of erection	34	yield point of steel	78
with horizontal bed joints and vertial perpends	102	yield value	199
wood block splicing	174	zigzag operation route	295
wood decoration and finish	175	1/2 bat	58
wood drying	172	8-form route	312
wooden dado	174	107 glue	312
wooden flat tile roof	174	801 leak sealing agent for underground use	312
wooden rammer	172		

政协委员手册

中国文史出版社

ISBN 7-5034-0884-7/D·0045
定价：9.00元